HANDBUCH DER PHYSIK

UNTER REDAKTIONELLER MITWIRKUNG VON

R. GRAMMEL-STUTTGART · F. HENNING-BERLIN
H. KONEN-BONN · H. THIRRING-WIEN · F. TRENDELENBURG-BERLIN
W. WESTPHAL-BERLIN

HERAUSGEGEBEN VON

H. GEIGER UND KARL SCHEEL

BAND XII

THEORIEN DER ELEKTRIZITÄT
ELEKTROSTATIK

BERLIN
VERLAG VON JULIUS SPRINGER
1927

THEORIEN DER ELEKTRIZITÄT
ELEKTROSTATIK

BEARBEITET VON

A. GÜNTHERSCHULZE · F. KOTTLER · H. THIRRING
F. ZERNER

REDIGIERT VON W. WESTPHAL

MIT 112 ABBILDUNGEN

BERLIN
VERLAG VON JULIUS SPRINGER
1927

Softcover reprint of the hardcover 1st edition 1927

ISBN 978-3-642-98613-0 ISBN 978-3-642-99428-9 (eBook)
DOI 10.1007/ 978-3-642-99428-9

Inhaltsverzeichnis.

Allgemeine physikalische Konstanten

(September 1926) [1].

a) Mechanische Konstanten.

Gravitationskonstante	$6{,}6_5 \cdot 10^{-8}$ dyn · cm² · g⁻²
Normale Schwerebeschleunigung	$980{,}665$ cm · sec⁻²
Schwerebeschleunigung bei 45° Breite	$980{,}616$ cm · sec⁻²
1 Meterkilogramm (mkg)	$0{,}980665 \cdot 10^{8}$ erg
Normale Atmosphäre (atm)	$1{,}01325_3 \cdot 10^{6}$ dyn · cm⁻²
Technische Atmosphäre	$0{,}980665 \cdot 10^{6}$ dyn · cm⁻²
Maximale Dichte des Wassers bei 1 atm	$0{,}999973$ g · cm⁻³
Normales spezifisches Gewicht des Quecksilbers	13,5955

b) Thermische Konstanten.

Absolute Temperatur des Eispunktes	$273{,}2_0°$
Normales Litergewicht des Sauerstoffes	$1{,}42900$ g · l⁻¹
Normales Molvolumen idealer Gase	$22{,}414_5 \cdot 10^{3}$ cm³
Gaskonstante für ein Mol	$0{,}8204_5 \cdot 10^{2}$ cm³-atm · grad⁻¹
	$0{,}8313_2 \cdot 10^{8}$ erg · grad⁻¹
	$0{,}8309_0 \cdot 10^{1}$ int joule · grad⁻¹
	$1{,}985_8$ cal · grad⁻¹
Energieäquivalent der 15°-Kalorie (cal)	$4{,}184_2$ int joule
	$1{,}1623 \cdot 10^{-6}$ int k-watt-st
	$4{,}186_3 \cdot 10^{7}$ erg
	$4{,}268_8 \cdot 10^{-1}$ mkg

c) Elektrische Konstanten.

1 internationales Ampere (int amp)	$1{,}0000_0$ abs amp
1 internationales Ohm (int ohm)	$1{,}0005_0$ abs ohm
Elektrochemisches Äquivalent des Silbers	$1{,}11800 \cdot 10^{-3}$ g · int coul⁻¹
Faraday-Konstante für ein Mol und Valenz 1	$0{,}9649_4 \cdot 10^{5}$ int coul
Ionisier.-Energie/Ionisier.-Spannung	$0{,}9649_4 \cdot 10^{5}$ int joule · int volt⁻¹

d) Atom- und Elektronenkonstanten.

Atomgewicht des Sauerstoffs	16,000
Atomgewicht des Silbers	107,88
LOSCHMIDTsche Zahl (für 1 Mol)	$6{,}06_1 \cdot 10^{23}$
BOLTZMANNsche Konstante k	$1{,}372 \cdot 10^{-16}$ erg · grad⁻¹
$^1/_{16}$ der Masse des Sauerstoffatoms	$1{,}650 \cdot 10^{-24}$ g
Elektrisches Elementarquantum e	$1{,}592 \cdot 10^{-19}$ int coul
	$4{,}77_4 \cdot 10^{-10}$ dyn$^{1/2}$ · cm
Spezifische Ladung des ruhenden Elektrons e/m	$1{,}76_6 \cdot 10^{8}$ int coul · g⁻¹
Masse des ruhenden Elektrons m	$9{,}02 \cdot 10^{-28}$ g
Geschwindigkeit von 1-Volt-Elektronen	$5{,}94_5 \cdot 10^{7}$ cm · sec⁻¹
Atomgewicht des Elektrons	$5{,}46 \cdot 10^{-4}$

e) Optische und Strahlungskonstanten.

Lichtgeschwindigkeit (im Vakuum)	$2{,}998_5 \cdot 10^{10}$ cm · sec⁻¹
Wellenlänge der roten Cd-Linie (1 atm, 15° C)	$6438{,}470_0 \cdot 10^{-8}$ cm
RYDBERGsche Konstante für unendl. Kernmasse	109737,1 cm⁻¹
SOMMERFELDsche Konstante der Feinstruktur	$0{,}729 \cdot 10^{-2}$
STEFAN-BOLTZMANNsche Strahlungskonstante σ	$5{,}7_5 \cdot 10^{-12}$ int watt · cm⁻² · grad⁻⁴
	$1{,}37_4 \cdot 10^{-12}$ cal · cm⁻² · sec⁻¹ · grad⁻⁴
Konstante des WIENschen Verschiebungsgesetzes	0,288 cm · grad
WIEN-PLANCKsche Strahlungskonstante c_2	1,43 cm · grad

f) Quantenkonstanten.

PLANCKsches Wirkungsquantum h	$6{,}55 \cdot 10^{-27}$ erg · sec
Quantenkonstante für Frequenzen $\beta = h/k$	$4{,}77_5 \cdot 10^{-11}$ sec · grad
Durch 1-Volt-Elektronen angeregte Wellenlänge	$1{,}233 \cdot 10^{-4}$ cm
Radius der Normalbahn des H-Elektrons	$0{,}529 \cdot 10^{-8}$ cm

[1]) Erläuterungen und Begründungen s. Bd. II d. Handb. Kap. 10, S. 487—518.

Kapitel 1.

Die MAXWELL-HERTZsche Theorie.

Von

FRIEDRICH ZERNER, Wien.

Mit 2 Abbildungen.

I. Die drei Grunderscheinungen und ihre theoretische Erfassung auf Grund der Konzeption der fernwirkenden Fluida.

a) Elektrostatik.

1. Die elektrische Ladung. Leiter und Isolatoren. Schon den Naturphilosophen des klassischen Altertums war es bekannt, daß geriebener Bernstein die Eigenschaft besitzt, leichte Körper anzuziehen. Aber erst in der zweiten Hälfte des 16. Jahrhunderts entdeckte GILBERT[1]), daß diese Eigenschaft auch noch einer Anzahl anderer Körper zukommt[2]). Er führte dies auf eine Emanation der Körper zurück, durch die der elektrisierte Körper, ähnlich wie nach der damaligen Ansicht die Erde die Körper durch die Atmosphäre anzieht, Kräfte auf die umgebenden Körper ausübt.

Diese Form der Theorie der Fluida, die eine Kombination mit der Nahewirkungstheorie darstellt, konnte aber den weiteren Entdeckungen nicht standhalten. Zunächst zeigte GRAY[3]) (1729), daß die Elektrisierung nur von der Oberfläche des geriebenen Körpers abhängt, indem er einen vollen und einen ausgehöhlten Eichenholzwürfel rieb und an beiden dieselben Erscheinungen vorfand. Das Fluidum dringt also in das Innere des Körpers nicht ein. Dann zeigte FRANKLIN[4]) (1751), daß das Vorbeiblasen trockener Luft an einem elektrisierten Körper dessen Elektrisierung nicht ändert.

Dieses Experiment weist bereits darauf hin, daß das Fluidum sich auch nicht von der Oberfläche des elektrisierten Körpers nach außen erstrecken könne. Entscheidend spricht aber gegen diese Annahme eine andere Reihe von Experimenten. 1729 entdeckte nämlich GRAY[5]), daß ein Körper, der durch ein

---

[1]) Gulielmi Gilberti de Magnete, Magneticisque corporibus, et de magno magnete tellure. London 1600.

[2]) Im folgenden werden die geschichtlichen Zusammenhänge nur insoweit erwähnt, als sich dies mit der systematischen Darstellung vereinigen läßt. Für detaillierte geschichtliche Darstellung sei z. B. auf E. T. WHITTAKER, History of the theories of Aether and Electricity, Dublin 1910; F. DANNEMANN, Die Naturwissenschaften in ihrer Entwicklung, 3 Bde., Leipzig 1911; F. AUERBACH, Entwicklungsgeschichte der modernen Physik, Berlin 1923, hingewiesen.

[3]) ST. GRAY, Phil. Trans. Bd. 37, S. 18, 227, 285, 397. 1731.

[4]) B. FRANKLIN, New Experiments and Observations on Electricity, Letter VII. 1751.

[5]) ST. GRAY, Phil. Trans. Bd. 37, S. 35. 1731.

Metall mit einem elektrisierten Körper verbunden wird, selbst elektrisiert wird. Das elektrische Fluidum ist also nicht untrennbar an den Körper, an dem es durch Reibung erzeugt wird, gebunden, sondern kann von einem Körper zum anderen geführt werden. Allerdings kann es sich nur durch gewisse Körper, die Leiter, hindurchbewegen, andere, die Isolatoren, sperren ihm den Weg.

Diese Entdeckung gibt uns eine Klärung der verwickelten Krafterscheinungen. Ein elektrisierter Körper stößt nämlich leichte Körper seiner Umgebung auch manchmal ab. Bringt man ein isoliertes Goldpapier in die Nähe eines elektrisierten Körpers, so wird es bis zur Berührung angezogen, nach der Berührung abgestoßen. Dies erklärte DU FAY[1]) (1733) dadurch, daß bei der Berührung das Goldblättchen elektrisiert wird und ein durch Berührung elektrisierter Körper von dem Körper, durch den er elektrisiert worden ist, abgestoßen wird. Auch zwei Goldblättchen, die durch Berührung mit demselben Körper elektrisiert worden sind, stoßen einander ab.

2. Die zwei Arten elektrischer Ladung. Das Gesetz von der Erhaltung der elektrischen Ladung. Die nächstliegende Erweiterung dieses Resultates war natürlich die, daß ein elektrisierter Körper nichtelektrisierte anzieht, elektrisierte abstößt. DU FAY[1]) fand aber, daß dies keineswegs der Fall ist, sondern daß es zwei Arten von elektrisierten Körpern gibt, derart, daß die Körper der einen Art sich untereinander abstoßen, elektrisierte Körper der zweiten Art aber anziehen. Die Art der Elektrisierung hängt dabei lediglich von der Art der Erzeugung der Elektrisierung ab, d. h. welche Körper gerieben wurden. Da die eine Art beim Reiben von Glas, Kristall und anderen durchsichtigen Körpern, die andere beim Reiben von Ebonit, Bernstein und anderen Harzen entstand, nannte DU FAY die eine die Glas-, die andere die Harzelektrizität. Wiederum zeigt sich, daß das elektrische Fluidum nicht an den Körper gebunden ist, da z. B. Glas durch Leitung Harzelektrizität erhalten kann.

Unabhängig davon war FRANKLIN[2]) (1747) zu der Annahme von zwei Arten der Elektrisierung gekommen. Er stellte einen Experimentator (*a*) mit dem Reibzeug, und einen Experimentator (*b*) mit dem Glasstab auf je eine isolierende Wachsplatte. Wird nun der Glasstab gerieben, so kann ein dritter Experimentator sowohl aus dem Reibzeug wie aus dem Glasstab Funken ziehen, beide sind also elektrisch geladen, und zwar das Reibzeug mit Harzelektrizität. Die beiden Elektrisierungen müssen aber entgegengesetzter Art sein. Bilden nämlich die beiden Experimentatoren *a* und *b* während oder nach dem Reiben einen Kontakt zwischen Glasstab und Reibzeug, so kann der dritte nicht mehr aus ihnen Funken ziehen, sie sind also nicht mehr elektrisiert.

Da die beiden Arten der Elektrisierung einander aufheben, folgt, daß sie entgegengesetzter Natur, aber gleicher Intensität sein müssen. Man kann sie also durch dieselbe Zahl, das eine Mal mit positivem, das andere Mal mit negativem Vorzeichen versehen, darstellen. Entsprechend bezeichnet sie FARADAY als positive und negative Elektrisierung. Bei der Elektrisierung entstehen immer gleiche Mengen positiver und negativer Elektrizität. Die Gesamtmenge der Elektrizität bleibt also immer konstant.

3. Ein- und Zweifluidumstheorie. Dieses Prinzip der Erhaltung der elektrischen Ladung macht die Auffassung der Elektrizität als Fluidum nur plausibler. Macht man diese Annahme, so ist es klar, daß Elektrizität weder entstehen noch verschwinden kann, daß die Elektrisierung vielmehr nur in einer Verschiebung des elektrischen Fluidums bestehen kann.

---

[1]) CH. FR. DU FAY, Mem. de l'Acad. des Sciences S. 23, 73, 233, 457. 1733; S. 341, 503. 1734.

[2]) B. FRANKLIN, l. c. Letter II.

FRANKLIN stellte daher [unabhängig von WATSON[1]), der bereits 1746 denselben Schluß aus Untersuchungen über die Leydener Flasche gezogen hatte] l. c. die Hypothese auf, daß alle Körper ein gewisses Normalquantum an elektrischem Fluidum besitzen. Die positive Elektrisierung besteht danach darin, daß der Körper einen Überschuß an elektrischem Fluidum erhält, die negative darin, daß dem Körper elektrisches Fluidum entzogen wird. Aus den Entladungserscheinungen zog FRANKLIN l. c. den Schluß, daß in einem durch Reibung elektrisierten Glasstab das elektrische Fluidum im Überschuß vorhanden ist. (Vgl.: Ein geriebener Glasstab ist also positiv geladen, die Glaselektrizität ist die positive.)

FRANKLIN[2]) schloß aus den Erscheinungen der Leydener Flasche, daß die elektrischen Fluida unvermittelte Fernwirkungen ausüben. Er erklärte nämlich die Verstärkung der ihr erteilten Elektrisierung daraus, daß sich auf je einer der durch das Glas getrennten Belegungen die eine der beiden Elektrizitäten ansammelt. Das Glas muß also für das elektrische Fluidum undurchlässig sein, da die beiden Elektrizitäten sich ja sonst neutralisieren würden. Dennoch entsteht die Ansammlung der Elektrizität auf der äußeren Belegung offensichtlich durch Einwirkung der Ladung der inneren. 1759 wies AEPINUS[3]) nach, daß man das Glas in der Leydener Flasche durch Luft oder einen beliebigen Isolator ersetzen kann und widerlegte damit endgültig die Nahewirkungstheorie durch Emanation des Fluidums. Das Fluidum befindet sich daher nur auf der Oberfläche der elektrisierten Körper. Die elektrischen Kräfte sind Fernkräfte.

Diese Auffassung liegt vom Standpunkt der Einfluidumshypothese um so näher, als sie uns dazu bringt, die Gravitation unter die elektrischen Kräfte zu subsumieren. Denn nicht nur die Teile des elektrischen Fluidums müssen einander abstoßen, dasselbe muß für die Teilchen der Materie der Fall sein, da ja zwei Körper, denen elektrisches Fluidum entzogen worden ist, einander abstoßen. Die Gravitation muß also darauf zurückgehen, daß die Abstoßung zwischen den Teilen des Fluidums und den Materieteilchen untereinander schwächer ist als die Anziehung zwischen Fluidum und Materie.

Will man der Verknüpfung von elektrischen und Gravitationskräften entgehen, so gelangt man zu der 1759 von SYMMER[4]) aufgestellten und insbesondere von COULOMB und den französischen Theoretikern vertretenen Zweifluidatheorie. In ihr entspricht sowohl der Glas- wie der Harzelektrizität je ein Fluidum. Die Teile jedes Fluidums stoßen sich untereinander ab und ziehen das andere Fluidum an. Gemischt neutralisieren sie sich, wie Säure und Base gemischt ein neutrales Salz ergeben. Jeder Körper enthält einen Grundstock von gleichen Mengen der beiden Elektrizitäten; die Elektrisierung besteht entweder im Auffüllen mit der entsprechenden oder im Entziehen der entgegengesetzten Elektrizität. In dieser doppelten Deutbarkeit eines und desselben Vorganges liegt die eine Schwäche dieser Hypothese. Viel schwerer wiegt es aber, daß sie keineswegs angeben kann, worin sich zwei Körper desselben Materiales unterscheiden, in denen sich zwar die beiden Elektrizitäten neutralisieren, aber verschiedene Mengen der elektrischen Fluida vorhanden sind.

4. Das elektrostatische Kraftgesetz. (Vgl. Kap. 4.) Aufgefordert durch FRANKLIN, untersuchte PRIESTLEY[5]) 1767 die Verteilung der Elektrizität auf der Innenwand metallener Gefäße und die Kraftwirkung im Inneren solcher Gefäße. Er fand die Vermutung FRANKLINS bestätigt, daß in ihrem Inneren

---

[1]) W. WATSON, Phil. Trans. Bd. 44, S. 718. 1746.
[2]) l. c. § 28ff.
[3]) F. V. T. AEPINUS, Tentamen theoriae Electricitatis et Magnetismi. Petersburg 1759.
[4]) R. SYMMER, Phil. Trans. Bd. 51, S. 371. 1759.
[5]) J. PRIESTLEY, The History and Present state of Electricity, S. 732. London 1767.

keine Kraftwirkung vorhanden ist. Darüber hinaus zeigt sich, daß die gesamte elektrische Ladung auf der äußeren Oberfläche des Gefäßes sitzt. PRIESTLEY zog daraus den Schluß, daß die elektrische Anziehung denselben Gesetzen gehorcht wie die Gravitation, und daher umgekehrt proportional dem Quadrat der Entfernung ist.

Ebenso wie die erst 1879 auf Betreiben von W. THOMSON publizierten exakten Experimente und Überlegungen von CAVENDISH[1]) gerieten seine Untersuchungen in Vergessenheit, so daß COULOMB[2]) 1785 das Kraftgesetz, ohne die vorhergehenden Untersuchungen zu kennen, wiederfand. Er bewies das Gesetz durch Messung der Kraft zwischen zwei gleich geladenen Körpern mittels der von ihm konstruierten Drehwage. Im nächsten Jahre bestimmte er die zwischen zwei entgegengesetzt geladenen kleinen Kugeln wirkende Kraft und fand auch für diese dasselbe Gesetz. Diese Methode kann aber nicht auf denselben Grad der Genauigkeit gebracht werden wie die von PRIESTLEY und CAVENDISH verwendete, da die Ladung der einen Kugel die Verteilung der Ladung auf der anderen beeinflußt, also nicht zwei gleichmäßig geladene Kugeln einander gegenüberstehen. Dadurch werden die Verhältnisse natürlich bedeutend kompliziert (vgl. Kap. 4).

Die zwischen zwei elektrisierten Körpern wirkende Kraft hat also dieselbe Wirkungsweise wie die Gravitation. Vom Standpunkt der Fernwirkungstheorie aus gesehen wäre daher die von der Einfluidumstheorie vorgenommene Subsumierung der Gravitation unter die elektrischen Kräfte möglich.

5. Die Definition der elektrischen Ladung. Lassen sich die Gleichheits- und Ungleichheitsbeziehungen in leicht ersichtlicher Weise bereits aus den in Ziffer 2 angegebenen Erscheinungen definieren, so ergibt das COULOMBsche Kraftgesetz eine Grundlage für die vollständige Arithmetisierung. Denn die zwischen zwei elektrisierten Körpern wirkende Kraft ist nicht nur von ihrer gegenseitigen Entfernung, sondern auch von dem Grade der Elektrisierung der beiden Körper abhängig. Wir können sie dem Produkt der beiden Ladungen proportional setzen:

$$\mathfrak{F} = \varepsilon \frac{e_1 e_2}{r^2} \cdot \frac{\mathfrak{r}}{r}. \tag{1}$$

Um den Begriff der Ladung einfach in das GAUSSsche Maßsystem, das CGS-System, einführen zu können, setzen wir die Proportionalitätskonstante ε gleich 1. Die Einheit der Ladung ist dann diejenige Ladung, die auf die gleiche Ladung in der Einheit der Entfernung (1 cm) mit der Krafteinheit (1 Dyn) wirkt. Die Dimension einer elektrischen Ladung ergibt sich so zu

$$[e] = \left[L^{\frac{3}{2}} T^{-1} M^{\frac{1}{2}}\right]. \tag{2}$$

Das auf diese Ladungseinheit (also ε gleich 1) aufgebaute Maßsystem heißt das elektrostatische Maßsystem.

Durch die Übereinstimmung der auf dem COULOMBschen Gesetz beruhenden Gleichheits- und Ungleichheitsdefinitionen mit den mit Hilfe der in Ziffer 2 besprochenen Erscheinungen aufgestellten erhält das Prinzip der Erhaltung der elektrischen Ladung erst seine volle physikalische Bedeutung.

6. Das Potential. Mit der Entdeckung des COULOMBschen Gesetzes ist die Elektrostatik in die NEWTONsche Mechanik eingegliedert. Die mathematische Formulierung unterscheidet sich von der der Gravitation lediglich durch das Auftreten von Anziehungs- und Abstoßungskräften bzw. von positiven und negativen Massen. Dies ist bei der Formulierung des Kraftgesetzes bereits dadurch

---

[1]) The electrical researches of the Hon. Henry Cavendish ed. by J. Cl. Maxwell 1879.
[2]) C. A. COULOMB, Ann. de chim. Bd. 1, S. 1. 1789; Bd. 7, S. 97, 112. 1790.

berücksichtigt, daß die Kraft dasselbe Vorzeichen erhalten hat wie das Produkt der Ladungen.

Bei der großen Rolle, die das Potential in der Theorie der Gravitation spielt, liegt es nahe, diesen Begriff auch in die Elektrostatik einzuführen (POISSON 1811)[1]. Die einzige Frage, die auch hier wieder auftritt, ist die Berücksichtigung des Auftretens zweier Arten von Ladungen. Wir lösen sie mit W. THOMSON dahin, daß das Potential V in einem Punkte die Arbeit angibt, die geleistet werden muß, um eine positive Punktladung der Größe Eins aus dem Unendlichen in ihn zu bringen. (Vgl. Kap. 4, Ziff. 10.)

Es gelten dann die sinngemäß übertragenen Formeln der Potentialtheorie für die Elektrostatik. Der negative Gradient des Potentials stellt die Kraft auf die positive Einheitsladung dar. Für das Potential selbst gilt die POISSONsche Gleichung:

$$\Delta V = -4\pi\varrho\,, \tag{3}$$

wobei ϱ die Ladungsdichte bedeutet, und die entsprechenden Gleichungen für die Unstetigkeitsflächen (mit der Flächendichte σ bzw. der Doppelschichte vom Moment τ)

$$\frac{\partial V_+}{\partial n_+} + \frac{\partial V_-}{\partial n_-} = -4\pi\sigma\,, \tag{3a}$$

$$V_+ - V_- = 4\pi\tau\,. \tag{3b}$$

Die Punkte gleichen Potentials bilden stetige Flächen, die wir als Äquipotentialflächen bezeichnen. Die elektrische Feldstärke $\mathfrak{E}$, die die Kraft auf eine in den betreffenden Punkt gebrachte positive Ladungseinheit darstellt, steht auf diesen Flächen normal:

$$\mathfrak{E} = -\operatorname{grad} V\,. \tag{4}$$

7. Verteilung der Elektrizität auf Leitern. Kapazität. Elektrische Influenz. Energie eines Systems geladener Konduktoren. Die besondere Rolle, die der Potentialbegriff in der Elektrostatik spielt, beruht darauf, daß nach Herstellung des Gleichgewichtszustandes das Potential im Inneren und an der Oberfläche der Leiter konstant ist. Würde im Inneren eines Leiters eine Potentialdifferenz herrschen, so könnte sich die Elektrizität nicht in einem Gleichgewichtszustand befinden, sondern müßte in Bewegung geraten. Diese Bewegung kann erst aufhören, wenn das Potential im Inneren konstant ist, und da dann $\iint \frac{\partial V}{\partial n}\,dS = 0$, befindet sich alle Ladung an der Oberfläche.

Auf dieselbe Weise erklärt sich auch die Erscheinung der elektrischen Influenz. Bringt man einen Leiter in ein elektrostatisches Feld, so beeinflußt er dieses derart, daß schließlich seine Oberfläche eine Äquipotentialfläche bildet. Außerhalb dieser Fläche steht der Gradient des Potentials, der nach bekannten Sätzen der Potentialtheorie in diesem Bereich im allgemeinen nicht verschwinden kann, auf ihr normal, im Inneren muß er nach dem Obigen verschwinden: Es tritt daher im allgemeinen an der Oberfläche des Leiters eine Flächenladung auf. Diese Influenzerscheinungen sind es, die die Bestimmung des Kraftgesetzes durch die Drehwage komplizieren.

Befindet sich ein Leiter von anderen Ladungen und Leitern genügend entfernt, so daß Influenzwirkungen nicht auftreten können, so folgt aus der Tatsache, daß sich alle Ladung auf der Oberfläche befinden muß und das Potential für den ganzen Konduktor konstant ist, daß dieses lediglich von der dem Leiter

[1] S. D. POISSON, Mém. de l'Institut Bd. 1, S. 163. 1811.

erteilten Ladung und der Gestalt seiner Oberfläche abhängen kann. Aus der Integraldarstellung für das Potential folgt aber leicht, daß dieses linear von der Ladung des Konduktors abhängt. Man definiert daher den Einfluß der Oberfläche des Konduktors durch den Quotienten aus Ladung und Potential, den man als die Kapazität des Konduktors bezeichnet. Das Potential, auf das eine metallische Kugel vom Radius a durch Erteilung der Ladung e gebracht wird, ist nach einfachen Sätzen der Potentialtheorie gleich e/a. Die Kapazität einer Kugel ist also gleich ihrem Radius.

Infolge der Erscheinung der Influenz ist die Kapazität eines Konduktors von der Lage der übrigen Leiter mitbestimmt. Legen wir etwa um eine Metallkugel eine Kugelschale, die wir durch eine leitende Verbindung mit der Erde auf das Potential Null bringen, so wird offenbar die Kapazität der Metallkugel durch das Ins-Endliche-Bringen des früher im Unendlichen herrschenden Nullpotentiales erhöht.

Mit Hilfe des Potentialbegriffs läßt sich die Energie eines Systems geladener Konduktoren, d. h. die Energie, die bei ihrer Entladung frei wird, leicht ausdrücken. Sie ist natürlich gleich der Arbeit, die beim Aufladen des Systems geleistet wurde. Wie bereits erwähnt, folgt aus dem Integralausdruck für das Potential, daß dieses der Ladung proportional ist; wenn wir also eine Anzahl von Konduktoren haben, die die Ladungen e_i tragen und die Potentiale V_i besitzen, so werden diese Konduktoren, wenn sie nur die Ladungen $k e_i$ tragen, die Potentiale kV_i besitzen. Laden wir daher die Konduktoren so auf, daß wir die Ladungsverhältnisse auf den einzelnen Konduktoren von Anfang an den endgültigen Verhältnissen gleichmachen, so ist die Arbeit, die wir leisten müssen, um alle Ladungen von ke_i auf $(k + dk)e_i$ zu bringen, $\sum kV_i e_i dk$. Die gesamte zu leistende Arbeit ist daher

$$A = \tfrac{1}{2}\sum e_i V_i . \tag{4}$$

Mit Hilfe der bisher entwickelten theoretischen Anschauungen lassen sich alle elektrostatischen, auf im lufterfüllten Raum befindliche, geladene Konduktoren bezüglichen Probleme lösen (vgl. Kap. 4).

b) Magnetostatik der permanenten Magnete[1]).

8. Pole. Einheit des magnetischen Pols. Kraftgesetz. Zweifluidatheorie. Ebenso wie die elektrischen Eigenschaften des Bernsteins war auch das sonderbare Verhalten des Magneteisensteins bereits im Altertum bekannt. Bereits 1269 entdeckte PEREGRINUS den fundamentalen Unterschied zwischen den elektrischen und magnetischen Krafterscheinungen. Während ein elektrisierter Körper auf seiner ganzen Oberfläche Kraftwirkungen ausübt, scheinen die Kraftwirkungen eines Magneten in zwei im allgemeinen entgegengesetzten Punkten seiner Oberfläche, den Polen, konzentriert zu sein. Auch die Erde ist ein solcher Magnet (GILBERT l. c. 1600), da kleine drehbar angebrachte Magneten sich an jedem Punkt in die Nord-Südrichtung stellen. Daß genügend kleine Magneten in dem Felde eines bedeutend größeren keiner anziehenden oder abstoßenden, sondern nur einer Richtungskraft unterliegen, weist bereits darauf hin, daß auf den einen Pol des kleinen Magneten die entgegengesetzten Kräfte ausgeübt werden wie auf den anderen. Wir können daher davon sprechen, daß sich in den beiden Polen gleiche Mengen von entgegengesetztem Magnetismus befinden.

Es liegt nahe, in Analogie zu der Theorie der elektrischen Fluida die magnetische Kraftwirkung auf zwei magnetische Fluida zurückzuführen (BRUG-

---

[1]) Vgl. Bd. XV, Kap. 1.

MANS und WILCKE). Diese Analogie findet eine weitere Stütze in der Bestimmung des Kraftgesetzes zwischen zwei Polen durch MICHELL[1]) (1750) und COULOMB (1785)[2]), das ebenfalls dem Quadrat der Entfernung umgekehrt proportional gefunden wurde. Allerdings ist die Methode der Drehwage auch für die Bestimmung des magnetischen Kraftgesetzes keiner großen Exaktheit fähig, da das notwendige Vorhandensein der beiden anderen Pole der verwendeten Magnete die Erscheinungen kompliziert. Erst GAUSS gelang es, unter Verwendung der magnetischen Eigenschaften der Erde, das Gesetz mit größerer Präzision zu statuieren.

Das Kraftgesetz erlaubt uns wieder die Einheit der magnetischen Masse oder den Einheitspol zu definieren. Wir können, analog wie in der Elektrostatik, die Kraft proportional dem Produkt der beiden Polstärken (oder dem Produkt der in den Polen vorhandenen magnetischen Massen) setzen:

$$\mathfrak{F} = \mu \frac{m_1 m_2}{r^2} \cdot \frac{\mathfrak{r}}{r} . \tag{1}$$

Um unsere Einheit wieder einfach in das CGS-System einordnen zu können, setzen wir die Proportionalitätskonstante gleich Eins. Ein magnetischer Einheitspol ist also ein Pol, der einen in der Entfernung von einem Zentimeter befindlichen gleichstarken Pol mit einer Kraft von einem Dyn anzieht bzw. abstößt. Die Dimension von m ist wiederum $\left[L^{\frac{3}{2}} T^{-1} M^{\frac{1}{2}}\right]$.

9. Teilbarkeit der Magneten. Magnetisches Moment. Elementar-Magnetisierung. In der bis jetzt entwickelten Theorie hat die Tatsache noch keinen Ausdruck gefunden, daß jeder Magnet zwei gleichstarke entgegengesetzte Pole besitzt. Auch wenn man einen Magneten zerbricht, besitzen wiederum beide Teilstücke je zwei gleichstarke Nord- und Südpole. Wenn wir also die Stärke eines Magneten charakterisieren wollen, brauchen wir nur die Stärke des einen Poles anzugeben, da der andere dieselbe Stärke besitzt. Nehmen wir einen stabförmigen Magneten, so ist von vornherein klar, daß durch die Angabe der Polstärke der Magnet noch nicht vollständig beschrieben ist; denn seine Kraftwirkung ist noch von der Entfernung der beiden Pole abhängig. Zur vollständigen mathematischen Bestimmung eines Magneten verhilft uns die Erkenntnis, daß ein kleiner, unendlich dünner Stabmagnet der Polstärke 2 m, dessen Pole um die Strecke l voneinander entfernt sind, gleichwertig ist einem Stabmagneten der Polstärke m, dessen Pole voneinander um $2l$ entfernt sind, was unter Zugrundelegen des COULOMBschen Kraftgesetzes leicht zu beweisen ist. Man kann also einen solchen Stabmagneten durch sein magnetisches Moment, das ist das Produkt aus seiner Polstärke, in den Abstand seiner Pole charakterisieren und mathematisch als eine Doppelquelle behandeln. Dieses magnetische Moment ist kein Skalar, sondern ein Vektor, der die Richtung der magnetischen Achse des Magneten besitzt, d. h. die Richtung der Verbindungslinie des Südpols mit dem Nordpol.

Dadurch, daß jeder Magnet, an beliebiger Stelle zerbrochen, zwei neue Magneten liefert, werden wir zu der folgenden Ansicht über die Konstitution der Magneten geführt: Die einzelnen Moleküle eines Magneten sind selbst Elementarmagnete, aus denen sich der Magnet zusammensetzt. Daraus ergibt sich für die magnetischen Fluida, daß sie in die Moleküle eingeschlossen sind, sich zwar innerhalb eines Moleküles bewegen, nicht aber dieses verlassen können [COULOMB[3])].

---

1) G. MICHELL, A Treatise on Artificial Magnets. Cambridge 1750.
2) CH. A. COULOMB, Mém. de l'Acad. S. 593. 1785.
3) CH. A. COULOMB, Mém. de l'Acad. S. 488. 1789.

Schon diese Annahme macht die Theorie der magnetischen Fluida recht kompliziert. Dazu kommt noch die schwere Erklärbarkeit der Permanenz des Magnetismus. Es ist daher viel einfacher, anzunehmen, daß die Moleküle der magnetisierbaren Körper von vornherein Magneten sind, deren Achsen, wenn der Körper nicht magnetisiert ist, regellos verteilt sind, so daß ihre Wirkungen sich gegenseitig aufheben. Die Magnetisierung besteht dann in einer Gleichrichtung der Elementarmagnete. Diese wird nach der Magnetisierung durch zwischen den Molekülen wirkende Kräfte aufrechterhalten [WEBER[1]), MAXWELL[2]), vgl. Ziff. 29]. Für die elementaren Erscheinungen liefern aber beide Theorien dieselben Formeln.

Nach diesen Betrachtungen können wir zur analytischen Charakterisierung eines beliebig geformten Magneten übergehen. Wir können uns jeden Magneten aus infinitesimalen Stabmagneten bestehend vorstellen. Der Einfachheit halber nehmen wir an, daß ein solcher Elementarmagnet ein rechtwinkliges Parallelepiped mit den Kantenlängen dx, dy und dz sei, und daß dx seine magnetische Achse darstelle. Die beiden auf diese Achse normalen Endflächen seien mit der Flächenladung M geladen. Sein magnetisches Moment $\mathfrak{m}$ ist dann gleich $M dx \cdot dy \cdot dz = M\,dv$ und hat die Richtung der X-Achse. Den so definierten Vektor

$$\mathfrak{M} = \frac{\mathfrak{m}}{dv}$$

nennt man die Magnetisierung. Seine Richtung ist in jedem Punkt gegeben durch die Richtung des magnetischen Momentes des dort befindlichen Elementarmagneten, sein Betrag ist gleich dem Betrag des Momentes des Elementarmagneten dividiert durch sein Volumen. Das magnetische Moment des gesamten Magneten ist dann durch

$$\iiint \mathfrak{M}\, dx\, dy\, dz$$

gegeben.

10. Potential. POISSONS äquivalente Verteilung. Energie eines Systems permanenter Magneten. Mit Hilfe der Darstellung eines Magneten durch Angabe seiner Magnetisierung ist es möglich, die Magnetostatik als einen Spezialfall der Theorie des NEWTONschen Potentials zu behandeln. Von der Elektrostatik unterscheidet sie sich dadurch, daß das Elementarpotential nicht das Potential eines Massenpunktes, sondern entsprechend der entwickelten Theorie des Magnetismus das Potential eines infinitesimalen Dipols ist. Um die aus der Existenz von zweierlei Polarten entstehende Zweideutigkeit zu beheben, wird das Potential wiederum definiert als die Arbeit, die geleistet werden muß, um einen Einheits-Nordpol aus dem Unendlichen an die betreffende Stelle zu bringen. Das Potential eines durch die Magnetisierung $\mathfrak{M}$ charakterisierten Magneten lautet dann:

$$V = -\iiint \mathfrak{M} \cdot \operatorname{grad} \frac{1}{r} \cdot dx\, dy\, dz\,, \tag{2}$$

wobei wie gewöhnlich der Differentialoperator grad sich auf die Koordinaten des Aufpunktes bezieht. Beziehen wir ihn jedoch auf die Koordinaten des Dipols, was durch einen Strich angedeutet werden soll; so verkehrt sich natürlich das Vorzeichen.

---

[1]) W. WEBER, Leipziger Ber. Bd. 1, S. 346. 1847; Pogg. Ann. Bd. 73, S. 241. 1848; Bd. 87, S. 175. 1850.

[2]) J. CL. MAXWELL, Treatise on Electricity and Magnetisme, Bd. II, S. 74ff., § 443. Oxford 1873.

Durch Anwendung des GAUSSschen Satzes läßt sich dieser Ausdruck in eine interessante Form bringen:

$$V = \iiint \mathfrak{M} \operatorname{grad}' \frac{1}{r}\, dx\, dy\, dz = -\iiint \frac{1}{r} \operatorname{div} \mathfrak{M}\, dx\, dy\, dz + \iint \frac{1}{r} (\mathfrak{M}\mathfrak{n})\, dS,$$

wo dS ein Element der Oberfläche des Magneten, $\mathfrak{n}$ die dazugehörige nach außen gerichtete Normale bedeutet. Schreiben wir

$$\operatorname{div} \mathfrak{M} = -\varrho \quad \text{und} \quad (\mathfrak{M}\mathfrak{n}) = \sigma,$$

also

$$V = \iiint \frac{\varrho}{r}\, dx\, dy\, dz + \iint \frac{\sigma}{r}\, dS, \tag{2a}$$

so können wir in der ursprünglichen Theorie der magnetischen Fluida sagen, daß ϱ die Volums-, σ die Flächendichte des magnetischen Fluidums darstellt. Die Formel stellt also den Zusammenhang zwischen der Polarisationstheorie und der elementaren Fluidumstheorie dar (äquivalente Verteilung).

Mit Hilfe des Potentials läßt sich leicht die potentielle Energie eines Magneten berechnen, der sich in einem gegebenen magnetischen Felde befindet. Sei V das Potential, nachdem der Magnet bereits an die Stelle gebracht worden ist, und $\mathfrak{M}$ seine Magnetisierung, dann ist die potentielle Energie eines Volumelementes des Magneten, wie leicht ersichtlich:

$$d\Omega = \mathfrak{M} \cdot \operatorname{grad} V\, dx\, dy\, dz. \tag{3}$$

Wollen wir nun die potentielle Energie eines Systems von permanenten Magneten bestimmen, so führt uns eine der oben bei der Bestimmung der Energie eines Systemes geladener Leiter durchgeführten analoge Überlegung zum Ziele (vgl. Ziff. 7). Wir erhalten offensichtlich

$$\Omega = \tfrac{1}{2} \sum \Omega_i, \tag{3a}$$

wo Ω_i das Potential des $i$ten Magneten im resultierenden Felde bedeutet. Analog der elektrischen Feldstärke $\mathfrak{E}$ können wir eine magnetische $\mathfrak{H}$ definieren:

$$\mathfrak{H} = -\operatorname{grad} V. \tag{4}$$

11. Kraftverhältnisse im Inneren eines Magneten. Magnetische Induktion. Magnetisches Vektorpotential. Die Kraftverhältnisse im Inneren eines Magneten sind jedesfalls äußerst komplizierter Natur; denn das Potential muß beim Übergang von einem Molekül zum anderen starke Schwankungen erfahren. Um diesen Schwierigkeiten zu entgehen, sehen wir von der molekularen Struktur der Materie ab und nehmen an, daß die elementaren Magnete infinitesimal sind und den Raum kontinuierlich erfüllen.

Um die Kraft im Inneren eines Magneten zu untersuchen, müssen wir also einen kleinen Hohlraum aus dem Magneten herausbohren, in den wir dann unseren Einheitspol bringen können. Die auf diesen Pol ausgeübte Kraft hängt nun von der Form dieses Hohlraums ab [POISSON 1813 [1]].

Um dies zu erkennen, geben wir dem Hohlraum die Gestalt eines Zylinders, dessen Achse in der Richtung der Magnetisierung liegt. Die Höhe des Zylinders sei l, seine Grundfläche πa^2. Da wir die molekulare Struktur vernachlässigen, können wir leicht eine äquivalente Verteilung der magnetischen Masse angeben, durch die das Feld im Inneren des Hohlraums bestimmt wird. Da der ausgehöhlte Raum im Vergleich zum Magneten klein sein soll, wird die Verteilung der Oberflächenladung an der äußeren Oberfläche des Magneten und die Verteilung der hypothetischen Raumladung nicht geändert. Es tritt lediglich an

[1]) S. D. POISSON, Mém. de l'Acad. Bd. 5, S. 247. 1813.

der Oberfläche des Hohlraums eine Oberflächenladung von der Flächendichte $(\mathfrak{n}\mathfrak{M})$ hinzu. Die Kraft im Inneren des Hohlraums unterscheidet sich also von der aus dem ins Innere des Magneten fortgesetzten Potential abgeleiteten um die aus der letzterwähnten Oberflächenladung folgenden, die

$$2\pi M \frac{l}{2} \int_0^a \frac{2\varrho\, d\varrho}{\sqrt{\left(\frac{l}{2}\right)^2 + \varrho^2}^{\,3}} = 4\pi M \left(1 - \frac{\frac{l}{2}}{\sqrt{\left(\frac{l}{2}\right)^2 + a^2}}\right)$$

beträgt.

Wir können nun zwei Grenzfälle unterscheiden. Zunächst können wir die Oberfläche des Zylinders gegen seine Höhe verschwindend klein machen, dann verschwindet die Zusatzkraft und die im Inneren des Hohlraums wirkende Kraft wird gleich der aus dem Potential abgeleiteten. Sie ist daher die Fortsetzung der magnetischen Kraft $\mathfrak{H}$ ins Innere des Magneten. Machen wir dagegen die Oberfläche groß gegen die Höhe des Zylinders, so ist die Zusatzkraft am größten. Den dadurch definierten Vektor nennen wir den Vektor der magnetischen Induktion $\mathfrak{B}$

$$\mathfrak{B} = \mathfrak{H} + 4\pi\mathfrak{M}. \tag{5}$$

Bilden wir das Oberflächenintegral von $\mathfrak{B}$ über eine geschlossene Fläche, so läßt sich dieses durch die eben abgeleitete Formel in die Summe zweier Oberflächenintegrale zerlegen:

$$\iint (\mathfrak{B}\mathfrak{n})\, dS = \iint (\mathfrak{H}\mathfrak{n})\, dS + 4\pi \iint (\mathfrak{M}\mathfrak{n})\, dS.$$

Aus der Darstellung des Potentials durch die äquivalente Verteilung magnetischer Massen (Gleichung 2a, Ziff. 10) folgt nun leicht, daß

$$\iint (\mathfrak{H}\mathfrak{n})\, dS = -4\pi \iint (\mathfrak{M}\mathfrak{n})\, dS$$

und daher

$$\iint (\mathfrak{B}\mathfrak{n})\, dS = 0,$$

$$\operatorname{div}\mathfrak{B} = 0. \tag{6}$$

Der Vektor $\mathfrak{B}$ ist also im ganzen Raume divergenzfrei. Er ist daher als Rotation eines Vektors darstellbar:

$$\mathfrak{B} = \operatorname{rot}\mathfrak{A}. \tag{7}$$

Den Vektor $\mathfrak{A}$ nennen wir das magnetische Vektorpotential. Da außerhalb des Magneten $\mathfrak{H}$ und $\mathfrak{B}$ gleich sind, ist außerhalb des Magneten auch $\mathfrak{H}$ von $\mathfrak{A}$ ableitbar (vgl. für den weiteren Ausbau den Artikel „Magnetostatik" im Bd. XV ds. Handb.).

c) Der stationäre elektrische Strom.

12. Galvanischer Strom und statische Ladung. Zu den beiden bereits im klassischen Altertum bekannten Grunderscheinungen der elektrischen Aufladung und des permanenten Magnetismus tritt im 18. Jahrhundert eine dritte, deren elektrische Natur bald erkannt wurde. Der erste, der auf sie stieß, war JOHANN GEORG SULZER [1752][1]). Er beobachtete, daß ein Eisen- und ein Bleistab, deren eine Enden sich berühren, mit den freien Enden auf die Zunge gebracht, eine Geschmacksempfindung hervorrufen, die der von Eisenvitriol ähnelt, obwohl diese Metalle einzeln nicht so schmecken. Seine Entdeckung wurde aber nicht weiter verfolgt, wohl deshalb, weil diese Erscheinung mit keiner bekannten in Verbindung zu bringen war.

---

[1]) J. G. SULZER, Mém. de l'Acad. de Berlin S. 356. 1752.

Anders war dies, als GALVANI[1]), während er Froschschenkel sezierte, ebenfalls durch Zufall die Bedingungen für die Entstehung eines elektrischen Stromes herstellte. Er bemerkte das Auftreten der neuen Erscheinung an Konvulsionen der Muskelfasern, die ihn von vornherein an die durch die Entladung elektrisch aufgeladener Konduktoren hervorgerufenen physiologischen Wirkungen erinnerten. Er ordnete die Erscheinung daher sofort unter die elektrischen ein. Bald darauf gelang es VOLTA[2]), die Entstehungsbedingungen klar herauszuarbeiten und so das erste galvanische Element zu konstruieren. Er unterscheidet zwischen trockenen (metallischen) Leitern oder Leitern erster Klasse (Metalle, Kohle) und nassen (elektrolytischen) Leitern oder Leitern zweiter Klasse. Taucht man zwei verschiedene Leiter erster Klasse in einen Leiter zweiter Klasse und bringt man ihre beiden freien Enden in leitende Berührung, so entsteht ein galvanischer Strom.

VOLTA[3]) fand bald eine Methode, um die Wirkung eines Elementes zu verstärken. Er legte die aus je einer durch einen feuchten Pappendeckel voneinander getrennten dünnen Kupfer- und Zinkscheibe bestehenden einzelnen Elemente so aufeinander, daß immer die Kupferscheibe des einen Elementes auf die Zinkscheibe des anderen zu liegen kam. Verbindet man nun die an dem einen Ende übrigbleibende Kupferplatte mit der am anderen Ende liegenden Zinkscheibe, so tritt ein bedeutend stärkerer Strom auf.

Nunmehr gelang es VOLTA, einen direkten Beweis für die elektrische Natur des Vorganges zu erbringen. Er brachte eine isolierte Kupfer- mit einer isolierten Zinkplatte zur Berührung. Beide zeigten nach ihrer Trennung entgegengesetzte elektrische Ladung. Auf diese Erscheinung der Kontaktelektrizität baute VOLTA auch eine Theorie seiner Säule. Nach seiner Vorstellung wird, wenn sich aus der Zinkplatte eine Kupfer- und eine Zinkplatte berühren, die (positive) Elektrizität in die Kupferplatte getrieben. Dadurch geraten die beiden Platten in einen entgegengesetzten elektrischen Spannungszustand. In der VOLTAschen Säule liegen nun die Kupfer-Zinkkombinationen durch die leitenden feuchtenden Pappendeckelscheibchen voneinander getrennt aufeinander, die Kupferscheibe teilt daher durch die trennende feuchte Schicht ihre Spannung der nächstfolgenden Zinkscheibe mit. Daher ist die Spannung der gesamten Säule die Summe der Spannungen der einzelnen Kupfer-Zinkelemente. (Über die Theorie der Elemente vgl. Bd. XI, Kap. 1, und Bd. XIII, Kap. 15).

Die beiden Hauptprobleme der Theorie sind durch diese Ansichten bereits festgelegt. Einerseits ist die Beziehung zwischen elektrischer Ladung und galvanischem Strom genauer zu bestimmen. Andererseits ist die elektrostatische Bedeutung der Spannung zu ermitteln.

Für die Lösung der ersten Frage war es wichtig, daß bald eine Menge von Eigenschaften des galvanischen Stroms bekannt wurden. Zunächst erkannte bereits VOLTA die stationäre Natur des Stroms an dem Andauern der physiologischen Wirkungen, solange der Kontakt zwischen den beiden Enden der Säule hergestellt bleibt.

Dies wurde bestätigt, als NICHOLSON und CARLISLE[4]) (1800) die Elektrolyse entdeckten. Auch diese dauert so lange an, wie der Strom geschlossen ist. Diese Entdeckung des Zusammenhanges zwischen elektrischen und chemischen Erscheinungen führte auch zur Erklärung des dauernden Auftretens des Stroms. Bereits FABRONI hatte erkannt, daß die galvanischen Erscheinungen mit che-

---

[1]) A. GALVANI, Comentarii Bononiensi Bd. 7, S. 363. 1791.

[2]) A. VOLTA, Phil. Trans. Bd. 83, S. 10, 27. 1793; Phil. Mag. Bd. 4, S. 59, 163, 306. 1799.

[3]) A. VOLTA, Phil. Trans. Bd. 90, S. 403. 1800.

[4]) W. NICHOLSON u. A. CARLISLE, Nicholson's Journ. Bd. 4, S. 179. 1800; Phil. Mag. Bd. 7, S. 337. 1800.

mischen Vorgängen enge verknüpft sind, aber erst DAVY[1]) gelang es 1800, nachzuweisen, daß das VOLTAsche Element nur dann wirkt, wenn die Flüssigkeit zwischen den Platten imstande ist, das Zink zu oxydieren. Damit ist das bis dahin paradoxe dauernde Auftreten des Stromes erklärt. Die hierzu notwendige Energie wird von dem parallellaufenden chemischen Prozeß geliefert. Zugleich ist nun der prinzipielle Unterschied zwischen statischen und galvanischen Erscheinungen definiert: Die ersten sind konservativer Natur, diese bedürfen zur Aufrechterhaltung der Energiezufuhr.

Damit ist auch die Ansicht gestärkt, daß der galvanische Strom mit dem Entladungsstrom eines statischen Systems identisch ist. WOLLASTON[2]) gelang es bereits 1801, durch einen solchen Strom Wasser zu elektrolysieren. Nachdem noch eine Anzahl von Experimenten diese Hypothese gestützt hatten, wies FARADAY 1833 durch eine Serie von Experimenten[3]) endgültig nach, daß Entladungsstrom und galvanischer Strom sich in jeder Beziehung gleich verhalten. Seine Untersuchungen lassen sich dahin zusammenfassen, daß die Orte der zeitlichen Änderung der Ladungsdichte die Quellpunkte des elektrischen Stromes ($\mathfrak{i}$ = Stromdichte) sind:

$$\frac{\partial \varrho}{d t} + \operatorname{div} \mathfrak{i} = 0 . \tag{1}$$

Wenn auch FARADAY aus dieser Konstatierung keine weiteren Schlüsse auf die Natur des elektrischen Stromes gezogen hat, so waren doch nicht nur VOLTA, sondern die meisten Theoretiker der Ansicht, daß dieses Resultat darauf hinweist, daß der Strom in einem Fließen der elektrischen Fluida besteht. Demgemäß hätten wir $\mathfrak{i} = \varrho \mathfrak{v}$, wo $\mathfrak{v}$ die Geschwindigkeit der Elektrizität bedeutet, zu setzen. Es wäre dann

$$\frac{\partial \varrho}{\partial t} + \operatorname{div} \varrho \mathfrak{v} = 0 . \tag{1a}$$

Diese Gleichung stellt eine besondere Form des Prinzips der Erhaltung der Ladung dar.

13. Einheit des elektrischen Stroms. Elektrische Leitfähigkeit. OHMsches Gesetz. Stromdichte. Die eben dargelegte Ansicht über den elektrischen Strom ermöglicht uns, im elektrostatischen Maßsystem eine Einheit des elektrischen Stromes zu definieren. Wir geben demjenigen Strome die Stromdichte Eins, bei dem in der Zeiteinheit durch die Flächeneinheit eines zur Stromrichtug senkrechten Querschnittes die Ladungsmenge Eins fließt. Die Dimension der Stromdichte ist daher in diesem Maßsystem:

$$[\mathfrak{i}] = \left[M^{\frac{1}{2}} L^{-\frac{1}{2}} T^{-2}\right] . \tag{2}$$

In dieser Eichdefinition ist allerdings schon das experimentelle Resultat vorweggenommen, daß der elektrische Strom nicht wie die elektrische Ladung an die Oberfläche der Leiter gebunden ist, sondern durch den vollen Querschnitt der Leiter fließt. Die Berechtigung zu dieser Annahme geben uns die Untersuchungen über den Zusammenhang zwischen der Stromstärke und der Gestalt der Leiter. DAVY[4]) gelang es 1821, zu zeigen, daß die Stärke des durch einen Leiter gehenden Stromes proportional seinem Querschnitt und umgekehrt proportional der Länge des Leiters ist. Die Form des Querschnittes spielt dabei

---

[1]) H. DAVY, Nicholson's Journ. Bd. 3, S. 515. 1800; Bd. 4, S. 275. 1801; Gilb. Ann. Bd. 7, S. 114. 1801; Bd. 8, S. 1, 300. 1801; Bd. 11, S. 338. 1802.

[2]) W. H. WOLLASTON, Phil. Trans. Bd. 91, S. 427. 1801.

[3]) M. FARADAY, Experimental Researches in Electricity, Ser. III.

[4]) H. DAVY, Phil. Trans. Bd. 111, S. 433. 1821.

keine Rolle. Daraus folgt, daß der Strom sich gleichmäßig über den Querschnitt des Leiters verteilt. Dies ermöglicht uns die Definition des Vektors der Stromdichte, der die Richtung des Stromes in dem betreffenden Punkte besitzt und dessen Betrag gleich ist der durch ein Flächenelement normal zur Stromrichtung gelegten Stromstärke dividiert durch den Betrag des Flächenelementes. DAVY[1]) fand auch das erst auf Veranlassung von W. THOMSON publizierte Resultat von CAVENDISH[2]) wieder, daß die Leitfähigkeit der verschiedenen Leiter eine verschiedene ist. Er zeigte, daß das Verhältnis der Leitfähigkeiten zweier Leiter nur von deren Substanz und Temperatur, nicht aber von deren Gestalt abhängt, also durch eine Proportionalitätskonstante σ — die spezifische elektrische Leitfähigkeit — ausgedrückt werden kann.

Noch fehlt uns eine wichtige Beziehung. Denn die Stärke des durch einen Leiter fließenden Stromes ist nicht nur von der Beschaffenheit des Leiters, sondern auch von der an ihn gelegten „Spannung" U, d. h. der Anzahl der hintereinandergeschaltenen VOLTAischen Elemente abhängig. OHM[3]) fand, daß die Stärke des den Leiter durchfließenden Stromes J ceteris paribus der Differenz der an den beiden Enden angelegten Spannungen proportional ist. Somit läßt sich diese Beziehung in der folgenden Formel zusammenfassen:

$$J = \frac{q}{l}\,\sigma(U_2 - U_1)\,. \tag{3}$$

In ihr bedeutet q den Querschnitt, l die Länge des Leiters.

Indem OHM verschiedene Punkte eines geschlossenen Stromkreises mit einem Elektroskop verband, konnte er zeigen, daß die Spannung im algebraischen Sinne am positiven Pol der Batterie am größten ist und immer mehr abnimmt, je mehr man sich dem negativen Pole nähert. Es gelang ihm auch, zu zeigen, daß die Beziehung (3), das OHMsche Gesetz, nicht nur für den ganzen Leiter, sondern auch für seine einzelnen Teile gilt, also ein Differentialgesetz ist:

$$J = -\frac{q}{dl}\,\sigma\,dU\,. \tag{3a}$$

14. JOULEsche Wärme. Dimension der Leitfähigkeit und der Spannung. Die bisher entwickelte Theorie des stationären elektrischen Stromes ist aber noch immer unvollständig, da wir den Begriff der Spannung noch nicht völlig erfaßt haben. Das äußert sich z. B. darin, daß wir seine Dimension und daher auch die Dimension der spezifischen Leitfähigkeit noch nicht angeben können. Die hierzu notwendige Brücke zu den elektrostatischen Begriffen wird erst durch energetische Überlegungen geschaffen.

Wir haben bereits darauf hingewiesen, daß ein VOLTAsches Element, dessen Pole leitend verbunden sind, kein konservatives System darstellt, da im Element ein chemischer Prozeß vor sich geht, bei dem Energie frei wird. Die unter Ziff. 12 angeführten Erscheinungen legen die Annahme nahe, daß diese Energie zum Transport der Elektrizität vom einen Pol zum anderen verwendet wird. Auf jeden Fall entsteht aber damit die Frage, was aus dieser Energie wird, da ja direkt durch den Transport der Ladung eine Aufspeicherung von Energie nicht erfolgt. Diese Frage wurde von JOULE[4]) 1841 beantwortet. Er wies nach, daß in einem stromdurchflossenen Leiter Wärme entsteht. Es gelang ihm auch,

[1]) H. DAVY, Phil. Trans. Bd. 111, S. 433. 1821.

[2]) H. CAVENDISH, Phil. Trans. Bd. 76, S. 196. 1776; ferner The Electrical Researches of the Hon. Henry Cavendish.

[3]) J. S. OHM, Pogg. Ann. Bd. 6, S. 459. 1826; Bd. 7, S. 45, 117. 1826; Die galvanische Kette mathematisch bearbeitet. Berlin 1827.

[4]) J. P. JOULE, Phil. Mag. Bd. 19, S. 260. 1841.

die quantitative Beziehung zwischen der in einem Leiter vom Widerstand $R = dl/q\sigma$ pro Zeiteinheit entstehenden Wärmemenge Q und der Stärke des ihn durchfließenden Stromes J anzugeben:

$$Q = R J^2. \tag{4}$$

Diese Beziehung ermöglicht uns zunächst die Ermittlung der Dimension des elektrischen Widerstandes eines Leiters bzw. seiner spezifischen Leitfähigkeit σ, da die Dimension von Q und J [Ziff. 13, Formel (2)] uns bereits bekannt ist:

$$[R] = [L^{-1} T], \qquad [\sigma] = [T^{-1}]. \tag{5}$$

Das OHMsche Gesetz liefert uns nunmehr die Dimension der Spannung

$$[U] = \left[M^{\frac{1}{2}} L^{\frac{1}{2}} T^{-1}\right]. \tag{6}$$

Diese hat also die Dimension des Potentials.

15. Ableitung der Gesetze des stationären Stromes aus den Anschauungen der Elektrostatik. Identität von Spannung und elektrischem Potential. Durch die eben durchgeführten Dimensionsbetrachtungen wird natürlich nahegelegt, die Spannung als Ausdehnung des elektrostatischen Potentialbegriffes auf die Theorie der Erscheinungen des stationären elektrischen Stromes anzusehen. OHM selbst hat l. c. (1827) die Spannung mit der Dichte der elektrischen Ladung an der betreffenden Stelle identifizieren zu können geglaubt. Erst KIRCHHOFF[1]) hat (1849) die Anschauungen der Elektrostatik konsequent weiter entwickelt, so daß die Gesetze der stationär strömenden Elektrizität als ihre unmittelbare Folge erscheinen.

Aus Ziff. 12 folgt, daß, wenn zwei geladene Konduktoren miteinander leitend verbunden werden, ein elektrischer Strom entsteht. Wir gehen also davon aus, daß die beiden Enden eines Leiters elektrisch aufgeladen werden. Damit ein stationärer Zustand erreicht wird, muß diese Ladung irgendwie dauernd aufrechterhalten werden (s. nächste Ziffer). Das Potential V, das dieser Aufladung entspricht, wird nun im allgemeinen im Inneren des Leiters nicht konstant sein. Die Elektrizität im Inneren des Leiters befindet sich daher nicht im Gleichgewicht und wird sich im Inneren des Leiters bewegen müssen. Über diese Bewegung brauchen wir nur die eine Annahme zu machen, daß die Bewegung in der Richtung der resultierenden elektrischen Kraft vor sich geht, und daß im Gleichgewichtszustand, den wir allein untersuchen, der Strom unter sonst gleichen Umständen dem durchflossenen Querschnitt proportional ist. Wir erhalten so unmittelbar das OHMsche Gesetz in seiner Differentialform:

$$J = -L\sigma \operatorname{grad} V. \tag{3b}$$

Die Proportionalitätskonstante σ erweist sich somit als die bereits eingeführte spezifische Leitfähigkeit.

Diese Ableitung des OHMschen Gesetzes erlaubt aber sofort seine Verallgemeinerung, d. h. die Aufstellung des Gesetzes, nach dem die Elektrizität in einem beliebig gestalteten Leiter stationär strömt. Da der Zustand ein stationärer ist, darf sich an keiner Stelle des Leiters elektrische Ladung ansammeln. Daher

$$\left.\begin{aligned} &\frac{\partial \varrho}{\partial t} = 0, \qquad \text{also nach Gleichung 1a, Ziff. 12} \\ &\operatorname{div} \mathfrak{i} = \Delta V = 0. \end{aligned}\right\} \tag{7}$$

Für das Potential im Inneren eines von einem stationären elektrischen Strom durchflossenen Leiter gilt also ebenfalls die LAPLACEsche Differentialgleichung.

---

[1]) G. KIRCHHOFF, Pogg. Ann. Bd. 78, S. 506. 1849.

Daraus folgt unmittelbar, daß sich auch im Inneren eines solchen Leiters keine elektrischen Ladungen befinden. Dieselbe Überlegung liefert auch die Randbedingung für die Oberfläche des Leiters (natürlich mit Ausnahme der Stellen, an denen die Ladung „künstlich" aufrechterhalten wird). Da auch dort keine Ladung entstehen darf, durch die Oberfläche aber kein Strom gehen kann, muß sein:

$$\frac{\partial V}{\partial \mathfrak{n}} = 0\,. \tag{7a}$$

(Die Grenzbedingung für den Fall, daß zwei Leiter aneinandergrenzen, s. nächste Ziffer).

Mit Hilfe der entwickelten Theorie erhalten wir eine wichtige Umformung des Ausdruckes (4), Ziff. 14 für die JOULEsche Wärme. Schreiben wir diesen Ausdruck zunächst in differentieller Form:

$$dQ = \frac{ds}{\sigma\, dq}(\mathfrak{i}\, dq)^2,$$

wo dq das normal zur Stromrichtung stehende Flächenelement, ds das in dieser Richtung gelegene Streckenelement bedeutet. Aus (3b) folgt dann:

$$Q = \iiint \sigma \operatorname{grad}^2 V\, dx\, dy\, dz\,, \tag{3c}$$

was mit Hilfe des GREENschen Satzes und (7) zu

$$Q = -\iint\limits_S \sigma V \frac{\partial V}{\partial \mathfrak{n}}\, dS$$

wird, worin das Oberflächenintegral über die Oberfläche des Leiters zu erstrecken ist und $\mathfrak{n}$ die nach außen weisende Normale bedeutet.

Diesen Ausdruck für die JOULEsche Wärme kann man nun mit Hilfe einer von CLAUSIUS[1]) stammenden Überlegung auch aus den elektrostatischen Anschauungen ableiten und damit die Identität von Spannung und elektrischem Potential erhärten. Dabei haben wir nur anzunehmen, daß die gesamte von den elektrischen Kräften geleistete Arbeit sich in Wärme umsetzt. Nach Ziff. 6 ist die Arbeit, die vom elektrischen Feld geleistet wird, wenn die positive Ladungseinheit vom Potential V_1 auf das Potential V_2 gebracht wird, gleich $V_1 - V_2$. Die Formel (7) zeigt nun, daß wir die stationäre Strömung der Elektrizität ($\partial \varrho/\partial t = 0$) als die wirbelfreie Strömung einer inkompressiblen Flüssigkeit auffassen können. Wir können uns also in Analogie zu diesem Falle Stromlinien konstruieren, in denen die Elektrizität von der Fläche S_1 (Potential V_1), das ist der Teil der Oberfläche des Leiters, der positiv aufgeladen, zum Teil S_2 (Potential V_2), der negativ aufgeladen wird, strömt. Eine solche Stromlinie schneide auf S_1 das Element dS_1 aus, durch das pro Zeiteinheit die Elektrizitätsmenge $\sigma \frac{\partial V}{\partial \mathfrak{n}_1} dS_1$ fließt, auf $S_2\, dS_2$, durch das $\sigma \frac{\partial V}{\partial \mathfrak{n}_2} dS_2$ fließt. Diese beiden Elektrizitätsmengen müssen dem Betrage nach gleich sein. Die pro Zeiteinheit in dieser Stromröhre geleistete Arbeit ist also $dA = \sigma \frac{\partial V}{\partial \mathfrak{n}_2} dS_2 (V_1 - V_2)$, daher die gesamte $\iint\limits_{S_2} \sigma (V_1 - V_2) \frac{\partial V}{\partial \mathfrak{n}_2} dS_2$. Da $\mathfrak{n}_1$ der Stromrichtung entgegengesetzt gerichtet ist, während $\mathfrak{n}_2$ in ihr liegt und an der übrigen Oberfläche $\partial V/\partial \mathfrak{n} = 0$, lassen sich diese beiden Flächenintegrale in ein über die ganze Oberfläche des Leiters erstrecktes Flächenintegral zusammenziehen:

$$A = -\iint\limits_S \sigma V \frac{\partial V}{\partial \mathfrak{n}}\, dS\,.$$

[1]) R. CLAUSIUS, Pogg. Ann. Bd. 86, S. 337. 1852; Bd. 87, S. 415. 1852.

Dieses ist aber identisch mit dem von KIRCHHOFF angegebenen Ausdruck für die JOULEsche Wärme.

Damit ist eine einheitliche Theorie für die Erscheinungen der ruhenden und der stationär strömenden Elektrizität erzielt.

16. Bedingung an einer gemeinsamen Grenzfläche zweier Leiter. Elektromotorische Kraft. Eingeprägte elektrische Kraft. Wir haben bisher die Annahme gemacht, daß der zwischen Eintritts- und Austrittsstelle des Stromes gelegene Leiter homogen ist. Ist dies nicht der Fall, so muß die Gleichung sinngemäß geändert werden, d. h. derart, daß der Strom auch in diesem Falle überall divergenzfrei ist. Also:

$$\operatorname{div} \sigma \mathfrak{E} = \frac{\partial}{\partial x} \sigma \frac{\partial V}{\partial x} + \frac{\partial}{\partial y} \sigma \frac{\partial V}{\partial y} + \frac{\partial}{\partial z} \sigma \frac{\partial V}{\partial z} = 0,$$

wobei σ eine Funktion der Koordinaten sein kann. Grenzen zwei Leiter aneinander, so folgt daraus als Grenzbedingung:

$$\sigma_1 \frac{\partial V_1}{\partial \mathfrak{n}_1} + \sigma_2 \frac{\partial V_2}{\partial \mathfrak{n}_2} = 0.$$

Diese Gleichung gilt auch an der „freien" Oberfläche, da an ihr der Leiter an einen Isolator grenzt, in dem $\sigma_2 = \emptyset$.

Die bisherigen Betrachtungen zeigen deutlich den Unterschied, der in der Auffassung der Leiter in der Elektrostatik und in der Lehre von der strömenden Elektrizität besteht. Während in jener alle Leiter als physikalisch gleichwertig aufgefaßt werden, unterscheidet diese die Körper nach dem Grad ihrer Leitfähigkeit. Es gibt aber auch statische Phänomene, bei denen die verschiedene physikalische Natur der Leiter eine Rolle spielt. Auf ihr beruht z. B. die von VOLTA[1]) entdeckte elektrische Kontaktkraft. Diese mit dem chemischen Verhalten der Leiter eng zusammenhängende Erscheinung läßt sich darauf zurückführen, daß man dem einen Leiter eine stärkere Anziehungskraft für die positive, dem anderen eine stärkere für die negative Elektrizität zuspricht. An der Grenzfläche der beiden Leiter bildet sich dann nach dieser Auffassung eine Doppelschicht aus, die den Potentialsprung hervorruft [HELMHOLTZ[2])]. Im statischen Fall muß sich jeder einzelne Leiter natürlich auf einem konstanten Potential befinden, was zur Folge hat, daß auch seine Oberfläche positiv bzw. negativ geladen ist. Grenzen n Leiter derart aneinander, daß jeder Leiter an zwei andere grenzt, dann folgt daraus die ebenfalls bereits von VOLTA experimentell gefundene Beziehung:

$$U_{12} + U_{23} + \cdots U_{k,k+1} \cdots + U_{n1} = 0,$$

wo $U_{k+1} - U_k = U_{k,k+1}$ den Potentialsprung zwischen dem $k$ten und dem $(k+1)$ten Leiter bedeutet.

Hieraus folgt als weitere Grenzbedingung für die Grenzfläche zweier Leiter

$$V_2 - V_1 = U_{12}.$$

Ein derartiger Kreis chemisch und physikalisch homogener Leiter liefert also auf die Dauer keine elektromotorische Kraft. Er wird lediglich während der Zeit, in der sich die Doppelschicht und die Verteilung der Elektrizität, die an der Oberfläche zur Aufrechterhaltung des elektrostatischen Gleichgewichtes notwendig ist, ausbilden, von Strom durchflossen. Eine dauernde elektromotorische Kraft tritt erst auf, wenn die Homogenität des Kreises zerstört und auf

---

[1]) Zuerst entdeckt von A. BENETT, New experiments on electricity, S. 86ff. 1789.

[2]) H. v. HELMHOLTZ, Wied. Ann. Bd. 7, S. 337. 1879.

diese Weise dauernd elektrische Energie zugeführt wird. Dies kann man z. B. dadurch erreichen, daß man in ihn einen elektrolytischen Leiter einschaltet (vgl. Ziff. 12). Ist dann der ganze Leiterkreis geschlossen, so ist der Durchgang des nichtstationären Stromes, der zur Ausbildung des Gleichgewichtszustandes notwendig ist, durch den elektrolytischen Leiter mit chemischen Prozessen verbunden, bei denen Energie frei wird. Diese Energie äußert sich in einer ständigen Aufladung der an den elektrolytischen angrenzenden metallischen Leiter mit verschiedenartiger Elektrizität. Hierdurch wird in dem übrigen Leiterkreis dauernd eine elektromotorische Kraft aufrechterhalten (vgl. Bd. XIII, Kap. 13). Diese elektrische Kraft können wir aus den elektrischen Bedingungen des Systems allein nicht ableiten, sie ist dem System von außen eingeprägt. Man bezeichnet sie daher als eingeprägte elektrische Kraft. Diese Bezeichnung lehnt sich an die analoge in der Mechanik an. Auch bei mechanischen Problemen treten oft Kräfte auf, die aus dem vorliegenden mechanischen System nicht ableitbar sind. Will man derartige Kräfte in das mechanische System einbeziehen, so gibt es zweierlei Möglichkeiten. Entweder es gelingt das dadurch, daß man das System erweitert. So kann man die Gravitation in ein elastisches Problem als äußere eingeprägte Kraft einführen, aber auch die Erde in das betrachtete System einbeziehen. Oder aber man ist genötigt, eine ganze Gruppe von Erscheinungen mechanisch zu deuten (z. B. kinetische Gastheorie). Ebenso ist es in der Elektrizitätstheorie. Auch hier kann man eingeprägte elektrische Kräfte oft dadurch zu Systemkräften machen, daß man das System erweitert, so z. B. wenn die einem Leiter eingeprägte elektrische Kraft von einer magnet-elektrischen Maschine stammt. In unserem und in dem gleich zu erwähnenden Fall wäre es aber zur Einordnung der Kraft in das elektrische System notwendig, eine elektrische Theorie der Materie zu entwickeln. Vgl. Kap. 2, Ziff. 42. In der Vermeidung derartiger Komplikationen liegt die Bedeutung der Einführung des Begriffes der eingeprägten elektrischen Kraft.

17. Die thermoelektrischen Erscheinungen. Ein weiteres Beispiel für die Einprägung elektromotorischer Kräfte in einem Leiterkreis durch Zuführung nichtelektrischer Energie bildet das 1822 von SEEBECK[1]) entdeckte Phänomen des Thermostromes (vgl. Bd. XIII, Kap. 6). Erhitzt man die Lötstelle zweier Metalle und stehen die beiden anderen Enden in leitendem Kontakt, so wird der Kreis von einem Strom durchflossen. Die der Kontaktfläche der beiden Metalle zugeführte Wärmemenge wird hierbei offenbar z. T. in elektrische Energie umgesetzt. Die umgekehrte Erscheinung wurde 1834 von PELTIER[2]) aufgefunden. Schickt man einen Strom durch die Kontaktfläche zweier Leiter, so wird in dieser Wärme entwickelt oder absorbiert, je nachdem ob der Strom entgegen oder in der Richtung des bei Erhitzung der Kontaktfläche auftretenden Thermostromes fließt. Schon durch diese Reversibilität unterscheidet sich also der Peltiereffekt von dem Auftreten der JOULEschen Wärme, von dem er sich auch quantitativ unterscheidet, da die entwickelte Wärmemenge der Stromstärke direkt proportional ist

$$Q = \Pi_{12} J .$$

Π_{12} ist also die Wärme, die von der Kontaktfläche der Metalle 1 und 2 in der Zeiteinheit absorbiert wird, wenn sie von der Stromeinheit durchflossen ist. Aus der Proportionalität der entstehenden Wärmemenge mit dem die Fläche durchfließenden Strom folgt unmittelbar, daß $J\,\Pi_{12}$ die an der Kontaktfläche herrschende Potentialdifferenz darstellt (J = mechanisches Wärmeäquivalent).

[1]) T. J. SEEBECK, Abhandlgn. d. Berl. Akad. 1822/23; Gilb. Ann. Bd. 73, S. 115. 1823; Bd. 6, S. 1, 133, 253. 1826.

[2]) J. CH. PELTIER, Ann. de chim. Bd. 56, S. 371. 1834.

Betrachten wir einen Kreis metallischer Leiter, die sich alle auf derselben Temperatur befinden, so wird dieser von keinem Strom durchflossen. Daher gilt:

$$\Pi_{12} + \Pi_{23} + \cdots \Pi_{n1} = 0 .$$

Man kann daher alle Peltierkoeffizienten auf ein beliebiges Standardmaterial beziehen. Der Koeffizient für zwei bestimmte Metalle ergibt sich dann als Differenz der Koeffizienten der beiden Metalle:

$$\Pi_{12} = \Pi_2 - \Pi_1 .$$

Natürlich sind diese Koeffizienten außerdem noch Funktionen der Temperatur, wie sich ja aus dem Auftreten des Thermostromes unmittelbar ergibt. Doch ist diese Abhängigkeit komplizierter Natur. CUMMING[1]) fand 1823, daß die elektromotorische Kraft an der erhitzten Kontaktfläche mit der Temperatur zunächst zunimmt, bei einer bestimmten Temperatur ein Maximum erreicht, dann abnimmt und schließlich sogar in die entgegengesetzte umschlägt. Es gibt also insbesondere eine Temperatur, bei der an der Kontaktfläche kein Sprung besteht. Entsprechend tritt auch bei dieser Temperatur kein Peltiereffekt auf.

Eine theoretische Erfassung dieser Vorgänge wäre auf zweierlei Weise möglich. Da ja die Wärmeenergie in der Bewegungsenergie der Bausteine der Materie besteht, ist es klar, daß auch die Einordnung dieses Erscheinungsgebietes in die Theorie der Elektrizität, d. h. die Deutung der eingeprägten thermoelektrischen Kräfte auf rein elektrischer Grundlage die Ausbildung der elektrischen Theorie der Materie verlangt (vgl. Kap. 2, Ziff. 42). Solange diese nicht möglich ist, oder soweit man diese vermeiden möchte, bleibt nur die thermodynamische Behandlung, wie sie von W. THOMSON[2]) entwickelt worden ist. Dieser faßt den thermoelektrischen Stromkreis als thermische Maschine auf. Die vom elektrischen Strom geleistete Arbeit wird dadurch hervorgerufen, daß Wärme in Arbeit verwandelt wird. Dann verlangt der zweite Hauptsatz, daß von den heißen Stellen zu den kälteren Wärme übertragen wird. Der gesamte Wärmeumsatz besteht aus der entstehenden JOULEschen Wärme und dem Peltiereffekt. Hiervon ist jene irreversibel, während dieser einen reversiblen Prozeß darstellt. Macht man den fließenden Strom schwach genug, so kann man, da die JOULEsche Wärme eine quadratische, der Peltiereffekt eine lineare Funktion der Stromstärke ist, jene gegen diesen vernachlässigen. Der Prozeß ist dann reversibel und daher gilt

$$\frac{\Pi_{12}(T + \Delta T)}{T + \Delta T} - \frac{\Pi_{12}(T)}{T} = 0 ,$$

$$T \frac{\Pi_{12}(T + \Delta T) - \Pi_{12}}{\Delta T} = \Pi_{12}(T) .$$

Der Peltiereffekt wäre also proportional der Temperatur. Da dies nicht der Fall ist, schloß THOMSON, daß ein analoger Effekt auch in einem homogenen Leiter auftreten müsse, in dem ein Temperaturgefälle herrscht. Er definierte deshalb die spezifische Wärme der Elektrizität $S_1(T)$, die angibt, daß die Wärme $S_1(T)\Delta T$ absorbiert wird, wenn die elektrische Ladungseinheit von einem Punkte des Leiters 1, der sich auf der Temperatur T befindet, zu einem Punkte der Temperatur $T + \Delta T$ strömt. Daher wird jetzt

$$\frac{\Pi_{12}(T + \Delta T)}{T + \Delta T} - \frac{\Pi_{12}(T)}{T} + [S_2(T) - S_1(T)] \frac{\Delta T}{T} = 0 .$$

---

[1]) J. CUMMING, Trans. Cambr. Phil. Soc. Bd. 2, S. 47. 1823.

[2]) W. THOMSON, Proc. Roy. Soc. Edinb. Bd. 3, S. 91. 1851. Diese und die weiteren Arbeiten abgedruckt in Lord Kelvin's Math. and Phys. Papers Bd. I, II.

Da die Prozesse im Inneren der Leiter 1 und 2 voneinander unabhängig sind, ergibt sich ferner die folgende Differentialbeziehung zwischen dem Peltierkoeffizienten und den $S_i(T)$

$$S_i(T) = T \frac{d}{dT} \frac{\Pi_i(T)}{T}.$$

Weiteres s. Bd. XIII, Kap. 6.

II. Die Wechselwirkungen zwischen elektrischen Strömen und Magneten und die elektrische Natur der magnetischen Erscheinungen. Die Notwendigkeit der Einführung des Feldbegriffes.

a) Die ponderomotorischen Wirkungen des elektrischen Stromes.

18. Die Kraft eines unendlich langen elektrischen Stromes auf einen Magneten. Das Biot-Savartsche Gesetz. Schon in der ersten Hälfte des 18. Jahrhunderts wurden Erscheinungen bekannt, die auf einen Zusammenhang zwischen den Erscheinungen des elektrischen Stromes und den magnetischen hinwiesen. So beobachtete 1731 ein Kaufmann aus Wakefield, daß Stahl durch einen Blitz magnetisiert wurde[1]. Aber erst 1820 gelang es Oersted[2], nach 13jähriger Arbeit den Zusammenhang zwischen galvanischem Strom und Magnetismus zu entdecken. Er ließ einen Strom in nord-südlicher Richtung durch einen über einen Magneten geführten Leiter fließen und fand, daß die Magnetnadel nach Westen abgelenkt wird. Legte er den Leiter unter den Magneten, so wurde die Nadel nach Osten abgelenkt. Mit dieser qualitativen Feststellung, daß sich um einen stromdurchflossenen Leiter ein magnetischer Wirbel bildet, dessen Drehsinn durch die Schraubung einer rechtsgängigen Schraube in die Stromrichtung dargestellt wird, begnügte sich Oersted.

Biot und Savart[3]) führten seine Untersuchungen noch im selben Jahre in quantitativer Hinsicht fort. Sie untersuchten zunächst die Kraftwirkung eines unendlich langen vertikalen (also auf der Magnetnadel senkrecht stehenden) Stromes auf einen Magnet. Sie fanden diese invers proportional dem Abstand der Nadel vom Leiter a. Um noch die Abhängigkeit der Kraft von der Neigung des Leiters gegen den Magneten zu erhalten, führten sie den Leiter in der durch die Achse der Magnetnadel gehenden Vertikalebene in einer Geraden bis zum Durchstoßpunkt mit der Verlängerung der magnetischen Achse, knickten ihn dort symmetrisch ab und führten ihn wieder geradlinig weiter. Es sei der Winkel der Geraden mit der Verlängerung der Achse über den Knickpunkt hinaus α, dann ist die auf einen Pol der Nadel ausgeübte Kraft proportional $\frac{1}{a} \operatorname{tg} \frac{\alpha}{2}$, wo a die Entfernung des Knickpunktes von der Nadel bedeutet. Wir können mit Ampère die Kraft der Stromstärke proportional setzen und bekommen so, wenn

---

[1]) Phil. Trans. Bd. 39, S. 74. 1735.

[2]) H. Chr. Oersted, Schweiggers Journ. f. Chem. u. Phys. Bd. 29, S. 275. 1820; Thomson's Ann. of Phil. Bd. 16, S. 273. 1820.

[3]) J. B. Biot u. F. Savart, Ann. d. chim. Bd. 15, S. 222. 1820; Journ. de Phys. Bd. 41, S. 51.

wir die gesamte Proportionalitätskonstante gleich Eins setzen, eine neue Definition der Stromeinheit, die sich, wie sich später herausstellte, von der elektrostatischen um eine, nicht dimensionslose Proportionalitätskonstante unterscheidet (vgl. Ziff. 23).

Aus diesem Integralgesetz läßt sich das von den beiden Forschern angegebene Elementargesetz, das die Wirkung eines Stromelementes $d\mathfrak{s}$ auf einen in der Entfernung $\mathfrak{r}$ befindlichen Magnetpol der Stärke m angibt, durch Differentiation nach dem Längenelement ds des Leiters, natürlich nicht eindeutig, bestimmen. Sie wählten das einfachste:

$$\mathfrak{F} = \frac{Jm}{r^3}[d\mathfrak{s}\,\mathfrak{r}]. \tag{1}$$

Dieser ponderomotorischen Kraft entspricht eine vom Stromelement stammende magnetische Feldstärke

$$\mathfrak{H} = \frac{J}{r^3}[d\mathfrak{s}\,\mathfrak{r}] = \operatorname{rot}\frac{J\,d\mathfrak{s}}{r}. \tag{1a}$$

$\mathfrak{H}$ läßt sich also im ganzen Raum von einem elementaren Vektorpotential

$$\mathfrak{A} = \frac{J\,d\mathfrak{s}}{r} \tag{1b}$$

ableiten. Da hier $\mathfrak{H} = \mathfrak{B}$, bleibt der Satz von der Quellenfreiheit von $\mathfrak{B}$ aufrecht.

Um diese Kraft nun tatsächlich als magnetische Kraft ansprechen zu können, müssen wir uns davon überzeugen, daß sie alle Eigenschaften der magnetischen Kraft besitzt. Tatsächlich ist dies der Fall. ARAGO[1]) wies noch im selben Jahre nach, daß durch sie weiches Eisen magnetisiert wird. Ebenfalls im selben Jahre zeigte OERSTED[2]), daß sie dem Reaktionsprinzip NEWTONS gehorcht, d. h. daß ein Magnet dieselbe Kraft auf einen stromdurchflossenen Leiter ausübt. (Auf diese Weise ist das Elementargesetz überprüfbar.) Es bleibt nun nur noch nachzuweisen, daß zwei stromdurchflossene Leiter aufeinander entsprechend ihren magnetischen Kräften wirken.

19. Wirkung zweier stromdurchflossener Leiter aufeinander. Noch im Jahre 1820 nahm AMPÈRE die Untersuchungen über diesen Gegenstand auf und publizierte 1825 seine Resultate[3]). Seine experimentellen Ergebnisse faßt er in die folgenden vier Gesetze zusammen:

1. Die Wirkung eines Stromes bleibt dem Betrage nach dieselbe, wird aber entgegengesetzt gerichtet, wenn die Stromrichtung verkehrt wird.

2. Die Wirkung eines Stromes wird durch kleine Verbiegungen des Leiters nicht verändert.

3. Die Wirkung, die ein geschlossener Stromkreis auf ein Element eines zweiten ausübt, steht auf diesem senkrecht.

4. Die zwischen zwei Stromelementen wirkende Kraft bleibt unverändert, wenn alle linearen Dimensionen proportional verändert werden, wobei die Stromstärken gleich zu halten sind.

Aus diesen vier Gesetzen leitet nun AMPÈRE unter Hinzufügung des Reaktionsprinzipes und unter der Annahme, daß die zwischen zwei Stromelementen wirkende Kraft in der Richtung ihrer Verbindungslinie liegt, das für diese Kraft geltende Gesetz ab.

$d\mathfrak{s}_1$, $d\mathfrak{s}_2$ seien die Elemente, J_1 und J_2 die Stromstärken der beiden Kreise. Aus 2 folgt, daß der Ausdruck für die Kraft $\mathfrak{F}$ in $d\mathfrak{s}_1$ linear und homogen,

---

[1]) F. ARAGO, Ann. de chim. Bd. 15, S. 93. 1820.

[2]) H. CHR. OERSTED, l. c. S. 364 bzw. 375.

[3]) A. M. AMPÈRE, Mém. de l'Acad. Bd. 6, S. 175. 1825; Recueil d'observations électrodynamiques.

aus dem Reaktionsprinzip, daß sie in $d\mathfrak{s}_1$ und $d\mathfrak{s}_2$ symmetrisch sein muß. Aus 1, 2 und der Annahme, daß die Kraft die Richtung von $\mathfrak{r}$ haben muß, folgt daher:

$$\mathfrak{F} = CJ_1 J_2[(d\mathfrak{s}_1 d\mathfrak{s}_2)\,\varphi(r) + (d\mathfrak{s}_1\mathfrak{r})(d\mathfrak{s}_2\mathfrak{r})\,\psi(r)]\,\mathfrak{r}\,,$$

wo $\varphi(r)$ und $\psi(r)$ zwei zunächst beliebige Funktionen von r sind. Aus 4 folgt, daß

$$\varphi(r) = \frac{A}{r^3}\,, \qquad \psi(r) = \frac{B}{r^5}\,.$$

Zur Bestimmung der Konstanten A und B bleibt noch die Berücksichtigung des dritten Gesetzes. Dieses verlangt, daß, wenn man $\mathfrak{F}$ über den ganzen Stromkreis $\mathfrak{s}_1$ integriert, wobei $d\mathfrak{s}_2$ festzuhalten, also $d\mathfrak{s}_1 = -d\mathfrak{r}$ ist, die in die Richtung von $d\mathfrak{s}_2$ fallende Komponente der Integralkraft verschwindet. Also:

$$= C\oint\limits_{\mathfrak{s}_1}\left[\frac{A}{r^3}(d\mathfrak{s}_1 d\mathfrak{s}_2)(\mathfrak{r}\,d\mathfrak{s}_2) + \frac{B(d\mathfrak{s}_1\mathfrak{r})(d\mathfrak{s}_2\mathfrak{r})^2}{r^5}\right] = 0\,.$$

Daher muß

$$-\frac{A}{2r^3}\,d(\mathfrak{r}\,d\mathfrak{s}_2)^2 + \frac{B}{r^5}(d\mathfrak{s}_1\mathfrak{r})(d\mathfrak{s}_2\mathfrak{r})^2$$

ein vollständiges Differential sein. Daher

$$B = -\tfrac{3}{2}A\,.$$

So ergibt sich das AMPÈREsche Elementargesetz:

$$\mathfrak{F} = CJ_1 J_2\mathfrak{r}\left\{\frac{d\mathfrak{s}_1 d\mathfrak{s}_2}{r^3} - \frac{3}{2}\,\frac{(d\mathfrak{s}_1\mathfrak{r})(d\mathfrak{s}_2\mathfrak{r})}{r^5}\right\}. \tag{2}$$

Durch Wahl einer bestimmten Proportionalitätskonstanten C wird das Maßsystem festgelegt. Mit $C = -1$ erhält man das elektrodynamische Maßsystem, bei dem zwei Einheitsstromkreise ($\int J_1\,d\mathfrak{s}_1 = \int J_2\,d\mathfrak{s}_2 = 1$), die beide auf $\mathfrak{r}$ senkrecht stehen und voneinander um die Längeneinheit entfernt sind, mit der Kraft eins aufeinanderwirken, mit $C = -2$ das elektromagnetische System. Wir wählen im folgenden das zweite, das bereits dem Ausdruck für das BIOT-SAVARTsche Gesetz zugrunde gelegt wurde (vgl. Ziff. 18 u. 21).

In dieser Ableitung des Elementargesetzes ist es die Annahme, daß die Elementarkraft in der Richtung von $\mathfrak{r}$ liegt, die die Willkürlichkeit in der Ableitung des Differentialgesetzes aus dem Integralgesetz behebt. Diese Annahme ist aber selbst willkürlich. Auch unter Aufrechterhaltung des Prinzipes, daß die Kraft auf $d\mathfrak{s}_2$ der auf $d\mathfrak{s}_1$ dem Betrage nach gleich, aber entgegengesetzt gerichtet sein soll, kann man noch andere Elementargesetze ableiten. Denn diese Annahme verlangt nur, daß der Ausdruck für $\mathfrak{F}$ in $d\mathfrak{s}_1$ und in $d\mathfrak{s}_2$ linear und homogen sein soll. Man kann also, da man Terme der Form

$$\varphi(r)(d\mathfrak{s}_1\mathfrak{r})\,d\mathfrak{s}_2 \qquad \text{bzw.} \qquad d[\chi(r)(d\mathfrak{s}_2\mathfrak{r})\,\mathfrak{r}]$$

hinzufügen kann, ohne die Richtung der Integralkraft zu ändern, $\mathfrak{F}$ um eine in $d\mathfrak{s}_1$ und $d\mathfrak{s}_2$ lineare und homogene Kombination der Terme vermehren. Dies ergibt als allgemeinen Ausdruck für $\mathfrak{F}$ unter Aufrechterhaltung des Prinzips der Reaktion:

$$\left.\begin{aligned}\mathfrak{F} = -J_1 J_2\mathfrak{r}\left[\frac{2}{r^3}(d\mathfrak{s}_1 d\mathfrak{s}_2) - \frac{3}{r^5}(d\mathfrak{s}_1\mathfrak{r})(d\mathfrak{s}_2\mathfrak{r})\right] + \chi(r)\,[(d\mathfrak{s}_2\mathfrak{r})\,d\mathfrak{s}_1 + (d\mathfrak{s}_1\mathfrak{r})\,d\mathfrak{s}_2 \\ + (d\mathfrak{s}_1 d\mathfrak{s}_2)\,\mathfrak{r}'] + \frac{1}{r}\chi'(r)(d\mathfrak{s}_1\mathfrak{r})(d\mathfrak{s}_2\mathfrak{r})\,\mathfrak{r}\,.\end{aligned}\right\} \tag{2a}$$

Eine noch weitergehende Kritik an der Verwendung des NEWTONschen Prinzips der Zentralkräfte übte GRASSMANN[1]). Er hält die Hypothese, daß die

[1]) H. GRASSMANN, Pogg. Ann. Bd. 64, S. 1. 1845.

Richtung der Kraft mit der Verbindungslinie der wirkenden Elemente zusammenfällt, nur bei punktförmigen Massen für geboten. Wirken zwei „Linienteile" aufeinander, so erscheint sie ihm willkürlich. Um die von ihm aufgestellte Übertragung der NEWTONschen Prinzipien auf den vorliegenden Fall zu zeigen, gehen wir von dem von ihm aufgestellten Elementargesetz aus. Dieses erhält man, wenn man in der Gleichung 2a $\chi(r) = \frac{J_1 J_2}{r^3}$ einsetzt, daraus:

$$\mathfrak{F} = \frac{J_1 J_2}{r^3}\{(d\mathfrak{s}_1 \mathfrak{r})\, d\mathfrak{s}_2 + (d\mathfrak{s}_2 \mathfrak{r})\, d\mathfrak{s}_1 - (d\mathfrak{s}_1\, d\mathfrak{s}_2)\mathfrak{r}\} = \frac{J_1 J_2}{r^3}[d\mathfrak{s}_2 [d\mathfrak{s}_1 \mathfrak{r}]], \tag{2b}$$

läßt man in der Klammer den ersten Summanden $(d\mathfrak{s}_1 \mathfrak{r})\, d\mathfrak{s}_2$ fort, so erhält man das GRASSMANNsche Elementargesetz:

$$\mathfrak{F} = \frac{J_1 J_2}{r^3}\{(d\mathfrak{s}_2 \mathfrak{r})\, d\mathfrak{s}_1 - (d\mathfrak{s}_1\, d\mathfrak{s}_2)\mathfrak{r}\}. \tag{2c}$$

Dieses ist in $d\mathfrak{s}_1$ und $d\mathfrak{s}_2$ nicht mehr symmetrisch, entspricht also nicht mehr dem Prinzip der Reaktion. Der tiefere Grund für dieses mit der NEWTONschen Dynamik nicht mehr zu vereinbarende Verhalten liegt, wie wir in Ziff. 24 sehen werden, darin, daß dieses Gesetz auf eine zwischen zwei Elektrizitätsteilchen wirkende Kraft führt, die nur vom Standpunkt der Nahewirkungstheorie verständlich wird.

Nehmen wir nun, um die GRASSMANNsche Analogie zur NEWTONschen Punktmechanik zu zeigen, den speziellen Fall an, daß $d\mathfrak{s}_1$ und $d\mathfrak{s}_2$ in einer Ebene liegen, und zwar sei die Bezeichnung derart, daß die kürzeste Drehung von $d\mathfrak{s}_1$ in die Richtung von $d\mathfrak{s}_2$ entgegengesetzt dem Sinne des Uhrzeigers erfolge. Eine leichte Rechnung ergibt dann, daß die von $d\mathfrak{s}_1$ auf $d\mathfrak{s}_2$ ausgeübte Kraft diesem um den gemeinsamen Schnittpunkt eine Winkelbeschleunigung von

$$-\frac{J_1 J_2}{r^3}[d\mathfrak{s}_1\, d\mathfrak{s}_2]$$

erteilt, während $d\mathfrak{s}_1$ von $d\mathfrak{s}_2$ die entgegengesetzte Winkelbeschleunigung erfährt (wobei nun natürlich $d\mathfrak{s}_2$ festgehalten gedacht ist). Die Analogie zur NEWTONschen Punktmechanik besteht daher darin, daß sich die Begriffe wirkender Punkt und wirkender Linienteil, Verbindungslinie der Punkte und Schnittpunkt der Richtungen der Linienteile, Beschleunigung der Punkte und Winkelbeschleunigung der Linienteile dual entsprechen.

Alle diese Elementargesetze müssen natürlich entsprechend ihrer Ableitung für die Kraft des geschlossenen Stromkreises $\mathfrak{s}_1$ auf das Element $d\mathfrak{s}_2$ denselben Wert ergeben. Zur Berechnung dieses Wertes können wir daher einen beliebigen Ausdruck für $\mathfrak{F}$ herausgreifen und über $\mathfrak{s}_1$ integrieren. Wir wählen (21b), also

$$\oint_{\mathfrak{s}_1} \mathfrak{F} = J_1 J_2 \oint_{\mathfrak{s}_1} \left[d\mathfrak{s}_2 \frac{[d\mathfrak{s}_1 \mathfrak{r}]}{r^3}\right]$$

oder

$$\oint_{\mathfrak{s}_1} \mathfrak{F} = J_2 [d\mathfrak{s}_2 \mathfrak{H}] \qquad \text{mit} \qquad \mathfrak{H} = J_1 \oint_{\mathfrak{s}_1} \frac{[d\mathfrak{s}_1 \mathfrak{r}]}{r^3}.$$

Nun ist $\mathfrak{H}$ die Kraft, mit der $\mathfrak{s}_1$ auf einen in $d\mathfrak{s}_2$ befindlichen magnetischen Einheitspol wirken würde. Nach dem BIOT-SAVARTschen Gesetz ist aber die Kraft, mit der ein Magnetpol der Stärke m in der Entfernung $\mathfrak{r}$ auf $d\mathfrak{s}_2$ wirken würde, gleich

$$\mathfrak{F} = \frac{m}{r^3} J_2 [d\mathfrak{s}_2 \mathfrak{r}] = J_2 \left[d\mathfrak{s}_2 \frac{m\mathfrak{r}}{r^3}\right] = J_2 [d\mathfrak{s}_2 \mathfrak{H}].$$

Wir können also $\mathfrak{H}$ als die vom Strome herrührende magnetische Feldstärke ansprechen. Entsprechendes gilt für die aus den Elementargesetzen ableitbaren Feldstärken.

20. Stromschleife und magnetische Doppelschicht. Potential und potentielle Energie. Erste elektromagnetische Hauptgleichung. Leitet man das Integralgesetz aus dem AMPÈREschen Elementargesetz ab, ohne für die Proportionalitätskonstante C einen bestimmten Wert einzusetzen, so erhält man

$$\mathfrak{F} = -\frac{C}{2} J_1 J_2 \int\limits_{\mathfrak{s}_1} \left[d\mathfrak{s}_2 \frac{[d\mathfrak{s}_1 \mathfrak{r}]}{r^3} \right].$$

Da sich die Maßbestimmung in J_1 und J_2 symmetrisch ausdrücken muß, folgt daraus für die magnetische Feldstärke

$$\mathfrak{H} = \sqrt{\frac{-C}{2}}\, J_1 \int\limits_{\mathfrak{s}_1} \frac{1}{r^3} [d\mathfrak{s}_1 \mathfrak{r}].$$

Das durch $\mathfrak{H}$ bestimmte Vektorfeld ist daher das Feld einer Wirbellinie, die mit dem Stromkreis $\mathfrak{s}_1$ zusammenfällt und das Wirbelmoment $4\pi\tau = 4\pi\sqrt{\frac{-C}{2}}\, J_1$ besitzt. Nach der Theorie der Vektorfelder kann man diese Wirbellinie ersetzen durch eine Doppelschicht auf einer beliebigen durch $\mathfrak{s}_1$ außen begrenzten Fläche f_1 vom Moment $\tau\mathfrak{n} = \sqrt{\frac{-C}{2}}\, J_1 \mathfrak{n}$, wo $\mathfrak{n}_1$ die Normale von f_1 bedeutet.

Wir können daher das durch eine Stromschleife $\mathfrak{s}_1$ der Stärke J_1 erzeugte magnetische Feld ersetzen durch das Feld einer magnetischen Doppelschicht vom Moment $\sqrt{\frac{-C}{2}}\, J_1 \mathfrak{n}$, die von der Stromschleife begrenzt wird. Hierbei sind natürlich die Punkte der Doppelschicht auszunehmen, was bei der Willkürlichkeit der Wahl ihrer Fläche f_1 immer möglich ist. Durch die Maßbestimmung

$$\tau = J_1, \qquad \text{also} \qquad C = -2$$

erhalten wir das elektromagnetische Maßsystem (WEBER). Aus der ersten Formel dieser Ziffer folgt unmittelbar, daß die elektromagnetische Maßzahl eines elektrischen Stromes $\sqrt{2}$ mal kleiner ist als die elektrodynamische.

Aus der Äquivalenz von Stromschleife und magnetischer Doppelschicht folgt sofort das skalare magnetische Potential einer Stromschleife zu

$$V = \tau \iint\limits_{f_1} \frac{d f_1 (\mathfrak{r}\mathfrak{n})}{r^3}.$$

Das Potential ist keine eindeutige Funktion.

Aus dem eben Gesagten und Formel (7) folgt, daß die potentielle Energie einer Stromschleife $\mathfrak{s}_2$ im Felde einer Stromschleife $\mathfrak{s}_1$ gleich ist der potentiellen Energie einer magnetischen Doppelschichte vom Moment $\tau = J_2$, die durch $\mathfrak{s}_2$ berandet wird, im Felde $\mathfrak{H} = J_1 \int\limits_{\mathfrak{s}_1} \frac{[d\mathfrak{s}_1 \mathfrak{r}]}{r^3}$:

$$\Omega = J_2 J_1 \iiint\limits_{f_2\,\mathfrak{s}_1} \frac{\mathfrak{n} \cdot [d\mathfrak{s}_1 \mathfrak{r}]}{r^3}\, d f_1 = J_1 J_2 \iiint\limits_{f_2\,\mathfrak{s}_1} \mathfrak{n} \operatorname{rot} \frac{d\mathfrak{s}_1}{r}\, d f_1 = J_1 J_2 \iint\limits_{\mathfrak{s}_2\,\mathfrak{s}_1} \frac{d\mathfrak{s}_1\, d\mathfrak{s}_2}{r}. \qquad (3)$$

Dieser Ausdruck heißt das NEUMANNsche Potential der beiden Stromschleifen (vgl. Ziff. 21).

Die Energie eines Systems von Strömen $\mathfrak{s}_i$ (d. h. die gesamte in ihm aufgespeicherte Energie, ohne Berücksichtigung der zur Aufrechterhaltung des Stromes notwendigen sich ständig in JOULEsche Wärme verwandelnden Energie) wurde von W. THOMSON[1]) berechnet. Hierzu teilt man die einzelnen Stromkreise in unendlich schwache Elementarkreise, indem der Querschnitt jedes einzelnen in unendlich kleine Flächenelemente zerlegt wird, von denen jedes einen Elementarkreis bestimmt. Die Energie ergibt sich dann aus der Arbeit, die beim Aufbau des Systems durch das An-den-Platz-Bringen der zuerst im Unendlichen befindlich gedachten Elementarkreise geleistet werden müßte. Analog zu Ziff. 7 und 10 ergibt sich

$$\left.\begin{aligned} \Omega &= \tfrac{1}{2}\sum \Omega_i = \tfrac{1}{2}\sum \iint J_i(\mathfrak{H}\mathfrak{n})\,df_i \\ &= \tfrac{1}{2}\sum_i J_i \sum_k L_{ik} J_k\,, \end{aligned}\right\} \tag{3a}$$

$$L_{ik} = \int\limits_{\mathfrak{s}_i}\int\limits_{\mathfrak{s}_k} \frac{d\mathfrak{s}_i\, d\mathfrak{s}_k}{r_{ik}}.$$

Die L_{ik} heißen die Induktionskoeffizienten (vgl. die folgende Ziff. 22).

Aus der Mehrwertigkeit des Potentials ergibt sich, daß die Arbeit, die erhalten wird, wenn man einen magnetischen Einheitsnordpol auf einer den Strom $\mathfrak{s}$ einmal umschlingenden Bahn $\mathfrak{s}'$ herumführt, gleich

$$\int\limits_{d\mathfrak{s}'} \mathfrak{H}\, d\mathfrak{s}' = 4\pi \int (\mathfrak{i}\mathfrak{n})\, df',$$

wo df' ein Element der von $\mathfrak{s}'$ begrenzten Fläche darstellt. Mit Hilfe des STOKEschen Satzes folgt daraus

$$\operatorname{rot}\mathfrak{H} = 4\pi\mathfrak{i}\,. \tag{4}$$

Diese Gleichung stellt die erste elektromagnetische Hauptgleichung (ausgedrückt in elektromagnetischen Einheiten) dar.

b) Die Induktion elektrischer Ströme.

21. Die Gesetze der Induktion von LENZ und F. E. NEUMANN. Wie wir in Ziff. 7 gesehen haben, influenziert eine elektrische Ladung in einem in der Nähe befindlichen ungeladenen Leiter elektrische Ladungen. FARADAY vermutete daher ein ähnliches Phänomen, falls sich in der Nähe eines stromdurchflossenen Leiters ein anderer befindet, und er fand es auch tatsächlich 1831 auf[2]). Wird in einem Leiter der ihn durchfließende Strom geändert, so tritt in einem benachbarten ein der Stromänderung entgegengesetzter Strom auf. Bei der weiteren Untersuchung fand er, daß auch bei der Bewegung eines von einem konstanten Strom durchflossenen Leiters bzw. eines Magneten in einem anderen Stromkreis ein elektrischer Strom induziert wird. Dieser induzierte Strom erwies sich ceteris paribus dem Widerstand des Leiters, indem er induziert wird, proportional, so daß die induzierte elektromotorische Kraft sich als von den physikalischen Eigenschaften des Leiters, in dem sie induziert wird, unabhängig erweist. Bei der quantitativen Erfassung dieser Erscheinungen entwickelte FARADAY seine Theorie der Kraftröhren, die von höchster Bedeutung für den Aufbau der Nahewirkungstheorie ist. Zu ihrem vollen Verständnis, insbesondere zum Nachweis der Notwendigkeit der Einführung der Konzeption der Nahewirkung, müssen wir aber diese Erscheinungen erst in die bisher entwickelte Theorie einzuordnen versuchen.

---

[1]) W. THOMSON, Papers on Electricity and Magnetism, S. 446.

[2]) M. FARADAY, Experimental Researches in Electricity, Ser. 1.

Die erste Verbindung zwischen der Induktion und den bisher erforschten Erscheinungen schuf LENZ[1]) (1834). Die nach ihm benannte Regel besagt, daß der durch die Bewegung eines stromdurchflossenen Leiters in einem anderen induzierte Strom, oder der durch die Bewegung von diesem gegen jenen induzierte Strom eine solche Richtung besitzt, daß die zwischen dem induzierenden und dem induzierten Leiter wirkende elektromagnetische Kraft der Bewegung entgegenwirkt.

Um die in der LENZschen Regel bereits angedeutete Verknüpfung der Induktionserscheinungen mit dem elektrodynamischen Kraftgesetz und dem Energieprinzip mathematisch zu formulieren, fassen wir die experimentellen Ergebnisse mit F. E. NEUMANN[2]) folgendermaßen zusammen:

1. Induzierte Ströme entstehen allemal da, wo die virtuelle Wirkung des elektrischen Stromes auf den Leiter eine Änderung erfährt, d. h. diejenige elektrodynamische Wirkung, die der induzierende Strom auf den Leiter ausüben würde, wenn der letztere von dem Strom Eins durchflossen gedacht würde.

2. Die induzierte elektromotorische Kraft ist von der Substanz des Leiters unabhängig.

3. Unter sonst gleichen Umständen ist die induzierte elektromotorische Kraft der Geschwindigkeit proportional, mit der die Stromelemente gegeneinander bewegt werden.

4. Die nach der Richtung der Bewegung genommene Komponente der elektrodynamischen Wirkung, welche der induzierende Strom auf ein Element des bewegten induzierten Leiters ausübt, ist immer negativ.

5. Unter sonst gleichen Umständen ist die induzierte Stromstärke der induzierenden proportional.

Aus 3 und dem OHMschen Gesetz folgt, daß auch die induzierte Stromstärke unter sonst gleichen Umständen der Geschwindigkeit proportional ist, mit der die Stromelemente gegeneinander bewegt werden $J_2 = \alpha v$. Bezeichnen wir mit $\mathfrak{F}$ die elektrodynamische Kraft, mit der der induzierende Strom auf den von einem Einheitsstrom durchflossenen zu induzierenden Leiter wirken würde, dann ist die auf ein Element dieses Leiters wirkende Komponente der elektrodynamischen Kraft in der Richtung, in der der Leiter bewegt wird,

$$\alpha \int (\mathfrak{F}\mathfrak{v})\, d s_2 .$$

Da dies nach Punkt 4 das zu v entgegengesetzte Vorzeichen haben muß, ist es am einfachsten,

$$\alpha = -A \int \left(\mathfrak{F} \frac{\mathfrak{v}}{v}\right) d s_2, \qquad A > 0$$

zu setzen. Daher ist

$$J_2 = -A \int (\mathfrak{F}\mathfrak{v})\, d s_2 ,$$

und nach dem OHMschen Gesetz folgt für die induzierte elektromotorische Kraft E

$$E = -R A \int (\mathfrak{F}\mathfrak{v})\, d s_2 .$$

Nach 2 ist E von der Substanz des Leiters unabhängig, daher ist es auch RA. Diese Konstante wurde daher von NEUMANN Induktionskonstante genannt. Durch ihre Festsetzung kämen wir offenbar zu einer neuen Definition der Stromeinheit.

Berechnen wir nun die im induzierten Leiter pro Zeiteinheit geleistete Stromarbeit, die natürlich gleich der entwickelten JOULEschen Wärme ist:

$$\frac{dW}{dt} = E J_2 = R J_2^2 = J_2 R A \int (\mathfrak{F}\mathfrak{v})\, d s_2 .$$

[1]) E. LENZ, Pogg. Ann. Bd. 31, S. 483. 1834.

[2]) F. E. NEUMANN, Berliner Abhandlgn. 1848; Ostwalds Klassiker der exakten Wissenschaften Nr. 10 und 36. 1845.

Unter Berücksichtigung der Resultate der letzten Ziffer erkennt man leicht, daß sich dies folgendermaßen schreiben läßt:

$$\frac{dW}{dt} = RA\frac{d\Omega}{dt}.$$

Das Energieprinzip verlangt nun, daß die im induzierten Leiter entstehende JOULEsche Wärme der bei der Induktion geleisteten Arbeit gleich ist. Daher

$$RA = 1$$

in dem verwendeten elektromagnetischen Maßsystem. Gleichzeitig ist die zunächst willkürliche Annahme für α begründet.

Damit haben wir dem Induktionsgesetz eine Form gegeben, die, wie unmittelbar ersichtlich ist, leicht auf alle möglichen Fälle der Strominduktion anwendbar ist.

22. Induktionserscheinungen und Prinzip der Erhaltung der Energie. Der eben aufgezeigte Zusammenhang zwischen Induktionserscheinungen und Prinzip der Erhaltung der Energie läßt uns mit HELMHOLTZ vermuten, daß sich die Induktionsgesetze mit Hilfe dieses Prinzips aus der AMPÈREschen Elektrodynamik ableiten lassen.

Nehmen wir wieder den in der vorhergehenden Ziffer betrachteten Fall. Es seien E_1 und E_2 die eingeprägten elektromotorischen Kräfte, dann muß die von diesen geleistete Stromarbeit gleich sein der entwickelten JOULEschen Wärme und der geleisteten elektrodynamischen Arbeit:

$$E_1 J_1 + E_2 J_2 = R_1 J_1^2 + R_2 J_2^2 + \frac{d\Omega}{dt}.$$

Nun sei J_2 so schwach, daß seine Rückinduktion auf den induzierenden Leiter vernachlässigt werden kann, dann ist (mit $\Omega = J_1 J_2 V$, Ziff. 20):

$$J_2 = \frac{E_2 - J_1\frac{dV}{dt}}{R_2}.$$

Die induzierte elektromotorische Kraft ist daher gleich $J_1\frac{dV}{dt}$.

Diese von HELMHOLTZ[1]) und W. THOMSON[2]) entwickelte Methode reicht aber nur dann zur vollständigen Bestimmung der Induktionsströme aus, wenn der eben gemachten Vernachlässigung analoge zulässig sind. MAXWELL[3]) hat nachgewiesen, daß im allgemeinen Fall das Energieprinzip nicht hinreicht, um die Induktionsströme aus der AMPÈREschen Elektrodynamik zu berechnen. Nehmen wir wieder den Fall zweier sich induzierender Leiter, so ist die gesamte elektrodynamische Energie nach Gleichung (3a) Ziff. 20

$$T_e = \tfrac{1}{2}L_{11}J_1^2 + L_{12}J_1J_2 + \tfrac{1}{2}L_{22}J_2^2,$$

und daher deren Änderung infolge der Änderung der Stromstärken und der Lage (Koordinaten x_i):

$$\delta T_e = \frac{\partial T_e}{\partial J_1}\delta J_1 + \frac{\partial T_e}{\partial J_2}\delta J_2 + \sum \frac{\partial T_e}{\partial x_i}\delta x_i.$$

---

1) H. v. HELMHOLTZ, Über die Erhaltung der Kraft, gel. Berl. Phys. Ges. am 23. Juli 1847.
2) W. THOMSON, Trans. Brit. Ass. 1848; Phil. Mag. Bd. 1, S. 177. 1851.
3) J. Cl. MAXWELL, Treatise Bd. II; Papers Bd. 5, S. 472, 490.

Da T_e eine homogene quadratische Funktion von J_1 und J_2 ist, so ist

$$\frac{\partial T_e}{\partial J_1} J_1 + \frac{\partial T_e}{\partial J_2} J_2 = 2 T_e,$$

$$2\delta T_e = \frac{\partial T_e}{\partial J_1} \delta J_1 + J_1 \delta \frac{\partial T_e}{\partial J_1} + \frac{\partial T_e}{\partial J_2} \delta J_2 + J_2 \delta \frac{\partial T_e}{\partial J_2},$$

$$\delta T_e = J_1 \delta \frac{\partial T_e}{\partial J_1} + J_2 \delta \frac{\partial T_e}{\partial J_2} - \sum \frac{\partial T_e}{\partial x_i} \delta x_i.$$

Nun ist aber $\sum \frac{\partial T_e}{\partial x_i} \delta x_i$ gleich dem Zuwachs, den das System an mechanischer kinetischer Energie T_m erfährt, daher ist die Änderung der gesamten Energie des Systems:

$$\delta(T_e + T_m) = J_1 \delta \frac{\partial T_e}{\partial J_1} + J_2 \delta \frac{\partial T_e}{\partial J_2}.$$

Es muß also sein:

$$(E_1 J_1 + E_2 J_2)\delta t = (R_1 J_1^2 + R_2 J_2^2)\delta t + \delta(T_e + T_m),$$

$$J_1\left\{E_1 - R_1 J_1 - \frac{d}{dt}(L_{11} J_1 + L_{12} J_2)\right\} + J_2\left\{A_2 - R_2 J_2 - \frac{d}{dt}(L_{12} J_1 + L_{22} J_2)\right\} = 0.$$

Diese eine Gleichung reicht natürlich im allgemeinen zur Bestimmung von J_1 und J_2 nicht aus. Die Induktionsgleichungen entstehen aus ihr, wenn man die einzelnen Klammerausdrücke gleich Null setzt.

Daß das Energieprinzip allein die Bestimmung der Induktionsströme nicht gestattet, folgt aus den allgemeinen Prinzipien der Dynamik, falls man diese auf unser System anwenden darf. Denn es handelt sich hier um ein System mit zwei Freiheitsgraden, das mit einem Prinzip allein nicht beherrscht werden kann (vgl. Ziff. 46).

Dagegen reicht dieses Prinzip natürlich für die Theorie eines Systems von einem Freiheitsgrad aus. Für einen einzigen Leiter erhalten wir:

$$E_1 - R_1 J_1 - \frac{d}{dt} L_{11} J_1 = 0.$$

Diese Gleichung besagt, daß, wenn die in einem Leiter vorhandene Stromstärke geändert wird, in ihm ein Induktionsstrom der der Änderung entgegengesetzten Richtung induziert wird. Diese Gleichung liefert die Theorie der von FARADAY[1]) aufgefundenen Erscheinung der Selbstinduktion.

23. Das WEBERsche Grundgesetz für die Kraftwirkung zwischen zwei gegeneinander bewegten elektrischen Elementarteilchen. Wir haben bisher zwei verschiedene Theorien des elektrischen Stromes aufgestellt. Die eine, in Abschn. Ic entwickelte, basiert auf der Theorie der Elektrostatik, während die in Abschn. IIa und Abschn. IIb aufgebaute Theorie der elektrodynamischen und elektromotorischen Wirkungen der Ströme bis jetzt in keinem Zusammenhang mit der Theorie der Elektrostatik steht. Um einen solchen herzustellen, müssen wir offenbar das COULOMBsche Kraftgesetz erweitern. Denn um diese Erscheinungen ebenfalls auf eine Kraftwirkung zwischen den bewegten elektrischen Ladungen zurückführen zu können, müssen wir annehmen, daß diese Kraft nicht nur von der Entfernung, sondern auch von der Bewegung der Ladungen abhängt.

Um aus dem AMPÈREschen Gesetz eine derartige Formel abzuleiten, müssen wir uns den elektrischen Strom als eine Bewegung der elektrischen Elementarteilchen im Leiter vorstellen. Diese Bewegung muß, um den neutralen Zustand im Leiter aufrechtzuerhalten, so vor sich gehen, daß in jedem Volumelement

---

1) M. FARADAY, Researches, Series 1.

jederzeit gleichviel positive und negative Ladung vorhanden bleibt. Mit FECHNER[1]) (1845) wollen wir zunächst annehmen, daß die beiden Elektrizitäten mit derselben Geschwindigkeit in entgegengesetzter Richtung strömen. Aus dem AMPÈREschen Elementargesetz ergibt sich dann das Vorzeichen der zwischen zwei bewegten Teilchen wirkenden elektrodynamischen Zusatzkraft. Zwei gleich geladene Teilchen müssen sich, wie unmittelbar einzusehen ist, anziehen, wenn sie sich in gleicher Richtung bewegen, abstoßen, wenn sie sich entgegengesetzt bewegen. Zwischen zwei entgegengesetzt geladenen Teilchen ist die Kraft die umgekehrte.

Um nun mit WEBER[2]) aus dem AMPÈREschen Elementargesetz das entsprechende Kraftgesetz abzuleiten, müssen wir Gl. 2, Ziff. 19 mit Hilfe der Gleichungen

$$\frac{d^2 r^2}{d s_1 d s_2} = -2\cos\varepsilon\,, \qquad (d\mathfrak{s}_1 d\mathfrak{s}_2) = d s_1 d s_2 \cos\varepsilon\,, \qquad (\mathfrak{r}\, d\mathfrak{s}_1) = -r\frac{dr}{ds_1} d s_1$$

umformen. Wir erhalten:

$$F = J_1 J_2 d s_1 d s_2 \left(\frac{2}{r}\frac{d^2 r}{d s_1 d s_2} - \frac{1}{r^2}\frac{dr}{ds_1}\frac{dr}{ds_2}\right).$$

Nehmen wir nun an, daß sich in der Längeneinheit des ersten Leiters h_1 Einheiten positiver Ladung befinden, die sich mit der Geschwindigkeit u_1 bewegen, dann wird nach den eben gemachten Annahmen:

$$J_1 = 2 h_1 u_1.$$

Bezeichnen wir die Ausdrücke, die sich auf die Wirkung der positiven Ladungen in $\mathfrak{s}_1$ auf die positiven Ladungen in $\mathfrak{s}_2$ beziehen, mit dem Index $++$, und die übrigen analog, so wird

$$\left(\frac{dr}{dt}\right)_{++} = u_1\frac{dr}{ds_1} + u_2\frac{dr}{ds_2}\,, \qquad \left(\frac{d^2 r}{dt^2}\right)_{++} = u_1^2\frac{d^2 r}{ds_1^2} + 2u_1 u_2\frac{dr}{ds_1}\frac{dr}{ds_2} + u_2^2\frac{d^2 r}{ds_2^2}\,,$$

$$F = \frac{h_1 h_2 d s_1 d s_2}{r^2}\Big\{(r\ddot{r})_{++} - (r\ddot{r})_{+-} - (r\ddot{r})_{-+} + (r\ddot{r})_{--} - \frac{1}{2}(\dot{r}^2)_{++} + \frac{1}{2}(\dot{r}^2)_{+-} + \frac{1}{2}(\dot{r}^2)_{-+} - \frac{1}{2}(\dot{r}^2)_{--}\Big\}.$$

Aus dieser Gleichung liest man unmittelbar die elektrodynamische Zusatzkraft zwischen zwei Ladungen:

$$F = \frac{e_1 e_2}{r^2}\left\{r\ddot{r} - \frac{1}{2}\dot{r}^2\right\}$$

ab. Um die gesamte zwischen den beiden Teilchen wirkende Kraft zu erhalten, müssen wir natürlich die elektrostatische hinzufügen:

$$\frac{e_1 e_2 c^2}{r^2}\left(1 + \frac{r\ddot{r}}{c^2} - \frac{\dot{r}^2}{2c^2}\right).$$

Hierbei mußten wir allerdings eine neue Konstante c einführen, da ja das COULOMBsche und das AMPÈREsche Kraftgesetz auf zwei verschiedenen Maßsystemen beruhen. c stellt also die elektromagnetisch gemessene elektrostatische Ladungseinheit dar und besitzt die Dimension einer Geschwindigkeit.

Daß das WEBERsche Kraftgesetz dem Energieprinzip wenigstens formal entspricht, sieht man sofort daraus, daß es sich als Lagrangekraft in der Form

$$\left(-\frac{\partial}{\partial r} + \frac{d}{dt}\frac{\partial}{\partial \dot{r}}\right)\frac{e_1 e_2}{r}\left(c^2 + \frac{\dot{r}^2}{2c^2}\right)$$

[1]) G. T. FECHNER, Pogg. Ann. Bd. 64, S. 337. 1845.
[2]) W. WEBER, Pogg. Ann. Bd. 72, S. 193. 1848.

darstellen läßt. Die Energiegleichung lautet daher:

$$T + V + \frac{e_1 e_2}{r} c^2 - \frac{e_1 e_2}{2} \frac{\dot{r}^2}{r} = \text{konst},$$

wo T die kinetische Energie, V die mechanische potentielle Energie darstellt. Allerdings läßt diese Gleichung sehr merkwürdige Schlußfolgerungen zu. So hat z. B. HELMHOLTZ[1]) darauf hingewiesen, daß zwei Teilchen unter Umständen schon in endlicher Entfernung eine unendliche gegenseitige Geschwindigkeit erhalten können.

Dagegen ist nach Ziff. 21 bereits die Existenz eines Potentialausdrucks für die Erklärung der Induktionserscheinungen hinreichend, wenn nachgewiesen werden kann, daß dieser sich für einen geschlossenen Leiter auf den NEUMANNschen bringen läßt. Die elektrische Energie zweier elektrischer Ladungen ist

$$\frac{e_1 e_2}{r} c^2 - \frac{e_1 e_2}{2} \frac{\dot{r}^2}{r} = \frac{e_1 e_2 c^2}{r}\left(1 - \frac{\{(\mathfrak{r}\mathfrak{v}_1) - (\mathfrak{r}\mathfrak{v}_2)\}^2}{2c^2 r^2}\right),$$

daher ist die potentielle Energie zweier Stromelemente

$$\frac{4 h_1 h_2 \, d s_1 \, d s_2}{r^3} (\mathfrak{r}\mathfrak{v}_1)(\mathfrak{r}\mathfrak{v}_2) = \frac{J_1 J_2}{r^3} (\mathfrak{r}\, d\mathfrak{s}_1)(\mathfrak{r}\, d\mathfrak{s}_2).$$

Dieser Ausdruck läßt sich aber zu

$$J_1 J_2 \frac{d\mathfrak{s}_1 \, d\mathfrak{s}_2}{r} + J_1 J_2 \frac{d^2 r}{d s_1 \, d s_2} d s_1 \, d s_2$$

umformen. In diesem Ausdruck verschwindet nun bei der Integration über den geschlossenen Stromkreis $\mathfrak{s}_1$ oder $\mathfrak{s}_2$ das zweite Glied, so daß nur das erste Glied übrigbleibt, das das NEUMANNsche Potential darstellt.

24. Das Elementargesetz von CLAUSIUS. Wir haben das WEBERsche Elementargesetz unter der Voraussetzung abgeleitet, daß sich die beiden Elektrizitäten im Leiter mit derselben Geschwindigkeit bewegen. Diese Annahme ist notwendig, da dieses Gesetz sonst zu Folgerungen führt, die mit der Erfahrung unvereinbar sind. CLAUSIUS[2]) hat zuerst darauf hingewiesen, daß ohne diese Annahme aus dem WEBERschen Gesetz folgen würde, daß ein ruhender Strom auf eine ruhende Ladung eine Kraft ausübt. Hierfür hat GRASSMANN[3]) den folgenden eleganten Beweis geliefert. Ein stationärer Strom fließe durch zwei konzentrische Kreisbögen, die durch die entsprechenden Teile zweier Radien mit einander verbunden seien (Abb. 1). Dann ist überall (mit Ausnahme der vier Eckpunkte) dr^2/dt^2 gleich Null. Ebenso $dr/dt = 0$ in den beiden Kreisbögen, dagegen $dr/dt = \text{konst} \neq 0$ für die Radien. Da dr/dt bei Annahme einer verschiedenen Strömungsgeschwindigkeit der beiden Elektrizitäten für die positiven und die negativen Teilchen verschieden ist, bleibt offensichtlich auf ein im Zentrum der Kreisbögen ruhendes elektrisiertes Teilchen eine Kraft übrig.

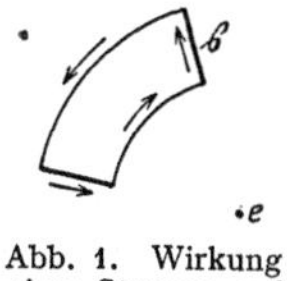

Abb. 1. Wirkung eines Stromes auf eine elektrische Ladung.

Danach würde also ein konstanter Strom auf einen ruhenden geladenen Körper eine Kraft ausüben, was mit der Erfahrung in Widerspruch steht. Nimmt man also das WEBERsche Elementargesetz als richtig an, so muß man gleichzeitig annehmen, daß die beiden Elektrizitäten sich mit gleichen Geschwindigkeiten bewegen. Dies ist, wie wir heute wissen, keineswegs der Fall.

Daher ist die folgende, von CLAUSIUS stammende Untersuchung von großer Wichtigkeit. Wir stellen uns die Aufgabe, die Kraftgesetze aufzustellen, die aus den bisher besprochenen Erscheinungen folgen, wenn wir annehmen, daß die beiden Elektrizitäten mit verschiedenen Geschwindigkeiten strömen und die

1) H. v. HELMHOLTZ, Journ. f. Math. Bd. 77, S. 57. 1870.
2) R. CLAUSIUS, Journ. f. Math. Bd. 87, S. 57, 1877.
3) H. GRASSMANN, Journ. f. Math. Bd. 88, S. 57. 1877.

Kraft von der gegenseitigen Entfernung der beiden Elektrizitätsteilchen und den ersten und zweiten Differentialquotienten der Koordinaten der Teilchen abhängt; und zwar soll der Ausdruck in den Geschwindigkeiten quadratisch, in den Beschleunigungen linear sein. Hierzu führen wir ein spezielles rechtwinkliges Koordinatensystem ein. Die l-Achse sei die momentane Verbindungslinie der beiden Teilchen, und zwar in der Richtung von e_1 nach e_2. Die m- und die n-Achse stehen zur l-Achse und untereinander senkrecht. Der von den Ableitungen der Koordinaten unabhängige Teil der Kraft ist natürlich das COULOMBsche Gesetz. Wir beschäftigen uns daher im folgenden nur mit dem übrigen Teil der Kraft.

Betrachten wir zunächst deren l-Komponente L. Diese kann zunächst Glieder

$$A\frac{dl_1}{dt}, \qquad A'\frac{dm_1}{dt}, \qquad A''\frac{dn_1}{dt}$$

besitzen, worin, wie im folgenden überhaupt, die Koeffizienten Funktionen von r bedeuten. Die Glieder $A'\frac{dm_1}{dt}$, $A''\frac{dn_1}{dt}$ wechseln mit $\frac{dm_1}{dt}$ bzw. mit $\frac{dn_1}{dt}$ ihr Vorzeichen. Für einen in der l-Achse liegenden Punkt verhält sich aber die positive m-Richtung zur l-Richtung genau so wie die negative, daher muß $A' = A'' = 0$ sein. Durch analoge Betrachtungen erhält man die folgenden Ausdrücke für die drei Komponenten L, M und N:

$$\begin{aligned}
L &= L_1 + L_2 + L_3\,,\\
L_1 &= A\frac{dl_1}{dt} + A_1\frac{d^2l_1}{dt^2} + A_2\left(\frac{dl_1}{dt}\right)^2 + A_3 v_1^2\,,\\
L_2 &= A_4\frac{dl_2}{dt} + A_5\frac{d^2l_2}{dt_2} + A_6\left(\frac{dl_2}{dt}\right)^2 + A_7 v_2^2\,,\\
L_3 &= A_8\frac{dl_1}{dt}\frac{dl_2}{dt} + A_9 v_1 v_2\cos\varepsilon\,.\\
M &= M_1 + M_2 + M_3\,,\\
M_1 &= B\frac{dm_1}{dt} + B_1\frac{d^2m_1}{dt^2} + B_2\frac{dl_1}{dt}\frac{dm_1}{dt}\,,\\
M_1 &= B_3\frac{dm_2}{dt} + B_4\frac{d^2m^2}{dt^2} + B_5\frac{dl_2}{dt}\frac{dm_2}{dt}\,,\\
M_3 &= B_6\frac{dl_1}{dt}\frac{dm_2}{dt} + B_7\frac{dl_2}{dt}\frac{dm_1}{dt}\,.
\end{aligned}$$

Die Ausdrücke für N gehen aus denen für M durch Ersetzen der m durch die n hervor.

Wir gehen nunmehr in ein beliebiges, festes rechtwinkliges Koordinatensystem über. Dann ergibt eine elementare Rechnung für die x-Komponente $X = X_1 + X_2 + X_3$ der Kraft:

$$\begin{aligned}
X_1 = {} & B\frac{dx_1}{dt} + B_1\frac{d^2x_1}{dt^2} + B_2\frac{dr}{ds_1}\frac{dx_1}{dt}\frac{ds_1}{dt}\\
& + \left\{C\frac{dr}{ds_1}\frac{ds_1}{dt} + \left[C_1\frac{d^2r}{ds_1^2} + C_2\left(\frac{dr}{ds_1}\right)^2 + C_3\right]\left(\frac{ds_1}{dt}\right)^2 + C_1\frac{dr}{ds_1}\frac{d^2s_1}{dt^2}\right\}(x_1 - x_2)\,,\\
X_2 = {} & B_3\frac{dx_2}{dt} + B_4\frac{d^2x_2}{dt^2} + B_5\frac{dr}{ds_2}\frac{dx_2}{dt}\frac{ds_2}{dt}\\
& + \left\{C_4\frac{dr}{ds_2}\frac{ds_2}{dt} + \left[C_5\frac{d^2r}{ds_2^2} + C_6\left(\frac{dr}{ds_2}\right)^2 + C_7\right]\left(\frac{ds_2}{dt}\right)^2 + C_5\frac{dr}{ds_2}\frac{d^2s_2}{dt^2}\right\}(x_1 - x_2)\,,\\
X_3 = {} & B_6\frac{dr}{ds_1}\frac{dx_2}{dt}\frac{ds_1}{dt} + B_7\frac{dr}{ds_2}\frac{dx_1}{dt}\frac{ds_2}{dt} + \left(C_8\frac{dr}{ds_1}\frac{dr}{ds_2} + C_q\cos\varepsilon\right)(x_1 - x_2)\frac{ds_1}{dt}\frac{ds_2}{dt}
\end{aligned}$$

und die entsprechenden Ausdrücke für Y und Z.

Um nun die Koeffizienten, die ja noch unbekannte Funktionen von r sind, zu bestimmen, wenden wir diesen Ansatz auf uns bekannte Erscheinungen an. Wir verwenden zunächst den Satz, daß ein geschlossener, stationärer und ruhender Strom $\mathfrak{s}_2$ auf eine ruhende Ladung e_1 keine Kraft ausübt. Da hier $\frac{dx_1}{dt} = \frac{dy_1}{dt} = \frac{ds_1}{dt} = \frac{ds_1}{dt} = 0$, kommt nur X_2 in Betracht. Das Integral über diesen Ausdruck längs eines geschlossenen Stromkreises $\mathfrak{s}_2$ muß daher gleich Null sein, d. h., der Ausdruck muß ein vollständiges Differential in bezug auf s_2 darstellen. Daraus

$$C_4 = -\frac{dB_3}{dr}, \qquad B_5 = \frac{dB_4}{dr} - C_5, \qquad C_6 = \frac{dC_5}{dr}, \qquad C_7 = 0.$$

Nun verwenden wir den umgekehrten Satz, daß eine ruhende Ladung e_2 auf einen ruhenden, stationären und geschlossenen Strom $\mathfrak{s}_1$ keine Kraft ausübt. Da nun $\frac{dx_2}{dt}, \ldots \frac{ds_2}{dt} = 0$ ist nur X_1 von Null verschieden. Eine analoge Überlegung ergibt

$$C = \frac{dB}{dr}, \qquad B_2 = \frac{dB_1}{dr} + C_1, \qquad C_2 = \frac{dC_1}{dr}, \qquad C_3 = 0.$$

Da aber auf den Strom auch kein Moment ausgeübt werden darf, erhalten wir weiter

$$B = 0, \qquad C_1 = 0, \qquad \text{daher} \qquad C = C_2 = C_3 = 0, \qquad B_2 = \frac{dB_1}{dr}.$$

Nunmehr betrachten wir die Kräfte, die zwischen zwei ruhenden stromdurchflossenen Leitern wirken. Sei wiederum h_1 bzw. h_2 die in der Längeneinheit des Leiters $\mathfrak{s}_1$ bzw. $\mathfrak{s}_2$ vorhandene Elektrizität eines Vorzeichens, so haben wir die viererlei Kräfte zu berücksichtigen, die der Wirkung der positiven und negativen Teilchen im Strom Eins auf die positiven und negativen Teilchen im Strom Zwei entsprechen, deren Resultierende die x-Komponente

$$h_1 h_2 \, ds_1 \, ds_2 \, X_3$$

besitzt. Eine leichte Umformung und die Einführung der neuen Koeffizienten

$$E = \int r\,dr \int \frac{C_8}{r} dr, \qquad E_1 = -\frac{1}{2}\left(C_9 + \frac{1}{r}\frac{dE}{dr}\right), \qquad E_2 = B_6 + \frac{dE}{dr}, \qquad E_3 = B_7 - \frac{dE}{dr}$$

ergibt:

$$X_3 = \frac{ds_1}{dt}\frac{ds_2}{dt}\left\{E_1 (x_1 - x_2) \frac{d^2 r^2}{ds_1 ds_2} + E_2 \frac{dr}{ds_1}\frac{dx_2}{ds_2} + E_3 \frac{dr}{ds_2}\frac{dx_1}{ds_1} + \frac{d^2 E(x_1 - x_2)}{ds_1 ds_2}\right\}.$$

Integrieren wir diesen Ausdruck über $\mathfrak{s}_1$ und $\mathfrak{s}_2$, so erhalten wir die zwischen zwei ruhenden Stromkreisen wirkende elektrodynamische Kraft, die aus der AMPÈREschen Theorie bekannt ist. Daher

$$E_1 = \frac{k}{2r^3}.$$

Um auch noch E_2 zu bestimmen, berücksichtigen wir, daß zwei stationäre ruhende Ströme keine induzierende Wirkung aufeinander ausüben. Es verschwindet also die in die Richtung von $d\mathfrak{s}_1$ fallende Komponente der vom gesamten Stromkreis $\mathfrak{s}_2$ auf $d\mathfrak{s}_1$ ausgeübten Kraft. Eine leichte Umformung ergibt für diese

$$\frac{1}{8} h_1 h_2 \frac{ds_1}{dt}\frac{ds_2}{dt} d\mathfrak{s}_1 \int\limits_{\mathfrak{s}_2} \left(\frac{k}{r^3} - \frac{E_2}{r}\right) \frac{d}{d\mathfrak{s}_2}\left[\frac{dr^2}{ds_1}\right]^2 d\mathfrak{s}_2$$

und daraus

$$E_2 = \frac{k}{r^2}.$$

Noch bleiben uns zur Bestimmung der übrigbleibenden Koeffizienten die Induktionsgesetze. Bei ihrer Anwendung haben wir es nicht mehr mit stationären und ruhenden Strömen zu tun, doch lassen wir den einen Leiter ruhen, den anderen nur Parallelverschiebungen durchführen, so daß jedes Element des Leiters $\mathfrak{s}_1$ sich in der Zeit dt um das gleiche Stück $d\sigma$ verschiebt. Natürlich müssen jetzt entsprechend der doppelten Bewegung, die ein Elektrizitätsteilchen ausführt, die in den Kraftausdrücken vorkommenden Differentiationen nach der Zeit geändert werden. Die etwas langwierige Rechnung ergibt nach einigen Umformungen für die gesamte induzierte elektromotorische Kraft

$$E=\frac{1}{2}h_2\frac{d^2 s_2}{dt^2}\iint\limits_{\mathfrak{s}_1\mathfrak{s}_2}\left[-B_4\frac{d^2r^2}{ds_1 ds_2}+C_5\frac{dr}{ds_1}\frac{dr^2}{ds_2}\right]ds_1 ds_2+\frac{1}{2}kh_2\frac{ds_2}{dt}\frac{d\sigma}{dt}\frac{d}{d\sigma}\iint\limits_{\mathfrak{s}_1\mathfrak{s}_2}\frac{1}{r}\frac{d^2r^2}{ds_1 ds_2}ds_1 ds_2.$$

Von dieser Gleichung verlangen wir nun, daß sie der Tatsache gerecht werde, daß in $\mathfrak{s}_2$ die gleiche Induktionswirkung auftritt, gleichgültig, ob in $\mathfrak{s}_1$ die Stromstärke von Null zum gegebenen Werte anschwillt, oder ob der Leiter $\mathfrak{s}_1$ aus dem Unendlichen in seine Lage gebracht wird, während er von dem gegebenen Strom durchflossen wird. Daraus

$$\iint\left[\left(\frac{k}{r}+B_4\right)\frac{d^2r^2}{ds_1 ds_2}-C_5\frac{dr}{ds_1}\frac{dr^2}{ds_2}\right]ds_1 ds_2=\iint\left[\frac{k}{r}+B_4+\int C_5\,dr\right]\frac{d^2r^2}{ds_1 ds_2}ds_1 ds_2=0$$

und mit $G=\int C_5\,dr-a$

$$B_4=-\left(\frac{k}{r}+G\right).$$

Endlich verlangen wir noch, daß diese Kraft dem Energieprinzip entspricht, d. h. daß

$$(\mathfrak{F}_1\mathfrak{v}_1+\mathfrak{F}_2\mathfrak{v}_2)\,dt,$$

wo $\mathfrak{F}_1$ die auf ein Teilchen des Leiters Eins, $\mathfrak{F}_2$ die auf ein Teilchen des Leiters Zwei ausgeübte Kraft bedeutet, die Ableitung eines aus den Koordinaten und Geschwindigkeitskomponenten der beiden Teilchen gebildeten Ausdrucks nach der Zeit sei. Setzen wir noch

$$E_3\frac{dr}{ds_2}-\frac{dB_1}{dr}\frac{dr}{ds_2}=\frac{dF}{ds_2},\qquad \varkappa=\int -B_3 r\,dr,\qquad R=\int Gr\,dr,$$

so erhalten wir durch Einsetzen der Ausdrücke für die Komponenten

$$\begin{aligned}&\frac{d}{dt}\left\{-\frac{c^2}{r}+\left(\frac{k}{2r}\frac{d^2r^2}{ds_1 ds_2}+\frac{d^2R}{ds_1 ds_2}\right)\frac{ds_1}{dt}\frac{ds_2}{dt}+\frac{1}{2}B_1\left[\left(\frac{ds_1}{dt}\right)^2+\left(\frac{ds_2}{dt}\right)^2\right]\right\}\\
&\quad+2\frac{d^2\varkappa}{ds_1 ds_2}\frac{ds_1}{dt}\frac{ds_2}{dt}+\frac{1}{2}\frac{dB_1}{ds_1}\left(\frac{ds_1}{dt}\right)^2+\frac{1}{2}\frac{dB_2}{ds_2}\left(\frac{ds_2}{dt}\right)^2\\
&\quad+\frac{d}{ds_2}\left[r\frac{dE}{dr}\left(\frac{dr}{ds_1}\right)^2+E+F+\frac{1}{2}B_1\right]\left(\frac{ds_1}{dt}\right)^2\frac{ds_2}{dt}\\
&\quad+\frac{d}{ds_1}\left[r\frac{dE}{dr}\left(\frac{dr}{ds_2}\right)^2+E+F+\frac{1}{2}B_1\right]\frac{ds_1}{dt}\left(\frac{ds_2}{dt}\right)^2.\end{aligned}$$

Der erste Ausdruck ist bereits eine Ableitung nach der Zeit, alle übrigen enthalten die ersten Ableitungen nach der Zeit in höherem als erstem Grade, ohne daß die zweiten Ableitungen in ihnen auftreten. Daher müssen alle diese Glieder einzeln gleich Null sein. Daraus:

$$\frac{d\varkappa}{dr}=B_3=B_1=\frac{dE}{dr}=\frac{dF}{dr}=0.$$

Daher wird der Ausdruck für die Arbeit in der Zeiteinheit

$$e_1 e_2 \frac{d}{dt}\left\{-\frac{c^2}{r} + \left(\frac{k}{2r}\frac{d^2 r^2}{ds_1 ds_2} + \frac{d^2 R}{ds_1 ds_2}\right)\right\}\frac{ds_1}{dt}\frac{ds_2}{dt}$$

und damit das elektrodynamische Potential

$$V = -e_1 e_2\left(\frac{k}{2r}\frac{d^2 r^2}{ds_1 ds_2} + \frac{d^2 R}{ds_1 ds_2}\right)\frac{ds_1}{dt}\frac{ds_2}{dt}.$$

Das zweite Glied ist nicht mehr näher zu bestimmen, da es bei der Integration über einen geschlossenen Stromkreis wegfällt. Am einfachsten ist es natürlich, $R = 0$ zu setzen. Dann wird das Gesamtpotential (mit $k = 1$)

$$V = \frac{e_1 e_2}{r}\left((\mathfrak{v}_1 \mathfrak{v}_2) - c^2\right) = \frac{e_1 e_2}{r}\left(\dot{x}_1 \dot{x}_2 + \dot{y}_1 \dot{y}_2 + \dot{z}_1 \dot{z}_2 - c^2\right) \tag{1}$$

ein Ausdruck, zu dem auch, von den auf die zeitliche Ausbreitung des Feldes zurückgehenden Unterschieden abgesehen, die LORENTZsche Elektronentheorie gelangt (vgl. Kap. 2, Ziff. 27).

Bestimmen wir nunmehr wieder die von einem Stromelemente des Stromes Eins auf eines des Stromes Zwei ausgeübte Kraft unter Zugrundelegung von $R = 0$ mit Hilfe der LAGRANGEschen Gleichungen, so erhalten wir in bekannter Kombination der vier möglichen Fälle für die X-Komponente

$$X = k J_1 J_2\, ds_1 ds_2\left(\frac{d\frac{1}{r}}{dx}\cos\varepsilon - \frac{d\frac{1}{r}}{ds_2}\frac{dx_1}{ds_1}\right).$$

Dies ist aber mit $k = 1$ das GRASSMANNsche Elementargesetz (vgl. Ziff. 19), da

$$\frac{J_1 J_2}{r^3}\left\{(d\mathfrak{s}_2 \mathfrak{r})\, d\mathfrak{s}_1 - (d\mathfrak{s}_1 d\mathfrak{s}_2)\, \mathfrak{r}\right\}_x = \frac{J_1 J_2}{r^3}\left\{r\frac{dr_1}{ds_2} ds_2\, d\mathfrak{s}_1 - (d\mathfrak{s}_1 d\mathfrak{s}_2)\, \mathfrak{r}\right\}_x$$

$$= J_1 J_2\left\{-\frac{d\frac{1}{r}}{ds_2} d\mathfrak{s}_1 + (d\mathfrak{s}_1 d\mathfrak{s}_2)\operatorname{grad}\frac{1}{r}\right\}_x.$$

25. Fernwirkungs- und Nahewirkungstheorie. Die Bedeutung der Konstanten *c*. Daß die CLAUSIUSsche Kraftformel auf das GRASSMANNsche Elementargesetz führt, weist bereits darauf hin, daß diese Kraft nicht mehr ohne weiteres in das System der NEWTONschen Dynamik eingeordnet werden kann. Und in der Tat besteht der hervorstechendste Unterschied zwischen der CLAUSIUSschen und der WEBERschen Formel darin, daß in dieser bloß die gegenseitige Geschwindigkeit der beiden Ladungen auftritt, während in jener die absoluten Geschwindigkeiten in Bezug auf das Koordinatensystem bestimmend sind. Diese Theorie drängt uns daher zu der Annahme, daß die elektrischen und magnetischen Kräfte nicht unvermittelte Fernwirkungen sind, sondern durch ein „Medium" vermittelt werden, das eben das bevorzugte Koordinatensystem bestimmt.

Freilich ist dieses Auftreten eines bevorzugten Koordinatensystems zwar ein wichtiger Hinweis, aber kein unbedingter Beweis für die Nahewirkungstheorie. Auch durch das NEWTONsche Gravitationsgesetz ist, wenn auch nicht ein einziges, so doch eine Gruppe von Koordinatensystemen ausgezeichnet. Die Erklärung für diese Auszeichnung könnte man im Rahmen der Fernwirkungstheorie im Sinne der MACHschen Mechanik darin finden, daß diese Auszeichnung ebenfalls auf eine unvermittelte Fernwirkung aller Massen zurückgeht. Eine ähnliche Erklärung stünde uns natürlich auch hier frei.

Dieses Auftreten der absoluten Geschwindigkeiten im Kraftgesetz ist aber nicht der einzige Hinweis auf eine Theorie der Nahewirkung, der aus den bisher betrachteten Erscheinungen und ihrer theoretischen Erfassung folgt. Hierzu müssen wir zunächst präzisieren, worin in der mathematischen Formulierung der Unterschied zwischen Fern- und Nahewirkung besteht. Dieser resultiert daraus, daß bei Fernwirkung sich eine Änderung in der Verteilung der elektrischen Ladungen instantan merkbar machen muß, während bei Nahewirkung die Fortpflanzung dieser Störung des bisherigen Zustandes Zeit erfordert. Demgemäß müssen die Differentialgleichungen, die die mathematische Formulierung jener Theorie darstellen, vom elliptischen, diejenigen, die das Potential in dieser definieren, vom hyperbolischen Typus sein. Daher ist der erste Schritt zu dieser insbesondere von GAUSS[1]) postulierten Theorie die Ersetzung der elliptischen POISSONschen Potentialgleichung durch eine hyperbolische Differentialgleichung. Der einfachste derartige Ansatz, der von RIEMANN[2]) (1858) aufgestellt worden ist und auch tatsächlich das skalare Potential der LORENTZschen Elektronentheorie darstellt (vgl. Kap. 2), lautet

$$\Delta V - \frac{1}{c^2}\frac{\partial^2}{\partial t^2} V = -4\pi\varrho .$$

RIEMANN zeigte auch, daß die in dieser Gleichung vorkommende Konstante c, wenn aus dieser Differentialgleichung das NEUMANNsche Potential folgen soll, mit der in den Elementargesetzen auftretenden Konstanten c identisch sein müsse.

Es gibt zwei Methoden, um diese Konstante c, die Anzahl der in einer elektromagnetischen vorhandenen elektrostatischen Einheiten, direkt zu messen. Die erste von WEBER[3]) (1856) benutzte besteht darin, die Aufladung zweier Konduktoren einmal elektrostatisch zu messen, das andere Mal durch Messung des Stromes zu bestimmen, der auftritt, wenn man sie leitend verbindet. Die zweite, die auch die experimentelle Stütze für die Elektronentheorien abgibt, besteht darin, daß man die magnetischen Wirkungen bewegter Ladungen bestimmt (ROWLAND[4]) [1876]). Alle Messungen ergaben c als innerhalb der Fehlergrenzen gleich der Lichtgeschwindigkeit. Fassen wir also mit RIEMANN die elektrischen und magnetischen Kraftwirkungen als durch ein Medium vermittelt auf, so ergibt sich, daß die Störungen sich in diesem Medium mit Lichtgeschwindigkeit fortpflanzen, was zum erstenmal von KIRCHHOFF bemerkt wurde. Damit hat dieser zum erstenmal den Spekulationen der Anhänger der kartesischen Natur philosophie, die bereits seit langem die elektrischen und magnetischen Wirkungen als durch das Medium in dem sich das Licht fortpflanzt, vermittelt ansahen, eine experimentelle Grundlage gegeben.

Freilich ist von diesem Ansatz zu einer elektromagnetischen Nahewirkungstheorie, die auch das Licht in den Bereich der elektromagnetischen Erscheinungen einbezieht, noch ein weiter Weg, nämlich der zu einer vollständigen Theorie des elektromagnetischen Feldes. Vor allem widersprechen noch die aus den bisherigen Betrachtungen gewonnenen Potentialformeln Differentialgleichungen von der Art der RIEMANNschen. Denn diese besitzt die elementare Lösung

$$V = \frac{e}{r\left(t - \frac{r}{c}\right)},$$

wo $r(t - r/c)$ die Entfernung zwischen den Lagen des Aufpunkts zur Zeit t und der wirkenden Ladung zur Zeit $t - r/c$ bedeutet. Ein derartiges retardiertes Potential, in das also nicht die Entfernung zweier gleichzeitiger Lagen von Massenpunkt und

1) C. F. GAUSS, Ges. Werke V, 629.

2) B. RIEMANN, Pogg. Ann. Bd. 131, S. 237. 1867.

3) W. WEBER u. R. KOHLRAUSCH, Pogg. Ann. Bd. 99, S. 10. 1856.

4) H. A. ROWLAND, Berl. Ber. 1876, S. 211; Pogg. Ann. Bd. 158, S. 487. 1876.

Aufpunkt eingeht, ist charakteristisch für die Nahewirkungstheorie, während die instantanen Potentiale die unendlich schnelle Ausbreitung der Wirkung und damit die Fernwirkungstheorie charakterisieren. Es ist aber auch nach der Nahewirkungstheorie durchaus verständlich, daß die Erscheinungen uns die retardierten Potentiale bisher noch nicht aufgedrängt haben. Denn wir hatten es in den Abschnitten I a bis II a mit statischen bzw. stationären Erscheinungen zu tun, bei denen natürlich retardiertes und instantanes Potential zusammenfallen. Erst in diesem Abschnitt haben wir langsam veränderliche Felder in unsere Betrachtungen einbezogen, und damit tritt auch die Bedeutung der Konstanten c hervor. So erhielt KIRCHHOFF[1]) (1856) als Formel für die Ausbreitung von Potentialstörungen entlang eines dünnen Drahtes (Länge l, Radius a)

$$\frac{\partial^2 V}{\partial x^2} = \frac{1}{c^2}\frac{\partial^2 V}{\partial t^2} + \frac{1}{2\ln(l/a)\,\sigma\pi a^2}\frac{\partial V}{\partial t}$$

(vgl. den Artikel „Wechselströme" im Bd. XV ds. Handb.), in der die Bedeutung von c für die Ausbreitung der elektrischen Felder bereits deutlich hervortritt. „Die Fortpflanzungsgeschwindigkeit ergibt sich hier $= c$, also als unabhängig sowohl vom Querschnitt als von der Leitungsfähigkeit des Drahtes, als endlich von der Dichtigkeit der Elektrizität; ihr Wert ist sehr nahe gleich der Lichtgeschwindigkeit." Die bisher aufgestellten Potentialformeln stellen also Grenzformeln für den Fall konstanter Felder dar, die für langsam veränderliche noch angewendet werden können.

Aber nicht nur in der Theorie der rasch veränderlichen Felder müssen die Eigenschaften des Feldes eine ausschlaggebende Rolle spielen. Auch der Zusammenhang zwischen elektrischer und magnetischer Kraft wird durch sie bestimmt. Denn in der Nahewirkungstheorie sind elektrisches und magnetisches Potential nicht mehr wie in der Fernwirkungstheorie reine Rechnungsgrößen, sondern entsprechen realen physikalischen Größen, d. h. sie bestimmen den Zustand des Feldes, und zwar eines und desselben Feldes. Es ist daher anzunehmen, daß sie irgendwie gekoppelt sind. Dabei ist festzuhalten, daß die Verwandtschaft zwischen elektrischen und magnetischen Kräften nicht auf spekulative Betrachtungen über die Natur dieser Kräfte gegründet ist, sondern daß eine ganze Anzahl magnetischer Felder durch elektrische Ströme bzw. bewegte elektrische Ladungen erzeugt wird, ja daß, wie wir unter II c sehen werden, alle magnetischen Felder auf solche zurückgeführt werden können. Gelingt es uns aber, einen derartigen Zusammenhang aufzufinden, so füllen wir damit auch eine Lücke aus, die unsere bisherige Theorie noch besitzt. Die bisher aufgestellten Gesetze für die zwischen zwei Stromelementen bzw. zwischen zwei bewegten Ladungen wirkenden Kräfte stimmen nämlich alle in den für geschlossene Ströme geltenden Gesetzen überein, weichen dagegen für offene Ströme in ihren Resultaten voneinander ab, ohne daß wir eine experimentelle Entscheidung angeben könnten, da alle stationären Ströme geschlossene Ströme sind. Eine vollständige Theorie des elektromagnetischen Feldes muß aber natürlich diese Unbestimmtheit beseitigen.

c) Die magnetischen Eigenschaften der Materie[2]).

26. Induzierter (temporärer) Magnetismus. Magnetische Suszeptibilität. Para- und ferromagnetische Substanzen. In der vorigen Ziffer wurde bereits darauf hingewiesen, daß die Verwandtschaft zwischen elektrischer und magnetischer Kraft nicht aus Spekulationen über den Nahewirkungsmechanismus

[1]) G. KIRCHHOFF, Pogg. Ann. Bd. 100, S. 193, 251. 1857.

[2]) Vgl. Bd, XV, Kap. 1.

geschlossen zu werden braucht, sondern daß diese auf die magnetische Wirkung bewegter Ladungen und darauf gestützt werden kann, daß alle magnetischen Erscheinungen durch ungezwungene Hypothesen auf bewegte elektrische Ladungen zurückgeführt werden können. Um dies nachzuweisen, müssen wir die magnetischen Eigenschaften der nicht permanent magnetisierten Körper in unsere Betrachtungen einbeziehen.

Bringt man weiches Eisen in ein Magnetfeld, so verhält es sich wie ein Magnet, indem es auf andere Magneten und Stromkreise Kräfte ausübt. Es unterscheidet sich von einem permanenten Magneten nur dadurch, daß seine Magnetisierung nicht konstant ist, sondern von der an der Stelle herrschenden magnetischen Feldstärke abhängt. Es zeigt sich, daß die in ihm erregte Magnetisierung (induzierter Magnetismus) im allgemeinen in der Richtung der herrschenden Feldstärke liegt. Wir können also schreiben:

$$\mathfrak{M} = \varkappa \mathfrak{H}. \tag{1}$$

Der Koeffizient $\varkappa$, die magnetische Suszeptibilität, ist für kleine Feldstärken eine Konstante, bei größeren Feldstärken wird $\varkappa$ bei ferromagnetischen Substanzen von $\mathfrak{H}$ abhängig, und zwar nimmt es mit zunehmendem $\mathfrak{H}$ ab. (Für $\mathfrak{H}$ ist der gesamte Wert, d. h. inkl. der vom induzierten Magneten herrührenden Feldstärke zu nehmen.) Es gibt aber eine Anzahl von Substanzen, für die $\varkappa$ überhaupt eine Konstante ist. Von diesen paramagnetischen Substanzen unterscheidet sich weiches Eisen und die Substanzen, die sich ähnlich wie dieses verhalten (Nickel, Kobalt usw.), nicht nur durch diese Abhängigkeit der magnetischen Suszeptibilität von der erregenden Feldstärke und deren bedeutende Größe, sondern auch durch die Erscheinungen der Hysteresis, d. h. dadurch, daß auch bei quasistationärem Verringern der induzierenden Feldstärke, der der jeweiligen Feldstärke entsprechende induzierte Magnetismus stärker ist als bei anwachsender induzierender Feldstärke (vgl. den Artikel „Die magnetischen Eigenschaften der Körper“ im Bd. XV ds. Handb.). Diese Substanzen nennen wir ferromagnetisch.

In Kristallen stimmt die Richtung der Magnetisierung im allgemeinen nicht mit der der erregenden Feldstärke überein. Hier ist die Suszeptibilitätskonstante kein Skalar mehr, sondern ein Tensor. W. THOMSON hat nachgewiesen, daß dieser Tensor symmetrisch sein muß, da sonst der Kristall in eine dauernd wachsende Rotation versetzt würde, was dem Energieprinzip widerspräche. Der Beweis ist also völlig analog zum Beweis der Symmetrie des elastischen Tensors (BOLTZMANNsches Prinzip; vgl. Bd. VI). Im folgenden sehen wir von den nur den ferromagnetischen Substanzen eigenen Erscheinungen ab und beschäftigen uns daher zunächst nur mit den paramagnetischen, nicht kristallischen, für die $\varkappa$ eine positive Konstante ist.

27. Potential. Äquivalente Verteilung. Grenzbedingung. Wir können die magnetische Feldstärke $\mathfrak{H}$, die bei Anwesenheit paramagnetischer Substanzen in einem magnetischen Felde herrscht, in zwei Teile zerlegen, in einen $\mathfrak{H}_1$, die erregende Feldstärke, die bei Abwesenheit der paramagnetischen Körper herrschen würde, und einen zweiten $\mathfrak{H}_2$, der die induzierte Feldstärke darstellt. Analog läßt sich das magnetische Potential V in zwei Teile V_1 und V_2 spalten, da nach Ziff. 11 auch im Innern eines magnetisierten Körpers $\mathfrak{H}$ von einem Potential ableitbar ist. Gleichung (1), Ziff. 26 läßt sich somit

$$\mathfrak{M} = \varkappa \mathfrak{H} = -\varkappa \operatorname{grad} V$$

schreiben. Ist also $\varkappa$ konstant, d. h. der magnetisierte Körper homogen, so ist auch $\mathfrak{M}$ von einer Potentialfunktion $\varphi = \varkappa V$ ableitbar.

Das Potential φ ist ein NEWTONsches. Denn nach Ziff. 10, Gleichung (2a) folgt für die dem induzierten Magnetismus äquivalente Verteilung magnetischer Massen die Dichte

$$\varrho = -\operatorname{div} \mathfrak{M},$$

was mit Gleichung (1) Ziff. 26

$$\varrho = -\varkappa \operatorname{div} \mathfrak{H}$$

wird. Aus der Potentialtheorie folgt aber

$$\operatorname{div} \mathfrak{H} = 4\pi\varrho,$$

woraus unmittelbar $\varrho = 0$. Dem induzierten Magnetismus entspricht also lediglich eine Oberflächenbelegung der Flächendichte

$$\sigma = (\mathfrak{M}\mathfrak{n}) = -\varkappa\,(\mathfrak{n}\operatorname{grad})\,V = \varkappa\left(\frac{\partial V}{\partial n}\right)_- .$$

Daraus folgt die Bedingung, die dem Potential an der Oberfläche der magnetisierbaren Körper auferlegt werden muß. Nach bekannten Sätzen der Potentialtheorie [vgl. auch Gleichung (3a), Ziff. 6 und Gleichung (1) Ziff. 26] ist

$$\left(\frac{\partial V}{\partial n}\right)_+ + \left(\frac{\partial V}{\partial n}\right)_- = -4\pi\sigma = -4\pi\varkappa\left(\frac{\partial V}{\partial n}\right)_- ,$$

$$\left(\frac{\partial V}{\partial n}\right)_+ + (1 + 4\pi\varkappa)\left(\frac{\partial V}{\partial n}\right)_- = 0 .$$

Durch Einführung des Vektors der magnetischen Induktion läßt sich diese Gleichung bedeutend einfacher schreiben. Es ist [Gleichung (4), Ziff. 11]

$$\mathfrak{B} = \mathfrak{H} + 4\pi\mathfrak{M} = (1 + 4\pi\varkappa)\,\mathfrak{H} .$$

Die Konstante $\mu = 1 + 4\pi\varkappa$ nennen wir die magnetische Permeabilität. Daher

$$\mathfrak{B} = \mu\mathfrak{H} \tag{2}$$

und die Grenzbedingung lautet, da wir im freien Raum $\varkappa = 0$, $\mu = 1$ haben:

$$\mu_+\left(\frac{\partial V}{\partial n}\right)_+ + \mu_-\left(\frac{\partial V}{\partial n}\right)_- = \mu_+\mathfrak{H}_{n+} + \mu_-\mathfrak{H}_{n-} = 0 ,$$

$$\mathfrak{B}_{n+} + \mathfrak{B}_{n-} = 0 . \tag{3}$$

Es ist unmittelbar einzusehen, daß diese Gleichung auch für die gemeinsame Grenzfläche zweier magnetisierbarer Medien ihre Gültigkeit behält. Die Normalkomponente der magnetischen Induktion geht also stetig durch diese Grenzfläche hindurch, wie ja aus ihrem Verhalten in permanenten Magneten bereits zu erwarten war.

28. Energie und ponderomotorische Kraft. Diamagnetismus. Nach den Gleichungen (3) und (3a), Ziff. 10 ist der Beitrag, den ein Körper der Suszeptibilität $\varkappa$ zur potentiellen Energie eines Systems permanenter Magneten liefert,

$$E = -\tfrac{1}{2}\iiint \varkappa \operatorname{grad}^2 V\,d\tau .$$

Sei X die auf diesen Körper ausgeübte ponderomotorische Kraft magnetischen Ursprungs, dann ist nach dem Energieprinzip

$$\int X\,\delta x + E = \text{konst.}$$

Ist $\varkappa$ so klein, daß es in erster Näherung gegen Eins vernachlässigt werden kann, so folgt daraus in erster Näherung, wenn wir den Körper als homogen annehmen, also $\varkappa$ eine Konstante ist:

$$X = -\frac{\partial E}{\partial x} = \frac{1}{2}\varkappa\frac{\partial}{\partial x}\iiint \operatorname{grad}^2 V\,d\tau = \frac{1}{2}\varkappa\frac{\partial}{\partial x}\iiint \mathfrak{H}^2\,d\tau .$$

Daraus folgt für positive Werte von $\varkappa$, daß ein paramagnetischer Körper sich von Stellen kleiner magnetischer Feldstärke zu solchen größerer magnetischer Feldstärke zu bewegen sucht.

Im Jahre 1846 beobachtete FARADAY[1]), daß sich ein Glasstab, den er zwischen den Polen eines starken Elektromagneten aufgehängt hatte, nicht wie ein paramagnetischer Körper in die Richtung der magnetischen Kraft stellte, sondern quer zu dieser. Indem er zur Aufklärung dieses Phänomens Kugeln und Würfeln aus Glas in ein magnetisches Feld brachte und so entdeckte, daß diese sich nicht wie etwa Stücke weichen Eisens zu Stellen größerer Feldstärke bewegen, konnte er dieses Verhalten darauf zurückführen, daß Glas sich von Stellen großer Feldstärke zu solchen geringster bewegt. Er zog aus diesen Beobachtungen auch bereits den richtigen Schluß, daß in dem Glas zwar ebenso wie in den paramagnetischen Körpern durch ein magnetisches Feld Magnetismus erregt wird, daß aber die Richtung der induzierten Magnetisierung hier der Richtung der magnetischen Feldstärke entgegengesetzt ist. In die Sprache unserer Formeln übertragen, bedeutet dies, daß für Glas und eine Reihe anderer Körper, insbesondere für Wismut, das dieses Verhalten am stärksten zeigt, die magnetische Suszeptibilität $\varkappa$ negativ ist. Dann ergibt auch tatsächlich unsere Formel für die auf eine solche Substanz ausgeübte ponderomotorische Kraft, daß sie sich in einem Magnetfelde von den Stellen größerer zu den Stellen geringster Feldstärke bewegen muß. Derartige Substanzen nannte er diamagnetisch. Ihre Existenz ist, wie wir unten sehen werden, die stärkste Stütze für die elektrische Theorie der magnetischen Erscheinungen.

29. Die Theorie der para- und ferromagnetischen Erscheinungen. Die Konzeption der Elementarmagneten hat sich bereits bei der Besprechung des permanenten Magnetismus als bedeutend einfacher erwiesen als die Annahme magnetischer Fluida. Versuchen wir nunmehr, uns eine Vorstellung von den molekularen Vorgängen zu schaffen, die den magnetischen Induktionserscheinungen zugrunde liegen, so sehen wir, daß nur die erste Theorie in Betracht kommt.

Von entscheidender Bedeutung sind hier Versuche, die BEETZ[2]) 1860 angestellt hat. Er überzog einen Silberdraht mit einer dünnen Schicht Lack, in die er einen dünnen Strich bis zum metallischen Silber einritzte. Den so präparierten Silberdraht tauchte er in eine Eisensalzlösung. Schickt er nun einen Strom durch die Lösung, wobei der Draht als Elektrode diente, so schlägt sich das Eisen nur auf dem dünnen blankgelegten Strich nieder. Legt man während der Elektrolyse ein Magnetfeld in der Richtung des Striches an, so erweist sich das niedergeschlagene Eisen als stark magnetisch. Nicht nur die Stärke und die Permanenz der Magnetisierung, sondern auch ihre fast völlige Unabhängigkeit von der erregenden Feldstärke ist auffallend. Die kleinste magnetische Störung zerstört die abnormale Magnetisierung des niedergeschlagenen Eisens, und dieses verhält sich dann wie gewöhnliches.

Eine Erklärung dieses Phänomens auf Grundlage der Theorie der magnetischen Fluida muß natürlich auf praktisch unüberwindliche Schwierigkeiten stoßen. Dagegen ergibt die Annahme der Elementarmagneten diese Erscheinungen durchaus zwanglos. Herrscht während des Niederschlagens der Eisenmoleküle ein magnetisches Feld, so reihen sich die durch die magnetische Kraft bereits in der Lösung gerichteten Moleküle aneinander. Da die Richtung der Moleküle bereits in der Lösung hergestellt ist, begegnet sie keinem wesentlichen Widerstand, und die Stärke des richtenden Feldes spielt daher keine entscheidende

[1]) M. FARADAY, Researches § 2253.

[2]) W. BEETZ, Pogg. Ann. Bd. 111, S. 337. 1860.

Rolle. Da eine derartige Anordnung der Moleküle jedenfalls eine, wenn auch geringe Stabilität besitzt, behält das niedergeschlagene Eisen seine Magnetisierung auch nach dem Aufhören des erregenden Feldes. Wird dagegen, etwa durch Anlegen eines anders gerichteten äußeren Magnetfeldes, die Anordnung gestört, so verliert sie die Stabilität, und es bildet sich die normale, in gewöhnlichem Eisen herrschende Anordnung der Elementarmagneten aus. Vergleiche weiter unten die Theorie von MAXWELL und die Untersuchungen von EWING.

Der in paramagnetischen Körpern induzierte Magnetismus findet demnach seine Erklärung darin, daß durch das äußere Feld die Elementarmagnet gleichgerichtet werden. Da der Grad der Magnetisierung aber nunmehr von der Stärke des erregenden Magnetfeldes abhängt, muß der richtenden Kraft des Feldes eine aus der inneren Konstitution des induzierten Körpers entspringende Kraft entgegenwirken. Trotzdem bei der Induktion auch Wärme erzeugt wird, kann dies keine Reibungskraft sein, da sonst die Induktion erst von einer gewissen Minimalstärke der induzierenden Kraft an auftreten könnte.

WEBER[1]) nahm daher an, daß auf jedes Molekül eine Kraft wirkt, die es in seiner ursprünglichen Richtung zu halten sucht. Diese Kraft entspricht einer auf eine magnetische Feldstärke $\mathfrak{D}$ zurückgehenden, deren Richtung in der ursprünglichen Richtung der magnetischen Achse des Moleküls wirkt. Unter dieser Annahme ist der Zusammenhang zwischen der induzierten Magnetisierung $\mathfrak{M}$ und der erregenden Feldstärke leicht aufzustellen.

Befindet sich der Körper im neutralen Zustand, so sind die Achsen der Elementarmagneten über alle Richtungen gleichmäßig verteilt. Wirkt jedoch die magnetische Feldstärke $\mathfrak{H}$ auf ihn, so stellen sich die Achsen der einzelnen Elementarmagneten in die Richtung der Resultierenden $\mathfrak{R}$ aus der Feldstärke $\mathfrak{H}$ und der Richtungskraft $\mathfrak{D}$. Bezeichnet α den Winkel zwischen $\mathfrak{H}$ und $\mathfrak{D}$, ϑ den Winkel zwischen $\mathfrak{H}$ und $\mathfrak{R}$, m das magnetische Moment eines Moleküls, n die Anzahl der magnetischen Moleküle in der Volumseinheit, so ergibt sich sofort:

$$\mathfrak{M} = \int_0^\pi \frac{mn}{2} \cos\vartheta \sin\alpha \, d\alpha .$$

Durch eine leichte Rechnung kann man ϑ und α durch D, H und R ersetzen. Dies ergibt:

$$\mathfrak{M} = \int_0^\pi \frac{mn}{4H^2D} (R^2 + H^2 - D^2) dR .$$

Die Integrationsgrenzen sind nunmehr für $H < D$ von $R = D + H$ bis $R = D - H$ für $H > D$ von $R = H + D$ bis $R = H - D$. Daher

$$H < D, \qquad \mathfrak{M} = \frac{2}{3}\frac{mn}{D}\mathfrak{H},$$

$$H > D, \qquad \mathfrak{M} = mn\left(1 - \frac{1}{3}\frac{D^2}{H^2}\right)\frac{\mathfrak{H}}{H}.$$

Dieses Resultat zeigt bereits die Proportionalität der induzierten Magnetisierung mit der Feldstärke für kleine Feldstärken und das Erreichen eines Sättigungswertes mit sehr großen Feldstärken. Dagegen ergibt die WEBERsche Theorie noch nicht die Erscheinungen der Hysteresis und das sehr starke Ansteigen der Suszeptibilität vor Erreichen des Sättigungswertes.

---

[1]) W. WEBER, Pogg. Ann. Bd. 87, S. 145. 1852. Die Endformel ist offenbar durch einen Rechenfehler entstellt und wurde durch MAXWELL, Treatise Bd. II, § 443 richtiggestellt.

MAXWELL[1]) hat daher die WEBERsche Theorie erweitert. Er nahm an, daß die einzelnen Elementarmagnete, nachdem sie um einen bestimmten Winkel abgelenkt worden sind, in eine neue Stabilitätslage gelangen, so daß die WEBERschen Überlegungen nunmehr von diesem Winkel an durchzuführen sind. Die entsprechend komplizierteren Rechnungen ergeben das folgende Resultat: Bis zu einer gewissen Feldstärke, bei der eben die ersten Moleküle in die neue Stabilitätslage gebracht werden, ist auch hier die induzierte Magnetisierung der Feldstärke proportional, dann aber steigt, wie unmittelbar einzusehen ist, die Permeabilität stark an. Wird die induzierende Feldstärke wieder entfernt, so kehren die Moleküle nicht mehr sämtlich in ihre ursprüngliche Lage zurück, sondern in ihre nunmehrige Gleichgewichtslage. Daraus resultiert natürlich der remanente Magnetismus.

MAXWELL hat auch bereits erwähnt, daß die Richtungskraft $\mathfrak{D}$ auf die Einwirkung der übrigen Elementarmagnete auf den betrachteten zurückgeführt werden könnte. Dieser Gedanke wurde von EWING aufgenommen und durchgeführt. EWING[2]) nahm als Analogie eine Anzahl von Magnetnadeln und konnte nicht nur zeigen, daß diese tatsächlich mehrere Gleichgewichtslagen besitzen, sondern, auf dieser Analogie weiterbauend, zeigte er, daß sämtliche Eigenschaften der ferromagnetischen Körper durch die Theorie der Elementarmagnete erklärt werden können.

30. AMPÈRES Molekularströme und die Theorie des Diamagnetismus. Dagegen ist es unmittelbar einzusehen, daß die Hypothese der Elementarmagnete nie zu einer Erklärung des Diamagnetismus führen kann. Aber durch eine naheliegende physikalische Interpretation der Elementarmagneten gelingt es, auch diese Erscheinungen in die Theorie einzubeziehen. AMPÈRE[3]) hat die Hypothese eingeführt, daß der Magnetismus der magnetischen Moleküle keine primäre Erscheinung ist. Er nimmt an, daß die magnetischen Moleküle unendlich gut leitende Strombahnen besitzen, in denen ein konstanter Strom zirkuliert. Von MAXWELL[4]) und anderen wurde dann nachgewiesen, daß es genügt, die Moleküle aus unendlich gut leitender Materie bestehend anzunehmen, indem sie bewiesen haben, daß in jedem derartigen Leiter Stromverteilungen, die einem geschlossenen Stromkreis entsprechen, auftreten können.

Diese kleinen Solenoide verhalten sich nun natürlich wie Elementarmagneten, freilich mit der Einschränkung, daß in ihnen bei einer Veränderung des Magnetfeldes Induktionsströme erzeugt werden müssen. Um diese Induktionswirkung zu berechnen, nehmen wir an, daß L der Selbstinduktionskoeffizient des magnetischen Moleküls, M sein Induktionskoeffizient in bezug auf das das magnetische Feld erzeugende System ist. Ferner sei γ die im Molekel herrschende Stromstärke, γ' die im erregenden System herrschende, dann ist (Ziff. 22):

$$\frac{d}{dt}(L\gamma + M\gamma') = -R\gamma .$$

Da R, der Widerstand des Moleküls, gleich Null ist, folgt daraus:

$$L\gamma + M\gamma' = \text{konst.}$$

Es herrsche das magnetische Feld $\mathfrak{H}$, f sei der Inhalt der Projektion der von der molekularen Strombahn umflossenen Fläche in die auf Achse des Moleküls

[1]) J. CL. MAXWELL, Treatise Bd. II, § 444ff.

[2]) J. A. EWING, Magnetic Induktion in Iron and other Metals, deutsch von L. HOLBORN und S. LINDECK, Berlin 1892.

[3]) A. M. AMPÈRE, Recueil d'observations électrodynamiques 367.

[4]) J. CL. MAXWELL, Treatise Bd. II, §§ 890f.

senkrecht stehende Ebene, α der Winkel zwischen der Achse des Moleküls und $\mathfrak{H}$, dann ist

$$L\gamma + Hf\cos\alpha = L\gamma_0,$$

wobei γ_0 nunmehr die Stromstärke im Molekül zu der Zeit bedeutet, zu der $\mathfrak{H} = 0$. Nehmen wir nun an, daß auch die nichtmagnetischen Moleküle derartige Strombahnen enthalten, so gelangen wir zur WEBERschen Theorie des Diamagnetismus, die in qualitativer Hinsicht bereits von FARADAY angegeben war.

In diesem Falle ist $\gamma_0 = 0$, daher:

$$\gamma = -\frac{Hf}{L}\cos\alpha.$$

Daraus ergibt sich unmittelbar, daß die Magnetisierung nunmehr zwar wiederum der magnetischen Feldstärke proportional, aber der Richtung des erregenden Feldes entgegengesetzt ist. Derartige Substanzen sind also diamagnetisch.

III. FARADAY-MAXWELLS Theorie des elektromagnetischen Feldes.

a) Die Nahewirkungstheorie der bisher besprochenen Erscheinungen.

31. Fern- und Nahewirkungstheorie. Wenn wir nunmehr aus den oben angeführten Gründen dazu übergehen, eine Nahewirkungstheorie der elektrischen und magnetischen Erscheinungen aufzubauen, so müssen wir vor allem die Betrachtungsweise, die wir bisher bei der Untersuchung der Erscheinungen eingehalten haben, verändern. In der Fernwirkungstheorie ist der Sitz der elektrischen und magnetischen Kräfte die Materie und die Grundlage der Theorie wird daher durch die COULOMBschen Gesetze gegeben, die Beziehungen zwischen zwei materiellen Teilchen angeben. Wohl stellt die Potentialtheorie, wie bereits erwähnt, eine Art Feldtheorie dar, aber bloß im formalen Sinn. Denn dem Potential kommt keinerlei physikalische Bedeutung zu, und die Potentialgleichungen beziehen ihre Rechtfertigung lediglich daher, daß sie sich aus den Kraftgleichungen ableiten lassen. Ganz anders sind die Anschauungen der Nahewirkungstheorie. Der Kraftbegriff, der in der Fernwirkungstheorie lediglich der Ausdruck für eine Beziehung zwischen zwei materiellen Teilchen ist, wird in ihr verselbständigt. Während in der alten Theorie von einer elektrischen Kraft nur dann gesprochen werden kann, wenn mindestens zwei elektrisierte Teilchen vorhanden sind und sich der Sinn des Kraftbegriffes in der Tatsache erschöpft, daß zwei elektrisierte Teilchen einander in Bewegung zu setzen versuchen, erregt nach der Nahewirkungstheorie bereits ein elektrisch geladenes Teilchen physikalische Veränderungen im gesamten es umgebenden Raum, ganz unabhängig davon, ob es noch weitere elektrisierte Körper gibt oder nicht. Dieses elektrische Feld erreicht nach einer gewissen Zeit einen stabilen Zustand. Bringt man nun einen zweiten elektrisch geladenen Körper in das Feld, so stört er es durch das von ihm erregte und das Feld strebt nun einem neuen Gleichgewichtszustand zu und übt, um ihn herbeizuführen, eine ponderomotorische Kraft auf die beiden Körper aus. So wird die in der alten Theorie elementare Erscheinung der ponderomotorischen Kraftwirkung in der Feldtheorie zu einem sekundären Prozeß.

Entsprechend diesen prinzipiellen Verschiedenheiten in der Grundanschauung sind natürlich auch die Untersuchungsmethoden und die Darstellungsweise der beiden Theorien von Grund auf verschieden. Die Nahewirkungstheorie kann ihre Aufgabe nicht mehr in der Erforschung der Eigenschaften der Kraftzentra und ihrer gegenseitigen Beziehungen sehen, sondern in der Auffindung derjenigen Größen, durch die der Zustand des Feldes charakterisiert wird und durch die Untersuchung der Beziehungen, die zwischen dem Zustand des Feldes in einem Volumelement zu dem Zustand des Feldes in den angrenzenden besteht. Der mathematische Ausdruck der Feldtheorie besteht daher darin, daß die Feldgrößen durch partielle Differentialgleichungen dargestellt werden. Der Einfluß der Materie wird sich dabei in zweierlei Weise zeigen können. Erstens kann die Materie den von ihr eingenommenen Raum, d. h. die Differentialgleichungen, beeinflussen, und zweitens kann die Materie als Kraftzentrum dem sie umgebenden Felde gewisse Bedingungen auferlegen, die sich meistens als Randbedingungen oder als vorgeschriebene Singularitäten äußern.

32. Kraftlinien und Kraftröhren. Statische und stationäre Felder. Wir müssen daher vor allem die bisher beschriebenen Erscheinungen von diesem neuen Gesichtspunkt aus betrachten, d. h. uns ein Bild der mit ihnen verknüpften Felder zu verschaffen suchen, um aus diesem auf die physikalischen Verhältnisse im Felde schließen zu können. Dabei beschränken wir uns jetzt auf die Betrachtung von Feldern im Vakuum, um die durch das Vorhandensein der Materie evtl. auftretenden Komplikationen zunächst zu vermeiden.

Es ist klar, daß von den bisher betrachteten Größen lediglich das Potential bzw. die Feldstärke zur Charakterisierung des Feldes in Betracht kommen. Um eine möglichst anschauliche Darstellung zu bekommen, wählen wir die letzte. Dann ist das Feld dadurch gegeben, daß jedem Punkte des Raumes ein Vektor, nämlich die Feldstärke, zugeordnet ist. Da wir zuerst die statischen Felder untersuchen, genügt, wie aus dem Bisherigen hervorgeht, ein Vektor, die elektrische bzw. die magnetische Feldstärke, zur vollständigen Charakterisierung des Feldes. Von dieser Auffassung des Kraftfeldes als Vektorfeld ausgehend, ist es möglich, zu einer noch anschaulicheren Darstellung zu gelangen.

Zu diesem Zwecke ziehen wir [FARADAY 1831[1])] Linien, die in jedem ihrer Punkte die in diesem Punkte herrschende Feldstärke zur Tangente haben. Derartige Kraftlinien erlauben uns also eine Darstellung des Feldes, die uns die Richtung der in jedem Punkte herrschenden Feldstärke anzugeben gestattet. Es gibt ein einfaches Mittel, um mit ihrer Hilfe auch die Stärke des Feldes in jedem Punkte anzugeben. Denn die Dichte, d. h. der Abstand, in dem wir die Linien voneinander ziehen, ist ja noch vollkommen willkürlich. Wir setzen daher fest, daß die Anzahl der durch eine Einheit einer normal zu ihnen gestellten Fläche stoßenden Kraftlinien dem Betrag der Feldstärke gleich sein soll.

Die Kraftlinien eines statischen Feldes besitzen einige besondere Eigenschaften, die sich am einfachsten aus einer von MAXWELL[2]) angegebenen physikalischen Analogie ergeben. Dazu müssen wir die Differentialgleichung für die Feldstärke aufstellen. Aus Gleichung (3), Ziff. 3 ergibt sich für die elektrische, aus Gleichung (2), Ziff. 10 für die magnetische Feldstärke, daß im freien Raum

$$\operatorname{div}\mathfrak{E} = 0 \qquad \text{bzw.} \qquad \operatorname{div}\mathfrak{H} = 0\,.$$

Deuten wir daher die Feldstärke als die Geschwindigkeit einer strömenden Flüssigkeit, so folgt daraus, daß sich diese Flüssigkeit inkompressibel verhält. Weil aber die beiden Feldstärken außerdem noch von einem Potential ableitbar sind, ist diese Bewegung eine wirbelfreie. Da beide Erscheinungen durch den einen Vektor vollständig bestimmt sind, kann man sie in Analogie zueinander setzen.

[1]) M. FARADAY: Experimentaluntersuchungen über Elektrizität. § 114. Berlin 1889.

[2]) J. CL. MAXWELL: Über FARADAYS Kraftlinien. Klassiker der exakten Wissenschaften. Bd. 69.

Es entspricht also der Feldstärke $\mathfrak{E}$ bzw. $\mathfrak{H}$, die Geschwindigkeit $\mathfrak{v}$ einer in wirbelfreier Bewegung befindlichen inkompressiblen Flüssigkeit. Die Kraftlinien des Feldes entsprechen daher den Stromlinien der Flüssigkeit. Zieht man durch einen Punkt einer Stromlinie eine geschlossene Kurve und legt man durch jeden Punkt dieser Kurve eine Stromlinie, so erhält man eine Stromröhre. Diese hat nun die Eigenschaft, daß die bei ihrem einen Ende eintretende Flüssigkeit am anderen Ende austreten muß, da ihre Wände ja aus Stromlinien bestehen und daher von der Flüssigkeit nicht durchschnitten werden können. Daher muß durch jeden ihrer Querschnitte in der Zeiteinheit dieselbe Flüssigkeitsmenge fließen, d. h. das Produkt aus Querschnitt und Geschwindigkeit ist für jeden Querschnitt konstant. Analog können wir nun auch Kraftröhren konstruieren und für diese gilt daher ebenfalls, daß das Produkt aus Querschnitt und Feldstärke für jeden Querschnitt dasselbe ist. Der Querschnitt einer Kraftröhre ist also der dort herrschenden Feldstärke umgekehrt proportional.

Definieren wir nun eine Einheitsröhre dadurch, daß das Produkt aus ihrem Querschnitt und der Feldstärke gleich Eins ist, dann können wir die Kraftlinien der oben angegebenen Konstruktion durch Einheitskraftröhren ersetzen. Denn nehmen wir eine auf die Kraftlinien normalstehende Fläche und teilen wir sie so in Flächenelemente, daß jedes Element mit der an ihm herrschenden Feldstärke multipliziert Eins ergibt, und ziehen wir die durch diese Flächenelemente bestimmten Einheitskraftröhren, so wird deren Zahl offenbar gleich der Zahl der Kraftröhren der anderen Konstruktion sein. Es ist natürlich auch leicht einzurichten, daß jede Kraftlinie in einer anderen Einheitskraftröhre enthalten ist. Daraus folgt unmittelbar, daß unsere Felder die Eigenschaft besitzen, daß die Kraftlinien in ihnen nicht anfangen oder aufhören können, da die Kraftröhren dies ja auch nicht können. (Für die Theorie der Stromröhren vgl. Bd. VII, Kap. 1.)

Wir können aber aus dieser Analogie noch mehr schließen. Jede wirbelfreie, stationäre, nicht zylindrische Flüssigkeitsströmung kann man sich entstanden denken aus einer gewissen Verteilung von Quellen und Senken, bei denen die Stromröhren beginnen bzw. endigen. Um die Analogie, die unsere Felder für diese Singularitätsstellen aufweisen, zu finden, wollen wir die Beziehung zur Potentialtheorie herstellen. Da die Kraftlinien die Feldstärke zur Tangente haben, folgt aus Ziff. 6, daß die Kraftlinien auf die Äquipotentialflächen normalstehen. Daraus folgt unmittelbar, daß sie auch auf der Oberfläche eines Konduktors normal stehen. Sie müssen daher auch dort endigen, da im Innern des Konduktors die Feldstärke verschwindet. Aus dem erwähnten Satz folgt aber auch, daß die Kraftlinien an den Stellen enden müssen, an denen das Potential einen Maximal- oder einen Minimalwert erreicht. Die Kraftlinien beginnen oder endigen daher immer an den Stellen, an denen positive bzw. negative Ladungen vorhanden sind. Daß dies nur an diesen Stellen der Fall sein kann, läßt sich mit Hilfe der hydrodynamischen Analogie erweisen. Denn die Stromröhren enden nur bei Quellen oder Senken der Flüssigkeit. Die angegebenen Fälle erweisen aber, daß diese Stellen beim elektrischen Felde mit den Ladungen in Analogie zu setzen sind. Daher ist das Feld durch die Ladungen derart bestimmt, daß diese entweder (Punktladungen) die Singularitäten des Feldes oder den Kraftfluß durch eine bestimmte Fläche bestimmen. Analoges gilt für das magnetische Feld.

Wir haben damit eine geometrische Repräsentation der statischen Felder bekommen, die uns ein anschauliches Bild liefert. Sie läßt uns aber auch dann nicht im Stich, wenn wir zur Betrachtung anderer Felder übergehen. Sie erweist sich im Gegenteil gerade bei der Betrachtung der elektromagnetischen Erscheinungen von besonderer Einfachheit und Klarheit. Betrachten wir das magnetische Feld, das ein von einem stationären elektrischen Strom durchflossener Leiter erzeugt. Dieses Feld unterscheidet sich wesentlich von den bisher betrachteten dadurch, daß es, da es ja keine magnetischen Pole mehr besitzt, auch keine Quellen oder Senken der Kraftlinien aufweisen kann. Diese bilden also geschlossene Kurven. Wir haben bereits in Ziff. 20 die Differentialgleichung abgeleitet, der der Feldvektor $\mathfrak{H}$ in diesem Falle genügt (elektromagnetisches Maßsystem):

$$\operatorname{rot}\mathfrak{H} = 4\pi\mathfrak{i}\,. \tag{1}$$

Nach unserer hydrodynamischen Analogie ist also das Feld ein Wirbelfeld, bei dem die stromdurchflossenen Leiter die Wirbelfäden darstellen. Die große Einfachheit, die man mit Hilfe der Darstellung des Feldes durch Kraftlinien erhalten kann, zeigt sich insbesondere bei der Behandlung der wichtigsten Anwendung, nämlich bei der Beschreibung des magnetischen Feldes einer Stromschleife. Sei $d\mathfrak{s}$ das Element der die Stromschleife darstellenden Kurve, so ergibt die Gleichung (1)

$$\oint \mathfrak{H}\,d\mathfrak{s} = \iint \operatorname{rot}\mathfrak{H}\,df = 4\pi\iint \mathfrak{i}_n\,df\,, \tag{1a}$$

d. h. das Linienintegral über die magnetische Kraft längs einer geschlossenen Kurve ist gleich dem mit 4π multiplizierten durch die von der Kurve eingeschlossene Fläche fließenden Strom.

33. FARADAYS Theorie der magnetelektrischen Induktion. In den Ziff. 21 bis 24 haben wir die Theorie der elektromagnetischen Induktion aufzustellen versucht, wobei es unser Ziel war, den Anschauungen der Fernwirkungstheorie entsprechend, den induzierten Strom als Funktion des induzierenden darzustellen, indem wir diesem eine elektromotorische Kraft zuschrieben. Ganz anders ist natürlich unser Ziel, wenn wir die Theorie vom Standpunkt der Nahewirkung aus aufbauen wollen. Denn für diese Theorie ist das Auftreten des induzierten Stromes in dem betreffenden Leiter ebensowenig eine primäre Erscheinung wie die gegenseitige ponderomotorische Wirkung zweier elektrischer Ladungen aufeinander. Vielmehr haben wir uns das physikalische Phänomen jetzt so vorzustellen, daß der induzierende Strom nicht nur ein magnetisches, sondern auch ein elektrisches Feld erregt. Wo sich in diesem Felde ein Leiter befindet, muß dann natürlich in ihm ein elektrischer Strom auftreten. Hier treten uns also zum erstenmal Felder entgegen, die nicht mehr wie die statischen entweder elektrischer oder magnetischer Natur sind, sondern in denen der magnetische und der elektrische Feldvektor miteinander in einer bestimmten Beziehung stehen. Daß dies der Fall ist, erkennen wir sofort daraus, daß sowohl das magnetische Feld wie das elektrische Feld durch ein und denselben elektrischen Strom hervorgerufen werden und durch ihn vollständig bestimmt sind. Da also beide Vektoren Funktionen einer und derselben Größe sind, muß diese aus den beiden Gleichungen eliminiert und so eine Beziehung zwischen den beiden Feldvektoren aufgestellt werden können. Gerade auf diese Beziehung kommt es uns aber an, da ja nur sie uns die Eigenschaften des Feldes charakterisiert.

Diese Beziehung aufzustellen, war das Ziel der Untersuchungen FARADAYS über die elektromagnetische Induktion, die wir in Ziff. 21 verlassen haben, da sie eben den Rahmen der Fernwirkungstheorie sprengen. Das bereits dort erwähnte Resultat, daß der induzierte Strom ceteris paribus der Leitfähigkeit des induzierten Leiters proportional ist, gibt bereits eine Rechtfertigung für den oben entwickelten Standpunkt, da es zeigt, daß die induzierte Feldstärke von der an dieser Stelle befindlichen Materie unabhängig ist. Wir haben dort auch implizite das erste Ergebnis FARADAYS erwähnt, daß nämlich ein konstanter Strom keine Induktionswirkung ausübt, d. h. also, daß sein Feld rein magnetischer Natur ist. Daraus können wir bereits einen Schluß auf die Art der Beziehung zwischen den beiden Feldvektoren ziehen. Denn da die Stärke des induzierten Stroms durch die Änderung der Stärke des induzierenden bestimmt ist, eine Änderung des induzierenden Stromes sich aber in einer Änderung des magnetischen Feldvektors äußert, wird der elektrische Feldvektor eine Funktion der Änderung des magnetischen sein müssen.

Der für uns einfachste Fall ist der, daß sich ein Leiter im Felde eines permanenten Magneten oder eines stationären elektrischen Stromes bewegt. Dann ist, wie die Experimente FARADAYS ergaben, die Stromrichtung durch die Richtung der Kraftlinien und die Richtung der Bewegung bestimmt[1]). (Rechte Handregel: Hält man den Daumen in die Bewegungsrichtung, den Zeigefinger in die Richtung der Kraftlinien, dann zeigt der Mittelfinger in die Richtung des induzierten Stromes.) Die weiteren Experimente FARADAYS zeigten, daß die Stärke des im bewegten Leiter induzierten Stromes durch die Intensität des magnetischen Feldes an der betreffenden Stelle und die Stärke der Bewegung des Leiters bestimmt werden, aber unabhängig davon sind, ob der Leiter sich in einem homogenen oder einem inhomogenen Felde bewegt[2]). Dagegen erweist sie sich als abhängig von der Richtung der Bewegung in bezug auf die Richtung der Kraftlinien und die Richtung des bewegten Leiterstückes. Die induzierte Feldstärke ist am stärksten, wenn der Leiter senkrecht zu den Kraftlinien steht und sich senkrecht zu seiner Richtung und der Richtung der Kraftlinien bewegt, sie ist gleich Null, wenn sich der Leiter parallel zu sich oder parallel zu den Kraftlinien bewegt. Die Experimente lassen sich in das Gesetz zusammenfassen, daß die induzierte Feldstärke gleich ist der von der Längeneinheit des Leiters in der Zeiteinheit geschnittenen magnetischen Kraftlinien[3]).

Der betrachtete Fall fällt eigentlich außerhalb des Kreises der von uns behandelten Phänomene, da er das elektrische Feld in einem bewegten Leiter ergibt, während unsere Aufgabe die Untersuchung der Felder in ruhenden Medien ist. Um zu dieser zu gelangen, müssen wir aber noch den zu dem eben besprochenen Fall entgegengesetzten behandeln. Wir lassen nunmehr den Leiter ruhen, dagegen den Magneten bzw. den induzierenden Leiter sich bewegen. Dann ergeben die Experimente, daß die Richtung des induzierten Stromes dieselbe ist, wie wenn der Magnet ruhen und der induzierte Leiter sich in der entgegengesetzten Richtung bewegen würde. Auch die Stärke des Stromes ergibt sich gleich der bei einer entgegengesetzten Bewegung des induzierten Leiters. Es zeigt sich also, daß die Konzeption der Kraftlinien auch für diese nicht mehr stationären Felder ihren Sinn behält. Wir können uns vorstellen, daß bei diesen langsamen Veränderungen des Feldes die Kraftzentren bei ihrer Verschiebung ihre Kraftlinien einfach mitnehmen. Dann ist die induzierte Feldstärke wieder gleich der Anzahl der von der Längeneinheit des Drahtes geschnittenen magnetischen Kraftlinien. Da also das Feld in jedem Moment einem stationären entspricht, nennen wir derartige Felder quasistationär. Es besteht aber ein wesentlicher Unterschied zwischen den eben besprochenen Fällen. Während in dem ersten die induzierte elektrische Feldstärke nur in dem bewegten Leiter auftritt, da sie ja eben durch seine Bewegung erzeugt wird, ist sie im zweiten eine Folge der Bewegung der Kraftlinien und tritt daher im ganzen Raum auf.

Wir können nun zur Untersuchung des dritten Falles schreiten. Er besteht darin, daß die induzierte Feldstärke nunmehr durch eine Änderung der Stärke des induzierenden Stromes oder Magneten hervorgerufen wird. Nach den eben durchgeführten Überlegungen können wir uns von den Änderungen, die im

---

[1]) M. FARADAY, Experimental Researches § 114ff.
[2]) M. FARADAY, Experimental Researches § 217.
[3]) M. FARADAY, Experimental Researches § 3082 u. 3115.

magnetischen Feld durch die Änderung der Stärke des erregenden Stromes oder Magneten hervorgerufen werden, das folgende Bild machen, wenn diese Änderungen nur genügend langsam vor sich gehen, so daß wir sie als quasistationäre behandeln können. Nehmen wir etwa einen linearen Leiter. Dann besteht das von ihm hervorgerufene magnetische Feld aus kreisförmigen Kraftlinien mit dem Leiter als Achse. Wird nun der Strom im Leiter verstärkt, so können wir uns das offenbar so vorstellen, daß die einzelnen Kraftlinien nach außen rücken, so daß sich ihre Dichte überall verstärkt. Damit nun aber in der unmittelbaren Nähe des Leiters ebenfalls die Dichte der Kraftlinien steigt, müssen aus diesem immer neue heraustreten, die sich dann ebenfalls, solange die Stromverstärkung andauert, ausdehnen. Wenden wir diese Vorstellung an, so ergeben die Experimente wiederum, daß die induzierte Feldstärke gleich ist der Anzahl der Linien, die durch die Längeneinheit des Leiters hindurchwandern. Damit ist natürlich auch unsere Konzeption gerechtfertigt[1]).

34. Induktion im Inneren eines Magneten. Das elektromagnetische Induktionsgesetz. Bevor wir an die mathematische Formulierung der aufgefundenen Beziehung zwischen dem magnetischen und dem elektrischen Feldvektor gehen können, müssen wir uns noch eine Frage vom Experiment beantworten lassen. Wir kennen nämlich zwei magnetische Feldvektoren, die magnetische Feldstärke $\mathfrak{H}$ und die magnetische Induktion $\mathfrak{B}$ (vgl. Ziff. 11). Im Vakuum sind die beiden identisch; wir können daher aus den bisherigen Experimenten nicht entscheiden, welcher von beiden in unsere Beziehung eintritt. Die Entscheidung liefern die folgenden Experimente FARADAYS.

Nach den oben besprochenen Versuchen konnten wir uns die Vorstellung bilden, daß die Kraftlinien einer Verschiebung des Magneten folgen. Was geschieht aber bei einer Rotation eines Stabmagneten um seine Achse? FARADAY wies nach, daß bei einer solchen Bewegung im Inneren des Magneten ein Strom entsteht[2]). Einer solchen Bewegung des Magneten leisten also die Kraftlinien keine Folge, sondern verharren in Ruhe. Dadurch zeigt das Feld eine gewisse Unabhängigkeit von den es erzeugenden Kraftzentren. Gleichzeitig gibt uns aber diese Erscheinung die Möglichkeit, die Induktion im Inneren eines Magneten und damit den Kraftlinienverlauf dortselbst zu untersuchen, ohne im Magneten das Feld evtl. störende Hohlräume anbringen zu müssen. Zu diesem Zwecke führte FARADAY[3]) einen Draht zur Achse des Magneten, einen zweiten führte er etwa von der Nordseite her bis nicht ganz zur Mitte des Magneten, wo er in einem den zylindrischen Magneten berührenden Schleifkontakt endigt. Dreht man den zweiten Draht einmal um den ganzen Magneten herum, so schneidet er bei dieser Bewegung sämtliche vom Nordpol ausgehenden Kraftlinien einmal. Da die Feldstärke proportional ist der Anzahl der Kraftlinien, die pro Zeiteinheit bei gleichbleibender Bewegung geschnitten würde, so ist die Gesamtstärke des bei einer Umdrehung des Drahtes erzeugten Stromimpulses gleich der Anzahl der geschnittenen Kraftlinien dividiert durch den Gesamtwiderstand des Systems, d. h. er ist gleich der Zahl aller von dem Magneten ausgehenden Kraftlinien, dividiert durch diesen Widerstand. Lassen wir dagegen den Magneten rotieren und den zweiten Draht ruhen, so werden offenbar alle im Inneren des Magneten verlaufenden Kraftlinien bei einer Umdrehung des Magneten einmal geschnitten, die Gesamtstärke des bei dieser Bewegung entstehenden Stromimpulses ist also gleich dieser Anzahl, wiederum dividiert durch den Gesamtwiderstand des Systems. Die Experimente FARADAYS ergeben nun nicht nur, daß der im zweiten

[1]) M. FARADAY, Experimental Researches § 238.
[2]) M. FARADAY, Experimental Researches § 220.
[3]) M. FARADAY, Experimental Researches § 3091 ff.

Fall auftretende Stromimpuls gleich stark, aber entgegengesetzt gerichtet ist dem im ersten Fall induzierten, sondern es zeigt sich auch, daß, wenn man den Magneten und den zweiten Draht gleichzeitig gleich schnell rotieren läßt, kein Strom auftritt.

Daraus folgt, daß im Inneren des Magneten ebenso viele Kraftlinien vorhanden sind wie im Raume außerhalb, daß diese Kraftlinien aber in entgegengesetzter Richtung verlaufen. Die Kraftlinien, die die magnetelektrisch induktorische Wirkung hervorrufen, gehen also vom Nordpol des Magneten aus, treten an der Südseite des Magneten wieder in diesen ein und ziehen durch den Magneten zu ihrer Austrittsstelle zurück. Sie bilden also geschlossene Linien und haben daher im ganzen Raum keine Quellen bzw. Senken. Daraus folgt, daß die Divergenz des magnetischen Feldvektors, den sie repräsentieren, gleich Null ist. Dies ist aber die charakteristische Eigenschaft des Vektors der magnetischen Induktion (vgl. Ziff. 11). Dieser tritt also in unsere Beziehung ein. [Daß in die Gleichung (1) der Ziff. 32 richtig der Vektor der magnetischen Feldstärke eingesetzt ist, ersieht man z. B. daraus, daß die durch eine Spule erregte magnetische Feldstärke verstärkt wird, wenn man in sie einen Eisenkern steckt.]

Um das in der vorhergehenden Ziffer abgeleitete Induktionsgesetz mathematisch zu formulieren, betrachten wir den in einer Stromschleife induzierten Strom. Wenn man berücksichtigt, daß der vordere Leiterteil die magnetischen Kraftlinien in entgegengesetzter Richtung schneidet wie der rückwärtige, so erhält man leicht die folgende Gleichung

$$-\oint \mathfrak{E}\, d\mathfrak{s} = \frac{1}{c}\frac{d}{dt}\iint \mathfrak{B}\, df, \tag{2}$$

in der das Zeichen der vollständigen Differentiation nach der Zeit andeuten soll, daß nicht nur die zeitliche Änderung des Kraftflusses durch die Fläche infolge der lokalen Änderung des magnetischen Feldes zu berücksichtigen ist, sondern auch die aus einer Verschiebung oder Gestaltsänderung der Schleife resultierenden. Die Konstante c tritt in die Gleichungen ein, da $\mathfrak{E}$ und $\mathfrak{H}$ in verschiedenen Maßsystemen gemessen werden (vgl. Ziff. 19 u. 25). Beschränken wir uns auf Felder in ruhenden Medien, so können wir diese Gleichung mit Hilfe des STOKESschen Satzes in die folgende transformieren (zweite elektromagnetische Hauptgleichung):

$$\operatorname{rot}\mathfrak{E} = -\frac{1}{c}\dot{\mathfrak{B}}. \tag{2a}$$

Mit Hilfe des elektromagnetischen Vektorpotentials (Ziff. 11) wird dies:

$$\mathfrak{E} = -\frac{1}{c}\dot{\mathfrak{A}}. \tag{3}$$

Dies ergibt den unmittelbaren Anschluß an die Theorie von NEUMANN (Ziff. 21). Denn aus Gleichung (3) Ziff. 20 ergibt sich unmittelbar, daß das magnetische Vektorpotential des Stromelementes $d\mathfrak{s}_1$ durch

$$\mathfrak{A} = J_1\frac{d\mathfrak{s}_1}{r}$$

gegeben ist.

b) Der physikalische Zustand des leeren Raumes.

35. Die physikalischen Eigenschaften der Kraftlinien. Unsere Untersuchungen haben bisher ergeben, daß die Konzeption der Kraftröhren sich als Grundlage zur Behandlung der elektrischen und magnetischen Erscheinungen geeignet erwiesen hat. Doch haben wir den neuen Begriff immer nur formal verwendet, so daß wir die Kraftlinien bis jetzt ebensogut als Repräsentanten eines Feldes denn als Hilfsgrößen einer Fernwirkungstheorie — etwa analog dem Potentialbegriff — auffassen können. In dieser neutralen Stellung, die eine Entscheidung in der im Grunde genommen naturphilosophischen Frage bis zur Anstellung weiterer Versuche hinauszuschieben gestattet, sah FARADAY die große Bedeutung seiner Konzeption für den Experimentator[1]). Um aber entscheiden zu können, nach welcher der beiden Richtungen die Experimente drängen, müssen wir nun, nachdem wir die Verbindung mit der Fernwirkungstheorie bereits hergestellt haben, den Aufbau einer Nahewirkungstheorie versuchen.

In dieser Beziehung haben uns die Kraftlinien bisher nur dazu gedient, uns ein geometrisches Bild des herrschenden Feldes darzustellen, das uns insbesondere die Behandlung der magnetelektrischen Induktion zu vereinfachen gestattet hat. Diese Phänomene haben uns auch gezeigt, daß die Änderung, die das Feld durch eine Verschiebung oder eine Änderung der Stärke der Kraftzentra erleidet, durch eine Verschiebung der Kraftlinien darstellbar ist, daß aber bei der Rotation eines Magneten die Kraftlinien als ruhend aufgefaßt werden können. Darin äußert sich — wie bereits bemerkt — eine gewisse Unabhängigkeit der Kraftlinien von der sie erzeugenden Materie, die wir bereits als Hinweis auf ihre physikalische Existenz und damit auf eine Feldtheorie auffassen können. Wir stellen uns daher die Frage nach den physikalischen Eigenschaften der Kraftlinien, die wir aus den besprochenen Erscheinungen unter der Annahme der Existenz der Kraftlinien ableiten können.

Betrachten wir zunächst die magnetischen Kraftlinien, so müssen wir schließen, daß diese sich in einem Zustand der Polarisation befinden, d. h. daß in jedem noch so kleinen Stück einer Kraftlinie ein „Vorne“ und ein „Rückwärts“ ausgeprägt ist. Dies ergibt sich zunächst aus der magnetelektrischen Induktion. Denn da die entgegengesetzte Bewegung des Leiters in diesem den entgegengesetzten Strom hervorruft, muß in den geschnittenen Kraftlinien eine Richtung ausgeprägt sein. Ferner geraten (vgl. Ziff. 26 u. 28) Körper, die in ein Magnetfeld gebracht werden, in einen Zustand der Polarisation. Diese kann nun aber nicht mehr, wie in der Fernwirkungstheorie durch die Polarisation des felderzeugenden Magneten hervorgerufen gedacht werden, sondern muß auf Eigenschaften der Kraftlinien zurückgeführt werden. Diese müssen sich daher ebenfalls in einem Zustand der Polarisation befinden.

Dasselbe gilt für die elektrischen Kraftlinien. Nicht nur, daß diese im ganzen polarisiert erscheinen, da sie sich ja von einer positiven Ladung zu einer negativen erstrecken, also an ihren Enden polare Zustände auftreten, der Zustand der Polarisation ist auch jedem ihrer Teile zuzuschreiben, da ja an den Stellen, an denen eine elektrische Kraftlinie einen Leiter durchzieht, ein elektrischer Strom auftritt, der eine ganz bestimmte Richtung besitzt. Wir werden übrigens in Ziff. 40 sehen, daß auch die elektrischen Kraftlinien in gewissen materiellen Medien ganz ähnliche Polarisationszustände hervorrufen wie die magnetischen.

Ohne daß wir uns eine bestimmte physikalische Vorstellung über die Kraftlinien zu bilden brauchen, können wir sie nunmehr als Repräsentanten des Polarisationszustandes des Raumes auffassen. Auch in der Nahewirkungstheorie sind also die Kraftlinien nicht unbedingt reale Gebilde (obwohl einige Forscher und vielleicht auch zeitweise FARADAY sie als solche aufgefaßt haben), sondern eine geometrische Repräsentation für den im Raum herrschenden Polarisationszustand. Wir können aber, ohne das bisher gesammelte Tatsachenmaterial vermehren zu müssen, noch einige Aussagen über den physi-

[1]) M. FARADAY, Experimental Researches z. B. § 3074ff. u. 3304.

kalischen Zustand des Feldes machen. Aus dem Begriff der Nahewirkungstheorie folgt, daß das Feld Energie besitzen muß, da ja die vom Körper A dem Körper B mitgeteilte Energie ihren Weg durch das zwischen beiden Körpern sich erstreckende Medium (worunter wir diesen Raum verstehen wollen, unabhängig davon, ob er von Materie erfüllt oder leer ist) nehmen muß. Die Berechnung dieser Energie ist die Aufgabe der nächsten Ziffer. Aber nicht nur Energie muß das Medium besitzen, es muß auch ein gewisser Spannungszustand in ihm herrschen. Denn von ihm geht ja auch die ponderomotorische Kraftwirkung auf die Materie aus. Diesen Spannungszustand kann man nach FARADAY wieder mit Hilfe des Kraftliniensystems veranschaulichen. Die Kraftlinien ziehen von den positiven zu den negativen Ladungen. Ungleichförmig elektrisierte Körper ziehen einander aber an. Daher herrscht in der Richtung der Kraftlinien Zug. Betrachten wir weiter das Kraftlinienbild etwa des Feldes zweier gleich elektrisierter Kugeln (vgl. die diesbezüglichen Abbildungen in Kap. 4), so sehen wir deutlich, daß die Kraftlinien auseinanderstreben, sich also gegenseitig abzustoßen suchen. FARADAY schloß daraus, daß senkrecht zu den Kraftlinien Druck herrscht. Wir werden daher nach der Energie den Spannungszustand des Feldes zu untersuchen haben.

36. Die Energie des stationären elektromagnetischen Feldes im leeren Raum. Wir gehen nunmehr zur Berechnung der Energie über, die wir den uns bisher bekannten Feldern zuzuschreiben haben. Wir untersuchen zunächst das elektrostatische Feld. In der Fernwirkungstheorie hatten wir uns die Energie in den elektrischen Ladungen konzentriert zu denken. Wir fanden für sie den in Gleichung (4), Ziff. 7 gegebenen Ausdruck. Nunmehr haben wir uns die Energie, die wir zur Herstellung eines Feldes aufzuwenden haben, über das gesamte Feld ausgedehnt zu denken. Wir müssen daher die rechte Seite dieser Gleichung in ein über den gesamten Raum erstrecktes Integral verwandeln, in dem nur die elektrische Feldstärke vorkommt. Zu diesem Zwecke schreiben wir Gleichung (4) um, indem wir die elektrische Ladung mit Hilfe der Gleichungen (3) und (3a), Ziff. 6 ausdrücken:

$$W = \frac{1}{2}\iiint \varrho V\,dx\,dy\,dz + \frac{1}{2}\sum_i \iint_{S_i} \sigma V\,dS_i\,.$$

Hierbei erstrecken sich die Flächenintegrale über die Oberflächen S_i der geladenen Konduktoren, die Raumintegrale über die geladenen Raumteile. Wir können aber diese über den ganzen Raum außerhalb der Konduktoren erstrecken, da der Integrand ja für die ungeladenen Teile des Raumes identisch Null ist. Mit Hilfe der Gleichung (3a), Ziff. 6 und des GREENschen Satzes erhalten wir dann:

$$\sum \iint_{S_i} V(\mathfrak{E}\,d\mathfrak{S}_i) = -\iiint V \operatorname{div}\mathfrak{E}\,dx\,dy\,dz - \iiint \mathfrak{E}\cdot \operatorname{grad} V\cdot dx\,dy\,dz\,,$$

$$W = \frac{1}{8\pi}\mathfrak{E}^2\,. \tag{1}$$

Um den analogen Ausdruck für das magnetostatische Feld zu finden, gehen wir von Gleichung (3a), Ziff. 10 aus:

$$\Omega = \tfrac{1}{2}\iiint \mathfrak{M} \operatorname{grad} V\,dx\,dy\,dz\,.$$

Auch dieses Integral, das ja ebenfalls zunächst nur über die magnetisch polarisierten Massen zu erstrecken ist, können wir über den gesamten Raum ausdehnen, da wiederum an den übrigen Stellen der Integrand verschwindet. Dieses Integral ist wiederum zu transformieren, wobei aber jetzt in dem endgültigen Resultat zwei Größen auftreten können, der Vektor der magnetischen Kraft und der Vektor der magnetischen Induktion. Zu diesem Zwecke beweisen wir zunächst, daß

$$\iiint \mathfrak{B}\mathfrak{H}\, dx\, dy\, dz = 0\,.$$

Denn

$$\iiint \mathfrak{B}\mathfrak{H}\, dx\, dy\, dz = -\iiint \mathfrak{B}\,\mathrm{grad} V\, dx\, dy\, dz\,.$$

Dies kann mit Hilfe des Satzes von GREEN

$$\iiint V \,\mathrm{div}\,\mathfrak{B}\, dx\, dy\, dz - \iint V(\mathfrak{E}\, d\mathfrak{S})$$

geschrieben werden. Jeder dieser beiden Ausdrücke ist aber gleich Null. Der erste, weil die Divergenz der magnetischen Induktion überall gleich Null ist; das über eine Kugel von unendlich großem Radius zu erstreckende Oberflächenintegral, weil das Potential im Unendlichen wie $1/r^2$ und überdies noch $\mathfrak{B}$ verschwindet. Aus Gleichung (5), Ziff. 11 folgt weiter

$$\iiint (\mathfrak{H} + 4\pi\mathfrak{M})\,\mathfrak{H}\, dx\, dy\, dz = 0\,.$$

Hieraus erhalten wir für die Energie des magnetostatischen Feldes:

$$-\frac{1}{2}\iiint \mathfrak{M}\mathfrak{H}\, dx\, dy\, dz = \frac{1}{8\pi}\iiint \mathfrak{H}^2\, dx\, dy\, dz\,.$$

Wir können aber die Energie eines weiteren stationären magnetischen Feldes berechnen, nämlich die des magnetischen Feldes eines stationären elektrischen Stromes. Die zur Aufrechterhaltung des elektrischen Stromes notwendige Energie verwandelt sich nach Ziff. 14 vollständig in Wärme. Daher ist die Energie des magnetischen Feldes konstant und ist gleich der Energie, die zur Herstellung des stationären Zustandes notwendig ist. Diese wurde in Ziff. 20 angegeben. Aus den Gleichungen (3) und (3a), Ziff. 20 folgt, wenn wir das elektromagnetische Vektorpotential wiederum mit $\mathfrak{A}$ bezeichnen:

$$T = \tfrac{1}{2}\sum J_k \int \mathfrak{A}\, d\mathfrak{s}\,.$$

Führen wir hierin statt der Gesamtstromstärken J_k die Stromdichten $\mathfrak{i}_k$ ein, so erhalten wir:

$$T = \tfrac{1}{2}\sum \iiint \mathfrak{A}\,\mathfrak{i}_k\, dx\, dy\, dz\,.$$

Hieraus folgt mit Hilfe der Gleichung (1), Ziff. 32

$$T = \frac{1}{8\pi}\iiint \mathfrak{A}\cdot \mathrm{rot}\,\mathfrak{H}\, dx\, dy\, dz\,.$$

Dieses Integral ist wiederum zunächst nur über diejenigen Teile des Raumes zu erstrecken, die von elektrischen Strömen durchflossen werden. Da aber an allen übrigen Stellen $\mathrm{rot}\,\mathfrak{H} = 0$, können wir den Integrationsbereich wieder auf den gesamten Raum ausdehnen. Mit Hilfe einer partiellen Integration erhalten wir

$$T = \frac{1}{8\pi}\iint \mathfrak{A}\cdot\mathfrak{H}\, dS + \frac{1}{8\pi}\iiint \mathfrak{H}\,\mathrm{rot}\,\mathfrak{A}\, dx\, dy\, dz\,,$$

in dem wiederum das Raumintegral über den gesamten Raum, das Oberflächenintegral über eine unendliche Kugel zu erstrecken ist. Dieses verschwindet aber, da auf dieser Kugel die magnetische Feldstärke wie $1/r^3$ verschwindet. Mit Hilfe von Gleichung (7), Ziff. 11 erhalten wir daher:

$$T = \frac{1}{8\pi}\iiint \mathfrak{B}\cdot\mathfrak{H}\, dx\, dy\, dz\,. \tag{2}$$

Für den leeren Raum ist $\mathfrak{B} = \mathfrak{H}$ und wir erhalten daher denselben Ausdruck für die Energie wie im Falle der magnetostatischen Felder.

Dieses Resultat bestätigt aufs neue die physikalische Gleichheit der beiden Felder und rechtfertigt so, daß wir das von einem stationären elektrischen

Strom erzeugte Feld als ein magnetisches ansprechen. Es liegt daher von vornherein nahe, die Frage nach der Energie eines stationären magnetischen Feldes, das sowohl durch Magneten wie durch stationäre elektrische Ströme erzeugt wird, dahin zu beantworten, daß auch für dieses Feld derselbe Energieausdruck gilt. Dies, daß nämlich die Annahme der physikalischen Gleichheit der beiden Kräfte zu diesem Energieausdruck führt, könnten wir auch mathematisch beweisen, indem wir die zu den Gleichungen (3a), Ziff. 10 und Gleichung (3a), Ziff. 20 analoge für ein aus Strömen und permanenten Magneten bestehendes System aufstellen und diesen Ausdruck wiederum entsprechend transformieren, was zu keinen neuen Schwierigkeiten Anlaß gäbe. Wir ersehen dies aber auch schon daraus, daß wir, wie wir in Ziff. 30 gezeigt haben, die Elementarmagneten durch molekulare Strombahnen ersetzen können. Denn dann gibt es natürlich nur magnetische Felder vom Typus der durch elektrische Ströme erzeugten.

Endlich haben wir uns noch zu fragen, wie der Energieausdruck für ein stationäres elektromagnetisches Feld lautet, das aus der Superposition eines magnetischen und eines elektrischen Feldes entsteht. Da die Erfahrung uns lehrt, daß die beiden Felder sich in keiner Weise stören, vielmehr alle ihre physikalischen Eigenschaften behalten und keine neuen hinzutreten, können wir die Energie eines solchen Feldes als die einfache Summe der Energien der beiden Felder, aus denen es zusammengesetzt ist, betrachten:

$$W = \frac{1}{8\pi}\iiint (\mathfrak{E}^2 + \mathfrak{H}^2)\, dx\, dy\, dz. \qquad (3)$$

37. Die ponderomotorische Wirkung des Feldes. Nachdem wir nunmehr gezeigt haben, daß eine große Anzahl von Erscheinungen sich mit Hilfe einer Nahewirkungstheorie auf einfache Weise darstellen lassen, gehen wir dazu über, auch die ponderomotorischen Kräfte, die in elektrischen und magnetischen Systemen auftreten, und die ja gerade für die Ausbildung der Fernwirkungstheorie maßgebend gewesen sind, auf eine Feldwirkung zurückzuführen. Wir haben dieses Problem bereits gestreift und dabei gezeigt, auf welche dynamischen Eigenschaften der Kraftlinien ihre ponderomotorische Wirkung qualitativ zurück geführt werden könnte. Für eine eingehende Untersuchung ist es aber besser, die geometrische Repräsentation des Feldes durch ein Kraftliniensystem zu verlassen.

Die nächstliegende Analogie für eine Theorie der Kraftübertragung ist die Art, wie der Mensch seine Muskelkraft durch Druck auf die Körper überträgt. (In diesem homozentrischen Vergleich liegt wahrscheinlich auch die überzeugende Kraft, die jeder Nahewirkungstheorie innewohnt.) Es liegt uns daher am nächsten, die Theorie der Kraftübertragung im Felde nach Analogie unserer Vorstellungen über die Kraftübertragung in einem kontinuierlichen elastischen Medium aufzubauen. Wir haben also, wenn wir uns zunächst auf die Untersuchung des elektrostatischen Feldes beschränken, für dieses einen Spannungstensor zu suchen, dessen Komponenten durch die an einer Stelle herrschende Feldstärke bestimmt sind (und evtl. durch ihre Derivierten), und der die durch die Erfahrung gegebenen ponderomotorischen Wirkungen auf die Volums- und Flächenladungen ergibt. Betrachten wir zuerst nur jene, so muß also, wenn p den Spannungstensor des Feldes bedeutet,

$$\frac{\partial p_{xx}}{\partial x} + \frac{\partial p_{xy}}{\partial y} + \frac{\partial p_{xz}}{\partial z} = -\varrho\frac{\partial V}{\partial x},$$

$$\frac{\partial p_{yx}}{\partial x} + \frac{\partial p_{yy}}{\partial y} + \frac{\partial p_{yz}}{\partial z} = -\varrho\frac{\partial V}{\partial y},$$

$$\frac{\partial p_{zx}}{\partial x} + \frac{\partial p_{zy}}{\partial y} + \frac{\partial p_{zz}}{\partial z} = -\varrho\frac{\partial V}{\partial z}$$

sein. Da der Tensor, wie aus der Elastizitätstheorie bekannt, symmetrisch sein soll, sind dies drei Gleichungen mit sechs Unbekannten. Das Problem ist also unterbestimmt.

Um eine Lösung zu finden, wählen wir den folgenden von MAXWELL[1]) eingeschlagenen Weg. Wir teilen die vorhandenen Ladungen in zwei Systeme E_1 und E_2, wobei wir die Teilung so vornehmen wollen, daß die beiden Systeme in zwei durch eine geschlossene Fläche voneinander getrennten Teilen des Raumes liegen, was bei der Willkürlichkeit der Einteilung keine Beschränkung der Allgemeinheit bedeutet. Dann ist die zwischen beiden wirkende ponderomotorische Kraft

$$\mathfrak{P} = \iiint \frac{\mathfrak{r}}{r^3} \varrho_1 \varrho_2 dx_1 dy_1 dz_1 dx_2 dy_2 dz_2 .$$

Das Integral, das zunächst nur über die geladenen Raumteile zu erstrecken wäre, können wir natürlich über den gesamten Raum erstrecken, da der Integrand an den anderen Stellen verschwindet. Bezeichnen wir mit V_1 bzw. V_2 das zu E_1 bzw. E_2 gehörige Potential, so ist

$$\mathfrak{P} = -\iiint \operatorname{grad} V_2 \cdot \varrho_1 dx_1 dy_1 dz_1 .$$

Da aber die Wirkung von E_1 auf sich selbst nach dem Prinzip der Gleichheit von Wirkung und Gegenwirkung gleich Null ist, so ist

$$-\iiint \operatorname{grad} V_1 \varrho_1 dx_1 dy_1 dz_1 = 0 .$$

Wir können daher, wenn wir den Integrationsbereich so wählen, daß er das gesamte System E_1, aber keinen Teil von E_2 umfaßt, die gesamte auf E_1 ausgeübte Kraft folgendermaßen schreiben

$$\mathfrak{P} = -\frac{1}{4\pi} \iiint \Delta V \operatorname{grad} V dx_1 dy_1 dz_1 ,$$

worin $V = V_1 + V_2$ das gesamte elektrostatische Potential darstellt.

Nach der Nahewirkungstheorie haben wir uns aber die geladenen Körper in das Feld eingebettet vorzustellen, dessen Spannungen an ihrer Oberfläche angreifen. Die ponderomotorische Kraft muß daher durch ein Oberflächenintegral dargestellt sein, das über eine das gesamte System und nur dieses einschließende Fläche erstreckt ist und mit dem Spannungstensor in der folgenden Weise zusammenhängt:

$$\mathfrak{P} = \iint (p \, d\mathfrak{S}) .$$

Wir haben also das aufgestellte Volumintegral in ein Oberflächenintegral umzuwandeln, dessen Integrand durch die elektrische Feldstärke vollständig bestimmt ist.

Um die Kräfte, die das Feld auf geladene Konduktoren ausübt, leicht mit zu berücksichtigen, addieren wir zu dem Volumintegral gleich die entsprechenden Flächenintegrale. Wir haben also für die X-Komponente der ponderomotorischen Kraft

$$X = \frac{1}{4\pi} \iiint \Delta V \frac{\partial V}{\partial x} dx dy dz + \frac{1}{8\pi} \sum_i \iint \frac{\partial V}{\partial x} (\operatorname{grad} V \cdot d\mathfrak{S}_i) ,$$

worin der Integrationsraum durch die Fläche $\mathfrak{S}$, die das System vollständig, aber auch nur dieses einschließt, und durch die Flächen $\mathfrak{S}_i$, die die Begrenzung der Konduktoren, also die Flächenladungen, darstellen, begrenzt ist (Richtungskosinusse der nach außen gerichteten Normalen: l, m, n). Das Vorzeichen ist richtig gewählt, da die positive Richtung der Kraftkomponenten nunmehr die positive Richtung der Koordinatenachsen ist (und nicht mehr wie in der Fern-

[1]) J. CL. MAXWELL, Treatise on Electricity and Magnetism. Bd. I, § 103ff.; vgl. auch z. B. J. H. JEANS, Electricity and Magnetism. § 193ff.

wirkungstheorie die positive Kraft gegenseitige Abstoßung bedeutet). Die einzelnen Teile des Volumintegrals können wir nun mit Hilfe des GREENschen Satzes in Flächenintegrale über die Flächen $\mathfrak{S}$ und $\mathfrak{S}_i$ umwandeln:

$$\iiint \frac{\partial^2 V}{\partial x^2}\frac{\partial V}{\partial x}\,dx\,dy\,dz = \frac{1}{2}\iiint \frac{\partial}{\partial x}\left(\frac{\partial V}{\partial x}\right)^2 dx\,dy\,dz$$

$$= +\frac{1}{2}\sum_i \iint \left(\frac{\partial V}{\partial x}\right)^2 l\,dS_i + \frac{1}{2}\iint \left(\frac{\partial V}{\partial x}\right)^2 l\,dS\,,$$

$$\iiint \frac{\partial^2 V}{\partial y^2}\frac{\partial V}{\partial x}\,dx\,dy\,dz = -\iiint \frac{\partial V}{\partial y}\frac{\partial}{\partial y}\frac{\partial V}{\partial x}\,dx\,dy\,dz + \sum_i \frac{\partial V}{\partial x}\frac{\partial V}{\partial y}\,m\,dS_i + \iint \frac{\partial V}{\partial x}\frac{\partial V}{\partial y}\,m\,dS.$$

Da aber nach demselben Theorem

$$\iiint \frac{\partial V}{\partial y}\frac{\partial}{\partial y}\frac{\partial V}{\partial x}\,dx\,dy\,dz = \frac{1}{2}\iiint \frac{\partial}{\partial x}\left(\frac{\partial V}{\partial y}\right)^2 dx\,dy\,dz$$

$$= +\frac{1}{2}\sum \iint l\left(\frac{\partial V}{\partial y}\right)^2 dS_i + \frac{1}{2}\iint l\left(\frac{\partial V}{\partial y}\right)^2 dS,$$

so ist

$$\iiint \frac{\partial^2 V}{\partial y^2}\frac{\partial V}{\partial x}\,dx\,dy\,dz = \frac{1}{2}\sum_i \iint \left\{-\left(\frac{\partial V}{\partial y}\right)^2 l + \frac{\partial V}{\partial x}\frac{\partial V}{\partial y}\,m\right\} dS_i$$

$$-\frac{1}{2}\iint \left\{\left(\frac{\partial V}{\partial y}\right)^2 l - 2\frac{\partial V}{\partial x}\frac{\partial V}{\partial y}\,m\right\} dS\,.$$

Der dritte Summand des Volumintegrals ergibt ein analoges Resultat. Wir erhalten also zusammenfassend:

$$X = \frac{1}{8\pi}\sum_i \iint -l\left[\left(\frac{\partial V}{\partial y}\right)^2 + \left(\frac{\partial V}{\partial z}\right)^2\right] + m\frac{\partial V}{\partial x}\frac{\partial V}{\partial y} + n\frac{\partial V}{\partial x}\frac{\partial V}{\partial z}\Big\} dS_i$$

$$+\frac{1}{4\pi}\iint \left\{\frac{1}{2}\,l\left[\left(\frac{\partial V}{\partial x}\right)^2 - \left(\frac{\partial V}{\partial y}\right)^2 - \left(\frac{\partial V}{\partial z}\right)^2\right] + m\frac{\partial V}{\partial x}\frac{\partial V}{\partial y} + n\frac{\partial V}{\partial x}\frac{\partial V}{\partial z}\right\} dS\,.$$

Da aber die Feldstärke auf der Oberfläche der Konduktoren normal steht, ist

$$\frac{\partial V}{\partial x} : \frac{\partial V}{\partial y} : \frac{\partial V}{\partial z} = l : m : n\,.$$

Daher verschwinden die Integrale über die Oberflächen der Konduktoren. Wir haben also tatsächlich die auf das System ausgeübte Kraft durch ein Oberflächenintegral über eine dieses System einschließende Fläche zurückgeführt. Aus diesem ergeben sich die drei Komponenten des Spannungstensors:

$$\left.\begin{aligned} p_{xx} &= \frac{1}{8\pi}\left(E_x^2 - E_y^2 - E_z^2\right),\\ p_{xy} &= \frac{1}{4\pi}E_x E_y,\\ p_{xz} &= \frac{1}{4\pi}E_x E_z.\end{aligned}\right\} \tag{4}$$

Das Resultat der Umformung der zwei anderen Kraftkomponenten erhalten wir am einfachsten durch zyklische Vertauschung. Daher ist:

$$\left.\begin{aligned} p_{yy} &= \frac{1}{8\pi}\left(E_y^2 - E_z^2 - E_x^2\right),\\ p_{zz} &= \frac{1}{8\pi}\left(E_z^2 - E_x^2 - E_y^2\right),\\ p_{yz} &= \frac{1}{4\pi}E_y E_z.\end{aligned}\right\} \tag{4}$$

Da der Tensor auch symmetrisch ist, haben wir eine Lösung der im Anfang der Ziffer aufgestellten Gleichungen gefunden.

Wir wollen diesen Tensor mit MAXWELL als mathematischen Ausdruck der im Medium herrschenden Spannungen annehmen, da er sehr viele einfache Eigenschaften besitzt. Zunächst ist er, wie man leicht einsieht, der einzige, der nur von der elektrischen Feldstärke abhängt[1]). Ferner steht er in einer einfachen Beziehung zu den Kraftlinien. Um diese zu finden, bestimmen wir zunächst die auf eine Äquipotentialfläche ausgeübte Kraft. Seien lmn die Richtungskosinusse ihrer nach außen gerichteten Normalen, die dann gleichzeitig auch die negativen Richtungskosinusse der elektrischen Feldstärke sind. Dann sind die Komponenten des Spannungstensors:

$$p_{xx} = \frac{1}{8\pi} E^2 (l^2 - m^2 - n^2), \qquad p_{yx} = \frac{1}{4\pi} E^2 m n,$$

$$p_{yy} = \frac{1}{8\pi} E^2 (m^2 - l^2 - n^2), \qquad p_{zx} = \frac{1}{4\pi} E^2 l n,$$

$$p_{zz} = \frac{1}{8\pi} E^2 (n^2 - l^2 - m^2), \qquad p_{xy} = \frac{1}{4\pi} E^2 l m.$$

Die pro Flächeneinheit angreifende ponderomotorische Kraft ist daher:

$$\mathfrak{P} = \frac{1}{8\pi} E^2 \mathfrak{n}.$$

Die Kraft stellt daher einen Zug in der Richtung der Normalen, also entgegen der Richtung der Kraftlinien, vom Betrag $\frac{1}{8\pi} E^2$ dar. Wir haben damit eine Hauptachse des Spannungstensors gefunden. Um die beiden anderen zu finden, untersuchen wir die Kraft, die auf ein zur Äquipotentialfläche normal stehendes Flächenelement ausgeübt wird. Bezeichnet wieder l, m, n die Richtungskosinusse der nach außen gerichteten Normalen, so ist diesmal

$$(\mathfrak{n}\,\mathfrak{E}) = 0 = l E_x + m E_y + n E_z.$$

Die X-Komponente der auf die Flächeneinheit wirkenden Kraft ist nunmehr

$$8\pi P_x = l (E_x^2 - E_y^2 - E_z^2) + 2m E_x E_y + 2n E_x E_z.$$

Multiplizieren wir die erste Gleichung mit $2E_x$ und ziehen wir sie von der zweiten ab, so erhalten wir:

$$8\pi P_x = -l E^2.$$

In allen Richtungen normal zu den Kraftlinien herrscht also ein Druck vom Betrage $\frac{1}{8\pi} E^2$. Unser Tensor bestätigt also die Ansicht, die sich FARADAY über die im Kraftlinienfelde herrschenden Spannungen gemacht hat. Wir können den Spannungszustand auch dadurch veranschaulichen, daß wir sagen, daß im Felde ein hydrostatischer Druck im Betrage von $\frac{1}{8\pi} \mathfrak{E}^2$ herrscht, dem in der Richtung der Kraftlinien ein Zug vom Betrage $\frac{1}{4\pi} \mathfrak{E}^2$ überlagert ist.

Die Spannungsenergie des Feldes ergibt sich daher zu $\frac{1}{8\pi} \mathfrak{E}^2$. Da dies derselbe Wert ist, den wir in Ziff. 36 für die Gesamtenergie des Feldes gefunden haben, können wir bei Annahme dieses Tensors die Feldenergie in ihrer Gänze als Spannungsenergie auffassen.

Endlich üben die durch die Gleichung (4) definierten Spannungen nur auf die geladenen Teile des Mediums motorische Kräfte aus, wenigstens soweit

[1]) Vgl. J. H. JEANS, The mathematical Theory of Electricity and Magnetism. § 161 ff.

statische Felder in Betracht kommen. Denn nur an solchen Stellen ist die Divergenz des Spannungstensors von Null verschieden: Ihre X-Komponente lautet nämlich

$$\frac{\partial p_{xx}}{\partial x} + \frac{\partial p_{xy}}{\partial y} + \frac{\partial p_{xz}}{\partial z} = \frac{1}{8\pi}\left\{\frac{\partial}{\partial x}(E_x^2 - E_y^2 - E_z^2) + 2\frac{\partial}{\partial y}E_x E_y + 2\frac{\partial}{\partial z}E_x E_z\right\}$$
$$= \frac{1}{4\pi}\left\{E_x \operatorname{div}\mathfrak{E} + E_y\left[\frac{\partial E_x}{\partial y} - \frac{\partial E_y}{\partial x}\right] + E_z\left(\frac{\partial E_x}{\partial z} - \frac{\partial E_z}{\partial x}\right)\right\},$$

was wegen der Divergenz- und Wirbelfreiheit des Feldes verschwindet.

Freilich ist die durch den Spannungstensor gegebene elastische Analogie nicht weiter fortzuführen. Denn die elektrische Feldstärke tritt in diesem quadratisch auf, während in dem Spannungstensor der elastischen Medien die Verschiebungen linear auftreten. Wie aber aus der Ziff. 41 hervorgehen wird, und worauf wir übrigens schon aus den Zusammenhang zwischen elektrischem Strom und elektrischer Feldstärke hingewiesen haben, müssen wir diese mit einer Verschiebung in Analogie bringen. Dies bedeutet aber nicht einen Widerspruch in der Theorie, sondern nur, daß wir die Eigenschaften des felderfüllten Raumes nicht durch die Eigenschaften eines elastischen Körpers darstellen können.

Wir haben nun noch den Spannungstensor der stationären magnetischen Felder aufzustellen[1]). Aus Gleichung (3), Ziff. 10 folgt, daß die Kraft, die das Feld auf einen Körper mit der Magnetisierung M ausübt, die X-Komponente

$$P_x = +\frac{1}{2}\iiint M\frac{\partial\mathfrak{H}}{\partial x}\,dx\,dy\,dz$$

besitzt. Ferner wirkt auf das Volumelement ein Drehmoment mit der X-Komponente

$$L = (M_y H_z - M_z H_y)\,dx\,dy\,dz.$$

Ferner wirkt auf einen stromdurchflossenen Leiter eine Volumkraft

$$P_x = \iiint (i_y B_z - i_z B_y)\,dx\,dy\,dz.$$

Die X-Komponente der gesamten Volumkraft ist daher pro Volumeinheit:

$$P_x = M_x\frac{\partial H_x}{\partial x} + M_y\frac{\partial H_y}{\partial x} + M_z\frac{\partial H_z}{\partial x} + i_y B_z - i_z B_y.$$

Da nunmehr auf ein Volumelement ein Drehmoment ausgeübt wird, wollen wir diesmal direkt die Volumkräfte betrachten, die von den Spannungen im Medium, auf dessen magnetisierte bzw. stromdurchflossene Teile ausgeübt werden. Deren X-Komponente ist bekanntlich

$$P_x = \frac{\partial p_{xx}}{\partial x} + \frac{\partial p_{xy}}{\partial y} + \frac{\partial p_{xz}}{\partial z},$$

während die X-Komponente des Drehmomentes pro Volumseinheit

$$L = p_{yz} - p_{zy}$$

beträgt, wobei die Komponenten des Spannungstensor lediglich Funktionen der magnetischen Feldstärke und der magnetischen Induktion bzw. ihrer Derivierten sein sollen. Mit Hilfe der Gleichungen (5), Ziff. 11 und (4), Ziff. 20 wird die X-Komponente der Volumskraft

$$P_x = \frac{1}{4\pi}\left\{B_x\frac{\partial H_x}{\partial x} + B_y\frac{\partial H_x}{\partial y} + B_z\frac{\partial H_x}{\partial z} - \frac{1}{2}\frac{\partial}{\partial x}\mathfrak{H}^2\right\}.$$

Was mit Hilfe der Divergenzfreiheit der magnetischen Induktion

$$P_x = \frac{1}{4\pi}\left\{\frac{\partial}{\partial x}\left[B_x H_x - \frac{1}{2}\mathfrak{H}^2\right] + \frac{\partial}{\partial y}B_y H_x + \frac{\partial}{\partial z}B_z H_x\right\}$$

[1]) J. CL. MAXWELL, Treatise. Bd. II, § 639ff.

geschrieben werden kann. Aus Gleichung (5), Ziff. 11 folgt ferner

$$L = \frac{1}{4\pi}(B_y H_z - B_z H_y).$$

Die Resultate aus der Transformation der beiden anderen Komponenten können wir wieder durch zyklische Vertauschung erhalten und daher den Spannungstensor folgendermaßen ansetzen:

$$\left.\begin{aligned} p_{xx} &= \frac{1}{4\pi}\left\{B_x H_x - \frac{1}{2}(H_x^2 + H_y^2 + H_z^2)\right\},\\ p_{yy} &= \frac{1}{4\pi}\left\{B_y H_y - \frac{1}{2}(H_x^2 + H_y^2 + H_z^2)\right\},\\ p_{zz} &= \frac{1}{4\pi}\left\{B_z H_z - \frac{1}{2}(H_x^2 + H_y^2 + H_z^2)\right\},\\ p_{yz} &= \frac{1}{4\pi} B_y H_z, \qquad p_{zy} = \frac{1}{4\pi} B_z H_y,\\ p_{zx} &= \frac{1}{4\pi} B_z H_x, \qquad p_{xz} = \frac{1}{4\pi} B_x H_z,\\ p_{xy} &= \frac{1}{4\pi} B_x H_y, \qquad p_{yx} = \frac{1}{4\pi} B_y H_x. \end{aligned}\right\} \quad (5)$$

Im freien Raum ist $\mathfrak{B} = \mathfrak{H}$. Der magnetische Spannungstensor ist daher im materiefreien Feld dem elektrischen vollständig analog. Es gilt alles, was wir oben über diesen gesagt haben, auch für jenen. Insbesondere ist der Tensor im freien Feld symmetrisch und seine Divergenz gleich Null. Die Spannungen üben daher im freien Feld auf das Medium keine bewegende Kraft aus.

38. Allgemeine Theoreme über die Energiefunktion. Wir wollen nun noch beweisen, daß die Energie des statischen Feldes bei gegebenen Randbedingungen ein Minimum darstellt, d. h. daß das Feld bei festgehaltenen Ladungen stabil ist. Wir beweisen dies in zwei Teilen.

1. Unter allen wirbelfreien Feldern ist die Energie des divergenzfreien ein Minimum: Da das Feld wirbelfrei ist, muß es sich von einer Potentialfunktion ableiten lassen. Die Randbedingung legt ihren Wert auf der das System einschließenden Fläche fest. Wir zerlegen die allgemeine Potentialfunktion V in zwei Teile. Der erste V_1 stellt das NEWTONsche Potential dar, das den gegebenen Randbedingungen genügt, der zweite V_2 genügt der LAPLACEschen Differentialgleichung nicht, seine Werte auf der Randfläche S müssen gleich Null sein, da das NEWTONsche Potential bereits den Randbedingungen genügt. Die Energie des Feldes ist daher

$$\begin{aligned} W = \frac{1}{8\pi}\iiint\left[\left(\frac{\partial V_1}{\partial x}\right)^2 + \left(\frac{\partial V_1}{\partial y}\right)^2 + \left(\frac{\partial V_1}{\partial z}\right)^2\right] dx\,dy\,dz\\ + \frac{1}{8\pi}\iiint\left[\left(\frac{\partial V_2}{\partial x}\right)^2 + \left(\frac{\partial V_2}{\partial y}\right)^2 + \left(\frac{\partial V_2}{\partial z}\right)^2\right] dx\,dy\,dz\\ + \frac{1}{4\pi}\iiint\left[\frac{\partial V_1}{\partial x}\frac{\partial V_2}{\partial x} + \frac{\partial V_1}{\partial y}\frac{\partial V_2}{\partial y} + \frac{\partial V_1}{\partial z}\frac{\partial V_2}{\partial z}\right] dx\,dy\,dz. \end{aligned}$$

Das dritte Integral auf der rechten Seite läßt sich mit Hilfe des GREENschen Satzes partiell integrieren:

$$\iiint\left[\frac{\partial V_1}{\partial x}\frac{\partial V_2}{\partial x} + \frac{\partial V_1}{\partial y}\frac{\partial V_2}{\partial y} + \frac{\partial V_1}{\partial z}\frac{\partial V_2}{\partial z}\right] dx\,dy\,dz = \iiint V_2 \Delta V_1\,dx\,dy\,dz - \iint V_2 \frac{\partial V_1}{\partial n}\,dS.$$

Die beiden Integrale der rechten Seite sind aber gleich Null: der erste, weil V_1 ein NEWTONsches Potential ist, das zweite, da V_2 auf der Randfläche gleich Null ist. Die Energie des Feldes ist also gleich der Summe der Energien des aus dem NEWTONschen Potential abgeleiteten Feldes und des Zusatzfeldes. Da die letztere aus der Summe von drei Quadraten besteht, ist sie immer positiv. Das aus dem NEWTONschen Potential abgeleitete Feld hat daher die kleinste Energie.

2. Unter allen divergenzfreien Feldern ist die Energie des wirbelfreien ein Minimum (Theorem von THOMSON): Wir können ansetzen:

$$\mathfrak{E} = \mathfrak{E}_1 - \operatorname{grad} V .$$

Das aus dem NEWTONschen Potential abgeleitete Feld ist dann das wirbelfreie. Auf der das System einschließenden Fläche S ist $V = 0$. Auf den die Konduktoren begrenzenden Flächen S_i, $\mathfrak{n}_i$ ist

$$-\iint \frac{\partial V}{\partial \mathfrak{n}_i} dS_i = 4\pi e_i , \qquad \iint (\mathfrak{E}\,\mathfrak{n}_i)\, dS_i = 4\pi e_i , \qquad V_i = \text{konst.}$$

Dann ist die Energie des Feldes

$$W = \frac{1}{8\pi}\iiint \mathfrak{E}_1^2\, dx\, dy\, dz + \frac{1}{8\pi}\iiint (\operatorname{grad} V)^2\, dx\, dy\, dz - \frac{1}{4\pi}\iiint \mathfrak{E}_1 \operatorname{grad} V\, dx\, dy\, dz .$$

Das dritte Integral der rechten Seite ist nach dem GAUSSschen Satz

$$-\int\!\!\int\!\!\int (\mathfrak{E}_1 \operatorname{grad} V)\, dx\, dy\, dz = \int\!\!\int\!\!\int V \operatorname{div} \mathfrak{E}_1\, dx\, dy\, dz + \Sigma_i \int\!\!\int V_i (\mathfrak{E}_1 \mathfrak{n}_i)\, dS_i .$$

Weiter ist nach unseren Annahmen

$$\operatorname{div} \mathfrak{E} = \operatorname{div} \mathfrak{E}_1 - \Delta V = 0 , \qquad \Delta V = 0 ,$$

$$\iint (\mathfrak{E}_1 \mathfrak{n}_i)\, dS_i = \iint (\mathfrak{E}\,\mathfrak{n}_i)\, dS_i + \iint \frac{\partial V}{\partial \mathfrak{n}_i} dS_i = 0 .$$

Die Energie des Feldes setzt sich also wieder additiv aus der Energie des wirbelfreien Feldes (NEWTONsches Potential) und der Energie des Zusatzfeldes zusammen, die immer positiv ist. Das wirbelfreie Feld hat daher die kleinste Energie.

3. Die Randbedingungen, die der Ableitung der beiden vorhergehenden Theoreme zugrunde gelegt sind, beinhalten, daß die im Felde vorhandenen Ladungen fixiert sind. Ist dies nicht der Fall, so läßt sich zeigen, daß ein geladener Körper in einem statischen elektrischen Felde unter dem Einfluß der elektrischen Kräfte allein keine stabile Gleichgewichtslage besitzen kann (Theorem von EARNSHAW). Um dies nachzuweisen, nehmen wir an, daß ein elektrisch geladener, beweglicher Körper sich in dem Felde einer Anzahl anderer festgehaltener befinde. Das Potential der von diesen auf jenen ausgeübten Kräfte sei V. Dann ist seine potentielle Energie in dem Felde der anderen

$$U = \int\!\!\int\!\!\int \varrho V\, dx\, dy\, dz ,$$

wo ϱ die Ladungsdichte des beweglichen Körpers bedeutet und das Integral über den von ihm eingenommenen Raum zu erstrecken ist. Nun ist aber offenbar

$$\Delta U = 0 .$$

Nehmen wir zunächst an, daß die Ladungen der Körper durch die Bewegung nicht verändert werden, und daß der bewegliche Körper sich zu sich selbst parallel verschiebt. Dann können wir den Koordinatenursprung in ihm verankern und neue Koordinaten einführen, die zu den alten parallel sind:

$$\xi = x - x_1 , \qquad \eta = y - y_1 , \qquad \zeta = z - z_1 ,$$

und direkt die Entfernung der Körper von dem beweglichen angeben. Es ist

$$\frac{\partial^2 U}{\partial \xi^2} + \frac{\partial^2 U}{\partial \eta^2} + \frac{\partial^2 U}{\partial \zeta^2} = 0.$$

Bei einer Bewegung des Körpers ändern sich die Koordinaten ξ, η, ζ aller übrigen. Daher kann die potentielle Energie des beweglichen in keiner Lage ein Minimum sein, da sonst der letzte Ausdruck positiv sein müßte. Es gibt also immer Verschiebungen, bei denen seine potentielle Energie abnimmt. Werden auch noch Rotationen des Körpers zugelassen, so wird dieses Resultat natürlich aufrecht bleiben. Ziehen wir auch die Verschiebungen der Ladungen infolge der Bewegung in Betracht, so bleibt das Resultat ebenfalls aufrecht, da die stabile Verteilung der Elektrizität auf einem Leiter die Verteilung ist, bei der die Energie des Feldes am geringsten ist:

Es sei die Gesamtladung jedes Leiters gegeben. Das Potential V setze sich aus dem NEWTONschen V_1, das auf seiner Oberfläche konstant ist und sich aus der gegebenen Oberflächenladung herleitet und aus einem Zusatzpotential V_2, zusammen, dessen Randbedingung dann $\iint \frac{\partial V_1}{\partial n} dS = 0$ ist. Dann ist wiederum die Energie:

$$W = \frac{1}{8\pi}\iiint (\mathrm{grad} V_1)^2 dx\,dy\,dz + \frac{1}{8\pi}\iiint (\mathrm{grad} V_2)^2 dx\,dy\,dz$$
$$+ \frac{1}{4\pi}\iiint \mathrm{grad} V_1 \cdot \mathrm{grad} V_2\, dx\,dy\,dz.$$

Mit Hilfe des GREENschen Satzes wird das dritte Integral rechts

$$-\iiint \mathrm{grad} V_1 \cdot \mathrm{grad} V_2\, dx\,dy\,dz = \iiint V_1 \Delta V_2 + \iint V_1 \frac{\partial V_2}{\partial n} dS$$

und verschwindet, da jetzt beide Funktionen der LAPLACEschen Differentialgleichung genügen. Daraus folgt, daß die dem Potential V_1 entsprechende Verteilung der Ladung die geringste Feldenergie hervorruft und daher die stabile ist.

c) FARADAY-MAXWELLS Theorie des elektromagnetischen Feldes in ponderablen Medien.

39. Magnetische Leitfähigkeit (Permeabilität), (vgl. Bd. XIV, Kap. 1). Wir haben unter III b den physikalischen Zustand des freien Feldes untersucht und eine für alle praktischen, bei der Behandlung der stationären Erscheinungen auftretenden Fälle ausreichende Theorie aufstellen können. Dabei leiteten uns zwei Analogien. Eine hydrodynamische, die sich aus der Darstellung des Feldes mit Hilfe der Kraftlinien ergab, und eine elastische, die auf die Vorstellung, die sich die Nahewirkungstheorie von der Kraftübertragung macht, zurückgeht. Da wir die erste erschöpft haben und die zweite sich als nicht weiter verfolgbar erwies, müssen wir diese Untersuchung wenigstens vorläufig abbrechen und wenden uns daher zur Untersuchung der Felder in ponderabler Materie. Da wir bis jetzt nur das magnetische Verhalten der Materie vollständig kennen, beginnen wir mit den stationären Magnetfeldern.

Wir haben diese Erscheinungen unter II c bereits vom Standpunkt der Fernwirkungstheorie aus erklärt, in dem wir sie als molekulare Erscheinungen aufgefaßt haben. Es ist durchaus möglich, diese Theorie mit dem Gedanken der Nahewirkung zu vereinigen, wie wir im Kap. 2 sehen werden. Wir können aber zur theoretischen Erfassung dieser Erscheinungen noch einen anderen Weg einschlagen, der ebenfalls von FARADAY vorgeschlagen wurde. Wir wollen versuchen, die Konzeption der Kraftlinien, die sich bei der Untersuchung des freien Feldes so bewährt hat, auch zur Grundlage der Theorie der Felder in materiellen Medien zu machen. Dadurch verlieren wir allerdings den Zusammenhang mit der Hypothese der molekularen Struktur der Materie und damit die Möglichkeit, die magnetischen Eigenschaften der Materie zu „erklären". Denn wir können das Feld nicht so genau bestimmen, daß sich die molekulare Inhomogenität der Materie bemerkbar machen könnte. Gerade dadurch gewinnt aber unsere Theorie an Einfachheit, da wir nunmehr gezwungen sind, die Materie als kontinuierlich aufzufassen und so der prinzipielle Unterschied zwischen dem kontinuierlichen Raum und der molekular aufgebauten Materie wegfällt. Der Vektor $\mathfrak{M}$ verliert damit in dieser Theorie seine physikalische Bedeutung.

Wenn wir also darangehen, das Kraftliniensystem auch zur Veranschaulichung der Felder in ponderablen Medien zu verwenden, so müssen wir vor allem entscheiden, ob wir uns ein Bild vom Verlauf der magnetischen Feldstärke oder der magnetischen Induktion machen wollen. Denn diese beiden Größen sind nun nicht mehr wie im freien Feld einander gleich. Daß wir uns für die Darstellung der magnetischen Induktion entscheiden, hat mehrere Gründe. Vor allem ist dieser Vektor quellenfrei, während die magnetische Feldstärke an der Oberfläche homogener Körper eine Flächendivergenz besitzt. Nun ist aber diese Oberfläche keineswegs irgendwie dynamisch ausgezeichnet, so daß eine Darstellung mit Hilfe der Feldstärke nur irreführend wirken könnte. Ferner haben wir in Ziff. 33 gesehen, daß die magnetelektrische Induktion durch den Vektor der magnetischen Induktion bestimmt wird. Endlich charakterisiert die magnetische Induktion auch direkt die Stärke der Polarisation des Mediums.

Wir stellen also mit Hilfe des Kraftliniensystems den Vektor der magnetischen Induktion dar und sprechen daher im folgenden besser von magnetischen Induktionslinien. Betrachten wir also den Verlauf der magnetischen Induktionslinien in einem magnetischen Felde, in das wir nacheinander geometrisch gleiche Körper verschiedener Substanzen bringen. Der Verlauf der Induktionslinien ist dann jedesmal ein anderer. Die sich ergebenden Bilder lassen sich am besten dadurch charakterisieren, daß die Körper die Kraftlinien entweder in verschiedenem Grade in sich konzentrieren, also in sich hinein zu ziehen scheinen oder sie auseinander drängen, also aus sich herausstoßen. Es scheint, als ob die verschiedenen Medien ein verschiedenes Leitvermögen für magnetische Induktionslinien hätten[1]). Dabei ergibt sich, daß die paramagnetischen Körper in einem freien Felde die Induktionslinien anziehen, die diamagnetischen sie abstoßen. Man kann die Substanzen nach ihrem magnetischen Leitvermögen in eine Reihe ordnen, in der dann der leere Raum insofern die Mitte bildet, als er die die Induktionslinien anziehenden Substanzen von den ausstoßenden trennt. Die Analogie etwa zur Verteilung eines elektrischen Stromes oder zur Wärmeleitung, die in der Bezeichnung magnetisches Leitvermögen liegt, wird auch dadurch gerechtfertigt, daß es sich um Differentialwirkungen handelt[2]). Denn bringen wir dieselben Körper nicht in ein freies Feld, sondern in ein etwa in einer stark konzentrierten Eisenchloridlösung herrschendes, so verändern sich die Induktionslinienbilder wesentlich. Und zwar ist nicht nur der Grad der Erscheinung verändert, sondern unter Umständen auch ihr Charakter. Bringen wir in ein solches Feld etwa eine Hohlkugel, die mit einer Eisenchloridlösung geringerer Konzentration gefüllt ist, so wird die in der Kugel befindliche Eisenchloridlösung die Induktionslinien abstoßen, obwohl dieselbe Lösung in ein freies Feld gebracht, die Induktionslinien in sich hinein zieht. Allgemein können wir sagen, daß das jeweils das

[1]) M. FARADAY, Experimental Researches. § 2797ff.
[2]) M. FARADAY, Experimental Researches. § 3313ff.

Feld erfüllende Medium in der nach dem Leitvermögen der Substanzen gebildeten Reihe diejenigen Substanzen, die aus einem in ihm herrschenden Feld die Induktionslinien in sich hinein zu ziehen suchen, von denen trennt, die sich entgegengesetzt verhalten.

Um eine Größe zu finden, durch die wir das magnetische Leitvermögen zahlenmäßig bestimmen können, stellen wir die Differentialgleichung für das magnetische Potential auf. Nach Gleichung (6), Ziff. 11 ist

$$\operatorname{div}\mathfrak{B} = 0.$$

Daraus folgt mit Hilfe von Gleichung (2), Ziff. 27:

$$\operatorname{div}\mathfrak{B} = \operatorname{div}\mu\mathfrak{H} = \frac{\partial}{\partial x}\mu\frac{\partial V}{\partial x} + \frac{\partial}{\partial y}\mu\frac{\partial V}{\partial y} + \frac{\partial}{\partial z}\mu\frac{\partial V}{\partial z} = 0. \tag{1}$$

Nach Analogie etwa zur Gleichung der Wärmeleitung können wir daher μ, die magnetische Permeabilität, als magnetisches Leitvermögen bezeichnen.

Versuchen wir nun noch von den so gewonnenen zu unseren früheren Anschauungen überzugehen. Ein magnetischer Nordpol ist ein Ort, an dem aus einem Körper magnetische Induktionslinien austreten, ein magnetischer Südpol der Ort, an dem sie in ihn einmünden. Bringen wir einen paramagnetischen Körper in das Feld eines Magneten, so wird er die Induktionslinien in sich und dadurch auch in seiner Umgebung konzentrieren. Da die Kraftlinien vom Nord- zum Südpol des erregenden Magneten laufen, treten sie an der dem Nordpol zugekehrten Seite in das Eisen ein. Nach den Ansichten der Fernwirkungstheorie befindet sich daher an dieser Stelle ein induzierter Südpol. Das Umgekehrte ist an der dem Südpol des Magneten zugekehrten Seite der Fall. Daher entsteht dort ein Nordpol. Das Eisen erscheint daher magnetisiert. Die Stärke der beiden Pole muß gleich sein, da die Zahl der eintretenden Induktionslinien gleich der Zahl der austretenden ist. Die Quellenfreiheit der magnetischen Induktion entspricht daher in unserer Darstellung der Tatsache, daß ein einzelner Magnetpol nicht existieren kann. Denn es müssen wegen dieser Eigenschaft des Vektors der magnetischen Induktion alle Induktionslinien, die in einen Körper eingetreten sind, wieder aus ihm austreten und nur diese, da sie in ihm weder verschwinden noch entstehen können.

Wiederum hat uns die Anwendung der Konzeption der Kraftlinien eine einfache und übersichtliche Darstellung der Erscheinungen gestattet. In dieser ist aber eines auffallend. Wenn wir die verschiedenen Substanzen nach dem Grade irgendeiner ihrer Eigenschaften ordnen, etwa nach dem spezifischen Gewicht oder nach ihrem Wärmeleitvermögen, so sind wir gewohnt, den leeren Raum, wenn er sich überhaupt mit diesen Erscheinungen in Beziehung bringen läßt, an dem einen Ende der Reihe zu finden. In der Reihe der nach ihrem magnetischen Leitvermögen geordneten Medien steht der leere Raum mitten drinnen, ohne daß seine Stellung irgendwie ausgezeichnet wäre. Dies entspricht auch durchaus seinem tatsächlichen Verhalten. Bringt man etwa eine leere Hohlkugel in eine Eisenchloridlösung, so verhält sie sich in einem magnetischen Felde diamagnetisch, während ein leerer Hohlraum in einem Wismutkörper sich paramagnetisch verhält. Der leere Raum als Medium der Fortpflanzung eines magnetischen Feldes unterscheidet sich also nur in quantitativer, nicht aber in qualitativer Hinsicht von den übrigen ponderablen Medien. Die in der Theorie erreichte Einheitlichkeit in der Behandlung der magnetischen Felder in den verschiedenen Medien entspricht also dem Charakter der Erscheinungen. Daher verließ FARADAY auch die molekulare Theorie zugunsten der eben entwickelten.

40. Die elektrostatische Induktion. Die Dielektrizitätskonstante. Scheinbare und wahre Elektrizität. Während wir die magnetischen Eigenschaften der Materie bereits vollständig kennen, haben wir von ihren elektrischen nur einen Teil kennengelernt. Wir haben die Substanzen nach ihrer Leitfähigkeit in Leiter und Isolatoren eingeteilt, aber nur die Erscheinungen in jenen näher besprochen. Gerade sie interessieren uns aber vom Standpunkt der Feldtheorie weniger, da ja ihre charakteristische Eigenschaft gerade darin besteht, ein in ihnen herrschendes Feld zu zerstören. Wir wollen uns daher jetzt näher mit den Eigenschaften der Isolatoren befassen. Bringt man einen Isolator in ein elektrisches Feld, so zeigt er zunächst dieselbe Erscheinung wie ein in ein elektrisches Feld gebrachter Konduktor: Sein der influenzierenden elektrischen Ladung zugekehrter Teil erweist sich als dieser entgegengesetzt, sein abgewendeter als gleich geladen. Die Gleichheit der Erscheinung ist aber nur eine scheinbare. Denn teilt man einen Konduktor in zwei Teile, so behalten diese die frühere Ladung bei, auch wenn das Feld später vernichtet wird. Trennt man dagegen den Isolator in zwei Teile, so zeigen diese während der Dauer des erregenden Feldes keine Gesamtladung, und sind daher nach dessen Erlöschen ungeladen. Wir müssen daraus schließen, daß sie nicht wie die Leiter im ganzen, sondern in ihren kleinsten Teilen polarisiert werden, etwa wie ein in ein magnetisches Feld gebrachter paramagnetischer Körper. Daraus folgt aber, daß das Feld sich in ihr Inneres fortsetzt. Das elektrische Feld pflanzt sich also durch sie fort. Daher nennt man sie im Anschluß an FARADAY auch Dielektrika. Dieses den paramagnetischen Substanzen analoge Verhalten läßt vermuten, daß die Dielektrika das elektrische Feld besser fortpflanzen als der leere Raum. Um dies experimentell nachzuweisen, ersann FARADAY[1]) die folgende Apparatur. Zu beiden Seiten einer isoliert aufgehängten Metallplatte brachte er je eine geerdete an, die von der mittleren durch einen kleinen Zwischenraum getrennt war. Er lud nun die mittlere auf und brachte zwischen sie und die eine seitliche eine Schellackplatte. Wenn dieser Isolator tatsächlich die elektrische Kraft besser fortpflanzt als der lufterfüllte Raum (der sich ja in dieser Beziehung nahezu gleich dem leeren verhält), so muß auf dieser Platte mehr Elektrizität induziert werden als auf der anderen, was auch tatsächlich der Fall ist. Daraus folgt, daß die Kapazität eines Kondensators geändert wird, wenn man zwischen die Platten des Kondensators statt der Luft einen anderen Isolator stellt. Das Verhältnis ε der beiden Kapazitäten charakterisiert die zwischen den Platten befindliche Substanz. Es wurde von FARADAY spezifische Induktionskapazität genannt, wird jetzt aber meistens als Dielektrizitätskonstante bezeichnet.

Wenden wir wieder die Konzeption der Kraftlinien an, so sehen wir sofort, daß wir auch im elektrischen Feld zwischen Kraftlinien und Induktionslinien unterscheiden müssen. Denn an der Oberfläche eines Isolators erscheint eine elektrische Ladung, d. h. die elektrische Feldstärke hat einen Sprung und die Zahl der Kraftlinien kann daher an den beiden Seiten der Fläche nicht dieselbe sein. Andererseits müssen wir uns die isolierende Substanz polarisiert vorstellen, während keiner ihrer Teile eine wahre Ladung trägt. Die an der Oberfläche erscheinende Ladung ist also ebenso wie die äquivalente magnetische Masse POISSONs lediglich eine scheinbare, die durch die Polarisation des Mediums vorgetäuscht wird. Wir müssen daher die Theorie des elektrischen Feldes analog der Theorie des magnetischen ausbauen, wobei wir uns hier, da die Überlegungen der Ziff. 11 nur mit einigen Wortänderungen anwendbar bleiben, kurz fassen können. Das Dielektrikum befindet sich also in einem polarisierten Zustand, den wir an jeder Stelle durch den Vektor $\mathfrak{P}$ charakterisieren können. Diese Polarisation können wir uns so entstanden denken, daß die Moleküle des Dielek-

[1]) M. FARADAY, Experimental Researches. § 1252 u. 1307ff.

trikums aus leitender Substanz bestehen (vgl. Bd. XII, Kap. 5). Wir können daher einen zum Vektor der magnetischen Induktion analogen Vektor $\mathfrak{D}$ definieren

$$\mathfrak{D} = \mathfrak{E} + 4\pi\mathfrak{P} = \varepsilon\mathfrak{E}, \tag{2}$$

den wir als den Vektor der dielektrischen Verschiebungen bezeichnen wollen. Daß wir mit Recht die spezifische Induktionskonstante ε in die Gleichung eingesetzt haben, diese also in Analogie zur magnetischen Leitfähigkeit setzen, ergibt sich nicht nur aus den molekularen Überlegungen, sondern auch durch Anwendung des Induktionslinienbildes. Denn da die Ladung der Metallplatte in dem zur Bestimmung der Dielektrizitätskonstante verwendeten Experiment durch die Anzahl der auf ihr endenden Kraftlinien gegeben ist, bedeutet der Ausgang des Experiments, daß die Dielektrika bessere Leiter der Induktionslinien darstellen als das Vakuum und man sieht unmittelbar ein, daß die Dielektrizitätskonstante die Rolle der dielektrischen Leitfähigkeit spielt. Sie ist im allgemeinen (Kristalle) ebenso wie μ durch einen symmetrischen Tensor ε zu ersetzen.

Aus der magnetischen Analogie folgt, daß in unserem Falle die Divergenz des Vektors der dielektrischen Verschiebung verschwindet. Dies ist aber nicht — und darin besteht der wesentliche Unterschied zwischen der Theorie der Elektrizität und der des Magnetismus — überall der Fall. Die Erscheinung des elektrischen Stromes gestattet es, die bei der Polarisation noch bestehende Bindung zwischen den elektrischen Ladungen aufzuheben und so Stellen wahrer elektrischer Ladung zu schaffen, an denen dann natürlich auch eine Divergenz von $\mathfrak{D}$ besteht. Die Divergenz bzw. die Flächenspannung von $\mathfrak{E}$ gibt dann die freie Ladung an, d. i. die Summe der wahren und scheinbaren.

Ordnen wir die Substanzen nach dem Wert ihrer Dielektrizitätskonstante, so zeigt sich, daß alle Dielektrika eine größere Dielektrizitätskonstante besitzen als das Vakuum, daß also ε immer größer ist als Eins. Der leere Raum pflanzt das elektrische Feld schlechter fort als alle anderen Medien. In einer nach dieser Eigenschaften aufgestellten Reihe der Medien steht er also wieder an dem einen Ende der Reihe.

41. MAXWELLS Theorie der dielektrischen Verschiebung. Durch die bisher geführten Untersuchungen ist es gelungen, die Nahewirkungstheorie soweit auszubauen, daß sie sämtliche statischen und stationären magnetischen und elektrischen Erscheinungen umfaßt. Wir können daher dazu übergehen, die in Ziff. 25 entwickelten Probleme zu lösen. Fassen wir zu diesem Zwecke die Vorstellungen zusammen, die wir uns über das elektromagnetische Feld gebildet haben. In Ziff. 35 haben wir gesehen, daß eine konsequente Durchführung des Nahewirkungsprinzipes uns dazu führt, die Polarisation als eine Eigenschaft des Feldes aufzufassen. Daher müssen wir diese Eigenschaft auch dem freien Felde zusprechen. Daraus erklärt sich auch, warum der leere Raum sich in der Fortpflanzung des Feldes von den ponderablen Medien nur quantitativ, nicht aber prinzipiell unterscheidet. In der Reihe der magnetischen Leiter kommt dies dadurch zum Ausdruck, daß er in ihrer Mitte auftritt; in der der Dielektrika steht er zwar an dem einen Ende, doch bedeutet diese Stellung hier nur, daß er der schlechteste dielektrische Leiter ist. Polarisation ist also für uns nicht, wie in der Fernwirkungstheorie, eine molekulare Eigenschaft der Materie, sondern eine Eigenschaft der Induktionslinien als ein „gespannter" (constrained) Zustand des Feldes. Daher können wir sie nicht mehr mit Hilfe der Vektoren $\mathfrak{M}$ bzw. $\mathfrak{P}$ allein darstellen, da das freie Feld dann ja keine Polarisation besitzen würde, sondern durch die Vektoren $\mathfrak{B}$ und $\mathfrak{D}$, die ja das Induktionsliniensystem bestimmen. Mechanisch äußert sich dieser erzwungene Zustand des Feldes in den Spannungen.

Da bei Behandlung der magnetischen Erscheinungen keine Frage offen geblieben ist, während die elektrischen zu dem Problem der offenen Ströme geführt haben (vgl. Ziff. 25), müssen wir uns mit den Eigenschaften der elektrischen Polarisation näher befassen. Zu diesem Zwecke wollen wir den Vorgang der Ladung eines Plattenkondensators genauer verfolgen. Wird die eine Metallplatte geladen, so polarisiert sie zunächst den angrenzenden Teil des Dielektrikums. Die Polarisation pflanzt sich in diesem fort, bis das ganze Dielektrikum einen stabilen Zustand erreicht. Wenn die Polarisation bis zur gegenüberliegenden Seite vorgeschritten ist, tritt dort eine scheinbare Oberflächenladung auf, die ihrerseits den Leiter induziert. Es ist unmittelbar klar, daß dieses Bild auch anwendbar bleibt, wenn der leere Raum das Dielektrikum ist, das sich zwischen den Kondensatorplatten befindet. Dadurch wird unsere Hypothese, daß der leere Raum sich prinzipiell ebenso verhält wie jedes andere Dielektrikum und ebenfalls im elektrischen Felde polarisiert ist, gestützt. Bringen wir nun ein Dielektrikum in ein Feld, das sich in einem von einem anderen Dielektrikum kleinerer Dielektrizitätskonstante erfüllten Raum ausgebreitet hat. Es wird sich dann die Polarisation in dem Raumteile, in dem sich nun das neue Dielektrikum befindet, sofort verstärken. Durch seine stärkere Polarisation wird an der Grenze der beiden Dielektrika eine Oberflächenladung auftreten. Daher ist die stärkere Polarisation dieses Raumteiles nicht die einzige Folge der Einführung des Dielektrikums. Denn an der Grenzfläche besitzt nun die elektrische Feldstärke eine Flächendivergenz, während sie früher diese Fläche kontinuierlich durchsetzt hat. Daher entwickelt sich auch im Felde außerhalb des neu eingeführten Dielektrikums eine andere Verteilung der elektrischen Feldstärke und damit ein anderer Polarisationszustand. Betrachten wir nun die Erscheinungen, die auftreten, wenn wir einen Leiter in ein elektrisches Feld bringen. Dann treten in ihm Ströme auf, die das Feld (die Polarisation) in seinem Inneren vernichten und so an der Grenzfläche zwischen Leiter und Dielektrikum eine Oberflächenladung hervorrufen. Es entsteht daher wiederum an dieser Fläche eine Flächendivergenz der elektrischen Feldstärke (diesmal auch der dielektrischen Verschiebung) und deren Verteilung und damit auch der Polarisationszustand des äußeren Feldes wird dadurch geändert. Elektrischer Leiter und Dielektrikum verhalten sich also insoweit durchaus analog in bezug auf das elektrische Feld. Dürfen wir diese Analogie weiterführen?

Den Strömen, die im Leiter die Oberflächenladung hervorrufen, müssen wir eine magnetische Wirkung zusprechen. Sie sind zwar nicht geschlossene, sondern offene Ströme, aber auch diese besitzen, wie das Experiment beweist, eine magnetische Wirkung. Verbindet man etwa zwei geladene Konduktoren durch einen Draht, so besitzt der so entstehende Stromstoß eine magnetische Wirkung, die mit der entsprechenden Stärke eines geschlossenen Stromkreises durchaus vereinbar ist. Vom Standpunkt der Feldtheorie ist die Identität der Wirkung fast selbstverständlich. Denn nach ihr geht ja das Feld von jedem Stromelement aus, dessen Wirkung durch die der anderen nicht verändert werden kann. Bringt man daher einen Leiter in ein elektrisches Feld, so verändert er nicht nur dieses Feld, sondern er ruft auch während der Ausbildung der Oberflächenladung ein magnetisches Feld hervor. Da aber das Einbringen eines Isolators in das elektrische Feld ganz analoge elektrische Wirkungen hat, und wir den elektrischen Strom vom Standpunkt der Feldtheorie einer Vernichtung des Polarisationszustandes des Feldes gleichsetzen können, wollen wir diese Analogie zu einer vollständigen machen, indem wir annehmen, daß die Polarisationsänderung, die in diesem Falle die Ausbildung der Flächenladung verursacht, auch dieselben magnetischen Wirkungen hat wie ein ihr in elektrischer Hinsicht entsprechender Strom.

Diese Hypothese können wir uns durch eine physikalische Analogie veranschaulichen. (Es ist die von MAXWELL in seinem Treatise § 60 bis 62 entwickelte und in diesem Werk durchaus festgehaltene. Sie wurde insbesondere von POINCARÉ, Electricité et Optique, erster Teil, zweites Kapitel, ausgebaut. Die allgemeinen Feldgleichungen erhielt MAXWELL bereits mit Hilfe der ersten speziellen mechanischen Analogie, die er für die Fortpflanzung des elektromagnetischen Feldes auffand. Aus diesen interessanten Arbeiten, die von BOLTZMANN in der Nr. 102 der Klassiker der exakten Wissenschaften gesammelt herausgegeben wurden, erklärt sich manche Merkwürdigkeit in der Bezeichnungsweise MAXWELLS.) Wir wollen annehmen, daß alle ungeladenen Medien von einem inkompressiblen Fluidum erfüllt sind, das MAXWELL als elektrisches Fluidum bezeichnet. Herrscht im Medium ein elektrisches Feld, so sucht die herrschende Feldstärke dieses Fluidum zu verschieben. Ist das Medium ein elektrischer Leiter, so setzt sich das Fluidum in eine strömende Bewegung, so daß seine Geschwindigkeit überall der Feldstärke proportional wird. Eine Bewegung des Fluidums stellt also einen elektrischen Strom dar. Ist das Medium dagegen ein Dielektrikum, so ruft eine Verschiebung des Fluidums elastische Kräfte hervor, die die einzelnen Teile des Fluidums in ihre ursprüngliche Lage zurückzuführen suchen und daher bewirken, daß jeder Feldstärke eine bestimmte Verschiebung des Mediums aus dem „neutralen" Zustand entspricht. Diese Verschiebung des Fluidums stellt also in unserem Bilde die Polarisation des Mediums dar. Es liegt daher nahe, die Verschiebung, die wir mit $\mathfrak{d}$ bezeichnen wollen, mit der elektrischen Feldstärke in eine lineare Relation zu bringen:

$$\mathfrak{d} = \eta \mathfrak{E},$$

wobei η im allgemeinen ein Tensor sein kann, der sich für ein isotropes Medium natürlich auf ein Skalar reduziert. Die Gleichung des ladungsfreien elektrostatischen Feldes lautet daher zunächst

$$\operatorname{div} \mathfrak{d} = 0 .$$

Wir müssen nun noch die Beziehung zwischen dem elektrischen Fluidum und der elektrischen Ladung herstellen. Dazu müssen wir annehmen, daß an den Stellen, an denen elektrische Ladungen auftreten, das elektrische Fluidum nicht mehr inkompressibel ist, elektrische Ladung und elektrisches Fluidum zusammen aber inkompressibel sind. Das heißt: Nehmen wir zunächst an, daß der ganze Raum zunächst ladungsfrei sei, und laden wir dann eine Stelle des Raumes positiv auf. Die elektrische Ladung muß dann das elektrische Fluidum solange verdrängen, bis die gemeinsame Dichte von elektrischer Ladung und elektrischem Fluidum an der Ladungsstelle wieder gleich der Dichte des elektrischen Fluidums im ladungsfreien Raum ist. Diese Verschiebung des elektrischen Fluidums pflanzt sich durch den Raum fort. So entsteht das elektrische Feld. Da der ganze Raum von vornherein aber mit elektrischem Fluidum erfüllt war und dieses an den ladungsfreien Stellen inkompressibel ist, muß das verschobene Quantum sich irgendwo ansammeln und an dieser Stelle die entgegengesetzte Ladung anfordern, die den dort herrschenden Überschuß an elektrischem Fluidum wieder kompensiert. Es wird daher an einer Stelle im Raum die entgegengesetzte elektrische Ladung erzeugt werden müssen, die den Überschuß an elektrischem Fluidum gewissermaßen wieder aufsaugt. Dies entspricht der Tatsache, daß positive und negative elektrische Ladungen nur in gleichen Mengen erzeugt werden können.

Aus diesen Überlegungen folgt auch die allgemeine Gleichung des elektrischen Feldes

$$\operatorname{div} \mathfrak{d} = \varrho .$$

Gehen wir von unserem Bilde aus, so haben wir die Gleichung bereits verallgemeinert. Sie gilt nun nicht mehr nur für statische Felder, sondern für alle elektrischen Felder überhaupt.

In diesem Bilde sind nun tatsächlich eine Änderung der Polarisation des Feldes und ein elektrischer Strom identische Vorgänge. Denn dieser besteht in einer Bewegung des elektrischen Fluidums. Ändert sich aber der Polarisationszustand des Mediums, so ändert sich die Verschiebung des elektrischen Fluidums, dieses bewegt sich also während der Feldänderung. Diese Bewegung entspricht genau der, die den Strömen entsprechen würde, die dieselbe Oberflächenladung hervorrufen würden. MAXWELL bezeichnet daher den zeitlichen Differentialquotienten der Gesamtpolarisation als Verschiebungsstrom. Faßt man Leitungs- und Verschiebungsstrom zusammen, so folgt, daß jeder Strom geschlossen ist. Denn wenn ein offener Strom fließt, so müssen sich an seinen Enden entweder elektrische Ladungen ausbilden oder verschwinden, und zwar ist die Änderung der Ladung gleich dem Fluß des elektrischen Fluidums im Leiter. Aus der Inkompressibilität der elektrischen Ladung und des elektrischen Fluidums folgt aber, daß der Fluß des Fluidums durch die Ladungsänderung an dem einen Ende des Leiters im selben Betrage in das Dielektrikum fortgesetzt wird und infolge der Polarisationsänderung als Verschiebungsstrom durch dieses zum anderen Ende zurückführt. Dies bedeutet keine Erweiterung der am Anfang dieser Ziffer gemachten Hypothese. Man kann dasselbe Resultat auch aus ihr direkt ohne Zuhilfenahme unserer mechanischen Analogie ableiten. Dies begründet aber noch stärker die einfache Übertragung der magnetischen Wirkungen der geschlossenen Leiterkreise auf offene Strombahnen, die ja jetzt ebenfalls geschlossene sind.

Damit haben wir eine Theorie der Felder der offenen Ströme erhalten. Über ihre Richtigkeit können natürlich nur neue Experimente entscheiden. Freilich enthält das angegebene Bild eine Schwierigkeit. Denn wir finden sonst elastische Kräfte nur dort, wo die einzelnen Teile eines Mediums sich gegenseitig verschieben, während hier die Spannungen bereits auftreten, wenn das elektrische Fluidum als ganzes verschoben wird. Wir können diese Verschiebung als Verschiebung gegen das das Feld fortpflanzende Medium auffassen, doch wird dadurch die Schwierigkeit nur teilweise behoben, da wir dadurch dem leeren Raum einen absoluten Charakter beilegen. Dies ist vielleicht eine notwendige Folge jeder Feldtheorie, jedenfalls berührt sie aber erst die Theorie der Felder in bewegten Medien. Die oben durchgeführten Überlegungen werden durch sie nicht getroffen, da wir in ihr keine physikalische Realität, sondern lediglich eine physikalische Analogie sehen. Diese muß aber nicht bis in ihre letzten Konsequenzen anwendbar sein. Die Aufgabe der Theorie besteht lediglich darin, ihre Grenzen festzustellen und diese einzuhalten.

42. Energie des Feldes in ponderablen Medien. Zusammenhang zwischen elektrischer Feldstärke und dielektrischer Verschiebung. Unsere Theorie hat nun noch eine Lücke. In Ziff. 40 haben wir festgestellt, daß das elektrische Feld in einem beliebigen Medium durch zwei Vektoren dargestellt werden muß, nämlich durch die Vektoren $\mathfrak{E}$ und $\mathfrak{D}$, die sich analog verhalten wie die Vektoren $\mathfrak{H}$ und $\mathfrak{B}$ in der Theorie der magnetischen Felder, wobei der magnetischen Leitfähigkeit μ die spezifische Induktionskapazität (Dielektrizitätskonstante) ε entspricht. In der Theorie, die in der vorigen Ziffer auf Grund der Hypothese des elektrischen Fluidums entwickelt wurde, wird das elektrische Feld durch die Vektoren $\mathfrak{E}$ und $\mathfrak{d}$ dargestellt, die nach unseren Annahmen ebenfalls in einer linearen Beziehung stehen, die durch den Tensor η symbolisiert wird. Während wir aber die physikalische Bedeutung von ε bereits kennen, fehlt uns eine solche noch für η. Die zu diesem notwendige Beziehung zwischen η und ε wollen wir dadurch herstellen, daß wir die Energie des Feldes auf zweierlei Weise berechnen[1]). Wir können den Ausdruck für diese Energie erstens wiederum dadurch erhalten, daß wir den Ausdruck der Fernwirkungstheorie in eine der Feldtheorie entsprechende Form transformieren, wir können ihn aber auch aus der Theorie des elektrischen Fluidums ableiten. Durch Gleichsetzen der beiden so erhaltenen Ausdrücke können wir dann die gesuchte Beziehung zwischen η und ε berechnen.

Aus Gleichung (4), Ziff. 7 ergibt sich die Energie des Feldes zu

$$W = \tfrac{1}{2}\iiint V\varrho\, d\tau + \tfrac{1}{2}\sum_i \iint \sigma V\, dS_i .$$

Da aber diese nur durch die wahren Ladungen erzeugt wird (auch die molekulare Polarisationsenergie der Dielektrika ist natürlich nach der Fernwirkungstheorie durch die wahren Ladungen erzeugt), ist in diese Gleichung die Divergenz von $\mathfrak{D}$ einzusetzen. Aus den Überlegungen der Ziff. 36 folgt leicht, daß in

$$W = \frac{1}{8\pi}\iiint V \operatorname{div}\mathfrak{D}\, d\tau + \frac{1}{8\pi}\sum_i \iint V(\mathfrak{D}\mathfrak{n})\, dS_i$$

das Volumintegral wieder über den genannten Raum außerhalb der Leiter S_i erstreckt werden kann.

Der GREENsche Satz ergibt wiederum

$$W = \frac{1}{8\pi}\iiint \mathfrak{D} \operatorname{grad} V\, d\tau = \frac{1}{8\pi}\iiint (\mathfrak{D}\mathfrak{E})\, d\tau \tag{3}$$

Hierin können wir $\mathfrak{D}$ durch $\varepsilon\mathfrak{E}$ ersetzen, und erhalten so

$$W = \frac{1}{8\pi}\iiint (\varepsilon_{xx}E_x^2 + \varepsilon_{yy}E_y^2 + \varepsilon_{zz}E_z^2 + 2\varepsilon_{xy}E_xE_y + 2\varepsilon_{yz}E_yE_z + 2\varepsilon_{zx}E_zE_x)\, d\tau .$$

Für homogene isotrope Medien ist daher

$$W = \frac{\varepsilon}{8\pi}\iiint \mathfrak{E}^2\, d\tau . \tag{3a}$$

Für $\varepsilon = 1$ wird dies natürlich der in Ziff. 36 gefundene Ausdruck der Energie des freien Feldes.

Wir gehen nun daran, die Energie nach der Hypothese des elektrischen Fluidums zu berechnen. Nach ihr bewirkt die elektrische Kraft eine Verschiebung des Fluidums, dem wir die Trägheitsdichte Eins zuschreiben wollen, was natürlich keine weitere Annahme, sondern lediglich eine Definition von η und $\mathfrak{d}$ bedeutet. Der Zuwachs der elastischen Energie bei einer Verschiebung des Mediums um $\delta\mathfrak{d}$ ist daher

$$\delta W = \iiint \mathfrak{E}\,\delta\mathfrak{d}\, d\tau = \iiint (E_x\,\delta d_x + E_y\,\delta d_y + E_z\,\delta d_z)\, d\tau .$$

Da das Feld in einem Dielektrikum ein konservatives System bildet, muß dieser Ausdruck ein vollständiges Integral bilden. Daher ist

$$\frac{\partial E_x}{\partial d_y} = \frac{\partial^2 W}{\partial d_y\,\partial d_x} = \frac{\partial E_y}{\partial d_x} .$$

Da aber $\mathfrak{E}$ durch die zu η inverse lineare Vektorfunktion mit $\mathfrak{D}$ verknüpft ist, folgt hieraus und aus den zwei weiteren durch zyklische Vertauschung entstehenden Gleichungen, daß

$$\eta_{xy} = \eta_{yx}, \qquad \eta_{yz} = \eta_{zy}, \qquad \eta_{zx} = \eta_{xz},$$

[1]) J. CL. MAXWELL, Treatise. Bd. I, § 101; G. H. LIVENS, The theory of electricity. § 181ff.

η ist also ein symmetrischer Tensor. Daher wird

$$W = \tfrac{1}{2}\iiint (\eta_{xx}E_x^2 + \eta_{yy}E_y^2 + \eta_{zz}E_z^2 + 2\eta_{xy}E_xE_y + 2\eta_{yz}E_yE_z + 2\eta_{zx}E_zE_x)\,d\tau.$$

Daraus ergeben sich sofort die Beziehungen

$$\eta = \frac{1}{4\pi}\varepsilon, \qquad \mathfrak{d} = \frac{1}{4\pi}\mathfrak{D} = \left(\frac{1}{4\pi}\mathfrak{E} + \mathfrak{P}\right).$$

Der Ausdruck ist analog dem in Ziff. 36 für die Energie eines magnetischen Feldes abgeleiteten, der ja, da der Unterschied zwischen magnetischer Induktion und magnetischer Feldstärke bei seiner Ableitung bereits berücksichtigt worden ist, auch für Felder in ponderablen Medien gilt.

43. Der Spannungszustand der Felder in ponderablen Medien. Nach der Fernwirkungstheorie ist die auf ein elektrisches System ausgeübte Kraft

$$\mathfrak{K} = \iiint \varrho\,\mathfrak{E}\,d\tau + \tfrac{1}{2}\sum_i \iint \mathfrak{E}\,\sigma\,d S_i.$$

Bei der Ableitung der Energie des Systems hatten wir unter ϱ und σ die Volum- und Flächendichte der wahren Elektrizität zu verstehen, da die potentielle Energie des Systems gleich ist der Arbeit, die geleistet werden muß, um die wahren Ladungen an ihre Stellen zu bringen. In dieser Arbeit ist aber natürlich die Arbeit, die zur Polarisation der Dielektrika notwendig ist, bereits enthalten, da deren Einfluß sich ja in der Veränderung des Potentials äußert. Anders ist dies jetzt. Die Erfahrung lehrt, daß das elektrische Feld auf die scheinbaren Ladungen, die durch die Polarisation der Dielektrika vorgetäuscht werden, dieselbe ponderomotorische Kraft ausübt wie auf die wahre. Nun ist aber die Volum- bzw. Flächendichte der wahren Elektrizät:

$$\operatorname{div}\mathfrak{D} = 4\pi\varrho, \qquad (\mathfrak{D}\mathfrak{n}_+) + (\mathfrak{D}\mathfrak{n}_-) = 4\pi\sigma,$$

wobei die positiven Normalen nach außen gerichtet sind, die der scheinbaren Elektrizität, die ja das elektrische Analogon zur äquivalenten Verteilung der magnetischen Massen ist:

$$\varrho_2 = -\operatorname{div}\mathfrak{P}, \qquad \sigma_2 = -(\mathfrak{P}\mathfrak{n}_+) - (\mathfrak{P}\mathfrak{n}_-).$$

Bevor wir dies einsetzen, wollen wir über unser System zwei vereinfachende Annahmen machen. Wir wollen erstens annehmen, daß alle in ihm vorhandenen ponderablen Dielektrika und Leiter an den leeren Raum grenzen. Ferner sollen sich alle wahren Flächenladungen auf diesen befinden. Bezeichnen wir die Oberflächen der Leiter mit f_i, die der ponderablen Dielektrika mit F_i, so erhalten wir durch Einsetzen:

$$\mathfrak{K} = \iiint\left(\frac{1}{4\pi}\operatorname{div}\mathfrak{D} - \operatorname{div}\mathfrak{P}\right)\mathfrak{E}\,d\tau + \sum_i\iint \mathfrak{E}\,(\mathfrak{P}\mathfrak{n}_+)\,dF_i + \frac{1}{2}\sum_i\iint \mathfrak{E}\,(\mathfrak{D}\mathfrak{n}_+)\,df_i.$$

Die auf die Oberflächen der Isolatoren bezüglichen Flächenintegrale können wir in ein Volumintegral umwandeln. Denn nach dem GREENschen Satz ist:

$$\iint \mathfrak{E}\,(\mathfrak{P}\mathfrak{n})\,d F_i = \iiint \mathfrak{E}\operatorname{div}\mathfrak{P}\,d\tau + \iiint (\mathfrak{P}\nabla)\mathfrak{E}\,d\tau.$$

Daher wird:

$$\mathfrak{K} = \iiint\left(\frac{1}{4\pi}\,\mathfrak{E}\operatorname{div}\mathfrak{D} + (\mathfrak{P}\nabla)\mathfrak{E}\right)d\tau + \frac{1}{2}\sum_i\iint \mathfrak{E}(\mathfrak{D}\mathfrak{n})\,df_i$$

denselben Ausdruck erhalten wir, wie ein Vergleich mit dem entsprechenden magnetischen sofort zeigt, auch aus der in Ziff. 40 angedeuteten Theorie der molekularen Polarisation[1]).

[1]) Vgl. z. B. G. H. LIVENS, The theory of electricity. § 225.

Die X-Komponente der ponderomotorischen Kraft ist also:

$$K_x = \iint\left(E_x \frac{1}{4\pi}\operatorname{div}\mathfrak{D} + P_x \frac{\partial E_x}{\partial x} + P_y \frac{\partial E_x}{\partial y} + P_z \frac{\partial E_x}{\partial z}\right) d\tau + \frac{1}{8\pi}\sum_i \iint E_x (\mathfrak{E}\mathfrak{n})\, d f_i .$$

Berücksichtigen wir, daß in den statischen Feldern

$$\operatorname{rot}\mathfrak{E} = 0\,,$$

so können wir diese Volumkraft pro Volumeinheit folgendermaßen schreiben:

$$k_x = P_x \frac{\partial E_x}{\partial x} + P_y \frac{\partial E_y}{\partial x} + P_z \frac{\partial E_z}{\partial x} + \frac{1}{4\pi} E_x \operatorname{div}\mathfrak{D}.$$

Setzen wir hierin die Gleichung (2), Ziff. 40,

$$\mathfrak{P} = \frac{1}{4\pi}(\mathfrak{D} - \mathfrak{E})$$

ein, so wird dies

$$\frac{1}{4\pi}\left(D_x \frac{\partial E_x}{\partial x} + D_y \frac{\partial E_y}{\partial x} + D_z \frac{\partial E_z}{\partial x} - \frac{1}{2}\frac{\partial \mathfrak{E}^2}{\partial x} + E_x \operatorname{div}\mathfrak{D}\right).$$

Berücksichtigen wir wiederum die Wirbelfreiheit des Feldes, so erhalten wir

$$\frac{1}{4\pi}\left(D_x \frac{\partial E_x}{\partial x} + D_y \frac{\partial E_x}{\partial y} + D_z \frac{\partial E_x}{\partial z} - \frac{1}{2}\frac{\partial \mathfrak{E}^2}{\partial x} + E_x \operatorname{div}\mathfrak{D}\right)$$

$$= \frac{1}{4\pi}\left\{\frac{\partial}{\partial x}\left(E_x D_x - \frac{1}{2}\mathfrak{E}^2\right) + \frac{\partial}{\partial y} E_x D_y + \frac{\partial}{\partial z} E_x D_z\right\}.$$

Somit ergeben sich die Komponenten des Spannungstensors, wenn wir die restlichen durch zyklische Vertauschung bestimmen zu:

$$\left.\begin{aligned}
&4\pi p_{xx} = E_x D_x - \tfrac{1}{2}\mathfrak{E}^2, && 4\pi p_{xy} = E_x D_y, && 4\pi p_{xz} = E_x D_z;\\
&4\pi p_{yx} = E_y D_x, && 4\pi p_{yy} = E_y D_y - \tfrac{1}{2}\mathfrak{E}^2, && 4\pi p_{yz} = E_y D_z;\\
&4\pi p_{zx} = E_z D_x, && 4\pi p_{zy} = E_z D_y, && 4\pi p_{zz} = E_z D_z - \tfrac{1}{2}\mathfrak{E}^2.
\end{aligned}\right\} \quad (4)$$

Zunächst bemerken wir, daß dieser Tensor für $\varepsilon = 1$ in den in Ziff. 37 abgeleiteten Spannungstensor für den freien Raum übergeht. Er stellt also tatsächlich eine Verallgemeinerung dieses Tensors auf beliebige Medien dar. Daraus folgt unmittelbar, daß der Tensor auch die bei der Umformung ausgelassenen Flächenkräfte auf die Oberflächenladungen der Leiter einbegreift. Ferner ist der Tensor analog dem magnetischen gebaut, den wir in Ziff. 37 bereits unter Berücksichtigung der Verschiedenheit von $\mathfrak{H}$ und $\mathfrak{B}$ abgeleitet haben, und der daher auch für ponderable Medien gilt. Daher gilt das dort über die Kräfte, die das Feld auf das Medium ausübt, Gesagte auch hier. Insbesondere folgt für kristallische Medien, in denen ε durch einen Tensor dargestellt werden muß und die Vektoren $\mathfrak{E}$ und $\mathfrak{D}$ daher nicht mehr dieselbe Richtung haben, ein Drehmoment auf die einzelnen Volumelemente des Mediums, das durch $d\mathfrak{L} = [\mathfrak{E}\mathfrak{D}]\, d\tau$ gegeben ist.

Die Gleichung des Spannungsellipsoids lautet für homogene isotrope Medien:

$$2\varepsilon\{E_x x + E_y y + E_z z\}^2 - \mathfrak{E}^2(x^2 + y^2 + z^2) = 8\pi\,,$$

daher auf Hauptachsen transformiert:

$$2\varepsilon\,\mathfrak{E}^2 x^2 - \mathfrak{E}^2(x^2 + y^2 + z^2) = 8\pi \qquad (\mathfrak{E}\mathfrak{x}) = E\,.$$

In der Richtung der Kraftlinien herrscht also ein Zug vom Betrage $\frac{E^2(2\varepsilon - 1)}{8\pi}$, normal zu ihnen ein Druck im Betrage von $\frac{1}{8\pi}E^2$. Oder im Medium herrscht ein hydrostatischer Druck vom Betrage $\frac{1}{8\pi}E^2$, dem sich in der Richtung der Kraftlinie ein Zug vom Betrage

$$\frac{\varepsilon\mathfrak{E}^2}{4\pi} = \frac{1}{4\pi}(\mathfrak{E}\mathfrak{D})$$

überlagert. (Bezüglich der mechanischen Wirkung der Spannungen auf die ponderable Materie vgl. Kap. 5.)

Dieser Spannungstensor ist natürlich nicht der einzige, der den Ansätzen der Fernwirkungstheorie entspricht, wie eine Betrachtung der bei seiner Ableitung durchgeführten Transformationen sofort ergibt. Tatsächlich findet man in der Literatur auch den folgenden Ansatz, dessen Verifikation mit Hilfe der bereits durchgeführten Überlegungen keinerlei Schwierigkeiten bereitet:

$$\left.\begin{array}{lll} p_{xx} = \frac{1}{8\pi}(E_x D_x - E_y D_y - E_z D_z), & p_{xy} = E_x D_y, & p_{xz} = \frac{1}{4\pi}E_x D_z \\ p_{yx} = \frac{1}{4\pi}E_y D_x, & p_{yy} = \frac{1}{8\pi}(E_y D_y - E_z D_z - E_x D_x), & p_{yz} - \frac{1}{4\pi}E_y D_z, \\ p_{zx} = \frac{1}{4\pi}E_z D_x, & p_{zy} = \frac{1}{4\pi}E_z D_y, & p_{zz} = \frac{1}{8\pi}(E_z D_z - E_x D_x - E_y D_y). \end{array}\right\} \quad (4a)$$

Dieser Spannungstensor läßt sich aber nicht auf eine molekulare Theorie der Polarisation zurückführen[1]).

d) MAXWELLS allgemeine dynamische Theorie des elektromagnetischen Feldes.

44. Die Bedeutung der LAGRANGEschen Mechanik für die Verallgemeinerung der für die stationären Felder aufgestellten Gleichungen. Bisher haben wir, gestützt auf die Ergebnisse der experimentellen Forschungen, die Feldgleichungen für die stationären Erscheinungen aufgestellt. Diese behalten, wie wir ebenfalls experimentell feststellen konnten, ihre Gültigkeit auch noch für eine Reihe langsam veränderlicher Vorgänge, bei denen wir die Felder in jedem Augenblick als stationäre auffassen konnten. Der eigentliche Wert der Feldtheorie muß aber natürlich bei der Betrachtung derjenigen Fälle auftreten, die nicht mehr als quasistationär aufgefaßt werden können, und bei denen daher die Art der Fortpflanzung des elektromagnetischen Feldes durch das Medium eine ausschlaggebende Rolle spielt. Wir müssen daher unsere Gleichungen für diese Fälle verallgemeinern. Die Aufstellung der allgemeinen elektromagnetischen Feldgleichungen ist MAXWELL gelungen, der damit über die von FARADAY in seinen Experimentaluntersuchungen angedeutete Nahewirkungstheorie hinausging. Da experimentelle Untersuchungen über derartige Vorgänge noch nicht vorlagen, war MAXWELL gezwungen, sich von theoretischen Gesichtspunkten leiten zu lassen.

Auch hier wandte er seine schon mehrmals erwähnte Methode der mechanischen Analogie an. Das dabei auftretende Problem liegt klar zutage. Es handelt sich darum, eine mechanische Analogie anzugeben, die für die stationären Fälle die oben entwickelte Theorie ergibt und die aus dieser Analogie folgenden allgemeinen Gleichungen als allgemeingültige Feldgleichungen anzunehmen. Die Entscheidung über die Richtigkeit der Methode liegt dann natürlich beim Experiment. Nun wird aber der Sachverhalt dadurch kompliziert, daß offensichtlich mehrere derartige Analogien möglich sind, die natürlich, wenigstens zum Teil, zu verschiedenen Verallgemeinerungen führen. Das zunächst anzuwendende Auswahlprinzip der Einfachheit versagt aber hier. Denn die erste,

[1]) Vgl. z. B. G. H. LIVENS, The theory of electricity. S. 104ff.

bereits in Ziff. 41 erwähnte mechanische Analogie, die MAXWELL aufgestellt hatte, ist bereits so kompliziert, daß ihr eine hinreichende Überzeugungskraft nicht innewohnte.

Es besteht aber noch eine weitere prinzipielle Schwierigkeit[1]). Wir können die elektromagnetischen Felder als konservative Systeme auffassen. (Für nichtleitende Medien ist dies selbstverständlich, für leitende müssen wir die dissipierte Energie als geleistete Stromarbeit einführen; vgl. Ziff. 22.) Wir können daher die mechanischen Analogien mit Hilfe der sog. LAGRANGEschen Gleichungen zweiter Art behandeln (vgl. Bd. V). Das analoge mechanische System besitze n Freiheitsgrade. Es ist dann bestimmt durch n Parameter q_i und durch die beiden Funktionen T (kinetische Energie) und U (potentielle Energie). T muß dann bekanntlich eine homogene quadratische Funktion der Ableitungen der Parameter nach der Zeit sein:

$$T = \tfrac{1}{2} \sum_{ik} A_{ik} \dot{q}_i \dot{q}_k ,$$

wobei die Koeffizienten A_{ik} noch Funktionen der Parameter sein können. U ist lediglich eine Funktion der q_i. Die Bewegungsgleichungen des Systems lauten dann:

$$\frac{d}{dt} \frac{\partial T}{\partial \dot{q}_i} - \frac{\partial T}{\partial q_i} = - \frac{\partial U}{\partial q_i} .$$

Diese Bewegungsgleichungen entsprechen natürlich in der Analogie den Feldgleichungen. Jedes mechanische System, dessen Bewegungsgleichungen in diese Form transformiert werden können, gibt daher, als mechanische Analogie des elektromagnetischen Feldes aufgefaßt, dieselben Feldgleichungen. Nun gibt es aber eine unendliche Anzahl von mechanischen Systemen, die alle auf ein und dasselbe LAGRANGEsche System gebracht werden können. Denn bestehe eines dieser Systeme aus p Massenpunkten der Masse m_e, dann lauten seine $3p$ NEWTONschen Bewegungsgleichungen:

$$m_e \frac{d^2 x_e}{dt^2} = - \frac{\partial U}{\partial x_e} \text{ usw.,} \qquad T = \frac{1}{2} \sum_e m_e (\dot{x}_e^2 + \dot{y}_e^2 + \dot{z}_e^2) .$$

Haben wir also ein System LAGRANGEscher Bewegungsgleichungen bestimmt durch die n Parameter q_i und durch die Funktionen T und U und fragen wir uns, welche mechanischen Systeme ihm entsprechen, so heißt dies, daß wir p Konstanten m_e und $3p$ Funktionen

$$x_e = \varphi_e(q_i) , \qquad y_e = \psi_e(q_i) , \qquad z_e = \chi_e(q_i)$$

finden müssen, die dadurch bestimmt sind, daß die durch sie definierte Transformation die kinetische bzw. potentielle Energie des einen Systems in die des anderen überführt. Es muß also sein:

$$U(x_e, y_e, z_e) \equiv U[\varphi_e(q_i), \psi_e(q_i), \chi_e(q_i)] \equiv U(q_i) ,$$

$$\tfrac{1}{2} \sum_e m_e (\dot{x}_e'^2 + \dot{y}_e'^2 + \dot{z}_e'^2) \equiv \tfrac{1}{2} \sum_e m_e [\dot{\varphi}_e^2 (q_i) + \dot{\psi}_e^2 (q_i) + \dot{\chi}_e^2 (q_i)] \equiv \tfrac{1}{2} \sum_{ik} A_{ik} \dot{q}_i \dot{q}_k ,$$

wobei natürlich

$$\dot{\varphi}_e = \sum_i \frac{\partial \varphi_e}{\partial q_i} \dot{q}_i .$$

Da aber p beliebig gewählt werden kann, sind diese Gleichungen unbestimmt. Es gibt daher unendlich viele Lösungen.

[1]) H. POINCARÉ, Électricité et Optique, S. 5ff.

Gerade diese Schwierigkeit weist uns aber auf den richtigen Weg. Freilich: wäre es unsere Absicht gewesen, durch die mechanische Analogie die wahre Natur des elektromagnetischen Feldes zu enthüllen, dann würde diese Feststellung einen entscheidenden Mißerfolg unseres Unternehmens darstellen. Derartige in Wirklichkeit metaphysische Spekulationen liegen uns aber fern. (Vgl. hierzu die Ausführungen MAXWELLS in seiner bereits erwähnten Schrift: „Über Faradays Kraftlinien." Die weitverbreitete, aber durchaus irrige Meinung, als komme es der Schule MAXWELLS auf derartige metaphysische Spekulationen an, wird am besten durch das folgende Zitat eines ihrer bedeutendsten Vertreter widerlegt: „Es ist nicht überflüssig, an dieser Stelle zu wiederholen, daß die Aufgabe eines Äthermodells nicht die ist, seine tatsächliche Struktur darzustellen, sondern die, uns bei der Feststellung zu helfen, daß das mathematische Schema, das seine Wirkungsweise definiert, eine zulässige Konzeption darstellt"[1]). Für MAXWELL haben die mechanischen Analogien lediglich einen heuristischen Zweck. Sie sollen nur dazu dienen, die für die quasistationären Erscheinungen gültigen Feldgleichungen, unter Berücksichtigung der durch die bisherigen Untersuchungen nahegelegten Annahme, daß sich das elektromagnetische Feld durch das „Medium" in ähnlicher Weise fortpflanzt wie die Spannungen in einem materiellen System, zu verallgemeinern. Das eben abgeleitete Resultat besagt daher für uns, daß es gar nicht notwendig ist, eine spezielle mechanische Analogie für das elektromagnetische Feld aufzustellen. Es genügt vollständig, wenn wir nachweisen, daß sich die Feldgleichungen in der Form der LAGRANGEschen Gleichungen zweiter Art schreiben lassen. Daraus folgt bereits, daß sie den für materielle Medien gültigen dynamischen Prinzipien gehorchen.

Unsere Aufgabe besteht also darin, nach entsprechender Wahl der Parameter q_i einen Ausdruck für die kinetische Energie T und die potentielle U aufzustellen, die den LAGRANGEschen Prinzipien genügen. Die Willkür, die bei der Aufstellung dieser Funktionen bleibt, beschränken wir dadurch, daß wir die einfachsten der den Experimenten genügenden Ausdrücke wählen. Mit Hilfe der LAGRANGEschen Bewegungsgleichungen lassen sich dann aus diesen Funktionen die allgemeinen Feldgleichungen ableiten. Diesen Weg hat MAXWELL in der letzten Fassung, die er seiner Theorie im Treatise gegeben hat, beschritten.

45. Die Energie des elektromagnetischen Feldes. Wenn wir nunmehr darangehen, die allgemeingültigen Feldgleichungen aufzustellen, so müssen wir uns vor allem daran erinnern, daß ein Teil unserer Gleichungen bereits durch die in der MAXWELLschen Hypothese des elektrischen Fluidums liegende mechanische Analogie eine allgemeine Formulierung gefunden hat (vgl. Ziff. 41). Es ist dies die Feldgleichung

$$\operatorname{div}\mathfrak{D} = 4\pi\varrho\,,$$

die beinhaltet, daß die Quellen des Vektors der dielektrischen Verschiebung durch die Verteilung der wahren Elektrizität bestimmt werden. Auch die Aussage, daß der totale Strom sich aus dem Leitungs- und dem Verschiebungsstrom zusammensetzt, ist von allgemeiner Gültigkeit. Endlich haben wir aus dieser Analogie auch den allgemeinen Ausdruck für den Teil der Feldenergie abgeleitet, der auf den elektrischen Teil des Feldes zurückgeht. Dagegen haben wir die beiden elektromagnetischen Hauptgleichungen und den Ausdruck für die magnetische Energie des Feldes noch nicht abgeleitet.

Gehen wir zur Verallgemeinerung dieser restlichen Teile der Theorie über, so können wir von der Untersuchung der permanenten Magneten absehen und uns auf die der Felder der elektrischen Ströme beschränken. Denn die perma-

---

[1]) J. LARMOR, Aether and Matter. S. 6, Anm. Cambridge 1900.

nenten Magnete sind so gut wie immer von konstanter Stärke und erzeugen daher immer statische Felder. Und überdies läßt sich, wie in den Ziff. 29 und 30 gezeigt worden ist, die Theorie der permanenten Magnete auf die Theorie der elektrischen Ströme aufbauen.

Nach dem in der vorhergehenden Ziffer entworfenen Plan haben wir also zunächst die LAGRANGEsche Funktion eines Systems elektrischer Ströme aufzustellen. Dabei ist aber noch die eine Schwierigkeit zu beseitigen, daß ein solches System, soweit es sich um Leitungsströme handelt, infolge der Entwicklung von JOULEscher Wärme nicht mehr konservativ ist. Wir können diese Schwierigkeit beseitigen, indem wir den elektrischen Widerstand als eingeprägte Kraft in das System einführen. Wir haben uns nun zu entscheiden, ob wir die Energie, die ein elektrischer Strom besitzt, als kinetische oder potentielle auffassen, da dies das Zeichen bestimmt, unter dem sie in die LAGRANGEsche Funktion eintritt. Alles, was wir über den elektrischen Strom wissen, deutet darauf hin, daß seine Energie kinetischer Energie zu vergleichen ist. Nicht nur, daß er Konduktoren auf- und ablädt, also einen Elektrizitätstransport bewirkt, bei der Elektrolyse bewirkt er geradezu einen Transport der Materie. Ja die Erscheinung der Selbstinduktion legt es nahe, ihm eine Art von Bewegungsgröße zuzuschreiben. Alle Autoren haben daher in ihm ein Analogon zur fortschreitenden Bewegung gesehen. Wir wollen daher seine Energie bei unserer dynamischen Analogie als kinetische behandeln.

Um uns die Festlegung der Parameter, die wir nunmehr vorzunehmen haben, zu erleichtern, beschränken wir uns zunächst auf die Betrachtung eines Systems von geschlossenen Leitern[1]). Da (vgl. Ziff. 41) nach unseren Annahmen alle Ströme geschlossen sind, lassen sich dann die so gewonnenen Resultate leicht verallgemeinern. Wir haben offensichtlich zwei verschiedene Arten von Koordinaten: die geometrischen Koordinaten, durch die wir die jeweilige Lage der Leiterkreise festlegen, und die elektrischen Koordinaten, die uns die Lage der Teile des suponierten, die mechanische Analogie darstellenden Mechanismus angeben, dessen Bewegung in der Analogie den elektrischen Strom repräsentiert. Die kinetische Energie des ganzen Systems wird daher die folgende Form haben müssen

$$T = T_m + T_e + T_{me},$$

$$T_m = \sum A_{ik}\dot{x}_i\dot{x}_k, \qquad T_e = \sum B_{ik}\dot{y}_i\dot{y}_k, \qquad T_{me} = \sum C_{ik}\dot{x}_i\dot{y}_k.$$

Die auftretenden Koeffizienten sind zunächst als Funktionen der beiden Koordinatenarten x und y aufzufassen.

T_m stellt die mechanische kinetische Energie der Leitermaterie dar. Daher können wir mit MAXWELL annehmen, daß ihre Koeffizienten nur von den geometrischen Koordinaten x abhängen. Auch die Koeffizienten von T_e hängen nur von den x ab. Denn die Energie eines Systems von ruhenden Leitern, die von konstanten Strömen durchflossen werden, bleibt konstant. Würden aber in T_e die y auftreten, so könnte es nicht konstant bleiben, da diese Koordinaten sich bei Vorhandensein eines Stromes gemäß ihrer Definition dauernd ändern müssen (ein analoges Argument läßt sich auch für T_{me} aufstellen). Wählen wir, was ja am naheliegendsten ist, für die $\dot{y}$ die in den einzelnen Leiterkreisen herrschenden Stromstärken, so hat T_e die Form, die wir in Ziff. 20 für die Energie eines Systems von Stromkreisen gefunden haben.

Wir nehmen im folgenden an, daß die elektrostatische Energie des Feldes W gleich Null ist. Wäre dies nicht der Fall, so treten in den LAGRANGEschen Gleichungen die $\frac{\partial W}{\partial x_i}$ und $\frac{\partial W}{\partial y_i}$ auf. Denn die y_i können an den geladenen Stellen

[1]) J. CL. MAXWELL, Treatise. Bd. II, Kap. VI.

der Leiter direkt mit den Ladungen identifiziert werden, da diese neue Definition nicht im Widerspruch mit der Definition $\dot{y}_i = J_i$ steht.

Wir können nun zur Untersuchung des dritten Terms der Energie T_{me} übergehen, indem wir die aus ihm folgenden Wirkungen untersuchen. Wir erhalten die ponderomotorischen Kräfte durch LAGRANGEsche Differentiation nach den geometrischen Koordinaten. Wollen wir das System im Gleichgewicht erhalten, so müssen wir „in der Richtung von x_i" eine eingeprägte Kraft X_i' wirken lassen, die durch

$$X_i' = \frac{d}{dt}\frac{\partial T_{me}}{\partial \dot{x}_i} - \frac{\partial T_{me}}{\partial x_i}$$

bestimmt ist. Fehlt eine solche äußere Kraft, so tritt im System natürlich die entgegengesetzte auf. Zur Diskussion dieser Formel nehmen wir zunächst an, daß alle Leiter ruhen. Es wird, da alle $\dot{x}_i = 0$ sind,

$$X_i' = \frac{d}{dt}\sum_k C_{ik}\dot{y}_k ,$$

also sind die auftretenden ponderomotorischen Kräfte der Änderung der Ströme proportional. Dann wollen wir die Ströme konstant annehmen. Es wird nunmehr

$$X_i' = \sum_k \dot{y}_k \frac{d}{dt} C_{ik} - \frac{\partial}{\partial x_i}\sum C_{ik}\dot{x}_i\dot{y}_k .$$

Die auftretende Kraft ist also den Geschwindigkeiten der Leiter und den Stromstärken proportional.

Aus diesem Teil der Energie würden aber auch elektromotorische Kräfte folgen, die wir durch die LAGRANGEsche Differentiation nach den elektrischen Koordinaten erhalten:

$$Y_i = -Y_i' = -\frac{d}{dt}\sum C_{ik}\dot{x}_k .$$

Diese Formel bedeutet, daß durch Beschleunigung eines Leiters in ihm Ströme auftreten, die vollständig unabhängig von allen Strömen des Systems sind.

MAXWELL hat Experimente angestellt, um einen dieser drei Effekte zu entdecken. Alle diese Experimente sind negativ verlaufen, was auch in vollem Einklang mit unserer übrigen Erfahrung steht. Wir können daher alle C_{ik} gleich Null setzen. Die Energie eines Leitersystems besteht daher aus der Summe von T_m und T_e. Da T_m rein mechanischer Natur ist, brauchen wir für elektromagnetische Untersuchungen nur T_e zu berücksichtigen.

46. Die Wechselwirkung zwischen zwei Stromkreisen. Da dieser Ausdruck nur die Stromstärken, nicht aber deren Ableitungen, und außerdem in den Koeffizienten nur noch die geometrischen Koordinaten enthält, können wir ihn sofort mit dem aus den stationären Erscheinungen abgeleiteten Ausdruck (3a), Ziff. (20) identifizieren. Da wir weiter die Energie eines Systems von Strömen als lediglich kinetisch angenommen haben, besitzen wir damit auch die LAGRANGEsche Funktion für ein derartiges System. Mit der Wahl der Parameter und der Feststellung der LAGRANGEschen Funktion ist unsere dynamische Analogie aufgestellt. Wir wollen sie zuerst zur Untersuchung der Induktionsvorgänge in starren Leiterkreisen verwenden. Wir erhalten die elektromotorischen Kräfte, wie bereits erwähnt, durch LAGRANGEsche Differentiation von T_e nach den elektrischen Koordinaten. Für n Leiterkreise erhalten wir daher die n Gleichungen:

$$E_i - R\dot{y}_i = \frac{d}{dt}\sum_k B_{ik}\dot{y}_k .$$

Da diese die n Unbekannten $\dot{y}_n$ enthalten, ist das Problem vollständig bestimmt. (Die E_i bedeuten die den einzelnen Kreisen eingeprägten elektromotorischen

Kräfte.) Da in den LAGRANGEschen Gleichungen nicht nur das Energieprinzip, sondern auch das Gesetz von der Erhaltung des Impulses enthalten ist, erkennen wir jetzt, warum der in Ziff. 22 gemachte Versuch, die Induktionserscheinungen mit dem Energieprinzip allein zu behandeln, scheitern mußte.

Nehmen wir $n = 2$ und $E_2 = 0$, so ergibt sich durch eine leichte Integration für den zweiten Leiterkreis[1]):

$$R_2 y_2 = B_{12} \dot{y}_1 + B_{22} \dot{y}_2 - (B_{12} \dot{y}_1 + B_{22} \dot{y}_2)_{t=0},$$

wobei y_2 definitionsgemäß den Integralstrom im Leiter 2 bedeutet. Aus dieser Formel folgen leicht alle Induktionserscheinungen.

Wollen wir die ponderomotorische Kraft bestimmen, die zwischen zwei stromdurchflossenen Leitern besteht, so haben wir nach den geometrischen Koordinaten zu differenzieren. Es ist daher die in der Richtung der Vergrößerung von x_i wirkende ponderomotorische Kraft

$$X_i = \dot{y}_1 \dot{y}_2 \frac{d B_{12}}{d x_i},$$

da dB_{12}/dt und dB_{22}/dt wegen der angenommenen Starrheit der Leiter verschwinden. Sie wirkt also, falls die beiden Ströme gleichgerichtet sind, so, daß sie den Wert von B_{12} vergrößert.

Alle diese Resultate stimmen mit den entsprechenden früher gegebenen Formeln und daher auch mit der Erfahrung überein.

47. Die MAXWELLschen Feldgleichungen. Die in den beiden vorhergehenden Ziffern dargestellten Überlegungen MAXWELLS ergeben also für die Erscheinungen in stromdurchflossenen Leiterkreisen die uns bereits bekannten Gesetze. Dies zeigt uns nicht nur, daß wir diese Erscheinungen vom Standpunkt der entwickelten Feldtheorie aus betrachten dürfen, sondern, da wir uns in der Ableitung nicht mehr auf die quasistationären Erscheinungen beschränken mußten, auch, daß wir diese Gleichungen auf nichtstationäre Erscheinungen anwenden können. Wir haben zwar gemäß dem Ansatz unserer dynamischen Analogie zunächst nur die Gleichungen in der Sprache der Fernwirkungstheorie erhalten. Da wir aber diese bereits in die Sprache der Feldtheorie übersetzt haben, ist es hier nicht notwendig, die Analogie noch weiter zu treiben. Wir können uns auf die bereits weiter oben durchgeführten Transformationen berufen und somit die beiden elektromagnetischen Hauptgleichungen zunächst für den Fall geschlossener Leiterströme als allgemeingültig annehmen.

Es ist nun nicht mehr schwer, die Gültigkeit dieser Feldgleichungen auch in dem Fall einzusehen, daß Verschiebungsströme vorhanden sind, da sie nunmehr ja auch für nichtstationäre Vorgänge gelten. Denn wir haben ja angenommen, daß die physikalischen Wirkungen der Verschiebungsströme dieselben sind wie die der Leitungsströme. Daher ergibt sich aus der MAXWELLschen Hypothese des elektrischen Fluidums sofort die allgemeine Gültigkeit der ersten Hauptgleichung (AMPÈREsche Formel). Aber auch die weitere Gültigkeit der zweiten Hauptgleichung (FARADAYsche Formel) läßt sich leicht aus den MAXWELLschen Analogien ableiten, da diese ja nichts anderes besagen, als daß alle Ströme geschlossen sind. Übrigens ließe sich auch die MAXWELLsche dynamische Analogie für diesen allgemeinen Fall durchführen, etwa indem man sich das elektrische Fluidum, wie es z. B. POINCARÉ[2]) macht, molekular konstituiert denkt und so die LAGRANGEschen Gleichungen aufstellt. Dabei muß man den für die Leitungsströme aufgestellten Ausdruck für die kinetische Energie natürlich

[1]) J. CL. MAXWELL, Treatise. Bd. II, Kap. VII.

[2]) H. POINCARÉ, Électricité et Optique §§ 337f.

übernehmen. Die nunmehr vektoriellen elektrischen Parameter y haben jetzt einen unmittelbaren physikalischen Sinn, da ja der Integralstrom in diesem Fall durch den Vektor der dielektrischen Verschiebung gegeben ist. Wir können also die beiden elektromagnetischen Hauptgleichungen

$$\left.\begin{aligned} \operatorname{rot}\mathfrak{H} &= \frac{1}{c}\,4\pi\,\mathfrak{c}\,,\\ \operatorname{rot}\mathfrak{E} &= -\frac{1}{c}\,\frac{d}{dt}\,\mathfrak{B} \end{aligned}\right\} \tag{1}$$

als allgemeingültige Feldgleichungen annehmen. Dabei ist $\mathfrak{c}$ die Dichte des Gesamtstroms, der sich aus dem Leitungsstrom und dem Verschiebungsstrom zusammensetzt:

$$\mathfrak{c} = \mathfrak{i} + \frac{1}{4\pi}\,\frac{d}{dt}\,\mathfrak{D}\,. \tag{2}$$

Aus den beiden Hauptgleichungen folgen die beiden weiteren Feldgleichungen

$$\left.\begin{aligned} \operatorname{div}\mathfrak{c} &= 0\,,\\ \operatorname{div}\mathfrak{B} &= 0\,, \end{aligned}\right\} \tag{2a}$$

die beide definitionsgemäß erfüllt sind, da durch die erste ja der Verschiebungsstrom eingeführt worden ist (vgl. Ziff. 41), während die zweite besagt, daß der Vektor der magnetischen Induktion sich als Rotation eines magnetischen Vektorpotentials darstellen läßt, was wiederum seiner Definition entspricht. (In dieser Form wurden die Feldgleichungen von HEAVISIDE[1]) und HERTZ[2]) gebracht. MAXWELL verwendet noch das instantane elektromagnetische Vektorpotential $\mathfrak{A}$.)

Da aber in den zwei Hauptgleichungen vier Vektoren vorkommen, benötigen wir zur vollständigen Bestimmung des elektromagnetischen Feldes noch zwei weitere Gleichungen, die die Verknüpfung zwischen den Vektoren der dielektrischen Verschiebung und der elektrischen Feldstärke bzw. der magnetischen Induktion und der magnetischen Feldstärke angeben. Wir wollen wie bisher eine lineare Beziehung zwischen diesen Größen annehmen, da diese Annahme sich bisher in den meisten Fällen bewährt hat. Daher setzen wir

$$\left.\begin{aligned} \mathfrak{D} &= \varepsilon\,\mathfrak{E}\,,\\ \mathfrak{B} &= \mu\,\mathfrak{H}\,, \end{aligned}\right\} \tag{3}$$

wobei ε und μ im allgemeinen Falle lineare Vektorfunktionen bedeuten. Damit der Gesamtstrom tatsächlich quellenfrei ist, mußten wir annehmen, daß

$$\operatorname{div}\mathfrak{D} = 4\pi\,\varrho \tag{2a}$$

ist. Die Unbestimmtheit, die in der zweiten Hauptgleichung bei der Bestimmung der elektrischen Feldstärke übrigbleibt (Hinzufügen eines beliebigen elektrostatischen Feldes), wird durch diese Gleichungen behoben.

Setzt man in die erste Hauptgleichung den Totalstrom explizit ein, so erhält man:

$$\left.\begin{aligned} \operatorname{rot}\mathfrak{H} &= \frac{4\pi}{c}\,\mathfrak{i} + \frac{1}{c}\,\dot{\mathfrak{D}} = \frac{4\pi\sigma}{c}\,\mathfrak{E} + \frac{1}{c}\,\dot{\mathfrak{D}}\,,\\ \operatorname{rot}\mathfrak{E} &= -\frac{1}{c}\,\dot{\mathfrak{B}}\,. \end{aligned}\right\} \tag{1a}$$

Spezialisiert man sie auf vollständige Nichtleiter $\sigma = 0$, so tritt in ihnen eine gewisse Dualität zwischen den elektrischen und den magnetischen Feldgrößen auf, die einige Autoren veranlaßt hat, das Glied $-\frac{1}{c}\,\dot{\mathfrak{B}}$ als magnetischen Strom

---

[1]) O. HEAVISIDE, Phil. Mag. Bd. 25, S. 130. 1888.

[2]) H. HERTZ, Ges. Werke. Bd. II, S. 208ff.; Wied. Ann. Bd. 40, S. 577. 1890.

zu bezeichnen. Ihren vollen mathematischen Ausdruck findet diese Dualität in den MINKOWSKIschen Feldgleichungen der speziellen Relativitätstheorie (vgl. Kap. 3, Ziff. 57).

48. Dimensionen und Maßsysteme. Wir haben bisher drei verschiedene Maßsysteme kennengelernt. In Ia und Ic haben wir unseren Betrachtungen das elektrostatische Maßsystem zugrunde gelegt. Dieses benutzt als Ausgangspunkt die Formel für die zwischen zwei elektrisch geladenen Körpern wirkende ponderomotorische Kraft:

$$\mathfrak{F} = k \frac{e_1 e_2}{r^2}.$$

Da wir in diesen Abschnitten nur Vorgänge im leeren Raum betrachtet haben, konnten wir k als allgemeine Konstante, entsprechend der Gravitationskonstanten und daher als reine Zahl betrachten. Die Überlegungen der Ziff. 40 zeigen aber, daß in beliebigen Medien k gleich der Dielektrizitätskonstante ε zu setzen ist. Wir können das elektrostatische Maßsystem daher in zweierlei Richtung ausbauen. Entweder wir betrachten ε als reine Zahl, dann ändert sich an den Dimensionen der elektrischen Größen nichts, oder wir betrachten es als eigene Dimension, dann tritt ε in die Dimensionen aller Größen des elektrostatischen Maßsystems ein.

In Ib, IIa und IIb haben wir das elektromagnetische Maßsystem verwendet, das von der Formel für die ponderomotorische Kraft zwischen zwei Magnetpolen ausgeht:

$$\mathfrak{F} = h \frac{m_1 m_2}{r^2}.$$

In beliebigen Medien ist h gleich der magnetischen Permeabilität μ zu setzen. Es gilt daher alles über die Bedeutung von ε im elektrostatischen System Gesagte analog für die Bedeutung von μ im elektromagnetischen Maßsystem.

Nun überdecken sich aber beide Systeme. Denn die elektrische Einheit der Stromdichte läßt sich (Ziff. 17) durch die Gleichung

$$\operatorname{div} \mathfrak{i} + \dot{\varrho} = 0$$

im elektrostatischen, durch die Gleichung

$$\operatorname{rot} \mathfrak{H} = 4\pi \mathfrak{i}$$

im elektromagnetischen Maßsystem definieren (Ziff. 18). Dadurch ist es natürlich möglich, alle elektrischen und magnetischen Größen entweder in dem einen oder dem anderen Maßsystem auszudrücken. Bei der Umrechnung tritt die Maßkonstante c auf.

Von IIIa an haben wir nun das GAUSSsche Maßsystem verwendet, das eine Mischung zwischen den beiden anderen darstellt. In ihm werden ε und μ als reine Zahlen betrachtet. Die elektrischen Größen mit Ausnahme der Selbstinduktion werden im elektrostatischen, die magnetischen im elektromagnetischen Maßsystem gemessen. Die Konstante c hat die Dimension einer Geschwindigkeit und den Wert der Lichtgeschwindigkeit. Über ihre Bedeutung haben wir bereits in Ziff. 25 gesprochen. Wir werden weiter unten zeigen, daß die dort ausgesprochenen Vermutungen sich in der MAXWELLschen Theorie als richtig erweisen. Die folgende Tabelle 1 gibt die Dimensionen der verschiedenen Größen in den einzelnen Maßsystemen an. Die oberhalb der Maßkonstante c angeführten Größen werden im GAUSSschen System aus dem elektrostatischen übernommen, die unterhalb liegenden aus dem elektromagnetischen. Man sieht, daß das System so eingerichtet ist, daß es die Größe immer dem Maßsystem entnimmt, in dem die Größe c nicht in seiner Dimension vorkommt (vgl. Bd. XVI, Kap. 1).

Tabelle 1.

	elektrostatisch	elektromagnetisch	Gauß
Dielektrizitätskonstante	ε	$L^{-2}T^{2}\mu^{-1}c^{2}$	1
Elektrische Feldstärke	$M^{1/2}L^{-1/2}T^{-1}\varepsilon^{-1/2}$	$M^{1/2}L^{1/2}T^{-2}\mu^{1/2}c^{-1}$	$M^{1/2}L^{-1/2}T^{-1}$
Elektrische Verschiebung . . .	$M^{1/2}L^{-1/2}T^{-1}\varepsilon^{1/2}$	$M^{1/2}L^{-3/2}\mu^{-1/2}c$	$M^{1/2}L^{-1/2}T^{-1}$
Wahre elektrische Ladung . . .	$M^{1/2}L^{3/2}T^{-1}\varepsilon^{1/2}$	$M^{1/2}L^{1/2}\mu^{-1/2}c$	$M^{1/2}L^{3/2}T^{-1}$
Freie elektrische Ladung	$M^{1/2}L^{3/2}T^{-1}\varepsilon^{-1/2}$	$M^{1/2}L^{5/2}T^{-2}\mu^{1/2}c^{-1}$	$M^{1/2}L^{3/2}T^{-1}$
Elektrisches Potential	$M^{1/2}L^{1/2}T^{-1}\varepsilon^{-1/2}$	$M^{1/2}L^{3/2}T^{-2}\mu^{1/2}c^{-1}$	$M^{1/2}L^{1/2}T^{-1}$
Elektromotorische Kraft	$M^{1/2}L^{1/2}T^{-1}\varepsilon^{-1/2}$	$M^{1/2}L^{3/2}T^{-2}\mu^{1/2}c^{-1}$	$M^{1/2}L^{1/2}T^{-1}$
Wahre Stromdichte	$M^{1/2}L^{-1/2}T^{-2}\varepsilon^{1/2}$	$M^{1/2}L^{-3/2}T^{-1}\mu^{-1/2}c$	$M^{1/2}L^{-1/2}T^{-2}$
Freie Stromdichte	$M^{1/2}L^{-5/2}\varepsilon^{-1/2}$	$M^{1/2}L^{-3/2}T^{-1}\mu^{1/2}c$	$M^{1/2}L^{-1/2}T^{-2}$
Elektrische Leitfähigkeit	$T^{-1}\varepsilon$	$L^{-2}T\mu^{-1}c^{2}$	T^{-1}
Widerstand	$L^{-1}T\varepsilon^{-1}$	$LT^{-1}\mu c^{2}$	$L^{-1}T$
Kapazität.	$L\varepsilon$	$L^{-1}T^{2}\mu^{-1}c^{2}$	L
Maßkonstante c	c	c	LT^{-1}
Permeabilität	$L^{-2}T^{2}\varepsilon^{-1}c^{2}$	μ	1
Magnetische Feldstärke	$M^{1/2}L^{1/2}T^{-2}\varepsilon^{1/2}c^{-1}$	$M^{1/2}L^{-1/2}T^{-1}\mu^{-1/2}$	$M^{1/2}L^{-1/2}T^{-1}$
Magnetische Induktion	$M^{1/2}L^{-3/2}\varepsilon^{-1/2}c$	$M^{1/2}L^{-1/2}T^{-1}\mu^{1/2}$	$M^{1/2}L^{-1/2}T^{-1}$
Dichte des wahren Magnetismus	$M^{1/2}L^{-5/2}\varepsilon^{-1/2}c$	$M^{1/2}L^{-3/2}T^{-1}\mu^{1/2}$	$M^{1/2}L^{-3/2}T^{-1}$
Dichte des freien Magnetismus .	$M^{1/2}L^{-1/2}T^{-2}\varepsilon^{1/2}c^{-1}$	$M^{1/2}L^{-3/2}T^{-1}\mu^{-1/2}$	$M^{1/2}L^{-3/2}T^{-1}$
Magnetisches Potential	$M^{1/2}L^{+3/2}T^{-2}\varepsilon^{1/2}c^{-1}$	$M^{1/2}L^{1/2}T^{-1}\mu^{-1/2}$	$M^{1/2}L^{1/2}T^{-1}$
Elektromagnetisches Vektorpotential	$M^{1/2}L^{-1/2}\varepsilon^{-1/2}c$	$M^{1/2}L^{1/2}T^{-1}\mu^{1/2}$	$M^{1/2}L^{1/2}T^{-11}$
Selbstinduktion	$L^{-1}T^{2}\varepsilon^{-1}c^{2}$	$L\mu$	L

Der Grund, warum wir in der Feldtheorie das GAUSSsche Maßsystem verwenden, ist der, daß in ihm die Dualität zwischen elektrischen und magnetischen Feldgrößen am deutlichsten hervortritt, während sie in den anderen durch das Auftreten der Maßkonstanten c verdeckt ist. Denn die beiden Hauptgleichungen lauten im elektrostatischen und im elektromagnetischen Maßsystem zwar

$$\left.\begin{aligned} \operatorname{rot}\mathfrak{H} &= 4\pi\mathfrak{c}, \\ \operatorname{rot}\mathfrak{E} &= -\dot{\mathfrak{B}}, \end{aligned}\right\} \tag{1b}$$

zeigen also ebenfalls die Dualität, aber die Verknüpfungsgleichungen werden bedeutend komplizierter, nämlich

$$\left.\begin{aligned} \mathfrak{D} &= \varepsilon\mathfrak{E}, \\ \mathfrak{B} &= \frac{\mu}{c^2}\mathfrak{H} \end{aligned}\right\} \tag{3b}$$

im elektrostatischen, bzw.

$$\left.\begin{aligned} \mathfrak{D} &= \frac{\varepsilon}{c^2}\mathfrak{E}, \\ \mathfrak{B} &= \mu\mathfrak{H} \end{aligned}\right\} \tag{3c}$$

im elektromagnetischen. Dadurch wird aber z. B. auch der Energieausdruck unsymmetrisch in $\mathfrak{D}$, $\mathfrak{E}$ und $\mathfrak{H}$, $\mathfrak{B}$.

Um den insbesondere bei längeren Rechnungen unangenehmen Faktor 4π in den ersten Hauptgleichungen wegzuschaffen, hat HEAVISIDE vorgeschlagen, ε und μ im leeren Raum nicht gleich Eins, sondern gleich $1/4\pi$ anzunehmen. Dann lauten die Feldgleichungen:

$$\left.\begin{aligned} \operatorname{rot}\mathfrak{H} &= \frac{1}{c}\mathfrak{c}, \\ \operatorname{rot}\mathfrak{E} &= -\frac{1}{c}\dot{\mathfrak{B}}, \\ \operatorname{div}\mathfrak{D} &= \varrho. \end{aligned}\right\} \tag{1c}$$

Allerdings lauten die COULOMBschen Gleichungen nun:

$$\mathfrak{F} = \frac{\varepsilon}{4\pi} \frac{e_1 e_2}{r^2},$$

bzw.

$$\mathfrak{F} = \frac{\mu}{4\pi} \frac{m_1 m_2}{r^2},$$

was aber in der Feldtheorie meist nicht stört.

COHN[1]) hat darauf hingewiesen, daß die einzelnen Systeme durch die Bestimmung der drei unbestimmten Größen ε_0, μ_0 und V hervorgehen, die durch die folgende Gleichung verknüpft sind:

$$\frac{V^2}{\varepsilon_0 \mu_0} = c^2.$$

Dabei sind die Konstanten der COULOMBschen Gesetze für den leeren Raum folgendermaßen gewählt:

$$k = \frac{1}{4\pi\varepsilon_0}, \qquad h = \frac{1}{4\pi\mu_0}.$$

Die Hauptgleichungen schreiben sich dann:

$$\left.\begin{aligned} \operatorname{rot}\mathfrak{H} &= \frac{1}{V}\mathfrak{c}, \\ \operatorname{rot}\mathfrak{E} &= -\frac{1}{V}\dot{\mathfrak{B}}. \end{aligned}\right\} \tag{1d}$$

Die Verknüpfungsgleichungen

$$\mathfrak{D} = \varepsilon_0 \mathfrak{E}, \qquad \mathfrak{B} = \mu_0 \mathfrak{H}. \tag{3d}$$

Wählt man $V = 1$, dann genügen ε_0 und μ_0 der Bedingung

$$\varepsilon_0 \mu_0 = \frac{1}{c^2}.$$

Auf diese Weise erhält man die von HEAVISIDE vorgeschlagenen rationellen Einheiten. Die einfache Gestalt der Hauptgleichungen:

$$\left.\begin{aligned} \operatorname{rot}\mathfrak{H} &= \mathfrak{c}, \\ \operatorname{rot}\mathfrak{E} &= -\dot{\mathfrak{B}} \end{aligned}\right\} \tag{1e}$$

empfiehlt diese Einheiten insbesondere für komplizierte Rechnungen.

49. Energie in beliebigen elektromagnetischen Feldern. Konvektionsstrom. POYNTINGscher Vektor. Die elektrische und die magnetische Energie des elektromagnetischen Feldes haben wir für stationäre Felder durch partielle Integration aus den Ausdrücken der Fernwirkungstheorie erhalten. Wir können die Formeln (1) und (2), Ziff. 36, die auf diese Weise für stationäre und quasistationäre Felder eine gewisse experimentelle Grundlage besitzen, für beliebige Felder verallgemeinern. Dies können wir damit begründen, daß wir in Ziff. 42 die Formel (1), Ziff. 36, aus der MAXWELLschen mechanischen Analogie des elektrischen Fluidums ableiten konnten. Die Verallgemeinerung des magnetischen Teiles der Energie können wir auf Grund des Resultates der dynamischen Analogie vornehmen, da diese den der Formel (2), Ziff. 36, zugrunde liegenden Ausdruck der Fernwirkungstheorie für die Energie eines Systems von Strömen geliefert hat.

Wir wollen nun untersuchen, ob unsere Theorie dem Energieprinzip entspricht. Zu diesem Zwecke betrachten wir einen Raumteil der von der Fläche F eingeschlossen wird. Dabei beschränken wir uns im folgenden auf isotrope

[1]) E. COHN, Das elektromagnetische Feld, S. 279ff., Leipzig 1900.

Medien (ε ist ein Skalar). Die gesamte Energieänderung in ihm beträgt pro Zeiteinheit:

$$\frac{dE}{dt} = \frac{d}{dt}\frac{1}{8\pi}\iiint(\varepsilon\mathfrak{E}^2 + \mu\mathfrak{H}^2)\,dv = \frac{1}{4\pi}\iiint(\mathfrak{E}\dot{\mathfrak{D}} + \mathfrak{H}\dot{\mathfrak{B}})\,dv\,.$$

Da der Verschiebungsstrom gleich ist der Differenz zwischen dem Totalstrom und dem Leitungsstrom, wird dies

$$\frac{dE}{dt} = \iiint\left(\mathfrak{E}(\mathfrak{c} - \mathfrak{i}) + \frac{1}{4\pi}\mathfrak{H}\dot{\mathfrak{B}}\right)dv\,.$$

Durch Einsetzen der beiden Hauptgleichungen erhalten wir

$$\left.\begin{aligned} \frac{dE}{dt} &= \iiint\left\{\frac{c}{4\pi}(\mathfrak{E}\operatorname{rot}\mathfrak{H} - \mathfrak{H}\operatorname{rot}\mathfrak{E}) - \mathfrak{E}\mathfrak{i}\right\}dv \\ &= -\frac{c}{4\pi}\iint[\mathfrak{E}\mathfrak{H}]_n\,dF - \iiint\mathfrak{E}\mathfrak{i}\,dv\,. \end{aligned}\right\} \tag{4}$$

Das zweite Glied stellt den Energieverlust dar, den das Feld infolge der sich entwickelnden JOULEschen Wärme pro Zeit- und Volumeinheit erfährt. Der erste Term stellt einen Vektorfluß durch die Oberfläche des betrachteten Volumens nach außen dar, der pro Zeit- und Flächeneinheit

$$\mathfrak{S} = \frac{c}{4\pi}[\mathfrak{E}\mathfrak{H}] \tag{5}$$

beträgt. POYNTING nimmt daher an, daß dieser seither nach ihm benannte Vektor den in einem elektromagnetischen Felde auftretenden Energiestrom definiert.

Diese Wahl ist natürlich bis zu einem gewissen Grade willkürlich, da man zu dem POYNTINGschen Vektor einen beliebigen im ganzen Felde divergenzfreien Vektor hinzufügen kann, ohne das Energieprinzip zu verletzen. Die POYNTINGsche Annahme bringt auch gewisse Schwierigkeiten mit sich, da z. B., wie man unmittelbar einsieht, bei Überlagerung eines statischen elektrischen und eines statischen magnetischen Feldes dieser Vektor im allgemeinen nicht verschwindet, also ein Energiestrom in einem solchen statischen Felde besteht. Allerdings ist diese Strömung divergenzfrei und verläuft daher in geschlossenen Bahnen.

Gegen diesen Energieansatz wurden aber noch weitere Bedenken geäußert. Den Ausdruck für die Energie des elektrischen Feldes konnten wir noch durch eine immerhin sehr allgemeine Annahme über die Wirkungsweise des Mediums stützen. Eine derartige Stütze für die angenommene Energiedichte des magnetischen Feldes besitzen wir aber nicht. Der MAXWELLsche Ausdruck beruht lediglich auf der Transformation des in der Sprache der Fernwirkungstheorie gewonnenen Ausdrucks für die Gesamtenergie eines Feldes. Diese Transformation besteht nun darin, daß ein Volumintegral durch partielle Integration in eine Summe aus einem Volumintegral und einem Integral über die dieses Volumen einschließende Fläche verwandelt wird. Ganz abgesehen davon, daß diese Verwandlung keineswegs eindeutig ist, sondern eine starke Willkür übrig läßt, wurde gegen die von MAXWELL durchgeführte Transformation eingewendet, daß das Nullsetzen des Flächenintegrals bei Zugrundelegung beliebiger nichtstationärer Felder Schwierigkeiten hervorrufe, da die Vektoren in Feldern elektromagnetischer Wellen auch Glieder enthalten, die nur wie $1/r$ im Unendlichen verschwinden. Die MAXWELLsche Form kann allerdings durch die Bemerkung verteidigt werden, daß man die Fläche soweit hinausverlegen kann, daß sie von diesen Wellen noch nicht erreicht worden ist.

Eine Änderung im Ansatz der magnetischen Energie würde nun aber eine Änderung des Ausdrucks für den Energiestrom mit sich führen, wie die folgende von LARMOR stammende Überlegung zeigt[1]):

Die gesamte Energiedichte des elektromagnetischen Feldes E besteht aus der Summe aus der elektrischen Energiedichte W und der magnetischen Energiedichte T. Ihre zeitliche Änderung pro Zeiteinheit setzte sich zusammen aus der zeitlichen Änderung der elektrischen und der magnetischen Energiedichte, der in der Zeiteinheit in eine andere Form verwandelten Energie. Sie muß sich als pro Zeiteinheit in das betrachtete Volumen einströmende Energie auffassen lassen:

$$\frac{dE}{dt} = \frac{dW}{dt} + \frac{dT}{dt} + Q = -\iint \mathfrak{S}_n \, dF. \tag{4a}$$

Hiervon kennen wir zunächst die elektrische Energiedichte. Die in andere Form verwandelte Energie besteht erstens aus der sich entwickelnden JOULEschen Wärme, die pro Zeiteinheit gleich ist dem Produkt aus der elektrischen Feldstärke und dem Leitungsstrom. Weiter können wir noch berücksichtigen, daß durch das elektrische Feld die elektrisch geladenen Körper in Bewegung gesetzt werden und auf diese Weise ein Teil der elektrischen Energie in rein mechanische Energie verwandelt wird. Durch die Bewegung eines geladenen Körpers entsteht ein Konvektionsstrom, der nach den Versuchen von ROWLAND dieselben Eigenschaften besitzt wie ein Leitungs- bzw. Verschiebungsstrom. Seine Stromdichte ist, in Übereinstimmung mit den bisher gemachten Annahmen (vgl. Ziff. 12, 13) gleich dem Produkt aus seiner Geschwindigkeit in die Ladungsdichte.

Durch die Einführung der Erscheinung des Konvektionsstromes in die Theorie müssen wir aber den Ausdruck für den Totalstrom erweitern, der nunmehr gleich ist der Summe aus dem Verschiebungsstrom, dem Leitungsstrom und dem Konvektionsstrom. Da aber dieser dieselben magnetischen Wirkungen ausübt wie die beiden anderen, bleibt die erste Hauptgleichung bestehen. Wir haben also

$$\left.\begin{aligned} \mathfrak{c} &= \mathfrak{i} + \varrho\,\mathfrak{v} + \frac{1}{4\pi}\dot{\mathfrak{D}}, \\ \operatorname{rot}\mathfrak{H} &= \frac{4\pi}{c}\left\{\sigma\,\mathfrak{E} + \varrho\,\mathfrak{v} + \frac{1}{4\pi}\dot{\mathfrak{D}}\right\}. \end{aligned}\right\} \tag{1f}$$

Die pro Zeiteinheit vom elektrischen Felde geleistete Arbeit ist daher insgesamt pro Volumeinheit:

$$F = \mathfrak{E}\mathfrak{i} + \mathfrak{E}\varrho\,\mathfrak{v} = \mathfrak{E}\left(\mathfrak{c} - \frac{1}{4\pi}\dot{\mathfrak{D}}\right).$$

Das Energieprinzip schreibt sich also:

$$\frac{dE}{dt} = \frac{dT}{dt} + \iiint \mathfrak{E}\,\mathfrak{c}\,dv = -\iint \mathfrak{S}\mathfrak{n}\,dF. \tag{4b}$$

Damit die Feldtheorie mit dem Energieprinzip vereinbart werden kann, müssen wir dE/dt in ein Oberflächenintegral eines Vektors verwandeln können, der dann eben die Energieströmung darstellt. Die obige Gleichung, die dies ausdrückt, verknüpft den Vektor des Energiestromes mit dem Ansatz für die magnetische Energiedichte.

Wir können nun unter Verwendung der MAXWELLschen Feldgleichungen darangehen, einfache Ausdrücke für T und $\mathfrak{S}$ aufzustellen. Mit Hilfe der ersten

[1]) J. LARMOR, Phil. Trans. 1897, S. 985; G. H. LIVENS, The theory of electricity. S. 550ff.

Hauptgleichung erhalten wir

$$\iiint \mathfrak{E}\mathfrak{c}\,dv = \frac{c}{4\pi}\iiint \mathfrak{E}\operatorname{rot}\mathfrak{H}\,dv = -\frac{c}{4\pi}\iint [\mathfrak{E}\,\mathfrak{H}]_n\,dF + \frac{c}{4\pi}\iiint \mathfrak{H}\operatorname{rot}\mathfrak{E}\,dv$$

$$= -\frac{c}{4\pi}\iiint [\mathfrak{E}\,\mathfrak{H}]_n\,dF - \frac{1}{4\pi}\iiint \mathfrak{H}\frac{d\mathfrak{B}}{dt}\,dv\,,$$

daher

$$\frac{dT}{dt} = -\iint \mathfrak{S}\mathfrak{n}\,dF + \frac{c}{4\pi}\iint [\mathfrak{E}\,\mathfrak{H}]_n\,d\mathfrak{E} + \frac{1}{4\pi}\iiint \mathfrak{H}\frac{d\mathfrak{B}}{dt}\,dv\,.$$

Wir können daher

$$\mathfrak{S} = \frac{c}{4\pi}[\mathfrak{E}\,\mathfrak{H}]$$

$$T = \frac{1}{4\pi}\iiint dv\int_0^{\mathfrak{B}} \mathfrak{H}\,d\mathfrak{B}$$

setzen und sind so zur POYNTINGschen Theorie gelangt.

Wir können aber zu einem anderen ebenfalls verhältnismäßig einfachen Ansatz für T und $\mathfrak{S}$ gelangen, indem wir die zweite Hauptgleichung

$$\operatorname{rot}\mathfrak{E} = -\frac{1}{c}\dot{\mathfrak{B}}$$

integrieren. Dann erhalten wir die elektrische Feldstärke ausgedrückt als Funktion des elektromagnetischen Vektorpotentials und des elektrostatischen Potentials:

$$\mathfrak{E} = -\frac{1}{c}\dot{\mathfrak{A}} - \operatorname{grad}\varphi\,.$$

Es ist dann

$$\iiint \mathfrak{E}\mathfrak{c}\,dv = -\frac{1}{c}\iiint \dot{\mathfrak{A}}\mathfrak{c}\,dv - \iiint \mathfrak{c}\operatorname{grad}\varphi\,dv$$

$$= -\frac{1}{c}\iiint \dot{\mathfrak{A}}\mathfrak{c}\,dv + \iiint \varphi\operatorname{div}\mathfrak{c} - \iint \varphi\,\mathfrak{c}_n\,dF\,,$$

und unter Berücksichtigung von

$$\operatorname{div}\mathfrak{c} = 0$$

schreibt sich das Energieprinzip jetzt

$$\frac{dE}{dt} = \frac{dT}{dt} + \iint \varphi\,\mathfrak{c}_n\,dF + \frac{1}{c}\iiint \mathfrak{c}\dot{\mathfrak{A}}\,dv\,.$$

Wir können daher setzen

$$\left.\begin{aligned} \mathfrak{S} &= \varphi\,\mathfrak{c} \\ T &= \frac{1}{c}\iiint dv\int_0^{\mathfrak{A}} \mathfrak{c}\,d\mathfrak{A}\,. \end{aligned}\right\} \qquad (5\,\mathrm{a})$$

Dieser Ansatz stellt eine Verallgemeinerung des von MACDONALD zur Vermeidung der bei der partiellen Integration auftretenden Schwierigkeiten gemachten dar[1]). Allen seinen Vorteilen steht aber ein großer Nachteil gegenüber. Denn in ihm ist im Gegensatz zu den Vorstellungen der Feldtheorie die magnetische Energie zum großen Teil in den Strömen konzentriert, so daß z. B. die gesamte Energie eines Systems von stationären elektrischen Strömen in den Leitern steckt. Auch ist die Energie nicht durch Größen gegeben, die durch den Zustand des Feldes im betrachteten Volumelement bestimmt sind, sondern

[1]) H. M. MACDONALD, Electric Waves. Kap. IV, V, VI. Cambridge 1902.

durch die Verteilung der elektrischen Ladungen. Dazu kommt noch, daß die momentane Verteilung der Ströme maßgebend ist, was dem Gedanken der Nahewirkung vollständig widerspricht[1]).

Dagegen ist der MAXWELL-POYNTINGsche Ansatz nicht nur von bestechender Einfachheit, er ergibt auch Energieverhältnisse, die der Nahewirkungstheorie durchaus entsprechen. Betrachten wir, um dies an einem Beispiel zu zeigen, das Feld eines geradlinigen Leitungsstromes. An der Oberfläche des zylindrisch gedachten Leiters ist die magnetische Feldstärke tangential gerichtet. Die elektrische Feldstärke verläuft im Inneren des Leiters in der Richtung seiner Längsachse. Wir können daher annehmen, daß sie unmittelbar an der Oberfläche noch dieselbe Richtung besitzt. Der POYNTINGsche Energievektor ist daher an der Oberfläche in den Leiter gerichtet. Die pro Flächeneinheit in den Leiter einströmende Energie besitzt den Wert:

$$\frac{c}{4\pi} H E .$$

Die pro Längeneinheit in den Leiter strömende Energie ist daher gleich:

$$\frac{c}{4\pi} \oint H E \, ds ,$$

wobei das Linienintegral einmal um den Leiter zu erstrecken ist. Aus der ersten Hauptgleichung folgt daher

$$\frac{c}{4\pi} \oint H E \, ds = E J .$$

Die in den Leiter einströmende Energie ist daher gleich der im Leiter entwickelten JOULEschen Wärme. Der durch einen stationären elektrischen Strom stattfindende Energietransport findet also nach dieser Theorie nicht durch den Leiter hindurch, sondern durch das Medium statt, was der Feldtheorie durchaus entspricht.

50. Die Spannungen im allgemeinen elektromagnetischen Feld. Ebenso wie wir die für die stationären Felder aufgestellten Energiedichtenausdrücke auch im allgemeinen Fall als gültig angenommen haben, nehmen wir auch die allgemeine Gültigkeit der in den Ziff. 37 und 43 abgeleiteten Ausdrücke für die in den stationären Feldern herrschenden Spannungen an. Dabei ergibt sich nun allerdings eine bedeutende Schwierigkeit. Denn bei der Ableitung dieser Tensoren aus den der Fernwirkungstheorie entsprechenden Ansätzen haben wir angenommen, daß die Feldvektoren rotationsfrei sind. Diese Annahme ist aber im allgemeinen Fall nicht mehr richtig. Daher treten in nicht stationären Feldern im allgemeinen auch Kräfte auf den freien Äther auf, wenn man die ponderomotorischen Kräfte auch in diesem Falle aus den Spannungen allein ableiten will. Betrachten wir, um dies nachzuweisen, das System der elektrischen Spannungen [Gleichung (4), Ziff. 37]. Die X-Komponente der aus ihm folgenden ponderomotorischen Kraft ist

$$\begin{aligned} F_x &= \frac{\partial}{\partial x}\left(\frac{1}{8\pi} E_x D_x - \frac{1}{8\pi} E^2\right) + \frac{\partial}{\partial y} \frac{1}{4\pi} E_x D_y + \frac{\partial}{\partial z} \frac{1}{4\pi} E_x D_z \\ &= \varrho E_x + (\mathfrak{P} \nabla) E_x + \frac{1}{4\pi} D_y \frac{\partial E_x}{\partial y} + \frac{1}{4\pi} D_z \frac{\partial E_x}{\partial z} - \frac{1}{4\pi} E_y \frac{\partial E_y}{\partial x} \\ &\qquad - \frac{1}{4\pi} E_z \frac{\partial E_z}{\partial x} - P_y \frac{\partial E_x}{\partial y} - P_z \frac{\partial E_x}{\partial z} . \end{aligned}$$

Die beiden ersten Terme der rechten Seite stellen die ponderomotorische Kraft auf die elektrisch geladene bzw. elektrisch polarisierte Materie dar, wie sie uns

[1]) Vgl. G. H. LIVENS, Phil. Mag. (6) Bd. 34, S. 386. 1917; ferner G. A. SCHOTT, ebenda (5), Bd. 36, S. 343. 1918, wo der Zusammenhang mit der Strahlung des Elektrons diskutiert ist.

durch die Erfahrung in stationären Erscheinungen gegeben ist. Die übrigbleibenden Terme ergeben

$$\frac{1}{4\pi}\left\{E_y\left(\frac{\partial E_x}{\partial y}-\frac{\partial E_y}{\partial x}\right)-E_z\left(\frac{\partial E_z}{\partial x}-\frac{\partial E_x}{\partial z}\right)\right\},$$

was wir unter Beifügung der beiden anderen Komponenten vektoriell

$$\frac{1}{4\pi}[\mathfrak{E}, \operatorname{rot}\mathfrak{E}]$$

schreiben können. Mit Hilfe der zweiten Hauptgleichung wird dies:

$$-\frac{1}{4\pi c}[\mathfrak{E}\dot{\mathfrak{B}}].$$

Eine vollkommen analoge Rechnung ergibt für die magnetischen Spannungen als Rest

$$-\frac{1}{4\pi c}[\dot{\mathfrak{E}}\mathfrak{B}],$$

also insgesamt

$$-\frac{1}{4\pi c}\frac{d}{dt}[\mathfrak{E}\mathfrak{B}].$$

Auch bei Wahl eines anderen Spannungstensors kann dieser Rest, wie man unmittelbar einsieht, nicht zum Verschwinden gebracht werden, sondern erhält nur einen anderen Wert. So ergibt das zweite angeführte Spannungssystem [Gleichung (4a) Ziff. 37)]:

$$-\frac{1}{4\pi c}\frac{d}{dt}[\mathfrak{D}\mathfrak{B}].$$

Für den freien Raum stimmen die beiden Ausdrücke überein, was ja zu erwarten war, da sie für diesen Fall ineinander übergehen. Die pro Volumeinheit auf ihn ausgeübte Kraft wird

$$-\frac{1}{4\pi c}\frac{d}{dt}[\mathfrak{E}\mathfrak{H}] = -\frac{1}{c^2}\dot{\mathfrak{S}}.$$

Die physikalische Deutung dieses Terms ist eine Frage der Elektrodynamik bewegter Medien. Die heute allgemein angenommene dynamische Deutung als elektromagnetische Bewegungsgröße wurde von ABRAHAM[1]) gegeben. Um die auf den Äther resultierenden Kräfte zum Verschwinden zu bringen, wird zu den aus den Spannungen folgenden Kräften $\frac{1}{c}\dot{\mathfrak{S}}$ hinzugefügt (vgl. Kap. 2, Ziff. 16 und 18).

IV. Die Fortpflanzung elektromagnetischer Wellen.

a) Allgemeine Theoreme und Lösungsmethoden.

51. Die mathematische Formulierung der Probleme in der MAXWELLschen Theorie. Im Abschnitt III ist es gelungen, eine Feldtheorie für die stationären und quasistationären Vorgänge aufzubauen und die für diesen Fall gewonnenen Differentialgleichungen für beliebige Fälle zu verallgemeinern. Wir haben damit ein System von Differentialgleichungen erhalten, das den Anspruch macht, alle elektromagnetischen Vorgänge zu beherrschen. Dieser Anspruch konnte bisher nur durch theoretische Erwägungen gestützt werden. Wollen wir ihn der Kontrolle der Erfahrung unterwerfen, so müssen wir aus den gewonnenen Gleichungen die Gesetze ableiten, denen spezielle Felder unterliegen. Die mathematische Formulierung eines derartigen speziellen Problems unterscheidet sich, wie bereits in Ziff. 30 erwähnt, prinzipiell von der Formulierung eines Problems

[1]) M. ABRAHAM, Gött. Nachr. 1902, S. 20; Ann. d. Phys. Bd. 10, S. 105. 1903.

in der Fernwirkungstheorie. Während es in dieser darauf ankam, die durch die Theorie gegebene Wirkung der einzelnen materiellen Elemente zu summieren, also auf die Bestimmung bestimmter Integrale, handelt es sich nunmehr darum, die partiellen Differentialgleichungen, die die Wirkungsweise des Feldes mathematisch repräsentieren, bei Vorgabe gewisser Randbedingungen, die entweder selbst den Zwang darstellen, unter dem das Medium in diesem Falle steht, oder den Raum, in dem dieser Zwang durch veränderte Differentialgleichungen bestimmt ist, mit dem freien Feld verbinden, zu integrieren. Dabei können diese Randbedingungen natürlich zu vorgeschriebenen Singularitäten degenerieren, wenn der Einfachheit halber angenommen wird, daß der Raum, aus dem diese Feldbeeinflussungen ausgehen, zu Punkten, Linien oder Flächen zusammenschrumpft.

Für statische Probleme zerfallen die MAXWELLschen Gleichungen in zwei voneinander unabhängige Systeme von je drei Gleichungen. Das erste

$$\begin{aligned} \operatorname{rot}\mathfrak{E} &= 0, \\ \operatorname{div}\mathfrak{D} &= 4\pi\varrho, \\ \mathfrak{D} &= \varepsilon\mathfrak{E} \end{aligned}$$

beherrscht die elektrostatischen Felder, das zweite

$$\begin{aligned} \operatorname{rot}\mathfrak{H} &= \frac{4\pi}{c}\mathfrak{i}, \\ \operatorname{div}\mathfrak{B} &= 0, \\ \mathfrak{B} &= \mu\mathfrak{H} \end{aligned}$$

die magnetostatischen bzw. stationären elektrokinetischen Felder. Diese stimmen natürlich mit den aus der Integraldarstellung der Fernwirkungstheorie folgenden Differentialgleichungen überein.

Auch bei der Behandlung der quasistationären Felder macht sich noch nicht die volle in den MAXWELLschen Gleichungen bestimmte Verknüpfung der Feldvektoren geltend. Denn es sind z. B. im wichtigsten Fall, dem der quasistationären Stromfelder, die Verschiebungsströme so schwach, daß die aus ihnen folgenden Wirbel der magnetischen Feldstärke praktisch Null sind. Auch hier unterscheidet sich die MAXWELLsche Theorie nicht von der Fernwirkungstheorie.

Die volle Wirksamkeit der MAXWELLschen Gleichungen tritt erst dann auf, wenn die Vorgänge so schnell veränderlich sind, daß die felderzeugende Wirkung der Verschiebungsströme nicht mehr vernachlässigt werden kann. Da es uns bei der Untersuchung derartiger Fälle auf die Vorgänge im reinen Feld ankommt, können wir von vornherein die Existenz von wahren Ladungen in den zu betrachtenden Raumteilen ausschließen. Dann haben wir die Lösungen der vier Differentialgleichungen und zwei Verknüpfungsgleichungen zu untersuchen:

$$\begin{aligned} \operatorname{rot}\mathfrak{H} &= \frac{4\pi\sigma}{c}\mathfrak{E} + \frac{1}{c}\dot{\mathfrak{D}}, \\ \operatorname{rot}\mathfrak{E} &= -\frac{1}{c}\dot{\mathfrak{B}}, \\ \operatorname{div}\mathfrak{B} &= 0, \qquad \operatorname{div}\mathfrak{D} = 0, \\ \mathfrak{B} &= \mu\mathfrak{H}, \qquad \mathfrak{D} = \varepsilon\mathfrak{E}. \end{aligned}$$

Wenn nicht anders bemerkt, wollen wir uns auf isotrope Medien beschränken, also ε und μ als Skalare betrachten.

Da dieses Gleichungssystem äußerst kompliziert ist, stellt man zu seiner Lösung zwei Hilfsgleichungen auf, deren Theorie wohlbekannt ist. Bilden wir die Rotation der beiden Seiten der ersten Hauptgleichung, so erhalten wir, indem wir aus den übrigen entsprechend einsetzen:

$$\operatorname{rot}\operatorname{rot}\mathfrak{H} = \operatorname{grad}\operatorname{div}\mathfrak{H} - \Delta\mathfrak{H} = -\frac{4\pi\sigma}{c^2}\dot{\mathfrak{B}} - \frac{\varepsilon}{c^2}\ddot{\mathfrak{B}}.$$

Wir wollen nun annehmen, daß das Medium auch homogen ist, und daß wahrer Magnetismus ebenfalls im betrachteten Raume nicht vorkommt. Dann ergibt sich:

$$\Delta\mathfrak{H} = \frac{4\pi\sigma\mu}{c^2}\frac{\partial\mathfrak{H}}{\partial t} + \frac{\varepsilon\mu}{c^2}\frac{\partial^2\mathfrak{H}}{\partial t^2}. \tag{1}$$

Dasselbe Verfahren auf die zweite Hauptgleichung angewendet, ergibt:

$$\Delta\mathfrak{E} = \frac{4\pi\sigma\mu}{c^2}\frac{\partial\mathfrak{E}}{\partial t} + \frac{\varepsilon\mu}{c^2}\frac{\partial^2\mathfrak{E}}{\partial t^2}. \tag{1a}$$

$\mathfrak{E}$ und $\mathfrak{H}$ genügen also jetzt derselben Differentialgleichung, die eine Verallgemeinerung der sog. Telegraphengleichung

$$\frac{\partial^2\mathfrak{E}}{\partial x^2} = a\frac{\partial\mathfrak{E}}{\partial t} + b\frac{\partial^2\mathfrak{E}}{\partial t^2}$$

darstellt.

Für speziellere Annahmen vereinfachen sich diese beiden Gleichungen noch mehr. Nehmen wir an, und dies stellt eine der wichtigsten Anwendungen dar, daß die Medien reine Dielektrika sind, also $\sigma = 0$, so erhalten wir

$$\Delta\mathfrak{E} = \frac{\varepsilon\mu}{c^2}\frac{\partial^2\mathfrak{E}}{\partial t^2},$$

$$\Delta\mathfrak{H} = \frac{\varepsilon\mu}{c^2}\frac{\partial^2\mathfrak{H}}{\partial t^2}.$$

$\mathfrak{E}$ und $\mathfrak{H}$ genügen also der wohlbekannten und gründlich untersuchten Wellengleichung. Nehmen wir dagegen an, daß wir es mit idealen Leitern zu tun haben, also $\sigma \to \infty$, so verschwindet das zweite Glied der rechten Seite gegen das erste, und wir sehen, daß beide Vektoren der Wärmeleitungsgleichung genügen.

Man geht daher bei der Lösung der MAXWELLschen Gleichungen so vor, daß man zunächst die den Bedingungen des Problems entsprechende Form der Feldvektoren aus diesen beiden Gleichungen bestimmt und dann erst durch die MAXWELLschen Gleichungen ihre Verknüpfung und damit die eindeutige Bestimmung des Feldes gewinnt.

Unter allen diesen Lösungen haben wir für die periodischen das größte Interesse. Denn da die Felder schnell veränderlich sein müssen, können wir in der Beobachtung den einzelnen elementaren Prozeß nicht verfolgen. Dennoch können wir ihn der Beobachtung zugänglich machen, indem wir ihn oftmals hintereinander wiederholen. Wir beschäftigen uns daher hauptsächlich mit den periodischen elektromagnetischen Wellen.

52. Erste Lösungsmethode: Ebene Wellen in nichtleitenden Medien. Bekanntlich läßt sich eine Lösung der Wellengleichung durch den Ansatz

$$\mathfrak{E} = \mathfrak{E}_1\left(t - \frac{\sqrt{\varepsilon\mu}}{c}(\alpha x + \beta y + \gamma c)\right) + \mathfrak{E}_2\left(t + \frac{\sqrt{\varepsilon\mu}}{c}(\alpha x + \beta y + \gamma c)\right)$$

finden. Betrachten wir das erste Glied der rechten Seite allein, so besagt es, daß ein Zustand, der zur Zeit $t = t_0$ an der Stelle x_0, y_0, z_0 bestanden hat, zur Zeit t_1 an der Stelle

$$x_1 = x_0 + \alpha\frac{c}{\sqrt{\varepsilon\mu}}(t_1 - t_0), \qquad y_1 = y_0 + \beta\frac{c}{\sqrt{\varepsilon\mu}}(t_1 - t_0), \qquad z_1 = z_0 + \gamma\frac{c}{\sqrt{\varepsilon\mu}}(t_1 - t_0)$$

besteht. Der Zustand des elektromagnetischen Feldes schreitet also mit der Geschwindigkeit $c/\sqrt{\varepsilon\mu}$ in der durch die Richtungskosinusse α, β, γ definierten Richtung fort. Das zweite Glied ergibt natürlich ein Fortschreiten der Phase des Feldes mit derselben Geschwindigkeit in der entgegengesetzten Richtung.

Diese Lösung erweist sich daher als geeignet zur Darstellung von ebenen Wellen. Wir machen, um auch noch die MAXWELLschen Gleichungen zu befriedigen, für den magnetischen Feldvektor den analogen Ansatz. Ohne an Allgemeinheit zu verlieren, können wir zur Vereinfachung der Rechnung annehmen, daß die Welle sich in der X-Richtung fortpflanze. Die Differentialquotienten nach y und z sind dann sämtlich Null, und die MAXWELLschen Gleichungen schreiben sich in die Komponenten aufgelöst:

$$\frac{\varepsilon}{c}\frac{\partial E_x}{\partial t} = 0, \qquad \frac{\varepsilon}{c}\frac{\partial E_y}{\partial t} = -\frac{\partial H_z}{\partial x}, \qquad \frac{\varepsilon}{c}\frac{\partial E_z}{\partial t} = \frac{\partial H_y}{\partial x},$$

$$\frac{\partial E_x}{\partial x} = 0,$$

$$\frac{\mu}{c}\frac{\partial H_x}{\partial t} = 0, \qquad \frac{\mu}{c}\frac{\partial H_z}{\partial t} = -\frac{\partial E_y}{\partial x}, \qquad \frac{\mu}{c}\frac{\partial H_y}{\partial t} = \frac{\partial E_z}{\partial x},$$

$$\frac{\partial H_x}{\partial x} = 0.$$

Wir sehen sofort ein, daß E_x und H_x zeitlich und räumlich konstant sind. Wir können sie daher Null setzen, da wir in dem betrachteten Raume von statischen Feldern absehen wollen. Es zeigt sich ferner, daß nur je zwei der Feldkomponenten voneinander abhängen, nämlich E_y und H_z einerseits und H_z und E_y andererseits. Da es sich um die gleiche Abhängigkeit handelt, brauchen wir nur das eine Gleichungspaar zu behandeln und können daher H_y und E_z gleich Null setzen, ferner für E_y und H_z:

$$E_y = f_1\left(t - \frac{x}{c}\right) + f_2\left(t + \frac{x}{c}\right),$$

$$H_z = g_1\left(t - \frac{x}{c}\right) + g_2\left(t + \frac{x}{c}\right). \tag{2}$$

Durch Einsetzen in die übrigbleibenden Differentialgleichungen erhalten wir

$$g_1' = \sqrt{\frac{\varepsilon}{\mu}}\, f_1', \qquad -g_2' = \sqrt{\frac{\varepsilon}{\mu}}\, f_2',$$

$$H_z = \sqrt{\frac{\varepsilon}{\mu}}\left[f_1\left(t - \frac{x}{c}\right) - f_2\left(t + \frac{x}{c}\right)\right]. \tag{2}$$

Dieses Feld einer ebenen elektromagnetischen Welle besitzt eine Reihe einfacher und interessanter Eigenschaften. Wir bemerken zunächst, daß die ebenen Wellen im leeren Raume, wo ε und μ gleich Eins sind, die Phasengeschwindigkeit c also Lichtgeschwindigkeit besitzen. Diese Rolle der Konstanten c als Fortpflanzungsgeschwindigkeit (nicht nur Phasengeschwindigkeit) im leeren Raum hätten wir natürlich, und zwar bereits für den allgemeinen Fall, aus der Form der Wellengleichung, die wir in der vorhergehenden Ziffer abgeleitet haben, ablesen können. Die darin liegende Analogie zwischen den elektromagnetischen und den Lichtwellen im leeren Raum wird zu einer vollständigen dadurch, daß auch das Feld der elektromagnetischen Welle ein transversales ist, da nur die Y- und Z-Komponenten der Feldvektoren in ihm auftreten. Darin sah MAXWELL die Möglichkeit, das Licht als elektromagnetische Wellenerscheinung aufzufassen. Die weiteren Konsequenzen dieser Vereinfachung des Gebäudes der theoretischen Physik, die den ersten Erfolg der MAXWELLschen Theorie darstellt, werden wir in Ziff. 78 besprechen. Hier sei nur darauf hingewiesen, daß sie uns ermöglicht, den leeren Raum als Medium für die Ausbreitung des elektromagnetischen Feldes mit dem Lichtäther zu identifizieren, ohne daß wir wegen dieser Terminologie natürlich den bisher eingenommenen vorsichtigen Standpunkt MAXWELLS über die physikalische Natur dieses Mediums aufzugeben brauchen.

Wir wollen nun noch die Energieverhältnisse, die in einer ebenen elektromagnetischen Welle herrschen, untersuchen. Dazu wollen wir aber unsere Lösung noch weiter spezialisieren. Denn diese besteht aus einer Superposition von in der positiven und der negativen X-Richtung fortschreitenden ebenen Wellen und stellt daher im allgemeinen ein Gemisch aus stehenden und fortschreitenden Wellen dar. Um eine lediglich in einer Richtung fortschreitende Welle zu erhalten, setzen wir f_2 gleich Null. Die Energiedichte einer solchen Welle ist dann:

$$E = \frac{1}{8\pi}(\varepsilon \mathfrak{E}^2 + \mu \mathfrak{H}^2).$$

Nun ist aber nach der obigen Lösung

$$\mathfrak{E}^2 = \frac{\mu}{\varepsilon}\mathfrak{H}^2;$$

die Energie einer ebenen elektromagnetischen Welle ist also in nichtleitenden Medien zu gleichen Teilen elektrischer und magnetischer Natur. Um den in ihr stattfindenden Energietransport zu bestimmen, müssen wir den POYNTINGschen Vektor aufstellen:

$$\mathfrak{S} = \frac{c}{4\pi}[\mathfrak{E}\mathfrak{H}].$$

Da $\mathfrak{E}$ und $\mathfrak{H}$ aufeinander normal stehen, wie unmittelbar aus der Unabhängigkeit der oben abgeleiteten beiden Gleichungspaare hervorgeht, die je eine Y-Komponente des einen Feldvektors mit der Z-Komponente des anderen auf dieselbe Weise, und zwar durch eine einfache Proportionalität verknüpft, ist der Betrag von $\mathfrak{S}$

$$|\mathfrak{S}| = \frac{c}{4\pi}|\mathfrak{E}|\cdot|\mathfrak{H}| = \frac{1}{8\pi}\frac{c}{\sqrt{\varepsilon\mu}}(\varepsilon\mathfrak{E}^2 + \mu\mathfrak{H}^2)$$
$$= \frac{c}{\sqrt{\varepsilon\mu}}E.$$

Wir können daher sagen, daß sich die gesamte Energie der ebenen Welle mit der Geschwindigkeit $c/\sqrt{\varepsilon\mu}$ bewegt, und zwar in der Richtung der Fortpflanzung der Welle, da $\mathfrak{S}$ ja wegen der Transversalität des Feldes diese Richtung besitzt. In diesen einfachen und einleuchtenden Energieverhältnissen können wir eine Stütze unseres Energieansatzes erblicken.

53. Einführung komplexer Größen. Ebene Wellen in leitenden Medien. Gehen wir zur Betrachtung ebener Wellen in leitenden Medien über, so genügen die Feldvektoren nun nicht mehr der Wellengleichung, sondern der Telegraphengleichung:

$$\Delta\mathfrak{E} = \frac{4\pi\sigma\mu}{c^2}\frac{\partial\mathfrak{E}}{\partial t} + \frac{\varepsilon\mu}{c^2}\frac{\partial^2\mathfrak{E}}{\partial t^2}.$$

Wir können für diese denselben Lösungsansatz machen, den wir in voriger Ziffer für die Wellengleichung gemacht haben, wenn wir komplexe Konstanten und damit natürlich auch komplexe Vektoren zulassen. Wir können dies, ohne daß diese Lösungen physikalisch sinnlos werden. Denn unsere Gleichungen sind linear. Daher ist eine Summe zweier Lösungen wiederum eine Lösung, ebenso wie das Produkt einer Lösung mit einer Konstanten. Nehmen wir daher zwei reelle

Lösungen und addieren wir sie, nachdem wir die eine mit der imaginären Einheit i multipliziert haben, so erhalten wir eine komplexe Lösung. Ebenso stellen aber der reelle und der durch i dividierte imaginäre Teil einer komplexen Lösung reelle und daher physikalisch sinnvolle Lösungen dar.

Wir können daher, indem wir wieder die Fortschreitungsrichtung parallel zur X-Achse wählen, den Ansatz

$$\mathfrak{E} = \mathfrak{E}_1(x, y, z)\, e^{i\nu\left(t - \frac{p x}{c}\right)} + \mathfrak{E}_2(x, y, z)\, e^{i\nu\left(t + \frac{p x}{c}\right)}$$

machen, wobei ν eine reelle, p eine komplexe Zahl bedeuten soll:

$$p = n - i\varkappa\,. \tag{3}$$

Durch Einsetzen in die Telegraphengleichung erhalten wir

$$p^2 = \varepsilon\mu - i\,\frac{4\pi\sigma\mu}{\nu} \tag{3a}$$

und daher nach der Definition von p

$$n^2 = \frac{\mu}{2}\left[\sqrt{\varepsilon^2 + 4\sigma^2\frac{4\pi^2}{\nu^2}} + \varepsilon\right], \tag{3a}$$

$$\varkappa^2 = \frac{\mu}{2}\left[\sqrt{\varepsilon^2 + 4\sigma^2\frac{4\pi^2}{\nu^2}} - \varepsilon\right].$$

Dieser Ansatz ist also möglich, falls die Verknüpfung der Feldvektoren in dieser Form durch die MAXWELLschen Gleichungen gelingt. Diese ergeben wiederum in Komponenten zerlegt, das Verschwinden sämtlicher Ableitungen der X-Komponenten von $\mathfrak{E}$ und $\mathfrak{H}$, so daß wir diese wiederum gleich Null setzen können. Es verbleiben daher nur die vier Gleichungen

$$\frac{\varepsilon}{c}\frac{\partial E_y}{\partial t} + \frac{4\pi\sigma}{c}E_y = -\frac{\partial H_z}{\partial x}, \qquad \frac{\varepsilon}{c}\frac{\partial E_z}{\partial t} + \frac{4\pi\sigma}{c}E_z = +\frac{\partial H_y}{\partial x},$$

$$\frac{\partial E_y}{\partial x} = -\frac{\mu}{c}\frac{\partial H_z}{\partial t}, \qquad \frac{\partial E_z}{\partial x} = +\frac{\mu}{c}\frac{\partial H_y}{\partial t},$$

die wiederum in zwei Gleichungspaare zerfallen durch die E_y und H_z bzw. E_z und H_y miteinander verknüpft werden. Wir setzen daher wiederum E_z und H_y gleich Null. Da aber ein Einsetzen von E_y und H_z in der bisher verwendeten allgemeinen Form auf sehr komplizierte Differentialgleichungen führen würde, beschränken wir uns auf den Ansatz periodischer Felder:

$$E_y = a\,e^{i\nu\left(t - \frac{p x}{c}\right)}, \qquad H_z = b\,e^{i\nu\left(t - \frac{p x}{c}\right)}. \tag{2a}$$

Es ergibt sich

$$b = a\,\frac{p}{\mu} = a\,\frac{n - i\varkappa}{\mu}\,.$$

Wir müssen noch die physikalische Bedeutung von n, ν und $\varkappa$ feststellen. Es ist

$$E_y = a\,e^{-\frac{\varkappa\nu x}{c}}\,e^{i\nu\left(t - \frac{n x}{c}\right)}, \qquad H_z = b\,e^{-\frac{\varkappa\nu x}{c}}\,e^{i\nu\left(t - \frac{n x}{c}\right)}.$$

Daher ist ν die Frequenz der Welle, c/n die Phasengeschwindigkeit. Da

$$\nu = \frac{2\pi}{\lambda}\,c$$

ist, wobei λ die Wellenlänge einer Welle der Frequenz ν im leeren Raum bedeutet, gibt der Extinktionskoeffizient $\varkappa$ an, daß die „Amplitude" der Welle bei einem Fortschreiten der Welle um eine Wellenlänge (im leeren Raum) auf den $e^{-2\pi\varkappa}$ten Teil herabsinkt. $\varkappa$ definiert daher die Absorption der Welle.

Wir können die Faktoren a und b wie jede komplexe Zahl in der Form

$$a = |a| e^{i\alpha}, \qquad b = |b| e^{i\beta}$$

schreiben. $|a|$ bzw. $|b|$ ist die Amplitude der Welle für $x = 0$, α bzw. β ihr Phasenwinkel. Daher hängen Amplitude und Phasenwinkel der elektrischen und der dazugehörigen magnetischen Welle in unserem Falle durch die oben abgeleitete Gleichung zwischen a und b zusammen aus der

$$\left.\begin{aligned} \frac{|b|}{|a|} &= \frac{\sqrt{n^2+\varkappa^2}}{\mu} = \frac{1}{\sqrt{\mu}}\sqrt[4]{\varepsilon^2 + 4\sigma^2\frac{4\pi^2}{\nu^2}}\,, \\ \alpha - \beta &= \varphi = \operatorname{arctg}\frac{\varkappa}{n}\,. \end{aligned}\right\} \tag{2a}$$

Die magnetische Welle bleibt also in leitenden Medien um den Phasenwinkel φ gegen die elektrische zurück. (Für $\sigma = \varkappa = 0$ gehen die Gleichungen natürlich in die für nichtleitende Medien gültigen über.)

Durch diesen komplizierteren Bau der ebenen elektromagnetischen Wellen in leitenden Medien sind auch die Energieverhältnisse keine so einfachen mehr wie in dem vorhin besprochenen Fall derartiger Wellen in Dielektrizis. Bei der Bildung des Ausdruckes für die mittlere Energie dürfen wir allerdings nicht mehr von den komplexen Vektoren ausgehen, da wir ja nunmehr Quadrate zu bilden haben und bei dieser nicht mehr linearen Operation die beiden voneinander physikalisch unabhängigen Lösungen, die durch den reellen und den imaginären Teil der komplexen Lösung gebildet werden, durcheinandergeworfen werden. Doch sieht man auf den ersten Blick, daß durch das Eintreten von σ in das Amplitudenverhältnis die Gleichheit des Anteils der elektrischen und der magnetischen Energie an der Gesamtenergie des Feldes gestört wird.

Man sieht auch ohne Rechnung ein, daß durch das Auftreten der Absorption der POYNTINGsche Vektor nicht mehr gleich der mit der Phasengeschwindigkeit multiplizierten Energiedichte sein kann, da ein Teil der Energie ja durch Absorption der Fortpflanzung entzogen wird. Dagegen hat der POYNTINGsche Vektor bei der Behandlung dieser Probleme eine andere wichtige Eigenschaft: Bildet man nämlich das Integral (diesmal ist die Normale nach innen zu wählen) über seine Normalkomponente über eine geschlossene Fläche, so stellt der Mittelwert dieses Integrals die in dem von der betrachteten Fläche eingeschlossenen Raum im Mittel entwickelte JOULEsche Wärme dar. Denn der Fluß des POYNTINGschen Vektors in eine geschlossene Fläche ist nach dem in Ziff. 49 besprochenen Energieprinzip gleich der Summe aus der zeitlichen Änderung der Feldenergie und der dissipierten Energie, die in unserem Falle aus JOULEscher Wärme allein besteht. Nun ist aber wegen der Periodizität des Feldes die mittlere Energie eines beliebigen Raumteiles konstant. Woraus unmittelbar der behauptete Satz folgt.

Bei der Untersuchung dieser schnell veränderlichen Vorgänge kommt es immer nur auf die Bestimmung der Mittelwerte der Energiegrößen an, da nur diese eine praktische Bedeutung besitzen. Dabei ist der Mittelwert definiert als Mittelwert über die Dauer einer Periode. Nun ist aber der Mittelwert des reellen Teiles einer sinusperiodischen komplexen Größe gleich ihrem halben Absolutwert. (Dasselbe gilt natürlich auch für den Absolutwert des imaginären Teiles.) Dieser aber ist wiederum gleich dem Produkt aus der komplexen Größe mit der zu ihr konjugierten. Bezeichnen wir die zu $\mathfrak{H}$ konjugierte Größe mit $\mathfrak{H}^*$, so können wir also eine komplexe Erweiterung des POYNTINGschen Vektors durch

$$\mathfrak{U} = \frac{c}{8\pi}\,[\mathfrak{E}\,\mathfrak{H}^*]$$

definieren, wobei wie gewöhnlich das Überstreichen bedeutet, daß es sich um Mittelwerte handelt.

Aber auch der imaginäre Teil dieses von F. EMDE definierten Vektors besitzt physikalische Bedeutung. Betrachten wir wieder das den Fluß dieses Vektors in den von der Fläche F umschlossenen Raum darstellende Integral

$$\iint \mathfrak{U}_n\, dF = -\iiint \operatorname{div} \mathfrak{U}\, dF$$
$$= \frac{c}{8\pi}\iiint \{\mathfrak{E} \operatorname{rot} \mathfrak{H}^* - \mathfrak{H}^* \operatorname{rot} \mathfrak{E}\}\, dv\,.$$

Um die Rotationen wegzuschaffen, wollen wir für rot $\mathfrak{H}^*$ und rot $\mathfrak{E}$ aus den MAXWELLschen Gleichungen einsetzen. Diese lauten für unsere periodischen Funktionen:

$$\operatorname{rot} \mathfrak{H} = \left(\frac{4\pi\sigma}{c} + \frac{i\nu\varepsilon}{c}\right)\mathfrak{E},$$
$$\operatorname{rot} \mathfrak{E} = -\frac{i\nu\mu}{c}\mathfrak{H}\,.$$

Da aber die eine Rotation an den konjugierten Vektor angreift, müssen wir für diesen aus der konjugierten ersten Hauptgleichung

$$\operatorname{rot} \mathfrak{H}^* = \left(\frac{4\pi\sigma}{c} - \frac{i\nu\varepsilon}{c}\right)\mathfrak{E}^*$$

einsetzen. Wir erhalten so:

$$\iint \mathfrak{U}_n\, dF = \frac{c}{8\pi}\iiint \left\{\left[\frac{4\pi\sigma - i\nu\varepsilon}{c}\,\mathfrak{E}\mathfrak{E}^* + \frac{i\nu\mu}{c}\,\mathfrak{H}\mathfrak{H}^*\right] dv\right.$$
$$= \iiint \left[\frac{1}{2}\,\sigma\,|\mathfrak{E}^2| + i\nu\left(\frac{\mu}{8\pi}|\mathfrak{H}^2| - \frac{\varepsilon}{8\pi}|\mathfrak{E}^2|\right)\right]\Big\}\, dv\,.$$

Der reelle Teil des Integrals gibt uns also wie erwartet die in dem Raum entwickelte mittlere JOULEsche Wärme, der imaginäre Teil ist dem doppelten Produkt aus der Frequenz in die Differenz zwischen magnetischer und elektrischer Feldenergie gleich.

54. Zweite Lösungsmethode. Kugelwellen. HERTZscher Oszillator. Eine weitere wichtige Gruppe von Lösungen erhalten wir durch Anwendung der von EULER gefundenen Lösung der Wellengleichung:

$$u = \frac{1}{r}\left\{f_1\left(t - \frac{r}{c}\right) + f_2\left(t + \frac{r}{c}\right)\right\}.$$

Das erste Glied der rechten Seite besagt, daß ein Zustand, der sich zur Zeit t_0 an den Stellen r_0 findet, zur Zeit t_1 an den Stellen $r_0 + c\,(t_1 - t_0)$ angetroffen wird. Es handelt sich also um Wellen, die sich von einem Punkte aus kugelförmig ausbreiten. Die zweite Lösung beinhaltet den entgegengesetzten Vorgang, also Wellen, die sich konzentrisch auf einen Punkt zusammenziehen. Nach unserer Erfahrung kommen nur Wellen der ersten Art in Wirklichkeit vor, solche zweiter Art könnten höchstens bei ganz bestimmter Anordnung von Reflektoren auftreten. Alle Wellenvorgänge, die beobachtet wurden, bewirken eine Dissipation der Energie. Wir können uns daher bei unseren Lösungen auf das erste Glied beschränken.

Wir haben nun nachzusehen, ob wir durch einen derartigen Ansatz die MAXWELLschen Gleichungen befriedigen können. Dem Problem (Kugelwellen) entsprechend führen wir Polarkoordinaten r, ϑ, φ ein:

$$\begin{aligned}
\frac{1}{c}\frac{\partial E_r}{\partial t} &= \frac{1}{r^2 \sin\vartheta}\left\{\frac{\partial}{\partial\vartheta} r \sin\vartheta\, H_\varphi - \frac{\partial}{\partial\varphi} r H_\vartheta\right\},\\
\frac{1}{c}\frac{\partial E_\vartheta}{\partial t} &= \frac{1}{r\sin\vartheta}\left\{\frac{\partial H_r}{\partial\varphi} - \frac{\partial}{\partial r} r\sin\vartheta\, H_\varphi\right\},\\
\frac{1}{c}\frac{\partial E_\varphi}{\partial t} &= \frac{1}{r}\left\{\frac{\partial}{\partial r} r H_\vartheta - \frac{\partial H_r}{\partial\vartheta}\right\},\\
-\frac{1}{c}\frac{\partial H_r}{\partial t} &= \frac{1}{r^2 \sin\vartheta}\left\{\frac{\partial}{\partial\vartheta} r \sin\vartheta\, E_\varphi - \frac{\partial}{\partial\varphi} r E_\vartheta\right\},\\
-\frac{1}{c}\frac{\partial H_\vartheta}{\partial t} &= \frac{1}{r\sin\vartheta}\left\{\frac{\partial E_r}{\partial\varphi} - \frac{\partial}{\partial r} r\sin\vartheta\, E_\varphi\right\},\\
-\frac{1}{c}\frac{\partial H_\varphi}{\partial t} &= \frac{1}{r}\left\{\frac{\partial}{\partial r} r E_\vartheta - \frac{\partial E_r}{\partial\vartheta}\right\},
\end{aligned}$$

wobei wir uns auf den leeren Raum beschränkt haben. Wir sehen zunächst, daß wir, um eine möglichst einfache Lösung zu finden, $H_\vartheta = H_r = E_\varphi = 0$ setzen können. Dann ist auch $(\operatorname{div}\mathfrak{H} = 0)$

$$\frac{\partial E_\vartheta}{\partial\varphi} = \frac{\partial E_r}{\partial\varphi} = \frac{\partial H_\varphi}{\partial\varphi} = 0$$

und das Feld daher axialsymmetrisch. Die übrigbleibenden Gleichungen schreiben sich:

$$\begin{aligned}
\frac{1}{c}\frac{\partial E_r}{\partial t} &= \frac{1}{r^2\sin\vartheta}\frac{\partial}{\partial\vartheta} r\sin\vartheta\, H_\varphi,\\
\frac{1}{c}\frac{\partial E_\vartheta}{\partial t} &= -\frac{1}{r\sin\vartheta}\frac{\partial}{\partial r} r\sin\vartheta\, H_\varphi,\\
\frac{1}{r}\left\{\frac{\partial}{\partial r} r E_\vartheta - \frac{\partial E_r}{\partial\vartheta}\right\} &= -\frac{1}{c}\frac{1}{r\sin\vartheta}\frac{\partial}{\partial t} r\sin\vartheta\, H_\varphi.
\end{aligned}$$

Wir sehen auf den ersten Blick, daß der einfache EULERsche Ansatz nicht ausreicht, indem wir etwa eine Lösung, die nur von r und t abhängt, suchen. Da aber eine kugelsymmetrische Lösung bis jetzt noch keine physikalische Bedeutung erhalten hat, suchen wir gleich eine einfache axialsymmetrische. Von der EULERschen Lösung wollen wir beibehalten, daß die Zeitkoordinate nur in der Verbindung $t - r/c$ vorkommen soll. Durch Elimination von E_r und E_ϑ erhalten wir

$$\begin{aligned}
\frac{1}{c^2}\frac{\partial^2}{\partial t^2} r\sin\vartheta\, H_\varphi &= \frac{\partial^2}{\partial r^2} r\sin\vartheta\, H_\varphi + \frac{1}{r^2}\left\{\frac{\partial^2}{\partial\vartheta^2} r\sin\vartheta\, H_\varphi - \frac{\cos\vartheta}{\sin\vartheta}\frac{\partial}{\partial\vartheta} r\sin\vartheta\, H_\varphi\right\}\\
&= \frac{\partial^2}{\partial r^2} r\sin\vartheta\, H_\varphi + \frac{\sin^2\vartheta}{r^2}\frac{\partial^2}{\partial\cos\vartheta^2} r\sin\vartheta\, H_\varphi.
\end{aligned}$$

Die einfachste Abhängigkeit von ϑ erhalten wir, indem wir

$$H_\varphi = \sin\vartheta\,\frac{1}{r}\cdot\psi\left(t - \frac{r}{c}, r\right)$$

setzen. Dann wird

$$\frac{1}{c^2}\frac{\partial^2\psi}{\partial t^2} = \frac{\partial^2\psi}{\partial r^2} - \frac{2\psi}{r^2},$$

$$\psi = -r\frac{d}{dr}\frac{f(t - r/c)}{r}.$$

Da wir, um die Komponenten der elektrischen Feldstärke zu erhalten, integrieren müssen, setzen wir

$$\frac{dF(t - r/c)}{d(t - r/c)} = f\left(t - \frac{r}{c}\right).$$

Dann ergibt sich leicht:

$$\left.\begin{aligned} H_\varphi &= \frac{\sin\vartheta}{r}\left\{\frac{1}{c}F''\left(t-\frac{r}{c}\right)+\frac{1}{r}F'\left(t-\frac{r}{c}\right)\right\},\\ E_r &= \frac{2\cos\vartheta}{r^2}\left\{F'\left(t-\frac{r}{c}\right)+\frac{c}{r}F\left(t-\frac{r}{c}\right)\right\},\\ E_\vartheta &= \frac{\sin\vartheta}{r}\left\{\frac{1}{c}F''\left(t-\frac{r}{c}\right)+\frac{1}{r}F'\left(t-\frac{r}{c}\right)+\frac{c}{r^2}F\left(t-\frac{r}{c}\right)\right\},\end{aligned}\right\} \tag{4}$$

wobei bereits darauf Rücksicht genommen ist, daß $\operatorname{div}\mathfrak{E} = 0$.

Die Lösung besitzt an der Stelle $r = 0$ eine Singularität. Wir können ihre Ladung feststellen, indem wir das Integral

$$\int_0^\pi\int_0^{2\pi} E_r r^2 \sin\vartheta\, d\vartheta\, d\varphi = 0$$

bilden. Da dieses gleich Null ist, ist die Singularität im ganzen ladungsfrei, besteht also aus gleichgroßen positiven und negativen Ladungen. Um ihre Struktur näher zu untersuchen, betrachten wir das Feld in der nächsten Umgebung der Singularität. Da also r sehr klein ist, brauchen wir nur die höchsten Potenzen von $1/r$ zu behalten:

$$H_\varphi = \frac{F'(t-r/c)}{r^2}\sin\vartheta,$$

$$E_r = 2c\,\frac{F(t-r/c)}{r^3}\cos\vartheta,$$

$$E_\vartheta = c\,\frac{F(t-r/c)}{r^3}\sin\vartheta.$$

Vernachlässigen wir auch r/c gegen t, so sehen wir, daß das Feld in jedem Moment das statische elektrische Feld eines Dipols vom Moment $F(t)$ darstellt. Das magnetische Feld ist das von einem stationären Strom der Stärke $F'(t)$ erzeugte, wenn dieser Strom nur in einem unendlich kleinen Leiterstück der Richtung der Dipolachse gedacht wird. Das ganze Feld in der unmittelbaren Nähe der Singularität ist also das quasistationäre elektromagnetische Feld eines sich nach dem angenommenen Gesetz $F(t)$ ändernden Dipols. Geben wir die gemachten Vernachlässigungen auf, so bedeutet dies zweierlei. Erstens wir berücksichtigen in $F(t - r/c)$ auch r/c, d. h. wir berücksichtigen die Zeit, die eine Änderung der Felderregung braucht, um sich an den entfernteren Stellen des Feldes bemerkbar zu machen. Zweitens berücksichtigen wir auch die anderen Terme der Lösung, die offenbar durch den Verschiebungsstrom und die ihm entsprechende zeitliche Änderung der magnetischen Induktion im leeren Raum hervorgerufen werden. In großer Entfernung vom Dipol sind diese Terme die einzigen praktisch wirksamen, hier wird das Feld durch

$$E_r = 0,$$

$$E_\vartheta = \frac{1}{c}\,\frac{F''(t-r/c)}{r}\sin\vartheta,$$

$$H_\varphi = \frac{1}{c}\,\frac{F''(t-r/c)}{r}\sin\vartheta$$

ausgedrückt. Dieses Feld besitzt einen wesentlich verschiedenen Charakter. Von dem stationären unterscheidet es sich schon dadurch, daß E_r, da es im Unendlichen von höherer Ordnung verschwindet als die anderen Feldkomponenten, gleich Null gesetzt werden kann. Dadurch erhält unser Feld den Charakter des Feldes ebener elektromagnetischer Wellen. Denn es ist wie dieses transversal, da die Wellen sich ja in radialer Richtung fortpflanzen. Auch steht die magnetische Feldstärke auf der elektrischen normal, und beide schwingen in derselben Phase.

Auch die Energieverhältnisse sind ganz analoge, denn die magnetische und elektrische Energiedichte sind einander gleich. Der POYNTINGsche Vektor liegt nicht nur wieder in der Fortpflanzungsrichtung der Welle, auch sein Betrag ist wiederum:

$$|\mathfrak{S}| = \frac{c}{4\pi} H_\varphi E_\vartheta = \frac{c}{8\pi}\{E_\vartheta^2 + H_\varphi^2\}.$$

Die Energie strömt also mit Phasengeschwindigkeit. Von Interesse ist die gesamte pro Zeiteinheit ins Unendliche ausgestrahlte Energie, die, da sie natürlich aus der Arbeit des schwingenden Dipols stammen muß, auf die in ihm herrschende Elektrizitätsbewegung einen zu dem übrigen Widerstand hinzutretenden Strahlungswiderstand bedeutet. Sie beträgt

$$W = \int_0^\pi\int_0^{2\pi} \mathfrak{S}_r r^2 \sin\vartheta\, d\vartheta\, d\varphi = \frac{1}{2c}\int_0^\pi F''^2\left(t-\frac{r}{c}\right)\sin^3\vartheta\, d\vartheta = \frac{2}{3c}F''^2\left(t-\frac{r}{c}\right).$$

Für den Fall sinusperiodischer Stromschwingungen, also pro Längeneinheit des Erregers

$$F' = a\sin\nu\left(t-\frac{r}{c}\right),$$

wird dies im Mittel

$$\overline{W} = \frac{\nu^2 a^2}{3c}.$$

Ein derartiges, und zwar das sinusperiodische Feld wurde zuerst von HERTZ untersucht[1]), der darin das Feld des von ihm verwendeten Oszillators sah. Den Fall gedämpfter Schwingungen behandeln PEARSON und LEE, indem sie $F(t - r/c) = Ae^{-\varkappa(t-r/c)}\sin p(t - r/c)$ setzen[2]). Ferner wurde die Lösung zur Darstellung des Feldes einer Antenne verwendet[3]).

55. Zusammenziehung der MAXWELLschen Gleichung in eine komplexe Verallgemeinerung der HERTZschen Lösung. Addieren wir zur ersten Hauptgleichung für den leeren Raum die mit $\pm i$ multiplizierte zweite, so erhalten wir:

$$\operatorname{rot}(\mathfrak{H} \pm i\mathfrak{E}) = \frac{1}{c}\frac{\partial}{\partial t}(\mathfrak{E} \mp i\mathfrak{H}) = \mp\frac{i}{c}\frac{\partial}{\partial t}(\mathfrak{H} \pm i\mathfrak{E}).$$

Setzen wir also mit BATEMAN[4]) $\mathfrak{M} = \mathfrak{H} \pm i\mathfrak{E}$ und berücksichtigen wir, daß im leeren Raum keine Ladungen auftreten können, so schreiben sich die MAXWELLschen Gleichungen in der einfachen Form:

$$\operatorname{rot}\mathfrak{M} = \mp\frac{i}{c}\frac{\partial\mathfrak{M}}{\partial t}, \qquad (5)$$
$$\operatorname{div}\mathfrak{M} = 0.$$

Ihr Vorteil besteht darin, daß wir es nur mehr mit der Bestimmung eines einzigen Vektors zu tun haben. Auch können wir von ihr in zweierlei Weise zu Gleichungen zwischen $\mathfrak{E}$ und $\mathfrak{H}$ zurückkehren, nämlich erstens, indem wir die reellen bzw. die imaginären Teile ihrer beiden Seiten einander gleichsetzen, aber auch, indem wir die mit zweifachen Vorzeichen versehenen Teile der beiden Seiten gleichsetzen.

Aus ihr hat BATEMAN in eleganter Weise eine von RIGHI gegebene Verallgemeinerung der HERTZschen Lösung abgeleitet.

[1]) H. HERTZ, Wied. Ann. Bd. 36, S. 1. 1889.
[2]) K. PEARSON u. A. LEE, Phil. Trans. Bd. 192, S. 159. 1900.
[3]) Vgl. auch M. ABRAHAM, Enzyklop. d. math. Wiss. Bd. V/18.
[4]) H. BATEMAN, Electrical and optical wave motion. S. 4. Cambridge 1915; L. SILBERSTEIN setzt $\mathfrak{M} = \mathfrak{H} - i\mathfrak{E}$. Ann. d. Phys. Bd. 22, S. 579. 1904; Bd. 24, S. 783. 1907.

Aus der zweiten Gleichung sehen wir, daß wir

$$\mathfrak{M} = \pm i \operatorname{rot} \mathfrak{L}$$

setzen können. Aus der ersten Differentialgleichung für $\mathfrak{M}$ folgt dann

$$\operatorname{rot}(\pm i \operatorname{rot} \mathfrak{L}) = \frac{1}{c}\frac{\partial}{\partial t}(\operatorname{rot} \mathfrak{L}),$$

$$\pm i \operatorname{rot} \mathfrak{L} = \frac{1}{c}\frac{\partial \mathfrak{L}}{\partial t} + \operatorname{grad} L. \tag{a}$$

Setzen wir die linke Seite in die linke Seite der ersten Differentialgleichung für $\mathfrak{M}$, die rechte in die rechte ein, so erhalten wir

$$-\operatorname{rot}\operatorname{rot} \mathfrak{L} = \frac{1}{c^2}\frac{\partial^2 \mathfrak{L}}{\partial t^2} + \frac{1}{c}\frac{\partial}{\partial t}\operatorname{grad} L = \Delta \mathfrak{L} - \operatorname{grad}\operatorname{div} \mathfrak{L},$$

daher

$$\Delta \mathfrak{L} - \frac{1}{c^2}\frac{\partial^2 \mathfrak{L}}{\partial t^2} = 0, \tag{b}$$

$$\operatorname{div} \mathfrak{L} + \frac{1}{c}\frac{\partial L}{\partial t} = 0. \tag{c}$$

Aus der zweiten der eben aufgestellten Gleichungen folgt, daß auch L der Wellengleichung genügt. Zur Lösung des Gleichungssystems a, b, c wählen wir zunächst einen der Wellengleichung genügenden Vektor $\mathfrak{G}$ und setzen L gleich seiner negativen Divergenz. Dann folgt, daß zunächst $\mathfrak{L} = \frac{1}{c}\frac{\partial \mathfrak{G}}{\partial t} + \operatorname{rot}\mathfrak{A}$ zu setzen ist, wobei der Vektor $\mathfrak{A}$ noch unbestimmt ist. Berücksichtigen wir, daß $\mathfrak{G}$ der Wellengleichung genügt, so folgt aus a $\mathfrak{A} = \pm\, \mathfrak{G}$. Aus a sehen wir auch, daß wir $\mathfrak{L}$ noch um einen Gradienten eines skalaren Wellenpotentials K vermehren können, wenn wir L entsprechend vermehren. Wir haben also erhalten:

$$L = -\operatorname{div}\mathfrak{G} - \frac{1}{c}\frac{\partial K}{\partial t}$$

$$\mathfrak{L} = \frac{1}{c}\frac{\partial \mathfrak{G}}{\partial t} \pm i \operatorname{rot}\mathfrak{G} + \operatorname{grad} K.$$

Da die Potentialfunktion K bei der Bildung des Feldvektors $\mathfrak{M}$ aus dem Resultat verschwindet, brauchen wir sie nicht weiter zu berücksichtigen. Der Vektor $\mathfrak{G}$ ist natürlich komplex und enthält wieder das doppelte Zeichen:

$$\mathfrak{G} = \mathfrak{G}_1 \mp i\,\mathfrak{G}_2.$$

Hieraus leitet sich das folgende Feld ab, wenn wir die Gleichung, die $\mathfrak{L}$ mit $\mathfrak{M}$ verknüpft, nach einer eingangs erwähnten Methode spalten, nachdem wir für $\mathfrak{L}$ eingesetzt haben:

$$\left.\begin{aligned}\mathfrak{E} &= \frac{1}{c}\operatorname{rot}\frac{\partial}{\partial t}\mathfrak{G}_1 + \operatorname{grad}\operatorname{div}\mathfrak{G}_2 - \frac{1}{c^2}\frac{\partial^2}{\partial t^2}\mathfrak{G}_2,\\ \mathfrak{H} &= \frac{1}{c^2}\frac{\partial^2}{\partial t^2}\mathfrak{G}_1 - \operatorname{grad}\operatorname{div}\mathfrak{G}_1 + \frac{1}{c}\operatorname{rot}\frac{\partial}{\partial t}\mathfrak{G}_2.\end{aligned}\right\} \tag{6}$$

Das Feld zerfällt in zwei voneinander unabhängige Teile, die sich von $\mathfrak{G}_1$ bzw. $\mathfrak{G}_2$ ableiten.

Um die physikalische Bedeutung dieses zunächst formalen Resultates, daß das Feld einer elektromagnetischen Welle im allgemeinen in zwei voneinander unabhängige Teile zerfällt, zu finden, betrachten wir zuerst das Feld, das sich aus $\mathfrak{G}_2$ ergibt. Wir erhalten also aus einer beliebigen reellen Lösung der Wellengleichung $\mathfrak{G}_2$ ein elektromagnetisches Feld, indem wir

$$\mathfrak{E} = \operatorname{grad}\operatorname{div}\mathfrak{G}_2 - \frac{1}{c^2}\frac{\partial^2}{\partial t^2}\mathfrak{G}_2,$$

$$\mathfrak{H} = \frac{1}{c}\operatorname{rot}\frac{\partial}{\partial t}\mathfrak{G}_2$$

setzen. Wählen wir für $\mathfrak{G}_2$ die EULERsche Lösung

$$\mathfrak{G}_2 = \frac{\mathfrak{p}(t - r/c)}{r},$$

so wird

$$\mathfrak{E} = \operatorname{grad}\operatorname{div}\frac{\mathfrak{p}(t - r/c)}{r},$$

$$\mathfrak{H} = \frac{1}{c}\operatorname{rot}\frac{\mathfrak{p}'(t - r/c)}{r}.$$

Da der Ausdruck für das magnetische Feld der einfachere ist, wollen wir zunächst dieses untersuchen. Es ist

$$\operatorname{rot}\frac{\mathfrak{p}'(t - r/c)}{r} = \frac{1}{r}\operatorname{rot}\mathfrak{p}'\left(t - \frac{r}{c}\right) + \left[\operatorname{grad}\frac{1}{r}, \mathfrak{p}'\left(t - \frac{r}{c}\right)\right],$$

und da z. B.

$$\frac{\partial}{\partial x}\mathfrak{p}'\left(t - \frac{r}{c}\right) = -\frac{1}{c}\mathfrak{p}''\left(t - \frac{r}{c}\right)\frac{x}{r},$$

wird

$$\mathfrak{H} = \frac{1}{c r^3}\left[\mathfrak{p}'\left(t - \frac{r}{c}\right), \mathfrak{r}\right] + \frac{1}{c^2 r^2}\left[\mathfrak{p}''\left(t - \frac{r}{c}\right), \mathfrak{r}\right].$$

Legen wir $\mathfrak{p}$ in die X-Achse und führen wir Polarkoordinaten ein, so wird:

$$H_r = H_\vartheta = 0,$$

$$H_\varphi = \frac{\sin\vartheta}{c r}\left\{\frac{1}{c}p''\left(t - \frac{r}{c}\right) + \frac{1}{r}p'\left(t - \frac{r}{c}\right)\right\}.$$

Dies ist aber das magnetische Feld eines HERTZschen Oszillators [Gleichung (4) Ziff. 54] mit

$$F\left(t - \frac{r}{c}\right) = \frac{1}{c}p\left(t - \frac{r}{c}\right).$$

Das von $\mathfrak{G}_2$ abgeleitete elektromagnetische Feld stellt also eine Verallgemeinerung des Feldes des HERTZschen Oszillators dar. Wir nennen daher den Vektor $\mathfrak{G}_2$ mit ABRAHAM den HERTZschen Vektor. Dieser Teil des elektromagnetischen Feldes läßt sich als durch eine entsprechende Verteilung von veränderlichen elektrischen Dipolen erzeugt ansehen.

Gehen wir zur Untersuchung des von $\mathfrak{G}_1$ erzeugten Feldes über. Wir erhalten es aus dem eben Besprochenen dadurch, daß nunmehr die Formeln, die früher die elektrische Feldstärke dargestellt haben, mit dem entgegengesetzten Vorzeichen versehen, die magnetische Feldstärke bedeuten, während die frühere magnetische Kraft jetzt ungeändert die elektrische zu bedeuten hat. Dieser Wechsel des Vorzeichens erklärt sich notwendigerweise daraus, daß auch jetzt der POYNTINGsche Vektor wiederum nach außen gerichtet sein muß. Es ist unmittelbar einzusehen, daß das dem HERTZschen Oszillator entsprechende, also wiederum aus einer EULERschen Lösung der Wellengleichung abgeleitete Feld in der unmittelbaren Umgebung des singulären Nullpunktes das Feld eines magnetischen Dipols darstellt. Die aus $\mathfrak{G}_1$ abgeleiteten Felder sind daher die durch veränderliche magnetische Dipole erzeugten. Ein dem HERTZschen Oszillator entsprechender magnetischer wurde zuerst von FITZ GERALD[1]) angegeben. Daher wird $\mathfrak{G}_1$ auch als FITZ GERALDscher Vektor bezeichnet.

[1]) G. F. FITZ GERALD, Trans. Roy. Dubl. Soc. Bd. 1, S. 133, 173, 325. 1883; Scient. Writ. S. 122.

Diese Lösungsmethode, durch die man aus jeder vektoriellen Lösung der Wellengleichung zwei elektromagnetische Felder ableiten kann, läßt sich unter der Einschränkung, daß die zeitliche Abhängigkeit der Feldvektoren vom Typus

$$\mathfrak{E} = \mathfrak{E}_1(x_1 y_1 z_1)\, e^{i\nu t}$$

ist, der Lösung der Gleichungen für beliebige Medien anpassen. Setzen wir nämlich

$$k^2 = \frac{\varepsilon\mu\nu^2 + 4\pi i\mu\sigma\nu}{c^2}, \qquad \mathfrak{M} = \mathfrak{H} \pm i m \mathfrak{E}, \qquad m = -\frac{kc}{\mu\nu},$$

so lassen sich die MAXWELLschen Differentialgleichungen wiederum in die komplexen Ausdrücke

$$\left.\begin{aligned} \operatorname{rot}\mathfrak{M} &= \pm k\mathfrak{M}, \\ \operatorname{div}\mathfrak{M} &= 0 \end{aligned}\right\} \tag{5a}$$

zusammenfassen. Durch einen dem früheren vollständig analogen Prozeß erhalten wir

$$\left.\begin{aligned} m\mathfrak{E} &= \operatorname{rot}\mathfrak{G}_2 - i\left\{\frac{1}{k}\operatorname{grad}\operatorname{div}\mathfrak{G}_1 + k\mathfrak{G}_1\right\}, \\ \mathfrak{H} &= \operatorname{rot}\mathfrak{G}_1 + i\left\{\frac{1}{k}\operatorname{grad}\operatorname{div}\mathfrak{G}_2 + k\mathfrak{G}_2\right\}. \end{aligned}\right\} \tag{6a}$$

Selbstverständlich haben $\mathfrak{G}_1$ und $\mathfrak{G}_2$ ihre physikalische Bedeutung behalten und sind wiederum Lösungen der Wellengleichung.

56. BROMWICHS Lösungsmethode. Wir haben bereits mehrmals voneinander unabhängige Lösungen der MAXWELLschen Gleichungen erhalten, indem wir gewisse Feldkomponenten gleich Null gesetzt haben. Diese Methode zur Lösung der MAXWELLschen Gleichungen wurde von verschiedenen Forschern benutzt, insbesondere bei der Behandlung von Problemen, die die Einführung krummliniger, orthogonaler Koordinaten verlangen. Sie wurde von BROMWICH[1]) in eine allgemeine Form gebracht.

Die Orthogonalkoordinaten x_1, x_2, x_3 haben bekanntlich ein Bogenelement ds der Form

$$ds^2 = a_{11}^2\,dx_1^2 + a_{22}^2\,dx_2^2 + a_{33}^2\,dx_3^2,$$

wo a_{11}, a_{22}, a_{33} positive Funktionen von x_1, x_2, x_3 sind. Wollen wir die MAXWELLschen Gleichungen für diese Koordinaten aufstellen, so gehen wir am besten von den Integralgleichungen aus. Auf einer Fläche $x_1 =$ konst. lautet die AMPÈREsche Formel, falls nur Verschiebungsströme vorhanden sind:

$$\int_{x_2}^{x_2+dx_2} dx_2 \int_{x_3}^{x_3+dx_3} dx_3\, a_{22}\frac{\varepsilon}{c}\frac{\partial E_1}{\partial t} = \int_{x_2}^{x_2+dx_2}(a_{22}H_2)_{x_3}\,dx_2 + \int_{x_3}^{x_3+dx_3}(a_{33}H_3)_{x_2+dx_2}\,dx_3 - \int_{x_2}^{x_2+dx^2}(a_{22}H_2)_{x_3+dx_3}\,dx_2 - \int_{x_3}^{x_3+dx_3}(a_{33}H_3)_{x_2}\,dx_3$$

$$= \int_{x_2}^{x_2+dx_2} dx_2 \int_{x_3}^{x_3+dx_3} dx_3 \left\{\frac{\partial a_{33}H_3}{\partial x_2} - \frac{\partial a_{22}H_2}{\partial x_3}\right\}.$$

Durch zyklische Vertauschung und analoges Behandeln der FARADAYschen Gleichung erhalten wir somit

$$\left.\begin{aligned} a_{22}a_{33}\frac{\varepsilon}{c}\frac{\partial E_1}{\partial t} &= \frac{\partial a_{33}H_3}{\partial x_2} - \frac{\partial a_{22}H_2}{\partial x_3}, & -a_{22}a_{33}\frac{\mu}{c}\frac{\partial H_1}{\partial t} &= \frac{\partial a_{33}E_3}{\partial x_2} - \frac{\partial a_{22}E_2}{\partial x_3}, \\ a_{33}a_{11}\frac{\varepsilon}{c}\frac{\partial E_2}{\partial t} &= \frac{\partial a_{11}H_1}{\partial x_3} - \frac{\partial a_{33}H_3}{\partial x_1}, & -a_{33}a_{11}\frac{\mu}{c}\frac{\partial H_2}{\partial t} &= \frac{\partial a_{11}E_1}{\partial x_3} - \frac{\partial a_{33}E_3}{\partial x_1}, \\ a_{11}a_{22}\frac{\varepsilon}{c}\frac{\partial E_3}{\partial t} &= \frac{\partial a_{22}H_2}{\partial x_1} - \frac{\partial a_{11}H_1}{\partial x_2}, & -a_{11}a_{22}\frac{\mu}{c}\frac{\partial H_3}{\partial t} &= \frac{\partial a_{22}E_2}{\partial x_1} - \frac{\partial a_{11}E_1}{\partial x_2}. \end{aligned}\right\} \tag{1g}$$

[1]) T. S. BROMWICH, Phil. Mag. (6) Bd. 38, S. 143. 1919.

Wir suchen nun die Gruppe von Lösungen für die $H_1 = 0$ ist. Die erste FARADAYsche Gleichung ergibt dann:

$$\frac{\partial a_{33} E_3}{\partial x_2} = \frac{\partial a_{22} E_2}{\partial x_3},$$

wir können also, wenn P eine beliebige Funktion von x_1, x_2, x_3 bedeutet, schreiben:

$$a_{22} E_2 = \frac{\partial P}{\partial x_2}, \qquad a_{33} E_3 = \frac{\partial P}{\partial x_3}.$$

Die zweite und dritte AMPÈREsche Gleichung werden dann:

$$\frac{a_{33} a_{11}}{a_{22}} \frac{\partial}{\partial x_2}\left(\frac{\varepsilon}{c} \frac{\partial P}{\partial t}\right) = -\frac{\partial a_{33} H_3}{\partial x_1},$$

$$\frac{a_{11} a_{22}}{a_{33}} \frac{\partial}{\partial x_3}\left(\frac{\varepsilon}{c} \frac{\partial P}{\partial t}\right) = \frac{\partial a_{22} H_2}{\partial x_1}.$$

Zur weiteren Lösung müssen wir nun die zulässigen Koordinaten einschränken, indem wir verlangen, daß a_{11} nur von x_1 abhängt. Wir können dann, wie ohne weiteres einzusehen ist, $a_{11} = 1$ setzen, ohne unsere Wahl stärker einzuschränken. Weiter müssen wir aber noch fordern, daß a_{22}/a_{33} nur eine Funktion von x_2 und x_3 ist. Unter diesen Annahmen schreiben sich die zuletzt gefundenen Gleichungen:

$$\frac{\partial}{\partial x_2}\left(\frac{\varepsilon}{c} \frac{\partial P}{\partial t}\right) = -\frac{a_{22}}{a_{33}} \frac{\partial a_{33} H_3}{\partial x_1} = -\frac{\partial a_{22} H_3}{\partial x_1},$$

$$\frac{\partial}{\partial x_3}\left(\frac{\varepsilon}{c} \frac{\partial P}{\partial t}\right) = \frac{a_{33}}{a_{22}} \frac{\partial a_{22} H_2}{\partial x_1} = \frac{\partial a_{33} H_2}{\partial x_1}.$$

Setzen wir $P = \frac{\partial U}{\partial x_1}$, so können wir daher

$$H_2 = \frac{1}{a_{33}} \frac{\partial}{\partial x_3}\left(\frac{\varepsilon}{c} \frac{\partial U}{\partial t}\right), \qquad H_3 = -\frac{1}{a_{22}} \frac{\partial}{\partial x_2}\left(\frac{\varepsilon}{c} \frac{\partial U}{\partial t}\right)$$

schreiben. Gehen wir mit diesen Ansätzen in die zweite oder dritte FARADAYsche Gleichung, so erhalten wir

$$E_1 = \frac{\partial^2 U}{\partial x_1^2} - \frac{\varepsilon\mu}{c^2} \frac{\partial^2 U}{\partial t^2}.$$

Endlich erhalten wir aus der ersten AMPÈREschen Gleichung die Differentialgleichung, der U genügen muß:

$$\frac{\varepsilon\mu}{c^2} \frac{\partial^2 U}{\partial t^2} = \frac{\partial^2 U}{\partial x_1^2} + \frac{1}{a_{22} a_{33}} \left\{\frac{\partial}{\partial x_2}\left(\frac{a_{33}}{a_{22}} \frac{\partial U}{\partial x_2}\right) + \frac{\partial}{\partial x_3}\left(\frac{a_{22}}{a_{33}} \frac{\partial U}{\partial x_3}\right)\right\}.$$

Die Lösungen für die $H_1 = 0$ lassen sich also aus einer derartig definierten Funktion U durch die folgenden Gleichungen ableiten:

$$E_1 = \frac{\partial^2 U}{\partial x_1^2} - \frac{\varepsilon\mu}{c^2} \frac{\partial^2 U}{\partial t^2}, \qquad H_1 = 0,$$

$$E_2 = \frac{1}{a_{22}} \frac{\partial^2 U}{\partial x_1 \partial x_2}, \qquad H_2 = \frac{1}{a_{33}} \frac{\partial}{\partial x_3}\left(\frac{\varepsilon}{c} \frac{\partial U}{\partial t}\right).$$

$$E_3 = \frac{1}{a_{33}} \frac{\partial^2 U}{\partial x_1 \partial x_3}, \qquad H_3 = -\frac{1}{a_{22}} \frac{\partial}{\partial x_2}\left(\frac{\varepsilon}{c} \frac{\partial U}{\partial t}\right).$$

Suchen wir nun die Gruppe von Lösungen für die $E_1 = 0$, so folgt aus der Form der MAXWELLschen Gleichungen sofort, daß wir sie durch Vertauschen der elektrischen mit den magnetischen Größen erhalten müssen. Ist daher V eine Lösung der für U aufgestellten Gleichung, so wird

$$E_1 = 0 \qquad H_1 = \frac{\partial^2 V}{\partial x_1^2} - \frac{\varepsilon\mu}{c^2} \frac{\partial^2 V}{\partial t^2},$$

$$E_2 = -\frac{1}{a_{22}} \frac{\partial}{\partial x_3}\left(\frac{\mu}{c} \frac{\partial V}{\partial t}\right), \qquad H_2 = \frac{1}{a_{22}} \frac{\partial^2 V}{\partial x_1 \partial x_2},$$

$$E_3 = \frac{1}{a_{22}} \frac{\partial}{\partial x_2}\left(\frac{\mu}{c} \frac{\partial V}{\partial t}\right), \qquad H_3 = \frac{1}{a_{33}} \frac{\partial^2 V}{\partial x_1 \partial x_3}.$$

Unter gewissen Umständen (Randbedingungen, Zusammenhangsverhältnissen des Raums usw.) erhält man durch Superposition dieser beiden Lösungen sämtliche möglichen. Auch für die Untersuchung dieser Frage konnte BROMWICH eine Methode angeben. Es handelt sich offenbar darum, daß, wenn $E_1 = H_1 = 0$, unter den vorgegebenen Bedingungen auch alle anderen Feldkomponenten verschwinden müssen. Gehen wir nun etwa von der Lösungsgruppe $H_1 = 0$ aus, so folgt aus der Bedingung $E_1 = 0$, daß U auch noch der Differentialgleichung

$$\frac{\partial^2 U}{\partial x_1^2} - \frac{\varepsilon\mu}{c^2}\frac{\partial^2 U}{\partial t} = 0$$

genügen muß und daher auch der Gleichung

$$\frac{\partial}{\partial x_2}\frac{a_{33}}{a_{22}}\frac{\partial U}{\partial x_2} + \frac{\partial}{\partial x_3}\frac{a_{22}}{a_{33}}\frac{\partial U}{\partial x_3} = 0$$

genügt. Bilden wir nun das Integral

$$I = \int_{x_3}^{x_3'}\int_{x_2}^{x_2'} a_{22}a_{33}\left\{\left(\frac{1}{a_{22}}\frac{\partial U}{\partial x_2}\right)^2 + \left(\frac{1}{a_{33}}\frac{\partial U}{\partial x_3}\right)^2\right\} dx_2\,dx_3\,,$$

das mit Hilfe der letzten Differentialgleichung für U und durch partielle Integration

$$I = \int_{x_3}^{x_3'}\left\{\left[\frac{a_{33}}{a_{22}}U\frac{\partial U}{\partial x_2}\right]_{x_2'} - \left[\frac{a_{33}}{a_{22}}U\frac{\partial U}{\partial x_2}\right]_{x_2}\right\}dx_3 + \int_{x_2}^{x_2'}\left\{\left[\frac{a_{22}}{a_{33}}U\frac{\partial U}{\partial x_3}\right]_{x_3'} - \left[\frac{a_{22}}{a_{33}}U\frac{\partial U}{\partial x_3}\right]_{x_3}\right\}dx_2$$

geschrieben werden kann. Läßt sich nun zeigen, daß dieses Integral auf einer beliebigen Fläche $x_1 =$ konst. verschwindet, so folgt daraus $\frac{\partial U}{\partial x_2} = \frac{\partial U}{\partial x_3} = 0$. Daher verschwinden auch alle übrigen Feldkomponenten. Daraus folgt unmittelbar, daß sich dann jede Lösung aus je einer Lösung einer der beiden Gruppen zusammensetzt.

Soll die Lösung z. B. im Innern einer Kugelschale gelten, so wählen wir als Koordinaten Kugelkoordinaten mit dem Ursprung im Zentrum der beiden die Kugelschale begrenzenden Flächen. Also:

$$x_1 = r,\quad x_2 = \vartheta,\quad x_3 = \varphi;\qquad a_{11} = 1,\quad a_{22} = r,\quad a_{33} = r\sin\vartheta.$$

Bilden wir nun das Integral I über eine im Bereich gelegene Fläche $r =$ konst., so sehen wir sofort, daß es verschwindet. Denn es ist

$$I = \int_0^{2\pi}\left\{\left[\sin\vartheta\, U\frac{\partial U}{\partial\vartheta}\right]_{\vartheta=0} - \left[\sin\vartheta\, U\frac{\partial U}{\partial\vartheta}\right]_{\vartheta=\pi}\right\}d\varphi$$

$$+\int_0^{\pi}\left\{\left[\frac{1}{\sin\vartheta}U\frac{\partial U}{\partial\varphi}\right]_{\varphi=0} - \left[\frac{1}{\sin}U\frac{\partial U}{\partial\varphi}\right]_{\varphi=2\pi}\right\}d\vartheta,$$

und das erste der beiden links stehenden Integrale verschwindet, wegen $\sin 0 = \sin\pi = 0$ das zweite, da

$$U_{\varphi=0} = U_{\varphi=2\pi}\,,\qquad \left(\frac{\partial U}{\partial\varphi}\right)_{\varphi=0} = \left(\frac{\partial U}{\partial\varphi}\right)_{\varphi=2\pi}.$$

In diesem Falle sind also bereits alle Lösungen erschöpft. Daher sind auch in einem solchen Raum E_1 und H_1 immer Lösungen der Gleichung für U.

Verschwindet I nicht, so muß das Verfahren fortgesetzt werden. Man findet dann weitere Lösungen dadurch, daß man das Feld durch die Gleichungen

$$E_1 = 0\,, \qquad H_1 = 0\,,$$

$$E_2 = \frac{1}{a_{22}} \frac{\partial^2 U}{\partial x_1 \partial x_2}\,, \qquad H_2 = \frac{1}{a_{33}} \frac{\partial}{\partial x_3}\left(\frac{\varepsilon}{c} \frac{\partial U}{\partial t}\right),$$

$$E_3 = \frac{1}{a_{33}} \frac{\partial^2 U}{\partial x_1 \partial a_3}\,, \qquad H_3 = -\frac{1}{a_{22}} \frac{\partial}{\partial x_2}\left(\frac{\varepsilon}{c} \frac{\partial U}{\partial t}\right)$$

von einer Funktion U oder durch die entsprechenden Formeln von einer Funktion V ableitet, die den beiden angegebenen Differentialgleichungen genügen. Ein wichtiges Beispiel derartiger Lösungen bilden die von RAYLEIGH bei der Behandlung des Problems der Fortpflanzung elektromagnetischer Wellen längs vollkommener Leiter gegebenen. Seien x, y und z kartesische Koordinaten und führen wir mit MACDONALD die folgenden Koordinaten ein

$$x_1 = z\,, \quad x + iy = \varphi(x_2 + i x_3) = u + iv\,; \quad a_{11} = 1\,, \quad a_{22} = a_{33} - \sqrt{\left(\frac{\partial \varphi}{\partial x_2}\right)^2 + \left(\frac{\partial \varphi}{\partial x_3}\right)^2}\,,$$

so erhalten wir für U eine Lösung

$$U = e^{i\nu\left(\frac{c}{\nu - \mu} t - x_1\right)} f(x_2 x_3)\,,$$

die ein nicht verschwindendes Feld ergibt. Dementsprechend verschwindet auch das Integral I im allgemeinen auf der Fläche $x_1 =$ konst. nicht.

57. Übertragung des HUYGENSschen Prinzips auf elektromagnetische Wellen. Das von HUYGENS aufgestellte Theorem über die Fortpflanzung einer Lichtbewegung besagt in der endgültigen von POINCARÉ und KIRCHHOFF gegebenen mathematischen Formulierung, daß die Lichtbewegung außerhalb einer die betreffenden Lichtquellen einschließenden Fläche ersetzt werden kann, durch eine Belegung dieser Fläche mit flächenhaften Quellen, deren Stärke durch die an dieser von den ursprünglichen durch die Lichtwellen hervorgerufenen Lichterregung gegeben ist. Das Lichtfeld außerhalb dieser Fläche kann also durch ein Integral über diese Fläche dargestellt werden. Im Innern der Fläche ist das durch dieses Integral dargestellte Feld dann allerdings gleich Null (vgl. Bd. XX). Das analoge Theorem wurde für elektromagnetische Wellen von LARMOR[1]) aufgestellt und von KOTTLER[2]) auf die allgemeine Lösung der MAXWELLschen Gleichungen durch den HERTZschen und den FITZ GERALDschen Vektor [Gleichung (6), Ziff. 55] zurückgeführt.

Aus dieser Lösung konnten wir schließen, daß ein elektromagnetisches Wellenfeld durch schwingende elektrische und magnetische Dipole erzeugt wird. Legen wir also im Feld eine Fläche, die diese Dipole einschließt, setzen wir das Feld im Inneren der Fläche gleich Null, im äußeren Raume gleich dem durch die Dipole erzeugten Feld $\mathfrak{E}$, $\mathfrak{H}$ und suchen wir die dadurch auf der Fläche entstehenden Diskontinuitäten auf, so müssen wir das Analogon zum HUYGENSschen Prinzip der Optik finden.

Beim Passieren dieser Fläche, deren Normale wir nach innen richten, und deren positive Seite daher die innere ist, springen also die Feldvektoren von den Werten des ursprünglichen Feldes, den sie außen besitzen, auf Null. Es springt also die Tangentialkomponente der magnetischen Kraft um

$$\overline{\mathfrak{H}}_{\text{tang}} = 0 - \mathfrak{H}_{\text{tang}}\,,$$

1) J. LARMOR, Lond. Math. Soc. Proc. (2) Bd. 1, S. 1. 1903.
2) F. KOTTLER, Ann. d. Phys. (4) Bd. 71, S. 473. 1923.

besitzt also in der Fläche einen Flächenwirbel. Aus der ersten Hauptgleichung können wir daher schließen, daß in der Fläche ein Flächenstrom der Flächendichte

$$\frac{4\pi\mathfrak{c}}{c} = -[\mathfrak{n}\mathfrak{H}]$$

strömt. Diesen können wir natürlich wiederum durch die Bewegung eines elektrischen Dipols erzeugt denken. In der Fläche sitzen also elektrische Dipole, die pro Flächeneinheit das Moment

$$\int dt\,\mathfrak{c} = -\frac{c}{4\pi}\int dt\,[\mathfrak{n}\mathfrak{H}]$$

besitzen. Ihr Anteil an der Erzeugung des Feldes wird durch den HERTZschen Vektor

$$\mathfrak{G}_2 = -c\iint\frac{df}{r}\int^{t-r/c}[\mathfrak{n}\mathfrak{H}]$$

gegeben.

Der FITZ-GERALDsche Vektor gibt den Teil des Feldes, der auf schwingende magnetische Dipole zurückgeht. Wir finden ihn daher aus dem Sprung der tangentialen elektrischen Feldstärke

$$\overline{\mathfrak{E}} = 0 - \mathfrak{E}_{\text{tang}},$$

die nach der zweiten Hauptgleichung die Stärke des „magnetischen Stromes" darstellt, den wir wiederum als durch die Schwingung der magnetischen Dipole erzeugt auffassen können. Daher ist

$$\mathfrak{G}_1 = c\iint\frac{df}{r}\int^{t-r/c} df\,[\mathfrak{n}\mathfrak{E}].$$

Dadurch ist aber bereits das ganze Feld gegeben. Denn der Sprung der radialen Feldkomponenten beim Durchgang durch die Fläche kann nur durch eine einfache Flächenladung erzeugt gedacht werden, die aber nicht mehr in die Definition der beiden Vektoren $\mathfrak{G}_1$ und $\mathfrak{G}_2$ eingeht, da diese nur durch die Ströme, also die Ladungsänderungen, bestimmt werden. Trotzdem sind diese schon in der Lösung enthalten, mathematisch, weil sie der MAXWELLschen Gleichung genügt, physikalisch, weil die Flächenladungen durch die auftretenden Ströme erzeugt werden, deren gesamte Feldwirkung aber bereits berücksichtigt worden ist.

Damit haben wir das elektromagnetische Analogon zum HUYGENSschen Prinzip gefunden. Das durch innerhalb einer Fläche befindliche, sonst beliebig verteilte Quellen elektromagnetischer Wellen erzeugte Feld kann durch eine flächenhafte Verteilung schwingender elektrischer und magnetischer Dipole auf dieser Fläche erzeugt gedacht werden, wobei die Stärke dieser Dipole durch die Tangentialkomponenten der Feldstärke auf der Fläche gegeben sind.

58. Konjugierte und selbstkonjugierte Felder. Strömung der Energie. Reine elektromagnetische Wellen. Stellen wir zwei elektromagnetische Felder durch ihren komplexen Feldvektor $\mathfrak{M}_1$ bzw. $\mathfrak{M}_2$ dar, so kann es vorkommen, daß deren skalares Produkt $\mathfrak{M}_1\,\mathfrak{M}_2$ in einem beiden Feldern gemeinsamen Bereich verschwindet. Zwei solche Felder nennt BATEMAN zueinander konjugiert[1]). Ist daher für ein Feld

$$\mathfrak{M}^2 = (\mathfrak{E}^2 - \mathfrak{H})^2 \pm 2i\,\mathfrak{H}\mathfrak{E} = 0,$$

so kann man dieses Feld entsprechend mit BATEMAN als selbstkonjugiert bezeichnen. Es verschwinden dann sowohl der reelle wie der imaginäre Teil, die bekanntlich Invarianten der Lorentztransformation darstellen (vgl. Kap. III).

---

[1]) L. SILBERSTEIN, Ann. d. Phys. (7) Bd. 22, S. 585. 1907; H. BATEMAN, Electr. and Opt. Wavemotion S. 5ff.

Diese Felder sind daher dadurch ausgezeichnet, daß die elektrische Feldstärke auf der magnetischen normal steht, und daß der Anteil des elektrischen und des magnetischen Feldes an der Feldenergie einander gleich sind.

Eine weitere physikalische Eigenschaft, die für diese Felder charakteristisch ist, finden wir durch die folgende Betrachtung: Die Gleichung

$$\frac{\partial \varrho}{\partial t} + \operatorname{div} \varrho \mathfrak{v} = 0$$

stellt bekanntlich die Kontinuitätsgleichung für ein mit der Geschwindigkeit $\mathfrak{v}$ strömendes Gas der Dichte ϱ dar (vgl. Bd. VII). Verstehen wir also unter ϱ die Dichte der Feldenergie, so bedeutet diese Gleichung, daß in dem Bereich, in dem sie gilt, die Energiedichte zwar von Ort zu Ort wechselt und sich in einem bestimmten Volumelement auch zeitlich ändert, daß diese Änderungen aber nur durch eine Konvektion der Energie mit der Geschwindigkeit $\mathfrak{v}$ vor sich gehen, während die Gesamtenergie konstant bleibt, d. h. Energie in dem betrachteten Bereich weder entsteht noch vernichtet wird. Aus dem POYNTINGschen Theorem [Gleichung (4) und (5), Ziff. 49] folgt, daß wir aus den MAXWELLschen Gleichungen und dieser Gleichung

$$\varrho = \frac{1}{8\pi}\{\mathfrak{E}^2 + \mathfrak{H}^2\},$$

$$\varrho \mathfrak{v} = \frac{c}{4\pi}[\mathfrak{E}\mathfrak{H}]$$

erhalten. Bilden wir nun

$$\varrho^2 (c^2 \; v^2) = \frac{c^2}{4 \cdot 16\pi^2}(\mathfrak{E}^2 + \mathfrak{H}^2)^2 - \frac{c^2}{16\pi^2}[\mathfrak{E}\mathfrak{H}]^2,$$

woraus wegen

$$[\mathfrak{E}\mathfrak{H}]^2 = \mathfrak{E}^2\mathfrak{H}^2 - (\mathfrak{E}\mathfrak{H})^2$$

$$\varrho^2 (c^2 - v^2) = \frac{c^2}{4 \cdot 16\pi^2}(\mathfrak{E}^2 - \mathfrak{H}^2)^2 + \frac{c^2}{16\pi^2}(\mathfrak{E}\mathfrak{H})^2$$

wird. Diese Gleichung zeigt, daß die Feldenergie im allgemeinen mit einer Geschwindigkeit strömt, die kleiner ist als die Lichtgeschwindigkeit. Nur in den selbstkonjugierten Feldern ist die Geschwindigkeit der Energieströmung gleich der Lichtgeschwindigkeit und die Richtung der Strömung daher gleich der des POYNTINGschen Vektors. Diese Felder zeigen daher eine Reihe einfacher Eigenschaften, die alle auf besonders einfache Energieverhältnisse, nämlich auf eine rein konvektive Ausbreitung der Energie, hinweisen. Wir können sie daher mit SILBERSTEIN als reine elektromagnetische Wellen bezeichnen[1]).

Diese Betrachtungen lassen sich leicht auf beliebige nichtleitende Medien übertragen, indem man

$$\mathfrak{M} = \mathfrak{H} \pm i\sqrt{\frac{\varepsilon}{\mu}}\,\mathfrak{E}, \qquad c_1 = \frac{c}{\sqrt{\varepsilon\mu}}$$

setzt und die Energiegrößen für derartige Medien einführt. Das sieht man sofort ein, wenn man die beiden Hauptgleichungen in der Form

$$\frac{\sqrt{\varepsilon\mu}}{c}\sqrt{\frac{\varepsilon}{\mu}}\,\dot{\mathfrak{E}} = \operatorname{rot}\mathfrak{H},$$

$$\frac{\sqrt{\varepsilon\mu}}{c}\,\dot{\mathfrak{H}} = -\sqrt{\frac{\varepsilon}{\mu}}\operatorname{rot}\mathfrak{E}$$

schreibt, denn dann gelten für $\mathfrak{M}$ wiederum die Gleichungen (5), Ziff. 55. In nichtleitenden Medien gibt es derartig einfache Energieverhältnisse natürlich

---

[1]) L. SILBERSTEIN, Ann. d. Phys. (4) Bd. 22, S. 585. 1907.

nicht, da infolge der Dissipation der Energie die Kontinuitätsgleichung nicht mehr gelten kann.

59. BATEMANS Lösung der MAXWELLschen Gleichungen. Die vorangegangenen Überlegungen zeigen die Wichtigkeit der selbstkonjugierten Felder für die Theorie der elektromagnetischen Felder. Diese gibt dem folgenden von BATEMAN herrührenden Verfahren zur Auffindung selbstkonjugierter Lösungen der MAXWELLschen Gleichungen ein besonderes Interesse[1]). Man kann nämlich die MAXWELLschen Gleichungen durch ein anderes Gleichungssystem ersetzen, indem man

$$M_x \equiv \frac{\partial(\alpha,\beta)}{\partial(y,z)} = \pm\frac{i}{c}\,\frac{\partial(\alpha,\beta)}{\partial(x,t)},$$

$$M_y \equiv \frac{\partial(\alpha,\beta)}{\partial(z,x)} = \pm\frac{i}{c}\,\frac{\partial(\alpha,\beta)}{\partial(y,t)},$$

$$M_z \equiv \frac{\partial(\alpha,\beta)}{\partial(x,y)} = \pm\frac{i}{c}\,\frac{\partial(\alpha,\beta)}{\partial(z,t)},$$

setzt, wobei $\frac{\partial(\alpha,\beta)}{\partial(x_1 x_2)}$ die JAKOBIsche Determinante bedeutet. Ein derartig definiertes $\mathfrak{M}$ befolgt, wie man sich durch Einsetzen leicht überzeugt, tatsächlich die MAXWELLsche Gleichung, deren Integration daher durch die Integration der aus den Definitionsgleichungen folgenden Differentialgleichungen geleistet wird. Bildet man nun $\mathfrak{M}^2$, indem man immer die zwei für eine Komponente gegebenen Ausdrücke miteinander multipliziert, so findet man durch Ausdifferenzieren leicht:

$$\mathfrak{M}^2 = M_x^2 + M_y^2 + M_z^2 = \pm\frac{i}{c}\left\{\frac{\partial(\alpha\beta)}{\partial(yz)}\,\frac{\partial(\alpha\beta)}{\partial(xt)} + \frac{\partial(\alpha\beta)}{\partial(zx)}\,\frac{\partial(\alpha\beta)}{\partial(yt)} + \frac{\partial(\alpha\beta)}{\partial(x,y)}\,\frac{\partial(\alpha\beta)}{\partial(z,t)}\right\} = 0.$$

Die auf diese Art gefundenen Felder sind also selbstkonjugiert, stellen also im ganzen Raum reine elektromagnetische Wellen dar. Hierin liegt ihre Bedeutung.

60. Ausbreitung plötzlicher Feldstörungen. Wir haben bis jetzt nur stetige Felder betrachtet, was zur Folge hatte, daß die auftretenden Geschwindigkeiten Phasengeschwindigkeiten waren, deren Bedeutung als Strömungsgeschwindigkeiten wir nur durch mehr oder minder formale Betrachtungen gewonnen haben. Eine unmittelbare Bedeutung erhält die Fortpflanzungsgeschwindigkeit nur für den Wellenkopf, d. h. für die Fortpflanzung der Unstetigkeitsfläche, die durch eine plötzliche Änderung der Bewegung elektrischer oder magnetischer Ladungen im Felde erzeugt wird. Wir folgen bei der Untersuchung der Bewegung derartiger Flächen der von BATEMAN gegebenen Methode[2]).

Wir haben aber dabei nicht nur die Ausbreitung der Fläche im Raum zu untersuchen, sondern auch zu erörtern, welchen Bedingungen die auf ihr vorhandenen Unstetigkeiten unterliegen, da diese Unstetigkeiten ja als Grenzwerte für ein Feld aufgefaßt werden können, das in einer unendlich dünnen Schicht der Umgebung der Fläche herrscht, also in gewisser Beziehung auch den MAXWELLschen Gleichungen unterworfen sind.

Wir können eine bewegte Fläche durch eine Gleichung

$$t = f(xyz)$$

darstellen. Dann gibt uns $f =$ konst. die Gleichung der Fläche zur Zeit t, grad t die nach außen gerichtete Normale der Fläche der Richtung nach an. Der rezi-

---

1) H. BATEMAN, Electr. and Opt. wave motion S. 12.

2) H. BATEMAN, Electr. and Opt. wave motion S. 20. Andere Methoden siehe: O. HEAVISIDE, Electrical papers Bd. 2. S. 405; A. E. H. LOVE, Proc. Roy. Math. Soc. London (2) Bd. 1, S. 37. 1903; L. SILBERSTEIN, Ann. d. Phys. (4) Bd. 26, S. 751. 1908; P. DUHEM, C. R. Bd. 131, S. 1171. 1900; G. H. LIVENS, The Theory of Electricity S. 485ff.

proke Betrag des Gradienten gibt die Geschwindigkeit, mit der sich die Fläche ausdehnt. Bilden wir nun das Integral

$$\iint \left\{\mathfrak{M} \mp \frac{i}{c}[\mathfrak{M}\,\mathrm{grad}\,t]\right\}_n df$$

über eine keine Ladungen einschließende, aber sonst beliebige Fläche, deren Bewegung durch eine derartige Gleichung gegeben ist, so ist dieses Integral gleich Null, da der erste Teil wegen der eben gemachten Bedingung verschwindet, der zweite Teil des Integranden aber einen in der Fläche liegenden Vektor darstellt. Legen wir unsere Fläche nunmehr so, daß sie einen Teil der Unstetigkeitsfläche umgibt, und ziehen wir sie so zusammen, daß ihr einer Teil die Unstetigkeitsfläche von innen, ihr zweiter dieselbe Fläche von außen berührt. Die Gleichungen der beiden Flächenteile werden natürlich identisch. Das Flächenintegral zerfällt dann in die beiden Teile:

$$\iint \left\{\mathfrak{M} \mp \frac{i}{c}[\mathfrak{M}\,\mathrm{grad}\,t]\right\}_n df_{\text{außen}} + \iint \left\{\mathfrak{M} \mp \frac{i}{c}[\mathfrak{M}\,\mathrm{grad}\,t]_n\right\} df_{\text{innen}} = \iint \left\{\overline{\mathfrak{M}} \mp \frac{i}{c}[\overline{\mathfrak{M}}\,\mathrm{grad}\,t]\right\}_n df,$$

wobei $\overline{\mathfrak{M}} = \mathfrak{M}_{\text{außen}} - \mathfrak{M}_{\text{innen}}$ den Sprung des Feldes beim Durchgang durch die Fläche bedeutet. Da wir dieses Integral über einen beliebigen Teil der Fläche erstrecken können, muß also sein

$$\overline{\mathfrak{M}} \mp \frac{i}{c}[\overline{\mathfrak{M}}\,\mathrm{grad}\,t] = 0$$

oder in Komponenten

$$\overline{M}_x \mp \frac{i}{c} M_y \frac{\partial t}{\partial z} \pm i c \overline{M}_z \frac{\partial t}{\partial y} = 0,$$

$$\overline{M}_y \mp \frac{i}{c} M_z \frac{\partial t}{\partial x} \pm i c \overline{M}_x \frac{\partial t}{\partial z} = 0,$$

$$\overline{M}_z \mp \frac{i}{c} M_x \frac{\partial t}{\partial y} \pm i c \overline{M}_y \frac{\partial t}{\partial x} = 0.$$

Damit diese Gleichungen bestehen können, muß, vom trivialen Fall $\overline{\mathfrak{M}} = 0$ abgesehen, die Determinante der Koeffizienten der Komponenten der Feldstärke verschwinden. Dies ergibt:

$$\left(\frac{\partial t}{\partial x}\right)^2 + \left(\frac{\partial t}{\partial y}\right)^2 + \left(\frac{\partial t}{\partial z}\right)^2 = \frac{1}{c^2}.$$

Die Fläche breitet sich also mit Lichtgeschwindigkeit aus.

Multiplizieren wir die erste Gleichung mit $\overline{M}_x$, die zweite mit $\overline{M}_y$, die dritte mit $\overline{M}_z$ und addieren wir, so erhalten wir

$$\overline{\mathfrak{M}}^2 = 0.$$

Die Sprungwerte am Kopf der Welle bilden also ein selbstkonjugiertes Feld. Dies erklärt, wieso die Kopfwelle sich auf jeden Fall mit Lichtgeschwindigkeit ausbreitet.

Um das Feld näher zu studieren, betrachten wir ein Flächenelement und legen dessen Normale in die X-Richtung. Für dieses Flächenelement wird dann:

$$\overline{M}_x = 0,$$

$$\overline{M}_y \mp \frac{i}{c} \overline{M}_z \frac{\partial t}{\partial x} = 0,$$

$$\overline{M}_z \mp \frac{i}{c} \overline{M}_y \frac{\partial t}{\partial x} = 0.$$

Daraus folgt:

$$\overline{H}_y = -\overline{E}_z, \qquad \overline{H}_z = \overline{E}_y.$$

Mit Hilfe dieser Gleichungen studierte LOVE[1]) das von einem HERTZschen Oszillator emittierte Feld vom Beginn der Bewegung an.

Den Zusammenhang mit der Theorie der Charakteristiken der Wellengleichung erhalten wir, wenn wir die Gleichung der Unstetigkeitsfläche in der Form

$$F(x, y, z, t) = 0$$

schreiben. Die aufgefundene Bedingung schreibt sich dann

$$\left(\frac{\partial F}{\partial x}\right)^2 + \left(\frac{\partial F}{\partial y}\right)^2 + \left(\frac{\partial F}{\partial z}\right)^2 = \frac{1}{c^2}\left(\frac{\partial F}{\partial t}\right)^2.$$

Das ist aber nichts anderes als die Gleichung für die Charakteristiken der Wellengleichung.

Wir können auch diese Untersuchung auf beliebige nichtleitende Medien ausdehnen, indem wir wieder $\mathfrak{M} = \mathfrak{H} \pm i\sqrt{\frac{\varepsilon}{\mu}}\,\mathfrak{E}$ setzen. Ersetzen wir dann in den MAXWELLschen Gleichungen c durch $c_1 = \frac{c}{\sqrt{\varepsilon\mu}}$, dann gelten für $\mathfrak{M}$ wieder wie schon gezeigt, die Gleichungen (5), Ziff. 55. Nach der MAXWELLschen Theorie breiten sich die Kopfwellen daher in beliebigen nichtleitenden Medien mit der Geschwindigkeit $c/\sqrt{\varepsilon\mu}$ aus. (Dagegen ergibt sich aus den Anschauungen der Elektronentheorie unmittelbar auch in diesen Medien die Ausbreitungsgeschwindigkeit der Kopfwellen gleich der Vakuumlichtgeschwindigkeit c.

61. Bedingungen an der Grenzfläche zweier Medien. Ideale Grenzflächen. Mehrwertige Lösungen. Grenzen an einer Fläche zwei verschiedene Medien aneinander, so können, wie uns bereits die elektrostatischen Erscheinungen zeigen, auf dieser Fläche Singularitäten der Feldvektoren auftreten. Andererseits müssen natürlich auch die beiden aneinanderstoßenden Feldteile miteinander in Beziehung stehen, da das Feld sich ja nach unserer Erfahrung auch durch derartige Flächen hindurch fortpflanzt. Um diese Grenzbedingungen aufzufinden, kann man so vorgehen, daß man den plötzlichen Übergang von einem Medium in das andere in eine stetige Übergangsschicht auflöst und dann mit der Dichte dieser Übergangsschichte zur Grenze Null übergeht. Wir können aber das Resultat dieses Grenzüberganges auch gleich dadurch überblicken, daß wir die den Singularitäten der einzelnen Feldvektoren entsprechenden Flächenbelegungen auf die Möglichkeit ihres Auftretens hin diskutieren[2]).

Da die Divergenz des Vektors der magnetischen Induktion überall verschwinden muß, muß auch seine Flächendivergenz verschwinden. Das heißt die Normalkomponente von $\mathfrak{B}$ durchsetzt die Fläche stetig. Dasselbe gilt für die dielektrische Verschiebung nur dann, wenn die Fläche die Grenze zweier Dielektrika bildet.

Dagegen ergeben die beiden Hauptgleichungen, daß die tangentiellen Komponenten der elektrischen und der magnetischen Kraft die Fläche stetig durchsetzen. Denn ein Sprung dieser Feldkomponenten würde einen Flächenwirbel dieser Vektoren und damit einen magnetischen bzw. elektrischen Flächenstrom bedeuten. Hierzu müßte aber eine der Konstanten ε, μ oder σ oder einer der Feldvektoren unendlich werden, was in Wirklichkeit ausgeschlossen ist.

Allerdings hat der Idealfall des vollkommenen Leiters praktische Bedeutung, da sich die guten Leiter schnellen elektrischen Schwingungen gegenüber mit großer Annäherung als vollkommene Leiter verhalten und die mathematische Behandlung des Idealfalls bedeutend einfacher ist. Denn die vollkommene

---

1) A. E. H. LOVE, Soc. Roy. Math. Proc. London (2) Bd. 1, S. 37. 1903.

2) H. A. LORENTZ, ZS. f. Math. u. Phys. Bd. 22, S. 1 u. 205. 1877.

Leitfähigkeit bewirkt, daß das elektrische Feld bereits im Entstehen vernichtet wird, im Innern eines solchen Leiters also immer $\mathfrak{E} = 0$ und daher natürlich auch $\mathfrak{H} = 0$ ist. Da aber ein magnetischer Flächenstrom in der Grenzfläche schon wegen des Verschwindens der magnetischen Feldstärke im Innern nicht auftreten kann, muß die elektrische Feldstärke die Fläche stetig durchsetzen, d. h. also auch an der Außenseite der Grenzfläche verschwinden. Die elektrische Feldstärke steht daher auf diese Fläche normal. Dagegen herrscht in der Fläche ein elektrischer Flächenstrom und daher durchsetzen die tangentiellen Komponenten der magnetischen Kraft die Fläche nicht mehr stetig, sondern springen um den Betrag:

$$\frac{4\pi\mathfrak{c}}{c} = [\mathfrak{H}\mathfrak{n}].$$

Die Verhältnisse, die das elektrische Feld an solchen Flächen zeigt, sind also ganz analoge wie bei den elektrostatischen Erscheinungen: Die elektrischen Kraftlinien enden auf ihnen und stehen auf ihnen normal. Daher ist es möglich, die THOMSONsche Bildermethode zu verallgemeinern und auch bei Wellenproblemen zu verwenden, wie dies z. B. MAC DONALD bei der Berechnung der Beugung elektrischer Wellen an einem vollkommen leitenden Keil getan hat[1]).

Man kann in der Idealisierung der störenden Körper dann noch weiter gehen und gewisse Körper durch Flächen ersetzen. Die Felder zu beiden Seiten einer solchen vollkommen leitenden Fläche unterscheiden sich natürlich um einen endlichen Betrag, erleiden also beim Durchgehen durch diese Fläche sozusagen einen Sprung. Bei der Behandlung derartiger Probleme erweisen sich daher mehrwertige Lösungen als geeignet. Sie wurden von SOMMERFELD bei der Behandlung der Beugung elektromagnetischer Wellen an einer vollkommen leitenden Halbebene in die Theorie eingeführt, wobei auch hier ein Spiegelungsverfahren die Lösung ergibt[2]).

Einen anderen Idealfall, der im Gebiete der eigentlichen elektrischen Wellen allerdings bisher keine praktische Bedeutung besitzt, stellt die schwarze Fläche dar. Seine theoretische Bedeutung liegt zunächst in der Einordnung dieses für die theoretische Optik wichtigen Begriffes in die MAXWELLsche Elektrodynamik. Dies gelang KOTTLER[3]) durch Weiterbildung und mathematische Formulierung der VOIGTschen Auffassung, daß eine schwarze Halbebene eine offene Tür in einen nichtphysikalischen Raum darstellt: Die schwarze Fläche ist eine Verzweigungsfläche, zu deren beiden Seiten sich zwar Äther befindet, deren eine Seite dem physikalischen, deren andere aber einem nichtphysikalischen Raum angehört. Die auf die physikalische Seite auffallende „ungestörte" Welle geht daher in ihrer Gesamtheit in den nichtphysikalischen Raum über, wird also durch die schwarze Fläche verschluckt. Mathematisch gefaßt, bedeutet dies, daß die Feldkomponenten beim Durchtritt von der einen physikalischen Seite zur anderen einen Sprung um den Betrag erleiden, den sie in der „ungestörten" Welle besitzen. Der schwarze Schirm wird so durch ein Sprungwertproblem definiert, wodurch sich erklärt, warum er durch Randbedingungen nicht zu fassen ist. Die Lösung dieses Sprungwertproblems gelingt durch Anwendung des HUYGHENSschen Prinzips in der in Ziff. 57 gegebenen, von LARMOR stammenden Fassung. Diese Lösung stellt das Analogon zur KIRCHHOFFschen Lösung für den schwarzen Schirm dar.

---

[1]) H. M. MACDONALD, Electric Waves App. D.

[2]) A. SOMMERFELD, Math. Ann. Bd. 45, S. 293, 1894; Bd. 47, S. 395. 1896. Zeitschr. f. Math. u. Phys. Bd. 46, S. 11, 1907.

[3]) F. KOTTLER, Ann. d. Phys. Bd. 70, S. 405, 1923; Bd. 71, S. 457, 193; Bd. 75, S. 634, 1924; Bd. 81, S. 373, 868; W. v. IGNATOWSKY, Bd. 77, S. 589, 1925; A. RUBINOWICZ, Bd. 74, S. 459, 1924; Bd. 81, S. 140, 1926.

Die tiefere theoretische Bedeutung dieser Lösung liegt aber darin, daß sie, wie ebenfalls KOTTLER dargelegt hat, eine Lösung des folgenden Ansatzes ist. Daraus, daß sich das HUYGHENSsche Prinzip in die Theorie der elektromagnetischen Wellen einführen läßt, erkennt man sofort, daß auch die geometrische Optik in dieser Theorie ein Analogon finden muß. Insbesondere muß auch hier der Begriff des geometrischen Schattens seine entsprechende Bedeutung beibehalten. Bringt man daher in das Feld eines elektrischen Dipols einen ebenen schwarzen Schirm, so muß dieser einen geometrischen Schatten werfen, der durch den Kegelstumpfmantel, der durch die Verlängerung der Verbindungslinien des Dipols mit dem Rand des schwarzen Schirms über diesen hinaus entsteht, begrenzt ist. Wäre keine Beugung vorhanden, so würden die Feldkomponenten auf dieser Fläche von dem Wert für das Feld eines schwingenden elektrischen Dipols auf Null springen. Die Fläche wäre also eine Unstetigkeitsfläche des Feldes. Als solche kann sie aber nach den MAXWELLschen Gleichungen nicht existieren. Denn nach diesen müssen Unstetigkeitsflächen, wie wir gesehen haben, sich entweder in der Richtung ihrer Normalen mit Lichtgeschwindigkeit fortpflanzen oder durch Flächenladungen oder Flächenströme bedingt sein. Beides ist hier nicht der Fall. Daher muß diese Unstetigkeitsfläche durch die Reaktion des Mediums selbst zerstört werden. Es muß also zu der „ungestörten Welle" eine Beugungswelle hinzutreten, die diese Unstetigkeit aufhebt. Um diese zu finden, müssen wir eine Lösung der MAXWELLschen Gleichungen suchen, die auf der besprochenen Kegelfläche gerade die umgekehrten Sprungwerte wie die durch den geometrischen Schatten hervorgerufenen hat. Als einwertige Lösung dieses Sprungwertproblems ergibt sich, wenn die zulässigen Singularitäten des Feldes auf die aus der MAXWELLschen Theorie verständlichen eingeschränkt werden, wiederum die elektromagnetische Verallgemeinerung der KIRCHHOFFschen Lösung. Fassen wir den schwarzen Schirm als offene Tür in einen nichtphysikalischen Raum auf, so können wir aber auch mehrwertige Lösungen zulassen. Dann ergeben sich die elektromagnetischen Analoga zu den VOIGT-SOMMERFELDschen mehrwertigen Lösungen für den schwarzen Schirm. In diesen Fällen können wir aber die Beugungswelle nicht mehr als reine Feldwirkung auffassen, bei der der schwarze Schirm durch das Schattenwerfen nur gleichsam als Katalysator wirkt, da sonst die nichtphysikalischen Räume eine Wirkung auf den physikalischen Raum ausüben würden.

62. Allgemeine Theoreme über die Stromverteilung in Leitern. (Vgl. a. Bd. XIII, Kap. 2.) Die Verteilung stationärer Ströme in Leitern ist derart, daß die entwickelte JOULEsche Energie ein Minimum ist. Der Widerstand der von Punkt P_i zum Punkt P_k führenden Strombahn sei $R_{i\varkappa}$. Der nach dem OHMschen Gesetz in ihm fließende Strom ist dann

$$J_{ik} = \frac{1}{R_{ik}} (V_i - V_k).$$

Betrachten wir eine von dieser abweichende Stromverteilung

$$J''_{ik} = J_{ik} + J'_{ik}.$$

Da in dem ganzen System geschlossener Ströme keine Elektrizität entstehen darf und die nach dem OHMschen Gesetz bestimmte Verteilung der Leiter dies bereits berücksichtigt, muß

$$\sum_k J'_{ik} = 0$$

sein. Die der Stromverteilung entsprechend entwickelte JOULEsche Wärme ist aber

$$F = \sum_{ik} R_{ik} J''^2_{ik} = \sum_{ik} R_{ik} J^2_{ik} + \sum_{ik} R_{ik} J'^2_{ik} + 2 \sum_{ik} R_{ik} J_{ik} J'_{ik}$$
$$= \sum R_{ik} J^2_{ik} + \sum R_{ik} J'^2_{ik} + 2 \sum J'_{ik} (V_k - V_i).$$

Daher ist, da natürlich $J'_{ik} = J'_{ki}$ ist, die bei einer dem OHMschen Gesetz entsprechenden Stromverteilung entwickelte ein Minimum.

Für sehr schnell veränderliche Ströme ist dagegen die kinetische Energie ein Minimum: Denn nach den Ziff. 44ff. ist dann

$$\frac{d}{dt}\frac{\partial T_e}{\partial \dot{y}_i} - \frac{\partial F}{\partial \dot{y}_i} + \frac{\partial W}{\partial y_i} = E_i.$$

Wir können die Funktionen als Funktionen der Zeit durch $f(xyz)\,e^{i\nu t}$ darstellen, wobei dann ν eine große Zahl ist. Daher wird die letzte Gleichung

$$i\nu\frac{\partial T_e}{\partial \dot{y}_i} - \frac{\partial F}{\partial \dot{y}_i} + \frac{\partial W}{\partial y_i} = E_i.$$

also angenähert

$$\frac{\partial T_e}{\partial \dot{y}_i} = 0.$$

Wenden wir dieses Resultat auf die Stromverteilung in einem Leiter an, so folgt daraus sofort, daß die Ströme sich um so mehr an der Oberfläche des Leiters zusammendrängen werden, je schneller veränderlich das Feld ist (Skineffekt).

b) Die Optik der elektromagnetischen Wellen[1]).

63. Die Erregung elektrischer Wellen. Wir haben bereits in Ziff. 54 erwähnt, daß das abgeleitete Feld eines schwingenden Dipols durch einen HERTZschen Oszillator erzeugt werden kann[2]). Dieser besteht im wesentlichen aus zwei geraden Leiterstücken, an deren einander zugewandten Enden je eine kleine Kugel, an deren voneinander abgewandten Seiten je eine Kapazität angebracht ist. Dieser Kondensator wird durch ein Induktorium zu Schwingungen angeregt. Das durch diese Schwingungen erregte Feld kann in einiger Entfernung, wie ohne weiteres einzusehen ist, als das Feld eines schwingenden Dipols aufgefaßt werden und ist daher durch die erwähnten Gleichungen charakterisiert. Diese Gleichungen geben uns aber natürlich keinen Aufschluß über den eigentlichen Schwingungsvorgang, insbesondere über die Periode und die Dämpfung des Oszillators. Diese kann in erster Näherung aus der THOMSONschen Formel für die Entladung eines Kondensators berechnet werden.

Ist R der konstant angenommene Gesamtwiderstand, L die Selbstinduktion des Kondensatorkreises, E die elektromotorische Kraft, so ist nach Ziff. 46

$$JR = E - L\frac{dJ}{dt}.$$

Nun ist aber die elektromotorische Kraft gleich der Potentialdifferenz zwischen den beiden Teilen des Kondensators, diese aber gleich der Ladung des einen Teils geteilt durch die Kapazität C des Kondensators. Unsere Gleichung schreibt sich daher

$$JR = \frac{e}{C} - L\frac{dJ}{dt},$$

$$= -R\frac{de}{dt} = \frac{e}{C} + L\frac{d^2 e}{dt^2},$$

da der Strom ja gleich der negativen Änderung der Ladung eines Kondensatorteiles pro Zeiteinheit ist. Die Ladung e ist also eine Exponentialfunktion der Zeit:

$$e = A\,e^{-\frac{R}{2L} \pm \sqrt{\frac{R^2}{4L^2} - \frac{1}{CL}}}.$$

---

[1]) Vgl. auch Bd. XV B, Kap. 3, 4.

[2]) H. HERTZ, Ges. Werke Bd. II, S. 32; Wied. Ann. Bd. 31, S. 421. 1887.

Die Entladung ist immer gedämpft, besitzt aber, wenn $\frac{1}{CL} > \frac{R^2}{4L^2}$, periodischen Charakter. Kann man noch $R/2L$ gegen $1/\sqrt{CL}$ vernachlässigen, so ist die Schwingungsdauer durch die THOMSONsche Formel

$$\tau = 2\pi\sqrt{CL}$$

gegeben.

Die ersten von HERTZ benutzten Oszillatoren hatten (unter Annahme der Lichtgeschwindigkeit als Ausbreitungsgeschwindigkeit) eine Wellenlänge in Luft von mehreren Metern, also von der Größenordnung der Abmessung der Experimentierräume. Da dies Versuche mit diesen Wellen natürlich stören muß, war es notwendig, Apparaturen für kleinere Wellen zu konstruieren. RIGHI ließ daher die Kapazitäten an den Enden der Leiter weg und machte auch die beiden Kugeln, zwischen denen der Funken überspringt, möglichst klein. Dadurch wird aber natürlich die Kapazität des Kondensators herabgesetzt, was nach der THOMSONschen Formel die Schwingungsdauer verkleinert. Gleichzeitig wird aber dadurch die Intensität der überspringenden Funken und damit auch die der erregten Wellen herabgesetzt. RIGHI verstärkt die Funken dadurch, daß er die beiden Kugeln in ein Paraffinbad eintaucht, das auch die Oberfläche der Kugeln reinhält. Er erhält damit Wellenlängen der Größenordnung 10 cm[1]). LEBEDEW[2]) ersetzt die beiden Kugeln des RIGHIschen Oszillators durch dünne, vorn abgerundete Metallzylinder und erreichte so eine Wellenlänge von 6 mm, LAMPA[3]) nach derselben Methode 4 mm. NICHOLS und TEAR[4]) gelangten bis zu 1,8 mm. Kürzere Wellen dürften durch diese Methode nicht erreichbar sein.

LODGE[5]) und BOSE[6]) verwenden an Stelle des HERTZschen Oszillators eine einzige Kugel als Schwingungssystem, der die Ladung von zwei kleinen Kugeln aus durch Funken zugeführt wird. Die Schwingungsdauer ist durch die Eigenschwingungen der Kugel gegeben (vgl. Ziff. 77). Da die mittlere Kugel gegen die beiden anderen groß sein muß, lassen sich auf diese Weise nur Wellenlängen der Größenordnung 10 cm erreichen.

Ein weiterer, die Reinheit der Experimente oft störender Faktor der von einem HERTZschen Oszillator ausgesandten Wellen ist ihre starke Dämpfung, durch die insbesondere die Berechnung der Versuchsresultate oft äußerst kompliziert wird. Um diese zu verringern, arbeiten STSCHODRO[7]) mit einem POULSENschen Lichtbogensender, BERGMANN[8]), KOPP[9]) und SCHAEFER und MERZKIRCH[10]) mit einem Röhrensender. Endlich haben MIE und seine Schüler[11]) eine Abänderung des HERTZschen Oszillators konstruiert, die Wellen sehr geringer Dämpfung aussendet. Sie bringen an die beiden Belegungen eines durch eine Funkenstrecke geschlossenen Kondensators je einen Draht an, der etwa die Länge von einem Viertel der erzeugten Wellenlänge besitzt. Die beiden zueinander parallel geführten Drähte senden nur wenig gedämpfte Wellen aus (Stoßerregung). (Weiteres s. Bd. XV, Kap. B 3 und Bd. XVII, Kap. 2.)

---

[1]) A. RIGHI, Die Optik der elektrischen Schwingungen. Leipzig 1898.
[2]) P. LEBEDEW, Wied. Ann. Bd. 56, S. 1. 1895.
[3]) A. LAMPA, Wiener Ber. Bd. 55, S. 587. 1896.
[4]) E. F. NICHOLS u. J. D. TEAR, Phys. Rev. (2) Bd. 20, S. 88. 1922; Bd. 21, S. 581. 1923.
[5]) O. LODGE, Nature Bd. 41, S. 462. 1896.
[6]) J. C. BOSE, Proc. Roy. Soc. London Bd. 60, S. 167. 1896.
[7]) N. STSCHODRO, Ann. d. Phys. Bd. 27, S. 278. 1908.
[8]) L. BERGMANN, Ann. d. Phys. Bd. 67, S. 13. 1922.
[9]) W. KOPP, Ann. d. Phys. Bd. 72, S. 525. 1928.
[10]) CL. SCHAEFER u. G. MERZKIRCH, ZS. f. Phys. Bd. 13, S. 166. 1923.
[11]) G. MIE, Phys. ZS. Bd. 11, S. 1035. 1910; H. RUKOP, Ann. d. Phys. Bd. 42, S. 489. 1913.

64. Kopplung und Resonanz. Um die MAXWELLsche Theorie zu überprüfen, bedarf es noch eines Mittels, um das Auftreten der Wellen nachzuweisen. Hierzu verwendet man meist einen zweiten Schwingungskreis (Resonator), der durch die vom ersten (Oszillator) ausgesandten Wellen zu Schwingungen angeregt wird und so dessen Wirkung in diesem Punkte verstärkt. Zwei Schwingungskreise, die derartig angeordnet sind, daß die Schwingungen des einen auch Schwingungen des anderen hervorrufen, bezeichnet man als miteinander gekoppelt. Diese Kopplung kann auf drei verschiedene Arten bewirkt werden. Die beiden Kreise können erstens ein Stück der Leitung gemeinsam haben. Dann bezeichnet man die Kopplung als direkte oder galvanische. Sie können zweitens einen Kondensator gemeinsam haben (kapazitive Kopplung). Endlich können die Schwingungskreise keinen materiellen Teil gemeinsam haben. Dann können sie nur durch Induktion aufeinander wirken. Daher wird diese Art der Kopplung induktive Kopplung genannt. (Ausführliches s. Bd. XV, Kap. B 3.)

Da diese Kopplung nur durch das zwischen den beiden Kreisen befindliche Feld hergestellt wird, ist sie die für unseren Fall wichtige. Natürlich wirkt das zweite System auch auf das erste zurück. In unserem Fall ist aber diese induktive Rückwirkung praktisch verschwindend klein, die Kopplung ist extrem lose. Wir brauchen daher nicht auf die vollen Induktionsgleichungen zurückzugehen, sondern können die Schwingungen des Resonatorkreises als erzwungene Schwingungen ansehen. Wir können sie daher aus der in voriger Ziffer verwendeten Gleichung ableiten, wenn wir der homogenen Gleichung noch ein Glied hinzufügen, das die durch das Feld dem Leiter eingeprägte elektromotorische Kraft darstellt, wobei wir allerdings ebenso wie dort die Strahlungsdämpfung vernachlässigen.

Der Einfachheit halber nehmen wir zuerst an, daß die eingeprägte elektromotorische Kraft rein sinusperiodischen Schwankungen unterliege. Dann ist:

$$JR + L\frac{dJ}{dt} - E = E_0 \sin\nu t\,.$$

Um aus dieser Gleichung die Stromstärke J zu eliminieren, erinnern wir uns daß $J = -\frac{de}{dt}$ und $e = CE$, daher $J = -C\frac{dE}{dt}$ ist. Also:

$$CL\frac{d^2E}{dt^2} + CR\frac{dE}{dt} + E = -E_0 \sin\nu t\,.$$

Wollen wir dagegen E eliminieren, so brauchen wir diese Gleichung nur nach der Zeit zu differenzieren. Dann erhalten wir:

$$L\frac{d^2J}{dt^2} + R\frac{dJ}{dt} + \frac{J}{C} = \nu E_0 \cos\nu t\,.$$

Man erhält bekanntlich ein partikuläres Integral dieser Gleichungen durch den Ansatz:

$$E = E_1 \sin(\nu t + \psi_1)$$

bzw.

$$J = \nu C E_1 \cos(\nu t + \psi_1)\,,$$

wobei

$$E_1 = \frac{E_0}{C\sqrt{R^2\nu^2 + L^2\left(\nu^2 - \frac{1}{LC}\right)}}\,,$$

$$\operatorname{tg}\psi_1 = \frac{R}{L}\,\frac{\nu}{\nu^2 - \frac{1}{CL}}\,,$$

Um die Anfangsbedingungen erfüllen zu können, muß man diesen partikulären Lösungen noch die allgemeine Lösung der homogenen Gleichungen hinzufügen.

Die allgemeine Lösung unserer Differentialgleichung lautet daher, wenn wir noch die Eigenkreisfrequenz $\nu_2^2 = \frac{1}{LC} - \frac{R^2}{4L^2}$ einführen:

$$E = E_1 \sin(\nu t + \psi_1) + E_2 \cdot e^{-R/2L} \sin(\nu_2 t + \psi_2),$$
$$J = -\nu C E_1 \cos(\nu t + \psi_1) + J_2 e^{-R/2L} \cos(\nu_2 t + \psi_2).$$

Verlangt man, daß zur Zeit $t = 0$, $E = J = 0$, so erhält man die Gleichungen

$$E_1 \sin\psi_1 + E_2 \sin\psi_2 = 0,$$
$$-\nu C E_1 \cos\psi_2 + J_2 \cos\psi_2' = 0$$

zur Bestimmung der in der Formel für die elektromotorische Kraft auftretenden Konstanten. Daraus folgt, daß der Resonatorkreis Schwingungen sowohl von der Periode des erregenden Kreises, wie von seiner Eigenperiode ausführt. Am Anfang des Prozesses sind die beiden, wie die letzten Gleichungen unmittelbar zeigen, im allgemeinen von derselben Größenordnung. Die Eigenschwingungen sind aber gedämpft und klingen daher in kurzer Zeit ab, so daß nur die erzwungenen Schwingungen übrigbleiben. Diese zeigen gegenüber den erregenden Wellen eine Phasenverschiebung, die immer negativ ist und bis zum Wert $-\pi$ anwachsen kann. Sowohl die Phasenverschiebung wie auch die Intensität der erregten Schwingung sind vom Verhältnis der Schwingungszahl der erregenden Wellen gegen die Schwingungszahl der „ungedämpften Eigenschwingung" abhängig. Diese ist dann am größten, wenn

$$\nu^2 = \nu_2^2 - \frac{R^2}{4L^2},$$

und zwar gilt dies für die Amplitude von E, während die maximalen Amplituden von J erreicht werden, wenn

$$\nu^2 = \nu_2^2 + \frac{R^2}{4L^2}$$

ist. Kann man, was meist möglich ist, $R^2/4L^2$ gegen $1/CL$ vernachlässigen, so sind diese beiden Werte einander praktisch gleich und der Fall der „Resonanz" tritt dann ein, wenn die einfallenden Wellen die Schwingungszahl der nunmehr durch die THOMSONsche Formel $\nu_0^2 = 1/CL$ gegebene Eigenschwingung des Resonators besitzen.

Erregt man einen Schwingungskreis durch Wellen derselben Intensität, aber verschiedener Periode, also etwa durch einen und denselben HERTZschen Oszillator, den man dauernd verstimmt, und mißt man die im Schwingungskreis auftretenden Stromstärken oder elektromotorischen Kräfte (Spannungsdifferenzen) und trägt diese als Funktion der Schwingungszahl auf, so erhält man die Resonanzkurve des Resonators. Führt man dies tatsächlich durch, so erhält man eine von der aus den oben abgeleiteten Formeln folgende völlig abweichende Kurve, und zwar kann man den Unterschied kurz dahin zusammenfassen, daß der Resonator noch auf HERTZsche Oszillatoren anspricht, die nach der in der vorigen Ziffer entwickelten Theorie eine von der seinigen so verschiedene Eigenschwingung haben, daß ihre Wellen keine merkbare Wirkung auf den Resonator ausüben sollten. Dies entspricht den bei der Untersuchung der stehenden elektromagnetischen Wellen auftretenden, von SARASIN und DE LA RIVE[1]) entdeckten und als multiple Resonanz bezeichneten Anomalien (vgl. Ziff. 68). Sie wäre nach diesen Forschern so zu erklären, daß ein HERTZscher Oszillator nicht eine einzige Wellenlänge, sondern einen ganzen Wellenbereich aussendet. POINCARÉ[2])

---

[1]) E. SARASIN u. L. DE LA RIVE, Arch. de Genèves Bd. 23, S. 557. 1890.

[2]) H. POINCARÉ, Électricité et optique, 1. Aufl., Bd. II, Nr. 5.

und BJERKNES[1]) haben aber gezeigt, daß dies daher kommt, daß die erregenden Wellen, die der HERTZsche Oszillator aussendet, zwar monochromatisch, aber nicht, wie in dem Ansatz vorausgesetzt, ungedämpft sind. Wir haben also anzusetzen

$$CL\frac{d^2E}{dt^2} + CR\frac{dE}{dt} + E = E_0 e^{-\varkappa t}\sin\nu t$$

und erhalten daher als allgemeine Lösung:

$$E = E_1 e^{-\varkappa t}\sin(\nu t + \psi_1) + E_2 e^{-\frac{R}{2L}}\sin(\nu_2 t + \psi_2)\,.$$

Wiederum setzt sich die Schwingung des Resonatorkreises aus der Schwingung der erregenden Welle und der Eigenschwingung zusammen. Aber nunmehr sind beide gedämpft. Ist, was meistens der Fall ist, der Resonatorkreis schwächer gedämpft als der Oszillator, so überwiegen nunmehr die Eigenschwingungen. Dazu kommt, daß die Wellen aus aufeinanderfolgenden gedämpften Wellenstößen bestehen, die die Eigenschwingungen immer wieder frisch anregen. Daher treten die Eigenschwingungen jetzt stärker hervor, und dies ist die Ursache dafür, daß die vorhin abgeleitete Formel versagt[2]). In gewisser Beziehung stimmt diese Theorie mit der Annahme von SARASIN und DE LA RIVE allerdings überein. Denn man kann den Ausdruck $e^{-\varkappa t}\sin\nu t$ natürlich durch ein FOURIERsches Integral ausdrücken, d. h. der Welle ein kontinuierliches Spektrum zuschreiben. Der Resonator spricht dann auf diejenigen Wellen an, die seine Eigenschwingungszahl besitzen. Doch ist diese Auffassung nicht zweckmäßig.

Die Resonanzkurven kann man dazu verwenden, um aus ihnen Eigenschwingung und Dämpfung des Resonanzkreises zu bestimmen (vgl. Bd. XVI, Kap. 7 und 23). Die von dem Resonator ausgehende Sekundärstrahlung wurde bereits mehrfach untersucht[3]).

65. Die Entdeckung der elektrischen Wellen. Die eben besprochene Erscheinung benutzte HERTZ, um nachzuweisen, daß an einer bestimmten Stelle elektrische Wellen vorhanden sind. Er nahm zu diesem Zweck einen kreisförmigen Draht, den er an einer Stelle durch eine Funkenstrecke unterbrach, die durch eine Mikrometerschraube reguliert werden konnte. Indem er feststellte, bis zu welcher Länge der Unterbrechungsstrecke noch Funken überspringen, maß er die maximale, im Kreis auftretende Spannungsdifferenz. Neben diesen geschlossenen Resonatoren wandte er noch lineare an, die aus einem geraden, in der Mitte durchbrochenen und ebenfalls mit einem Funkenmikrometer versehenen Leiter bestanden. Läßt man das Mikrometer weg, so kann man noch aus der Stärke der überspringenden Funken auf die Stärke der auffallenden Wellen schließen. Um das Auftreten eines Funkens im geschlossenen Resonator hörbar zu machen, schaltete TURPIN ein Telephon in den Leiter ein[4]). RIGHI fand, daß der Funke verstärkt wird, wenn man den linearen Resonator dadurch herstellt, daß man auf eine Glasplatte einen dünnen Silberstreifen niederschlägt, der in der Mitte durchschnitten wird.

Die Nachfolger von HERTZ verwenden fast nur den linearen Oszillator, wobei meist an die Stelle der Funkenstrecke ein anderes Hilfsmittel tritt. So entdeckte LODGE, daß ein an Stelle der Funkenstrecke eingeschaltetes, mit Metallpulver gefülltes Gefäß durch das Auftreffen elektrischer Wellen leitend

---

[1]) V. BJERKNES, l. c. Anm. 2.

[2]) H. POINCARÉ, Électricité et optique. 1. Aufl. Bd. II, Nr. 5; V. BJERKNES, Wied. Ann. Bd. 44, S. 92. 1891; Bd. 54, S. 58. 1895.

[3]) V. BJERKNES, Wied. Ann. Bd. 49, S. 72 u. 573. 1891; A. RIGHI u. K. F. LINDMANN, Ann. d. Phys. Bd. 45, S. 518. 1914.

[4]) A. TURPAIN, Oscill. électr. S. 31. Paris 1899.

gemacht wird. Derartige Kohärer wurden in großer Anzahl konstruiert, darunter auch solche, die den Nachteil des von LODGE konstruierten, daß sie nur künstlich wieder nichtleitend gemacht werden können, nicht besitzen, sondern von selbst wieder in den ursprünglichen Zustand zurückkehren[1]). Am meisten benutzt wurde der von KLEMENČIČ[2]) konstruierte Thermoresonator, der an die Stelle der Funkenstrecke einen über die Lötstelle eines Thermoelements geführten Draht besitzt und daher $\mathfrak{E}^2$ mißt. Auch das Bolometer[3]) und der Kristalldetektor[4]) wurden verwendet. Zur Demonstration eignen sich besonders die von ZEHNDER benutzten Röhren, die das Auftreffen der Wellen durch Leuchten anzeigen[5]).

Die Eigenschwingungen derartiger Resonatoren können wir nach der folgenden, von POINCARÉ angegebenen Methode angenähert berechnen[6]). Wir machen dazu die Annahme, daß der Halbmesser ϱ_0 des zylindrischen Leiters, aus dem der Resonator besteht, so klein ist, daß man seinen Betrag gegen die Einheit vernachlässigen kann. Seine Gestalt ist dadurch eingeschränkt, daß die im folgenden verwendeten Formeln für das Potential eines unendlichen Zylinders an seiner Oberfläche in erster Annäherung gültig bleiben. Da wir natürlich wiederum den Fall extrem loser Kopplung behandeln, haben wir das folgende Problem zu lösen: Der Oszillator entsendet das Feld $\mathfrak{E}_1, \mathfrak{H}_1$. Durch dieses wird der Resonator zu Schwingungen angeregt, die das Feld $\mathfrak{E}_2, \mathfrak{H}_2$ hervorrufen. Da wir annehmen, daß der Resonator ein vollkommener Leiter ist, muß an seiner Oberfläche die tangentielle Komponente der elektrischen Kraft verschwinden:

$$\mathfrak{E}_{s1} + \mathfrak{E}_{s2} = 0 .$$

$\mathfrak{E}_2$ setzt sich aus drei Teilen zusammen: Da die Stromstärke nicht in allen Querschnitten dieselbe ist, muß an der Oberfläche des Zylinders eine elektrische Flächenladung auftreten, deren Dichte pro Längeneinheit wir mit σ bezeichnen, und die mit der Stromverteilung durch die Gleichung (1), Ziff. 12

$$\frac{\partial J}{\partial s} + \frac{\partial \sigma}{\partial t} = 0$$

zusammenhängt. Daher läßt sich der eine Teil von $\mathfrak{E}_2$ aus dem Potential dieser Flächenbelegung ableiten. Ist der Zylinder genügend dünn, so ist das Potential an der Oberfläche durch die Formel für den unendlichen Zylinder gegeben:

$$V_2 = 2\sigma \lg \frac{R_0}{\varrho_0} ,$$

wo R_0 die Entfernung von der Zylinderachse bedeutet, bei der das Feld $\mathfrak{E}_2$ bereits merklich verschwindet. Der zweite Teil von $\mathfrak{E}_2$ rührt von der Induktionswirkung der im Resonator auftretenden Ströme her. Er läßt sich daher von einem Vektorpotential ableiten, dessen tangentielle Komponente an der Oberfläche des Leiters sich durch (Ziff. 33) eine der eben gemachten Betrachtung vollkommen analog zu

$$A_{s2} = 2J \lg \frac{R_0}{\varrho_0}$$

---

[1]) G. V. MC LEAN, Phil. Mag. Bd. 48, S. 115. 1899.
[2]) J. KLEMENČIČ, Wied. Ann. Bd. 45, S. 62. 1892.
[3]) H. RUBENS u. R. RITTER, Wied. Ann. Bd. 40, S. 55. 1890.
[4]) L. BERGMANN, Ann. d. Phys., Bd. 67, S. 13, 1922.
[5]) L. ZEHNDER, Wied. Ann. Bd. 47, S. 77. 1892; Ann. d. Phys. Bd. 33, S. 631. 1910; Bd. 36, S. 119. 1911.
[6]) H. POINCARÉ, Électricité et optique. 1. Aufl., Bd. II, S. 198; Oscillations électriques S. 220.

ergibt. Der dritte Teil von $\mathfrak{E}_{s2}$ stammt von der Induktionswirkung der Verschiebungsströme des vom Resonator ausgesandten Feldes. Es läßt sich zeigen, daß dieser Teil vernachlässigt werden kann. Denn der entsprechende Teil von $\mathfrak{E}_{s2}$ läßt sich wiederum von der s-Komponente eines Vektorpotentials ableiten, das nunmehr das Potential einer räumlichen Massenverteilung der Dichte $\frac{1}{c}\frac{\partial \mathfrak{E}_{s2}}{\partial t}$ ist. Infolge der zylindrischen Symmetrie läßt sich dies zur Abschätzung durch $\frac{1}{c}\frac{\varrho_0}{\varrho}\frac{\partial \mathfrak{E}_{s2}^0}{\partial t}$ ersetzen, wobei ϱ die Entfernung von der Zylinderachse angibt. Daher wird das Potential

$$A'_{s2} \sim \frac{1}{c}\frac{\partial \mathfrak{E}_{s2}^0}{\partial t}\int\limits_{\varrho_0}^{e_0}\frac{\varrho_0}{\varrho^2}\frac{dv}{r}, \qquad dv = \varrho\, d\varrho\, d\varphi\, dz,$$

also von der Größenordnung $\varrho_0 \log\frac{\varrho_0}{R_0}$. Da die übrigen Potentiale von der Größenordnung $\log\frac{\varrho_0}{R_0}$ sind, kann dieser Teil vernachlässigt werden. Wir erhalten daher

$$\mathfrak{E}_{s1} + \frac{2}{c^2}\log\frac{\varrho_0}{R_0}\frac{\partial J}{\partial t} + 2\lg\frac{\varrho_0}{R_0}\frac{\partial\sigma}{\partial s} = 0,$$

$$\frac{1}{c^2}\frac{\partial J}{\partial t} + \frac{\partial\sigma}{\partial s} = -\frac{\mathfrak{E}_{s1}}{2\log\frac{\varrho_0}{R_0}},$$

$$\frac{\partial J}{\partial s} + \frac{\partial\sigma}{\partial t} = 0,$$

und daraus:

$$\frac{1}{c^2}\frac{\partial^2 J}{\partial t^2} - \frac{\partial^2 J}{\partial s^2} = \frac{\frac{\partial\mathfrak{E}_{s1}}{\partial t}}{2\lg\frac{\varrho_0}{R_0}} = \varphi(s,t).$$

Wir haben mit dieser Gleichung einen neuen Ausgangspunkt für die Theorie der Resonatoren gewonnen. Sie unterscheidet sich von der in der vorigen Ziffer entwickelten dadurch, daß diese Gleichung kein Dämpfungsglied besitzt. Dementsprechend sind die Eigenschwingungen, die aus ihr resultieren, auch rein periodisch. Dies ist erklärlich, da wir den Leiter als vollkommen angesehen, seinen Widerstand daher als Null angenommen haben und die Rückwirkung der Verschiebungsströme des vom Resonator ausgesandten Feldes, und damit die Strahlungsdämpfung vernachlässigt haben. Dafür haben wir aber jetzt den Verlauf des Stromes im Leiter berücksichtigen können und erhalten daher die Perioden der Eigenschwingungen direkt durch die Dimensionen des Resonators ausgedrückt. Wir müssen hierzu allerdings die Problemstellung vervollständigen, indem wir die Bedingungen für die beiden Enden der Leiter hinzufügen. Aus den Anschauungen der MAXWELLschen Theorie folgt sofort, daß an den beiden Enden der Leitungsstrom verschwinden muß, daher für $s = 0$ und $s = l$, $J = 0$. Wir müssen also J als FOURIERsche Reihe

$$J = \sum_{n=1}^{n=\infty} A_n \sin\frac{n\pi s}{l}$$

ansetzen und entsprechend $\varphi(s,t)$ in eine solche entwickeln:

$$\varphi(s,t) = \sum_0^{\infty}{}_n B_n \sin\frac{n\pi s}{l}.$$

Daraus folgt dann

$$\frac{1}{c^2}\frac{\partial^2 A_n}{\partial t^2} + \frac{n^2\pi^2}{l^2}A_n = B_n.$$

Für die Eigenschwingungen ist $B_n = 0$ zu setzen:

$$\frac{1}{c^2}\frac{\partial^2 A_n}{\partial t^2} + \frac{n^2\pi^2}{l^2} A_n = 0,$$

$$A_n = A_n^0 \sin\frac{n\pi t}{lc}.$$

Es bilden sich im Drahte also stehende Stromwellen aus, mit den Knoten an den Enden des Resonators. Die Grundschwingung, die bei den Experimenten fast ausschließlich in Betracht kommt, besitzt also in Luft eine Wellenlänge von der doppelten Länge des Resonators, hat also ihren Schwingungsbauch in der Mitte des Resonators. Dies wurde auch experimentell, insbesondere für offene Resonatoren, in genügender Annäherung beobachtet.

Ist das den Draht umgebende Medium nicht Luft, so ist

$$V^2 = 2\frac{\sigma}{\varepsilon}\log\frac{R_0}{\varrho_0},$$

daher geht die Endgleichung in

$$\frac{\varepsilon}{c^2}\frac{\partial^2 J}{\partial t^2} - \frac{\partial^2 J}{\partial s^2} = \varepsilon\varphi(s, t)$$

über. Dagegen kann für schnelle elektrische Schwingungen μ immer gleich Eins gesetzt werden (vgl. Ziff. 75). Die Wellenlänge der Eigenschwingung des Drahtstückes wird daher um $\sqrt{\varepsilon}$ verringert. Dies ergibt eine Methode zur Bestimmung von ε (Bd. XVI, Kap. 20).

66. Untersuchung des Feldes des HERTZschen Resonators. Die Art, in der der geschlossene und der offene Resonator von einem elektromagnetischen Wellenfeld angeregt werden, ist eine prinzipiell verschiedene. Um dies klarzumachen, untersuchen wir das freie Feld eines HERTZschen Oszillators[1]). Wie aus der Formel (41) der Ziff. 54 folgt, ist das Feld am stärksten in der Symmetrieebene des Oszillators. Es ist in einiger Entfernung von ihm rein transversal, und zwar liegt der elektrische Vektor in der Richtung der Oszillatorachse, der magnetische senkrecht dazu in der Normalebene zur Verbindungsgeraden mit dem schwingenden Dipol. Nehmen wir, um die Gedanken zu fixieren, die Dipolachse als horizontal gelegen an, und legen wir den geschlossenen Resonator mit dem Zentrum auf der Symmetrieachse in die durch den Dipol gehende Horizontalebene, so wird der Resonator auf die einfallenden Wellen ansprechen. Denn, wenn wir die Funkenstrecke nun in den Leiterkreis einrechnen, so haben wir einen geschlossenen Leiterkreis vor uns, der eine Fläche einschließt, durch die ein ständig sich ändernder magnetischer Induktionsfluß geht, also ständig Strom induziert wird. Die Unterbrechung durch die Funkenstrecke macht sich dadurch bemerkbar, daß die im Resonator induzierten Ströme und daher auch die überspringenden Funken, bei einer Drehung des Resonators in sich nicht konstant bleiben. Sie sind am stärksten, wenn die Funkenstrecke auf der dem Oszillator abgewandten Seite des Resonators liegt, am schwächsten, wenn der Resonator dem Oszillator die Funkenstrecke zuweist.

Drehen wir nun den Resonator um einen rechten Winkel um den zur Dipolachse parallelen Durchmesser. Auch in dieser Lage treten im allgemeinen noch Funken auf. Denn die elektrische Kraft des Feldes ruft im Leiter Ströme hervor, die die beiden Enden des Resonators aufladen, bis durch das Überspringen des Funkens die Potentialdifferenz ausgeglichen wird. Steht allerdings der Resonator so, daß ein durch die Mitte der Funkenstrecke gehender Durchmesser der wirkenden elektrischen Kraft parallel ist, so sieht man sofort aus der Symmetrie, die

[1]) H. HERTZ, Ges. Werke. Bd. II, S. 87; Wied. Ann. Bd. 34, S. 155. 1888.

in diesem Falle vorhanden ist, daß kein Funke überspringen kann. Dreht man ihn aber in sich um einen rechten Winkel, so muß die Erregung am stärksten werden. Denn dann steht die Tangente des der Funkenstrecke gegenüberliegenden Mittelstücks des Resonators gerade in der Richtung der elektrischen Feldstärke, und der in ihm induzierte Strom wird nicht kompensiert, da in der Funkenstrecke natürlich kein Strom erregt wird. In dieser Lage spricht der Resonator daher am stärksten an. Man erhält dieses Resultat auch sofort aus der in der vorhergehenden Ziffer entwickelten Theorie des Resonators, nach der bei der praktisch allein wirksamen ersten Eigenschwingung der Bauch der sich im Leiter ausbildenden stehenden Stromwelle in der Mitte des Leiters liegt. Daher muß in der letzten Lage der Resonator am stärksten angeregt werden, da das erregende Feld gerade an der Stelle am stärksten wirkt, an der sich der Schwingungsbauch ausbildet[1]).

Der geschlossene Resonator verhält sich in diesem Falle wie ein offener, für den natürlich nur dieser Fall in Betracht kommt.

Drehen wir endlich den Resonator in die Symmetrieebene des Oszillators, so dürfen wegen der Transversalität des Feldes keine Funken entstehen. Dies ist auch tatsächlich der Fall.

Unter Berücksichtigung dieser Ergebnisse ist es möglich, die Richtung der elektrischen Feldstärke in jedem Punkte festzustellen und auch mit Hilfe eines der in der vorigen Ziffer angegebenen Hilfsmittel die Intensitätsverhältnisse zu bestimmen. Dies tat HERTZ in der durch die horizontale Achse des Oszillators gelegten Horizontalebene. Er fand die Verhältnisse in guter Übereinstimmung mit den theoretischen Ergebnissen. Allerdings bemerkte er, daß in vier Punkten der Ebene die Richtung der elektrischen Feldstärke nicht bestimmbar ist, da der vertikal gehaltene Resonator in allen Richtungen ansprach. Daraus folgt, daß der Vektor der elektrischen Feldstärke in diesen Punkten von konstanter Größe ist, sich aber im Verlauf einer Periode einmal herumdreht, sein Endpunkt also bei festgehaltenem Anfang einen Kreis beschreibt. Er nannte daher diese Gebiete Kreisgebiete. Ihre räumliche Verteilung führt auf zwei Kreisringe, deren Mittelpunkte auf der Oszillatorachse liegen[2]). Auch diese Ergebnisse konnte er in Übereinstimmung mit seiner Theorie des Oszillatorfeldes bringen. Eine genaue diesbezügliche theoretische Untersuchung wurde von CASPAR[3]) angestellt. Er fand, daß derartige Kreisgebiete im Felde des HERTZschen Oszillators nur angenähert auftreten können, während die Untersuchung des Feldes eines stabförmigen Senders, den ABRAHAM durch ein langgestrecktes Rotationsellipsoid annäherte, ergab, daß in diesem Felde exakte Kreisgebiete von einer gewissen Entfernung vom Sender an auftreten. Seine Ergebnisse wurden von BERGMANN[4]) experimentell überprüft und eine innerhalb der Fehlergrenzen genügende qualitative Übereinstimmung gefunden.

67. Brechung und Reflexion ebener elektromagnetischer Wellen an ebenen Grenzflächen. Da, wie in Ziff. 57 gezeigt ist, das HUYGHENSsche Prinzip sich von der Optik in die Theorie der elektromagnetischen Wellen übertragen läßt, ist es naheliegend, anzunehmen, daß beim Auffallen einer ebenen elektromagnetischen Welle auf eine ebene Grenzfläche sich eine reflektierte und eine gebrochene Welle ausbilden wird, für die wir ebenfalls die in Ziff. 52 abgeleitete Lösung der MAXWELLschen Gleichung, die ebene Wellen darstellt, verwenden können. Es sei $\mathfrak{s}$ die Richtung der Wellennormale der einfallenden Welle (Rich-

[1]) Ausführliche Theorie bei P. DRUDE, Wied. Ann. Bd. 53, S. 721, 184.
[2]) H. HERTZ, Ges. Werke. Bd. II, S. 99 u. 159.
[3]) P. CASPAR, Ann. d. Phys. Bd. 51, S. 649. 1916.
[4]) L. BERGMANN, Ann. d. Phys. Bd. 67, S. 13. 1922.

tung des einfallenden Strahles), $\mathfrak{s}'$ die des reflektierten, $\mathfrak{s}''$ die des gebrochenen Strahles, $\mathfrak{n}$ die Normale zur Grenzfläche (Einheitsvektoren). Dann ist der Einheitsvektor der Normalen der Einfallsebene gleich $[\mathfrak{n}\,\mathfrak{s}]/\sin\varphi$. Aus Symmetriegründen brauchen wir bloß die Erscheinungen in dieser Ebene zu verfolgen. Ihr Schnittgerade sei durch die Gleichung

$$(\mathfrak{r}\,\mathfrak{n}) = 0$$

gegeben. Ferner sei die einfallende Welle geradlinig polarisiert. Dann können wir die sie definierenden Feldvektoren in zwei Komponenten zerlegen, von denen die einen in der Einfallsebene liegen $E_{\parallel}$, $H_{\parallel}$, die anderen auf dieser normal stehen $E_{\perp}$, $H_{\perp}$:

$$\mathfrak{E} = \left\{E_{\perp}\frac{[\mathfrak{n}\,\mathfrak{s}]}{\sin\varphi} + E_{\parallel}\frac{[[\mathfrak{n}\,\mathfrak{s}]\,\mathfrak{s}]}{\sin\varphi}\right\} e^{i\nu t}\, e^{-ik(\mathfrak{s}\mathfrak{r})},$$

$$\mathfrak{H} = \frac{kc}{\nu\mu}[\mathfrak{s}\mathfrak{E}] = \frac{kc}{\nu\mu}\left\{- E_{\perp}\frac{[[\mathfrak{n}\mathfrak{s}]\,\mathfrak{s}]}{\sin\varphi} + E_{\parallel}\frac{[\mathfrak{n}\mathfrak{s}]}{\sin\varphi}\right\} e^{i\nu t}\, e^{-ik(\mathfrak{s}\mathfrak{r})},$$

und für die reflektierte Welle $\mathfrak{E}'$, $\mathfrak{H}'$

$$\mathfrak{E}' = \left\{E'_{\perp}\frac{[\mathfrak{n}\mathfrak{s}']}{\sin\varphi'} + E_{\parallel}\frac{[[\mathfrak{n}\mathfrak{s}']\,\mathfrak{s}']}{\sin\varphi'}\right\} e^{i\nu' t}\, e^{-ik'(\mathfrak{r}\mathfrak{s}')},$$

$$\mathfrak{H}' = \frac{kc}{\nu\mu}\left\{- E'_{\perp}\frac{[[\mathfrak{n}\mathfrak{s}']\,\mathfrak{s}']}{\sin\varphi'} = E'_{\parallel}\frac{[\mathfrak{n}\mathfrak{s}']}{\sin\varphi'}\right\} e^{i\nu' t}\, e^{-ik(\mathfrak{r}\mathfrak{s}')}$$

bzw. für die gebrochene $\mathfrak{E}''$ $\mathfrak{H}''$

$$\mathfrak{E}'' = \left\{E''_{\perp}\frac{[\mathfrak{n}\mathfrak{s}'']}{\sin\varphi''} + E_{\parallel}\frac{[[\mathfrak{n}\mathfrak{s}'']\,\mathfrak{s}'']}{\sin\varphi''}\right\} e^{i\nu'' t}\, e^{-ik''(\mathfrak{s}''\mathfrak{r})},$$

$$\mathfrak{H}'' = \frac{k''c}{\nu''\mu''}\left\{- E''_{\perp}\frac{[[\mathfrak{n}\mathfrak{s}'']\,\mathfrak{s}'']}{\sin\varphi''} + E''_{\parallel}\frac{[\mathfrak{n}\mathfrak{s}'']}{\sin\varphi''}\right\} e^{i\nu'' t}\, e^{-ik''(\mathfrak{r}\mathfrak{s}'')}$$

ansetzen, wobei wie gewöhnlich $k^2 = \frac{\varepsilon\mu\nu^2}{c^2}$. Die drei Wellen hängen durch die in Ziff. 61 abgeleiteten Randbedingungen zusammen: Die tangentiellen Komponenten von $\mathfrak{E}$ und $\mathfrak{H}$ müssen die Grenzfläche stetig durchsetzen. Da dies natürlich lineare Gleichungen für die Feldkomponenten ergibt, so folgt sofort, daß die beiden Exponentialfunktionen an der Grenzfläche in allen drei Ansätzen identisch sein müssen:

$$\nu = \nu' = \nu'',$$

$$k(\mathfrak{s}\mathfrak{r}) = k(\mathfrak{s}'\mathfrak{r}) = k''(\mathfrak{s}''\mathfrak{r}) \qquad \text{für} \qquad (\mathfrak{r}\mathfrak{n}) = 0,$$

Führen wir den Einfallswinkel φ, den Reflexionswinkel φ' und den Brechungswinkel φ'' ein, so ergibt dies das Reflexionsgesetz:

$$\sin\varphi = \sin\varphi'$$

und das Brechungsgesetz:

$$\frac{\sin\varphi}{\sin\varphi''} = \frac{k''}{k}$$

für elektromagnetische Wellen, die den entsprechenden optischen Gesetzen vollkommen analog sind, falls man den Brechungsindex durch die Gleichung

$$n = \frac{k''}{k} = \frac{\sqrt{\varepsilon''\mu''}}{\sqrt{\varepsilon\mu}}$$

definiert.

Um die Intensitätsverhältnisse zu erhalten, muß man die Grenzbedingungen aufstellen:

$$[\mathfrak{E}\mathfrak{n}] + [\mathfrak{E}'\mathfrak{n}] = [\mathfrak{E}''\mathfrak{n}],$$

$$[\mathfrak{H}\mathfrak{n}] + [\mathfrak{H}'\mathfrak{n}] = [\mathfrak{H}''\mathfrak{n}].$$

In Komponenten zerlegt:

$$k(E_{\parallel} + E'_{\parallel}) = k'' E''_{\parallel},$$

$$k\cos\varphi\,(E_{\perp} - E'_{\perp}) = k''\cos\varphi'' E''_{\perp},$$

$$E_{\perp} + E'_{\perp} = E''_{\perp},$$

$$\cos\varphi\,(E_{\parallel} - E'_{\parallel}) = \cos\varphi'' E''_{\perp}.$$

Die Auflösung dieser vier Gleichungen ergibt:

$$E''_{\perp} = \frac{2k\cos\varphi}{k\cos\varphi + k''\cos\varphi''} E_{\perp}, \qquad E'_{\perp} = \frac{k\cos\varphi - k''\cos\varphi''}{k\cos\varphi + k''\cos\varphi''} = \frac{\sin(\varphi'' - \varphi)}{\sin(\varphi'' + \varphi)} E_{\perp},$$

$$E''_{\parallel} = \frac{2k\cos\varphi}{k\cos\varphi'' + k''\cos\varphi} E_{\parallel}, \qquad E'_{\parallel} = \frac{k''\cos\varphi - k\cos\varphi''}{k\cos\varphi'' + k''\cos\varphi} = \frac{\sin 2\varphi - \sin 2\varphi''}{\sin 2\varphi + \sin 2\varphi''} E_{\parallel}.$$

Für den elektrischen Vektor gelten also die FRESNELschen Formeln (vgl. den Artikel „Lichttheorien" in Bd. XX ds. Handb.).

Für den Fall, daß das zweite Medium leitend ist, beschränken wir uns auf den Fall der senkrechten Inzidenz aus dem freien Raum ($\varepsilon = \mu = 1$). Die Grenzfläche sei die XY-Ebene, dann ist die auffallende Welle gegeben durch

$$E_x = E\,e^{i\nu t} e^{-ikz},$$

$$H_y = E\,e^{i\nu t} e^{-ikz}.$$

Wir setzen wiederum die reflektierte durch

$$-E'_x = E' e^{i\nu t} e^{-ikz},$$

$$H'_y = E' e^{i\nu t} e^{-ikz},$$

die gebrochene durch (vgl. Ziff. 53)

$$E_x = E'' e^{i\nu t} e^{-ik''z}, \qquad k''^2 = \frac{\varepsilon\mu\nu^2}{c^2} + i\frac{4\pi\mu\sigma\nu}{c^2}, \qquad \tau = \frac{2\pi}{\nu},$$

$$H_y = E''\frac{n - i\varkappa}{\mu} e^{i\nu} e^{-ik''z}, \quad n^2 = \frac{\mu}{2}\left(\sqrt{\varepsilon^2 + 4\sigma^2\tau^2} + \varepsilon\right), \quad \varkappa^2 = \frac{\mu}{2}\left(\sqrt{\varepsilon^2 + 4\sigma^2\tau^2} - \varepsilon\right)$$

an. Die Randbedingungen lauten nunmehr:

$$E - E' = E'',$$

$$E + E' = E''\frac{n - i\varkappa}{\mu},$$

daher

$$E = \frac{E''}{2}\left(\frac{n - i\varkappa}{\mu} + 1\right),$$

$$E' = \frac{E''}{2}\left(\frac{n - i\varkappa}{\mu} - 1\right).$$

Daraus erhalten wir das Reflexionsvermögen zu

$$R = \left|\frac{E'^2}{E^2}\right| = \frac{(n - \mu)^2 + \varkappa^2}{(n + \mu)^2 + \varkappa^2}.$$

Zur Diskussion dieser Formeln betrachten wir zunächst den Wert von $n - i\varkappa$. Setzt man die bei HERTZschen Wellen von einer Schwingungsdauer

$\tau \sim 10^9$ für irgendein Metall, z. B. Cu, gemessenen Werte $\varepsilon \sim 1, \sigma \sim 10^{17}$, $\mu \sim 1$ ein, so erkennt man sofort, daß man

$$n = \varkappa = \sqrt{\sigma\mu\tau}$$

setzen kann. Daher ist in großer Annäherung

$$R = 1 - \frac{2}{\sqrt{\sigma\tau}}.$$

Das Reflexionsvermögen der Metalle weicht also im Bereich der HERTZschen Wellen nur wenig von Eins ab. Die Metalle verhalten sich in dieser Beziehung in großer Annäherung wie vollkommene Leiter. Auch folgt daraus, daß die Annahme, daß die elektrischen Feldstärken auf der Leiteroberfläche normal stehen, angenähert richtig ist.

Untersuchen wir nun die gebrochene Welle, so ist an ihr das Wichtigste, wie weit sie in das Metall einzudringen imstande ist. Das Dämpfungsglied lautet $e^{-2\pi\varkappa\frac{z}{\lambda}}$. Setzen wir hierin außer den bereits gemachten Vernachlässigungen noch $\mu = 1$, so erhalten wir mit den obigen Zahlenwerten, daß das elektromagnetische Feld im Inneren einer Kupferplatte bereits in einer Entfernung von einem hundertstel Millimeter auf den $e^{-2\pi}$-ten Teil herabgesunken ist, wozu noch kommt, daß infolge des hohen Reflexionsvermögens nur ein geringer Bruchteil des elektrischen Feldes überhaupt in den Leiter eindringt. Aber auch das magnetische Feld, das nur wenig geschwächt in den Leiter eindringt, ist, da $\mathfrak{H}$ mit demselben Dämpfungsfaktor versehen ist, bereits auf weniger als ein Zweihundertstel seines Wertes herabgesunken. Diese Schirmwirkung des Metalles ist um so stärker, je geringer die Wellenlänge der auffallenden Welle ist, mit anderen Worten, je schnellere Schwingungen auf das Metall auffallen, auf eine um so dünnere Oberflächenschicht ist ihre Wirkung beschränkt. Ihre Tiefe wurde von BJERKNES experimentell bestimmt[1]). Dieses Verhalten der Metalle entspricht dem in Ziff. 62 entwickelten Theorem (Skineffekt). Das Resultat bleibt natürlich auch im Falle schiefer Inzidenz aufrecht, da die Dämpfung ja nach Ziff. 53 ein untrennbarer Bestandteil des Ausdrucks für die ebene Welle in einem leitenden Medium ist.

Gehen wir nun zur Betrachtung des allgemeinen Falles beliebiger Inzidenz über. Wir können die oben entwickelten Formeln für den Zusammenhang der Feldvektoren der drei Wellen weiter benutzen, wenn wir nur wegen des nunmehr komplexen Wertes von k komplexe Werte für die Winkel φ' und φ'' zulassen. Dies bedeutet, daß der reflektierte Strahl nun nicht nur eine Richtungsänderung, sondern auch eine Phasenverschiebung erleidet. Bilden wir das Verhältnis der Amplituden, so ist der reelle Teil dieses Verhältnisses das Intensitätsverhältnis, der imaginäre die Phasenverschiebung[2]).

Nehmen wir zuerst den Fall, daß der elektrische Vektor auf der Einfallsebene normal steht. Wir können dann ansetzen:

für die einfallende Welle

$$\mathfrak{E} = E_{\perp} e^{i\nu t} e^{-ik(\cos\varphi \cdot z + \sin\varphi \cdot y)},$$

für die reflektierte Welle

$$\mathfrak{E}'' = E'_{\perp} e^{i\nu t} e^{-ik(-\cos\varphi \cdot z + \sin\varphi \cdot y)},$$

für die gebrochene Welle

$$\mathfrak{E}'' = E''_{\perp} e^{i\nu t} e^{-ik(\beta z + \sin\varphi y)},$$

---

[1]) V. BJERKNES, Wied. Ann. Bd. 48, S. 597. 1893.
[2]) H. POINCARÉ, Oscill. électr. S. 255ff.

Aus dem Brechungsgesetz folgt

$$\beta^2 = (n - i\varkappa)^2 - \sin^2\varphi = \frac{\varepsilon\mu}{c^2} - \sin^2\varphi - 4\pi i\frac{\mu\sigma}{\nu}.$$

Da $\frac{\sigma}{\nu} \gg \varepsilon\mu$, ist

$$\frac{E'_\perp}{E_\perp} = \frac{\sin(\varphi'' - \varphi)}{\sin(\varphi'' + \varphi)} = \frac{\operatorname{tg}\varphi'' - \operatorname{tg}\varphi}{\operatorname{tg}\varphi'' + \operatorname{tg}\varphi} = -\frac{1 - \frac{\cos\varphi}{\beta}}{1 + \frac{\cos\varphi}{\beta}} \backsim -1$$

ist. Es ist also das Verhältnis der einfallenden zur reflektierten Amplitude gleich -1, d. h. die Phase ist um π verschoben.

Liegt die elektrische Kraft in der Einfallsebene, so ist

$$\frac{E_\parallel}{E'_\parallel} = \frac{\sin 2\varphi - \sin 2\varphi''}{\sin 2\varphi + \sin 2\varphi''}.$$

Da $\sin\varphi = (n - i\varkappa)\cdot\sin\varphi''$ ist $\sin\varphi \gg \sin\varphi''$, und wir können schreiben:

$$\frac{E_\parallel}{E'_\parallel} \backsim 1 - 2\frac{\sin 2\varphi''}{\sin 2\varphi} \backsim 1.$$

Das Verhältnis der Amplituden ist daher nahezu $+1$, es tritt in diesem Falle keine Phasendifferenz auf.

68. Die Reflexion elektrischer Wellen. a) An Metallen. Aus den in der vorigen Ziffer entwickelten Formeln für die Reflexion und Brechung ebener Wellen ergibt sich unmittelbar, daß die geometrische Optik der elektrischen Wellen mit der FRESNELschen Optik identisch ist, wenn man die Verbindung dadurch herstellt, daß man diejenige Polarisation der elektrischen Wellen, bei der der elektrische Vektor auf der Einfallsebene normal steht, der Polarisation des Lichtes beiordnet, bei der die Polarisationsebene der Einfallsebene parallel ist. Wir müssen daher alle Erscheinungen der geometrischen Optik auch bei der Ausbreitung elektrischer Wellen wiederfinden können, wenn wir nur den Unterschied in der Wellenlänge der beiden Erscheinungsgruppen berücksichtigen, der sich natürlich auch in der Dimensionierung der in Betracht kommenden Apparate und Räume ausdrückt. Da die Verhältnisse am einfachsten sind, wenn wir die Ausbreitung ebener Wellen untersuchen und derartige Untersuchungen auch deshalb leichter sind, weil in diesem Falle die Energiedichte der Welle mit der Entfernung am geringsten abnimmt, werden fast in allen derartigen Untersuchungen Hilfsmittel verwendet, die die vom Oszillator ausgehende Welle in eine ebene verwandeln sollen. Bereits HERTZ verwendet zu diesem Zwecke einen parabolischen Zylinder, in dessen Brennlinie er die Oszillatorachse stellt. Nach den Regeln der geometrischen Optik wirft der Spiegel die auftreffenden Wellen parallel in der Richtung der Parabelachse zurück. Die ersten von HERTZ angestellten Versuche scheiterten, ohne daß dieser negative Ausfall gegen die Theorie spricht: Denn die damals von ihm verwendete Wellenlänge betrug mehrere Meter. Erst als er raschere Schwingungen erzeugen konnte, gelang der Versuch. Sind die Abmessungen des Spiegels von der Größenordnung des Oszillators, so muß man ihn so konstruieren, daß sein Brennpunkt etwa um eine Viertelwellenlänge oder ein ungerades Vielfaches von dem Spiegel absteht, da dann der in ihn gebrachte Oszillator in einem Bauch der durch Reflexion an diesen Wänden entstehenden Wellen steht (vgl. Ziff. 69). Durch derartige Spiegel kann man tatsächlich ein angenähert ebenes Wellenfeld („Strahlen elektrischer Kraft“) herstellen. Die Intensitätsverhältnisse in einem solchen Felde wurden von LAMPA[1]) untersucht und in guter Übereinstimmung mit der Theorie gefunden ($\lambda = 83$ mm,

[1]) A. LAMPA, Wiener Ber. Bd. 108, S. 4. 1899.

$f = 16$ mm). Schon durch derartige Versuche ist das Reflexionsgesetz indirekt bestätigt. Durch die auf diese Weise parallel gerichteten Strahlen ist es nun leicht möglich, das Reflexionsgesetz direkt zu überprüfen.

Da aber bei allen derartigen Versuchen die Wellen bereits ziemliche Entfernungen zurückzulegen haben, ist es von Vorteil, auch den Resonator in einen Konvexspiegel einzubauen, der die nunmehr parallel eintreffenden Strahlen in seinem Brennpunkt konzentriert. Um das Auftreten der Funken beobachten zu können, führte HERTZ die Enden seines geschlossenen Resonators durch die Spiegelwand und stellte die Funkenstrecke hinter den Spiegel, RIGHI dagegen machte in den Scheitel des Spiegels ein Loch, durch das er mit Hilfe einer Lupe die Funkenstrecke seines offenen Resonators beobachtet.

Um das Reflexionsgesetz zu überprüfen, stellte HERTZ[1]) den einen Spiegel mit dem Oszillator in ein Zimmer, den anderen, mit dem Resonator versehenen, in ein Nebenzimmer, und richtete die Spiegel so, daß deren Öffnungen sich in einem Punkte kreuzten, wobei der eine Strahl durch die Verbindungstüre der Zimmer geht. Brachte er nun in den Kreuzungspunkt eine Metallplatte, so sprach der Resonator an, wenn die Platte in die dem Reflexionsgesetz entsprechende Lage gebracht wurde. Eine Drehung um etwa 10° aus dieser Lage bewirkte ein Verstummen des Resonators. Dagegen hinderte ein Schließen der Türe die Fortpflanzung der Wellen nicht merkbar. (Zum Nachweis des Reflexionsgesetzes besonders geeignet ist die von BOSE konstruierte Anordnung; vgl. Ziff. 71). Dabei müssen die Brennlinien der Spiegel und die mit ihnen fest verbundenen Achsen des Oszillators bzw. des Resonators einander parallel stehen; stellt man sie senkrecht zueinander ein, so verschwinden die Funken des Resonators: die Polarisation der Wellen wird nicht geändert.

Um das Reflexionsvermögen der Metalle zu messen, bestimmte KLEMENČIČ[2]) die Intensität der Wellen nach der Reflexion an einer Zinkplatte von 120×80 cm mit Hilfe des von ihm konstruierten Thermoresonators und verglich sie mit der Intensität derselben Welle, wenn sie ohne Reflexion dieselbe Distanz zurückgelegt hatte. Die Intensitätsschwankungen des Oszillators berücksichtigte er dadurch, daß er auch in den Spiegel des Oszillators einen Thermoresonator einbaute und ihn mit dem Empfangsapparat zusammenschaltete. Gleichzeitig bestimmte er die Intensität der durchgelassenen Welle. Es ergab sich, daß praktisch die gesamte Strahlung reflektiert wurde, und zwar bei beliebiger Polarisation der einfallenden Welle. Diese Versuche wurden von COLE[3]) weiter ausgebaut, der bei der Polarisation $E_{\perp}$, $R = 100\%$, bei der Polarisation $E_{\parallel}$, $R = 92{,}4\%$ fand. Auch RIGHI führte derartige Versuche durch, die ergaben, daß die Intensität der reflektierten Strahlung vom Einfallswinkel und der Richtung der Polarisation abhängt. Alle diese Versuche sind aber mit Funkenresonator und ohne Vergleich mit der jeweiligen Intensität der emittierten Welle angestellt, können also nur qualitativen Charakter beanspruchen. RIGHIS Resultate, insbesondere seine Beobachtung, daß die elektrische Welle nach der Reflexion an Metallen elliptische Polarisation aufweisen, dürften auf Störungen zurückgehen, da sie nicht nur der Theorie (vgl. Ziff. 67), sondern auch den Resultaten der anderen Beobachter widersprechen. Seine Versuche wurden daher von LINDMANN[4]) überprüft, der wieder volle Übereinstimmung mit der Theorie und mit den früheren Versuchsergebnissen fand. Es findet bei allen erreichbaren Einfallswinkeln (bis 79°) praktisch vollständige Reflexion statt, bei der die jeweilige lineare Reflexion

---

[1]) H. HERTZ, Ges. Werke. Bd. II, S. 191; Wied. Ann. Bd. 36, S. 769. 1888.
[2]) J. KLEMENČIČ, Wied. Ann. Bd. 45, S. 62. 1892.
[3]) A. D. COLE, Wied. Ann. Bd. 57, S. 290. 1896.
[4]) K. F. LINDMANN, Ann. d. Phys. Bd. 4, S. 617. 1901.

aufrechterhalten wird. Um insbesondere die Frage der elliptischen Polarisation auch bei streifender Inzidenz zu überprüfen, ließ er die Wellen mit einem Azimuth von 45° einfallen. Es bestand auch in diesem Falle volle Übereinstimmung mit der Theorie, da das durch Interferenz der reflektierten mit der einfallenden Welle entstehende Feld nur eine elektrische Komponente senkrecht zur Wand besaß.

b) An Dielektrizis. Die ersten Versuche zur Untersuchung der Reflexion ebener elektrischer Wellen an Dielektrizis führten RUBENS und RITTER[1]) an einer Glasplatte durch. Das negative Resultat dieser Versuche erklärte TROUTON[2]) dadurch, daß die Glasplatte zu dünn gewesen sei, so daß sich die an der vorderen und der rückwärtigen Seite der Glasplatte reflektierten Wellen gegenseitig aufhoben, da sie eine Phasendifferenz von $\lambda/2$ besitzen. Er wiederholte die Versuche mit einer Paraffinplatte von entsprechender Dicke (180 × 120 × 13 cm). Stand die elektrische Kraft normal auf der Einfallsebene, so konnten sie eine Reflexion bemerken, war dagegen $\mathfrak{E}$ in der Einfallsebene, so wurde nichts reflektiert, was qualitativ den FRESNELschen Formeln entspricht. Diese Formeln wurden auch tatsächlich durch die nachfolgenden quantitativen Untersuchungen bestätigt. Aus ihnen folgt bekanntlich, daß unter einem bestimmten Winkel, dem Polarisationswinkel für den $\varphi + \varphi'' = \frac{\pi}{2}$, die Komponente $E_{\parallel}$ verschwindet, die reflektierte Welle also nur die Polarisation $E_{\perp}$ zeigt, gleichgültig, wie der einfallende Strahl polarisiert ist. Diesen Polarisationswinkel bestimmte KLEMENČIČ mit der oben angeführten Apparatur[3]), an einer Schwefelplatte von 120 × 80 × 7 cm, die aus zwölf Ziegeln aufgebaut war. Er fand ihn zwischen 60 und 65°. Allerdings sind diese Versuche mit Störungen behaftet, da die Summe der Intensitäten der reflektierten und der durchgelassenen Strahlen bei einigen Einfallswinkeln größer ist als die Intensität der einfallenden. Der daraus mit Hilfe der FRESNELschen Formeln zu berechnende Wert der Dielektrizitätskonstante ist in genügender Übereinstimmung mit den übrigen Messungen. Mit derselben Methode bestimmte COLE[4]) das Verhältnis der Amplituden der reflektierten und der einfallenden Wellen unter einem Einfallswinkel von 45°, für $\mathfrak{E}$ normal und parallel der Einfallsebene. Zur Reflexion verwendete er Flüssigkeitsoberflächen, den Prozentsatz der Reflexion bestimmte er durch Vergleich mit der Intensität des durch eine über die Flüssigkeitsoberfläche geschobenen Zinkplatte reflektierten Strahles. Er erhielt z. B. für Wasser bei der Polarisation $E_{\perp}$ $R = 71{,}8\%$, für $E_{\parallel}$ $R = 52{,}7\%$. Die daraus folgenden Werte für den Brechungsexponenten sind $n = 8{,}9$ bzw. $n = 8{,}8$. Diese Übereinstimmung bestätigt neuerlich die FRESNELschen Formeln. Auf diese Weise bestimmten COLE und MERCZYNG[5]) die Dielektrizitätskonstanten einer ganzen Reihe von Flüssigkeiten und fanden sie in guter Übereinstimmung mit den auf andere Weise gemessenen. Auch RIGHI konnte mit seiner Anordnung die FRESNELschen Formeln bestätigen.

69. Stehende Wellen. Bestimmung der Wellenlänge und der Phasengeschwindigkeit. Lassen wir eine ebene elektrische Welle an einer Metallwand reflektieren und mit der einfallenden Welle interferieren, so entsteht eine stehende Welle. Ist insbesondere die Inzidenz eine senkrechte, so wird die elektrische Kraft

$$\mathfrak{E} = E_0 e^{i\nu t}(e^{-ikx} - e^{+ikx}) = -2iE_0 e^{i\nu t}\sin kx\,,$$

1) H. RUBENS u. R. RITTER, Wied. Ann. Bd. 40, S. 55. 1890.

2) F. T. TROUTON, Nature Bd. 39, S. 391. 1889; Bd. 40, S. 398. 1889.

3) J. KLEMENČIČ, Wied. Ann. Bd. 45, S. 562. 1892.

4) A. D. COLE, Wied. Ann. Bd. 57, S. 5290. 1896.

5) H. MERCZYNG, Ann. d. Phys. Bd. 33, S. 1. 1910; Bd. 34, S. 1015. 1911; Bd. 37, S. 157. 1912.

da wir das Metall als vollkommen leitend ansehen können. An der Metallwand bildet sich ein Knoten der elektrischen Kraft aus, was auch unmittelbar daraus folgt, daß an ihr die zu ihr parallele Komponente der elektrischen Kraft verschwinden muß. Da aus den Formeln für die ebenen Wellen folgt, daß die Richtung der magnetischen Kraft zu der Fortpflanzungsrichtung und der Richtung der elektrischen Kraft senkrecht steht und $\mathfrak{E}$, $\mathfrak{H}$, $\mathfrak{Z}'$ ein Rechtssystem bilden, muß sich zwar auch eine stehende magnetische Welle bilden, die aber um eine Viertelwellenlänge gegen die elektrische verschoben ist, in der Reflexionswand also einen Bauch besitzt. Das Auftreten derartiger stehender Wellen konnte bereits HERTZ[1]) nachweisen. Stellt man die Oszillatorachse und die Metallwand vertikal auf, so kann man mit dem geschlossenen Resonator nach Ziff. 65 sowohl die magnetische wie die elektrische Welle gesondert untersuchen, wenn in diesem Falle die Ebene des Resonators parallel der durch $\mathfrak{E}$ und $\mathfrak{H}$ bestimmten Ebene, also parallel der Wand liegt, wobei die beste Wirkung erreicht wird, wenn die Funkenstrecke der Oszillatorachse parallel gerichtet ist, in jenem die Fläche des Resonators vertikal aber senkrecht zur Wand und die Funkenstrecke senkrecht zur Oszillatorachse steht. Durch Bestimmung der Entfernung der einzelnen Knoten und Bäuche voneinander bestimmte HERTZ die Wellenlänge der stehenden Welle.

Diese Versuche von HERTZ wurden zuerst von SARASIN und DE LA RIVE[1]) wiederholt, die dabei das auffallende Resultat erhielten, daß die gefundene Wellenlänge von den Dimensionen, also der Eigenschwingung der verwendeten Resonatoren, abhing (vgl. Ziff. 64). Sie schlossen daraus, daß der Oszillator ein kontinuierliches Spektrum emittiert, aus dem sich der Resonator die Welle mit der seiner Eigenschwingung entsprechenden Periode heraussucht. HERTZ sprach sofort die Vermutung aus[2]), daß dieses Resultat darauf zurückgehe, daß der Oszillator zwar monochromatische, aber gedämpfte Wellen aussende. Dies wurde auch durch die von POINCARÉ und BJERKNES (vgl. Ziff. 64) entwickelte Theorie nahegelegt, aus der folgt, daß die beobachtete Periode der Welle zwischen der Eigenschwingung des Resonators und der Periode der vom Oszillator emittierten liegt, und zwar um so näher zur ersten, je geringer die Dämpfung des Resonators im Vergleich zu der des Oszillators ist, und umgekehrt. BJERKNES[3]) stellte auch experimentell fest, daß die Dämpfung der verwendeten Resonatoren bedeutend geringer ist als die der verwendeten Oszillatoren.

McLEAN[4]) verwendete daher, um die der Eigenperiode des Oszillators entsprechende Wellenlänge zu bestimmen, einen Resonator, der dem Oszillator in jeder Beziehung gleichgebaut war. Da die mit diesem Resonator bestimmte Wellenlänge nach der Theorie auch die der vom Oszillator ausgestrahlten Welle sein mußte, muß durch Division dieses Wertes durch die Periode des Oszillators die Phasengeschwindigkeit folgen, die für Luft gleich der Lichtgeschwindigkeit sein soll. Er bestimmte die Schwingungsdauer des Oszillators durch die photographische Methode (rotierender Spiegel), allerdings nur an einem analog gebauten Oszillator, indem er den gefundenen Wert durch die THOMSONsche Formel auf die Dimensionen des ursprünglichen Oszillators reduzierte. Er fand so $\tau = 1{,}976 \cdot 10^{-8}$ sec, was mit dem beobachteten Wert $\lambda = 591{,}5$ cm $c = 2{,}991 \cdot 10^{11}$ cm/sec ergibt. Zur Überprüfung der von POINCARÉ und BJERKNES entwickelten Theorie wiederholte er die Bestimmung der Wellenlänge, nachdem er in den Resonator einen stärkeren Widerstand eingebaut hatte.

---

1) H. HERTZ, Ges. Werke. Bd. II, S. 133; Wied. Ann. Bd. 34, S. 610. 1888.
2) H. HERTZ, Ges. Werke. Bd. II, S. 17.
3) V. BJERKNES, Wied. Ann. Bd. 44, S. 74 u. 513. 1891.
4) G. V. McLEAN, Phil. Mag. Bd. 48, S. 115. 1899.

Er erhielt so denselben Wert der Wellenlänge. Änderte er dagegen die Kapazität des Oszillators oder des Kohärerkreises, so änderte sich auch der Wert der Wellenlänge. Zum Schlusse entfernte er aus dem Kohärerkreis die Kapazität und die Selbstinduktion. Er erhielt dann in Übereinstimmung mit der Theorie keine eindeutigen Resultate.

Die vollkommene Aufklärung der Erscheinung der multiplen Resonanz brachte eine Arbeit von LINDMANN[1]). Er bestimmte zunächst die Eigenschwingung einer Anzahl von offenen Resonatoren, indem er diese durch Änderung der Länge des Oszillators mit diesem in Resonanz brachte und dann die Länge der sich an ihrer Oberfläche ausbildenden stehenden Wellen (vgl. Ziff. 65) maß. Diese ergab sich, bis auf ein konstantes Korrekturglied, das offenbar die Störung durch das nach dem Vorgang von KLEMENČIČ eingefügte Thermoelement anzeigt, gleich dem Wert der Eigenschwingung eines ABRAHAMschen stabförmigen Erregers. Mit diesen Resonatoren maß er die stehenden Wellen, die durch Reflexion an einer Metallfläche erzeugt wurden, die senkrecht zu den auffallenden, durch einen parabolischen Zylinderspiegel parallel gerichteten Strahlen stand. Die gemessene Wellenlänge war bei $\lambda = 48{,}4$ cm gleich der Eigenschwingung des Resonators, wurde die Primärwel e vergrößert, so war die gemessene kleiner als sie und umgekehrt. Die gemessene Wellenlänge lag daher immer zwischen der Wellenlänge der vom Oszillator emittierten Welle und der der Eigenschwingung des Resonators entsprechenden. Für die vom Oszillator ausgesandten Wellen muß daher $\lambda = 48{,}4$ cm sein. Der entsprechende Resonator stand auch in Resonanz mit dem Oszillator. War die Eigenschwingung des Resonators so groß, daß die ihr entsprechende Wellenlänge kleiner als 24 cm war, so sprang der Wert der gemessenen Wellenlänge der stehenden Welle auf 16 cm und blieb dort nahezu konstant. Dies zeigt das Auftreten der ersten ungeraden Oberschwingung des Resonators an und weist darauf hin, daß sie weniger gedämpft ist als dessen Grundschwingung. Bereits diese Resultate legen den Schluß nahe, daß die stehenden Wellen in der Luft „objektiv existieren", d. h., daß die Erscheinung der multiplen Resonanz durch die Dämpfung der emittierten Welle hervorgerufen werden. Um dieses Resultat zu erhärten, stellte LINDMANN eine weitere Reihe von Versuchen mit bedeutend stärker gedämpften Resonatoren an, die dieselben Resultate ergaben. Es zeigte sich, daß bei so starker Dämpfung die Intensitätskurven der stehenden Welle besonders bei Verwendung von Resonatoren deutlich wird, deren Eigenwellenlänge größer ist als die des Oszillators. Zum Schlusse führte LINDMANN die Versuche ohne Konzentrationsspiegel durch und erhielt wieder dieselben Ergebnisse.

War damit das Problem auch prinzipiell gelöst, so blieben dennoch eine Reihe von Unregelmäßigkeiten in der Ausbildung der stehenden Wellen zu erklären, die selbst bei sehr sorgfältigen Untersuchungen immer noch vorhanden waren. Es wurde mehrfach, insbesondere durch die umfassenden Untersuchungen von SJÖSTRÖM[2]), darauf hingewiesen, daß es sich hierbei um Fremdstörungen, die durch die Reflexion der Wellen an den Zimmerwänden usw. hervorgerufen werden, handelt. Dadurch wurde KOPP[3]) veranlaßt, die Messungen nicht mehr in einem Laboratorium, sondern im Freien anzustellen. Hier ergab sich auch tatsächlich eine vollkommen ungestörte Ausbildung der stehenden Wellen, und zwar sowohl zwischen Oszillator und Wand wie hinter dem Oszillator.

Dadurch ist die häufig zur Bestimmung der Wellenlänge der Strahlung des Oszillators benutzte Methode, die auf der Bestimmung der Wellenlänge

[1]) K. F. LINDMANN, Ann. d. Phys. Bd. 38, S. 523. 1912.

[2]) M. SJÖSTRÖM, Ann. d. Phys. Bd. 42, S. 1549. 1913; Bd. 45, S. 353. 1914.

[3]) W. KOPP, Ann. d. Phys. Bd. 42, S. 525. 1923.

der durch senkrechte Reflexion erzeugten stehenden Welle durch einen mit dem Oszillator in Resonanz befindlichen Resonator beruht, gerechtfertigt.

Bilden sich die stehenden Wellen nicht in Luft, sondern in einem Dielektrikum aus, so muß ihre Wellenlänge entsprechend der kleineren Phasengeschwindigkeit eine kleinere sein. Bringt man daher in den Strahlengang ein Dielektrikum, so müssen sich auch in dem übrigbleibenden Luftweg die Knoten bzw. die Bäuche der stehenden Welle um eine entsprechende Strecke verschieben. Auf diese Weise kann die Phasengeschwindigkeit und damit der Brechungsindex des betreffenden Dielektrikums gemessen werden. Dieser Versuch wurde zuerst von TROUTON[1]) ausgeführt, der so den Brechungsindex von Paraffin bestimmte. Er wurde dann von MACK[2]) zur Bestimmung des Brechungsindex von Holz verwendet (vgl. Ziff. 73) und von PIERCE[3]) insofern verändert, als dieser die stehenden Wellen auf der vom Spiegel abgewendeten Seite des Oszillators untersuchte.

70. Andere Interferenzerscheinungen. KLEMENČIČ und CERMAK[4]) stellten, einer Anregung BOLTZMANNS[5]) folgend, die Interferenz zweier Wellen dadurch her, daß sie die vom Oszillator ausgesandte Welle durch zwei Metallspiegel reflektieren ließen, die zwar parallel gestellt, aber in der Richtung des auffallenden Strahles gegeneinander verschoben waren. Von diesen wurde die Welle in den Spiegel des Resonators reflektiert, wo sie sich je nach der entstandenen Gangdifferenz verstärkten bzw. schwächten. Aus der Größe der Strecke, um die der bewegliche Spiegel verschoben werden muß, um zwei aufeinanderfolgende Minima zu erhalten, kann auf die Wellenlänge geschlossen werden. Es tritt natürlich wieder multiple Resonanz auf, aber so wie bei den stehenden Wellen, erhält man auch bei dieser Methode die Wellenlänge der emittierten Strahlung, wenn man den Resonator in Resonanz mit dem Oszillator bringt. Sie wurde, da sie sich als sehr geeignet erweist, sehr oft zu diesem Zwecke verwendet. KLEMENČIČ und CZERMAK geben auch die Theorie des Experiments unter Berücksichtigung der Dämpfung der Wellen. Dann läßt sich aus den Versuchen neben der Wellenlänge auch die Dämpfung der Strahlung bestimmen.

Bringt man vor den einen Spiegel eine Schicht eines von Luft verschiedenen Dielektrikums, so muß man, falls vor dessen Einbringung etwa die Phase der beiden Wellen um eine halbe Schwingungsdauer differierte, nunmehr den beweglichen Spiegel verstellen, um wiederum ein Minimum des Ansprechens des Resonators zu erreichen, da ja die Phasengeschwindigkeit im Dielektrikum eine andere ist als in Luft. Auf diese Weise kann man wiederum die Dielektrizitätskonstante der betreffenden Substanz bestimmen. Dieser Versuch wurde von RIGHI ausgeführt, der dabei die Anordnung von KLEMENČIČ dadurch verbesserte, daß er nach Art des MICHELSONschen Interferometers zwischen den Oszillator und den senkrecht gegen die von ihm ausgehenden Strahlen gestellten Spiegel eine gegen den Strahlengang um 45° geneigte Schwefel- oder Glasplatte von geeigneter Dicke brachte, die die Strahlen einerseits teilweise vom Oszillator zu den Spiegeln durchläßt, sie aber bei ihrer Rückkehr von den Spiegeln teilweise unter 90° zum Resonator reflektiert. Die Berechnung des Brechungsindex aus der zur Wiederherstellung der ursprünglichen Phasendifferenz notwendigen Verschiebung des Spiegels ist jedoch von RIGHI ohne Berücksichtigung der Reflexion an der vorderen Fläche des Dielektrikums durchgeführt worden. Unter

---

1) F. T. TROUTON, Nature Bd. 40, S. 391. 1889.
2) K. MACK, Wied. Ann. Bd. 56, S. 714. 1895.
3) G. PIERCE, Phil. Mag. Bd. 1, S. 149. 1901.
4) J. KLEMENČIČ u. P. CERMAK, Wied. Ann. Bd. 50, S. 174. 1893.
5) L. BOLTZMANN, Wied. Ann. Bd. 40, S. 399. 1890.

Berücksichtigung dieses Umstandes berechnete DRUDE[1]) die erforderliche Beziehung. Mit dieser Formel wertete WIEDEBURG[2]) seine mit der RIGHIschen Apparatur angestellten Beobachtungen aus. Die Anordnung wurde von BLAIR[3]) weiter ausgebildet und zu großer Exaktheit gebracht. Er untersuchte mit ihr die Erscheinungen, die bei Verwendung ganz dünner Schichten von Dielektrizis auftreten. Daß den entsprechenden optischen Erscheinungen analoge auch im Bereich der elektrischen Wellen auftreten müssen, schloß TROUTON bereits aus der Tatsache, daß zu dünne dielektrische Schirme die elektrischen Strahlen nicht reflektieren, was NEWTONS dunklem Fleck entspricht. Trotzdem verlief die weitere von ihm angestellte Untersuchung resultatlos. Erst RIGHI gelangen derartige Versuche. BLAIR untersucht die Erscheinungen an dünnen Platten dadurch, daß er mit Hilfe der Interferometermethode die durch eine in den Strahlengang gebrachte Schicht eines Dielektrikums hervorgerufene Phasendifferenz mißt. Für dicke Schichten muß diese Phasendifferenz der Dicke der Schichte proportional sein. Eine an verschieden dicken Paraffinplatten mit Hilfe der Methode der stehenden Wellen durchgeführte Untersuchung führte zu keinem Resultat. Er verwendete daher zu den weiteren, an Wasserschichten ausgeführten Untersuchungen die folgende, dem MICHELSONschen Interferometer vollkommen analoge Abänderung der KLEMENČIČ-RIGHIschen Apparatur. Die von einem Paraboloidspiegel parallel gerichteten Strahlen des Oszillators werden senkrecht auf einen beweglichen Metallspiegel geworfen. In diesen Strahlengang wird ein Schirm gebracht, der gegen die Strahlrichtung um 45° geneigt ist und aus einem Rahmen besteht, in dem 28 Kupferdrähte in einer gegenseitigen Entfernung von 6 bis 7 cm parallel ausgespannt sind. Dieser halbdurchlässige Schirm spielt die Rolle des Glasspiegels im Interferometer von MICHELSON. Er reflektiert einerseits die vom beweglichen Metallspiegel zurückgeworfenen Strahlen unter 90° in den ebenfalls paraboloidischen Empfangsspiegel, andererseits teilt er die vom Oszillator ausgehenden Strahlen in zwei Teile. Der eine Teil wird durchgelassen, fällt also senkrecht auf den beweglichen Metallspiegel, von dem er, wie bereits oben geschildert, zurückgeworfen wird, um dann bei seiner Rückkehr zum Drahtschirm teilweise in den Empfangsspiegel reflektiert zu werden. Der andere Teil der vom Oszillator ausgehenden Strahlen wird unter 90° reflektiert und gelangt so auf einen festen, unter 45° gegen seine Richtung geneigten Metallspiegel, der ihn senkrecht nach abwärts wirft. Er gelangt so in senkrechter Inzidenz auf die Oberfläche des zu untersuchenden Wassers, das in einen gläsernen Trog eingefüllt ist und unter dessen Boden sich unmittelbar ein zweiteiliger Zinkschirm befindet, der durch Umklappen um seine beiden Enden aus dem Strahlengang entfernt werden kann. Hier wird der Strahl daher wieder zurückgeworfen, und zwar je nachdem, ob der Zinkspiegel in wirksamer Stellung ist oder nicht, ganz oder teilweise, und gelangt daher auf demselben Weg wieder zum Drehschirm zurück, der einen Teil nach dem Empfangsspiegel durchläßt. Hier vereinigen sich die beiden Teile des vom Oszillator ausgehenden Strahles wieder und gelangen so zur Interferenz. Im Brennpunkt des Empfängerspiegels befindet sich ein Thermoresonator, der nach dem Vorgang von KLEMENČIČ mit einem im Senderspiegel angebrachten verbunden ist, wodurch die Intensitätsschwankungen des Oszillators berücksichtigt werden.

Nachdem durch Messung der Phasendifferenz, die durch den leeren Trog mit und ohne Einschaltung des Metallspiegels hervorgerufen wird, die Apparatkonstanten bestimmt sind, wird das Wasser in verschiedenen Tiefen in den Trog

---

1) P. DRUDE, Wied. Ann. Bd. 51, S. 77. 1894.
2) O. WIEDEBURG, Wied. Ann. Bd. 59, S. 495. 1896.
3) W. R. BLAIR, Phys. Rev. Bd. 26, S. 61. 1908.

eingefüllt. Die beobachteten Phasenverschiebungen sind bis zu einer Tiefe des Wassers von etwa $3\frac{\lambda}{2}$ nicht der Tiefe proportional. Der Quotient aus Phasenverschiebung und Schichtdicke ist demgemäß keine Konstante, sondern schwankt mit abnehmender Amplitude um den für dicke Schichten gültigen Wert $p = n - 1$, wobei er diesem gleich ist, wenn die Schichtdicke des Wassers ein Vielfaches der Viertelwellenlänge (im Wasser) beträgt. Der von BLAIR durchgeführte Vergleich mit der Theorie ergibt völlige Übereinstimmung.

RIGHI machte auch den FRESNELschen Spiegelversuch mit elektrischen Wellen nach. Dabei ist zu bemerken, daß entsprechend der großen Wellenlänge der elektrischen Wellen der Winkel zwischen den beiden Spiegeln entsprechend klein gewählt werden muß.

LANG[1]) verband zwei metallene U-Rohre U_1 und U_2 durch zwei gerade Metallröhren A und B, und zwar so, daß die U-Röhren in den geraden Röhren verschoben werden können. In der Mitte der Röhren A und B münden senkrecht zwei weitere gerade Metallrohre A_1 und B_1. Der Strahl wird durch A_1 geschickt, teilt sich beim Auftreffen auf die Wand von A in zwei Teile, von denen der eine durch U_1 und B, der andere durch U_2 und B läuft, bis sie im Rohre B_1 wieder vereinigt werden und dort zur Interferenz gelangen. Die beiden Wege können durch Ausziehen der U-Röhren aus den geraden verschieden lang gestaltet werden. Führt man in die eine Röhre ein Dielektrikum ein, so läßt sich aus der resultierenden Phasendifferenz dessen Brechungsexponent bestimmen. Es empfiehlt sich, die Röhre rechteckig zu gestalten. Die komplizierte Theorie dieses Versuches, der ein Analogon zum QUINCKEschen Versuch der Interferenz von Schallwellen bildet, wurde von WEBER[2]) und KALÄHNE[3]) behandelt. Der Versuch wurde von DRUDE[4]) und BECKER[5]) wiederholt.

Interferenzversuche mit einem Doppelprisma wurden durch BOSE[6]) und RIGHI angestellt.

Während bei den bisherigen Interferenzversuchen die beiden zur Interferenz gelangenden Strahlen entsprechend dem Vorgehen in der Optik durch Teilung des vom Oszillator ausgesandten erhalten werden, brachte KIEBITZ[7]) die von zwei gekoppelten Sendern ausgehenden Wellen zur Interferenz. Zu diesem Zwecke brachte er einen Schwingungskreis zwischen zwei parallel gespannte Drähte, deren Länge der der Periode des Schwingungskreises entsprechenden Wellenlänge von einem Meter gleich war. In einer Entfernung von 25 cm ($\lambda/4$) von den Enden dieser Drähte zweigte er je einen 25 cm ($\lambda/4$) langen geraden, in der Ebene der beiden Paralleldrähte gelegenen Draht senkrecht ab. (Es empfiehlt sich, knapp vor bzw. nach den Ableitungen die beiden parallelen Drähte zu überbrücken.) Wird nun der Schwingungskreis erregt, so bilden je zwei an gegenüberliegenden Punkten der Paralleldrähte abgezweigte Drähte zusammen einen stabförmigen Sender und können daher in ihrer Wirkung angenähert als schwingender Dipol aufgefaßt werden. Diese beiden Dipole schwingen aber, wie man aus ihrem gegenseitigen Abstand sofort erkennt, mit einer Phasendifferenz von einer halben Schwingung. Daher verstärken sich die beiden von ihnen ausgehenden Wellen auf der durch die Dipole gelegten Gerade, vernichten sich aber auf der Symmetralebene ihrer Verbindungsstrecke. Dies konnte KIEBITZ

---

1) V. v. LANG, Wied. Ann. Bd. 57, S. 430. 1896.
2) R. H. WEBER, Ann. d. Phys. Bd. 6, S. 421. 1902.
3) A. KALÄHNE, Ann. d. Phys. Bd. 18, S. 92. 1905; Bd. 90, S. 18. 1906.
4) P. DRUDE, Wied. Ann. Bd. 65, S. 481. 1898.
5) A. BECKER, Ann. d. Phys. Bd. 8, S. 22. 1902.
6) J. C. BOSE, Phil. Mag. Bd. 43, S. 56. 1897.
7) F. KIEBITZ, Ann. d. Phys. Bd. 22, S. 943. 1907.

auch durch Untersuchung des Feldes mit Hilfe einer Heliumröhre zeigen. Der Versuch kann auf mehrere Arten variiert werden.

71. Die Brechung elektrischer Wellen. Die experimentelle Überprüfung der für die Brechung der elektrischen Wellen aus der Theorie folgenden Gesetze wurde von HERTZ[1]) begonnen. Er ließ die durch einen parabolischen Spiegel parallel gerichteten Strahlen auf ein Pechprisma (Höhe 150 cm, Breite 120 cm, brechender Winkel 30°) fallen (Einfallswinkel der Strahlen 65°) und erzielte eine Ablenkung von 22°. Daraus ergibt sich $n = 1{,}7$. Diese Methode wurde von LAMPA[2]) zur Bestimmung der Brechungsexponenten einer Reihe von Substanzen verwendet, wobei die Flüssigkeiten in Hohlprismen eingefüllt wurden. Diese Methode ist jedoch nicht zuverlässig, da der im Prisma zurückgelegte Weg meist von der Größenordnung der Wellenlänge ist. Genaue Untersuchungen der Erscheinungen an derartigen „dünnen Prismen" wurden von BLAIR[3]) durchgeführt. Er verwendete ein Prisma mit einem brechenden Winkel von 0,83°. Der Oszillatorspiegel wurde direkt an die eine Wand des Prismas angelegt, so daß die Strahlen senkrecht auffielen und alle Strahlen das Prisma passieren mußten. Der Empfangsspiegel war um ein an der gegenüberliegenden Seite des Prismas angebrachtes Pivot drehbar in einer Entfernung von etwa 80 cm angebracht. Die mit dieser Anordnung für verschiedene Stellen des Prismas erhaltenen Resultate stimmten mit der vom Verfasser an der gleichen Stelle entwickelten Theorie eines solchen Prismas überein und waren auch im Einklang mit den in der vorigen Ziffer angeführten Experimenten über die Erscheinungen an dünnen Platten.

LODGE und HOWARD[4]) bestätigten das Brechungsgesetz dadurch, daß sie den Oszillator in den Brennpunkt einer plan-hyperbolischen Zylinderlinse stellten (Ausmaß der ebenen Fläche 85 × 90 cm, halber Asymptotenwinkel 54°, größte Dicke 21 cm, $f = 41$ cm) und dadurch parallele Strahlen erhielten. Wurde gegenüber der ersten eine gleich gebaute Linse aufgestellt, so konnte die Konvergenz der Strahlen in dem Brennpunkt deutlich verfolgt werden, und sogar die Divergenz hinter dem Brennpunkt wurde bemerkt. Die Wellenlänge der Strahlung wurde durch stehende Wellen, die durch Anlegen einer Metallfolie an die ebene Fläche des zweiten Prismas erzeugt wurden, zu 100 cm gefunden. Dadurch ist ein zweites Mittel zur Parallelrichtung der Oszillatorstrahlung gefunden. Seine Anwendung bietet gegenüber der Parallelrichtung der Strahlen durch einen Spiegel den Vorteil, daß in diesem Falle nicht nur die parallelgerichteten reflektierten Strahlen, sondern auch die direkte Oszillatorstrahlung die Spiegelöffnung passiert, so daß man es immer mit zwei interferierenden Wellen zu tun hat, während bei Anwendung einer Linse natürlich nur eine ebene Welle auftritt. Dafür kann aber die nicht durch die Linse parallelgerichtete Streustrahlung des Oszillators nun unangenehme Störungen hervorrufen.

Eine direkte Überprüfung des Brechungsgesetzes führte BOSE[5]) aus. Er halbierte einen Kreiszylinder ($r = 12{,}5$, $h = 8$ cm) aus Glas und brachte die eine Hälfte in die Mitte eines Spektroskops. Auf dem beweglichen Arm wurde der Empfänger (Kohärer) angebracht, zu dem der gebrochene Strahl durch zwei Metallblenden gelangt, zwischen die gegebenenfalls eine Glaslinse ($f = 13$ cm) gestellt ist, die die parallel eintreffenden Strahlen auf den Empfänger konzentriert. Der Oszillator wird, wenn die Brechung an der ebenen Fläche von Glas in Luft

[1]) H. HERTZ, Ges. Werke. Bd. II, S. 194; Wied. Ann. Bd. 36, S. 769. 1888.
[2]) A. LAMPA, Wiener Ber. Bd. 105, S. 587 u. 1049. 1896.
[3]) W. R. BLAIR, Phys. Rev. Bd. 26, S. 61. 1908.
[4]) O. LODGE u. J. L. HOWARD, Phil. Mag. Bd. 28, S. 48. 1889.
[5]) J. C. BOSE, Proc. Roy. Soc. London Bd. 62, S. 293. 1897.

untersucht wird, in den Brennpunkt des Halbzylinders gebracht, so daß die divergent auf seine Oberfläche auffallenden Strahlen parallel gerichtet werden. Durch eine zwischen Oszillator und Spektroskop angebrachte Blende wird das zentrale Bündel herausgeschnitten. Durch Einstellen des beweglichen Armes in die Richtung, in der der Resonator am stärksten anspricht, wird dann der Brechungswinkel gemessen. Wird dagegen die Brechung beim Übergang von Luft in Glas untersucht, so wird die Oszillatorstrahlung durch die Glaslinse parallel gemacht, und der Empfänger steht jetzt infolge entsprechender Dimensionierung der Anordnung im Brennpunkt des Halbzylinders. Es ergab sich bei der Brechung Glas-Luft $\varphi = 15^\circ$, $\varphi'' = 31^\circ 15'$, $n = 2{,}00$; $\varphi = 20^\circ$, $\varphi'' = 45^\circ 15'$, $n = 2{,}08$; $\varphi = 22^\circ$, $\varphi'' = 49{,}30^\circ$, $n = 2{,}03$. Für Luft-Glas: $\varphi = 40^\circ$, $\varphi'' = 18^\circ 20'$, $n = 2{,}04$; $\varphi = 50^\circ$, $\varphi'' = 22^\circ 30'$, $n = 2{,}00$; $\varphi = 65^\circ$, $\varphi'' = 26^\circ 10'$, $n = 2{,}05$. Durch die Gleichheit der erhaltenen Brechungsindizes ist das Brechungsgesetz bestätigt. (Dieselbe Anordnung eignet sich natürlich auch zur Überprüfung des Reflexionsgesetzes.)

RIGHI wiederholte nicht nur die Prismen- und Linsenversuche, sondern er konnte auch zeigen, daß die elektrischen Strahlen beim schiefen Durchgang durch eine Paraffinplatte von 20 cm Dicke eine Verschiebung erleiden. Brachte er nämlich eine solche Platte unter einem Einfallswinkel von 45° zwischen den Oszillator und den genau gegenübergestellten Resonator, so mußte er diesen um etwa 6 cm verschieben, damit die in ihm entstehenden Funken dieselbe Intensität zeigten wie vor Einbringen der Platte. Dies entspricht dem aus anderen Versuchen bestimmten Brechungsindex des Paraffins. Er konnte auch nachweisen, daß die Intensität des gebrochenen Strahles in Übereinstimmung mit den FRESNELschen Formeln davon abhängt, ob die elektrische Kraft in der Einfallsebene oder senkrecht zu ihr steht. In diesem Falle ist sie schwächer als in jenem. Liegt die Richtung der elektrischen Kraft zwischen diesen beiden, so wird die Richtung von $\mathfrak{E}$ in die Einfallsebene gedreht. RIGHI konnte diese Wirkungen zeigen, indem er die Strahlen hintereinander durch drei Paraffinplatten brechen läßt.

72. Totalreflexion. Findet die Brechung von einem Medium mit großem Brechungsindex in ein solches von kleinerem Brechungsindex statt, so wird von einem bestimmten Einfallswinkel, dem Grenzwinkel, an die Brechungsgleichung

$$n \sin\varphi'' = \sin\varphi$$

keinen reellen Wert für den Brechungswinkel geben. Man muß diesen dann komplex ansetzen:

$$\varphi = \frac{\pi}{2} + i\psi .$$

Für den die Richtung des gebrochenen Strahles angebenden Einheitsvektor $\mathfrak{s}''$ ergibt sich dann (vgl. Ziff. 67):

$$\mathfrak{s}'' = -i\,sh\psi \cdot \mathfrak{n} + [[\mathfrak{n}\mathfrak{s}]\,\mathfrak{n}]\frac{ch\psi}{\sin\varphi},$$

und der periodische Faktor der elektrischen Feldstärke für diesen Strahl lautet daher

$$e^{+i\nu t}\, e^{-k_2 sh\psi(\mathfrak{r}\mathfrak{n})}\, e^{-ik_1([[\mathfrak{n}\mathfrak{s}]\,\mathfrak{n}]\,\mathfrak{r})}.$$

Die Phase pflanzt sich daher in der Richtung der Schnittlinie der Einfallsebene mit der Grenzebene, also parallel zu dieser, mit der Geschwindigkeit $c/ch\psi$ fort. Dagegen findet ein Amplitudenabfall in der Richtung der Normalen dieser Ebene statt. Die FRESNELschen Formeln gehen, falls wir

$$k_1\cos\varphi \pm i k_2\, sh\psi = S e^{\pm i\Sigma}, \qquad k_2\cos\varphi \pm i k_1\, sh\psi = P e^{\pm i\Pi},$$

schreiben, in

$$E'_\perp = e^{-2i\Sigma} E_\perp, \qquad E''_\perp = \frac{2k_1\cos\varphi}{S} e^{-i\Sigma} E_\perp$$

$$E'_\parallel = e^{-2i\Pi} E_\parallel, \qquad E''_\parallel = \frac{2k_1\cos\varphi}{P} e^{-i\Pi} E_\parallel$$

über. Aus ihnen folgt sofort, daß der reflektierte Strahl dieselbe Intensität besitzt wie der einfallende. Es findet also Totalreflexion statt. Da die Amplituden aber nunmehr komplex sind, so besitzt der reflektierte Strahl gegen den einfallenden eine Phasenverschiebung. Diese ist bestimmt durch:

$$\operatorname{tg}\Sigma = \frac{k_2}{k_1}\frac{sh\psi}{\cos\varphi}, \qquad \operatorname{tg}\Pi = \frac{k_1}{k_2}\frac{sh\psi}{\cos\varphi}.$$

Aus den Formeln folgt auch sofort, daß die Feldstärken nun nicht mehr auf die Fortpflanzungsrichtung der Phasen normal stehen. In diesem Sinne kann man von longitudinalen Wellen sprechen. Sieht man aber mit EICHENWALD[1]) als die Fortpflanzungsrichtung der Wellen die durch den POYNTINGschen Vektor definierte Strömungsrichtung der Energie an, so sind natürlich auch diese Wellen gemäß der Definition des POYNTINGschen Vektors transversal.

Trotzdem der reflektierte Strahl dieselbe Intensität besitzt wie der einfallende, tritt im zweiten Medium eine Welle, also Energie auf. Diese rührt, wie EICHENWALD[1]) nachgewiesen hat, daher, daß die Grenzebene von einem mit der Zeit und von Ort zu Ort ständig wechselnden Energiestrom durchflossen wird

Der Grenzwinkel der Totalreflexion läßt sich mit der von BOSE angegebenen Apparatur (s. die vorige Ziffer) recht genau bestimmen. BOSE[2]) fand z. B. für den dort erwähnten Halbzylinder aus Glas $\varphi_0 = 29°$ daraus $n = 2{,}08$. Er führte den Versuch auch so aus, daß er dem einen Halbzylinder den anderen mit der ebenen Seite gegenüberstellte und zwischen beiden eine Luftschicht von 2 cm ließ, wobei er den Einfluß der Luftschicht auf die Totalreflexion untersuchte. Der zweite Halbzylinder machte dann die durch den ersten parallelgerichteten Strahlen des Oszillators konvergent. Er erhielt so $n = 2{,}04$ in Übereinstimmung mit den in der vorhergehenden Ziffer angegebenen Resultaten.

RIGHI zeigte, daß man Totalreflexion an der Hypotenusenfläche eines rechtwinkligen Paraffin- oder Schwefelprismas erhält, wenn man die Strahlen senkrecht auf eine der Kathetenflächen fallen läßt. Dies konstatierte er dadurch, daß ein der anderen Kathete gegenüberliegender Resonator stark ansprach, während ein hinter der Hypotenusenfläche befindlicher stumm blieb.

RIGHI konnte die Existenz eines Feldes hinter der Hypotenusenfläche nachweisen, indem er in Analogie zu dem von QUINCKE angestellten optischen Versuch ein zweites gleichgebautes Prisma hinter das erste brachte, und zwar so, daß es seine Hypotenusenfläche der Hypotenusenfläche des ersten Prismas zuwandte, und daß beide Flächen einander parallel standen. Wird der Abstand der beiden Flächen kleiner als eine halbe Wellenlänge, so wird der reflektierte Strahl bereits merklich schwächer, während das Ansprechen des hinter den beiden Prismen aufgestellten Resonators zeigt, daß bereits ein normaler gebrochener Strahl aufzutreten beginnt.

Dieser Versuch wurde von SCHAEFER und GROSS[3]) wiederholt, wobei die Verwendung von Klemenčič-Resonatoren die Messung der reflektierten bzw. durchgelassenen Strahlung gestattete und damit den Vergleich mit der Theorie zuließ. Es wurde eine sehr gute Übereinstimmung zwischen Experiment und Rechnung gefunden. Eine Störung der Totalreflexion tritt auf, wenn die Entfernung der Hypotenusenflächen der beiden Prismen kleiner wird als eine Wellenlänge. Auch wurde der Verlauf der instantanen Energieströmung nach dem Vorgang von EICHENWALD theoretisch für diesen Fall bestimmt.

1) A. EICHENWALD, Ann. d. Phys. Bd. 35, S. 1037. 1911; A. WIEGRÄFE, Ann. d. Phys. Bd. 45, S. 405. 1914.

2) J. C. BOSE, Proc. Roy. Soc. London Bd. 59, S. 160. 1895; Bd. 62, S. 293 u. 300. 1897.

3) CL. SCHAEFER u. G. GROSS, Ann. d. Phys. Bd. 32, S. 648. 1910; W. VOIGT, Ann. d. Phys. Bd. 34, S. 797. 1911.

Den beiden Genannten gelang auch die direkte Messung der Energie der im zweiten Medium bei Totalreflexion vorhandenen Welle, indem sie den Thermoresonator ohne Hohlspiegel direkt hinter die Hypotenusenfläche des benutzten Paraffinprismas brachten. Um einwandfreie Resultate zu erhalten, ist es aber notwendig, die Strahlen des Oszillators durch eine Linse (verwendet wurde eine Petroleumlinse von etwa 40 cm Durchmesser) parallel zu richten. Denn bei Verwendung eines Spiegels tritt, wie bereits erwähnt, auch eine primäre, also divergierende Welle aus der Spiegelöffnung aus, die evtl. zum Teil von der Hypotenusenfläche gebrochen werden könnte, wodurch die Totalreflexion natürlich gestört wäre. Durch Messung der Intensität in verschiedener Entfernung von der Wand ergab sich dann der Theorie entsprechend ein exponentialer Abfall der Wellenenergie, der auch dem Betrage nach mit der Theorie in Übereinstimmung ist.

Die Phasenverschiebung, die der reflektierte Strahl gegen den einfallenden bei Totalreflexion erfährt, ist verschieden, je nachdem, ob die elektrische Feldstärke in der Einfallsebene oder senkrecht zu ihr schwingt. Ist der einfallende Strahl daher in einer zwischen diesen Richtungen liegenden polarisiert, so werden die beiden Komponenten des reflektierten Strahles eine Phasendifferenz Δ aufweisen, die durch die Gleichung

$$\operatorname{tg}\frac{\Delta}{2} = \operatorname{tg}(\pi - \varepsilon) = \frac{\operatorname{tg} h\,\psi}{\operatorname{tg}\varphi}$$

gegeben ist.

Dement sprechend erhielt RIGHI durch Totalreflexion elliptische bzw. durch mehrmalige Totalreflexion zirkulare Polarisation. Man erhält sie am besten durch entsprechend dimensionierte FRESNELsche Parallelepipede.

73. Doppelbrechung. Da in die Phasengeschwindigkeit, wie aus den Formeln der Ziff. 53 hervorgeht, sowohl die Dielektrizitätskonstante wie die Leitfähigkeit eintritt, müssen, wenn sich die elektrischen Wellen in Medien fortpflanzen, in denen eine oder beide dieser Größen durch Tensoren dargestellt werden, ähnliche Erscheinungen auftreten wie bei der Fortpflanzung des Lichtes in Kristallen. Eine derartige Anisotropie fand RIGHI zuerst bei der Untersuchung der Absorption des Holzes. Er fand, daß diese stärker ist, wenn die Richtung der Fasern mit der Richtung der elektrischen Feldstärke übereinstimmte. Er schloß daraus, daß dann auch die Phasengeschwindigkeiten der beiden Strahlkomponenten eine verschiedene sein müßte. Dies wies er dadurch nach, daß er einen Holzblock so zwischen den Oszillator und den Resonatorspiegel brachte, daß seine Faserung zur Strahlrichtung normal lag. War die Richtung der Faserung nun parallel der Achse des Oszillators, also auch parallel der elektrischen Feldstärke oder normal hierzu, so sprach der Resonator dann am stärksten an, wenn seine Achse parallel der des Oszillators gelegen war, und blieb in der hierzu senkrechten Richtung stumm. Der Strahl behielt also beim Durchgang durch den Holzblock seine Polarisation bei. Lag die Richtung der Faserung jedoch zwischen diesen beiden Richtungen, dann sprach der Resonator in allen Richtungen an, d. h. der Strahl war nunmehr elliptisch polarisiert, die Phasengeschwindigkeit im Holz ist also eine verschiedene, je nachdem, ob die elektrische Feldstärke in der Richtung der Faserung schwingt oder senkrecht hierzu.

MACK[1]), der diese Erscheinung etwas später entdeckte, wies nach, daß es sich hier nicht um einen von der Richtung der Faserung an der Oberfläche herrührenden Effekt handle, da die Erscheinung nicht beeinflußt wurde, wenn er vor den Holzblock eine Platte mit anderer Faserung vorschaltete. Er bestimmte

[1]) K. MACK, Wied. Ann. Bd. 54, S. 342. 1895; Bd. 56, S. 717. 1895.

auch die im Holz auftretende Phasengeschwindigkeiten durch die Methode der stehenden Wellen und fand sie am kleinsten, wenn die Richtung der Faserung mit der der elektrischen Feldstärke übereinstimmt. Dieses Resultat wurde von PIERCE[1]) überprüft und in Übereinstimmung mit der Theorie gefunden. Tatsächlich ergeben auch unsere Formeln, wenn man die Leitfähigkeit so klein nimmt, daß man ihr Quadrat bereits vernachlässigen kann:

$$V = V_0 - \frac{V_0^5 V^2 n^2 \tau^2}{2}.$$

BOSE[2]) untersuchte gefaserte Minerale und zeigte, daß auch hier die entsprechenden Erscheinungen auftreten.

Daß auch einzelne Kristalle die Erscheinungen der Doppelbrechung zeigen, wurde von GARBASSO[3]), BIENACKI[4]) und LEBEDEW[5]) nachgewiesen. GARBASSO zeigte, daß man elliptische Polarisation des Strahles erhält, wenn man ihn durch einen Kalkspat hindurchgehen läßt. Die Einwirkung einer eventuellen durch Beugung an dem Kristall hervorgerufenen Sekundärstrahlung wurde durch Einschalten einer Blende zwischen diesem und dem Resonator verhindert. Dasselbe wies BIENACKI unter Verwendung eines Eiswürfels von einer Kantenlänge von etwa 50 cm nach. LEBEDEW verwendete die von ihm erzeugten ganz kurzen Wellen zu Brechungsversuchen an zwei Schwefelprismen, von denen die brechende Kante des einen der großen, die des anderen der kleinen Achse des Dielektrizitätsellipsoids parallel war. Er erhielt $\sqrt{\varepsilon_g} = 2{,}8$; $\sqrt{\varepsilon_k} = 2{,}00$ [Versuche mit Holzprismen wurden von LAMPA[6]) angestellt]. Mit diesen Werten konstruierte er eine Viertelwellenlängenplatte aus Schwefel ($2 \times 2 \times 0{,}6$ cm³), die ihm auch tatsächlich einen zirkularpolarisierten Strahl lieferte. Ähnliche Versuche wurden von RIGHI mit Holz- und Gipsplatten durchgeführt.

74. Die FRESNELsche Zonenkonstruktion und die aus ihr ableitbaren Beugungserscheinungen. Bekanntlich konnte FRESNEL aus dem HUYGHENSschen Prinzip mit Hilfe seiner Zonenkonstruktion eine Reihe von Beugungserscheinungen mit genügender Annäherung berechnen (vgl. den Artikel „Beugungsversuche" in Bd. XX). Da (Ziff. 57) das HUYGHENSsche Prinzip auch in die Theorie der elektrischen Wellen übertragen werden kann, müssen diese Betrachtungen auch im Gebiete der elektrischen Wellen gelten. Dies wurde von RIGHI untersucht.

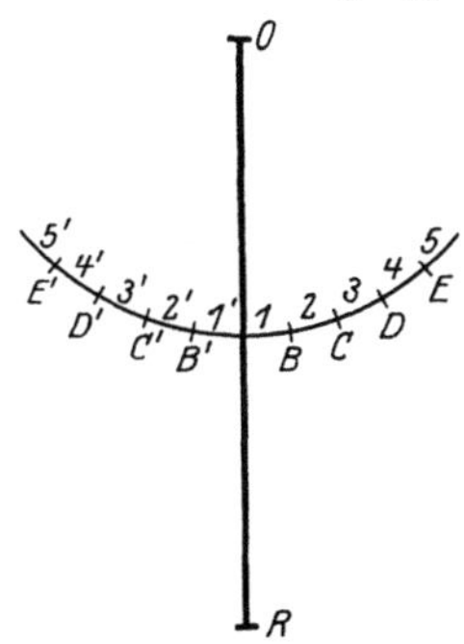

Abb. 2. FRESNELsche Zonenkonstruktion.

Zu diesem Zwecke spannte er auf einem Tisch Papier aus, auf dem er die folgende Zeichnung anbrachte (Abb. 2). Die Punkte O und R sind 140 cm voneinander entfernt. Um O ist ein Kreis von 75 cm Radius beschrieben. Der Durchstoßpunkt der Verbindungsgeraden von O mit R und dem Kreis ist mit A bezeichnet. Die Punkte des Kreises B, C, D usw. bzw. B', C', D' usw. sind von R immer um eine halbe Wellenlänge weiter entfernt als der vorhergehende. $^1/_2$ m über O bzw. über R ist der Oszillator bzw. der Resonator angebracht. Der Kreis stellt also eine Wellenfläche, die durch die Punkte B, C usw. begrenzten Bögen FRESNELscher Zonen dar, die wir, von der Mitte A ausgehend, mit 1, 2, 3

[1]) G. PIERCE, Phil. Mag. Bd. 1, S. 129. 1901.
[2]) J. C. BOSE, Proc. Roy. Soc. London Bd. 60, S. 433. 1897.
[3]) A. G. GARBASSO, Atti d. Torino Bd. 30, 19. Mai 1895.
[4]) V. BIENACKI, Wied. Ann. Bd. 55, S. 599. 1895.
[5]) P. LEBEDEW, Wied. Ann. Bd. 56, S. 1. 1895.
[6]) A. LAMPA, Wien. Ber. Bd. 105, S. 587. 1896.

bzw. 1′, 2′, 3′ usw. bezeichnen wollen. RIGHI stellte nun 1 m hohe Zinkblechschirme her, die jeder gerade eine derartige Elementarzone bedecken.

Mit dieser Anordnung läßt sich nun die Richtigkeit der FRESNELschen Zonenkonstruktion überprüfen: Bringt man einen Schirm auf eines der Elemente der Wellenfläche, so muß dadurch die Intensität der Welle in R verkleinert werden, wenn das betreffende Element mit einer ungeraden Zahl bezeichnet ist, dagegen verstärkt, wenn es sich um ein Element mit gerader Zahl handelt. Tatsächlich verringert sich im ersten Fall die Intensität des überspringenden Funkens im Resonator, während sie im zweiten Fall vergrößert wird. Bringt man analog je einen Schirm auf das Element 2 und 2′, so wird der im Resonator überspringende Funken noch stärker. (Ist die Erregung des Resonators nicht zu stark, so kann man ihre Stärke besser dadurch messen, daß man den Winkel bestimmt, um den man seine Achse aus der Richtung der elektrischen Feldstärke herausdrehen muß, damit die Funken verschwinden.)

Auch die Beugung an einem Schirm mit geradlinigem Rande wurde von RIGHI überprüft. Zu diesem Zwecke stellte er einen großen Metallschirm zwischen Oszillator und Resonator so auf, daß sein linker Rand gerade bei A steht. Dann sind die im Resonator auftretenden Funken deutlich schwächer, als wenn der Schirm nicht vorhanden ist. Wird der Schirm nun nach rechts verschoben, so nimmt die Intensität der Funken zu, bis der Rand bei B angelangt ist, um bei weiterer Verschiebung wieder abzunehmen. Weiter konnte RIGHI die Beugungserscheinungen nicht verfolgen. Insbesondere konnte er sie im Schatten nicht beobachten. Eine weitergehende Untersuchung der Beugung elektrischer Wellen an einem geradlinig begrenzten Schirm wurde von SJÖSTRÖM[1]) durchgeführt.

Mit Hilfe der anfangs erwähnten Zinkstreifen läßt sich auch die Beugung durch einen Spalt verfolgen. Verdeckt man mit den Streifen die Elemente 4, 5, 6 bzw. 4′, 5′, 6′ usw., so erhält man einen Spalt von drei Wellenlängen Breite und demgemäß eine Verstärkung der Intensität der Welle in R. Verschiebt man den Spalt nun so, daß seine Ränder nach C bzw. E' kommen und daher nunmehr die Elemente 3, 4 bzw. 5′, 6′ usw. verdeckt sind, so erhält man in R ein Minimum der Intensität. Verschiebt man den Spalt noch weiter, so daß seine Ränder nach B bzw. F' gelangen, so erhält man in R wiederum ein Maximum. Dasselbe Resultat erhält man natürlich durch Verschieben des Resonators auf einem Kreise um den Oszillator O, wenn man den Spalt in der ersten Stellung beläßt. Deckt man dagegen die Elemente 3, 4, 5 bzw. 3′, 4′, 5′ usw., so tritt in R ein Minimum der Intensität auf. Verschiebt man den Spalt wieder wie früher, so erhält man wiederum nach einer Verschiebung der Ränder um je ein Element abwechselnd Maxima und Minima der Intensität in R.

Genauere Untersuchungen an einem beugenden Spalt wurden von BARTENSTEIN[2]) durchgeführt. Er verwendete einen RIGHIschen Oszillator und einen Thermoresonator, der auf einem Wagen aufgestellt war, der durch eine Führung im Kreise um den Mittelpunkt des Spaltes bewegt wurde. Indem er die Intensität der Welle maß, während er den Wagen um je einen Grad verschob, erhielt er zwar eine sehr glatte Interferenzkurve, und bei Verwendung verschiedener Spalte war die Abhängigkeit der Lage der Maxima und Minima auch annähernd die von der Theorie geforderte. Eine genauere Diskussion der Resultate zeigt aber eine systematische Abweichung der Lage der Maxima und Minima von der von der FRESNELschen Theorie geforderten. Nach dieser verlangt z. B. das bei einer Spaltbreite von 38 cm unter 14° von der Mitte gefundene Minimum ein Maximum unter 20° 3′, während dieses bei einem Winkel von 17° gefunden

1) M. SJÖSTRÖM, Upsala Univ. Årsskr. 1916.

2) O. BARTENSTEIN, Ann. d. Phys. Bd. 29, S. 301. 1909.

wurde. Diese Abweichung erklärt sich, wie BARTENSTEIN durch Rechnung nachwies, daraus, daß die vom Oszillator ausgesendeten Wellen nicht ungedämpft sind, wie in der FRESNELschen Theorie vorausgesetzt ist. Die Durchführung der FRESNELschen Theorie unter Zugrundelegung gedämpfter Wellen ergab, daß in diesem Falle die Stellen der Minima von der Mitte weg, die der Maxima zur Mitte zu verschoben sind gegen die Stellen, die aus der Theorie unter Zugrundelegen ungedämpfter Wellen resultieren. Aus dieser Verschiebung kann dementsprechend auch die Dämpfung der Wellen berechnet werden. Wie zu erwarten, sind in jenem Falle auch die Minima nicht mehr Nullstellen der Wellenenergie und die Maxima geringer ausgeprägt als bei der Beugung ungedämpfter Wellen.

In diese Gruppe von Erscheinungen gehören auch die durch Beugung an Gittern erhaltenen, wenn die Gitter etwa aus Zinkstreifen von einer Breite der Größenordnung der Wellenlänge der benutzten Strahlung bestehen. Derartige Gitter wurden des öfteren, so z. B. von LEBEDEW, LAMPA, BOSE zur Bestimmung der Wellenlänge der Strahlung verwendet. Eine genaue Untersuchung dieser Beugungserscheinung wurde ebenfalls von BARTENSTEIN durchgeführt. Die experimentellen Ergebnisse stehen wiederum in guter Übereinstimmung mit der Theorie, wenn man die durch die Verwendung gedämpfter Wellen gegenüber den analogen Lichterscheinungen hervorgerufenen Veränderungen berücksichtigt. Auf diese Weise erklärt sich z. B. das Auftreten des zweiten Maximums auch dann, wenn die Stabbreite gleich der Spaltbreite ist.

Mit Hilfe der Beugung am Gitter konnte BARTENSTEIN auch die Existenz der ersten Oberschwingung in der Oszillatorstrahlung nachweisen. Hierzu verdoppelte er die Dimensionen des Oszillators, der nunmehr eine Strahlung der doppelten Wellenlänge aussandte, und dessen erste Oberschwingung daher dieselbe Wellenlänge besitzt wie die Strahlung des ersten Oszillators. Wenn er nun die Intensität der gebeugten Welle hinter dem Gitter für beide Oszillatoren mit demselben, mit dem ersten Oszillator in Resonanz stehenden Resonator ausmaß, so erhielt er in beiden Fällen dieselben Maxima und Minima, nur daß deren gegenseitige Entfernung etwas vergrößert war. Dies weist nach dem oben Gesagten auf die Existenz einer ersten Oberschwingung von geringerer Dämpfung wie die Grundschwingung hin.

75. Beugung an dielektrischen Zylindern. Die Beugungserscheinungen an dielektrischen Zylindern wurden bereits von RIGHI beobachtet. Genaue Untersuchungen dieser Erscheinung wurden von SCHAEFER und GROSSMANN[1]) angestellt. Soll die Beugung elektrischer Wellen durch ein beliebiges Hindernis unter der Berücksichtigung der Materialkonstanten durchgerechnet werden, so erfordert dies natürlich die Lösung der MAXWELLschen Gleichungen mit den dem speziellen Problem entsprechenden Randbedingungen. Eine solche Theorie wurde für verschieden gestaltete Körper durchgeführt. Die dabei zur Lösung der MAXWELLschen Gleichungen eingeschlagenen Wege lassen sich in die Ziff. 56 dargestellte Lösungsmethode von BROMWICH zusammenfassen.

Demgemäß führen wir auch, um die Theorie der Beugung elektrischer Wellen an unendlich langen Zylindern zu erhalten, Zylinderkoordinaten $x_1 = z$, $x_2 = r$, $x_3 = \varphi$; $a_{11} = 1$, $a_{22} = 1$, $a_{33} = r$ ein. (Vgl. Ziff. 56.)

Es kommen dann zwei Gruppen von Lösungen in Betracht, die durch den Ansatz $H_z = 0$ oder $E_z = 0$ bestimmt sind. Mit diesen ist der zulässige Kreis von Lösungen erschöpft, wenn wir annehmen, daß die Wellen senkrecht zur Zylinder-

[1]) CL. SCHAEFER u. E. GROSSMANN, Ann. d. Phys. Bd. 31, S. 455. 1910. Für die Theorie vgl. Lord RAYLEIGH, Phil. Mag. Bd. 12, S. 81. 1881; W. SEITZ, Ann. d. Phys. Bd. 16, S. 746. 1905; Bd. 19, S. 554. 1906; W. v. IGNATOWSKY, Ann. d. Phys. Bd. 18, S. 795. 1906.

achse auf den Zylinder auffallen. Denn für alle übrigen Lösungen müßte $H_z = E_z = 0$ sein, also der POYNTINGsche Vektor in der Richtung der Zylinderachse liegen, was bei der gemachten Annahme den Symmetriebedingungen des Problems widerspräche. Aus demselben Grunde müssen die Feldstärken von z unabhängig sein. Für den von SCHAEFER und GROSSMANN experimentell untersuchten Fall, daß der elektrische Vektor parallel zu z schwingt, werden daher die MAXWELLschen Gleichungen:

$$\frac{\varepsilon}{c}\frac{\partial E_z}{\partial t} = \frac{1}{r}\frac{\partial}{\partial r}(r H_\varphi) - \frac{1}{r}\frac{\partial H_z}{\partial \varphi},$$

$$\frac{\mu}{c}\frac{\partial H_z}{\partial t} = \frac{1}{r}\frac{\partial E_z}{\partial \varphi},$$

$$\frac{\mu}{c}\frac{\partial H_\varphi}{\partial t} = \frac{\partial E_z}{\partial r}.$$

Die Grenzbedingungen an der Oberfläche des Zylinders $r = r_0$ sind:

$$(E_z)_i = (E_z)_a, \qquad (H_\varphi)_i = (H_\varphi)_a.$$

Hierzu tritt noch die Grenzbedingung im Unendlichen, wo das Feld gleich dem einer ebenen Welle der verlangten Polarisation sein soll, die in der durch $\varphi = \pi$ festgelegten Richtung fortschreitet (Ausstrahlungsbedingung). Da nur die elektrische Feldstärke beobachtet wurde, können wir uns auf deren Bestimmung beschränken. Sie muß im Inneren eine Lösung der Wellengleichung sein, die auch im Ursprung stetig ist. Daher müssen wir ansetzen:

$$E_{zi} = R e^{i\nu t} \sum_0^\infty {}_m b_m J_m(k_i r) \cos m\varphi,$$

worin J_n die BESSELschen Funktionen erster Art bedeuten. Im Äußeren müssen diese durch die HANKELschen Funktionen zweiter Art ersetzt werden, damit die Bedingung im Unendlichen erfüllt wird:

$$E_{za} = R e^{i\nu t} \left\{ e^{i k_a r \cos\varphi} + \sum_0^\infty {}_m a_m H_m^2(k_a r) \cos m\varphi = A \cos nt + B \sin nt. \right.$$

Die Koeffizienten a_m und b_m werden durch die für $r = r_0$ geltenden Randbedingungen bestimmt:

$$a_m = 2 i^m \frac{k_i J_m(k_a r_0) J'_m(k_i r_0) - k_a J'_m(k_a r_0) J_m(k_i r_0)}{k_a H_m^{2\prime}(k_a r_0) J_m(k_i r_0) - k_i H_m^2(k_a r_0) J'_m(k_i r_0)} = \alpha_m + i\beta_m.$$

Bei a_0 ist der Faktor 2 auszulassen.

Da die Feldstärken also Funktionen von kr sind, wurden die Messungen mit einem HERTZschen Oszillator ausgeführt, der die Erregung von Wellen verschiedener Wellenlänge gestattete (gemessen wurde mit $\lambda = 24$ cm bzw. 34 cm bzw. 58 cm). Als beugende Zylinder wurden mit Wasser gefüllte Röhren von einem Halbmesser zwischen 0,1 und 1,5 cm verwendet. Sowohl das Experiment wie die von THILO[1]) durchgeführte Theorie ergab, daß die Glaswand der Röhren ohne Einfluß auf die beobachteten Erscheinungen ist. Das Feld wurde mit einem Klemenčič-Resonator ausgemessen, also die elektrische Energie der Welle beobachtet. Die Messungen wurden bei dem Azimut $\varphi = 0$, also vor dem Zylinder, $\varphi = \pi/2$ (senkrecht auf den einfallenden Strahl), $\varphi = \pi$ hinter dem Zylinder angestellt.

Da der Halbmesser der beugenden Zylinder klein gegen die Wellenlänge ist, kann man bei der Berechnung der a_m die Näherungswerte der Zylinderfunktionen für kleine Argumente verwenden, für die Berechnung der Energie in dem Aufpunkt

[1]) G. THILO, Ann. d. Phys. Bd. 62, S. 531. 1920.

in dem die Messung stattfindet, kann man dagegen bereits die Näherungswerte für großes Argument verwenden, daher:

$$E_{za} = \cos(\nu t + k_a r \cos\varphi) + \sqrt{\frac{\pi}{2k_a}}\Big[(\alpha_0 - \beta_1 \cos\varphi - \alpha_2 \cos 2\varphi)\sin\left(\nu t + \frac{\pi}{4} - k_a r\right)\Big]$$
$$+ (\beta_0 + \alpha_1 \cos\varphi - \beta_2 \cos 2\varphi)\cdot\cos\left(\nu t + \frac{\pi}{4} - k_a r\right).$$

Für $\varphi = 0$ ist also die mittlere elektrische Energiedichte

$$\overline{\mathfrak{E}_a^2} = \frac{1}{2}\Big\{1 + \frac{\pi}{2k_a r}[(\alpha_0 - \beta_1 - \alpha_2)^2 + (\beta_0 + \alpha_1 - \beta_2)^2]$$
$$+\sqrt{\frac{2\pi}{k_a r}}\Big[-(\alpha_0 + \beta_1 - \alpha_2)\sin\left(2k_a r - \frac{\pi}{4}\right) + (\beta_0 + \alpha_1 - \beta_2)\cos\left(2k_a r - \frac{\pi}{4}\right)\Big]\Big\}.$$

Aus dieser Gleichung folgt, daß vor dem Zylinder Interferenzstreifen auftreten, und zwar beträgt der Abstand zweier aufeinanderfolgender Maxima oder Minima eine halbe Wellenlänge.

Für $\varphi = \pi/2$ wird

$$\overline{\mathfrak{E}_a^2} = \frac{1}{2}\Big\{1 + \frac{\pi}{2k_a r}[(\alpha_0 + \alpha_2)^2 + (\beta_0 + \beta_2)^2]$$
$$+\sqrt{\frac{2\pi}{k_a r}}\Big[-(\alpha_0 + \alpha_2)\sin\left(k_a r - \frac{\pi}{4}\right) + (\beta_0 + \beta_2)\cos\left(k_a r - \frac{\pi}{4}\right)\Big]\Big\}.$$

Auch in dieser Richtung treten also Interferenzstreifen auf, nur daß der Abstand zweier aufeinanderfolgender Maxima oder Minima nunmehr eine ganze Wellenlänge beträgt.

Für $\varphi = \pi$ wird endlich

$$\overline{\mathfrak{E}_a^2} = \frac{1}{2}\Big\{1 + \frac{\pi}{2k_a r}[(\alpha_0 + \beta_1 - \alpha_2)^2 + (\beta_0 - \alpha_1 - \beta_2)^2$$
$$+\sqrt{\frac{\pi}{k_a r}}(\alpha_0 + \beta_1 - \alpha_2 + \beta_0 - \alpha_1 - \beta_2)\Big\}.$$

Die Intensität ist keine periodische Funktion des Abstands von der Zylinderachse mehr, es gibt also hinter dem Zylinder keine Interferenzstreifen. Ist der letzte der drei Summanden der geschwungenen Klammer positiv, so ist die Energiedichte der Strahlung hinter dem Zylinder größer als die der einfallenden Welle, der sie sich für große Entfernungen asymptotisch nähert. Ist er dagegen negativ, so ist der Verlauf der Energiedichte verschieden, je nachdem, ob er größer oder kleiner ist als der zweite (immer positive) Summand. In jenem Falle ist die Energiedichte immer geringer als die der freien Strahlung, der sie sich wieder mit zunehmendem Abstand nähert, nachdem sie durch ein Minimum durchgegangen ist, das natürlich nur dann vorhanden ist, wenn sein Abstand von der Zylinderachse größer als der Halbmesser des beugenden Zylinders ist. Im zweiten Fall ist die Energiedichte in der Nähe des Zylinders stärker als die der einfallenden Welle, wird mit zunehmender Entfernung geringer als diese, um sich ihr schließlich nach Erreichung eines Minimums wieder asymptotisch zu nähern.

Dieses Verhalten wurde durch die Versuche tatsächlich bestätigt. Eine Abweichung ergab sich nur bei Verwendung der dicksten Zylinder, wo sich auch hinter dem Zylinder Interferenzstreifen ergaben. SCHAEFER und GROSSMANN vermuteten, daß die Ursache dieser Abweichung in einer Beugung durch den Thermoresonator liegt. Dies wurde auch durch die strenge Theorie der Beugung an zwei hintereinanderstehenden Zylindern nachgewiesen, die durch ZAVIŠKA[1]) durchgeführt worden ist.

[1]) F. ZAVIŠKA, Ann. d. Phys. Bd. 40, S. 1023. 1913.

Stellt man die in einer bestimmten Entfernung hinter der Zylinderachse für verschiedene Zylinder erhaltenen Werte für die Energiedichte zusammen, so erhält man eine Kurve, die verschieden ausgeprägte Maxima zeigt. Die Formel für E_{za} zeigt, daß diese Maxima in der Nachbarschaft der Punkte liegen muß, für die der Nenner ein Minimum wird. Die physikalische Bedeutung dieser zunächst formalen Bemerkung liegt darin, daß die Wurzeln der Gleichung

$$k_a H_m^{2\prime}(k_a r_0) J_m(k_i r_0) - k_i H_m^2(k_a r_0) J_m'(k_i r_0) = 0$$

die Eigenschwingungen des Zylinders angeben, wie man aus den Randbedingungen, die in diesem Falle ohne einfallendes Feld befriedigt werden müssen, sofort erkennt. Die Lösungen dieser Gleichungen müssen, wie man aus der komplexen Natur der HANKELschen Funktionen sofort schließen kann, komplex sein. Die Eigenschwingungen sind also, was physikalisch durch die Strahlungsdämpfung gefordert erscheint, immer gedämpft. Daraus folgt, daß die Maxima der Intensitätskurve nur in der unmittelbaren Umgebung der Eigenschwingungen liegen. Wie bereits aus der Theorie des Resonators geschlossen werden kann (die sekundäre Strahlung des Resonators ist demgemäß auch ein Beugungsphänomen), sind sie um so schärfer ausgeprägt, je geringer die Dämpfung der zugeordneten Eigenschwingung ist. SCHAEFER und GROSSMANN erhielten aber nur das der ersten Eigenschwingung zugeordnete Maximum. Die übrigen waren bloß durch Unregelmäßigkeiten in der Intensitätskurve angedeutet. Sie führten dies auf die Dämpfung der einfallenden Wellen zurück, was auch durch die theoretische Untersuchung von KOBAYASHI IWAO[1]) bestätigt wurde. SCHAEFER und MERZKIRCH[2]) wiederholten daher diese Versuche mit ungedämpften einfallenden Wellen, die sie nach der Methode von BARKHAUSEN und KURZ erzeugten (vgl. Bd. XVII, Kap. 2). Sie konnten nunmehr alle vier in den Meßbereich fallenden Eigenschwingungen durch die zu ihnen gehörigen Maxima bestimmen. Sie maßen auch die Energieverteilung rund um den Zylinder in unmittelbarer Nähe des Zylindermantels und fanden sie in Übereinstimmung mit dem aus der Theorie folgenden Wert, der rechnerisch dadurch erhalten wird, daß nunmehr alle Zylinderfunktionen durch die Entwicklung für kleines Argument angenähert werden.

In dieser Arbeit untersuchten sie auch den Fall $E_z = 0$ experimentell. Die der im vorhergehenden Falle analoge Rechnung ergibt für die beobachtete φ-Komponente der elektrischen Feldstärke:

$$E_\varphi = -\cos(\nu t + k_a r\cos\varphi) + \sqrt{\frac{\pi}{2k_a r}}\Big\{(\gamma_0 - \delta_1\cos\varphi - \gamma_2\cos 2\varphi)\sin\Big(\frac{\pi}{4} - k_a r + \nu t\Big)$$
$$+ (\delta_0 + \gamma_1\cos\varphi - \delta_2\cos 2\varphi)\cos\Big(\nu t - k_a r + \frac{\pi}{4}\Big)\Big\},$$

$$c_m = 2i^m \frac{k_i J_m'(k_i r_0) J_m(k_a r_0) - k_a J_m(k_i r_0) J_m'(k_a r_0)}{k_a H_m^{2\prime}(k_a r_0) J_m(k_{i r}) - k_i H_m^2(k_a r_0) J_m'(k_i r_0)} = \gamma_m + i\,\delta_m\,.$$

Die Maxima der die Energiedichte in einem Punkte als Funktion von kr_0 darstellenden Kurve sind nunmehr durch die Eigenschwingungen

$$k_a H_m^{2\prime}(k_a r_0) J_m(k_i r_0) - k_i H_m^2(k_a r_0) J_m'(k_i r_0) = 0$$

bestimmt. Es gelang, die in den Beobachtungsbereich fallenden zwei Eigenschwingungen aufzufinden. Auch die Intensitätsverteilung um den Zylinder in seiner unmittelbaren Nähe war wiederum in guter Übereinstimmung mit der Theorie.

[1]) K. IWAO, Ann. d. Phys. Bd. 43, S. 861. 1914.
[2]) CL. SCHAEFER u. J. MERZKIRCH, ZS. f. Phys. Bd. 13, S. 166. 1923.

76. Beugung an Drahtgittern. Aus den Formeln für einen Zylinder leiteten SCHAEFER und REICHE[1]) durch Superposition der einzelnen Felder die Formeln für die Beugung an einem aus einer endlichen Anzahl von Stäben bestehenden Gitter ab, wobei der Abstand der Zylinder so groß angenommen wurde, daß die Zylinder aufeinander keine merkliche Einwirkung ausüben. Dieser Einfluß wurde von IGNATOWSKY[2]), allerdings ebenfalls nur angenähert, berücksichtigt, wobei die Anzahl der Gitterstäbe als unendlich angenommen wurde. Da nicht nur die Erscheinungen an dielektrischen Drahtgittern beobachtet wurden, müssen die in der vorigen Ziffer abgeleiteten Formeln dadurch erweitert werden, daß an Stelle der Dielektrizitätskonstante ε der Ausdruck $\varepsilon - i\frac{\sigma\nu}{c}$ tritt.

Auf diese Weise wurde zunächst nachgewiesen, daß die Lage der Beugungsbilder in den behandelten Fällen vom Material unabhängig ist und daher nach der elementaren FRESNELschen Theorie berechnet werden kann. Die Überlegenheit der strengen vektoriellen Theorie über die skalare Theorie erweist sich erst dort, wo Aussagen über die Polarisationsverhältnisse gemacht werden müssen. So ist erst aus dieser die von HERTZ[3]) beobachtete Erscheinung der Polarisation der elektrischen Wellen erklärbar. HERTZ beobachtete nämlich, daß ein aus parallelen Kupferdrähten bestehender Schirm die Wellen vollständig reflektiert, wenn die Richtung der Drähte der Richtung der elektrischen Feldstärke parallel ist, dagegen nicht merklich reflektiert, wenn sie senkrecht zu dieser Richtung verlaufen. Die auf diesen Fall anwendbare Theorie von SCHAEFER und REICHE ergibt für diesen Fall (der $\varphi = \pi$ beim einzelnen Zylinder entspricht):

$$\frac{J_{\parallel}}{J_{\perp}} = \frac{1 + \frac{1}{4}\left(\frac{2\pi r_0}{\lambda}\right)^2 (n^2 - \varkappa^2 - 1 - 2n\varkappa)\sqrt{\frac{2\lambda}{\lambda}}\,N}{1 - \frac{1}{2}\left(\frac{2\pi r_0}{\lambda}\right)^2 \frac{4n\varkappa - (n^2+\varkappa^2)^2 + 1}{(n^2 - \varkappa^2 - 1)^2 + 4n^2\varkappa^2}\sqrt{\frac{2\lambda}{r}}\,N}$$

$$= 1 + \frac{N}{4}\left(\frac{2\pi r_0}{\lambda}\right)^2 \sqrt{\frac{2\lambda}{r}} \cdot \left(n^2 - \varkappa^2 - 1 - 2n\varkappa + 2\,\frac{4n\varkappa + 1 - (n^2+\varkappa^2)^2}{(n^2 - \varkappa^2 + 1)^2 + 4n^2\varkappa^2}\right),$$

d. h. Gitter aus N dünnen Metallstäben lassen die Strahlen, in denen die elektrische Feldstärke normal zu den Gitterstäben schwingt, besser durch als die normal hierzu polarisierten, was mit den Beobachtungen von HERTZ übereinstimmt. SCHAEFER nennt diesen Effekt daher den Hertzeffekt.

Für Gitter aus N dielektrischen Stäben ergibt sich unter denselben Voraussetzungen:

$$\frac{J_{\parallel}}{J_{\perp}} = \frac{1 + \frac{1}{4}\left(\frac{2\pi r_0}{\lambda}\right)^2 (\varepsilon - 1)\sqrt{\frac{2\lambda}{r}}\,N}{1 + \frac{1}{2}\left(\frac{2\pi r_0}{\lambda}\right)^2 \frac{\varepsilon - 1}{\varepsilon + 2}\sqrt{\frac{2\lambda}{r}}\,N} = 1 + \frac{1}{4}\left(\frac{2\pi r_0}{\lambda}\right)^2 \varepsilon\,\frac{\varepsilon - 1}{\varepsilon + 2}\sqrt{\frac{2\lambda}{r}}\,N\,.$$

Es tritt also der umgekehrte Effekt auf. Ein solcher wurde zuerst von DU BOIS[4]) bei der Untersuchung des Durchganges von Lichtwellen durch ein metallisches Gitter beobachtet und daher von SCHAEFER als Du-Boiseffekt bezeichnet. Ein von LAUGWITZ[5]) an einem aus Wasserstäben bestehenden Gitter durchgeführter Versuch ergab allerdings den Hertzeffekt, wobei nachgewiesen werden konnte, daß die Leitfähigkeit des Wassers keine entscheidende Rolle spielen kann. Aus

---

[1]) CL. SCHAEFER u. F. REICHE, Ann. d. Phys. Bd. 35, S. 317. 1911.
[2]) W. v. IGNATOWSKY, Ann. d. Phys. Bd. 44, S. 369. 1914.
[3]) H. HERTZ, Ges. Werke. Bd. II., S. 190; Wied. Ann. Bd. 36, S. 769. 1889.
[4]) E. DU BOIS, Wied. Ann. Bd. 46, S. 542. 1892.
[5]) M. LAUGWITZ, Ann. d. Phys. Bd. 23, S. 148. 1907.

einer theoretischen Untersuchung von SCHAEFER[1]) folgt, daß der scheinbare Widerspruch gegen die Theorie daherrührt, daß bei den vorgenommenen Entwicklungen kr_0 als klein gegen Eins angenommen und die a_m dementsprechend entwickelt worden sind. Dies ist aber in diesem Falle nicht mehr zulässig, da die Dielektrizitätskonstante des Wassers zu groß ist. SCHAEFER konnte auch zeigen, daß ein Körper von unendlicher Dielektrizitätskonstante sich ebenso verhält wie ein Zylinder von unendlicher Leitfähigkeit, was das Resultat von LAUGWITZ erklärt.

In dem angegebenen Ausdruck für die Durchlässigkeit des zylindrischen Gitters tritt auch die magnetische Permeabilität auf. Durch Messung der von einem Drahtgitter reflektierten Energie (in deren Ausdruck μ natürlich auch auftreten muß), konnte daher ARKADIEW[2]) in einer Reihe von Arbeiten den Wert dieser Konstanten bestimmen. Es zeigte sich, daß sie für verschiedene Wellenlängen verschieden resultiert, also eine Dispersion zeigt. Mit Abnahme der Wellenlänge der einfallenden Strahlung wird sie kleiner und erreicht für $\lambda = 0$ den Wert Eins. Dies kann nach der MAXWELL-WEBERschen Theorie der Molekularströme dadurch erklärt werden, daß die Elementarmagnete, durch deren Drehung die Magnetisierung hervorgerufen wird, den schnellen Schwingungen nicht mehr folgen können (vgl. Ziff. 29).

Nach den von J. J. THOMSON[3]) und LAMB[4]) aufgestellten Theorien für unendlich leitende zylindrische Gitter (Drahtdurchmesser klein gegen Gitterkonstante) ist die Phase der vom Zylinder ausgehenden Beugungswelle gegen die der einfallenden Strahlung verschoben. Sowohl das reflektierte wie das durchgelassene Licht müssen daher elliptisch polarisiert sein. Dies wurde von G. H. THOMSON[5]) experimentell festgestellt. SCHAEFER und LAUGWITZ[6]) haben die Phasenverschiebung dadurch gemessen, daß sie den Doppelspiegel eines KLEMENČIČschen Interferenzapparates derart konstruierten, daß sie den einen Spiegel durch ein Drahtgitter austauschen konnten. Auf diese Weise konnten sie den Unterschied der Phase in der durch den Metallspiegel und der durch das Gitter reflektierten Welle feststellen. Beide Arbeiten ergaben Übereinstimmung mit der LAMBschen Theorie[7]).

77. Beugung an einer Kugel. Auch die Theorie dieser Erscheinung erhält man durch die Methode von BROMWICH (Ziff. 56) unter Verwendung von Kugelkoordinaten $x_1 = r$, $x_2 = \vartheta$, $x_3 = \varphi$, $a_{11} = 1$, $a_{22} = r$, $a_{33} = r\sin\vartheta$. Wie bereits in Ziff. 56 gezeigt, erhält man alle Lösungen durch die Kombination zweier Lösungen aus je einer der beiden Gruppen $E_r = 0$ und $H_r = 0$. Es ist:

$$E_r = \frac{\partial^2 U}{\partial r^2} - \frac{\varepsilon\mu}{c^2}\frac{\partial^2 U}{\partial t^2}, \qquad H_r = \frac{\partial^2 V}{\partial r^2} - \frac{\varepsilon\mu}{c^2}\frac{\partial^2 V}{\partial t^2},$$

$$E_\vartheta = \frac{1}{r}\frac{\partial^2 U}{\partial r\,\partial\vartheta} - \frac{1}{r\sin\vartheta}\frac{\partial}{\partial\varphi}\frac{\mu}{c}\frac{\partial V}{\partial t}, \qquad H_\vartheta = \frac{1}{r}\frac{\partial^2 V}{\partial r\,\partial\vartheta} + \frac{1}{r\sin\vartheta}\frac{\partial}{\partial\varphi}\frac{\varepsilon}{c}\frac{\partial U}{\partial t},$$

$$E_\varphi = \frac{1}{r\sin\vartheta}\frac{\partial^2 U}{\partial r\,\partial\varphi} + \frac{1}{r}\frac{\partial}{\partial\vartheta}\frac{\mu}{c}\frac{\partial V}{\partial t}, \qquad H_\varphi = \frac{1}{r\sin\vartheta}\frac{\partial^2 V}{\partial r\,\partial\varphi} - \frac{1}{r}\frac{\partial}{\partial\vartheta}\frac{\varepsilon}{c}\frac{\partial U}{\partial t},$$

wobei U und V Lösungen derselben Differentialgleichung sind. Setzt man $U = r\Pi_1 e^{i\nu t}$ bzw. $V = r\Pi_2 e^{i\nu t}$, so sind Π_1 und Π_2 Lösungen der Schwingungs-

[1]) CL. SCHAEFER, Ann. d. Phys. Bd. 23, S. 163. 1907.
[2]) W. ARKADIEW, Ann. d. Phys. Bd. 45, S. 133. 1914; Bd. 75, S. 426. 1914.
[3]) J. J. THOMSON, Recent. Researches Oxford, 1893, S. 425.
[4]) H. LAMB, Lond. Math. Jour. Bd. 29, S. 523. 1898.
[5]) G. H. THOMSON, Ann. d. Phys. Bd. 22, S. 365. 1907.
[6]) CL. SCHAEFER und M. LAUGWITZ, Ann. d. Phys. Bd. 21, S. 587. 1906.
[7]) CL. SCHAEFER und M. LAUGWITZ, Ann. d. Phys. Bd. 23, S. 599. 1907.

gleichung. Sie sind mit den Wellenpotentialen von DEBYE[1]) identisch. Teilt man das Feld im Außenraum in das „einfallende" und das gebeugte, und entwickelt die der einfallenden ebenen Welle entsprechenden Funktionen in eine Reihe nach Kugelfunktionen, so ergibt die Anwendung der Randbedingungen, im Verein mit der Forderung der Stetigkeit, für das Feld im Inneren der Kugel und der Ausstrahlungsbedingung für das Störungsfeld im Außenraum[1])[2]), die jetzt auf die Kugelfläche $r = r_0$ zu beziehen sind, für die Störungswelle im Außenraum

$$r\Pi_1 = \sum_1^\infty {}_n A_n \sqrt{\frac{\pi k_a r}{2}}\, H^2_{n+\frac{1}{2}}(k_a r)\, P^1_n(\cos\vartheta)\cos\varphi\,,$$

$$r\Pi_2 = \sum_1^\infty {}_n B_n \sqrt{\frac{\pi k_a r}{2}}\, H^2_{n+\frac{1}{2}}(k_a r)\, P^1_n(\cos\vartheta)\cos\varphi\,.$$

Dabei ist die einfallende ebene Welle durch die Wellenpotentiale

$$\Pi_{1e} = \frac{1}{k_a^2}\sum_1^\infty {}_n i^{n-1}\frac{2n+1}{(n+1)\,n}\sqrt{\frac{\pi k_a r}{2}}\, J_{n+\frac{1}{2}}(k_a r)\, P^1_n(\cos\vartheta)\cos\varphi\,,$$

$$\Pi_{2e} = \frac{1}{k_a^2}\sum_1^\infty {}_n i^{n-1}\frac{2n+1}{(n+1)\,n}\sqrt{\frac{\pi k_a r}{2}}\, J_{n+\frac{1}{2}}(k_a r)\, P^1_n(\cos\vartheta)\cos\varphi$$

dargestellt. Setzen wir zur Vereinfachung der Koeffizienten

$$\psi_n(kr) = \sqrt{\frac{\pi k r}{2}}\, J_{n+\frac{1}{2}}(kr)\,, \qquad \zeta_n = \sqrt{\frac{\pi k r}{2}}\, H^2_{n+\frac{1}{2}}(kr)\,,$$

so erhalten wir:

$$A_n = \frac{i^{n+1}}{k_a^2}\,\frac{2n+1}{(n+1)\,n}\,\frac{\varkappa_i\psi_n(k_a r_0)\,\psi_n'(k_i r_0) - \varkappa_a\psi_n'(k_a r_0)\,\psi_n(k_i r_0)}{\varkappa_i\psi_n'(k_i r_0)\,\zeta_n(k_a r_0) - \varkappa_a\psi_n(k_i r_0)\,\zeta_n'(k_a r_0)}\,,$$

$$B_n = \frac{i^{n+1}}{k_a^2}\,\frac{2n+1}{(n+1)\,n}\,\frac{\varkappa_a\psi_n(k_a r_0)\,\psi_n'(k_i r_0) - \varkappa_i\psi_n'(k_a r_0)\,\psi_n(k_i r_0)}{\varkappa_a\psi_n'(k_i r_0)\,\zeta_n(k_a r_0) - \varkappa_i\psi_n(k_i r_0)\,\zeta_n'(k_a r_0)}\,,$$

wobei $\varkappa^2 = \varepsilon - i\dfrac{\sigma}{\mu\nu}$.

Bildet man wiederum für einen Punkt hinter der Kugel, die die Abhängigkeit der Energiedichte von r_0/λ darstellende Kurve, so zeigt diese Maxima, die wiederum in der Nachbarschaft der durch die Gleichung

$$\varkappa_i\psi_n'(k_i r_0)\,\zeta_n(k_a r_0) - \varkappa_a\psi_n(k_i r_0)\,\zeta_n'(k_a r_0) = 0$$

definierten elektrischen Eigenschwingungen der Kugel- bzw. der magnetischen Eigenschwingungen

$$\varkappa_a\psi_n'(k_i r_0)\,\zeta_n(k_a r_0) - \varkappa_i\psi_n(k_i r_0)\,\zeta_n'(k_a r_0) = 0$$

liegen müssen. Die von SCHAEFER und MERZKIRCH[3]) an mit Wasser gefüllten oder mit Staniolpapier beklebten dünnwandigen Glaskugeln und Zinkhohlkugeln ausgeführten Experimente ergaben wiederum Übereinstimmung mit der Theorie, insbesondere konnten die ersten Eigenschwingungen festgestellt werden. Ebenso wie bei den Versuchen mit Zylindern ergeben die schwächer gedämpften Schwingungen besser ausgeprägte Maxima als die stärker gedämpften.

---

[1]) P. DEBYE, Ann. d. Phys. Bd. 30, S. 57. 1909.

[2]) G. MIE, Ann. d. Phys. Bd. 25, S. 377. 1908.

[3]) CL. SCHAEFER u. J. MERZKIRCH, ZS. f. Pgys. Bd. 24, S. 345. 1924.

78. MAXWELLS elektromagnetische Lichttheorie. Die Theorie von MAXWELL verlangt, daß der freie Raum von einem Medium erfüllt ist, dessen Eigenschaften die Fortpflanzung des elektromagnetischen Feldes nach den MAXWELLschen Gleichungen bewirken. Nach der Undulationstheorie des Lichtes müßte der freie Raum noch außerdem von einem zweiten Medium erfüllt sein, das die Fortpflanzung des Lichtes bewirkt. Anders gesprochen kommen dem leeren Raum zwei Gruppen von physikalischen Eigenschaften zu, deren eine die elektromagnetischen, deren andere die optischen Erscheinungen bewirken. Da die gleichzeitige Existenz zweier verschiedener Media ebenso unwahrscheinlich ist wie die Annahme, daß dasselbe Medium zwei voneinander unabhängige Gruppen von dynamischen Eigenschaften besitzt, untersuchte MAXWELL, ob nicht der Lichtäther mit dem elektromagnetischen Medium identisch sei, d. h., ob sich die optischen Eigenschaften des leeren Raumes nicht unter seine elektromagnetischen einreihen lassen. Überblicken wir die in den letzten Ziffern entwickelte „Optik der elektrischen Schwingungen", so bemerken wir sofort, daß die Eigenschaften der elektrischen Wellen im allgemeinen dieselben sind wie die der Lichtwellen, wenn man annimmt, daß der elektrische Feldvektor senkrecht zur Polarisationsebene schwingt. Die dielektrische Verschiebung stellt dann den FRESNELschen Lichtvektor dar und der Brechungsexponent ist gleich der Quadratwurzel aus der Dielektrizitätskonstanten.

Die Unterschiede in den optischen und den entsprechenden elektromagnetischen Erscheinungen lassen sich zum größten Teil auf den Unterschied in der Wellenlänge zurückführen. So zeigen die Arbeiten von DU BOIS und RUBENS[1]), daß ein Gitter, das für kurzwellige Wärmestrahlen noch den du Boiseffekt zeigt, für langwellige Wärmestrahlung den Hertzeffekt ergibt (vgl. Ziff. 76). Endlich erhielt BRAUN[2]) durch Zerstäuben von Metalldrähten auf Glasplatten ein unregelmäßiges Stabgitter, für das r_0/λ auch für Lichtwellen klein gegen Eins ist. Dieses Gitter ergibt auch tatsächlich den Hertzeffekt. Ähnlich erklärt sich auch ein Teil der Unterschiede in der Metallreflexion HERTZscher und optischer Wellen. Infolge der kleinen Wellenlänge der optischen Schwingungen kann man in dem komplexen Brechungsexponenten

$$n - i\varkappa = \sqrt{\varepsilon\mu - 4\pi i \frac{\sigma\mu}{\nu}}$$

nicht mehr den reellen gegen den imaginären Teil vernachlässigen, wodurch die Erscheinungen natürlich wesentlich kompliziert werden.

In diesem Falle tritt aber noch hinzu, daß die optischen Konstanten eine sehr starke Dispersion zeigen, die durch die eben angegebene Formel nicht mehr dargestellt wird. Dies ist aber nur ein besonders auffallender Spezialfall der allgemeinen Tatsache, daß die nach der MAXWELLschen Theorie notwendige Beziehung (schon wegen der bei allen Substanzen auftretenden Dispersion des Brechungsexponenten für optische und Wärmewellen) nur mehr oder minder gut angenähert gilt.

Dabei zeigen aber mannigfache optische Untersuchungen, daß bei Einführung der optisch gemessenen Konstanten in die MAXWELLschen Gleichungen diese die Erscheinungen richtig wiedergeben. Es ist also die MAXWELLsche Theorie nicht widerlegt, sondern es ist nur notwendig, die Theorie der ponderablen Media entsprechend zu erweitern. Daß es sich dabei tatsächlich um elektromagnetische Erscheinungen handelt, zeigt sich daraus, daß bei einer großen Anzahl von

---

[1]) E. DU BOIS u. H. RUBENS, Wied. Ann. Bd. 49, S. 593. 1893; Ann. d. Phys. Bd. 35, S. 243. 1911.

[2]) F. BRAUN, Ann. d. Phys. Bd. 16, S. 1 u. 238. 1905; CL. SCHAEFER u. H. STALLWITZ, ebenda Bd. 50, S. 199. 1916.

Körpern die Dispersion bereits im Bereich der HERTZschen Wellen auftritt und sich in diesem Falle gut an die im Wärmespektrum beobachtete anschließt (vgl. Bd. XV, Kap. B 4). Die Richtung, in der die Weiterbildung der MAXWELLschen Theorie zunächst versucht werden kann, zeigt sich auch bereits in einigen Versuchen, die mit solchen Wellen angestellt worden sind. So sind z. B. die Intensitätskurven, die hinter einem beugenden Zylinder oder einer beugenden Kugel aufgenommen worden sind, typische Dispersionskurven, und theoretische Untersuchungen haben auch ergeben, daß ein Medium, das durch Einbetten von vielen Zylindern oder Kugeln in ein homogenes Dielektrikum entsteht, alle Eigenschaften dispergierender Media zeigt[1]). Es ist also naheliegend, die Dispersionserscheinungen aus dem Vorhandensein schwingungsfähiger Gebilde in den einzelnen Substanzen abzuleiten, wobei dann die Eigenschwingungen dieser Gebilde die speziellen Eigenschaften des Mediums bestimmen. Man erhält auch experimentell eine ganze Reihe von optischen Erscheinungen durch Herstellung künstlich inhomogener Medien. So stellte BRAUN[2]) ein doppeltbrechendes Medium her, indem er aus Backsteinen der Dimension $6 \times 110 \times 24\,\text{cm}^3$ ein Raumgitter aufbaute, das dann tatsächlich linear polarisierte HERTZsche Wellen elliptisch polarisiert. BOSE[3]) stellte ein „elektrisch aktives" Medium dadurch her, daß er Bündel von Jutefasern drehte, LINDMANN[4]) erreichte dasselbe durch ein aus Kupferdrahtspiralen zusammengesetztes Gitter. Ebenso konnte er die Polarisationsebene der elektrischen Wellen drehen, indem er sie durch ein unsymmetrisch aus vier Kugeln aufgebautes Tetraeder schickte.

Dazu kommt noch, daß FARADAY[5]) einen bereits von HERSCHEL[6]) vermuteten Einfluß des Magnetfeldes auf das Licht experimentell auffinden konnte, nämlich die Drehung der Polarisationsebene eines linear polarisierten Lichtstrahles, der ein materielles Medium im Magnetfeld durchläuft, und daß später noch eine Reihe anderer magnooptischer Effekte aufgefunden wurden. (Vgl. Kap. 2 und Bd. XX.)

Die Abweichungen, die die Erscheinungen in ponderablen Medien von der MAXWELLschen Theorie zeigen, können also darauf zurückgeführt werden, daß der Aufbau dieser Media nicht so einfach ist, wie dies in der ursprünglichen Theorie angenommen wurde, was ja zu erwarten war, da diese von dem molekularen Aufbau der Materie absieht. In der Verbindung der MAXWELLschen Feldtheorie mit der Molekulartheorie der Materie muß daher der weitere Weg zur Darstellung der Erscheinungen in ponderablen Medien gesucht werden.

Kann man so die Lichtwellen als elektromagnetische Wellen sehr kleiner Wellenlänge auffassen, so ist es möglich, die MAXWELLschen Spannungen auch in derartig schnell wechselnden Feldern auf ihre Gültigkeit hin zu überprüfen. Aus der MAXWELLschen Theorie folgt nämlich, daß die Wellen auf einen störenden Körper einen ponderomotorischen Druck ausüben. Dies ist für die einfachsten Fälle direkt aus den FARADAYschen Vorstellungen über die Kraftlinien ableitbar. Fällt z. B. eine HERTZsche Welle senkrecht auf einen vollkommen leitenden Schirm, so existiert in der Schirmfläche nur ein in dieser Ebene gelegenes magnetisches Feld, die Kraftlinien verlaufen also in der Fläche. Da senkrecht zu den Kraftlinien Druck herrscht, im Inneren des Leiters aber kein Feld ist, üben die Wellen einen Druck auf den Schirm in der Einfallsrichtung aus.

---

1) Siehe Fußnote 2 S. 140.
2) F. BRAUN, Phys. ZS. Bd. 5, S. 199. 1904.
3) J. C. BOSE, Proc. Roy. Soc. London Bd. 63, S. 146. 1898.
4) K. F. LINDMANN, Ann. d. Phys. Bd. 69, S. 276. 1922; Bd. 74, S. 541. 1924.
5) M. FARADAY, Exper. Unters. § 2152.
6) Nach B. JONES, Life of FARADAY. S. 205.

Die Schwierigkeiten der Messung dieser ponderomotorischen Wirkung liegen nicht in der geringen Stärke der wirkenden Kraft, sondern in der schwierigen Trennung der elektromagnetischen Erscheinung von den gleichzeitig infolge Erwärmung des bestrahlten Leiters auftretenden thermischen Effekten. Ponderomotorische Wirkungen elektrischer Wellen wurden von HERTZ[1]) selbst und später von LEBEDEW[2]) beobachtet, konnten aber mit der Theorie der Spannungen nicht verglichen werden.

V. Weitere Ausbildung der Theorie. Theorie von HERTZ.

79. Ausführung der dynamischen und elastischen Analogien. In seinen Arbeiten, die aus den Beobachtungen stationärer und quasistationärer Vorgänge zwischen elektrischen Ladungen, Magneten und Stromkreisen die Gesetze des elektromagnetischen Feldes ableiten, hat MAXWELL sich einer Reihe von dynamischen, aber auch von spezielleren Analogien bedient, deren weitere Ausarbeitung das Ziel einer ganzen Reihe von Arbeiten ist. In unserer Darstellung sind wir der letzten im Treatise niedergelegten Fassung MAXWELLS gefolgt, deren Gedankengang insbesondere von HERTZ und POINCARÉ klargelegt worden ist. Hier sind es zwei Analogien, die den Aufbau der Theorie tragen. Eine allgemein dynamische, die mit Hilfe der LAGRANGEschen Gleichungen die Wirkungen der Ströme aufeinander untersucht, und eine elastische, die die Rolle der Dielektrika festlegt. Nach beiden Seiten hin wurde die Theorie weiter ausgebaut.

Die allgemeine dynamische Fundierung der Theorie wurde insbesondere dadurch erweitert, daß man an Stelle der LAGRANGEschen Gleichungen von den Variationsprinzipien der Mechanik ausging. Soweit diese Untersuchungen für die Elektronentheorie von Wichtigkeit sind, wird im folgenden Artikel auf sie eingegangen werden. Daher sei hier nur erwähnt, daß H. A. LORENTZ[3]) die MAXWELLschen Gleichungen aus dem D'ALEMBERTschen Prinzip, HELMHOLTZ[4]) und LARMOR[5]) aus dem Prinzip der kleinsten Wirkung ableiten.

Die Bedeutung der elastischen Analogien beruht darauf, daß MAXWELL die Lichtwellen als elektromagnetische Wellen aufgefaßt hat, woraus folgt, daß zwischen seiner Theorie und den elastischen Lichttheorien ein Zusammenhang bestehen muß. Die wichtigsten elastischen Analogien beruhen auf den folgenden Überlegungen[3]): Da in den Feldgleichungen die Rotationen der Feldvektoren auftreten, so müssen wir die Analogie aus der Theorie der Medien mit Rotationselastizität schöpfen. (Vgl. Bd. 6.) In dieser gibt es zwei Paare von Größen, die durch lineare Vektorfunktionen miteinander verknüpft werden können, in der Elektrodynamik also die Rolle der elektrischen bzw. der magnetischen Feldvektoren einnehmen können, die ja ebenfalls durch je eine lineare Vektorfunktion ε bzw. μ miteinander verknüpft sind. Das eine Paar bilden die Drehung eines Volumelementes $\mathfrak{u}$ und die diesem Volumelement entsprechende Momentdichte $\mathfrak{M}$:

$$\mathfrak{M} = -a \cdot \mathfrak{u}.$$

Das andere Paar bilden die Verschiebungsgeschwindigkeit $\dot{\mathfrak{q}}$ und die Impulsdichte $\mathfrak{g}$, die wir durch

$$\mathfrak{g} = b\dot{\mathfrak{q}}$$

---

[1]) H. HERTZ, Ges. Werke Bd. II, S. 199; Wied. Ann. Bd. 42, S. 407. 1891.
[2]) P. LEBEDEW, Wied. Ann. Bd. 52, S. 621. 1894.
[3]) H. A. LORENTZ, Enzyklopädie d. math. Wiss. Bd. V/13, § 35ff.
[4]) H. v. HELMHOLTZ, Wied. Ann. Bd. 47, S. 1. 1892.
[5]) J. LARMOR, Aether and Matter, S. 83. Cambridge 1900.

verknüpfen können. Unter diesen Annahmen ist die kinetische Energiedichte

$$T = \frac{1}{2} \sum_{i,k=1,2,3} b_{ik} \dot{q}_\varkappa \dot{q}_i .$$

Die Spannungen lauten:

$$X_x = 0, \qquad X_y = \tfrac{1}{2} N_z, \qquad X_z = -\tfrac{1}{2} N_y,$$
$$Y_x = -\tfrac{1}{2} N_z, \qquad Y_y = 0, \qquad Y_z = \tfrac{1}{2} N_x,$$
$$Z_x = \tfrac{1}{2} N_y, \qquad Z_y = -\tfrac{1}{2} N_x, \qquad Z_z = 0.$$

Entsprechend ist die potentielle Energiedichte

$$U = \frac{1}{2} \sum_{i,k=1,2,3} a_{ik} u_i u_k ,$$

und die Bewegungsgleichung lautet daher

$$\tfrac{1}{2} \operatorname{rot} \mathfrak{M} = \dot{\mathfrak{g}} .$$

Schreiben wir noch die Gleichung für die Winkelgeschwindigkeit an

$$\frac{\partial \mathfrak{u}}{\partial t} = \frac{1}{2} \operatorname{rot} \dot{\mathfrak{q}} ,$$

so geben diese vier Gleichungen die MAXWELLschen Feldgleichungen auf zweierlei Weise. Man kann erstens die magnetische Energie mit MAXWELL als die kinetische auffassen, dann muß man

$$\dot{\mathfrak{q}} \sim \mathfrak{H}, \qquad \mathfrak{g} \sim \mathfrak{B}, \qquad \mathfrak{b} \sim \mu; \qquad \mathfrak{u} \sim \mathfrak{D}, \qquad -\mathfrak{M} \sim \mathfrak{E}, \qquad \varepsilon \sim \frac{1}{a}$$

setzen. Dies ist der Standpunkt MAXWELLS. Wir können aber auch, wie dies insbesondere W. THOMSON getan hat, die elektrische Energie als die kinetische auffassen, dann müssen wir

$$-\dot{\mathfrak{q}} \sim \mathfrak{E}, \qquad -\mathfrak{g} \sim \mathfrak{D}, \qquad \mathfrak{u} \sim \mathfrak{B}, \qquad -\mathfrak{M} \sim \mathfrak{H}$$

setzen. Dieser Auffassung entspricht die FRESNELsche, jener die Theorie von NEUMANN und MACCULLAGH. Dies erkennen wir sofort, wenn wir uns erinnern (Ziff. 67), daß für den elektrischen Feldvektor die FRESNELschen Formeln gelten, dieser also auf die Polarisationsebene des Lichtes normal steht. Da der Lichtvektor derjenige Vektor ist, aus dem die kinetische Energie abgeleitet wird, schwingt er nach MAXWELLscher Auffassung in der Polarisationsebene, nach der KELVINschen senkrecht zu ihr.

80. Die Theorie von HERTZ. Die allgemein dynamische Grundlegung der MAXWELLschen Feldgleichungen hat gezeigt, daß diese Gleichungen nicht nur untereinander widerspruchsfrei sind, sondern daß sie auch den Prinzipien der allgemeinen Dynamik entsprechen und von diesem Standpunkt aus die einfachste Verallgemeinerung der aus den Experimenten folgenden Gesetze darstellen. Die speziellen mechanischen Analogien zeigen, daß die Gesetze, die die Ausbreitung der elektromagnetischen Störungen beherrschen, darauf zurückgeführt werden können, daß diese Ausbreitung durch ein Medium bewerkstelligt wird, das den elastischen Medien analoge Eigenschaften besitzt, dessen Wirkungsweise aber auch durch verhältnismäßig einfache Mechanismen veranschaulicht werden kann. Diese speziellen mechanischen Theorien des elektromagnetischen Feldes können aber, sobald ihnen ein über die Bedeutung der physikalischen Analogie hinausgehender Sinn beigelegt wird, nicht befriedigen. Denn einerseits weichen die erforderlichen Eigenschaften des Mediums von denen der ponderablen Medien in grundlegenden Punkten ab, andererseits macht die große Auswahlsmöglichkeit, die durch die vielen möglichen Theorien vorhanden ist, die Auszeichnungen einer einzelnen so gut wie unmöglich. Schon die Frage, ob die magnetische oder die elektrische Energie des Feldes die kinetische darstellt, kann nur durch Willkür entschieden werden.

HERTZ[1]) stellte daher die MAXWELLschen Feldgleichungen an die Spitze der Theorie und stützt ihre Richtigkeit auf ihre Übereinstimmung mit den Tatsachen, die durch die von ihm begonnenen Experimente mit elektrischen Wellen auch schnell veränderliche Erscheinungen erfassen und damit auch zur Kontrolle der spezifischen Annahmen der Theorie geeignet sind. Natürlich geht der Inhalt der Theorie jederzeit über das hinaus, was durch Experimente als erwiesen angesehen werden kann, aber die MAXWELLschen Gleichungen befriedigen, wie durch die bereits erwähnten Untersuchungen zur Genüge dargelegt worden ist, die beiden wichtigsten Forderungen, die an eine Theorie gestellt werden müssen: Sie sind innerlich widerspruchsfrei und von großer Einfachheit.

Auch den Anforderungen der Feldtheorie entspricht dieser Standpunkt vollkommen. Denn indem die Feldgleichungen an die Spitze der Theorie gestellt werden, geht diese natürlich von den Vorgängen im Felde und den Eigenschaften des „Feldträgers" aus, denn diese werden ja durch die Feldgleichungen festgelegt.

HERTZ konnte auf diese Weise nicht nur die Konzeption der Theorie von allen aus der Fernwirkungstheorie stammenden Begriffen reinigen, sondern es gelang ihm auch, ihren Aufbau wesentlich zu vereinfachen. Sieht man nämlich von den Erscheinungen des permanenten Magnetismus und der Dispersion ab, so kann man den Zustand des Feldes durch zwei Feldvektoren charakterisieren[2]). HERTZ wählte die elektrische und die magnetische Feldstärke, die er durch ihre ponderomotorische Wirkung definiert (vgl. die Ziff. 6 u. 10). Durch diese beiden Vektoren ist die Energie des Feldes gegeben, wenn den einzelnen Medien zwei Tensoren ε und μ zugeteilt werden:

$$W = \frac{1}{8\pi} \sum_{i,k=1,2,3} (\varepsilon_{ik} E_i E_k + \mu_{ik} H_i H_k) .$$

Die MAXWELLschen Feldgleichungen für Nichtleiter charakterisieren dann das Medium noch durch eine innere Konstante, die nicht wie ε oder μ durch Vergleichsmessungen in zwei Medien, sondern in einem Medium allein bestimmt werden kann. Es ist dies die Geschwindigkeit der Ausbreitung der elektromagnetischen Störungen $c/\sqrt{\varepsilon\mu}$. Die Gleichungen für Leiter fügen eine zweite innere Konstante hinzu, nämlich $\varepsilon/4\pi\sigma$, die die Zeit angibt, in der die elektrische Feldstärke in einem äußeren Einwirkungen entzogenen Leiter auf ihren $e$ten Teil herabsinkt, falls die Grenzflächen zweier Medien als Übergangsschichten, in denen die Feldgleichungen weiter gelten, aufgefaßt werden. Durch diese Größen sind die Vorgänge im Felde vollständig bestimmt. Die weiteren Vektoren stellen abgeleitete Größen dar, die lediglich der Veranschaulichung der Vorgänge dienen.

Wir wollen hier nur die Einführung der Begriffe der Strom- und Elektrizitätsdichte behandeln, die den Anschluß an die Vorstellungen der Fernwirkungstheorie liefert. In der AMPÈREschen Gleichung tritt der Vektor $\sigma\mathfrak{E} = \mathfrak{i}$ auf. Bilden wir die Divergenz dieser Gleichung

$$\operatorname{div}\dot{\mathfrak{D}} = -4\pi \operatorname{div}\mathfrak{i} ,$$

und integrieren wir über einen Raum, der durch eine im leeren Raum verlaufende, die gesamte ponderable Materie einschließende Fläche begrenzt ist, dann wird nach Transformation durch den GAUSSschen Satz der Integrand auf der

[1]) H. HERTZ, Ges. Werke Bd. II, S. 208; Wied. Ann. Bd. 40, S. 577. 1890.
[2]) Vgl. auch H. POINCARÉ, Oscill. électr., S. 7.

rechten Seite gleich Null (wegen $\sigma = 0$), und daher ist

$$\iint \mathfrak{D}\, d\mathfrak{f} = 0\,,$$

$$\iint \mathfrak{D}\, d\mathfrak{f} = 4\pi e\,,$$

e ist also eine von der Zeit unabhängige Größe, die wir als die wahre elektrische Ladung des Systems bezeichnen können. Analog wollen wir

$$\operatorname{div} \mathfrak{D} = 4\pi \varrho$$

als die Dichte der wahren elektrischen Ladung bezeichnen, die dann mit dem Vektor $\mathfrak{i}$ durch die Gleichung

$$\frac{\partial \varrho}{\partial t} + \operatorname{div} \mathfrak{i} = 0$$

verbunden ist. Wir können daher $\mathfrak{i}$ mit der Dichte des elektrischen Stromes identifizieren. Man erkennt auch sofort den Zusammenhang mit der Kraftlinientheorie von FARADAY. Auch kann man sofort ableiten, daß wahre Elektrizität nur an der Oberfläche von Leitern auftreten kann.

Die Definition der freien Elektrizität als Divergenz der elektrischen Feldstärke und die analoge Definition von wahrem und freiem Magnetismus ergibt den vollständigen Anschluß an die Fernwirkungstheorie.

Kapitel 2.

Die Elektronentheorie.

Von

FRIEDRICH ZERNER, Wien.

Mit 3 Abbildungen.

I. Die Grundlagen der Elektronentheorie.

a) Die physikalischen Grundlagen.

1. Die MAXWELLsche Theorie des elektromagnetischen Feldes und die Theorie der Materie. Während die Forscher vor MAXWELL die elektrischen und magnetischen Erscheinungen durch die zwischen geladenen Partikeln auftretenden Fernkräfte und die durch sie hervorgerufenen Bewegungen dieser Teilchen zu erklären versucht haben, faßte MAXWELL diese Erscheinungen als Folgen der im Felde, d. h. in dem zwischen den Ladungen gelegenen Raume vor sich gehenden Prozesse, auf. Die Materie tritt daher in seiner Theorie lediglich als Feldträger auf, ebenso wie der leere Raum, den wir, da seine elektromagnetischen Eigenschaften nach Kap. 1, Ziff. 78, seine optischen mit umfassen, auch als Äther bezeichnen können; die Dielektrika stellen nichts anderes als einen modifizierten Äther dar, da die Erscheinungen in ihnen denen im Äther vollkommen analog verlaufen müssen. Der Unterschied liegt nur in dem von der Einheit verschiedenen Wert der Dielektrizitätskonstante bzw. der magnetischen Permeabilität, was aber einen prinzipiellen Unterschied nicht ausmacht (vgl. Ziff. 39 u. 40 des vorhergehenden Artikels, besonders Ziff. 41, die Theorie des Verschiebungsstroms). Hierdurch erhält die MAXWELLsche Theorie große Einfachheit, muß diese aber mit schweren prinzipiellen Mängeln erkaufen.

Denn der Äther als die Nahewirkung vermittelndes Medium ist nur als Kontinuum denkbar, während die Materie zur Erklärung aller anderen Erscheinungen molekular aufgebaut gedacht wird. Dieser Widerspruch zwischen der elektrodynamischen Theorie der Materie und der in allen übrigen Zweigen der Theorie üblichen ist aber nicht nur ein formaler Schönheitsfehler. Er verhindert es auch, daß die elektrodynamischen Eigenschaften der Materie mit ihren übrigen in Verbindung gebracht werden können, da diese nach unseren Ansichten in dem molekularen Aufbau der Materie und den Eigenschaften der Moleküle begründet sind.

Aber auch die elektrodynamischen Eigenschaften der Materie lassen sich aus dieser Anschauung nicht vollständig erklären. Wir haben in der Ziff. 78 des vorhergehenden Kapitels bereits darauf hingewiesen, daß die Dielektrizitätskonstante und das Leitvermögen der Substanzen eine Dispersion zeigen, die aus der MAXWELLschen Theorie nicht folgt. Da diese Erscheinung offensichtlich molekularen Ursprungs ist, läßt sie sich auf Grund der MAXWELLschen Anschauungen nicht erklären. Dafür ist bezeichnend, daß MAXWELL selbst, nachdem er bereits die elektromagnetische Lichttheorie aufgestellt hatte, eine auf der elastischen Theorie des Lichtes basierende Dispersionstheorie angegeben hat[1]). Eine molekulare Theorie der elektromagnetischen Eigenschaften der Materie wird also nicht nur die Verbindung der übrigen Erscheinungsgebiete mit den elektromagnetischen Phänomenen liefern, sondern ist auch für die Erfassung der Dispersionserscheinungen notwendig.

2. Die molekulare Theorie der Dielektrika. Wir haben bereits in der Ziff. 40 des vorhergehenden Artikels darauf hingewiesen, daß das Verhalten der Dielektrika in einem elektrischen Feld dem Verhalten der paramagnetischen Körper in einem magnetischen Feld vollkommen analog ist. Dies wurde bereits von FARADAY[2]) bemerkt und brachte ihn zur Übertragung der POISSONschen Anschauungen über die Wirkungsweise der paramagnetischen Substanzen auf die Dielektrika. Die mathematische Theorie wurde von W. THOMSON[3]) und MOSSOTTI[4]) ausgebildet. POINCARÉ hat dann, durch die gegen diese Theorie erhobenen Einwände veranlaßt, eine strenge mathematische Entwicklung dieser Anschauungen geliefert[5]).

Nach dieser Theorie stellen wir uns vor, daß die Moleküle eines homogenen Dielektrikums leitende Kugeln sind. Wird eine solche in ein homogenes Feld $\mathfrak{E}_0$ (Potential ψ) gebracht, so wird auf ihrer Oberfläche eine Flächenladung induziert, deren Dichte in einem Punkte der Oberfläche, dessen Halbmesser mit der Richtung der Feldstärke den Winkel α einschließt,

$$\sigma = \frac{3E_0 \cos\alpha}{4\pi}$$

beträgt (vgl. Kap. 5). Bringen wir nun in ein Feld, das vom Potential V abgeleitet wird, ein Dielektrikum, das dadurch charakterisiert ist, daß in den Äther pro Volumeinheit N Kugeln vom Radius a eingebettet sind, so tritt zu dem Potential der das Feld erzeugenden Ladungen V noch das von den polarisierten Kugeln herrührende Potential V_1. Wir nehmen an, daß die Kugeln so klein sind, daß das jede einzelne Kugel induzierende Feld in der Umgebung dieser Kugel als homogen angesehen werden kann. (Sein Potential sei ψ.) Dies beinhaltet, daß der Abstand der einzelnen Kugeln voneinander groß gegen ihren Halbmesser ist. Dann ist der Vektor der Polarisation

$$\mathfrak{P} = -N\frac{4\pi}{3}a^3 \cdot \frac{3}{4\pi} \cdot \operatorname{grad}\psi = -\frac{3}{4\pi} h \operatorname{grad}\psi\,,$$

wo h das Verhältnis des von den Kugeln eingenommenen Volumens zu dem des Dielektrikums angab. Das von der Polarisation des Dielektrikums herrührende Potential ist (vgl. etwa Ziff. 10 des vorhergehenden Artikels)

$$\begin{aligned} V_1 &= \iiint dx\,dy\,dz \cdot \mathfrak{P} \cdot \operatorname{grad}' \frac{1}{r} \\ &= \iint \mathfrak{P}_\mathfrak{n} \frac{dF}{r} - \iiint \frac{dx\,dy\,dz}{r} \operatorname{div}\mathfrak{P}. \end{aligned}$$

[1]) J. CL. MAXWELL, Cambridge Calendar 1869; Phil. Mag. Bd. 48, S. 151. 1899.

[2]) M. FARADAY, Exp. Untersuchungen §§ 1164, 1338, 1679.

[3]) W. THOMSON, Cambr. and Dubl. Math. Journ. Nov. 1845, Papers on Electr. and Magn. § 43f.

[4]) F. C. MOSSOTTI, Arch. des sciences phys. (Genève) Bd. 6, S. 193. 1847.

[5]) H. POINCARÉ, Électr. et Optique 2. Aufl., §§ 45ff.

Analog der POISSONschen äquivalenten Verteilung der magnetischen Fluida läßt sich also die Wirkung der polarisierten Kugeln auch auf eine äquivalente Verteilung elektrischer Ladungen zurückführen, die durch

$$\varrho = -\operatorname{div}\mathfrak{P}, \qquad \sigma = \mathfrak{P}\mathfrak{n}$$

gegeben ist („gebundene" Ladungen).

Das induzierende Potential ψ darf natürlich nicht gleich $V + V_1$ gesetzt werden, da in diesem Potential bereits das Potential der polarisierten Kugel inbegriffen ist. Um jenes zu berechnen, stellen wir die Kräfte, die auf die Flächenladung der Kugel wirken, zusammen. Diese sind: Das Feld der äußeren Ladungen, die durch das „ungestörte" Potential V gegeben sind, die von der Flächenladung der Kugel herrührenden Kräfte, die gleich $+\operatorname{grad}\psi$ sind, und endlich die von dem übrigen Dielektrikum stammenden Polarisationskräfte. Um diese zu bestimmen, legen wir um die betrachtete Kugel eine Fläche S, die zunächst der Bedingung unterworfen ist, daß der Raum, den sie umschließt, so klein ist, daß die Polarisation in ihm als konstant angenommen werden kann. Wir bezeichnen mit ξ, η, ζ die Koordinaten des betrachteten Punktes der Kugelfläche. Wir zeigen zunächst, daß die Fläche S so gelegt werden kann, daß die Wirkung der in ihr gelegenen Moleküle auf das betrachtete Molekül vernachlässigt werden kann: Wir legen hierzu den Ursprung des Koordinatensystems in das Zentrum der Kugel, deren Influenzierung wir betrachten, und bezeichnen mit d, e, b die Koordinaten des Zentrums der Kugel, deren Wirkung wir berechnen. Dann ist die X-Komponente der von dieser Kugel auf jene ausgeübten Kraft, wie eine leichte Rechnung ergibt:

$$X = \frac{a^3\,(d^2 + e^2 + b^2 - 3\,d^2)}{(d^2 + e^2 + b^2)^{\frac{5}{2}}},$$

da wir wegen der Kleinheit des Kugelradius diesen gegen die Entfernung der Kugeln vernachlässigen können. Die drei Kugeln mit den Koordinaten d, e, b; e, b, d; und b, d, e heben sich daher in ihrer Wirkung gegenseitig auf. Es kann daher S so gelegt werden, daß die in ihr liegenden Kugeln zusammen auf die betrachtete Kugel keine Wirkung ausüben. Es bleibt noch die Wirkung der außerhalb der Fläche S liegenden Kugeln zu berechnen. Diese ist gleich dem über den Raum, den das Dielektrikum außerhalb von S einnimmt, erstreckten Integral

$$\iiint dx\,dy\,dz\,\mathfrak{P}\operatorname{grad}\frac{1}{r}.$$

Dieses ist gleich der Differenz aus V, vermindert um das über das Innere der Fläche S erstreckte Integral. Die aus diesem Potential folgende Kraft ist

$$\iint \frac{ds}{r^3}\,\mathfrak{r}\,(\mathfrak{P}\mathfrak{n}) - \iiint \frac{dx\,dy\,dz}{r^3}\,\mathfrak{r}\operatorname{div}\mathfrak{P}.$$

Das zweite Glied ist wegen der Kleinheit des von S umschlossenen Raumes zu vernachlässigen, das erste Glied ergibt, da die Polarisation in dem betrachteten Raum als konstant zu betrachten ist und daher die X-Richtung ihr parallel gewählt werden kann, für die X-Komponente dieser Kraft

$$\tfrac{4}{3}\pi\mathfrak{P}_x.$$

Die Summe dieser Wirkungen ist daher

$$-\operatorname{grad}V - \operatorname{grad}V_1 + \tfrac{4}{3}\pi\mathfrak{P} + \operatorname{grad}\psi.$$

Drücken wir ψ durch $\mathfrak{P}$ aus und berücksichtigen wir, daß $V + V_1$ das gesamte wirkende Potential darstellt, also $\mathfrak{E} = -\operatorname{grad}(V + V_1)$ ist, so ist die Gleichgewichtsbedingung für die auf der Oberfläche der Kugel sitzende Flächenladung

$$\mathfrak{E} = \frac{4}{3}\pi\left(\frac{1}{h} - 1\right)\mathfrak{P}.$$

Nach Ziff. 40 des vorhergehenden Artikels ist

$$\mathfrak{E} = \frac{4\pi}{\varepsilon - 1}\mathfrak{P},$$

daher

$$\varepsilon = 1 + \frac{3h}{1-h} \backsim 1 + 3h.$$

Trotz der Primitivität der über die elektrischen Eigenschaften der Moleküle gemachten Hypothese ist die entwickelte Theorie von großer Leistungsfähigkeit. Die aus ihr berechneten Molekülradien ergeben sich zu etwa zwei Drittel der aus den mechanischen und thermischen Eigenschaften der Gase berechneten. Daß die beiden Größen nicht vollständig übereinstimmen, ist leicht erklärlich, da in dem zweiten Fall die Wirkungssphären berechnet werden, die sicherlich größer sind als die Moleküle selbst.

Dementsprechend wird auch die Druckabhängigkeit der Dielektrizitätskonstante der Gase richtig wiedergegeben. Man sieht auch sofort, daß aus der abgeleiteten Formel die Dielektrizitätskonstante von Gemischen aus den Dielektrizitätskonstanten der Bestandteile berechnet werden kann. Allerdings ist die Theorie in der entwickelten Form auf Substanzen beschränkt, deren Dielektrizitätskonstanten von der des Äthers nicht zu weit abweichen, da h infolge der gemachten Annahmen eine kleine Zahl sein muß.

Die Theorie ist auch, wie man leicht einsieht, einer Erweiterung über den betrachteten Fall der Wirkung isotroper Dielektrika auf ein statisches Feld fähig. Für nicht isotrope Medien müssen die Moleküle als nichtkugelförmig und in bestimmter Richtung orientiert angenommen werden. Dann ist ihre Induktionswirkung in verschiedenen Richtungen natürlich eine verschiedene. Die resultierende Dielektrizitätskonstante wird daher eine lineare Vektorfunktion. Sind die Felder nicht konstant, sondern etwa Felder elektrischer Wellen, so folgt aus der Ziff. 78 des vorhergehenden Artikels sofort, daß das Medium zu Dispersionserscheinungen Anlaß geben muß, da die Kugeln schwingungsfähige Gebilde darstellen. Die mathematische Theorie derartiger Medien wurde insbesondere von GANS und HAPPEL[1]) entwickelt. (Vgl. Kap. 5.)

3. Die Theorie der Elektrolyse und ihre Rückwirkung auf die Theorie der Dielektrika. Der nächste Anstoß zur Weiterbildung der Theorie der elektrischen Eigenschaften der Moleküle wurde ebenfalls durch FARADAY[2]) gegeben, und zwar durch seine Untersuchungen über die Elektrolyse. Er erkannte zunächst, daß für den Ablauf dieser Erscheinung nicht die Elektroden, sondern der Elektrolyt von ausschlaggebender Bedeutung ist. Von den verschiedenen Versuchsreihen, in denen er dies zu beweisen sucht, ist diejenige für uns am wichtigsten, in der er nachweist, daß die durch den Strom überführte Elektrizitätsmenge nur von der Menge der an den Elektroden abgeschiedenen Substanz und ihrem chemischen Äquivalentgewicht abhängt. Dies beweist nicht nur qualitativ, daß die elektrolytische Leitung von dem Material der Elektroden unabhängig ist, sondern ergibt auch eine höchst auffallende quantitative Beziehung. Denn es besagt, daß, wenn durch verschiedene Elektrolyte dieselbe Elektrizitätsmenge durch-

---

1) R. GANS u. H. HAPPEL, Ann. d. Phys. Bd. 29, S. 277. 1909.

2) M. FARADAY, Exp. Untersuchungen §§ 731ff.

gegangen ist, die Mengen der sich an den Elektroden abscheidenden Substanzen sich wie ihre Äquivalentgewichte verhalten. Und zwar ist die Abscheidung eines Moles eines einwertigen Atomes oder Atomkomplexes mit dem Transport von 96494 int. Coul. verbunden.

Daraus schloß FARADAY, daß die Trennung des Elektrolyten in seine sich an den Elektroden abscheidenden Bestandteile durch das elektrische Feld erfolgt und daher die Atome bzw. die Atomkomplexe im Molekül des Elektrolyten in geladenem Zustande sind. Es liegt dann nahe, die aus diesen Ladungen folgenden elektrischen Kräfte zur Erklärung des Zusammenhaltes des Moleküls heranzuziehen. So kam er dazu, die chemische Affinität auf diese Kräfte zurückzuführen. Die Atome sind in irgendeiner Weise mit elektrischen Kräften begabt, denen sie ihre auffallendsten Eigenschaften, darunter ihre chemische Affinität, verdanken[1]). Aus seiner Anschauung folgt, daß äquivalente Gewichtsmengen zweier Substanzen einfach solche Mengen sind, die gleiche Mengen Elektrizität enthalten[2]). Die letzte Konsequenz daraus zog HELMHOLTZ, indem er darauf hinwies, daß wir annehmen müssen, daß die Ladungen der einzelnen einwertigen Ionen einander gleich sind, die der zweiwertigen doppelt so groß usw. Wenn wir annehmen, daß die Elemente aus Atomen aufgebaut sind, so können wir uns dem Schluß nicht entziehen, daß auch die Elektrizität, die positive so gut wie die negative, in bestimmte elementare Portionen geteilt ist, die sich wie Elektrizitätsatome verhalten[3]).

Die Ansicht FARADAYS hat allerdings insoweit eine Korrektur erfahren, als CLAUSIUS[4]) nachgewiesen hat, daß die Trennung des Moleküls in seine Ionen nicht durch das stromerzeugende Feld bewirkt wird, da bereits die kleinste elektromotorische Kraft in einem Elektrolyten einen Strom hervorruft, während nach der FARADAYschen Anschauung natürlich erst eine bestimmte Feldstärke die Trennung der in einem Molekül verbundenen Ionen bewirken könnte. Wir müssen daher annehmen, daß in einem Elektrolyten eine gewisse Anzahl von Molekülen jederzeit dissoziiert ist und das elektrische Feld nur die Bewegung der Ionen zu den Elektroden hervorruft. Dies folgt exakt daraus, daß das OHMsche Gesetz auch für die Leitung in Elektrolyten gilt. Aber auch nach dieser Anschauung ist es am einfachsten, anzunehmen, daß die Ladung der Ionen nicht bei der Trennung des Moleküls entsteht, sondern daß sich die Atome bereits im Molekül in geladenem Zustand befinden. Die Schlüsse FARADAYS bleiben daher unberührt.

Wir können aber aus den Erscheinungen noch weitere Schlüsse auf die Eigenschaften der Ionen ziehen. Zunächst können wir, indem wir die bei der Ausscheidung bestimmte Gewichtsmenge einer Substanz durch die dabei überführte Elektrizität dividieren, den Quotienten aus Ladung und Masse eines Ions, das ist seine spezifische Ladung, bestimmen. Ferner erhalten wir durch Division der bei der Ausscheidung eines Mols Wasserstoff oder einer anderen einwertigen Substanz überführten Elektrizitätsmenge durch die AVOGADROsche Zahl N die auf ein Ion entfallende Ladungsmenge. Da man N auf kinetischem Wege mit einiger Genauigkeit bestimmen kann (BROWNsche Bewegung, innere Reibung und Wärmeleitfähigkeit eines Gases usw.; vgl. Bd. XXII, Kap. 5), gelingt dies auch für die Ladung des einwertigen Wasserstoffions. Man erhält $\varepsilon \sim 4 \cdot 10^{-10}$ el. stat. Einh.

---

[1]) M. FARADAY, Experimental Researches § 852.

[2]) M. FARADAY, Experimental Researches § 869.

[3]) H. v. HELMHOLTZ, Journ. chem. soc. Bd. 39, S. 277. 1881; G. J. STONEY, Phil. Mag. Bd. 11, S. 381. 1881.

[4]) R. CLAUSIUS, Wied. Ann. Bd. 101, S. 338. 1857. Die Hypothese wurde bereits von A. WILIAMSON, Phil. Mag. Bd. 37, S. 350. 1850, aufgestellt.

Endlich kann man auch die Geschwindigkeit der Ionen im elektrischen Feld bzw. ihre Diffusionsgeschwindigkeit bestimmen und daraus mit Hilfe der STOKESschen Formel ihren Halbmesser abschätzen. Er ergibt sich in der richtigen Größenordnung von 10^{-8} cm. Eine genauere Theorie der Bewegung der Ionen, die die elektrischen Kräfte zwischen ihnen und den als Dipole aufgefaßten Molekülen berücksichtigt, wurde von BORN aufgestellt[1]) (vgl. Bd. XIII, Kap. 13 u. 14).

Die aus der Elektrolyse gewonnene Anschauung über den Aufbau der Moleküle gestattet eine einfache Erklärung der Eigenschaften der Dielektrika. Denn da es sehr unwahrscheinlich ist, daß die Atome im Molekül sich erst bei der Lösung aufladen, müssen wir annehmen, daß auch die Moleküle der ungelösten Substanz bereits aus geladenen Atomen bestehen. Wir können sie daher als Dipole auffassen. Bringt man einen derartigen Körper in ein elektrisches Feld, so wird er auf zweierlei Weise polarisiert werden. Erstens werden die Dipolachsen gerichtet werden, und zweitens werden die beiden Ionen auseinandergezogen werden und dadurch wird die Polarisation verstärkt. Nehmen wir an, daß im nichtpolarisierten Zustand die Verteilung der Ladungen im Molekül eine derartige ist, daß sein Dipolmoment praktisch gleich Null ist, so bleibt nur der zweite Effekt übrig und die in der vorigen Ziffer entwickelte Theorie zeigt sofort, daß bei elastischer Bindung der Ionen aneinander die Eigenschaften der Dielektrika durch diese Annahme erklärt werden können. Dasselbe gilt natürlich für die Erscheinung der Dispersion, da die Dipole infolge der elastischen Bindung der beiden Ladungen ein schwingungsfähiges System darstellen. (Vgl. Kap. 5 und Bd. XXI.)

Bei der Kompliziertheit der chemischen Eigenschaften der verschiedenen Substanzen ist es von vornherein unmöglich, daß die Atome lediglich aus einem Dipol bestehen sollen. Die Dispersionstheorie, die in Ziff. 41 entwickelt werden wird, gibt uns nun eine Möglichkeit, die einzelnen in einem Moleküle vorhandenen schwingungsfähigen Gebilde zu untersuchen. Und zwar ergibt sich aus ihr für jeden schwingungsfähigen geladenen Baustein des Moleküls das Produkt aus der Anzahl der Moleküle in der Volumeinheit, multipliziert mit der Anzahl der betreffenden Teilchen in einem Molekül und mit dem Quotienten aus seiner Ladung und Masse (spezifische Ladung). So ergibt z. B. die Untersuchung der Dispersion des Quarzes zwei Eigenschwingungen im ultraroten Spektralbereich, für die sich

$$p_1 \frac{e_1}{m_1} = 7{,}19 \cdot 10^{13} \text{ el. stat. Einh. } g^{-1},$$

$$p_2 \frac{e_2}{m_2} = 1{,}73 \cdot 10^{14} \text{ el. stat. Einh. } g^{-2},$$

$$p_3 \frac{e_3}{m_3} = 2{,}04 \cdot 10^{15} \text{ el. stat. Einh. } g^{-3}$$

ergibt. Dividiert man nun die durch die Elektrolyse erhaltene Zahl für Ne das eine Mal durch das Gewicht eines halben Mols Sauerstoff, das andere Mal durch das des Siliziums, so ist die erste der so erhaltenen Zahlen in der ersten angegebenen zweimal, die zweite in der anderen viermal enthalten. Indem wir die Vierwertigkeit des Siliziumatoms und die Zweiwertigkeit des Sauerstoffatoms berücksichtigen, können wir daraus schließen, daß in dem Quarzmolekül ein Siliziumatom, das die vierfache, und ein Sauerstoffatom, das die zweifache Ladung des Wasserstoffions trägt, schwingen. Aus der Dispersion des Quarzes folgt

---

[1]) M. BORN, ZS. f. Phys. Bd. 1, S. 221. 1920; s. auch R. LORENZ, Raumerfüllung und Beweglichkeit. S. 221ff. Leipzig 1922.

aber noch eine Eigenschwingung im ultravioletten Teil des Spektrums. Diese ergibt:

$$p_4 \frac{e_4}{m_4} = 2{,}04 \cdot 10^{18}.$$

Ein Vergleich mit den eben besprochenen Zahlen zeigt sofort, daß dieser Term mit unseren bisher entwickelten Anschauungen kaum verträglich ist, da selbst wenn wir annehmen, daß das schwingende Teilchen nur die Masse des Wasserstoffatoms besitzt, aus ihr folgen würde, daß dieser Molekülbestandteil eineLadung tragen würde, die mehrere hundertmal so groß ist wie die des Wasserstoffions, oder daß in jedem Molekül eine mit dem Molekulargewicht unvereinbar große Anzahl solcher Teilchen vorhanden sein müßte. Dieses Ergebnis, das man bei der Untersuchung der Dispersion aller Substanzen wiederfindet, weist daher darauf hin, daß sich bei der Untersuchung aller übrigen Substanzen im Moleküle Teilchen befinden, deren Maß um einige hundertmal kleiner ist als die des Wasserstoffatoms. (Vgl. Kap. 2 und Bd. XXI.)

4. Der Durchgang der Elektrizität durch verdünnte Gase. (Vgl. Bd. XIV.) Diese Ergebnisse wurden gefestigt und erweitert durch die Untersuchung des Durchgangs der Elektrizität durch verdünnte Gase. Bereits beim Übergang eines Funkens in Luft von Atmosphärendruck treten an den beiden Elektroden verschiedene Lichterscheinungen auf, die für den negativen bzw. positiven Pol charakteristisch sind. Aber diese Erscheinungen sind sehr komplexer Natur (vgl. Bd. XIV, Kap. 7). Als aber FARADAY die Erscheinungen, die in stark verdünnten Räumen auftreten, beobachtete, fand er einfache Verhältnisse. Als er nämlich zwei Messingdrähte, die in einen evakuierten Raum eingeführt waren, an eine Elektrisiermaschine anschloß, ging von der Anode ein Lichtstrom aus, der aber nicht bis zur Kathode reichte, sondern von dieser, die selbst ein schwaches Glimmen zeigte, durch einen dunklen Raum (FARADAYscher dunkler Raum) getrennt blieb. FARADAY erkannte zwar die Wichtigkeit dieser Erscheinung, von deren weiterer Verfolgung er sich grundlegende Aufschlüsse über das Wesen der positiven und der negativen Entladung erwartete, konnte aber auf diesem Wege nicht weiter vordringen[1]).

Erst als die Fortschritte in der Konstruktion der Luftpumpen eine bessere Evakuierung des Entladungsraumes erlaubten, gelang die weitere Erforschung dieser Erscheinung. PLÜCKER[2]) zeigte, daß die Entladung durch ein Magnetfeld abgelenkt wird, wie dies DAVY[3]) schon früher für den Bogen einer Kohlenbogenlampe gezeigt hat. Sein Schüler HITTORF[4]) fand, daß ein einer punktförmigen Kathode gegenübergestellter Körper einen Schatten wirft. Daraus folgt, daß die von der Kathode ausgehende Strahlung sich geradlinig fortpflanzt. GOLDSTEIN fand dann, daß der scharf begrenzte Schatten auch dann bestehen bleibt, wenn der feste Körper einer flächenförmigen Kathode gegenübersteht, woraus folgt, daß im Gegensatz zum Licht, bei dem Halbschatten auftritt, die Strahlen die Oberfläche der Kathode nur senkrecht verlassen. VARLEY[5]) schloß aus diesen Eigenschaften, daß die Kathodenstrahlen aus kleinen negativ geladenen Partikeln bestehen, die von der Kathode ausgeschleudert werden.

Dieser Hypothese standen jedoch die Beobachtungen von HERTZ[6]) gegenüber. HERTZ hatte gezeigt, daß die Kathodenstrahlen durch immerhin so starke

---

1) M. FARADAY, Exp. Untersuchungen § 1523.

2) J. PLÜCKER, Wied. Ann. Bd. 103, S. 88, 151; Bd. 104, S. 113, 622; Bd. 105, S. 67. 1855; Bd. 107, S. 577. 1859.

3) H. DAVY, Phil. Trans. 1821, S. 425.

4) W. HITTORF, Wied. Ann. Bd. 136, S. 1, 197. 1869.

5) C. F. VARLEY, Proc. Roy. Soc. London Bd. 19, S. 236. 1871.

6) H. HERTZ, Wied. Ann. Bd. 45, S. 28. 1892.

Metallfolien dringen, wie es einer aus Atomen bestehenden Strahlung unmöglich wäre. Auch ein von ihm angestellter Versuch, die Strahlen durch ein elektrostatisches Feld abzulenken, schlug fehl. Andererseits ist aber die magnetische Ablenkung der Strahlen wiederum vom Standpunkt der Wellentheorie dieser Strahlen nicht erklärlich.

Die Aufklärung brachte eine Reihe von Versuchen zur Bestimmung der spezifischen Ladung der Kathodenstrahlteilchen, die im Jahre 1897 unabhängig von WIECHERT und J. J. THOMSON veröffentlicht wurden (vgl. Bd. XXII, Kap. 1). WIECHERT benutzt eine Methode, die von SCHUSTER einige Jahre früher angegeben worden war, diesem Forscher aber, hauptsächlich wegen der zu geringen Evakuierung des Entladungsraumes, keine richtigen Resultate ergeben hatte. SCHUSTER nimmt an, daß die Kathodenstrahlteilchen die Kathode ohne nennenswerte Geschwindigkeit verlassen. [Diese Annahme wurde von KAUFMANN[1]) experimentell gerechtfertigt.] Ist dann ε die Ladung, μ die Masse und v die Geschwindigkeit eines Kathodenstrahlteilchens, so muß nach dem Energieprinzip

$$\frac{\mu}{2} v^2 = \varepsilon (V - V_0)$$

sein, wenn die Kathode auf dem Potential V_0 ist und das Teilchen an einen Ort mit dem Potential V gelangt ist. Bewegt es sich dann außerdem noch in einem homogenen Magnetfeld der Feldstärke $\mathfrak{H}$, so beschreibt seine Projektion auf eine zu $\mathfrak{H}$ normale Ebene einen Kreis, dessen Radius durch die Gleichung

$$R = \frac{\mu}{\varepsilon} \frac{v}{H}$$

gegeben ist (vgl. Ziff. 15 u. 33). Es ist also

$$\frac{\varepsilon}{\mu} = \left(\frac{V - V_0}{H^2 R^2}\right)^{\frac{1}{3}}$$

und zwar fand WIECHERT[2]) zahlenmäßig $\frac{\varepsilon}{\mu} = 1{,}2 \cdot 10^{18}$ el. stat. Einh. g^{-1}. Vergleichen wir dies mit dem aus der Elektrolyse folgenden Wert für die spezifische Ladung des Wasserstoffions, so sehen wir, daß dieser Wert etwa zweitausendmal zu groß ist, um als spezifische Ladung eines einwertigen Ions gedeutet zu werden. Daraus schloß WIECHERT, indem er berücksichtigte, daß die große Durchdringungsfähigkeit der Strahlen verlangt, daß die Partikel wesentlich kleiner sind als Ionen, daß die Ladung der Partikeln gleich ist der Ladung des Wasserstoffions, ihre Masse aber etwa zweitausendmal kleiner.

Unabhängig von den Untersuchungen WIECHERTS schloß J. J. THOMSON[3]) aus den Versuchen von LENARD über die Reichweite der Kathodenstrahlen, daß diese aus Partikeln bestehen müssen, die sich mit sehr großer Geschwindigkeit bewegen und gegen die Atome klein sind. FITZ GERALD erweiterte diese Hypothese dahin, daß die Kathodenstrahlteilchen mit denjenigen geladenen Teilchen im Atom identisch sind, für die der Zeemanneffekt ebenfalls so hohe spezifische Ladungen ergibt[4]). Diese Hypothese bestätigte J. J. THOMSON[5]), indem er den Wert der spezifischen Ladung maß und gleichzeitig nachwies, daß die Kathodenstrahlen durch ein elektrostatisches Feld entsprechend ihrer negativen

---

[1]) W. KAUFMANN, Ann. d. Phys. Bd. 61, S. 544. 1897.
[2]) E. WIECHERT, Schriften d. Königsberger Gesellschaft Bd. 38. 1897.
[3]) J. J. THOMSON in einer Vorlesung an der Royal Inst. Bd. 30, IV. 1897.
[4]) G. F. FITZ GERALD, Electrician Bd. 21. Mai 1897.
[5]) J. J. THOMSON, Phil. Mag. Bd. 44, S. 293. 1897.

Ladung abgelenkt werden. Die Abb. 1 zeigt die von THOMSON verwendete Apparatur. Die von der Kathode K ausgehenden Kathodenstrahlen werden durch zwei Blenden geschickt (D_1 und D_2). Sie laufen durch einen Plattenkondensator, in dem gleichzeitig auch ein magnetisches Feld erregt werden kann, das zum elektrischen Feld und zur Strahlrichtung normal steht. Der Punkt,

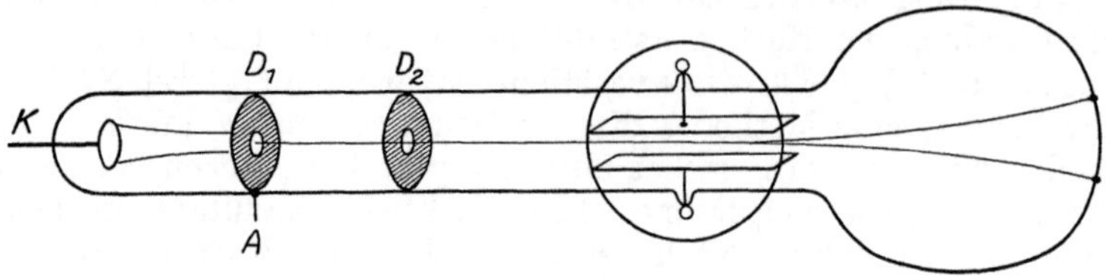

Abb. 1. Elektrische Ablenkung der Kathodenstrahlen.

an dem die Kathodenstrahlen auf die Glaswand auftreffen, ist durch seine Fluoreszenz erkenntlich. J. J. THOMSON regulierte nun einmal das magnetische und das elektrostatische Feld so, daß der Fluoreszenzfleck an der Glaswand derselbe ist, wie wenn gar kein Feld angelegt ist, dann maß er die Verschiebung unter Einwirkung des magnetischen Feldes allein. Es ist nun:

$$\varepsilon E = \varepsilon v H, \qquad v = \frac{E}{H},$$

$$\frac{\varepsilon}{\mu} = \frac{v}{RH}$$

und daraus bestimmte er die Geschwindigkeit v etwa zu $2{,}7 \cdot 10^9\ \mathrm{cm/sec}^{-1}$ und die spezifische Ladung der Teilchen zu $\frac{\varepsilon}{\mu} = 2{,}4 \cdot 10^{17}$ el. stat. Einh. g^{-1}. Er bestimmte diese Größe noch auf eine zweite Art. Er maß die Stärke des übergehenden Stromes, die gleich ist dem Produkt aus der Ladung eines Kathodenstrahlteilchens multipliziert mit der Anzahl der pro Zeiteinheit einen Querschnitt des Strahles passierenden Teilchen n, also

$$J = n\varepsilon.$$

Weiter maß er mit Hilfe eines Bolometers die Energie, die pro Zeiteinheit einen Querschnitt passiert:

$$W = \tfrac{1}{2} n \mu v^2,$$

und endlich bestimmte er wieder den Radius R der von den Kathodenstrahlteilchen im Magnetfeld durchlaufenen Bahn. Daraus ergibt sich die spezifische Masse durch die Gleichung

$$\frac{\varepsilon}{\mu} = \frac{W}{JR^2H^2}.$$

Er erhielt $\frac{\varepsilon}{\mu} = 6 \cdot 10^{17}$ el. stat. Einh. g^{-1}, $v \sim 5 \cdot 10^9\ \mathrm{cm/sec}$.

Durch diese Versuche sind die beiden Einwände gegen die korpuskulare Theorie der Kathodenstrahlen widerlegt. Die hohe Geschwindigkeit und die aus der großen spezifischen Ladung folgende geringe Größe der Teilchen bedingt ihre starke Durchdringungsfähigkeit. Gleichzeitig haben die Versuche von THOMSON gezeigt, daß die Korpuskel elektrisch geladen sind, da sie von einem elektrostatischen Feld abgelenkt werden.

Der Wert der spezifischen Ladung der Kathodenstrahlteilchen wurde durch eine Reihe von Arbeiten immer genauer bestimmt (vgl. Bd. XXII, Kap. 1). Dabei zeigte sich, daß dieser Wert von dem Material der Kathode vollständig unabhängig ist, daß aber im Einklang mit der Theorie (vgl. Ziff. 30ff. und den folgenden Artikel sowie den Artikel „Elektronen" in Bd. XXII ds. Handb.) dieser Wert von der Geschwindigkeit der Teilchen abhängig ist. Der wahrscheinlichste Wert ist derzeit

$$\frac{\varepsilon}{\mu} = 5{,}29_5 \cdot 10^{17} \text{ el. stat. Einh. } g^{-1}$$

für die Geschwindigkeit Null.

Vergleichen wir diesen Wert mit der in Ziff. 3 angegebenen spezifischen Ladung der Teilchen, die die ultraviolette Schwingung des Quarzes hervorrufen, so sehen wir, daß er von derselben Größenordnung ist. Nehmen wir an, daß es sich um gleiche Teilchen handelt, so müssen wir $p_3 = 4$ setzen. Es ist nun von entscheidender Bedeutung, daß alle spezifischen Ladungen, die zu groß sind, um als spezifische Ladung eines Ions gedeutet zu werden, kleine Vielfache der spezifischen Ladung der Kathodenstrahlteilchen sind. Wir können daraus schließen, daß die in den Atomen vorkommenden Bestandteile, die nicht Ionen sind, für alle Substanzen dieselben und mit den Kathodenstrahlteilchen identisch sind. Diese bilden daher einen elementaren Baustein der Atome und werden als Elektronen (im engeren, heute allein gebräuchlichen Sinne) bezeichnet.

Wo also Elektrizität an einen kleineren Körper als ein Wasserstoffatom gebunden auftritt, handelt es sich um ein Elektron, und zwar nicht nur in den bisher besprochenen Fällen. Dagegen findet man die positive Elektrizität nur an Atome (oder Atomkomplexe) gebunden. Das zeigt z. B. die von J. J. THOMSON durchgeführte Analyse der Kanalstrahlen. Diese wurden von GOLDSTEIN[1]) entdeckt, der die Kathode durchlöcherte und so hinter ihr eine Strahlung nachweisen konnte. WIEN[2]) zeigte, daß sie durch ein Magnetfeld abgelenkt wird, daß aber ihre Ablenkung die entgegengesetzte von der ist, die gleichgerichtete Kathodenstrahlen erleiden würden. Allerdings wird ein Kanalstrahl durch die magnetische Ablenkung in mehrere Teile zerlegt, was, wie THOMSON auseinandersetzte, daher kommt, daß er aus den verschiedensten Ionen zusammengesetzt ist, die sich außerdem noch während des Passierens des Magnetfeldes umladen (vgl. Bd. XXII, Kap. 2B und Bd. XXIV, Kap. 2). Die Partikel sind zum größten Teil Ionen des die Röhre füllenden Gases. GEHRKE und REICHENHEIM[3]) haben auch eine von der Anode selbst ausgehende „Anodenstrahlung" entdeckt, die nach ihrer spezifischen Ladung aus positiven Ionen des Anodenmaterials besteht.

5. Korpuskulare Strahlen radioaktiver Substanzen (vgl. Bd. XXII). Im Jahre 1896 entdeckte BEQUEREL, daß Uraniumsalze eine Strahlung aussenden, die imstande ist, eine photographische Platte auch dann noch zu schwärzen, wenn sie eine doppelte Schicht starken Papiers passiert haben. Die Analyse der Strahlung ergab, daß von den Elementen, die als Quellen derartiger Strahlen aufgefunden wurden, drei verschiedene Strahlungsarten emittiert werden.

Von diesen wird die α-Strahlung von der umgebenden Luft verhältnismäßig schnell absorbiert und besitzt dementsprechend nur ein geringes Durchdringungsvermögen. Sie wird, wie RUTHERFORD nachgewiesen hat, sowohl durch ein magnetisches wie durch ein elektrostatisches Feld abgelenkt, und zwar ist der Sinn der Ablenkung derart, daß diese Strahlen aus positiv geladenen Teilchen bestehen müssen. Aus der Stärke der Ablenkung läßt sich wiederum die spezifische Ladung bestimmen, die sich für α-Strahlen aller radioaktiven Substanzen zu $1{,}447 \cdot 10^{14}$ el. stat. Einh. g^{-1} ergab, also zur Hälfte der spezifischen Ladung des Wasserstoffions ($2{,}873 \cdot 10^{14}$ el. stat. Einh. g^{-1}). Daraus folgt zunächst, daß

1) E. GOLDSTEIN, Berl. Ber. Bd. 691. 1886.

2) W. WIEN, Verh. d. D. Phys. Ges. Bd. 16, S. 165. 1897; Ann. d. Phys. Bd. 65, S. 440. 1895.

3) E. GEHRKE u. D. REICHENHEIM, Verh. d. D. Phys. Ges. Bd. 8, S. 59. 1906; Bd. 9, S. 76, 200 u. 374. 1907.

alle von irgendwelchen radioaktiven Substanzen ausgesendeten α-Partikeln untereinander identisch sind. Es liegt aber auch nahe, in ihnen Heliumatome zu erblicken, die die doppelte Ladung des Wasserstoffions tragen; insbesondere, da W. RAMSAY die Entwicklung von Helium in einem Radium enthaltenden Gefäß nachgewiesen hat. Da dieses aber auch mit der Zeit aus dem Glas ausgetreten sein konnte, ist es wichtig, daß diese Hypothese auf zweierlei Weise bestätigt werden kann. Erstens wiesen RUTHERFORD und ROYDS[1]) nach, daß die α-Partikel Heliumionen sind, indem sie Radiumemanation in ein so dünnwandiges Rohr einschlossen, daß die α-Strahlen diese Glaswand durchdringen können und so in ein dickwandiges Glasgefäß geraten, dessen Wand sie nicht mehr durchdringen können. Nach einigen Tagen kann dann in diesem Gefäße Helium spektroskopisch nachgewiesen werden. Zweitens ist es möglich, die mittlere Ladung der α-Partikel direkt zu bestimmen (RUTHERFORD). Das Prinzip der Methode besteht darin, daß dem α-Strahler eine mit einem Elektrometer verbundene Elektrode gegenübergestellt wird. Der Einfluß der β-Strahlung und der sekundären Strahlung wird dadurch ausgeschaltet, daß diese bedeutend stärker durch das Magnetfeld ablenkbaren Strahlen durch ein solches Feld von der Elektrode abgelenkt werden. Der Einfluß der Ionisation des Gases wird dadurch eliminiert, daß die Elektrode einmal positiv, das andere Mal negativ aufgeladen wird. Durch Kombination der in beiden Fällen erhaltenen Strommessung wird der Ionisationsstrom eliminiert. Da man durch verschiedene Zählmethoden (Szintillations- und Elektrometermethoden) die Zahl der von einem Präparat bestimmter Stärke in der Zeiteinheit ausgesandten Partikel bestimmen kann, erhält man durch die Division des aus der Strommessung folgenden Betrages der in der Zeiteinheit auf die Elektrode übertragenen Elektrizitätsmenge durch die Zahl der aufgetroffenen Partikel die mittlere Ladung eines einzelnen. Messungen von RUTHERFORD und GEIGER[2]) ergaben diese Ladung zu $9{,}3 \cdot 10^{-10}$ el. stat. Einh., Messungen von REGENER[3]) zu $9{,}57 \cdot 10^{-10}$ el. stat. Einh., was mit genügender Genauigkeit der doppelten Ladung des Wasserstoffions entspricht.

Neben der α-Strahlung treten zwei Strahlungen von großer Durchdringungsfähigkeit auf, von denen aber nur die β-Strahlung durch das Magnetfeld ablenkbar ist (BECQUEREL), und zwar, wie bereits erwähnt, in weit höherem Maße als die α-Strahlung. Die Bestimmung der spezifischen Ladung dieser Strahlen ergab denselben Wert wie für die Kathodenstrahlteilchen. Die β-Partikel sind daher Elektronen. Aus den Eigenschaften der Kathodenstrahlen wurde bereits geschlossen, daß die hohe spezifische Ladung der Elektronen auf ihre geringe Masse zurückzuführen ist, und daher die einfachste Annahme gemacht, daß ihre Ladung gleich der des Wasserstoffions ist. Für diese Hypothese konnten nun zwei wichtige und einfache experimentelle Stützen gebracht werden. Bekanntlich sind die Strahlungserscheinungen der radioaktiven Substanzen Begleiterscheinungen des Zerfalls eines solchen Elementes in die emittierten Strahlungspartikel einerseits und in ein neues Element andererseits. Die Ausstoßung eines α-Partikels, also eines Heliumions, muß natürlich das Atomgewicht des α-Strahlers um das Atomgewicht des Heliums erniedrigen, die Ausstoßung eines β-Partikels um das Verhältnis der Masse eines Elektrons zur Masse eines Wasserstoffatoms. Nun zeigt es sich aber, daß die Atomgewichte einer „radioaktiven Familie“, d. h. einer Gruppe voneinander durch radioaktiven Zerfall entstehenden Elemente, durch die α-Strahlung der einzelnen Elemente vollständig bestimmt ist. Die Masse

---

1) E. RUTHERFORD u. R. T. ROYDS, Phil. Mag. Bd. 17, S. 281. 1909.

2) E. RUTHERFORD u. H. GEIGER, Proc. Roy. Soc. London (A) Bd. 81, S. 162. 1908; Phys. ZS. Bd. 10, S. 42. 1909.

3) E. REGENER, Berl. Ber. Bd. 38, S. 948. 1909.

des Elektrons ist daher sehr klein gegen die Masse des Wasserstoffatoms. Zweitens kann man die mittlere Ladung der β-Partikel auf dieselbe Weise bestimmen wie die der α-Partikel, allerdings nur mit einer geringeren Genauigkeit. Diese reicht zwar nicht aus, um die Ladung der Partikel zu bestimmen, genügt aber zur Feststellung, daß sie nur die einfache, nicht aber die doppelte Ladung des Wasserstoffions tragen können. (Vgl. Bd. XXII.)

Die dritte Primärstrahlung ist die γ-Strahlung, die sich als Röntgenstrahlung erweist. Sie geht offenbar auf die Emission der korpuskularen Strahlung zurück, da sie nur im Verein mit den β-Strahlen auftritt. Neben diesen primären Strahlen treten noch sekundäre auf, die durch die Absorption der primären hervorgerufen werden (vgl. Bd. XXII, Kap. 2D). Wichtig ist für uns nur die allgemeine Konstatierung, daß durch Röntgenstrahlen und auch durch Licht Elektronen aus den verschiedensten Substanzen ausgelöst werden können. Auch die spezifische Ladung dieser Photoelektronen wurde bestimmt[1]) und der der Kathodenstrahlteilchen gleich gefunden.

6. Die Elektrizitätsleitung in Metallen (vgl. Bd. XIII, Kap. 1). Die bisherigen Untersuchungen haben uns dazu geführt, daß die Atome sich aus Ionen und Elektronen zusammensetzen. Die Entdeckung der Tatsache, daß sich in allen Substanzen Elektronen befinden, also Teilchen der gleichen Art, die die Ladung des Wasserstoffions tragen und dabei nur eine 1800mal geringere Masse und daher eine viel größere Beweglichkeit besitzen als die Ionen, ermöglicht erst den Versuch einer konsequenten Elektronentheorie der Metalleitung, wie ihn die Elektronentheorie der klassischen Vormaxwellschen deutschen Schule bereits unternommen hatte. Es war WEBER, der bei der Untersuchung der AMPÈREschen Gesetze die von FECHNER stammende Annahme machte, daß die Leitung in Metallen durch die Konvektion positiv und negativ geladener Teilchen bewirkt wird (vgl. Kap. 1, Ziff. 23).

Mittlerweile war durch die Versuche von ROWLAND[2]) nachgewiesen, daß ein Konvektionsstrom dieselben Eigenschaften besitzt wie ein Leitungsstrom, und dadurch der Hypothese eine experimentelle Begründung geschaffen worden. Doch hat diese Auffassung des galvanischen Stromes eine Schwierigkeit zu überwinden. Geht nämlich ein Strom durch zwei Metalle, so müßten nach der WEBERschen Theorie — deren Elektronen nach der modernen Terminologie ja als Ionen zu bezeichnen sind —, die Teilchen des einen Metalls in das andere dringen und so die chemische Natur der Metalle durch den elektrischen Strom allmählich verändert werden, wie etwa die Anodenstrahlen die Elektrodenionen in das Gas tragen.

Diese Schwierigkeit überwand J. J. THOMSON[3]) durch die Annahme, daß in den Metallen freie, nicht an die Ionen gebundene Elektronen vorkommen. Ist dies der Fall, dann muß infolge der großen Beweglichkeit der Elektronen die gesamte Elektrizitätsleitung in Metallen auf der Bewegung der Elektronen beruhen, da die Ionen infolge ihrer geringen Beweglichkeit dabei keine Rolle spielen können. Aus demselben Grunde spielen die Elektronen auch die Hauptrolle bei der Wärmeleitung in Metallen. Von dieser Hypothese ausgehend fand DRUDE[4]) eine Deutung der im WIEDEMANN-FRANZschen Gesetz ausgedrückten Beziehung zwischen der elektrischen und der Wärmeleitfähigkeit der Metalle, indem er berücksichtigt, daß dem Äquipartitionstheorem entsprechend die Elektronen auch an der Wärmebewegung teilnehmen müssen. (Vgl. Ziff. 42.) Aller-

[1]) J. J. THOMSON, Phil. Mag. Bd. 78, S. 547. 1899.
[2]) H. v. HELMHOLTZ, Pogg. Ann. Bd. 158, S. 487. 1876.
[3]) J. J. THOMSON, Rapports presentés au Congrès de Physique. Bd. III, S. 138. Paris 1900.
[4]) P. DRUDE, Ann. d. Phys. Bd. 1, S. 566. 1900; Bd. 3, S. 369. 1900; Bd. 7, S. 687. 1902.

dings treten bei der Weiterführung der Theorie große Schwierigkeiten auf, die bis heute noch nicht behoben werden konnten. (Vgl. Bd. XIII.)

Nach der modernen Elektronentheorie unterscheiden sich also die Metalle von den Dielektrizis dadurch, daß in diesen alle Elektronen an die Ionen gebunden sind (Dispersionselektronen), während in jenen auch „freie" Elektronen (Leitungselektronen) vorkommen. Die Bewegung dieser Leitungselektronen wird nur durch ihre Zusammenstöße mit den Ionen gehemmt, während die Zusammenstöße der Elektronen untereinander vernachlässigt werden können. Die einzelnen Metalle unterscheiden sich in ihrer Leitfähigkeit, durch den verschiedenen Gehalt an freien Elektronen und deren verschiedene, durch die Verschiedenheit der Ionen und der durch sie gebildeten Gitter bedingten Beweglichkeit. Durch diese Annahmen kann man auch die thermoelektrischen Erscheinungen erklären.

Im Inneren der Metalle befindet sich also zwischen den Ionen sozusagen ein Elektronengas. Die einzelnen Elektronen besitzen natürlich nicht gleiche Geschwindigkeit, sondern auch für sie muß das MAXWELLsche Verteilungsgesetz gelten. Kommt nun ein Elektron an die Oberfläche des Metalles, so werden die Ionenkräfte es wieder in das Innere zurückziehen, wenn seine Geschwindigkeit nicht ausreicht, um die Wirkungszone der Ionen zu durchbrechen. Bei einer bestimmten Temperatur wird eine merkbare Anzahl von Elektronen diese Geschwindigkeit erreichen (Glühemission, vgl. Bd. XIII, Kap. 4 und Bd. XIV, Kap. 2).

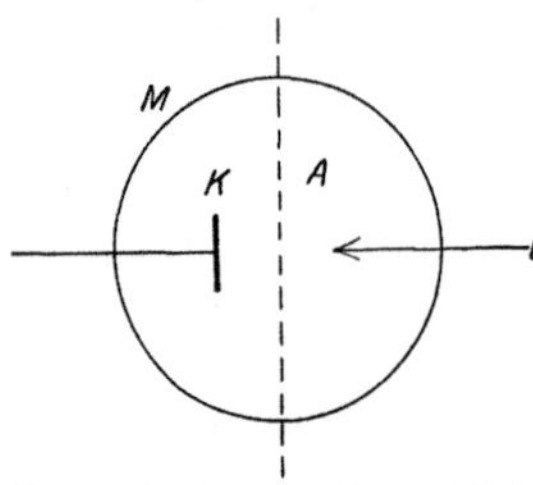

Abb. 2. Bestimmung der spezifischen Ladung der Elektronen.

J. J. THOMSON und RICHARDSON[1]) haben die spezifische Ladung der so emittierten Elektronen bestimmt, und zwar mittels einer Methode, die THOMSON bereits früher zur Bestimmung der spezifischen Ladung der Photoelektronen verwendet hatte (Abb. 2). Hierzu wird die Kathode K negativ, das Drahtnetz A positiv geladen (Feldstärke $\mathfrak{E}$, Abstand der Kathode vom Netz d). Senkrecht auf die Richtung des elektrischen wird ein magnetisches $\mathfrak{H}$ angelegt, das die durch das elektrische Feld beschleunigten Elektronen von der Richtung zum Drahtnetz ablenkt. Bei einem bestimmten Verhältnis von elektrischer und magnetischer Feldstärke erreichen die aus der Kathode austretenden Elektronen das Drahtnetz gerade nicht mehr, nämlich wenn

$$d = 2 \frac{E}{H^2} \frac{\mu}{\varepsilon}$$

ist. Ist die elektrische Feldstärke größer, so erreichen sie sie, ist sie schwächer, so bleiben sie noch weiter von ihm entfernt. Durch Bestimmung der elektrischen Feldstärke, bei der für ein bestimmtes magnetisches Feld der Strom zwischen K und A gerade aussetzt, kann man daher die spezifische Ladung der von der Kathode emittierten Strahlen bestimmen. Sie erweist sich als der der Kathodenstrahlteilchen gleich, wodurch die Hypothese von J. J. THOMSON und DRUDE eine wichtige experimentelle Fundierung erhält.

Aus der entwickelten Anschauung folgt aber auch eine prinzipiell andere Art der ponderomotorischen Wirkung des Magnetfeldes auf einen stromdurchflossenen Leiter. Denn nach der MAXWELLschen Theorie wirkt das Feld direkt auf die Materie, während nach der Elektronentheorie dieses zunächst auf die den Strom darstellenden bewegten freien Elektronen wirkt, die dann die auf sie ausgeübte Kraft durch ihre Zusammenstöße mit den Ionen auf den kompakten Stromleiter übertragen. Hält man diesen fest, so werden die Leitungselektronen im Sinne der wirkenden ponderomotorischen Kraft aus ihrer Bahn abgelenkt,

[1]) J. J. THOMSON, Phil. Mag. Bd. 48, S. 547. 1899.

d. h. die Stromrichtung verändert. Dieser Effekt wurde auch tatsächlich von HALL[1]) beobachtet (vgl. Bd. XIII, Kap. 5), und zwar bereits vor Aufstellung der Elektronentheorie.

7. Die Emission elektromagnetischer Wellenstrahlung. Bereits bei der Betrachtung der Fortpflanzung des Lichtes in ponderablen Medien haben uns die Dispersionserscheinungen zu der Ansicht geführt, daß das Molekül aus kleinen geladenen Körpern besteht, die durch elastische Kräfte aneinander gebunden sind. Dasselbe ist der Fall, wenn wir uns die Frage nach der Emission der Lichtwellen stellen.

Nach der MAXWELLschen Theorie gibt es zwei Grundmechanismen, auf die man die Emission periodischer elektromagnetischer Wellen zurückführen kann. Der erste wurde von FITZ GERALD angegeben[2]). Er besteht darin, daß man in einem geschlossenen Leiter die Stromstärke periodisch wechseln läßt. Dieser magnetische Oszillator, der praktisch nicht ausgeführt wurde, emittiert ein Feld, das sich von einem FITZ GERALDschen Vektor ableiten läßt (vgl. Kap. 1, Ziff. 55). Der zweite Typus ist der HERTZsche elektrische Oszillator, bei dem die Schwingungen durch die periodische Auf- und Abladung eines Kondensators erzeugt werden. Man kann sich den Vorgang natürlich auch so vorstellen, — und nach der Elektronentheorie ist dies auch die richtige Vorstellung —, daß elektrisch geladene Partikel in der Leitung zwischen den Kondensatorplatten hin und her pendeln. Ein schwingendes Atom kann daher als HERTZscher Oszillator aufgefaßt werden. Dieselben Vorstellungen, die wir uns gebildet haben, um die Dispersionserscheinungen zu erklären, ermöglichen daher auch die Erklärung der Lichtemission. Auch dieser Zweig der Elektronentheorie hat auf bisher unüberwindliche Schwierigkeiten geführt, die jedenfalls zeigen, daß das Modell einer Lichtquelle nicht durch einen HERTZschen Oszillator dargestellt werden kann, wenigstens soweit es sich um den tatsächlichen Vorgang bei der Emission handelt.

Wir kennen aber noch einen Vorgang, bei dem elektromagnetische Wellen emittiert werden. STOKES[3]) und WIECHERT[4]) wiesen darauf hin, daß bei der plötzlichen Abbremsung der Kathodenstrahlteilchen bei ihrem Aufprall auf die Anode eine elektromagnetische Wellenstrahlung entstehen müsse. Sie schlossen daraus auf die Wellennatur der tatsächlich an der Anode entstehenden Röntgenstrahlen und erklärten die ihnen eigentümlichen Eigenschaften, die sie vom Licht unterscheiden (Fehlen von Brechung und Beugung) daraus, daß infolge der außerordentlich raschen Abbremsung der Kathodenstrahlteilchen die der Wellenlänge (Impulsweite) der emittierten Strahlung außerordentlich klein ist. Diese insbesondere von SOMMERFELD[5]) ausgearbeitete Theorie wurde erst viel später durch die von LAUE[6]) und BRAGG[7]) ausgeführten Bestimmungen der Wellenlänge der Röntgenstrahlung bestätigt. (Vgl. Ziff. 22.)

8. Die magnetischen Eigenschaften der Materie. In den Ziff. 29 und 30 des vorhergehenden Artikels wurde eine Theorie der magnetischen Eigenschaften der Materie entwickelt, die die Erscheinungen des induzierten Magnetismus zu erklären imstande ist. Sie sind leicht in die Anschauungen der Elektronen-

---

[1]) E. H. HALL, Amer. Journ. Math. Bd. 2, S. 287. 1879; Sill. Journ. Bd. 19, S. 209. 1880; Bd. 20, S. 161. 1880; Phil. Mag. Bd. 9, S. 225 .1880; Bd. 10, S. 301. 1880.

[2]) G. F. FITZ GERALD, Trans. Roy. Dublin Soc. Bd. 3. 1883.

[3]) G. STOKES, Nature Bd. 54, S. 427. 1896; Proc. Cambridge Phil. Soc. Bd. 9, S. 215. 1896.

[4]) E. WIECHERT, Ann. d. Phys. Bd. 59, S. 321. 1896.

[5]) A. SOMMERFELD, Phys. ZS. Bd. 10, S. 969. 1909.

[6]) M. LAUE, W. FRIEDRICH und P. KNIPPING, Münchener Ber. S. 303, 363. 1912; Ann. d. Phys. Bd. 41, S. 989. 1913; Bd. 42, S. 397. 1913.

[7]) W. L. BRAGG, Cambr. Proc. Bd. 17, S. 43. 1913.

theorie einzubauen, indem man [LANGEVIN[1])] die molekularen Strombahnen als Kreisbahnen von Elektronen ansieht. Dabei zeigt sich die Überlegenheit der Elektronentheorie darin, daß man zur Erklärung der Eigenschaften der diamagnetischen Substanzen keine neuen Elektronen anzunehmen braucht, sondern, wie dies H. A. LORENTZ ausgeführt hat, mit den Dispersionselektronen, die durch die Einwirkung eines magnetischen Feldes in eine Kreisbewegung geraten, auskommt. Für die Deutung der magnetischen Erscheinungen ist es allerdings notwendig, entsprechend den ständigen Molekularströmen der AMPÈRE-WEBERschen Theorie, ständig in Kreisbahnen laufende Elektronen im Molekül anzunehmen, eine Anschauung, die auch die BOHRsche Atomtheorie übernommen hat. Diese Annahme wird durch die Versuche von BARNETT[2]) und von EINSTEIN[3]) und DE HAAS gestützt, die zeigen, daß die Magneten Eigenschaften besitzen, die darauf hinweisen, daß ihre Moleküle als Kreisel aufgefaßt werden müssen. (Vgl. auch Bd. XV.)

Die elektronentheoretische Deutung der magnetischen Eigenschaften der Materie wird aber noch weiter dadurch gestützt, daß sich aus ihr die magnetooptischen Erscheinungen ungezwungen erklären lassen, während dies von der MAXWELLschen Theorie ausgehend nur teilweise und durch sonst unmotivierte Erweiterungen der Theorie möglich wäre. Da die optischen Eigenschaften der Materie im wesentlichen von den schwingungsfähigen Gebilden im Molekül abhängen, müssen sie sich im Magnetfeld ändern, wenn dieses die Schwingungsdauer dieser Gebilde ändert. Dies ist nun, wie ZEEMANN[4]) gefunden hat, tatsächlich der Fall. Theoretisch erklärt sich dies, wie H. A. LORENTZ[5]) nachgewiesen hat, dadurch, daß sich die durch das Magnetfeld hervorgerufene Kreisbewegung über die die Lichtemission ohne das Magnetfeld bewirkende freie Schwingung des Elektrons legt. Das ursprünglich nur eine Eigenschwingung besitzende Elektron erhält dadurch drei, je nachdem, ob seine Bewegung durch die Einwirkung des Magnetfeldes begünstigt, behindert oder überhaupt nicht beeinflußt wird (vgl. Ziff. 41). Es erscheinen daher bei Emission in einem Magnetfeld an Stelle der gewöhnlichen Spektrallinie drei, von denen die eine mit der gewöhnlichen identisch ist, die beiden anderen aber von dieser um den Betrag

$$\Delta\nu = -\frac{\Delta\lambda}{\lambda^2} = \frac{1}{4\pi c} H \frac{\varepsilon}{\mu}$$

abweichen (normaler Zeemann-Effekt). Aus dieser Aufspaltung der Spektrallinien läßt sich daher wiederum die spezifische Ladung der Elektronen bestimmen. Sie ergibt sich nach den besten Messungen zu $5{,}31 \cdot 10^{17}$ el. stat. Einh. g^{-1}.

Aus dem Zeemann-Effekt folgt sofort, daß sich zirkularpolarisiertes Licht durch ein in einem Magnetfelde befindliches Medium verschieden fortpflanzen muß, je nachdem sein Drehungssinn mit dem Sinne der durch das Magnetfeld hervorgerufenen Kreisbewegung der Dispersionselektronen übereinstimmt oder nicht. Schickt man daher linear polarisiertes Licht in der Richtung der herrschenden magnetischen Feldstärke durch einen durchsichtigen Körper, so wird die in einem Sinne zirkularpolarisierte Komponente den Körper rascher durchsetzen als die andere: die Polarisationsebene des Lichtes wird eine Drehung erfahren. Dies wurde bereits von FARADAY[6]) beobachtet. (Vgl. Kap. 2 und Bd. XX.)

[1]) P. LANGEVIN, Ann. de chim. et phys. Bd. 5, S. 70. 1905.
[2]) S. J. BARNETT, Phys. Rev. Bd. 6, S. 239. 1915.
[3]) A. EINSTEIN u. W. J. DE HAAS, Verh. d. D. Phys. Ges. Bd. 17, S. 152. 1915.
[4]) P. ZEEMANN, Amst. Versl. Bd. 5, S. 181 u. 242. 1896; Bd. 6, S. 13 u. 99. 1897; Phil. Mag. Bd. 43, S. 226. 1897.
[5]) H. A. LORENTZ, Phil. Mag. Bd. 43, S. 232. 1897.
[6]) M. FARADAY, exp. Res. § 2152.

9. Elektrizitätsleitung in Gasen. Unter normalen Umständen ist die Leitfähigkeit der Gase sehr klein. Es gibt aber mehrere Methoden, um sie zu steigern, indem man entsprechend den entwickelten Anschauungen die im Molekül vorhandenen Ionen voneinander trennt, sei es, daß man durch starkes Erhitzen die kinetische Energie der Ionen so stark steigert, daß eine merkliche Anzahl von Molekülen durch ihre Wärmebewegung zerrissen wird, sei es, daß man dies durch den Aufprall von α- oder β-Strahlen, also durch eine mechanische Wirkung bewirkt, oder sei es endlich dadurch, daß man den Ionen durch die Absorption von Wellenstrahlung genügend Energie mitteilt, um den Molekülverband zu zersprengen. In derartig ionisierten Gasen gilt aber das OHMsche Gesetz nicht, d. h. der Strom ist der angelegten Spannung nicht proportional, sondern nimmt langsamer mit ihr zu, da die Anzahl der für die Leitung in Betracht kommenden Ionen zu gering ist, bis er einen Maximalzustand, den Sättigungsstrom, erreicht, der dadurch charakterisiert ist, daß die in der Zeiteinheit entstehenden Ionen gleich ist der Anzahl der in der Zeiteinheit an die Elektroden gebrachten.

Nach den Anschauungen der Elektronentheorie müssen diese Ionen eine Ladung tragen, die entweder gleich der des Wasserstoffions ist oder ein ganzes Vielfaches dieser Ladung darstellt. Dies wurde zuerst von TOWNSEND[1]) experimentell bestätigt, der die Beweglichkeit der Ionen, das ist ihre Geschwindigkeit, in einem elektrischen Felde der Feldstärke 1 und ihren Diffusionskoeffizienten bestimmte und daraus Ne bestimmte, das sich als gleich dem durch die Elektrolyse gegebenen Wert ergab, und zwar unabhängig von der Art des untersuchten Gases.

Eine zweite Gruppe von Versuchen, die diese Folgerung überprüfen lassen, beruht auf der von C. T. R. WILSON[2]) gemachten Entdeckung, daß, wenn ein mit Wasserdampf gesättigter Raum abgekühlt wird, das Wasser an den Ionen kondensiert, und zwar bei etwa vierfacher Übersättigung an den negativen bei siebenfacher an den positiven Ionen. Dadurch ist es vor allem möglich, die Bahnen der einzelnen Ionen sichtbar zu machen, was insbesondere die Sichtbarmachung der Bahnen der α- und β-Partikel gestattet. Weiter aber gestattete diese Erscheinung TOWNSEND, J. J. THOMSON und H. WILSON die Bestimmung der mittleren Ladung der Gasionen. Es ist nämlich möglich, aus der Geschwindigkeit der Wassertropfen ihren Radius und damit ihre Masse aus dem STOKESschen Fallgesetz zu bestimmen, wobei bei kleinen Tropfen und größerer Genauigkeit die gastheoretischen Korrekturen dieses Gesetzes zu berücksichtigen sind. Bestimmt man nun [TOWNSEND[3]) u. J. J. THOMSON[4])] die gesamte Ladung und Masse der Ionenwolke, so kann man die mittlere Ladung eines Ions bestimmen. Beide Methoden ergaben Werte, die in guter Übereinstimmung mit dem aus der Elektrolyse gewonnenen Wert von Ne und den aus der Gastheorie gewonnenen Schätzungen der LOSCHMIDTschen Zahl standen.

Aber erst die von H. A. WILSON[5]) angegebene Methode gestattete eine befriedigende Genauigkeit. WILSON erzeugte den Ionennebel zwischen zwei horizontalen Kondensatorplatten, und zwar trieb er die Übersättigung nur so weit, daß bloß die negativen Ionen als Kondensationskerne wirkten, also alle Wassertröpfchen negativ geladen waren. Legte er dann an die Kondensatorplatten ein entsprechend gerichtetes elektrisches Feld an, so wurde die

---

1) J. S. TOWNSEND, Proc. Cambridge Phil. Soc. Bd. 9, S. 244. 1897.
2) C. T. R. WILSON, Proc. Roy. Soc. London (A) Bd. 61, S. 240. 1897.
3) J. S. TOWNSEND, Proc. Cambridge Phil. Soc. Bd. 9, S. 244. 1894; Phil. Mag. Bd. 45, S. 155 u. 469. 1848.
4) J. J. THOMSON, Phil. Mag. Bd. 46, S. 528. 1898.
5) H. A. WILSON, Phil. Mag. Bd. 5, S. 429. 1903.

Fallbewegung der Wolke verlangsamt, bei genügender Stärke des Feldes stieg die Wolke. Indem er nun die Geschwindigkeit des Randes der Wolke im elektrischen Felde v_e und beim freien Fall v_g beobachtete, konnte er aus dem STOKESschen Gesetz die Ladung der Tropfen bestimmen. Denn nach diesem ist

$$mg = \frac{4\pi}{3} a^3 \sigma g ,$$

$$mg = 6\pi\mu a v_g ,$$

$$mg \pm e\mathfrak{E} = 6\pi\mu a v_e .$$

Aus diesen drei Gleichungen kann man natürlich die drei Unbekannten m, a und e bestimmen (σ Dichte des Wassers, μ Reibungskoeffizient der Luft).

Auch diese Methode war zunächst keiner großen Genauigkeit fähig. Vor allem zeigte es sich, daß die einzelnen Tropfen nicht nur eine Elementarladung (Ladung des Wasserstoffions) tragen, da unter dem Einfluß des elektrischen Feldes sich die Wolke in mehrere Teile spaltet. Die einzelnen so entstehenden Ränder sind aber stark verwaschen, da die Tropfen doch von etwas verschiedener Größe sind und sich daher mit verschiedener Geschwindigkeit bewegen. Gerade diese Nachteile gestatteten MILLIKAN[1]) aber, die Methode zu großer Vollkommenheit auszubilden, indem es ihm gelang, die Wolke so schütter zu machen, daß er einzelne Tropfen in ihrer Bewegung verfolgen und ihre Geschwindigkeit genauer messen konnte. Die gemessenen Wassertropfen teilte er nach der Anzahl von ihnen getragenen Elementarladungen in verschiedene Gruppen und bestimmte aus der mittleren Geschwindigkeit jeder Gruppe deren mittlere Ladung.

Diese Mittelung wurde von EHRENHAFT[2]) angegriffen, der bei der Untersuchung der von ihm durch einen Lichtbogen hergestellten ultramikroskopischen Metallsuspensionen diese elektrisch geladen gefunden hatte. Eine Bestimmung ihrer mittleren elektrischen Ladung hatte diese gleich der Elementarladung ergeben[3]), die Bestimmung der einzelnen Ladungen ergab EHRENHAFT[2]) jedoch starke Unterschreitungen dieses Wertes. Er zeigte auch, daß die von MILLIKAN in eine Gruppe zusammengefaßten Teilchen stark verschiedene Ladungen ergeben, wenn man diese aus den für die einzelnen Tropfen gemessenen Geschwindigkeiten berechnet, ja daß die Werte für die Ladungen der einzelnen Tropfen zweier Gruppen sich öfters überkreuzen und stellte daher die Forderung auf, daß die Atomistik der Elektrizität durch Messung der Ladung einzelner möglichst kleiner Teilchen überprüft werden müsse. Zur Berechnung der Ladung einzelner Tropfen war mittlerweile auch MILLIKAN[4]) übergegangen. Er verwendete hierzu statt der rasch verdampfenden Wassertropfen Tropfen aus Öl, die er durch Zerstäuben außerhalb des Kondensators herstellte und durch Ionisation auflud. Durch außerordentliche Steigerung der Präzision seiner Versuche konnte er nachweisen, daß die Öltropfen auch nach mehrmaliger Umladung durch Ionisation immer Ladungen tragen, die ein ganzes Vielfaches der Ladung des Wasserstoffions betragen. Diese ergab sich aus seinen Versuchen zu $\varepsilon = 4{,}774 \cdot 10^{-10}$ el. stat. Einh. (vgl. Bd. XXII, Kap. 1).

Aus dem Wert, den die Versuche MILLIKANS für die Ladung des einwertigen Ions geliefert haben, können wir jetzt aus der spezifischen Ladung des Elektrons seine Masse berechnen. Sie ergibt sich zu $9{,}02 \cdot 10^{-28}$ g, die des Wasserstoffatoms zu $1{,}66 \cdot 10^{-24}$ g.

---

[1]) R. A. MILLIKAN, Phys. Rev. Bd. 29, S. 560. 1909; Phil. Mag. Bd. 19, S. 209. 1910.

[2]) F. EHRENHAFT, Wiener Ber. Bd. 119, S. 825. 1910.

[3]) F. EHRENHAFT, Wiener Ber. Bd. 118, S. 321. 1909.

[4]) R. A. MILLIKAN, Science Bd. 32, S. 436. 1910; Phys. ZS. Bd. 11, S. 940. 1910; Phys. Rev. Bd. 32, S. 349. 1911.

b) Die Feldgleichungen und die elektromagnetischen Potentiale.

10. Äther und Materie. Die in den vorangehenden Ziffern dargestellten Untersuchungen haben uns Anschauungen über die Konstitution der Materie geliefert, die uns die Erklärung der elektromagnetischen Eigenschaften der verschiedenen Substanzen auf Grund der Molekulartheorie gestatten. Dies gelingt dadurch, daß wir uns die Moleküle aus kleineren Bausteinen aufgebaut vorstellen, nämlich aus den positiven Ionen (Atomkernen), in denen praktisch die ganze Masse der Atome konzentriert ist, und aus den negativen Elektronen von verschwindend geringer Masse. Da keinerlei Anzeichen dafür gefunden worden sind, daß sich im Innern der Atome elektrisch neutrale Teilchen vorfinden, können wir der Einfachheit halber annehmen, daß alle Bausteine der Atome elektrisch geladen sind.

Die Elektronentheorie stellt sich somit als eine experimentell besser begründete und präziser formulierte Erweiterung der klassischen, Fechner-Weberschen, Elektronentheorie dar (vgl. Kap. 1, Ziff. 23); denn sie führt wie diese die elektromagnetischen Erscheinungen auf die Bewegung der elektrisch geladenen Bestandteile der Moleküle zurück. Die so gewonnenen Anschauungen bestätigen aber die Ansicht von Clausius, daß die Elektrizitätsleitung in Metallen im wesentlichen nur von den Trägern der einen Elektrizität geleistet wird. Es bekommen nun die Überlegungen, die in den Ziff. 24 und 25 des vorhergehenden Kapitels dargelegt worden sind, erhöhte Gültigkeit, d. h. es erscheint notwendig, die Elektronentheorie mit der Nahewirkungstheorie zu verknüpfen, wie dies Gauss gefordert hat.

Wenn also nunmehr wiederum der Blick von den Vorgängen im Felde selbst auf die elektrischen Elementarteilchen gelenkt wird, so dürfen trotzdem die mit jener Untersuchungsmethode erhaltenen Resultate nicht vergessen werden. Vielmehr ist es das Verdienst der Lorentzschen Elektronentheorie, eine Synthese aus der alten Elektronentheorie und der Faraday-Maxwellschen Theorie des elektrischen Feldes hergestellt und so eine Theorie geliefert zu haben, die sowohl die aus dem elektrischen Aufbau der Materie wie die aus der zeitlichen Fortpflanzung des elektromagnetischen Feldes folgenden Erscheinungen umfaßt.

Was dem Beobachter als ein Stück kompakter Materie erscheint, ist nach der Elektronentheorie ein Gebiet, in dem in den Äther eine Anzahl von Elektronen und Ionen eingebettet ist, die einen äußerst geringen Bruchteil des betreffenden Raumes einnehmen. Nach der Molekulartheorie sind aber alle diese Teilchen in mehr oder minder schneller Bewegung. Daher tritt in der Elektronentheorie bereits in der Theorie der ruhenden Medien ein Problem auf, das in der Maxwellschen Theorie erst bei der Behandlung der elektromagnetischen Erscheinungen in bewegten Medien auftritt, nämlich die Frage, ob der Äther durch die bewegten Elementarteilchen mitgeführt wird oder nicht, da in dem ersten Fall die Feldgleichungen ja in jedem Punkt des Mediums auf ein anders bewegtes Koordinatensystem zu beziehen wären.

Hier machte H. A. Lorentz die einfachste Annahme, nämlich die, daß der Äther durch die Elementarteilchen nicht in Bewegung gesetzt wird. Diese Annahme ermöglichte ihm erst die völlige Verschmelzung der Elektrodynamik und Optik, da in dieser der Fresnelsche Gedanke des ruhenden Äthers durchgedrungen war, während der Maxwell-Hertzschen Theorie, die ja die Materie als den Träger des elektromagnetischen Feldes ansieht, die völlige Mitführung des Feldes adäquat ist. Insbesondere erscheint aber die Elektronentheorie auf den ersten Blick als eine aussichtsreiche Illustration der Fresnelschen

Theorie der partiellen Mitführung. Diese kommt nach ihr anschaulich dadurch zustande, daß der innerhalb der Materie befindliche Äther in Ruhe bleibt, während die Elektronen, auf die ja nach der Theorie der Unterschied zwischen dem Brechungsexponenten im freien Äther und in der Materie zurückgeht, sich mit der Materie bewegen (vgl. das folgende Kapitel).

Die Erklärung für diese mit den übrigen Eigenschaften des Äthers schwer zu vereinbarende Unbeeinflußbarkeit des Äthers durch die Bewegung der Elementarteilchen sieht LORENTZ darin, daß diese Modifikationen des Äthers sind, vergleichbar etwa den KELVINschen Wirbelatomen. Diese Modifikationen können sich im Äther verschieben, ohne diesen selbst in Bewegung zu setzen. Wir können also davon sprechen, daß der Äther die Elementarteilchen durchsetzt, und sprechen daher auch von einem Felde im Innern dieser Teilchen.

11. Die Feldgleichungen. Für das zwischen den elektrischen Elementarteilchen befindliche Feld gelten also die MAXWELLschen Feldgleichungen

$$\left.\begin{aligned} \operatorname{rot}\mathfrak{H} &= \frac{1}{c}\dot{\mathfrak{E}}, \\ \operatorname{rot}\mathfrak{E} &= -\frac{1}{c}\dot{\mathfrak{H}}, \\ \operatorname{div}\mathfrak{E} &= 0, \\ \operatorname{div}\mathfrak{H} &= 0. \end{aligned}\right\} \tag{1}$$

Zur Begründung dieser Gleichungen können die in dem vorhergehenden Kapitel dargelegten Überlegungen ungeändert herangezogen werden, nur die Analogie zwischen dem Verhalten des Äthers und der Dielektrika ist nicht aufrechtzuerhalten, da nach der Elektronentheorie die Konstitution der beiden Arten von Medien eine prinzipiell verschiedene ist. Dies betrifft nur die Gleichsetzung von Verschiebungs- und Leitungsstrom, die wir dafür nunmehr als experimentell begründet ansehen können (elektromagnetische Wellen). Am geeignetsten erweist sich daher der in der letzten Ziffer des Kap. 1 skizzierte Gedankengang (Theorie von HERTZ).

Um das Feld bestimmen zu können, müssen wir noch die Felderregung kennen, die von den einzelnen Elementarteilchen ausgeht. Da es nach der Elektronentheorie magnetische Teilchen nicht gibt, muß das Feld durch die Ladung und den Bewegungszustand der Teilchen vollkommen bestimmt sein. Da sich nach den Überlegungen der vorhergehenden Ziffer auch im Innern der Teilchen ein Feld befindet, können wir den Einfluß der Teilchen durch die in ihrem Innern geltenden Feldgleichungen beschreiben. Auch hier sollen die MAXWELL-HERTZschen Feldgleichungen für beliebige Medien

$$\begin{aligned} \operatorname{rot}\mathfrak{H} &= \frac{1}{c}\{4\pi\sigma\mathfrak{E} + 4\pi\varrho\mathfrak{v} + \dot{\mathfrak{D}}\}, \\ \operatorname{rot}\mathfrak{E} &= -\frac{1}{c}\dot{\mathfrak{H}}, \\ \operatorname{div}\mathfrak{B} &= 0, \qquad \mathfrak{B} = \mu\mathfrak{H}, \\ \operatorname{div}\mathfrak{D} &= 4\pi\varrho, \qquad \mathfrak{D} = \varepsilon\mathfrak{E} \end{aligned}$$

gelten, doch müssen wir an ihnen noch einige Modifikationen anbringen, die dem Charakter der Elektronentheorie entsprechen. Da auch das Innere der elektrischen Elementarteilchen aus Äther bestehen soll, fällt der Unterschied zwischen elektrischer Feldstärke und dielektrischer Verschiebung bzw. zwischen magnetischer Feldstärke und magnetischer Induktion weg. Aus den unter I a entwickelten Anschauungen folgt dann weiter, daß der Totalstrom $\mathfrak{c}$ sich nicht mehr aus den drei Komponenten: dielektrischer Verschiebungsstrom, Leitungsstrom und Konvektionsstrom, sondern nur mehr aus zwei Komponenten: dem Verschiebungsstrom des Äthers und dem Konvektionsstrom der bewegten elektrischen Teilchen zusammensetzt. Die einzelnen Terme der MAXWELL-HERTZschen und der Elektronentheorie hängen dabei folgendermaßen zusammen: Der Verschiebungsstrom der MAXWELLschen Theorie ist mit dem der Elektronentheorie nur im Äther identisch. In den ponderablen Dielektrizis setzt sich der Verschiebungsstrom der MAXWELLschen Theorie nach der Elektronentheorie aus dem Verschiebungsstrom des Äthers und dem bei der Etablierung des Polarisationszustandes des betreffenden Mediums durch die Bewegung der Polarisationselektronen in ihre neuen Lagen auftretenden Konvektionsstrom zusammen. Der Leitungsstrom der MAXWELLschen Theorie entspricht in der LORENTZschen Theorie dem Konvektionsstrom der Leitungselektronen. Daher haben wir die Feldgleichungen der Elektronentheorie folgendermaßen zu schreiben:

$$\left.\begin{aligned} \operatorname{rot}\mathfrak{H} &= \frac{4\pi}{c}\varrho\mathfrak{v} + \frac{1}{c}\dot{\mathfrak{E}}\,, \\ \operatorname{rot}\mathfrak{E} &= -\frac{1}{c}\dot{\mathfrak{H}}\,, \\ \operatorname{div}\mathfrak{E} &= 4\pi\varrho\,, \\ \operatorname{div}\mathfrak{H} &= 0\,. \end{aligned}\right\} \qquad (2)$$

Die letzte Gleichung drückt aus, daß es keine magnetischen Teilchen gibt, das gesamte magnetische Feld daher durch den Totalstrom hervorgerufen wird und dementsprechend ein reines Wirbelfeld ist. Für $\varrho = 0$ gehen diese Gleichungen in die für den freien Äther gültigen über. Wir können sie daher für den ganzen Raum als gültig ansehen, brauchen also keine Randbedingungen für den Übergang aus dem Innern der Teilchen in den freien Äther. Da in den vier Gleichungen nur die beiden Vektoren $\mathfrak{E}$ und $\mathfrak{H}$ vorkommen, fallen die Verknüpfungsgleichungen der MAXWELL-HERTZschen Theorie natürlich weg.

Die aufgestellten Gleichungen enthalten zwar die Hypothese der atomistischen Konstitution der Elektrizität nicht, sind aber mit ihr im Einklang, da aus ihnen folgt, daß Elektrizität weder entstehen noch verschwinden kann: Nehmen wir nämlich die Divergenz der ersten Gleichung (2), so erhalten wir die Gleichung

$$\frac{\partial\varrho}{\partial t} + \operatorname{div}\varrho\mathfrak{v} = 0\,,$$

die der Kontinuitätsgleichung der Flüssigkeiten entspricht und daher besagt, daß alle Änderungen in der an einem Punkte herrschenden Ladungsdichte ϱ aus Verschiebungen der Elektrizität folgen.

12. Die elektromagnetischen Potentiale. Es ist leicht nachzuweisen, daß die beiden Feldvektoren durch die vier Feldgleichungen vollständig bestimmt sind, denn man kann aus ihnen genau so, wie in der Ziff. 52 des vorhergehenden Artikels für die MAXWELL-HERTZschen Feldgleichungen gezeigt worden ist, je eine Differentialgleichung für jede Feldkomponente ableiten. Es ergibt sich so:

$$\left.\begin{aligned} \varDelta\mathfrak{E} - \frac{1}{c^2}\ddot{\mathfrak{E}} &= 4\pi\operatorname{grad}\varrho + \frac{4\pi}{c^2}\frac{\partial}{\partial t}(\varrho\mathfrak{v})\,, \\ \varDelta\mathfrak{H} - \frac{1}{c^2}\ddot{\mathfrak{H}} &= -\frac{4\pi}{c}\operatorname{rot}(\varrho\mathfrak{v})\,. \end{aligned}\right\} \qquad (2a)$$

Es empfiehlt sich aber nicht, von der Lösung der Feldgleichungen direkt auszugehen. Denn die mathematische Formulierung der Probleme in der Elektronentheorie nähert sich der in der Fernwirkungstheorie üblichen; handelt es sich doch wieder darum, das Feld unter Angabe der Verteilung und des Bewegungszustandes der vorhandenen Ladungen zu berechnen, wobei nunmehr allerdings noch der Anfangszustand des Feldes und evtl. die Randbedingungen an der den betrachteten Raum einschließenden Fläche zu jeder Zeit gegeben sein müssen. Das gesamte Feld setzt sich nach den Ansichten der Elektronentheorie zusammen aus den Elementarfeldern der einzelnen Elektronen und Ionen. Es ist daher naheliegend, statt mit den Feldgleichungen mit elektromagnetischen Potentialen zu arbeiten, aus denen dann infolge der Linearität der Feldgleichungen das Gesamtfeld additiv zusammengesetzt werden kann.

Da der magnetische Feldvektor $\mathfrak{H}$ quellenfrei verteilt ist, können wir ihn aus einem elektromagnetischen Vektorpotential vollständig ableiten:

$$\mathfrak{H} = \operatorname{rot}\mathfrak{A}\,. \tag{3a}$$

Setzen wir dies in die zweite Hauptgleichung ein, so erhalten wir:

$$\left.\begin{aligned} \operatorname{rot}\left(\mathfrak{E} + \frac{1}{c}\dot{\mathfrak{A}}\right) &= 0\,, \\ \mathfrak{E} &= -\frac{1}{c}\dot{\mathfrak{A}} - \operatorname{grad}\varphi\,. \end{aligned}\right\} \tag{3b}$$

Durch diese beiden Gleichungen sind die Potentiale aber noch nicht vollständig bestimmt. Denn ist $\mathfrak{A}$, φ ein Lösungspaar der beiden Gleichungen, so gilt dies auch von

$$\mathfrak{A} - \operatorname{grad}\chi\,, \qquad \varphi + \frac{1}{c}\dot{\chi}\,,$$

wo χ eine beliebige skalare Funktion ist. Man kann die beiden Potentiale daher noch einer weiteren Bedingung unterwerfen. Diese wird natürlich so gewählt, daß die die beiden Potentiale definierenden Differentialgleichungen möglichst einfach werden.

Es werden zwei Bedingungsgleichungen, d. h. also zwei Paare von Potentialen, verwendet. MAXWELL und LARMOR setzen

$$\operatorname{div}\mathfrak{A} = 0\,.$$

Aus der ersten Hauptgleichung folgt dann

$$\Delta\mathfrak{A} = -\frac{1}{c}(\dot{\mathfrak{E}} + 4\pi\varrho\mathfrak{v})\,,$$

aus der dritten

$$\Delta\varphi = -4\pi\varrho\,. \tag{3c}$$

Das skalare Potential φ und die Komponenten des Vektorpotentials sind also unter Heranziehung dieser Bedingung NEWTONsche Potentiale der Massenverteilung ϱ bzw. $\frac{1}{c}(\varrho v_x + \dot{E}_x)$ usw. Sie unterscheiden sich von den klassischen Potentialen nur durch das Auftreten des Verschiebungsstromes. Daher können sie nur dann verwendet werden, wenn dieser vernachlässigt werden kann, d. h. also, wenn es sich um die Gewinnung von Näherungsformeln für die Felder langsam bewegter Elektronen handelt, da ja zur Kenntnis des Verschiebungsstromes bereits die Kenntnis des Feldes notwendig ist. Diese Potentiale werden daher nur selten verwendet.

Das fast immer verwendete Lösungspaar genügt der Bedingung

$$\operatorname{div}\mathfrak{A} + \frac{1}{c}\dot{\varphi} = 0\,.$$

Dann folgt aus der ersten Hauptgleichung

$$\Delta\mathfrak{A} - \frac{1}{c^2}\ddot{\mathfrak{A}} = -\frac{4\pi}{c}\varrho\mathfrak{v}\,,$$

aus der dritten

$$\Delta\varphi - \frac{1}{c^2}\ddot{\varphi} = -\frac{4\pi}{c}\varrho\,. \tag{3d}$$

Die Lösung dieser Differentialgleichung ist nach der Theorie der Wellengleichung (vgl. Bd. III)

$$\varphi = \iiint \frac{(\varrho)_{t-r/c}}{r} d\xi\, d\eta\, d\zeta - \iint \left\{ \frac{1}{r} \left(\frac{\partial \varphi}{\partial \mathfrak{n}} \right)_{t-r/c} - [\varphi]_{t-r/c} \frac{\partial}{\partial \mathfrak{n}_1} \left(\frac{1}{r} \right) + \frac{1}{c} [\dot{\varphi}]_{t-r/c} \frac{1}{r} \frac{\partial r}{\partial \mathfrak{n}} \right\} d\varphi .$$

Dabei ist das Flächenintegral immer dann gleich Null, wenn sich außerhalb des betrachteten Raumes keine Ladungen mehr befinden. Von den NEWTONschen Potentialen unterscheiden sich diese dadurch, daß in ihnen nicht die gleichzeitigen Ladungsverhältnisse auftreten, sondern die um die Latenzzeit r/c retardierten. Sie heißen daher auch retardierte Potentiale. Wenn die erwähnte Bedingung für das Verschwinden der Flächenintegrale nach der Problemstellung zutrifft — und dies ist natürlich meist der Fall —, dann kann man

$$\left. \begin{aligned} \varphi &= \iiint \frac{(\varrho)_{t-r/c}}{r} d\xi\, d\eta\, d\zeta , \\ \mathfrak{A} &= \frac{1}{c} \iiint \frac{(\varrho \mathfrak{v})_{t-r/c}}{r} d\xi\, d\eta\, d\zeta \end{aligned} \right\} \tag{4}$$

setzen.

Die Feldgleichungen lassen aber noch eine zweite Gruppe von Lösungen zu, die aus den Potentialen

$$\varphi = \iiint \frac{(\varrho)_{t+r/c}}{r} d\xi\, d\eta\, d\zeta ,$$

$$\mathfrak{A} = \iiint \frac{(\varrho \mathfrak{v})_{t+r/c}}{r} d\xi\, d\eta\, d\zeta$$

abgeleitet werden können. Diese unterscheiden sich von den eben gegebenen dadurch, daß in ihrem Integranden nicht der Ladungszustand einzusetzen ist, der an den einzelnen Punkten zu einer um die Latenzzeit zurückliegenden Zeit geherrscht hat, sondern der um dieselbe Zeitspanne später auftretende (avancierte Potentiale). Diese Lösungen werden in der Elektronentheorie mit der Begründung ausgeschlossen, daß sie das Kausalprinzip verletzen würden. Da diese Restringierung der zulässigen Lösungen von einem rein formalen Standpunkt aus willkürlich erscheint, hat RITZ[1]) vorgeschlagen, die Theorie nicht auf die Feldgleichungen, sondern auf die retardierten Potentiale aufzubauen. Dieser Vorschlag, den RITZ auch aus der Theorie der Elektrodynamik bewegter Medien begründet hat, wurde aber nicht weiter ausgeführt. Er würde insofern eine gewisse Vereinfachung der Theorie bieten, als er den schwierigen Begriff des Verschiebungsstromes entbehrlich machen würde. Die einzige zur Begründung einer so aufgebauten Theorie notwendige Annahme über die Eigenschaften des Mediums wäre die experimentell begründbare, daß sich in ihm die Störungen mit Lichtgeschwindigkeit fortpflanzen. Im Anschluß an seine Ansichten über die Theorie der bewegten Medien dachte RITZ aber nicht an eine Änderung der mathematischen Grundlagen der Feldtheorie, sondern an eine neue Art der Emissionstheorie des Lichtes (vgl. Kap. 3, Ziff. 18).

13. Transformation der Potentiale. Die retardierten Potentiale entsprechen den Anforderungen der Elektronentheorie besser als die durch die Gleichungen (3c) definierten, da in ihnen keine Feldgrößen mehr auftreten. Sie erweisen sich aber als unpraktisch bei der Lösung der in ihr auftretenden speziellen Probleme, da in ihnen die elektrische Dichte und die Geschwindigkeit der elektrisch geladenen materiellen Volumelemente als Funktionen des Raumes und der Zeit auftreten,

[1]) W. RITZ, Arch. sc. phys. et nat. Bd. 26, S. 209. 1908; Ann. de chim. et phys. Bd. 13, S. 145. 1908.

während fast immer die Lage und die Bewegung der elektrischen Teilchen selber gegeben ist. Es erweist sich daher als notwendig, die Potentiale so zu transformieren, daß in ihnen nicht mehr die räumlichen Volumelemente und Funktionen von Raum und Zeit, sondern die materiellen Elemente der elektrischen Teilchen selber und Funktionen der Lage und der Zeit auftreten. Diese Transformation ist analog dem Übergang von den EULERschen zu den LAGRANGEschen Koordinaten in der Hydrodynamik (vgl. Bd. VII, Kap. 1).

Hierzu erinnern wir uns zunächst, daß nach dem FOURIERschen Integralsatz, der, wie man aus physikalischen Überlegungen leicht einsieht, hier auch dann anwendbar bleibt, wenn man sich die Elektronen und Ionen mit einer Oberflächenladung versehen vorstellt

$$(\varrho)_{t-r/c} = \frac{1}{2\pi}\int_{-\infty}^{+\infty} d\mu \int_{-\infty}^{+\infty} e^{i\mu(t-r/c-\tau)}\varrho\, d\tau,$$

$$(\varrho\mathfrak{v})_{t-r/c} = \frac{1}{2\pi}\int_{-\infty}^{+\infty} d\mu \int_{-\infty}^{+\infty} e^{i\mu(t-r/c-\tau)}\varrho\mathfrak{v}\, d\tau$$

und damit

$$\varphi = \frac{1}{2\pi}\int d\xi\, d\eta\, d\zeta \int_{-\infty}^{+\infty} d\mu \int_{-\infty}^{+\infty} e^{i\mu(t-r/c-\tau)}\frac{\varrho\, d\tau}{r},$$

$$\mathfrak{A} = \frac{1}{2\pi}\int d\xi\, d\eta\, d\zeta \int_{-\infty}^{+\infty} d\mu \int_{-\infty}^{+\infty} e^{i\mu(t-r/c-\tau)}\frac{\varrho\mathfrak{v}\, d\tau}{r}.$$

Hierin sind also r und $\mathfrak{v}$ Funktionen der räumlichen Koordinaten ξ, η, ζ und der zeitlichen Koordinate τ. Dagegen ist die Entfernung r des räumlichen Volumelementes vom Aufpunkt nur eine Funktion der ξ, η, ζ und der Koordinaten des Aufpunktes x, y, z:

$$r = +\sqrt{(x-\xi)^2 + (y-\eta)^2 + (z-\zeta)^2}.$$

Nunmehr wollen wir die Koordinaten des bewegten Teilchens selber einführen, dessen Bahn wir als gegeben betrachten. Es sind dann seine jeweiligen Koordinaten Funktionen der Koordinaten einer Anfangslage oder dreier anderer von diesen Größen abhängiger Parameter ξ_0, η_0, ζ_0 und der Zeit τ:

$$\xi = \xi(\xi_0, \eta_0, \zeta_0, \tau), \qquad \eta = \eta(\xi_0, \eta_0, \zeta_0, \tau), \qquad \zeta = \zeta(\xi_0, \eta_0, \zeta_0, \tau).$$

r bedeutet nunmehr den Abstand des betrachteten Volumelementes des Teilchens vom Aufpunkt und ist daher eine Funktion der Koordinaten des Aufpunktes, der drei Parameter und der Zeit. An Stelle des räumlichen Volumelementes $d\xi$, $d\eta$, $d\zeta$ wollen wir endlich das Ladungselement de einführen. Da für die elektrische Dichte die Kontinuitätsgleichung gilt, ist, wenn wir unter den ξ, η, ζ nunmehr die Koordinate ein und desselben Ladungselementes verstehen

$$de = \varrho\, d\xi\, d\eta\, d\zeta = \varrho_0\, d\xi_0\, d\eta_0\, d\zeta_0.$$

Mit Hilfe dieser, wie aus physikalischen Gründen leicht einzusehen ist, immer möglichen Koordinatentransformation werden die Ausdrücke für die Potentiale

$$\left.\begin{aligned}\varphi &= \frac{1}{2\pi}\int de \int_{-\infty}^{+\infty} d\mu \int_{-\infty}^{+\infty} e^{i\mu(t-r/c-\tau)}\frac{\varrho\, d\tau}{r},\\ \mathfrak{A} &= \frac{1}{2\pi}\int de \int_{-\infty}^{+\infty} d\mu \int_{-\infty}^{+\infty} e^{i\mu(t-r/c-\tau)}\frac{\varrho\mathfrak{v}\, d\tau}{\varrho}.\end{aligned}\right\} \tag{4a}$$

Es soll noch ausdrücklich bemerkt werden, daß diese Doppelintegrale keine FOURIERschen mehr sind, da im Exponenten r vorkommt, das, wie bereits bemerkt, nunmehr auch eine Funktion von τ ist[1]).

Ist die Bewegung des Teilchens nur bis zu einer bestimmten Zeit vorgegeben und damit auch die Funktionen ϱ und $\mathfrak{v}$ nur bis zu einer bestimmten Zeit bekannt, so kann man auf zweierlei Weise verfahren. Erstens kann man, um das Feld bis zu dieser Zeit zu berechnen, die Angaben beliebig über diese Zeit hinaus ergänzen, da eine derartige Annahme sich ja erst in einer späteren Zeit als t im Felde bemerkbar machen kann. Oder aber man kann an Stelle des oben verwendeten FOURIERschen Integrals eines der folgenden wählen

$$(\varrho)_{t-r/c} = \frac{2}{\pi}\int\limits_0^\infty d\mu \int\limits_{-\infty}^{t} \cos\mu\left(t-\frac{r}{c}\right)\cos\mu\tau\cdot\varrho\,d\tau\,,$$

$$(\varrho)_{t-r/c} = \frac{2}{\pi}\int\limits_0^\infty d\mu \int\limits_{-\infty}^{t} \sin\mu\left(t-\frac{r}{c}\right)\sin\mu\tau\cdot\varrho\mathfrak{v}\,d\tau$$

und hierzu den entsprechenden Ausdruck für $\varrho\mathfrak{v}$ fügen. Man kann diese Ausdrücke in gewissem Sinne vereinfachen, indem man statt τ die neue Variable $\sigma = t - \tau$ einführt. Dann wird

$$(\varrho)_{t-r/c} = \frac{2}{\pi}\int\limits_0^\infty d\mu \int\limits_0^{t+\infty} d\sigma\cdot\varrho_{t-\sigma}\cos\frac{\mu r}{c}\cos\mu\sigma\,,$$

$$(\varrho)_{t-r/c} = \frac{2}{\pi}\int\limits_0^\infty d\mu \int\limits_0^{t+\infty} d\sigma\cdot\varrho_{t-\sigma}\sin\frac{\mu r}{c}\sin\mu\sigma\,.$$

Die von SCHOTT[2]) herrührende Bezeichnung der oberen Grenze mit $t+\infty$ soll daran erinnern, daß diese von der Zeit t abhängt. Auch sind ϱ und $\mathfrak{v}$ nunmehr Funktionen von $t-\sigma$, also auch der Zeit t, was man des öfteren (z. B. bei Differentiation nach t berücksichtigen muß[3]). Die vorhin durchgeführte Transformation führt nunmehr zu

$$\left.\begin{aligned}
\varphi &= \frac{2}{\pi}\int\limits_0^\infty de\int\limits_0^\infty d\mu\int\limits_0^{t+\infty}\frac{d\sigma}{r}\cos\frac{\mu r}{c}\cos\mu\sigma\,,\\
\mathfrak{A} &= \frac{2}{\pi}\int de\int\limits_0^\infty d\mu\int\limits_0^{t+\infty}\frac{d\sigma}{r}\mathfrak{v}\cos\frac{\mu r}{c}\cos\mu\sigma\\
\text{bzw.}\qquad&\\
\varphi &= \frac{2}{\pi}\int de\int\limits_0^\infty d\mu\int\limits_0^{t+\infty}\frac{d\sigma}{r}\cos\frac{\mu r}{c}\cos\mu\sigma\,,\\
\mathfrak{A} &= \frac{2}{\pi}\int de\int\limits_0^\infty d\mu\int\limits_0^{t+\infty}\frac{d\sigma}{r}\mathfrak{v}\cos\frac{\mu r}{c}\cos\mu\sigma\,.
\end{aligned}\right\}\qquad(4\text{b})$$

Auch hierin sind natürlich r, ϱ und $\mathfrak{v}$ Funktionen von $t-\sigma$.

---

1) G. A. SCHOTT, Ann. de phys. Bd. 24, S. 637. 1907.
2) G. A. SCHOTT, Electromagnetic Radiation, Cambridge 1912, S. 17.
3) F. LINDEMANN, Münchener Ber. Bd. 23, S. 320. 1907.

14. Die WIECHERT-LIÉNARDschen Potentiale. Diese lassen sich auf einfache Weise aus den Formeln (4a) ableiten. Hierzu führen wir durch

$$t' = \tau + \frac{r}{c}$$

die neue Zeitvariable t' in die so gegebenen Potentiale ein, wodurch diese gleich

$$\varphi = \frac{1}{2\pi}\int de \int\limits_{-\infty}^{+\infty} d\mu \int\limits_{\tau=-\infty}^{\tau=+\infty} dt'\, e^{i\mu(t-t')} \cdot \frac{\frac{d\tau}{dt'}}{r},$$

$$\mathfrak{A} = \frac{1}{2\pi}\int de \int\limits_{-\infty}^{+\infty} d\mu \int\limits_{\tau=-\infty}^{\tau=+\infty} dt'\, e^{i\mu(t-t')} \cdot \frac{\frac{d\tau}{dt'}}{r}.$$

Ob diese Substitution zulässig ist oder nicht, hängt vom Wert von $dt'/d\tau$ ab. Führen wir diese Differentiation durch, so erhalten wir

$$\frac{dt'}{d\tau} = 1 + \frac{1}{c}\frac{\partial r}{\partial \tau} = 1 - \frac{v_r}{c}.$$

Wenn die Geschwindigkeit des Teilchenelementes kleiner als die Lichtgeschwindigkeit ist, ist daher immer $dt'/d\tau > 0$, die Substitution also immer zulässig und die neuen Integrationsgrenzen sind $t' = -\infty$ bis $t' = +\infty$. Da auch r aus dem Exponenten verschwunden ist, sind die Ausdrücke wieder FOURIERsche Integrale. Mit Hilfe des FOURIERschen Integralsatzes erhalten wir somit

$$\left.\begin{aligned} \psi &= \int \frac{de}{\left[r\left(1 - \frac{v_r}{c}\right)\right]_{t-r/c}}, \\ \mathfrak{A} &= \frac{1}{c}\int \frac{\mathfrak{v}\cdot de}{\left[r\left(1 - \frac{v_r}{c}\right)\right]_{t-r/c}}. \end{aligned}\right\} \tag{4c}$$

Bei der Bestimmung von r ist dabei zu beachten, daß dieses nunmehr den Abstand des Teilchens vom Aufpunkt zur Zeit der Emission bedeutet.

Würde die Geschwindigkeit des Elektrons eine größere als die Lichtgeschwindigkeit, so gäbe es im allgemeinen Punkte, für die $dt'/d\tau = 0$. In diesen ist die Transformation der Zeitkoordinate unzulässig. Das Integral muß daher in eine Summe von Integralen zerlegt werden, so daß die Nullpunkte der Funktion $dt'/d\tau$ die Grenzen der einzelnen Integrationsintervalle bildet. Dabei ist zu berücksichtigen, daß der Integrationsweg immer von den kleineren zu den größeren Werten von t' führt. Die einzelnen Teilintegrale sind von der Form

$$\int\limits_{t'_p}^{t'_p \pm 1} dt' \frac{e^{i\mu(t-t')}}{\frac{dt'}{d\tau} r} = \frac{1}{\left[r\left(1 - \frac{v_r}{c}\right)\right]_{t-r/c}} \quad t'_p < t' < t'_p \pm 1 \quad \text{sonst} \quad \emptyset.$$

Der Elektronentheorie entspricht es besser, nicht die Potentiale eines geladenen Volumelementes, sondern gleich die Potentiale der einzelnen Elektronen und Ionen anzugeben. Dies bereitet aber Schwierigkeiten, da hierzu die genaue Kenntnis der Gestalt und der Größe der einzelnen Teilchen notwendig ist und daher auch das Problem der Kohäsion des Elektrons eine Rolle spielt (vgl. Ziff. 30ff.). Handelt es sich aber nur um das entfernte Feld langsam bewegter

Elektronen, dann kann man die gesamte Ladung in ein Volumelement konzentrieren und erhält so die WIECHERT-LIÉNARDschen Potentiale[1]):

$$\left.\begin{aligned}\varphi &= \frac{\varepsilon}{\left[r\left(1-\frac{v_r}{c}\right)\right]_{t-r/c}}\,,\\ \mathfrak{A} &= \frac{\varepsilon\,\mathfrak{v}_{t-r/c}}{\left[r\left(1-\frac{v_r}{c}\right)\right]_{t-r/c}}\,,\end{aligned}\right\} \tag{4d}$$

in denen ε die Ladung des Elektrons bzw. Ions bedeutet. Bei dieser Vernachlässigung handelt es sich darum, daß man annimmt, daß die gleichzeitig von den einzelnen Elementen des Teilchens ausgesendeten Felder zur gleichen Zeit im Aufpunkt ankommen, daher ist die Bedingung für die Anwendbarkeit dieser Formeln, wie man leicht einsieht,

$$r \gg a\,,$$
$$\frac{2a|\dot v|}{c(c-v)} \ll 1\,,$$

wobei a den Halbmesser des Elektrons bzw. Ions bedeutet.

c) Der Ansatz für die ponderomotorische Kraft. Zusammenhang mit den Prinzipien der Mechanik.

15. Der Ansatz für die ponderomotorische Kraft. Bewegung der Elektronen in einem homogenen Feld. In der MAXWELL-HERTZschen Theorie sind die ponderomotorischen Kräfte durch die im Äther durch das Feld hervorgerufenen Spannungen gegeben. Aus diesem Ansatz folgt aber (vgl. Kap. 1, Ziff. 50), daß auch auf den freien Äther ponderomotorische Kräfte ausgeübt werden. Dies ist aber in der LORENTZschen Elektronentheorie, die den Äther ja als unbeweglich ansieht, sinnlos. LORENTZ nimmt daher an, daß die ponderomotorischen Kräfte wohl vom Äther auf die Materie, aber auch nur auf diese und auch nur dann, wenn sie elektrisch geladen ist, ausgeübt werden.

Den Ansatz für die ponderomotorische Kraft erhält er durch eine sinngemäße Übertragung der an makroskopischer Materie in stationären Feldern beobachteten Kraftwirkungen. Demnach besteht diese aus zwei Teilen. Der eine entspricht der elektrostatischen Kraft und wird daher $e\mathfrak{E}$ gleichgesetzt. Der andere leitet sich aus dem BIOT-SAVARTschen Gesetz ab. Nach diesem ist die Kraft, die ein magnetisches Feld der Feldstärke $\mathfrak{H}$ auf ein Leiterelement (Länge ds, Querschnitt q, Stromdichte $\mathfrak{i}$) ausübt, gleich:

$$\mathfrak{F} = q\,ds\,\frac{1}{c}\,[\mathfrak{i}\,\mathfrak{H}]\,.$$

Da der Strom aus negativen bewegten Elektronen besteht (Anzahl N), folgt

$$\mathfrak{F} = \frac{\varepsilon N}{c}\,[\mathfrak{v}\,\mathfrak{H}]\,.$$

Da auch auf beliebig bewegte Elektronen nur diese beiden Kräfte ausgeübt werden sollen, so ist die auf die Ladungseinheit ausgeübte Kraft

$$\mathfrak{f} = \mathfrak{E} + \frac{1}{c}\,[\mathfrak{v}\,\mathfrak{H}]\,. \tag{1}$$

[1]) H. LIÉNARD, L'Éclairage électrique Bd. 16, S. 5, 53, 106. 1848; E. WIECHERT, Arch. Néerland. Bd. 5, S. 549. 1900 (Lorentz-Festschrift).

Eine gewisse experimentelle Stütze findet dieser Ansatz in den zur Bestimmung der spezifischen Masse der Elektronen und Ionen ausgeführten Versuchen (vgl. Ziff. 4, 5 u. 6), denn die dort verwendeten Formeln folgen direkt aus ihm: Bewegt sich ein Elektron in einem homogenen Magnetfeld $\mathfrak{H}$, so ist seine Bewegungsgleichung, wenn man die Rückwirkung des Eigenfeldes vernachlässigt (vgl. Ziff. 30 bis 33):

$$\dot{\mathfrak{v}} = -\frac{\varepsilon}{\mu c}[\mathfrak{v}\mathfrak{H}].$$

Die Beschleunigung, die es erfährt, steht sowohl auf seiner Geschwindigkeit wie auf der magnetischen Feldstärke normal. Wir zerlegen daher $\mathfrak{v}$ in eine zum Feld parallele und in eine zu diesem normale Komponente

$$\mathfrak{v} = \mathfrak{v}_{\perp} + \mathfrak{v}_{\parallel}.$$

Setzen wir zunächst $\mathfrak{v}_{\parallel} = 0$, so liegt die Bahn des Elektrons vollständig in einer zur Richtung des magnetischen Feldes senkrechten Ebene. Da die Beschleunigung aber auch auf die Richtung der Geschwindigkeit normal steht, bleibt diese und damit auch die Beschleunigung konstant: das Elektron beschreibt eine Kreisbahn vom Radius

$$R = \frac{\mu c}{\varepsilon}\frac{v}{H}.$$

Ist dagegen $v_{\parallel} \neq 0$, so beschreibt es eine Schraubenlinie, deren Achse in der Richtung des Magnetfeldes liegt.

Bewegt sich das Elektron in einem homogenen Magnetfeld, das senkrecht zu seiner Geschwindigkeit gerichtet ist, und ist gleichzeitig ein elektrisches Feld angebracht, so daß $\mathfrak{E} \backsim [\mathfrak{v}\mathfrak{H}]$, so ist

$$\mathfrak{f} = \varepsilon\left(\mathfrak{E} + \frac{1}{c}[\mathfrak{v}\mathfrak{H}]\right).$$

Soll das Elektron nicht aus der geraden Bahn abgelenkt werden, so muß

$$\frac{E}{H} = \frac{v}{c}$$

sein.

Da die Experimente, bei denen diese Formeln benutzt werden, einheitliche Resultate ergeben (nämlich bei Elektronen denselben, bei Ionen einen einem ganzzahligen Vielfachen der Elementarladung und dem Atomgewicht entsprechenden Wert der spezifischen Masse), so erscheint der Ansatz für die ponderomotorische Kraft durch die Erfahrung gestützt.

Nach unserem Ansatz ist die ponderomotorische Kraft eine Volumskraft. Dies ist mit der Annahme, daß sie eine vom Äther auf die Teilchen ausgeübte Kraft ist, durchaus zu vereinbaren, da der Äther nach der Anschauung der Elektronentheorie die Teilchen durchdringt. Es bleibt uns noch zu untersuchen, ob man die ponderomotorische Kraft auf Spannungen im Äther zurückführen kann. Hierzu setzen wir in den Ausdruck für die in einem gewissen Raum S wirkende ponderomotorische Kraft

$$\mathfrak{F} = \iiint \varrho\, dv \left\{\mathfrak{E} + \frac{1}{c}[\mathfrak{v}\mathfrak{H}]\right\}$$

aus den Feldgleichungen entsprechend ein und erhalten so

$$\begin{aligned}\mathfrak{F} &= \iiint dv \left\{\frac{1}{4\pi}\mathfrak{E}\operatorname{div}\mathfrak{E} + \frac{1}{4\pi}[\operatorname{rot}\mathfrak{H}, \mathfrak{H}] - \frac{1}{4\pi c}[\dot{\mathfrak{E}}, \mathfrak{H}]\right\}\\ &= \frac{1}{4\pi}\iiint dv \left\{\mathfrak{E}\operatorname{div}\mathfrak{E} + [\operatorname{rot}\mathfrak{H}, \mathfrak{H}] - \frac{1}{c}\frac{\partial}{\partial t}[\mathfrak{E}, \mathfrak{H}] + \frac{1}{c}[\mathfrak{E}, \dot{\mathfrak{H}}]\right\}\\ &= \frac{1}{4\pi}\iiint dv \left\{\mathfrak{E}\operatorname{div}\mathfrak{E} + [\operatorname{rot}\mathfrak{H}, \mathfrak{H}] + [\operatorname{rot}\mathfrak{E}, \mathfrak{E}] - \frac{1}{c}\frac{\partial}{\partial t}[\mathfrak{E}, \mathfrak{H}]\right\}.\end{aligned}$$

Es ist naheliegend, die Kraft in zwei Teile zu zerlegen, nämlich in

$$\mathfrak{F}_1 = -\iiint \frac{1}{4\pi c} \frac{\partial}{\partial t} [\mathfrak{E}, \mathfrak{H}] \, dv,$$

$$\mathfrak{F}_2 = \frac{1}{8\pi} \iiint dv \{\mathfrak{E} \operatorname{div} \mathfrak{E} + [\operatorname{rot} \mathfrak{E}, \mathfrak{E}] + [\operatorname{rot} \mathfrak{H}, \mathfrak{H}]\}.$$

Den zweiten Teil können wir in $\mathfrak{E}$ und $\mathfrak{H}$ symmetrisch machen, wenn wir berücksichtigen, daß der magnetische Feldvektor quellenfrei verteilt ist:

$$\mathfrak{F}_2 = \frac{1}{4\pi} \iiint dv \{\mathfrak{E} \operatorname{div} \mathfrak{E} + [\operatorname{rot} \mathfrak{E}, \mathfrak{E}] + \mathfrak{H} \operatorname{div} \mathfrak{H} + [\operatorname{rot} \mathfrak{H}, \mathfrak{H}]\}.$$

Diese Kraft läßt sich nun leicht auf den MAXWELLschen Spannungstensor zurückführen. Denn es ist z. B. die X-Komponente des elektrischen Teiles:

$$4\pi F_{2xe} = \iiint dv \left\{\left(\frac{\partial E_x}{\partial x} + \frac{\partial E_y}{\partial y} + \frac{\partial E_z}{\partial z}\right) E_x + \left(\frac{\partial E_x}{\partial z} - \frac{\partial E_z}{\partial x}\right) E_z - \left(\frac{\partial E_y}{\partial x} - \frac{\partial E_x}{\partial y}\right) E_y\right\}$$

$$= \iiint dv \left\{\frac{1}{2} \frac{\partial}{\partial x} (E_x^2 - E_y^2 - E_z^2) + \frac{\partial}{\partial y} E_x E_y + \frac{\partial}{\partial z} E_x E_z\right\}$$

läßt sich daher auf den Spannungstensor π zurückführen, dessen Komponenten folgendermaßen lauten:

$$p_{xx} = \frac{1}{8\pi} (E_x^2 - E_y^2 - E_z^2), \qquad p_{yz} = p_{zy} = \frac{1}{4\pi} E_y E_z,$$

$$p_{yy} = \frac{1}{8\pi} (E_y^2 - E_z^2 - E_x^2), \qquad p_{xy} = p_{zx} = \frac{1}{4\pi} E_z E_x,$$

$$p_{zz} = \frac{1}{8\pi} (E_z^2 - E_x^2 - E_y^2), \qquad p_{xy} = p_{yx} = \frac{1}{4\pi} E_x E_y.$$

Dies ist aber der MAXWELLsche Spannungstensor für den freien Äther (vgl. Kap. 1, Ziff. 37).

Der Ansatz für die ponderomotorische Kraft läßt sich daher auch folgendermaßen schreiben:

$$\mathfrak{f} = \operatorname{div} \Pi - \frac{1}{4\pi c} \frac{\partial}{\partial t} [\mathfrak{E}, \mathfrak{H}] = \operatorname{div} \pi - \frac{1}{c^2} \dot{\mathfrak{S}}. \tag{1a}$$

Das Auftreten des Gliedes $-\frac{1}{c^2} \dot{\mathfrak{S}}$ ist, wie man aus der Ziff. 50 des vorhergehenden Kapitels leicht ersieht, eine Folge unserer Annahme, daß die ponderomotorische Kraft auf den freien Äther immer gleich Null ist.

16. Das Energieprinzip. Da nach den Anschauungen der Elektronentheorie alle Erscheinungen in ponderablen Medien auf die Bewegung von Elektronen zurückzuführen sind, ist die einzige Arbeit, die das Feld leistet, die Beschleunigung der Elektronen und Ionen. Die im Zeitelement dt geleistete Arbeit ist daher

$$dA = dt \iiint \mathfrak{f} \varrho \mathfrak{v} \, dv.$$

Die zur Leistung dieser Arbeit notwendige Energie muß aus dem Felde stammen. Es muß daher

$$dA + dE + \iint \mathfrak{S}_n \, dF \cdot dt = 0$$

sein, wenn wir wiederum mit E die Gesamtenergie, mit $\mathfrak{S}$ den Vektor der Energieströmung bezeichnen und dF das Element der den betrachteten Raum einschließenden Fläche bedeutet.

Um die beiden Energiegrößen zu bestimmen, müssen wir mit Hilfe der Feldgleichungen den Ausdruck für dA so umformen, daß in ihm nur mehr Feldgrößen vorkommen. Aus dem in der vorigen Ziffer gegebenen Ansatz für die ponderomotorische Kraft folgt

$$\frac{dA}{dt} = \iiint \mathfrak{f}\varrho\mathfrak{v}\, dv = \iiint \varrho\mathfrak{E}\mathfrak{v}\, dv .$$

Aus der AMPÈREschen Gleichung (2a)

$$\frac{dA}{dt} = \frac{c}{4\pi}\iiint \varrho\left(\mathfrak{E}, \operatorname{rot}\mathfrak{H} - \frac{1}{c}\dot{\mathfrak{E}}\right) dv .$$

Da ferner

$$\iiint dv \cdot \mathfrak{E} \operatorname{rot}\mathfrak{H} = \iiint dv\, \mathfrak{H} \operatorname{rot}\mathfrak{E} - \iint [\mathfrak{E}\mathfrak{H}]_n\, dF ,$$

folgt hieraus, aus der FARADAYschen Gleichung (2a) und dem GAUSSschen Integralsatz:

$$\frac{dA}{dt} + \frac{1}{8\pi}\frac{\partial}{dt}\iiint dv\,\{\mathfrak{E}^2 + \mathfrak{H}^2\} + \frac{c}{4\pi}\iint [\mathfrak{E}\mathfrak{H}]_n\, dF = 0 . \tag{2}$$

Wir haben also wie in der MAXWELL-HERTZschen Theorie für die elektrische Energiedichte

$$W = \frac{1}{8\pi}\mathfrak{E}^2 . \tag{2a}$$

Für die magnetische Energiedichte

$$T = \frac{1}{8\pi}\mathfrak{H}^2 , \tag{2b}$$

und für den Energiestrom den POYNTINGschen Vektor

$$\mathfrak{S} = \frac{c}{4\pi}[\mathfrak{E}\mathfrak{H}] . \tag{2c}$$

Ebenso wie in der MAXWELLschen Theorie sind diese Ausdrücke für die Energie bzw. den Energiestrom keineswegs die einzig möglichen, sondern bloß diejenigen, die sich bisher am geeignetsten erwiesen haben. Wir könnten auch in der Elektronentheorie die in Ziff. 49 des vorhergehenden Artikels angegebenen MAC DONALDschen Werte

$$T = \frac{1}{c}\int_0^{\mathfrak{A}} \mathfrak{c}\, d\mathfrak{A} = \frac{1}{c}\int_0^{\mathfrak{A}} (\dot{\mathfrak{E}} + 4\pi\varrho\mathfrak{v}, d\mathfrak{A})\quad \mathfrak{S} = \varphi\mathfrak{c}$$

verwenden. Ihre Bedeutung liegt darin, daß dieser Ansatz für die magnetische Energie oft bei der Ableitung der Grundgleichungen [das sind die Feldgleichungen (2a) und der Ansatz für die ponderomotorische Kraft] aus den Variationsprinzipien der Mechanik verwendet werden[1]).

Man überzeugt sich leicht, daß es sich nicht bloß um eine andere Schreibweise eines und desselben Ausdrucks handelt. Denn es ist

$$\begin{aligned}\mathfrak{H}^2 = (\mathfrak{H}, \operatorname{rot}\mathfrak{A}) &= \operatorname{div}[\mathfrak{A}\mathfrak{H}] + \mathfrak{A}\operatorname{rot}\mathfrak{H}\\ &= \operatorname{div}[\mathfrak{A}\mathfrak{H}] + \frac{1}{c}(\mathfrak{A}, \dot{\mathfrak{E}} + 4\pi\varrho\mathfrak{v}) .\end{aligned}$$

Die Strömungsverhältnisse der Energie sind also in den beiden Ansätzen durchaus verschiedene. Allerdings ist der Unterschied bei Anwendung auf periodische Felder unwesentlich, da der Mittelwert von $[\mathfrak{A}\mathfrak{H}]$ bei solchen Feldern, über eine ganze Anzahl von Perioden genommen, verschwindet.

---

[1]) H. M. MACDONALD, Electric waves Kap. 4 u. 5.

17. Das Reaktionsprinzip. Um zu untersuchen, ob die LORENTZsche Elektronentheorie das Prinzip von der Gleichheit der Wirkung und Gegenwirkung erfüllt, betrachten wir zunächst die Kraftwirkung, die ein Elektron im Felde erfährt. Ihr entspricht keine, zumindest keine zur gleichen Zeit ausgeübte, Gegenkraft, da auf den Äther ja keine Kraft ausgeübt wird. Hier liegt ein wesentlicher Unterschied gegen die MAXWELL-HERTZsche Theorie vor. Denn da nach dieser die auf das Medium ausgeübte Kraft durch die MAXWELLschen Spannungen gegeben ist, geht eine Kraft auf die Oberfläche des freien Äthers über, die gleich ist der auf die Oberfläche des ponderablen Mediums ausgeübten. Man erkennt dies sofort, da ja für beide dasselbe Flächenintegral, nur auf die umgekehrte Normale bezogen, gilt. Ist also in der Elektronentheorie die in der MAXWELLschen Theorie auftretende Schwierigkeit, die in der Frage nach den Folgen dieser Kraft auf den Äther liegt, behoben, so tritt nunmehr in ihr die Schwierigkeit auf, daß sie dem Reaktionsprinzip nicht genügt.

LIÉNARD[1]) hat diese Schwierigkeit durch eine neue Formulierung des Reaktionsprinzips zu lösen gesucht: „Verwirft man die Fernwirkungstheorie und nimmt man an, daß die Kraft eine gewisse Zeit zur Fortpflanzung durch den Äther braucht, so kann nicht mehr Gleichheit zwischen Wirkung und Gegenwirkung bestehen, da die beiden nicht mehr zur gleichen Zeit ausgeübt werden. Man kann nur verlangen, daß die Resultierende aller ponderomotorischen Kräfte im Mittel verschwindet.“ Dies ist nun tatsächlich für die LORENTZsche Elektronentheorie der Fall. Betrachten wir ein isoliertes System von Elektronen und Ionen, so ist dieser Mittelwert gleich

$$\frac{1}{t_2 - t_1}\int_{t_1}^{t_2} \mathfrak{F}\, dt = \frac{1}{t_2 - t_1}\int_{t_1}^{t_2} dt \iiint \left(\operatorname{div} \Pi - \frac{1}{c^2}\dot{\mathfrak{S}}\right) dv\,,$$

wobei das Integral über einen sämtliche Teilchen enthaltenden Raum zu erstrecken ist. Ist der Raum so groß, daß das Feld seine Begrenzungsfläche noch nicht erreicht hat, so ist

$$\iiint \operatorname{div} \Pi\, dv = \iint (\Pi \mathfrak{n})\, df = 0\,,$$

$$\frac{1}{t_1 - t_2}\int_{t_1}^{t_2} \mathfrak{F}\, dt = -\frac{1}{c^2}\int_{t_1}^{t_2} \frac{dt}{t_2 - t_1} \iiint \dot{\mathfrak{S}}\, dv\,.$$

Ist das Feld aber bereits über diese hinaus gelangt, so ist zu berücksichtigen, daß für den Raum außerhalb der Begrenzungsfläche (entsprechende Orientierung von $\mathfrak{n}$!)

$$\operatorname{div} \Pi - \frac{1}{c^2}\dot{\mathfrak{S}} = 0\,,$$

$$\iint (\Pi \mathfrak{n})\, df = \frac{1}{c^2}\iiint \dot{\mathfrak{S}}\, dv\,,$$

da sich nach unserer Annahme keine Materie dort befindet und auf den Äther keine Kraft ausgeübt wird. Es ist also

$$\mathfrak{F} = \iint (\Pi \mathfrak{n})\, df - \frac{1}{c^2}\iiint \dot{\mathfrak{S}}\, dv\,,$$

$$= -\frac{1}{c^2}\iiint \dot{\mathfrak{S}}\, dv\,,$$

---

[1]) H. LIÉNARD, L'Éclairage électrique Bd. 14, S. 157. 1898.

wobei das zweite Volumintegral über den ganzen Raum zu erstrecken ist. Daher ist der Mittelwert der resultierenden Kraft

$$\frac{1}{t_2 - t_1}\int_{t_1}^{t_2} \mathfrak{F}\, dt = -\frac{1}{c^2(t_2 - t_1)} |\mathfrak{S}|_{t_1}^{t_2}.$$

Da die Energie des Feldes in jedem Zeitpunkt als endlich angenommen werden kann, so ist der Klammerausdruck endlich und der Mittelwert sinkt mit der Zeit unter jede Grenze.

POINCARÉ[1]) hat nachgewiesen, daß diese Neuformulierung des Reaktionsprinzips zu weit ist. Denn die in den zitierten Sätzen mit Recht verlangte Erweiterung unter Berücksichtigung der mit endlicher Geschwindigkeit erfolgenden Ausbreitung verlangt bereits, daß das Zeitintegral über die Resultierende der ponderomotorischen Kräfte verschwinden muß, was natürlich eine wesentlich engere Bedingung ist als die von LIÉNARD aufgestellte. Ihr genügt die LORENTZsche Theorie nun nicht mehr, wie aus der eben durchgeführten Rechnung unmittelbar hervorgeht.

Um dies zu beweisen, brauchen wir nur noch einen Fall anzuführen, indem das abgeleitete Zeitintegral der Kraft nicht verschwindet. Wir betrachten hierzu ein materielles System, das aus einer in dem Brennpunkt eines parabolischen Spiegels fest angebrachten Lichtquelle besteht. Zur Zeit $t = 0$ beginne diese zu strahlen. Dann ist zu dieser Zeit $\mathfrak{E} = \mathfrak{H} = 0$. Da zu jeder späteren Zeit das elektromagnetische Feld sich aus der aus der Spiegelöffnung der austretenden parallelgerichteten Welle und dem schmalen direkten Strahlkegel zusammensetzt, die sich ständig mit Lichtgeschwindigkeit ausbreiten (vgl. Kap. 1, Ziff. 59), erkennt man unmittelbar, daß das Integral nicht nur immer von Null verschieden ist, sondern auch dauernd zunimmt. Dementsprechend setzt sich der mit der Lichtquelle fest verbundene Spiegel in eine dauernd an Geschwindigkeit zunehmende Bewegung. In dieser Verletzung des Schwerpunktsatzes drückt sich die Verletzung des Reaktionsprinzipes aus. Man sieht wiederum, daß der Grund hierfür in der Annahme liegt, daß auf den Äther keine Kraft ausgeübt wird. Denn auf diese Weise geht die Gegenkraft für den auf den Spiegel ausgeübten Lichtdruck verloren.

Insbesondere dieses Beispiel, aus dem hervorgeht, daß nach der LORENTZschen Theorie ein abgeschlossenes materielles System sich von selbst in Bewegung setzen kann, erscheint so paradox, daß man ernstlich erwogen hat, ob es uns nicht zwingt, diese Theorie aufzugeben. Um dieses Problem zu lösen, hat POINCARÉ zunächst untersucht[2]), woran es liegt, daß sich uns das Reaktionsprinzip mit solcher Gewalt aufdrängt. Den Grund hierfür findet er darin, daß uns in seiner Verletzung zugleich eine Verletzung des Energieprinzips zu liegen scheint. Denn nimmt man an, daß die Kräfte, die zwischen zwei Massenpunkten wirken, nur von ihrer relativen Lage (zueinander) und ihren relativen Geschwindigkeiten abhängen, so blieben die Kräfte dieselben, wenn sich das vorhin betrachtete System in Bewegung setzt. Die potentielle Energie bliebe also konstant, während die kinetische ständig zunehmen würde.

Diese Überlegung trifft aber für die LORENTZsche Elektronentheorie nicht mehr zu. Denn dieser Schlußfolgerung liegt außer dem Energieprinzip noch das Relativitätsprinzip der klassischen Mechanik zugrunde, daß wir in dieser Theorie nicht mehr als gültig annehmen können. Zunächst scheint ja die LORENTZsche Theorie überhaupt keine Relativität zuzulassen. Denn die Feldgleichungen gelten

[1]) H. POINCARÉ, Électricité et Optique, 2. Aufl., S. 448ff.
[2]) H. POINCARÉ, Arch. Néerland. Bd. 5, S. 252. 1900 (Lorentz-Festschrift).

ja nur für das im Äther ruhende System und dieser ist als unbeweglich angenommen. Tatsächlich hat man auch lange ausschließlich die absoluten (d. h. die auf den Äther bezogenen) Lagen und Geschwindigkeiten der Körper zur Erklärung der elektromagnetischen Erscheinungen herangezogen. Aber die Experimente, die den aus dieser Anschauung folgenden Einfluß der Geschwindigkeit der Erde auf die elektromagnetischen Erscheinungen nachweisen hätten sollen, verliefen alle negativ, so daß auch für diese Erscheinungen ein Relativitätsprinzip zu gelten scheint.

Dieses neue Relativitätsprinzip kann aber mit dem klassischen nicht identisch sein, wie bereits die Beobachtung der Lichtfortpflanzung in einem bewegten Medium zeigt. Denn wenn auch die zur Bestimmung der Geschwindigkeit der Erde gegen den Äther durchgeführten Experimente zeigen, daß, von einem mit dem bewegten Medium bewegten Beobachter aus betrachtet, diese Erscheinung ebenso vor sich geht wie die Fortpflanzung im Äther von einem in diesem ruhenden Beobachter aus gesehen, so zeigt doch die FIZEAUsche Theorie, daß, von einem ruhenden Beobachter aus betrachtet, das Licht nur teilweise von dem Medium mitgeführt wird. Die Relativität entsteht dadurch, daß der mitbewegte Beobachter ebenfalls seine Messung auf die Lichtfortpflanzung basiert und daher an Stelle der im Äther geltenden Zeit die LORENTZsche Lokalzeit benutzt. Dies hat nun zur Folge, daß seine Messungsresultate von denen, die der im Äther ruhende Beobachter erhält, abweichen. Daher emittiert die Lichtquelle für den mitbewegten Beobachter zwar ständig die gleiche Energie (und zwar sowohl dem Betrage wie der Richtung nach), für den im Äther ruhenden Beobachter nimmt aber die aus der Spiegelöffnung austretende Feldenergie mit wachsender Geschwindigkeit des emittierenden Systems ständig ab. Dadurch geht das Anwachsen der kinetischen Energie des Systems für ihn auf Kosten der Feldenergie vor sich und damit ist das Energieprinzip gewahrt.

18. Der Impulssatz. Aus den eben durchgeführten Überlegungen geht hervor, daß zwar die LORENTZsche Theorie das Reaktionsprinzip verletzt, sie lassen aber auch erkennen, daß hieraus keine ernstlichen Bedenken gegen die Zulässigkeit der Theorie erwachsen können. Dies weist bereits darauf hin, daß in die Theorie ein mit diesem Prinzip verwandtes eingeführt werden kann. In der klassischen Mechanik folgt aus dem Reaktionsprinzip

$$\sum \mathfrak{P}_i = \sum m_i \ddot{\mathfrak{r}}_i = 0$$

durch Integration über die Zeit der Impulssatz

$$\sum m_i \dot{\mathfrak{r}}_i = \text{konst.}$$

(wobei $\mathfrak{r}$ der Fahrstrahl vom Koordinatenursprung ist). In der LORENTZschen Theorie ist die Summe der Kräfte nicht gleich Null. Es tritt vielmehr an die Stelle der ersten Gleichung die folgende

$$\mathfrak{F} + \frac{1}{c^2}\iiint \dot{\mathfrak{S}}\, dv = 0 .$$

Aber auch diese läßt leicht die Integration nach der Zeit zu,

$$\int_{t_1}^{t_2} \mathfrak{F}\, dt + \frac{1}{c^2}\iiint \mathfrak{S}\, dv \Big|_{t_1}^{t_2} = \text{konst.} \tag{3}$$

Diese Gleichung tritt also in der LORENTZschen Theorie an die Stelle des Impulssatzes im System der klassischen Mechanik. Daß ihr auch ein physikalischer Sinn zukommt, konnte POINCARÉ ebenfalls zeigen, indem er von der Bedeutung des POYNTINGschen Vektors als Vektor der Energieströmung ausging[1]). Faßt man die Energie des elektromagnetischen Feldes als ein Fluidum auf, das die Dichte

$$E = \frac{1}{8\pi}\{\mathfrak{H}^2 + \mathfrak{E}^2\}$$

besitzt, so kann man die Geschwindigkeit des Fluidums durch die Gleichung

$$E\mathfrak{v} = \mathfrak{S}$$

definieren. Dann bedeutet die oben aufgestellte Gleichung (7), daß das aus dem Fluidum und der ponderablen Materie bestehende System dem Impulssatz genügt.

Diese Interpretation begegnet aber gewissen Schwierigkeiten. Denn die hierbei verwendete Definition der Strömungsgeschwindigkeit der Feldenergie ist für nicht selbstkonjugierte Felder (vgl. Kap. 1, Ziff. 58) keineswegs die einzig mögliche. Stellt man sich die Feldenergie nicht in Analogie zur ponderablen Materie als undurchdringlich vor, so könnte man im allgemeinen Fall auch die Annahme zulassen, daß sich nur ein Teil der Feldenergie bewegt. Es ist daher besser, die Interpretation der Gleichung mit ABRAHAM[2]) auf einer allgemeineren Basis durchzuführen.

Wir können dabei genau so vorgehen wie bei der Erweiterung des Energieprinzips der Mechanik zum allgemeinen Energieprinzip. Auch in diesem Falle hat es sich gezeigt, daß, wenn es sich um Vorgänge handelt, bei denen die Summe der kinetischen und der potentiellen Energie nicht konstant bleibt, im System neben den Bewegungsvorgängen noch andere Erscheinungen auftreten, durch die im System Energie, d. h. Arbeitsfähigkeit, aufgestapelt wird. Die Analyse hat dann ergeben, daß für jedes Erscheinungsgebiet eine Größe definiert werden kann, die in ihm als Energie angesprochen werden kann, da deren Einführung in die Energiebilanz das Energieprinzip rettet. Dabei ist es aber keineswegs notwendig, diese Energie mechanisch zu deuten, sie braucht lediglich eine das betreffende Erscheinungsgebiet charakterisierende Größe zu sein.

Analog können wir bei der Erweiterung des Impulssatzes auf Grund der Gleichung (3) vorgehen. Diese besagt, daß das elektromagnetische Feld imstande ist, einem ponderablen Körper einen mechanischen Impuls zu erteilen, und daß diese Fähigkeit durch den Vektor

$$\mathfrak{G} = \frac{1}{c^2}\iiint \mathfrak{S}\, dv \tag{4}$$

charakterisiert ist. Gibt andererseits ein ponderabler Körper kinetische Energie an das Feld ab, so wird der Vektor $\mathfrak{G}$ um einen Vektor vermehrt, der dem Verlust an Bewegungsgröße, die der Körper bei der Abgabe der Energie erleidet, gleich ist. Wir sind daher berechtigt, den Vektor $\mathfrak{G}$ als elektromagnetischen Impuls anzusprechen und dem Felde eine Impulsdichte

$$\mathfrak{g} = \frac{1}{c_2}\mathfrak{S} \tag{4a}$$

zuzuschreiben, da es sinnlos wäre, diese Bewegungsgröße dem als unbeweglich definierten Äther beizulegen, während die Bedeutung des POYNTINGschen Vektors diese Interpretation nahelegt.

Auch der Satz von der Konstanz des Drehimpulses läßt sich auf diese Weise verallgemeinern. Definieren wir $\mathfrak{r}$ als den Verbindungsvektor des Koordinaten-

---

[1]) H. POINCARÉ, Arch. Néerland Bd. 5, S. 252. 1900 (Lorentz-Festschrift).

[2]) M. ABRAHAM, Gött. Nachr. 1902, S. 20; Ann. d. Phys. Bd. 10, S. 105. 1903.

ursprungs mit dem betrachteten Volumelement, so ist das resultierende Moment der vom Feld auf die Materie ausgeübten Kräfte

$$\mathfrak{Y} = \iiint [\mathfrak{r}, \varrho \mathfrak{f}]\, dv.$$

Bezeichnen wir den Drehimpuls der materiellen Teilchen mit $\mathfrak{U}$, so ist

$$\mathfrak{U} + \int_{t_1}^{t_2} \frac{dt}{c^2} \iiint [\mathfrak{r}\dot{\mathfrak{S}}]\, dv = 0.$$

Berücksichtigen wir ferner, daß $\mathfrak{r}$ definitionsgemäß von der Zeit unabhängig ist, so wird

$$\mathfrak{U} + \frac{1}{c^2} \iiint [\mathfrak{r}\,\mathfrak{S}]_{t_1}^{t_2}\, dv = \text{konst.} \tag{3a}$$

Wir können daher

$$\mathfrak{Y} = \frac{1}{c^2} \iiint [\mathfrak{r}\mathfrak{S}]\, dv \tag{5}$$

als den Drehimpuls des Feldes und

$$\mathfrak{y} = \frac{1}{c^2} [\mathfrak{r}\,\mathfrak{S}] \tag{5a}$$

als die Dichte des elektromagnetischen Drehimpulses bezeichnen.

19. Die Variationsprinzipe. Wir haben bisher gezeigt, daß die Lorentzsche Theorie dem Energieprinzip genügt, und daß sich auch der Impulssatz auf diese Theorie ausdehnen läßt. Um die Einordnung der Theorie in den Rahmen der allgemeinen Dynamik vollständig zu machen, soll noch gezeigt werden, daß sie im Einklang mit den Variationsprinzipien der Dynamik ist. Dies ist von verschiedenen Forschern geleistet worden. Ein dem Hamiltonschen Variationsprinzip der Mechanik entsprechendes elektrodynamisches wurde von Larmor[1]) gegeben und von Livens[2]) in die nachfolgende Form gebracht:

Die in dem Variationsprinzip auftretenden unabhängigen Variablen sind durch die Problemstellung der Elektronentheorie gegeben. Es ist einerseits der Zustand des Feldes, der durch die Verteilung der Vektoren $\mathfrak{E}$ und $\mathfrak{H}$ bestimmt ist, andererseits die Lage und Bewegung der Elektronen miteinander in Verbindung zu bringen, wobei angenommen werden soll, daß wir die Elektronen als punktförmig auffassen, also ihre Lage durch einen Vektor $\mathfrak{r}$ definieren können und bloß die Wechselwirkung die zwischen einem ganzen Elektron und dem Felde stattfindet, ins Auge zu fassen haben. Jedes Elektron (im älteren Sinne, der auch die Ionen umfaßte) ist also durch seine Gesamtladung ε_i und den Vektor $\mathfrak{r}_i$ vollständig bestimmt. Wir haben daher die unabhängigen Variablen $\mathfrak{E}$, $\mathfrak{H}$ und $\mathfrak{r}_i$.

Im Anschluß an Maxwell (vgl. Kap. 1, Ziff. 44) nehmen wir an, daß die Lagrangesche Funktion L des Problems aus zwei Teilen besteht. Der erste L_1 hängt von $\mathfrak{E}$ und $\mathfrak{H}$ nicht ab und ist durch die mechanischen Eigenschaften und die Bewegung der Elektronen sowie durch die auf sie wirkenden äußeren Kräfte nichtelektromagnetischer Natur bestimmt. Der zweite stellt die Lagrangesche Funktion des Feldes L_2 dar und hängt nur von $\mathfrak{E}$ und $\mathfrak{H}$, nicht aber von $\mathfrak{r}$, ab. Indem wir die elektrische bzw. die magnetische Energiedichte durch die Gleichung (2a) bzw. (2b), Ziff. 16 definieren und mit Maxwell die magnetische

[1]) J. Larmor, Aether and Matter. S. 84 u. 94.
[2]) G. H. Livens, Phil. Mag. Bd. 32, S. 195. 1916; The Theory of Electricity. S. 568.

Energie als kinetische, die elektrische als potentielle auffassen, wird die gesamte LAGRANGEsche Funktion

$$L = L_1 + \frac{1}{8\pi}\iiint\{\mathfrak{H}^2 - \mathfrak{E}^2\}\,dv$$

und in Anlehnung an das HAMILTONsche Prinzip verlangen wir, daß

$$\delta\int_{t_1}^{t_2} L\,dt = 0.$$

Wir haben aber noch zwei Nebenbedingungen zu berücksichtigen, die angeben, daß das Feld durch die Ladungen erzeugt wird: Erstens sind die Quellen des elektrischen Feldes die Elektronen:

$$\iiint \operatorname{div}\mathfrak{E}\,dv = \sum 4\pi\,\varepsilon_i.$$

Zweitens sind die Wirbel des magnetischen Feldes durch den Konvektionsstrom und den Verschiebungsstrom bestimmt:

$$\iiint\left(\operatorname{rot}\mathfrak{H} - \frac{1}{c}\dot{\mathfrak{E}}\right)dv = \frac{4\pi}{c}\sum \varepsilon_i\dot{\mathfrak{r}}_i.$$

Wir müssen daher, um die erste skalare Bedingungsgleichung bei der Variation berücksichtigen zu können, die unbestimmte skalare Funktion φ, um die zweite vektorielle Bedingungsgleichung zu erfüllen, die unbestimmte vektorielle Funktion $\mathfrak{A}$ in das Variationsprinzip einführen:

$$\delta\int_{t_1}^{t_2} dt\left\{L + \iiint\frac{dv}{4\pi}\left(\varphi\operatorname{div}\mathfrak{E} - \left(\mathfrak{A}, \operatorname{rot}\mathfrak{H} - \frac{1}{c}\dot{\mathfrak{E}}\right)\right) - \sum\varepsilon_i\varphi + \sum\frac{\varepsilon_i}{c}(\mathfrak{A}\dot{\mathfrak{r}}_i)\right\} = 0.$$

Wir beginnen mit der Variation der beiden Feldvariablen $\mathfrak{E}$ und $\mathfrak{H}$. Da L_1 nicht angegriffen wird, ergibt sich:

$$\frac{1}{4\pi}\int_{t_1}^{t_2} dt\iiint dv\left\{\mathfrak{H}\,\delta\mathfrak{H} - \mathfrak{E}\,\delta\mathfrak{E} + \varphi\operatorname{div}\delta\mathfrak{E} - \mathfrak{A}\operatorname{rot}\delta\mathfrak{H} + \frac{1}{c}\mathfrak{A}\frac{d\,\delta\mathfrak{E}}{dt}\right\} = 0.$$

Nun ist aber:

$$\iiint\varphi\operatorname{div}\delta\mathfrak{E}\,dv = \iint\varphi\,\delta\mathfrak{E}_n\,df - \iiint\delta\mathfrak{E}\cdot\operatorname{grad}\varphi\,dv,$$

$$-\iiint\mathfrak{A}\operatorname{rot}\delta\mathfrak{H}\cdot dv = \iint[\mathfrak{A}\,\delta\mathfrak{H}]_n\,df - \iiint\delta\mathfrak{H}\operatorname{rot}\mathfrak{A}\,dv,$$

$$\int_{t_1}^{t_2} dt\,\mathfrak{A}\frac{d\,\delta\mathfrak{E}}{dt} = \mathfrak{A}\,\delta\mathfrak{E}\Big|_{t_1}^{t_2} - \int_{t_1}^{t_2} dt\,\dot{\mathfrak{A}}\,\delta\mathfrak{E}.$$

Indem wir die Begrenzungsfläche des Integrationsraumes wieder weit genug hinausverlegen, können wir die in den beiden ersten Gleichungen auftretenden Oberflächenintegrale gleich Null setzen. Ebenso kann die Variation zur Zeit t_1 bzw. t_2 derart gewählt werden, daß $\iiint dv\,\mathfrak{A}\,\delta\mathfrak{E}\big|_{t_1}^{t_2} = 0$. Daher ist:

$$\int_{t_1}^{t_2} dt\iiint\frac{dv}{4\pi}\left\{(\delta\mathfrak{H}, \mathfrak{H} - \operatorname{rot}\mathfrak{A}) - \left(\delta\mathfrak{E}, \mathfrak{E} + \operatorname{grad}\varphi + \frac{1}{c}\dot{\mathfrak{A}}\right)\right\} = 0.$$

Da die Variationen von $\mathfrak{E}$, $\mathfrak{H}$ und $\mathfrak{r}$ voneinander unabhängig sind, erhalten wir hieraus:

$$\mathfrak{H} = \operatorname{rot}\mathfrak{A},$$

$$\mathfrak{E} = -\operatorname{grad}\varphi - \frac{1}{c}\dot{\mathfrak{A}}.$$

Dadurch sind zunächst die unbestimmten Funktionen φ und $\mathfrak{A}$ definiert. Weiters ergeben sich aber daraus die beiden Feldgleichungen

$$\operatorname{div}\mathfrak{H} = 0\,,$$
$$\operatorname{rot}\mathfrak{E} = -\frac{1}{c}\dot{\mathfrak{H}}\,.$$

Wir variieren nunmehr $\mathfrak{r}$, d. h. die Lage der Elektronen. Diese Variation greift daher L_1 und die Glieder der LAGRANGEschen Funktion an, die die Ladungen enthalten:

$$\int_{t_1}^{t_2} dt\left\{\delta L_1 + \sum \frac{\varepsilon_i}{c}(\dot{\mathfrak{r}}, (\delta\mathfrak{r}\nabla)\mathfrak{A}) + \sum \frac{\varepsilon_i}{c}(\delta\dot{\mathfrak{r}}, \mathfrak{A}) - \sum \varepsilon_i(\delta\mathfrak{r}\nabla)\varphi\right\} = 0\,.$$

Es ist nun wegen der Definition von $\mathfrak{r}$

$$\int_{t_1}^{t_2} dt(\delta\dot{\mathfrak{r}}, \mathfrak{A}) = (\delta\mathfrak{r}, \mathfrak{A})\Big|_{t_1}^{t_2} - \int_{t_1}^{t_2} dt\left(\delta\mathfrak{r}, \frac{\partial\mathfrak{A}}{\partial t} + (\dot{\mathfrak{r}}\nabla)\mathfrak{A}\right),$$

da bei dieser Variation nicht der Wert von $\mathfrak{A}$ an einer bestimmten Stelle des Raumes, sondern für ein bestimmtes Elektron zu berücksichtigen ist. Da aber:

$$-(\delta\mathfrak{r}, (\dot{\mathfrak{r}}\nabla)\mathfrak{A}) = [\dot{\mathfrak{r}}, \operatorname{rot}\mathfrak{A}]\cdot\delta\mathfrak{r} - (\dot{\mathfrak{r}}(\delta\mathfrak{r}\nabla)\mathfrak{A})$$

ist, so wird

$$\int_{t_1}^{t_2} dt\left\{\delta L_1 + \sum \varepsilon_i\left(-\operatorname{grad}\varphi - \frac{1}{c}\dot{\mathfrak{A}} + \frac{1}{c}[\dot{\mathfrak{r}}, \operatorname{rot}\mathfrak{A}], \delta\mathfrak{r}\right)\right\} = 0\,,$$

$$\frac{d}{dt}\frac{\partial L_1}{\partial\dot{\mathfrak{r}}} - \frac{\partial L_1}{\partial\mathfrak{r}} + \sum \varepsilon_i\left(\frac{1}{c}\dot{\mathfrak{A}} + \operatorname{grad}\varphi - \frac{1}{c}[\dot{\mathfrak{r}}\operatorname{rot}\mathfrak{A}]\right) = 0\,.$$

Nun ist $\frac{d}{dt}\frac{\partial L_1}{\partial\dot{\mathfrak{r}}} - \frac{\partial L_1}{\partial\mathfrak{r}}$ gleich der gesamten vom Feld auf die Elektronen ausgeübten ponderomotorischen Kraft. Daher ist die Kraft auf die Ladungseinheit:

$$\mathfrak{f} = -\frac{1}{c}\dot{\mathfrak{A}} - \operatorname{grad}\varphi + \frac{1}{c}[\dot{\mathfrak{r}}\operatorname{rot}\mathfrak{A}] = \mathfrak{E} + \frac{1}{c}[\mathfrak{v}\mathfrak{H}]\,.$$

Analoge Betrachtungen wurden von POINCARÉ[1]) mit Hilfe der LAGRANGEschen Gleichungen und von LORENTZ[2]) mit Hilfe des D'ALEMBERTschen Prinzips angestellt.

Ein weiteres Variationsprinzip, das insbesondere in der Relativitätstheorie zu großer Bedeutung gelangt ist (vgl. Kap. 3, Ziff. 46), wurde von SCHWARZSCHILD[3]) angegeben. In ihm treten als zu variierende Variablen neben dem wiederum die Lage der Elektronen bestimmenden Vektor $\mathfrak{r}$ die beiden Potentiale φ und $\mathfrak{A}$ auf. Ferner besteht seine LAGRANGEsche Funktion L aus der des LARMORschen Prinzips, in der die Feldvektoren mit Hilfe der Gleichungen

$$\mathfrak{E} = -\operatorname{grad}\varphi - \frac{1}{c}\dot{\mathfrak{A}}\,,$$
$$\mathfrak{H} = \operatorname{rot}\mathfrak{H}$$

durch die beiden Potentiale zu ersetzen sind, und aus dem Glied

$$\iiint \varrho\,\psi\,dv\,,$$

[1]) H. POINCARÉ, Électr. et opt. 2. Aufl., S. 427.

[2]) H. A. LORENTZ, La Théorie électromagnétique de MAXWELL et son application aux corps mouvants, Leiden 1892 und Arch. Néerland Bd. 25, S. 363. 1892; Enz. d. math. Wiss. V/14 Nr. 8.

[3]) K. SCHWARZSCHILD, Gött. Nachr. 1903, S. 126.

worin

$$\psi = \varphi - \frac{1}{c}(\mathfrak{v}\mathfrak{A})$$

das elektrokinetische Potential SCHWARZSCHILDS (vgl. Ziff. 27) ist. Durch die Erweiterung der LAGRANGEschen Funktion wird erzielt, daß die restlichen Grundgleichungen direkt aus dem Variationsprinzip folgen, ohne daß es, wie beim LARMORschen Variationsprinzip, notwendig wäre, Nebenbedingungen vorzuschreiben. Die Grundgleichungen

$$\operatorname{div}\mathfrak{H} = 0,$$

$$\operatorname{rot}\mathfrak{E} = \frac{1}{c}\dot{\mathfrak{H}}$$

folgen unmittelbar aus den angenommenen Beziehungen zwischen den Feldstärken und den Potentialen.

Das Variationsprinzip lautet also

$$\delta\int_{t_1}^{t_2} dt\left\{\iiint \varrho\left(\varphi - \frac{1}{c}\dot{\mathfrak{r}}\mathfrak{A}\right)dv - \frac{1}{8\pi}\iiint\left(\operatorname{grad}\varphi + \frac{1}{c}\dot{\mathfrak{A}}\right)^2 dv + \frac{1}{8\pi}\iiint(\operatorname{rot}\mathfrak{A})^2 dv\right\} = 0,$$

wobei die Anfangs- und Endlagen der Elektronen festzuhalten sind und die Variationen für t_1 und t_2 verschwinden müssen.

Variieren wir zunächst φ, so erhalten wir

$$\int_{t_1}^{t_2} dt\iiint dv\left\{\varrho\,\delta\varphi - \frac{1}{4\pi}\left(\operatorname{grad}\varphi + \frac{1}{c}\dot{\mathfrak{A}}\right)\operatorname{grad}\delta\varphi\right\} = 0.$$

Nun ist aber nach dem GAUSSschen Satz:

$$\iiint\left(\operatorname{grad}\varphi + \frac{1}{c}\dot{\mathfrak{A}}\right)\operatorname{grad}\delta\varphi\,dv = \iint\left(\operatorname{grad}\varphi + \frac{1}{c}\dot{\mathfrak{A}}\right)_n\delta\varphi\,dF - \iiint dv\,\delta\varphi\operatorname{div}\left(\operatorname{grad}\varphi + \frac{1}{c}\dot{\mathfrak{A}}\right).$$

Daher ist, da wir das Flächenintegral wiederum durch geeignete Wahl der Fläche gleich Null machen können

$$\varrho + \frac{1}{4\pi}\operatorname{div}\left(\operatorname{grad}\varphi + \frac{1}{c}\dot{\mathfrak{A}}\right) = 0,$$

und daraus

$$\operatorname{div}\mathfrak{E} = 4\pi\varrho.$$

Variieren wir nunmehr $\mathfrak{A}$, so wird

$$\int_{t_1}^{t_2} -\iiint\frac{\varrho}{c}\dot{\mathfrak{r}}\,\delta\mathfrak{A}\,dv - \frac{1}{4\pi}\iiint dv\left(\frac{1}{c}\operatorname{grad}\varphi\,\delta\dot{\mathfrak{A}} + \frac{1}{c^2}\dot{\mathfrak{A}}\,\delta\dot{\mathfrak{A}} - \operatorname{rot}\mathfrak{A}\operatorname{rot}\delta\mathfrak{A}\right) = 0.$$

Es aber ist

$$\operatorname{grad}\varphi\,\delta\dot{\mathfrak{A}} = \frac{d}{dt}(\operatorname{grad}\varphi\,\delta\mathfrak{A}) - \delta\mathfrak{A}\frac{d}{dt}\operatorname{grad}\varphi,$$

und da die Variationen von $\mathfrak{A}$ für t_1 und t_2 verschwindet:

$$\int_{t_1}^{t_2} dt\operatorname{grad}\varphi\,\delta\dot{\mathfrak{A}} = -\int_{t_1}^{t_2} dt\,\delta\mathfrak{A}\frac{d}{dt}\operatorname{grad}\varphi.$$

Ebenso ist

$$\int_{t_1}^{t_2} dt\,\dot{\mathfrak{A}}\,\delta\dot{\mathfrak{A}} = -\int_{t_1}^{t_2} dt\,\ddot{\mathfrak{A}}\,\delta\mathfrak{A}.$$

Weiters ergibt der GREENsche Satz

$$\iiint dv\operatorname{rot}\mathfrak{A}\operatorname{rot}\delta\mathfrak{A} = \iint[\delta\mathfrak{A}, \operatorname{rot}\mathfrak{A}]_n\,dF + \iiint\delta\mathfrak{A}\operatorname{rot}\operatorname{rot}\mathfrak{A}\,dv,$$

wobei wiederum das Flächenintegral gleich Null gesetzt werden kann.

Daher ergibt die Variation von $\mathfrak{A}$

$$-\frac{\varrho}{c}\dot{\mathfrak{r}} + \frac{1}{4\pi c}\left(\frac{d}{dt}\operatorname{grad}\varphi + \frac{1}{c}\ddot{\mathfrak{A}} + c\operatorname{rot}\operatorname{rot}\mathfrak{A}\right),$$

das ist aber die AMPÈREsche Gleichung:

$$\operatorname{rot}\mathfrak{H} = \frac{4\pi}{c}\varrho\mathfrak{v} + \frac{1}{c}\dot{\mathfrak{E}}.$$

Endlich ergibt die Variation von $\mathfrak{r}$

$$\int_{t_1}^{t_2} dt\left\{\varrho(\delta\mathfrak{r}\nabla)\varphi - \frac{\varrho}{c}\dot{\mathfrak{r}}(\delta\mathfrak{r}\nabla)\mathfrak{A} - \frac{\varrho}{c}(\delta\dot{\mathfrak{r}}\mathfrak{A})\right\}dv = 0,$$

woraus wie oben beim LARMORschen Prinzip der Ansatz für die ponderomotorische Kraft folgt.

II. Die Dynamik des Elektrons[1]).

a) Die Felder in größerer Entfernung von den Elektronen.

20. Das Feld gleichförmig bewegter Elektronen. Wir behandeln zunächst den einfachsten Fall, nämlich das stationäre Feld eines mit der gleichförmigen Geschwindigkeit $\mathfrak{v}$ bewegten Elektrons. In diesem Falle gilt für jede Feldgröße:

$$\frac{\partial f}{\partial t} + (\mathfrak{v}\nabla)f = 0.$$

Beziehen wir daher die MAXWELLschen Gleichungen auf ein mit dem Elektron bewegtes Koordinatensystem (das im klassischen Sinne starr ist):

$$X = x - vt, \qquad Y = y, \qquad Z = z,$$

dessen Ursprung im Elektron und dessen X-Achse in der Richtung der Geschwindigkeit liegt, so werden die Feldgleichungen von der Zeit unabhängig:

$$\operatorname{rot}\mathfrak{H} = \frac{1}{c}(4\pi\varrho\mathfrak{v} - (\mathfrak{v}\nabla)\mathfrak{E}),$$
$$\operatorname{rot}\mathfrak{E} = \frac{1}{c}(\mathfrak{v}\nabla)\mathfrak{H}.$$

Bestimmen wir das Feld zunächst nur bis auf Größen, die in v/c von der ersten Ordnung sind, so können wir aus diesen Gleichungen sofort ablesen, daß die magnetischen Feldstärken gegen die elektrischen von der Größenordnung v/c sind. Die FARADAYsche Gleichung gibt daher bis auf Größen zweiter Ordnung:

$$\operatorname{rot}\mathfrak{E} = 0.$$

Die elektrische Feldstärke läßt sich daher von einem Potential ableiten. Da dieses im ruhenden System der Differentialgleichung

$$\Delta\varphi - \frac{1}{c^2}\frac{\partial^2}{\partial t^2}\varphi = 0$$

genügt, also im mitbewegten der Gleichung

$$\Delta\varphi - \frac{v^2}{c^2}\frac{\partial^2}{\partial x^2}\varphi = 0,$$

[1]) In diesem Abschnitt soll die Bezeichung Elektron im allgemeinen im älteren Sinne verwendet werden.

so ist in diesem System wieder bis auf Größen zweiter Ordnung:

$$\Delta \varphi = 0 .$$

Das Potential der elektrischen Feldstärke ist also im mitbewegten System bis auf Größen zweiter Ordnung in v/c dasselbe wie das einer ruhenden Ladung im ruhenden System. Ferner erkennt man sofort, daß die magnetische Feldstärke in derselben Näherung ($\mathfrak{r}_1 = \mathfrak{r}/r$)

$$\mathfrak{H} = \frac{e}{c} \frac{[\mathfrak{v}\mathfrak{r}_1]}{r^2}$$

ist, also gleich dem Felde eines Stromelementes in der AMPÈREschen Theorie.

Um eine weitergehende Annäherung zu finden, gehen wir von den WIECHERT-LIÉNARDschen Potentialen [Gleichung (4d), Ziff. 14]

$$\varphi = \frac{e}{\left(r - \frac{\mathfrak{v}\mathfrak{r}}{c}\right)_{t-r/c}} ,$$

$$\mathfrak{A} = \left[\frac{e\mathfrak{v}}{c\left(r - \frac{\mathfrak{v}\mathfrak{r}}{c}\right)}\right]_{t-r/c}$$

aus. Von den beiden Bedingungen, an die ihre Anwendung geknüpft ist, ist die auf die Beschleunigung bezügliche immer erfüllt, da diese ja identisch Null ist. Die Anwendung dieser Formeln ist also in diesem Falle nur dadurch beschränkt, daß die Entfernung des betrachteten Aufpunktes vom Elektron groß gegen dessen Durchmesser sein muß.

Wir können sie in diesem Falle noch weiter vereinfachen, da wir an Stelle der „retardierten“ Größen instantane einführen können. Ist nämlich (Abb. 3) E der Ort des Elektrons zur Zeit $t - r/c$, E' der zur Zeit t, P der betrachtete Aufpunkt; bezeichnen wir ferner den Vektor $\overrightarrow{EP}$ mit $\mathfrak{r}$ und $\overrightarrow{E'P}$ mit $\mathfrak{R}$, so ist $\overrightarrow{EE'}$ gleich $\mathfrak{v}\frac{r}{c}$. Es ist daher

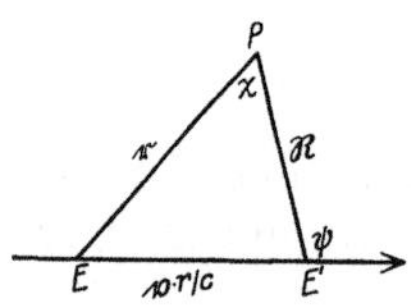

Abb. 3. Retardierte und instantane Potentiale.

$$\mathfrak{r} = \mathfrak{R} + \mathfrak{v}\frac{r}{c} ,$$

$$\mathfrak{R}\mathfrak{r}_1 = R\cos\chi = r - \frac{\mathfrak{v}\mathfrak{r}}{c} .$$

Da $\mathfrak{v}$ konstant ist, müssen wir nur noch an Stelle von χ den Winkel ψ einführen, um bei der Berechnung der Potentiale nur instane Größen berücksichtigen zu müssen. Da nun

$$\sin\chi : \sin\psi = v : c ,$$

so folgt

$$\varphi = \frac{e}{R\sqrt{1 - \frac{v^2}{c^2}\sin^2\psi}} ,$$

$$\mathfrak{A} = \frac{e\mathfrak{v}}{R\sqrt{1 - \frac{v^2}{c^2}\sin^2\psi}} .$$

Die Feldstärken berechnen wir wieder in dem oben eingeführten mitbewegten Koordinatensystem. Die Transformation der Potentiale ergibt

$$\varphi = \frac{e}{s} , \qquad \mathfrak{A} = \frac{e\mathfrak{v}}{cs} ,$$

$$s = \sqrt{X^2 + \left(1 - \frac{v^2}{c^2}\right)(Y^2 + Z^2)} .$$

Daher ist

$$\left.\begin{aligned} \mathfrak{E} &= -\operatorname{grad}\varphi + \frac{1}{c}(\mathfrak{v}\nabla\mathfrak{A}) = \left(1-\frac{v^2}{c^2}\right)\frac{e\,\Re}{s^3},\\ \mathfrak{H} &= \operatorname{rot}\mathfrak{A} = \operatorname{rot}\left(\frac{\mathfrak{v}}{c}\varphi\right) = \left[\operatorname{grad}\varphi\,\frac{\mathfrak{v}}{c}\right]\\ &= \frac{1}{c}[\mathfrak{v}\,\mathfrak{E}] = \left(1-\frac{v^2}{c^2}\right)\frac{e}{c\,s^3}[\mathfrak{v}\,\Re]. \end{aligned}\right\} \tag{1}$$

Dieses Feld zeigt, wie bereits die erste Annäherung erwarten ließ, die wesentlichen Eigenschaften eines statischen Feldes. Die Feldstärken nehmen wie $1/\Re^2$ ab, die elektrische Feldstärke liegt in der Richtung des Radiusvektors, die magnetische steht auf diesem und auf der Geschwindigkeit (Stromrichtung) normal.

Der Energietransport beruht auf der Mitführung des Feldes durch das Elektron. Im Felde eines gleichförmig bewegten Elektrons findet daher eine reine Konvektionsstrahlung statt.

Ist die Geschwindigkeit des Elektrons größer als die Lichtgeschwindigkeit, so versagen die abgeleiteten Formeln, da ja die WIECHERT-LIÉNARDschen Potentiale dann ebenfalls nicht mehr im ganzen Raume in der verwendeten Form gültig sind (vgl. Ziff. 14). Dieses Versagen zeigt sich am besten bei Betrachtung der ponderomotorischen Kraft auf eine mitbewegte Einheitsladung. Diese ist

$$\mathfrak{f} = \mathfrak{E} + \frac{1}{c}[\mathfrak{v}\,\mathfrak{H}] = \mathfrak{E} + \frac{1}{c^2}[\mathfrak{v}[\mathfrak{v}\,\mathfrak{E}]] = \left(1-\frac{v^2}{c^2}\right)\mathfrak{E} + \frac{1}{c^2}\,\mathfrak{v}(\mathfrak{E}\mathfrak{v}).$$

Daher berechnen sich die Komponenten zu

$$\left.\begin{aligned} f_x &= E_x &&= -\left(1-\frac{v^2}{c^2}\right)\frac{\partial\varphi}{\partial X}\\ f_y &= E_y\left(1-\frac{v^2}{c^2}\right) &&= -\left(1-\frac{v^2}{c^2}\right)\frac{\partial\varphi}{\partial Y}\\ f_z &= E_z\left(1-\frac{v^2}{c^2}\right) &&= -\left(1-\frac{v^2}{c^2}\right)\frac{\partial\varphi}{\partial Z} \end{aligned}\right\} \tag{2}$$

$$\mathfrak{f} = -\operatorname{grad}\left(1-\frac{v^2}{c^2}\right)\varphi = -\operatorname{grad}\Psi$$

läßt sich daher von der Potentialfunktion Ψ ableiten, die von SEARLE[1]) als Konvektionspotential bezeichnet wurde. Das Feld von $\mathfrak{f}$ wird durch die Flächen $\Psi =$ konst. charakterisiert, die der Gleichung

$$X^2 + \left(1-\frac{v^2}{c^2}\right)(Y^2+Z^2) = \text{konst.}$$

genügen und daher abgeplattete Rotationsellipsoide (Heaviside-Ellipsoide) sind, deren Mittelpunkt mit dem Elektron, deren Rotationsachse mit der Bahn des Elektrons zusammenfällt. Wird $v = c$, so degenerieren die Rotationsellipsoide zu den Doppelebenen $YX = \pm$konst.

Der Fall des gleichförmig bewegten Elektrons gibt infolge seiner Einfachheit auch einen guten Einblick in die Vorgänge im Felde, falls die Geschwindigkeit des Elektrons die Lichtgeschwindigkeit übersteigt. Um diese zu untersuchen, gehen wir von den WIECHERT-LIÉNARDschen Potentialen aus, die, wie aus den Ausführungen der Ziff. 14 leicht folgt, in diesem Falle gleich

$$\varphi = \frac{\varepsilon}{\left[r\frac{\partial t'}{\partial c}\right]_{\tau_1}} - \frac{\varepsilon}{\left[r\frac{\partial t'}{\partial c}\right]_{\tau_2}}$$

$$\mathfrak{A} = \frac{\varepsilon\,\mathfrak{v}_{\tau_1}}{\left[r\frac{\partial t'}{\partial \tau}\right]_{\tau_1}} - \frac{\varepsilon\,\mathfrak{v}_{\tau_2}}{\left[r\frac{\partial t'}{\partial \tau}\right]_{\tau_2}}$$

---

1) G. F. C. SEARLE, Phil. Trans. Bd. 187, S. 675. 1896.

sind, wobei τ_1 und τ_2 die Wurzeln der Gleichung

$$t = \tau + \frac{r}{c} = \tau + \frac{\sqrt{(v\tau - x)^2 + \varrho^2}}{c}, \qquad \varrho^2 = y^2 + z^2$$

darstellen. Nehmen wir nämlich t und τ als variabel an, so stellt diese von SCHOTT als charakteristische bezeichnete Gleichung den oberen Zweig der Hyperbel

$$c^2(t-\tau)^2 - (v\tau - x)^2 - \varrho^2$$

dar[1]). Die Fälle $v < c$ und $v > c$ unterscheiden sich nun bereits dadurch, daß in jenem Falle die Kurve kein Minimum besitzt, wohl aber in diesem, und zwar für

$$t_m = \frac{1}{v}\left(x + \varrho\sqrt{\frac{v^2}{c^2} - 1}\right)$$

$$\tau_m = \frac{1}{v}\left(x - \varrho\sqrt{\frac{v^2}{c^2} - 1}\right).$$

Während daher, falls $v < c$ jedem Wert von t nur ein Wert von τ entspricht, entsprechen im allgemeinen für $v > c$ einem Werte von t zwei Werte von τ:

$$\tau = \frac{vx - c^2 t}{v^2 - c^2} \pm \frac{\sqrt{c^2(vt - x)^2 - (v^2 - c^2)\varrho^2}}{v^2 - c^2}.$$

Diese sind reell falls $(vt - x)^2 > \varrho^2(v^2/c^2 - 1)$, im anderen Falle imaginär. Die reellen Wurzeln befinden sich daher im Kegel

$$(vt - x)^2 = \varrho^2\left(\frac{v^2}{c^2} - 1\right).$$

Da aber $t > \tau$ sein muß, zeigt die Gleichung

$$t - \tau = \frac{v(vt - x)}{v^2 - c^2} \mp \frac{\sqrt{c^2(vt - x)^2 - \varrho^2(v^2 - c^2)}}{v^2 - c^2}$$

daß nur die in der Hälfte des Kegels, die sich in der Richtung der positiven X-Achse, also in die der Bewegung entgegengesetzte Richtung öffnet, gelegenen Punkte zum Potential beitragen.

Die Verhältnisse im Felde ergeben sich daher folgendermaßen. Der Kegel

$$vt - x = t\varrho\sqrt{\frac{v^2}{c^2} - 1},$$

dessen Spitze im Elektron liegt, bewegt sich mit diesem fort. Der Raum vor dem Kegel ist frei vom Felde. Die Erregung beginnt in jedem Raumpunkt erst dann, wenn der Mantel des Kegels über ihn hinwegstreicht. Von diesem Momente an erreichen ihn zwei Wellen, die von zwei Punkten der Bahn ausgehen, von denen der eine in der Richtung des Elektrons, der andere aber dieser entgegengesetzt läuft.

Mit Hilfe dieser Betrachtung ergeben sich die Potentiale leicht zu:

$$\varphi = \frac{2}{\sqrt{(vt - x)^2 - \varrho^2\left(\frac{v^2}{c^2} - 1\right)}},$$

$$\mathfrak{A} = \frac{2\mathfrak{v}}{c\sqrt{(vt - x)^2 - \varrho^2\left(\frac{v^2}{c^2} - 1\right)}}.$$

---

[1]) G. A. SCHOTT, Electromagnetic Radiation S. 24.

Daß sie für die auf dem Kegelmantel gelegenen Punkte unendlich werden, kommt nur von der Annahme der punktförmigen Ladungen, da für räumlich ausgedehnte Ladungen der Integrand nur für ein Volumelement unendlich wird und integrabel bleibt.

21. Das Feld beschleunigter Elektronen. Gehen wir nun zur Untersuchung des Feldes eines beschleunigten Elektrons über, so können wir hierbei wiederum von den WIECHERT-LIÉNARDschen Potentialen ausgehen, wobei nunmehr allerdings die Beschleunigung der in der Ziff. 14 angegebenen Bedingung unterliegt. Es ist aber besser, zuerst die Feldstärken aus den Potentialen [Ziff. 12, Gleichung (3a) und (3b)] abzuleiten und erst dann die von diesen Potentialen zu den WIECHERT-LIÉNARDschen führende Transformation durchzuführen. Es ist also

$$\varphi = \frac{1}{2\pi}\int de \int_{-\infty}^{+\infty}\int_{-\infty}^{+\infty} e^{i\mu(t - r/c - \tau)}\,\frac{d\tau\,d\mu}{r},$$

$$\mathfrak{A} = \frac{1}{2\pi c}\int de \int_{-\infty}^{+\infty}\int_{-\infty}^{+\infty} e^{i\mu(t - r/c - \tau)}\,\frac{\mathfrak{v}\,d\tau\,d\mu}{r}.$$

Berücksichtigen wir nunmehr, daß ϱ und $\mathfrak{v}$ nur Funktionen von τ, ζ, η, ξ sind, während r von x, y, z, ξ, η, ζ, τ abhängt, so erhalten wir

$$\operatorname{grad}\varphi = \frac{-1}{2\pi}\int de \int_{-\infty}^{+\infty}\int_{-\infty}^{+\infty} e^{i\mu(t - r/c - \tau)}\,\frac{d\tau\,d\mu}{r}\,\mathfrak{r}_1\left(\frac{1}{r} + \frac{i\mu}{c}\right)$$

$$= \frac{-1}{2\pi}\int de \int_{-\infty}^{+\infty}\int_{-\infty}^{+\infty} e^{i\mu(t - r/c - \tau)}\,\frac{\mathfrak{r}_1\,d\tau\,d\mu}{r^2} - \frac{\partial}{\partial t}\,\frac{1}{2\pi c}\int de \int_{-\infty}^{+\infty}\int_{-\infty}^{+\infty} e^{i\mu(t - r/c - \tau)}\,\frac{\mathfrak{r}_1\,d\tau\,d\mu}{r},$$

$$\operatorname{rot}\mathfrak{A} = \frac{1}{2\pi c}\int_{-\infty}^{+\infty}\int_{-\infty}^{+\infty}\left[\operatorname{grad} e^{i\mu(t - r/c - \tau)}\,\frac{d\tau\,d\mu}{r},\ \mathfrak{v}\right].$$

Daher für die Feldstärken

$$\mathfrak{E} = \frac{1}{2\pi c}\,\frac{\partial}{\partial t}\int de \int_{-\infty}^{+\infty}\int_{-\infty}^{+\infty} e^{i\mu(t - r/c - \tau)}\,\frac{\mathfrak{r}_1 - \frac{\mathfrak{v}}{c}}{r}\,d\tau\,d\mu + \frac{1}{2\pi}\int de \int_{-\infty}^{+\infty}\int_{-\infty}^{+\infty} e^{i\mu(\tau - r/c - \tau)}\,\frac{\mathfrak{r}_1}{r^2}\,d\tau\,d\mu,$$

$$\mathfrak{H} = \frac{1}{2\pi c^2}\,\frac{\partial}{\partial t}\int de \int_{-\infty}^{+\infty}\int_{-\infty}^{+\infty} e^{i\mu(t - r/c - \tau)}\,\frac{[\mathfrak{v}\,\mathfrak{r}_1]}{r}\,d\tau\,d\mu + \frac{1}{2\pi c}\int de \int_{-\infty}^{+\infty}\int_{-\infty}^{+\infty} e^{i\mu(t - r/c - \tau)}\,\frac{[\mathfrak{v}\,\mathfrak{r}_1]}{r^2}\,d\tau\,d\mu.$$

Befinden wir uns in so großem Abstand vom Elektron, daß der Vektor $\mathfrak{r}_1$ bei der Integration über dieses als konstant angenommen werden kann, so folgt aus diesen Formeln

$$\mathfrak{H} = [\mathfrak{r}_1\mathfrak{E}],$$

die magnetische Feldstärke steht also auf der elektrischen Feldstärke senkrecht.

Nunmehr machen wir einen dem Übergang von den SCHOTTschen Potentialen zu den WIECHERT-LIÉNARDschen entsprechenden. (Vgl. Ziff. 14.) Dieser ergibt, wie sofort einzusehen ist,

$$\mathfrak{E} = \frac{\partial}{\partial t}\left(\frac{e\left(\mathfrak{r}_1 - \frac{\mathfrak{v}}{c}\right)}{c\left(r - \frac{\mathfrak{v}\mathfrak{r}}{c}\right)}\right)_{t-r/c} + \left(\frac{e\,\mathfrak{r}_1}{r\left(r - \frac{\mathfrak{v}\mathfrak{r}}{c}\right)}\right)_{t-r/c},$$

$$\mathfrak{H} = \frac{\partial}{\partial t}\left(\frac{e[\mathfrak{v}\mathfrak{r}_1]}{c^2\left(r - \frac{\mathfrak{v}\mathfrak{r}}{c}\right)}\right)_{t-r/c} + \left(\frac{e[\mathfrak{v}\mathfrak{r}_1]}{c r\left(r - \frac{\mathfrak{v}\mathfrak{r}}{c}\right)}\right)_{t-r/c}.$$

Bei der Ausführung der Differentiationen ist nunmehr zu berücksichtigen, daß die vorkommenden Größen Funktionen von $t' = t - r/c$ und nicht von t sind, was von jetzt ab nicht mehr ausdrücklich bezeichnet wird. Es ist daher

$$\frac{\partial r}{\partial t} = -v_r \cdot \frac{\partial t'}{\partial t} = \frac{-v_r}{1 - \frac{v_r}{c}},$$

$$\frac{\partial \mathfrak{v}\mathfrak{r}}{\partial t} = \left\{\dot{\mathfrak{v}}\mathfrak{r} - \mathfrak{v}^2\right\}\frac{\partial t'}{\partial t},$$

$$\frac{\partial \mathfrak{r}_1}{\partial t} = \frac{\mathfrak{r}_1 v_r - \mathfrak{v}}{r}\,\frac{\partial t'}{\partial t}.$$

Also

$$\mathfrak{E} = \frac{e}{c^2}\left\{-\frac{\dot{\mathfrak{v}}}{r}\left(\frac{\partial t'}{\partial t}\right)^2 + \frac{\left(\mathfrak{r}_1 - \frac{\mathfrak{v}}{c}\right)(c^2 - v^2 + \dot{\mathfrak{v}}\mathfrak{r})}{r^2}\left(\frac{\partial t'}{\partial t}\right)^3\right\},$$

$$\mathfrak{H} = \frac{e}{c^2}\left\{\frac{[\dot{\mathfrak{v}}\mathfrak{r}]}{r}\left(\frac{\partial t'}{\partial t}\right)^2 + \frac{[\mathfrak{v}\mathfrak{r}_1](c^2 - v^2 + \dot{\mathfrak{v}}\mathfrak{r})}{c r^2}\left(\frac{\partial t'}{\partial t}\right)^3\right\}.$$

Dieses Feld zeigt nun einerseits Glieder, die an das in der vorigen Ziffer abgeleitete Konvektionsfeld des gleichförmig bewegten Elektrons erinnern, aber es enthält auch Glieder, die mit dem Feld des HERTZschen Dipols in der Wellenzone vergleichbar sind, da sie mit $1/r$ abnehmen. Die Wellenzone ist dadurch charakterisiert, daß in ihr die Glieder mit $1/r^2$ gegen die Glieder mit $1/r$ vernachlässigt werden können. Tatsächlich ist nun in ihr unser Feld in dieser Näherung das Feld einer reinen elektromagnetischen Welle. Bilden wir nämlich

$$(\mathfrak{E}\mathfrak{r}_1) = \frac{e(c^2 - v^2)}{c^2 r^2\left(1 - \frac{v_2}{c}\right)^2} \sim \frac{1}{r^2},$$

so zeigt sich, daß die elektrische Feldstärke bis auf Glieder zweiter Ordnung in $1/r$ auf $\mathfrak{r}$ senkrecht steht. Ferner ist

$$\mathfrak{H} = [\mathfrak{r}_1\mathfrak{E}],$$

also

$$[\mathfrak{H}\mathfrak{r}_1] = -[\mathfrak{r}_1[\mathfrak{r}_1\mathfrak{E}]] = \mathfrak{E} - \mathfrak{r}_1(\mathfrak{E}\mathfrak{r}_1),$$

$$\mathfrak{E} = [\mathfrak{H}\mathfrak{r}_1] + \left(1 - \frac{v^2}{c^2}\right)\frac{e\,\mathfrak{r}_1}{r^2}\left(\frac{\partial t'}{\partial t}\right)^2.$$

Die elektrische Feldstärke steht also in derselben Näherung in der Wellenzone senkrecht zur magnetischen, und die Beträge der beiden Feldvektoren sind einander gleich. Dies ist aber das Merkmal der reinen elektromagnetischen Wellen (vgl. Kap. 1, Ziff. 58).

Bestimmen wir nun den Wert von $\mathfrak{E}$ in der Wellenzone, d. h. indem wir die Glieder mit $1/r^2$ vernachlässigen, so ist

$$\mathfrak{E} = \frac{e}{c^2 r}\left\{-\dot{\mathfrak{v}}\left(\frac{\partial t'}{\partial t}\right)^2 + \dot{\mathfrak{v}}\mathfrak{r}_1\left(\frac{\partial t'}{\partial t}\right)^3\cdot\left(\mathfrak{r}_1 - \frac{\mathfrak{v}}{c}\right)\right\} + \frac{e}{c^2 r^2}\left(\frac{\partial t'}{\partial t}\right)^3 (c^2 - v^2)\left(\mathfrak{r}_1 - \frac{\mathfrak{v}}{c}\right).$$

Nun ist aber

$$1 - \frac{v_r}{c} = \mathfrak{r}_1^2 - \frac{\mathfrak{v}\mathfrak{r}_1}{c} = \left(\mathfrak{r}_1, \mathfrak{r}_1 - \frac{\mathfrak{v}}{c}\right),$$

$$\left(\mathfrak{r}_1 - \frac{\mathfrak{v}}{c}\right)(\dot{\mathfrak{v}}\mathfrak{r}_1) - \dot{\mathfrak{v}}\left(\mathfrak{r}_1, \mathfrak{r}_1 - \frac{\mathfrak{v}}{c}\right) = \left[\mathfrak{r}_1\left[\mathfrak{r}_1 - \frac{\mathfrak{v}}{c}, \dot{\mathfrak{v}}\right]\right].$$

Daher wird

$$\left.\begin{aligned} \mathfrak{E} &= \frac{e}{r c^2}\left(\frac{\partial t'}{\partial t}\right)^3\left[\mathfrak{r}_1\left[\mathfrak{r}_1 - \frac{\mathfrak{v}}{c}, \dot{\mathfrak{v}}\right]\right], \\ \mathfrak{H} &= [\mathfrak{r}_1 \mathfrak{E}]. \end{aligned}\right\} \tag{3}$$

Damit haben wir das Feld in der Wellenzone dargestellt. Befindet sich unser Aufpunkt in dieser, so ist die erste Bedingung für die Gültigkeit der Wiechert-Liénardschen Potentiale, daß der Abstand des Aufpunktes vom Elektron groß sein soll gegen dessen Durchmesser, von selbst erfüllt. Unsere Formeln sind daher immer anwendbar, wenn die Beschleunigung des Elektrons nicht zu groß ist und seine Geschwindigkeit kleiner ist als die Lichtgeschwindigkeit. Dann bilden also die Vektoren $\mathfrak{E}$, $\mathfrak{H}$ und $\mathfrak{r}$ ein Rechtssystem, und die beiden Feldinvarianten $(\mathfrak{E}\mathfrak{H})$ und $\mathfrak{E}^2 - \mathfrak{H}^2$ verschwinden: wir haben das Feld einer reinen elektromagnetischen Welle vor uns. Demgemäß ist der Poyntingsche Vektor

$$\mathfrak{S} = \frac{c}{4\pi}[\mathfrak{E}\mathfrak{H}] = \frac{c}{4\pi}[\mathfrak{E}[\mathfrak{r}_1\mathfrak{E}]] = \frac{c\,\mathfrak{r}_1}{4\pi}\mathfrak{E}^2. \tag{4}$$

Die gesamte Feldenergie bewegt sich mit Lichtgeschwindigkeit in der Richtung $\mathfrak{r}_1$. Da $\mathfrak{E}$ der Beschleunigung proportional ist, folgt, daß die Energie der Welle dem Quadrat der Beschleunigung proportional ist: Das Elektron sendet eine elektromagnetische Welle dann und nur dann aus, wenn es beschleunigt wird.

Die Bedeutung des Poyntingschen Vektors ist nun, daß seine in Bezug auf eine bestimmte Fläche genommene Normalkomponente den durch die Einheit dieser Fläche in der Zeiteinheit tretenden Energiestrom angibt. Da die betrachtete Fläche natürlich eine ruhende sein muß, wird $\mathfrak{S}_n$ der absolute Energiestrom genannt. Wollen wir den Energiestrom durch eine mit der Geschwindigkeit $\mathfrak{V}$ bewegte Fläche bestimmen, so müssen wir berücksichtigen, daß der Energiestrom durch eine derartige Fläche aus zwei Teilen besteht, da zu dem Poyntingschen Energiestrom $\mathfrak{S}_n$ noch der aus der Bewegung des Flächenstückes durch das Feld resultierende Energiestrom pro Flächeneinheit

$$-\frac{\mathfrak{V}_n}{8\pi}(\mathfrak{E}^2 + \mathfrak{H}^2)$$

tritt. Der gesamte relative Energiestrom durch eine bewegte Fläche ist daher

$$\mathfrak{S}'_n = \mathfrak{S}_n - \frac{\mathfrak{V}_n}{8\pi}(\mathfrak{E}^2 + \mathfrak{H}^2).$$

Mit Hilfe dieses Ausdruckes können wir nun die in der Zeiteinheit vom Elektron ausgestrahlte Strahlungsenergie bestimmen. Denn diese muß gleich sein dem relativen Energiestrom durch eine geschlossene, das Elektron einschließende und mit diesem bewegte Fläche. Da im Felde keine Energie absorbiert wird, ist die Gestalt dieser Fläche ohne Einfluß auf den Wert der sie durchsetzenden Gesamtstrahlung. Wir wählen daher für sie eine Kugelfläche, deren

Elemente gleichzeitig von den Elementen einer Welle erreicht wird, d. h. eine solche, deren Mittelpunkt der Emissionsort der Welle ist. Dann ist

$$\iint \mathfrak{S}'_n \, dF = -\frac{dW}{dt'} = \frac{r^2 c}{4\pi} \iint d\omega \, \mathfrak{E}^2 \left(1 - \frac{v_r}{c}\right).$$

Über die Bedeutung des sog. „Doppler“faktors $1 - v_r/c$ s. Kap. 3, Ziff. 5.

Bisher haben wir das Feld in großer Entfernung vom Elektron diskutiert. Ist aber die Beschleunigung keine zu große, so können wir, ohne daß die WIECHERT-LIÉNARDschen Potentiale ihre Gültigkeit verlieren, mit dem betrachteten Aufpunkt so nahe an das Elektron heranrücken, daß die ausschlaggebenden Glieder in den Formeln für die Feldstärken die Glieder mit $1/r^2$ werden, gegen die die zu $1/r$ proportionalen vernachlässigt werden können. Dann ist das Feld durch

$$\mathfrak{E} = \frac{e}{r^2}\left(1 - \frac{v^2}{c^2}\right)\left(\frac{\partial t'}{\partial t}\right)^3 \left(\mathfrak{r}_1 - \frac{\mathfrak{v}}{c}\right),$$

$$\mathfrak{H} = [\mathfrak{r}_1 \mathfrak{E}]$$

dargestellt. Ein Vergleich mit den in der vorhergehenden Ziffer aufgestellten Formeln zeigt sofort, daß dies das Feld eines mit der konstanten Geschwindigkeit $\mathfrak{v}$ bewegten Elektrons ist. In der Nähe des Elektrons ist das Feld daher bei nicht zu großer Beschleunigung ein quasistationäres.

Die bisher abgeleiteten Formeln gelten nur für $v < c$. Wird $v > c$, so werden die Felder äußerst kompliziert, da je nach der Art der Beschleunigung das Elektron aus beliebig vielen Lagen gleichzeitig auf den Aufpunkt wirkt. Derartige Felder wurden insbesondere von SCHOTT[1]) und SOMMERFELD[2]) untersucht.

22. Bremsstrahlung. Bei der weiteren Diskussion der in der vorigen Ziffer abgeleiteten Formel für die in der Zeiteinheit ausgestrahlte Energie beschränken wir uns zunächst auf die geradlinige, beschleunigte Bewegung eines Elektrons. Bezeichnen wir noch den Winkel zwischen der Geschwindigkeit $\mathfrak{v}$ und $\mathfrak{r}$ mit φ, so wird wegen

$$(\dot{\mathfrak{v}}\,\mathfrak{r})^2 = r^2 \dot{v}^2 \cos^2\varphi,$$

$$(\dot{\mathfrak{v}}\,\mathfrak{v})(\dot{\mathfrak{v}}\,\mathfrak{r}) = r\,\dot{v}^2 v \cos\varphi,$$

$$-\frac{dW_{\parallel}}{dt'} = \frac{e^2 \dot{v}^2}{4\pi c^3} \iint \frac{d\omega \sin^2\varphi}{\left(1 - \frac{v}{c}\cos\varphi\right)^5}.$$

Da das räumliche Winkelelement

$$d\omega = \sin\varphi \, d\varphi \, d\psi$$

ist, wird die Gesamtstrahlung

$$-\frac{dW_{\parallel}}{dt'} = \frac{e^2 \dot{v}^2}{4\pi c^3} \int_0^{\pi} d\varphi \int_0^{2\pi} d\psi \frac{\sin^3\varphi}{\left(1 - \frac{v}{c}\cos\varphi\right)^5} = \frac{e^2 \dot{v}^2}{2c^3} \int_{-1}^{+1} \frac{1 - u^2}{\left(1 + \frac{v}{c}u\right)^5} du$$

$$= \frac{2e^2 \dot{v}^2}{3c^3\left(1 - \frac{v^2}{c^2}\right)^3}.$$

Die Bedeutung dieser Formeln liegt vor allem in ihrer Anwendung auf die Theorie der Röntgenstrahlen. WIECHERT[3]) und STOKES[4]) machten zuerst die

[1]) G. A. SCHOTT, Electromagnetic Radiation.
[2]) A. SOMMERFELD, Gött. Nachr. 1904, S. 387.
[3]) E. WIECHERT, Ann. d. Phys. Bd. 59, S. 321. 1896.
[4]) G. STOKES, Nature Bd. 54, S. 427. 1896; Cambr. Phil. Soc. Bd. 9, S. 215. 1896.

Annahme, daß die von der Antikathode ausgehenden Strahlen die Bremsstrahlen der dort abgebremsten Kathodenstrahlteilchen sind[1]. Dies kann allerdings nur für einen Teil dieser Strahlung der Fall sein. Denn das Feld der Bremsstrahlung ist durch

$$\mathfrak{E} = \frac{e}{r c^2}\left(\frac{\partial t'}{\partial t}\right)^3 \left[\mathfrak{r}_1 \left[\mathfrak{r}_1 - \frac{\mathfrak{v}}{c}, \dot{\mathfrak{v}}\right]\right],$$

$$\mathfrak{H} = [\mathfrak{r}_1 \mathfrak{E}]$$

gegeben. Die ausgesandte Welle ist daher vollständig polarisiert, während die von der Antikathode ausgehende Strahlung nur teilweise polarisiert ist. Dies ist aber durchaus verständlich, da sich über die Bremsstrahlung noch eine Strahlung legen muß, die von den durch den Aufprall der Kathodenstrahlteilchen in ihrem Gleichgewicht gestörten Atomen der Antikathode ausgeht und daher unpolarisiert ist. Daraus folgt aber auch, daß man aus der Polarisation der Gesamtstrahlung auf das Verhältnis zwischen Bremsstrahlung und Eigenstrahlung schließen kann.

Da die Emission der Bremsstrahlung ein aperiodischer Vorgang ist, müssen wir dem Vergleich mit der Erfahrung die gesamte während der Abbremsung des Elektrons von der Geschwindigkeit $\mathfrak{v}_0$ emittierte Strahlung zugrunde legen. Um diese zu berechnen, nehmen wir mit SOMMERFELD[2] an, daß sie mit gleichförmiger Verzögerung erfolgt. Die Dauer des Bremsvorgangs ist daher $v_0/\dot{v}$, und die gesamte emittierte Energie ist

$$-dW = \frac{e^2 \dot{v}}{4\pi c^2} \int_0^{2\pi} d\psi \int_0^{\pi} d\varphi \sin^3\varphi \int_0^{v_0/c} \frac{d\left(\frac{v}{c}\right)}{\left(1 - \frac{v}{c}\cos\varphi\right)^5}$$

$$= \frac{e^2 \dot{v}}{4\pi c^2} \int_0^{2\pi} d\psi \int_0^{\pi} d\varphi \frac{\sin^3\varphi}{4\cos\varphi}\left(\frac{1}{\left(1 - \frac{v_0}{c}\cos\varphi\right)^4} - 1\right).$$

worin $\dot{v}$ der Absolutwert von $\dot{\mathfrak{v}}$, also immer positiv ist.

Aus dieser Formel folgt zunächst, daß die Energie der ausgesandten Strahlung nicht über alle Richtungen gleich verteilt, sondern eine Funktion des Azimutes φ ist. Ist $v/c \ll 1$, so hängt die ausgestrahlte Energie von $\sin^2\varphi$ ab:

$$-dW \sim \frac{e^2 \dot{v} v_0}{16\pi c^3} \iint d\omega \sin^2\varphi .$$

Die stärkste Ausstrahlung findet daher unter dem Azimut $\varphi = \pi/2$, d. h. senkrecht zur Bahn des Elektrons, statt. Mit steigender Anfangsgeschwindigkeit des Elektrons verschiebt sich aber das Azimut der maximalen Strahlung immer weiter nach vorne zu kleineren Werten von φ: Während für kleine Anfangsgeschwindigkeiten die Strahlung in erster Näherung symmetrisch in bezug auf eine durch das Elektron normal auf seine Geschwindigkeit gelegte Ebene ist, konzentriert sich die Strahlung für große Geschwindigkeiten immer stärker in die ursprüngliche Bewegungsrichtung.

Dies tritt noch deutlicher hervor, wenn wir den Impuls der ausgesandten Bremsstrahlung bestimmen. In der Wellenzone ist die Impulsdichte

$$\mathfrak{g} = \frac{1}{4\pi c}\mathfrak{E}^2 \mathfrak{r}_1 ,$$

---

[1] J. J. THOMSON, Phil. Mag. Bd. 45, S. 172. 1898.

[2] A. SOMMERFELD, Phys. ZS. Bd. 10, S. 969. 1909.

daher ist der in der Zeiteinheit vom Elektron ausgestrahlte elektromagnetische Impuls:

$$-\frac{d\mathfrak{G}_{\parallel}}{dt'} = \frac{e^2\dot{v}^2}{4\pi c^4}\iint \frac{\sin^2\varphi}{\left(1 - \frac{v}{c}\cos\varphi\right)^5}\mathfrak{r}_1\, d\omega.$$

Führen wir nun die Integration für die in der Richtung der Geschwindigkeit gelegene und für die auf diese senkrecht stehenden Komponenten gesondert aus, so sehen wir, wenn wir zuerst diese betrachten, sofort, daß das Integral über sie verschwindet, da das Feld von $\mathfrak{g}$ ja in bezug auf $\mathfrak{v}$ Zylindersymmetrie besitzt. Es ist daher

$$-\frac{d\mathfrak{G}_{\parallel}}{dt'} = \mathfrak{v}\frac{e^2\dot{\mathfrak{v}}^2}{2c^4 v}\int_{-1}^{+1} \frac{-u(1-u^2)}{\left(1 + \frac{v}{c}u\right)^5}du$$

$$= \mathfrak{v}\frac{2e^2\dot{v}^2}{3c^5\left(1 - \frac{v^2}{c^2}\right)^3}.$$

Ein Vergleich mit dem Wert der pro Zeiteinheit ausgesandten Energie ergibt

$$-\frac{d\mathfrak{G}_{\parallel}}{dt'} = -\frac{\mathfrak{v}}{c^2}\frac{dW_{\parallel}}{dt'}.$$

Daraus folgt, daß die ausgesandte Wellenenergie um so stärker in die Richtung der Bewegung des Elektrons gerichtet ist, je schneller sich dieses bewegt.

Ebenso wie die Energie ist auch die Breite des Impulses von dem Azimute abhängig, da ja die ihr proportionale Differenz der Latenzzeiten für den Beginn und das Ende der verzögerten Bewegung vom Azimut des Aufpunktes abhängt. Sie ist geringer für vor dem Elektron gelegene Punkte (härtere Strahlung), größer für entgegengesetzt liegende (DOPPLERsches Prinzip).

Endlich müssen wir uns aber noch davon überzeugen, daß die verwendeten WIECHERT-LIÉNARDschen Potentiale für die Theorie der Bremsstrahlung der Kathodenstrahlteilchen angewendet werden können, da die in diesem Falle auftretenden (negativen) Beschleunigungen dem absoluten Werte nach sehr groß sind. Die Impulsbreite d ist bis auf den DOPPLERschen Faktor gleich der mit der Lichtgeschwindigkeit multiplizierten Emissionszeit, die natürlich gleich ist der Dauer der verzögerten Bewegung. Machen wir wiederum die Annahme, daß diese gleichförmig verzögert ist, so ist $v = \dot{v}d/c$. Die Bedingung für die Beschleunigung wird daher (vgl. Ziff. 14):

$$\frac{2va}{cd\left(1 - \frac{v}{c}\right)} \ll 1.$$

Berücksichtigen wir, daß für die Kathodenstrahlen $v < c/3$, so wird dies

$$\frac{a}{d} \ll 1,$$

der Durchmesser des Elektrons muß also klein gegen die Impulsbreite der Röntgenstrahlen sein, was tatsächlich der Fall ist.

23. Strahlung bei beliebig gerichteter Beschleunigung. Um die in der Ziff. 21 für die von einem beschleunigten Elektron ausgesandte Strahlung abgeleitete Formel auch für beliebige Richtung der Beschleunigung auszuwerten, betrachten wir zuerst noch den weiteren Spezialfall

$$(\mathfrak{v}\dot{\mathfrak{v}}) = 0,$$

nehmen also an, daß die Beschleunigung auf der Geschwindigkeit senkrecht steht. Rechnen wir nunmehr ψ von der durch die Geschwindigkeit und die Beschleunigung definierten Ebene an, so wird

$$(\mathfrak{r}\dot{\mathfrak{v}})^2 = r^2\dot{v}^2\sin^2\varphi\cos^2\psi$$

und daher

$$-\frac{dW_\perp}{dt} = \frac{e^2\dot{v}^2}{4\pi c^3}\int_0^\pi \sin\varphi\, d\varphi \int_0^{2\pi} d\psi \left\{\frac{1}{\left(1-\frac{v}{c}\cos\varphi\right)^3} - \left(1-\frac{v^2}{c^2}\right)\cos^2\psi \frac{\sin^2\varphi}{\left(1-\frac{v}{c}\cos\varphi\right)^5}\right\}$$

$$= \frac{e^2\dot{v}^2}{2c^3}\left\{\int_{-1}^{+1}\frac{du}{\left(1+\frac{v}{c}u\right)^3} - \frac{1}{2}\left(1-\frac{v^2}{c^2}\right)\int_{-1}^{+1}\frac{1-u^2}{\left(1+\frac{v}{c}u\right)^5}\right\}du$$

$$= \frac{2e^2\dot{v}^2}{3c^3\left(1-\frac{v^2}{c^2}\right)^2}.$$

Trotzdem jetzt die ausgestrahlte Energie nicht nur von φ, sondern auch von ψ abhängt, ist die ausgestrahlte gesamte Bewegungsgröße doch wieder zur Geschwindigkeit parallel. Denn es ist

$$-\frac{d\mathfrak{G}_\perp}{dt'} = \frac{e^2\dot{v}^2}{4\pi c^4}\int_0^\pi \sin\psi\, d\varphi \int_0^{2\pi} d\psi\, \mathfrak{r}_1 \left\{\frac{1}{\left(1-\frac{v}{c}\cos\varphi\right)^3} - \left(1-\frac{v^2}{c^2}\right)\cos^2\psi \frac{\sin^2\varphi}{\left(1-\frac{v}{c}\cos\varphi\right)^5}\right\}.$$

Der Betrag der in die Richtung ausgestrahlten Bewegungsgröße ist daher gleich dem Betrag der in die Richtung $\varphi, \psi + \pi$ ausgestrahlten. Da aber

$$\mathfrak{r}_1(\varphi, \psi) + \mathfrak{r}_1(\varphi, \psi + \pi) = 2\cos\varphi\, \mathfrak{v}_1$$

ist, so wird

$$-\frac{d\mathfrak{G}_\perp}{dt'} = \frac{e^2\dot{v}^2}{2\pi c^4}\frac{\mathfrak{v}}{v}\int_0^\pi \sin\varphi\, d\varphi \int_0^\pi d\psi \left\{\frac{\cos\varphi}{\left(1-\frac{v}{c}\cos\varphi\right)^3} - \left(1-\frac{v^2}{c^2}\right)\cos^2\varphi \frac{\sin^2\varphi\cos\varphi}{\left(1-\frac{v}{c}\cos\varphi\right)^5}\right\}$$

$$= \frac{e^2\dot{v}^2}{2c^4}\frac{\mathfrak{v}}{v}\left\{\int_{-1}^{+1}\frac{-u\,du}{\left(1+\frac{v}{c}u\right)^3} - \frac{1}{2}\left(1-\frac{v^2}{c^2}\right)\int_{-1}^{+1}\frac{-u(1-u^2)}{\left(1+\frac{v}{c}u\right)^5}\right\}du$$

$$= \frac{2}{3}\frac{e^2\dot{v}^2}{c^5\left(1-\frac{v^2}{c^2}\right)^2}\mathfrak{v}.$$

Es ist also wiederum

$$-\frac{d\mathfrak{G}_\perp}{dt'} = -\frac{\mathfrak{v}}{c^2}\frac{dW_\perp}{dt'}.$$

Gehen wir nun zur Diskussion des allgemeinen Falles beliebig gerichteter Beschleunigung über. Wir zerlegen zunächst die Beschleunigung in je eine Komponente parallel und normal zur Geschwindigkeit:

$$\dot{\mathfrak{v}} = \dot{\mathfrak{v}}_\parallel + \dot{\mathfrak{v}}_\perp.$$

Dann wird der Betrag der ausgestrahlten Energie

$$-\frac{dW}{dt'} = -\frac{dW_{\parallel}}{dt'} - \frac{dW_{\perp}}{dt'} + \frac{2e^2\dot{v}_{\parallel}\dot{v}_{\perp}}{4\pi c^3}\int_0^{\pi}\sin\varphi\,d\varphi\int_0^{2\pi}d\psi\frac{\sin\varphi\cos\psi}{\left(1-\frac{v}{c}\cos\varphi\right)^5}\left(\frac{v}{c}-\cos\varphi\right),$$

$$= -\frac{dW_{\parallel}}{dt'} - \frac{dW_{\perp}}{dt'},$$

da

$$\int_0^{2\pi}\cos\psi\,d\psi = 0.$$

Die gesamte in der Zeiteinheit ausgestrahlte Bewegungsgröße ist wiederum zur Geschwindigkeit parallel:

$$-\frac{d\mathfrak{G}}{dt'} = -\frac{\mathfrak{v}}{c^2}\left(\frac{dW_{\parallel}}{dt'} + \frac{dW_{\perp}}{dt'}\right) + \frac{2e^2\dot{v}_{\parallel}\dot{v}_{\perp}}{4\pi c^4}\int_0^{\pi}\sin\varphi\,d\varphi\int d\psi\frac{\sin\varphi\cos\psi}{\left(1-\frac{v}{c}\cos\varphi\right)^5}\left(\frac{v}{c}-\cos\varphi\right)\mathfrak{r}_1.$$

Zur Berechnung des Integrals zerlegen wir $\mathfrak{r}_1$ in Komponenten:

$$\mathfrak{r}_1 = \cos\varphi\,\mathfrak{v}_1 + \sin\varphi\cos\psi\,\dot{\mathfrak{v}}_{\perp 1} + \sin\varphi\sin\psi\,[\mathfrak{v}_1\dot{\mathfrak{v}}_{\perp 1}],$$

und indem wir die entsprechenden Komponenten des Integrals gesondert berechnen, erhalten wir wegen:

$$\int_0^{2\pi}\cos\psi\,d\psi = \int_0^{2\pi}\cos\psi\sin\psi\,d\psi = 0,$$

$$\int_{-1}^{+1}\frac{1-u^2}{\left(1+\frac{v}{c}u\right)^5}\left(u+\frac{v}{c}\right)du = 0$$

$$\left.\begin{aligned}
&-\frac{d\mathfrak{G}}{dt'} = -\frac{\mathfrak{v}}{c^2}\left(\frac{dW_{\parallel}}{dt'} + \frac{dW_{\perp}}{dt'}\right) = -\frac{\mathfrak{v}}{c^2}\frac{dW}{dt'}.\\
&-\frac{dW}{dt'}\ \text{können wir noch entweder in}\\
&-\frac{dW}{dt'} = \frac{2}{3}\frac{e^2}{c^3\left(1-\frac{v^2}{c^2}\right)^3}\left(\dot{v}^2 - \frac{1}{c^2}[\mathfrak{v}\,\dot{\mathfrak{v}}]^2\right)\\
&\text{oder in}\\
&-\frac{dW}{dt'} = \frac{2}{3}\frac{e^2\dot{v}^2}{c^3\left(1-\frac{v^2}{c^2}\right)^2}\left(\dot{v}^2 + \frac{1}{c^2}\frac{(\mathfrak{v}\,\dot{\mathfrak{v}})^2}{1-\frac{v^2}{c^2}}\right)
\end{aligned}\right\}\qquad(5)$$

umformen.

24. Strahlung einer Gruppe von Elektronen. Wir gehen nunmehr zur Untersuchung des Feldes einer Gruppe von Elektronen über[1]). Wir nehmen an, daß sich alle Elektronen in einem kleinen Raumgebiete befinden und dieses während ihrer Bewegung nicht verlassen. Den Ursprung unseres Koordinatensystems legen wir in dieses Gebiet und bezeichnen mit $\mathfrak{r}$ den „retardierten" Radiusvektor des Aufpunktes, mit $\mathfrak{r}_i$ die der einzelnen Elektronen e_i, mit $\mathfrak{r}'_i$ die von diesen zum Aufpunkt führenden. Dann machen wir zu den für die Gültigkeit der WIECHERT-LIÉNARDschen Potentialformeln notwendigen Be-

[1]) H. A. LORENTZ, The Theory of Electrons, 1. Aufl., S. 55; G. H. LIVENS, The Theory of Electricity S. 512ff.; G. A. SCHOTT, Electromagnetic Radiation S. 133.

dingungen noch die Einschränkung, daß $r_i/r \ll 1$ und die einzelnen Elektronen sich so langsam bewegen, daß $v/c \ll 1$.

Unter diesen Annahmen wollen wir nun die Potentiale berechnen. Man sieht sofort ein, daß in dieser Annäherung

$$\frac{1}{r'} = \frac{1}{r} - \mathfrak{r}_i \nabla \frac{1}{r}$$

und daß wir für alle Elektronen die retardierten Werte für die Zeit $t - r/c$ nehmen können. Es wird daher

$$\varphi = \sum e_i \left\{ \frac{1}{r} - (\mathfrak{r}_i \nabla) \frac{1}{r} + \frac{v_r}{c_r} \right\} = \sum e_i \left\{ \frac{1}{r} - \operatorname{div} \frac{\mathfrak{r}_i}{r} \right\},$$

da z. B.

$$\frac{\partial \xi_i}{\partial x} = \frac{\partial \xi_i}{\partial t'} \frac{\partial t'}{\partial r} \frac{\partial r}{\partial x} = -\frac{1}{c} \dot{\xi}_i \frac{x}{r}$$

und

$$\mathfrak{A} = \sum \frac{e_i \mathfrak{v}_i}{c} \left\{ \frac{1}{r} - \operatorname{div} \frac{\mathfrak{r}_i}{r} \right\}.$$

Nehmen wir nun an, daß unsere Gruppe von Ladungen ein Molekül darstellt, so ist, da dieses ja insgesamt keine Ladung enthält

$$\sum e_i = 0$$

und daher in der Wellenzone bis auf Glieder höherer Ordnung

$$\varphi = -\operatorname{div} \frac{\sum e \mathfrak{r}_i}{r} = -\operatorname{div} \frac{\mathfrak{P}}{r},$$

$$\mathfrak{A} = \frac{\sum e_i \mathfrak{v}_i}{c r} = \frac{\dot{\mathfrak{P}}}{c r},$$

wobei wir den Vektor der elektrischen Polarisation

$$\mathfrak{P} = \sum e \mathfrak{r}_i$$

eingeführt haben. Zur Bestimmung des Feldes können wir entweder von diesen Potentialen oder von den Gleichungen (3) der Ziff. 21 ausgehen und in diesen die hier gemachten Vernachlässigungen berücksichtigen. Wir erhalten so

$$\left.\begin{aligned} \mathfrak{E} &= \frac{[\mathfrak{r}_1 [\mathfrak{r}_1, \ddot{\mathfrak{P}}]]}{r c^2}, \\ \mathfrak{H} &= [\mathfrak{r}_1, \mathfrak{E}]. \end{aligned}\right\} \tag{3a}$$

Für einen linear schwingenden Dipol erhalten wir (in Polarkoordinaten r, ϑ, φ) die Formeln für den HERTZschen Oszillator (vgl. den vorhergehenden Artikel Ziff. 54):

$$E_\vartheta = H_\varphi = \frac{\ddot{\mathfrak{P}} \sin \vartheta}{r}. \tag{3b}$$

Unsere Formeln geben auch an, unter welcher Bedingung eine Elektronengruppe keine Strahlung infolge ihrer inneren Bewegung aussendet. Es ist hierzu notwendig und hinreichend, daß

$$\sum e_i \dot{\mathfrak{v}}_i = \ddot{\mathfrak{P}} = 0$$

ist[1]. Hieraus folgt insbesondere, daß bei Rotation eines Elektronenringes, dessen einzelne Elektronen zentrisch symmetrisch um den Mittelpunkt verteilt sind, keine Ausstrahlung erfolgt.

[1] J. LARMOR, Aether and Matter S. 228.

25. Das Feld der Magnetonen. Die Untersuchungen der vorhergehenden Ziffer haben uns das Feld eines Moleküls von wechselnder elektrischer Polarisation gegeben und damit die Eigenschaften eines strahlenden Moleküls. Die Betrachtungen dieser Ziffer haben als Ziel, die Bedingungen aufzustellen, unter denen ein Molekül (Elektronengruppe) kein elektrisches, sondern nur ein konstantes magnetisches Feld besitzt, also einen Elementarmagneten darstellt (Magneton)[1].

Damit das skalare elektrische Potential φ verschwindet, müssen wir annehmen, daß

$$\mathfrak{P} = \sum e_i \mathfrak{r}_i = \sum e_i = 0$$

das Molekül im ganzen also ungeladen und unpolarisiert ist. Dann wird das Vektorpotential nach den Ausführungen der vorhergehenden Ziffer

$$\mathfrak{A} = -\sum \frac{1}{c} e_i \mathfrak{v}_i \operatorname{div} \frac{\mathfrak{r}_i}{r}.$$

Soll nun das aus $\mathfrak{A}$ folgende magnetische Feld zeitlich konstant sein, so muß auch $\mathfrak{A}$ von t unabhängig sein. Damit dies der Fall sein kann, muß die Bewegung der einzelnen Elektronen offenbar eine solche sein, daß das Magneton als Ganzes starr rotiert. Die Rotationsachse sei die Z-Achse, die Winkelgeschwindigkeit $\mathfrak{u}$.

Bei der Auswertung der Potentiale gehen wir so nahe an das Magneton heran, daß wir die Latenzzeit vernachlässigen können und alle Funktionen zur Zeit t berücksichtigen. Dies ist natürlich nur dann möglich, wenn die Lagenveränderungen im Magneton sehr langsam vor sich gehen, d. h. wenn $v/c \ll 1$, da wir ja doch noch weit genug entfernt bleiben müssen, daß $r_i/r \ll 1$. In dieser Zone wird daher

$$\mathfrak{A} = -\frac{1}{c} \sum e_i \mathfrak{v}_i (\mathfrak{r}_i \nabla) \frac{1}{r}.$$

Führen wir noch die Momente zweiten Grades der Ladungen ein

$$\left.\begin{array}{lll} P_1 = \sum e_i \xi_i^2, & P_2 = \sum e_i \eta_i^2, & P_3 = \sum e_i \zeta_i^2, \\ Q_{11} = \sum e_i (\eta_i^2 + \zeta_i^2), & Q_{22} = \sum e_i (\xi_i^2 + \zeta_i^2), & Q_{33} = \sum e_i (\xi_i^2 + \eta_i^2), \\ Q_{12} = Q_{21} = \sum e_i \eta_i \zeta_i, & Q_{13} = Q_{31} = \sum e_i \xi_i \zeta_i, & Q_{23} = Q_{32} = \sum e_i \eta_i \zeta_i, \end{array}\right\} \quad (6)$$

die den Trägheitsmomenten und Trägheitsprodukten der Mechanik entsprechen, so schreiben sich die Komponenten des elektromagnetischen Vektorpotentials

$$A_x = \frac{u}{c} \left(Q_{12} \frac{\partial \frac{1}{r}}{\partial x} + P_2 \frac{\partial \frac{1}{r}}{\partial y} + Q_{23} \frac{\partial \frac{1}{r}}{\partial z} \right),$$

$$A_y = -\frac{u}{c} \left(P_1 \frac{\partial \frac{1}{r}}{\partial x} + Q_{12} \frac{\partial \frac{1}{r}}{\partial y} + Q_{13} \frac{\partial \frac{1}{r}}{\partial z} \right),$$

$$A_z = 0.$$

Damit nun das Feld des Vektors $\mathfrak{A}$ und damit auch das der magnetischen Feldstärke zeitlich konstant ist, muß es offenbar in jedem Augenblick zylindrische Symmetrie in bezug auf die Rotationsachse (Z-Achse) zeigen. Es muß daher

$$Q_{12} = Q_{23} = Q_{13} = 0,$$

$$P_1 = P_2 = \tfrac{1}{2} Q_{11} = \tfrac{1}{2} Q_{22}$$

---

[1] H. A. LORENTZ, Enz. d. math. Wiss. V/14 Nr. 15; M. ABRAHAM, Theorie der Elektrizität, 4. Aufl., Bd. 2, S. 198.

sein, d. h. das durch den Tensor Q_{ik} definierte Trägheitsellipsoid der Ladungen muß ein Rotationsellipsoid sein, dessen Rotationsachse mit der Achse der Rotation des Magnetons zusammenfällt.

Um das magnetische Moment des Elementarmagneten zu finden, dem dieses Magneton äquivalent ist, müssen wir das elektromagnetische Potential in die Form bringen, die dem Vektorpotential eines magnetischen Dipols

$$\mathfrak{A} = -\left[\mathfrak{m}, \operatorname{grad}\frac{1}{r}\right]$$

entspricht. Dies gelingt, wenn wir berücksichtigen, daß

$$\begin{aligned} \mathfrak{v}_i(\mathfrak{r}_i V)\frac{1}{r} &= \frac{1}{2}\,\mathfrak{v}_i\left(\mathfrak{r}_i, \operatorname{grad}\frac{1}{r}\right) + \frac{1}{2}\frac{\partial}{\partial t}\left(\mathfrak{r}_i\left(\mathfrak{r}_i, \operatorname{grad}\frac{1}{r}\right)\right) - \mathfrak{r}_i\left(\mathfrak{v}_i, \operatorname{grad}\frac{1}{r}\right) \\ &= \frac{1}{2}\frac{\partial}{\partial t}\left(\mathfrak{r}_i\left(\mathfrak{r}_i, \operatorname{grad}\frac{1}{r}\right)\right) + \frac{1}{2}\left[\operatorname{grad}\frac{1}{r}\,[\mathfrak{v}_i\,\mathfrak{r}]\right]. \end{aligned}$$

Denn mit Hilfe dieser Umformung wird

$$\mathfrak{A} = -\frac{1}{2c}\sum\left[[\mathfrak{r}_i, e_i\mathfrak{v}_i]\operatorname{grad}\frac{1}{r}\right] - \frac{1}{2c}\frac{\partial}{\partial t}\sum e_i\mathfrak{r}_i\left(\mathfrak{r}_i, \operatorname{grad}\frac{1}{r}\right).$$

Entsprechen nun die Trägheitsmomente der Ladungen den eben gemachten Bedingungen, so ist das zweite Glied der rechten Seite gleich Null. Daher ist:

$$\left.\begin{aligned} \mathfrak{m} &= e\frac{1}{2c}\sum e_i[\mathfrak{r}_i\mathfrak{v}_i] = \frac{1}{2c}\sum e_i[\mathfrak{r}_i[\mathfrak{u}\,\mathfrak{r}_i]], \\ &- \frac{1}{2c}\sum e_i\{(\xi_i^2 + \eta_i^2 + \zeta_i^2)\,\mathfrak{u}_i - (\xi_i\mathfrak{u}_x + \eta_i\mathfrak{u}_y + \zeta_i\mathfrak{u}_z)\,\mathfrak{r}_i\}, \\ &= \frac{Q}{2c}\cdot\mathfrak{u}. \end{aligned}\right\} \tag{7}$$

Auch aus dieser Formel erkennt man, daß die Bedingung dafür, daß das magnetische Feld, also auch $\mathfrak{m}$, konstant ist, darin besteht, daß die Ladungen des Magnetons um die Rotationsachse rotationssymmetrisch verteilt sind.

Ist dies nicht der Fall, dann ist das Feld des rotierenden Magnetons periodisch mit der Zeit veränderlich. Das Magneton sendet dann eine Wellenstrahlung aus. Daher ist auch die Bedingung für die Konstanz des Feldes des Magnetons gleichbedeutend mit der Bedingung, daß dieses keine Strahlung aussendet, d. h., daß $\ddot{\mathfrak{P}} = \sum e_i\dot{\mathfrak{v}}_i = 0$ ist. Diese Bedingung ist natürlich für die angegebene Bewegung erfüllt.

Führt das Magneton andere Rotationen aus oder bewegen sich die in ihm vorhandenen einzelnen Elektronen mit derselben Periode aber sonst beliebig, dann strahlt das Magneton zwar Energie aus, sein mittleres Feld ist aber dennoch zeitlich konstant. Denn wenn man die letzte für das elektromagnetische Vektorpotential angegebene Formel über eine ganze Anzahl von Perioden integriert, so verschwindet das Integral über das zweite Glied und der Mittelwert wird daher

$$\overline{\mathfrak{A}} = -\frac{1}{2c}\sum e_i\left[\overline{[\mathfrak{r}_i\mathfrak{v}_i]}\operatorname{grad}\frac{1}{r}\right] = -\frac{1}{2c}\left[\overline{\mathfrak{m}}, \operatorname{grad}\frac{1}{r}\right].$$

Dieser Ausdruck ist aber zeitlich konstant, da

$$\overline{Q_{12}} = \overline{Q_{23}} = \overline{Q_{13}} = 0 \qquad \overline{Q_{11}} = \overline{Q_{22}}.$$

Dies ist auch unmittelbar geometrisch verständlich, da die mittlere Massenverteilung einer Punktmenge natürlich rotationssymmetrisch in bezug auf die Rotationsachse ist.

Der Betrag der von einem um die Z-Achse rotierenden Magneton ausgesendeten Strahlungsenergie kann auf folgendem Weg errechnet werden. Die Polarkoordinaten der Elektronen des Magnetons seien $r_i, \vartheta_i, ut + \varphi_i$. Dann ist, da jetzt die richtigen Latenzzeiten berücksichtigt werden müssen,

$$r_i = r - \frac{1}{r}(\mathfrak{r}, \mathfrak{v}_i),$$

$$t - \frac{r_i}{c} = t - \frac{r}{c} + \frac{(\mathfrak{r}\,\mathfrak{r}_i)}{c r},$$

$$\frac{1}{rc}(\mathfrak{r}\,\mathfrak{r}_i) = \tau_i = \frac{r_i}{c}\left[\sin\vartheta\sin\vartheta_i\cos\left(ut - \frac{ur}{c} + u\tau_i + \varphi_i - \varphi\right) + \cos\vartheta\cos\vartheta_i\right],$$

$$(\mathfrak{v}_i\,\mathfrak{r}_i) = -\,r r_i u \sin\vartheta\sin\vartheta_i\sin\left(ut - \frac{ur}{c} + u\tau_i + \varphi_i - \varphi\right).$$

Berücksichtigen wir nun, daß für das Magneton

$$\sum e_i = \sum e_i \mathfrak{r}_i = 0,$$

so wird bis auf Glieder höherer Ordnung in v/c und $1/r$ in der Wellenzone

$$\varphi = \frac{1}{r}\sum \frac{e_i}{1 + \frac{r_i u}{c}\sin\vartheta\,\mathrm{sie}\,\vartheta_i\sin\left(ut - \frac{ur}{c} - u\tau_i + \varphi_i - \varphi\right)}$$

$$= -\frac{1}{r}\frac{u^2}{c^2}\sin^2\vartheta \sum e_i r_i^2 \sin^2\vartheta_i\cos 2\left(ut - \frac{ur}{c} + \varphi_i - \varphi\right)$$

$$-\frac{1}{r}\frac{u^2}{c^2}\sin\vartheta\cos\vartheta \sum e_i r_i^2 \sin\vartheta_i\cos\vartheta_i\cos\left(ut - \frac{ur}{c} + \varphi_i - \varphi\right),$$

$$A_x = \frac{1}{rc}\sum \frac{-r_i u e_i \sin\vartheta_i \cdot \sin\left(ut - \frac{ur}{c} + u\tau_i + \varphi_i - \varphi\right)}{1 + \frac{r_i u}{c}\sin\vartheta\sin\vartheta_i\sin\left(ut - \frac{ur}{c} + u\tau_i + \varphi_i - \varphi\right)}$$

$$= -\frac{1}{r}\frac{u^2}{c^2}\left\{\sin\vartheta \sum e_i r_i^2 \sin^2\vartheta_i\cos 2\left(ut - \frac{ur}{c} + \varphi_i - \frac{\varphi}{c}\right)\right.$$

$$\left. + \cos\vartheta \sum e_i r_i^2 \sin\vartheta_i\cos\vartheta_i\cos\left(ut - \frac{ur}{c} - \varphi_i\right)\right\},$$

$$A_y = \frac{1}{rc}\,\frac{e_i r_i u \sin\vartheta_i\cos\left(ut - \frac{ur}{c} + u\tau_i + \varphi_i\right)}{1 + \frac{r_i u}{c}\sin\vartheta\sin\vartheta_i\sin\left(ut - \frac{ur}{c} + u\tau_i + \varphi_i - \varphi\right)}$$

$$= -\frac{1}{r}\frac{u^2}{c^2}\left\{\sin\vartheta \sum e_i r_i^2 \sin^2\vartheta_i\sin 2\left(ut - \frac{ur}{c} + \varphi_i - \frac{\varphi}{r}\right)\right.$$

$$\left. + \cos\vartheta \sum e_i r_i^2 \sin\vartheta_i\cos\vartheta_i\sin\left(ut - \frac{ur}{c} - \varphi_i\right)\right\}.$$

Hieraus folgt, daß die Welle sich aus zwei sinusperiodischen Wellen zusammensetzt, von denen die eine die Umlaufszeit der Elektronen des Magnetons, die andere die halbe Zeit zur Periode hat. Vernachlässigt man wieder, was in der Wellenzone ja gestattet ist, die Glieder höherer als der ersten Potenz in $1/r$, so erhält man nach langwieriger aber elementarer Rechnung für die pro Zeiteinheit ausgestrahlte Energie

$$-\frac{dW}{dt} = \frac{u^6}{c^5}\left\{\frac{8}{5}\left[4Q_{12}^2 + (Q_{22} - Q_{11})^2\right] + \frac{4}{15}(Q_{23} + Q_{13})\right\}. \qquad (8)$$

b) Die Bewegungen der Elektronen in einem Kraftfeld.

26. Die Wirkung des äußeren Feldes auf ein Elektron. Wollen wir die Bewegung berechnen, die ein Elektron in einem gegebenen Feld ausführt, so können wir entsprechend dem Vorgang in der Mechanik die Berechnung in zwei Etappen zerlegen. In der ersten bestimmen wir die auf das Elektron wirkende motorische Kraft, in der zweiten die aus dieser motorischen Kraft folgende Bewegung.

Bringen wir nun ein Elektron in ein Feld $\mathfrak{E}_a \mathfrak{H}_a$, so wird dadurch das Feld gestört, da das Elektron ja selbst ein Feld $\mathfrak{E}_i \mathfrak{H}_i$ besitzt, das sich zu dem ursprünglichen addiert, so daß jetzt

$$\mathfrak{E} = \mathfrak{E}_a + \mathfrak{E}_i, \qquad \mathfrak{H} = \mathfrak{H}_a + \mathfrak{H}_i$$

ist. Es liegt daher nahe, bei der Berechnung der auf das Elektron ausgeübten motorischen Kraft von diesem Felde auszugehen. Dieser Vorgang wäre aber nicht praktisch. Denn die Rückwirkung des Eigenfeldes auf das Elektron ist ja von dem wirkenden äußeren Felde unabhängig und nur von der Ladung und Bewegung des Elektrons bestimmt, gleichgültig, wodurch diese hervorgerufen wird. Denn der physikalische Grund für diese Rückwirkung liegt, wie man aus den Ausführungen der Ziff. 16, 18 und 20 ohne weiteres entnimmt, darin, daß die Bewegungsenergie und Bewegungsgröße eines Elektrons nicht nur rein mechanisch durch seine Masse und Geschwindigkeit bestimmt ist, sondern daß auch das Feld des Elektrons seiner Energie und Bewegungsgröße nach durch die Bewegung bestimmt ist und mit dieser notwendig verändert wird. Wird daher ein Elektron durch ein Kraftfeld in Bewegung versetzt, so muß dieses nicht nur die mechanische kinetische Energie und Bewegungsgröße des Elektrons verändern, sondern auch die Energie und die Bewegungsgröße des von ihm erzeugten Feldes. Zu der Erscheinung der Trägheit tritt also beim Elektron eine ähnliche elektromagnetische, die durch die Rückwirkung des Eigenfeldes dargestellt wird. Aus dieser Ähnlichkeit folgt aber, daß die Rückwirkung des Eigenfeldes am besten gemeinsam mit der Trägheit zu berücksichtigen sein wird, d. h. aber erst bei der Bestimmung der aus einem gegebenen Kraftfeld folgenden Bewegung[1]).

Wenn wir also von der von einem äußeren Felde $\mathfrak{E}_a\, \mathfrak{H}_a$ auf ein Elektron ausgeübten bewegenden Kraft sprechen, sehen wir von der Rückwirkung des Eigenfeldes ab. Wir erhalten sie daher, in dem wir $\mathfrak{E}_a$ und $\mathfrak{H}_a$ in die Formel (5) der Ziff. 15 einsetzen:

$$\mathfrak{K} = e\left\{\mathfrak{E}_a + \frac{1}{c}\,[\mathfrak{v}\,\mathfrak{H}_a]\right\}.$$

In vielen Fällen erweist es sich aber als besser, statt von dieser Formel von einem der in Ziff. 19 entwickelten Variationsprinzipe auszugehen[2]), z. B. vom LAMORschen

$$\delta \int_{t_1}^{t_2} L\, dt = 0\,.$$

In die LAGRANGEsche Funktion L geht natürlich das gesamte Feld ein, daher

$$L = \frac{1}{8\pi}\int \{\mathfrak{E}_a^2\, \mathfrak{H}_a^2 + \mathfrak{E}_i^2 \mathfrak{H}_i^2 + 2\,(\mathfrak{E}_i\, \mathfrak{E}_a - \mathfrak{H}_i\, \mathfrak{H}_a)\}\, dv = L_a + L_i + L_{ai}\,,$$

wobei $\mathfrak{E}$ und $\mathfrak{H}$ als Funktionen der LAGRANGEschen Koordinaten p_k des Elektrons e_k dargestellt sind. Variiert wird die Lage des Elektrons und mit ihr das Feld $\mathfrak{E}_i$

[1]) M. ABRAHAM, Ann. d. Phys. Bd. 10, S. 105. 1903.
[2]) H. A. LORENTZ, Enz. d. math. Wiss. V/14 Nr. 23.

und $\mathfrak{H}_i$, und zwar derart, daß die variierten Werte der Feldvektoren das zu der variierten Lage des Elektrons gehörige Feld darstellen. Daher brauchen wir keine Nebenbedingungen vorzuschreiben. Ferner sollen die Variationen an den Endpunkten des Integrationsintervalles t_1 und t_2 verschwinden.

Von dieser Variation wird L_a natürlich nicht angegriffen. Aber auch die Variation von L_i ist für uns bedeutungslos, da sie offensichtlich die Rückwirkung des Eigenfeldes auf das Elektron ergibt. Zur Bestimmung der Kraft des äußeren Feldes auf das Elektron trägt daher lediglich die Variation von L_{ia} bei, und zwar ist die in der Richtung der LAGRANGEschen Koordinate p_k auf das Elektron ausgeübte Kraft

$$P_k = -\frac{d}{dt}\frac{\partial L_{ia}}{\partial \dot{x}_k} + \frac{\partial L_{ia}}{\partial x_k}.$$

Wir wollen nun L_{ia} noch in eine Form bringen, in der es als Funktion der Ladung e_k und der Geschwindigkeit $\mathfrak{v}_k$ des Elektrons und der Potentiale des äußeren Feldes erscheint. Drücken wir die Feldstärken durch die Potentiale aus, so wird

$$4\pi U = \int \mathfrak{E}_i \mathfrak{E}_a \, dv = \int \operatorname{grad}\varphi_i \operatorname{grad}\varphi_a \, dv + \frac{1}{c}\int \dot{\mathfrak{A}}_i \operatorname{grad}\varphi_a \, dv + \frac{1}{c}\int \dot{\mathfrak{A}}_a \operatorname{grad}\varphi_i \, dv + \frac{1}{c^2}\int \dot{\mathfrak{A}}_i \dot{\mathfrak{A}}_a \, dv.$$

Nach dem GREENschen Satz ist

$$\iiint \operatorname{grad}\varphi_a \operatorname{grad}\varphi_i \, dv = \iint \varphi_a \frac{\partial \varphi_i}{\partial n} dF - \iiint \varphi_a \Delta \varphi_i \, dv.$$

Da wir über den ganzen Raum integrieren, rückt die Integrationsfläche ins Unendliche. Die Felder sollen aber im Unendlichen so rasch verschwinden, daß alle bei dieser Transformation vorkommenden Flächenintegrale gleich Null gesetzt werden können. Gleicherweise ist

$$\iiint \dot{\mathfrak{A}}_i \operatorname{grad}\varphi_a \, dv = \iint \varphi_a \dot{\mathfrak{A}}_{in} \, dF - \iiint \varphi_a \operatorname{div}\dot{\mathfrak{A}}_i \, dv.$$

Daher wegen

$$= \frac{1}{c}\dot{\varphi} \operatorname{div}\mathfrak{A},$$

$$U = \frac{1}{4\pi}\left\{-\int dv\, \varphi_a \left\{\Delta\varphi_i - \frac{1}{c^2}\ddot{\varphi}_i\right\} + \frac{1}{c}\int dv\, \dot{\mathfrak{A}}_a \operatorname{grad}\varphi_i + \frac{1}{c^2}\int \dot{\mathfrak{A}}_i \dot{\mathfrak{A}}_a \, dv\right\}$$
$$= \iiint \left\{\varrho\varphi_a + \frac{1}{4\pi c}\dot{\mathfrak{A}}_a \operatorname{grad}\varphi_i + \frac{1}{4\pi c^2}\dot{\mathfrak{A}}_i \dot{\mathfrak{A}}_a\right\} dv.$$

Ebenso ist

$$T = \frac{1}{4\pi}\iiint \mathfrak{H}_i \mathfrak{H}_a \, dv = \frac{1}{4\pi}\iiint \operatorname{rot}\mathfrak{A}_i \cdot \operatorname{rot}\mathfrak{A}_a \, dv$$
$$= \frac{1}{4\pi}\iiint \mathfrak{A}_a \operatorname{rot}\operatorname{rot}\mathfrak{A}_i \, dv = \frac{1}{4\pi}\iiint \mathfrak{A}_a\left\{-\Delta\mathfrak{A}_i + \frac{1}{c^2}\ddot{\mathfrak{A}}_i\right\} dv + \mathfrak{A}_a\left\{\operatorname{grad}\operatorname{div}\mathfrak{A}_i - \frac{1}{c^2}\ddot{\mathfrak{A}}_i\right\} dv$$
$$= \frac{1}{c}\iiint \left\{\varrho\, \mathfrak{v} \cdot \mathfrak{A}_a - \frac{1}{4\pi}\mathfrak{A}_a \operatorname{grad}\dot{\varphi}_i - \frac{1}{c}\mathfrak{A}_a \ddot{\mathfrak{A}}_i\right\} dv.$$

Daher wird

$$L_{ia} = T - U = -\iiint \varrho\psi \, dv - \frac{1}{2}\frac{d}{dt}\iiint \left\{\mathfrak{A}_a \operatorname{grad}\varphi_i + \frac{1}{c}(\mathfrak{A}_a \dot{\mathfrak{A}}_i)\right\} dv. \quad (1)$$

$$\psi = \varphi_a - \frac{1}{c}(\mathfrak{v}\,\mathfrak{A}_a).$$

Da die Variation für die Endzeiten t_1 und t_2 verschwinden soll, gibt der Differentialquotient keinen Beitrag zur Variation und die zu variierende Funktion wird daher

$$L_{ia} = -\iiint \varrho \psi \, dv .$$

27. Das elementare Kraftgesetz. Um die LORENTZsche Elektronentheorie mit der Elektronentheorie der klassischen deutschen Schule zu vergleichen, ist es notwendig, die nach den beiden Theorien zwischen zwei Elektronen ausgeübten Kräfte einander gegenüberzustellen[1]). Um für jene eine mit den in diesen Theorien aufgestellten Formeln vergleichbare Formeln zu erhalten, müssen wir beide Elektronen als Punktladungen betrachten können, d. h. für das das „äußere" Feld erzeugende Elektron e die WIECHERT-LIÉNARDschen Potentiale anwenden können und für das andere Elektron e bei der Berechnung der durch dieses Feld ausgeübten motorischen Kraft das Feld als homogen ansehen. Dies ist, wie man sofort einsieht, immer dann möglich, wenn die für die Gültigkeit der erwähnten Potentiale aufgestellten Bedingungen (Ziff. 14) erfüllt sind. Dann wird [Gleichung (1), Ziff. 15]

$$\mathfrak{F} = e' \mathfrak{f} = e' \left\{ \mathfrak{E} + \frac{1}{c} [\mathfrak{v}' \mathfrak{H}] \right\}$$

und da nach Ziff. 21, Gleichung (3),

$$\mathfrak{H} = [\mathfrak{r}_1 \mathfrak{E}]$$

$$\left.\begin{aligned} \mathfrak{F} &= e' \left\{ \mathfrak{E} + \frac{1}{c} [\mathfrak{v}' [\mathfrak{r}_1 , \mathfrak{E}]] \right. \\ &= e' \left\{ \mathfrak{E} \left(1 - \frac{\mathfrak{v} \mathfrak{r}_1}{c} \right) + \mathfrak{r}_1 (\mathfrak{v}' \mathfrak{E}) \right\} . \end{aligned}\right\} \tag{2}$$

Diese Kraft wurde von SCHWARZSCHILD als elementare elektrodynamische Kraft bezeichnet. Die Werte für e' und $\mathfrak{v}'$ sind natürlich gleichzeitig, d. h. zur Zeit t zu nehmen, dagegen ist $\mathfrak{E}$ und $\mathfrak{H}$ von den retardierten Werten von e, $\mathfrak{v}$ und $\dot{\mathfrak{v}}$ abhängig (Ziff. 21). Ebenso ist der in der Formel explizit und in den Ausdrücken für $\mathfrak{E}$ und $\mathfrak{H}$ vorkommende Vektor $\mathfrak{r}$ die Verbindungslinie des Aufpunktes mit dem Ort des Elektrons zur Zeit $t - r/c$. Hierin zeigt sich der Unterschied zwischen der LORENTZschen und den klassischen Elektronentheorien, da in diesen nur die gleichzeitigen Werte für alle vorkommenden Größen auftreten.

Wir wollen dieselbe Kraft noch nach der in der vorigen Ziffer angegebenen Methode berechnen. Die Funktion L_{ia} wird jetzt:

$$L_{ia} = - e' \psi ,$$

$$\psi = \iiint dv \left\{ \frac{e}{r} - \frac{1}{c r} (\mathfrak{v} \cdot e \mathfrak{v}') \right\} .$$

Hierbei sind für das Elektron e die retardierten, für das Elektron e' die gleichzeitigen Werte zu nehmen. (Die Funktion ψ bezeichnet SCHWARZSCHILD als das elektrokinetische Potential.) Führen wir wieder die WIECHERT-LIÉNARDschen Potentiale ein, so wird:

$$L_{ia} = - \frac{e e'}{r - \frac{\mathfrak{v}' \mathfrak{r}}{c}} \left\{ 1 - \frac{1}{c^2} (\mathfrak{v} \mathfrak{v}') \right\} .$$

Setzen wir in dieser Formel den DOPPLERschen Faktor gleich Eins, nehmen wir für beide Elektronen die gleichzeitigen Werte für die Ladungen und Ge-

[1]) E. WIECHERT, Arch. Néerland. Bd. 5, S. 549. 1900 (Lorentz-Festschrift); K. SCHWARZSCHILD, Gött. Nachr. 1903, S. 132.

schwindigkeiten und ersetzen wir $\mathfrak{r}$ durch die gleichzeitige Entfernung der beiden Elektronen, so haben wir aus dieser Formel offenbar alles entfernt, was auf die zeitliche Fortpflanzung des Feldes zurückzuführen ist. Aus

$$L = -\frac{e_1 e_2}{r}\left\{1 - \frac{1}{c^2}(\mathfrak{v}\,\mathfrak{v}')\right\}$$

muß sich daher jene Kraftformel ableiten lassen, die in der klassischen Theorie auftritt, die der LORENTZschen Elektronentheorie am nächsten kommt. Dies ist aber, wie man sofort einsieht, die CLAUSIUSsche Theorie, deren Kraftgesetz sich aus dieser LAGRANGEschen Funktion ableitet [vgl. Kap. 1, Ziff. 24, Gleichung (1)].

28. Kraft und Drehmoment des äußeren Feldes auf ein ausgedehntes Elektron bzw. Molekül. Bezeichnen wir mit $\mathfrak{E}$ und $\mathfrak{H}$ die Feldstärken des zunächst homogen angenommenen äußeren Feldes, so wird mit den in den Ziff. 24 und 25 eingeführten Bezeichnungen, die vom Feld auf eine Elektronengruppe ausgeübte Kraft

$$\mathfrak{K} = \mathfrak{E}\sum e_i + \frac{\sum e_i}{c}[\mathfrak{v}_0\mathfrak{H}] + \frac{1}{c}[\dot{\mathfrak{P}}\mathfrak{H}],$$

wobei $\mathfrak{v}_0$ die Geschwindigkeit des Koordinatenursprungs O bedeutet. Mit Hilfe des in Ziff. 25 definierten Vektors $\mathfrak{m}$ wird das Drehmoment in erster Näherung

$$\mathfrak{U} = [\mathfrak{P}\mathfrak{E}] + \frac{1}{c}[\mathfrak{P}[\mathfrak{v}_0\mathfrak{H}]] + [\mathfrak{m}\mathfrak{H}].$$

An Stelle der $\mathfrak{P}$ und $\mathfrak{m}$ definierenden Summen kann man, wenn man sich die Ladungen kontinuierlich verteilt vorstellt, also insbesondere dann, wenn es sich um ein ausgedehntes Elektron handelt, die entsprechenden Integrale einführen. Es empfiehlt sich, den Ursprung des Koordinatensystems O in den Ladungsmittelpunkt zu legen, der durch die Gleichung

$$\int dv\,\varrho\,\mathfrak{r} = 0 \qquad \text{bzw.} \qquad \sum e_i\mathfrak{r}_i = 0$$

definiert ist. Denn bewegt sich dann der Ladungskomplex rein translatorisch ($\dot{\mathfrak{r}}_i = 0$), so verschwindet das auf ihn bezogene Drehmoment wegen $\mathfrak{P} = 0$. Rotiert der Ladungskomplex wie ein starrer Körper (Winkelgeschwindigkeit $\mathfrak{u}$) in einem Magnetfeld um seinen Mittelpunkt, so ist die hierdurch hervorgerufene äußere Kraft:

$$\begin{aligned}\mathfrak{K} &= \frac{1}{c}\sum e_i[[\mathfrak{u}\,\mathfrak{r}_i]\mathfrak{H}]\\ &= \frac{1}{c}\sum e_i\{\mathfrak{r}_i(\mathfrak{u}\mathfrak{H}) - \mathfrak{u}(\mathfrak{r}_i\mathfrak{H})\} = \emptyset,\end{aligned}$$

verschwindet also ebenfalls. Dagegen ist das Drehmoment

$$\mathfrak{U} = \frac{1}{c}\sum e_i[\mathfrak{u}\,\mathfrak{r}_i](\mathfrak{r}_i\mathfrak{H}) = \frac{1}{c}\left[\mathfrak{u}, \sum e_i\mathfrak{r}_i(\mathfrak{r}_i\mathfrak{H})\right],$$

also im allgemeinen von Null verschieden.

Nunmehr sei das äußere Feld nicht mehr als homogen angesehen. Dann entwickeln wir $\mathfrak{E}$ und $\mathfrak{H}$ vom Punkte 0 aus, an dem es durch $\mathfrak{E}_0$ und $\mathfrak{H}_0$ dargestellt ist, in eine Reihe

$$\mathfrak{E} = \mathfrak{E}_0 + (\mathfrak{r}_i\nabla)\mathfrak{E}_0 + \cdots, \qquad \mathfrak{H} = \mathfrak{H}_0 + (\mathfrak{r}_i\nabla)\mathfrak{H}_0 + \cdots,$$

von der wir immer nur das erste von Null verschiedene Glied berücksichtigen werden. Wir betrachten zunächst die Wirkung dieses Feldes auf ein ruhendes neutrales, aber elektrisch polarisiertes Molekül. Die X-Komponente der auf dieses ausgeübten Kraft ist

$$K_x = P_x \frac{\partial E_x}{\partial x} + P_y \frac{\partial E_x}{\partial y} + P_z \frac{\partial E_x}{\partial z} + \frac{1}{c} [\dot{\mathfrak{P}} \mathfrak{H}]_x ,$$

was sich mit Hilfe der FARADAYschen Gleichung

$$K_x = P_x \frac{\partial E_x}{\partial x} + P_y \frac{\partial E_y}{\partial x} + P_z \frac{\partial E_z}{\partial x} + \frac{1}{c} \frac{d}{dt} [\mathfrak{P} \mathfrak{H}]_x$$

schreiben läßt.

Zum Schlusse diskutieren wir noch das auf ein rotierendes Magneton ausgeübte Drehmoment:

$$\mathfrak{N} = \sum e_i \left[\mathfrak{r}_i, \mathfrak{E} + \frac{1}{c} [\mathfrak{v}_i \mathfrak{H}] \right].$$

Der auf die elektrische Feldstärke zurückgehende Teil des Drehmomentes $\mathfrak{N}^e$ ist in der angegebenen Näherung

$$\mathfrak{N}^e = \sum e_i [\mathfrak{r}_i (\mathfrak{r}_i \nabla) \mathfrak{E}] .$$

Für die X-Komponente ergibt sich explizit

$$N_x^e = \sum e_i \left\{ \eta_i \left(\xi_i \frac{\partial E_z}{\partial x} + \eta_i \frac{\partial E_z}{\partial y} + \zeta_i \frac{\partial E_z}{\partial z} \right) - \zeta_i \left(\xi_i \frac{\partial E_y}{\partial x} + \eta_i \frac{\partial E_y}{\partial y} + \zeta_i \frac{\partial E_y}{\partial z} \right) \right\},$$

was wir mit Hilfe der in Ziff. 25 eingeführten Größen Q_{ik} und P_i

$$N_x^e = Q_{12} \frac{\partial E_z}{\partial x} + P_2 \frac{\partial E_z}{\partial y} + Q_{23} \frac{\partial E_z}{\partial z} - Q_{13} \frac{\partial E_y}{\partial x} - Q_{23} \frac{\partial E_y}{\partial y} - P_3 \frac{\partial E_y}{\partial z}$$

schreiben können. Für die beiden anderen Komponenten ergibt sich durch zyklische Vertauschung

$$N_y^e = Q_{13} \frac{\partial E_x}{\partial x} + Q_{23} \frac{\partial E_x}{\partial y} + P_3 \frac{\partial E_x}{\partial z} - P_1 \frac{\partial E_z}{\partial x} - Q_{12} \frac{\partial E_z}{\partial y} - Q_{13} \frac{\partial E_z}{\partial z} ,$$

$$N_z^e = P_1 \frac{\partial E_y}{\partial x} + Q_{12} \frac{\partial E_y}{\partial y} + Q_{13} \frac{\partial E_y}{\partial z} - Q_{12} \frac{\partial E_x}{\partial x} - P_2 \frac{\partial E_x}{\partial y} - Q_{23} \frac{\partial E_x}{\partial z} .$$

Das vom magnetischen Feld ausgeübte Drehmoment ist

$$\begin{aligned} \mathfrak{N}^m &= \frac{1}{c} \sum e_i [\mathfrak{r}_i [\mathfrak{v}_i \mathfrak{H}]] \\ &= \frac{1}{c} \sum e_i \{ \mathfrak{v}_i (\mathfrak{r}_i \mathfrak{H}) - \mathfrak{H} (\mathfrak{r}_i \mathfrak{v}_i) \} . \end{aligned}$$

Setzen wir $\mathfrak{v}_i = [\mathfrak{u} \mathfrak{r}_i]$ ein, so wird dies

$$\begin{aligned} \mathfrak{N}^m &= \frac{1}{c} [\mathfrak{u} C] , \\ C &= \sum e_i \mathfrak{r}_i (\mathfrak{r}_i \mathfrak{H}) , \\ C_x &= P_1 H_x + Q_{12} H_y + Q_{13} H_z , \\ C_y &= Q_{12} H_x + P_2 H_y + Q_{23} H_z , \\ C_z &= Q_{13} H_x + Q_{13} H_y + P_3 H_z . \end{aligned}$$

Nehmen wir an, daß die Ladungen im Magneton kugelsymmetrisch verteilt sind, also die

$$Q_{12} = Q_{23} = Q_{31} = 0 , \qquad P_1 = P_2 = P_3 = \tfrac{1}{2} Q_{11} = \tfrac{1}{2} Q_{22} = \tfrac{1}{2} Q_{33} = Q$$

sind, so wird der Ausdruck für das Drehmoment besonders einfach. Es ist dann:

$$\mathfrak{U} = \mathfrak{U}^e + \mathfrak{U}^m = \frac{Q}{2}\left\{\operatorname{rot}\mathfrak{E} + \frac{1}{c}[\mathfrak{u}\mathfrak{H}]\right\}$$
$$= -\frac{Q}{2c}\left\{\dot{\mathfrak{H}} - [\mathfrak{u}\mathfrak{H}]\right\}.$$

Beziehen wir alles auf ein mit dem Magneton rotierendes System, so ist

$$\frac{d'}{dt'}\mathfrak{H} = \frac{d\mathfrak{H}}{dt} - [\mathfrak{u}\mathfrak{H}]$$

und daher

$$\mathfrak{U} = -\frac{Q}{2c}\frac{d'\mathfrak{H}}{dt'}. \tag{3}$$

29. Dynamik eines mit gleichförmiger Geschwindigkeit bewegten Systems von Ladungen. Wir gehen nunmehr zu der Betrachtung der inneren Kräfte eines gleichförmig bewegten Systems elektrischer Ladungen über, die, wie die nächste Ziffer zeigen wird, die Grundlage für die Dynamik der Elektronen liefert. Nach Ziff. 20 läßt sich die von einem Elektron auf die mitbewegte Ladungseinheit ausgeübte bewegende Kraft aus dem Konvektionspotential Ψ ableiten. Da für so bewegte Elektronen

$$\Psi = \left(1 - \frac{v^2}{c^2}\right)\varphi, \qquad \mathfrak{A} = \frac{\mathfrak{v}}{c}\varphi$$

ergibt sich

$$\Psi = \varphi - \frac{\mathfrak{v}\mathfrak{A}}{c} = \psi.$$

Das Konvektionspotential ist also gleich dem in Ziff. 26 definierten elektrokinetischen Potential Ψ.

Die Ableitung der Rückwirkung des Eigenfeldes des Systems aus dem Konvektionspotential entspricht dem ersten der beiden in Ziff. 26 angegebenen Wege zur Ableitung der bewegenden Kraft aus dem Felde. Schlagen wir nun den zweiten ein, so müssen wir zunächst die LAGRANGEsche Funktion des Feldes L bestimmen. Eine analoge Rechnung wie in der angeführten Ziffer ergibt

$$L = -\frac{1}{2}\iiint \varrho\,\Psi\,dv - \frac{1}{8\pi c}\frac{d}{dt}\iiint\left\{\mathfrak{A}\operatorname{grad}\varphi + \frac{1}{c}\mathfrak{A}\dot{\mathfrak{A}}\right\}dv.$$

Da das Feld stationär ist, verschwindet der Differentialquotient und

$$L = -\frac{1}{2}\iiint \varrho\,\psi\,dv = -V. \tag{4}$$

Da aber $\Psi = \psi$ das Potential der bewegenden Kräfte darstellt, ist V, wie man unmittelbar einsieht, die potentielle Energie des gesamten Systems (Kräftefunktion).

Zu der eben durchgeführten Betrachtung ist allerdings noch eine Bemerkung zu machen. Die in Ziff. 20 abgeleiteten Formeln gelten nur für punktförmige Elektronen, also auf das Elektron als Ganzes angewendet nur in größerer Entfernung vom Elektron. Hier haben wir sie aber auf Volumelemente angewendet und über diese integriert. Wie aber die Ableitung der WIECHERT-LIÉNARDschen Potentiale in Ziff. 14 zeigt, gelten dann diese und damit auch die verwendeten Formeln streng.

In unserem Falle bestehen noch eine Reihe von einfachen Beziehungen zwischen der elektromagnetischen Energie, dem elektromagnetischen Impuls und der LAGRANGEschen Funktion des Eigenfeldes. Legen wir die X-Achse des Koordinatensystems wieder in die Bahn des Elektrons, dann ist

$$(\mathfrak{v}\mathfrak{G}) = \frac{v}{4\pi c}\iiint\{E_y H_z - E_z H_y\}dv = \frac{1}{4\pi}\iiint\{H_y^2 + H_z^2\}dv = 2T.$$

Hieraus folgt nun für den Wert der gesamten elektromagnetischen Energie:

$$W = 2T - (T - U) = (\mathfrak{v}\mathfrak{G}) - L. \tag{5}$$

Es besteht nun aber auch eine einfache Beziehung zwischen L und $\mathfrak{G}$:

$$L = -\frac{1}{8\pi}\iiint\left\{E_x^2 + \left(1 - \frac{v^2}{c^2}\right)(E_y^2 + E_z^2)\right\}dv,$$

$$\frac{\partial L}{\partial v} = \frac{v}{4\pi c^2}\iiint\{E_y^2 + E_z^2\}dv - \frac{1}{4\pi}\iiint\left\{E_x\frac{\partial E_x}{\partial v} + \left(1 - \frac{v^2}{c^2}\right)\left(E_y\frac{\partial E_y}{\partial v} + E_z\frac{\partial E_z}{\partial v}\right)\right\}dv.$$

Das zweite Glied der rechten Seite läßt sich nach dem GAUSSschen Satz in

$$-\frac{1}{4\pi}\iiint \operatorname{grad}\Psi\frac{\partial\mathfrak{E}}{\partial v}\,dv = \frac{1}{4\pi}\iiint\Psi\operatorname{div}\frac{\partial\mathfrak{E}}{\partial v} = \frac{1}{4\pi}\iiint\Psi\frac{\partial\varrho}{\partial v}\,dv$$

umwandeln, wobei wie gewöhnlich angenommen wird, daß das Integral über die unendlich entfernte Begrenzungsfläche verschwindet. Ändert sich nun die Ladungsverteilung in einem bewegten elektrischen System derart, daß dieses Integral verschwindet, so wird

$$\frac{\partial L}{\partial v} = \frac{1}{4\pi c}\iiint\{E_y H_z - E_z H_y\}dv = G_x.$$

Ist noch die Ladungsverteilung eine derartige, daß das Feld der Dichte der Bewegungsgröße $\mathfrak{g}$ symmetrisch zur Bewegungsrichtung ist, dann gilt

$$\frac{\partial L}{\partial v} = G$$

wie dies auch in der LAGRANGEschen Mechanik der Fall ist. Es wird daher

$$W = v\frac{\partial L}{\partial v} - L.$$

Es bestehen also zwischen diesen drei Größen die einfachen Differentialbeziehungen

$$\frac{\partial^2 L}{\partial v^2} = \frac{\partial G}{\partial v} = \frac{1}{v}\frac{\partial W}{\partial v}.$$

Die vom Eigenfeld auf die Ladungen des Systems ausgeübten Kräfte wirken sich in zweierlei Weise aus. Einerseits können sie die Bewegung des als starr betrachteten Systems als Ganzes ändern, andererseits aber auch die gegenseitige Lage der Ladungen, also die Konfiguration des Systems bzw. die Gestalt der Elektronen zu verändern suchen. Diskutieren wir zunächst die erste Wirkung. Nach Ziff. 18 ist die gesamte auf die Ladungen ausgeübte Kraft $\mathfrak{K}$ gleich der negativen zeitlichen Änderung des Gesamtimpulses des Feldes, verschwindet also in unserem Falle, da das Feld stationär ist. Ferner ist das auf das System ausgeübte Drehmoment $\mathfrak{U}$ gleich der negativen zeitlichen Änderung des Drehimpulses, den wir auf einen im System ruhenden Punkt beziehen wollen. Daher ist

$$\mathfrak{U} = -\iiint\left[\mathfrak{r}\frac{\partial\mathfrak{g}}{\partial t}\right]dv = -\frac{\partial}{\partial t}\iiint[\mathfrak{r}\mathfrak{g}]\,dv - [\mathfrak{v}\mathfrak{G}],$$

da in diesem Falle, wie leicht einzusehen ist, $\dot{\mathfrak{r}} = -\mathfrak{v}$ ist. Da das Feld sich mit dem System bewegt, verschwindet das erste Glied der rechten Seite und es ist daher die zeitliche Änderung des elektromagnetischen Impulses des Elektrons

$$\mathfrak{U} = -[\mathfrak{v}\mathfrak{G}].$$

Liegt daher $\mathfrak{G}$ in der Richtung der Bewegung des Elektrons, so verschwindet auch das Drehmoment. Unter dieser Bedingung ist die gleichförmige Translation eines Systems elektrischer Ladungen eine kräftefreie Bewegung. Wir können die Rückwirkung des Eigenfeldes zu den „Trägheitskräften" rechnen, ohne das erste Axiom der NEWTONschen Mechanik zu verletzen.

Diskutieren wir nun die Wirkung des Eigenfeldes auf die Konfiguration des bewegten Systems. Der nahe Zusammenhang zwischen dem elektrostatischen Potential φ und dem Konvektionspotential Ψ zeigt sofort, daß das für ruhende elektrostatische Systeme gültige EARNSHAWsche Theorem auch für bewegte gültig bleiben muß (vgl. Ziff. 38 des vorangehenden Artikels). Das System kann sich daher, falls zu den elektromagnetischen Kräften der Elektronen keine weiteren Kräfte hinzutreten, nicht im Gleichgewicht befinden. Dieses Problem (und mit ihm alle das Feld gleichförmig bewegter Ladungen betreffenden) läßt sich aber leicht auf das für ruhende Ladungen gestellte Problem zurückführen. Denn aus Ziff. 20 folgt sofort, daß das Konvektionspotential Ψ im ruhenden System der Differentialgleichung

$$\Delta\Psi - \frac{v^2}{c^2}\frac{\partial^2}{\partial x^2}\Psi = -4\pi\varrho\left(1 - \frac{v^2}{c^2}\right)$$

genügt. Führen wir nun durch

$$(x_0, y_0, z_0) = \left(\frac{x}{\sqrt{1 - \frac{v^2}{c^2}}}, y, z\right)$$

eine Dehnung des Raumes durch, so wird sich das Volumelement des Raumes verändern:

$$dv_0 = \frac{dv}{\sqrt{1 - \frac{v^2}{c^2}}}.$$

Denken wir uns die Ladungsverteilung im neuen System derart, daß

$$\varrho_0\, dv_0 = \varrho\, dv,$$

so wird

$$\varrho_0 = \varrho\sqrt{1 - \frac{v^2}{c^2}}$$

und

$$\frac{\partial^2\Psi}{\partial x_0^2} + \frac{\partial^2\Psi}{\partial y_0^2} + \frac{\partial^2\Psi}{\partial z_0^2} = -4\pi\varrho_0\sqrt{1 - \frac{v^2}{c^2}},$$

$$\Psi = \iiint\frac{\varrho_0\, dv_0}{r_0}\sqrt{1 - \frac{v^2}{c^2}} = \sqrt{1 - \frac{v^2}{c^2}}\iiint\frac{\varrho\, dv}{r_0},$$

$$r_0^2 = \frac{1}{1 - \frac{v^2}{c^2}}(\xi - x)^2 + (\eta - y)^2 + (\zeta - z)^2.$$

Daraus folgt zunächst, daß die Komponenten der im bewegten System auf die Ladungen wirkenden bewegenden Kräfte gleich sind den mit 1, $\sqrt{1 - v^2/c^2}$, $\sqrt{1 - v^2/c^2}$ multiplizierten Komponenten aus den elektrostatischen Kräften, die in einem ruhenden System von Ladungen auftreten, das aus dem bewegten System gewonnen wird, indem man dieses in der Bewegungsrichtung im Verhältnis $\frac{1}{\sqrt{1 - v^2/c^2}}$ dilatiert. Der Dilatation werden auch die Ladungen unterworfen, so daß die elektrische Ladungsdichte des ruhenden Systems ϱ_0 aus der des bewegten ϱ durch die oben angegebene Gleichung folgt.

Aus den am Anfang dieser Ziffer angeführten Formeln der Ziff. 20, die sich auch leicht direkt ableiten lassen (und daher ohne die Einschränkungen gelten, denen die LIÉNARD-WIECHERTschen Potentiale unterliegen), wenn man bedenkt, daß für ein gleichförmig bewegtes System

$$\left(1 - \frac{v^2}{c^2}\right)\frac{\partial^2 \varphi}{\partial x^2} + \frac{\partial^2 \varphi}{\partial y^2} + \frac{\partial^2 \varphi}{\partial z^2} = -4\pi\varrho\,,$$

$$\left(1 - \frac{v^2}{c^2}\right)\frac{\partial^2 \mathfrak{A}}{\partial x^2} + \frac{\partial^2 \mathfrak{A}}{\partial y^2} + \frac{\partial^2 \mathfrak{A}}{\partial z^2} = -4\pi\varrho\frac{\mathfrak{v}}{c}$$

und $\mathfrak{v}$ räumlich und zeitlich konstant ist, folgt, daß aus dem Konvektionspotential sämtliche Feldgrößen abgeleitet werden können. Die Bestimmung des Feldes des bewegten Systems läßt sich daher auf die Lösung des zugeordneten elektrostatischen Problems zurückführen.

30. Die Dynamik des quasistationär bewegten Elektrons, Longitudinale und transversale elektromagnetische Maße. Wir wollen nunmehr die Dynamik nicht gleichförmig bewegter Elektronen untersuchen, uns jedoch dabei auf quasistationäre Bewegungen beschränken, d. h. auf solche, bei denen wir das Feld in jedem Augenblicke als durch das Feld eines mit derselben aber gleichbleibenden Geschwindigkeit bewegten Elektrons gegeben betrachten können. Daß es Bewegungen gibt, bei denen diese Vernachlässigung zulässig ist, ergibt sich aus den Betrachtungen der Ziff. 21, wo nachgewiesen worden ist, daß bei kleiner Beschleunigung das Feld in der Nähe des Elektrons mit großer Annäherung dem stationären Feld gleichgesetzt werden kann. Denn für die Rückwirkung des Feldes auf das Elektron kommt nur dieser Teil des Feldes in Betracht. Allerdings werden wir in den folgenden Untersuchungen auch annehmen, daß das Feld zu jeder Zeit denselben Gesamtimpuls und dieselbe Gesamtenergie besitzt wie das entsprechende stationäre Feld. Dies können wir dadurch begründen, daß es sich dabei nur um einen mathematischen Kunstgriff handelt, durch den die an das Elektron angreifenden Kräfte durch Integrale über den ganzen Raum dargestellt werden, wobei das in der Umgebung des Elektrons herrschende Feld den MAXWELLschen Gleichungen entsprechend über den ganzen Raum fortgesetzt, also eine neue Vernachlässigung nicht vorgenommen wird. Überdies werden wir aber noch in Ziff. 33 die Rückwirkung der damit vernachlässigten Wellenstrahlung des Elektrons berechnen und mit den berücksichtigten Kräften vergleichen.

Wir gehen bei der Berechnung der Rückwirkung des Eigenfeldes des Elektrons wie in der vorangehenden Ziffer davon aus, daß diese gleich ist der negativen Änderung des Gesamtimpulses bzw. daß das auf das Elektron ausgeübte Drehmoment gleich ist der negativen Änderung des auf das Elektron bezogenen Drehimpulses dieses Feldes. Diese Aussage gilt natürlich noch ganz allgemein. Wir wollen nun aber, um eine möglichst einfache Form für die Bewegungsgleichungen des Elektrons zu gewinnen, diese Kraft mit den „Trägheitskräften" vereinigen, wie wir dies bereits in der Ziff. 26 angekündigt haben. Nun ist aber der Impuls der Wellenstrahlung in erster Näherung proportional dem Quadrat der Beschleunigung des Elektrons (vgl. Ziff. 33). Daher würde die NEWTONsche Bewegungsgleichung durch Einbeziehung dieses Teiles der Rückwirkung des Feldes bedeutend kompliziert werden. Dies ist, neben der bedeutenden, hierdurch erzielten Vereinfachung der Rechnungen, der Grund dafür, daß wir uns auf die Betrachtung quasistationärer Bewegungen beschränken.

Wir setzen also, indem wir mit $\mathfrak{K}$ die Resultierende der äußeren Kräfte, mit $\mathfrak{U}$ ihr Drehmoment und mit $\mathfrak{Y}_m$ den gesamten mechanischen Drehimpuls des Elektrons bezeichnen und bedenken, daß sich bei der Einordnung in die „Trägheitskräfte" das Vorzeichen verkehrt,

$$\mathfrak{K} = \dot{\mathfrak{G}} + m\frac{d\mathfrak{v}}{dt},$$

$$\mathfrak{U} = [\mathfrak{v}\mathfrak{G}] + \dot{\mathfrak{Y}} + \dot{\mathfrak{Y}}_m,$$

und nehmen weiter an, daß die Ladungsverteilung im Elektron eine derartige ist, daß die Richtung des Gesamtimpulses des Feldes mit der Bewegungsrichtung zusammenfällt. Dann können wir diese Gleichung in zwei Komponenten zerlegen, deren eine in der Richtung der Geschwindigkeit, deren andere in der der Hauptnormalen $\mathfrak{n}_1$ der Bahn liegt. Es ist nun bekanntlich

$$\frac{d\mathfrak{v}_1}{dt} = \frac{v}{r}\mathfrak{n}_1.$$

(r = Krümmungsradius der Bahn) und daher, da

$$\mathfrak{G} = G\mathfrak{v}_1,$$

$$\dot{\mathfrak{G}} = \frac{dG}{dv}\dot{v}\mathfrak{v}_1 + \frac{v}{r}G\mathfrak{n}_1.$$

Die Bewegungsgleichungen werden also

$$\left.\begin{aligned} K_v &= m\dot{v} + \frac{dG}{dv}\dot{v}, \\ K_n &= m\frac{v^2}{r} + \frac{G}{v}\cdot\frac{v^2}{r}. \end{aligned}\right\} \tag{6}$$

Da der Impuls des Feldes mit zunehmender Geschwindigkeit des Elektrons wächst, zeigt diese Gleichung, daß durch die Rückwirkung des Feldes die mechanische Trägheit des Elektrons vergrößert wird. Wir können deshalb G/v und dG/dv als elektromagnetische Massen bezeichnen. Ist nun aber G nicht eine lineare Funktion von v, so sind diese beiden Ausdrücke einander nicht gleich. Die Trägheitswirkung des Eigenfeldes des Elektrons ist daher in der Richtung der Bewegung und senkrecht dazu verschieden. Wir bezeichnen deshalb

$$m_l = \frac{dG}{dv}, \tag{6a}$$

als longitudinale und

$$m_t = \frac{G}{v}, \tag{6b}$$

als transversale elektromagnetische Masse. Begründen wir die Mechanik der Elektronen auf diese Bewegungsgleichungen, so unterscheidet sie sich also bereits in diesem Punkte von der NEWTONschen Mechanik. Dazu kommt aber noch, daß, wie bereits die Formeln der vorangehenden und der Ziff. 20 zeigen, m_l und m_t von v abhängen müssen. Die elektromagnetischen Massen sind also von der Geschwindigkeit abhängig. Diese von ABRAHAM[1]) entwickelte Mechanik des Elektrons sprengt daher den Rahmen der NEWTONschen Mechanik.

Bei der Aufstellung der Bewegungsgleichungen haben wir nur die Wirkung des Eigenfeldes auf die Bewegung des Elektrons als Ganzes berücksichtigt,

---

[1]) M. ABRAHAM, Ann. d. Phys. Bd. 10, S. 105. 1903.

dagegen die mit einer Geschwindigkeitsänderung nach den Ausführungen der vorhergehenden Ziffer im allgemeinen verbundenen Deformationen außer acht gelassen. Dies ist berechtigt, da die mit der Deformation des Elektrons verbundene Änderung des elektromagnetischen Impulses seines Feldes in unseren Gleichungen enthalten ist und wir keinen Grund haben, eine Änderung des mechanischen Impulses oder eine andere Trägheitswirkung mit ihr zu verbinden. Dagegen darf die Deformationsarbeit nicht übersehen werden, falls wir die Energiegleichung für die Bewegung eines Elektrons aufstellen, da dann ein Teil der Energie des Eigenfeldes zur Deformation des Elektrons verwendet wird. Bezeichnen wir wieder mit W die gesamte elektromagnetische Energie des Feldes des Elektrons, mit E die „innere Energie" des Elektrons, die im allgemeinen von v abhängt, so schreibt sich das Energieprinzip:

$$(\mathfrak{v}\mathfrak{K}) = \frac{d(W+E)}{dt}.$$

Da wir die Rückwirkung des Feldes als Vergrößerung der Trägheit des Elektrons auffassen, liegt es nahe, in der Dynamik des Elektrons dieses von seinem Felde nicht mehr zu trennen, d. h. die Bewegungsgröße und die Energie des Feldes dem Elektron zuzuschreiben, so daß dessen gesamte Bewegungsgröße durch $m\mathfrak{v} + \mathfrak{G}$, dessen Energie nunmehr durch $W + E + \frac{m}{2}v^2$ gegeben ist. Wir sehen für das Folgende von den natürlich nichts Neues liefernden mechanischen Gliedern ab. Stellen wir nun die LAGRANGEsche Funktion des Elektrons auf, so müssen wir, wie unmittelbar einzusehen ist, die innere Energie E als potentielle Energie auffassen, diese Funktion also, wenn wieder L die LAGRANGEsche Funktion des Feldes ist, gleich $L - E$ setzen. Tatsächlich gelten dann, wie ABRAHAM gezeigt hat, für die Mechanik des Elektrons die Formeln der LAGRANGEschen Mechanik:

$$G = \frac{d(L-E)}{dv}$$

$$E + W = v\frac{d(L-E)}{dv} - (L-E). \tag{7}$$

Um zunächst die erste Gleichung zu beweisen, multiplizieren wir sie beiderseits mit $\dot{v}$

$$G\dot{v} = \frac{d(L-E)}{dv}\dot{v} = \frac{d(L-E)}{dt}.$$

Nehmen wir nun wie bisher an, daß die Verteilung der Ladung im Elektron eine derartige ist, daß der Gesamtimpuls des Feldes in der Richtung der Geschwindigkeit des Elektrons liegt, dann wird mit Hilfe der Gleichung (5) der vorangehenden Ziffer:

$$(\mathfrak{G}\dot{\mathfrak{v}}) = \frac{d(L-E)}{dt} = \frac{d(\mathfrak{v}\mathfrak{G} - W - E)}{dt}$$

$$\frac{d(W+E)}{dt} = (\mathfrak{v}\dot{\mathfrak{G}}).$$

Lassen wir wieder die mechanischen Glieder der Bewegungsgleichungen, die der LAGRANGEschen Mechanik selbstverständlich genügen, aus, so werden diese

$$\mathfrak{K} = \dot{\mathfrak{G}},$$

und daher unsere Gleichung

$$\frac{d(W+E)}{dt} = (\mathfrak{v}\mathfrak{K}).$$

Das ist aber die eben aufgestellte Energiegleichung.

Nun ist aber auch die zweite Gleichung leicht zu beweisen. Denn es ist mit Hilfe der bereits bewiesenen ersten:

$$vG - (L - E) = W + E\,,$$

also folgt aus ihr:

$$W = (\mathfrak{v}\mathfrak{G}) - L\,,$$

die eben verwendete Formel der vorigen Ziffer.

Ebenso folgen die Bewegungsgleichungen aus den LAGRANGEschen:

$$\frac{d}{dt}\frac{\partial(L-E)}{\partial v_i} - \frac{\partial L}{\partial x_i} = \mathfrak{K}_i\,.$$

Denn es ist

$$\frac{d}{dt}\frac{\partial(L-E)}{\partial v_i} = -\frac{d}{dt}\left(\frac{d(L-E)}{dv}\frac{\partial v}{\partial v_i}\right) = \frac{d}{dt}\left(G\frac{v_i}{v}\right) = \dot{G}_i\,.$$

Nun ist aber die LAGRANGEsche Funktion des Feldes eines translatorisch bewegten Elektrons nur von der Geschwindigkeit, nicht aber von den Koordinaten des Elektrons abhängig, daher ergeben die LAGRANGEschen Gleichungen

$$\dot{G}_i = K_i\,.$$

Das ist aber bis auf den mechanischen Teil unsere Bewegungsgleichung.

Mit diesen Formeln müssen wir nun die in Ziff. 15 gegebene Theorie der Bewegung eines Elektrons in einem homogenen magnetischen und elektrischen Feld ergänzen. Man erkennt ohne weiteres, daß mit Hilfe der in den Ziff. 4, 5 und 6 beschriebenen Versuche sowohl die longitudinale wie die transversale Gesamtmasse des Elektrons bestimmt werden kann. Mit Hilfe dieser Versuche kann aber auch die mechanische von der elektromagnetischen Masse getrennt werden. Denn die letztere ist, da G keine lineare Funktion von v ist, von der Geschwindigkeit abhängig und aus der Abhängigkeit der Gesamtmasse von v, die durch Versuche an verschieden schnell bewegten Partikeln bestimmt werden kann, ergibt sich das Verhältnis der beiden Massen.

Hierzu müssen wir freilich die Abhängigkeit der elektromagnetischen Masse von der Geschwindigkeit kennen. Da diese durch die Gestalt der Elektronen bestimmt ist, werden wir sie in den beiden folgenden Ziffern unter einfachen Annahmen über diese berechnen. Umgekehrt ergibt sich aber wieder aus dieser Verknüpfung, daß diese Versuche uns mit der elektromagnetischen Masse auch Aussagen über die Struktur des Elektrons, und da diese von den die Kohäsion des Elektrons bedingenden Kräften abhängt, auch über die innere Energie und diese Bindungskräfte ergeben.

Ein wesentliches Resultat dieser Versuche ist nun, daß die Masse der Kathodenstrahl- bzw. β-Teilchen sich als innerhalb der Fehlergrenzen der elektromagnetischen Masse eines negativen Elektrons gleich ergibt. Dieses Resultat, das darauf hinweist, daß die negativen Elektronen keine Masse im eigentlichen Sinne besitzen, sondern lediglich elektromagnetische Felder darstellen, erklärt nicht nur die auffallend kleine träge Masse dieser Korpuskeln, sondern macht uns auch verständlich, wieso diese Partikel in allen Elementen nachgewiesen werden konnten, ohne daß sich die Verschiedenheit der Ursprungsmaterie in einer Verschiedenheit der Elektronen äußert. Da diese nicht materieller Natur sind, haben sie auch keinen Anteil an der Verschiedenheit der Materie.

31. Das starre, kugelförmige Elektron. Die einfachste Annahme, die wir über die Dynamik des Elektrons machen können, ist die, das seine Energie und sein Impuls rein elektromagnetischen Ursprungs sind (ABRAHAM). Dies ist, wie man unmittelbar einsieht, dann der Fall, wenn die Ladungselemente des

Elektrons durch unendliche Kräfte in ihrer gegenseitigen Lage gehalten werden, das Elektron sich also wie ein starrer Körper bewegt. Wir wollen daher zuerst die elektromagnetische Masse eines starren kugelförmigen Elektrons (ABRAHAMsches Elektron) bestimmen.

Wir müssen nun noch festlegen, welcher Art die Abhängigkeit der Ladungsdichte von der Entfernung vom Mittelpunkt ist, und zwar werden wir zwei Fälle behandeln. Zuerst wollen wir die Ladung des Elektrons als Flächenladung ansehen, die gleichmäßig über seine Oberfläche verteilt ist. Dieser Fall ist in gewisser Beziehung ein besonders einfacher, da dieselbe Verteilung der Ladung auf der Oberfläche eines kugelförmigen Leiters auftritt. Um zunächst dies zu beweisen, verwenden wir die in Ziff. 29 angegebene Methode und führen unser Problem auf das entsprechende elektrostatische zurück. Danach ist die geladene Fläche des entsprechenden ruhenden elektrisch geladenen Körpers ein Rotationsellipsoid mit den Achsen $\frac{a}{\sqrt{1-v^2/c^2}}$, a, a, falls wir mit a den Radius des Elektrons bezeichnen. Die auf dieser Fläche herrschende Elektrizitätsverteilung erhalten wir, indem wir uns die Ladung des Elektrons zwischen zwei sehr nahe aneinander befindlichen Kugelflächen (a und $a - \Delta a$) verteilt denken. Dann ist in dem entsprechenden ruhenden System die Ladung zwischen den konzentrischen ähnlichen und ähnlich gelegenen Rotationsellipsoiden mit den Achsen $\frac{a}{\sqrt{1-v^2/c^2}}$, a, a bzw. $\frac{a-\Delta a}{\sqrt{1-v^2/c^2}}$, $a-\Delta a$, $a-\Delta a$ verteilt. Dies ist aber (s. Kap. 4, Ziff. 84) die auf einem leitenden Rotationsellipsoid herrschende Gleichgewichtsverteilung. Nun ist, wenn wir mit φ_0 das elektrostatische Potential des ruhenden Systems bezeichnen,

$$\Psi = \sqrt{1-\frac{v^2}{c^2}}\,\varphi_0 .$$

Es folgt daraus, daß im Inneren des ruhenden Rotationsellipsoides $\varphi_0 = \text{konst.}$ ist, für das Innere der bewegten Kugel $\Psi = \text{konst.}$ Daher ist auch die Kugeloberfläche eine Fläche konstanten Konvektionspotentials, und die Ladung befindet sich auf einem bewegten kugelförmigen Leiter im Gleichgewicht, wenn sie über seine Oberfläche gleichmäßig verteilt ist.

Nach Kap. 4, Ziff. 85 ist

$$\varphi_0 = \frac{e\sqrt{1-\frac{v^2}{c^2}}}{2a\frac{v}{c}} \ln \frac{x_0 + a\dfrac{v}{c\sqrt{1-\frac{v^2}{c^2}}} + r_1}{x_0 - a\dfrac{v}{c\sqrt{1-\frac{v^2}{c^2}}} + r_2},$$

wo x_0, y_0, z_0 die Koordinaten des ruhenden Systems, r_1 und r_2 die Abstände des betrachteten Aufpunktes von den Brennpunkten sind. Daher ist

$$-L = \frac{e}{2}\sqrt{1-\frac{v^2}{c^2}}\,\Psi(a) = \frac{e^2}{2a}\,\frac{1-\frac{v^2}{c^2}}{2\frac{v}{c}} \ln \frac{1+\frac{v}{c}}{1-\frac{v}{c}},$$

$$G = \frac{dL}{dv} = \frac{e^2}{2av}\left\{\frac{1+\frac{v^2}{c^2}}{2\frac{v}{c}} \ln \frac{1+\frac{v}{c}}{1-\frac{v}{c}} - 1\right\},$$

$$W = v\frac{dL}{dv} - L = \frac{e^2}{2a}\left\{\frac{c}{v}\ln\frac{1+\frac{v}{c}}{1-\frac{v}{c}} - 1\right\},$$

$$U = \frac{1}{2}(W - L) = \frac{e^2}{4a}\left\{\frac{3-\frac{v^2}{c^2}}{2\frac{v}{c}}\ln\frac{1+\frac{v}{c}}{1-\frac{v}{c}} - 1\right\},$$

$$T = \frac{1}{2}(W + L) = \frac{e^2}{4a}\left\{\frac{1+\frac{v^2}{c^2}}{2\frac{v}{c}}\ln\frac{1+\frac{v}{c}}{1-\frac{v}{c}} - 1\right\},$$

$$\begin{aligned} m_l &= \frac{e^2}{2ac^2}\cdot\frac{1}{\frac{v^2}{c^2}}\left\{-\frac{1}{\frac{v}{c}}\ln\frac{1+\frac{v}{c}}{1-\frac{v}{c}} + \frac{2}{1-\frac{v^2}{c^2}}\right\},\\ &= \frac{2e^2}{3ac^2}\left\{1 + \frac{6}{5}\frac{v^2}{c^2} + \frac{9}{7}\frac{v^4}{c^4} + \cdots\right\}, \end{aligned} \tag{8}$$

$$\begin{aligned} m_t &= \frac{e^2}{2ac^2}\,\frac{1}{\frac{v^2}{c^2}}\left\{\frac{1+\frac{v^2}{c^2}}{\frac{v}{c}}\ln\frac{1+\frac{v}{c}}{1-\frac{v}{c}} - 1\right\},\\ &= \frac{2e^2}{3ac^2}\left\{1 + \frac{6}{3\cdot 5}\frac{v^2}{c^2} + \frac{9}{5\cdot 7}\frac{v^4}{c^4} + \cdots\right\}. \end{aligned}$$

Ist die Bewegung des Elektrons eine so langsame, daß die Glieder mit v^2/c^2 bereits vernachlässigt werden können, so ist die longitudinale gleich der transversalen Masse des Elektrons. Für diese „Ruhmasse" des Elektrons erhalten wir daher

$$m_0 = \frac{2e^2}{3ac^2}. \tag{8a}$$

Aus ihr folgt

$$a = \frac{2}{3c^2}\cdot\frac{e}{m_0}\cdot e. \tag{8b}$$

Aus der spezifischen Ladung und der Ladung selbst kann man daher den Radius des ABRAHAMschen Elektrons berechnen. Er ergibt sich für Flächenladung aus den in den Ziff. 4 und 9 angegebenen Werten zu

$$a = 1{,}88\cdot 10^{-13}.$$

Wir wollen nun noch annehmen, daß die Ladung gleichmäßig über das ganze Volumen der Kugel verteilt ist. Dann ist auch in dem entsprechenden ruhenden System die Ladung über das ganze Volumen des Rotationsellipsoides gleichmäßig verteilt. Um die LAGRANGEsche Funktion dieses Elektrons zu berechnen, beweisen wir den folgenden Satz: Die elektrostatische Energie eines mit gleichförmiger Raumladung geladenen Ellipsoides (a, b, c) ist gleich der eines mit derselben Gesamtladung geladenen leitenden Ellipsoides (a, b, c), multipliziert mit $\frac{6}{5}$.

Nach Kap. 4, Ziff. 85 ist die elektrostatische Energie eines flächenhaft geladenen Ellipsoides

$$U = \frac{e^2}{4}\int\limits_0^\infty \frac{ds}{\sqrt{(a^2+s)(b^2+s)(c^2+s)}},$$

die eines räumlich gleichmäßig geladenen ist

$$U' = \frac{3}{8} e^2 \int_0^\infty \frac{ds}{\sqrt{(a^2+s)(b^2+s)(c^2+s)}} \iiint dv\, \varrho \left(1 - \frac{x^2}{a^2+s} - \frac{y^2}{b^2+s} - \frac{z^2}{c^2+s}\right),$$

$$= \frac{3}{8} e^2 \int_0^\infty \frac{ds}{\sqrt{(a^2+s)(b^2+s)(c^2+s)}} \left\{1 - \frac{1}{5}\left(\frac{a^2}{a^2+s} + \frac{b^2}{b^2+s} + \frac{c^2}{c^2+s}\right)\right\}.$$

Nun ist aber

$$\frac{\partial}{\partial a^2} \frac{1}{\sqrt{(a^2+s)(b^2+s)(c^2+s)}} = -\frac{1}{2} \frac{1}{\sqrt{(a^2+s)(b^2+s)(c^2+s)}\,(a^2+s)}$$

und da U eine homogene Funktion des Grades $-\frac{1}{2}$ von a^2, b^2 und c^2 ist:

$$a^2 \frac{\partial U}{\partial a^2} + b^2 \frac{\partial U}{\partial b^2} + c^2 \frac{\partial U}{\partial c^2} = -\frac{1}{2} U.$$

Daher ist, wie behauptet

$$U' = \tfrac{3}{2} U \left(1 - \tfrac{1}{5}\right) = \tfrac{6}{5} U.$$

Daher sind alle eben für das flächenhaft geladene ABRAHAMsche Elektron berechneten Werte mit $\frac{6}{5}$ zu multiplizieren, um die entsprechenden Werte für das räumlich geladene zu erhalten.

32. Das deformierbare Elektron. Auf Grund seiner Untersuchungen über die Optik bewegter Medien (vgl. den folgenden Artikel) kam H. A. LORENTZ[1]) zu der Ansicht, daß die Oberfläche des Elektrons ein Heavisideellipsoid ist, so daß das dem Elektron entsprechende ruhende System stets eine Kugel vom gleichen Radius a ist, deren Ladung sich gleichmäßig über ihre Oberfläche verteilt. Auch in diesem Falle ist also die Ladungsverteilung derart, als ob das Elektron ein leitender Körper wäre.

Da wir die innere Energie des Elektrons noch nicht kennen, können wir bei der Berechnung des elektromagnetischen Impulses nicht von der LAGRANGEschen Funktion des Elektrons $L - E$ ausgehen, sondern müssen hierzu die Feldstärken berechnen. Es ist, wenn wir die Bewegungsrichtung wieder in die X-Achse legen:

$$E_y = -\frac{\partial \Phi}{\partial y} = -\frac{1}{1 - \frac{v^2}{c^2}} \frac{\partial \Psi}{\partial y} = -\frac{1}{\sqrt{1 - \frac{v^2}{c^2}}} \frac{\partial \varphi_0}{\partial y},$$

$$E_z = -\frac{\partial \Phi}{\partial z} = -\frac{1}{\sqrt{1 - \frac{v^2}{c^2}}} \frac{\partial \varphi_0}{\partial z},$$

$$\mathfrak{H} = \frac{1}{c} [\mathfrak{v} \mathfrak{E}],$$

$$G_x = G = \frac{1}{4\pi c} \iiint dv \{E_y H_z - H_z E_y\} = \frac{v}{4\pi c^2} \iiint dv \{E_y^2 + E_z^2\},$$

$$= \frac{v}{4\pi c^2 \left(1 - \frac{v^2}{c^2}\right)} \iiint dv \left\{\left(\frac{\partial \varphi_0}{\partial y}\right)^2 + \left(\frac{\partial \varphi_0}{\partial z}\right)^2\right\}.$$

Für das Feld einer ruhenden Kugel ist aus Symmetriegründen:

$$\left(\frac{\partial \varphi_0}{\partial x}\right)^2 = \left(\frac{\partial \varphi_0}{\partial y}\right)^2 = \left(\frac{\partial \varphi_0}{\partial z}\right)^2.$$

[1]) H. A. LORENTZ, Theory of Electrons. § 210ff. Leipzig 1909.

Nach dem GREENschen Satz ist aber:

$$\iiint d v_0 \left\{\left(\frac{\partial \varphi_0}{\partial x}\right)^2 + \left(\frac{\partial \varphi_0}{\partial y}\right)^2 + \left(\frac{\partial \varphi_0}{\partial z}\right)^2\right\} = 4\pi \frac{e^2}{a} = 8\pi U_0 .$$

Daher ist wegen $dv = \sqrt{1 - \frac{v^2}{c^2}}\, dv_0$,

$$G = \frac{2}{3} \frac{v}{c^2 \sqrt{1 - \frac{v^2}{c^2}}} \frac{e^2}{a},$$

$$\left.\begin{aligned} m_l &= \frac{2}{3} \frac{e^2}{a c^2}\left(1 - \frac{v^2}{c^2}\right)^{-\frac{3}{2}}, \\ m_t &= \frac{2}{3} \frac{e^2}{a c^2}\left(1 - \frac{v^2}{c^2}\right)^{-\frac{1}{2}}. \end{aligned}\right\} \qquad (9)$$

Die Ruhmasse ist daher der des ABRAHAMschen Elektrons gleich, was, da die Gestalt des Elektrons ja für $v = 0$ in die des ABRAHAMschen übergeht, zu erwarten war. Dagegen ist die Abhängigkeit von der Geschwindigkeit eine andere.

Die innere Energie des Elektrons wurde von ABRAHAM[1]) berechnet. Nach Gleichung (7), Ziff. 30 ist

$$\frac{d(L - E)}{dv} = G = \frac{2}{3} \frac{e^2}{a} \frac{v}{c^2 \sqrt{1 - \frac{v^2}{c^2}}} .$$

Ferner ist nach Gleichung (4), Ziff. 29

$$-L = \sqrt{1 - \frac{v^2}{c^2}}\, U_0 = \frac{e^2}{2a}\sqrt{1 - \frac{v^2}{c^2}},$$

daher ist

$$\frac{dE}{dv} = -\frac{1}{6} \frac{e^2}{a c^2} \frac{v}{\sqrt{1 - \frac{v^2}{c^2}}} = -\frac{1}{3} \frac{dL}{dv},$$

$$E_{(v)} - E_0 = -\frac{1}{3}(L - L_0),$$

$$E_{(v)} = E_0 + \frac{e^2}{6a}\left(\sqrt{1 - \frac{v^2}{c^2}} - 1\right).$$

Die Deformation des LORENTZschen Elektrons geht also auf Kosten seiner inneren Energie vor sich.

Ein Mechanismus, der die Eigenschaften des LORENTZschen Elektrons wenigstens zum Teil erklärt, wurde von POINCARÉ angegeben. Dieser nimmt an, daß das Elektron aus einer dünnen, vollkommen biegsamen, elastischen Haut besteht, auf deren Flächeneinheit ein Zug vom Betrag

$$S = \frac{e^2}{8\pi a^4}$$

in der Richtung der inneren Normalen ausgeübt wird. Das LORENTZsche Elektron befindet sich dann tatsächlich im Gleichgewicht. Denn wenn sich das Elektron in Ruhe befindet, herrscht an seiner Oberfläche die Feldstärke

$$\mathfrak{E} = \frac{e}{a^2}\mathfrak{r}_1,$$

[1]) M. ABRAHAM, Phys. ZS. Bd. 5, S. 576. 1904.

der ein Zug pro Flächeneinheit im Betrage

$$\frac{1}{8\pi} E^2 = \frac{e^2}{8\pi a^4}$$

in der Richtung der äußeren Normalen entspricht. Um zu zeigen, daß die angenommene Kraft das Gleichgewicht auch für das bewegte Elektron herstellt, zerlegen wir die an das Flächenelement angreifende Kraft nach den Koordinatenachsen in drei Komponenten S_x, S_y, S_z. Hierzu müssen wir das Flächenelement in die drei Ebenen yz, zx, und xy projizieren. Da der Zug auf die Flächeneinheit konstant bleibt, ändern sich diese Komponenten mit der Bewegung des Elektrons nur infolge seiner Deformation. Es sind also die für das ruhende Elektron geltenden Komponenten mit 1, $\sqrt{1-v^2/c^2}$, $\sqrt{1-v^2/c^2}$ zu multiplizieren. Sie ändern sich daher ebenso wie die an das Element angreifenden elektromagnetischen Kraftkomponenten. Das Gleichgewicht wird daher aufrechterhalten[1].

Es ergibt sich auch die richtige Abhängigkeit der inneren Energie von der Geschwindigkeit[1]. Die von den Spannungskräften während der Deformation um das Volumen dv geleistete Arbeit ist:

$$S\,dv.$$

Die von den Spannungen geleistete Arbeit ist gleich der Abnahme der potentiellen Energie dieser Kräfte. Daher wird, wenn wir E mit dieser identifizieren:

$$E = Sv + \text{konst.} = \frac{c^2}{8\pi a^4}\cdot\left(\frac{4}{3}\pi a^3\left\{1-\frac{v^2}{c^2}\right\}^{\frac{1}{2}}\right) + \text{konst.} = \frac{e^2}{6a}\sqrt{1-\frac{v^2}{c^2}} + \text{konst.}$$

in Übereinstimmung mit dem oben gefundenen Werte.

Dennoch ist der von POINCARÉ angegebene Mechanismus ungenügend, da er nicht die volle Stabilität des Elektrons verbürgt[2]. Um dies nachzuweisen, untersuchen wir die Stabilitätsverhältnisse am ruhenden Elektron, da ja nach den eben gemachten Ausführungen diese den Verhältnissen am bewegten Elektron entsprechen. Ändern wir zunächst nur das Volumen, nicht aber die Gestalt des Elektrons, so ist das Gleichgewicht stabil. Denn während die an die Oberfläche angreifenden elektrischen Kräfte abnehmen, bleiben die Zugkräfte nach unserer Annahme konstant, ziehen also die Oberfläche wieder hinein. Dagegen ist das Elektron gegen Formänderungen nicht stabil. Deformieren wir das Elektron derart, daß seine Oberfläche ein gestrecktes Rotationsellipsoid wird, daß aber die Größe und die Ladung des Flächenelementes bei der Deformation nicht geändert wird. Dann folgt aus Kap. 4, Ziff. 84, daß im Inneren des Rotationsellipsoids die elektrische Feldstärke nicht verschwindet. Es wirkt auf den einen Pol ein elektrischer Zug vom Betrag $\frac{1}{8\pi}q^2$ nach innen und ein Zug vom Betrag $\frac{1}{8\pi}(q+\sigma)^2$ nach außen. Die Differenz ist $\frac{1}{8\pi}\sigma^2 + \frac{1}{4\pi}q\sigma$. Sie kann daher durch den angenommenen elastischen Zug vom Betrag $\frac{1}{8\pi}\sigma^2$ nach innen nicht kompensiert werden. (σ ist der Sprung der Feldstärke beim Passieren der Oberfläche, q ihr Wert an der Innenseite.) Die große Achse des Rotationsellipsoids wird daher noch mehr verlängert.

Eine andere Annahme über die Deformation des Elektrons bei seiner Bewegung wurde von BUCHERER[3]) gemacht: Das Elektron nimmt zwar wieder die

[1]) H. POINCARÉ, Rend. del. circ. math. di Palermo Bd. 21, S. 129. 1906.

[2]) H. A. LORENTZ, The Theory of Electrons. S. 215.

[3]) A. H. BUCHERER, Mathematische Einführung in die Elektronentheorie. S. 57ff. Leipzig 1904; P. LANGEVIN, Rev. gén. des scienc. pures et appl. Bd. 16, S. 257. 1905.

Gestalt eines Heavisideellipsoides an, doch soll bei der Bewegung diesmal das Volumen konstant bleiben. Bezeichnet daher a_0 den Radius des ruhenden Elektrons, so sind die Halbachsen des bewegten Elektrons

$$a_0\left(1-\frac{v^2}{c^2}\right)^{\frac{1}{3}}, \qquad a_0\left(1-\frac{v^2}{c^2}\right)^{-\frac{1}{6}}, \qquad a_3\left(1-\frac{v^2}{c^2}\right)^{-\frac{1}{6}}.$$

Da das entsprechende ruhende elektrostatische System nunmehr eine Kugel vom Radius $\frac{a_0}{\sqrt[6]{1-v^2/c^2}}$ ist, so ist

$$G=\frac{2}{3}\frac{e}{a_0 c^2}\frac{v}{\sqrt[3]{1-\frac{v^2}{c^2}}},$$

$$L=-\frac{e^2}{2a_0}\sqrt[3]{1-\frac{v^2}{c^2}}^{2},$$

$$m_l=\frac{2e^2}{3a_0c^2}\left(1-\frac{v^2}{c^2}\right)^{-\frac{4}{3}}\left(1-\frac{1}{3}\frac{v^2}{c^2}\right), \tag{10}$$

$$m_t=\frac{2e^2}{3a_0c^2}\left(1-\frac{v^2}{c^2}\right)^{-\frac{1}{3}}.$$

Die innere Energie des BUCHERERschen Elektrons ist von der Geschwindigkeit unabhängig:

$$\frac{dE}{dv}=\frac{dL}{dv}-G=\emptyset.$$

Von den angegebenen Formeln für die elektromagnetische Masse der Elektronen stimmen die LORENTZschen am besten mit den Beobachtungen an schnell bewegten Elektronen überein. Überdies ist das LORENTZsche Elektron das einzige, mit Hilfe dessen die optischen Erscheinungen in bewegten Medien erklärt werden können (vgl. Kap. 3).

33. Die Rückwirkung der Wellenstrahlung auf ein ungleichförmig bewegtes Elektron. Wir haben die Rückwirkung des Eigenfeldes auf das Elektron dadurch berechnet, daß wir die aus ihr folgende Kraft gleichgesetzt haben der negativen zeitlichen Änderung des elektromagnetischen Gesamtimpulses des Feldes des Elektrons. Dabei haben wir die Bewegung als quasistationär angesehen und daher bei der Berechnung des Impulses und der Energie des Feldes die betreffenden Größen aus den Feldern berechnet, die zu der jeweiligen Geschwindigkeit des Elektrons im stationären Falle gehören würden, also den Einfluß der Wellenstrahlung, die das Elektron nach Ziff. 21 bei ungleichförmiger Bewegung aussendet, vernachlässigt.

Nunmehr soll dieser mit der in der angeführten Ziffer eingehaltenen Näherung berücksichtigt werden. Bezeichnen wir die aus der Rückwirkung dieses Teiles des Feldes entspringende Kraft mit $\mathfrak{K}_s$, so wird nach Gleichung (5), Ziff. 23 der Impulssatz

$$\int_{t_1}^{t_2}\mathfrak{K}_s\,dt=-\frac{2e^2}{3c^5}\int_{t_1}^{t_2}dt\left\{\frac{\dot{\mathfrak{v}}^2}{\left(1-\frac{v^2}{c^2}\right)^2}+\frac{(\mathfrak{v}\dot{\mathfrak{v}})^2}{c^2\left(1-\frac{v^2}{c^2}\right)^3}\right\}\mathfrak{v}$$

und der Energiesatz

$$\int_{t_1}^{t_2}(\mathfrak{v}\mathfrak{K}_s)\,dt=-\frac{2}{3}\frac{e^2}{c^3}\int_{t_1}^{t_2}dt\left\{\frac{\dot{v}^2}{\left(1-\frac{v^2}{c^2}\right)^2}+\frac{(\mathfrak{v}\dot{\mathfrak{v}})^2}{c^2\left(1-\frac{v^2}{c^2}\right)^3}\right\},$$

wenn wir annehmen, daß das Elektron zur Zeit t_1 die Geschwindigkeit $\mathfrak{v}_1$ besessen hat und bis zur Zeit t_2, zu der es die Geschwindigkeit $\mathfrak{v}_2$ angenommen hat, eine beschleunigte Bewegung ausführt.

Als Lösung dieser Integralgleichungen setzen wir[1])

$$\mathfrak{K}_s = \frac{2}{3}\frac{e^2}{c^2}\left\{\frac{\ddot{\mathfrak{v}}}{\left(1-\frac{v^2}{c^3}\right)} + \frac{\mathfrak{v}(\mathfrak{v}\mathfrak{v})}{c^2\left(1-\frac{v^2}{c^2}\right)^2} + 3\frac{\dot{\mathfrak{v}}(\mathfrak{v}\dot{\mathfrak{v}})}{c^2\left(1-\frac{v^2}{c^2}\right)^2} + 3\frac{\mathfrak{v}(\mathfrak{v}\dot{\mathfrak{v}})^2}{c^4\left(1-\frac{v^2}{c^2}\right)^3}\right\} \tag{11}$$

an. Um zu zeigen, daß dieser Ausdruck tatsächlich eine Lösung darstellt, bilden wir zunächst sein Zeitintegral. Nun ist aber:

$$\int_{t_1}^{t_2}\frac{\ddot{\mathfrak{v}}}{\left(1-\frac{v^2}{c^2}\right)} = \left.\frac{\dot{\mathfrak{v}}}{1-\frac{v^2}{c^2}}\right|_{t_1}^{t_2} - \int_{t_1}^{t_2} dt\, 2\frac{\dot{\mathfrak{v}}(\mathfrak{v}\dot{\mathfrak{v}})}{c^2\left(1-\frac{v^2}{c^2}\right)^2},$$

$$\int_{t_1}^{t_2} dt\frac{\mathfrak{v}(\mathfrak{v}\ddot{\mathfrak{v}})}{c^2\left(1-\frac{v^2}{c^2}\right)^2} = \left.\frac{\mathfrak{v}(\mathfrak{v}\dot{\mathfrak{v}})}{c^2\left(1-\frac{v^2}{c^2}\right)^2}\right|_{t_1}^{t_2} - \int_{t_1}^{t_2} dt\frac{\mathfrak{v}\dot{v}^2}{c^2\left(1-\frac{v^2}{c^2}\right)^2} + \frac{\dot{\mathfrak{v}}(\mathfrak{v}\dot{\mathfrak{v}})}{c^2\left(1-\frac{v^2}{c^2}\right)^2} + 4\frac{\mathfrak{v}(\mathfrak{v}\dot{\mathfrak{v}})^2}{c^4\left(1-\frac{v^2}{c^2}\right)^3}.$$

Da die Bewegung vor der Zeit t_1 und nach t_2 kräftefrei, also mit gleichförmiger Geschwindigkeit vor sich gehen soll, verschwinden die ersten Glieder der beiden rechten Seiten und daher ist die Impulsgleichung erfüllt. Die Energiegleichung wird mit unserem Ansatz

$$\int_{t_1}^{t_2} dt\left\{\frac{\mathfrak{v}\ddot{\mathfrak{v}}}{\left(1-\frac{v^2}{c^2}\right)^2} + 3\frac{(\mathfrak{v}\dot{\mathfrak{v}})^2}{c^2\left(1-\frac{v^2}{c^2}\right)^3}\right\} = -\int_{t_1}^{t_2} dt\left\{\frac{\dot{v}^2}{\left(1-\frac{v^2}{c^2}\right)^2} + \frac{(\mathfrak{v}\dot{\mathfrak{v}})^2}{c^2\left(1-\frac{v^2}{c^2}\right)^3}\right\}$$

und ist daher wegen

$$\int_{t_1}^{t_2} dt\frac{\mathfrak{v}\ddot{\mathfrak{v}}}{\left(1-\frac{v^2}{c^2}\right)^2} = \left.\frac{\mathfrak{v}\dot{\mathfrak{v}}}{\left(1-\frac{v^2}{c^2}\right)^2}\right|_{t_1}^{t_2} - \int_{t_1}^{t_2} dt\left\{\frac{\dot{\mathfrak{v}}^2}{\left(1-\frac{v^2}{c^2}\right)^2} + 4\frac{(\mathfrak{v}\dot{\mathfrak{v}})^2}{c^4\left(1-\frac{v^2}{c^2}\right)^3}\right\}$$

ebenfalls erfüllt.

Damit haben wir die Möglichkeit erhalten, nachzuprüfen, ob eine gewisse Bewegung des Elektrons als quasistationär angesehen werden kann. Dies ist offenbar immer dann der Fall, wenn $\mathfrak{K}_s$ gegen die elektromagnetische Trägheit vernachlässigt werden kann.

Beispielsweise untersuchen wir die Bewegung eines Elektrons in einem homogenen Magnetfeld. Nach Ziff. 15 ist die Bahn eines solchen Elektrons eine Kreisschraube. Zerlegen wir die Geschwindigkeit in eine Komponente in der Richtung der Schraubenachse $\mathfrak{v}_{\parallel}$ und die hierzu normale $\mathfrak{v}_{\perp}$. Nach Ziff. 15 ist $\mathfrak{v}_{\parallel}$ und $v_{\perp}$ konstant, die Beschleunigung steht daher auf der Geschwindigkeit normal:

$$(\mathfrak{v}\dot{\mathfrak{v}}) = 0.$$

Ferner ist bekanntlich bei einer solchen Bewegung

$$\ddot{\mathfrak{v}} = -\mathfrak{v}_{\perp}\frac{v_{\perp}^2}{R^2},$$

[1]) M. Abraham, Theorie der Elektrizität. II. Bd.; G. A. Schott, Electromagn. Radiation.

wo R den Radius des Kreises darstellt, den das Elektron in der zur Achse senkrechten Ebene beschreibt. Die Reaktionskraft des Feldes der emittierten Wellenstrahlung wird daher

$$\mathfrak{R}_s = -\frac{2}{3}\frac{e^2}{c^3}\left\{\mathfrak{v}_\perp \frac{v_\perp^2}{R^2\left(1-\frac{v^2}{c^2}\right)} + \mathfrak{v}\frac{v_\perp^4}{c^2\left(1-\frac{v^2}{c^2}\right)^2 R^2}\right\}$$

$$= -\frac{2}{3}\frac{e^2}{c^3}\left\{\mathfrak{v}_\parallel \frac{v_\perp^2}{\left(1-\frac{v^2}{c^2}\right)}\cdot\frac{v_\perp^2}{R^2} + \mathfrak{v}_\perp \frac{\left(1-\frac{v_\parallel^2}{c^2}\right)}{\left(1-\frac{v^2}{c^2}\right)^2}\frac{v_\perp^2}{R^2}\right\}.$$

Durch die Ausstrahlung wird daher sowohl die Bewegung in der Richtung der Schraubenachse wie die in der zu ihr senkrechten Ebene erfolgende Kreisbewegung des Elektrons gebremst. Allerdings ist jene Wirkung mit dieser nur bei sehr großen Geschwindigkeiten vergleichbar. Wir vergleichen die Trägheitswirkung des Feldes, die ja nur in der Kreisbewegung auftritt, mit der Reaktionskraft der Strahlung für den Fall der Kreisbewegung. Dann ist

$$\mathfrak{v} = \mathfrak{v}_\perp,$$

$$\mathfrak{R}_s = -\frac{2}{3}\frac{e^2}{c^3}\frac{v^2}{R^2\left(1-\frac{v^2}{c^2}\right)^2}\mathfrak{v}$$

und die Trägheitswirkung für ein LORENTZsches Elektron [Gleichung (9), Ziff. 32]

$$\frac{2}{3}\frac{e^2}{a c^2}\frac{v^2}{R\sqrt{1-\frac{v^2}{c^2}}}.$$

Das gesuchte Verhältnis wird daher

$$\frac{a}{R}\frac{v}{c\left(1-\frac{v^2}{c^2}\right)^{\frac{3}{2}}}.$$

Nun ist nach Ziff. 31 $a \sim 2\cdot 10^{-13}$ cm, während bei allen Experimenten $R > 10^{-1}$ cm ist. Die Reaktionskraft der Strahlung kann daher immer vernachlässigt werden.

34. Die Schwingungen eines Dipols. In Ziff. 24 haben wir gesehen, daß ein neutrales Molekül mit wechselnder elektrischer Polarisation ein Feld erregt, das in der Wellenzone eine reine elektromagnetische Welle darstellt, und daher als Modell für die Erklärung der Lichtemission in Betracht kommt. Der einfachste Fall eines solchen Moleküls ist ein Dipol, der aus je einem positiv und einem negativ geladenen Teilchen besteht, die durch eine elastische Kraft aneinander gebunden sind. Der Mechanismus dieser Bindung ist unbekannt. Lassen wir aber das System nur kleine Schwingungen um die stabile Lage ausführen, so bedeutet die Annahme, daß die Bindungskraft proportional der Entfernung des Elektrons aus der Ruhelage ist nur, daß diese Lage einem stabilen Gleichgewicht entspricht.

Nehmen wir noch weiter an, daß der Dipol aus einem negativen Elektron im engeren Sinne (Kathodenstrahlteilchen) und einem positiven Ion besteht, so folgt aus dem großen Massenunterschied der beiden Partikel sofort, daß das Ion praktisch in Ruhe bleibt, während das Elektron die Schwingungsbewegung ausführt. Seine Bewegungsgleichungen lauten:

$$m_0\ddot{x} = -f x, \qquad x = a_0\cos(\nu_0 t + t_0),$$

$$m_0\ddot{y} = -f y, \qquad y = a_0'\cos(\nu_0 t + t_0'),$$

$$m_0\ddot{z} = -f z, \qquad z = a_0''\cos(\nu_0 t + t_0''),$$

wobei die Frequenz der emittierten Welle

$$\nu_0 = \sqrt{\frac{f}{m_0}}.$$

Dabei haben wir die elektromagnetische Masse gleich der Ruhemasse gesetzt und daher den Unterschied zwischen longitudinaler und transversaler Masse und damit die Glieder von der Größenordnung v^2/c^2 an vernachlässigt.

Das Feld ergibt sich nach Gleichung (3a) und (3b), Ziff. 24, als das eines HERTZschen Oszillators. Der Dipol strahlt daher monochromatisches Licht aus. Da er dabei ständig Energie an das Feld abgibt, kann seine Bewegung keine rein periodische sein. Wir müssen daher in der Bewegungsgleichung die Strahlungsreaktion berücksichtigen, um die Dämpfung der Schwingungen zu berechnen. In der gemachten Näherung ist[1]) nach Gleichung (11), Ziff. 33

$$\mathfrak{R}_s = \frac{2}{3}\frac{e^2}{c^3}\ddot{\mathfrak{v}}.$$

Da die aus diesem Glied folgende Dämpfung sehr gering ist, brauchen wir die Bewegungsgleichung

$$m_0\ddot{\mathfrak{r}} = -f\mathfrak{r} + \frac{2}{3}\frac{e^2}{c^3}\dddot{\mathfrak{r}} \tag{12}$$

nicht zu integrieren, da es genügt, die mittlere Dämpfung während einer ganzen Schwingung zu berücksichtigen. Nun ist aber die Schwingungsenergie des Dipols

$$w = m_0 v^2$$

der Energieverlust durch die Strahlung in erster Näherung nach Gleichung (5), Ziff. 23

$$-\frac{dw}{dt} = \frac{2}{3}\frac{e^2}{c^3}\dot{v}^2.$$

Daher, und da wir in genügender Annäherung $\overline{\dot{v}^2}/\overline{v^2} = \nu_0^2$ setzen können, gilt für die Abnahme der mittleren Energie die Differentialgleichung

$$-\frac{d\overline{w}}{dt} = \frac{2}{3}\frac{e^2}{m_0 c^3}\nu_0^2\overline{w} = \varkappa\overline{w},$$

$$\overline{w} = e^{-\varkappa t}.$$

Für die Abnahme der Strahlungsenergie mit der Entfernung ist t durch r/c zu ersetzen. Es wird daher

$$\overline{w} = e^{-\frac{\varkappa}{c}r}.$$

Nach dieser Formel sollte eine Interferenz der Lichtstrahlen noch bei bedeutend größeren Gangunterschieden stattfinden, als dies tatsächlich der Fall ist. Allerdings tritt zu der Dämpfung durch die Strahlungsreaktion noch der Einfluß der benachbarten Moleküle (vgl. Ziff. 41).

Wir wollen jetzt den Einfluß eines homogenen magnetischen Feldes auf die Schwingungen des Elektrons untersuchen, wobei wiederum die Glieder höherer als erster Ordnung in v/c und die Rückwirkung der emittierten Strahlung vernachlässigt werden soll. Die Richtung der magnetischen Kraft sei der Z-Achse parallel. Dann sind die Bewegungsgleichungen des Elektrons

$$m_0\ddot{x} = -fx + \frac{eH_z}{c}\dot{y}, \qquad x = a_1\cos(\nu_1 t + t_1) + a_2\cos(\nu_2 t + t_2),$$

$$m_0\ddot{y} = -fy - \frac{eH_z}{c}\dot{x}, \qquad y = -a_1\sin(\nu_1 t + t_1) + a_2\sin(\nu_2 t + t_2),$$

$$m_0\ddot{z} = -fz, \qquad z = a_0\cos(\nu_0 t + t_0),$$

---

[1]) H. A. LORENTZ, Arch. Néerland. Bd. 75, S. 363. 1892; Enz. d. math. Wiss. Bd. V, S. 14, Ziff. 20.

wobei

$$\nu_1^2 - \frac{e H_z}{m_0 c} \nu_1 = \nu_0^2 ,$$

$$\nu_2^2 + \frac{e H_z}{m_0 c} \nu_2 = \nu_0^2 .$$

Über die freie Schwingung des Elektrons lagern sich zwei Kreisbewegungen. Da das umlaufende Elektron negativ geladen ist, entspricht die höhere Kreisfrequenz ν_1 dem in unserem Rechtssystem im positiven Umlaufssinn durchlaufenen Kreise. Aus den Gleichungen (3a) der Ziff. 24 ist das ausgesandte Strahlungsfeld leicht zu entnehmen. Zu dem Felde in einem Punkte der (positiven) Z-Achse trägt die Schwingung des Elektrons in der Richtung dieser Achse nichts bei. Dagegen ergeben die beiden Kreisschwingungen dort je eine zirkular polarisierte Welle, und zwar ist die Welle mit der Frequenz ν_2 links-, die andere rechtszirkular polarisiert. In einem Punkte der X-Achse sind nur die Wellen merkbar, die durch die Schwingungen in der Richtung der Z- und Y-Achse entstehen. Das Feld setzt sich daher dort aus drei linear polarisierten Wellen der Frequenzen ν_0, ν_1 und ν_2 zusammen. In einem Punkt der Y-Achse ist das Feld natürlich ebenso zusammengesetzt.

Die Auflösung der Formeln für die Frequenzen ergibt:

$$\left.\begin{aligned} \nu_1 &= \frac{e}{m_0 c} H_z + \sqrt{\frac{f}{m_0} + \frac{1}{4}\left(\frac{e m_0}{c} H_z\right)^2} \sim \nu_0 + \frac{e}{m_0 c} H_z , \\ \nu_2 &= -\frac{e}{m_0 c} H_z + \sqrt{\frac{f}{m_0} + \frac{1}{4}\left(\frac{e m_0}{c} H_z\right)^2} \sim \nu_0 - \frac{e}{m_0 c} H_z , \end{aligned}\right\} \tag{13}$$

da $\frac{e}{mc} H_z \ll \frac{f}{m}$. Wie in Ziff. 8 bereits erwähnt, wurde ein derartiger Einfluß eines Magnetfeldes auf die emittierte Strahlung von ZEEMAN festgestellt. Die Polarisationsverhältnisse der in der Richtung des Magnetfeldes emittierten Strahlung ergaben sich so wie hier angegeben, woraus folgt, daß tatsächlich die Lichtemission durch die Bewegung der negativen Elektronen hervorgerufen wird. Ebenso ergibt sich die spezifische Ladung aus der letzten Formel gleich der der Kathodenstrahlteilchen. Allerdings tritt im allgemeinen eine bedeutend kompliziertere Aufspaltung der Spektrallinien auf (vgl. den Artikel „Emission" in Bd. XXI).

35. Das rotierende Elektron. Wir haben uns bisher nur mit der Translationsbewegung der Elektronen beschäftigt. Nunmehr betrachten wir die Rotation des Elektrons. Dabei beschränken wir uns gleich auf die negativen Elektronen im engeren Sinne, vernachlässigen also die mechanische Trägheit. Ist $\mathfrak{U}$ das von den äußeren Kräften ausgeübte Drehmoment, so ist die Bewegungsgleichung

$$\mathfrak{U} = \dot{\mathfrak{Y}},$$

wo $\mathfrak{Y}$ den elektromagnetischen Drehimpuls des Feldes des Elektrons bedeutet.

Wir berechnen diesen für ein ABRAHAMsches Elektron, das mit der Winkelgeschwindigkeit $\mathfrak{u}$ rotiert[1]). Ist diese so klein, daß wir v^2/c^2 bereits gegen Eins vernachlässigen können, so gelten unsere Formeln, wie aus der Ziff. 32 unmittelbar hervorgeht, in erster Näherung auch für das LORENTZsche bzw. BUCHERERsche Elektron, für das die entsprechenden exakten Formeln noch nicht abgeleitet werden konnten.

Wir bestimmen zuerst den elektromagnetischen Drehimpuls eines flächenhaft geladenen ABRAHAMschen Elektrons (Flächendichte $\sigma = e/4\pi a^2$). Das äußere

[1]) M. ABRAHAM, Ann. d. Phys. Bd. 10, S. 151. 1903.

elektrische Feld ist das statische Feld der im Mittelpunkt (von dem auch der Vektor $\mathfrak{r}$ gezogen wird) konzentriert gedachten Ladung:

$$\mathfrak{E}_a = \frac{e}{r^2}\mathfrak{r}_1,$$

im Inneren verschwindet die elektrische Feldstärke infolge des Sprunges an der Oberfläche

$$\mathfrak{E}_i = 0\,.$$

Das magnetische Feld außerhalb des Elektrons ist nach Gleichung (7), Ziff. 25, das eines magnetischen Dipols vom Moment

$$\mathfrak{m} = \frac{\sigma}{2c}\iint[\mathfrak{r}\mathfrak{v}]\,dF = \frac{e a^2}{3c}\mathfrak{u}\,,$$

$$\mathfrak{H}_a = \frac{1}{r^3}(3\mathfrak{r}_1(\mathfrak{m}\mathfrak{r}_1) - \mathfrak{m})\,.$$

Das Feld im Inneren erhält man leicht, wenn man bedenkt, daß an der Oberfläche

$$(\mathfrak{H}_a\mathfrak{n}) = (\mathfrak{H}_i\mathfrak{n})\,,$$

während im Inneren das magnetische Feld quellen- und wirbelfrei ist:

$$\mathfrak{H}_i = \frac{2\mathfrak{m}}{a^3}\,.$$

Der elektromagnetische Drehimpuls verschwindet daher im Inneren und ergibt sich zu:

$$\left.\begin{aligned} \mathfrak{Y} &= \frac{1}{4\pi c}\iiint dv\,[\mathfrak{r}[\mathfrak{E}\mathfrak{H}]] = \frac{2e\mathfrak{m}}{3\cdot 4\pi c}\int\limits_a^\infty\int\limits_0^\pi\int\limits_0^{2\pi} dr\,d\vartheta\,d\varphi\,\frac{\sin\vartheta}{r^2}\,,\\ &= \frac{2}{3}\,\frac{e}{ca}\,\mathfrak{m} = \frac{c\,m_0}{e}\,\mathfrak{m}\,,\\ &= \tfrac{1}{3}\,m_0\,a^2\,\mathfrak{u}\,. \end{aligned}\right\} \qquad (14)$$

(Berechnung von m_0 s. Ziff. 31.)

Führen wir die mechanische Analogie weiter, so müssen wir aus dieser Formel schließen, daß das rotierende Elektron ein Trägheitsmoment vom Betrag

$$\tfrac{1}{3}\,m_0\,a^2$$

besitzt. Danach wäre seine kinetische Energie

$$T = \tfrac{1}{6}\,m_0\,a^2\,u^2\,.$$

Nun ist aber nach unserer (MAXWELLschen) Auffassung die kinetische Energie des Elektrons gleich der magnetischen Energie seines Feldes. Diese aber ist

$$\begin{aligned} T &= \frac{1}{8\pi}\iiint dv\,\mathfrak{H}^2 = \frac{1}{8\pi}\int\limits_a^\infty\int\limits_0^\pi\int\limits_0^{2\pi}\frac{\sin\vartheta\,dr\,d\vartheta\,d\varphi}{r^4}\{3(\mathfrak{m}\mathfrak{r}_1)\mathfrak{r}_1 - \mathfrak{m}\}^2 + \frac{1}{8\pi}\,\frac{4\mathfrak{m}^2}{a^6}\,\frac{4\pi}{3}\,a^3\\ &= \frac{\mathfrak{m}^2}{a^3} = \frac{1}{6}\,m_0\,a^2\,u^2 \end{aligned}$$

in Übereinstimmung mit der eben gemachten Analogie. Allerdings ist zu bemerken, daß das Trägheitsmoment einer Massenkugelschale der gleichförmigen Dichte $m/4\pi a^2$ doppelt so groß ist.

Führen wir dieselben Rechnungen für ein ABRAHAMsches Elektron mit gleichförmiger Volumladung durch. Das elektrische Feld ist wieder das statische einer solchen Kugel

$$\mathfrak{E}_a = \frac{e}{r^2}\mathfrak{r}_1 ,$$

$$\mathfrak{E}_i = \frac{e}{a^3}\mathfrak{r} .$$

Das magnetische Feld ergibt sich durch sinngemäße Anwendung der eben angegebenen Formeln zu:

$$\mathfrak{m} = \frac{\varrho\mathfrak{u}}{2c}\int_0^a\int_0^\pi\int_0^{2\pi} r^4 (1 - \cos\vartheta)\sin\vartheta\, dr\, d\vartheta\, d\varrho = \frac{e a^2}{5c}\mathfrak{u} ,$$

$$\mathfrak{H}_a = \frac{1}{r^3}(3\mathfrak{r}_1(\mathfrak{m}\mathfrak{r}_1) - \mathfrak{m}) ,$$

$$\mathfrak{H}_i = \frac{1}{a^5}(3\mathfrak{r}(\mathfrak{m}\mathfrak{r}) + \mathfrak{m}(5a^2 - 6r^2)) .$$

Es tritt also in diesem Falle zu dem gleichbleibenden Drehimpuls des äußeren Feldes der Drehimpuls des inneren, der ebenfalls aus Symmetriegründen zu $\mathfrak{u}$ parallel ist

$$\begin{aligned} \mathfrak{Y}_i &= \frac{1}{4\pi c}\,\frac{e}{a^8}\int_0^a\int_0^\pi\int_0^{2\pi}[\mathfrak{r}\,[\mathfrak{r}\,(5a^2 - 6r^2)\,\mathfrak{m}]]\,r^2\sin\vartheta\, dr\, d\vartheta\, d\varrho , \\ &= \frac{1}{4\pi c}\,\frac{e}{a^8}\int_0^a\int_0^\pi\int_0^{2\pi} r^4 (5a^2 - 6r^2)\,\mathfrak{m}\sin^3\vartheta\, dr\, d\vartheta\, d\varrho , \\ &= -\frac{2}{3}\cdot\frac{e}{ca}\cdot\frac{\mathfrak{m}}{7} \end{aligned}$$

hinzu. Insgesamt ist daher

$$\left.\begin{aligned} \mathfrak{Y} &= \left(\frac{1}{3} - \frac{1}{21}\right)\frac{2e}{ca}\,\mathfrak{m} = \frac{4}{7}\,\frac{e}{ca}\,\mathfrak{m} , \\ &= \frac{5c\,m_0}{7e}\,\mathfrak{m} , \\ &= \tfrac{1}{7}\,m_0 a^2\mathfrak{u} . \end{aligned}\right\} \qquad (14\text{a})$$

Das elektromagnetische Trägheitsmoment des ABRAHAMschen Elektrons mit Volumladung beträgt daher $\frac{1}{7}m_0 a^2$.

Führt das Elektron gleichzeitig eine Translation und eine Rotation aus, so komplizieren sich die Bewegungsgleichungen bedeutend. Die Behandlung dieses Falles erfolgt am besten mit Hilfe der Relativitätstheorie.

III. Die elektromagnetischen Eigenschaften der Materie.

a) Die Mittelwerte der Feldgrößen und ihr Zusammenhang mit den MAXWELLschen Feldgrößen.

36. Mikroskopisches und makroskopisches Feld. Die Mittelwerte der Feldgrößen. Wir haben unter IIa die Felder einzelner Elektronen und einfacher Molekültypen aus den in Ib angegebenen Feldgleichungen berechnet und in IIb die aus diesen Feldern und dem Ansatz für die ponderomotorische Kraft (Ziff. 15) folgenden Bewegungsgesetze untersucht. Die so gewonnenen Formeln ließen sich an der Erfahrung überprüfen. Zwar lassen sich Experimente mit einem einzigen Elektron oder einem einzigen Molekül nicht durchführen, wir können aber annehmen, daß die einzelnen Kathodenstrahlteilchen in ihrer Bewegung bzw. ein Molekül bei der Lichtemission von den anderen vorhandenen Teilchen soweit unbeeinflußt wird, daß wir die betreffenden Erscheinungen (Ablenkung der Kathodenstrahlteilchen, Emission von Röntgenstrahlen, Zeemaneffekt) als einfache Summierung der Einzeleffekte auffassen können. Allerdings liegt der einzige Beweis für die Zulässigkeit dieser Annahme in der Übereinstimmung der Beobachtung mit den entwickelten Formeln.

Die eigentliche Bedeutung der bisher durchgeführten Untersuchungen liegt aber darin, daß sie geeignet sind, eine Grundlage für die in Ziff. 1 gestellte Aufgabe zu bilden, die elektromagnetischen Eigenschaften der Materie aus der elektrischen und mechanischen Struktur der Moleküle abzuleiten. Denn ist uns diese molekulare Struktur der Materie etwa für einen Zeitpunkt vollständig gegeben, so wären wir prinzipiell imstande, das zugehörige Feld und die weitere Bewegung der Elektronen unter Berücksichtigung eventueller äußerer Felder zu berechnen. Eine so weit ins Detail gehende Behandlung des Problems ist aber ebenso unmöglich wie sinnlos. Denn wir können einerseits die Lage der einzelnen kleinsten Materieteilchen nicht angeben, andererseits könnten wir aber das Feld auch nicht mit der erforderlichen Genauigkeit ausmessen. Was wir messen können, sind lediglich Mittelwerte der einzelnen Feldgrößen.

Wollen wir also aus dem aus der Elektronentheorie folgenden mikroskopischen Feld der Beobachtung zugängliche Schlüsse ziehen, so müssen wir aus den Größen $\mathfrak{e}$, $\mathfrak{h}$, ϱ und $\mathfrak{v}$, die dieses Feld bestimmen, gewisse Mittelwerte bilden, die wir wie üblich durch Überstreichen kennzeichnen und sie in Beziehung zu den beobachtbaren Größen bringen, die das makroskopische Feld bestimmen.

Zunächst müssen wir die Mittelwerte definieren. Die Mittelung muß offenbar so erfolgen, daß die nichtbeobachtbaren Unregelmäßigkeiten des mikroskopischen Feldes verschwinden, die beobachtbaren Änderungen der Mittelwerte aber erhalten bleiben. Das Raumelement, über das gemittelt wird, muß also so klein sein, daß in ihm die mittleren Feldgrößen konstant sind, d. h. daß bei einer Verschiebung des Volumens, die von der Größenordnung seiner linearen Dimensionen ist, die Änderung der Feldstärke von derselben Größenordnung ist wie diese Verschiebung, andererseits muß es aber eine große Anzahl von kleinsten Teilchen enthalten. Volumina, Flächen und Strecken, die dieser Definition entsprechen, heißen physikalisch unendlich klein. Physikalisch unendlich kleine Größen höherer Ordnung lassen sich entsprechend definieren. Diese Bedingungen beziehen sich nur auf die Größe des Volumelementes ΔS. Es kann aber auch notwendig sein, die Lage der ΔS umschließenden Fläche σ gewissen Bedingungen zu unterwerfen, um den angestrebten Zweck zu erreichen. Es ist also, falls φ irgendeine Größe des mikroskopischen Feldes bedeutet,

$$\overline{\varphi} = \frac{1}{\Delta S} \iiint \varphi \, dS$$

ihr Mittelwert, der das makroskopische Feld bestimmt.

Um die Differentialgleichungen zu finden, denen die Mittelwerte $\bar{\varrho}$, $\bar{\mathfrak{v}}$, $\bar{\mathfrak{e}}$, $\bar{\mathfrak{h}}$ genügen, bilden wir zunächst den Mittelwert der MAXWELL-LORENTZschen, für $\mathfrak{e}$, $\mathfrak{h}$, ϱ, $\mathfrak{v}$ gültigen Gleichungen:

$$\begin{aligned} \overline{\mathrm{rot}\,\mathfrak{h}} &= \frac{1}{c}\,\overline{\dot{\mathfrak{e}}} + \frac{4\pi}{c}\,\overline{\varrho\mathfrak{v}}\,, \\ \overline{\mathrm{rot}\,\mathfrak{e}} &= -\frac{1}{c}\,\overline{\dot{\mathfrak{h}}}\,, \\ \overline{\mathrm{div}\,\mathfrak{h}} &= 0\,, \\ \overline{\mathrm{div}\,\mathfrak{e}} &= 4\pi\bar{\varrho}\,. \end{aligned}$$

Die eben aufgestellten Differentialgleichungen für das makroskopische Feld verknüpfen die Mittelwerte der Differentialquotienten der Vektoren $\mathfrak{e}$ und $\mathfrak{h}$ des mikroskopischen Feldes mit den Mittelwerten über Ladung und Geschwindigkeiten der Elektronen und Ionen. Sie haben daher noch nicht die Gestalt der MAXWELLschen Gleichungen, in die wir sie offenbar bringen müssen, um einerseits die Beziehung zwischen $\bar{\mathfrak{e}}$ und $\bar{\mathfrak{h}}$ mit den MAXWELLschen Feldvektoren herstellen zu können, und andererseits die elektromagnetischen Eigenschaften der Materie, d. i. insbesondere die magnetische Suszeptibilität, die Dielektrizitätskonstante und die elektrische Leitfähigkeit aus der elektrischen Konstitution der Materie erklären zu können. Um diese zu erreichen, müssen wir offenbar die Differentialquotienten der Mittelwerte von $\mathfrak{e}$ und $\mathfrak{h}$ einführen, deren Existenz durch die Definition der Mittelwerte gesichert ist. Zunächst ist

$$\overline{\frac{\partial\varphi}{\partial t}} = \frac{1}{\Delta S}\,\frac{\partial}{\partial t}\iiint\varphi\,dS = \frac{\partial\bar{\varphi}}{\partial t}\,,$$

da man die Differentiation nach der Zeit ohne weiteres unter das Integralzeichen ziehen kann. Weiter ist nach dem GREENschen Satz

$$\frac{\partial\bar{\varphi}}{\partial x} = \frac{1}{\Delta S}\iint\varphi\cos(nx)\,d\sigma\,.$$

Nun ist aber

$$\delta\bar{\varphi} = \frac{\delta x}{\Delta S}\iint\varphi\cos(nx)\,d\sigma$$

die Veränderung, die $\bar{\varphi}$ erleidet, wenn man den Raum ΔS, über den gemittelt wird, um die unendlich kleine Strecke δx verschiebt. Wir können aber

$$\lim_{\delta x=0}\frac{\delta\bar{\varphi}}{\delta x} = \frac{1}{\Delta S}\iint\varphi\cos(nx)\,d\sigma$$

als Differentialquotienten von $\bar{\varphi}$ nach x bezeichnen, da nach der Definition der Mittelwerte $\delta\bar{\varphi}$ von derselben Größenordnung wie δx ist. Es ist daher

$$\frac{\partial\bar{\varphi}}{\partial x} = \overline{\frac{\partial\varphi}{\partial x}}$$

und unsere Differentialgleichungen werden

$$\begin{aligned} \mathrm{rot}\,\bar{\mathfrak{h}} &= \frac{1}{c}\,\frac{\partial\bar{\mathfrak{e}}}{\partial t} + \frac{4\pi}{c}\,\overline{\varrho\mathfrak{v}}\,, \\ \mathrm{rot}\,\bar{\mathfrak{e}} &= -\frac{1}{c}\,\frac{\partial\bar{\mathfrak{h}}}{\partial t}\,, \\ \mathrm{div}\,\bar{\mathfrak{e}} &= 4\pi\bar{\varrho}\,, \\ \mathrm{div}\,\bar{\mathfrak{h}} &= 0\,. \end{aligned} \qquad (1)$$

Aus der Definition der Mittelwerte folgt auch, daß die Differentiale dt, dx, dy, dz, die zunächst „mathematisch“ unendlich kleine Größen sind, ebenfalls als „physikalisch“ unendlich kleine Größen aufgefaßt werden können. Unsere Gleichungen haben nun bereits die Form der MAXWELLschen Gleichungen für ruhende ponderable Medien:

$$\begin{aligned} \operatorname{rot}\mathfrak{H} &= \frac{1}{c}\frac{\partial\mathfrak{D}}{\partial t} + 4\pi\sigma\mathfrak{E}\,, \\ \operatorname{rot}\mathfrak{E} &= -\frac{1}{c}\dot{\mathfrak{B}}\,, \\ \operatorname{div}\mathfrak{D} &= 4\pi\varrho\,, \\ \operatorname{div}\mathfrak{B} &= 0\,. \end{aligned}$$

Ein Vergleich der beiden Gleichungssysteme zeigt, daß wir $\bar{\mathfrak{h}}$ gleich $\mathfrak{B}$, $\bar{e}$ gleich $\mathfrak{E}$ setzen können. Dann werden unsere Gleichungen[1])

$$\begin{aligned} \operatorname{rot}\mathfrak{B} &= \frac{1}{c}\dot{\mathfrak{E}} + \frac{4\pi}{c}\overline{\varrho\mathfrak{v}}\,, \\ \operatorname{rot}\mathfrak{E} &= -\frac{1}{c}\dot{\mathfrak{B}}\,, \qquad (1\text{a}) \\ \operatorname{div}\mathfrak{E} &= 4\pi\bar{\varrho}\,, \\ \operatorname{div}\mathfrak{B} &= 0\,. \end{aligned}$$

In diesen Gleichungen treten nur zwei der MAXWELLschen Feldvektoren, nämlich die der elektrischen Kraft und der magnetischen Induktion, auf, und demgemäß fehlen auch die Verknüpfungsgleichungen. Andererseits kommen in ihr aber noch immer die Mittelwerte über ϱ und $\varrho\mathfrak{v}$ vor. Gerade bei der Auswertung dieser beiden Mittelwerte spielt aber offenbar die molekulare Struktur der Materie, die einen Einfluß auf die Bildung der bisher besprochenen Mittelwerte nicht ausgeübt hat, eine große Rolle. Mit ihrer Hilfe müssen sich daher $\mathfrak{D}$ und $\mathfrak{H}$ in die Gleichungen einführen lassen und die Verknüpfungsgleichungen ergeben, da die MAXWELLsche Theorie durch diese Gleichungen die elektromagnetischen Eigenschaften der Materie ausdrückt, die nach der Elektronentheorie durch die Struktur der Materie bestimmt werden.

37. Elektrische Ladung und elektrische Polarisation. Die bisherigen Ausführungen haben uns zu der Anschauung geführt, daß die Moleküle im allgemeinen elektrisch neutral, aber elektrisch polarisierbar sind, d. h. aus einer bestimmten Anzahl von elastisch aneinandergebundenen Elektronen und Ionen bestehen, deren Ladungssumme

$$\sum e_i = 0$$

ist. Bestimmen wir nun die mittlere Ladung einer Substanz, die nur aus derartigen Molekülen besteht:

Hierzu charakterisieren wir zunächst die elektrische Struktur des Moleküls durch seine Polarisation, die durch

$$\mathfrak{p} = \sum e_i \mathfrak{r}_i$$

bzw. wenn die Dimension der geladenen Teilchen berücksichtigt werden soll, durch

$$\mathfrak{p} = \sum \iiint \varrho_i \mathfrak{r}_i \, dv_i$$

gegeben ist. Dabei werden die Vektoren $\mathfrak{r}_i$ von einem Punkte aus gezogen, dessen Lage wegen $\sum e_i = 0$ beliebig ist. Der makroskopische elektrische Zustand der betrachteten Materie ist dann durch

$$\mathfrak{P} = N\mathfrak{p}$$

[1]) H. A. LORENTZ, Versl. Akad. Amsterdam Bd. 11, S. 309. 1902.

gekennzeichnet, den wir als Vektor der elektrischen Polarisation bezeichnen wollen (vgl. auch Ziff. 2 u. 3), wobei N die Anzahl der Moleküle in der Volumeinheit bedeutet.

Die Wahl des Volumens ΔS, in dem wir den Mittelwert von ϱ bestimmen, soll nun derartig erfolgen, daß die Elemente $d\sigma$ seiner Oberfläche σ, die gegenüber von σ physikalisch unendlich klein sein müssen, eine gewisse Anzahl von Molekülen durchschneiden und zwar derart, daß gleiche und gleichgerichtete Flächenelemente, die nahe beieinander liegen, dies in derselben Weise tun. Liegen die Moleküle unregelmäßig verteilt, so ist dies von selbst der Fall, wenn die Elemente nur physikalisch klein in der in der vorhergehenden Ziffer näher definierten Weise sind. Ist dagegen die Anordnung der Moleküle eine regelmäßige, wie dies etwa bei einer kristallisierten Substanz der Fall wäre, dann muß die Fläche σ der Struktur entsprechend gewählt werden.

Nunmehr ist $\bar{\varrho}$ leicht zu bestimmen: Denn da die einzelnen Moleküle im ganzen ungeladen sind, ist die innerhalb von σ befindliche Gesamtladung gleich der Ladung der in ΔS befindlichen Molekülteile bzw. gleich der negativen Gesamtladung der durch die Fläche σ herausgeschnittenen Molekülteile. Also:

$$\bar{\varrho}\,\Delta S = -\iint d\sigma \iiint \varrho_i \mathfrak{r}_{in}\, dv_i = -\iint \mathfrak{P}_n\, d\sigma = -\iiint \operatorname{div}\mathfrak{P}\, dS,$$

$$\bar{\varrho} = -\operatorname{div}\mathfrak{P}.$$

Es können nun aber neben den neutralen Molekülen in der betrachteten Materie noch freie Elektronen und freie Ionen, d. h. frei bewegliche geladene Atome oder Atomgruppen vorkommen. Die Summe der Ladungen dieser Teilchen kann natürlich ebenfalls von Null verschieden sein. Denn in diesem Falle liefern diese Teilchen zu $\bar{\varrho}$ den Beitrag

$$\varrho_w = \frac{\sum e_i}{\Delta S}.$$

Es ist also insgesamt [vgl. Ziff. 36, Gleichung (1a)]

$$\bar{\varrho} = \varrho_w - \operatorname{div}\mathfrak{P},$$

$$\operatorname{div}\mathfrak{E} = 4\pi\varrho_w - 4\pi\operatorname{div}\mathfrak{P}. \tag{2}$$

38. Elektrischer Strom. Magnetische Polarisation. Die Gleichungen für ruhende ponderable Medien. Fragen wir nun, was geschieht, wenn ein Medium, das aus den in der vorhergehenden Ziffer besprochenen Teilchen aufgebaut ist, in ein elektrisches Feld gebracht wird. Zunächst ist klar, daß sich die freien Elektronen und Ionen in Bewegung setzen werden. Diese Bewegung wird durch die Zusammenstöße mit den anderen Teilchen gehemmt werden, sie wird also der Bewegung eines Teilchens in einer reibenden Flüssigkeit analog verlaufen, d. h. die Teilchen werden im Mittel eine gleichmäßige Geschwindigkeit annehmen. Wir haben es daher mit einem Leitungsstrom zu tun, wie er in Elektrolyten oder metallischen Leitern auftritt. Die Dichte dieses Leitungsstromes ist offenbar

$$\mathfrak{i} = \frac{1}{c}\sum \overline{\varrho_i \mathfrak{v}_i} = \frac{1}{c}\sum N_i e_i \bar{\mathfrak{v}}_i,$$

worin die vorhandenen freien Elektronen und verschiedenen freien Ionen durch verschiedene Indizes bezeichnet sind und N_i deren Anzahl in der Volumeinheit bedeutet.

Da an den Enden eines Leitungsstromes die wahre Elektrizität aufgestapelt wird, erkennen wir sofort, daß der Teil von $\bar{\varrho}$, den wir in der vorigen Ziffer mit ϱ_w

bezeichnet haben, die Dichte der wahren elektrischen Ladung darstellt (vgl. Kap. 1, Ziff. 40). Da aber nach der MAXWELLschen Theorie

$$\operatorname{div}\mathfrak{D} = 4\pi\varrho_w$$

ist, so folgt aus der letzten Gleichung der vorhergehenden Ziffer

$$\mathfrak{D} = \mathfrak{E} + 4\pi\mathfrak{P}. \tag{2a}$$

Diese Gleichung tritt in der Elektronentheorie an die Stelle der MAXWELLschen Verknüpfungsgleichung

$$\mathfrak{D} = \varepsilon\mathfrak{E}.$$

Aber auch die neutralen Moleküle tragen in der ersten Zeit der Wirkung des Feldes etwas zum Mittelwert $\overline{\varrho\mathfrak{v}}$ bei. Denn die einzelnen geladenen Teilchen werden durch die elektrische Kraft solange auseinandergetrieben, bis die sie aneinanderbindende Kraft um den der elektrischen entgegengesetzten Wert zugenommen hat (etwa entstehende Schwingungen werden durch die Strahlungsdämpfung rasch vernichtet). Dieser Beitrag ist:

$$\overline{\varrho\mathfrak{v}} = \dot{\mathfrak{P}}.$$

Der Verschiebungsstrom der MAXWELLschen Theorie zerfällt also in zwei Teile:

$$\frac{1}{4\pi}\dot{\mathfrak{D}} = \frac{1}{4\pi}\dot{\mathfrak{E}} + \dot{\mathfrak{P}},$$

d. h. in den Verschiebungsstrom des Äthers $\frac{1}{4\pi}\dot{\mathfrak{E}}$ und in den Polarisationsstrom $\dot{\mathfrak{P}}$.

Aber auch unpolarisierte Moleküle können, wenn sie rotieren, also als Magnetonen wirken, zum Mittelwert $\overline{\varrho\mathfrak{v}}$ beitragen. Allerdings ist der Mittelwert über eine ganze Anzahl von Magnetonen wegen der Rotationssymmetrie der mittleren Bewegung gleich Null. Legen wir aber ebenso wie in der vorigen Ziffer bei der Berechnung der mittleren Ladung polarisierter Moleküle das Volumen ΔS beliebig in die unregelmäßig verteilten Moleküle, so wird seine Oberfläche eine Anzahl von Molekülen schneiden, wie dies an der erwähnten Stelle näher ausgeführt ist. Es wird daher eine analoge Betrachtung zum Ziele führen. Berechnen wir zunächst $\overline{\varrho\mathfrak{v}_x}$. Dann tritt an die Stelle von $\mathfrak{p} = \sum e_i\mathfrak{r}_i$ $\mathfrak{q} = \sum \mathfrak{r}_i e_i v_{xi}$. Da aber $\mathfrak{v}_i = [\mathfrak{u}\,\mathfrak{r}_i]$, sind die Komponenten von $\mathfrak{q}$:

$$q_x = 0, \qquad q_y = \sum e_i v_{xi} y_i, \qquad q_z = \sum e_i v_{xi} z_i.$$

Diese lassen sich aber leicht durch die Komponenten des magnetischen Momentes des Magnetons ausdrücken. Nach Gleichung (16), Ziff. 25 ist z. B.:

$$\mathfrak{m}_y = \frac{e_i}{2c}\sum\{z_i v_{xi} - x_i v_{zi}\} = \sum\frac{e_i}{c} z_i v_{xi} - \frac{e_i}{2c}\frac{d}{dt}\sum(x_i z_i) = \frac{1}{c} q_z.$$

Wegen der mittleren Rotationssymmetrie der Bewegung verschwindet nämlich das zweite Glied der rechten Seite. Ist N die Anzahl der Magnetonen in der Volumeinheit, so definieren wir den Vektor der magnetischen Polarisation durch

$$\mathfrak{M} = N\mathfrak{m}.$$

Dann ergibt sich, wenn wir noch den Vektor $\mathfrak{Q} = N\mathfrak{q}$ einführen:

$$\Delta S\cdot\overline{\varrho\mathfrak{v}_x} = -\iint \mathfrak{Q}_n\,d\sigma = -\iiint \operatorname{div}\mathfrak{Q}\,dS,$$

$$\frac{1}{c}\overline{\varrho\mathfrak{v}_x} = \frac{\partial M_z}{\partial y} - \frac{\partial M_y}{\partial z}.$$

Daher wird in diesem Falle

$$\overline{\varrho\mathfrak{v}} = c\operatorname{rot}\mathfrak{M}.$$

Fassen wir die Resultate dieser Ziffer zusammen, so können wir jetzt die AMPÈREsche Gleichung für die Mittelwerte folgendermaßen schreiben:

$$\operatorname{rot}\mathfrak{B} = \frac{1}{c}\dot{\mathfrak{E}} + \frac{4\pi}{c}\dot{\mathfrak{P}} + 4\pi\mathfrak{i} + 4\pi\operatorname{rot}\mathfrak{M}.$$

Ein Vergleich mit den MAXWELLschen Feldgleichungen ergibt daher die Definition der magnetischen Feldstärke:

$$\mathfrak{H} = \mathfrak{B} - 4\pi\mathfrak{M}. \tag{3}$$

Diese Gleichung tritt gleichzeitig an die Stelle der MAXWELLschen Verknüpfungsgleichung

$$\mathfrak{B} = \mu\mathfrak{H}.$$

Damit sind für ruhende ponderable Medien Feldgleichungen aufgestellt, die nur mehr makroskopische Größen enthalten. Die an die Stelle der Verknüpfungsgleichungen tretenden Gleichungen (2a) und (3) gestatten, wie man unmittelbar einsieht, die Berechnung der Dielektrizitätskonstante und der magnetischen Permeabilität aus der elektrischen Struktur der kleinsten Teile der betreffenden Substanz. Ihre elektrische Leitfähigkeit berechnet sich aus

$$\mathfrak{i} = \sigma\mathfrak{E} = \sum N_i e_i \bar{\mathfrak{v}}_i. \tag{4}$$

Der allgemeinere Ansatz dieser drei Gleichungen ermöglicht die Beherrschung nichtstationärer Vorgänge.

39. Energie und ponderomotorische Kraft. Ein wesentlicher Unterschied zwischen der MAXWELLschen und der Elektronentheorie besteht in der Anschauung über den Energieinhalt eines ponderablen Mediums. Während die MAXWELLsche Theorie die gesamte in dem vom Medium eingenommenen Raum enthaltene Feldenergie diesem zuschreibt, kommt nach der Elektronentheorie dem Medium nur die Feldenergie zu, die von den Teilchen der betreffenden Substanz erregt wird. Zu dieser Feldenergie tritt noch der Teil der inneren Energie der Teilchen hinzu, die auf die Wirkung des äußeren Feldes zurückgeht, das ist die elastische Energie der Polarisation, die zu der elektrischen Energie hinzugerechnet wird, und die kinetische Energie der Leitungselektronen bzw. Leitungsionen, die aber gegen die Feldenergie verschwindend klein ist. Stellen wir die Energiegleichung auf, so müssen wir daher zwischen dem Teil des Feldes unterscheiden, der durch die Teilchen des Mediums selbst hervorgerufen wird, und der eingeprägten elektromotorischen Kraft $\mathfrak{E}^e$. Die von dieser während der Zeiteinheit in der Volumeinheit geleistete Arbeit ist

$$(\mathfrak{E}^e\mathfrak{i}) + (\mathfrak{E}^e\dot{\mathfrak{P}}) = dA.$$

Dieser Ausdruck läßt sich auf analoge Weise wie in Ziff. 16 umformen:

$$(\mathfrak{E}^e\mathfrak{i}) + (\mathfrak{E}^e\dot{\mathfrak{P}}) = (\mathfrak{E} + \mathfrak{E}^e, \mathfrak{i}) + \frac{1}{4\pi}(\mathfrak{E}\dot{\mathfrak{E}}) + (\mathfrak{E} + \mathfrak{E}^e, \dot{\mathfrak{P}}) + \frac{1}{4\pi}(\mathfrak{H}\cdot\dot{\mathfrak{B}}) + \frac{c}{4\pi}\operatorname{div}[\mathfrak{E}\mathfrak{H}].$$

Es ist daher wiederum der Vektor des Energiestromes

$$\mathfrak{S} = \frac{c}{4\pi}[\mathfrak{E}, \mathfrak{H}],$$

die elektrische Energiedichte:

$$W_e = \frac{1}{8\pi}(\mathfrak{E}\mathfrak{D}) + \frac{1}{2}(\mathfrak{E}^e\mathfrak{P}),$$

die magnetische Energiedichte

$$W_m = \frac{1}{8\pi}(\mathfrak{H}\mathfrak{B}).$$

In der Formel für W_e kommt deutlich der obenerwähnte Unterschied gegen die MAXWELLsche Theorie zum Ausdruck.

Der bereits mehrfach erwähnte Unterschied zwischen den Kraftansätzen der MAXWELLschen und der LORENTZschen Theorie kommt zum Ausdruck, wenn wir die ponderomotorische Kraft berechnen, die von einem homogenen Magnetfeld auf die Volumeinheit eines nichtmagnetisierten Körpers ausgeübt wird. Diese ist

$$\mathfrak{K} = \frac{1}{c}[\overline{\varrho \mathfrak{v}}, \mathfrak{H}] = \frac{1}{c}[\mathfrak{i}\mathfrak{H}] + \frac{1}{c}[\dot{\mathfrak{P}}\mathfrak{H}].$$

Man erkennt sofort, daß auf den Äther keine Kraft ausgeübt wird. Der Unterschied gegen die nach der MAXWELLschen Theorie auftretende Wirkung des Magnetfeldes besteht darin, daß nach dieser das Magnetfeld auf einen Verschiebungsstrom eine ponderomotorische Wirkung ausübt, während dies nach der LORENTZschen Theorie nicht der Fall ist. Das magnetische Feld wirkt nach dieser Theorie vielmehr nur auf den Polarisationsstrom und den Leitungsstrom, d. h. eben auf bewegte Elektronen bzw. Ionen. Alle diese Unterschiede gegen die MAXWELLsche Theorie gehen auf die in der LORENTZschen Theorie durchgeführte Zerteilung des MAXWELLschen Verschiebungsstromes in den in ihr auf den Äther beschränkten Verschiebungsstrom und in den Polarisationsstrom zurück.

b) Die elektromagnetischen Eigenschaften der Materie.

40. Die Dielektrizitätskonstante. Die Verknüpfungsgleichung

$$\mathfrak{D} = \varepsilon \mathfrak{E}$$

der MAXWELLschen Theorie ist für stationäre und quasistationäre Vorgänge von der Beobachtung bestätigt worden. Wir können daher ε mit Hilfe der in Ziff. 38 aufgestellten Gleichung (2a) bestimmen

$$\varepsilon = \frac{\mathfrak{E} + 4\pi\mathfrak{P}}{\mathfrak{E}}, \tag{2b}$$

wenn wir die Polarisation $\mathfrak{P}$ berechnen, die durch ein konstantes Feld $\mathfrak{E}$ hervorgerufen wird. Wir müssen hierzu allerdings noch eine Annahme darüber machen, wie die einzelnen Elektronen bzw. Ionen an ihre Gleichgewichtslage, in der wir natürlich $\mathfrak{p} = \mathfrak{P} = 0$ annehmen, gebunden sind. Wir wollen mit Rücksicht auf die Ausführungen der Ziff. 34 annehmen, daß eine Verrückung des Teilchen $\mathfrak{q}$ eine elastische Kraft $-a\mathfrak{q}$ hervorruft. Wirkt daher auf das Teilchen die Kraft $e\mathfrak{f}$, so wird diese eine Verschiebung

$$\mathfrak{q} = \frac{e}{a}\mathfrak{f}$$

nnd damit die Polarisation

$$\mathfrak{p} = \frac{e^2}{a}\mathfrak{f}$$

erzeugen. Wir setzen daher für ein ganzes Molekül, das auch aus mehreren elastisch aneinander gebundenen Teilchen bestehen kann:

$$\mathfrak{p} = p\mathfrak{f}.$$

Dabei ist angenommen, daß das Molekül isotrop ist.

Wir wollen nun annehmen, daß das isotrope Dielektrikum, dessen Dielektrizitätskonstante wir berechnen, aus einer Art derartiger Moleküle besteht, und zwar befinden sich N Moleküle in der Volumeinheit. Dann ist die durch ein Feld hervorgerufene Polarisation

$$\mathfrak{P} = Np\mathfrak{f}.$$

Das doppelte Überstreichen von $\mathfrak{f}$ zeigt an, daß die Mittelwertbildung, die wir vorzunehmen haben, eine andere ist als die in Ziff. 36 definierte, da bei der Berechnung von $\bar{\bar{\mathfrak{f}}}$ das von dem gerade ins Auge gefaßten Teilchen herrührende Feld ausgenommen werden muß. Da wir $\mathfrak{E}$ konstant annehmen und die Verhältnisse erst nach Einstellung des neuen Gleichgewichtes betrachten, ist

$$\mathfrak{f} = \mathfrak{e},$$

worin $\mathfrak{e}$ die wirksame elektrische Feldstärke ist.

Um diese zu berechnen, legen wir um das betrachtete Teilchen als Mittelpunkt eine physikalisch unendlich kleine Kugel. Dann können wir $\mathfrak{e}$ aus drei Teilen zusammensetzen: aus $\mathfrak{E}$ selber, aus dem Beitrag $\mathfrak{E}'$, den die außerhalb der Kugel gelegenen polarisierten Teilchen liefern, und aus $\mathfrak{E}''$, das von den innerhalb der Kugel liegenden Molekülen herrührt. Da die Kugel physikalisch unendlich klein ist, ist $\mathfrak{P}$ in ihr konstant. Das Feld $\mathfrak{E}'$ leitet sich daher (vgl. Kap. 1, Ziff. 37 u. 11) von einer Ladungsverteilung über die Kugeloberfläche der Flächendichte $+P_n$ her. Daher ist (vgl. Ziff. 2):

$$\mathfrak{E}' = \frac{1}{r^2}\int_0^\pi\int_0^{2\pi} \mathfrak{P}\cos^2\vartheta\, r^2 \sin\vartheta\, d\vartheta\, d\varphi = \frac{4\pi}{3}\mathfrak{P}.$$

Der Wert von $\mathfrak{E}''$ ist natürlich von der Art der Verteilung der Moleküle abhängig. Ist diese isotrop, so ist

$$\mathfrak{E}'' = s\mathfrak{P}.$$

Bilden die Moleküle ein kubisches Gitter, so ist $s = 0$. Denn legen wir die Koordinatenachsen in die Richtung der Kanten, so ist z. B. die X-Komponente der von einem Teilchen mit den Koordinaten yz in dem Mittelpunkt der Kugel hervorgerufenen elektrischen Feldstärke

$$E'_x = p_x \frac{3x^2 - r^2}{r^5} + p_y \frac{3xy}{r^5} = p_z \frac{3xz}{r^5}.$$

Summieren wir aber über alle Teilchen, dann ist

$$\sum x_i y_i = \sum x_i z_i = 0,$$

$$\sum (3x_i^2 - r_i^2) = \sum (3y_i^2 - r_i^2) = \sum (3z_i^2 - r_i^2) = \tfrac{1}{3}\sum [3(x_i^2 + y_i^2 + z_i^2) - 3r_i^2] = 0.$$

Dasselbe gilt für unregelmäßige Verteilung der Moleküle

Insgesamt haben wir also:

$$\bar{\bar{\mathfrak{f}}} = \mathfrak{E} + \left(\frac{4\pi}{3} + s\right)\mathfrak{P},$$

$$\mathfrak{P} = Np\left\{\mathfrak{E} + \left(\frac{4\pi}{3} + s\right)\mathfrak{P}\right\}.$$

Und daher[1])

$$\varepsilon = \frac{1 + Np\left(\frac{8\pi}{3} - s\right)}{1 - Np\left(\frac{4\pi}{3} + s\right)}. \qquad (2c)$$

In Kristallen sind die Moleküle selbst und ihre Anordnung nicht isotrop, daher ist die Dielektrizitätskonstante kein Skalar mehr, sondern ein symmetrischer Tensor. Es sei ξ_i eine der die Konfiguration des Teilchens bestimmenden Koordinaten, $\frac{1}{2}\sum a\,\xi_i^2$ die potentielle elastische Energie des Moleküls. Befindet sich das Molekül

[1]) H. A. LORENTZ, Arch. Néerland. Bd. 25, S. 363. 1892.

in einem feldfreien Raum, dann sollen in der Gleichgewichtslage sämtliche ξ_i gleich Null sein. Ferner gehöre zu jeder Koordinate ein konstanter Vektor $\mathfrak{k}_i$, so daß das elektrische Moment des Moleküls jederzeit durch

$$\mathfrak{p} = \sum \xi_i \mathfrak{k}_i$$

dargestellt wird.

Ändert nun das elektrische Feld die Polarisation des Moleküls, so leistet es dabei die Arbeit

$$\delta A = \mathfrak{f}\,\delta\mathfrak{p}\,.$$

Dabei ändert sich die potentielle elastische Energie des Moleküls um

$$dE = \sum a\,\xi_i\,\delta\xi_i\,.$$

Der Gleichgewichtszustand in dem betrachteten elektromagnetischen Feld ist dadurch bestimmt, daß diese beiden Änderungen einander gleich sein müssen:

$$\sum a\,\xi_i\,\delta\xi_i = \sum (\mathfrak{k}_i\mathfrak{f})\,\delta\xi_i\,,$$

daraus folgt

$$a\,\xi_i = (\mathfrak{k}_i\mathfrak{f})\,,$$

$$\mathfrak{p} = \sum \frac{1}{a}\,(\mathfrak{f}\mathfrak{k}_i)\,\mathfrak{k}_i = \pi\cdot\mathfrak{f}\,,$$

wenn wir einen Tensor π mit den Komponenten $p_{ik} = \frac{1}{a}\,k_i\,k_k$ definieren. Dies ist aber ein symmetrischer Tensor, dessen Symmetrie bei der Bildung von $\mathfrak{P}$ natürlich nicht verlorengehen kann. Daher ist auch die Dielektrizitätskonstante ein symmetrischer Tensor, wie dies bereits von der MAXWELLschen Theorie gefordert wird (vgl. Kap. 1, Ziff. 40).

Wir können die Formel (2c) für die Dielektrizitätskonstante folgendermaßen schreiben:

$$\frac{\varepsilon - 1}{\varepsilon\left(1 + \frac{3s}{4\pi}\right) + 2 - \frac{3s}{4\pi}} \sim N \sim d\,.$$

Ist insbesondere $s = 0$, so wird dies

$$\frac{\varepsilon - 1}{\varepsilon + 2} \sim d\,.$$

Diese Formel gibt die Abhängigkeit der Dielektrizitätskonstante von der Dichte d des Körpers an. Mit ihrer Hilfe können wir auch die Dielektrizitätskonstante eines Gemisches angeben, wenn angenommen werden kann, daß die Struktur der Moleküle sich bei der Mischung nicht ändert. Ist ε_i die Dielektrizitätskonstante eines Stoffes bei der Dichte D_i und d_i seine partielle Dichte in der Mischung, so kann die Dielektrizitätskonstante des Gemisches aus der Formel

$$\frac{\varepsilon - 1}{\varepsilon + 2} = \sum \frac{d_i}{D_i}\,\frac{\varepsilon_i - 1}{\varepsilon_i + 2}$$

berechnet werden. (Vgl. Kap. 5.)

41. Die Abhängigkeit der Dielektrizitätskonstante vom elektromagnetischen Feld. Die Erscheinungen in nichtstationären Feldern zeigen, daß die Verknüpfungsgleichungen der MAXWELLschen Theorie insofern versagen, als die Dielektrizitätskonstante vom elektromagnetischen Felde abhängt. Ebenso wie die Elektronentheorie die Abhängigkeit dieser Konstanten von der molekularen Struktur des betrachteten Körpers angibt, muß sie auch diese Abhängigkeit berechnen lassen[1]).

[1]) H. A. LORENTZ, Versl. Akad. Amsterdam Bd. 18, S. 51. 1878; Ann. d. phys. chim. Bd. 9, S. 5641. 1880.

Wir berechnen im folgenden die Dielektrizitätskonstante eines nichtmagnetisierbaren Dielektrikums in einem sinusperiodischen elektrischen und konstanten magnetischen Felde. In einem solchen Felde werden die einzelnen geladenen Teilchen nicht mehr eine Gleichgewichtslage einnehmen können. Wir müssen daher zur Bestimmung der Gesamtpolarisation auf die Bewegungsgleichungen dieser Teilchen zurückgehen. Hierbei soll wiederum die elektromagnetische Masse gleich der Ruhmasse gesetzt, der Unterschied zwischen longitudinaler und transversaler Masse also vernachlässigt und diese gleich zu der eventuellen mechanischen trägen Masse hinzugerechnet werden.

Eine weitere Vernachlässigung wollen wir dadurch machen, daß wir $\overline{\overline{\mathfrak{f}}}$ auf dieselbe Weise berechnen wie in der vorhergehenden Nummer, bis auf das von dem äußeren magnetischen Felde $\mathfrak{H}_a$ herrührende Glied. Dadurch vernachlässigen wir zunächst die von der, die elektrischen Schwingungen begleitenden, magnetischen Feldstärke herrührenden Glieder. Diese sind, da die beiden Fehler derselben Größenordnung sind, von der Ordnung v/c gegen die Glieder in $\overline{\overline{\mathfrak{f}}}$, die von der elektrischen Feldstärke herrühren. Ferner berechnen wir dadurch diese Bestandteile von $\overline{\overline{\mathfrak{f}}}$ so, als ob das Feld jeweils ein statisches wäre. Dies ist aber erlaubt, da bei der Berechnung von $\mathfrak{E}'$ und $\mathfrak{E}''$ nur das Feld in dem physikalisch unendlich kleinen Kugelraum in Betracht zu ziehen ist, das Feld in der unmittelbaren Nähe einer bewegten Ladung nach Ziff. 21 aber dem statischen gleichgesetzt werden kann.

Somit lautet die Bewegungsgleichung:

$$m\ddot{\mathfrak{r}}_1 = e\left(\mathfrak{E} + \left(\frac{4\pi}{3} + s\right)\mathfrak{P}\right) - a\mathfrak{r} - g\dot{\mathfrak{r}} + \frac{e}{c}[\mathfrak{v}\mathfrak{H}],$$

$$\mathfrak{E} = \mathfrak{E}_0 e^{i\nu t},$$

$$\mathfrak{H} = H_z \mathfrak{z}_1$$

in der wir nur noch den Koeffizienten des Reibungsgliedes g zu berechnen haben.

Der Widerstand, den das Teilchen in seiner, wie aus der Form der Differentialgleichung unmittelbar zu ersehen ist, mit der Periode ν des einfallenden elektrischen Feldes schwingenden Bewegung erfährt, kann auf zwei Ursachen zurückgeführt werden. Der erste ist der Energieverlust durch die infolge der Schwingung ausgesandte Strahlung. Dieser ergibt sich aus Gleichung (12), Ziff. 34, zu

$$\mathfrak{K}_s = \frac{2}{3}\frac{e^2}{c^3}\ddot{\mathfrak{v}},$$

daher ist der daraus entspringende Teil von g

$$g_1 = \frac{2}{3\nu^2}\frac{e^2}{c^3}.$$

Der zweite Teil der Reibungskraft wird durch die Zusammenstöße mit benachbarten Molekülen hervorgerufen. Er kann auf folgende Weise berechnet werden. Setzen wir zunächst die mittlere Bewegungsgleichung an, in dem wir annehmen, daß das Teilchen bei seiner Bewegung der mittleren Reibungskraft $-g_2\dot{\xi}_i$ unterliegt. Dann ist seine Bewegungsgleichung:

$$m\ddot{\xi}_i = e_i e^{i\nu t} - a\xi_i - g_2\dot{\xi}_i,$$

$$\xi_i = \frac{e_i}{m(\nu_0^2 - \nu^2) + i\nu g_2} e^{i\nu t}, \qquad \nu_0^2 = \frac{a}{m}.$$

Berechnen wir nun den Wert g_2, der aus der gemachten Annahme über den Ursprung der Reibungskraft folgt. Nach dieser verläuft die schwingende Bewegung des Teilchens in der Zeit zwischen zwei Zusammenstößen widerstandslos. Also gilt für diese Zeit

$$m\ddot{\xi}_i = e_i e^{i\nu t} - a\,\xi_i\,,$$
$$\xi_i = \frac{e_i}{m(\nu_0^2-\nu^2)}\,e^{i\nu t} + C_1 e^{i\nu_0 t} + C_2 e^{-i\nu_0 t}\,.$$

Nehmen wir nun zunächst alle die Partikeln heraus, die den letzten Zusammenstoß zur Zeit t_0 erfahren haben und berechnen wir deren mittlere Verschiebungskomponente. Wir können annehmen, daß nach dem Zusammenstoß der Mittelwert der Verschiebungskomponenten und der Verschiebungsgeschwindigkeit gleich Null ist. Dann bestimmt sich der Mittlerwert von C_1 und C_2 aus den beiden Gleichungen

$$\xi_i(t_0) = 0\,,$$
$$\dot{\xi}_i(t_0) = 0\,.$$

Nach der Zeit ϑ, die so klein ist, daß keines der Moleküle einen neueren Zusammenstoß erfahren hat, ist daher ihre mittlere Verschiebungskomponente

$$\bar{\xi}_i = \frac{e_i}{m(\nu_0^2-\nu^2)}\,e^{i\nu t}\left\{1 - \frac{1}{2}\left(1+\frac{\nu}{\nu_0}\right)e^{i(\nu_0-\nu)\vartheta} - \frac{1}{2}\left(1-\frac{\nu}{\nu_0}\right)e^{-i(\nu_0+\nu)\vartheta}\right\}.$$

Bezeichnen wir nun die Zeit, die zwischen zwei Zusammenstößen im Mittel verläuft, mit τ, so ist die Anzahl der Moleküle, deren letzter Zusammenstoß zwischen Zeit $t-\vartheta$ und $t-\vartheta-d\vartheta$ stattgefunden hat, $\frac{N}{\tau}\,e^{-\frac{\vartheta}{\tau}}\,d\vartheta$. Daher ist die mittlere Verschiebungskomponente aller Moleküle

$$\bar{\xi}_i = \frac{1}{N}\int\limits_0^\infty \xi_i(\vartheta)\,\frac{N}{\tau}\,e^{-\frac{\vartheta}{\tau}}\,d\vartheta = \frac{e_i}{m\left(\nu_0^2+\frac{1}{\tau^2}-\nu^2\right)+2i\nu\frac{m}{\tau}}\,e^{i\nu t}\,.$$

Daher ist, wenn wir $1/\tau^2$ gegen $\nu_0^2-\nu^2$ vernachlässigen,

$$g_2 = \frac{2m}{\tau}\,.$$

Setzen wir noch

$$m' = \frac{m}{Ne^2}\,,\qquad a' = \frac{a}{Ne^2}\,,\qquad g' = \frac{g_1+g_2}{Ne^2}\,,$$

dann erhalten wir aus den Bewegungsgleichungen die makroskopischen Differentialgleichungen

$$m'\ddot{P}_x = E_x + \left(\frac{4\pi}{3}+s\right)P_x - a'P_x - g'\dot{P}_x + \frac{H_z}{cNe}\dot{P}_y\,,$$
$$m'\ddot{P}_y = E_y + \left(\frac{4\pi}{3}+s\right)P_y - a'P_y - g'\dot{P}_y - \frac{H_z}{cNe}\dot{P}_x\,,$$
$$m'\ddot{P}_z = E_z + \left(\frac{4\pi}{3}+s\right)P_z - a'P_z - g'\dot{P}_z\,,$$

deren Lösungen lauten

$$E_x = \left(a' - \frac{4\pi}{3} - s - m'\nu^2 + i\nu g'\right)P_x - i\frac{\nu H_z}{cNe}P_y\,,$$
$$E_y = \left(a' - \frac{4\pi}{3} - s - m'\nu^2 + i\nu g'\right)P_x + i\frac{\nu H_z}{cNe}P_x\,,$$
$$E_z = \left(a' - \frac{4\pi}{3} - s - m'\nu^2 + i\nu g'\right)P_z\,.$$

Diese Gleichungen treten jetzt an die Stelle der MAXWELLschen Verknüpfungsgleichung.

Zur Diskussion dieses Resultates setzen wir zunächst $H_z = 0$ und nehmen als äußeres Feld das Feld einer periodischen monochromatischen Welle. Aus den eben abgeleiteten Gleichungen und aus (2b), Ziff. 40, folgt dann

$$\varepsilon = 1 + \frac{4\pi}{\alpha + i\beta},$$

$$\alpha = a' - \frac{4\pi}{3} - s - m'\nu^2, \qquad \beta = \nu g',$$

$$= m'(\nu_0^2 - \nu^2) - \left(\frac{4\pi}{3} + s\right).$$

Die Dielektrizitätskonstante ist zeitlich und räumlich konstant, da sie nur von der Frequenz der Welle abhängt. Nach der Elektronentheorie ist daher der MAXWELLsche Begriff der Dielektrizitätskonstante auch in der Optik anwendbar, wie dies auch die Experimente ergeben, wenn man die in dieser Gleichung auftretende Dispersion berücksichtigt. (Zur genauen Analyse dieser Erscheinungen vgl. die Artikel über Dispersion in Bd. XXI ds. Handb.) Nach der Elektronentheorie ergibt sich der komplexe Brechungsexponent eines dispergierenden Mediums zu

$$(n - i\varkappa)^2 = 1 + \frac{4\pi}{\alpha + i\beta} = 1 + 4\pi\frac{\alpha - i\beta}{\alpha^2 + \beta^2},$$

$$2n^2 = 1 + \frac{4\pi\alpha}{\alpha^2 + \beta^2} + \sqrt{1 + \frac{8\pi\alpha + 16\pi^2}{\alpha^2 + \beta^2}},$$

$$2\varkappa^2 = -1 - \frac{4\pi\alpha}{\alpha^2 + \beta^2} + \sqrt{1 + \frac{8\pi\alpha + 16\pi^2}{\alpha^2 + \beta^2}}.$$

Aus der Abhängigkeit der Terme von der Frequenz erkennt man sofort, daß die Absorption (der imaginäre Teil) nur in der Nähe der Eigenfrequenz ν_0 in Betracht kommt. Da ferner die Absorption immer gering ist, muß $\varkappa$ eine kleine und daher β eine große Zahl sein. Man kann also die Wurzel in

$$1 + \frac{1}{2}\,\frac{8\pi\alpha + 1}{\alpha^2 + \beta^2} - \frac{8\alpha^2\pi^2}{(\alpha^2 + \beta^2)^2}\cdots$$

entwickeln und angenähert

$$n = 1 + \frac{2\pi\alpha}{\alpha^2 + \beta^2},$$

$$\varkappa = \frac{2\pi\beta}{\alpha^2 + \beta^2}$$

setzen.

Aus diesen Formeln folgt, daß die Absorption ein Maximum $2\pi/\beta$ für

$$\alpha = 0, \qquad \nu' = \sqrt{\frac{a' - \frac{4\pi}{3} - s}{m'}}$$

besitzt und im wesentlichen auf einen Bereich beschränkt ist, in dem

$$-5\beta < \alpha < 5\beta$$

liegt. Aus der Absorptionskurve kann man daher β und, da man auch Ne^2 bestimmen kann, g berechnen. Dieses ergibt sich allerdings zu groß, als daß es durch die zwei oben angeführten Ursachen erklärt werden könnte.

Diskutieren wir noch die Abhängigkeit von n von der Frequenz. Für kleine Frequenzen kann man offensichtlich β vernachlässigen und daher

$$\varepsilon = 1 + \frac{4\pi}{m'(\nu_0^2 - \nu^2) - \left(\frac{4\pi}{3} + s\right)}$$

setzen. Aus dieser Formel folgt, daß für $\nu = 0$ das Quadrat des Brechungsexponenten dem in der vorigen Ziffer gefundenen Wert der Dielektrizitätskonstanten gleich ist und mit wachsender Frequenz zunimmt (normale Dispersion). Für noch größere Werte von ν müssen wir dann die exakte Formel für n^2 berücksichtigen, da in der Nähe von ν_0 α gleich Null wird und daher β nicht mehr vernachlässigt werden darf. n erreicht einen maximalen Wert (und zwar bevor $\nu = \nu_0$) und sinkt dann rasch unter eins, evtl. sogar unter Null herab, bis es ein Minimum erreicht. Nimmt ν weiter zu, so kann β wieder vernachlässigt werden und die entsprechende oben angegebene Formel zeigt dann, daß n ständig gegen eins zunimmt, welchen Wert es für $\nu \to \infty$ asymptotisch erreicht (anomale Dispersion). Wie wir bereits in Ziff. 3 erwähnt haben, kann aus der Dispersionskurve mit Hilfe der unter Vernachlässigung von β gefundenen Formel $m' = \frac{m}{e} \cdot \frac{1}{Ne}$ und damit die spezifische Ladung des schwingenden Teilchens berechnet werden.

Aus derselben Formel ergeben sich die gleichen Formeln für die Abhängigkeit des Brechungsexponenten (der Dielektrizitätskonstante) von der Dichte wie die in der vorigen Ziffer angegebenen für stationäre Felder gültigen. Daher ist auch der Brechungsexponent eines Gemisches mit Hilfe der dort angegebenen Formel zu berechnen[1]) (vgl. den Artikel „Absorption und Dispersion“ in Bd. XXI ds. Handb.). Diese Untersuchungen gelten nur für stationäre Zustände. Die Kopfwelle versetzt die Ionen erst in Schwingung und kann durch sie daher nicht gestört werden. Sie pflanzt sich also mit der Geschwindigkeit c fort und wird auch beim Durchgang durch die Grenzfläche zweier Medien nicht gebrochen[2]). Dies wurde experimentell durch SOLT[3]) bestätigt.

Wollen wir nun noch den Einfluß eines der Welle überlagerten konstanten magnetischen Feldes auf die Fortpflanzung der Welle untersuchen, so zeigen die oben für diesen Fall aufgestellten Verknüpfungsgleichungen, daß die Verhältnisse bedeutend komplizierter sind als in der MAXWELLschen Theorie. Wir können uns daher bei der Aufstellung des Feldes nicht mehr auf diese berufen, sondern müssen die entsprechende Lösung der in Ziff. 38 aufgestellten Feldgleichungen für ruhende ponderable Medien suchen. Danach ist für nichtmagnetisierbare Dielektrika

$$\mathrm{rot}\,\mathfrak{H} = \frac{1}{c}\dot{\mathfrak{D}},$$
$$\mathrm{rot}\,\mathfrak{E} = -\frac{1}{c}\dot{\mathfrak{H}}.$$

Die Welle pflanze sich in der Richtung des konstanten Magnetfeldes fort. Legen wir wieder die Z-Achse in diese Richtung, so können wir ansetzen:

$$\mathfrak{E} = \mathfrak{E}_0\, e^{i\nu(t-qz)},$$
$$\mathfrak{H} = \mathfrak{H}_0\, e^{i\nu(t-qz)} + H_z \mathfrak{z}_1.$$

Daher folgt aus den Feldgleichungen

$$\mathfrak{E} = \frac{1}{c^2 q^2}\mathfrak{D}, \qquad \mathfrak{P} = \frac{c^2 q^2 - 1}{4\pi}\mathfrak{E},$$

und die Verknüpfungsgleichungen werden

$$\left(\frac{4\pi}{c^2 q^2 - 1} - (\alpha + i\beta)\right) P_x = -i\frac{\nu H_z}{cNe} P_y,$$
$$\left(\frac{4\pi}{c^2 q^2 - 1} - (\alpha + i\beta)\right) P_y = +i\frac{\nu H_z}{cNe} P_x.$$

Damit wir diese nach $c^2 q^2$ auflösen können, muß die Determinante verschwinden und daher

$$P_y = \pm i P_x$$

---

[1]) H. A. LORENTZ, Arch. Néerland. Bd. 25, S. 525. 1892.
[2]) A. SOMMERFELD, Ann. d. Phys. Bd. 44, S. 177. 1919.
[3]) J. H. SOLT, Phys. Rev. Bd. 20, S. 513. 1922.

sein. Wir erhalten also zwei verschiedene Lösungen, je nachdem, ob die Welle links oder rechts polarisiert ist. Daher bekommen wir auch zwei verschiedene Werte

$$c^2 q^2 = (n - i\varkappa)^2 = 1 + \frac{4\pi}{\alpha \pm \frac{\nu H_z}{c N e} + i\beta}.$$

Die Diskussion dieser Formel ist im Anschluß an die Diskussion der Dispersionsformel leicht. Denn diese geht aus jener hervor, wenn man $\alpha \pm \frac{\nu H_z}{c N e}$ durch α ersetzt. Daher verschiebt sich das Maximum des Absorptionsstreifens um $\nu H_z/cNe$ nach größeren oder kleineren Frequenzen, je nachdem die Welle rechts oder links polarisiert ist. Dieser Effekt ist gemäß dem KIRCHHOFFschen Absorptionsprinzip bereits nach dem Zeemaneffekt zu erwarten und wird daher als inverser Zeemaneffekt bezeichnet.

Ebenso ist auch die Phasengeschwindigkeit der links und der rechts zirkularpolarisierten Wellen eine verschiedene. Es ist für jene mit $\gamma = \frac{\nu H_z}{c N e}$

$$\frac{1}{v_1} = \frac{1}{c} + \frac{2\pi}{c} \frac{\alpha - \gamma}{(\alpha - \gamma)^2 + \beta^2},$$

für diese

$$\frac{1}{v_1} = \frac{1}{c} + \frac{2\pi}{c} \frac{\alpha + \gamma}{(\alpha + \gamma)^2 + \beta^2}.$$

War die Welle beim Eintritt in die betreffende Materie linear polarisiert, so wird die Polarisationsebene pro Längeneinheit der in ihr durchlaufenen Strecke um den Winkel

$$\omega = \frac{2\pi\nu}{c} \left\{ \frac{\alpha + \gamma}{(\alpha + \gamma)^2 + \beta^2} - \frac{\alpha - \gamma}{(\alpha - \gamma)^2 + \beta^2} \right\}$$

gedreht. Dies liefert die Erklärung des Faradayeffektes.

Untersuchen wir nunmehr die Erscheinungen, wenn sich die elektromagnetische Welle senkrecht zu dem konstanten magnetischen Feld, also etwa in der X-Richtung, fortpflanzt. Schwingt der elektrische Vektor in der Z-Richtung, so übt das magnetische Feld, wie die Verknüpfungsgleichung zeigt, auf die Fortpflanzung der Welle keinen Einfluß aus. Dagegen ergibt sich aus diesen Gleichungen, daß eine in der Y-Richtung polarisierte Welle in dem dispergierenden Medium auch eine Polarisation in der X-Richtung hervorruft. Daher tritt in dem Medium auch eine Schwingung der elektrischen Feldstärke in dieser Richtung auf. In diesem Sinne ist also die elektrische Welle nicht mehr transversal. Da aber eine wahre Dichte der elektrischen Ladung nirgends auftreten kann, muß

$$D_x = E_x + 4\pi P_x = 0$$

sein. Die dielektrische Verschiebung schwingt also immer transversal. Hieraus und aus den Verknüpfungsgleichungen folgt

$$D_y = \frac{(4\pi + \alpha + i\beta)^2 - \left(\frac{\nu H_z}{c N e}\right)^2}{(\alpha + i\beta)(4\pi + \alpha + i\beta) - \left(\frac{\nu H_z}{c N e}\right)^2}.$$

Die Feldgleichungen ergeben wieder

$$D_y = c^2 q^2 E_y.$$

Daher ist

$$(n - i\varkappa)^2 = \frac{(4\pi + \alpha + i\beta)^2 - \left(\frac{\nu H_z}{c N e}\right)^2}{(\alpha + i\beta)(4\pi + \alpha + i\beta) - \left(\frac{\nu H_z}{c N e}\right)^2}.$$

Die Diskussion dieser Formel ist sehr langwierig. Daher sollen nur die wichtigsten Folgerungen angegeben werden. Die Absorptionskurve einer beliebig polarisierten Welle zeigt drei Maxima. Das eine bezieht sich auf die Absorption der in der Z-Richtung schwingenden elektrischen Komponente und ist gleich dem in der gewöhnlichen Dispersionstheorie gefundenen. Die beiden anderen rühren von der Absorption der in der y-Richtung schwingenden Komponente her. Ist $\gamma \gg \beta \gg 1$, d. h. ist die Absorption gering (s. oben) und die Entfernung der beiden Absorptionsstreifen groß gegen ihre Breite, so liegen die beiden Maxima bei einer um $\nu H_z/cNe$ größeren bzw. kleineren Frequenz. Dies ist dann wiederum der zum elementaren Zeemaneffekt inverse Effekt. Die angeführten Bedingungen sind in den meisten Fällen erfüllt.

Ferner tritt, da die beiden verschieden polarisierten Wellen eine verschiedene Fortpflanzungsgeschwindigkeit besitzen, eine magnetische Doppelbrechung auf, die von VOIGT vorausgesagt und von ihm[1]), WIECHERT und GEEST[2]) beobachtet worden ist. (Weiteres über die magnetooptischen Phänomene vgl. Ziff. 2 und Bd. XX.)

42. Erscheinungen in metallischen Leitern (vgl. Bd. XIII, Kap. 1). Nach Ziff. 6 befinden sich in den Metallen eine Anzahl von freien Elektronen, durch deren Bewegung der elektrische Strom entsteht. Diese Leitungselektronen entstehen dadurch, daß sie sich von den Molekülen ablösen, d. h. aus der Wirkungssphäre des Moleküls austreten, während das positive Ion im Gitter zurückbleibt. Über die Bewegung, die das freie Elektron bei Abwesenheit äußerer Kräfte ausführt, sind zwei verschiedene Annahmen möglich. THOMSON[3]) nahm an, daß das Elektron bereits bei dem nächsten Zusammenstoß mit einem Molekül oder Ion wieder eingefangen wird, während DRUDE[4]) annimmt, daß das erst nach einer so großen Anzahl von Zusammenstößen der Fall ist, daß die Gesamtheit der Elektronen ein Gas bilden, in dem das MAXWELLsche Verteilungsgesetz der Geschwindigkeiten herrscht. Obwohl die Theorie von J. J. THOMSON der von DRUDE anscheinend durchaus gleichwertig ist, wurde doch nur jene weiter entwickelt.

Nach ihr können wir daher von den ständig stattfindenden Vereinigungen und Trennungen der Ionen und Elektronen absehen und bei der Berechnung der Erscheinungen davon ausgehen, daß sich zwischen dem Gitter des Metalles ein Elektronengas ausbreitet, dessen mittlere kinetische Energie nach dem Äquipartitionstheorem gleich $n\alpha T$ ist, wobei α die BOLTZMANNsche Konstante ist, die die kinetische Energie eines Moleküls bei der absoluten Temperatur 1 angibt. Bezeichnen wir nun mit l die mittlere freie Weglänge, mit v die mittlere Geschwindigkeit eines freien Elektrons und mit n ihre Anzahl im Kubikzentimeter, so gibt die BOLTZMANNsche Transportgleichung

$$\Gamma = C n l v \frac{\partial G}{\partial \mathfrak{n}}$$

die Menge Γ einer Größe G an, die durch die Diffusion in der Zeiteinheit durch die Einheit einer Fläche mit der Normale $\mathfrak{n}$ transportiert wird.

Der Einfachheit halber sehen wir für das folgende von den Unregelmäßigkeiten der thermischen Bewegung ab und nehmen an, daß alle freien Elektronen dieselbe Geschwindigkeit besitzen und dieselbe freie Weglänge durchlaufen. Wirkt dann auf das Metall eine konstante elektrische Feldstärke $\mathfrak{E}$, so erteilt sie einem Elektron in der Zeit zwischen zwei Zusammenstößen die Beschleunigung

---

[1]) W. VOIGT, Göttinger Nachr. 1898, S. 355; Wied. Ann. Bd. 67, S. 345. 1899.

[2]) J. GEEST, Arch. Néerland. Bd. 10, S. 291. 1905.

[3]) J. J. THOMSON, Applications of Dynamics to Physics and Chemistry. 1888.

[4]) P. DRUDE, Göttinger Nachr. 1898, S. 48 u. 137; Wied. Ann. Bd. 66, S. 353 u. 545. 1898.

$e\mathfrak{E}/m$, es tritt also in diesem Zeitraum zu der Wärmebewegung die mittlere Geschwindigkeit

$$\mathfrak{u} = \frac{1}{2}\frac{e\mathfrak{E}}{m}\frac{l}{v}.$$

Da diese Geschwindigkeit gegen die der Wärmebewegung, die bei einer Temperatur von 270° abs. von der Größenordnung 10^7 cm ist, vernachlässigt werden kann, ändert sie das Verteilungsgesetz der Geschwindigkeiten nicht. Sie ist daher die mittlere zusätzliche Geschwindigkeit überhaupt, und es wird

$$\mathfrak{i} = ne\mathfrak{u} = \frac{1}{2}\frac{ne^2l}{mv}\mathfrak{E}.$$

Es ist also das OHMsche Gesetz gewahrt, und die Leitfähigkeit ist daher

$$\sigma = \frac{1}{2}\frac{ne^2l}{mv},$$
$$= \frac{1}{4}\frac{ne^2vl}{\alpha T}.$$

Auch das JOULEsche Gesetz folgt unmittelbar aus dieser Anschauung: Denn wir haben angenommen, daß das Elektron die während der freien Bewegung gewonnene kinetische Energie bei dem nächsten Zusammenstoß wieder abgibt. Daher leistet das äußere Feld in der Zeiteinheit die Arbeit

$$\frac{dA}{dt} = n\cdot\frac{1}{2}m(2u)^2\cdot\frac{v}{l} = \frac{mnv}{2l}\left(\frac{eEl}{mv}\right)^2 = \frac{i^2}{\sigma},$$

die sich in ungeordnete Wärmebewegung umsetzt. Denn die Elektronen erreichen zwischen zwei Zusammenstößen die Endgeschwindigkeit $2u$.

Nach unserer Annahme sind die positiven Ionen und die Moleküle an ihrer Stelle im Gitter gebunden. Ihre Wärmebewegung besteht aus Schwingungen um ihre Ruhelage. Daher besorgen die Elektronen auch den Wärmetransport, der nach der Transportgleichung

$$\lambda\frac{\partial T}{\partial x} = \frac{1}{3}nvl\alpha\frac{\partial T}{\partial x}$$

ist. Daraus berechnet sich das Wärmeleitvermögen des Metalles zu

$$\lambda = \tfrac{1}{3}nvl\alpha.$$

Der Quotient der beiden Leitvermögen hat also die einfache Form

$$\frac{\lambda}{\sigma} = \frac{4\alpha^2}{3e^2}T.$$

Er ist also für die verschiedenen Metalle konstant (WIEDEMANN-FRANZsches Gesetz) und der absoluten Temperatur proportional [Gesetz von LORENTZ[1])]. Die Beobachtungen der genannten Forscher und anderer ergeben eine gute qualitative und auch numerische Übereinstimmung mit den Experimenten. Doch versagt die Formel vollständig für tiefe Temperaturen, ja die numerische Übereinstimmung wird bereits bedeutend verschlechtert, wenn man mit LORENTZ das MAXWELLsche Geschwindigkeitsverteilungsgesetz berücksichtigt[2]).

Zu dieser Theorie des stationären Stromes ist noch eine Bemerkung zu machen. Bei ihrer Bewegung müssen die Elektronen Strahlung emittieren. Erstens werden sie beim Durchlaufen der freien Weglänge beschleunigt. Da die Beschleunigung aber sehr klein ist und außerdem mit e^2/c^3 multipliziert wird, kann

[1]) H. A. LORENTZ, Proc. Amsterdam Bd. 7, S. 438, 585 u. 684. 1904.

[2]) Vgl. hierzu die während der Drucklegung erschienene Theorie von A. SOMMERFELD, Naturwiss. Bd. 15, S. 825. 1927, sowie das Nachwort zu Kap. 1 in Bd. XIII.

die dabei emittierte Strahlung vernachlässigt werden. Aber abgesehen davon treten sehr schnelle Geschwindigkeitsänderungen bei den Zusammenstößen mit den Ionen auf. Diese rufen auch tatsächlich, wie LORENTZ berechnet hat, die Wärmestrahlung der Metalle hervor. Allerdings haben dann insbesondere JEANS[1]) und LORENTZ[2]) gezeigt, daß die aus der Elektronentheorie folgende Ausstrahlung kurzer Wellen zu unmöglichen Resultaten führt (vgl. Bd. XX).

Ebenso wie die Dielektrizitätskonstante zeigt auch die metallische Leitfähigkeit eine Dispersion[3]). Diese kann auf dem folgenden Weg berechnet werden: Die Änderung der Bewegungsgröße eines Elektrons ist gleich der wirkenden elektrischen Kraft, multipliziert mit seiner Ladung, vermindert um die bei den Zusammenstößen abgegebene Bewegungsgröße (vgl. Ziff. 41). Die elektrische Feldstärke sei wieder eine sinusperiodische Funktion der Zeit $E_x = E_0 \cos \nu t$, dann gilt für die X-Komponenten

$$m \dot{u}_x = e E_0 \cos \nu t - m \beta u_x$$

mit der Lösung

$$u_x = E_0 \frac{e}{m} \frac{\cos\left(\nu t - \operatorname{arctg} \frac{\nu}{\beta}\right)}{\sqrt{\nu^2 + \beta^2}} .$$

Die vom Feld in der Zeiteinheit geleistete mittlere Arbeit

$$\overline{n e u E} = n \frac{e^2}{m} E_0^2 \frac{1}{2\pi} \int\limits_0^{2\pi} \frac{\cos t \cos\left(t - \operatorname{arctg} \frac{\nu}{\beta}\right)}{\sqrt{\nu^2 + \beta^2}} dt = \frac{n}{2} \frac{e^2}{m} E_0^2 \frac{\beta}{\nu^2 + \beta^2}$$

muß gleich sein der entwickelten Wärme. Da diese aber nach der eben aufgestellten Formel E^2 proportional ist, können wir die Leitfähigkeit durch das JOULEsche Gesetz definieren:

$$\sigma_\nu \overline{E^2} = \tfrac{1}{2} \sigma_\nu E_0^2 ,$$

$$\sigma_\nu = \frac{e^2}{m} \frac{n \beta}{\nu^2 + \beta^2} .$$

Die Leitfähigkeit für stationäre Felder ist

$$\sigma_0 = \frac{e^2 n}{m \beta} .$$

Daher wird

$$\sigma_\nu = \frac{\sigma_0}{1 + \nu^2 \frac{m^2 \sigma_0^2}{n^2 e^4}} .$$

Mit Hilfe dieser Formel hat SCHUSTER[4]) n aus den optischen Konstanten der Metalle errechnet. Er findet, daß die Anzahl der freien Elektronen etwa ein- bis dreimal größer ist als die Anzahl der vorhandenen Atome.

Von den galvanomagnetischen und thermomagnetischen Erscheinungen sei, da deren Behandlung mit Hilfe der Elektronentheorie äußerst kompliziert ist, aber nicht in allen Fällen bereits zu einem vollen Erfolg geführt hat, nur der Halleffekt erwähnt. Fließt ein elektrischer Strom in der X-Richtung und befindet sich der Leiter in einem magnetischen Feld, das in der Z-Richtung liegt, so sieht man ohne weiteres ein, daß die Elektronen durch das Magnetfeld in die Y-Richtung

---

[1]) J. H. JEANS, Phil. Mag. Bd. 17, S. 774. 1909; Bd. 18, S. 209. 1909.

[2]) H. A. LORENTZ, Phil. Mag. Bd. 14, S. 217. 1907; Bd. 20, S. 238. 1910.

[3]) H. A. LORENTZ, Proc. Amsterdam Bd. 5, S. 666. 1903; H. A. WILSON, Phil. Mag. Bd. 20, S. 835. 1910.

[4]) A. SCHUSTER, Phil. Mag. Bd. 7, S. 151. 1904.

abgetrieben werden. Tatsächlich wird in den meisten Fällen der Strom auch in dieser Richtung abgelenkt. Fließt er aber in Eisen, Antimon, Tellurium, Zink, Iridium usw., so wird er in die entgegengesetzte Richtung abgelenkt. Trotz vielfacher Versuche konnte diese Anomalie bis jetzt nicht erklärt werden (vgl. Bd. XIII, Kap. 5).

Untersuchen wir nun die Vorgänge an der Oberfläche eines Metalls. Zunächst ist leicht einzusehen, daß sich an der Oberfläche des Metalls eine Doppelschicht bilden wird, da eine Anzahl von Elektronen aus dem Gitter austritt, ohne die Wirkungssphäre der Moleküle verlassen zu können. Hat sich diese einmal ausgebildet, so muß ein Elektron, damit es sie durchstoßen kann, eine kinetische Energie besitzen, die groß genug ist, um die der Doppelschicht entsprechende Potentialdifferenz V zu durchlaufen[1]). Nach unserer Annahme herrscht in dem Elektronengas im Inneren des Metalls das MAXWELLsche Verteilungsgesetz der Geschwindigkeiten. Die Anzahl der Elektronen, die eine Geschwindigkeitskomponente zwischen v_x und $v_x + dv_x$ besitzt, ist daher

$$dn = n\sqrt{\frac{3m}{4\pi\alpha T}}\, e^{-\frac{3m}{4\alpha T}v_x^2}\, dv_x\,.$$

Damit ein Elektron die Doppelschicht durchdringen kann, muß es mindestens die Geschwindigkeit $(2Ve/m)^{\frac{1}{2}}$ in der Richtung der Oberflächennormalen besitzen. Die Anzahl der die Oberflächeneinheit in der Sekunde durchfliegenden Elektronen mit e multipliziert gibt die Dichte des aus dem Metall austretenden Elektronenstromes. Es ist daher

$$\mathfrak{i} = ne\sqrt{\frac{3m}{4\pi\alpha T}}\int\limits_{\sqrt{\frac{2eV}{m}}}^{\infty} e^{-\frac{3m}{4\alpha T}v_x^2}\, v_x\, dv_x$$

$$= ne\sqrt{\frac{\alpha T}{3m\pi}}\, e^{-\frac{3eV}{2\alpha T}}\,.$$

Diese Formel steht in guter Übereinstimmung mit den Experimenten (vgl. Bd. XIII, Kap. 4).

Nehmen wir nun an, daß zwei Metalle aneinandergrenzen. Die Anzahl der freien Elektronen in der Volumeinheit sei in dem ersten n_1, in dem zweiten n_2. Dann herrscht in dem Elektronengas des ersten der Druck $\frac{2}{3}n_1\alpha T$. in dem des zweiten der Druck $\frac{2}{3}n_2\alpha T$. Die Elektronen werden daher von dem Metall mit größerem n in das andere diffundieren. Diese Diffusion wird so lange andauern, bis die durch — die so entstehende wahre Ladungsdichte hervorgerufene — elektrische Feldstärke auf die Elektronen eine dem Druckgefälle im Elektronengase entgegengesetzte Kraft ausübt. Für das Gleichgewicht gilt daher

$$e\mathfrak{E}n = -\mathrm{grad}\,p\,,$$

$$\mathfrak{E} = -\frac{2}{3}\frac{\alpha}{en}\,\mathrm{grad}\,nT\,.$$

Integrieren wir über die dünne Übergangsschicht zwischen den beiden Metallen, so erhalten wir das Kontaktpotential:

$$V_{12} = -\frac{2\alpha T}{3e}\int\limits_1^2 \frac{1}{n}\frac{dn}{ds}\,ds = \frac{2\alpha T}{3e}\log\frac{n_1}{n_2}\,.$$

---

[1]) O. W. RICHARDSON, Phil. Trans. Bd. 201, S. 497. 1903.

Aus dieser Formel folgt das Gesetz von VOLTA (vgl. Kap. 1, Ziff. 16) unmittelbar:

$$V_{13} + V_{32} = \frac{2\alpha T}{3e}\left(\log\frac{n_1}{n_2} + \log\frac{n_3}{n_2}\right) = V_{12}$$

(vgl. Bd. XIII, Kap. 9). Ebenso folgt aus dem Gesagten, wie man sofort einsieht, der Peltiereffekt, da die vom Feld bei der Bewegung der Elektronen gegen das Kontaktpotential geleistete Arbeit sich in ungeordnete Wärmebewegung umsetzt. Der Peltierkoeffizient ist daher

$$\pi_{12} = V_{12}\,.$$

Aus derselben Betrachtung folgt, daß, wenn in einem Leiter ein Temperaturgefälle herrscht, im stationären Zustand ebenfalls eine elektrische Feldstärke $\mathfrak{E}$ in ihm auftreten muß, die der Diffusion entgegenwirkt und die elektromotorische Kraft

$$V_{12} = -\frac{2\alpha}{3e}\int_{T_1}^{T_2}\frac{1}{n}\frac{d\,n\,T}{d\,T}\,d\,T$$

hervorruft. Aus dieser Gleichung folgt nicht nur, wie unmittelbar einzusehen ist, die Umkehrung des Peltiereffekts, sondern auch der Thomsoneffekt: Denn wenn ein Strom in einem Leiter fließt, in dem ein Temperaturgefälle herrscht, so gibt jedes Elektron bei der Bewegung um die physikalisch unendlich kleine Strecke ds den Überschuß an kinetischer Energie $\alpha\,d\,T$ ab und außerdem wird die gegen $\mathfrak{E}$ geleistete Arbeit $e\,E\,d\,s$ in Wärme verwandelt. Daher entsteht neben der JOULEschen Wärme pro Volumeinheit des Leiters die Wärme

$$Q = \frac{i}{e}(\alpha\,d\,T + e\,E\,d\,s)\,,$$

$$= \frac{i\alpha}{e}\left(1 - \frac{2}{3}\,\frac{1}{n}\,\frac{d\,n\,T}{d\,T}\right)d\,T\,.$$

Der Thomsonkoeffizient (vgl. Kap. 1, Ziff. 17) ist daher

$$\mu = \frac{\alpha}{e}\left(1 - \frac{2n}{3}\,\frac{d\,n\,T}{d\,T}\right) = \frac{\alpha}{3e}\left(1 - 2T\frac{d\lg n}{d\,T}\right).$$

Die aufgefundenen Werte für die thermoelektrischen Koeffizienten ergeben tatsächlich die KELVINsche Beziehung:

$$\mu_1 - \mu_2 = T\frac{d}{d\,T}\left(\frac{\pi_{21}}{T}\right),$$

(vgl. Bd. XIII, Kap. 6).

43. Die magnetischen Eigenschaften der Materie. Der Zeemaneffekt legt es nahe, das Verhalten der diamagnetischen Körper auf die in einem Magnetfeld auftretenden Kreisbewegungen der Polarisationselektronen zurückzuführen. Tatsächlich konnte LORENTZ auch nachweisen, daß nach der Etablierung eines konstanten magnetischen Feldes, die anfangs ruhenden Polarisationselektronen dieselbe Kreisbewegung ausführen. Wir nehmen an, daß die Elektronen in dem Molekül kugelsymmetrisch verteilt sind, was erlaubt ist, wenn wir nur die Mittelwerte während der kreisförmigen Bewegung betrachten. Dann ist

$$\sum x_i = \sum y_i = \sum z_i = \sum x_i y_i = \sum x_i z_i = \sum y_i z_i = 0\,,$$

$$\sum x_i^2 = \sum y_i^2 = \sum z_i^2 = \frac{q}{2m}\,,$$

wenn wir unter q das mechanische Trägheitsmoment des Moleküls verstehen. Ferner können wir mit Berufung auf die aus dem Zeemaneffekt gewonnenen

Resultate annehmen, daß sich nur die Elektronen bewegen, während die Ionen in Ruhe verharren. Endlich wollen wir wiederum wie in Ziff. 25 annehmen, daß das Molekül als starrer Körper rotiert. Die auf das Molekül ausgeübte Drehkraft ist daher

$$\mathfrak{N} = \sum e_i [\mathfrak{E} \mathfrak{r}_i],$$

was nach Ziff. 28 durch

$$\mathfrak{N} = \frac{q}{2m} \sum e_i \operatorname{rot} \mathfrak{E}$$

angenähert werden kann, indem wir angenähert

$$\mathfrak{E} = \mathfrak{E}_0 + (\mathfrak{r} \nabla) \mathfrak{E}$$

setzen.

Nach der FARADAYschen Hauptgleichung ist aber weiter

$$\operatorname{rot} \mathfrak{E} = -\frac{1}{c} \dot{\mathfrak{H}}.$$

Daher ist die Winkelbeschleunigung, die das Molekül während der Etablierung des Feldes erfährt

$$\dot{\mathfrak{u}} = -\frac{e}{2mc} \dot{\mathfrak{H}},$$

und die daraus resultierende Winkelgeschwindigkeit im konstanten Feld

$$\mathfrak{u} = -\frac{e}{2mc} \mathfrak{H}.$$

Daraus bestimmt sich die Magnetisierung des aus diesen Molekülen zusammengesetzten Mediums zu

$$\mathfrak{M} = -\frac{n e^2 r^2}{4 m c^2} \mathfrak{H},$$

und seine magnetische Permeabilität ist daher[1])

$$\mu = 1 - \frac{\pi n e^2 r^2}{m c^2}.$$

Die Erklärung der para- und ferromagnetischen Erscheinungen erfordert die Annahme von Elementarmagneten, d. h. in die Sprache der Elektronentheorie übersetzt, die Existenz von rotierenden Magnetonen auch bei Abwesenheit eines magnetischen Feldes. Nehmen wir diese zunächst ebenfalls kugelsymmetrisch an, so ist das von einem elektromagnetischen Feld auf das Magneton ausgeübte Drehmoment

$$\mathfrak{N} = -\left(\frac{d\mathfrak{H}_a}{dt} - [\mathfrak{u} \mathfrak{H}_a]\right) \frac{Q}{2c},$$

daher seine Bewegungsgleichung

$$q \frac{d\mathfrak{u}}{dt} = -\left(\frac{d\mathfrak{H}_a}{dt} - [\mathfrak{u} \mathfrak{H}_a]\right) \frac{Q}{2c}.$$

Das erste Glied der rechten Seite ergibt, daß das Magneton während der Etablierung eines konstanten Magnetfeldes die zusätzliche Winkelbeschleunigung

$$\frac{d\mathfrak{u}}{dt} = -\frac{e}{2mc} \dot{\mathfrak{H}}_a$$

erfährt, was dem Verhalten der diamagnetischen Körper entspricht, dies ist aber gegen den folgenden Effekt zu vernachlässigen. Denn auch wenn das

[1]) P. LANGEVIN, Ann. de chim. et phys. Bd. 5, S. 70. 1905.

Magnetfeld bereits konstant ist, wirkt auf das Magneton ein Drehmoment. Seine Bewegungsgleichung ist dann

$$q\frac{d\mathfrak{u}}{dt} = \frac{Q}{2c}[\mathfrak{u}\mathfrak{H}_a].$$

Aus dieser Gleichung folgt, daß der Betrag der Winkelgeschwindigkeit und seine in den Kraftlinien liegende Komponente konstant ist, die zu $\mathfrak{H}_a$ senkrechte dreht sich um die Kraftlinien als Drehungsachse mit der Winkelgeschwindigkeit

$$\mathfrak{u}' = -\frac{e}{2cm}\mathfrak{H}_a.$$

Das Magneton führt daher eine Präzessionsbewegung um diese aus.

Unter der bisherigen Annahme der Kugelsymmetrie des Magnetons steht dieser Bewegung kein Widerstand entgegen. Soll sich das Magneton in die Richtung der Kraftlinien einstellen, wie dies zur Erklärung der betrachteten Erscheinungen notwendig ist, so müssen wir von dieser Annahme abgehen und mit VOIGT annehmen, daß die Magnetonen bloß Rotationssymmetrie besitzen. Nach Ziff. 25 strahlt das Magneton bei der Rotation um eine andere als seine Symmetrieachse Energie aus, so daß es sich mit dieser in die Richtung der Kraftlinien einstellen muß.

Damit nun nicht sofort die Sättigungsmagnetisierung eintritt, müssen diesem Richteffekt des äußeren Feldes andere Drehkräfte entgegenwirken. Diese können, wie dies in Kap. 1, Ziff. 29 dargelegt ist, von den inneren Molekularkräften herrühren. Zu diesen tritt aber noch die unregelmäßige Rotation der Magnetonen infolge ihrer Wärmebewegung. Es ist unmittelbar klar, daß in idealen Gasen nur diese eine Rolle spielen kann. LANGEVIN hat daher die magnetische Suszeptibilität eines Gases auf die folgende Weise berechnet. Nach dem MAXWELL-BOLTZMANNschen Geschwindigkeitsverteilungsgesetz muß die Anzahl der Magnetonen, deren Achsen mit der Richtung des Feldes einen Winkel zwischen ϑ und $d\vartheta$ einschließen,

$$dn = C e^{+(\mathfrak{m}\mathfrak{H}_a)/3\alpha T} \sin\vartheta\, d\vartheta$$

sein. Daher ist die gesamte durch die äußere magnetische Feldstärke $\mathfrak{H}_a$ hervorgerufene Magnetisierung

$$|\mathfrak{M}| = |\mathfrak{m}| C \int_0^\pi e^{-\frac{|\mathfrak{m}| H_a}{3\alpha T}\cos\vartheta} \cos\vartheta \sin\vartheta\, d\vartheta$$

und die Gesamtzahl der in der Volumeinheit vorhandenen Magnetonen

$$n = C\int_0^\pi e^{-\frac{|\mathfrak{m}| H_a}{3\alpha T}\sin\vartheta\, d\vartheta} = 2C\frac{\sinh\frac{|\mathfrak{m}|H_a}{3\alpha T}}{\frac{|\mathfrak{m}|H_a}{3\alpha T}}.$$

Daher ist die Magnetisierung

$$|\mathfrak{M}| = 2C|\mathfrak{m}|\left(\frac{\cosh\frac{|\mathfrak{m}|H_a}{3\alpha T}}{\frac{|\mathfrak{m}|H_a}{3\alpha T}} - \frac{\sinh\frac{|\mathfrak{m}|H_a}{3\alpha T}}{\frac{|\mathfrak{m}|H_a}{3\alpha T}}\right),$$

und wenn wir mit M_0 die Sättigungsmagnetisierung bezeichnen,

$$|\mathfrak{M}| = M_0\left(\operatorname{cotgh}\frac{|\mathfrak{m}|H_a}{3\alpha T} - \frac{3\alpha T}{|\mathfrak{m}|H}\right).$$

Für kleine Feldstärken kann man

$$|\mathfrak{M}| = M_0 \frac{|\mathfrak{m}| H_a}{9 \alpha T}$$

setzen. Die magnetische Suszeptibilität eines Gases ist daher

$$\varkappa = \frac{|\mathfrak{m}| M_0}{9 \alpha T}.$$

Die in dieser Formel zum Ausdruck kommende Abhängigkeit von der Temperatur wurde bei mittleren Temperaturen von P. CURIE experimentell aufgefunden.

Diese Betrachtungen behalten ihre Gültigkeit für Lösungen einer ferromagnetischen Substanz. Die Formel für die magnetische Suszeptibilität gestattet daher die Berechnung der magnetischen Elementarmomente. Wie P. WEISS gezeigt hat, sind diese ganze Vielfache des Wertes

$$|\mathfrak{m}| = 18 \cdot 10^{-22}$$

des sog. Magnetons (im engeren Sinne). P. WEISS hat auch die Theorie auf feste Körper erweitert, in dem er die gegenseitige Wirkung der Magnetonen zu berücksichtigen versuchte. Bezüglich des weiteren Ausbaues der Theorie durch BOHR vgl. Bd. XV, Kap. 3, sowie Bd. XXII und XXIII.

Nach den Anschauungen der Elektronentheorie wird also die Magnetisierung eines Körpers durch die Rotation seiner Magnetonen bedingt. Ein magnetisierter Körper muß daher im ganzen ebenfalls einen mechanischen Drehimpuls besitzen. Umgekehrt müssen durch Rotation des Körpers als Ganzes die Magnetonen gerichtet, der Körper also magnetisiert werden. Derartige Versuche, die von EINSTEIN und DE HAAS sowie von BARNETT angestellt worden sind, ergeben, wie leicht einzusehen ist, das Verhältnis des mechanischen Impulsmomentes eines Magnetons zu seinem magnetischen Moment. Dieses ergibt sich aus den Beobachtungen zu

$$\frac{q}{Q} = R = \frac{m}{e}.$$

Das würde dem Verhältnis entsprechen, das für ein rotierendes ABRAHAMsches Elektron mit Oberflächenladung in Ziff. 35 gefunden worden ist, während aus der bisher gemachten Annahme, daß das magnetische Moment des Magnetons von der Kreisbewegung eines Elektrons herrührt, das Verhältnis

$$\frac{q}{Q} = R = \frac{m r^2}{\frac{1}{2} n e r^2} = 2 \frac{m}{e},$$

also der doppelte Betrag, folgen würde (vgl. Ziff. 7). Jenes Modell des Magnetons würde strahlungsfrei sein, während die Strahlungsfreiheit des letzteren Modells eine schwierige Frage der Elektronentheorie darstellt. Eine interessante Lösung dieses Problems wurde von BATEMAN[1]) geliefert, der sie in Zusammenhang mit der Struktur des Elektrons gebracht hat. Im allgemeinen erklärt man diese Frage auf Grund der Quantentheorie.

Die wenigen Versuche zum Ausbau der MAXWELL-LORENTZschen Theorie beschäftigen sich hauptsächlich damit, eine Elementarstrahlung anzugeben, die der EINSTEINschen Nadelstrahlung entspricht. Hierzu wurden singuläre Lösungen der MAXWELLschen Gleichungen herangezogen, die durch die WIECHERT-LIÉNARDschen Potentiale nicht dargestellt werden können und die durch die BATEMANschen Lösungen (vgl. Kap. 1, Ziff. 59) definiert sind[2]). Andere Versuche in dieser Richtung hat WHITTAKER angestellt[3]).

[1]) H. BATEMAN, Phys. Rev. Bd. 20, S. 243. 1922; Mus. of Math. Bd. 53, S. 124. 1924.
[2]) F. KOTTLER, Wien. Ber. Bd. 129, S. 3. 1920.
[3]) E. T. WHITTAKER, Edinb. Proc. Bd. 46, S. 116. 1926.

Kapitel 3.

Elektrodynamik bewegter Körper und spezielle Relativitätstheorie.

Von

Hans Thirring, Wien.

Mit 13 Abbildungen.

I. Die empirischen Grundlagen.

a) Die Entwicklung der Frage nach der Mitbewegung des Äthers.

1. Die Fresnelsche Theorie. Die Faraday-Maxwellschen Vorstellungen waren in ihrer Weiterentwicklung durch Hertz, Lorentz und andere um die 90er Jahre des vorigen Jahrhunderts zu einer Theorie ausgebaut worden, die den größten Teil der damals bekannten Erfahrungstatsachen hinsichtlich der elektromagnetischen Vorgänge in ruhenden Körpern sehr gut wiedergab und insbesondere zu der wichtigen Erkenntnis der Identität von Lichtstrahlen und elektromagnetischen Wellen geführt hatte. Die Übertragung dieser Vorstellungen auf die elektromagnetischen bzw. optischen Vorgänge in bewegten Körpern bot dagegen Schwierigkeiten, da zur Beantwortung einer für dieses Gebiet entscheidenden Frage einander widersprechende Anhaltspunkte vorlagen. Es handelte sich um das alte Problem, ob bewegte Körper den als Träger der elektromagnetischen Erscheinungen supponierten Äther mit sich führen oder ob alle Teile des Äthers relativ zueinander in Ruhe bleiben, ohne von den in ihnen bewegten materiellen Körpern beeinflußt zu werden.

Die Diskussion über diese Frage war von Erwägungen über die Lichtfortpflanzung ausgegangen und stammt aus jener Zeit, wo die Streitfrage zwischen Emissionstheorie und Undulationstheorie noch als unentschieden galt. Die von Bradley entdeckte Aberration des Lichtes war vom Standpunkt der Emissionstheorie aus ohne weiteres verständlich und quantitativ erklärbar. Um die Erscheinung auf dem Boden der Wellentheorie zu deuten, griff Fresnel die auf Young zurückgehende Hypothese auf, wonach der Äther frei durch den Erdkörper streiche, und wonach die Geschwindigkeit, die ihm durch die Erdbewegung aufgeprägt wird, nur ein kleiner Bruchteil der Erdgeschwindigkeit sein könne.

Ein von Arago[1]) ausgeführter Versuch über die Brechung von Sternlicht an Glasprismen und über die Beeinflußbarkeit dieses Vorganges durch die Erdbewegung gab Fresnel Anlaß zu einer qualitativen Präzisierung dieser Aussage[2]): „Der Äther soll im Inneren eines Körpers vom Brechungsquotienten n

[1]) J. B. Biot, Traité élémentaire d'astronomie physique, 3. Aufl. S. 364. 1857.
[2]) F. Fresnel, Ann. de chim. et phys. Bd. 9, S. 57. 1818.

eine Verdichtung im Verhältnis $n^2:1$ gegen den Wert im Vakuum erleiden. Diese Verdichtung soll mit dem Körper mitwandern, während der der normalen Dichte entsprechende Anteil des Äthers in Ruhe bleibt." FRESNEL folgerte daraus weiter, daß bewegte Körper den in ihnen laufenden Lichtstrahlen den Bruchteil $(1 - 1/n^2)$ ihrer eigenen Geschwindigkeit aufprägen (FRESNELscher Mitführungskoeffizient), und konnte damit die erst ein halbes Jahrhundert später experimentell bestätigte Vorhersage machen, daß die Aberrationserscheinung von dem das Fernrohr erfüllenden Medium unabhängig sei[1]). Eine direkte Verifizierung des Wertes für den FRESNELschen Mitführungskoeffizienten erfolgte durch den FIZEAUschen Versuch (Ziff. 6).

2. Die Theorie von STOKES. STOKES hat einerseits der FRESNELschen Theorie eine verbesserte Formulierung gegeben[2]) und hat ihr andererseits eine davon verschiedene Theorie gegenübergestellt, nach der die Erde den Äther bei ihrer Bewegung vollständig mitführt, so daß eine Strömung etwa nach Art der Bewegung einer festen Kugel in einer materiellen Flüssigkeit entsteht[3]). STOKES zeigte, daß man auch auf Grundlage dieser Theorie die Aberration erklären kann, wenn man annimmt, daß an der Erdoberfläche noch vollständige Mitführung erfolge, und daß die Bewegung des Äthers außerhalb der Erde eine Strömung mit Geschwindigkeitspotential sei.

H. A. LORENTZ hat durch kritische Betrachtung beider Theorien wesentliche Fortschritte herbeigeführt. Zunächst wies er nach[4]), daß die eben erwähnte STOKESsche Annahme, wonach der Äther an der Erdoberfläche relativ zu ihr ruhe und im Außenraum eine Bewegung mit Geschwindigkeitspotential ausführe, mit der Annahme seiner Inkompressibilität unvereinbar sei. Eine spätere Untersuchung von ihm zeigte dann in Weiterentwicklung einer von PLANCK stammenden Anregung, daß unter Annahme einer weitgehenden Kompressibilität des Äthers die von STOKES geforderte Bewegung mit Geschwindigkeitspotential hydrodynamisch möglich sei, und er stellte auch die Formeln für die Strömung eines kompressiblen Äthers in der Umgebung der bewegten Erde auf[5]). Es ist aber nirgends der Versuch gemacht worden, die Differentialgleichungen des elektromagnetischen Feldes auf Grund der STOKES-PLANCKschen Hypothese zu formulieren (vgl. hierzu Ziff. 15).

3. Die LORENTZsche Elektronentheorie. Der wichtigste Beitrag von LORENTZ zu dieser Frage bestand in der Ausgestaltung des YOUNG-FRESNELschen Gedankens vom ruhenden Äther durch Aufstellung der im zweiten Kapitel dieses Bandes ausführlich erörterten Elektronentheorie. Die Grundgleichungen der Elektronentheorie sollen für ein bestimmtes Bezugssystem gelten, nämlich für jenes, in dem der Äther ruht. In ponderablen Körpern wird die Ausbreitung elektromagnetischer Wellen durch das Mitschwingen der an die Atome dieses Körpers gebundenen Ladungen (Elektronen) beeinflußt; den primären Wellen überlagern sich die von diesen schwingenden Ladungen ausgehenden Sekundärwellen, was eine Verlangsamung der Phasengeschwindigkeit im Verhältnis $1:n$ zur Folge hat. Eine Berechnung dieses Einflusses für den Fall eines gegen den Äther bewegten Körpers ergibt folgendes Resultat: Ein Lichtstrahl, der in einem mit der Geschwindigkeit v bewegten Körper parallel und gleichsinnig mit dessen

[1]) G. B. AIRY, Proc. Roy. Soc. London Bd. 20, S. 35. 1871; Bd. 21, S. 121. 1873; Phil. Mag. Bd. 43, S. 310. 1872. Vgl. hierzu Ziff. 4.

[2]) G. G. STOKES, Phil. Mag. (3) Bd. 28, S. 76. 1846; Math. and Phys. Papers, Cambridge Bd. 1, S. 141. 1883.

[3]) G. G. STOKES, Phil. Mag. (3) Bd. 27, S. 9. 1845; Papers Bd. 1, S. 134. 1883.

[4]) H. A. LORENTZ, Abhandlungen über theoretische Physik. Bd. I, S. 347—349. Leipzig 1907.

[5]) H. A. LORENTZ, l. c. Bd. I, S. 454—460.

Bewegungsrichtung läuft, hat, vom ruhenden Beobachter aus gemessen, die Geschwindigkeit

$$V = \frac{c}{n} + \left(1 - \frac{1}{n^2} - \frac{\lambda}{n}\frac{dn}{d\lambda}\right) v, \tag{1}$$

wobei n den Brechungsquotienten des betreffenden Körpers und λ die Wellenlänge des verwendeten Lichtes bedeuten. Der später zu erörternde Dispersionsterm $\frac{\lambda}{n}\frac{dn}{d\lambda}$ ist numerisch sehr klein, so daß der Koeffizient von v in Gleichung (1) fast völlig mit dem FRESNELschen Mitführungskoeffizienten übereinstimmt. Eine Herleitung der Formel (1) nach der Relativitätstheorie wird in den Ziff. 25, 26 und 65 gegeben werden.

Die Elektronentheorie liefert also eine Ableitung des FRESNELschen Mitführungskoeffizienten und vermag so die Versuche von FIZEAU und AIRY zu erklären. Es ist aber zu beachten, daß die Bedeutung des Mitführungskoeffizienten nach der Elektronentheorie eine andere ist als in der FRESNELschen Theorie des elastischen Äthers. Während bei FRESNEL der Äther zum Teil mitgeführt wird, derart, daß der Schwerpunkt der in einem Körper eingeschlossenen Äthermenge mit der Geschwindigkeit $v(1 - 1/n^2)$ mitläuft, bleibt nach LORENTZ der Äther absolut ruhend. Die Größe $(1 - 1/n^2)$ ist im Sinne der Elektronentheorie der Mitführungskoeffizient der Phasengeschwindigkeit des aus der Zusammensetzung von Primärwelle und Sekundärwelle resultierenden Lichtstrahles.

Die Theorie eines absolut ruhenden Äthers läßt einen Einfluß der Erdbewegung auf die Ausbreitung elektromagnetischer Wellen erwarten; ja man konnte sogar hoffen, durch geeignete optische oder elektrische Versuche die Bewegung des Sonnensystems gegen den Weltäther feststellen zu können. LORENTZ[1]) zeigte nun zunächst folgendes: Bei allen Experimenten, bei denen Lichtquelle, materielles Medium und Beobachter eine gemeinsame Translationsbewegung mit der Geschwindigkeit v gegen den Äther ausführen, tritt kein von dieser Bewegung erzeugter Effekt auf, der niedriger als zweiter Ordnung in v/c ist. Kurz ausgedrückt: Eine gemeinsame Translationsbewegung von Lichtquelle und Beobachter erzeugt keinen Effekt erster Ordnung (vgl. hierzu Ziff. 33).

Die Versuche nach Feststellung einer Absolutbewegung der Erde gegen den Äther mußten sich also auf Effekte zweiter Ordnung beschränken. Auf Grund einer Anregung MAXWELLS erdachte MICHELSON einen solchen Versuch (Ziff. 11), der jedoch entgegen der Aussage der LORENTZschen Theorie negativ ausfiel. Dasselbe gilt auch von dem später ausgeführten elektrodynamischen Versuch von TROUTON und NOBLE (Ziff. 13). Während also die Elektronentheorie die Erscheinungen an ruhenden Körpern sowie die Effekte erster Ordnung, die durch Relativbewegung zwischen Beobachter und Materie zustande kommen, in befriedigender Weise erklären konnte, bildete das Ausbleiben von Effekten zweiter Ordnung bei den eben erwähnten Experimenten (Ätherdriftversuchen) eine große Schwierigkeit der Theorie, die nur durch eine ad hoc erdachte Hypothese (Lorentzkontraktion, Ziff. 16) umgangen werden konnte.

Unabhängig von den hier besprochenen Erwägungen über die Ausbreitung des Lichtes hatte HERTZ[2]) den Versuch gemacht, Grundgleichungen für eine Elektrodynamik bewegter Körper aufzustellen. Seiner Theorie liegt implizit die Annahme einer vollständigen Mitführung des Äthers durch jeden auch noch so kleinen materiellen Körper zugrunde. Die Ansätze von HERTZ stehen mit

---

[1]) H. A. LORENTZ, Versuch einer Theorie usw. S. 91–95.
[2]) H. HERTZ, Wied. Ann. Bd. 41, S. 369. 1890.

den Ergebnissen des FIZEAUschen Versuches in Widerspruch und mußten sich daher von vornherein auf die elektrodynamischen Erscheinungen im engeren Sinne mit Ausschluß der Optik beschränken. Diese Tatsache allein mußte wohl als ein schwerer Mangel der HERTZschen Theorie betrachtet werden, da ja die Verschmelzung von Optik und Elektrodynamik eine der wichtigsten Leistungen der MAXWELLschen Theorie bildete. Aber auch in ihrer Beschränkung auf die eigentlich elektromagnetischen Erscheinungen wurden die Ansätze von HERTZ durch die Versuche von EICHENWALD (Ziff. 8) und von WILSON (Ziff. 9) widerlegt und kommen daher nicht mehr ernstlich in Betracht. Vgl. hierzu noch Ziff. 56.

Eine umfassende Erklärung sowohl für die bei Relativbewegung gegen den Beobachter auftretenden Effekte erster Ordnung als auch für den negativen Ausfall der Ätherdriftexperimente gibt die spezielle Relativitätstheorie, die hinsichtlich der elektrodynamischen Erscheinungen einen rationellen Ausbau der LORENTZschen Elektronentheorie darstellt. Vor ihrer Erörterung seien die wichtigsten empirischen Grundlagen der Elektrodynamik bewegter Körper zusammengestellt[1]).

b) Das optische Beobachtungsmaterial.

4. Die Aberration des Lichtes. Ein Beobachter bewege sich relativ zu einer Lichtquelle mit der Geschwindigkeit v in einer Richtung, die mit der Visionsrichtung des Winkel ω einschließe. Dann wird die Visionsrichtung mit der Verbindungslinie der Momentanstellungen von Lichtquelle und Beobachter den Aberrationswinkel α einschließen, der nach der elementaren Theorie bei Vernachlässigung von Gliedern höherer Ordnung in v/c gegeben ist durch

$$\operatorname{tg}\alpha = \frac{v}{c}\cdot\sin\omega\,. \tag{2}$$

Für die Erdbewegung beträgt arctg $v/c = 20''47$ (Aberrationskonstante). Die jährliche Aberration äußert sich in den astronomischen Beobachtungen darin, daß die Sternörter im Laufe eines Jahres scheinbare Ellipsenbahnen beschreiben, deren große Halbachsen parallel zur Ekliptik liegen und im Winkelmaß $20''47$ betragen, während die kleine Halbachse $20''47\sin\beta$ beträgt, wobei β die Breite des Sternes bedeutet.

Um die Aberrationserscheinung auf Grund der Äthervorstellung zu erklären, beschränken wir uns auf den Fall $\omega = \pi/2$. Ein Fernrohr mit plankonvexem Objektiv sei mit seiner Achse parallel zur Wellennormale eines ebenen Wellenzuges aufgestellt und bewege sich in einer zur Wellennormale senkrechten Richtung mit der Geschwindigkeit v relativ zum Äther. Die ebene Vorderfläche des Objektivs wird dann eine tangentielle Gleitbewegung längs der Wellenebene ausführen und wird daher geradeso wie bei einem ruhenden Fernrohr in allen Punkten eine Lichterregung gleicher Phase empfangen. Nach dem KIRCHHOFF-HUYGHENSschen Prinzip ist der Vorgang im Inneren durch die Erregung an der Vorderfläche des Objektivs eindeutig gegeben; in einem Bezugsystem K, das relativ zu dem im Fernrohrinneren befindlichen Äther ruht, werden daher die Strahlen in einem in der Objektivachse liegenden Brennpunkt vereinigt. Würde nun der Äther im Fernrohrinneren eine vollständige Mitführung erleiden, so würde dieses Bezugssystem K auch relativ zu den Fernrohrwänden ruhen, der Brennpunkt würde in die geometrische Achse des Fernrohrs fallen und es käme überhaupt keine

---

[1]) Eine umfassende Darstellung des hierhergehörigen Beobachtungsmaterials gibt der Bericht von J. LAUB, Jahrb. d. Radioakt. Bd. 7, S. 405. 1910.

Aberration zustande[1]). Nach der FRESNELschen Theorie wird aber der Äther im Inneren nicht vollständig, sondern nur mit der Geschwindigkeit $v(1 - 1/n^2)$ mitgeführt, wobei n der Brechungsquotient der das Fernrohrinnere ausfüllenden Substanz ist. Das Bezugsystem K bewegt sich daher mit der Geschwindigkeit $-v/n^2$ gegen das Fernrohr, und der Strahl wird um das Stück

$$\delta = \frac{v}{n^2}\tau$$

aus der Fernrohrachse verschoben sein. Hier bedeutet τ die Zeit, die das Licht braucht, um das Fernrohr zu durchlaufen; sie steht mit der Brennweite f des Fernrohrs in der Beziehung

$$\tau = \frac{n}{c} f,$$

daher wird

$$\delta = \frac{v}{nc} f.$$

Der Aberrationswinkel innerhalb eines Fernrohres, das mit einer Substanz vom Brechungsquotient n gefüllt ist, beträgt daher

$$\alpha' = \operatorname{arctg} \frac{v}{nc}.$$

Beim Austritt aus dem Fernrohr in die freie Atmosphäre, deren Brechungsquotient praktisch gleich 1 gesetzt werden kann, erleiden die Strahlen eine Brechung vom Lot, so daß

$$\frac{\sin\alpha'}{\sin\alpha} = \frac{1}{n}$$

ist. Daraus folgt

$$\sin\alpha = n \sin \operatorname{arctg} \frac{v}{nc}$$

oder mit Vernachlässigung von höheren Potenzen in v/c

$$\alpha = \frac{v}{c},$$

was in der angegebenen Näherung und mit $\omega = \pi/2$ mit Gleichung (2) übereinstimmt.

Es ergibt sich, daß die Aberration vom Brechungsquotienten der das Fernrohr erfüllenden Substanz unabhängig ist. Die Richtigkeit dieses Ergebnisses ist durch einen Versuch von AIRY[2]) bestätigt worden, der die Aberration mit einem mit Wasser gefüllten Fernrohr maß und innerhalb der Beobachtungsfehler den oben angegebenen Wert der Aberrationskonstanten erhielt.

Theorie	Mitführungskoeffizient	α, Luft	α, Wasser
Emission .	—	v/c	$n^2 v/c$
Äther . . .	$k = 1$	0	0
	$k = 0$	v/c	nv/c
	$k = 1 - 1/n^2$	v/c	v/c
beob. . . .	$k = 1 - 1/n^2$	v/c	v/c

In der nebenstehenden Tabelle sind die Formeln, die sich für die Aberration in Luft und in lichtbrechenden Medien aus den verschiedenen Ansätzen für den Mitführungskoeffizienten k ergeben, zusammengestellt.

Zur Aberration vgl. noch die Ziff. 25, 26 und 69.

---

[1]) Dies gilt für eine Theorie der vollständigen Mitführung des Äthers nach Art jener von H. HERTZ (Ziff. 3) Nach der Strömungstheorie von STOKES (Ziff. 2) käme dagegen die Aberration schon auf dem Wege zum Fernrohr zustande.

[2]) G. B. AIRY, Proc. Roy. Soc. London Bd. 20, S. 35. 1871; Bd. 21, S. 121. 1873; Phil. Mag. Bd. 43, S. 310. 1872.

5. Dopplereffekt. Wie DOPPLER[1]) zuerst erkannt hatte, führt eine Relativbewegung der Lichtquelle gegen den Beobachter zu einer Verschiebung der Spektrallinien (Dopplereffekt). Nach der Äthertheorie unterscheiden sich die Fälle: bewegte Lichtquelle — ruhender Beobachter und ruhende Lichtquelle — bewegter Beobachter um Glieder zweiter Ordnung in v/c. Nachfolgend die elementare Theorie der Erscheinung, die nur voraussetzt, daß die Geschwindigkeit des Lichtes gegen den Äther unabhängig vom Bewegungszustand der Lichtquelle den konstanten Wert c hat.

α) Lichtquelle ruhend, Beobachter bewegt. Das Feld einer in der Richtung der positiven X-Achse laufenden Lichtwelle ist gegeben durch

$$A\cos 2\pi\left(\frac{t}{\tau} - \frac{x}{\lambda}\right),$$

wobei $\lambda = c\tau$ die Wellenlänge bedeutet. Der Beobachter bewegte sich nach der Gleichung $x = vt$, also ist für ihn der Verlauf des Feldes gegeben durch

$$A\cos 2\pi\left(\frac{t}{\tau} - \frac{vt}{\lambda}\right) = A\cos 2\pi\nu\left(1 - \frac{v}{c}\right)t.$$

Die vom Beobachter wahrgenommene Frequenz ist daher

$$\nu' = \nu\left(1 - \frac{v}{c}\right). \tag{3}$$

β) Lichtquelle bewegt, Beobachter ruhend. Zur Zeit $t = 0$ sei die Entfernung zwischen Lichtquelle und Beobachter x; zur Zeit $t = 1$ ist sie $x + v$, wenn die Lichtquelle sich mit der Geschwindigkeit v vom Beobachter entfernt. Die Ankunftszeiten der zwischen den Zeiten $t = 0$ und $t = 1$ ausgesendeten Lichtstrahlen sind

$$t_0 = \frac{x}{c} \quad \text{und} \quad t_1 = 1 + \frac{x+v}{c}.$$

Während des Zeitintervalls

$$t_1 - t_0 = 1 + \frac{v}{c}$$

treffen jene Wellenzüge ein, die während einer Sekunde emittiert wurden; nennen wir ihre Zahl ν, so nimmt der Beobachter eine Frequenz ν'' wahr, die gegeben ist durch

$$\nu'' = \frac{\nu}{1 + \frac{v}{c}}. \tag{3a}$$

In den Formeln (3) und (3a) ist v positiv gezählt, wenn Beobachter und Lichtquelle sich voneinander entfernen. Eine positive Radialgeschwindigkeit liefert also eine Frequenzerniedrigung (Rotverschiebung), eine negative Radialgeschwindigkeit liefert Frequenzerhöhung (Violettverschiebung). Für kleine Werte von v/c geht die Formel (3a) durch Entwicklung in die binomische Reihe in die Formel (3) über.

Das Vorhandensein des Dopplereffektes wurde in erster Linie durch astronomische Beobachtungen bestätigt. Bei visuell trennbaren Doppelsternen läßt sich die Radialgeschwindigkeit aus der Umlaufszeit, dem Winkeldurchmesser der Bahn und aus der Parallaxe bestimmen; sie stimmt mit der nach Formel (3) bzw. (3a) aus den Linienverschiebungen berechneten Geschwindigkeit überein. Später konnte der Dopplereffekt auch an rasch bewegten irdischen Lichtquellen nachgewiesen werden. STARK fand die dem Dopplereffekt entsprechenden Linienverschiebungen bei den bewegten Atomionen der Kanalstrahlen[2]), und GALITZIN[3])

[1]) CHR. DOPPLER, Pogg. Ann. Bd. 81, S. 27. 1850.
[2]) J. STARK, Ann. d. Phys. Bd. 21, S. 401. 1906.
[3]) B. GALITZIN u. J. WILIP, Astrophys. Journ. Bd. 26, S. 49. 1907.

beobachtete den Effekt an bewegten Spiegeln. Seitdem die Existenz und Deutung des Doppelreffektes keinem Zweifel mehr unterliegt, bildet seine Messung ein wichtiges astrophysikalisches Hilfsmittel, indem sie uns über die Radialkomponente der Eigenbewegung der Fixsterne Aufschluß geben kann. Weder bei den astronomischen noch bei den terrestrischen Messungen ist v/c im Vergleich zur Messungsgenauigkeit groß genug, um zwischen den Formeln (3) und (3a) unterscheiden zu können.

Die Erklärung des Dopplereffektes nach der Relativitätstheorie wird in Ziff. 26 gegeben werden.

6. Der Versuch von FIZEAU. FIZEAU hat im Jahre 1851 durch ein sehr geistreiches Experiment den Einfluß bewegter durchsichtiger Körper auf die Geschwindigkeit der in ihm fortschreitenden Lichtwellen untersucht[1]). Abb. 1 gibt eine schematische Darstellung jener Versuchsanordnung, mit der ZEEMAN[2]) später die exakteste Wiederholung dieses Experimentes ausgeführt hat. Sie unterscheidet sich von der ursprünglichen FIZEAUschen Anordnung nur durch unwesentliche Details. Der Lichtstrahl sl wird an der halbversilberten Glasplatte a in zwei kohärente Bündel zerlegt, die den Weg $abcdea$ in entgegengesetzten Richtungen durchlaufen, sich in a wieder vereinigen und im Beobachtungsfernrohr Interferenzstreifen erzeugen. Auf den Wegstrecken bc und de sind Röhren eingeschaltet, die im Sinne der gezeichneten Pfeile vom Wasser durchströmt werden. Der eine der beiden Teilstrahlen läuft mit dem Wasser, der andere entgegengesetzt, so daß infolge der Mitführung der Phasengeschwindigkeit der Lichtweg für den einen Strahl verkürzt und für den anderen verlängert wird, was zu einer Verschiebung der Interferenzstreifen Anlaß geben muß. Sei l die Länge jedes der beiden Wasserrohre, dann ist die Verzögerung, die der eine Strahl gegenüber dem anderen erleidet, gegeben durch

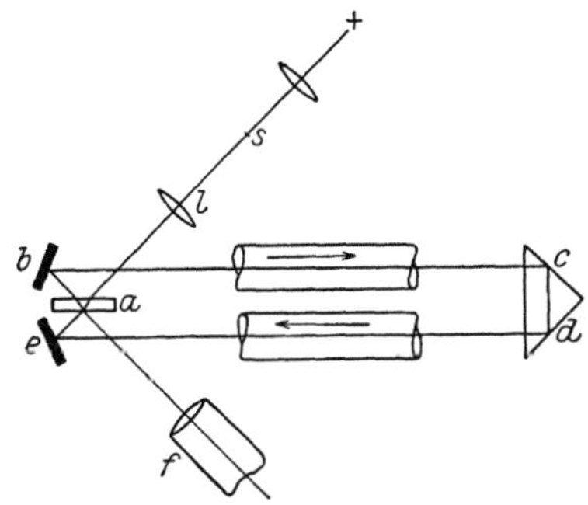

Abb. 1. Versuch von FIZEAU zur Bestimmung des Mitführungskoeffizienten.

$$\Delta t = \frac{2l}{V_1} - \frac{2l}{V_2}. \tag{4}$$

V_1 und V_2 sind die Geschwindigkeiten des gleichsinnig bzw. entgegengesetzt der Strömung laufenden Lichtstrahles. Bezeichnet man die Strömungsgeschwindigkeit des Wassers mit v und den Mitführungskoeffizienten mit k, so gilt

$$V_{1,2} = \frac{c}{n} \pm kv.$$

Setzt man dies in (4) ein, so erhält man bei Vernachlässigung der zweiten und höheren Potenzen in v/c

$$\Delta t = \frac{4ln^2kv}{c^2}.$$

Dieser Verzögerung entspricht eine Verschiebung der Interferenzstreifen in Bruchteilen einer Streifenbreite

$$\Delta = \frac{c\Delta t}{\lambda} = \frac{4ln^2kv}{\lambda c}, \tag{5}$$

[1]) H. FIZEAU, C. R. Bd. 33, S. 349. 1851; Pogg. Ann. Erg.-Bd. 3, S. 457. 1853; A. A. MICHELSON u. E. W. MORLEY, Sill. Journ. (3), Bd. 31, S. 377. 1886.

[2]) P. ZEEMAN, Proc. Amsterdam Bd. 17, S. 445. 1914; Bd. 18, S. 398, 711 u. 1240. 1916; Bd. 19, S. 125. 1917.

wobei λ die Wellenlänge des verwendeten Lichtes ist. Der Versuch wird so durchgeführt, daß die Strömungsrichtung des Wassers umgekehrt wird, wodurch eine Streifenverschiebung im doppelten Betrag des oben angegebenen Wertes resultiert. FIZEAUS Beobachtungsresultate ergaben einen Wert für k, der mit dem aus dem Brechungsquotienten des Wassers berechneten FRESNELschen Mitführungskoeffizienten innerhalb der Fehlergrenzen übereinstimmt. Die Meßgenauigkeit war aber nicht hinreichend, um zwischen der ursprünglichen FRESNELschen Formel und der LORENTZschen Formel (1) zu unterscheiden.

Der FIZEAUsche Versuch wurde später von MICHELSON und MORLEY[1]) und neuerdings von ZEEMAN[2]) wiederholt, wobei unzweideutig die LORENTZsche Formel (1) bestätigt wurde. Die folgende Tabelle ist der Arbeit ZEEMANS (l. c. Bd. 18, S. 404) entnommen und gibt für vier verschiedene Wellenlängen die nach den Formeln von FRESNEL und LORENTZ berechneten Werte des Mitführungskoeffizienten sowie die aus den beobachteten Streifenverschiebungen nach (5) berechneten Werte.

λ in Å	k_{Fr}	k_{Lo}	k_{exp}
4500	0,443	0,464	0,465
4580	0,442	0,463	0,463
5461	0,439	0,454	0,451
6870	0,435	0,447	0,445

ZEEMAN hat später mit SNETHLAGE zusammen[3]) den FIZEAUschen Versuch auf feste Körper, und zwar Glas und Quarz, ausgedehnt. Ein parallepipedischer Glas- oder Quarzkörper wurde auf geeigneten Führungsschienen durch ein Schubkurbelgetriebe in rasche, hin- und hergehende Bewegung versetzt, derart, daß die Geschwindigkeitsamplitude ca. 10 m/sec betrug. Wie beim FIZEAUschen Versuch werden auch hier zwei kohärente Lichtbündel in entgegengesetzten Richtungen über denselben Strahlenweg geschickt, wobei ein Teil des Weges im bewegten Glaskörper und ein Teil in einem ruhenden Kompensator verläuft. Ein geeigneter Verschluß läßt das Licht nur in jenem Moment durch den Apparat gehen, wo der oszillierende Zylinder gerade das Maximum der Geschwindigkeit erreicht hat. Die Verhältnisse liegen hier etwas anders als beim FIZEAUschen Versuch mit Wasser, weil dort die Grenzflächen des Übertrittes in das brechende Medium relativ zum Beobachter ruhen, während sie sich bei dem jetzt in Rede stehenden Versuch bewegen. Die Theorie dieses Versuches wird in Ziff. 66 gegeben werden.

c) Elektrodynamische Versuche, bei denen eine Relativbewegung gegen den Beobachter auftritt.

7. Der Versuch von ROWLAND. Nach den der Elektronentheorie zugrunde liegenden Annahmen sind elektrische Ladungen an materielle Träger gebunden, die am Aufbau ponderabler Körper in Form von Elektronen bzw. Atomkernen wesentlich beteiligt sind. Eine Strömung elektrischer Ladungen kann im Sinne dieser Anschauungen auf dreierlei verschiedenen Arten realisiert werden: 1. Die „freien" Elektronen metallischer Leiter bewegen sich bei feststehendem Atomgerüst dieser Körper über endliche Wegstrecken (Leitungsstrom). 2. Die Polarisationselektronen eines Dielektrikums bewegen sich in dem ebenfalls feststehenden Körper unter dem Einfluß eines äußeren Feldes über atomare Distanzen bis zu einer neuen Ruhelage (Polarisationsstrom). 3. Ein geladener Körper wird als ganzer gegen seine Umgebung bewegt (Konvektionsstrom). Aus den im folgenden besprochenen elektrodynamischen Versuchen an bewegten Körpern geht vor allem die Äquivalenz von Konvektionsströmen und Leitungsströmen hervor

[1]) A. A. MICHELSON u. E. W. MORLEY, Sill. Journ. Bd. 31, S. 377. 1886.
[2]) P. ZEEMAN, Proc. Amsterdam Bd. 17, S. 445. 1914; Bd. 18, S. 398, 711 u. 1240. 1916; Bd. 19, S. 125. 1917.
[3]) P. ZEEMAN, Proc. Amsterdam Bd. 22, S. 462 u. 512. 1920.

Die Erzeugung eines Magnetfeldes durch einen Konvektionsstrom wurde im Jahre 1876 durch ROWLAND[1]) nachgewiesen. Eine am Rande vergoldete Ebonitscheibe diente als Träger der Ladungen; die Konvektion wurde durch Rotation der Scheibe bewerkstelligt. Das Magnetfeld wurde mit einem astatischen Nadelpaar gemessen. — Wegen der prinzipiellen Wichtigkeit der Äquivalenz von Leitungsstrom und Konvektionsstrom wurde der ROWLANDsche Versuch von einer Reihe von Autoren nachgeprüft; die genauesten Messungen stammen von EICHENWALD[2]), dessen Anordnung in Abb. 2 wiedergegeben ist. Eine rotierende Ebonitscheibe D trägt einen ringförmigen Stanniolbelag und ist von einer als Kondensator dienenden geerdeten Zinkschachtel ABC umgeben. Die Belegung der Scheibe wird mittels Schleifring und Bürste W geladen. Das astatische Nadelpaar und der Ablesespiegel des Magnetometers M sind unmittelbar oberhalb der Scheibe angeordnet; die Ablenkung des Spiegels wird durch einen konischen Ansatzstutzen mittels Fernrohr beobachtet. Die ringförmige Belegung der Scheibe ist an einer Stelle unterbrochen und mit entsprechenden Zuleitungen versehen, so daß bei feststehender Scheibe ein gewöhnlicher Leitungsstrom durch den Ring geschickt werden kann. EICHENWALD führte keine Absolutmessung des Magnetfeldes aus, sondern bestimmte jenen Leitungsstrom, der dieselbe Ablenkung des Magnetometers hervorrief wie ein Konvektionsstrom gegebener Ladung und gegebener Umdrehungszahl der Scheibe. Es sei V das in Volt gemessene Potential der Scheibe gegen Erde, C die Kapazität des Systems in cm, v die Umfangsgeschwindigkeit der Scheibe, l die Länge der Ringbelegung, i die in Ampere gemessene Stromstärke des äquivalenten Leitungsstromes und c das Verhältnis zwischen magnetischer und elektrischer Einheit der Stromstärke (Lichtgeschwindigkeit). Dann ist

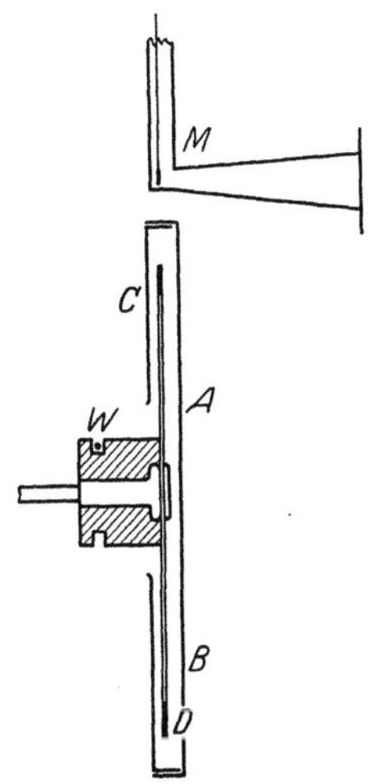

Abb. 2. ROWLANDscher Versuch, Anordnung von EICHENWALD.

$$\frac{VC}{300\,l}$$

die Ladung pro Längeneinheit der ringförmigen Belegung und

$$\frac{VC}{300}\frac{v}{l}$$

die Stärke des Konvektionsstromes in abs. elektrostatischen Einheiten. Es gilt also

$$\frac{VC}{300}\cdot\frac{v}{l} = \frac{ic}{10} \quad \text{oder} \quad \frac{VC}{30}\nu = ic\,, \tag{6}$$

wobei ν die sekundliche Umdrehungszahl der Scheibe ist. Aus EICHENWALDS Messungen folgten Werte für c, die zwischen $2{,}86 \cdot 10^{10}$ und $3{,}16 \cdot 10^{10}$ cm/sec lagen, was mit den optischen Messungen der Lichtgeschwindigkeit in guter Übereinstimmung steht. Die Äquivalenz zwischen Konvektionsstrom und Leitungsstrom hinsichtlich der Erzeugung von Magnetfeldern ist damit quantitativ nachgewiesen.

8. Die Versuche von RÖNTGEN und EICHENWALD. Bringt man eine ebene Scheibe aus einer isolierenden Substanz zwischen die Belegungen eines geladenen Plattenkondensators, so werden infolge der Polarisation des Dielektrikums

---

[1]) H. v. HELMHOLTZ, Pogg. Ann. Bd. 158, S. 487. 1876; Ges. Abhandlgn. Bd. 1, S. 791.

[2]) A. EICHENWALD, Ann. d. Phys. (4) Bd. 11, S. 1 u. 421. 1903; vgl. insbesondere den zusammenfassenden Bericht im Jahrb. d. Radioakt., Bd. 5, S. 82. 1908.

entgegengesetzte Flächenladungen an den beiden Seiten der Scheibe auftreten. Läßt man nun die Scheibe rotieren, so liefern die beiden Oberflächenladungen Konvektionsströme, die zwei einander entgegengesetzten Leitungsströmen entsprechen. Das resultierende Magnetfeld ist die Differenz der von den entgegengesetzten Konvektionsströmen erzeugten Felder; es ist daher schwächer und schwerer nachzuweisen als das einfache Magnetfeld des ROWLANDschen Versuches. RÖNTGEN[1]) hat zuerst das Auftreten eines von einem rotierenden polarisierten Dielektrikums hervorgerufenen Magnetfeldes beobachtet; der Effekt war aber zu schwach, um quantitative Messungen zuzulassen. Auch hier hat nun wieder EICHENWALD in Moskau sorgfältige Messungen der dabei in Frage kommenden Effekte ausgeführt[2]) und konnte durchweg die LORENTZsche Theorie bestätigen. Es sei $|\mathfrak{E}| = E$ der Betrag der Feldstärke zwischen den Kondensatorplatten, ε die Dielektrizitätskonstante der isolierenden Scheibe. Wir rechnen ferner so, als ob das Dielektrikum den Raum zwischen den Kondensatorplatten ohne Luftspalt vollkommen ausfüllen würde. Dann gelten folgende Beziehungen:

Flächendichte der wahren Ladung der Kondensatorplatten

$$4\pi\sigma = |\mathfrak{D}| = \varepsilon E,$$

Flächendichte der freien Ladung der Kondensatorplatten

$$4\pi\sigma' = E,$$

Dichte der Oberflächenladung am Dielektrikum

$$4\pi(\sigma' - \sigma) = -|\mathfrak{P}| = -(\varepsilon - 1)E.$$

Es sei ferner $\mathfrak{H}_1$ das Magnetfeld, das erzeugt wird, wenn eine der beiden Kondensatorplatten allein vorhanden ist, die Ladungsdichte $1/4\pi$ trägt und mit der Umfangsgeschwindigkeit v rotiert. $\mathfrak{H}_2$ sei das unter gleichen Bedingungen von der zweiten Kondensatorplatte erzeugte Feld. Da die Magnetfelder den Stromdichten proportional sind, ist unter den nachstehend angegebenen Versuchsbedingungen das Auftreten folgender Magnetfelder zu erwarten:

Art des Konvektionsstromes:	Magnetfeld:
1. Eine Kondensatorplatte rotiert allein	$\varepsilon E \mathfrak{H}_1$,
2. Eine Platte rotiert samt dem Dielektrikum	$E\mathfrak{H}_1 + (\varepsilon - 1)E\mathfrak{H}_2$,
3. Beide Platten rotieren ohne Dielektrikum	$\varepsilon E(\mathfrak{H}_1 - \mathfrak{H}_2)$,
4. Das Dielektrikum rotiert allein	$(\varepsilon - 1)E(\mathfrak{H}_1 - \mathfrak{H}_2)$,
5. Beide Platten rotieren samt dem Dielektrikum	$E(\mathfrak{H}_1 - \mathfrak{H}_2)$.

Der Fall 1 entspricht dem ursprünglichen ROWLANDschen Versuch, wobei bloß durch die Anwesenheit des Dielektrikums die auftretende Ladungsdichte und damit das Magnetfeld um den Faktor ε vergrößert wird. Die Fälle 2, 4 und 5 wurden von EICHENWALD untersucht, wobei Magnetfelder gefunden wurden, deren Größe und Abhängigkeit von der Dielektrizitätskonstanten der Scheibe mit den obigen Angaben in Einklang stehen. Im Falle 5, wo der Kondensator als Ganzes rotiert, kommt bloß der von den freien Ladungen erzeugte Strom in Betracht; es ist daher das Magnetfeld nur von der Spannungsdifferenz am Kondensator und nicht von der Natur des Dielektrikums abhängig. Nach den in Ziff. 3 erwähnten Ansätzen von HERTZ dürfte im Falle 5 überhaupt kein Magnetfeld auftreten. Sie werden daher durch EICHENWALDS Beobachtungen widerlegt.

---

[1]) W. C. RÖNTGEN, Wied. Ann. Bd. 35, S. 268. 1888; Bd. 40, S. 93. 1890.
[2]) A. EICHENWALD, Ann. d. Phys. (4) Bd. 11, S. 421. 1903.

9. Der Versuch von WILSON. Gemäß der Elektronentheorie wirkt auf eine mit der Geschwindigkeit $\mathfrak{u}$ bewegte Einheitsladung die Kraft

$$\mathfrak{F} = \mathfrak{E} + \frac{1}{c}[\mathfrak{u}\mathfrak{H}]. \tag{7}$$

In einem homogenen Magnetfelde von der Feldstärke $|\mathfrak{H}| = H$ rotiere ein dünnwandiger metallischer Hohlzylinder, dessen Achse der Feldrichtung parallel liege, mit der Umfangsgeschwindigkeit u. Da bei dieser Anordnung Geschwindigkeitsvektor und magnetischer Vektor aufeinander normal stehen, wird $|[\mathfrak{u}\mathfrak{H}]| = uH$. Die vom Metall mitgeführten Leitungselektronen werden einen radialen Zug im Betrage $\frac{u}{c}H$ pro Ladungseinheit erleiden, und es wird daher zwischen der Innen- und Außenfläche des Hohlzylinders eine Potentialdifferenz erzeugt, die proportional $\frac{u}{c}H$ ist. Diese Erscheinung wird bekanntlich als unipolare Induktion bezeichnet.

Ersetzt man den metallischen Hohlzylinder durch einen solchen aus isolierendem Material, so wird der radiale Zug $\frac{u}{c}H$ auf die Polarisationselektronen des Dielektrikums ausgeübt und wird eine Polarisation im Betrage

$$|\mathfrak{P}| = \frac{\varepsilon - 1}{4\pi}\frac{u}{c}H$$

verursachen. Belegt man die innere und äußere Mantelflächedes Hohlzylinders mit leitenden Schichten, so werden auf ihnen infolge dieser Polarisation wahre Flächenladungen im Betrage von

$$\sigma = \frac{\varepsilon - 1}{4\pi}\frac{u}{c}H \tag{8}$$

auftreten müssen. WILSON[1]) bestätigte das Vorhandensein dieser Ladungen, indem er die Belegungen des Zylinders an die Quadrantenpaare eines Elektrometers anschloß. — Nach den Gleichungen von HERTZ müßten Flächenladungen auftreten, die proportional $\varepsilon\frac{u}{c}H$ sind, was mit den Versuchsergebnissen von WILSON unvereinbar ist[2]).

10. Der Versuch von W. WIEN. Nach den Darlegungen der vorigen Ziffer kann der Versuch von WILSON als eine Bestätigung dafür aufgefaßt werden, daß der Term

$$\frac{1}{c}[\mathfrak{u}\mathfrak{H}]$$

des LORENTZschen Ausdruckes (7) für die ponderomotorische Kraft auch auf die Polarisationselektronen eines Dielektrikums wirkt. Die Wirkung dieser Kraft auf die Leitungselektronen ist ferner durch die Erfahrungen der Elektrotechnik so weitgehend sichergestellt, daß sich eine Diskussion erübrigt. Ebenso kann auch hinsichtlich ihrer Wirkung auf freie Elektronen nach den Ablenkungsversuchen von Kathodenstrahlen im Magnetfeld kein Zweifel bestehen. W. WIEN hat nun im Jahre 1914 einen interessanten Versuch ausgeführt[3]), der zeigt, daß der Term $\frac{1}{c}[\mathfrak{u}\mathfrak{H}]$ auch auf die Leuchtelektronen freier Gasatome genau so wirkt wie ein entsprechendes elektrisches Feld. Ein Kanalstrahlrohr wird zwischen die Pole

[1]) H. A. WILSON, Phil. Trans. Bd. 204, S. 121. 1904.

[2]) Eine eingehende Diskussion des Versuches von WILSON vom Standpunkt der HERTZschen Theorie und der Elektronentheorie gibt M. ABRAHAM, Theorie der Elektrizität. II. Bd., 4. Aufl., § 35. Berlin 1920. — Vom Standpunkt der Relativitätstheorie wird der Versuch von WILSON unter Ziff. 64 behandelt werden.

[3]) W. WIEN, Berl. Ber. 1914, S. 70; Ann. d. Phys. Bd. 49, S. 842. 1916.

eines Elektromagneten so eingeführt, daß die Bewegungsrichtung der Atomionen auf den magnetischen Kraftlinien senkrecht steht. Die Beobachtung erfolgt durch eine Bohrung in den Magnetpolen so wie beim longitudinalen Zeemaneffekt. Wenn die Geschwindigkeit der Atomionen

$$|\mathfrak{u}| = 10^8 \text{ cm/sec}$$

beträgt, so wirkt der Term $\frac{1}{c}[\mathfrak{u}\,\mathfrak{H}]$ so wie ein elektrisches Feld von der Stärke H Volt/cm, wobei H die in Gauß gemessene Stärke des Magnetfeldes bedeutet. Tatsächlich konnte nun WIEN bei Beobachtung an Wasserstoffkanalstrahlen das Auftreten eines diesem Felde entsprechenden Starkeffektes konstatieren. Die von dem gleichzeitig auftretenden Zeemaneffekt erzeugte Linienaufspaltung ist um Größenordnungen kleiner und kann daher mit dem Starkeffekt nicht verwechselt werden.

Die Bedeutung der hier angeführten Versuche mit Relativbewegung gegen den Beobachter liegt in der Tatsache, daß ihre Ergebnisse mit der LORENTZschen Theorie durchweg in Einklang stehen, dagegen die HERTZschen Ansätze für bewegte Körper widerlegen. Erst nach Aufstellung der speziellen Relativitätstheorie hat man eine Anordnung des Versuches von WILSON ersonnen, bei der der zu erwartende Effekt nach den Ansätzen von LORENTZ anders ausfallen müßte als nach der Relativitätstheorie. Die experimentelle Nachprüfung entschied dann zugunsten der relativistischen Formel (vgl. hierzu Ziff. 64).

d) Die Ätherdriftversuche.

11. Der Äther als ausgezeichnetes Bezugssystem in der LORENTZschen Elektrodynamik. Die Grundgleichungen der LORENTZschen Elektronentheorie weisen gegenüber der GALILEI-NEWTONschen Mechanik und der NEWTONschen Gravitationstheorie folgenden Unterschied prinzipieller Natur auf: Es sei K ein Bezugssystem, in dem das GALILEIsche Trägheitsgesetz Gültigkeit besitzt. Dann gelten die Grundgesetze der Mechanik in bezug auf alle Systeme K', die jener dreifach unendlichen Schar von Bezugssystemen angehören, die aus K durch die Gruppe der gleichförmig geradlinigen Translationsbewegungen hervorgehen. Seien x, y, z, t die rechtwinkligen Raum-Zeit-Koordinaten des Bezugssystems K, dann erstreckt sich der Gültigkeitsbereich der mechanischen Grundgleichungen auf alle Systeme K', die aus K durch die Transformation hervorgehen:

$$x' = x - \mathfrak{v}_x t, \qquad y' = y - \mathfrak{v}_y t, \qquad z' = z - \mathfrak{v}_z t, \qquad t' = t, \tag{9}$$

wobei die Transformationsparameter $\mathfrak{v}_x$, $\mathfrak{v}_y$, $\mathfrak{v}_z$ willkürliche Konstante sind.

Einem Vorschlag von PH. FRANK[1]) folgend, nennt man die Transformation (9) „Galilei-Transformation“; die Tatsache, daß die mechanischen Grundgesetze den Galileitransformationen gegenüber invariant sind, wird als das Relativitätsprinzip der Mechanik bezeichnet. Die Grundgleichungen der Elektronentheorie sind nun zum Unterschied gegenüber jenen der klassischen Mechanik den Galileitransformationen gegenüber nicht invariant; sie gelten vielmehr nur in bezug auf ein einziges besonders ausgezeichnetes Bezugssystem.

Ein prinzipiell sehr wichtiger Zug der klassischen Mechanik fehlte also der LORENTZschen Elektrodynamik; es wäre aber voreilig gewesen, aus diesem Umstand ein Gegenargument gegen die Elektronentheorie zu konstruieren. Denn schon seit FARADAY und MAXWELL lag ja der Elektrodynamik immer die Äther-

---

[1]) PH. FRANK u. H. ROTHE, Ann. d. Phys. Bd. 34, S. 825. 1911; Phys. ZS. Bd. 13, S. 750. 1912.

vorstellung zugrunde. Nach der LORENTZschen Elektronentheorie macht der Äther die Bewegung materieller Körper nicht mit; das im Äther ruhende Bezugssystem mußte daher natürlich eine ausgezeichnete Rolle spielen; es ist gerade jenes, in dem die Grundgleichungen Gültigkeit haben. Irgendwelche erkenntniskritische Argumente hinsichtlich der Relativität der Bewegung konnten also gegen die das Relativitätsprinzip verletzende LORENTZsche Elektrodynamik nicht von vornherein ins Treffen geführt werden. Denn auf Grund der Äthervorstellung war zu erwarten, daß bei genügend genauer Beobachtung jede „absolute" Bewegung sich als Relativbewegung gegen den Äther in den elektrodynamischen Erscheinungen merkbar machen müsse. Allerdings hatte, wie schon in Ziff. 3 erwähnt, LORENTZ gezeigt, daß dieser Einfluß nur in Gliedern zweiter Ordnung in v/c merkbar sein könne, wenn v die gemeinsame Relativbewegung von Beobachter und Versuchsobjekt gegen den Äther und c die Lichtgeschwindigkeit bedeutet[1]).

Eine notwendige Folgerung der Vorstellungen der Elektronentheorie war also die, daß die resultierende Bewegung der Erde und des Sonnensystems gegen den Äther einen Einfluß von der Ordnung v^2/c^2 auf den Ablauf elektrodynamischer Vorgänge und insbesondere auf die Ausbreitung des Lichtes längs der Erdoberfläche haben müsse. Die Bewegung des Sonnensystems gegenüber dem fundamentalen Fixsternsystem ist zwar der Größe und Richtung nach angenähert bekannt, diese Bewegung mußte aber nicht identisch sein mit jener relativ zum Weltäther, da ja der Bewegungszustand des Fixsternsystems selbst gegen den Äther unbekannt ist. Zweifellos mußte aber angenommen werden, daß das relativ zum Äther ruhende Bezugssystem ein GALILEIsches Trägheitssystem sei, und daß daher die Bewegung des Sonnensystems gegen den Äther eine gleichförmig geradlinige sei. Die Relativbewegung zwischen irdischem Beobachter und Äther setzt sich also vektoriell zusammen aus der unbekannten gleichförmig geradlinigen Bewegung des Sonnensystems und aus der jährlichen Bewegung der Erde um die Sonne. Die Geschwindigkeit der täglichen Bewegung ist so klein, daß ihr Quadrat gegen jenes der jährlichen Bewegung vernachlässigt werden kann. Die resultierende Geschwindigkeit aus Erdbewegung und Bewegung des Sonnensystems kann in einzelnen Punkten der Erdbahn kleiner sein als die Geschwindigkeit der Erdbewegung allein, sie ist aber dafür in den diametral gegenüberliegenden Bahnpunkten um den gleichen Betrag größer. Wenn man also zu verschiedenen Jahreszeiten Beobachtungen vornimmt, so muß mindestens einmal ein Effekt von der Größenordnung v_0^2/c^2 auftreten, wobei $v_0 \doteq 30$ km/sec die Umlaufsgeschwindigkeit der Erde um die Sonne ist. Wir wollen die in den folgenden Ziffern behandelten Experimente zur Auffindung eines solchen Effektes kurz als Ätherdriftexperimente bezeichnen.

12. Die Versuche von MICHELSON, MORLEY und MILLER. Das MICHELSONsche Interferometer, mit dem später der Anschluß des Normalmeters an die Wellenlängenstandards gelungen ist, stellte ein hinreichend empfindliches Instrument dar, um kleine Unterschiede in der Lichtausbreitung parallel und senkrecht zur Erdbewegung feststellen zu können. Abb. 3 stellt schematisch jene Ausführungsform des Interferometers dar, die zur Feststellung eines allfälligen Einflusses der Erdbewegung auf die Lichtfortpflanzung verwendet wurde[2]). Ein von der Lichtquelle Q kommendes Lichtbündel wird durch die Linse L parallel gemacht und durch die an der Rückseite halbversilberte Glasplatte P_1

---

[1]) Vgl. hierzu noch insbesondere Ziff. 33, wo auch die im weiteren Sinne zu den Ätherdriftexperimenten gehörigen Jupitermondbeobachtungen besprochen werden.

[2]) A. A. MICHELSON, Sill. Journ. Bd. 22, S. 120. 1881; A. A. MICHELSON u. E. W. MORLEY, ebenda Bd. 34, S. 333. 1887.

in zwei kohärente Lichtbündel zerlegt, die durch die senkrecht zu ihrer Richtung aufgestellten Spiegel S_1 bzw. S_2 in sich selbst reflektiert werden, nach ihrer Wiedervereinigung bei P_1 gemeinsam in das Beobachtungsfernrohr F eintreten und dort Interferenzen erzeugen. Die Kompensationsplatte P_2 ist unversilbert, aber hinsichtlich Dicke und Orientierung gegen die Strahlen identisch mit P_1; sie bewirkt bloß, daß beide Teilstrahlen gleich oft, nämlich dreimal durch Glas laufen. Der Apparat ist in horizontaler Lage auf einer Unterlagsplatte montiert, die auf Quecksilber schwimmt, so daß er erschütterungsfrei um die vertikale Achse drehbar ist. Nehmen wir an, der Apparat sei in eine solche Stellung gebracht, daß er sich in der Richtung $S_2\,Q$ mit der Geschwindigkeit v durch den Äther bewege. Eine elementare Rechnung ergibt dann für die Zeiten, die das Licht zum Durchlaufen der einzelnen Teilstrecken braucht, folgende Werte:

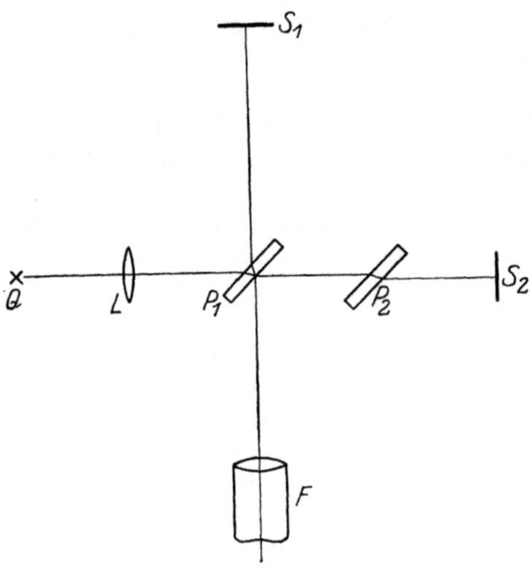

Abb. 3. Versuch von MICHELSON und MORLEY.

Teilstrecke	Lichtzeit
$P_1 S_2$,	$\frac{l}{c}\frac{1}{1+\beta}$,
$S_2 P_1$,	$\frac{l}{c}\frac{1}{1-\beta}$,
$P_1 S_1 = S_1 P_1$.	$\frac{l}{c}\frac{1}{\sqrt{1-\beta^2}}$.

Hier ist die auch im folgenden oft verwendete Abkürzung benutzt:

$$\beta = \frac{v}{c}, \tag{10}$$

l ist die gemeinsame Länge der beiden Interferometerarme.

Die beiden Arme werden auf optischem Wege durch Beobachtung von Interferenzen in weißem Licht (vgl. Bd. XX, Kap. 1 ds. Handb.) exakt gleichlang gemacht. Die Differenz der Lichtzeiten der beiden Teilbündel $P_1 S_2 P_1$ und $P_1 S_1 P_1$ beträgt bei Vernachlässigung der vierten und höheren Potenzen in β:

$$\delta t = \frac{l}{c}\beta^2. \tag{11}$$

Dreht man nun den Apparat um 90°, so wechselt δt das Vorzeichen und es müßte eine Verschiebung der Interferenzstreifen eintreten, die einer Verzögerung eines Strahles im Betrage von $2\,\delta t$ entspricht. Diese Verschiebung beträgt in Bruchteilen einer Streifenbreite

$$\frac{2l}{\lambda}\beta^2, \tag{11a}$$

wobei λ die Wellenlänge des verwendeten monochromatischen Lichtes bedeutet. Bei den genauesten, von MORLEY und MILLER[1]) vorgenommenen Messungen wurde durch Anwendung wiederholter Reflexionen $l = 3200$ cm gemacht; die

[1]) E. W. MORLEY u. D. C. MILLER, Phil. Mag. Bd. 8, S. 753. 1904; Bd. 9, S. 680. 1905.

Gleichung (11a) entsprechende Streifenverschiebung bei einer Drehung um 90° hätte bei Berücksichtigung der Erdgeschwindigkeit allein eineinhalb Streifenbreiten betragen müssen. Der Versuch wurde so durchgeführt, daß der Apparat in eine langsame gleichförmige Rotation versetzt wurde. Ein mitgehender Beobachter las die Stellungen des mittleren Interferenzmaximums an einer Okularskala des Fernrohres F ab, während ein zweiter Beobachter diese Stellung als Funktion des Azimuts des Interferometers notierte. Das Ergebnis einer sorgfältig durchgeführten Beobachtungsserie aus den Jahren 1904 und 1905 wurde dahin ausgesprochen, daß eine evtl. vorhandene Relativgeschwindigkeit zwischen Erde und Äther (Ätherdrift) nicht größer sein könne als 3,5 km/sec, während die Geschwindigkeit der jährlichen Erdbewegung allein ca. 30 km/sec beträgt.

MILLER hat dann in den Jahren 1921 bis 1926 das Michelsonexperiment auf dem Mount Wilson in ca. 1800 m Seehöhe wiederholt[1]). Es ergab sich eine Abhängigkeit der Lage der Interferenzfransen vom Azimut des Interferometers, die einer Relativbewegung gegen den Äther im Betrage von ca. 9 km/sec entsprechen würde. Zur Kritik der MILLERschen Ergebnisse vgl. Ziff. 15.

Neuerdings ist die Meßgenauigkeit des Michelsonversuches durch KENNEDY[2]) dadurch wesentlich erhöht worden, daß ein Kunstgriff verwendet wurde, der es gestattet, Interferenzverschiebungen im Betrage eines kleinen Bruchteiles einer Streifenbreite mit Sicherheit festzustellen. Die Einführung dieser Maßnahme ermöglichte es, den Lichtweg l wesentlich kleiner zu machen als beim MORLEY-MILLERschen Apparat, so daß das ganze Interferometer in einen luftdicht verschlossenen, edelgasgefüllten Kasten eingebaut werden konnte. Es wurden dadurch die atmosphärischen Störungen eliminiert und die Meßresultate wiesen untereinander viel geringere Fehler auf als bei den früheren Versuchen. Die mit diesem Apparat angestellten Messungen ergaben das völlige Fehlen eines Effektes sowohl im Niveau von Pasadena als auch auf dem Mount Wilson.

Da von LENARD[3]) und anderen die Meinung geäußert worden war, daß der Michelsonversuch vielleicht ein positives Ergebnis liefern würde, wenn man eine außerterrestrische Lichtquelle statt einer irdischen verwendet, hat TOMASCHEK[4]) einen Vergleichsversuch vorgenommen, bei dem Fixsternlicht und das Licht einer künstlichen Lichtquelle alternierend in das Interferometer geleitet wurde. Der Versuch wurde zu verschiedenen Sternzeiten durchgeführt, es zeigte sich aber beim Wechsel der Lichtquellen niemals eine die Beobachtungsfehler übersteigende Verschiebung in der Lage der Interferenzfransen. Unter Berücksichtigung des negativen Ausfalles des ursprünglichen Michelsonversuches kann man also sagen, daß auch für Fixsternlicht keine Anisotropie der Lichtausbreitung längs der Erdoberfläche zu konstatieren ist.

13. Der Versuch von TROUTON und NOBLE. Neben dem optischen Experiment MICHELSONS wurden auch elektrodynamische Versuche angestellt, um einen Einfluß der Bewegung der Erde gegen den Äther nachzuweisen. Als wichtigster darunter sei der Versuch von TROUTON und NOBLE[5]) genannt. Ein Plattenkondensator werde mit der Geschwindigkeit v so gegen den Äther bewegt, daß der Geschwindigkeitsvektor mit der Plattennormale den Winkel φ einschließe. Dann folgt aus der Elektronentheorie, daß das vom bewegten Kondensator er-

[1]) D. C. MILLER, Proc. Nat. Acad. Amer. Bd. 11, S. 306. 1925; Science Bd. 63, S. 433. 1926.
[2]) R. J. KENNEDY, Proc. Nat. Ac. Amer. Bd. 12, S. 621. 1926.
[3]) PH. LENARD, Äther und Uräther. S. 31. Leipzig 1920.
[4]) R. TOMASCHEK, Ann. d. Phys. Bd. 73, S. 105. 1924.
[5]) FR. T. TROUTON u. H. R. NOBLE, Proc. Roy. Soc. London Bd. 72, S. 132. 1903.

zeugte Feld ein Drehmoment im Betrage von

$$D = E\left(\frac{v}{c}\right)^2 \sin 2\varphi \tag{12}$$

auf ihn ausübt, E bedeutet hier die elektrostatische Energie des Kondensators. Der Drehungssinn ist dabei ein solcher, daß die Plattenebene parallel zur Bewegungsrichtung gestellt wird. Das Zustandekommen eines derartigen Drehmomentes läßt sich auf elementarem Wege unmittelbar einsehen, wenn man die Kondensatorplatten durch zwei Punktladungen ersetzt. Es mögen sich gemäß Abb. 4 zwei Punktladungen $+e$ und $-e$ in den Punkten P_1 bzw. P_2 befinden; sie seien durch einen starren Stab von der Länge a mit einander verbunden, der um die durch seinen Mittelpunkt gehende Z-Achse eines rechtwinkligen Koordinatensystems drehbar angeordnet ist. Das ganze System bewege sich mit der Geschwindigkeit v parallel zur positiven X-Achse gegen den Äther; die Gerade P_1P_2 schließe mit der Bewegungsrichtung den Winkel φ ein. Nach dem BIOT-SAVARTschen Gesetz ist dann das infolge der Bewegung von $+e$ im Punkte P_1 erzeugte Magnetfeld gegeben durch

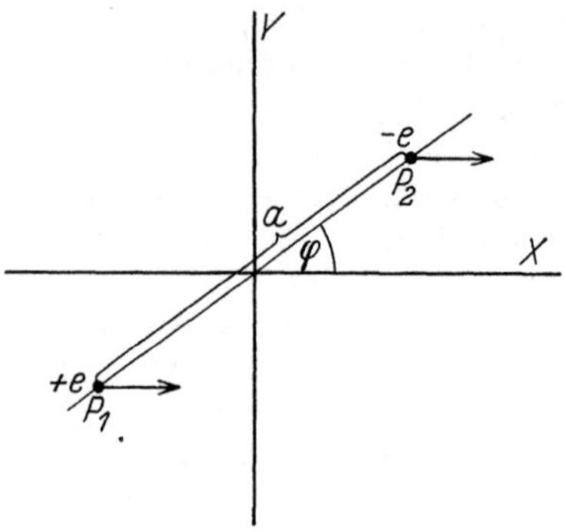

Abb. 4. Zustandekommen eines Drehmoments bei der Translationsbewegung eines Dipols.

$$|\mathfrak{H}| = \mathfrak{H}_z = \frac{e\,v}{c}\,\frac{\sin\varphi}{a^2}\,.$$

Die vom Term $\frac{1}{c}[\mathfrak{u}\,\mathfrak{H}]$ des LORENTZschen Kraftansatzes herrührende Kraftkomponente auf $-e$ beträgt daher

$$|\mathfrak{K}| = \mathfrak{K}_y = \frac{e^2}{a^2}\,\frac{v^2}{c^2}\sin\varphi\,.$$

Auf die Ladung $+e$ wirkt die gleiche Kraft in entgegengesetzter Richtung. Beide Kräfte setzen sich dann zu einem Kräftepaar von folgendem Drehmoment zusammen

$$D_z = \frac{e^2}{a}\,\frac{v^2}{c^2}\sin\varphi\cos\varphi\,,$$

wofür man auch schreiben kann

$$D_z = Ve\left(\frac{v}{c}\right)^2 \sin\varphi\cos\varphi = \frac{1}{2}\,Ve\left(\frac{v}{c}\right)^2 \sin 2\varphi\,,$$

wobei V das von der einen Punktladung am Orte der zweiten Punktladung erzeugte elektrostatische Potential bedeutet. Da nun die elektrostatische Energie des Systems gegeben ist durch

$$E = \tfrac{1}{2}\,Ve\,,$$

wird der letzte Ausdruck mit der rechten Seite von (12) identisch[1]).

TROUTON und NOBLE haben versucht, das Auftreten dieses Drehmomentes nachzuweisen, indem sie einen an einem feinen Draht aufgehängten Kondensator abwechselnd luden und entluden und mit Spiegel und Skala die dadurch verursachte Winkeldrehung maßen. Die beobachteten Ausschläge blieben innerhalb der Fehlergrenze und erreichten maximal 5% des berechneten Wertes.

---

[1]) Eine ausführliche Theorie des Versuches von TROUTON und NOBLE gibt M. v. LAUE, Ann. d. Phys. Bd. 38, S. 370. 1912; vgl. ferner M. v. LAUE, Die Relativitätstheorie. Bd. I, 4. Aufl., § 18. Braunschweig 1921.

TOMASCHEK hat denselben Versuch mit einer verfeinerten Anordnung auf dem Jungfraujoch in einer Seehöhe von 3457 m wiederholt[1]). Die Empfindlichkeit des von ihm zuletzt verwendeten Apparates betrug nach TOMASCHEKS Schätzung etwa das 800fache jener des ursprünglichen Apparates von TROUTON und NOBLE und etwa das 30fache der Empfindlichkeit des von MILLER verwendeten Michelsonapparates. Trotzdem blieben die auftretenden Effekte innerhalb der Versuchsfehler.

e) Die Deutungsmöglichkeit des Beobachtungsmaterials.

14. Übersicht über die Deutungsmöglichkeiten des negativen Ausfalls der Ätherdriftexperimente. Wenn wir von dem später zu diskutierenden Ergebnis des MILLERschen Versuches auf dem Mount Wilson absehen, sind sämtliche Versuche zur Feststellung einer gemeinsamen Relativbewegung von Beobachter und Versuchsobjekt gegen den Äther negativ ausgefallen. — Diese Aussage unterliegt allerdings der Einschränkung, daß hier unter „Relativbewegung" nur eine geradlinige gleichförmige Translationsbewegung zu verstehen ist. Bei jenen Vorgängen, wo die Krümmung der Erdbahn mit in Betracht kommt, kann eine gemeinsame Bewegung von Beobachter und Lichtquelle gegen den Äther bzw. gegen ein GALILEIsches Trägheitssystem zu einem beobachtbaren Effekt führen (vgl. hierzu die Ausführungen über die jährliche Aberration Ziff. 69). — Die Deutungsmöglichkeiten für den negativen Ausfall der Ätherdriftexperimente lassen sich in folgende vier Gruppen einteilen, die gesondert besprochen werden sollen:

α) Man gibt die FRESNEL-LORENTZsche Vorstellung des ruhenden Äthers auf und kehrt zur STOKESschen Theorie des mitgeführten Äthers zurück (Ziff. 5).

β) Man behält die Grundvorstellungen der LORENTZschen Elektrodynamik bei und erklärt den negativen Ausfall der Ätherdriftexperimente durch die ad hoc eingeführte Hypothese der Lorentzkontraktion (Ziff. 16).

γ) Man dehnt das Relativitätsprinzip der Mechanik auf die Elektrodynamik aus und verzichtet auf die Grundvorstellung der Äthertheorie, wonach die Ausbreitungsgeschwindigkeit elektromagnetischer Wellen nur vom Zustand des Mediums, in dem die Lichtfortpflanzung erfolgt, nicht aber vom Bewegungszustand der Erregungsquelle abhängig ist (Theorie von RITZ, Ziff. 18).

δ) Man dehnt das Relativitätsprinzip auf die Elektrodynamik unter Beibehaltung des Prinzips der Konstanz der Lichtgeschwindigkeit aus, gibt aber dafür die Vorstellung vom absoluten Charakter von Raum und Zeit auf (Ziff. 20ff.).

Es sei schließlich erwähnt, daß auch die HERTZsche Elektrodynamik bewegter Körper eine Erklärung für den negativen Ausfall der Ätherdriftexperimente geben würde. Da sie aber im Widerspruch mit den Experimenten von FIZEAU, EICHENWALD und WILSON steht, scheidet sie von vornherein aus den Betrachtungen aus.

15. Die Deutungsmöglichkeit auf Grund der STOKESschen Hypothese. Wenn man mit STOKES annimmt, daß der Äther im Erdinneren und an der Oberfläche von der Bewegung der Erde mitgeführt wird (Ziff. 2), dann ist in unseren Laboratoriumsräumen keine Relativbewegung gegen den Äther vorhanden und der negative Ausfall der Ätherdriftexperimente erklärt sich von selbst. Mit zunehmendem Abstand vom Erdmittelpunkt bzw. mit wachsender Seehöhe des Beobachtungsortes soll dann weiter gemäß der STOKESschen Hypothese eine zunehmende Relativbewegung zwischen Erde und Äther auftreten. Man konnte daher von vornherein erwarten, daß der Michelsonversuch vielleicht ein positives Ergebnis liefern würde, wenn er an einem Orte genügend großer

[1]) R. TOMASCHEK, Ann. d. Phys. Bd. 78, S. 743. 1925; Bd. 80, S. 509. 1926.

Seehöhe ausgeführt würde. In der Tat ergaben nun die in Ziff. 12 erwähnten MILLERschen Versuche auf dem Mount Wilson einen Effekt, der einer Relativgeschwindigkeit von etwa 9 km/sec zwischen Apparat und Äther entsprechen würde. Das Ergebnis dieser Versuche wurde daher auch von einzelnen Autoren als eine Bestätigung der STOKESschen Ätherhypothese aufgefaßt[1]). Eine kritische Analyse der MILLERschen Versuchsergebnisse widerlegte aber diese Vermutung[2]). Die aus der STOKES-PLANCKschen Hypothese folgende Strömung des Äthers in der Umgebung der Erde ist von LORENTZ durchgerechnet worden[3]). Es ergibt sich, daß die theoretisch zu erwartende Zunahme der Äthergeschwindigkeit mit der Seehöhe nicht annähernd so groß ist, als daß sie in 1800 m Seehöhe schon den Betrag von 9 km/sec erreichen könnte. Ganz abgesehen davon zeigt die Richtung des von MILLER gefundenen Effektes im Laufe eines Tages einen solchen Gang, daß sie mit irgendeiner möglichen Ätherströmung nicht in Einklang gebracht werden kann. Die drei oben zitierten Autoren gelangen daher übereinstimmend zum Ergebnis, daß die von MILLER beobachteten Streifenverschiebungen keinen reellen Effekt darstellen können. Diese Vermutung wird noch bekräftigt durch den negativen Ausfall der Wiederholung der Versuche von TROUTON und NOBLE durch TOMASCHEK (Ziff. 13) und insbesondere durch die in Ziff. 12 angeführten neuen Messungen von KENNEDY.

Die MILLERschen Versuche dürften also wegen der anscheinend vorliegenden Fehlerquellen keine Beweiskraft besitzen. — Andererseits könnte man aber den negativen Ausfall sämtlichen Ätherdriftexperimenten in großer Seehöhe nicht als Gegenargument gegen die STOKES-PLANCKsche Hypothese des mitgeführten Äthers heranziehen. Denn die Rechnungen von LORENTZ hatten ja eben gezeigt, daß in den unseren Experimenten zugänglichen Schichten der Erdatmosphäre die Relativgeschwindigkeit des mitgeführten Äthers noch zu klein wäre, um beobachtet werden zu können.

Obwohl nun die durch die PLANCKsche Annahme verbesserte STOKESsche Theorie nicht in direkten Widerspruch mit den Ergebnissen der bisher angeführten Versuche gerät, kommt sie kaum ernstlich als Erklärungsmöglichkeit für den negativen Ausfall der Ätherdriftexperimente in Betracht. Der Grund dazu liegt darin, daß sie nur eine Aussage über den hydrodynamischen Bewegungszustand des Äthers enthält, aber keine quantitative Theorie des elektromagnetischen Feldes liefert. Es sind bisher keine Differentialgleichungen für das elektromagnetische Feld in einem kompressiblen, von der ponderablen Materie im großen fortgeführten Äther aufgestellt worden. Es liegt keine Aussage darüber vor, wie durch die Verdichtung und Bewegung des Äthers die Feldstärken beeinflußt werden. Es ist bisher weder gelungen, aus der STOKESschen Hypothese die Formel für den FRESNELschen Mitführungskoeffizienten herzuleiten, noch irgendwelche konkrete Aussagen über die elektromagnetischen Felder bewegter ponderabler Körper (Ziff. 7 bis 9) zu gewinnen. Die Tatsache, daß die STOKESsche Äthertheorie durch die in Ziff. 12 und 13 besprochenen Ätherdriftversuche nicht widerlegt worden ist, verliert an Wert angesichts des Mangels an bündigen Aussagen, die sie liefert. Außerdem werden wir in Ziff. 72 einen neuerdings ausgeführten Versuch kennen lernen, dessen Ergebnis mit den Annahmen der STOKESschen Theorie unverträglich ist. — Im Gegensatz dazu hat die durch die Relativitätstheorie vertiefte LORENTZsche Elektrodynamik zu eindeutigen Aussagen geführt, die mit den in den Ziff. 4

---

[1]) L. SILBERSTEIN, Nature Bd. 115, S. 798. 1925.

[2]) H. JOOS, Phys. ZS. Bd. 27, S. 1. 1926; H. THIRRING, ZS. f. Phys. Bd. 35, S. 723. 1926; Nature Bd. 118, S. 81. 1926; J. WEBER, Phys. ZS. Bd. 27, S. 5. 1926.

[3]) H. A. LORENTZ, l. c. S. 454–460.

bis 13 angegebenen Experimentalergebnissen in vollem Einklang stehen und darüber hinaus zu neuen Folgerungen geführt hat, die nachträglich experimentell bestätigt worden sind (vgl. insbesondere Ziff. 41).

16. Die Kontraktionshypothese von LORENTZ und FITZGERALD. Die im letzten Absatz der vorigen Ziffer angeführten Bedenken gegen die STOKESsche Theorie hatten LORENTZ schon vor drei Jahrzehnten veranlaßt, trotz des unerwarteten negativen Ausfalles des Michelsonversuches an der Theorie des ruhenden Äthers festzuhalten. Zur Erklärung des Versagens der Ätherdriftexperimente stellte LORENTZ und unabhängig von ihm FITZGERALD die Hypothese auf[1]), daß Körper, die sich mit der Geschwindigkeit v durch den Äther bewegen, eine relative Verkürzung der parallel zur Bewegungsrichtung liegenden Dimensionen im Betrage von $\sqrt{1 - v^2/c^2}$ erleiden. Wenn sich also ein Stab von der Länge l in seiner Längsrichtung mit der Geschwindigkeit v durch den Äther bewegt, so soll seine Länge auf

$$l' = l\sqrt{1 - \frac{v^2}{c^2}} \tag{13}$$

zusammenschrumpfen, während die Querdimensionen ungeändert bleiben.

Der zur Bewegungsrichtung parallel liegende Arm des Michelsoninterferometers (Abb. 3, Ziff. 12) wird gemäß dieser Hypothese um das Stück

$$\delta l = l\left(1 - \sqrt{1 - \frac{v^2}{c^2}}\right)$$

verkürzt. Bei Vernachlässigung der vierten und höheren Potenzen von $\beta = v/c$ gilt

$$\delta l = \frac{l}{2}\beta^2 .$$

und daraus ergibt sich eine Verkürzung der Lichtzeit beim Hin- und Hergang über den Arm $P_1 S_2$ im Betrage von

$$\delta t = \frac{l}{c}\beta^2 .$$

Um denselben Betrag wird aber infolge der Ätherdrift gemäß Gleichung (11), Ziff. 12 die Lichtzeit des über $P_1 S_1$ laufenden Strahles verkürzt, so daß unter der Annahme der Lorentzkontraktion die beiden Teilstrahlen nach ihrer Wiedervereinigung in P_1 wieder in Phase sind. Das Ausbleiben der Verschiebung der Interferenzstreifen wäre dadurch theoretisch erklärt.

Die Kontraktionshypothese ermöglicht es also, den negativen Ausfall des Michelsonversuches mit der Theorie des ruhenden Äthers in Einklang zu bringen. Der Nachteil dieser Erklärung liegt darin, daß sie einigermaßen gezwungen ist. Der Betrag der Verkürzung wird ad hoc gerade so groß eingeführt, daß eine Kompensation der durch die Ätherdrift hervorgerufene Verkürzung der Lichtzeit eines Teilstrahles eintritt. LORENTZ hat allerdings später den Versuch gemacht, eine Art Erklärung für das Zustandekommen der Kontraktion zu geben und sie mit den bei der Bewegung elektrischer Ladungen erzeugten elektromagnetischen Kräften in Zusammenhang zu bringen. Die Hypothese gewinnt aber dadurch nicht wesentlich an Überzeugungskraft[2]).

17. Das Relativitätsprinzip. In Ziff. 11 war auseinandergesetzt worden, daß in der MAXWELL-LORENTZschen Elektrodynamik im Gegensatz zur klassischen

---

[1]) H. A. LORENTZ, Versl. Akad. Amsterdam Bd. 1, S. 74. 1892; O. LODGE, London Trans. (A) Bd. 184, S. 727. 1893.

[2]) Die Möglichkeit eines direkten Nachweises der Lorentzkontraktion würde sich auf dem Boden der Absoluttheorie aus der Tatsache ergeben, daß auf der durch die Kontraktion zu einem Rotationsellipsoid deformierten Erde Schwankungen der Lotrichtung mit halbtägiger Periode zu erwarten wären. Diesbezügliche Messungen sind von L. COURVOISIER (Astron. Nachr. Bd. 226, S. 241. 1926; Bd. 230, S. 245. 1927) ausgeführt worden.

Mechanik das Relativitätsprinzip keine Gültigkeit hat; die Grundgleichungen gelten nicht für beliebige Trägheitssysteme, sondern bloß für ein einziges davon, nämlich jenes, das im Äther ruht. Als theoretische Folge dieses Umstandes ergab sich das Auftreten eines Einflusses der Erdbewegung von der Ordnung $(v/c)^2$ auf die elektrodynamischen Vorgänge. Diese Folgerung der Theorie hat sich jedoch nicht bestätigt. Sämtliche optische und elektrodynamische Versuche zur Auffindung eines Einflusses des geradlinig translatorischen Anteils der Erdbewegung waren geradeso fehlgeschlagen, wie es mit entsprechenden mechanischen Experimenten der Fall gewesen wäre. Diese auffällige Tatsache mußte zu einer Revision der Grundbegriffe der Theorie anregen[1]); man mußte sich nach dem Fehlschlagen der Ätherdriftexperimente die Frage vorlegen, ob es noch einen Sinn habe, an der Äthervorstellung festzuhalten und ob nicht das Relativitätsprinzip überhaupt ein allgemeines Naturgesetz darstelle, dessen Gültigkeitsbereich nicht bloß auf das spezielle Gebiet der mechanischen Vorgänge beschränkt sei.

Der materielle Äther war ein integrierender Bestandteil der Wellentheorie des Lichtes gewesen, solange man die Lichtstrahlen als elastische Wellen eines hypothetischen Mediums auffaßte. Nach dem Durchdringen der elektromagnetischen Lichttheorie fiel zunächst die Notwendigkeit einer Äthervorstellung weg. Der Lichtstrahl war als ein elektromagnetisches Wechselfeld aufzufassen; ein eindeutiger und kausal notwendiger Zusammenhang zwischen den Feldvektoren $\mathfrak{E}$ und $\mathfrak{H}$ und irgendwelchen Zuständen des hypothetischen Mediums Äther war nicht mehr gegeben, er hätte vielmehr künstlich im Nachhinein wieder hergestellt werden müssen. Die Definitionsmerkmale der Feldstärken (Kraft auf den ruhenden elektrischen bzw. magnetischen Einheitspol) haben jedenfalls gar keinen Bezug auf irgendeine Zustandsgröße des Äthers. Trotzdem war die Äthervorstellung als ein Rudiment der älteren physikalischen Begriffe in der Elektrodynamik erhalten geblieben; sie war gewissermaßen zum Symbol der Nahewirkungstheorie geworden. Auch hatte man keinen direkten Anlaß, sie zu eliminieren, solange man sich der Erwartung hingab, daß entsprechend genaue Experimente Relativbewegungen gegen den Äther erkennen lassen würden. Erst der negative Ausfall der diesbezüglichen Experimente entzog der Äthervorstellung völlig den Boden; es gab keine Erfahrungstatsache mehr, die die Einführung einer hypothetischen Substanz „Äther“ notwendig gemacht hätte[2]).

Mit dem Ätherbegriff war aber gleichzeitig das Haupthindernis aus dem Wege geräumt, das der Ausdehnung des Relativitätsprinzips auf alle Naturvorgänge im Wege stand. Wenn es keinen Äther gibt, dann ist kein Grund vorhanden, ein besonderes Bezugssystem vor allen anderen Trägheitssystemen auszuzeichnen; in der Tat lehrt ja auch der negative Ausfall der Ätherdriftexperimente, daß der geradlinig translatorische Anteil der Erdbewegung keinen merklichen Einfluß auf die elektrodynamischen Vorgänge ausübt. Es schien daher notwendig, die Gesetze der Elektrodynamik so umzuformen, bzw. so zu interpretieren, daß

---

[1]) H. POINCARÉ, Science et Hypothèse Paris 1902, S. 199; C. R. Bd. 140, S. 1504. 1905; Rend. Pal. Bd. 21, S. 129. 1906; A. EINSTEIN, Ann. d. Phys. Bd. 17, S. 891. 1905.

[2]) Die neuerlich sehr gebräuchliche Verwendung des Wortes „Äther“ in der Literatur der allgemeinen Relativitätstheorie bedeutet keineswegs eine Rückkehr zur alten Vorstellung des Äthers im Sinne von FRESNEL, FARADAY und MAXWELL. Der moderne relativistische Ätherbegriff ist ein völlig abstrakter; er bedeutet den Inbegriff des metrischen Feldes, dem als „Materie“ die ponderabilen Massen und das elektromagnetische Feld gegenübergestellt werden. Der klassische Äther der Wellentheorie des Lichtes war dagegen selbst eine Art Materie, der gewisse Eigenschaften wie Elastizität, Dichte u. dgl. zugeschrieben wurden, wie sie nur materiellen Körpern zukommen. Mit diesem „FRESNELschen“ Äther hat der EINSTEINsche Äther ebensowenig etwas zu tun wie mit dem Äther der Chemiker (Äthyläther); er hat mit beiden nur den Namen gemeinsam.

sie in allen Trägheitssystemen Gültigkeit haben und somit das Relativitätsprinzip erfüllen. EINSTEIN hat daher in seiner oben zitierten grundlegenden Arbeit von 1905 dieses Prinzip als ein Grundpostulat an die Spitze seiner Betrachtungen über die Elektrodynamik bewegter Körper gestellt. Die von LAUE[1]) gegebene präzise Formulierung dieses Prinzips lautet folgendermaßen: Man kann aus der Gesamtheit der Naturerscheinungen durch immer weiter gesteigerte Annäherung immer genauer ein Bezugssystem x, y, z, t bestimmen, in welchem die Naturgesetze in bestimmten, mathematisch einfachen Formeln gelten. Das Bezugssystem ist aber durch die Erscheinungen keineswegs eindeutig festgelegt. Vielmehr gibt es eine dreifach unendliche Mannigfaltigkeit gleichberechtigter Systeme, welche sich gegeneinander mit gleichförmigen Geschwindigkeiten bewegen.

Da sich dieses Prinzip nur auf die Relativität einer besonderen Klasse von Bewegungen, nämlich der gleichförmig geradlinigen bezieht, wird es zum Unterschied von einem in der allgemeinen Relativitätstheorie auftretenden allgemeineren Grundgesetz als das „spezielle Relativitätsprinzip" bezeichnet. Wir haben es im folgenden immer nur mit der speziellen Relativitätstheorie zu tun und wollen, da die Gefahr einer Verwechslung nicht besteht, der Kürze halber immer vom „Relativitätsprinzip" schlechtweg sprechen.

Die Ausdehnung des Relativitätsprinzips auf die Elektrodynamik mußte auch nach Aufgeben der Äthervorstellung auf Schwierigkeiten stoßen, da, wie in Ziff. 11 hervorgehoben wurde, die Grundformeln dieser Theorie gegenüber der Galileitransformation nicht invariant sind. Man mußte daher entweder diese Grundformeln aufgeben, wie RITZ es tat, oder man mußte annehmen, daß der Übergang zu einem geradlinig gleichförmig bewegten Bezugssystem nicht durch die Galileitransformation vermittelt wird. Diese letztere Alternative erfordert eine vollständige Revision des Raum-Zeitbegriffes, wie sie von EINSTEIN durchgeführt wurde. — Es sei hier der Einfachheit halber zuerst die Theorie von RITZ besprochen, obwohl sie später entstanden ist als die Relativitätstheorie.

18. Die ballistische Theorie von RITZ. Wenn man an den herkömmlichen Vorstellungen über Raum und Zeit festhält, muß die Ausdehnung des Relativitätsprinzips auf Elektrodynamik und Optik zu der Folgerung führen, daß sich die Bewegungsgeschwindigkeit einer Strahlungsquelle zur Ausbreitungsgeschwindigkeit der von ihr emittierten Wellen vektoriell addiert. Es sei K ein GALILEIsches Bezugssystem (Trägheitssystem). Gegenstände, die in K ruhen, seien kurz als „ruhend" bezeichnet. Q sei eine Lichtquelle, die sich relativ zu K mit der Geschwindigkeit v in der Richtung der positiven X-Achse bewege. K' sei ein mit der Lichtquelle Q mitbewegtes Bezugssystem. Nach dem Relativitätsprinzip muß die Ausbreitung der von Q emittierten Wellen in K' genau so erfolgen wie die Ausbreitung der Wellen einer ruhenden Lichtquelle in K. Da nun die Ausbreitung der Wellen einer ruhenden Lichtquelle in K nach allen Seiten mit der gleichen Geschwindigkeit c erfolgt (es sei Ausbreitung im Vakuum vorausgesetzt), müssen sich die von Q emittierten Lichtwellen von K' aus betrachtet nach allen Richtungen mit der Geschwindigkeit c ausbreiten. Daraus folgt weiter, daß Beobachter, die in K ruhen, konstatieren würden, daß das von Q ausgesendete Licht sich in der Richtung der positiven X-Achse mit der Geschwindigkeit $c + v$ und nach der entgegengesetzten Richtung mit der Geschwindigkeit $c - v$ fortpflanzt.

Diese Folgerungen stehen in Widerspruch mit den Vorstellungen über Lichtfortpflanzung, die sich aus irgendeiner Wellentheorie, sei es nun elastische oder

[1]) M. v. LAUE, Die Relativitätstheorie. I. Bd., 4. Aufl., § 6. Braunschweig 1921.

elektromagnetische, ergeben. Denn die Fortpflanzungsgeschwindigkeit im Vakuum soll nach der Wellentheorie eine charakteristische Konstante des Äthers bzw. des elektromagnetischen Feldes sein; sie hat mit der Bewegungsgeschwindigkeit der Lichtquelle ebensowenig zu tun wie die Schallgeschwindigkeit mit dem Bewegungszustand der Schallquelle. Wenn man sich hingegen auf den Boden einer Emissionstheorie stellt und die Lichtstrahlen etwa als materielle Partikeln betrachtet, die mit der Geschwindigkeit c von der Lichtquelle fortgeschleudert werden, dann wird man erwarten müssen, daß die beobachtete Lichtgeschwindigkeit sich aus der Emissionsgeschwindigkeit und aus der Geschwindigkeit der Lichtquelle vektoriell zusammensetzt, so daß die oben aus dem Relativitätsprinzip gezogene Folgerung erfüllt ist. Dies ist ja auch selbstverständlich, denn die Emissionstheorie führt die Lichtausbreitung auf einen mechanischen Vorgang zurück, für den, wie in Ziff. 12 auseinandergesetzt, das Relativitätsprinzip gilt.

RITZ[1]) hat nun den interessanten Versuch gemacht, die Elektrodynamik so umzugestalten, daß die Ausbreitung elektromagnetischer Wellen in derselben Weise erfolgt wie nach der Emissionstheorie. Er leitet so wie MAXWELL und LORENTZ die Feldstärken aus einem Skalarpotential und einem Vektorpotential ab:

$$\mathfrak{E} = -\operatorname{grad} V - \frac{1}{c}\dot{\mathfrak{A}}, \qquad \mathfrak{H} = \operatorname{rot}\mathfrak{A} \tag{14}$$

(vgl. Kap. 2 ds. Bandes, Ziff. 12). Der Zusammenhang zwischen den Potentialen und den felderregenden Ladungen bzw. Strömen wird aber anders definiert als in der üblichen Elektrodynamik. Nach LORENTZ gilt nämlich:

$$\left.\begin{aligned} V(x,y,z,t) &= \int \frac{\varrho\left(x',y',z',t-\frac{r}{c}\right)}{r}\,dx'dy'dz',\\ \mathfrak{A}(x,y,z,t) &= \frac{1}{c}\int \frac{\mathfrak{J}\left(x',y',z',t-\frac{r}{c}\right)}{r}\,dx'dy'dz'. \end{aligned}\right\} \tag{15}$$

An Stelle dieser Gleichungen treten bei RITZ die folgenden

$$\left.\begin{aligned} V(x,y,z,t) &= \int \frac{\varrho\left(x',y',z',t-\frac{r}{c+v_r}\right)}{r}\,dx'dy'dz',\\ \mathfrak{A}(x,y,z,t) &= \frac{1}{c}\int \frac{\mathfrak{J}\left(x',y',z',t-\frac{r}{c+v_r}\right)}{r}\,dx'dy'dz', \end{aligned}\right\} \tag{15'}$$

wobei v_r die Geschwindigkeitskomponente der im Quellpunkt x', y', z' befindlichen Ladung in der Richtung gegen den Aufpunkt xyz bedeutet.

Unabhängig von RITZ haben sich TOLMAN, KUNZ und COMSTOCK[2]) mit der Frage der Einfügung des Relativitätsprinzips in die Optik unter Beibehaltung der klassischen Raum-Zeitvorstellungen beschäftigt. Später hat LA ROSA die RITZsche Theorie wieder aufgegriffen und den Versuch gemacht, eine Erklärung der veränderlichen Sterne aus dieser Theorie abzuleiten[3]). Der charakteristische Zug dieser „ballistischen" Theorien ist die Abhängigkeit der Lichtgeschwindigkeit vom Bewegungszustand der Lichtquelle. Sie werden sämtlich widerlegt durch die in der nächsten Ziffer erörterten Beobachtungsergebnisse.

---

[1]) W. RITZ, Ann. de chim. et phys. Bd. 13, S. 145. 1908 (Ges. Werke S. 317); Arch. de Genève Bd. 16, S. 209. 1908 (Ges. Werke S. 427); Scientia Bd. 3, S. 260. 1908 (Ges. Werke S. 447).

[2]) C. TOLMAN, Phys. Rev. Bd. 30, S. 291. 1910; Bd. 31, S. 26. 1910; J. KUNZ, Sill. Journ. Bd. 30, S. 1313. 1910; D. F. COMSTOCK, Phys. Rev. Bd. 30, S. 267. 1910.

[3]) M. LA ROSA, ZS. f. Phys. Bd. 21, S. 333. 1924.

19. Das Prinzip der Konstanz der Lichtgeschwindigkeit. DE SITTER[1]) hat mittels einer überzeugend einfachen Überlegung dargetan, daß die ballistische Hypothese mit den astronomischen Beobachtungen unvereinbar sei, und daß die Lichtfortpflanzung unabhängig vom Bewegungszustand der Lichtquelle erfolgen muß, so wie es den Anschauungen der Äthertheorie entspricht. Das Beweismaterial dazu liefern Beobachtungen an spektroskopischen bzw. photometrischen Doppelsternen. Die spektroskopischen Doppelsterne zeigen periodisch veränderliche Verschiebungen der Spektrallinien, die als Dopplereffekt zu deuten sind, und deren Auftreten auf das Vorhandensein einer periodisch veränderlichen Radialbewegung (Umlaufsbewegung) schließen lassen. Wir betrachten in der schematischen Abb. 5 der Einfachheit halber ein Doppelsternsystem, deren schwerere Komponente a dem Begleiter b an Masse so überlegen sei, daß sie nahezu ruht, während b eine Kepplerbahn beschreibt. Die gestrichelte Gerade aE sei die Visionsrichtung gegen die Erde, die in die Bahnebene fallen möge. Das von b im Bahnpunkt A emittierte Licht wird eine Dopplerverschiebung nach violett, daß im Punkte B emittierte Licht eine Dopplerverschiebung nach rot zeigen. Wenn ferner, wie hier vorausgesetzt, die Visionsrichtung in der Bahnebene liegt, dann zeigt das System einen periodischen Helligkeitswechsel, indem im Bahnpunkt C eine Verfinsterung der Komponente b eintritt, derart, daß das ganze System in dieser Phase ein Minimum der Helligkeit aufweist, während die beiden Bahnpunkte A und B Maximis der Helligkeit entsprechen. Man hat es dann mit einer sog. Bedeckungsveränderlichen zu tun. Durch spektroskopische Beobachtung des Dopplereffektes und durch photometrische Beobachtung des Helligkeitswechsels läßt sich die Umlaufsperiode eines solchen Doppelsternsystems mit großer Genauigkeit messen. Es werde nun ganz allgemein angenommen, daß sich die Geschwindigkeit v der Lichtquelle mit dem Bruchteil kv $(0 \leqq k \leqq 1)$ der Ausbreitungsgeschwindigkeit des Lichtes überlagere. Der Fall $k = 0$ entspricht der herkömmlichen Wellentheorie, der Fall $k = 1$ der ballistischen Hypothese von RITZ. Unter dieser Annahme wird das vom Bahnpunkt A emittierte Licht mit der Geschwindigkeit $c + kv$ gegen die Erde laufen, das vom Bahnpunkt B emittierte Licht mit der Geschwindigkeit $c - kv$. Es sei ferner τ die Umlaufsperiode der als kreisförmig vorausgesetzten Bahn von b, Δ die Entfernung des Doppelsterns von der Erde. Zur Zeit $t = 0$ befinde sich b im Bahnpunkt A. Die Zeiten, zu denen die Extrema der Dopplerverschiebung beobachtet werden, sind dann gegeben durch

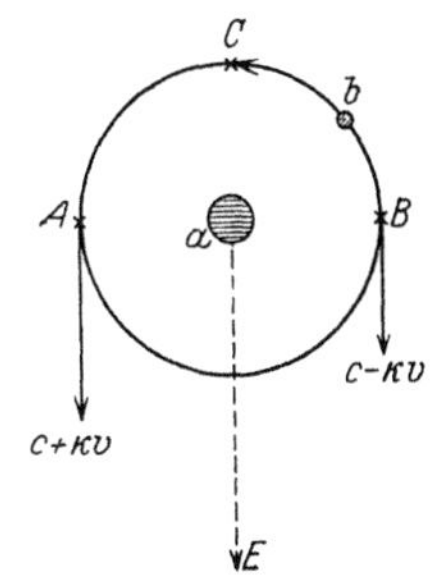

Abb. 5. DE SITTERS Beweis für das Prinzip der Konstanz der Lichtgeschwindigkeit.

$$\text{Violett:}\quad \frac{\Delta}{c+kv},\qquad \tau + \frac{\Delta}{c+kv},\qquad 2\tau + \frac{\Delta}{c+kv};\qquad \ldots$$

$$\text{Rot:}\quad \frac{\tau}{2} + \frac{\Delta}{c-kv},\qquad \frac{3\tau}{2} + \frac{\Delta}{c+kv},\qquad \frac{5\tau}{2} + \frac{\Delta}{c-kv}.\qquad \ldots$$

Man erkennt daraus, daß nach der genannten Hypothese schon bei verhältnismäßig kleinen Werten von Δ und v das Wandern der Spektrallinien von Violett nach Rot länger dauern würde als das Wandern von Rot nach Violett. Die Erscheinung würde so ausfallen, als hätte man es mit einer elliptischen Bahn zu tun, deren Apsidenlinie gegen die Erde gerichtet ist. Bei großen Werten von Δ,

[1]) W. DE SITTER, Phys. ZS. Bd. 14, S. 429 u. 1913. 1267.

v und k würde die Erscheinung noch verwickelter werden. Es kann dann der Fall eintreten, daß

$$n\tau + \frac{\Delta}{c + kv} < \frac{\tau}{2} + \frac{\Delta}{c - kv}$$

wird, wobei n eine große Zahl ist. Es werden dann Lichtstrahlen, die von verschiedenen Bahnpunkten ausgesendet werden, gleichzeitig auf der Erde eintreffen. Man kann Doppelsterne angeben, bei denen Δ und v so groß sind und τ so klein ist, daß unter der RITZschen Annahme $k = 1$ Lichtstrahlen, die von 600 verschiedenen Bahnpunkten ausgesendet werden, gleichzeitig auf der Erde eintreffen[1]). Dies hätte zur Folge, daß an Stelle eines periodischen Wanderns der Spektrallinien eine konstante Linienverbreiterung auftreten müßte, was aber nicht der Fall ist. DE SITTER hat aus den astronomischen Beobachtungen eine Abschätzung des Maximalwertes von k vorgenommen und gelangte zum Ergebnis

$$k < 0{,}002\,.$$

ZURHELLEN[2]) hat unter Zuhilfenahme anderweitiger astronomischer Daten die Ungleichung für k noch verschärft und gelangte zum Resultat, daß

$$k < 0{,}000001$$

sein muß. Es unterliegt daher wohl keinem Zweifel, daß man in Übereinstimmung mit der herkömmlichen Wellentheorie des Lichtes $k = 0$ zu setzen hat[3]). Die Erfahrung lehrt also, daß die Vakuumlichtgeschwindigkeit unabhängig vom Bewegungszustande der Lichtquelle den universellen Wert c besitzt. Diese Aussage wurde von EINSTEIN als das Prinzip der Konstanz der Lichtgeschwindigkeit bezeichnet. Nach den genauesten bisher vorliegenden Messungen ist der Wert dieser universellen Konstanten

$$c = 2{,}998_5 \cdot 10^{10}\,\text{cm/sec}\,.$$

II. Die Kinematik der speziellen Relativitätstheorie.

a) Die LORENTZ-Transformation und die aus ihr gezogenen Folgerungen.

20. Das Grundproblem der speziellen Relativitätstheorie. EINSTEINS Definition der Gleichzeitigkeit. Schon mehrere Jahre vor dem Erscheinen der Arbeiten von RITZ und DE SITTER hatte EINSTEIN[4]) eine Theorie der Elektrodynamik bewegter Körper aufgestellt, die sowohl das Relativitätsprinzip als auch das Prinzip der Konstanz der Lichtgeschwindigkeit als Grundpostulate enthält. Da diese beiden Prinzipe unter Zugrundelegung der herkömmlichen Begriffe von Raum und Zeit miteinander nicht verträglich sind (vgl. Ziff. 18), mußte die gleichzeitige Anerkennung beider zu einem Bruch mit der üblichen

---

1) H. THIRRING, ZS. f. Phys. Bd. 31, S. 133. 1925.

2) W. ZURHELLEN, Astron. Nachr. Bd. 198, S. 1, Nr. 4927. 1914.

3) LA ROSA hat die Beweiskraft der DE SITTERschen Überlegungen angefochten und insbesondere die Sicherheit der Parallachsenmessungen, die der Berechnung von Δ zugrunde liegen, in Zweifel gezogen. Seine Einwände sind aber von astronomischer Seite widerlegt worden; vgl. die diesbezügliche Diskussion bei M. LA ROSA, ZS. f. Phys. Bd. 21, S. 333. 1924; Bd. 34, S. 698. 1925; H. THIRRING, ebenda Bd. 31, S. 133. 1925; W. BERNHEIMER, ebenda Bd. 36, S. 302. 1926. — Abgesehen von der Widerlegung durch die Beobachtung an Doppelsternen erwachsen der ballistischen Hypothese Schwierigkeiten hinsichtlich der Erklärung der Reflexion und Brechung an bewegten Körpern; vgl. hierzu W. PAULI, Enzyklop. d. math. Wiss. Bd. V, S. 550—552 und die dort angegebene Literatur.

4) A. EINSTEIN, Ann. d. Phys. Bd. 17, S. 891. 1905.

Raum-Zeitauffassung führen. EINSTEIN und MINKOWSKI[1]) haben nun in konsequenter Weise die neuen Vorstellungen über Raum und Zeit entwickelt, die sich aus dem gleichzeitigen Bestehen der beiden genannten Prinzipien ergeben müssen. Der Inbegriff aller Schlußfolgerungen aus dem Relativitätsprinzip und dem Prinzip der Konstanz der Lichtgeschwindigkeit wird als die spezielle Relativitätstheorie bezeichnet. Sie gestattet es, die MAXWELL-LORENTZsche Elektrodynamik auf bewegte Körper zu übertragen, derart, daß den in den Ziff. 4 bis 10 aufgezählten Erfahrungstatsachen Rechnung getragen wird, und daß gleichzeitig der negative Ausfall der Ätherdriftexperimente auf ein allgemeines Naturgesetz, das Relativitätsprinzip, zurückgeführt wird.

Den Angelpunkt der speziellen Relativitätstheorie bildet die folgende Frage: Ist der Widerstreit zwischen dem Relativitätsprinzip und dem Prinzip der Konstanz der Lichtgeschwindigkeit ein wirklich unlösbarer logischer Widerspruch, oder ist er nur ein scheinbarer Widerspruch, hervorgerufen durch unzulängliche Begriffsbestimmung von Raum und Zeit? EINSTEIN hat die Frage im Sinne der zweiten Alternative beantwortet. Er zeigte, daß die Vorstellungen über den absoluten Charakter von Raum und Zeit entbehrlich sind, und daß man die Begriffe so fixieren kann, daß die beiden Grundpostulate miteinander verträglich werden.

Um dies einzusehen, wollen wir nochmals jenes Beispiel betrachten, an dem in Ziff. 18 der Widerspruch zwischen den beiden Prinzipien dargelegt worden war. Vorausgesetzt wird das Relativitätsprinzip. Daraus folgt zunächst, daß die von der bewegten Lichtquelle Q kommenden Strahlen sich im mitbewegten Bezugssystem K' nach allen Seiten mit gleicher Geschwindigkeit ausbreiten. Hieraus wurde weiter geschlossen, daß die in K ruhenden Beobachter konstatieren müssen, daß die von Q ausgesendeten Lichtstrahlen in der Richtung der positiven X-Achse mit der Geschwindigkeit $c + v$ und in der entgegengesetzten Richtung mit der Geschwindigkeit $c - v$ laufen, was im Widerspruch mit dem Prinzip der Konstanz der Lichtgeschwindigkeit steht. Eine Analyse dieser Schlußfolgerung lehrt nun, daß ihr als weitere Prämisse stillschweigend der Satz vom Parallelogramm der Geschwindigkeiten zugrunde liegt. Bevor man also den Schluß auf Unverträglichkeit der beiden Grundpostulate als zwingend ansieht, wird man untersuchen müssen, ob das Gesetz vom Parallelogramm der Geschwindigkeiten eine durch die Erfahrung wohlbegründete Tatsache ist, die auch bis zu Geschwindigkeiten von der Größenordnung der Lichtgeschwindigkeit hinauf exakte Gültigkeit beanspruchen muß. Fragen wir zunächst nach den Voraussetzungen, unter denen dieser Satz einer empirischen Bestätigung zugänglich wäre, wenn eine der beiden Geschwindigkeitskomponenten die Lichtgeschwindigkeit ist. Es soll die Geschwindigkeit, mit der sich der von Q ausgesendete Lichtstrahl in der Richtung der positiven X-Achse fortpflanzt, sowohl von K als auch von K' aus gemessen werden. Dazu ist notwendig, daß in beiden Bezugssystemen an räumlich entfernten Orten Beobachter oder selbstregistrierende Vorrichtungen aufgestellt sind, die mit exakt gleichgerichteten Uhren ausgerüstet sind. Die Synchronisierung räumlich entfernter Uhren erfordert aber zunächst die Festlegung des Begriffes der Gleichzeitigkeit räumlich entfernter Ereignisse, denn zwei Uhren laufen ja dann synchron, wenn das Erreichen gleicher Zeigerstellungen gleichzeitige Ereignisse sind. Der Gleichzeitigkeitsbegriff war in der vorrelativistischen Physik und Philosophie als ein absoluter, a priori gegebener zu betrachten. Das bedeutet folgendes: Es sei P irgendein beliebiger Raumpunkt des Universums. Dann gibt es unter den dort statt-

[1]) H. MINKOWSKI, Göttinger Nachr. 1908, S. 53; Phys. ZS. Bd. 10, S. 104. 1909.

findenden Ereignissen E, E', E'' ... nur ein einziges, E_0, das sie Eigenschaft hat, im Momente „jetzt" ($t = 0$) zu geschehen. Ein Ereignis E_1, das nach den Angaben einer in P befindlichen Uhr eine Sekunde später als E_0 stattfindet, hat die Eigenschaft, mit der Zeigerstellung $t = 1$ meiner Uhr gleichzeitig zu erfolgen usw. Unsere herkömmliche Auffassung von Raum und Zeit hatte mit Selbstverständlichkeit zu dieser Aussage geführt. Sie lieferte aber keine Methode, um allgemein bei beliebiger Entfernung von P feststellen zu können, welches von den Ereignissen E, E', E'' ... gerade das jetzt stattfindende Ereignis E_0 ist. Es ist auch leicht einzusehen, daß Gleichzeitigkeiten räumlich entfernter Ereignisse prinzipiell gar nicht feststellbar sind (auch nachträglich nicht!), solange nicht über die Fortpflanzungsgeschwindigkeit irgendwelcher Wirkungen oder Signale, die uns von dem Eintreten des Ereignisses Kunde geben, bestimmte Voraussetzungen gemacht werden.

Der von NEWTONS Prinzipiis her übernommene absolute Zeitbegriff, der a priori und ohne irgendwelche Vorschrift zum Synchronisieren räumlich entfernter Uhren gegeben war, ist daher für quantitative Aussagen über den zeitlichen Ablauf entfernter Ereignisse als ungeeignet zu betrachten. EINSTEIN hat ihm daher einen realen physikalischen Zeitbegriff gegenübergestellt, der folgende Eigenschaft hat: Die Gleichzeitigkeit räumlich entfernter Ereignisse wird durch eine bestimmte Vorschrift über das Synchronisieren entfernter Uhren per definitionem festgelegt. Diese Definition ist so beschaffen, daß der Gleichzeitigkeitsbegriff seinen absoluten Charakter verliert, indem zwei an entfernten Orten stattfindende Ereignisse, die von einem bestimmten Bezugssystem aus betrachtet gleichzeitig erfolgen, von einem dagegen bewegten System aus betrachtet nicht mehr gleichzeitig sind (Ziff. 22).

EINSTEINS Vorschrift zum Synchronisieren räumlich getrennter Uhren basiert auf dem Prinzip der Konstanz der Lichtgeschwindigkeit. Es seien A und B zwei Raumpunkte, die sich in einer fixen, beliebig großen Entfernung voneinander befinden mögen. Im Moment, wo eine in A aufgestellte Uhr die Zeit $t = t_0$ zeigt, werde ein Lichtstrahl von A nach B geschickt. Ein in B aufgestellter Spiegel reflektiere den Lichtstrahl nach A zurück, wo er zur Zeit $t_0 + \tau$ ankommen möge. Die Synchronisierungsvorschrift EINSTEINS lautet nun so: Die in B befindliche Uhr muß dann so gestellt werden, daß die Ankunftszeit des Lichtsignals in B $t = t_0 + \frac{\tau}{2}$ war[1]).

Kehren wir nun wieder zu dem in der vorigen Ziffer behandelten Problem der Messung der Lichtgeschwindigkeit von zwei gegeneinander bewegten Systemen aus zurück. Wenn die in K befindlichen Uhren unter sich und die in K' befindlichen Uhren unter sich nach dieser Vorschrift gleichgerichtet worden sind, dann kann eine Messung der Lichtgeschwindigkeit von K und K' aus nie zu einem Widerspruch mit dem Prinzip der Konstanz der Lichtgeschwindigkeit führen, da ja die Uhren, mit denen die Geschwindigkeitsmessung erfolgt, erst mit Hilfe dieses Prinzips gleichgerichtet worden sind. Wir werden daher zu

---

[1]) Die Klärung des Zeitproblems war schon mehrere Jahre vor dem Erscheinen von EINSTEINS grundlegender Arbeit (1905) durch H. POINCARÉ weitgehend vorbereitet worden. Dieser hatte zunächst in einem im Jahre 1898 in der Revue de Métaphysique et de Morale erschienenen (später als Kapitel über den Begriff der Zeit in seinem Buche „Der Wert der Wissenschaft" abgedruckten) Artikel das allgemeine Zeitproblem vom physikalischen Standpunkt aus behandelt und hatte dort schon erwähnt, daß sich auf den Satz von der Konstanz der Lichtgeschwindigkeit eine Zeitdefinition gründen läßt. Er hat dann in einer weiteren Arbeit „La Théorie de LORENTZ et le principe de réaction" (Arch. Néerland. (2) Bd. 5. 1900, Lorentz-Festschrift) die LORENTZsche Ortszeit (Ziff. 23) als die Zeit definiert, die durch mit Lichtsignalen synchronisierte Uhren gemessen wird.

erwarten haben, daß die in die Schlußfolgerungen der Ziff. 18 stillschweigend aufgenommene Prämisse, nämlich der Satz vom Parallelogramm der Geschwindigkeiten, ungültig wird, wenn man die EINSTEINsche Definition der Gleichzeitigkeit verwendet. Wieso dies zustande kommt, wird in den nächsten Ziffern besprochen werden.

21. Die Lorentztransformation. Ein Ereignis, das zu einem bestimmten Zeitpunkt in einem bestimmten Raumpunkt stattfindet, sei ein „Punktereignis" genannt. Die Fixierung von Ort und Zeit eines Punktereignisses erfolgt durch Angabe von vier Zahlen, nämlich drei räumlichen und einer zeitlichen Koordinate. In dieser Ziffer soll die Frage erörtert werden, in welchem Zusammenhang die auf verschiedene Bezugssysteme K und K' bezogenen Koordinaten ein und desselben Punktereignisses miteinander stehen.

Es sei der Anschaulichkeit halber angenommen, daß die beiden Bezugssysteme K und K' durch zwei sehr lange Plattformen realisiert seien, die längs ihrer geraden Trennungslinie mit der gleichförmigen Geschwindigkeit v aneinander vorbeigleiten. Damit die Beobachter in K und K' sich gegenseitig über irgendwelche Koordinatenangaben verständigen können, ist es zunächst notwendig, daß sie ihre Maßstäbe und Uhren miteinander vergleichen. Dies gelingt prinzipiell auf folgende Weise: α) Maßstabsübertragung: In K' wird eine lange ebene Platte parallel zur Trennungsgeraden der beiden Systeme aufgestellt. In K befinde sich ein Normalmaßstab mit einer Vorrichtung, die zwei Marken in der Distanz der Längeneinheit zu zeichnen gestattet. Wird nun diese Vorrichtung auf die in K' befindliche Platte im Augenblick des Vorübergleitens angewendet, so entstehen auf der letzteren zwei parallele Striche, deren Abstand die auf K' übertragene Längeneinheit darstellt. Dieser Vorgang ist eindeutig und umkehrbar. In jedem System können dann Kopien des Einheitsmaßstabes angefertigt werden, die als starre transportable Maßstäbe zur Anlegung eines räumlichen Koordinatennetzes verwendet werden können. — β) Uhrenvergleichung: Die Ganggeschwindigkeit aller Uhren in K und K' muß so einreguliert werden, daß Messungen der Lichtgeschwindigkeit, die mit ihrer Hilfe und mittels des Einheitsmaßstabes vorgenommen werden, den Wert c ergeben. Die Zeigerstellungen der längs K verteilten Uhren werden gemäß der in der letzten Ziffer erörterten Vorschrift gleichgerichtet. Die Übertragung der Zeitangaben auf die Uhren von K' erfolgt weiter so, daß eine in K' befindliche Uhr U' beim Passieren einer bestimmten Uhr U von K mit dieser gleichgerichtet wird. Alle übrigen Uhren von K' werden dann gemäß der EINSTEINschen Synchronisierungsvorschrift mit U' gleichgerichtet.

Durch die hier geschilderten Prozesse sind dann die Beobachter in K und K' in die Lage versetzt, sich ein räumliches Koordinatennetz sowie ein Netz räumlich verteilter Uhren anzulegen. Diese Anlegung soll so geschehen, daß gleichbezeichnete Achsen der rechtwinkligen Koordinatensysteme einander parallel sind, und daß die gemeinsame X- und X'-Achse parallel zur Richtung der Relativgeschwindigkeit der beiden Systeme liegt. Die vier Koordinaten irgendeines Punktereignisses können dann in bezug auf K und K' gemessen und miteinander verglichen werden. Es seien x, y, z, t die Koordinaten eines Punktereignisses in K und x', y', z', t' die Koordinaten desselben Punktereignisses in K'. Unter der Voraussetzung der Gültigkeit der beiden Grundpostulate stehen dann die beiden Koordinatenquadrupel miteinander in folgender Beziehung:

$$x' = \frac{x - vt}{\sqrt{1-\beta^2}}, \qquad y' = y, \qquad z' = z, \qquad t' = \frac{t - \frac{vx}{c^2}}{\sqrt{1-\beta^2}}. \tag{16}$$

Auf diese Transformation hatte LARMOR[1]) schon im Jahre 1900 aufmerksam gemacht, und LORENTZ[2]) hatte später gezeigt, daß die MAXWELLschen Gleichungen dieser Transformation gegenüber invariant sind (vgl. Ziff. 32). Man bezeichnet daher die Gleichungen (16) als die Lorentztransformation. Von EINSTEIN stammt aber erst die Erkenntnis, daß die Lorentztransformation die Koordinaten eines Punktereignisses miteinander verknüpft, wenn die Raum-Zeitmessung nach den oben angeführten Vorschriften durchgeführt wird[3]). Es soll im folgenden eine einfache, von BORN[4]) angegebene Herleitung der Lorentztransformation angedeutet werden.

Wegen der direkten Übertragbarkeit der senkrecht zur Bewegungsrichtung liegenden Koordinaten gilt

$$y' = y\,, \qquad z' = z\,,$$

so daß die Lorentztransformation die Form haben muß

$$x' = x'(x, t)\,, \qquad t' = t'(x, t)\,.$$

Der Koordinatenursprung von K' bewegt sich gegen K mit der Geschwindigkeit v in der positiven X-Richtung; der Koordinatenursprung von K bewegt sich gegen K' mit derselben Geschwindigkeit in der negativen X-Richtung. Also ist

$$x' = 0 \quad \text{gleichbedeutend mit} \quad x - vt = 0$$

und

$$x = 0 \quad \text{gleichbedeutend mit} \quad x' + vt' = 0\,.$$

Daraus folgt

$$\alpha x' = (x - vt) \tag{17}$$

$$\alpha x = (x' + vt')\,, \tag{17a}$$

wobei der konstante Faktor α wegen des Relativitätsprinzips in beiden Gleichungen denselben Wert haben muß. Um ihn zu bestimmen, verwendet man das Prinzip der Konstanz der Lichtgeschwindigkeit. Elimination von x' aus (17) und (17a) gibt

$$\alpha t' = \frac{\alpha^2 - 1}{v} + t\,. \tag{18}$$

Die Geschwindigkeit einer gleichförmigen Bewegung in der X-Richtung ist im System K gegeben durch

$$u = \frac{x}{t}$$

und in K' durch

$$u' = \frac{x'}{t'}\,.$$

Division von (17) durch (18) liefert

$$u' = \frac{x'}{t'} = \frac{x - vt}{\frac{\alpha^2 - 1}{v} \cdot x + t} = \frac{u - v}{\frac{\alpha^2 - 1}{v} u + 1}\,. \tag{19}$$

Das Prinzip der Konstanz der Lichtgeschwindigkeit verlangt nun, daß ein Lichtstrahl, sowohl von K als auch von K' aus beurteilt, sich nach allen Richtungen mit der Geschwindigkeit c fortpflanzt. Wendet man das auf einen in der X-Richtung laufenden Lichtstrahl an und setzt $u = u' = c$ in (19) ein, so ergibt sich

$$\alpha = \sqrt{1 - \beta^2}\,,$$

was in (17) und (17a) eingesetzt wieder auf die Formel (16) führt.

---

[1]) J. J. LARMOR, ETHER and MATTER, Cambridge 1900, S. 167—177. — Noch viel früher hatte W. VOIGT in den Göttinger Nachr. 1887 dieselbe Transformation verwendet.

[2]) H. A. LORENTZ, Proc. Amsterdam Bd. 6, S. 809. 1904; Versl. Akad. Amsterdam Bd. 12, S. 986. 1904.

[3]) A. EINSTEIN, Ann. d. Phys. Bd. 17, S. 891. 1905; Jahrb. d. Radioakt. Bd. 4, S. 441. 1907.

[4]) M. BORN, Die Relativitätstheorie EINSTEINS. 2. Aufl., Kap. VI/2. Berlin 1921.

Die Lorentztransformation geht für den Grenzfall $c = \infty$ in die gewöhnliche Galileitransformation (9) über, wobei zu berücksichtigen ist, daß nach der hier vorgenommenen speziellen Wahl des Koordinatensystems $\mathfrak{v}_x = v$, $\mathfrak{v}_y = \mathfrak{v}_z = 0$ ist.

Die zu (16) gehörige Umkehrtransformation lautet:

$$x = \frac{x' + v t'}{\sqrt{1-\beta^2}}, \qquad y = y', \qquad z = z', \qquad t = \frac{t' + \frac{v x'}{c^2}}{\sqrt{1-\beta^2}}. \tag{16'}$$

Wir merken für das Folgende an, daß alle Bezeichnungen zwischen den gestrichenen und ungestrichenen Variablen aus den betreffenden Umkehrbeziehungen einfach dadurch hervorgehen, daß man das Vorzeichen von v bzw. β vertauscht.

Man kann sich von der speziellen Wahl des Koordinatensystems (X-Achse parallel zur Bewegungsrichtung) freimachen, indem man die Formeln (16) in Vektordarstellung bringt. Es sei $\mathfrak{r}$ der Vektor mit den Komponenten x, y, z; $\mathfrak{r}_p$ sei seine Komponente parallel zur Bewegungsrichtung; $\mathfrak{r}_n$ irgendeine Komponente senkrecht dazu. Dann heißen die Transformationsformeln

$$\mathfrak{r}'_p = \frac{\mathfrak{r}_p - \mathfrak{v} t}{\sqrt{1-\beta^2}}, \qquad \mathfrak{r}'_n = \mathfrak{r}_n, \qquad t' = \frac{t - \frac{v}{c^2}\mathfrak{r}_p}{\sqrt{1-\beta^2}}. \tag{16a}$$

Im Gegensatz zu (16a) werden die Gleichungen (16) als die spezielle Lorentztransformation bezeichnet.

22. Die Relativierung von Raum und Zeit. Die in der vorigen Ziffer geschilderten Vorgänge der Maßstabs- und Zeitübertragung ermöglichen es den Beobachtern in K und K', jedem Punktereignis bestimmte Koordinatenwerte zuzuordnen, die durch die Lorentztransformation aufeinander bezogen werden können. Es soll nun im folgenden untersucht werden, welche Resultate sich ergeben, wenn die Beobachter des einen Systems die Länge eines Maßstabes ausmessen, der im anderen System ruht und der Bewegungsrichtung parallel liegt, und wie die Uhrenangaben eines in dem einen System ruhenden Beobachters sich zu den Angaben der an ihm vorbeigleitenden Uhren des anderen Systems verhalten.

Die Länge eines in K' ruhenden und der Bewegungsrichtung parallel liegenden Maßstabes $A'B'$ von der Länge l' kann von K aus offenbar in folgender Weise gemessen werden: Es werden zwei Punkte A und B in K bestimmt, die die Eigenschaft haben, daß die räumliche Koinzidenz von A mit A' und die räumliche Koinzidenz von B mit B' Ereignisse sind, die nach den Angaben der in K ruhenden Uhren gleichzeitig stattfinden. Der Abstand AB, gemessen mit in K ruhenden Maßstäben, ist dann die von K aus gemessene Länge des Maßstabes $A'B'$. Sie stellt das auf K bezogene räumliche Intervall der beiden Punktereignisse Koinzidenz AA' und Koinzidenz BB' dar. In analoger Weise handelt es sich bei der Vergleichung der Angaben einer in K ruhenden Uhr mit den Angaben der vorbeilaufenden Uhren von K' um die Bestimmung des Zeitintervalls gewisser Koinzidenzen.

Es seien allgemein x_1, t_1 bzw. x'_1, t'_1 die auf K bzw. K' bezogenen Koordinaten eines Punktereignisses und x_2, t_2 bzw. x'_2, t'_2, die entsprechenden Koordinaten eines zweiten Punktereignisses. Die Y- und Z-Koordinaten, die sich identisch transformieren, sollen im folgenden als unwesentlich außer Betracht gelassen werden. Aus den Gleichungen (16) ergibt sich nun folgender Zusammenhang zwischen den auf K und K' bezogenen räumlichen und zeitlichen Intervallen der beiden Ereignisse:

$$\left.\begin{aligned} x'_2 - x'_1 &= \varkappa\left[(x_2 - x_1) - v(t_2 - t_1)\right], \\ t'_2 - t'_1 &= \varkappa\left[(t_2 - t_1) - \frac{v}{c^2}(x_2 - x_1)\right]. \end{aligned}\right\} \tag{20}$$

Hier ist die auch im folgenden immer wieder verwendete Abkürzung gebraucht

$$\varkappa = \frac{1}{\sqrt{1-\beta^2}}. \tag{21}$$

Wenn nun die beiden Punktereignisse die Koinzidenzen AA' bzw. BB' bei der vorhin geschilderten Maßstabvergleichung darstellen sollen, so ist zu setzen $t_1 = t_2$ und es folgt

$$x_2' - x_1' = \varkappa(x_2 - x_1)$$

oder

$$l = \sqrt{1-\beta^2}\, l'. \tag{22}$$

Der bewegte Maßstab l' erscheint also von K aus betrachtet im Verhältnis $\sqrt{1-\beta^2}$ verkürzt. Die Lorentzkontraktion ergibt sich hier als Folge unserer Vorschrift über die Raum-Zeitmessung. In analoger Weise wird ein in K ruhender, zur X-Achse parallel liegender Maßstab von K' aus gemessen, indem man zwei Punkte A'' und B'' bestimmt, die so gelegen sind, daß die Koinzidenzen AA'' und BB'' Ereignisse sind, die, von K' aus beurteilt, gleichzeitig stattfinden. Man hat also zu setzen $t_2' - t_1' = 0$, und dies liefert nach (20)

$$x_2' - x_1' = \varkappa(x_2 - x_1)$$

oder

$$l' = \sqrt{1-\beta^2}\, l, \tag{22'}$$

welche Gleichung formal mit (13) übereinstimmt. Die Beziehung ist also, wie es ja nach dem Relativitätsprinzip erwartet werden muß, eine reziproke: die in K ruhenden Maßstäbe erscheinen von K' aus verkürzt und die in K' ruhenden Maßstäbe erscheinen von K aus im gleichen Verhältnis verkürzt.

Es sollen ferner die Angaben einer in K' ruhenden Uhr U' mit den Angaben der jeweils vorüberlaufenden Uhren von K verglichen werden. Die hier in Betracht kommenden Punktereignisse sind die räumlichen Koinzidenzen von U' mit zwei in K ruhenden Uhren U_1 und U_2. Man hat dann in (20) zu setzen $x_2' - x_1' = 0$ und erhält

$$t_2' - t_1' = \sqrt{1-\beta^2}\,(t_2 - t_1). \tag{23}$$

Die Ganggeschwindigkeit der bewegten Uhr U' erscheint also von K aus beurteilt im Verhältnis $\sqrt{1-\beta^2}:1$ verlangsamt zu sein. Auch diese Beziehung muß nach dem Relativitätsprinzip selbstverständlich reziprok sein: Vergleicht man den Gang einer in K ruhenden Uhr U mit den in K' ruhenden Uhren U_1' und U_2', so ist zu setzen $x_2 - x_1 = 0$, und es folgt

$$t_2 - t_1 = \sqrt{1-\beta^2}\,(t_2' - t_1'). \tag{23'}$$

Diese Beispiele zeigen, daß sowohl das zeitliche als auch das räumliche Intervall zwischen zwei Punktereignissen keine absolute, vom Bezugssystem unabhängige Bedeutung mehr hat. Die Abhängigkeit dieser Größen vom Bewegungszustand des Bezugssystems ist eine ähnliche wie die der Komponenten eines Vektors von der Lage der Koordinatenachsen. Betrachten wir z. B. zwei Punkte in der X-Y-Ebene mit den Koordinaten x_1, y_1 und x_2, y_2. Geht man zu einem gegenüber dem X-Y-System verdrehten System X', Y' über, so wird

$$x_2 - x_1 \neq x_2' - x_1' \quad \text{und} \quad y_2 - y_1 \neq y_2' - y_1'.$$

Die „Horizontaldistanz" und „Höhendifferenz" zweier Punkte sind also davon abhängig, was man unter „horizontal" und „vertikal" definiert. Hingegen ist der Abstand der beiden Punkte schlechtweg von der Lage des Koordinatensystems unabhängig:

$$(x_2 - x_1)^2 + (y_2 - y_1)^2 = (x_2' - x_1')^2 + (y_2' - y_1')^2.$$

In der Raum-Zeitauffassung der Relativitätstheorie bleibt nun der räumliche Abstand zweier Punktereignisse ebenfalls ungeändert, wenn man nur die räumlichen Koordinaten unter sich transformiert. Beim Übergang zu einem bewegten System K' ändert sich aber sowohl der räumliche Abstand wie das zeitliche Intervall $t_2 - t_1$ zweier Punktereignisse. In analoger Weise, wie man nun aus den Differenzen der räumlichen Koordinaten für sich eine invariante Größe

$$(x_2 - x_1)^2 + (y_2 - y_1)^2 + (z_2 - z_1)^2$$

bilden kann, die von der Lage des Koordinatensystems unabhängig ist, läßt sich auch aus räumlichem und zeitlichem Abstand zweier Punktereignisse eine invariante Größe bilden, die beim Übergang zu einem bewegten System ihre Größe nicht ändert. Es ist dies der Ausdruck

$$(x_2 - x_1)^2 + (y_2 - y_1)^2 + (z_2 - z_1) - c^2 (t_2 - t_1)^2, \tag{24}$$

der, wie eine elementare Rechnung zeigt, durch die Transformation (16) in sich selbst übergeführt wird:

$$\left.\begin{aligned}(x_2 - x_1)^2 + (y_2 - y_1)^2 + (z_2 - z_1)^2 - c^2 (t_2 - t_1)^2 = (x_2' - x_1')^2 + (y_2' - y_1')^2\\ + (z_2' - z_1')^2 - c^2 (t_2'^2 - t_1'^2)^2.\end{aligned}\right\} \tag{25}$$

Da die Gleichung
$$x^2 + y^2 + z^2 - c^2 t^2 = 0$$

eine Kugelwelle darstellt, die sich vom Koordinatenursprung aus mit Lichtgeschwindigkeit ausbreitet, so besagt die Invarianz des Ausdruckes (24) nichts anderes, als daß die Ausbreitung einer Lichtwelle im Vakuum von K und K' aus betrachtet nach allen Richtungen mit der Geschwindigkeit c erfolgt. Da dieser Satz den Ausgangspunkt unserer Betrachtungen bildet, hätte man die Gleichung (25) auch von vornherein der Ableitung der Lorentztransformation zugrunde legen können.

In der Relativitätstheorie verlieren also räumliches und zeitliches Intervall für sich ihre absolute Bedeutung. Die drei Raumdimensionen und die Zeit stellen vier durch die Gleichung (25) zusammenhängige Dimensionen einer vierdimensionalen Mannigfaltigkeit dar, die von MINKOWSKI als die „Welt" bezeichnet wurde. Die vorrelativistische Physik hatte sich also zur Einordnung von Punktereignissen des dreidimensionalen Raumes und der davon unabhängigen eindimensionalen Zeit bedient. Die Relativitätstheorie ordnet dagegen die Punktereignisse in das vierdimensionale Schema „Welt" ein, dessen sämtliche Dimensionen untereinander durch Gleichung (25) verknüpft sind. Das durch vier Koordinaten x, y, z, t festgelegte Punktereignis kann daher auch als „Weltpunkt" bezeichnet werden.

Die Metrik der Welt ist durch das invariante Linienelement

$$ds^2 = dx^2 + dy^2 + dz^2 - c^2 dt^2 \tag{24a}$$

charakterisiert. Der Faktor c^2 hängt nur von der Wahl der Einheiten der Länge und der Zeit ab und kann durch passende Wahl dieser Einheiten gleich Eins gemacht werden. Das dt^2 geht aber außerdem mit negativem Vorzeichen in den Ausdruck (24a) ein und dieser Umstand ist maßgebend für den erfahrungsgemäß tiefgehenden Unterschied zwischen räumlichen Dimensionen und Zeitintervall. Die Zeit verliert also in der Relativitätstheorie ihren absoluten Charakter, sie spielt aber doch die Rolle einer vor den drei anderen ausgezeichneten Dimension. Erst durch die von POINCARÉ[1]) und MINKOWSKI eingeführte Transformation

$$u = ict \tag{27}$$

[1]) H. POINCARÉ, Rend. Pal. Bd. 21, S. 168. 1906.

geht der Ausdruck (24a) in das gewöhnliche EUKLIDische Linienelement über.

$$ds^2 = dx^2 + dy^2 + dz^2 + du^2 \tag{24b}$$

In den Koordinaten x, y, z, u geschrieben, stellt die Lorentztransformation (16) eine imaginäre Drehung des Koordinatensystems in der X-U-Ebene um den Winkel

$$\varphi = \operatorname{arctg} i\beta$$

dar. Über die physikalische Bedeutung des ds^2 vgl. Ziff. 29.

Die durch das invariante Linienelement (24a) definierte Metrik wird als pseudoeuklidisch bezeichnet. Die spezielle Relativitätstheorie benutzt also zur Einordnung der Weltpunkte eine vierdimensionale pseudoeuklidische Mannigfaltigkeit, die Welt.

23. Das kinematische Hauptgesetz der speziellen Relativitätstheorie. Die Lorentztransformation und die aus ihr gezogenen Schlüsse gehen als Folge der in den Ziff. 20 und 21 angegebenen Vorschriften über die Raum-Zeitbestimmung in K und K' hervor. Da nun die Festlegung des Begriffes der Gleichzeitigkeit räumlich entfernter Ereignisse durch Definition erfolgt, so sind die vorstehenden Ergebnisse zunächst als logische Folgen gewisser Konventionen aufzufassen. Es ist daher auch schon die Meinung geäußert worden, daß die spezielle Relativitätstheorie als ein System von konventionellen Festsetzungen durch die Erfahrung weder bestätigt noch widerlegt werden könne[1]). Diese Ansicht trifft aber nicht zu, weil ja der Gleichzeitigkeitsdefinition eine Erfahrungstatsache, nämlich das Prinzip der Konstanz der Lichtgeschwindigkeit, zugrunde liegt und weil die Ableitung der Lorentztransformation auch noch das Relativitätsprinzip voraussetzt. Der Unterschied der Relativitätstheorie gegenüber reinem Konventionalismus wird in der Darstellung von BORN[2]) durch folgenden Hinweis besonders deutlich gemacht: Man könnte in rein formaler Weise die Übereinkommen hinsichtlich der Messung von Längen und Zeiten nach Ziff. 20 und 21 auch treffen, indem man ein ,,Prinzip der Konstanz der Schallgeschwindigkeit" zugrunde legt, also die Gleichzeitigkeit mit Hilfe von Schallsignalen in Luft definiert. Der Übergang von einem Bezugssystem K zu einem relativ dazu bewegten K' wäre dann auch durch eine Lorentztransformation gegeben, wobei aber an Stelle der Lichtgeschwindigkeit c die Schallgeschwindigkeit γ in Luft treten würde. Messungen der Schallausbreitung mit Hilfe von Maßstäben und Uhren, die analog zu den Vorschriften von Ziff. 21 übertragen worden sind, würden alsdann das Vorhandensein einer Relativbewegung gegen die atmosphärische Luft nicht erkennen lassen. Hingegen würde sich etwas anderes herausstellen: Durch die in Ziff. 21 angegebene transversale Übertragungsmethode sei die Längeneinheit von K nach K' übertragen worden; die Ganggeschwindigkeit aller Uhren U' von K' sei so einreguliert, daß Messungen der Schallgeschwindigkeit mit ihrer Hilfe und mit Hilfe der eben erwähnten Maßstäbe den Wert γ ergeben. Wenn man nun einer richtiggehenden Uhr in K durch einen Beschleunigungsvorgang die Geschwindigkeit v erteilt, so daß sie relativ zu den Uhren von K' ruht, so wird sich herausstellen, daß ihr Gang von den nach den obigen Vorschriften gerichteten Uhren U' abweicht.

Die Relativitätstheorie setzt nun voraus, daß etwas Derartiges bei Zugrundelegung der Gleichzeitigkeitsdefinition mittels des Prinzips der Konstanz der Lichtgeschwindigkeit nicht vorkommt. BORN bezeichnet diese Voraussetzung als das ,,Prinzip der physikalischen Identität der Maßeinheiten". Wir wollen es folgendermaßen ausführlich formulieren:

---

[1]) N. v. RASCHEVSKY, ZS. f. Phys. Bd. 14, S. 107. 1923.

[2]) M. BORN, Die Relativitätstheorie EINSTEINS. 2. Aufl., Kap. VI, S. 5. Berlin 1921.

Es seien K und K' zwei starre Bezugskörper, die zunächst relativ zueinander ruhen mögen und GALILEIsche Bezugssysteme darstellen. Längs K und K' seien Maßstäbe und Uhren verteilt. Die Maßstäbe seien aus starren Stäben erzeugte Kopien eines Normalmeters, die Uhren seien nach der EINSTEINschen Vorschrift untereinander gleichgerichtet. Es stimmen also sämtliche Uhren von K untereinander und mit sämtlichen Uhren von K' überein. Nun soll der Bezugskörper K' durch irgendeinen Beschleunigungsvorgang auf die Relativgeschwindigkeit v gegen K gebracht werden, worauf die Beschleunigung aufhören möge und K' sich mit der konstanten Geschwindigkeit v weiterbewegen möge. Die Relativitätstheorie behauptet nun folgendes: Durch diesen Beschleunigungsvorgang sollen die Uhren und Maßstäbe von K' so beeinflußt werden, daß sich von selbst gerade jener Zustand einstellt, der durch die in Ziff. 21 angegebenen Prozesse erzeugt wird. Dies ist eine physikalische Aussage über das Verhalten von Uhren und Maßstäben, die einer experimentellen Nachprüfung zugänglich ist. Wir wollen sie als das kinematische Hauptgesetz der speziellen Relativitätstheorie bezeichnen. Es enthält als Voraussetzung das Relativitätsprinzip und das Prinzip der Konstanz der Lichtgeschwindigkeit und liefert den mathematischen Ausdruck für die Lorentzkontraktion und für die Verlangsamung des Uhrenganges. Eine direkte experimentelle Bestätigung des kinematischen Hauptgesetzes kann allerdings erst auf dem Umwege über das Äquivalenzprinzip der allgemeinen Relativitätstheorie durch die Rotverschiebung der Spektrallinien in Gravitationsfeldern erfolgen[1]).

Wie in Ziff. 21 erwähnt wurde, hatte schon LORENTZ durch den Nachweis der Invarianz der elektrodynamischen Grundgleichungen gegenüber der Transformation (16) gezeigt, daß die Vorgänge im bewegten System in derselben Weise von x', y', z', t' abhängen wie im ruhenden System von x, y, z, t. Schon in der LORENTZschen Theorie bestand also eine formale Relativität unter der Voraussetzung, daß im bewegten System als Zeitkoordinate die durch die letzte Gleichung von (16) eingeführte Größe t' benutzt wird, die von LORENTZ als „Ortszeit" bezeichnet wurde. In der EINSTEINschen Relativitätstheorie tritt nun an Stelle dieser formalen Beziehung das zu einem Naturprinzip erhobene Relativitätspostulat und das führt notwendigerweise zu dem im kinematischen Hauptgesetz ausgesprochenen Schluß, daß reale Uhren auch wirklich die Ortszeit anzeigen müssen, wenn sie durch einen Beschleunigungsvorgang auf die Geschwindigkeit v gegenüber dem „Ruhsystem" K gebracht worden sind[2]).

24. Additionstheorem der Geschwindigkeiten. In Ziff. 20 war dargelegt worden, daß die Wurzel des Widerspruches zwischen den beiden Grundpostulaten in der Extrapolation des Satzes von Geschwindigkeitsparallelogramm auf beliebig hohe Geschwindigkeiten gelegen war. Aus der relativistischen Raum-Zeitauffassung muß daher auch ein neues Additionstheorem der Geschwindigkeiten hervorgehen; seine Formulierung ergibt sich ohne weiteres durch Anwendung der Lorentztransformation. Es seien zunächst die beiden zueinander zu addierenden Geschwindigkeiten als parallel vorausgesetzt. Im Bezugssystem K pflanze sich irgendeine Wirkung mit der Geschwindigkeit $dx/dt = u$ in der Richtung der positiven X-Achse fort. Das Bezugssystem K' bewege sich mit der Geschwindigkeit v in derselben Richtung. Wie groß ist die Geschwindigkeit der erstgenannten Wirkung von K' aus beurteilt? Aus (16) bzw. (20) folgt

$$dx' = \varkappa\,(dx - v\,dt)\,,$$

$$dt' = \varkappa\left(dt - \frac{v\,dx}{c^2}\right).$$

[1]) Vgl. Bd. IV. ds. Handb. (Kap. 4).

[2]) Vgl. auch H. POINCARÉ, l. c. Fußnote S. 270.

Durch Division ergibt sich daraus

$$u' = \frac{dx'}{dt'} = \frac{dx - v\,dt}{dt - \frac{v\,dx}{c^2}}$$

oder

$$u' = \frac{u - v}{1 - \frac{uv}{c^2}} \tag{28}$$

mit der Umkehrung

$$u = \frac{u' + v}{1 + \frac{u'v}{c^2}}. \tag{28'}$$

Die Gleichungen (28), (28′) werden als das EINSTEINsche Additionstheorem der Geschwindigkeiten bezeichnet. Wie aus der Ableitung dieses Gesetzes hervorgeht, bezieht sich die Geschwindigkeitsangabe u auf das System K und u' auf das System K'. Das EINSTEINsche Additionstheorem der Geschwindigkeiten verknüpft also Geschwindigkeiten, die von verschiedenen Bezugssystemen aus gemessen sind. Wenn alle Geschwindigkeitsangaben sich auf dasselbe System beziehen, dann gilt natürlich das gewöhnlich klassische Additionstheorem der Geschwindigkeiten. Es bewege sich beispielsweise ein Körper A mit der von K aus gemessenen Geschwindigkeit u in der positiven X-Richtung und ein Körper B mit der von K aus gemessenen Geschwindigkeit v in der negativen X-Richtung. Dann ist die von K aus gemessene Relativgeschwindigkeit zwischen A und B gegeben durch

$$w = u + v.$$

Das Glied uv/c^2, um das sich das EINSTEINsche Additionstheorem der Geschwindigkeiten von dem eben erwähnten klassischen unterscheidet, ist selbst dann, wenn u und v von der Größenordnung der Schallgeschwindigkeit sind, nur von der Größenordnung 10^{-12}. Die Abweichungen vom klassischen Additionsgesetz sind also für alle im Bereich der makroskopischen Mechanik liegenden Vorgänge unmeßbar klein.

Setzt man $u = c$, so folgt aus (28) $u' = c$ in Übereinstimmung mit dem Prinzip der Konstanz der Lichtgeschwindigkeit. Dieses Prinzip ist ja bei der in Ziff. 21 angegebenen Herleitung der Lorentztransformation benutzt worden. Tatsächlich erhält man auch das Additionstheorem (28), indem man in der Formel (19) für α seinen dort gefundenen Wert einsetzt.

Für $u > c^2/v$ würde $u' < 0$ werden. Sendet man also in K von einem Punkte A aus ein Signal mit entsprechender Überlichtgeschwindigkeit, das in einem entfernten Punkte B irgendeine Wirkung auslöst, so würde von K' aus betrachtet, die Wirkung früher eintreten als die Ursache erfolgte. Zur Aufrechterhaltung des Kausalitätsgesetzes ist es also notwendig, zu folgern, daß keine Wirkungen mit Überlichtgeschwindigkeit auftreten[1]). Tatsächlich bricht auch das Spektrum aller in der Natur beobachteten Geschwindigkeiten von materiellen Körpern oder von irgendwelchen Wirkungen mit der Vakuumlichtgeschwindigkeit c ab.

Um das dem Satz vom Parallelogramm der Geschwindigkeiten entsprechende allgemeinere Additionstheorem der Geschwindigkeiten für den Fall nicht paralleler Komponenten zu bilden, geht man in der gleichen Weise wie bei der Ableitung der Formel (28) vor, indem man aus Gleichungen (16) die entsprechenden Differentialquotienten bildet. Es sei die Geschwindigkeit v wieder der gemeinsamen

---

[1]) A. EINSTEIN, Ann. d. Phys. Bd. 23, S. 371. 1907; Jahrb. d. Radioakt. Bd. 4, S. 441. 1907; vgl. auch R. BASS, Phys. ZS. Bd. 27, S. 74. 1926.

X- und X'-Achse der beiden Bezugssysteme parallel, während die Geschwindigkeit $\mathfrak{u}$, bezogen auf K, einen beliebigen Winkel ω mit der X-Achse einschließe. Die Komponenten von $\mathfrak{u}$ in K seien $\mathfrak{u}_x, \mathfrak{u}_y, \mathfrak{u}_z$; von K' aus gemessen seien die Komponenten $\mathfrak{u}'_x, \mathfrak{u}'_y, \mathfrak{u}'_z$. Dann ergeben sich mittels der angegebenen Prozesse aus (16) folgende Zusammenhänge:

$$\mathfrak{u}'_x = \frac{\mathfrak{u}_x - v}{1 - \frac{v\,\mathfrak{u}_x}{c^2}}, \qquad \mathfrak{u}'_y = \frac{\mathfrak{u}_y}{\varkappa\left(1 - \frac{v\,\mathfrak{u}_x}{c^2}\right)}, \qquad \mathfrak{u}'_z = \frac{\mathfrak{u}_z}{\varkappa\left(1 - \frac{v\,\mathfrak{u}_x}{c^2}\right)} \tag{28a}$$

mit den entsprechenden Umkehrformeln, die sich einfach durch Vertauschung des Vorzeichens von v ergeben. Die Gleichungen (28) stellen einen Spezialfall von (28a) dar.

Zwischen den Absolutwerten der Geschwindigkeit besteht folgender Zusammenhang:

$$u = \frac{\sqrt{u'^2 + v^2 + 2\,u' v \cos\omega' - \left(\frac{u' v \sin\omega'}{c}\right)^2}}{1 + \frac{u' v \cos\omega'}{c^2}}. \tag{29}$$

Hier bedeutet ω' den in K' gemessenen Winkel zwischen u' und v. Für den Zusammenhang zwischen ω und ω' findet man unter Berücksichtigung der Beziehungen $\mathfrak{u}_x = u \cdot \cos\omega$ und $\mathfrak{u}'_x = u' \cos\omega'$ folgende Gleichung

$$\operatorname{tg}\omega = \frac{u' \sin\omega'}{\varkappa\,(u' \cos\omega' + v)}. \tag{30}$$

25. Anwendung des Additionstheorems der Geschwindigkeiten auf die Lichtfortpflanzung. Wir nehmen an, das System K' sei realisiert durch ein isotropes durchsichtiges Medium mit dem Brechungsquotienten n, das sich gegen das System K des Beobachters mit der Geschwindigkeit v bewege. In K' breitet sich das Licht nach allen Seiten mit der Geschwindigkeit $V' = c/n'$ aus. Gefragt ist nach der Geschwindigkeit, mit der sich das Licht relativ zu K in der Richtung der Relativgeschwindigkeit v fortpflanzt. Hier gilt $u' = V' = c/n'$ und die gesuchte Geschwindigkeit wird nach (28')

$$V = \frac{\frac{c}{n'} + v}{1 + \frac{v}{n'c}}.$$

Bei Vernachlässigung von Gliedern höherer Ordnung in v/c ergibt dies weiter

$$V = \frac{c}{n'} + v\left(1 - \frac{1}{n'^2}\right). \tag{31}$$

Der Wert des FRESNELschen Mitführungskoeffizienten ergibt sich also nach der Relativitätstheorie ohne weitere Annahmen als natürliche Folge der Vorschriften über Raum- und Zeitmessung. n' bedeutet hier den Brechungsquotienten für die im bewegten System beobachtete Wellenlänge λ'. Die Reduktion auf $n(\lambda)$, wobei λ die von K aus gemessene Wellenlänge ist, liefert dann unter Berücksichtigung des Dopplereffektes noch den LORENTZschen Dispersionsterm (vgl. Ziff. 26).

Die Aberrationsformel der Relativitätstheorie läßt sich aus Gleichung (30) ableiten. Es sei nämlich $u = u' = c$ die Geschwindigkeit einer ebenen Lichtwelle, deren Fortpflanzungsrichtung mit der Richtung der Relativgeschwindigkeit v von K aus gemessen den Winkel ω und von K' aus gemessen den Winkel ω' einschließe. Mit $u' = c$ geht die Gleichung (30) über in

$$\operatorname{tg}\omega = \frac{\sin\omega'}{\varkappa\,(\cos\omega' + \beta)}. \tag{31}$$

Die Differenz $\omega - \omega' = \alpha$ stellt offenbar den Aberrationswinkel dar. Setzt man in (31) $\omega = \omega' + \alpha$ ein, so erhält man bei Vernachlässigung der Quadrate und höheren Potenzen von β

$$\operatorname{tg}\alpha = \beta \sin\omega\,, \tag{2}$$

was mit der entsprechenden in Ziff. 4 angegebenen Formel übereinstimmt. Es ist zu beachten, daß hier von einer gleichförmig geradlinigen Translationsbewegung die Rede ist. Die beobachtete jährliche Aberration der Fixsterne kommt infolge der periodischen Umlaufsbewegung der Erde um die Sonne zustande (vgl. Ziff. 69).

26. Transformation der Richtungskosinusse und der Frequenz einer ebenen Welle auf ein bewegtes System. Dopplereffekt. Die relativistische Aberrationsformel (31) läßt sich noch auf einem anderen Wege ableiten, der gleichzeitig eine Formel für den Dopplereffekt liefert. Wir betrachten eine ebene Welle von der Frequenz ν, deren Wellennormale in K den Winkel ω mit der X-Achse einschließe und in der X-Y-Ebene liege. Die einzelnen Komponenten der Feldstärken sind dann proportional dem Ausdruck

$$A\cos 2\pi\nu\left(t - \frac{x\cos\omega + y\sin\omega}{c}\right) = A\cos\Theta\,.$$

Das Erreichen einer bestimmten Phase Θ an einer bestimmten Stelle x, y des Feldes ist nun ein Punktereignis. Die zugehörigen Koordinaten dieses Punktereignisses, bezogen auf das mit der Geschwindigkeit v bewegte System K', seien x', y', t'. Da sie sich auf dieselbe Phase beziehen, gilt:

$$2\pi\nu\left(t - \frac{x\cos\omega + y\sin\omega}{c}\right) = 2\pi\nu'\left(t' - \frac{x'\cos\omega' + y'\sin\omega'}{c}\right).$$

Drückt man auf der rechten Seite die gestrichenen Koordinaten mittels (16) durch die ungestrichenen aus, so muß die resultierende Gleichung eine Identität in x, y, t sein, da sie für alle Punkte des Feldes und für beliebige Werte von t gelten muß. Durch Koeffizientenvergleichung erhält man dann:

$$\nu' = \varkappa\nu(1 - \beta\cos\omega)\,, \tag{32}$$

$$\cos\omega' = \frac{\cos\omega - \beta}{1 - \beta\cos\omega}\,, \qquad \sin\omega' = \frac{\sin\omega\sqrt{1-\beta^2}}{1 - \beta\cos\omega}\,. \tag{33}$$

Durch Division der beiden Gleichungen (33) ergibt sich

$$\operatorname{tg}\omega' = \frac{\sin\omega}{\varkappa(\cos\omega - \beta)}\,, \tag{31'}$$

was einfach die Umkehrbeziehung zur Aberrationsformel (31) darstellt. Die Gleichung kann noch auf die einfachere Form gebracht werden

$$\operatorname{tg}\frac{\omega'}{2} = \sqrt{\frac{1+\beta}{1-\beta}}\operatorname{tg}\frac{\omega}{2}\,. \tag{31'a}$$

Aus der ersten der beiden Formeln (33) findet man ferner leicht

$$1 + \beta\cos\omega' = \frac{1-\beta^2}{1-\beta\cos\omega}$$

und daraus ergibt sich durch Differentiation

$$\frac{d\cos\omega'}{d\cos\omega} = \frac{1-\beta^2}{(1-\beta\cos\omega)^2}\,. \tag{34}$$

Wir betrachten nun ein infinitesimales Bündel von ebenen Wellen, das den Öffnungswinkel

$$d\Omega = \sin\omega\, d\omega\, d\psi = -d\cos\omega\, d\psi$$

erfüllt, wobei der Polarwinkel ψ das Azimut um die X-Achse darstellen möge. Der zugehörige Öffnungswinkel, bezogen auf K', ist dann

$$d\Omega' = \sin\omega' d\omega' d\psi' = -d\cos\omega' d\psi'.$$

Wegen $y = y'$ und $z = z'$ gilt $\psi = \psi'$ und man erhält unter Berücksichtigung von (34) die für die Strahlungsstatistik brauchbare Beziehung

$$\frac{d\Omega'}{d\Omega} = \frac{d\cos\omega'}{d\cos\omega} = \frac{1-\beta^2}{(1-\beta\cos\omega)^2}. \tag{35}$$

Die Gleichung (32) stellt die durch den Dopplereffekt verursachte Frequenzänderung im bewegten System dar. Sie stimmt bis auf Glieder zweiter Ordnung in v/c mit den für $\cos\omega = 1$ aus der elementaren Theorie des Dopplereffektes (Ziff. 5) hergeleiteten Formeln (3) und (3a) überein. Wegen des Relativitätsprinzips gibt es zwischen den beiden in Ziff. 5 unterschiedenen Fällen keinen Unterschied mehr; die Formel (32) gilt nach der Relativitätstheorie sowohl für den Fall ruhender Lichtquelle — bewegter Beobachter, wie für den Fall ruhender Beobachter — bewegte Lichtquelle exakt.

Zum Unterschied von den Formeln (3) und (3a) tritt nach (32) auch bei transversaler Beobachtung eine Frequenzänderung auf. Die Lichtquelle ruhe im System K, der Beobachter im System K'. Die Beobachtung erfolge in jenem Momente, wo $\omega' = \pi/2$ ist, wo also im Bezugssystem des Beobachters Visionsrichtung und Bewegungsrichtung aufeinander senkrecht stehen. Dann folgt aus (31') $\cos\omega = \beta$ und die Gleichung (32) geht über in

$$\nu' = \nu\sqrt{1-\beta^2}. \tag{32a}$$

Die Frequenz einer bewegten Lichtquelle erscheint also dem ruhenden Beobachter bei transversaler Beobachtung im Verhältnis $\varkappa : 1$ verkleinert (transversaler Dopplereffekt). Dieses Ergebnis kann auch auf direktem Wege aus dem kinematischen Hauptgesetz der speziellen Relativitätstheorie (Ziff. 23) gewonnen werden. EINSTEIN[1]) hat auf die Möglichkeit hingewiesen, eine Bestätigung dieser Folgerung durch Beobachtung des transversalen Dopplereffektes an Kanalstrahlen zu erbringen. Die Ausführung dieses Versuches ist aber wegen der durch die Kleinheit des Effektes bedingten experimentellen Schwierigkeiten bisher unterblieben.

Die Formel (32) kann noch dazu verwendet werden, um in dem Ausdruck für den FRESNELschen Mitführungskoeffizienten den Brechungsquotienten n einzuführen, der zu der vom ruhenden Beobachter gemessenen Wellenlänge λ gehört. Es gilt allgemein

$$n(\lambda') = n(\lambda) + \frac{dn}{d\lambda}(\lambda' - \lambda) + \cdots.$$

Wegen (32) und wegen $\lambda = c/\nu$, $\lambda' = c/\nu'$ wird nun bei Vernachlässigung der höheren Potenzen von β für den hier in Betracht kommenden Fall $\omega = 0$

$$\lambda' = \lambda(1 + n\beta), \qquad \lambda' - \lambda = n\beta\lambda.$$

(Es ist hier $n\beta$ an Stelle von β zu setzen, weil die Lichtgeschwindigkeit im lichtbrechenden Medium c/n ist.) Die Formel (31) geht daher über in

$$V = \frac{c}{n + n\beta\lambda\frac{dn}{d\lambda}} + v\left(1 - \frac{1}{n'^2}\right).$$

[1]) A. EINSTEIN. Ann. d. Phys. Bd. 23, S. 197. 1907.

Bei Vernachlässigung der quadratischen Glieder in v gibt das weiter

$$V = \frac{c}{n} + v\left(1 - \frac{1}{n^2} - \frac{\lambda}{n}\frac{dn}{d\lambda}\right) \tag{1}$$

in Übereinstimmung mit der in Ziff. 4 angegebenen Formel, die LORENTZ aus der Elektronentheorie hergeleitet hatte.

Der Ausdruck (32) für den Dopplereffekt ist hier ohne Bezugnahme auf irgendeine Theorie der Lichtemission aus den Transformationsformeln für eine ebene Welle gewonnen worden. SCHRÖDINGER[1]) hat nun auf Grund der Quantentheorie eine entsprechende Formel für den Dopplereffekt aus folgenden Überlegungen hergeleitet:

Die Emission eines Lichtquants ist verbunden mit einer Änderung des Impulses[2]) des emittierenden Atoms im Betrage von $h\nu/c$. Das Atom ändert also während des Emissionsaktes seine Geschwindigkeit; es gibt folglich kein Bezugssystem, in dem das Atom während des ganzen Emissionsaktes ruht. Wohl aber gibt es ein Bezugssystem K^*, in dem die Geschwindigkeiten des Atoms vor und nach der Lichtemission einander entgegengesetzt gleich sind. Die in diesem System K^* beobachtete Frequenz werde mit ν^* bezeichnet.

Die Änderung des Impulses ist mit einer entsprechenden Änderung dE der kinetischen Energie verbunden und diese verursacht wieder gemäß der BOHRschen Frequenzbedingung eine Frequenzänderung um den Betrag

$$d\nu = \frac{dE}{h}.$$

Die Größe dE muß natürlich von verschiedenenBezugssystemen aus betrachtet verschiedene Werte annehmen und dementsprechend wird auch $d\nu$ von verschiedenen Bezugssystemen aus betrachtet verschieden groß sein. Unter Berücksichtigung der relativistischen Transformationsformeln für Impuls und Energie erhält man, wie SCHRÖDINGER zeigte, gerade den richtigen Ausdruck für den Dopplereffekt. Es sei ν die Frequenz, die von einem System K aus gemessen wird, das sich gegen K^* geradlinig gleichförmig bewegt. Dann gilt nach SCHRÖDINGER:

$$\nu^* = \nu \sqrt{\frac{c - v_1 \cos\omega_1}{\sqrt{c^2 - v_1^2}} \cdot \frac{c - v_2 \cos\omega_2}{\sqrt{c^2 - v_2^2}}} \tag{32b}$$

Hier bedeuten v_1, bzw. v_2 die Geschwindigkeiten des Atoms relativ zum Beobachter vor bzw. nach dem Emissionsprozeß; ω_1 bzw. ω_2 die entsprechenden Winkel zwischen Geschwindigkeitsvektor und Emissionsrichtung. Die Formel (32b) unterscheidet sich von (32) dadurch, daß der Faktor von ν geometrisch gemittelt ist aus denjenigen beiden Werten, die nach der letzteren Formel für die Anfangs- und Endgeschwindigkeit gelten würde.

b) Die vierdimensionale Darstellung der Relativitätskinematik.

27. Einführung der vierdimensionalen Schreibweise. Die durch die Relativitätstheorie bewirkte Verschmelzung von Raum und Zeit in den Weltbegriff läßt eine Darstellung der Gesetze in vierdimensionaler Schreibweise zweckmäßig erscheinen. Die dazu notwendigen Begriffe sollen im folgenden eingeführt werden[3]).

Die aufeinanderfolgende Ausführung zweier Lorentztransformationen in beliebiger Richtung [Gleichung (16a), Ziff. 21] liefert wiederum eine Trans-

---

[1]) E. SCHRÖDINGER, Phys. ZS. Bd. 23, S. 301. 1922.

[2]) A. EINSTEIN, Phys. ZS. Bd. 18, S. 121. 1907.

[3]) Die Kenntnisse der Elemente der Tensorrechnung sind hier als bekannt vorausgesetzt. Der Leser vergleiche diesbezüglich Bd. III ds. Handb. (Kap. 5).

formation derselben Art. Den Lorentztransformationen kommt daher die Gruppeneigenschaft zu; die Gesamtheit der Lorentztransformationen bildet die Lorentzgruppe. Es ist dies die Gruppe der linearen Transformationen, die den Ausdruck

$$ds^2 = -d\tau^2 = dx^2 + dy^2 + dz^2 - c^2 dt^2 \tag{24a}$$

in sich selbst überführt. Das kinematische Hauptgesetz der speziellen Relativitätstheorie, dessen physikalische Bedeutung in Ziff. 23 dargelegt worden ist, läßt sich daher folgendermaßen in die Sprache der mehrdimensionalen Geometrie übersetzen: Raum und Zeit bilden zusammen eine pseudoeuklidische vierdimensionale Mannigfaltigkeit mit der metrischen Fundamentalform (24a), die Welt.

Es ist zweckmäßig, die Weltpunkte mit numerierten Koordinaten zu bezeichnen; man setzt also[1])

$$x = x_1, \quad y = x_2, \quad z = x_3, \quad ct = x_4. \tag{36}$$

Gemäß der Substitution (36) wird unter Beibehaltung des Zentimeters als Längeneinheit das „Lichtzentimeter" als Einheit der Zeit gewählt. Wenn man ferner das Gramm als Masseneinheit beibehält, so werden die entsprechenden Einheiten für Kraft und Arbeit $9 \cdot 10^{20}$ Dyn bzw. $9 \cdot 10^{20}$ Erg. Wir wollen die auf Zentimeter, Gramm und Lichtzentimeter basierenden absoluten Einheiten im folgenden kurz als „Lichteinheiten" bezeichnen.

Der Ausdruck (24a) wird in den neuen Variablen

$$ds^2 = -d\tau^2 = dx_1^2 + dx_2^2 + dx_3^2 - dx_4^2 \tag{24b}$$

und kann durch die weitere Substitution[2])

$$y_1 = x_1, \quad y_2 = x_2, \quad y_3 = x_3, \quad y_4 = i x_4 \tag{36b}$$

übergeführt werden in

$$ds^2 = dy_1^2 + dy_2^2 + dy_3^2 + dy_4^2 = dy_i dy_i. \tag{24c}$$

Über doppelt vorkommende Indizes wird gemäß einer allgemein gebräuchlichen Übereinkunft stets von 1 bis 4 summiert, falls nicht das Gegenteil ausdrücklich vermerkt wird.

Der Ausdruck (24c) ist das vierdimensionale Analogon zum Linienelement

$$ds^2 = dx^2 + dy^2 + dz^2$$

der euklidischen Geometrie. Durch die Transformation (36b) wird also die pseudoeuklidische Welt auf eine vierdimensionale euklidische Mannigfaltigkeit mit einer imaginären Dimension abgebildet. Die Lorentztransformation bedeutet in der imaginären euklidischen Welt einfach eine Drehung um den Koordinatenursprung (vgl. Ziff. 22). Die Gruppe der Drehungen des Raumes allein ist als Untergruppe in der Lorentzgruppe enthalten. Der Vollständigkeit halber wird meist in die Lorentzgruppe noch die vierparametrige Gruppe der (von der Zeit unabhängigen, also konstanten) Verschiebungen des Koordinatenursprunges mit inbegriffen.

---

[1]) Wegen der Kontravarianz der Koordinatendifferentiale werden in den neueren mathematischen Darstellungen der Tensoranalysis die Koordinaten vielfach in konsequenter Weise mit oberen Indizes bezeichnet: x^1, x^2, x^3, x^4. Dieser von Weyl, Pauli u. a. verwendeten Bezeichnungsweise folgt auch die Darstellung der Tensoranalysis in Bd. III ds. Handb. — Da es aber bei physikalischen Anwendungen weniger auf die konsequente Bezeichnungsweise als auf die möglichste Vermeidung von Verwechslungen mit Potenzexponenten ankommt, werden hier im Anschlusse an Einstein, Eddington u. a. die unteren Indizes bei den Koordinaten beibehalten.

[2]) Die Substitution (36b) stammt ursprünglich von Poincaré (Rend. Pal. Bd. 21, S. 168. 1906) und ist später insbesondere durch Minkowski (Göttinger Nachr. 1908, S. 53) zu Bedeutung gelangt.

In den Variabeln y_i geschrieben, ist also die Lorentzgruppe einfach die Gruppe der linearen Orthogonaltransformationen. Ihre allgemeine Form ist

$$y'_i = \alpha_{ik} y_k + \beta_i \tag{16b}$$

mit den Orthogonalitätsbedingungen

$$\alpha_{il}\alpha_{kl} = \delta_{ik}$$

und der aus den Realitätsverhältnissen folgenden Bedingung, daß β_4 und jene α_{ik} imaginär sind, bei denen der Index 4 einmal vorkommt, während alle übrigen α und β reell sind. Der allgemeine Ausdruck für die Lorentztransformation in den x_i ergibt sich dann durch Rücksubstitution nach Gleichung (36b). Der folgenden Darstellung werden meistens die reellen Koordinaten x_i zugrunde gelegt.

Die Orthogonaltransformation (16b) sowie die entsprechende allgemeine Lorentztransformation in den x_i hat die Eigenschaft, daß die Substitutionsdeterminante gleich 1 ist. Es gilt

$$\frac{\partial|x'_1, x'_2, x'_3, x'_4|}{\partial|x_1, x_2, x_3, x_4|} = 1\,. \tag{37}$$

Daraus folgt nach dem bekannten Satz über die Transformation mehrfacher Integrale, daß

$$\iiiint dx'_1\,dx'_2\,dx'_3\,dx'_4 = \iiiint dx_1\,dx_2\,dx_3\,dx_4\,. \tag{38}$$

Das vierdimensionale Volumelement der Welt ist also ebenfalls eine Invariante der Lorentztransformation.

Es sei $a(x_1, x_2, x_3, x_4)$ irgendein Skalar oder ein Tensor beliebiger Stufe. Dann wird

$$A = \iiiint a(x_1, x_2, x_3, x_4)\,dx_1\,dx_2\,dx_3\,dx_4$$

wegen der Invarianz des Volumelementes ein Tensor der gleichen Stufe sein. Der Transformationscharakter irgendeiner Größe gegenüber der Lorentztransformation wird also durch Integration über ein Weltgebiet nicht geändert. Der vierdimensionale Integrationsprozeß spielt hinsichtlich der Transformationseigenschaften des Integranden dieselbe Rolle wie die Multiplikation mit einem Skalar. In der Ausdrucksweise der allgemeinen Tensoranalysis bedeutet dies, daß im pseudoeuklidischen R_4 der Unterschied zwischen Tensoren und Tensordichten wegen (38) verschwindet.

28. Geometrische Darstellung der Lorentztransformation. Die Lorentztransformation in reellen Variabeln läßt sich nach MINKOWSKI geometrisch als Übergang zu einem schiefwinkligen Koordinatensystem mit entsprechender Änderung der Maßeinheiten interpretieren. Wir legen den folgenden Betrachtungen die durch die Substitution (36) eingeführten Variabeln x_i zugrunde und stellen einen zweidimensionalen Schnitt durch die Welt in Abb. 6 dar. Die Koordinatenachsen eines Bezugssystems K seien durch das Achsenkreuz $X_1 X_4$ gegeben.

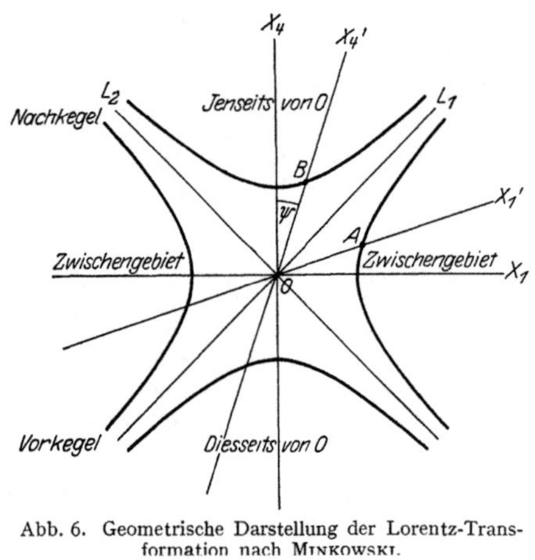

Abb. 6. Geometrische Darstellung der Lorentz-Transformation nach MINKOWSKI.

Ein eindimensionales Kontinuum von Weltpunkten wird als eine Weltlinie bezeichnet. Die sukzessiven Existenzgebiete materieller Punkte werden durch Weltlinien repräsentiert. Die Weltlinie eines in O ruhenden materiellen

Punktes ist durch die X_4-Achse gegeben; Punkte, die sich relativ zum System K bewegen, besitzen Weltlinien, die gegen die X_4-Achse geneigt sind. Das unter 45° gegen die Koordinatenachse laufende Geradenpaar OL_1, OL_2 stellt die Weltlinien eines von O ausgehenden Lichtsignales dar. Wir wollen sie als die „Lichtlinien“ bezeichnen; im vierdimensionalen hat man es mit einem „Lichtkegel“ zu tun.

Wir denken uns nun ein Koordinatensystem K' eingeführt, das sich gegen K mit der Geschwindigkeit $v = \beta$ in der Richtung der X_1-Achse bewegen möge. Die Weltlinie des Koordinatenursprunges von K' wird durch die unter dem Winkel

$$\psi = \operatorname{arctg}\beta$$

gegen die X_4-Achse geneigte Gerade OX_4' gegeben sein; sie stellt die Zeitachse von K' dar. Wir zeichnen nun die beiden gleichseitigen Hyperbeln

$$x_1^2 - x_4^2 = +1$$

und

$$x_1^2 - x_4^2 = -1\,,$$

die die Lichtlinien als gemeinsames Asymptotenpaar besitzen, und stellen folgende Behauptung auf: Die Lorentztransformation besteht darin, daß die Gerade OX_4' und die zu ihr hinsichtlich OL_1 symmetrisch gelegene Gerade OX_1' als neue Koordinatenachsen verwendet werden und daß die Abschnitte OA, bzw. OB dieser Geraden mit den Hyperbelästen als Einheiten verwendet werden. Beweis: Die spezielle Lorentztransformation heißt mit $c = 1$

$$x_1' = \frac{x_1 - \beta x_4}{\sqrt{1-\beta^2}}\,, \qquad x_4' = \frac{x^4 - \beta x_1}{\sqrt{1-\beta^2}}\,. \tag{16b}$$

Der Punkt A hat als Schnittpunkt der beiden Linien

$$x_4 = \beta x_1 \qquad \text{und} \qquad x_1^2 - x_4^2 = 1$$

die Koordinaten

$$x_1 = \frac{1}{\sqrt{1-\beta^2}}\,, \qquad x_4 = \frac{\beta}{\sqrt{1-\beta^2}}\,.$$

Setzt man dies in (16b) ein, so kommt

$$x_1' = 1\,, \qquad x_4' = 0\,.$$

Der Punkt A liegt also auf der X_1-Achse des Bezugssystems K' und hat in diesem den Abstand 1 vom Koordinatenursprung. Die analoge Rechnung für den Punkt B liefert die Werte

$$x_1' = 0\,, \qquad x_4' = 1\,.$$

B liegt also auf der X_4'-Achse und hat den Abstand 1 vom Koordinatenursprung.

29. Zeitartige und raumartige Vektoren. Die Eigenzeit. Das durch (24a, b) definierte Linienelement $ds = i\,d\tau$ stellt den vierdimensionalen Abstand zweier Weltpunkte dar. Seine physikalische Bedeutung richtet sich nach den Vorzeichen von ds^2. Wir betrachten in der zur Abb. 6 analogen Abb. 7 die beiden Paare von Weltpunkten OP_1 und OP_2. Für das Punktpaar OP_1 ist

$$ds^2 = dx_1^2 - dx_4^2 > 0\,.$$

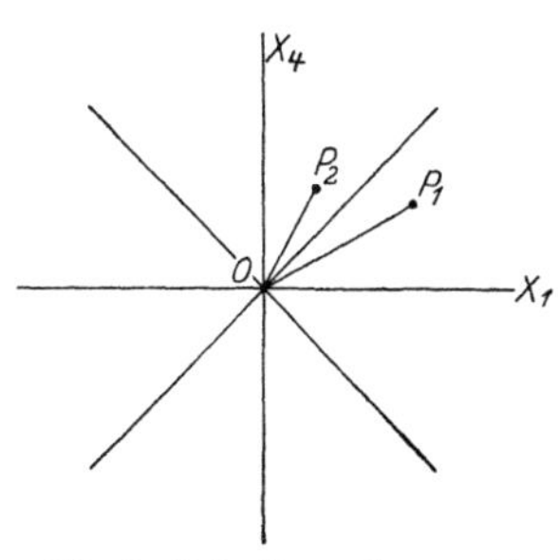

Abb. 7. Zeitartige und raumartige Vektoren.

Wählt man gemäß Ziff. 28 ein neues Bezugssystem K' so, daß die X_1'-Achse in die Richtung OP_1 fällt, so finden in K' die beiden Punktereignisse O und P_1 gleichzeitig statt. Es ist dann

$$dx_4' = 0 \qquad \text{und} \qquad ds^2 = dx_1'^2\,.$$

ds bedeutet also in diesem Fall den räumlichen Abstand der beiden Weltpunkte O und P_1 in jenem Bezugssystem gemessen, in dem die beiden Ereignisse gleichzeitig stattfinden. — Für das Punktpaar OP_2 existiert dagegen kein Bezugssystem, in dem beide Ereignisse gleichzeitig stattfinden. Wohl aber läßt sich ein Bezugssystem angeben, in dem beide Ereignisse am gleichen Orte stattfinden; es ist jenes System K'', dessen X_4''-Achse in die Richtung OP_2 fällt. Es ist dann

$$dx_1'' = 0 \qquad \text{und} \qquad ds^2 = -dx_4''^2 ,$$

$d\tau = dx_4''$ ist dann das zeitliche Intervall zwischen den beiden Ereignissen O und P_2, gemessen im letztgenannten System. $d\tau$ stellt also die Zeitangabe einer auf der Weltlinie OP_2 bewegten Uhr dar. Die beiden besprochenen Fälle werden voneinander abgegrenzt durch den Lichtkegel

$$ds^2 = dx_1^2 + dx_2^2 + dx_3^2 - dx_4^2 = 0 ,$$

der in unserer zweidimensionalen Figur durch die beiden Lichtlinien OL_1, OL_2 repräsentiert wird. Jene Weltvektoren dx_i, die wie OP_1 um mehr als 45° gegen die Zeitachse geneigt sind, heißen raumartig; für sie ist ds reell. Jene Weltvektoren dx_i, die wie OP_2 um weniger als 45° gegen die Zeitachse geneigt sind, heißen zeitartig; für sie ist $d\tau$ reell. Für eine zeitartige Weltlinie stimmt

$$\tau = \int d\tau$$

mit der Angabe einer auf dieser Weltlinie bewegten Uhr überein; man bezeichnet darum τ als die Eigenzeit.

Es gilt ferner

$$\frac{dx_4}{d\tau} = \frac{1}{\sqrt{1 - \dfrac{dx^2 + dy^2 + dz^2}{c^2\,dt^2}}} = \frac{1}{\sqrt{1-\beta^2}} = \varkappa . \tag{21a}$$

Der vierdimensionale Richtungskoeffizient $dx_4/d\tau$ einer zeitartigen Weltlinie stellt das Verhältnis der Ganggeschwindigkeit einer in K ruhenden Uhr zur Ganggeschwindigkeit einer längs der betreffenden Weltlinie bewegten Uhr dar. In der vierdimensionalen Schreibweise wird man daher statt des Faktors $\varkappa$ die Größe $dx_4/d\tau$ setzen können.

Der in der unteren Hälfte der Abb. 6 gelegene Teil des Lichtkegels wurde von MINKOWSKI als der Vorkegel bezeichnet, die obere Hälfte als der Nachkegel. Das Gebiet der Endpunkte aller von 0 ausgehenden raumartigen Vektoren heißt das Zwischengebiet; das vom Vorkegel begrenzte Gebiet $ds^2 < 0$, $d\tau < 0$ heißt „Diesseits von O", das vom Nachkegel begrenzte Gebiet $ds^2 < 0$, $d\tau > 0$ heißt „Jenseits von O". Das Gebiet diesseits von O enthält alle jene Weltpunkte, von denen aus Wirkungen nach dem Weltpunkt O gelangen können; das Gebiet jenseits von O enthält alle jene Weltpunkte, die durch eine von O ausgehende Wirkung beeinflußt werden können. Punktereignisse, die in Weltpunkten des Zwischengebietes stattfinden, können mit dem in O stattfindenden Punktereignis weder aktiv noch passiv in kausalem Zusammenhange stehen.

30. Vierergeschwindigkeit und Viererbeschleunigung. Wir betrachten im folgenden irgendeine Weltlinie, die durchwegs zeitartig ist, d. h. überall um weniger als 45° gegen die Zeitachse geneigt ist. Ihre reellen Richtungskoeffizienten sind

$$u^i = \frac{dx_i}{d\tau} . \tag{39}$$

Da $d\tau$ ein Skalar ist und da durch Division eines Tensors durch einen Skalar wieder ein Tensor gleicher Art entsteht, stellt u^i einen kontravarianten Tensor erster Stufe oder kontravarianten Vektor dar. Wenn die Weltlinie das Existenzgebiet eines materiellen Punktes darstellt, so bezeichnet man u^i als die Vierergeschwindigkeit dieses Punktes. Die drei räumlichen Komponenten der Vierergeschwindigkeit

$$\frac{dx_1}{d\tau}, \quad \frac{dx_2}{d\tau}, \quad \frac{dx_3}{d\tau}$$

stellen die mittels einer mitbewegten Uhr, also die in Eigenzeit gemessenen drei Geschwindigkeitskomponenten der Bewegung dar. Die vierte Komponente $dx_4/d\tau$ gibt, wie schon in Ziff. 29 erwähnt, das Verhältnis der Ganggeschwindigkeit einer in K ruhenden Uhr zur Ganggeschwindigkeit einer mitbewegten Uhr an.

Unter dem Absolutwert eines Tensors erster Stufe A_i versteht man die Größe

$$|A| = \sqrt{A_i A^i}.$$

Wegen

$$\sqrt{u_i u^i} = \sqrt{g_{il} u^l u^i} = \sqrt{(u^1)^2 + (u^2)^2 + (u^3)^2 - (u^4)^2}$$
$$= \sqrt{\left(\frac{dx_1}{d\tau}\right)^2 + \left(\frac{dx_2}{d\tau}\right)^2 + \left(\frac{dx_3}{d\tau}\right)^2 - \left(\frac{dx_4}{d\tau}\right)^2} = \frac{ds}{d\tau} = i$$

ist also der Absolutwert der Vierergeschwindigkeit

$$|u| = i. \tag{40}$$

In analoger Weise definiert man die Viererbeschleunigung B^i durch

$$B^i = \frac{du^i}{d\tau}. \tag{41}$$

Diese Größe ist ebenfalls ein kontravarianter Tensor erster Stufe, denn er unterscheidet sich von u^i nur durch den skalaren Faktor $d\tau$. Aus

$$(u_i u^i) = -1$$

folgt

$$\frac{d}{d\tau}(u_i u^i) = u^i \frac{du_i}{d\tau} + u_i \frac{du^i}{d\tau} = 0. \tag{42}$$

Nun ist

$$u_i = u^i \quad \text{für} \quad i = 1, 2, 3$$

und

$$u_4 = -u^4,$$

daher ist

$$u^i \frac{du_i}{d\tau} = u_i \frac{du^i}{d\tau}$$

und folglich nach (42)

$$u_i \frac{du^i}{d\tau} = 0. \tag{43}$$

Das skalare Produkt aus Vierergeschwindigkeit und Viererbeschleunigung verschwindet, oder mit anderen Worten: Vierergeschwindigkeit und Viererbeschleunigung stehen aufeinander senkrecht.

Die Weltlinie einer gleichförmig geradlinigen Bewegung ist eine Gerade; hingegen sind die Weltlinien beschleunigter Bewegungen gekrümmt. Man denke sich ein Bezugssystem K_0 eingeführt, dessen X^4-Achse die Weltlinie in einem Punkte P berührt. Es ist jenes System, in dem der betreffende Körper, der die Weltlinie beschreibt, in dem durch P gegebenen Zeitmomente ruht. Bezeichnet man den gewöhnlichen dreidimensionalen Geschwindigkeitsvektor mit $\mathfrak{u}$, so ist für das momentane Ruhsystem K^0

$$\mathfrak{u}_x^0 = \mathfrak{u}_y^0 = \mathfrak{u}_z^0 = 0, \quad \beta = 0, \quad \varkappa = 1, \quad dx_4^0 = d\tau.$$

Die Beschleunigungen sind im Ruhsystem K^0 gegeben durch

$$\frac{du_x^0}{dt} = \frac{du_x^0}{d\tau} = \frac{du_1^0}{d\tau}; \qquad \frac{du_2^0}{d\tau}; \qquad \frac{du_3^0}{d\tau}.$$

Ferner folgt aus $dx_4^0/d\tau = 1$:

$$\frac{du_4^0}{d\tau} = 0.$$

Daher ist der Absolutwert der Viererbeschleunigung

$$|B| = \sqrt{B_i B^i} = \sqrt{\frac{du_i}{d\tau}\frac{du^i}{d\tau}} = |\dot{\mathfrak{u}}^0|. \tag{44}$$

Der invariante Absolutwert der Viererbeschleunigung ist gleich dem Absolutwert der Beschleunigung im Ruhsystem, die man kurz als die Ruhbeschleunigung bezeichnet.

31. Die Hyperbelbewegung. Der einfachste Typus einer nicht gleichförmigen Bewegung ist offenbar die beschleunigte Bewegung mit konstanter Ruhbeschleunigung. Wir fragen nach der Gestalt der Weltlinie einer solchen Bewegung, die das relativistische Analogon zum freien Fall im konstanten Gravitationsfeld darstellt. Die Bewegung möge in der X^1-Richtung vor sich gehen. Dann ist

$$u^2 = u^3 = 0$$

und die Beziehungen (40) und (44) gehen über in

$$\left(\frac{dx_1}{d\tau}\right)^2 - \left(\frac{dx_4}{d\tau}\right)^2 = -1$$

und

$$\left(\frac{d^2x_1}{d\tau^2}\right)^2 - \left(\frac{d^2x_4}{d\tau^2}\right)^2 = b^2,$$

wobei b die konstante Ruhbeschleunigung ist. Eine Lösung dieser Gleichungen ist gegeben durch

$$x_1 = \frac{1}{b}\cosh b\tau, \qquad x_4 = \frac{1}{b}\sinh b\tau. \tag{45}$$

Elimination von τ aus diesen Gleichungen liefert

$$x_1^2 - x_4^2 = \frac{1}{b^2}. \tag{46}$$

Die Weltlinie einer Bewegung mit konstanter Ruhbeschleunigung ist also im $X_1 - X_4$-Diagramm eine Hyperbel, weshalb man diese Bewegung als Hyperbelbewegung bezeichnet[1]).

Die Asymptote an die durch Gleichung (46) gegebene Hyperbel ist die Lichtlinie

$$x_1 - x_4 = 0.$$

Die Grenzgeschwindigkeit, die ein konstant beschleunigter materieller Körper erreichen kann, ist also die Lichtgeschwindigkeit, während nach der klassischen Mechanik seine Geschwindigkeit über alle Grenzen wachsen würde. Das kommt in der graphischen Darstellung dadurch zum Ausdruck, daß die einer konstant beschleunigten Bewegung entsprechende Weltlinie in der klassischen Mechanik eine Parabel ist.

---

[1]) H. MINKOWSKI, Phys. ZS. Bd. 10, S. 104. 1909; M. BORN, Ann. d. Phys. Bd. 30, S. 1. 1909; A. SOMMERFELD, ebenda Bd. 33, S. 670. 1910.

III. Die relativistische Elektrodynamik des leeren Raumes.

a) Die Tensordarstellung der Grundgleichungen.

32. Die Transformation der Feldgleichungen. Das Relativitätsprinzip führt zusammen mit dem kinematischen Hauptgesetz der speziellen Relativitätstheorie (Ziff. 23) zu der Forderung, daß die elektrodynamischen Grundgleichungen der Lorentztransformation (16) gegenüber invariant sein müssen. Das bedeutet folgendes: Es seien $\mathfrak{E}$ und $\mathfrak{H}$ die Komponenten der elektrischen bzw. magnetischen Feldstärke; ϱ und $\varrho\mathfrak{u}$ die Ladungsdichte bzw. Stromdichte der Elektrizität, alle gemessen in einem GALILEIschen Bezugssystem K. $\mathfrak{E}'$, $\mathfrak{H}'$, ϱ', $\varrho'\mathfrak{u}'$ seien die entsprechenden Größen, bezogen auf K'. Die in Kapitel 2 dieses Bandes besprochenen Feldgleichungen für das Vakuum lauten in K:

$$\operatorname{rot}\mathfrak{H} = \frac{1}{c}\left(\frac{\partial\mathfrak{E}}{\partial t} + 4\pi\varrho\mathfrak{u}\right), \qquad \operatorname{div}\mathfrak{E} = 4\pi\varrho, \tag{47}$$

$$\operatorname{rot}\mathfrak{E} = -\frac{1}{c}\frac{\partial\mathfrak{H}}{\partial t}, \qquad \operatorname{div}\mathfrak{H} = 0. \tag{47a}$$

Die Forderung der Invarianz besagt nun, daß die Feldgleichungen im bewegten System K' einfach durch Ersetzung sämtlicher abhängiger und unabhängiger Variabeln durch die entsprechenden gestrichenen entstehen. Die Feldgleichungen sollen also in K' lauten:

$$\operatorname{rot}'\mathfrak{H}' = \frac{1}{c}\left(\frac{\partial\mathfrak{E}'}{\partial t'} + 4\pi\varrho'\mathfrak{u}'\right), \qquad \operatorname{div}'\mathfrak{E}' = 4\pi\varrho', \tag{47'}$$

$$\operatorname{rot}'\mathfrak{E}' = -\frac{1}{c}\frac{\partial\mathfrak{H}'}{\partial t'}, \qquad \operatorname{div}'\mathfrak{H}' = 0. \tag{47'a}$$

Die Striche an den Operatoren rot und div bedeuten, daß die Differentiationen nach x', y', z' vorzunehmen sind.

Durch Ausführung der Lorentztransformation (16) an den unabhängigen Variabeln x, y, z, t gelangt man nun tatsächlich von den Gleichungen (47) und (47a) zu den Gleichungen (47′) und (47′a), wenn man die folgenden Transformationsformeln für die abhängigen Variabeln hinzunimmt:

$$\left.\begin{aligned}
\mathfrak{E}'_x &= \mathfrak{E}_x, & \mathfrak{H}'_x &= \mathfrak{H}_x,\\
\mathfrak{E}'_y &= \varkappa(\mathfrak{E}_y - \beta\mathfrak{H}_z), & \mathfrak{H}'_y &= \varkappa(\mathfrak{H}_y + \beta\mathfrak{E}_z),\\
\mathfrak{E}'_z &= \varkappa(\mathfrak{E}_z + \beta\mathfrak{H}_y), & \mathfrak{H}'_z &= \varkappa(\mathfrak{H}_z - \beta\mathfrak{E}_y),
\end{aligned}\right\} \tag{48}$$

$$\left.\begin{aligned}
\varrho'\mathfrak{u}'_x &= \varkappa\varrho(\mathfrak{u}_x - v),\\
\varrho'\mathfrak{u}'_y &= \varrho\mathfrak{u}_y,\\
\varrho'\mathfrak{u}'_z &= \varrho\mathfrak{u}_z,\\
\varrho' &= \varkappa\left(1 - \frac{v\mathfrak{u}_x}{c^2}\right)\varrho.
\end{aligned}\right\} \tag{49}$$

Division der drei ersten Gleichungen (49) durch die letzte führt zu Transformationsformeln für die Geschwindigkeitskomponenten, die mit dem in Ziff. 24 abgeleiteten Additionstheorem der Geschwindigkeiten (28) übereinstimmen.

Wenn der Vektor $\mathfrak{v}$ der Relativgeschwindigkeit zwischen K und K' nicht die Richtung der gemeinsamen X-Achse beider Systeme hat, erhält man die zu (48) entsprechenden allgemeineren Transformationsformeln, indem man analog wie bei der allgemeineren Lorentztransformation (16a) die auftretenden Vektoren in Komponenten parallel und normal zur Bewegungsrichtung zerlegt. Die Formeln lauten dann:

$$\left.\begin{aligned} \mathfrak{E}'_p &= \mathfrak{E}_p, \qquad \mathfrak{E}'_n = \varkappa\left(\mathfrak{E} + \frac{1}{c}[\mathfrak{v}\mathfrak{H}]\right)_n, \\ \mathfrak{H}'_p &= \mathfrak{H}_p, \qquad \mathfrak{H}'_n = \varkappa\left(\mathfrak{H} - \frac{1}{c}[\mathfrak{v}\mathfrak{E}]\right)_n. \end{aligned}\right\} \tag{48a}$$

Daß die Transformationsformeln (48) und (49) für die Feldstärken und Ladungsdichten mit der Lorentztransformation (16) zusammen die Feldgleichungen (47) in (47′) überführen, ist lediglich die Feststellung einer mathematischen Tatsache. Unter Zuhilfenahme des Relativitätsprinzips gewinnt sie folgenden physikalischen Inhalt: Wenn ein mit der Geschwindigkeit v bewegter Beobachter das Feld $\mathfrak{E}$, $\mathfrak{H}$ mit seinen Meßinstrumenten nach den üblichen Methoden ausmißt, so erhält er für die Komponenten der elektrischen und magnetischen Feldstärke gewisse Größen $\mathfrak{E}'_x \ldots \mathfrak{H}'_z$, die mit den vom ruhenden Beobachter aus gemessenen Komponenten in dem durch (48) gegebenen Zusammenhange stehen. Die von ihm gemessenen Ladungsdichten und Stromdichten gehen ferner durch (49) aus den entsprechenden von ruhenden Beobachtern gemessenen Größen hervor. Diese Aussage physikalischer Natur soll als das „dynamische Hauptgesetz der speziellen Relativitätstheorie" bezeichnet werden.

Die Ausmessung des elektrischen Feldes geschieht definitionsgemäß durch Bestimmung der Kraft auf einen ruhenden elektrischen Einheitspol. $\mathfrak{E}'$ ist also die Kraft, auf eine in K' ruhende Einheitsladung. Relativ zu K bewegt sich diese Ladung mit der Geschwindigkeit v in der Richtung der X-Achse. Nach der Elektronentheorie wirkt dann auf sie die Kraft (vgl. Ziff. 9):

$$\mathfrak{f} = \mathfrak{E} + \frac{1}{c}[\mathfrak{v}\mathfrak{H}], \tag{7}$$

deren Komponenten für $\mathfrak{v}_x = v$, $\mathfrak{v}_y = \mathfrak{v}_z = 0$ bis auf den für die Relativitätstheorie charakteristischen Faktor $\varkappa$ mit den in Gleichung (48) angegebenen Ausdrücken für $\mathfrak{E}'$ übereinstimmen. Der durch die Erfahrung wohlbegründete Ansatz (7) für die ponderomotorische Kraft, der in der ursprünglichen Elektronentheorie die Rolle eines selbständigen Gesetzes spielt, ergibt sich also nach der Relativitätstheorie direkt als eine Folge des dynamischen Hauptgesetzes.

Die Transformationsformeln (48) lehren ferner, daß die Aufspaltung des Feldes in ein elektrisches und ein magnetisches nur eine relative Bedeutung hat, die vom Bezugssystem abhängt. Ein Feld, das, von K aus betrachtet, rein elektrostatisch ist, hat, von K' aus betrachtet, auch magnetische Komponenten und umgekehrt. Dies hat zu einer neuen Auffassung des elektromagnetischen Feldes geführt: In der klassischen Elektrodynamik ist das Feld charakterisiert durch zwei selbständige Vektoren $\mathfrak{E}$ und $\mathfrak{H}$, die bloß durch gewisse Beziehungen zwischen ihren räumlichen und zeitlichen Ableitungen [(47), (47a)] miteinander verknüpft sind. In der Elektrodynamik der Relativitätstheorie werden dagegen die sechs Komponenten $\mathfrak{E}_x, \mathfrak{E}_y, \mathfrak{E}_z, \mathfrak{H}_x, \mathfrak{H}_y, \mathfrak{H}_z$ zu einem einheitlichen Komplex zusammengefaßt; das Feld wird nicht durch zwei Vektoren, sondern durch einen einzigen Tensor zweiter Stufe charakterisiert (Ziff. 35).

33. Die Größenordnung des Effektes bei den Ätherdriftversuchen. Die Beobachtungen an den Jupitermonden. Die Invarianz der MAXWELLschen Gleichungen gegenüber der Transformation (16) war schon LORENTZ bekannt gewesen[1]). Da sich die Lorentztransformation von der Galileitransformation nur

[1]) H. A. LORENTZ, Versuch einer Theorie der elektrischen und magnetischen Erscheinungen in bewegten Körpern. Leiden 1895.

um Glieder zweiter Ordnung in v/c unterscheidet, beruht auf dieser Invarianz der in Ziff. 3 erwähnte, von LORENTZ auf dem Boden der Absoluttheorie aufgestellte Satz, daß bei einer gemeinsamen geradlinig gleichförmigen Translationsbewegung von Versuchsobjekt und Beobachter gegen den Äther kein Effekt erster Ordnung in v/c auftreten kann.

Die auf Grund der LORENTZschen Theorie zu erwartenden Effekte 2. Ordnung enthalten entweder den Faktor v^2/c^2 oder vx/c^2, je nachdem, ob das betreffende Experiment ohne oder mit Hilfe von Uhren ausgeführt wird, deren Synchronisierung unabhängig von der Lichtfortpflanzung erfolgt. Der erstere Fall liegt bei den in den Ziff. 12 und 13 beschriebenen Ätherdriftversuchen vor. Der letztere Fall wäre zu verwirklichen, wenn es gelänge, zwei in der Entfernung x voneinander aufgestellte Uhren ohne Verwendung von Lichtsignalen zu synchronisieren.

Ein Gedankenexperiment dieser Art, das die Existenz eines absolut starren Körpers voraussetzen würde, ist folgendes: Man denke sich die FIZEAUsche Methode zur Messung der Lichtgeschwindigkeit dahin abgeändert, daß der durch das rotierende Zahnrad tretende Strahl nicht von einem entfernten Spiegel reflektiert wird und das erste Zahnrad wieder passieren muß, sondern auf ein zweites auf derselben Welle umlaufendes Zahnrad fällt. Die Achse des Apparates sei der Ätherdrift parallel gestellt; der Versuch werde so ausgeführt, daß der Lichtstrahl einmal gleichsinnig und einmal entgegengesetzt der Dridftrichtung gesendet wird. Wenn die Entfernung der beiden Zahnräder x beträgt, sind die Durchlaufungszeiten $x/(c+v)$, bzw. $x/(c-v)$ und die der Messung zugängliche Zeitdifferenz beträgt

$$\varDelta t = \frac{x}{c-v} - \frac{x}{c+v} = 2\frac{v x}{c^2} + \cdots$$

Eine tatsächliche Ausführung dieses Gedankenexperimentes ist nun darum praktisch unmöglich, weil die bei der Rotation einer entsprechend langen Welle auftretenden Torsionsschwingungen Abweichungen von Synchronismus der beiden mechanisch gekoppelten Zahnräder verursachen würden, die den gesuchten Effekt weit überdecken.

Ein aussichtsreicheres Experiment, bei dem ebenfalls auf Grund der Absoluttheorie ein Effekt von der Größenordnung vx/c^2 zu erwarten wäre, ergibt sich aus der OLAF RÖMERschen Methode zur Messung der Lichtgeschwindigkeit. MAXWELL, von dem übrigens auch die erste Anregung zum MICHELSONversuch ausgegangen war, hatte darauf hingewiesen[1]), daß man nach dieser Methode den Wert $c+v$, bzw. $c-v$ für die Lichtgeschwindigkeit erhalten müsse, wenn die Messungen zu Zeiten vorgenommen werden, wo die Verbindungslinie Erde—Jupiter den Winkel $0°$, bzw. $180°$ mit der Bewegungsrichtung der Sonnensystems gegen den Weltäther einschließt. v bedeutet hier die Geschwindigkeit des Sonnensystems gegen den Äther.

Eine Diskussion der bis 1910 vorliegenden Beobachtungen durch BURTON[2]) hat ergeben, daß die Fehlergrenze ca. 45 km/sec für die in der Bahnebene des Jupiter liegende Komponente der Ätherdrift beträgt und ca. 10000 km/sec für die Komponente senkrecht zur Bahnebene. Bisher konnte kein Effekt festgestellt werden, der diese Fehler übersteigt. — Es wäre theoretisch nicht uninteressant, die Genauigkeit der Jupitermondbeobachtungen so weit zu steigern, daß die Fehlergrenze unterhalb des Betrages der Apexgeschwindigkeit des Sonnensystemes liegt. Das Ausbleiben eines Effektes wäre in diesem Fall eine Tat-

[1]) J. CL. MAXWELL, Encyclopaedia Britannica, Artikel „Ether", abgedruckt in Papers, vol. II. 769. 1890.

[2]) C. v. BURTON, Phil. Mag. (6), Bd. 19, S. 417. 1910.

sache, die nicht allein durch die Lorentzkontraktion der Längen (Ziff. 16) erklärt werden könnte, sondern vielmehr direkt als Beweis für die Gültigkeit der Relativitätskinematik und insbesondere der Lorentzkontraktion der Zeit (Ziff. 22) zu betrachten wäre.

34. Einführung der vierdimensionalen Symbole für die Feldgrößen. Die in Ziff. 27 eingeführte vierdimensionale Schreibweise soll im folgenden auch auf die abhängigen Variabeln übertragen werden. Die bisher verwendeten Vektorsymbole decken sich mit jenen, die in den vorigen Kapiteln dieses Bandes verwendet worden sind. Es sind dies die Größen:

$\mathfrak{E}$, $\mathfrak{H}$ elektrische bzw. magnetische Feldstärke,
ϱ elektrische Ladungsdichte,
$\mathfrak{u}$ Geschwindigkeitsvektor elektrischer Ladungen,
V Skalarpotential,
$\mathfrak{A}$ Vektorpotential,
$\mathfrak{f}$ ponderomotorische Kraft pro Volumeinheit (Kraftdichte),
$\mathfrak{S}$ POYNTINGscher Vektor,
$\mathfrak{g} = \frac{1}{c^2}\mathfrak{S}$ Feldimpulsdichte,
w Energiedichte des Feldes im Vakuum,
$\Pi = \{s_{xx}, s_{xy} \ldots s_{zz}\}$ MAXWELLscher Spannungstensor.

In der folgenden Übersetzungstabelle sind nun unter den Vektorsymbolen die zugehörigen Symbole in Tensorschreibweise angegeben. Hierzu ist zu bemerken, daß der vierdimensionalen Darstellung im folgenden immer die schon in Ziff. 27 benutzten „Lichteinheiten" zugrunde gelegt werden, so daß $c = 1$ wird. Ferner werden für die Feldgrößen an Stelle der GAUSSschen Einheiten die rationellen HEAVISIDEschen Einheiten gewählt, die dadurch gekennzeichnet sind, daß zwei Einheitspole in der Entfernung von 1 cm die Kraft $1/4\pi$ dyn aufeinander ausüben. Die Wahl dieser Einheiten bewirkt, daß aus den MAXWELLschen Gleichungen und aus den Potentialgleichungen der Faktor 4π wegfällt.

Übersetzungstabelle.

$$\left.\begin{array}{cccc} x, & y, & z, & ct, \\ x_1, & x_2, & x_3, & x_4, \end{array}\right\} \tag{36b}$$

$$\left.\begin{array}{lcccccc} & \frac{1}{\sqrt{4\pi}}(\mathfrak{E}_x, & \mathfrak{E}_y, & \mathfrak{E}_z, & \mathfrak{H}_x, & \mathfrak{H}_y, & \mathfrak{H}_z), \\ & F_{14}, & F_{24}, & F_{34}, & F_{23}, & F_{31}, & F_{12} \\ \text{bzw.} & -F^{14}, & -F^{24}, & -F^{34}, & F^{23}, & F^{31}, & F^{12} \\ \text{oder}^{1)} & F^*_{23}, & F^*_{31}, & F^*_{12}, & F^*_{14}, & F^*_{24}, & F^*_{34}. \end{array}\right\} \tag{49}$$

$$\left.\begin{array}{cccc} \sqrt{4\pi}\Big(\frac{\varrho\mathfrak{u}_x}{c}, & \frac{\varrho\mathfrak{u}_y}{c}, & \frac{\varrho\mathfrak{u}_z}{c}, & \varrho\Big), \\ s^1, & s^2, & s^3, & s^4. \end{array}\right\} \tag{50}$$

[1]) Das zu F_{ik} duale Größensystem F^*_{ik} steht mit diesem in der Beziehung

$$F_{ik} = F^*_{lm},$$

wobei die Indizes i, k, l, m voneinander verschieden sind und durch eine gerade Anzahl von Vertauschungen aus der Reihenfolge 1, 2, 3, 4, hervorgehen.

$$\begin{matrix} \frac{1}{\sqrt{4\pi}}(\mathfrak{A}_x, & \mathfrak{A}_y, & \mathfrak{A}_z, & V), \\ \varphi^1, & \varphi^2, & \varphi^3, & \varphi^4. \end{matrix} \tag{51}$$

$$\begin{matrix} \mathfrak{f}_x, & \mathfrak{f}_y, & \mathfrak{f}_z, & \frac{1}{c}(\mathfrak{f}\mathfrak{u}), \\ f^1, & f^2, & f^3, & f^4. \end{matrix} \tag{52}$$

$$S^{ik} = \begin{matrix} -s_{xx}, & -s_{xy}, & -s_{xz}, & \frac{1}{c}\mathfrak{S}_x, \\ -s_{yx}, & -s_{yy}, & -s_{yz}, & \frac{1}{c}\mathfrak{S}_y, \\ -s_{zx}, & -s_{zy}, & -s_{zz}, & \frac{1}{c}\mathfrak{S}_z, \\ c\mathfrak{g}_x, & c\mathfrak{g}_y, & c\mathfrak{g}_z, & w. \end{matrix} \tag{53}$$

($\rightarrow i$, $\downarrow k$)

Den hier eingeführten Größen werden die folgenden Bezeichnungen beigelegt, deren Bedeutung aus den späteren Darlegungen hervorgehen wird: F^{ik} kontravariante, F_{ik} kovariante Feldkomponenten; s^i Viererstrom; φ^i Viererpotential; f^i Viererkraft; S^{ik} Energie-Impulstensor des elektromagnetischen Feldes.

35. Die elektrodynamischen Grundgleichungen für das Vakuum. Die folgende Formeltabelle enthält eine übersichtliche Zusammenstellung der schon im zweiten Kapitel dieses Bandes besprochenen elektrodynamischen Grundgleichungen für das Vakuum. Die linke Spalte gibt die Formeln in der üblichen Vektordarstellung, die rechte in vierdimensionaler Schreibweise.

$$\left.\begin{aligned} \operatorname{rot}\mathfrak{H} &= \frac{1}{c}(\dot{\mathfrak{E}} + 4\pi\varrho\mathfrak{u}) \\ \operatorname{div}\mathfrak{E} &= 4\pi\varrho \end{aligned}\right\} \; (47) \qquad \frac{\partial F^{ik}}{\partial x_k} = s^i \qquad \text{(I)}$$

$$\left.\begin{aligned} \operatorname{rot}\mathfrak{E} &= -\frac{1}{c}\dot{\mathfrak{H}} \\ \operatorname{div}\mathfrak{H} &= 0 \end{aligned}\right\} \; (47\text{a}) \qquad \left.\begin{aligned} &\frac{\partial F_{ik}}{\partial x_l} + \frac{\partial F_{kl}}{\partial x_i} + \frac{\partial F_{li}}{\partial x_k} = 0 \\ &\text{oder } \frac{\partial F^{*ik}}{\partial x_k} = 0 \end{aligned}\right\} \; \text{(Ia)}$$

$$\left.\begin{aligned} \mathfrak{f} &= \varrho\left(\mathfrak{E} + \frac{1}{c}[\mathfrak{u}\mathfrak{H}]\right) && (7\text{a}) \\ (\mathfrak{f}\mathfrak{v}) &= \varrho\,(\mathfrak{E}\mathfrak{v}) && (7\text{b}) \end{aligned}\right\} \qquad f^i = F^{ik} s_k \qquad \text{(II)}$$

$$\left.\begin{aligned} \mathfrak{E} &= -\operatorname{grad} V - \frac{1}{c}\dot{\mathfrak{A}} \\ \mathfrak{H} &= \operatorname{rot}\mathfrak{A} \end{aligned}\right\} \; (14) \qquad F_{ik} = \frac{\partial \varphi_k}{\partial x_i} - \frac{\partial \varphi_i}{\partial x_k} \qquad \text{(III)}$$

$$\left.\begin{aligned} \varDelta\mathfrak{A} - \frac{1}{c^2}\ddot{\mathfrak{A}} &= -\frac{4\pi\varrho\mathfrak{u}}{c} \\ \varDelta V - \frac{1}{c^2}\ddot{V} &= -4\pi\varrho \end{aligned}\right\} \; (54) \qquad \Box\varphi_i = -s_i\,{}^{1)} \qquad \text{(IV)}$$

$$\operatorname{div}\mathfrak{A} + \frac{1}{c}\dot{V} = 0 \quad (55) \qquad \frac{\partial \varphi^i}{\partial x^i} = 0 \qquad \text{(V)}$$

---

[1]) Das Symbol $\Box$ bedeutet hier: $\Box = \frac{\partial^2}{\partial x_1^2} + \frac{\partial^2}{\partial x_2^2} + \frac{\partial^2}{\partial x_3^2} - \frac{\partial^2}{\partial x_4^2} = \frac{\partial^2}{\partial y_i \partial y_i}$.

$$w = \frac{1}{8\pi}(\mathfrak{E}^2 + \mathfrak{H}^2) \qquad (56)$$

$$\mathfrak{S} = \frac{c}{4\pi}[\mathfrak{E}\mathfrak{H}] = c^2\mathfrak{g} \qquad (57)$$

$$\left.\begin{aligned} 4\pi s_{\mu\nu} &= (\mathfrak{E}_\mu \mathfrak{E}_\nu - \tfrac{1}{2}\delta_{\mu\nu}\mathfrak{E}^2) \\ &+ (\mathfrak{H}_\mu \mathfrak{H}_\nu - \tfrac{1}{2}\delta_{\mu\nu}\mathfrak{H}^2) \\ (\mu, \nu &= 1, 2, 3) \end{aligned}\right\} (58)$$

$$S_i^k = F_{il}F^{kl} - \tfrac{1}{2}\delta_i^k F_{lm}F^{lm} \qquad (\mathrm{VI})$$

$$\left.\begin{aligned} \mathfrak{f} &= \operatorname{Div} \Pi - \dot{\mathfrak{g}} \qquad (59) \\ \frac{\partial w}{\partial t} &+ \operatorname{div}\mathfrak{S} + (\mathfrak{f}\mathfrak{u}) = 0 \qquad (60) \end{aligned}\right\} \qquad \mathfrak{f}^i + \frac{\partial S^{ik}}{\partial x_k} = 0 \qquad (\mathrm{VII})$$

Da in der vorstehenden Tabelle die Tensorsymbole zum Teil mit unteren und zum Teil mit oberen Indizes vorkommen, sei auf die bekannte Regel für das Hinauf- und Hinunterziehen der Indizes verwiesen:

$$S^{ik} = g^{il} S_l^k \qquad \text{bzw.} \qquad S_{ik} = g_{kl} g_{km} S^{lm}, \qquad (61)$$

wobei die Koeffizienten g_{ik} des Linienelementes im pseudoeuklidischen R_4 gemäß (24c) gegeben sind durch:

$$g_{ik} = \begin{cases} 1 & 0 & 0 & 0 \\ 0 & 1 & 0 & 0 \\ 0 & 0 & 1 & 0 \\ 0 & 0 & 0 & -1 \end{cases}$$

Das Hinauf- oder Hinunterziehen der Indizes 1, 2, 3 erfolgt daher ohne Vorzeichenwechsel, das des Index 4 mit Vorzeichenwechsel, z. B.:

$$S^{23} = S_3^2 = S_{23}, \qquad S^{44} = -S_4^4 = S_{44}, \qquad \mathfrak{f}^1 = \mathfrak{f}_1, \qquad \mathfrak{f}^4 = -\mathfrak{f}_4.$$

Die Gleichungen (III) bis (V) sind keine selbständigen Gesetze, sondern stellen nur eine andere Formulierung der Grundgleichungen dar, die durch Einführung der Potentiale als Hilfsgrößen die Integration in manchen Fällen erleichtert. Die Gleichungen (VII) gehen mittels der Grundgleichungen (I), (I a) und (II) aus den Ansätzen (VI) hervor. Ihre Bedeutung wird in Ziff. 38 besprochen werden.

36. Der Tensorcharakter des elektromagnetischen Feldes. Der Übergang von den auf der linken Seite der Formeltabelle angegebenen Gleichungen zu den auf der rechten Seite stehenden ist, wie man sich durch einfaches Nachrechnen überzeugen kann, eine mathematische Konsequenz der in der Übersetzungstabelle angegebenen Substitutionen. Er würde an sich und ohne Festsetzungen über den Transformationscharakter der Größen F^{ik}, s^i usw. gar keine physikalische Bedeutung haben und könnte daher unabhängig von der Relativitätstheorie schon im Rahmen der klassischen Elektrodynamik vorgenommen werden. Die Zweckmäßigkeit dieses Überganges könnte ja allein schon in dem Umstand ihre Begründung finden, daß die Formeln auf der rechten Seite der Tabelle wesentlich einfacher und symmetrischer gebaut sind als die ursprünglichen Formeln der linken Seite. Die Verwendung der vierdimensionalen Formeln könnte also zunächst lediglich als ein Schritt zur Vereinfachung der Schreibweise angesehen werden so wie z. B. die Vektordarstellung eine Vereinfachung gegenüber der früheren Komponentendarstellung bedeutet. Die Vektorschreibweise leistet aber außer einer Vereinfachung der Formeln noch etwas anderes: sie liefert Aussagen, die von der Lage des Koordinatensystems unabhängig sind;

ihre Formeln sind den orthogonalen Transformationen der räumlichen Koordinaten gegenüber invariant. Die Aufstellung der Gleichungen (I) bis (VII) bedeutet einen Schritt weiter in dieser Entwicklung, wenn man hinsichtlich der darin auftretenden abhängigen Variabeln die Voraussetzung macht, daß sie sich beim Übergang zu einem bewegten Koordinatensystem so transformieren, daß die Form der Gleichungen ungeändert bleibt. Da nun die genannten Gleichungen die Gestalt von Tensorgleichungen haben, ist diese Voraussetzung dann erfüllt, wenn die abhängigen Variabeln der Lorentztransformation gegenüber Tensoreigenschaft besitzen, d. h. den folgenden Transformationsformeln gehorchen:

$$\left.\begin{array}{c} s^{i'} = \dfrac{\partial x_i'}{\partial x_k} s^k, \qquad s_i' = \dfrac{\partial x_k}{\partial x_i'} s_k, \\ F^{ik'} = \dfrac{\partial x_i'}{\partial x_\mu}\dfrac{\partial x_k'}{\partial x_\nu} F^{\mu\nu}, \qquad F_i^{k'} = \dfrac{\partial x_\mu}{\partial x_i'}\dfrac{\partial x_k'}{\partial x_\nu} F_\mu^\nu. \qquad F_{ik}' = \dfrac{\partial x_\mu}{\partial x_i'}\dfrac{\partial x_\nu}{\partial x_k'} F_{\mu\nu}. \end{array}\right\} \quad (62)$$

Wenn die Feldgrößen sich gemäß (62) transformieren, so gilt im bewegten System einfach

$$\frac{\partial F^{ik'}}{\partial x_k'} = s^{i'} \quad (\mathrm{I}')$$

und die übrigen Gleichungen der rechten Seite der Formeltabelle gehen ebenfalls in die entsprechenden Gleichungen in den gestrichenen Variabeln über.

Nun war schon in Ziff. 32 aus dem Relativitätsprinzip gefolgert worden, daß die für das elektromagnetische Feld charakteristischen Größen sich gemäß Gleichungen (48) und (49) transformieren. Diese Gleichungen gehen aber, wie man sich leicht überzeugen kann, durch einfache Spezialisierung aus den Tensortransformationsformeln (62) hervor. Das dynamische Hauptgesetz der speziellen Relativitätstheorie läßt sich daher in die Form kleiden: Die Feldgrößen besitzen Tensorcharakter gegenüber der Lorentzgruppe[1]).

Insbesondere bilden die sechs Feldkomponenten F^{ik} in ihrer Gesamtheit einen antisymmetrischen[2]) Tensor zweiter Stufe (Flächentensor). Das elektromagnetische Feld zerfällt also nach der aus dem dynamischen Hauptgesetz hervorgehenden Auffassung nicht mehr in zwei selbständige Vektorfelder $\mathfrak{E}$ und $\mathfrak{H}$, sondern bildet in seiner Gesamtheit ein vierdimensionales Tensorfeld zweiter Stufe. In der tensoranalytischen Ausdrucksweise wird man daher statt von elektrischer und magnetischer Feldstärke von den „Feldkomponenten" schlechtweg sprechen. Die Zerspaltung des Feldes in ein elektrisches und ein magnetisches verliert dadurch natürlich nicht ihre praktische Bedeutung; in der Tat beeinflussen ja jene Feldkomponenten, bei denen der Index 4 einmal vorkommt, die Probeladungen, mit denen das Feld ausgemessen wird, anders als die übrigen Komponenten. Nur hat diese Zerspaltung des Feldes keine absolute Bedeutung mehr, denn, wie schon in Ziff. 32 ausgeführt wurde, ist der Anteil der magnetischen und der elektrischen Kraft von der Wahl des Bezugssystemes abhängig.

---

[1]) Es sei bei dieser Gelegenheit auf die entsprechende Verallgemeinerung dieses Satzes hingewiesen: Irgendein Naturgesetz ist dann einer Transformationsgruppe G gegenüber invariant, wenn man es durch Gleichsetzen zweier Tensoren ausdrücken kann, die sich gegenüber den Transformationen von G in gleicher Weise verhalten. Denn das Gleichsetzen zweier Tensoren ist äquivalent dem Nullsetzen ihrer Differenz, die wieder einen Tensor derselben Art darstellt. Die Transformationsformeln für Tensoren sind nun linear homogen, deshalb werden sämtliche transformierte Komponenten verschwinden, wenn der ursprüngliche Tensor gleich Null ist. Das betreffende Naturgesetz wird daher in allen durch die Transformationen von G aus einander hervorgehenden Koordinatensystemen durch Nullsetzen der entsprechenden transformierten Tensordifferenz auszudrücken sein.

[2]) Aus den Gleichungen (III): $F_{ik} = \dfrac{\partial \varphi_k}{\partial x_i} - \dfrac{\partial \varphi_i}{\partial x_k}$ folgt sofort $F_{ik} = -F_{ki}$.

Die Tensordarstellung bildet die adäquate Formulierung der Feldgesetze, die der aus dem Relativitätsprinzip hervorgehenden Kovarianzforderung in der rationellsten Weise entspricht. Sie ist einfacher und übersichtlicher als die Vektordarstellung und gewährt einen tieferen Einblick in den Mechanismus der Verkettung von Feld und felderregenden Ladungen. In der ursprünglichen Darstellung (47) der MAXWELLschen Gleichungen erscheint es beispielsweise unverständlich, wieso zwei derart verschiedene Vorgänge wie die zeitliche Änderung des elektrischen Feldes $\dot{\mathfrak{E}}$ und das Strömen elektrischer Ladungen $4\pi\varrho\mathfrak{u}$ in gleicher Weise geeignet sind, ein magnetisches Feld zu erregen. Die MAXWELLsche Theorie fand daraus einen rein dialektischen Ausweg, indem sie die (im Vakuum mit $\dot{\mathfrak{D}}$ identische) Größe $\dot{\mathfrak{E}}$ als den „Verschiebungsstrom" bezeichnete. — Im Lichte der vierdimensionalen Auffassung ist nun, wie ein Blick auf Gleichung (I) lehrt, der Zusammenhang folgender: Das Glied $\frac{1}{c}\dot{\mathfrak{E}}$ gehört auf die linke Seite der Gleichung und bildet mit $\operatorname{rot}\mathfrak{H}$ zusammen die vierdimensionale Divergenz des Feldtensors F^{ik}, die gleich dem Viererstrom s^i zu setzen ist.

Die Diskussion einzelner Fälle und die Behandlung praktischer Beispiele vollzieht sich dagegen manchmal einfacher in der dreidimensionalen Schreibweise, weshalb im folgenden beide Darstellungen nebeneinander benutzt werden sollen.

b) Diskussion der Folgerungen aus der Kovarianz der Feldgrößen.

37. Der Viererstrom. Invarianz der Ladung. Die Kovarianzeigenschaft des Viererstromes

$$s^{i'} = \frac{\partial x'_i}{\partial x_k} s^k$$

ist die Verallgemeinerung der für die spezielle Lorentztransformation (16) gültigen Transformationsformeln (49), aus denen sich nachstehende Folgerungen ziehen lassen: In einem Bezugssystem K mögen sich elektrische Ladungen von der Dichte ϱ mit der Geschwindigkeit $|\mathfrak{u}| = \mathfrak{u}_x$ bewegen. Wir führen ein Bezugssystem K^0 ein, das sich ebenfalls mit der Geschwindigkeit $v = \mathfrak{u}_x$ gegen K bewegen soll. In K^0 ruhen also die Ladungen. Die in K^0 gemessene Dichte ist gemäß (49) für $v = |\mathfrak{u}|$ gegeben durch

$$\varrho_0 = \varrho\sqrt{1 - \frac{|\mathfrak{u}|^2}{c^2}}.$$

Sie wird als die Ruhdichte bezeichnet. Die Größe $\varrho\sqrt{1 - \frac{|\mathfrak{u}|^2}{c^2}}$ ist daher ihrer physikalischen Bedeutung nach vom Bezugssystem unabhängig; die Ruhdichte ist ein Skalar. Die in einem relativ zu den Ladungen gleichförmig geradlinig bewegten Systeme gemessene Ladungsdichte ϱ steht mit der Ruhdichte in der Beziehung

$$\varrho = \frac{\varrho_0}{\sqrt{1 - \frac{|\mathfrak{u}|^2}{c^2}}} \quad \text{bzw. gemäß (21a):} \quad \varrho = \varrho_0 \frac{d x_4}{d\tau}. \tag{63}$$

Wir betrachten ferner eine elektrische Ladung, die an einen materiellen Träger gebunden sei. In einem relativ zu diesem Träger ruhenden Bezugssystem K_0 sei sein Volum dV_0; die Ladungsdichte sei ϱ_0. Die auf dem Träger sitzende Ladung ist dann

$$de_0 = \varrho_0 dV_0.$$

Von einem gegen K^0 bewegten System K aus gemessen gilt nach (63) $\varrho = \varkappa \varrho_0$; da ferner ein in K^0 ruhender Gegenstand von K aus gemessen im Verhältnis $1:\varkappa$ in der Bewegungsrichtung verkürzt ist, während die Querdimensionen ungeändert bleiben, gilt

$$dV = \frac{1}{\varkappa} dV_0 = \frac{d\tau}{dx_4} dV_0, \tag{22a}$$

und daher ist

$$de = \varrho\, dV = \varrho_0 dV_0 = de_0. \tag{64}$$

Die an einen materiellen Körper gebundene Gesamtladung ist daher ebenfalls eine Invariante der Lorentztransformation.

Die Beziehung (63) kann dazu verwendet werden, um die Definition des Viererstromes gemäß (50) in Tensorform zu bringen: Es gilt

$$s^1 = \frac{\sqrt{4\pi}\,\varrho\,\mathfrak{u}_x}{c} = \sqrt{4\pi}\,\varrho \frac{dx_1}{dx_4} = \sqrt{4\pi}\,\varrho \frac{dx_1}{d\tau}\frac{d\tau}{dx_4} = \sqrt{4\pi}\,\varrho_0 \frac{dx_1}{d\tau},$$

also ist

$$s^i = \sqrt{4\pi}\,\varrho_0 u^i, \tag{50a}$$

wobei $u^i = \frac{dx_i}{d\tau}$ die Vierergeschwindigkeit der Ladungen darstellt.

Wir bilden noch das innere Produkt aus Viererkraft und Vierergeschwindigkeit $(f_i u^i)$. Nach (II) gilt, wenn man zu kovarianten Komponenten übergeht[1]):

$$\mathfrak{f}_i = F_{ik} s^k.$$

Setzt man hier gemäß (50a) $s^k = \sqrt{4\pi}\,\varrho_0 u^k$, so kommt

$$(\mathfrak{f}_i u^i) = \sqrt{4\pi}\,\varrho_0 (F_{ik} u^i u^k).$$

Die Matrix der Feldkomponenten F_{ik} ist antisymmetrisch, jene der binären Produkte $(u^i u^k)$ ist symmetrisch, daher heben sich die bezüglich der Hauptdiagonale symmetrisch gelegenen Glieder der Doppelsumme $(F_{ik} u^i u^k)$ gegenseitig paarweise auf. Also gilt

$$(f_i u^i) = 0. \tag{65}$$

Viererkraft und Vierergeschwindigkeit stehen aufeinander senkrecht. [Diese Aussage ist lediglich die vierdimensional geometrische Repräsentation einer physikalisch trivialen Tatsache. Denn unter Berücksichtigung von $f_4 = -f^4 = -(\mathfrak{f}\mathfrak{u})$ und $\frac{dx_4}{d\tau} = \frac{1}{\sqrt{1-\beta^2}}$ gilt nach (50a)

$$(f_i u^i) = \frac{1}{\sqrt{1-\beta^2}} \{\mathfrak{f}_x \mathfrak{u}_x + \mathfrak{f}_y \mathfrak{u}_y + \mathfrak{f}_z \mathfrak{u}_z - (\mathfrak{f}\mathfrak{u})\},$$

was natürlich identisch verschwindet.]

38. Die Verschmelzung von Energie- und Impulssatz. Die aus der Übersetzung der Gleichungen (59) und (60) hervorgegangene fundamentale Beziehung

$$f^i + \frac{\partial S^{ik}}{\partial x_k} = 0 \tag{VII}$$

läßt sich aus dem Ansatz

$$S_i^k = F_{il} F^{kl} - \tfrac{1}{4} \delta_i^k F_{lm} F^{lm} \tag{VI}$$

leicht direkt herleiten. Differentiation dieser Gleichung ergibt nämlich:

$$\frac{\partial S_i^k}{\partial x_k} = F_{il} \frac{\partial F^{kl}}{\partial x_k} + F^{kl} \frac{\partial F_{il}}{\partial x_k} - \frac{1}{4} \delta_i^k \frac{\partial}{\partial x_k} (F_{lm} F^{lm}).$$

[1]) Vgl. die Anmerkung über das Hinauf- und Hinunterziehen der Indizes Ziff. 35.

Das erste Glied der rechten Seite geht wegen (I) und (II) über in

$$-F_{il}s^l = -f_i,$$

während das zweite und dritte Glied zusammen nach einiger Umrechnung auf die Gestalt gebracht werden kann[1]):

$$-\frac{1}{2}F^{kl}\left(\frac{\partial F_{ik}}{\partial x_l} + \frac{\partial F_{kl}}{\partial x_i} + \frac{\partial F_{li}}{\partial x_k}\right),$$

was wegen (Ia) verschwindet. Es bleibt also

$$\frac{\partial S_i^k}{\partial x_k} = -f_i,$$

was nach Übergang zu den kontravarianten Komponenten mit (VII) identisch ist.

Die vierte Gleichung des Quadrupels (VII) lautet in Vektorform gemäß (60)

$$\frac{\partial w}{\partial t} + \operatorname{div}\mathfrak{S} + (\mathfrak{f}\mathfrak{u}) = 0.$$

Wir integrieren diese Gleichung über einen abgegrenzten, relativ zum verwendeten Bezugssystem K ruhenden Raumteil Σ und erhalten nach Anwendung des GAUSSschen Satzes

$$-\frac{d}{dt}\int w\,d\Sigma = \oint \mathfrak{S}_n\,d\sigma + \int (\mathfrak{f}\mathfrak{u})\,d\Sigma. \tag{66}$$

$d\sigma$ bedeutet hier ein Flächenelement der Oberfläche von Σ, über die das geschlossene Flächenintegral zu erstrecken ist. Die Gleichung (66) stellt die Energiebilanz dar: Der sekundlich stattfindende Verlust an elektromagnetischer Energie innerhalb Σ setzt sich aus der durch die Oberfläche von Σ ausgetretenen Strahlungsleistung und aus der im Innern von Σ pro Zeiteinheit geleisteten Arbeit zusammen.

Die drei räumlichen Komponenten von (VII) lauten gemäß (59) in Vektorform:

$$\mathfrak{f} = \operatorname{div}\Pi - \dot{\mathfrak{g}}.$$

Wir integrieren sie ebenfalls über das Volum Σ und erhalten[2]):

$$\mathfrak{K} = \int \mathfrak{f}\,d\Sigma = \oint \Pi_n\,d\sigma - \frac{d}{dt}\int \mathfrak{g}\,d\Sigma. \tag{67}$$

Das Integral auf der linken Seite stellt die auf den Raumteil Σ ausgeübte Gesamtkraft $\mathfrak{K}$ dar. Der Begriff der „Kraft" erhält erst seinen Sinn, wenn man ihn mit anderen beobachtbaren Größen wie Massen und Beschleunigungen verknüpft. In der klassischen Mechanik wird die auf einen Körper wirkende Kraft gleichgesetzt dem Produkt aus seiner Masse und seiner Beschleunigung[3]), oder — was

---

[1]) H. WEYL, Raum-Zeit-Materie. 5. Aufl., S. 156. Berlin 1923.

[2]) Π_n bedeutet hier einen Vektor, dessen X-Komponente gegeben ist durch

$$\Pi_{nx} = s_{xx}\cos(nX) + s_{yx}\cos(nY) + s_{zx}\cos(nZ),$$

wobei n die nach außen gezogene Normale des Flächenelementes $d\sigma$ bedeutet.

[3]) Die Kraftdefinition bildet in den meisten Darstellungen der Mechanik und insbesondere selbst schon in NEWTONS „Prinzipiis" einen dunklen Punkt, über den mit einer gewissen Leichtfertigkeit hinweggegangen wird. In der Gleichung $\mathfrak{K} = m\mathfrak{b}$ ist die Beschleunigung $\mathfrak{b}$ die einzige Größe, die ohne weitere Voraussetzungen direkt meßbar ist. Die träge Masse m wird als Widerstand (also Kraft!) gegen Geschwindigkeitsänderungen definiert, die Kraft als Produkt aus Masse mal Beschleunigung. Man hat es also mit einem typischen Zirkel zu tun; die Gleichung $\mathfrak{K} = m\mathfrak{b}$ kann ohne zusätzliche Aussagen über die Begriffe Masse und Kraft nicht einmal als eine Definition, geschweige denn als ein Naturgesetz aufgefaßt werden. Vgl. hierzu E. MACH, Die Mechanik in ihrer Entwicklung historisch-kritisch dargestellt. 4. Aufl., S. 226ff. Leipzig 1901. Ferner G. HAMEL, Bd. V ds. Handb., Kap. 1, Ziff. 2 bis 8. Wir wollen für die folgenden Betrachtungen die Masse eines Körpers von vornherein als wohldefiniert betrachten (beispielsweise unter Zugrundelegung der von MACH,

damit äquivalent ist — gleich der zeitlichen Ableitung des Impulses, wobei der Impuls als Produkt von Masse mal Geschwindigkeit definiert ist. Es erweist sich für die Dynamik der Relativitätstheorie als zweckmäßig, an der letzteren Beziehung festzuhalten, also die Kraft gleich dem zeitlichen Differentialquotienten des Impulses zu setzen, wobei die Verknüpfung des Impulsbegriffes mit Masse und Geschwindigkeit so vorgenommen werden muß, daß die aus dem Relativitätsprinzip fließende Forderung nach Invarianz der Gleichungen gegenüber der Lorentztransformation gewahrt bleibt. Diese Verknüpfung soll in der nächsten Ziffer besprochen werden; wir bezeichnen vorderhand den mechanischen Impuls der in Σ enthaltenen materiellen Körper mit $\mathfrak{G}_m$, dann gilt nach dem eben Gesagten

$$\mathfrak{K} = \dot{\mathfrak{G}}_m .$$

Das Integral im zweiten Glied auf der rechten Seite von (67) stellt den gesamten in Σ enthaltenen elektromagnetischen Impuls dar; er möge mit $\mathfrak{G}_e$ bezeichnet werden. Dann schreibt sich die Gleichung (67)

$$\frac{d}{dt}(\mathfrak{G}_m + \mathfrak{G}_e) = \oint \Pi_n \, d\sigma . \tag{67a}$$

Wählt man Σ genügend groß gegenüber dem Volum der in seinem Inneren eingeschlossenen Ladungen, so läßt sich der Wert des Oberflächenintegrals auf der rechten Seite von (67a) beliebig klein machen. Denn für statische Felder nehmen die Feldstärken mit der zweiten, die Spannungen mit der vierten Potenz der Entfernung ab, während die Integrationsfläche nur mit der zweiten Potenz des Durchmessers von Σ zunimmt. Im Wellenfelde nehmen allerdings die Feldstärken nur mit der ersten Potenz der Entfernung ab (vgl. Ziff. 53), so daß also Π mit derselben Potenz abnimmt, wie die Integrationsfläche zunimmt. Nun kann aber das betrachtete System nicht seit unendlich langer Zeit dauernd endliche Leistungen ausgestrahlt haben, weil es ja sonst unendlich viel Energie abgegeben hätte. Wenn also auch die in Σ befindlichen Ladungen vielleicht vor unendlich langer Zeit einmal Energie ausgestrahlt haben, so muß es doch dazwischen immer wieder Pausen gegeben haben, in denen keine endliche Energieausstrahlung erfolgte. Daher muß man die Oberfläche von Σ so legen können, daß in dem betrachteten Zeitmoment gerade keine endliche Wellenstrahlung hindurchgeht. Dann sind die MAXWELLschen Spannungen in diesem Zeitmoment unendlich klein vierter Ordnung und das Flächenintegral verschwindet. Es gilt also

$$\lim (\mathfrak{G}_m + \mathfrak{G}_e) = \text{konst.}, \tag{67b}$$

d. h. der Gesamtimpuls eines abgeschlossenen Systems ist konstant.

Die drei räumlichen Komponenten von (VII) stellen daher den Satz von der Erhaltung des Impulses dar, die zeitliche Komponente den Satz von der Erhaltung der Energie. Jeder dieser Sätze für sich hat mit der Relativitätstheorie noch nichts zu tun; die hier erläuterte Bedeutung der Gleichungen (66) und (67) fällt durchaus noch in den Rahmen der LORENTZschen Elektronentheorie. Der durch die Relativitätstheorie neu hinzutretende Gesichtspunkt besteht in der zwangläufigen Koppelung von Energie- und Impulssatz durch Zusammenfassung in die Gleichung (VII). Aus dieser Verschmelzung resultiert letzten Endes der in Ziff. 40 besprochene Satz von der Trägheit der Energie.

---

l. c. S. 227 gegebenen Definition: „Nehmen wir einen Vergleichskörper A als Einheit an, so schreiben wir jenem Körper die Masse m zu, welcher A das m-fache jener Beschleunigung erteilt, die er selbst in Gegenwirkung mit A erhält.") Die Kombination der Aussage „Kraft ist gleich zeitlicher Änderung des Impulses" mit der Gleichung (67) liefert dann ein physikalisches Gesetz, wobei es Auffassungssache bleibt, ob man die erstere Aussage als Kraftdefinition und die Gleichung (67) als ein Naturgesetz ansieht oder umgekehrt.

Der durch Gleichung (VI) definierte Tensor zweiter Stufe S^{ik} wird daher als der Energie-Impulstensor oder kurz als der Energietensor des elektromagnetischen Feldes bezeichnet. Es seien μ und ν Indizes, die von 1 bis 3 laufen. Dann haben die einzelnen Komponenten von S^{ik} folgende Bedeutung:

S^{44} Energiedichte des Feldes;
$S^{\mu 4}$ Komponenten der Energieströmung;
$S^{4\nu}$ Komponenten der Feldimpulsdichte;
$S^{\mu\nu}$ Komponenten der Impulsströmung.

Die MAXWELLschen Spannungen $S^{\mu\nu}$, die nach dem Aufgeben der Äthervorstellung nur mehr die Rolle mathematischer Hilfsgrößen spielen würden, erhalten so wieder eine anschauliche physikalische Bedeutung[1]).

c) Die Elemente der Relativitätsmechanik.

39. Der relativistische Ansatz für den mechanischen Impuls. Die Entwicklungen der vorigen Ziffer sind noch dadurch zu ergänzen, daß man untersucht, wie in der relativistischen Dynamik der Impuls eines Körpers mit seiner Masse und seiner Geschwindigkeit zusammenhängen muß, damit das Gesetz

Kraft gleich zeitlicher Ableitung des Impulses

eine gegenüber der Lorentztransformation invariante Aussage wird. Es ist zu erwarten, daß man mit dem Ansatz der GALILEI-NEWTONschen Mechanik, die den Impuls gleich dem Produkte von Masse mal Geschwindigkeit setzt, nicht auskommen kann. Denn mit diesem Ansatze waren ja die mechanischen Grundgleichungen invariant gegenüber der Galileitransformation (9). Nach dem kinematischen Hauptgesetz der Relativitätstheorie wird aber der Übergang zu einem bewegten Bezugssystem durch die Lorentztransformation vermittelt. Da nun das Relativitätsprinzip voraussetzungsgemäß ein allgemeines Naturgesetz sein soll, ist zu verlangen, daß auch die mechanischen Grundgleichungen der Lorentztransformation gegenüber invariant seien; sie müssen deswegen von jenen der klassischen Mechanik abweichen. Allerdings brauchen diese Abweichungen nur von der Größenordnung v^2/c^2 zu sein, da sich ja die Lorentztransformation nur um Glieder dieser Ordnung von der Galileitransformation unterscheidet. Eine derartige Modifikation der mechanischen Grundgesetze kann man ohne weiteres vornehmen, ohne in Widerspruch mit den Erfahrungen der makroskopischen Mechanik zu geraten. Denn die Geschwindigkeiten ponderabler Körper sind so klein gegen c, daß die Genauigkeit aller mechanischen Experimente oder astronomischer Beobachtungen nicht hinreicht, um Abweichungen von der Ordnung v^2/c^2 von den klassischen Formeln erkennen zu lassen.

Wie in der Fußnote zu Ziff. 36 dargelegt wurde, ist die Forderung nach Invarianz der mechanischen Grundgleichungen gegenüber der Lorentztransformation dann erfüllt, wenn man sie in Tensorform bringen kann. Wir werden daher einen Fingerzeig für den relativistischen Ansatz des mechanischen Impulses erhalten, wenn wir untersuchen, was für einen Transformationscharakter er haben muß. Gemäß Ziff. 27, letzter Absatz wird die Transformationseigenschaft der Kraftdichte f^i nicht geändert, wenn man sie über ein vierdimensionales Weltelement integriert. Das System der vier Größen

$$J^i = \iiiint f^i \, dx_1 \, dx_2 \, dx_3 \, dx_4 \,, \qquad i = 1, 2, 3, 4, \tag{68}$$

[1]) M. PLANCK, Verh. d. D. Phys. Ges. 1908, S. 732. — Die Strömung irgendeiner physikalischen Größe A ist stets ein um eine Stufe höherer Tensor als A selbst. Die Energie ist ein Skalar, daher die Energieströmung ein Vektor. Der Impuls ist selbst ein Vektor, daher die Impulsströmung ein Tensor zweiter Stufe.

bildet demnach einen Vierervektor, der eine einfache physikalische Bedeutung besitzt, wenn man das Integral über das Existenzgebiet eines materiellen Körpers in der vierdimensionalen Welt erstreckt. Zur Veranschaulichung betrachten wir in Abb. 8 wieder einen zweidimensionalen Schnitt der Welt. x_1 bedeute die Raumkoordinate, x_4 die Zeitkoordinate. Die Gerade AB stellt die Momentanlage eines in der Abbildung natürlich eindimensional erscheinenden Körpers zu einer bestimmten Zeit dar. Der weitere Existenzverlauf des Körpers ist durch das gezeichnete zweidimensionale Flächenstück gegeben, das einen Schnitt durch die vierdimensionale „Weltröhre" des Körpers darstellt. Das Integral von Gleichung (68) soll nun über ein Stück dieser Weltröhre, etwa von der Zeit x_4^1 bis x_4^2, erstreckt werden. Die Integration von f^i über die räumlichen Koordinaten allein liefert für $i = 1, 2, 3$ die Komponenten der elektromagnetischen Gesamtkraft, die zu einem bestimmten Zeitmoment auf den Körper wirkt, und für $i = 4$ die gesamte Momentanleistung. Die weitere Integration über x_4 ergibt dann das über das Zeitintervall x_4^1 bis x_4^2 erstreckte Zeitintegral der Kraft bzw. der Leistung. Den Grundgesetzen der Mechanik entsprechend hat man nun diese Größen den während des angegebenen Zeitintervalles eingetretenen Zuwächsen des mechanischen Impulses bzw. der Energie des Körpers gleichzusetzen. Mit Rücksicht auf den Tensorcharakter der J^i ist daher zu verlangen, daß die Komponenten des mechanischen Impulses eines Körpers mit dessen Energie zusammen die Komponenten eines Tensors erster Stufe (Vierervektors) bilden sollen (Forderung A). Wir werden ferner bei dem Ansatz für den Impuls noch zu berücksichtigen haben, daß die neuen mechanischen Grundgesetze sich von den alten nicht mehr unterscheiden sollen, als unbedingt notwendig ist, um statt der Invarianz gegenüber der Galileitransformation eine Invarianz gegenüber der Lorentztransformation zu erzielen. Wir bringen das dadurch zum Ausdruck, daß wir verlangen: Die relativistische Formel für den Impuls und die Grundgesetze der Mechanik sollen für den Grenzübergang $c = \infty$ in die entsprechenden klassischen Formeln übergehen (Forderung B). Durch die Forderungen A und B ist nun die gesuchte Abhängigkeit des Impulses von Masse und Geschwindigkeit eindeutig gegeben. Wir führen als Ruhmasse m_0 eines Körpers jene Masse ein, die von einem relativ zu diesem Körper ruhenden Beobachter gemessen wird. (Die übliche Massenbestimmung durch Wägung ergibt beispielsweise die Ruhmasse.) Sie ist analog der Ruhdichte elektrischer Ladungen eine skalare Größe. Ihr Produkt mit der Vierergeschwindigkeit des Körpers $dx_i/d\tau = u^i$ stellt gerade jenen Vierervektor dar, der die Forderungen A und B erfüllt. Denn für $c = \infty$ wird $d\tau = dx_4$ und die räumlichen Komponenten von u^i gehen in die gewöhnlichen Geschwindigkeitskomponenten über, während $u^4 = 1$ wird.

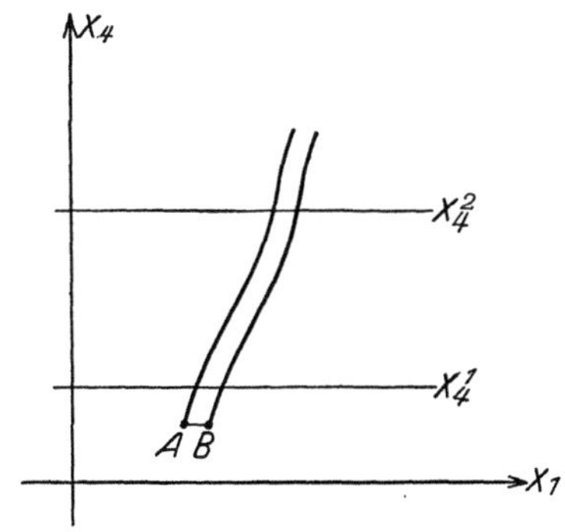

Abb. 8. Zweidimensionale Repräsentation des Existenzgebietes eines materiellen Körpers.

Der Vierervektor von mechanischem Impuls und Energie eines Körpers ist daher nach der Relativitätstheorie gegeben durch

$$J^i = m_0 \frac{dx_i}{d\tau}. \tag{69}$$

Der Impuls wird hier in Lichteinheiten gemessen (vgl. Ziff. 27). Die Vereinigung der Gleichungen (68) und (69) liefert dann die gesuchte invariante

Aussage über die Einwirkung eines elektromagnetischen Feldes auf materielle Körper.

Wir gehen nun wieder zur dreidimensionalen Schreibweise zurück und bezeichnen den mechanischen Impuls des Körpers wieder mit $\mathfrak{G}_m$, seine mechanische Energie mit E_m. Dann erhält man aus (69) in CGS-Einheiten unter Berücksichtigung der Beziehung $d\tau = \sqrt{1-\beta^2}\,dx_4$ [Ziff. 29, Gleichung (21 a)]:

$$\mathfrak{G}_m = \frac{m_0}{\sqrt{1-\beta^2}}\mathfrak{v}, \tag{70}$$

$$E_m = \frac{m_0 c^2}{\sqrt{1-\beta^2}}. \tag{71}$$

Man setzt in der Relativitätsmechanik

$$m = \frac{m_0}{\sqrt{1-\beta^2}} \tag{72}$$

und bezeichnet diese Größe meist als die Masse schlechtweg. Sie ist gegeben durch das Verhältnis zwischen Impuls und Geschwindigkeit des Körpers. Es gilt

$$\mathfrak{G}_m = m\mathfrak{v}, \tag{70a}$$

$$E_m = mc^2. \tag{71a}$$

40. Die Identität von Masse und Energie. Der Ausdruck (70a) für den Impuls besitzt die übliche Form: Produkt aus Masse mal Geschwindigkeit. Der Unterschied gegenüber der klassischen Mechanik liegt bloß in dem Umstand, daß die in (70a) auftretende Masse m keine Konstante ist, sondern von der Geschwindigkeit abhängt (vgl. Ziff. 41). Hingegen sieht der Ausdruck (71a) für die durch mechanische Arbeitsleistung erzeugte Energie zunächst befremdlich aus. Die klassische Formel für die kinetische Energie lautet ja

$$E_{\text{kin}} = \frac{mv^2}{2}. \tag{71b}$$

Man erkennt jedoch leicht, daß der von der Geschwindigkeit abhängige Teil der Energie gemäß Gleichung (71) mit dem klassischen Ausdruck (71b) bis auf Glieder höherer Ordnung in v/c übereinstimmt. Denn die Entwicklung von (71) nach Potenzen von β ergibt:

$$E_m = m_0 c^2 + \frac{1}{2} m_0 v^2 + \frac{3}{8} m_0 \frac{v^4}{c^2} + \cdots \tag{71c}$$

was bis auf die additive Konstante $m_0 c^2$ bei Vernachlässigung der höheren Potenzen von β^2 in (71b) übergeht. — Der exakte Ausdruck für die kinetische Energie, d. h. für den von der Geschwindigkeit abhängigen Teil der Energie, ist nach der Relativitätstheorie gegeben durch

$$E_{\text{kin}} = m_0 c^2 \left(\frac{1}{\sqrt{1-\beta^2}} - 1\right). \tag{71d}$$

Darüber hinausgehend sagt Gleichung (71c) noch aus, daß die Energie des Körpers auch für $v = 0$ nicht verschwindet, sondern den Wert $m_0 c^2$ annimmt. Man könnte allerdings zunächst geneigt sein, diese Beziehung als eine rein formale zu betrachten: Die Energie eines Körpers ist ja nur bis auf eine additive Konstante bestimmt. Also fragt es sich, ob das Glied $m_0 c^2$ nicht die Rolle einer physikalisch bedeutungslosen Energiekonstante spielt. Zur Entscheidung dieser Frage hat man zu untersuchen, ob die Änderung des Energieinhaltes eines Körpers durch Erwärmung, Ausstrahlung o. dgl. eine Änderung seiner Masse bewirkt. EINSTEIN[1]) hat daher folgendes Gedankenexperiment angestellt: Ein Körper emittiere durch Ausstrahlung elektromagnetischer Wellen einen bestimmten Energiebetrag dE; wie wird durch diesen Vorgang seine träge Masse geändert? Es zeigt sich nun, daß eine Massenverminderung um den Betrag dE/c^2 stattfindet, so wie es der Gleichung (71a) entspricht.

Es soll im folgenden ein einfacher, von PH. FRANK[2]) stammender Beweis für die Trägheit der Energie reproduziert werden. Zwei vollkommen unelastische Körper gleicher Masse mögen in entgegengesetzten Richtungen mit gleicher Geschwindigkeit aneinanderstoßen und gelangen dadurch zur Ruhe, wobei die gesamte kinetische Energie in Wärme umgesetzt wird. Wir betrachten diesen Vorgang zunächst von einem Bezugssystem K aus, in dem der Schwerpunkt der beiden Körper ruht. Die Ruhmasse jedes der beiden Körper sei m_0; ihre Geschwindigkeiten, bezogen auf K, seien vor dem Stoß u bzw. $-u$; ihre Impulse sind gemäß (70) gegeben durch

$$\frac{m_0 u}{\sqrt{1-\frac{u^2}{c^2}}} \quad \text{bzw.} \quad -\frac{m_0 u}{\sqrt{1-\frac{u^2}{c^2}}}\,.$$

Die kinetische Energie jedes Körpers ist gemäß (71d)

$$m_0 c^2 \left(\frac{1}{\sqrt{1-\frac{u^2}{c^2}}} - 1\right).$$

Nach dem Stoß sind die Geschwindigkeiten und Impulse gleich Null. Die Summe der Impulse beider Körper ist vor dem Stoß gleich jener nach dem Stoß, nämlich gleich Null. Hingegen geht durch den Stoß die kinetische Energie des ganzen Systems

$$E = 2m_0 c^2 \left(\frac{1}{\sqrt{1-\frac{u^2}{c^2}}} - 1\right) \tag{73}$$

als solche verloren und verwandelt sich in Wärme.

Wir betrachten nun denselben Vorgang von einem Bezugssystem K' aus, das sich gegen K mit der Geschwindigkeit v entgegengesetzt der Bewegungsrichtung des ersten Körpers bewegt. Nach dem Additionstheorem der Geschwindigkeiten [Gleichung (28)] sind die Geschwindigkeiten der beiden Körper vor dem Stoß, bezogen auf K'

$$u_1' = \frac{u+v}{1+\frac{uv}{c^2}}, \qquad u_2' = \frac{v-u}{1-\frac{uv}{c^2}}\,.$$

Die Impulse der beiden Körper sind vor dem Zusammenstoß

$$\frac{m_0 u_1'}{\sqrt{1-\frac{u_1'^2}{c^2}}} = \frac{m_0(u+v)}{\sqrt{1-\frac{u^2}{c^2}}\sqrt{1-\frac{v^2}{c^2}}} \quad \text{bzw.} \quad \frac{m_0 u_2'^2}{\sqrt{1-\frac{u_2'^2}{c^2}}} = \frac{m_0(v-u)}{\sqrt{1-\frac{u^2}{c^2}}\sqrt{1-\frac{v^2}{c^2}}}\,.$$

Die Summe der Impulse beider Körper vor dem Stoß ergibt sich durch Addition der beiden letzten Formeln zu

$$\frac{2m_0 v}{\sqrt{1-\frac{u^2}{c^2}}\sqrt{1-\frac{v^2}{c^2}}}\,; \tag{74}$$

---

1) A. EINSTEIN, Ann. d. Phys. Bd. 18, S. 639. 1905; Bd. 20, S. 627. 1906.

2) PH. FRANK, Naturw. ZS. Lotos Bd. 70, S. 301. Prag 1922.

sie muß nach dem Satz von der Erhaltung des Impulses gleich sein der Summe der Impulse nach dem Stoß. Diese ergibt sich aus der Überlegung, daß die beiden nach dem Stoß aneinanderhaftenden Körper sich in K' mit der Geschwindigkeit v bewegen, da sie in K ruhen. Bezeichnet man die Ruhmasse der beiden Körper nach dem Stoß mit $2m_0'$, so ist ihr Impuls in K' gegeben durch

$$J = \frac{2m_0' v}{\sqrt{1-\frac{v^2}{c^2}}}. \tag{74a}$$

Ein Vergleich zwischen (74) und (74a) zeigt, daß

$$2m_0' = \frac{2m_0}{\sqrt{1-\frac{u^2}{c^2}}}$$

ist, oder gemäß (73)

$$2m_0' - 2m_0 = 2m_0\left(\frac{1}{\sqrt{1-\frac{u^2}{c^2}}} - 1\right) = \frac{E}{c^2}.$$

Es gilt also hier ebenso wie in dem obenerwähnten EINSTEINschen Beispiel:

$$dm = \frac{dE}{c^2}. \tag{75}$$

Aus der relativistischen Forderung, daß der Impulssatz in K' ebenso wie in K gelten muß, folgt, daß die beim Zusammenstoß eingetretene Energievermehrung durch Erwärmung von einer entsprechenden Massenzunahme begleitet ist.

Schon früher hatte LORENTZ[1]) gezeigt, daß die Beziehung (75) unabhängig von der Art der übertragenen Energie dE gilt.

In Lichteinheiten ausgedrückt, schreibt sich Gleichung (75)

$$dm = dE. \tag{75a}$$

Die Relativitätstheorie führt also zu der grundsätzlich wichtigen Erkenntnis der Identität von träger Masse und Energie (Satz von der Trägheit der Energie). Die letzten Wurzeln dieser Erkenntnis gehen allerdings schon auf die Gleichung

$$\mathfrak{g} = \frac{1}{c^2}\mathfrak{S}$$

der LORENTZschen Elektrodynamik zurück, denn die Zuerkennung eines Impulses an die Strahlung impliziert bereits den Begriff der Trägheit strahlender Energie. In der Tat hatten ja schon HASENÖHRL[2]) und MOSENGEIL[3]) unabhängig von der Relativitätstheorie gezeigt, daß ein von Strahlung erfüllter Hohlraum Trägheit besitzt. Der Relativitätstheorie ist es aber vorbehalten geblieben, den Satz von der Trägheit der Energie in voller Allgemeinheit unabhängig von der Art der Energie auszusprechen.

Die Bedeutung dieses Satzes liegt in erster Linie in dem Umstand, daß er es ermöglicht, zwei Grundgesetze der Natur in ein einziges zu verschmelzen. Der Satz von der Erhaltung der Masse und der Satz von der Erhaltung der Energie hatten in der vorrelativistischen Physik die Rolle zweier voneinander

---

1) H. A. LORENTZ, Das Relativitätsprinzip, 3 Haarlemer Vorträge; ferner Versl. Akad. Amsterdam Bd. 20, S. 87. 1911.

2) FR. HASENÖHRL, Wiener Ber. Bd. 113, S. 1039. 1904; Ann. d. Phys. Bd. 15, S. 344. 1904.

3) K. v. MOSENGEIL, Ann. d. Phys. Bd. 22, S. 867. 1907.

unabhängiger Erfahrungstatsachen gespielt. Die Erkenntnis von der Trägheit der Energie lehrt nun, daß sie identische Aussagen enthalten.

Weiter vermittelt der Satz von der Trägheit der Energie auch eine neue dynamische Auffassung der Materie. Der Ursprung dieser Auffassung geht von ABRAHAMS[1]) Bestrebungen aus, die Trägheit des Elektrons auf die Rückwirkung seines Eigenfeldes zurückzuführen. Ihre weitere Entwicklung zielt dahin ab, den Substanzbegriff der Materie zu überwinden und die elementaren Bestandteile der ponderablen Materie (Elektronen und Protonen) als „Energieknoten" des Feldes zu deuten[2]). Allerdings ist die Feldtheorie der Materie über diese allgemein programmatischen Gesichtspunkte noch nicht hinausgekommen. Das Problem der Materie dürfte wohl nur im Zusammenhang mit dem allgemeinen Quantenproblem zu lösen sein, das sich bisher überhaupt nicht in den Rahmen einer Feldtheorie hat einfügen lassen (vgl. hierzu noch Ziff. 45).

Eine mehr konkrete Anwendung des Satzes von der Trägheit der Energie bildet die Erklärung der Abweichungen der Atomgewichte von der Ganzzahligkeit. Durch die Entdeckung der Isotopie ist die PROUTsche Hypothese wieder in den Vordergrund des Interesses getreten. Sie besagt, in moderner Sprechweise ausgedrückt, daß die Atomkerne aller Elemente aus Elektronen und Wasserstoffkernen (Protonen) zusammengesetzt seien. Der Haupteinwand gegen diese Hypothese, nämlich die großen Abweichungen von der Ganzzahligkeit, wie sie z. B. beim Cl auftreten, ist durch den Nachweis beseitigt worden, daß solche Elemente aus ganzzahligen Isotopen zusammengesetzt sind. Nach der Elimination der durch die Isotopie bewirkten Abweichungen bleiben aber noch kleinere Abweichungen, meist in der zweiten oder dritten Dezimale der Atomgewichte, übrig, die nicht auf Isotopie zurückgeführt werden können, wie z. B. beim Verhältnis der Atomgewichte von Helium und Wasserstoff. Diese Massendefekte könnten nun, wie LENZ und SMEKAL[3]) ausgeführt haben, mittels des Satzes der Identität von Masse und Energie auf die beim Aufbau der höheren Atomkerne umgesetzte Energie zurückgeführt werden. Aus der hohen Stabilität der Alphateilchen folgt beispielsweise, daß der (bis jetzt noch nie realisierte) Vorgang

$$\mathrm{He}^{++} = 4\mathrm{H}^{+} + 2(-e)$$

eine stark endotherme Reaktion wäre. Die beim inversen Vorgang frei werdende Energie ist nach dieser Auffassung das Äquivalent für die Gewichtsdifferenz zwischen vier Wasserstoffkernen plus zwei Elektronen und einem Heliumkern. Wenn man einmal die bei der Atomzertrümmerung freiwerdende Energie genau kennt, wird sich die Stichhaltigkeit dieser Auffassung vielleicht verifizieren lassen.

Eine weitere Möglichkeit der empirischen Prüfung des Satzes von der Trägheit der Energie liegt in der genauen Bestimmung der Atomgewichte der radioaktiven Elemente. Die Differenz zwischen den Atomgewichten von Uran und Radioblei darf nicht nur aus der Summe der Gewichte der in der ganzen Zerfallsreihe ausgesendeten Alpha- und Betapartikeln bestehen, sondern auch noch aus der während des ganzen Zerfalls freigewordenen Energie dividiert durch c^2. Die bisher erreichte Genauigkeit der Atomgewichtsbestimmungen ist nicht groß genug, um das Vorhandensein dieses von der Energie herrührenden Zusatzgliedes nachkontrollieren zu können.

---

[1]) M. ABRAHAM, Theorie der Elektrizität. Bd. II, Kap. 3.

[2]) H. WEYL, Raum—Zeit—Materie, § 27. Ferner: Was ist Materie? Zwei Aufsätze zur Naturphilosophie. Berlin 1924.

[3]) W. LENZ, Naturwissensch. Bd. 8, S. 181 u. 393. 1920; A. SMEKAL, ebenda Bd. 8, S. 206. 1920; vgl. auch P. LANGEVIN, Journ. de phys. (5) Bd. 3, S. 553. 1913; R. SWINNE, Phys. ZS. Bd. 14, S. 145. 1913.

41. Die Abhängigkeit der Masse von der Geschwindigkeit. Die Bewegungsgleichungen für den Massenpunkt. Transversale und longitudinale Masse. Wir gehen nun zur Diskussion der in Ziff. 39 aufgestellten Gleichung (72) für die Abhängigkeit der Masse von der Geschwindigkeit über. Aus (72) und (71d) ergibt sich

$$m = \frac{m_0}{\sqrt{1-\beta^2}} = m_0 + \frac{E_{\text{kin}}}{c^2}. \tag{76}$$

Die Abhängigkeit der Masse von der Geschwindigkeit erscheint hier als ein Spezialfall des allgemeinen Satzes (75) von der Trägheit der Energie.

Der relativistische Ansatz für den Impuls, aus dem Gleichung (72) hervorgegangen ist, war gewonnen worden, indem man den Impulszuwachs eines Körpers gleich dem entsprechenden Zeitintegral der auf ihn wirkenden Gesamtkraft setzte. Die Bewegungsgleichungen der Mechanik werden also ihre Form: Kraft gleich zeitlicher Änderung des Impulses beibehalten. Die Bewegungsgleichungen für einen Massenpunkt von der Ruhmasse m_0, auf den eine Kraft $\mathfrak{K}$ wirkt, lauten also

$$\frac{d}{dt}\left(\frac{m_0 \mathfrak{u}}{\sqrt{1-\frac{u^2}{c^2}}}\right) = \mathfrak{K}. \tag{77}$$

Wir betrachten nun folgende Spezialfälle: a) Die Richtung der Kraft $\mathfrak{K}$ ist parallel der momentanen Bewegung des Massenpunktes; b) die Richtung von $\mathfrak{K}$ steht senkrecht auf der momentanen Bewegungsrichtung. Wir legen das Koordinatensystem so, daß der Geschwindigkeitsvektor $\mathfrak{u}$ in dem betrachteten Zeitmoment gerade in die X-Achse fällt, also

$$|\mathfrak{u}| = u = \mathfrak{u}_x = \frac{dx}{dt}$$

gilt.

Im Falle a ist dann

$$|\mathfrak{K}| = \mathfrak{K}_x, \qquad \mathfrak{K}_y = \mathfrak{K}_z = 0$$

und die Gleichung (77) geht über in

$$\mathfrak{K}_x = m_0 \frac{d}{dt}\left(\frac{\mathfrak{u}}{\sqrt{1-\frac{u^2}{c^2}}}\right) = \frac{m_0}{\left(1-\frac{u^2}{c^2}\right)^{\frac{3}{2}}} \frac{d^2x}{dt^2}. \tag{77a}$$

Im Falle b gilt

$$|\mathfrak{K}| = \mathfrak{K}_y, \qquad \mathfrak{K}_z = \mathfrak{K}_x = 0.$$

Aus der letzten Gleichung folgt $du/dt = 0$; $u =$ konst., daher

$$\mathfrak{K}_y = m_0 \frac{d}{dt}\left(\frac{\frac{dy}{dt}}{\sqrt{1-\frac{u^2}{c^2}}}\right) = \frac{m_0}{\sqrt{1-\frac{u^2}{c^2}}} \frac{d^2y}{dt^2}. \tag{77b}$$

Der Quotient zwischen Kraft und Beschleunigung fällt demnach verschieden aus, je nachdem, ob die Kraft parallel oder senkrecht zur Bewegungsrichtung wirkt. Man unterschied daher in den früheren Darstellungen meist zwischen einer longitudinalen Masse m_l und einer transversalen Masse m_t, indem man setzte:

$$m_l = \frac{m_0}{(1-\beta^2)^{\frac{3}{2}}}, \qquad m_t = \frac{m_0}{(1-\beta^2)^{\frac{1}{2}}}. \tag{78}$$

Es erscheint jedoch zweckmäßiger, die Masse nicht als das Verhältnis von Kraft zu Beschleunigung, sondern als das Verhältnis von Impuls zu Geschwindigkeit zu definieren. Dann fällt der Unterschied zwischen longitudinaler und transversaler Masse weg und die Geschwindigkeitsabhängigkeit ist durch die einheitliche Formel (72) oder durch die damit äquivalente Formel (76) gegeben.

Die Veränderlichkeit der Trägheit elektrischer Ladungen bei hohen Geschwindigkeiten war schon der vorrelativistischen Elektrodynamik bekannt. Eine bewegte elektrische Ladung erzeugt ein Magnetfeld, das einer Beschleunigung entgegenwirkt. Diese Kraft entspricht durchaus der gewöhnlichen Trägheit, und es liegt daher die Annahme nahe, daß die Masse des Elektrons überhaupt allein auf diese elektrodynamische Wirkung zurückzuführen sei. (Von der darauf basierenden dynamischen Auffassung des Massebegriffes war schon in der vorigen Ziffer die Rede.) ABRAHAM[1]) hat die Rückwirkung des Eigenfeldes für den Fall eines starren kugelförmigen Elektrons berechnet und gelangte zu folgenden Formeln für die (als Verhältnis von Kraft zu Beschleunigung definierte) longitudinale und transversale Masse:

$$\left.\begin{aligned} m_l &= \frac{3m_0}{4\beta^2}\left\{-\frac{1}{\beta}\ln\frac{1+\beta}{1-\beta}+\frac{2}{1-\beta^2}\right\} = m_0\left\{1+\frac{6}{5}\beta^2+\frac{9}{7}\beta^4+\frac{12}{9}\beta^6+\cdots\right\}\\ m_t &= \frac{3m_0}{4\beta^2}\left\{\frac{1+\beta^2}{2\beta}\ln\frac{1+\beta}{1-\beta}-1\right\} = m_0\left\{1+\frac{6}{3\cdot 5}\beta^2+\frac{9}{5\cdot 7}\beta^4+\frac{12}{7\cdot 9}\beta^6+\cdots\right\}\end{aligned}\right\} \quad (78\,\mathrm{a})$$

LORENTZ[2]) hat ferner die analoge Rechnung unter Berücksichtigung der Lorentzkontraktion durchgeführt und erhielt Ausdrücke, die sich mit den später aus der Relativitätstheorie hergeleiteten Formeln (78) decken (vgl. hierzu noch Ziff. 51 u. 52).

Der experimentelle Nachweis der Massenveränderlichkeit und die Entscheidung zwischen den Formeln (78) und (78a) bildet neben den Ätherdriftexperimenten die wichtigste empirische Stütze der Relativitätstheorie. KAUFMANN[3]) ist es zuerst gelungen, die Tatsache der Massenveränderlichkeit überhaupt festzustellen, indem er Betastrahlen eines radioaktiven Präparates einer gleichzeitigen elektrischen und magnetischen Ablenkung unterwarf[4]). Die von ihm erreichte Meßgenauigkeit war aber nicht groß genug, um zwischen den Formeln (78) und (78a) entscheiden zu können. Bei späteren Versuchen, die von vielen Autoren sowohl mit raschen Kathodenstrahlen als auch mit Betastrahlen ausgeführt wurden, konnte dann die Genauigkeit genügend gesteigert werden, um eine Entscheidung zwischen den ABRAHAMschen und den LORENTZ-EINSTEINschen Formeln zuzulassen. Alle jene Messungen, die hinreichend scharfe Resultate ergaben, sprechen eindeutig zugunsten der relativistischen Formel (78)[5]). Man kann demnach gegenwärtig mit Sicherheit behaupten, daß die aus der Relativitätstheorie abgeleiteten Formeln (72) bzw. (78) die Abhängigkeit der Masse von der Geschwindigkeit richtig wiedergeben.

42. Die Bewegungsgleichungen für kontinuierlich verteilte Materie. Die nach einer der üblichen Methoden (z. B. mittels Pyknometers) bestimmte Dichte

[1]) M. ABRAHAM, Theorie der Elektrizität. Bd. II, Kap. 3, § 20.

[2]) M. ABRAHAM, l. c. § 22.

[3]) W. KAUFMANN, Göttinger Nachr. 1901, S. 143; 1902, S. 291; 1903, S. 90; Ann. d. Phys. Bd. 19, S. 487. 1906; Bd. 20, S. 639. 1906.

[4]) Die Theorie der Ablenkungsversuche wird von O. HALPERN in Bd. V, Kap. 10 ds. Handb. gegeben werden.

[5]) Eine eingehende Beschreibung der diesbezüglichen Versuche findet sich in Bd. XXII, Kap. 1 ds. Handb. (W. GERLACH), Ziff. 41 bis 49. Eine dort nicht mehr angeführte neuere Untersuchung mit homogenen Beta-Strahlen, die ebenfalls mit Schärfe zugunsten der relativistischen Formel entscheidet, stammt von A. R. TRICKER, Proc. Roy. Soc. London Bd. 109, S. 384—397. 1925.

eines Körpers ist im Sinne der Relativitätstheorie als seine Ruhdichte μ_0 zu bezeichnen, da ja der messende Beobachter relativ zu dem Körper ruht. Es gilt die Beziehung

$$dm_0 = \mu_0 \, dV_0, \tag{79}$$

wobei dm_0 die Ruhmasse und dV_0 das Ruhvolum eines Körperelementes bezeichnen.

Es sei ferner μ die Dichte, gemessen von einem Bezugssystem K, das die Bewegung der Materie nicht mitmacht:

$$\mu = \frac{dm}{dV}.$$

Dann gilt wegen (72) und (22a), Ziff. 37

$$\mu = \frac{\mu_0}{1-\beta^2} = \mu_0 \left(\frac{dx_4}{d\tau}\right)^2. \tag{80}$$

Der Unterschied gegenüber dem Transformationsgesetz der elektrischen Ladungsdichte [Gleichung (63)] ist darauf zurückzuführen, daß die Masse eines materiellen Körpers im Gegensatz zu seiner Ladung keine Invariante der Lorentztransformation ist.

Die Bewegungsgleichungen für kontinuierlich verteilte Massen sind offenbar so anzusetzen, daß man aus μ_0 und den Beschleunigungskomponenten einen Tensor erster Stufe bildet, der dem Vierervektor f^i der Kraftdichte gleichzusetzen ist. Unter Berücksichtigung der in Ziff. 39 aufgestellten Forderungen A und B erhält man

$$\mu_0 \frac{du^i}{d\tau} = f^i. \tag{81}$$

Hier bedeutet u^i die Komponenten der Vierergeschwindigkeit; die totale Differentiation nach der Zeit hat dieselbe Bedeutung wie in der Hydrodynamik: Änderung der Geschwindigkeit beurteilt von einem die Strömung mitmachenden Beobachter, Geschwindigkeit und Beschleunigung sind mit der Eigenzeit τ des strömenden Partikels zu messen. Letzteres ist eine Folge der Forderung A, denn $u^i = dx_i/d\tau$ ist ein Vierervektor, während dx_i/dx_4 überhaupt keinen Tensorcharakter besitzt. Die Gleichungen (81) stellen die Bewegungsgleichungen für kontinuierlich verteilte Massen (hydrodynamische Grundgleichungen) dar. Hinsichtlich der Berechnung der auf der rechten Seite von (81) stehenden Größen f^i vergleiche man noch die Bemerkung am Schlusse von Ziff. 45.

Multipliziert man beide Seiten von (81) mit dV und berücksichtigt dabei die Beziehungen

$$dV = dV_0 \sqrt{1-\beta^2} \quad \text{[Lorentzkontraktion, Gleichung (22a)]},$$

$$\mu_0 \, dV = \mu_0 \, dV_0 \sqrt{1-\beta^2} = dm_0 \sqrt{1-\beta^2},$$

$$d\tau = c \, dt \sqrt{1-\beta^2}, \qquad \text{(21a)}$$

so erhält man nach Übergang zu CGS-Einheiten und Vektordarstellung in Übereinstimmung mit (77) für die räumlichen Komponenten der Bewegungsgleichungen wieder

$$\frac{d}{dt}\left(\frac{\mathfrak{u} \, dm_0}{\sqrt{1-\frac{u^2}{c^2}}}\right) = d\mathfrak{K},$$

wobei dm_0 die in dV enthaltene Ruhmasse und $d\mathfrak{K}$ die auf dV ausgeübte Gesamtkraft bedeutet.

Wenn die wirkenden Kräfte rein elektromagnetischer Natur sind, geht Gleichung (81) gemäß (III) über in

$$\mu_0 \frac{d u^i}{d\tau} = F^{ik} s_k .$$

Übergang zu den kovarianten Komponenten und Einsetzen von (50a) liefert

$$\mu_0 \frac{d u_i}{d\tau} = F_{ik} s^k = \sqrt{4\pi}\, \varrho_0 F_{ik} u^k .$$

Wir wenden diese Gleichung auf eine quasipunktförmige Ladung (Elektron) mit dem Ruhvolum dV_0 und der in rationellen Einheiten gemessenen Ladung e an. Multiplikation unserer Gleichung mit der Invarianten dV_0 liefert dann die vierdimensionale Bewegungsgleichung für das Elektron

$$m_0 \frac{d u_i}{d\tau} = e F_{ik} u^k . \tag{81a}$$

Sie läßt sich in die übliche Form bringen: zeitliche Ableitung des Impulses gleich dem Gradienten eines Skalars. Man ersetzt den Feldtensor F_{ik} gemäß (III) durch die Ableitungen des Viererpotentials und erhält

$$m_0 \frac{d u_i}{d\tau} = e u^k \left(\frac{\partial \varphi_k}{\partial x_i} - \frac{\partial \varphi_i}{\partial x_k} \right).$$

Nun ist

$$\frac{\partial \varphi_i}{\partial x_k} u^k = \frac{\partial \varphi_i}{\partial x_k} \frac{d x_k}{d\tau} = \frac{d\varphi_i}{d\tau},$$

daher

$$\frac{d}{d\tau}(m_0 u_i + e\varphi_i) = e u^k \frac{\partial \varphi_k}{d x_i} . \tag{81b}$$

Man setzt nun

$$\left.\begin{aligned} m_0 u_i + e\varphi_i &= p_i ,\\ -e u^k \varphi_k &= P , \end{aligned}\right\} \tag{VIIa}$$

p_i ist als der Impuls-Energie-Vektor des Elektrons im äußeren Felde zu betrachten; P als seine verallgemeinerte potentielle Energie. Mit Hilfe dieser Größen nimmt (81b) die gewünschte Form an:

$$\frac{d p_i}{d\tau} = -\frac{\partial P}{\partial x_i} . \tag{81c}$$

Es ist hier zu beachten, daß die partiellen Ableitungen nach den Koordinaten in (81c) bei festgehaltenen Werten der Geschwindigkeiten u^k zu bilden sind.

In Vektorschreibweise und in GAUSSschen Einheiten heißt die erste Gleichung (VIIa)

$$m_0 \frac{\mathfrak{v}}{\sqrt{1-\beta^2}} + \frac{e}{c}\mathfrak{A} = \mathfrak{G} , \tag{70b}$$

$$\frac{m_0 c^2}{\sqrt{1-\beta^2}} + eV = E . \tag{71e}$$

Zu den durch die Gleichung (70) und (71) von Ziff. 39 gegebenen Ausdrücken für den rein mechanischen Impuls bzw. Energie des Massenpunktes treten also im äußeren Felde noch die Zusatzglieder $\frac{e}{c}\mathfrak{A}$ bzw. eV hinzu.

Für das Gesamtpotential setzt man in der Vektordarstellung zweckmäßig die Größe

$$U = P\sqrt{1-\beta^2} = eV - \frac{e}{c}(\mathfrak{v}\mathfrak{A}) .$$

Die Bewegungsgleichungen (81c) für das Elektron lauten dann in Vektorform

$$\left.\begin{aligned} \frac{d\mathfrak{G}}{dt} &= -\operatorname{grad} U\Big)_{\dot x, \dot y, \dot z} ,\\ \frac{dE}{dt} &= \frac{\partial U}{\partial t}\Big)_{x, y, z, \dot x, \dot y, \dot z} . \end{aligned}\right\} \tag{77a}$$

Die als Indizes hinter die Klammern gesetzten Größen sind bei der Differentation konstant zu halten. Es ist ferner zu beachten, daß die Ladung e in den Tensorgleichungen in einem anderen Maße ausgedrückt ist als in den Vektorgleichungen.

43. Der kinetische Energie-Impulstensor. Die allgemeine Energie-Impulsbilanz. Die rechte Seite der Gleichung (81) läßt sich gemäß (VII) als eine Tensordivergenz darstellen. Wir zeigen im folgenden, daß für die linke Seite dasselbe gilt. Die totale Ableitung der Geschwindigkeit nach der Zeit läßt sich in derselben Weise wie bei den EULERschen Grundgleichungen der Hydrodynamik durch die „lokalen" Ableitungen ausdrücken:

$$\frac{du^i}{d\tau} = \frac{\partial u^i}{\partial x_k}\frac{dx_k}{d\tau} = u^k\frac{\partial u^i}{\partial x_k}. \tag{82}$$

Ferner lautet die Kontinuitätsgleichung der Materie

$$\frac{\partial \mu}{\partial t} + \operatorname{div}(\mu \mathfrak{v}) = 0,$$

in Tensorschreibweise

$$\frac{\partial(\mu_0 u^k)}{\partial x_k} = 0. \tag{83}$$

Multipliziert man Gleichung (82) mit μ_0 und (83) mit u^i, so erhält man durch Addition der entstehenden Gleichungen

$$\mu_0\frac{du^i}{d\tau} = \mu_0 u^k\frac{\partial u^i}{\partial x_k} + u^i\frac{\partial(\mu_0 u^k)}{\partial x_k} = \frac{\partial}{\partial x_k}(\mu_0 u^i u^k). \tag{84}$$

Wir setzen

$$T^{ik} = \mu_0 u^i u^k, \tag{85}$$

dann schreiben sich unter Anwendung von (VII) die Gleichungen (81) einfach

$$\frac{\partial(T^{ik} + S^{ik})}{\partial x_k} = 0. \tag{VIII}$$

Man bezeichnet den durch (85) eingeführten Tensor als den kinetischen Energie-Impulstensor der Materie. Die Energie-Impulsbilanz drückt sich gemäß (VIII) einfach durch das Verschwinden der Divergenz des gesamten Energietensors von Feld und Materie aus.

Der Ansatz (85) liefert in anschaulicherer Weise als der Ausdruck (VI) des Feld-Energietensors eine Vorstellung von den Begriffen der Energie- und Impulsströmung. Man erhält unter Berücksichtigung von (80) für die Komponenten von T^{ik}:

$$T^{ik} = \left\{\begin{array}{llll} (\mu u)u, & (\mu u)v, & (\mu u)w, & \mu u, \\ (\mu v)u, & (\mu v)v, & (\mu v)w, & \mu v, \\ (\mu w)u, & (\mu w)v, & (\mu w)w, & \mu w, \\ \mu u, & \mu v, & \mu w, & \mu, \end{array}\right\} \tag{85a}$$

wobei u, v, w die vom ruhenden System K aus in Lichteinheiten gemessenen Komponenten der Strömungsgeschwindigkeit sind. μ ist die Massendichte und gleichzeitig die Energiedichte in Lichteinheiten. Die Komponenten der Energieströmung sind durch die drei ersten Glieder der letzten Zeile gegeben, die gleichzeitig die Komponenten der Impulsdichte bedeuten. Die drei ersten Glieder der drei ersten Zeilen stellen die Strömungskomponenten der einzelnen Komponenten $\mu u, \mu v, \mu w$ der Impulsdichte dar.

44. Der Energietensor für kohärente Materie. Die fundamentale Beziehung (VIII), die den Energie-Impulssatz darstellt, war aus der Gleichung

$$\mu_0\frac{du^i}{d\tau} = f^i \tag{81}$$

hervorgegangen, die die Trägheitsreaktion der materiellen Ladungsträger gleich der auf sie ausgeübten ponderomotorischen Kraft des Feldes setzt. Es ist dabei vorausgesetzt, daß die hier ins Spiel kommenden Kräfte nur die Trägheitsreaktionen und die Kraft des elektromagnetischen Feldes sind. Die Gleichung (VIII) zusammen mit dem Ansatz (85) würde also die richtige Energie-Impulsbilanz für eine Elektronenwolke oder für eine geladene Staubatmosphäre liefern, in der nur die obengenannten Kräfte in Betracht kommen. EINSTEIN hat daher für den Ansatz (85) die exaktere Bezeichnung „Energietensor inkohärenter Materie" gewählt.

In gewöhnlichen Gasen, Flüssigkeiten oder festen Körpern sind natürlich noch die auftretenden inneren Spannungen zu berücksichtigen. Bezeichnen wir die elastischen Spannungen mit P_{xx}, P_{xy} usw., so ist bekanntlich die X-Komponente der elastischen Kraft pro Volumeinheit gegeben durch

$$\frac{\partial P_{xx}}{\partial x} + \frac{\partial P_{yx}}{\partial y} + \frac{\partial P_{zx}}{\partial z}$$

mit zwei analogen Ausdrücken für die übrigen Komponenten. Dieser Ansatz gilt streng in jenem Bezugssystem K^0, in dem das betreffende Volumelement im betrachteten Zeitmoment gerade ruht. In diesem Bezugssystem heißt also die X-Komponente der Bewegungsgleichungen

$$\mu \frac{du^1}{d\tau} - \frac{\partial P_{xx}}{\partial x} - \frac{\partial P_{yx}}{\partial y} - \frac{\partial P_{zx}}{\partial z} = f^1. \tag{86}$$

Es sei nun P^{ik} ein Tensor zweiter Stufe, der sich im Ruhsystem K^0 des Körpers auf folgenden Ansatz reduziert:

$$\mathring{P}_{ik} = \begin{Bmatrix} \mathring{P}_{xx}, & \mathring{P}_{yx}, & \mathring{P}_{zx}, & 0, \\ \mathring{P}_{xy}, & \mathring{P}_{yy}, & \mathring{P}_{zy}, & 0, \\ \mathring{P}_{xz}, & \mathring{P}_{yz}, & \mathring{P}_{zz}, & 0, \\ 0, & 0, & 0, & \mathring{\eta}, \end{Bmatrix} \tag{87}$$

wobei $\mathring{\eta}$ die Dichte der elastischen Energie in K^0 angibt. Die Werte für P^{ik} in einem gegen K^0 gleichförmig geradlinig bewegten Bezugssystem erhält man durch Ausführung der Transformationen für einen kontravarianten Tensor zweiter Stufe.

Der Ansatz

$$T^{ik} = \mu_0 u^i u^k - P^{ik} \tag{85b}$$

liefert nun, in (VIII) eingesetzt, gerade jene Bewegungsgleichungen, deren erste Komponente durch (86) gegeben ist; wir werden daher (85b) als den Energie-Impulstensor für kohärente Materie bezeichnen.

In reibungslosen Flüssigkeiten treten keine Tangentialspannungen auf und es wird

$$P_{xx} = P_{yy} = P_{zz} = -p,$$

wobei p den gewöhnlichen Druck darstellt, der ein Skalar ist. Der Energie-Impulstensor für reibungslose Flüssigkeiten heißt daher

$$T^{ik} = \mu_0 u^i u^k + \delta^{ik} p. \tag{85c}$$

Da dieser Ausdruck Tensorcharakter hat, gilt er in jedem zulässigen Bezugssystem.

In dem in der Hydrodynamik meist betrachteten Fall, daß die Flüssigkeit ungeladen ist, oder daß kein äußeres elektrodynamisches Feld vorhanden ist, gilt $f^i = 0$ und die Energie-Impulsbilanz heiß dann einfach

$$\frac{\partial T^{ik}}{\partial x_k} = 0. \tag{VIII a}$$

Man sieht leicht ein, daß die drei räumlichen Komponenten dieser Gleichung in die gewöhnlichen EULERschen Gleichungen für reibungslose Flüssigkeiten übergehen. Denn unter Zugrundelegung des Ansatzes (85c) für T^{ik} ergibt wegen (84) die Ausführung der Differentiation in (VIIIa):

$$\mu_0 \frac{d u^i}{d\tau} + \frac{\partial p}{\partial x_i} = 0 ,$$

oder bei Vernachlässigung von Gliedern höherer Ordnung

$$\frac{du}{dt} = \frac{\partial u}{\partial t} + u\frac{\partial u}{\partial x} + v\frac{\partial u}{\partial y} + w\frac{\partial u}{\partial t} = \frac{-1}{\mu}\frac{\partial p}{\partial x}, \qquad \ldots$$

was mit den EULERschen Gleichungen übereinstimmt.

Geht man in (VIIIa) zu den gemischten Komponenten über:

$$\frac{\partial T_i^k}{\partial x_k} = 0 ,$$

multipliziert man ferner diese Gleichung mit u^i und summiert über i, so erhält man unter Berücksichtigung von $u_i u^i = -1$

$$\frac{\partial(\mu_0 u^k)}{\partial x_k} - \frac{dp}{d\tau} = 0 . \tag{88}$$

Geht man von den Lichteinheiten zu CGS-Einheiten über, so wird der zweite Term in (88)

$$\frac{1}{c^2}\frac{dp}{dt},$$

was bei den vorkommenden hydrodynamischen Drucken praktisch verschwindet. Gleichung (88) geht also bei Vernachlässigung von Gliedern höherer Ordnung in die Kontinuitätsgleichung

$$\operatorname{div}(\mu \mathfrak{v}) + \frac{\partial \mu}{\partial t} = 0$$

über. In dieser Tatsache erblickt EINSTEIN[1]) ein weiteres Argument dafür, daß die Formulierung (VIII) bzw. (VIIIa) des Energiesatzes das Richtige trifft.

Gegen den Ansatz (85b) für den Energie-Impulstensor könnte der Einwand erhoben werden, daß der Übergang von den $\mathring{T}^{ik}$ zu den T^{ik} praktisch nicht durchgeführt werden kann, wenn die Flüssigkeit sich nicht wie ein starrer Körper bewegt. Denn es müßte dann für jedes einzelne Volumelement eine andere Transformation verwendet werden, um T^{ik} zu erhalten. Dieser Einwand wird dadurch gegenstandslos, daß die in den hydrodynamischen Anwendungsgebieten vorkommenden Geschwindigkeiten so klein gegenüber c sind, daß sich die T^{ik} von den $\mathring{T}^{ik}$ praktisch nicht unterscheiden. Dieser Umstand lehrt aber andererseits, daß die in dieser Ziffer entwickelten Gesetze nur einen Fortschritt in der formalen Behandlung des Gegenstandes bringen, ohne physikalisch etwas Neues zu bieten. In der Hydrodynamik und Elastizitätstheorie sind wegen der relativen Kleinheit der vorkommenden Geschwindigkeiten die Abweichungen von der klassischen Mechanik vollkommen zu vernachlässigen.

45. Der phänomenologische Charakter der Ansätze für den mechanischen Energie-Impulstensor. Die in der vorigen Ziffer eingeführten inneren Spannungen eines Körpers dürften, soweit sich gegenwärtig übersehen läßt, selbst elektromagnetischer Natur sein und dasselbe gilt gemäß der in Ziff. 40 erwähnten dynamischen Auffassung der Materie auch von den Trägheitswirkungen. Wenn man daher imstande wäre, in den durch Gleichung (VI) definierten elektro-

[1]) A. EINSTEIN, Vier Vorlesungen über Relativitätstheorie. S. 35. Braunschweig 1922.

magnetischen Energie-Impulstensor S^{ik} (der praktisch immer nur aus den Komponenten F^{ik} der grob wahrnehmbaren makroskopischen Felder gebildet wird) die gesamten Atomfelder mit einzubeziehen, so würden damit im Sinne des elektromagnetischen Weltbildes alle auftretenden Kräfte einschließlich elastischer Spannungen und Trägheitswirkungen schon berücksichtigt sein und die Energie-Impulsbilanz würde die einfache Form annehmen

$$\frac{\partial S^{ik}}{\partial x_k} = 0 . \qquad \text{(VIII b)}$$

Nun scheinen sich aber der einheitlichen Durchführung des elektromagnetischen Weltbildes sehr ernstliche Schwierigkeiten entgegenzustellen. Zunächst sei nebenher erwähnt, daß die Gravitationskräfte sich nicht in den Rahmen der elektromagnetischen Felder fügen. Dieser Umstand würde allerdings nicht daran hindern, die Energie-Impulsbilanz in der Form (VIIIb) zu schreiben, da die Gravitationswirkung in der Beeinflussung der Weltmetrik zum Ausdruck kommt (vgl. Bd. IV, Kap. 4 ds. Handb.). — Die Hauptschwierigkeit liegt darin, daß die in der Natur vorkommenden Ladungsanhäufungen wie Elektronen und Protonen unter dem Einfluß elektromagnetischer Kräfte allein überhaupt nicht bestehen können. Die Gravitation kann für das Zusammenhalten der Ladungen nicht verantwortlich gemacht werden, weil sie gegenüber den elektrischen Kräften viel zu schwach ist. Die Schwerkraft, mit der zwei Elektronen in irgendeiner Entfernung einander anziehen, beträgt nur ungefähr den 10^{-42}sten Teil der elektrostatischen Abstoßung. Wenn man also an der Gültigkeit der elektrodynamischen Grundgesetze auch in atomaren Bereichen festhalten wollte, so müßte man neben den elektrischen und Gravitationskräften noch irgendwelche intrakorpuskulare Kohäsionskräfte supponieren, um das Bestehen der Ladungsanhäufungen erklären zu können. Wären etwa die Feldgesetze dieser Kohäsionskräfte bekannt, so könnte man daran denken, den Ausdruck für den Energie-Impulstensor durch die diesen Kräften entsprechenden Terme zu ergänzen und die gesamte Energie-Impulsbilanz durch die einheitliche Gleichung (VIIIb) darzustellen.

Unabhängig von den Erwägungen über das Zusammenhalten der Ladungsanhäufungen ergeben sich Schwierigkeiten, wenn man die rein elektromagnetische Erklärung der Elektronenmasse mit dem Satz von der Trägheit der Energie in Einklang bringen will. Berechnet man nämlich die elektromagnetische Ruhmasse eines kugelförmigen Elektrons vom Radius a aus der Rückwirkung seines Eigenfeldes, so erhält man[1])

$$m_0 = \frac{2e^2}{3ac^2} \text{ für den Fall der Flächenladung,} \qquad (89\text{a})$$

$$m_0 = \frac{4e^2}{5ac^2} \text{ für den Fall der Volumladung.} \qquad (89\text{b})$$

Die elektrostatische Energie einer geladenen Kugel ist

$$E_{st} = \frac{e^2}{2a} \text{ für Flächenladung,} \qquad (90\text{a})$$

$$E_{st} = \frac{3e^2}{5a} \text{ für Volumladung.} \qquad (90\text{b})$$

In beiden Fällen ergibt sich die Beziehung

$$E_{st} = \tfrac{3}{4} m_0 c^2 . \qquad (91)$$

[1]) M. ABRAHAM, Theorie der Elektrizität. Bd. II, Kap. 20, Gleichungen (117b) und (117c). — Die Herleitung der Gl. (91) aus der Relativitätstheorie wird in Ziff. 52 gegeben.

Die Gesamtenergie der Ruhmasse m_0 ist aber nach dem Satz von der Trägheit der Energie gegeben durch

$$E = m_0 c^2.$$

Wenn man also an dieser fundamentalen Beziehung festhalten will, so muß man annehmen, daß ein Viertel der Gesamtenergie des Elektrons nicht elektromagnetischen Ursprunges ist. Es wäre naheliegend, diese letztere Energie mit jener der unbekannten Kohäsionskräfte zu identifizieren.

Daß sich ohne Erweiterung unserer Vorstellungen vom elektromagnetischen Feld die Tatsache der Existenz des Elektrons nicht in den Rahmen der Feldphysik einfügen läßt, geht aus folgendem von EINSTEIN bewiesenen Satz hervor[1]: „Wenn es wahr ist, daß das elektromagnetische Feld sich durch einen antisymmetrischen Tensor F^{ik} vom Range 2 darstellen läßt, so kann es nicht allgemein kovariante Gleichungen geben, die 1. das negative Elektron als Lösung in sich begreifen, 2. keine Lösung enthalten, die einem positiven Elektron von gleicher Masse entspräche." Gibt es eine Lösung mit der Masse m und der Ladung $-e$, so gibt es auch eine Lösung mit der Masse m und der Ladung $+e$.

Ein Aufgehenlassen der Masse in den Feldbegriff ist also angesichts der hier aufgezählten Schwierigkeiten gegenwärtig nicht durchführbar, und man wird daher an den durch (85) bzw. (85b) gegebenen phänomenologischen Ansätzen für den mechanischen Energie-Impulstensor festhalten, auch wenn man weiß, daß zumindest ein Teil davon elektromagnetischen Ursprunges ist und daher eigentlich in den Ausdruck S^{ik} einzubeziehen wäre. Man hat nur darauf zu achten, daß in den Gleichungen (81) und (VIII) das von den Ladungen des jeweils betrachteten Volumelementes erzeugte Eigenfeld nicht in die f^i und in die S^{ik} mit einzurechnen ist, weil ja dessen Wirkung ohnedies schon in der Tatsache der Trägheit des betreffenden Volumelementes zum Ausdruck kommt.

46. Die Herleitung der Grundgleichungen aus einem Variationsprinzip. Die Grundgesetze der Elektrodynamik sollen es ermöglichen, den Verlauf elektromagnetischer Vorgänge bei gegebenem Anfangszustand und gegebenen Nebenbedingungen voraus zu berechnen. Die Erreichung dieses Zieles wird unter Zugrundelegung der MAXWELL-LORENTZschen Gleichungen in zwei Schritten vorgenommen: Die Gleichungen (I) und (Ia) gestatten es zunächst, aus einer gegebenen Verteilung der Ladungs- und Stromdichten das Feld zu berechnen, und die aus dem Kraftansatz (II) bzw. aus der Energie-Impulsbilanz (VIII) hervorgehenden Bewegungsgleichungen lehren dann weiter, welche Bewegungen geladene Körper unter dem Einfluß des Feldes ausführen. Das Feld erscheint hier als ein Hilfsbegriff; seine Berechnung bildet eine Zwischenstufe in der Berechnung des Ablaufes der sichtbaren Vorgänge[2]. Die Einschaltung dieser Zwischenstufe dient zur Erleichterung des Rechenvorganges, vermag aber eine wesentlich inhärente Schwierigkeit nicht aus der Welt zu schaffen: Zur Berechnung des Feldes ist die Kenntnis der Konfiguration und Bewegung der Ladungen erforderlich; diese selbst wird aber erst durch das Feld bestimmt. Eine analoge Schwierigkeit tritt ja auch schon in der klassischen Mechanik zutage; die Unlösbarkeit des n-Körperproblems für $n > 2$ ist letzten Endes auf diesen Umstand zurückzuführen. Die praktische Anwendbarkeit der Feldgleichungen beschränkt sich daher auf jene Fälle, die eine vereinfachte Behandlung zulassen. Diese Vereinfachung kann einerseits darin bestehen, daß man sich mit Näherungslösungen begnügt (wie bei der Behandlung quasistationärer Felder), oder darin, daß die Konfiguration und Bewegung der felderzeugenden Ladungen fix vorgegeben ist, während jene Ladungen, deren Bewegung berechnet werden soll,

[1]) A. EINSTEIN, Physica Bd. 5, S. 330. 1925.
[2]) Vgl. A. EINSTEIN u. J. GROMMER, Berl. Ber. 1927, S. 2.

das Feld nicht merklich beeinflussen (Bewegung von Probekörpern oder Ionen bzw. Elektronen in vorgegebenen elektrischen oder magnetischen Feldern).

Die Gesetze der Erzeugung des Feldes aus Ladung und Strom (I), (Ia) und seiner Einwirkung auf die Bewegung elektrischer Ladungen (81) lassen sich rein formal in ein einziges zusammenziehen, indem sie sich, wie schon SCHWARZSCHILD gezeigt hatte[1]), aus einem HAMILTONschen Prinzip (Wirkungsprinzip) herleiten lassen. Die im folgenden gegebene Form dieses Wirkungsprinzips stammt von WEYL[2]).

Wir führen eine Wirkungsfunktion W ein durch

$$W = \int \{\mu_0 + \tfrac{1}{4} F_{ik} F^{ik} - \varphi_i s^i\} \, dx \,, \tag{92}$$

wobei dx das vierdimensionale Volumelement bedeutet:

$$dx = dx_1 \, dx_2 \, dx_3 \, dx_4 \,.$$

F_{ik} ist gemäß (III) durch die φ^i auszudrücken, so daß das Feld durch φ^i und s^i allein beschrieben erscheint. μ_0 ist die Ruhmassendichte der Materie, an die die elektrischen Ladungen gebunden sind. Das Integral ist zu erstrecken über einen beliebigen endlichen Weltbereich. Das in Rede stehende Wirkungsprinzip besagt nun folgendes: Der Ablauf elektromagnetischer Vorgänge erfolgt so, daß das Wirkungsintegral W, erstreckt über den tatsächlich eintretenden Vorgang, kleiner ist, als alle entsprechenden Wirkungsintegrale erstreckt über gewisse virtuelle Vergleichsvorgänge. Die bei diesen Vergleichsvorgängen zu variierenden Funktionen sind dabei einerseits die Potentiale φ^i, andererseits die Stromdichte s^i bzw. die Weltlinien u^i der elektrischen Ladungen. Und zwar sind die Variationen der φ^i und der s^i voneinander unabhängig vorzunehmen. Bei allen Vergleichsintegralen sind die Werte der zu variierenden Größen an den Grenzen des Integrationsgebietes festzuhalten.

Variiert man zunächst die φ^i bei festgehaltenen s^i, so erhält man unter Berücksichtigung von (61)

$$\delta_1 W = \int (\tfrac{1}{2} F^{ik} \delta F_{ik} - s^i \delta \varphi_i) \, dx \,.$$

Nun gilt wegen (III) und wegen der Antisymmetrie von F^{ik}

$$\frac{1}{2} \int F^{ik} \delta F_{ik} \, dx = \int F^{ik} \frac{\partial \delta \varphi_k}{\partial x_i} \, dx = - \int F^{ik} \frac{\partial \delta \varphi_i}{\partial x_k} \, dx \,.$$

Dieser Ausdruck geht durch partielle Integration unter Berücksichtigung des Verschwindens von $\delta \varphi_i$ an den Integrationsgrenzen über in

$$\int \frac{\partial F^{ik}}{\partial x_k} \delta \varphi_i \, dx \,.$$

Daher ist die Variation von W bei festgehaltenen s^i:

$$\delta_1 W = \int \left(\frac{\partial F^{ik}}{\partial x_k} - s^i \right) \delta \varphi_i \, dx \,.$$

Die Bedingung des Verschwindens dieser Variation ist nach dem bekannten Fundamentallemma der Variationsrechnung gegeben durch

$$\frac{\partial F^{ik}}{\partial x_k} - s^i = 0 \,. \tag{I}$$

Das erste MAXWELLsche Gleichungsquadrupel (I) ergibt sich also aus dem Variationsprinzip; das zweite (Ia) ist schon durch den Ansatz (III), der die F_{ik} aus den Potentialen ableitet, identisch erfüllt.

---

[1]) K. SCHWARZSCHILD, Göttinger Nachr. 1903, S. 126. Vgl. auch Kap. 2, Ziff. 19.

[2]) H. WEYL, Raum-Zeit-Materie. § 26.

Es soll weiter bei festgehaltenen Werten der φ_i der Bewegungsverlauf der materiellen Teilchen und der an sie gebundenen Ladungen variiert werden. Wir denken uns das Integrationsgebiet in die einzelnen zeitartigen Weltröhren zerlegt, die die zeitlichen Existenzgebiete der materiellen Teilchen repräsentieren. Die betrachtete Variation besteht nun in einer Deformation aller dieser Weltröhren, wobei die φ_i dieselben Funktionen der Koordinaten x_k bleiben wie beim unvariierten Vorgang. Der Term $F_{ik}F^{ik}$ des Integranden liefert daher keinen Beitrag zur Variation. Das Wirkungsintegral W sei erstreckt über ein Kontinuum von benachbarten Weltröhren gleicher Länge; das vierdimensionale Weltelement dx sei ein Stück einer Weltröhre von der Länge $d\tau$ und dem (dreidimensionalen) Querschnitt dq. Dann ist

$$\mu_0\,dx = \mu_0\,dq\,d\tau = dm\,d\tau\,,$$

$$\varrho_0\,dx = \varrho_0\,dq\,d\tau = de\,d\tau\,.$$

dm bedeutet hier die Masse, de die in rationellen Einheiten gemessene Ladung des den Querschnitt der Röhre erfüllenden Volumelementes. Weiter gilt wegen (50a)

$$\int \varphi_i s^i dx = \int de \int \varphi_i \frac{dx_i}{d\tau}\,d\tau\,.$$

Wenn man hiervon die Variation bildet, hat man zu bedenken, daß auf der deformierten Weltröhre auch die Werte der φ_i geändert sind, da ja die φ_i fixe Ortsfunktionen sind:

$$\delta\int \varphi_i s^i dx = \int de \int \left\{\varphi_i\,\delta\frac{dx_i}{d\tau} + \frac{\partial\varphi_i}{\partial x_k}\,\delta x_k\,\frac{dx_i}{d\tau}\right\} d\tau\,.$$

Wenn man den ersten Term auf der rechten Seite partiell integriert und im zweiten Term die Summationsbuchstaben vertauscht, erhält man

$$\delta\int \varphi_i s^i dx = -\int de \int \left\{\frac{d\varphi_i}{d\tau}\,\delta x_i - \frac{\partial\varphi_k}{\partial x_i}\,\frac{dx_k}{d\tau}\,\delta x_i\right\} d\tau = \int de \int \left\{\frac{\partial\varphi_k}{\partial x_i} - \frac{\partial\varphi_i}{\partial x_k}\right\}\frac{dx_k}{d\tau}\,\delta x_i\,d\tau$$

$$= \int de \int F_{ik}\frac{dx_k}{d\tau}\,\delta x_i\,d\tau = \int F_{ik}\,s^k\,\delta x_i\,dx = \int f_i\,\delta x_i\,dx\,.$$

Ferner ist

$$\delta\int \mu_0\,dx = \int dm\,\delta\int d\tau\,.$$

Nun gilt

$$\int d\tau = \int w\,d\lambda\,,$$

wobei

$$w = \sqrt{\left(\frac{dx_4}{d\lambda}\right)^2 - \left(\frac{dx_1}{d\lambda}\right)^2 - \left(\frac{dx_2}{d\lambda}\right)^2 - \left(\frac{dx_3}{d\lambda}\right)^2}$$

gesetzt ist und λ einen Kurvenparameter darstellt, der für die unvariierte Weltlinie mit der Bogenlänge τ zusammenfallen möge. Dann ist

$$\delta\int d\tau = \int \frac{1}{w}\left\{\frac{dx_4}{d\lambda}\,\delta\frac{dx_4}{d\lambda} - \frac{dx_1}{d\lambda}\,\delta\frac{dx_1}{d\lambda} - \frac{dx_2}{d\lambda}\,\delta\frac{dx_2}{d\lambda} - \frac{dx_3}{d\lambda}\,\delta\frac{dx_3}{d\lambda}\right\} d\tau\,.$$

Wenn man hier partiell integriert, ferner berücksichtigt, daß für die unvariierte Kurve die Beziehungen gelten

$$d\lambda = d\tau\,, \qquad w = 1\,, \qquad \frac{dx_i}{d\lambda} = u^i\,,$$

und endlich zu den kontravarianten Komponenten der Vierergeschwindigkeit übergeht:

$$u_1 = u^1\,, \qquad u_2 = u^2\,, \qquad u_3 = u^3\,, \qquad u_4 = -u^4\,,$$

so erhält man schließlich

$$\delta\int \mu_0\,d\tau = \int \mu_0\,\frac{du_i}{d\tau}\,\delta x_i\,dx\,,$$

und die gesuchte Variation des Wirkungsintegrals bei festgehaltenen Werten der φ_i wird

$$\delta_2 W = \int \left(\mu_0 \frac{d u_i}{d \tau} - f_i\right) \delta x_i \, d x .$$

Daher folgt aus $\delta_2 W = 0$ die Gleichung

$$\mu_0 \frac{d u_i}{d \tau} = f_i ,$$

die nach Übergang zu den kontravarianten Komponenten mit der Bewegungsgleichung (81) übereinstimmt.

d) Anwendungen.

47. Die Berechnung der Felder in gleichförmig geradlinig bewegten Systemen. Die Invarianz der Grundgesetze gegenüber der Lorentztransformation erlaubt es, die Behandlung der geradlinig gleichförmig bewegten Systeme auf die ruhender Systeme zurückzuführen. Denn in einem Bezugssystem K^0, das die Bewegung des betreffenden Körpersystems mitmacht, sind alle Vorgänge die gleichen wie in einem ruhenden System. Kennt man aber die Feldstärken bzw. Wellenamplituden, Stromdichten usw. in K^0, so erhält man daraus die entsprechenden Werte für ein Bezugssystem K, das die Bewegung der Körper nicht mitmacht, durch Ausführung der Lorentztransformationen für die abhängigen Variablen (Ziff. 32). Dieser Vorgang wird in Ziff. 49 an dem von EINSTEIN[1]) zuerst behandelten Beispiel der Reflexion am bewegten Spiegel erläutert werden.

48. Transformation der Wellenamplituden. Das Feld einer ebenen, parallel zur Z-Achse polarisierten Welle, deren Fortpflanzungsrichtung mit der X-Achse den Winkel ω einschließt, ist gegeben durch

$$\left.\begin{aligned} \mathfrak{E}_x &= -A \sin\omega \cos\Theta , & \mathfrak{H}_x &= 0 , \\ \mathfrak{E}_y &= A \cos\omega \cos\Theta , & \mathfrak{H}_y &= 0 , \\ \mathfrak{E}_z &= 0 , & \mathfrak{H}_z &= A \cos\Theta , \\ \Theta &= 2\pi\nu\left(t - \frac{x\cos\omega + y\sin\omega}{c}\right). \end{aligned}\right\} \qquad (93)$$

Der Phasenwinkel Θ muß, von K und von K' aus gemessen, denselben Wert haben; Θ ist also ein Skalar. Von dieser Tatsache wurde in Ziff. 26 bei der Ableitung der Transformationsformeln für die Frequenz und für die Richtungskosinus der Wellennormalen Gebrauch gemacht. Die von K' aus gemessenen Komponenten der Feldstärken sind gemäß Gleichung (48), Ziff. 32,

$$\left.\begin{aligned} \mathfrak{E}'_x &= -A \sin\omega \cos\Theta , & \mathfrak{H}'_x &= 0 , \\ \mathfrak{E}'_y &= \varkappa A (\cos\omega - \beta) \cos\Theta , & \mathfrak{H}'_y &= 0 , \\ \mathfrak{E}'_z &= 0 , & \mathfrak{H}'_z &= \varkappa A (1 - \beta\cos\omega) \cos\Theta . \end{aligned}\right\} \qquad (93')$$

Daraus folgt

$$|\mathfrak{S}'| = \frac{c}{4\pi} |\mathfrak{E}'| |\mathfrak{H}'| = \frac{c}{4\pi} A^2 \cos^2\Theta \sqrt{\sin^2\omega + \varkappa^2 (\cos\omega - \beta)^2} \cdot \varkappa (1 - \beta\cos\omega) ,$$

oder

$$|\mathfrak{S}'| = |\mathfrak{S}| \frac{(1 - \beta\cos\omega)^2}{1 - \beta^2} . \qquad (94)$$

---

[1]) A. EINSTEIN, Ann. d. Phys. Bd. 17, S. 891. 1905 (§ 8).

Ein Vergleich dieser Formel mit Gleichung (32), Ziff. 26, ergibt

$$|\mathfrak{S}| : |\mathfrak{S}'| = \nu^2 : \nu'^2 . \tag{94a}$$

Eine Lichtquelle, die in jenem System, in dem sie ruht, nach allen Seiten gleichmäßig strahlt, wird, von einem relativ zu ihr bewegten System betrachtet, in der Bewegungsrichtung nach vorn mehr Energie ausstrahlen als nach rückwärts.

49. Die Reflexion am bewegten Spiegel. Der Strahlungsdruck. Ein ebener, auf der X-Achse eines Bezugssystems K senkrecht stehender Spiegel bewege sich gegen K mit der Geschwindigkeit v in der X-Richtung. Eine ebene, linear polarisierte Lichtwelle möge auf den Spiegel fallen und von ihm reflektiert werden (Abb. 9). Gefragt wird nach dem Zusammenhang zwischen den im Bezugssystem K gemessenen Winkeln ψ_1 (Einfallswinkel) und ψ_2 (Reflexionswinkel). Die Berechnung erfolgt gemäß der in Ziff. 47 angegebenen Methode durch Einführung eines Bezugssystems K^0, in dem der Spiegel ruht. Einfallswinkel und Reflexionswinkel sollen von K^0 aus gemessen die Werte ψ_1^0 und ψ_2^0 haben. In K^0 gilt das Reflexionsgesetz

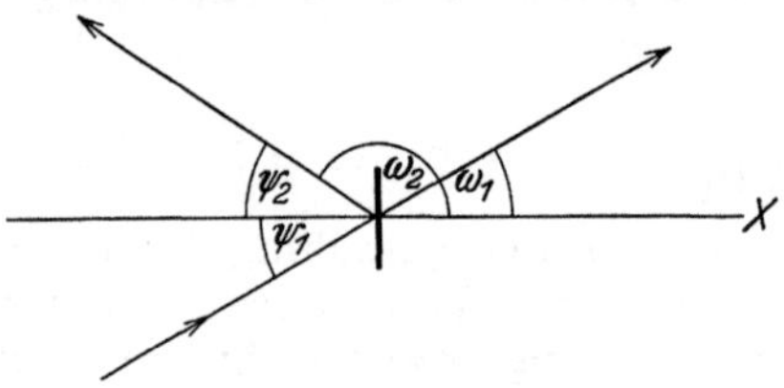

Abb. 9. Reflexion am bewegten Spiegel.

$$\psi_1^0 = \psi_2^0 . \tag{95}$$

Die von K bzw. K^0 aus gemessenen Winkel zwischen der Strahlrichtung und der positiven X-Achse seien mit ω_1, ω_2 bzw. ω_1^0, ω_2^0 bezeichnet. Es gilt dann:

$$\psi_1 = \omega_1 , \qquad \psi_1^0 = \omega_1^0 ,$$
$$\psi_2 = \pi - \omega_2 , \qquad \psi_2^0 = \pi - \omega_2^0 .$$

Der Zusammenhang zwischen ω_1 und ω_1^0 bzw. zwischen ω_2 und ω_2^0 ist durch die Formeln (33) von Ziff. 26 gegeben, wobei an Stelle der Striche der obere Index 0 tritt. Setzt man in der Umkehrgleichung der ersten Formel (33) die ψ an Stelle der ω ein, so kommt

$$\cos\psi_1 = \frac{\cos\psi_1^0 + \beta}{1 + \beta\cos\psi_1^0} , \qquad \cos\psi_2 = \frac{\cos\psi_2^0 - \beta}{1 - \beta\cos\psi_2^0} .$$

Daraus folgt weiter

$$\operatorname{tg}^2\frac{\psi_1}{2} = \frac{1 - \cos\psi_1}{1 + \cos\psi_1} = \frac{1-\beta}{1+\beta}\operatorname{tg}^2\frac{\psi_1^0}{2} ,$$

$$\operatorname{tg}^2\frac{\psi_2}{2} = \frac{1+\beta}{1-\beta}\operatorname{tg}^2\frac{\psi_2^0}{2} ,$$

und unter Berücksichtigung von (95)

$$\operatorname{tg}\frac{\psi_2}{2} = \frac{1+\beta}{1-\beta}\operatorname{tg}\frac{\psi_1}{2} . \tag{95'}$$

Wenn der Spiegel vor der einfallenden Strahlung zurückweicht ($\beta > 0$), ist, von K aus gemessen, der Reflexionswinkel größer als der Einfallswinkel. Das Reflexionsgesetz (95′) stimmt mit der aus der klassischen Elektrodynamik hergeleiteten Formel für die Reflexion am bewegten Spiegel überein[1]). Es läßt sich durch Umrechnen auf die Kosinusse in die von EINSTEIN (l. c.) angegebene Form bringen

$$\cos\psi_2 = \frac{(1+\beta^2)\cos\psi_1 - 2\beta}{1 - 2\beta\cos\psi_1 + \beta^2} . \tag{95'a}$$

[1]) W. HICKS, Phil. Mag. Bd. 3, S. 9. 1902; M. ABRAHAM, Ann. d. Phys. Bd. 14, S. 236. 1904.

Es seien ferner ν_1 bzw. ν_1^0 die von K bzw. K^0 aus gemessenen Frequenzen des einfallenden Strahles und ν_2 bzw. ν_2^0 jene des reflektierten Strahles. Dann gilt:

$$\nu_1^0 = \nu_2^0 . \tag{96}$$

Durch Multiplikation der Gleichung (32) mit der zweiten Gleichung (33) von Ziff. 26 erhält man ferner:

$$\begin{aligned} \nu_1^0 \sin\omega_1^0 &= \nu_1 \sin\omega_1 , \\ \nu_2^0 \sin\omega_2^0 &= \nu_2 \sin\omega_2 . \end{aligned}$$

Man erkennt aus Abb. 9, daß $\sin\omega_1 = \sin\psi_1$ usw. ist; daher folgt aus den beiden letzten Gleichungen zusammen mit (95) und (96):

$$\nu_1 \sin\psi_1 = \nu_2 \sin\psi_2 . \tag{96'}$$

Durch Elimination von ψ_2 mittels (95'a) folgt nach elementarer Umrechnung:

$$\nu_2 = \nu_1 \frac{1 - 2\beta\cos\psi_1 + \beta^2}{1 - \beta^2} . \tag{96'a}$$

Bei der Reflexion am bewegten Spiegel tritt gemäß (96') und (96'a) ein Dopplereffekt auf, indem eine Violettverschiebung eintritt, wenn der Spiegel sich der einfallenden Strahlung entgegenbewegt ($\beta < 0$). Die Bestätigung dieses Effektes wurde durch die in Ziff. 5 zitierten Versuche von Galitzin und Wilip erbracht.

Hand in Hand mit dem Dopplereffekt geht eine Veränderung der Intensität des reflektierten Strahles gemäß Gleichung (94a). Bezeichnet man wieder die auf den einfallenden und reflektierten Strahl bezüglich Größen mit den Indizes 1 bzw. 2, so gilt gemäß (94a):

$$\begin{aligned} |\mathfrak{S}_1| : |\mathfrak{S}_1^0| &= \nu_1^2 : \nu_1^{0\,2} , \\ |\mathfrak{S}_2| : |\mathfrak{S}_2^0| &= \nu_2^2 : \nu_2^{0\,2} . \end{aligned}$$

Im Ruhsystem K^0 ist nun

$$|\mathfrak{S}_2^0| = U\,|\mathfrak{S}_1^0| , \tag{97}$$

wobei der echte Bruch U das Reflexionsvermögen des Spiegels bezeichnet. Aus (96) und (96') ergibt sich dann:

$$|\mathfrak{S}_2| = U\,|\mathfrak{S}_1|\,\frac{\nu_2^2}{\nu_1^2} = U\,|\mathfrak{S}_1|\,\frac{\sin^2\psi_1}{\sin^2\psi_2} , \tag{97a}$$

oder nach (96'a)

$$|\mathfrak{S}_2| = U\,|\mathfrak{S}_1|\,\frac{(1 - 2\beta\cos\psi_1 + \beta^2)^2}{(1 - \beta^2)^2} . \tag{97b}$$

Mit Benutzung der Abkürzungen

$$\left.\begin{aligned} M &= (1 + \beta^2)\cos\psi_1 - 2\beta , \\ N &= 1 - 2\beta\cos\psi_1 + \beta^2 \end{aligned}\right\} \tag{98}$$

lassen sich die Formeln für die Reflexion am bewegten Spiegel folgendermaßen zusammenfassen:

$$\left.\begin{aligned} \cos\psi_2 &= \frac{M}{N} , \\ \nu_2 &= \nu_1 \varkappa^2 N , \\ |\mathfrak{S}_2| &= U\,|\mathfrak{S}_1|\,(\varkappa^2 N)^2 . \end{aligned}\right\} \tag{99}$$

Für den vollkommen reflektierenden Spiegel ($U = 1$) findet keine Energiedissipation statt. Die Differenz der pro Zeiteinheit und Flächeneinheit des

Spiegels auffallenden und reflektierten Energie muß in diesem Falle gleich der Arbeitsleistung des Strahlungsdruckes sein. Die pro Zeit- und Flächeneinheit auffallende Energie ist gegeben durch

$$|\mathfrak{S}_1|(\cos\psi_1 - \beta),$$

die reflektierte Energie durch

$$|\mathfrak{S}_2|(\cos\psi_2 + \beta).$$

Die Differenz dieser Ausdrücke ist gleich der Arbeitsleistung des Strahlungsdruckes zu setzen. Diese ist gegeben durch pv, wobei p den Strahlungsdruck und v die Geschwindigkeit des Spiegels bezeichnet. Es gilt also

$$p = \frac{1}{v}\{|\mathfrak{S}_1|(\cos\psi_1 - \beta) - |\mathfrak{S}_2|(\cos\psi_2 + \beta)\}.$$

Mittels der Formeln (95'a) und (97b) findet man daraus

$$p = \frac{2}{c}|\mathfrak{S}_1|\frac{(\cos\psi_1 - \beta)^2}{1-\beta^2} = \frac{2}{c}|\mathfrak{S}_1^0|\cos^2\psi_1^0. \tag{100}$$

50. Felder von beliebig bewegten Ladungen. Die in Ziff. 47 angegebene Methode zur Berechnung der Felder in bewegten Systemen versagt für den allgemeinen Fall beliebig beschleunigter Ladungen. Man greift dann am besten auf die allgemeinen Formeln (54) bzw. (III) für die retardierten Potentiale zurück. Die Integrale dieser Gleichungen sind gegeben durch die bekannten, schon in Ziff. 18 erwähnten Ansätze für die retardierten Potentiale[1]):

$$\left.\begin{aligned} V(x,y,z,t) &= \int \frac{\varrho\left(x', y', z', t - \frac{r}{c}\right)}{r}\,dx'\,dy'\,dz',\\ \mathfrak{A}(x,y,z,t) &= \frac{1}{c}\int \frac{\mathfrak{J}\left(x', y', z', t - \frac{r}{c}\right)}{r}\,dx'\,dy'\,dz'. \end{aligned}\right\} \tag{15}$$

Das Argument $t - r/c$ besagt, daß die Integration in (15) über den Vorkegel des Aufpunktes zu erstrecken ist.

Die Anwendung dieser Formeln auf eine mit der Geschwindigkeit $\mathfrak{u}$ bewegte Punktladung von der Stärke de liefert

$$\left.\begin{aligned} V &= \frac{de}{\left[r\left(1 + \frac{u_r}{c}\right)\right]_{t-r/c}},\\ \mathfrak{A} &= \frac{1}{c}\frac{\mathfrak{u}\,de}{\left[r\left(1 + \frac{u_r}{c}\right)\right]_{t-r/c}}. \end{aligned}\right\} \tag{15a}$$

Die entsprechenden Ausdrücke für die Potentiale räumlich verteilter Ladungen erhält man durch Integration über alle Ladungen bzw. Ströme. Man kann also die Potentiale gemäß (15) durch Integration über den Vorkegel des Aufpunktes, oder gemäß (15a) durch Integration über alle Ladungen berechnen. Die erstere Form der Lösung stammt von LORENTZ[2]), die letztere von LIENARD und WIECHERT[3]).

[1]) Vgl. hierzu M. v. LAUE, Die Relativitätstheorie. Bd. I, § 19; ferner G. HERGLOTZ, Göttinger Nachr. 1904, S. 549; A. SOMMERFELD, Ann. d. Phys. Bd. 33, S. 649. 1910, (§ 7).

[2]) H. A. LORENTZ, Arch. Néerland. Bd. 25, S. 363. 1892.

[3]) A. LIÉNARD, L'éclairage électrique Bd. 16, S. 5, 53 u. 106. 1898; E. WIECHERT, Arch. Néerland. (2) Bd. 5, S. 549. 1900.

Die Formeln (15 a) lassen sich in der vierdimensionalen Schreibweise einfacher darstellen. Im Anschluß an die beistehende Abb. 10 verwenden wir folgende Bezeichnungen[1]:

x^i Koordinaten des Auf-Weltpunktes P;

$\xi^i = \xi^i(\tau)$ Weltlinie der bewegten Punktladung;

$u^i = \frac{d\xi^i}{d\tau}$ Vierergeschwindigkeit der Punktladung;

ξ^i Koordinaten des Quellpunktes Q (Schnittpunkt der Weltlinie $\xi^i(\tau)$ mit dem Vorkegel von P);

$X^i = x^i - \xi^i$ Radiusvektor vom Quellpunkt zum Aufpunkt. (101)

Dann lauten die Formeln (15a) in Tensorschreibweise:

$$\varphi_i = -\frac{1}{4\pi}\frac{\varepsilon u_i}{(u_r X^r)} \tag{15b}$$

ε ist hier die in rationellen Einheiten gemessene Stärke der Punktladung. Die rechte Seite von (15b) enthält sowohl in den u^i als auch in den den X^i die Eigenzeit τ_Q des Quellpunktes implizit. τ_Q bestimmt sich aus der Bedingung, daß der auf dem Vorkegel von P liegende Radiusvektor X^i eine Lichtlinie darstellt, also die Gleichung

$$X_i X^i = 0 \tag{102}$$

erfüllt. Drückt man in (102) die X^i gemäß (101) durch die $\xi^i(\tau)$ aus, so erhält man eine Bestimmungsgleichung für τ, deren Auflösung

$$\tau_Q = \tau_Q(x^i)$$

in (15b) einzusetzen ist.

Die Ableitungen der Eigenzeit des Quellpunktes nach den Koordinaten des Aufpunktes erhält man durch Differentiation von (102) nach den x^i:

$$X_i\left(\delta^i_k - u^i\frac{\partial\tau}{\partial x^k}\right) = 0,$$

$$\frac{\partial\tau}{\partial x^k} = \frac{X_k}{(u_r X^r)}. \tag{103}$$

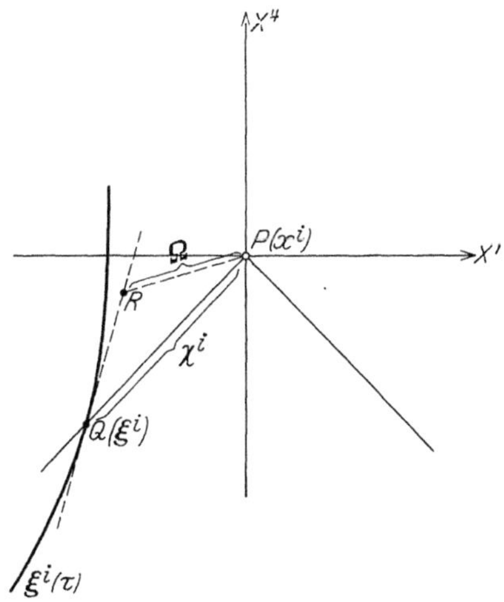

Abb. 10. Weltliniendiagramm zur Berechnung der retardierten Potentiale für eine bewegte Punktladung.

Mit Hilfe dieser Beziehungen findet man gemäß (III) durch Differentiation von (15b) folgende Ausdrücke für die Feldstärken:

$$4\pi F_{ik} = -\frac{\varepsilon}{(u_r X^r)^3}\left\{1 + \left(X^r\frac{du_r}{d\tau}\right)\right\}(u_i X_k - u_k X_i) + \frac{\varepsilon}{(u_r X^r)^2}\left(\frac{du_i}{d\tau}X_k - \frac{du_k}{d\tau}X_i\right). \tag{104}$$

Für eine gleichförmig geradlinige Bewegung ist die Weltlinie der Punktladung eine Gerade; die Ableitungen $du^i/d\tau$ verschwinden, daher ist das Feld einer mit der konstanten Geschwindigkeit u^i bewegten Punktladung gegeben durch

$$4\pi F_{ik} = -\frac{\varepsilon}{(u_r X^r)^3}(u_i X_k - u_k X_i). \tag{104a}$$

Um die Bedeutung des Ausdruckes $(X_r u^r)$ für den Fall der geradlinig gleichförmigen Bewegung kennenzulernen, denken wir uns für den Augenblick ein

[1] Da es im folgenden darauf ankommt, kovariante und kontravariante Tensorkomponenten wohl zu unterscheiden, werden hier die Koordinaten mit oberen Indizes bezeichnet.

Koordinatensystem eingeführt, in dem die Punktladung ruht. In diesem System gilt

$$u^{1\prime} = u^{2\prime} = u^{3\prime} = 0, \qquad u^{4\prime} = 1.$$

Daher ist

$$(X_r u^r) = (X'_r u^{r\prime}) = X'_4 = -X^{4\prime} = -\Omega.$$

Ω ist hier die in Ruhsystem K' der Punktladung gemessene Entfernung $\overline{RP}$, wobei R jenen Punkt der Weltlinie der Punktladung darstellt, der im Ruhsystem K' mit P gleichzeitig ist. Kurz ausgedrückt: Ω ist die in K' im Momente der Beobachtung gemessene Entfernung zwischen Punktladung und Aufpunkt. — Der Ausdruck (104a) für das Feld der geradlinig gleichförmig bewegten Punktladung läßt sich also schreiben

$$4\pi F_{ik} = \frac{\varepsilon}{\Omega^3}(u_i X_k - u_k X_i). \tag{104b}$$

51. Feld der Punktladung bei der Hyperbelbewegung[1]. Die Gleichung (104) läßt sich auch leicht für den Fall der Hyperbelbewegung (Ziff. 31) spezialisieren. Die dabei erhaltenen Formeln haben darum eine allgemeinere Bedeutung, weil sich aus ihnen die Rückwirkung des Eigenfeldes auf die bewegte Ladung berechnen läßt, was zum Ausdruck für die elektromagnetische Masse des Elektrons führt (Ziff. 40 u. 41).

Wir wollen im folgenden die imaginäre Zeitkoordinate $y^4 = ict$ benutzen, so daß $g_{ik} = \delta_{ik}$ wird. Dadurch wird die hyperbolische Weltlinie der Punktladung auf einen Kreis abgebildet. Ihre Gleichung lautet:

$$\xi^1 = \xi\cos\psi, \qquad \xi^2 = \eta, \qquad \xi^3 = \zeta, \qquad \xi^4 = \xi\sin\psi,$$

wobei ξ, η, ζ Konstante sind und $s/\xi = \psi$ gesetzt ist. s ist die imaginäre Eigenzeit (Ziff. 29). Die Koordinaten des Aufpunktes werden in analoger Weise ausgedrückt:

$$y^1 = R\cos\varphi, \qquad y^2 = y, \qquad y^3 = z, \qquad y^4 = R\sin\varphi.$$

Dann sind die in (104) auftretenden Größen:

$$\left.\begin{aligned} X^1 &= R\cos\varphi - \xi\cos\psi, & u^1 &= i\sin\psi,\\ X^2 &= y - \eta, & u^2 &= 0,\\ X^3 &= z - \zeta, & u^3 &= 0,\\ X^4 &= R\sin\varphi - \xi\sin\psi, & u^4 &= -i\cos\psi. \end{aligned}\right\} \tag{105}$$

$$\left.\begin{aligned} \frac{du^1}{d\tau} &= \frac{1}{\xi}\cos\psi,\\ \frac{du^2}{d\tau} &= \frac{du^3}{d\tau} = 0,\\ \frac{du^4}{d\tau} &= \frac{1}{\xi}\sin\psi. \end{aligned}\right\} \quad (105\text{a}) \qquad \left.\begin{aligned} (u_r X^r) &= iR\sin(\psi - \varphi),\\ X_r\frac{du^2}{d\tau} &= -1 + \frac{R}{\xi}\cos(\psi - \varphi). \end{aligned}\right\} \quad (105\text{b})$$

Der zum Lichtpunkt Q gehörige Wert des Parameters ψ ergibt sich aus der Gleichung $X_i X^i = 0$, die mit der Substitution

$$r^2 = (R - \xi)^2 + (y - \eta)^2 + (z - \zeta)^2 \tag{106}$$

übergeht in

$$r^2 + 2R\xi - 2R\xi\cos(\psi - \varphi) = 0.$$

---

[1]) M. BORN, Ann. d. Phys. Bd. 30, S. 1. 1909.

Daher
$$\cos(\psi_Q - \varphi) = \frac{r^2 + 2R\xi}{2R\xi}, \qquad \sin(\psi_Q - \varphi) = \frac{-ir}{2R\xi}\sqrt{r^2 + 4R\xi}. \tag{107}$$

Einsetzen der Werte (105), (105a) und (105b) in den Ausdruck (104) für die Feldkomponenten ergibt bei Übergang zu GAUSSschen Einheiten unter Berücksichtigung von (107):

$$\left.\begin{aligned}
\mathfrak{E}_x &= i\sqrt{4\pi}\,F_{14} = \frac{ie[R - \xi\cos(\psi - \varphi)]}{\xi R^2 \sin^3(\psi_Q - \varphi)} = \frac{4e\xi^2[r^2 - 2R(R-\xi)]}{r^3(r^2 + 4R\xi)^{\frac{3}{2}}},\\
\mathfrak{E}_y &= i\sqrt{4\pi}\,F_{24} = \frac{ie(y-\eta)}{\xi R^2\sin^3(\psi - \varphi)} = \frac{8e(y-\eta)R\xi^2}{r^3(r^2+4R\xi)^{\frac{3}{2}}},\\
\mathfrak{E}_z &= \frac{ie(z-\zeta)}{\xi R^2\sin^3(\psi-\varphi)} = \frac{8e(z-\zeta)R\xi^2}{r^3(r^2+4R\xi)^{\frac{3}{2}}}.
\end{aligned}\right\} \tag{108}$$

e bedeutet hier die in GAUSSschen Einheiten gemessene Ladung.

In einem Bezugssystem K^0, das in dem durch die Zeitkoordinate des Aufweltpunktes gegebenen Zeitmoment relativ zum Elektron gerade ruht, ist $\mathfrak{H} = 0$ und es findet daher in diesem Zeitmoment in K^0 auch keine Ausstrahlung statt.

52. Die Rückwirkung des Eigenfeldes auf die Ladung. Elektromagnetische Masse des Elektrons. Ein endliches, geladenes Materiestück M führe als starrer Körper eine Hyperbelbewegung mit der Beschleunigung b aus. Das von M im augenblicklichen Ruhsystem K^0 erzeugte Feld wird erhalten, indem man in den Ausdrücken (108), (108a)

$$e = \varrho(\xi, \eta, \zeta)\,d\xi\,d\eta\,d\zeta = \varrho\,d\Sigma$$

setzt und über das Volum von M integriert.

Die ponderomotorische Kraft auf ein an der Stelle $\bar{\xi}$, $\bar{\eta}$, $\bar{\zeta}$ von M befindliches Volumelement $d\Sigma$ ergibt sich aus dem so erhaltenen Ausdruck für $\mathfrak{E}$ durch Multiplikation mit

$$\varrho(\bar{\xi}, \bar{\eta}, \bar{\zeta})\,d\bar{\xi}\,d\bar{\eta}\,d\bar{\zeta} = \bar{\varrho}\,d\bar{\Sigma}.$$

Die gesamte Rückwirkung des Eigenfeldes wird dann durch nochmalige Integration über das Volum von M erhalten:

$$\left.\begin{aligned}
\mathfrak{K}_x &= 4\iint \varrho\,\bar{\varrho}\,\frac{\xi^2[2R(R-\xi) - r^2]}{r^3(r^2+4\xi R)^{\frac{3}{2}}}\,d\Sigma\,d\bar{\Sigma},\\
\mathfrak{K}_y &= 8\iint \varrho\,\bar{\varrho}\,\frac{\xi^2 R(y-\eta)}{r^3(r^2+4\xi R)^{\frac{3}{2}}}\,d\Sigma\,d\bar{\Sigma},
\end{aligned}\right\} \tag{109}$$

mit einem analogen Ausdruck für $\mathfrak{K}_z$. — In diesen Gleichungen kann $R = y^1$ gesetzt werden, weil in K^0 der Aufpunkt mit dem Mittelpunkt der Hyperbel gleichzeitig ist und daher $\varphi = 0$ ist.

Zur Berechnung der elektromagnetischen Masse des Elektrons denkt man sich das Materiestück M kugelförmig und mit gleichförmiger Raum- oder Flächenladung versehen. Es zeigt sich dann, daß $\mathfrak{K}_y = \mathfrak{K}_z = 0$ ist; den Ausdruck (109) für $\mathfrak{K}_x$ formt man durch eine Verschiebung des Koordinatensystems um, indem man den Mittelpunkt des Elektrons zum Koordinatenursprung macht[1]). Der Abstand α zwischen Hyperbelmittelpunkt und Mittelpunkt des Elektrons ist gemäß Gleichung (46), Ziff. 31 mit der Beschleunigung b durch die Beziehung

[1]) M. v. LAUE, Die Relativitätstheorie. Bd. I, 4. Aufl., § 20c, Gleichung (231).

$\alpha = c^2/b$ verknüpft. Da $\mathfrak{K}$ mit b zugleich das Vorzeichen wechselt, entwickelt man $\mathfrak{K}$ nach ungeraden Potenzen von b in der Form

$$\mathfrak{K} = -b(m_0 + m_2 b^2 + \cdots)$$

und erhält in Einklang mit der von ABRAHAM auf anderem Wege hergeleiteten Formel [Gleichung (91), Ziff. 45]

$$m_0 = \frac{1}{6\pi c^2}\iint \frac{\varrho\bar{\varrho}}{r}\, d\Sigma\, d\bar{\Sigma} = \frac{4}{3}\,\frac{E_{st}}{c^2}, \tag{91}$$

wobei E_{st} die elektrostatische Energie des Elektrons ist.

Die Gleichung (91) stellt in zweifacher Hinsicht eine Näherungsformel dar, denn sie ist für den Fall konstanter Ruhbeschleunigung (Hyperbelbewegung) hergeleitet worden und ist außerdem durch Reihenentwicklung unter Beschränkung auf kleine Beschleunigungen gewonnen worden.

Bei einer ungleichförmig beschleunigten Bewegung tritt noch ein von der Reaktionskraft der Strahlung herrührendes Glied hinzu, das in der nächsten Ziffer behandelt werden soll.

53. Das Strahlungsfeld des bewegten Dipols. Die Berechnung der Felder bewegter Ladungen läßt sich in manchen Fällen dadurch erleichtern, daß man durch eine Lorentztransformation auf ein Bezugssystem übergeht, in dem die Feldstärken in einfacherer Weise ermittelt werden können. Dieses schon in den Ziff. 47 bis 49 benutzte Verfahren gestattet es auch, das Feld eines oszillierenden Dipols, dessen Mittelpunkt überdies gegen den Beobachter eine gleichförmig geradlinige Bewegung ausführt, aus den bekannten HERTZschen Formeln für den ruhenden Dipol herzuleiten.

Das variable elektrische Moment des Dipols sei mit $\mathfrak{p}$ bezeichnet; die Geschwindigkeit seiner positiven Punktladung mit $\mathfrak{u}$; die Ladung selbst mit e, daher gilt $\dot{\mathfrak{p}} = e\mathfrak{u}$. $\mathfrak{r}$ sei der vom Dipolmittelpunkt zum Aufpunkt gezogene Vektor; r dessen Betrag und $\mathfrak{r}_1 = \mathfrak{r}/r$ der zugehörige Einheitsvektor. K^0 sei ferner ein Bezugssystem, das relativ zum Dipolmittelpunkt ruht. Wir legen um diesen Mittelpunkt eine Kugelfläche, deren Radius sehr groß sei gegenüber der Wellenlänge der vom Dipol ausgesendeten Strahlung. Das Gebiet außerhalb dieser Kugelfläche wird als die Wellenzone bezeichnet. Das Feld des Dipols für die Wellenzone ist für das System K^0 gegeben durch[1]):

$$\left.\begin{aligned} \mathfrak{E} &= \frac{1}{c^2 r}[\mathfrak{r}_1[\mathfrak{r}_1\ddot{\mathfrak{p}}]] = \frac{e}{c^2 r}[\mathfrak{r}_1[\mathfrak{r}_1\dot{\mathfrak{u}}]], \\ \mathfrak{H} &= \frac{1}{c^2 r}[\mathfrak{r}_1\ddot{\mathfrak{p}}] = [\mathfrak{r}_1\mathfrak{E}]. \end{aligned}\right\} \tag{110}$$

Gemäß (110) stehen $\mathfrak{r}_1$, $\mathfrak{E}$ und $\mathfrak{H}$ aufeinander senkrecht. Zeichnet man auf der Kugelwelle ein System von Meridianen und Parallelkreisen mit der Dipolachse als Polarachse, so weist in jedem Punkte der Kugel $\mathfrak{E}$ in die Richtung des Meridians und $\mathfrak{H}$ in die Richtung des Parallelkreises. In den Polen verschwinden die Feldstärken; es findet keine Ausstrahlung in der Richtung der Dipolachse statt.

Die Schwingung des Dipols wird durch die Ausstrahlung gedämpft; das von der oszillierenden Punktladung erzeugte Strahlungsfeld übt also außer der in der vorigen Ziffer berechneten, der Massenträgheit entsprechenden Kraft noch

---

[1]) M. ABRAHAM, Theorie der Elektrizität. Bd. II, § 9. — Zum Unterschied von der dortigen Bezeichnungsweise bedeutet in den obigen Formeln $\ddot{\mathfrak{p}}$ die zweite Ableitung von $\mathfrak{p}$ nach der in Sekunden gemessenen Zeit t, während es bei ABRAHAM die Ableitung nach der in Lichteinheiten gemessenen Zeit ct bedeutet. Aus diesem Grunde tritt bei den oben angegebenen Formeln noch der Faktor c^2 im Nenner auf.

eine dämpfende Kraft aus, die als die **Reaktionskraft der Strahlung** bezeichnet wird. Ihr Betrag läßt sich aus der Überlegung berechnen, daß ihre Arbeitsleistung gleich der Strahlungsleistung des Dipols sein muß. Bezeichnet man die Reaktionskraft der Strahlung mit $\mathfrak{K}_s$, so gilt[1]):

$$\mathfrak{K}_s = \frac{2}{3}\frac{e^2}{c^3}\frac{d^2\mathfrak{u}}{dt^2}. \tag{111}$$

Sowohl die Formeln (110) für die Feldstärken als auch Gleichung (111) für die Reaktionskraft stellen Näherungsausdrücke dar. Bei der Ableitung der ersteren sind Terme von der Größenordnung $\lambda/2\pi r$ gegen 1 vernachlässigt worden; die letztere gilt nur für Geschwindigkeiten $\mathfrak{u}$, die klein gegen c sind.

Für einen relativ zum Dipol bewegten Beobachter ergeben sich nun die Feldstärken durch entsprechende Transformation auf ein gegen K^0 bewegtes Bezugssystem K. Es bedeute: $\mathfrak{v}$ die Relativgeschwindigkeit zwischen Beobachter und Dipolmittelpunkt; $\dot{\mathfrak{u}}$ die Beschleunigung der positiven Punktladung des Dipols zur Zeit $t - r/c$; $\mathfrak{r}$ den Radiusvektor vom Dipolmittelpunkt zum Aufpunkt zur Zeit $t - r/c$; $\mathfrak{R}$ den entsprechenden Radiusvektor zur Zeit t; $\mathfrak{r}_1$ und $\mathfrak{R}_1$ die zugehörigen Einheitsvektoren und ϑ den Winkel zwischen $\mathfrak{v}$ und $\mathfrak{r}$. Man findet durch Ausführung der Transformationen für das in K gemessene Feld:

$$\left.\begin{aligned} \mathfrak{E} &= \frac{e}{c^2 r}\frac{1}{(1-\beta\cos\vartheta^3)}[\mathfrak{r}_1[\mathfrak{R}_1\dot{\mathfrak{u}}]], \\ \mathfrak{H} &= [\mathfrak{r}_1\mathfrak{E}]. \end{aligned}\right\} \tag{110'}$$

Zu denselben Formeln kann man mit etwas größerem Rechenaufwand auch durch direkte Anwendung der allgemeinen Formeln (101) für die Felder beliebig bewegter Punktladungen gelangen, wenn man die bei der Berechnung der Dipolstrahlung üblichen Vernachlässigungen macht[2]).

ABRAHAM[3]) und LAUE[4]) haben ferner durch Anwendung der Lorentztransformation den Ausdruck für die Reaktionskraft $\mathfrak{K}_s$ im System K berechnet. Es ergibt sich:

$$\mathfrak{K}_s = \frac{2e^3}{3c^3}\frac{1}{1-\beta^2}\left\{\ddot{\mathfrak{u}} + \dot{\mathfrak{u}}\frac{3(\mathfrak{v}\dot{\mathfrak{u}})}{c(1-\beta^2)} + \frac{\mathfrak{v}}{c^2(1-\beta^2)}\left[(\mathfrak{v}\ddot{\mathfrak{u}}) + \frac{3(\mathfrak{v}\dot{\mathfrak{u}})^2}{c^2(1-\beta^2)}\right]\right\}. \tag{111'}$$

Der Wert dieser Formel liegt darin, daß bei ihrer Anwendung die den Gültigkeitsbereich der Gleichung (111) einschränkende Bedingung $\mathfrak{u} \ll c$ wegfällt.

Unabhängig von den relativistischen Betrachtungen, aber in etwas umständlicherer Weise läßt sich Gleichung (111') auch aus der Impulsbilanz der Elektronentheorie herleiten[5]).

IV. Die Elektrodynamik bewegter ponderabler Körper.

a) Die Ansätze der älteren Theorien.

54. Das Verhältnis der phänomenologischen MAXWELLschen Gleichungen zu den Grundgleichungen der Elektronentheorie. Der Einfluß der Polarisations-, Leitungs- und Magnetisierungserscheinungen auf die Felder in materiellen Körpern

[1]) M. ABRAHAM, Theorie der Elektrizität. Bd. II, § 9.
[2]) W. PAULI, Enzyklop. d. math. Wiss. Bd. V, S. 19, Ziff. 32.
[3]) M. ABRAHAM, Theorie der Elektrizität. Bd. II, § 49.
[4]) M. v. LAUE, Ann. d. Phys. Bd. 28, S. 436. 1909.
[5]) M. ABRAHAM, Theorie der Elektrizität. Bd. II, § 15. — Man findet dort auch Spezialisierungen der Formel (111') für die Fälle gleichförmiger Bewegung längs eines Kreises und längs einer Kreisschraube.

wird in der MAXWELLschen Theorie dadurch berücksichtigt, daß neben den Feldstärken $\mathfrak{E}$ und $\mathfrak{H}$ noch folgende Vektorgrößen eingeführt werden:

$\mathfrak{D}$ Elektrische Verschiebung,
$\mathfrak{B}$ magnetische Induktion,
$\mathfrak{J}$ Dichte des Leitungsstromes.

Die gegenseitige Abhängigkeit dieser Größen wird für ruhende Körper durch die MAXWELL-HERTZschen Gleichungen gegeben:

$$\operatorname{rot}\mathfrak{H} = \frac{1}{c}(\dot{\mathfrak{D}} + 4\pi\mathfrak{J}), \qquad \operatorname{div}\mathfrak{D} = 4\pi\varrho, \tag{112}$$

$$\operatorname{rot}\mathfrak{E} = -\frac{1}{c}\dot{\mathfrak{B}}, \qquad \operatorname{div}\mathfrak{B} = 0, \tag{112a}$$

$$\mathfrak{D} = \varepsilon\mathfrak{E}, \tag{113}$$

$$\mathfrak{B} = \mu\mathfrak{H}, \tag{113a}$$

$$\mathfrak{J} = \sigma\mathfrak{E}. \tag{114}$$

Das Verhältnis dieser Gleichungen zu den Grundgleichungen (47) und (47a) bzw. (I) und (Ia) ist vom Standpunkt der Elektronentheorie das folgende: Die Gleichungen (I) und (Ia) sind die allgemein und exakt gültigen Gesetze des Zusammenhanges zwischen Feld und Ladungen. Ihre exakte Integration würde aber einerseits die vollständige Kenntnis der Verteilung und Bewegung aller im Körper befindlichen korpuskularen Ladungen erfordern, die zum Feld beitragen, und würde andererseits mehr Details des Feldes liefern als man braucht. Ebenso wie es in der Geographie unmöglich und auch überflüssig wäre, die Lage jedes einzelnen Kieselsteines und jedes einzelnen Grashalmes eines bestimmten Landstriches anzugeben, kann und muß man bei der Beschreibung elektromagnetischer Felder darauf verzichten, den genauen Wert des Feldes in jedem einzelnen Punkt zu kennen. Wegen der makroskopischen Abmessungen unserer Probekörper, mit denen das Feld sondiert wird, kommt es vielmehr nur auf die Mittelwerte des Feldes über „physikalisch unendlich kleine" Weltgebiete an. Wenn man bei der Bildung der Mittelwerte der Feldgrößen in ruhenden materiellen Körpern die Wirkung der Polarisations-, Leitungs- und Magnetisierungselektronen berücksichtigt, so gelangt man auf dem von LORENTZ[1]) angegebenen Wege von den Grundgleichungen (47), (47a) zu den phänomenologischen Gleichungen (112) bis (114) der MAXWELLschen Theorie. Bezeichnen wir der Unterscheidung halber die exakten Werte der Feldstärken in jedem einzelnen Punkte des Feldes mit $\mathfrak{e}$ und $\mathfrak{h}$ und deuten wir die Mittelwertbildung durch Querstriche an, so gelten für die makroskopisch beobachtbaren Feldgrößen $\mathfrak{E}$, $\mathfrak{H}$, $\mathfrak{D}$, $\mathfrak{B}$ und ϱ folgende Beziehungen:

$$\mathfrak{E} = \bar{\mathfrak{e}}, \qquad \mathfrak{B} = \bar{\mathfrak{h}}, \tag{115}$$

$$\mathfrak{D} = \mathfrak{E} + 4\pi\mathfrak{P}, \tag{116}$$

$$\mathfrak{H} = \mathfrak{B} - 4\pi\mathfrak{M}, \tag{116a}$$

$$\varrho = \bar{\varrho} + \operatorname{div}\mathfrak{P}. \tag{117}$$

Hier bedeutet die Polarisation $\mathfrak{P}$ das elektrische und die Magnetisierung $\mathfrak{M}$ das magnetische Moment pro Volumeinheit des Körpers.

---

[1]) H. A. LORENTZ, Enzykl. d. math. Wiss. Art. V, S. 14, Kap. IV; M. ABRAHAM, Theorie der Elektrizität. Bd. II, § 28. — Vgl. auch Kap. II ds. Bandes.

Wenn man von der durch Dispersion, Hysteresis usw. verursachten Inkonstanz von ε und μ absieht, geben die phänomenologischen Gleichungen (112) bis (114) die elektromagnetischen Vorgänge in ruhenden Körpern richtig wieder. Ihre Übertragung auf bewegte Körper soll in den folgenden Ziffern besprochen werden.

55. Die LORENTZschen Gleichungen für bewegte Körper. Schon vor Aufstellung der Relativitätstheorie hatte LORENTZ durch Anwendung der obenerwähnten Mittelwertbildungen Gleichungen für die elektromagnetischen Vorgänge in bewegten Körpern gewonnen, deren Herleitung im nachstehenden für den Fall nichtmagnetisierbarer Körper angedeutet werden soll[1]).

Dem Gesichtspunkt der ursprünglichen Elektronentheorie entsprechend gelten die Gleichungen (47) und (47a) für das im Äther ruhende Bezugssystem; die Bewegung der mit einem materiellen Körper verbundenen Ladungen ruft einen Konvektionsstrom hervor, der in die mittlere Gesamtstromdichte $\overline{\varrho\mathfrak{u}}$ mit einzubeziehen ist. Es sei $\mathfrak{v}$ die Geschwindigkeit des materiellen Körpers gegen den Äther und $\mathfrak{u}'$ die Geschwindigkeit der Ladungen gegen den Körper, dann gilt:

$$\mathfrak{u} = \mathfrak{v} + \mathfrak{u}' \tag{118}$$

und daher ist der Mittelwert des Gesamtstromes:

$$\overline{\varrho\mathfrak{u}} = \bar{\varrho}\,\mathfrak{v} + \overline{\varrho\mathfrak{u}'}. \tag{118a}$$

Die Strömung relativ zum Körper setzt sich nun aus dem Leitungsstrom $\mathfrak{J}$ und dem Polarisationsstrom $\partial'\mathfrak{P}/\partial t$ zusammen, wobei $\partial'/\partial t$ die zeitliche Änderung an einer bestimmten Stelle des Körpers bedeutet. Der Zusammenhang zwischen $\partial'\mathfrak{P}/\partial t$ und der Änderung von $\mathfrak{P}$ an einer bestimmten Stelle des Raumes $\partial\mathfrak{P}/\partial t$ ist gegeben durch

$$\frac{\partial'\mathfrak{P}}{\partial t} = \frac{\partial\mathfrak{P}}{\partial t} + \mathfrak{v}\,\mathrm{div}\,\mathfrak{P} + \mathrm{rot}[\mathfrak{P}\mathfrak{v}]\,. \tag{119}$$

Setzt man dies in (118a) ein, so erhält man unter Berücksichtigung von (117)

$$\overline{\varrho\mathfrak{u}} = \varrho\,\mathfrak{v} + \mathfrak{J} + \frac{\partial\mathfrak{P}}{\partial t} + \mathrm{rot}\,[\mathfrak{P}\mathfrak{v}]\,.$$

Dies liefert mit (116) die erste Hauptgleichung für bewegte unmagnetisierbare Körper:

$$\mathrm{rot}\,\mathfrak{H} = \frac{1}{c}\,\frac{\partial\mathfrak{D}}{\partial t} + \frac{4\pi}{c}\{\mathfrak{J} + \varrho\,\mathfrak{v} + \mathrm{rot}\,[\mathfrak{P}\mathfrak{v}]\}\,. \tag{120}$$

Statt (120) läßt sich gemäß (116) auch schreiben:

$$\mathrm{rot}\,\mathfrak{H} = \frac{1}{c}\left\{\frac{\partial\mathfrak{D}}{\partial t} + \mathrm{rot}[(\mathfrak{D} - \mathfrak{E})\,\mathfrak{v}]\right\} + \frac{4\pi}{c}\,(\mathfrak{J} + \varrho\,\mathfrak{v})\,. \tag{120'}$$

In das zweite MAXWELLsche Gleichungstripel geht die Bewegung der Materie überhaupt nicht ein; es lautet also auch für bewegte Körper:

$$\mathrm{rot}\,\mathfrak{E} = -\,\frac{1}{c}\,\frac{\partial\mathfrak{B}}{\partial t}\,, \tag{120a}$$

wobei für unmagnetisierbare Körper $\mathfrak{B} = \mathfrak{H}$ zu setzen ist. Die Gleichung (120a) stellt bekanntlich das FARADAYsche Induktionsgesetz dar; das Vorhandensein von Wirbeln der elektrischen Feldstärke äußert sich experimentell durch das Auftreten induzierter Ströme. Bei der Berechnung des Leitungsstromes im be-

---

[1]) H. A. LORENTZ, Proc. Amsterdam Bd. 11, S. 305. 1902; Enzykl. math. Wiss. Art. V, Nr. 26—34, S. 14; M. ABRAHAM, Theorie der Elektrizität. Bd. II, §§ 35 u. 36.

wegten Körper hat man zu beachten, daß die auf die Einheit der mit der Geschwindigkeit $\mathfrak{u}$ bewegten Ladungen wirkende Kraft nicht $\mathfrak{E}$ ist, sondern

$$\mathfrak{f} = \mathfrak{e} + \frac{1}{c}[\mathfrak{u}\mathfrak{h}].$$

Wenn wir hiervon die Mittelwerte bilden und die Gleichungen (115) und (118) berücksichtigen, erhalten wir

$$\mathfrak{F} = \mathfrak{E}^* + \frac{1}{c}[\mathfrak{u}'\mathfrak{B}], \tag{121}$$

wobei gesetzt ist

$$\mathfrak{E}^* = \mathfrak{E} + \frac{1}{c}[\mathfrak{v}\mathfrak{B}]. \tag{122}$$

$\mathfrak{E}^*$ ist die Kraft, die auf relativ zum betrachteten Körper ruhende Ladungen wirkt; sie wird als die „treibende elektrische Kraft" bezeichnet. Der Leitungsstrom muß natürlich der treibenden elektrischen Kraft proportional sein; die Differentialform des OHMschen Gesetzes für bewegte Körper lautet daher:

$$\mathfrak{J} = \sigma\,\mathfrak{E}^*, \tag{123}$$

wobei vorausgesetzt ist, daß die Leitfähigkeit σ durch die Bewegung des Körpers nicht geändert wird, was in erster Näherung sicher zutrifft.

Wegen (122) und (119) gilt mit Rücksicht auf $\operatorname{div}\mathfrak{B} = 0$

$$\operatorname{rot}\mathfrak{E}^* = -\frac{1}{c}\left\{\frac{\partial\mathfrak{B}}{\partial t} + \operatorname{rot}[\mathfrak{B}\mathfrak{v}]\right\} = -\frac{1}{c}\frac{\partial'\mathfrak{B}}{\partial t}. \tag{120a'}$$

Der Vektor $\mathfrak{E}^*$ ist auch für die Verschiebung der Polarisationselektronen maßgebend. Es gilt also

$$4\pi\mathfrak{P} = (\varepsilon - 1)\,\mathfrak{E}^*,$$

und daher tritt für bewegte Körper an Stelle der Gleichung $\mathfrak{D} = \varepsilon\,\mathfrak{E}$ die Beziehung

$$\left.\begin{aligned} \mathfrak{D} &= \mathfrak{E} + (\varepsilon - 1)\,\mathfrak{E}^*, \\ \text{oder}\quad \mathfrak{D} &= \varepsilon\,\mathfrak{E} + \frac{\varepsilon - 1}{c}[\mathfrak{v}\mathfrak{B}]. \end{aligned}\right\} \tag{124}$$

Die LORENTZschen Gleichungen für bewegte unmagnetisierbare Körper heißen demnach:

$$\operatorname{rot}\mathfrak{H} = \frac{1}{c}\left\{\frac{\partial\mathfrak{D}}{\partial t} + \operatorname{rot}[(\mathfrak{D} - \mathfrak{E})\,\mathfrak{v}]\right\} + \frac{4\pi}{c}(\mathfrak{J} + \varrho\,\mathfrak{v}), \quad \operatorname{div}\mathfrak{D} = 4\pi\varrho, \tag{120}$$

$$\operatorname{rot}\mathfrak{E}^* = -\frac{1}{c}\frac{\partial'\mathfrak{B}}{\partial t}, \qquad \operatorname{div}\mathfrak{B} = 0, \tag{120a}$$

$$\mathfrak{F} = \mathfrak{E}^* + \frac{1}{c}[\mathfrak{u}'\mathfrak{B}], \tag{121}$$

$$\mathfrak{E}^* = \mathfrak{E} + \frac{1}{c}[\mathfrak{v}\mathfrak{B}], \tag{122}$$

$$\mathfrak{J} = \sigma\,\mathfrak{E}^*, \tag{123}$$

$$\mathfrak{D} = \varepsilon\,\mathfrak{E} + \frac{\varepsilon - 1}{c}[\mathfrak{v}\mathfrak{B}], \tag{124}$$

$$\mathfrak{B} = \mathfrak{H}. \tag{124a}$$

56. Die Theorie von HEINRICH HERTZ. Wie schon in Ziff. 3 erwähnt, hat HERTZ[1]) im Jahre 1890 eine Theorie der elektromagnetischen Erscheinungen in

[1]) H. HERTZ, Wied. Ann. Bd. 41, S. 369. 1890; Ges. Werke. Bd. II, S. 256. 1894.

bewegten Körpern entwickelt, die den extremen Gegensatz zur Theorie des ruhenden Äthers darstellt. Nach HERTZ nimmt der Äther an der Bewegung jedes noch so kleinen materiellen Körpers teil, was von vornherein in Widerspruch zum Ergebnis des FIZEAUschen Versuches steht. Dagegen würde die HERTZsche Theorie den negativen Ausfall der Ätherdriftexperimente erklären. Sie erfüllt das Relativitätsprinzip der klassischen Mechanik; ihre Gleichungen sind gegenüber der Galileitransformation invariant, wie sich am einfachsten an ihrer Integralform zeigen läßt[1]). Die Differentialform der HERTZschen Gleichungen lautet:

$$\operatorname{rot}\mathfrak{H} = \frac{1}{c}\left\{\frac{\partial\mathfrak{D}}{\partial t} + \operatorname{rot}[\mathfrak{D}\mathfrak{v}]\right\} + \frac{4\pi}{c}(\mathfrak{J} + \varrho\mathfrak{v}), \qquad \operatorname{div}\mathfrak{D} = 4\pi\varrho. \tag{125}$$

$$\operatorname{rot}\mathfrak{E} = -\frac{1}{c}\left\{\frac{\partial\mathfrak{B}}{\partial t} + \operatorname{rot}[\mathfrak{B}\mathfrak{v}]\right\} = -\frac{1}{c}\frac{\partial'\mathfrak{B}}{\partial t}, \qquad \operatorname{div}\mathfrak{B} = 0. \tag{125a}$$

$$\mathfrak{J} = \sigma\mathfrak{E}.$$

Das zweite Gleichungstripel unterscheidet sich von den entsprechenden Gleichungen der LORENTZschen Theorie dadurch, daß auf der linken Seite $\operatorname{rot}\mathfrak{E}$ an Stelle von $\operatorname{rot}\mathfrak{E}^*$ steht. Da aber nach HERTZ die Dichte des Leitungsstromes im bewegten Körper proportional $\mathfrak{E}$ ist, nach LORENTZ hingegen proportional $\mathfrak{E}^*$, laufen beide Gleichungssysteme hinsichtlich der Aussagen über die Induktionsströme auf dasselbe hinaus.

Anders ist das beim ersten Gleichungstripel, wo bei HERTZ auf der rechten Seite der Term $\operatorname{rot}[\mathfrak{D}\mathfrak{v}]$ auftritt, an Stelle von $\operatorname{rot}[(\mathfrak{D} - \mathfrak{E})\mathfrak{v}]$ bei LORENTZ. Dementsprechend folgt aus der HERTZschen Theorie für die beim WILSONschen Versuch zu erwartende Flächenladung der Wert $\varepsilon\frac{v}{c}H$ gegenüber $(\varepsilon - 1)\frac{v}{c}H$ nach der LORENTZschen Theorie. Das Ergebnis des WILSONschen Versuches (vgl. Ziff. 9 u. 64) entscheidet zugunsten der letzteren Theorie.

b) Die phänomenologische Elektrodynamik MINKOWSKIS.

57. Die Hauptgleichungen. Die in Ziff. 55 angegebenen LORENTZschen Gleichungen für die elektromagnetischen Vorgänge in bewegten Körpern stehen mit der Erfahrung hinsichtlich der Effekte erster Ordnung in Einklang. Da aber ihre Ableitung aus den Vakuumgrundgleichungen ohne Rücksichtnahme auf die kinematischen Folgerungen der Relativitätstheorie erfolgt war, stehen sie mit dem Relativitätsprinzip in Widerspruch und vermögen das Ausbleiben der Effekte zweiter Ordnung bei den Ätherdriftexperimenten nicht zu erklären.

Um zu Gleichungen für die Vorgänge in bewegten ponderablen Körpern zu gelangen, die mit der Relativitätstheorie in Einklang stehen, kann man in zweierlei Weise vorgehen. Der eine Weg besteht in der Übertragung des LORENTZschen Gedankenganges auf die relativistische Elektrodynamik: Mittelwertbildung unter Berücksichtigung der Relativitätskinematik[2]). Der andere Weg ist der von MINKOWSKI[3]) beschrittene phänomenologische: Man verzichtet auf die Verfolgung des Zusammenhanges mit der Atomistik und stellt Gleichungen auf, die der Lorentztransformation gegenüber invariant sind und für das im Körper ruhende Bezugssystem in die durch die Erfahrung als gegeben zu betrachtenden MAXWELLschen Gleichungen (112) bis (114) übergehen. Dabei ist allerdings die

[1]) Vgl. M. v. LAUE, Die Relativitätstheorie. Bd. I, 4. Aufl., § 4b.

[2]) PH. FRANK, Ann. d. Phys. Bd. 27, S. 1059. 1908; H. MINKOWSKI u. M. BORN, Math. Ann. Bd. 68, S. 526. 1910; W. DÄLLENBACH, Ann. d. Phys. Bd. 58, S. 523. 1919.

[3]) H. MINKOWSKI, Göttinger Nachr. 1908, S. 53; A. EINSTEIN u. J. LAUB, Ann. d. Phys. Bd. 26, S. 532. 1908.

MAXWELLsche Theorie in jenem Punkte zu modifizieren, wo sie mit den Grundvorstellungen der Elektronentheorie in Widerspruch gerät, nämlich bei dem Ansatz für die ponderomotorische Kraft (Ziff. 60).

Um die phänomenologischen Begriffe $\mathfrak{D}$ und $\mathfrak{B}$ der MAXWELLschen Theorie in das vierdimensionale Schema der Feldgleichungen (I) und (Ia) einzufügen, muß man neben dem Feldtensor F_{ik} noch einen zweiten ebenfalls antisymmetrischen Tensor H_{ik} nach folgendem Übersetzungsschema einführen:

$$\left.\begin{array}{lllllll} & \frac{1}{\sqrt{4\pi}}\cdot\{\mathfrak{E}_x, & \mathfrak{E}_y, & \mathfrak{E}_z, & \mathfrak{B}_x, & \mathfrak{B}_y, & \mathfrak{B}_z\}, \\ & F_{14}, & F_{24}, & F_{34}, & F_{23}, & F_{31}, & F_{12}, \\ \text{bzw.} & F^*_{23}, & F^*_{31}, & F^*_{12}, & F^*_{14}, & F^*_{24}, & F^*_{34}. \end{array}\right\} \tag{49a}$$

$$\left.\begin{array}{lllllll} & \frac{1}{\sqrt{4\pi}}\cdot\{\mathfrak{D}_x, & \mathfrak{D}_y, & \mathfrak{D}_z, & \mathfrak{H}_x, & \mathfrak{H}_y, & \mathfrak{H}_z\}, \\ & H_{14}, & H_{24}, & H_{34}, & H_{23}, & H_{31}, & H_{12}, \\ \text{bzw.} & H^*_{23}, & H^*_{31}, & H^*_{12}, & H^*_{14}, & H^*_{24}, & H^*_{34}. \end{array}\right\} \tag{49b}$$

Unter Benutzung dieser Größen lassen sich die MAXWELLschen Gleichungen (112) und (112a) folgendermaßen schreiben:

$$\frac{\partial H^{ik}}{\partial x_k} = s^i, \tag{I'}$$

$$\frac{\partial F_{ik}}{\partial x_l} + \frac{\partial F_{kl}}{\partial x_i} + \frac{\partial F_{li}}{\partial x_k} = 0 \tag{Ia}$$

bzw.

$$\frac{\partial F^{*ik}}{\partial x_k} = 0. \tag{Ib}$$

Vermöge ihrer Tensorgestalt sind diese Gleichungen der Lorentztransformation gegenüber invariant. Damit sie aber einen physikalischen Sinn erhalten, muß ihnen erst eine Vorschrift über den Zusammenhang der Feldkomponenten F_{ik} und H_{ik} mit der meßbaren ponderomotorischen Kraft hinzugefügt werden und ferner müssen die Verknüpfungsgleichungen zwischen F_{ik} und H_{ik} angegeben werden, die den Beziehungen $\mathfrak{D} = \varepsilon\mathfrak{E}$ und $\mathfrak{B} = \mu\mathfrak{H}$ der MAXWELLschen Theorie entsprechen. Die erstgenannte Vorschrift wird in Ziff. 60 gegeben werden. Um die letzteren zu finden, hat man lineare Gleichungen mit Tensorcharakter zwischen den Komponenten von F_{ik} und H_{ik} aufzustellen, die in dem relativ zur Materie ruhenden Bezugssystem in die Beziehungen $\mathfrak{D} = \varepsilon\mathfrak{E}$ und $\mathfrak{B} = \mu\mathfrak{H}$ übergehen.

Wir wollen im folgenden immer das relativ zum betrachteten ponderablen Körper ruhende Bezugssystem als das Ruhsystem K^0 bezeichnen, während K ein gegen K^0 gleichförmig geradlinig bewegtes Bezugssystem sei. Die Vierergeschwindigkeit des Körpers gegen das verwendete Bezugssystem K sei v^i. Dann sind die gesuchten Beziehungen zwischen F_{ik} und H_{ik} gegeben durch:

$$H_{ik}v^k = \varepsilon F_{ik}v^k, \tag{113'}$$

$$F^*_{ik}v^k = \mu H^*_{ik}v^k. \tag{113a'}$$

Eine der letzten Gleichung äquivalente Form ist

$$F_{ik}v^l + F_{kl}v^i + F_{li}v^k = \mu(H_{ik}v^l + H_{kl}v^i + H_{li}v^k). \tag{113b'}$$

Bezogen auf K^0 ist nämlich $v^1 = v^2 = v^3 = 0$, $v^4 = 1$. Somit gehen, wie man leicht einsieht, die Gleichungen (113') und (113a') im Ruhsystem tatsächlich in die Verknüpfungsgleichungen $\mathfrak{D} = \varepsilon\mathfrak{E}$, $\mathfrak{B} = \mu\mathfrak{H}$ über.

Schließlich braucht man noch eine invariante Formulierung des differentiellen OHMschen Gesetzes (114). Seine Aufstellung erfordert eine Analyse des Begriffes des Leitungsstromes in der vierdimensionalen Ausdrucksweise; sie wird in Ziff. 59 gegeben werden.

58. Diskussion der MINKOWSKIschen Ansätze. Grenzbedingungen. Die Gleichungen (I'), (Ia) und (113'), (113a') beanspruchen ihrer Herleitung gemäß strenge Gültigkeit nur für gleichförmig geradlinig bewegte Körper, können aber näherungsweise auch für ungleichförmig bewegte Körper verwendet werden, und zwar mit um so besserer Näherung, je kleiner die auftretenden Beschleunigungen sind.

Beim Übergang zu einem Bezugssystem, das sich gegen das ursprüngliche gleichförmig geradlinig bewegt, transformieren sich die Feldkomponenten F_{ik} und H_{ik} natürlich nach den allgemeinen Formeln (62) der Tensortransformation. Eine Übertragung dieser Formeln auf die Vektorschreibweise führt zu folgenden Transformationsformeln für die parallel und senkrecht zur Bewegungsrichtung liegenden Komponenten von $\mathfrak{E}$, $\mathfrak{B}$, $\mathfrak{D}$ und $\mathfrak{H}$:

$$\left.\begin{aligned} \mathfrak{E}'_p &= \mathfrak{E}_p, & \mathfrak{E}'_n &= \varkappa\left(\mathfrak{E} + \frac{1}{c}[\mathfrak{v}\mathfrak{B}]\right)_n, \\ \mathfrak{B}'_p &= \mathfrak{B}_p, & \mathfrak{B}'_n &= \varkappa\left(\mathfrak{B} - \frac{1}{c}[\mathfrak{v}\mathfrak{E}]\right)_n, \\ \mathfrak{D}'_p &= \mathfrak{D}_p, & \mathfrak{D}'_n &= \varkappa\left(\mathfrak{D} + \frac{1}{c}[\mathfrak{v}\mathfrak{H}]\right)_n, \\ \mathfrak{H}'_p &= \mathfrak{H}_p, & \mathfrak{H}'_n &= \varkappa\left(\mathfrak{H} - \frac{1}{c}[\mathfrak{v}\mathfrak{D}]\right)_n. \end{aligned}\right\} \tag{126}$$

Hier bedeutet $\mathfrak{v}$ die Relativgeschwindigkeit des Systems K' gegen K und die Indizes n und p bezeichnen die Komponenten normal bzw. parallel zur Bewegungsrichtung.

Die drei räumlichen Komponenten der Gleichungen (113') und (113a') lauten demnach in der dreidimensionalen Schreibweise:

$$\mathfrak{D}' = \varepsilon\mathfrak{E}', \tag{113''}$$

$$\mathfrak{B}' = \mu\mathfrak{H}'. \tag{113a''}$$

Bei Vernachlässigung von Gliedern zweiter Ordnung in v/c und für $\mu = 1$ gehen diese Gleichungen in die entsprechenden Verknüpfungsgleichungen (124) bzw. (124a) der LORENTZschen Theorie für bewegte unmagnetisierbare Körper über.

Die Grenzbedingungen für die Trennungsflächen verschiedener Medien müssen für das Ruhsystem des Körpers mit jenen der MAXWELLschen Theorie zusammenfallen. Bezeichnet man mit dem oberen Index 0 die Werte der betreffenden Feldgrößen im Ruhsystem K_0 und mit den unteren Indizes t bzw. n die tangentiellen bzw. senkrechten Komponenten, so gilt:

$$\mathfrak{E}^0_t, \quad \mathfrak{H}^0_t, \quad \mathfrak{B}^0_n, \quad \text{stetig}$$

$$\mathfrak{D}^0_{n1} - \mathfrak{D}^0_{n2} = 4\pi\omega^0,$$

wobei ω_0 die im Ruhsystem gemessene Dichte der evtl. an der Trennungsfläche vorhandenen Flächenladungen bedeutet. Die betreffenden Grenzbedingungen in anderen Bezugssystemen gehen daraus durch die oben angegebenen Transformationen (126) hervor.

59. Leitungsstrom und OHMsches Gesetz. Der auf der rechten Seite von (I') auftretende Viererstrom s^i setzt sich zusammen aus dem durch die Bewegung der geladenen ponderablen Materie verursachten Konvektionsstrom und aus dem Leitungsstrom. (Der Polarisationsstrom ist schon in den $\mathfrak{D}$ entsprechenden Gliedern enthalten.) Bezeichnen wir den Konvektionsstrom mit K^i und den Leitungsstrom mit Λ^i, so gilt also:

$$s^i = K^i + \Lambda^i. \tag{127}$$

Um diese beiden Bestandteile getrennt zu berechnen bedenken wir, daß im Ruhsystem K^0 des Körpers die räumlichen Komponenten des Konvektionsstromes verschwinden, und daß ferner bei fehlendem Leitungsstrom in allen Bezugssystemen $s^i = K^i$ gelten muß. Wenn v^i wieder die Vierergeschwindigkeit des materiellen Körpers gegen das gewählte Bezugssystem bedeutet, so können wir diesen Bedingungen durch folgenden Ansatz Rechnung tragen:

$$K^i = -(v^k s_k) v^i, \tag{128}$$

$$\Lambda^i = s^i + (v^k s_k) v^i. \tag{129}$$

Daß dieser Ansatz die Gleichung (127) erfüllt, sieht man sofort. Ferner verschwinden im Ruhsystem des Körpers die räumlichen Komponenten von v^i und daher auch gemäß (128) jene von K^i. Schließlich gilt im Isolator $\Lambda^i = 0$, daher

$$s^i = -(v^k s_k) v^i. \tag{130}$$

Nun ist im Isolator $s_k = \varrho_0 v_k$. Setzen wir dies in (130) ein, so kommt

$$s^i = -\varrho_0 (v^k v_k) v^i,$$

was sich wegen $v^k v_k = -1$ [Gleichung (40), Ziff. 30] auf die Identität $s^i = \varrho_0 v^i$ reduziert.

Die Viererleitung Λ^i und die Viererkonvektion K^i stehen aufeinander normal, denn es gilt nach (128) und (129)

$$(K^i \Lambda_i) = -(v^k s_k)^2 \{1 + (v^i v_i)\}.$$

Der zweite Faktor auf der rechten Seite verschwindet wegen (40), daher ist

$$(K^i \Lambda_i) = 0. \tag{131}$$

Aus (131) folgt, daß die zeitliche Komponente von Λ^i im Ruhsystem des Körpers verschwindet, weil dort alle räumlichen Komponenten von K^i gleich Null sind. Im Ruhsystem gilt also nach (129):

$$0 = s_4 + (v^k s_k) v_4,$$

oder

$$s_4 = -(v^k s_k) v_4 = +(v^k s_k) v^4 = (v^k s_k). \tag{132}$$

Die Raumdichte ϱ der elektrischen Ladungen eines Körpers ist durch die Zeitkomponente s^4 des Viererstromes gegeben. Wir betrachten einen stromdurchflossenen Körper, der in einem relativ zu ihm ruhenden Bezugssystem K^0 elektrisch neutral sei. Dann verschwindet in K^0 der Konvektionsstrom und nach dem Obengesagten auch die zeitliche Komponente des Leitungsstromes, während dessen drei räumliche Komponenten von Null verschieden sind. Geht man nun zu einem Bezugssystem K über, das sich gegen den Körper bewegt, so wird wegen der Transformationsformeln (62) im allgemeinen s^4 von Null verschieden sein, d. h. der Körper erscheint in K geladen. Dies scheint auf den ersten Blick ein Widerspruch gegen den in Ziff. 37 abgeleiteten Satz zu sein, wonach die auf einem materiellen Körper befindliche Gesamtladung eine Invariante der Lorentztransformation ist. Nun gilt dieser Satz aber nur für die wirklich am Körper haftenden Ladungen, während man es hier mit Ladungen zu tun hat, die den Körper durchströmen. Die Ladungsdichte ist ja durch die algebraische Summe der in der Volumseinheit des Körpers gleichzeitig befindlichen Elementarladungen gegeben. Wegen der Relativität der Gleichzeitigkeit fällt nun diese Summe in verschiedenen Bezugssystemen verschieden aus, wenn sich die Ladungen gegen den Körper bewegen, wenn also Leitungsstrom vorhanden ist[1]). Für einen isolierenden Körper bleibt dagegen der erwähnte Satz von der Invarianz der Ladungen aufrecht.

Es handelt sich nun noch um eine dem Relativitätsprinzip entsprechende Formulierung des OHMschen Gesetzes. Man findet sie durch Bildung einer invarianten Gleichung zwischen Leitungsstrom und Feldkomponenten, die sich für das Ruhsystem des Körpers auf die gewöhnliche Gleichung $\mathfrak{J} = \sigma \mathfrak{E}$ reduziert. Die gesuchte Gleichung ist gegeben durch

$$\Lambda_i = s_i + (v^k s_k)\, v_i = \sigma F_{ik} v^k . \tag{114'}$$

Für das Ruhsystem des Körpers gehen nämlich die räumlichen Komponenten dieser Gleichung über in die Beziehungen

$$s_\mu = \sigma F_{\mu 4}, \qquad \mu = 1, 2, 3,$$

die der Vektorgleichung $\mathfrak{J} = \sigma \mathfrak{E}$ äquivalent sind. [Hier ist zu beachten, daß die in (114') auftretende Leitfähigkeit σ gemäß unserer Übereinkunft hinsichtlich der Einheiten im rationellen Maßsystem und in Lichteinheiten auszudrücken ist, während das in (114) auftretende σ in gewöhnlichen GAUSSschen Einheiten anzugeben ist.]

Die vierte Komponente der Gleichung (114') wird im Ruhsystem K^0:

$$s_4 + (v^k s_k)\, v_4 = 0 ,$$

was mit (132) übereinstimmt.

60. Der Energie-Impulstensor der phänomenologischen Elektrodynamik. Wie in Ziff. 57 erwähnt, erhält der Begriff der Feldkomponenten F_{ik} und H_{ik} seine reale physikalische Bedeutung erst durch die Festlegung des Zusammenhanges mit der meßbaren ponderomotorischen Kraft. Für ruhende ponderable Medien wird dieser Zusammenhang nach MAXWELL dargestellt durch

$$\mathfrak{f} = \operatorname{div} \Pi , \tag{59a}$$

wobei der dreidimensionale Spannungstensor $\Pi = s_{\mu\nu}$ für das Vakuum durch den Ansatz (58), Ziff. 35 gegeben ist, während er im Innern ponderabler Körper nach MAXWELL und HEAVISIDE den Wert hat:

$$s_{\mu\nu} = \mathfrak{E}_\mu \mathfrak{D}_\nu + \mathfrak{H}_\mu \mathfrak{B}_\nu - \tfrac{1}{2}\, \delta_\mu^\nu (\mathfrak{E}\mathfrak{D} + \mathfrak{B}\mathfrak{H}), \qquad \mu, \nu = 1, 2, 3 . \tag{58a}$$

Wie schon in Ziff. 57 erwähnt, wird der Ansatz (59a) nicht in die relativistische Elektrodynamik übernommen, weil er dem Geiste der LORENTZschen Theorie widerspricht. Nach Gleichung (59a) würden nämlich Kräfte auch auf Punkte des Vakuums ausgeübt werden, während nach der Elektronentheorie nur elektrische Ladungen als Angriffspunkte elektrodynamischer Kräfte in Frage kommen. Der Ansatz (59a) ist daher durch Hinzufügung des für die Elektronentheorie charakteristischen Gliedes $-\dot{\mathfrak{g}}$ abzuändern [s. Gleichung (59), Ziff. 35]. Gleichbedeutend damit ist es, die Gleichung (59a) unter Hinzunahme der Energiebilanz durch die vierdimensionale Gleichung

$$f_i + \frac{\partial S_i^k}{\partial x_k} = 0 \tag{VII}$$

[1]) Vgl. hierzu M. v. LAUE, Die Relativitätstheorie. Bd. I, 4. Aufl., § 21c, wo die betreffenden Verhältnisse durch Abb. 18 anschaulich gemacht werden.

zu ersetzen. Es handelt sich nun um die Frage, wie der Energie-Impulstensor S_i^k, der für das Vakuum durch die Gleichungen (VI) gegeben ist, im Inneren ponderabler Körper mit den Feldkomponenten F^{ik} und H^{ik} zusammenhängt. Die folgenden Ansätze kommen in Frage:

α) Der Ansatz von MINKOWSKI:

$$S_i^k = F_{il} H^{kl} - \tfrac{1}{2}\delta_i^k H_{lm} F^{lm}. \qquad \text{(VI a)}$$

Dieser Ansatz ist ebenso wie jener für den Energie-Impulstensor im Vakuum (VI) dadurch ausgezeichnet, daß $S_i^i = 0$ ist. In Vektorschreibweise und in GAUSSsche Einheiten übersetzt decken sich die räumlichen Komponenten dieses Ausdruckes mit dem oben angegebenen MAXWELLschen Ansatz (58a); die Komponenten mit einem Index 4 sind

$$\mathfrak{S} = \frac{c}{4\pi}[\mathfrak{E}\mathfrak{H}], \qquad \mathfrak{g} = \frac{1}{4\pi c}[\mathfrak{E}\mathfrak{H}],$$

und die 44-Komponente:

$$w = \frac{1}{8\pi}(\mathfrak{E}\mathfrak{D} + \mathfrak{B}\mathfrak{H}).$$

Setzt man den MINKOWSKIschen Ansatz (VIa) in die Gleichung (VII) für die Kraftdichte ein, so erhält man für homogene Körper (ε = konst, μ = konst) im Ruhsystem K^0:

$$(f_1, f_2, f_3)^0 = \left(\varrho\mathfrak{E} + \frac{1}{c}[\mathfrak{J}_l\mathfrak{B}]\right)^0, \qquad (f_4)^0 = (\mathfrak{J}_l\mathfrak{E})^0. \qquad (133)$$

Der obere Index 0 bedeutet, daß die betreffenden Größen im Ruhsystem K^0 zu messen sind; der Index l bei der Stromdichte $\mathfrak{J}$ bedeutet, daß der Leitungsstrom gemeint ist.

Gegen den MINKOWSKIschen Ansatz sind zwei Bedenken zu erheben. Das eine liegt, wie ABRAHAM[1]) hervorhebt, in der Unsymmetrie des Ausdruckes (VIa). Im Sinne der Elektronentheorie sind ja die Ausdrücke für die Feldgrößen in ponderablen Körpern durch Mittelwertbildung aus den exakt gültigen Vakuumgleichungen herzuleiten. Nun ist der Ausdruck (VI) für den Energie-Impulstensor im Vakuum symmetrisch[2]), welche Eigenschaft bei der Mittelwertbildung nicht verlorengehen dürfte. Es ist also zu verlangen, daß auch der Energie-Impulstensor im Inneren ponderabler Körper ein symmetrischer Tensor sei. Diese Forderung wird durch den MINKOWSKIschen Ansatz (VIa) nicht erfüllt.

Ein davon unabhängiger Einwand ist von EINSTEIN und LAUB[3]) erhoben worden; er richtet sich gegen den Umstand, daß im Ausdruck für die Kraftdichte (133) nur der Leitungsstrom $\mathfrak{J}_l$ auftritt. ,,Während nämlich ein von einem elektrischen Strom (Leitungsstrom) durchflossener Körper im Magnetfeld eine Kraft erleidet, wäre dies nach Gleichung (133) nicht der Fall, wenn der im Magnetfeld befindliche Körper statt von einem Leitungsstrom von einem Polarisationsstrom $\dot{\mathfrak{D}}$ durchsetzt wird. Nach MINKOWSKI besteht also hier ein prinzipieller Unterschied zwischen einem Verschiebungsstrom und einem Leitungsstrom, derart, daß ein Leiter nicht betrachtet werden kann als ein Dielektrikum von unendlich großer Dielektrizitätskonstante.''

---

[1]) M. ABRAHAM, Ann. d. Phys. Bd. 44, S. 537. 1914.

[2]) Gemeint ist natürlich die Symmetrie des zum Ausdruck (VI) gehörigen rein kovarianten oder rein kontravarianten Tensors; es muß gemäß (VI) gelten: $S_{ik} = S_{ki}$, $S^{ik} = S^{ki}$; hingegen ist $S_1^4 = -S_4^1$.

[3]) A. EINSTEIN u. J. LAUB, Ann. d. Phys. Bd. 26, S. 541. 1908.

β) Der Ansatz von ABRAHAM. Die Schwierigkeit hinsichtlich der Unsymmetrie des Energie-Impulstensors wird überwunden durch einen von ABRAHAM[1]) angegebenen symmetrischen Ausdruck:

$$S_i^k = F_{il} H^{kl} - \frac{1}{4} \delta_i^k F_{lm} H^{lm} - (\varepsilon\mu - 1)\,\Omega_i v^k, \qquad \text{(VI b)}$$

v^k bedeutet hier die Vierergeschwindigkeit der Materie gegen das gewählte Bezugssystem K und der Tensor ersten Ranges Ω_i ist definiert durch:

$$F_i = F_{ik} v^k, \qquad H_i = H_{ik} v^k, \qquad \Omega^i = v_k F_l \{H^{ik} v^l + H^{kl} v^i + H^{li} v^k\}. \qquad (134)$$

Für das Ruhsystem K^0 gilt:

$$(F_1, F_2, F_3)^0 = \mathfrak{E}^0, \qquad (F_4)^0 = 0, \qquad (H_1, H_2, H_3)^0 = \mathfrak{H}^0, \qquad (H_4)^0 = 0,$$

$$(\Omega_1, \Omega_2, \Omega_3) = \frac{1}{c}\mathfrak{S}^0, \qquad (\Omega_4)^0 = 0.$$

Führt man den Ansatz (VI b) in die Gleichung (VII) ein, so erhält man im Ruhsystem K^0 für die ponderomotorische Kraft:

$$(f_1, f_2, f_3)^0 = \left(\varrho\,\mathfrak{E} + \frac{1}{c}[\mathfrak{J}_l \mathfrak{B}] + \frac{\varepsilon\mu - 1}{c^2}\frac{\partial \mathfrak{S}}{\partial t}\right)^0. \qquad (133\,\text{b})$$

Hinsichtlich der ponderomotorischen Kraft unterscheiden sich also die Ausdrücke von MINKOWSKI und ABRAHAM nur durch das Zusatzglied $\frac{\varepsilon\mu - 1}{c^2}\frac{\partial \mathfrak{S}}{\partial t}$, das zu klein ist, um eine experimentelle Entscheidung zwischen beiden Ansätzen zuzulassen.

γ) Der Ansatz von EINSTEIN und LAUB. EINSTEIN und LAUB haben in konsequenter Verfolgung des von LORENTZ beschrittenen Weges versucht, die Ausdrücke für die ponderomotorische Kraft durch Mittelwertbildung herzuleiten, wobei sie sich auf ruhende unmagnetisierbare Körper beschränkten[2]). Wenn man die von ihnen erhaltenen Resultate in die Tensorschreibweise überträgt und in die Form der ersten drei Gleichungen des Quadrupels (VII) kleidet, so gilt:

$$\left.\begin{aligned} 4\pi S_1^1 &= \mathfrak{E}_x \mathfrak{D}_x + \mathfrak{H}_x \mathfrak{B}_x - \tfrac{1}{2}(\mathfrak{E}^2 + \mathfrak{H}^2), \\ 4\pi S_1^2 &= -\,\mathfrak{E}_x \mathfrak{D}_y - \mathfrak{H}_x \mathfrak{B}_y, \\ (S_1^4, S_2^4, S_3^4) &= \frac{c}{4\pi}[\mathfrak{E}\mathfrak{H}] \end{aligned}\right\} \qquad (135)$$

(mit analogen Ausdrücken für die übrigen Komponenten).

Gegen diesen Ansatz bleibt der oben erhobene Einwand wegen der Unsymmetrie bestehen und außerdem tritt noch folgender Umstand hinzu: Wenn man den Ansatz (135) durch den Ausdruck für die Energiedichte

$$w = \frac{1}{8\pi}(\mathfrak{E}\mathfrak{D} + \mathfrak{B}\mathfrak{H}), \qquad (56\text{a})$$

zu einem vierdimensionalen Tensor ergänzt, so bleibt die Beziehung $S_i^i = 0$ nicht mehr bestehen. Diese Beziehung gilt aber für den Impuls-Energietensor des Vakuums und dürfte bei der Mittelwertbildung ebensowenig wie die Symmetrie verlorengehen.

Setzt man sich über die hier genannten Bedenken hinweg, so kann man die Ansätze von EINSTEIN und LAUB im Sinne der Relativitätstheorie auf bewegte

---

[1]) M. ABRAHAM, Rend. Pal. Bd. 28, S. 1. 1909; Bd. 30, S. 33. 1910; Theorie der Elektrizität. Bd. II, 3. Aufl., §§ 38 u. 39. Leipzig 1914.

[2]) A. EINSTEIN u. J. LAUB, Ann. d. Phys. Bd. 26, S. 541. 1908.

Körper verallgemeinern, indem man einen Ausdruck S_i^k bildet, der im Ruhsystem K^0 mit (135) bzw. (56a) zusammenfällt. Der folgende Ausdruck erfüllt diese Bedingungen:

$$S_i^k = F_{il}F^{kl} + \delta_i^k R + v_i v^k \left(\frac{1}{4} F_{lm}H^{lm} + R\right), \tag{VIc}$$

wobei zur Abkürzung gesetzt ist

$$2R = F_{im}v^m F_l^{*i} v^l + H_{im}v^m H_l^{*i} v^l - 2F_{im}^* v^m H_l^{*i} v^l. \tag{136}$$

Der obenerwähnte Mangel der Unsymmetrie und des Nichtverschwindens des Skalars S_i^i bleibt auch natürlich in dieser Form noch bestehen. Es ist also bisher nicht gelungen, einen in jeder Hinsicht befriedigenden phänomenologischen Ansatz für den Energie-Impulstensor des elektromagnetischen Feldes in ponderablen Körpern zu finden.

61. Die Energiebilanz. JOULEsche Wärme. Wir betrachten im folgenden die Zeitkomponente des vierdimensionalen Kraftansatzes

$$f_i + \frac{\partial S_i^k}{\partial x_k} = 0. \tag{VII}$$

Unter Zugrundelegung des MINKOWSKIschen Ansatzes (VIa) für S_i^k erhält man für das Ruhsystem K^0

$$f_4 - \frac{1}{c}\operatorname{div}\mathfrak{S} - \frac{\partial}{\partial t}\frac{1}{8\pi c}(\mathfrak{E}\mathfrak{D} + \mathfrak{B}\mathfrak{H}) = 0, \tag{136}$$

wobei zwischen $\mathfrak{D}$ und $\mathfrak{E}$, $\mathfrak{B}$ und $\mathfrak{H}$ die gewöhnlichen Verknüpfungsgleichungen (113), (113a) für ruhende Körper gelten. Bei zeitlich konstanten ε und μ kann man für den letzten Term auch schreiben

$$\frac{1}{4\pi c}(\mathfrak{E}\dot{\mathfrak{D}} + \mathfrak{B}\dot{\mathfrak{H}}).$$

Wenn man hier $\dot{\mathfrak{D}}$ und $\dot{\mathfrak{B}}$ durch die aus den MAXWELLschen Gleichungen (112), (112a) folgenden Ausdrücke ersetzt, geht (136) über in

$$f_4 - \frac{1}{c}\operatorname{div}\mathfrak{S} - \frac{1}{4\pi}(\mathfrak{E}\operatorname{rot}\mathfrak{H} + \mathfrak{H}\operatorname{rot}\mathfrak{E}) + \frac{1}{c}(\mathfrak{E}\mathfrak{J}) = 0.$$

Da für das Ruhsystem K_0

$$\mathfrak{S} = \frac{c}{4\pi}[\mathfrak{E}\mathfrak{H}]$$

gilt, heben sich nach einem bekannten Satz der Vektoranalysis die mittleren Glieder dieser Gleichung weg und es bleibt

$$(f_4)^0 = -\frac{1}{c}(\mathfrak{E}\mathfrak{J}) = -\frac{Q}{c}, \tag{137}$$

wobei Q die JOULEsche Wärme bedeutet. Setzt man den Ausdruck für $(f_4)^0$ aus (137) in (136) ein, so gilt für das Ruhsystem K^0 die Energiebilanz

$$Q + \operatorname{div}\mathfrak{S} + \frac{\partial w}{\partial t} = 0. \tag{138}$$

In einem gegen K^0 bewegten System tritt analog wie bei Gleichung (60) noch die Leistungsdichte $(\mathfrak{f}\mathfrak{v})$ der elektromagnetischen Kraft hinzu. Es gilt daher in K:

$$f_4 = -\frac{1}{c}\{Q + (\mathfrak{f}\mathfrak{v})\}. \tag{137'}$$

Der Vektor der Kraftdichte $\mathfrak{f}$ ist durch die drei räumlichen Komponenten f_1, f_2, f_3 der Viererkraft f_i gegeben. Man erkennt aus (137′), daß für ponderable leitende Körper die in Ziff. 37 für das Vakuum hergeleitete Beziehung

$$(f_i v^i) = 0$$

nicht mehr gilt, sondern zu ersetzen ist durch

$$(f_i v^i) = \frac{-Q}{\sqrt{1-\beta^2}}. \tag{139}$$

Wegen des skalaren Charakters der linken Seite von (139) muß der Ausdruck $Q/\sqrt{1-\beta^2}$ eine Invariante sein. Daher gilt die folgende Transformationsformel für die JOULEsche Wärme (und für Wärmemengen überhaupt):

$$Q = Q_0\sqrt{1-\beta^2}, \tag{140}$$

wobei Q_0 die im Ruhsystem gemessene Wärmemenge bezeichnet.

62. Die Bewegungsgleichungen. Um die Bewegungsgleichungen (81), Ziff. 42 für kontinuierlich verteilte Materie auf leitende Körper zu übertragen, muß man den Umstand beachten, daß nach dem Satz von der Trägheit der Energie die Ruhmassendichte μ_0 nicht mehr konstant ist, wenn durch Entwicklung von JOULEscher Wärme der Energieinhalt des Körpers geändert wird. — Daß die Gleichungen (81) nicht ungeändert auf leitende Körper übertragen werden kann, geht ferner auch aus dem Umstand hervor, daß infolge der Beziehung

$$\left(\frac{du_i}{d\tau} u^i\right) = 0 \tag{43}$$

das skalare Produkt beider Seiten von (81) mit u^i verschwinden muß, was gemäß (139) für leitende Körper nicht der Fall ist. Wegen der Veränderlichkeit der Ruhmasse sind daher die Bewegungsgleichungen für leitende Körper folgendermaßen anzusetzen[1]):

$$\frac{d}{d\tau}(\mu_0 u_i) = f_i. \tag{81′}$$

Durch skalare Multiplikation von (81′) mit u^i erhält man bei Übergang zu CGS-Einheiten und unter Berücksichtigung der Beziehungen

$$\left(\frac{du_i}{d\tau} u^i\right) = 0, \qquad (\mu_i u^i) = -c^2$$

folgenden Ausdruck für die Änderung der Ruhmassendichte

$$\frac{d\mu_0}{d\tau} = \frac{Q}{c^2\sqrt{1-\beta^2}}$$

oder

$$\frac{d\mu_0}{dt} = \frac{Q}{c^2},$$

wie es vom Satz der Trägheit der Energie gefordert wird.

c) Anwendungen.

63. Allgemeine Vorbemerkungen. Die Feldgleichungen der phänomenologischen Elektrodynamik MINKOWSKIS gehen bei Streichung von Gliedern zweiter Ordnung in v/c und für $\mu = 1$ in die in Ziff. 55 angegebenen LORENTZschen Gleichungen über. Da nun die in den Ziff. 7 bis 10 dieses Kapitels angeführten

[1]) M. ABRAHAM, Rend. Pal. Bd. 28, S. 1. 1909; Phys. ZS. Bd. 10, S. 737. 1909; Bd. 11, S. 627. 1910.

Versuche über elektrodynamische Vorgänge in bewegten Körpern sich auf Effekte erster Ordnung beschränken, unterscheiden sich die Resultate der MINKOWSKIschen Theorie für den Fall unmagnetisierbarer Körper innerhalb der Meßgenauigkeit nicht von jenen der Elektronentheorie und stehen daher in Einklang mit den experimentellen Ergebnissen. Sie sollen daher im folgenden nicht mehr gesondert erörtert werden. Der Hauptwert der MINKOWSKIschen Ansätze liegt in der Ausdehnung der Theorie auf magnetisierbare Körper; es ist aber bisher nur ein Experiment angestellt worden, das zwischen den relativistischen Gleichungen MINKOWSKIS und den entsprechenden Gleichungen der LORENTZschen Theorie zu entscheiden vermag (vgl. hierzu Ziff. 64).

Bei der Behandlung optischer Vorgänge in bewegten Medien braucht man im allgemeinen nicht auf die in Ziff. 57 angegebenen Grundgleichungen zurückzugehen. Man betrachtet vielmehr den Vorgang zunächst vom Ruhsystem K^0 des Körpers unter Zugrundelegung der gewöhnlichen MAXWELLschen Gleichungen und kann dann durch Ausführung der Lorentztransformation auf ein dagegen gleichförmig geradlinig bewegtes Bezugssystem K übergehen. Beispiele dafür werden in Ziff. 65 gegeben werden.

64. Der Versuch von H. A. und M. WILSON. Um die Theorie des in Ziff. 9 besprochenen Versuches von WILSON auf Grund der MINKOWSKIschen Elektrodynamik zu behandeln, kann man ihn schematisch durch einen idealen Versuch mit gleichförmig geradlinig bewegtem Dielektrikum ersetzen. Im Bezugssystem K des Beobachters sei ein konstantes homogenes Magnetfeld parallel zur Y-Richtung vorhanden; ein Dielektrikum bewege sich mit der konstanten Geschwindigkeit $v = \beta c$ in der X-Richtung. Der Körper habe die Gestalt einer flachen Scheibe, deren Höhe parallel zur Z-Achse liegen möge und klein sei gegenüber den übrigen Dimensionen der Scheibe. Die Basisflächen seien mit metallischen Belegungen versehen, die durch Schleifkontakte mit einem Meßinstrument verbunden sind. Dem beim realen Versuch mit rotierendem Dielektrikum eintretenden stationären Zustand entspricht in unserem Falle ein Feld mit konstantem und von Null verschiedenem $\mathfrak{E}_z$, $\mathfrak{D}_z$, $\mathfrak{H}_y$, $\mathfrak{B}_y$, während die übrigen Feldkomponenten verschwinden. Da das Magnetfeld als von außen her fix gegeben („eingeprägt“) zu betrachten ist, steht dieser Ansatz mit den Feldgleichungen in Einklang. Es sind dann noch die Verknüpfungsrelationen zu berücksichtigen, die für den vorliegenden Fall am besten in der Vektorform (113'') bzw. (113a'') verwendet werden. Unter Benutzung von (126) gehen diese Gleichungen für unseren Fall über in

$$\mathfrak{D}_z + \beta\mathfrak{H}_y = \varepsilon(\mathfrak{E}_z + \beta\mathfrak{B}_y)\,,$$
$$\mathfrak{B}_y + \beta\mathfrak{E}_z = \mu(\mathfrak{H}_y + \beta\mathfrak{D}_z)\,.$$

Elimination von $\mathfrak{B}_y$ aus diesen Gleichungen liefert

$$\mathfrak{D}_z + \beta\mathfrak{H}_y - \varepsilon\mathfrak{E}_z + \varepsilon\beta^2\mathfrak{E}_z = \varepsilon\mu\beta\mathfrak{H}_y + \varepsilon\mu\beta^2\mathfrak{D}_z$$

oder bei Vernachlässigung von Gliedern zweiter Ordnung

$$\mathfrak{D}_z = \varepsilon\mathfrak{E}_z + (\varepsilon\mu - 1)\beta\mathfrak{H}_y\,. \tag{141}$$

Wenn die Belegungen zu beiden Seiten der dielektrischen Scheibe kurzgeschlossen sind, gilt $\mathfrak{E}_z = 0$, daher

$$\mathfrak{D}_z = (\varepsilon\mu - 1)\beta\mathfrak{H}_y\,.$$

Wegen $4\pi\omega = \mathfrak{D}_{n1} - \mathfrak{D}_{n2}$ tritt daher eine Flächenladung ω von folgendem Betrag auf:

$$4\pi\omega = (\varepsilon\mu - 1)\beta\mathfrak{H}_y\,. \tag{142}$$

Diese Formel geht für $\mu = 1$ in den in Ziff. 9 aus der Elektronentheorie hergeleiteten Ausdruck über. Für magnetisierbare Körper wäre dagegen nach der LORENTZschen Theorie der folgende Wert für die auftretende Flächenladung zu erwarten[1]):

$$4\pi\omega = (\varepsilon - 1)\mu\beta\mathfrak{H}_y. \tag{142a}$$

H. A. und M. WILSON[2]) haben durch Einbetten von Stahlkugeln in Siegellack künstlich einen magnetisierbaren Isolator hergestellt und daran den Effekt gemessen. Das Ergebnis ist mit dem aus der MINKOWSKIschen Elektrodynamik hergeleiteten Ausdruck (142) in besserer Übereinstimmung als mit der Formel (142a) der Absoluttheorie.

65. Lichtfortpflanzung in bewegten Medien. Die elementaren Gesetze der Lichtausbreitung in bewegten Medien kann man mit Hilfe der Lorentztransformation gewinnen, ohne auf die Grundgleichungen (I′), (Ia) zurückzugehen. Der Rechenvorgang ist dem in den Ziff. 26 und 48 verwendeten ganz analog. Ein durchsichtiger Körper sei von einer ebenen Lichtwelle durchstrahlt. Im Ruhsystem K^0 des Körpers werde ein rechtwinkliges Achsenkreuz so gelegt, daß die Z^0-Achse senkrecht auf der Wellennormale stehe. Dann heißt der Ansatz für das Wellenfeld des Strahles

$$\left.\begin{aligned} \mathfrak{E}^0 &= \mathfrak{E}_0^0\cos\Theta, & \mathfrak{H}^0 &= \mathfrak{H}_0^0\cos\Theta,\\ \mathfrak{D}^0 &= \mathfrak{D}_0^0\cos\Theta, & \mathfrak{B}^0 &= \mathfrak{B}_0^0\cos\Theta, \end{aligned}\right\} \tag{143}$$

$$\Theta = 2\pi\nu^0\left\{t^0 - \frac{n^0}{c}(x^0\cos\vartheta^0 + y^0\sin\vartheta^0)\right\}. \tag{144}$$

Der obere Index 0 bedeutet wieder die Bezugnahme auf das Ruhsystem K^0; der untere Index 0 deutet die konstante Amplitude an. Der Ansatz für Θ unterscheidet sich von dem entsprechenden des Vakuums [Gleichung (93), Ziff. 48] dadurch, daß die Lichtfortpflanzung im Körper nicht mit der Geschwindigkeit c, sondern mit der Geschwindigkeit $V = c/n$ vor sich geht. In Gleichung (93) war ferner der Winkel zwischen X-Achse und Wellennormale mit dem Winkel ω zwischen X-Achse und Strahlrichtung identifiziert worden, was jetzt nicht mehr allgemein zulässig ist, wie sich später herausstellen wird.

In der vierdimensionalen Schreibweise wäre für die Gleichungen (143) zu setzen:

$$F_{ik} = (F_{ik})_0\cos\Theta, \qquad H_{ik} = (H_{ik})_0\cos\Theta. \tag{143a}$$

Der Phasenwinkel Θ ist, wie schon wiederholt hervorgehoben wurde, eine Invariante. Wir setzen für ein relativ zu K^0 mit der Geschwindigkeit v bewegtes Bezugssystem K

$$\Theta = 2\pi\nu\left\{t - \frac{n}{c}(x\cos\vartheta + y\sin\vartheta)\right\}, \tag{144'}$$

denken uns in (144′) die Koordinaten x, y, t mittels der speziellen Lorentztransformation (16) durch x^0, y^0, t^0 ersetzt und den resultierenden Ausdruck gleich (144) gesetzt. Die so entstehende Gleichung muß eine Identität in den Koordinaten sein und ergibt durch Koeffizientenvergleichung:

$$\operatorname{tg}\vartheta = \frac{n^0\sin\vartheta^0\sqrt{c^2 - v^2}}{v + c\,n^0\cos\vartheta^0}, \tag{145}$$

$$\nu = \nu^0\frac{c + v\,n^0\cos\vartheta^0}{\sqrt{c^2 + v^2}}, \tag{146}$$

$$V = \frac{c}{n} = c\frac{c + v\,n^0\cos\vartheta^0}{\sqrt{(v + c\,n^0\cos\vartheta^0)^2 + n^{0\,2}(c^2 - v^2)\sin^2\vartheta^0}}. \tag{147}$$

[1]) Vgl. A. EINSTEIN u. J. LAUB, Ann. d. Phys. Bd. 26, S. 532. 1908 [§ 2, Gleichung (3)].
[2]) H. A. u. M. WILSON, Proc. Roy. Soc. London (A) Bd. 89, S. 99. 1913.

Die Gleichungen (145) und (146) liefern den Ausdruck für Aberration und Dopplereffekt in lichtbrechenden Medien; für das Vakuum ($n = n^0 = 1$) gehen sie in die Gleichungen (31) bzw. (32) von Ziff. 25 und 26 über, während die Gleichung (147) eine Identität wird. Diese letztere Gleichung gibt die Phasengeschwindigkeit in bezug auf K an; bei Vernachlässigung der Quadrate und höheren Potenzen von v/c reduziert sie sich auf:

$$V = \frac{c}{n^0} + v\cos\vartheta\left(1 - \frac{1}{n^{0\,2}}\right). \tag{147a}$$

Die parallel zum Lichtstrahl liegende Komponente der Geschwindigkeit des Körpers tritt mit dem FRESNELschen Mitführungskoeffizienten multipliziert zur Phasengeschwindigkeit c/n^0 des Lichtstrahls im Ruhsystem hinzu. Die Näherungsformel (147a) deckt sich mit der aus dem Additionstheorem der Geschwindigkeiten ebenfalls durch Näherung hergeleiteten Formel (1a), Ziff. 25.

Hingegen stimmt die aus dem Additionstheorem hergeleitete exakte Formel (28b) aus Ziff. 25 für die auf das System K bezogene Fortpflanzungsgeschwindigkeit des Lichtstrahles nicht mit der entsprechenden exakten Formel (147) überein. Diese Diskrepanz klärt sich nach LAUE[1]) dahin auf, daß sich Gleichung (147) auf die Phasengeschwindigkeit des Lichtstrahles bezieht, während die aus dem Additionstheorem der Geschwindigkeiten hergeleitete Formel (28b) auf die Strahlgeschwindigkeit angewendet werden muß. Um dies einzusehen, denke man sich einen „Lichtzylinder", d. h. einen nach allen Richtungen endlichen Ausschnitt aus einem Bündel paralleler Lichtstrahlen, der durch den Körper läuft. Das sukzessive Aufleuchten der verschiedenen vom Lichtblitz getroffenen Teile des Körpers stellt eine Kette von Punktereignissen dar, die sich zu einer Weltlinie zusammenschließen. Die Neigung der Weltlinie gegen die Zeitachse gibt dann die Geschwindigkeit des Strahles an. Das Additionstheorem der Geschwindigkeiten liefert nun die Umrechnung der Neigungen einer Weltlinie gegen die Zeitachsen verschiedener Bezugssysteme, also auch die Umrechnung der Strahlgeschwindigkeit. Richtung und Geschwindigkeit des Strahles sind also nach dem Additionstheorem der Geschwindigkeiten zu berechnen. Bezeichnet man die letztere mit V_s und den Winkel zwischen Strahlrichtung und X-Achse mit ω, so erhält man durch eine analoge Rechnung wie jene, die auf die Formel (28b) und (31) von Ziff. 25 führt:

$$V_s = c\,\frac{\sqrt{c^2 + n^0 v^2 + 2vcn^0\cos\omega^0 + v^2\sin^2\omega^0}}{cn^0 + v\cos\omega^0}, \tag{148}$$

$$\operatorname{tg}\omega = \frac{\sin\omega^0\sqrt{c^2 - v^2}}{c\cos\omega^0 + n^0 v}. \tag{149}$$

So wie in einem doppeltbrechenden Medium haben also in einem relativ zum Beobachter bewegten ponderablen Körper Strahl und Wellennormale im allgemeinen verschiedene Richtung und Geschwindigkeit. Dieses Resultat ergibt sich auch direkt, wenn man unter Benutzung des Energie-Impulstensors die Richtung und Geschwindigkeit des Strahlvektors $\mathfrak{S}$ transformiert[2]).

66. Der Versuch von ZEEMAN und SNETHLAGE. Als Anwendungsbeispiel für die im vorstehenden entwickelten Formeln sei hier die Theorie des im letzten Absatz von Ziff. 6 geschilderten Versuches von Zeeman und Snethlage gegeben. Da sich bei diesem Versuch die Grenzfläche Luft-Glas relativ zum Beobachter und zu den übrigen Apparatteilen verschiebt, setzt sich der Einfluß der Bewegung

---

[1]) M. v. LAUE, Die Relativitätstheorie Bd. I, 4. Aufl., § 23f.

[2]) Vgl. hierzu A. SCHEYE, Ann. d. Phys. Bd. 30, S. 805. 1909; W. PAULI, Enzyklop. d. math. Wiss. Bd. V, S. 672. 1920; M. v. LAUE, ZS. f. Phys. Bd. 10, S. 89. 1922.

des Glaskörpers aus zwei Effekten zusammen. Erstens wird nämlich infolge der Bewegung dieses Körpers die Geschwindigkeit des in ihm laufenden Strahles geändert, und zweitens ändert sich die Länge des zwischen den fixen Apparatteilen in Luft zurückgelegten Strahlenweges. Es sei l die Länge des Glaskörpers, n sein Brechungsquotient. Dann ist die Relativgeschwindigkeit des gleichsinnig laufenden Strahles gegen den Glaskörper gemäß Gleichung (1a) und mit Rücksicht auf die Bemerkung aus Ziff. 24 über Zusammensetzung von Geschwindigkeiten, die im gleichen Bezugssystem gemessen sind, gegeben durch:

$$V - v = \frac{c}{n^0} + v\left(1 - \frac{1}{n^{0\,2}}\right) - v = \frac{c}{n^0}\left(1 - \frac{v}{c\,n^0}\right).$$

Die zum Durchlaufen des Glaskörpers benötigte Zeit beträgt daher bei Vernachlässigung von Gliedern höherer Ordnung in v/c:

$$t_1 = \frac{l}{V - v} = \frac{l n^0}{c}\left(1 + \frac{v}{c\,n^0}\right).$$

Während dieser Zeit verschiebt sich der Stab um das Stück $v t_1$ in der Richtung des Lichtstrahles, und um dieses Stück wird daher der in Luft zurückgelegte Lichtweg des Strahles verkürzt. Es seien A und B zwei in der Entfernung L befindliche fixe Raumpunkte im Strahlengang zu beiden Seiten des Glasstabes. Dann ist die Zeit, die der Lichtstrahl braucht, um von A nach B zu gelangen:

$$t = \frac{L - l - v t_1}{c} + t_1 = \frac{L - l}{c} + \frac{l}{c}\left\{n^0 + \frac{v}{c}\,(1 - n^0)\right\}.$$

Die Zeit, die der entgegengesetzt laufende Strahl braucht, erhält man durch Umkehrung des Vorzeichens von v, also beträgt die Zeitdifferenz zwischen den beiden Strahlen

$$\Delta t = \frac{2 l v}{c^2}\,(1 - n^0)\,. \tag{150}$$

Dem entspricht eine relative Streifenverschiebung

$$\Delta = \frac{2 l v}{\lambda c}\,(1 - n^0)\,. \tag{151}$$

n_0 ist der Brechungsquotient für die Wellenlänge des Lichts im Glasstab. Diese wird durch den Dopplereffekt gegenüber der ruhend gemessenen Wellenlänge derselben Lichtquelle verändert, daher wäre noch in (151) ebenso wie in Ziff. 26 das Korrekturglied anzubringen, das auf den Lorentzschen Dispersionsterm führt:

$$n^0 = n + n\beta\lambda\frac{dn}{d\lambda}\,.$$

Setzt man dies in (151) ein, so erhält man

$$\Delta = \frac{2l}{\lambda}\,\beta\left(1 - n - n\beta\lambda\frac{dn}{d\lambda}\right).$$

Zum Unterschied vom FIZEAUschen Versuch ist hier der Dispersionsterm klein von zweiter Ordnung und liegt unterhalb der Meßfehler. Das Versuchsergebnis von ZEEMAN und SNETHLAGE steht mit der Formel (151) in Einklang[1]).

V. Vorgänge in ungleichförmig bewegten Systemen.

67. Der Gültigkeitsbereich des speziellen Relativitätsprinzips und des kinematischen Hauptgesetzes der speziellen Relativitätstheorie. Das in Ziff. 17 formulierte spezielle Relativitätsprinzip bezieht sich auf Systeme, die gegen-

[1]) P. ZEEMAN, Proc. Amsterdam Bd. 22, S. 462 u. 512. 1920.

einander eine gleichförmig geradlinige Bewegung ausführen. Die im kinematischen Hauptgesetz der speziellen Relativitätstheorie (Ziff. 23) enthaltenen Folgerungen bezüglich der Beeinflußbarkeit der Maßstäbe und Uhren müssen aber ganz allgemein eintreten, und zwar bei ungleichförmigen Bewegungen in jedem Weltelement in anderer Weise. Die dadurch hervorgerufene Veränderung der Weltmetrik ist Gegenstand der allgemeinen Relativitätstheorie und wird in Bd. IV, Kapitel 4 ds. Handb. behandelt. Die ungerechtfertigte Anwendung des speziellen Relativitätsprinzips auf Vorgänge in ungleichförmig bewegten Systemen hat schon wiederholt zu Mißverständnissen geführt und dazu Anlaß gegeben, daß der Relativitätstheorie innere logische Widersprüche vorgeworfen wurden. Es sollen daher in den folgenden Ziffern die wichtigsten Erscheinungen besprochen werden, die außerhalb des Gültigkeitsbereiches der speziellen Relativitätstheorie liegen, deren Ablauf aber durch die kinematischen Konsequenzen der Relativitätstheorie beeinflußt wird.

68. Das Uhrenparadoxon[1]. Es seien U und U' zwei gleichbeschaffene Uhren, von denen die zweite sich mit der Geschwindigkeit v in der Richtung der positiven X-Achse bewegen möge. Im Momente der räumlichen Koinzidenz sollen beide Uhren gleiche Zeigerstellungen haben. Die Uhr U' soll nun eine gewisse (Eigen-) Zeit hindurch, die wir willkürlich als Zeiteinheit wählen wollen, geradeaus laufen, dann eine plötzliche Verzögerung erleiden, so daß sie umkehrt und mit der Geschwindigkeit $-v$ wieder zur ersten Uhr zurückkehrt. In der zweidimensionalen Abb. 11 stellt das rechtwinklige Achsenkreuz das in bezug auf U ruhende System dar. Die Weltlinie von U ist daher die Zeitachse OR, während die Weltlinie von U' durch den geknickten Geradenzug $OU'R$ gegeben ist. Die Eigenzeit der Weltlinien OU' und $U'R$ beträgt, wie aus Abb. 11 und den Erörterungen von Ziff. 28 hervorgeht, je eine Einheit. Bei Vernachlässigung der für den Beschleunigungsvorgang erforderlichen Zeit wird also das mit U' gemessene Zeitintervall zwischen den Weltpunkten O und R gegeben sein durch $t' = 2$. Das mit U gemessene Zeitintervall ist dagegen größer, denn es ist

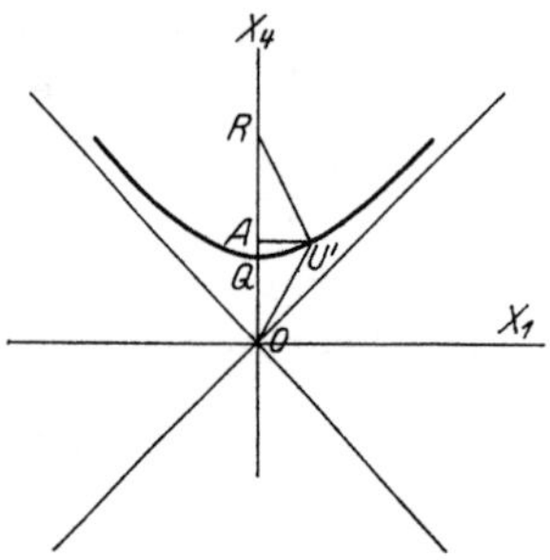

Abb. 11. Weltliniendiagramm zum Uhrenparadoxon.

$$OA > OQ = 1\,.$$

Anwendung der Lorentztransformation liefert für kleine Geschwindigkeiten näherungsweise

$$t - t' = \tfrac{1}{2}\beta^2 t\,.$$

Nach dem kinematischen Hauptgesetz der speziellen Relativitätstheorie erstreckt sich diese Beeinflussung der Ganggeschwindigkeit natürlich nicht nur auf mechanische Uhren, sondern auf alle Naturvorgänge, die in einem bestimmten Rhythmus vor sich gehen, wie Elektronenumläufe im Atom u. dgl. Es würde also auch ein auf Reisen geschicktes Lebewesen nach seiner Rückkehr um den (natürlich praktisch unmeßbar kleinen) Betrag $\frac{1}{2}\beta^2 t$ jünger geblieben sein als ein gleichbeschaffenes ruhendes Lebewesen.

[1] Vgl. hierzu insbesondere P. LANGEVIN, Scientia Bd. 10, S. 31. 1911; M. v. LAUE, Phys. ZS. Bd. 13, S. 118. 1912; A. EINSTEIN, Naturwissensch. Bd. 6, S. 697. 1918; E. GEHRCKE, ebenda Bd. 7, S. 147. 1919; H. THIRRING, ebenda Bd. 9, S. 209. 1921; M. BORN, Die Relativitätstheorie EINSTEINS, 2. Aufl., Kap. VI, § 5. Berlin 1921; W. PAULI, Enzyklop. d. math. Wiss. Bd. V, S. 19, Nr. 53b.

Diese Folgerung wurde als ein Widerspruch gegen das spezielle Relativitätsprinzip betrachtet, da ja im Falle einer gleichförmig geradlinigen Bewegung jede der beiden Uhren mit gleichem Rechte als ruhend und die andere als bewegt betrachtet werden kann, so daß keine vor der anderen ausgezeichnet sein darf. Diesen Einwänden gegenüber braucht man aber nur die in Ziff. 22 gegebene Diskussion der Lorentztransformation näher zu verfolgen. Die Transformationsgleichungen (16) und die aus ihnen hergeleiteten Formeln (23) und (23') lehren, daß tatsächlich keine Uhr vor der anderen ausgezeichnet ist, solange man es mit einer gleichförmig geradlinigen Bewegung zu tun hat. Denn die Uhr U' geht für $t' > 0$ gegenüber jeder mit ihr gerade räumlich koinzidierenden und mit der Uhr U synchronen Uhr des Systemes K nach, und ebenso geht U für $t > 0$ gegenüber jeder mit ihr gerade koinzidierenden und mit U' synchronen Uhr des Systems K' nach. Jede der beiden Uhren U, U' geht also gegenüber der anderen nach oder vor, je nachdem, auf welchem Wege die Vergleichung ihrer Zeigerstellungen vorgenommen wurde. Dies gilt für den Fall, daß die Relativbewegung zwischen U und U' eine gleichförmig geradlinige ist. Wenn nun aber die Uhr U' zur Umkehr gebracht wird und zum Orte von U zurückkehrt, dann zeigt eine direkte Vergleichung der Zeigerstellungen, daß U' tatsächlich nachgeht und daher vor U ausgezeichnet ist. In diesem Falle hat sie aber keine durchweg geradlinig gleichförmige Bewegung ausgeführt, sondern hat den durch den Knick in der Weltlinie $OU'R$ (Abb. 11) angedeuteten Beschleunigungsvorgang erlebt. Nach dem kinematischen Hauptgesetz der speziellen Relativitätstheorie erleidet dadurch ihr Gang jene Veränderung, die der „Rotverschiebung" in einem dem betreffenden Beschleunigungsfelde äquivalenten Gravitationsfelde entspricht. Daß ein mit U' bewegtes System K' dem Ruhsystem K nicht durchweg gleichwertig ist, geht schon daraus hervor, daß ein mit U' bzw. K' bewegter Beobachter während des Umkehrvorganges Trägheitsreaktionen verspüren muß, von denen ein relativ zu K ruhender Beobachter nichts bemerkt. Das spezielle Relativitätsprinzip ist also hier nicht anzuwenden[1]).

69. Die Aberration der Fixsterne. In der in Ziff. 25 aus dem Additionstheorem der Geschwindigkeiten abgeleiteten Aberrationsformel (2) stellt α den Winkel zwischen den in K und K' gemessenen Richtungen ein und desselben Strahles dar. Es handelt sich dort um gleichförmig geradlinige Bewegungen; die Fälle ruhender Beobachter—bewegte Lichtquelle und ruhende Lichtquelle—bewegter Beobachter sind nicht voneinander zu unterscheiden.

Die von einer geradlinigen gleichförmigen Bewegung unseres Sonnensystems erzeugte Aberration der Fixsterne entgeht nun der Beobachtung, da sie eine zeitlich konstante Verschiebung der scheinbaren Sternörter erzeugt. Die in den Beobachtungen auftretende jährliche Aberration ist dagegen ein periodischer Effekt, für dessen Zustandekommen der Richtungswechsel der Erdbewegung maßgebend ist. Er fällt daher streng genommen gar nicht in den Rahmen der speziellen Relativitätstheorie und es wäre unrichtig, zu behaupten, daß das Vorhandensein und die Größe der jährlichen Aberration nur von der Relativbewegung zwischen Lichtquelle und Beobachter abhängig sei. Dies läßt sich an folgendem Beispiel leicht einsehen: Man denke sich ein Doppelsternsystem, dessen leuchtende Komponente eine zur Erdbahn parallele und kongruente Bahn mit gleicher Umlaufsperiode wie die Erde beschreibe. Dann ist zwischen diesem Stern und einem irdischen Beobachter überhaupt keine Relativbewegung vorhanden, trotzdem würde aber die jährliche Aberration denselben Wert haben wie für irgendeinen anderen Stern gleicher Breite. Für einen auf der Sonne

[1]) Vgl. hierzu die an die oben zitierte Notiz von THIRRING anknüpfende Diskussion mit E. GEHRCKE in den Naturwissenschaften.

befindlichen Beobachter wäre hingegen die Relativbewegung zwischen Beobachter und der beschriebenen Doppelsternkomponente dieselbe wie zwischen einem irdischen Beobachter und einem ruhenden Stern. Trotzdem würde der solare Beobachter in diesem Fall keine jährliche Aberration wahrnehmen. Auch dieser Umstand darf nicht als ein Widerspruch gegen das Relativitätsprinzip ausgelegt werden. Denn dieses Prinzip besagt ja durchaus nicht, daß die physikalischen Vorgänge in zwei gegeneinander ungleichförmig bewegten Systemen in der gleichen Weise verlaufen. Schon die Trägheitserscheinungen zeigen ja, daß die Vorgänge in einem rotierenden System beispielsweise anders verlaufen als in einem Inertialsystem. Ebenso wie also die Fliehkräfte in dem berühmten NEWTONschen Eimerexperiment[1]) nicht durch die Relativbewegung des Wassers gegen die Eimerwand, sondern durch seine Relativdrehung gegen den Fixsternhimmel geweckt wird, so ist für die jährliche Aberration nicht die Relativbewegung des Beobachters gegen die Lichtquelle, sondern seine Relativbewegung gegen die Gesamtheit der Fixsterne, die oft als „Absolutbewegung" bezeichnet wird, maßgebend[2]).

70. Der Versuch von SAGNAC. SAGNAC[3]) hat im Jahre 1913 bei einem optischen Versuch einen positiven Effekt erster Ordnung in v/c feststellen können und hat darin einen Beweis für die wirkliche Existenz des Lichtäthers erblickt. Beim SAGNACschen Versuch werden ebenso wie beim FIZEAUschen Versuch (Ziff. 6) zwei kohärente Lichtbündel in entgegengesetzter Richtung über ein und denselben geschlossenen Weg herumgeleitet und zur Interferenz gebracht (Abb. 12). Die zum Umleiten des Strahlenganges verwendeten Spiegel sowie die Lichtquelle und die photographische Aufnahmeplatte sind auf einer drehbaren Scheibe montiert. Wenn der Apparat in Rotation versetzt wird, so läuft ein Strahl gegen und der andere mit dem Umlaufsinn der Scheibe, wodurch eine Verschiebung der Interferenzstreifen gegenüber der Ruhestellung erfolgt. Die gegenseitige Verschiebung der Interferenzstreifen bei Rechtsdrehung und Linksdrehung des Apparates hat natürlich den doppelten Betrag.

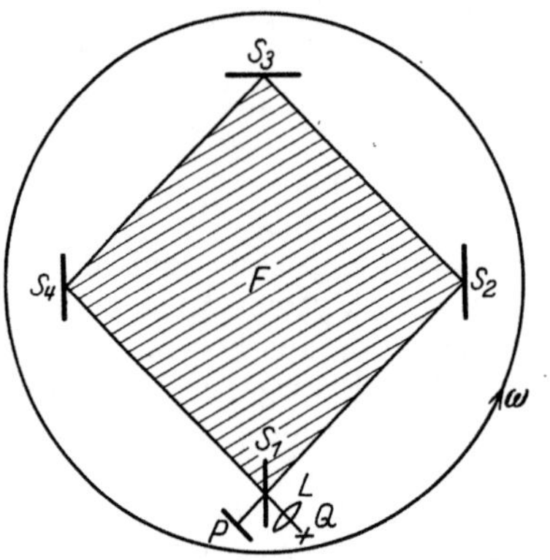

Abb. 12. Versuch von SAGNAC. Q Lichtquelle, L Sammellinse, S_1 halbversilberte Glasplatte, S_2, S_3, S_4 Spiegel, P photographische Platte.

Um den Vorgang der Lichtausbreitung auf der rotierenden Scheibe vom Standpunkt der Relativitätstheorie aus kennenzulernen, betrachtet man zunächst ein Inertialsystem K, das die Bewegung der Scheibe nicht mitmacht[4]). Der Ursprung eines kartesischen Koordinatensystems in K soll mit dem Scheibenmittelpunkt zusammenfallen; die Z-Achse liege parallel zur Drehungsachse. Die Gleichung der Lichtausbreitung ist in K gegeben durch

$$ds^2 = dx^2 + dy^2 + dz^2 - c^2 dt^2 = 0 .$$

[1]) Vgl. hierzu E. MACH, Die Mechanik in ihrer Entwicklung historisch-kritisch dargestellt. 4. Aufl., Kap. 2, § 6. Leipzig 1901.

[2]) Ausführliche Diskussion dieser Frage bei P. LENARD, Ann. d. Phys. Bd. 73, S. 89. 1924; ZS. f. techn. Phys. Bd. 6, S. 81. 1925; R. TOMASCHEK, Ann. d. Phys. Bd. 74, S. 136. 1924; ZS. f. Phys. Bd. 32, S. 397. 1925; H. THIRRING, ebenda Bd. 30, S. 63. 1924; Bd. 33, S. 153. 1925; Naturwissensch. Bd. 13, S. 445. 1925; ZS. f. techn. Phys. Bd. 6, S. 561. 1925 und insbesondere R. EMDEN, Naturwissensch. Bd. 14, S. 329. 1926.

[3]) G. SAGNAC, C. R. Bd. 157, S. 708 u. 1410. 1913; Journ. de phys. et le Radium (5) Bd. 4, S. 177. 1914.

[4]) C. RUNGE, Naturwissensch. Bd. 13, S. 440. 1925.

Wir führen ferner ein mit der Scheibe mitrotierendes Koordinatensystem ξ, η, ζ, τ ein durch die Gleichungen:

$$x + iy = e^{i\omega\tau}(\xi + i\eta), \qquad z = \zeta, \qquad t = \tau.$$

(τ ist hier nicht die Eigenzeit!) Es gilt dann:

$$dx + i\,dy = e^{i\omega\tau}\{d\xi + i\,d\eta + i\omega(\xi + i\eta)\,d\tau\},$$

$$\begin{aligned} dx^2 + dy^2 &= (dx + i\,dy)(dx - i\,dy) \\ &= d\xi^2 + d\eta^2 + 2\omega(\xi\,d\eta - \eta\,d\xi)\,d\tau + \omega^2(\xi^2 + \eta^2)\,d\tau^2, \end{aligned}$$

$$ds^2 = d\xi^2 + d\eta^2 + d\zeta^2 + 2\omega(\xi\,d\eta - \eta\,d\xi)\,d\tau - [c^2 - \omega^2(\xi^2 + \eta^2)]\,d\tau^2.$$

Wir betrachten nun eine Lichtlinie, $ds^2 = 0$, die vom Punkte $\xi = r$, $\eta = \zeta = 0$ ausgeht und tangential längs des Scheibenrandes verläuft. Dann ist

$$d\xi = d\zeta = 0$$

und es gilt:

$$ds^2 = d\eta^2 + 2\omega r\,d\eta\,d\tau - (c^2 - \omega^2 r^2)\,d\tau^2 = 0.$$

Auflösung dieser Gleichung nach $d\eta/d\tau$ ergibt:

$$\frac{d\eta}{d\tau} = -\omega r \pm c. \tag{152}$$

$d\eta/d\tau$ ist hier die Geschwindigkeit des tangential laufenden Lichtstrahles relativ zum Scheibenrand. Das obere Vorzeichen gilt für den mit der Drehung der Scheibe gleichsinnig laufenden Strahl, das untere für den entgegengesetzt laufenden Strahl. Die geschlossene Bahn des Lichtstrahles sei nun ein reguläres Polygon mit der Seitenlänge l und dem Radius des eingeschriebenen Kreises r. Dann ist die Differenz der Umlaufszeiten der beiden Teilstrahlen gegeben durch

$$\Delta t = \Sigma l\left(\frac{1}{v_2} - \frac{1}{v_1}\right),$$

wobei für v_1 und v_2 mit guter Näherung die beiden Werte aus Gleichung (152) eingesetzt werden können. Bei Vernachlässigung der zweiten und höheren Potenzen von $\omega r/c$ gegen 1 ergibt dies:

$$\Delta t = \Sigma l \cdot \frac{2\omega r}{c^2} = \frac{4\omega F}{c^2},$$

wobei F die Fläche des Polygons bedeutet. Der Effekt hängt in der hier verwendeten Näherung nur von ω und F ab und ist von der Gestalt des Strahlenganges unabhängig. Die in Bruchteilen einer Streifenbreite gemessene Verschiebung der Interferenzstreifen gegenüber der Ruhestellung der Scheibe ist dann gegeben durch

$$\Delta = \frac{\Delta t}{\tau} = \frac{4\omega F}{\lambda c}, \tag{153}$$

wobei $1/\tau$ die Frequenz und λ die Wellenlänge des verwendeten Lichtes bedeutet.

Formel (153) deckt sich mit jener, die SAGNAC aus der Theorie des ruhenden Äthers hergeleitet hatte[1]). Das Ergebnis der Relativitätstheorie stimmt also hinsichtlich des der Beobachtung allein zugänglichen Rotationseffektes erster Ordnung mit jenem der Äthertheorie überein. Der Versuch von SAGNAC kann also keine Entscheidung zwischen Relativitätstheorie und Theorie des ruhenden Äthers liefern.

Die von SAGNAC selbst mit geringer Rotationsgeschwindigkeit ausgeführten Messungen ergaben ein Resultat, das innerhalb der Beobachtungsfehler durch Formel (153) richtig wiedergegeben wird.

---

[1]) Eine elementare Herleitung der Formel (153) für den Fall des quadratischen Strahlenganges gibt M. v. LAUE, Die Relativitätstheorie Bd. I, 4. Aufl., § 16c. Braunschweig 1921.

Ein analoger Versuch mit wesentlich erhöhter Genauigkeit wurde im Jahre 1925 von B. POGANY im Laboratorium der Zeisswerke in Jena ausgeführt[1]). Die Umlaufsfrequenz wurde auf 1200 bis 2000 Touren pro Minute erhöht, wobei $F = 1178 \text{ cm}^2$ betrug, so daß Δ von der Größenordnung 1 wurde. Als Mittelwert aus einer größeren Anzahl von Einzelmessungen, die untereinander nur um wenige Prozente abwichen, ergab sich

$$2\Delta = 0{,}924,$$

während der aus Gleichung (153) berechnete Wert 0,906 beträgt.

71. Der Versuch von HARRESS. F. HARRESS[2]) hatte in den Jahren 1909 bis 1911 einen Versuch ausgeführt, der ursprünglich analog dem Versuch von ZEEMAN und SNETHLAGE (Ziff. 6 u. 66) dazu dienen sollte, den Wert des FRESNELschen Mitführungskoeffizienten in Glas zu bestimmen. Auch bei HARRESS durchlaufen zwei kohärente Strahlen entgegengesetzte Bahnen auf einer rotierenden Scheibe; seine Anordnung weicht von jener des später ausgeführten Versuches von SAGNAC im wesentlichen nur dadurch ab, daß zur Umleitung der Lichtstrahlen eine Reihe von totalreflektierenden Prismen verwendet wurde, derart, daß die Lichtwege in Glas statt in Luft verlaufen. Die Theorie des Versuches von HARRESS ist erst durch spätere Arbeiten von HARZER, EINSTEIN und LAUE[3]) geklärt worden, wobei sich herausstellte, daß im Gegensatz zur ursprünglichen Ansicht von HARRESS die durch die Rotation des Apparates erzeugte Streifenverschiebung vom Brechungsquotienten des Mediums unabhängig ist und daher durch dieselbe Formel (153) wie beim SAGNACschen Versuch dargestellt werden kann.

Um dies zu zeigen, betrachten wir zunächst mit LAUE den folgenden Vorgang: Ein gerader Glasstab von der Länge l bewege sich in seiner der X-Achse eines Koordinatensystems parallelen Längsrichtung mit der Geschwindigkeit v relativ zum Beobachter. In einem relativ zum Stabe ruhenden Bezugssystem K' seien die Abszissen seiner Endpunkte:

$$x' = 0 \qquad \text{und} \qquad x' = l.$$

Von beiden Enden her sollen nun, gleichzeitig in bezug auf K', Lichtstrahlen in den Stab eintreten; sie werden zur Durchquerung des Stabes gleiche Zeiten, nämlich $T = nl/c$, brauchen, wobei n den Brechungsquotienten des Glases für die betreffende Lichtfrequenz darstellt. Der Zeitpunkt des Eintritts der beiden Strahlen in den Stab sei

$$t' = -\frac{nl}{c},$$

dann langt jeder Strahl zur Zeit $t' = 0$ am entgegengesetzten Endpunkt an.

Wir betrachten nun denselben Vorgang von einem relativ zum Beobachter ruhenden Bezugssystem K aus. Bezeichnet man mit t_1 bzw. t_2 die von K aus gemessenen Zeiten des Eintritts bzw. Austritts des in der positiven X-Richtung laufenden Strahles und mit t_3 bzw. t_4 die Eintritts- bzw. Austrittszeit des entgegengesetzt laufenden Strahles, so findet man mit Hilfe der inversen Lorentztransformation für die Zeit

$$t = \varkappa\left(t' + \frac{v x'}{c^2}\right)$$

folgende Werte:

$$t_1 = \frac{-nl}{\sqrt{c^2 - v^2}}, \qquad t_2 = \frac{vl}{c\sqrt{c^2 - v^2}},$$

$$t_3 = \frac{l}{\sqrt{c^2 - v^2}}\left(\frac{v}{c} - n\right), \qquad t_4 = 0.$$

---

[1]) B. POGANY, Ann. d. Phys. Bd. 80, S. 217. 1926.

[2]) F. HARRESS, Dissertation. Jena 1911; O. KNOPF, Ann. d. Phys. Bd. 62, S. 389. 1910.

[3]) P. HARZER, Astron. Nachr. Bd. 198, S. 378. 1914; Bd. 199, S. 10. 1914; A. EINSTEIN, ebenda Bd. 199, S. 9. u. 47. 1914; M. v. LAUE, Ann. d. Phys. Bd. 62, S. 448. 1920; Die Relativitätstheorie. Bd. I, 4. Aufl., § 23h.

Die vom Bezugssystem des Beobachters aus gemessene Differenz der Durchlaufungszeiten ist demnach bei Vernachlässigung der Glieder zweiter Ordnung:

$$\Delta t = (t_2 - t_1) - (t_4 - t_3) = \frac{2lv}{c^2}. \tag{154}$$

Der Brechungsquotient n ist aus dieser Formel herausgefallen.

Wir gelangen nun von dem hier beschriebenen Vorgang zur Versuchsanordnung von HARRESS, indem wir uns eine Reihe von Glasstäben zu einem regulären Polygon zusammengesetzt denken, das auf einer drehbaren Scheibe montiert ist. Lichtquelle und Beobachtungsapparat nehmen an der Rotation nicht teil, sondern sind außerhalb der Scheibe fix aufgestellt. Das Licht tritt während einer Umdrehung nur in zwei Azimuten des Apparates ein und wird durch eine halbversilberte Glasplatte in zwei kohärente Teilstrahlen zerlegt, die den Prismenkranz in entgegengesetzten Richtungen durchlaufen. Nach ihrer Wiedervereinigung werden sie durch geeignete Reflexionsvorrichtungen in der Richtung der Drehungsachse aus dem Rotationsapparat in die Aufnahmskamera geleitet, wo sie Interferenzen erzeugen. Da Lichtquelle und photographische Platte die Bewegung nicht mitmachen, kommt für den Phasenunterschied zwischen den beiden interferierenden Strahlen die gemäß (154) berechnete Differenz der Durchlaufungszeiten in Betracht; sie beträgt für unseren Fall:

$$\Delta t = \frac{2v}{c^2}\Sigma l = \frac{2\omega r}{c^2}\Sigma l = \frac{4\omega F}{c^2},$$

was wieder auf die SAGNACsche Formel (153) für die Streifenverschiebungen führt.

Bei der Ableitung dieser Formel ist allerdings die Wirkung der Zentripetalbeschleunigung auf den Strahlengang außer acht gelassen worden. Wenn man aber das Äquivalenzprinzip der allgemeinen Relativitätstheorie akzeptiert, erkennt man, wie W. WIEN gelegentlich bemerkt hat, daß die bei den Versuchen von HARRESS, SAGNAC usw. auftretenden Beschleunigungen noch keinen merklichen Effekt erzeugen können. Denn die bei diesen Versuchen vorkommenden Zentrifugalkräfte sind der Größenordnung nach etwa 10 bis 100mal so groß wie die Schwerkraft an der Erdoberfläche. Die beobachtete Lichtablenkung am Sonnenrande zeigt nun, daß die Beeinflussung der Lichtstrahlen durch ein Kraftfeld dieser Größe innerhalb der hier erzielbaren Meßgenauigkeit keinen merklichen Betrag erreicht.

LAUE[1]) zeigt ferner, daß die infolge der Rotation etwa verursachten Änderungen des Reflexions- und Brechungsgesetzes keinen Einfluß erster Ordnung auf den beobachteten Verschiebungseffekt ausüben können.

Die Messungsergebnisse von HARRESS sind mit der Formel (153) innerhalb der Beobachtungsgenauigkeit in Einklang. POGANY hat versucht, auch das HARRESSsche Experiment durch Erhöhung der Tourenzahl des Apparates zu verfeinern, konnte aber bisher die dabei auftretenden technischen Schwierigkeiten nicht überwinden, weshalb er zur SAGNACschen Anordnung überging und dabei die in der vorigen Ziffer angegebenen Resultate erhielt.

72. Der Versuch von MICHELSON und GALE. Die Idee der in den beiden vorigen Ziffern besprochenen Rotationsversuche geht ursprünglich auf MICHELSON zurück, der schon im Jahre 1904 ein dem SAGNACschen Versuch analoges Experiment vorgeschlagen hatte, bei dem jedoch die Erde selbst als die rotierende Scheibe dienen sollte[2]). Wegen der Kleinheit der Winkelgeschwindigkeit ω der Erdbewegung muß in diesem Falle die vom Strahlengang begrenzte Fläche F

[1]) M. v. LAUE, Ann. d. Phys. Bd. 62, S. 448. 1920.

[2]) A. A. MICHELSON, Phil. Mag. (6) Bd. 8, S. 716. 1904.

entsprechend groß gemacht werden, um gemäß Gleichung (153) eine beobachtbare Verschiebung der Interferenzstreifen zu liefern. Außerdem kommt natürlich nur die Projektion der vom Lichtweg umschlossenen Fläche F auf die zur Drehungsachse normale Ebene in Betracht. Ist daher b die geographische Breite des Beobachtungsortes, dann gilt für den MICHELSONschen Rotationsversuch

$$\Delta = \frac{4\omega F \sin b}{\lambda c}. \tag{153a}$$

Die Schwierigkeit dieses Versuches liegt darin, daß wegen der notwendigen Größe von F der Lichtweg der interferierenden Strahlen so groß gemacht werden muß, daß die atmosphärischen Störungen das Auftreten von Interferenzen überhaupt verhindern. Es ist daher erst in den Jahren 1924 und 1925 MICHELSON mit GALE[1]) zusammen gelungen, diese Schwierigkeiten durch Ausführung des Versuches in einem evakuierten Rohrsystem zu überwinden. Ein 12zölliges Wasserrohr wurde in Form eines Rechteckes von 2010 Fuß Länge und 1113 Fuß Breite ausgelegt und mit Hilfe einer 50pferdigen Luftpumpe auf ca. 13 mm Hg evakuiert. Der Strahlengang ist in Abb. 13 dargestellt. Da zum Unterschied gegenüber den Versuchen von SAGNAC und HARRESS das ω der Erddrehung nicht variiert werden kann, wird die Nullage der Interferenzstreifen dadurch bestimmt, daß die beiden interferierenden Strahlen zunächst über den Nebenweg $ABCD$ geleitet werden, dessen Fläche gegenüber jener des eigentlichen Versuchsweges $AFED$ zu vernachlässigen ist. Das Resultat von 269 Einzelmessungen ergab eine relative Streifenverschiebung von

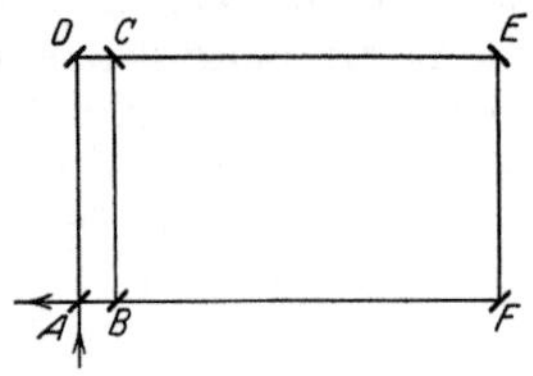

Abb. 13. Strahlengang des Versuches von MICHELSON und GALE.

$$\Delta_{\text{beob}} = 0{,}230 \pm 0{,}005\,,$$

was mit dem aus der Formel (153) berechneten Wert

$$\Delta_{\text{ber}} = 0{,}236 \pm 0{,}002$$

sehr gut übereinstimmt.

Der Versuch von MICHELSON und GALE ist ein optisches Gegenstück zum FOUCAULTschen Pendelversuch, indem er ein Laboratoriumsexperiment zum Nachweis der Erddrehung darstellt. Er hat gegenüber jenem den Vorzug größerer Genauigkeit voraus. Sein positiver Ausfall ist ebenso mit der Theorie des ruhenden Äthers wie mit der Relativitätstheorie verträglich (Ziff. 70), er widerspricht aber der Theorie des mitgeführten Äthers. Würde nämlich der Äther relativ zur Erdoberfläche ruhen, so dürfte beim Versuch von MICHELSON und GALE überhaupt keine Verschiebung der Interferenzstreifen auftreten.

[1]) A. A. MICHELSON u. H. G. GALE, Nature Bd. 115, S. 566. 1925.

Kapitel 4.

Elektrostatik der Leiter.

Von

Friedrich Kottler, Wien.

Mit 84 Abbildungen.

a) Experimentelle Grundlagen.

1. Begrenzung des Stoffs. Der nachfolgende Artikel behandelt die allgemeinen experimentellen und theoretischen Grundlagen der Elektrostatik sowie die Verteilung der Elektrizität auf Leitern. Alles auf Dielektrika Bezügliche findet sich in Kap. 5. Im Gegensatz zu der historisch gewordenen üblichen Darstellung der Elektrostatik in Verbindung mit der Reibungselektrizität wird diese, da sie von Coehn im Bd. XIII besonders dargestellt wird, hier ausgeschieden, da es prinzipiell gleichgültig ist, welcher Quellen zur Gewinnung hochgespannter Ladungen man sich bedient. Als Ausgangspunkt für die theoretische Darstellung dient das Coulombsche Kraftgesetz, also der Standpunkt der Fernwirkung; für die Darstellung nach Faraday und Maxwell (Standpunkt der Nahewirkung) sei auf Kap. 1 verwiesen. Schließlich bemerken wir, daß die elektrostatischen Apparate und Messungen im Bd. XVI behandelt werden.

2. Grundversuche. Zur experimentellen Grundlegung der Elektrostatik gehören folgende Versuche:

α) Ponderomotorische Wirkung geladener Körper auf ungeladene Körper: Ein elektrisierter Stab zieht Papierschnitzel, Holundermarkkügelchen, Sonnenblumenmarkstückchen u. dgl. an. Elektrisches Pendel (an Kokonfader aufgehängte Markkugel). Drehung eines bifilar aufgehängten Holzstabes bei Annäherung des elektrisierten Stabes, oder auch Drehung des aufgehängten elektrisierten Stabes bei Annäherung des Holzstabes. Man beobachtet bei diesen Versuchen nicht nur Anziehung, sondern auch, nach stattgefundener Berührung der ungeladenen Körper mit dem geladenen Körper, Abstoßung. Erklärung durch Influenz s. Ziff. 5.

β) Übertragbarkeit des elektrischen Zustands von geladenen auf ungeladene Körper durch Berührung (Elektrisierung durch Mitteilung): Ladung eines oder mehrerer elektrischer Pendel durch Berührung mit einer elektrischen Probekugel (kleine Kugel an isolierendem Stiel). Die Kugel verliert dabei an elektrischer Wirksamkeit. Sie hat an Quantität der Elektrizität an die Pendel abgegeben. Dies zeigt sich an der Verminderung der Intensität ihres elektrischen Zustandes. Man zeigt leicht durch öftere Mitteilung von Elektrizität an ein elektrisches Pendel, daß Quantität (Ladungsmenge) und Intensität (Spannung) des elektrischen Zustandes auf einem geladenen Körper einander proportional sind. Erklärung bei Kapazität Ziff. 28. Noch mag bemerkt werden, daß es strenge genommen keine Elektrisierung durch Mitteilung gibt, da bei der

der Berührung vorausgehenden Annäherung notwendig Elektrisierung durch Verteilung (Influenz) stattfinden muß.

γ) Ponderomotorische Wirkung elektrisch geladener Körper auf geladene Körper: Anziehung oder Abstoßung. Positive (Glas-) Elektrizität und negative (Harz-) Elektrizität. Gleichnamig elektrische Körper stoßen sich ab, ungleichnamig elektrische ziehen sich an. Auf der Abstoßung der gleichnamigen Elektrizitäten beruht das Blättchen-Elektroskop, d. h. zwei elektrische Pendel, an gemeinsamer Zuleitung aufgehängt. Der größere oder geringere Winkel ihrer Divergenz bei Zuführung von elektrischer Ladung ist ein Maß für diese Ladung (allerdings kein proportionales Maß). Er kann auch als Maß für die Spannung des elektrischen Zustandes auf dem Elektroskop angesehen werden. Jedoch gehen hier Ladung und Spannung wegen veränderlicher Kapazität einander nicht proportional (vgl. Ziff. 51).

δ) Leiter und Nichtleiter: Berührung des Knopfes des geladenen Elektroskops mit ungeladenem Glas- oder Harzstab: das Elektroskop bleibt geladen. Berührung mit Metallstab oder mit der Hand: Die Blättchen fallen augenblicklich zusammen. Glas, Harz u. dgl. sind Nichtleiter (Isolatoren) der Elektrizität zum Unterschiede von den Metallen, dem menschlichen Körper u. dgl., welche Leiter der Elektrizität sind. Daneben gibt es auch Halbleiter (trockenes Holz, Hanf u. dgl.). Notwendigkeit der isolierenden Stützen bei elektrostatischen Apparaten. Vorsicht vor Feuchtigkeit, da eine Wasserhaut das Glas leitend macht. Dagegen ist die trockene (nichtionisierte) Luft ein Isolator. Auf der Leitfähigkeit der Metalle beruhte GILBERTS[1]) Irrtum, daß es nur wenige durch Reibung elektrisierbare Körper gäbe. Erst GRAY[2]) zeigte 1729, daß mit isolierendem Handgriff versehene Metalle beim Reiben auch elektrisch würden.

ε) Neutralisation ungleichnamiger Ladungen: Ladet man zwei möglichst kongruente Elektroskope, das eine positiv, das andere negativ, zu gleichem Ausschlage und verbindet beide sodann leitend, so fallen beide Blättchenpaare zusammen, die Elektroskope sind ungeladen. Ungeladene Körper können also als mit gleichviel positiver und negativer Elektrizität geladen aufgefaßt werden. Umgekehrt entsteht, wenn z. B. Elektrizität durch Reibung auf ungeladenen Körpern erzeugt wird, immer gleich viel positive Elektrizität auf dem einen, wie negative Elektrizität auf dem anderen der beiden aneinander geriebenen Körper. Dies wird mit Hilfe des FARADAYschen Becherelektroskops gezeigt (Ziff. 6).

Das Gesetz, wonach bei jedem Vorgang der Erzeugung oder Vernichtung elektrischer Ladungen die algebraische Summe beider Elektrizitäten auf den beteiligten Körpern die gleiche bleibt, heißt das Gesetz der Erhaltung der Elektrizität (BENJ. FRANKLIN um 1750).

3. Elektrizität als Stoff. Nach B. FRANKLIN[3]) ist die Elektrizität ein imponderables Fluidum einer einzigen Art, von welchem in den unelektrischen Körpern jederzeit ein bestimmtes Quantum vorhanden ist. Wird dieses Quantum überschritten, so soll der Körper positiv geladen sein, fehlt hingegen etwas dazu, so zeigt der Körper negative Ladung. Im Gegensatz zu dieser unitarischen Hypothese steht die dualistische Hypothese von R. SYMMER[4]), welche je ein positives und ein negatives gewichtsloses Fluidum annimmt. Beiden Hypothesen gemeinsam ist die Auffassung der Elektrizität als eines Stoffes. Demgegenüber betont MAXWELL[5]) (1873), daß aus dem Gesetz der Erhaltung

---

[1]) W. GILBERT, De magnete etc. 1600, Lib. II, Cap. II.
[2]) ST. GRAY, Phil. Trans. 1731, 1732, 1735, 1736.
[3]) B. FRANKLIN in einem Aufsatz Philadelphia 1. VI. 1747.
[4]) R. SYMMER, Phil. Trans. Bd. 51, S. 389. 1759.
[5]) J. CL. MAXWELL, Treatise on electricity and magnetism, 3. Aufl., Bd. I, S. 38.

der Elektrizität allein noch nicht auf die stoffliche Natur der Elektrizität geschlossen werden dürfe, da dieses (bei Ausschluß der unvermittelten Wirkung in die Ferne) auch auf die Elektrizität als eine Form der Energie passe. Daß Elektrizität eine bloße Form der Energie sei, hält er allerdings aus Gründen der physikalischen Dimensionen für unwahrscheinlich und läßt die Frage somit offen. Er neigte freilich dazu, die elektrischen Phänomene im Anschlusse an FARADAY auf Bewegungen (Verschiebungen) der Teilchen eines elastischen gewichtslosen Fluidums, des den ganzen Raum erfüllenden Äthers, zurückzuführen.

Demgegenüber hat die neuere Elektronentheorie die Natur der Elektrizität als eines ponderablen Stoffes an die Spitze gestellt, nachdem zuerst J. J. THOMSON den Zuwachs an Masse, den ein geladener Körper infolge der Ladung erfährt[1]), berechnet hatte, und nachdem durch die Messungen von J. J. THOMSON[2]), E. WIECHERT[3]), W. KAUFMANN[4]) dargetan worden war, daß die Masse der Kathodenstrahlen ca. 1800 mal leichter sei als die des Wasserstoffatoms. Nach den Ergebnissen der Elektronentheorie besteht also eine Art unitarischer Theorie zu Recht. Die Elektrizität besteht danach aus kleinsten Atomen negativer Elektrizität (Elektronen) von der Masse ca. $9 \cdot 10^{-28}$ g, dem Radius $2 \cdot 10^{-13}$ cm und der Ladung $4{,}774 \cdot 10^{-10}$ E.St.E., während die positive Elektrizität an die gewöhnliche Materie gebunden ist. Jedes Atom der Materie besitzt im neutralen Zustande eine gewisse ihm zukommende Anzahl von Elektronen; hat es deren mehr, so ist es negativ, hat es zu wenige, ist es positiv geladen. Der Unterschied gegen FRANKLIN ist die Vertauschung der Rollen der positiven und der negativen Elektrizität; außerdem hatte die Elektrizität FRANKLINS noch keine Masse.

In den Leitern sind die Elektronen frei beweglich; in 1 cm^3 eines Leiters beträgt ihre Zahl etwa 10^{22} bis 10^{23}. In den Isolatoren dagegen sind die Elektronen an die Materie mehr oder weniger fest gebunden, so daß sie nur kleine Verschiebungen um eine Ruhelage ausführen können. Durch die Elektronentheorie wird ein verschiedenes Verhalten der beiden Elektrizitäten nahegelegt, welches sich auch z. B. bei der Spitzenentladung äußert, indem eine Spitze eine größere Ladung positiven als negativen Vorzeichens verträgt (Ziff. 7).

4. Versuche über das elektrische Gleichgewicht in Leitern. Sitz der Ladung. Ein hohler, mit einer Öffnung versehener Leiter werde geladen; eine isolierte Probekugel, in sein Inneres gebracht, erweist sich am Elektroskop als ungeladen. Umgekehrt wird eine geladene Probekugel, in das Innere eines ungeladenen Leiters gebracht, völlig entladen, während der Leiter an seiner Außenfläche nachher eine Ladung aufweist. Die Ladung von Leitern sitzt also nur an deren Oberfläche und nicht im Innern[5]). Bringt man an einem Drahtnetzzylinder elektrische Pendel sowohl innen als außen an und ladet ihn kräftig, so zeigen nur die äußeren Pendel Abspreizung; die inneren bleiben ruhig, sind also gewissermaßen durch den Drahtnetzzylinder vor allen elektrischen Wirkungen geschützt. Hierauf beruht FARADAYS elektrostatischer Schutzkäfig für die elektrostatischen Meßinstrumente[6]). FARADAY hat den entsprechenden Versuch in großen Abmessungen wiederholt, indem er sich eine Kammer mit leitenden Wänden von 12 Fuß Seitenlänge herstellte, diese an Seidenschnüren aufhing und von außen elektrisieren ließ, während er selbst sich mit einem feinen Elektro-

[1]) J. J. THOMSON, Phil. Mag. Bd. 11, S. 229. 1881.
[2]) J. J. THOMSON, Phil. Mag. Bd. 44, S. 293. 1897.
[3]) E. WIECHERT, Schriften d. Königsb. Ges. 1896/97.
[4]) W. KAUFMANN, Wied. Ann. Bd. 61, S. 544. 1897.
[5]) CH. COULOMB, Mém. de l'Acad. de Paris 1788, S. 620.
[6]) M. FARADAY, Experimental Researches § 1173. 1837.

skop in das Innere begeben hatte. Trotz stärkster Elektrisierung der Außenwände war innen nicht das geringste zu verspüren[1]). FARADAY verwendete auch einen Beutel aus Baumwollgaze, den er lud, worauf alle Ladung auf der Außenseite war. Stülpte er den Beutel mittels eines an seinem Boden innen angenähten Seidenfadens um, so wanderte die ganze Ladung auf die frühere Innenseite, die jetzt zur Außenseite geworden war. MACH[2]) stellt ein Elektroskop mit Bleifuß in ein Wassergefäß. Solange das Wasser den Knopf des Elektroskops noch nicht erreicht, reagieren die Blättchen auf eine zugeführte Ladung, fallen aber sofort zusammen, wenn das Wasser den Knopf erreicht und daher ein leitender Mantel das ganze Elektroskop einhüllt. Ein eleganter Vorlesungsversuch stammt von VANDERVLIET sowie von KOLBE[3]): Ein S-förmig gebogener, biegsamer Leiter trägt mehrere Pendel. Sie zeigen bei Ladung nur an den konvexen Stellen einen Ausschlag. Wird der Leiter mittels isolierter Handhaben zu S-Form umgebogen, so zeigen die früher konvexen, jetzt konkaven Stellen keinen Ausschlag.

Der genaueste Versuch über den Sitz der Ladung stammt bereits von CAVENDISH[4]) aus dem Jahre 1772. Eine leitende Kugel ist von zwei eng an ihr anliegenden, gleichfalls leitenden halbkugelförmigen Schalen überdeckt, die mit isolierenden Handgriffen versehen sind. Lädt man die Kugel und umschließt sie dann mit den Halbkugeln, so erweist sie sich nach Abnahme der Halbkugeln als völlig unelektrisch. Dies prüfte CAVENDISH an einem empfindlichen Elektroskop. Der Versuch hat grundlegende Bedeutung, insofern hieraus durch CAVENDISH das Coulombsche Kraftgesetz abgeleitet wurde. MAXWELL[5]) hat diesen Versuch wiederholt und das Gesetz des umgekehrten Quadrats der Entfernung bis auf eine Genauigkeit von $^1/_{21.600}$ bestätigt. Man findet in den Lehrbüchern[6]) die Eigenschaft der Elektrizität, sich nur auf der Oberfläche der Leiter vorzufinden, aus dem gegenseitigen Abstoßungsbestreben der Teilchen der elektrischen Ladung erklärt, die nur dann im Gleichgewicht wären, wenn sie sich „soweit als möglich voneinander entfernt, also auf die Oberfläche begeben haben". Ja es existiert sogar ein „Beweis" von LENZ [vgl. KOLBE l. c.[3])] dafür, daß die Teilchen der Ladung im Innern einer Kugel einen resultierenden Zug nach außen erfahren müssen[7]). Alle diese Betrachtungen sind unrichtig. Die genannte Eigenschaft folgt vielmehr einzig und allein aus dem COULOMBschen Gesetze, sowie auch dieses umgekehrt aus ihr folgt (vgl. Ziff. 14).

Die Wirkungen einer Hohlkugel und einer Vollkugel sind bei gleicher Oberfläche und gleicher Ladung die gleichen. Dieses merkwürdige Verhalten war Gegenstand eingehender Untersuchungen von GRAY bis zu COULOMB. Es ist daher ganz gleichgültig, aus was für einer Substanz der Leiter besteht. Im Gegensatz zur Wärme zeigt die Elektrizität im Gleichgewicht auf Leitern keine Abhängigkeit (der Kapazität) von der chemischen Natur des Leiters. Es handelt sich bei elektrischen Ladungen von Leitern nur um eine auf der Oberfläche ausgebreitete Schicht. Die Dicke dieser Schicht ist unmerklich, wie schon COULOMB zu zeigen versucht hat[8]).

---

1) M. FARADAY, l. c. Bd. I, S. 365.

2) E. MACH, Carls Repert. Bd. 6, S. 40. 1870.

3) B. KOLBE, Einführung in die Elektrizitätslehre. Berlin 1904.

4) Veröffentlicht durch MAXWELL in den Exper. Researches of H. CAVENDISH, Cambridge 1879, S. 104.

5) J. CL. MAXWELL, Treatise Bd. I, S. 80ff.

6) Vgl. MÜLLER-POUILLET, 10. Aufl., Bd. 4, S. 142; L. GRAETZ, Die Elektrizität, 22. Aufl., S. 11.

7) Ein ähnlicher Fehlschluß bei CH. COULOMB selbst, Mém. de l'Acad. 1786, S. 75. Vgl. die Kritik von P. DUHEM, Leçons sur l'électricité etc., Bd. I, S. 130. 1891.

8) CH. COULOMB, Mém. de l'Acad. 1786, S. 452.

Die Konduktoren der elektrostatischen Apparate sind aus den geschilderten Gründen hohl.

5. Influenz (Elektrisierung durch Verteilung). Zwei kongruente Elektroskope seien mittels eines Stabes an isoliertem Griff verbunden. Dem einen werde ein geladener Körper genähert; beide Elektroskope divergieren. Nach Entfernung des Körpers fallen sie wieder zusammen, woraus hervorgeht, daß sie gleiche, aber entgegengesetzte Ladungen getragen haben (Ziff. 2ε). Hebt man den verbindenden Stab ab, solange der geladene Körper noch in der Nähe ist, so bleiben auch nach seiner Entfernung die Ausschläge der beiden Elektroskope bestehen, und es erweist sich das nähere Elektroskop als ungleichnamig, das entferntere als gleichnamig mit dem Körper geladen. Läßt man die Elektroskope verbunden, während der Körper in der Nähe ist, und berührt sie irgendwo ableitend mit dem Finger (Ziff. 2δ), so fallen die Blättchen des entfernteren (gleichnamig geladenen) Elektroskops zusammen; nach Entfernung des Körpers zeigen beide Elektroskope ungleichnamige Ladung. Man nennt dies eine Elektrisierung durch Verteilung. Während also die Elektrisierung durch Mitteilung (Ziff. 2β) gleichnamig ist, ist die Elektrisierung durch Verteilung ungleichnamig mit der elektrisierenden Ladung.

Diese Verteilung oder Influenz erklärt sich aus der leichten Beweglichkeit der Elektrizität in den Leitern. Auf dem ursprünglich ungeladenen Leiter sind beide Elektrizitäten in gleicher Menge vorhanden. Bei Annäherung eines geladenen Körpers wird die gleichnamige abgestoßen und begibt sich zum größten Teile an das entferntere Ende, während die ungleichnamige zum näheren Ende herangezogen wird. Dazwischen ist eine ungeladene Grenzscheide, die neutrale Linie. Die Gesamtladung ist auch nach der Influenzierung Null (Gesetz der Erhaltung der Elektrizität Ziff. 2ε). Da die gleichnamige Elektrizität abgestoßen, die ungleichnamige angezogen wird, ist die erstere frei oder ableitbar, die letztere gebunden.

Mittels der Influenzladung kann das Vorzeichen einer auf einem Elektroskope befindlichen Ladung erkannt werden. Ist z. B. das Elektroskop negativ geladen und nähert man einen positiv geladenen Körper, so influenziert dieser den Knopf negativ, die (entfernteren) Blättchen positiv; diese gehen also zusammen. Bei zu starker Annäherung überwiegt allerdings die positive Influenzladung die ursprüngliche negative Ladung und die Blättchen gehen wieder auseinander. Hätte man statt des positiv geladenen einen negativ geladenen Körper genähert, so wären die Blättchen des negativ geladenen Elektroskops statt zusammenzugehen, auseinandergegangen.

Durch Influenz erklärt sich die Anziehung mit nachfolgender Abstoßung ungeladener Körper durch geladene. Diese influenzieren jene ungleichnamig auf den näheren, gleichnamig auf den ferneren Teilen. Die Anziehung der ungleichnamigen näheren überwiegt die Abstoßung der gleichnamigen ferneren Influenzladung, da die elektrischen Kräfte mit wachsender Entfernung offenbar abnehmen. Führt diese Anziehung zur Berührung, so kommt es zu einem Ausgleich der influenzierten ungleichnamigen mit einem Teile der influenzierenden Ladung, da diese in unserem Falle jene immer übertrifft (vgl. jedoch den Fall des FARADAYschen Influenzgesetzes Ziff. 6). Die restliche influenzierende Ladung stößt sodann die noch verbliebene gleichnamige influenzierte Ladung ab.

Der Elektrisierung durch Mitteilung geht stets eine Elektrisierung durch Verteilung voraus, auf die bei erfolgter Berührung ein Ausgleich der influenzierten ungleichnamigen mit einem Teile der influenzierenden Elektrizität nachfolgt. Die scheinbar mitgeteilte Elektrizität ist also in Wirklichkeit die gleichnamige

Influenzelektrizität. Auf den erwähnten Ausgleich deutet der kleine Funke hin, den man erhält, wenn man mit einem stark elektrisierten Stabe einen noch ungeladenen Körper überstreicht. Denn Funkenentladung (Bd. XIV) tritt nur bei der Vereinigung entgegengesetzter Ladungen auf.

Die Influenz ist auf Leiter beschränkt. Nähert man einem Nichtleiter einen geladenen Körper, so tritt wohl auch eine Trennung der in jedem Atom vorhandenen positiven und negativen Elektrizitäten auf. Da aber die freie Verschiebbarkeit der Elektronen längs der Oberfläche und im Innern wie bei Leitern hier nicht vorhanden ist, kommt es nicht zur Anhäufung freier Ladungen an den entgegengesetzten Enden (Polen) des Körpers. Wohl aber tritt innerhalb eines jeden Atoms eine solche „Polarisation" auf. Darum erklärten MOSSOTTI[1]) und CLAUSIUS[2]) die Erscheinungen in den Isolatoren durch die Annahme leitender Teilchen, welche in einem nichtleitenden Medium eingebettet seien. Die Elektronentheorie gelangt zu den gleichen Resultaten durch Annahme einer Verschiebung quasielastisch gebundener Elektronen in den Atomen der Isolatoren (vgl. Kap. 5).

Auf der Influenz beruht auch die Schirmwirkung elektrischer Leiter, die mit der Erde leitend verbunden (geerdet) sind und zwischen einen geladenen Körper und ein Elektroskop gestellt werden. Die gleichnamige Influenzladung ist dann auf dem leitenden Schirm abgeleitet, die ungleichnamige und die Ladung des Körpers heben sich in ihrer Wirkung auf das Elektroskop auf, welches dadurch vor der Einwirkung des Körpers geschützt ist. Ersetzt man den leitenden Schirm durch einen Isolator, so ist dieser bloß polarisierbar, nicht influenzierbar, und die in den einzelnen Atomen vorhandenen gleichnamig mit dem Körper geladenen Pole wirken auf das Elektroskop und pflanzen so die Wirkung des Körpers durch den Isolator bis zum Elektroskop fort. Die Isolatoren sind also für die elektrischen Wirkungen durchlässig und heißen daher auch Dielektrika.

Die Verteilung der Elektrizität auf einem kräftig influenzierten Körper läßt sich durch Bestreuung mit einem Gemisch aus roter Mennige (Pb_3O_4) und gelbem Schwefelpulver erkennen. Erstere lädt sich bei der Mischung und Streuung positiv, haftet also an den negativen Stellen, bei letzterem ist es umgekehrt.

6. Das FARADAYsche Influenzgesetz[3]). Während bei der Influenzierung eines Leiters durch eine ihm von außen genäherte Ladung die Influenzladungen jede nur einen Bruchteil der influenzierenden Ladung ausmachen, ist dies anders bei Einführung der influenzierenden Ladung in das Innere eines hohlen Leiters. FARADAY benutzte als solchen einen hohlen Zylinder („Eiseimer"), der isoliert aufgestellt und mit einem Elektroskop verbunden war („Becherelektroskop"). Bei Einführung einer Ladung in den Hohlraum des „Bechers" zeigt das Elektroskop eine gleichnamige Ladung an, unabhängig von dem Ort, an welchem sich die in den Hohlraum gebrachte Ladung befindet. Dieser Ausschlag bleibt unverändert, auch wenn die eingebrachte Ladung mit der Innenwand des Hohlraums in leitende Berührung gebracht wird, wodurch sich die auf dieser Innenwand befindliche ungleichnamige Influenzladung mit der influenzierenden Ladung vereinigt. Zieht man die letztere heraus, so zeigt sich, daß sie hierbei vollkommen neutralisiert wurde.

Die von einer Ladung, die sich irgendwo innerhalb eines hohlen Leiters befindet, an der Innenwand des Hohlraums influenzierte ungleichnamige Ladung und somit auch die auf der Außenwand influenzierte gleichnamige Ladung sind ihr stets numerisch gleich (Faradaysches Influenzgesetz). FARADAY hat

[1]) O. J. MOSSOTTI, Arch. sc. phys. et nat. Bd. 6, S. 193. 1847.
[2]) R. CLAUSIUS, Mechanische Wärmetheorie, Bd. II, S. 64. 1879.
[3]) M. FARADAY, Phil. Mag. Bd. 22, S. 200. 1832; Exper. Researchs Bd. II, S. 279.

mit diesem Gesetz eine Folgerung vorweggenommen, die aus dem von GAUSS einige Jahre später aufgestellten Satz über den Kraftfluß folgt (Ziff. 25 γ).

Während also bei Berührung eines Leiters von außen mit einem geladenen Körper dem ersteren nur ein Bruchteil der Ladung des letzteren mitgeteilt werden kann, welcher Bruchteil nicht bloß von der geometrischen Konfiguration (von den Kapazitäten), sondern auch von der Spannung der bereits auf dem Leiter befindlichen Ladung abhängt, ist es bei dem Vorgange FARADAYS möglich, die ganze Ladung auf einen Leiter zu entladen, wenn man sie in sein hohles Innere und da in leitende Berührung mit der Innenwand bringt. Darauf beruht eine Methode, ein mit einem FARADAYschen Becher versehenes Elektroskop auf Ladung zu eichen, indem man mittels einer kleinen Probekugel von einem großen Elektrizitätsreservoir immer gleiche Ladungen abschöpft und in dem Becher entlädt[1]).

Das FARADAYsche Becherelektroskop dient auch zum Nachweis des Gesetzes von der Erhaltung der Elektrizität bei der Erzeugung der Elektrizität durch Reibung. Reiber und Reibzeug werden an isolierenden Stielen in den Becher eingeführt und aneinander gerieben. Es zeigt sich kein Ausschlag. Hebt man entweder den Reiber oder das Reibzeug heraus, so zeigen sich beidesmal gleiche, dem Vorzeichen nach entgegengesetzte Ladungen.

Es mag noch betont werden, daß wohl die Größe, nicht aber die Dichte der im FARADAYschen Becher influenzierten Ladungen von dem Orte der influenzierenden Ladung unabhängig ist.

7. Elektrizitätsgrad, Dichte, Spitzenwirkung, Kapazität. Verbindet man eine mit isoliertem Stiel versehene Probekugel durch einen langen dünnen spiralisierten Draht mit einem weit entfernten Elektroskop und führt nun die Probekugel über die Oberfläche eines geladenen Leiters, evtl. auch in sein Inneres, wenn er hohl ist, so zeigt das Elektroskop immer den gleichen Ausschlag. Hierbei muß man sich hüten, durch Annäherung der Hand an den Leiter dessen Kapazität (vgl. weiter unten) zu beeinflussen; die kleinen Kapazitätsänderungen, die eine Folge der Bewegung der Kugel auf der Oberfläche des Leiters sind, können vernachlässigt werden. Man bezeichnet den konstanten Ausschlag des Elektroskops als ein Maß für den „Elektrizitätsgrad" auf dem Leiter, welcher also im Falle des Gleichgewichts überall (auch im Innern, obwohl dort keine Ladung sitzt, Ziff. 4) den gleichen Wert hat, ganz ähnlich wie der Wärmegrad oder die Temperatur eines Wärmeleiters bei Gleichgewicht. Dieser Elektrizitätsgrad eines Leiters (oder sein Potential vgl. Ziff. 11) ist ein Maß für die Intensität oder Spannung des elektrischen Zustands auf ihm.

Entfernt man nun den Draht von der Probekugel, bringt sie mit verschiedenen Stellen des geladenen Leiters zur Berührung und entlädt sie im Becherelektroskop, so erhält man verschiedene Ausschläge, je nach der berührten Stelle des Leiters. Insbesondere liefert sein hohles Innere den Ausschlag Null, hervorstehende Spitzen oder Stellen starker Krümmung die größten Ausschläge. Man hat hierbei offenbar verschiedene Ladungsmengen von den verschiedenen Stellen des Leiters übertragen entsprechend der verschiedenen Dichteverteilung der Elektrizität auf der Oberfläche des Leiters. Daß im früheren Falle diese Verschiedenheit nicht zur Geltung kam, erklärt sich daraus, daß infolge der leitenden Verbindung Probekugel-Elektroskop der Leiter und das Elektroskop zusammen einen einzigen Leiter bildeten, auf welchem sich infolge der freien Verschiebbarkeit der Elektrizität sogleich eine neue Verteilung herausbildet, derart, daß im Falle des Gleich-

[1]) F. HARMS, Ann. d. Phys. Bd. 10, S. 816. 1903, verwendet ein durch die Lichtleitung aufgeladenes Tropfgefäß und die daraus in den FARADAYschen Becher abfallenden Tropfen.

gewichts überall der gleiche Elektrizitätsgrad herrscht. Über die Theorie der Probekugel (Probescheibe) vgl. auch Ziff. 83.

Man zeigt die Abhängigkeit der Dichte von der Krümmung passend an einem geladenen leitenden und isolierten Prisma von rhombischem Querschnitt, der, ursprünglich ein Quadrat bildend, zu einem Rhombus deformiert wird. Je schärfer (stumpfer) dabei das eine (andere) Paar Kanten wird, desto größer (kleiner) wird die mit der Probekugel abschöpfbare Dichte daselbst[1]).

Zu erwähnen ist hier noch die sog. Spitzenwirkung. Endet ein Leiter in eine Spitze, so erreicht daselbst die Dichte sehr große Werte. Infolgedessen tritt manchmal ein „Ausströmen" der Elektrizität aus der Spitze in die umgebende Luft auf, das sich auch als „elektrischer Wind" durch Wegblasen einer der Spitze genäherten Kerzenflamme äußert. Diese elementare Erklärung ist unzureichend, da zu einer „Ausströmung" in die Luft erst deren Leitendmachung infolge Ionisation erforderlich ist (vgl. Bd. XIV, Kap. 4). Da dies bekanntlich von selber (durch Ionenstoß) erst oberhalb eines bestimmten Potentials möglich ist, muß man, um Spitzenwirkung zu erzielen, die mit Spitzen versehenen Leiter mittels Elektrisiermaschine usw. auf hohes Potential laden. Das bloße „Unendlichwerden der Dichte" in der Spitze genügt nicht.

Man unterscheidet zweierlei Spitzenwirkung, je nachdem die Spitze an einem geladenen Leiter (Ausströmung) oder an einem ungeladenen Leiter gegenüber einem geladenen Leiter (Saugwirkung) angebracht ist. Trägt ein geladener Leiter eine Spitze, so strömt aus ihm bei Erreichung eines bestimmten Potentials (Nachweis mittels Elektroskops) die Elektrizität aus, was man mittels des elektrischen Windes oder im Dunkeln an den rötlichen Lichtbüscheln bei positiver, an den weißlichen Lichtpunkten (Glimmlicht) bei negativer Ladung an der Spitze erkennt. Die negative Ladung entweicht dabei bereits bei niedrigerem Potentiale als die positive (Ziff. 3). Auch das elektrische Flugrad beruht auf der Rückstoßwirkung der Ausströmung auf tangential zu den radialen Speichen eines leichten Rades angebrachte Spitzen.

Sehr wichtig ist die Saugwirkung der Spitzen wegen ihrer Anwendung bei den Elektrisiermaschinen (Bd. XVI, Kap. 3) und beim Blitzableiter. Ein mit einer Spitze versehener ungeladener Leiter, einem geladenen Leiter gegenübergestellt, verliert durch den elektrischen Wind, der von ihm ausgeht, seine ungleichnamige Influenzladung, die ihrerseits einen Teil der Ladung des anderen Leiters neutralisiert. Auf dem Spitzenleiter verbleibt die gleichnamige Influenzladung, die dem geladenen Leiter ausgesaugt zu sein scheint. Dies ist ein Mittel zur „Ableitung" der ungleichnamigen (gebundenen) Influenzelektrizität. Ist die Spitze vom geladenen Leiter abgekehrt, so behält der Spitzenleiter die ungleichnamige Influenzelektrizität und verliert die gleichnamige.

Der Elektrizitätsgrad eines Leiters kann ebenfalls, außer durch Änderung der Ladung, auf geometrischem Wege ohne Änderung der Ladung geändert werden. Schon FRANKLIN[2]) brachte in eine geladene Metallkanne eine Kette. Lag sie zusammengerollt auf dem Boden, so zeigte ein mit der Kanne verbundenes Elektroskop einen Ausschlag, der sich verkleinerte, sobald die Kette, ohne die Berührung mit dem Boden zu verlieren, aus der Kanne herausgehoben wurde. Das gleiche beobachtet man an einem teleskopartig auseinanderziehbaren Leiter[3]), an einem Papierlampion[4]), an einer aufblasbaren Seifenblase[5]), an dem „elek-

[1]) Vgl. auch die Anordnung von E. MACH, Carls Repert. Bd. 6, S. 8. 1870.
[2]) B. FRANKLIN, Werke Bd. I, S. 186. 1780.
[3]) E. MACH, l. c.
[4]) F. SCHÜTZ, ZS. f. Unterr. Bd. 16, S. 146. 1903.
[5]) B. KOLBE, Elektrizität, Bd. I, S. 23.

trischen Rouleau"[1]) usf. Hierbei vergrößert man die Oberfläche, also den „Fassungsraum" (Kapazität) für die Ladung (Ziff. 4) und verkleinert dadurch den Elektrizitätsgrad, ganz ähnlich, wie es durch Vergrößerung der Wärmekapazität eines Wärmeleiters mit dem Wärmegrad desselben geschieht. Als Vergleich kann man auch die Füllung eines zylindrischen Gefäßes mit Flüssigkeit heranziehen; die Flüssigkeitsmenge in einem solchen ist gleich dem Produkt aus Querschnitt ($\sim$ Kapazität) mal Höhe (Füllungsgrad $\sim$ Potential). Alle diese Vergleiche hinken: die Wärmekapazität hängt nur vom Volum (eigentlich: der Masse) ab, die hydrostatische Kapazität nur von der Querschnittsfläche, die elektrische Kapazität außer von der Oberfläche des Leiters noch von der Nachbarschaft anderer Leiter (siehe unten). Hingegen hängt die Wärmekapazität zum Unterschied von der elektrischen Kapazität noch vom Material des Leiters ab.

Daß die Kapazität eines Leiters durch Annäherung eines zweiten ungeladenen Leiters vergrößert wird, zeigt man, wenn man zwei parallele isolierte Platten einander gegenüberstellt. Ist die eine geladen und mit einem Elektroskop verbunden, so zeigt dieses bei Annäherung der zweiten einen Rückgang, der noch viel stärker wird, wenn die zweite Platte geerdet wird. Der Grund dieser Erniedrigung des Elektrizitätsgrades der ersten Platte ist die schwächende Rückwirkung der ungleichnamigen Influenzladung der zweiten Platte auf die erste, welche im ersten Falle durch die gleichnamige Influenzladung teilweise paralysiert ist, während im zweiten Falle durch die Erdung diese Paralysierung wegfällt. Den Einfluß der Annäherung eines geerdeten Leiters zeigt bereits die Annäherung der Hand des Experimentators an ein geladenes Elektroskop, welches dadurch zurückgeht, um bei Entfernung der Hand wieder seinen früheren Ausschlag anzunehmen.

Schließlich läßt sich die Kapazität noch durch einen dritten Faktor vergrößern, nämlich durch Zwischenschaltung eines Isolators zwischen die beiden erwähnten Platten. Auf dem Isolator entsteht (Ziff. 5) an der der geladenen Platte zugewendeten Grenzfläche eine ungleichnamige Ladung, der allerdings unendlich nahe und parallel zur Grenzfläche eine Schicht gleichnamiger Ladung folgt, worauf wieder eine Schicht ungleichnamiger, sodann eine Schicht gleichnamiger Ladung usf. folgen, bis zur abgewendeten Grenzfläche, die eine mit der geladenen Platte gleichnamige Ladung trägt. Trotzdem diese verschiedenen Schichten sich gegenseitig stören, überwiegt der Einfluß der ersten Schicht auf die Platte, weil sie beliebig nahe, viel näher als eine leitende Platte, an jene herangebracht werden kann. Infolgedessen wächst die Kapazität der Platte, welcher eine geerdete Platte gegenübersteht, durch Ausfüllung des Zwischenraums mit einem isolierenden Medium. Dabei kommt es auf die Natur dieses Zwischenmediums an. Es gibt Isolatoren, wo innerhalb jedes Atoms die entgegengesetzten Pole weit auseinandergeschoben werden. Dann ist der störende Einfluß der gleichnamigen Schichten im Vergleich zu der ersten ungleichnamigen Schicht ein geringerer, die Kapazitätsvergrößerung daher bedeutender. Man bezeichnet das Verhältnis der Kapazitäten nach und vor der Einführung des Isolators oder Dielektrikums, welches sich als eine nur von dessen Natur abhängige Konstante erweist, als die Dielektrizitätskonstante des Isolators. Da die Influenz offenbar als Grenzfall einer Polarisation mit unendlich weiter Auseinanderschiebung der Pole betrachtet werden kann, sind vom elektrostatischen Gesichtspunkte (aber nur von diesem) die Leiter Isolatoren mit unendlich großer Dielektrizitätskonstante.

[1]) I. B. Biot, Traité de phys. Bd. II, S. 279. 1816.

b) Grundbegriffe des elektrostatischen Feldes.

8. Die elektrische Feldstärke. Der Raum in der Umgebung elektrischer Ladungen, in welchem sich die Kraftwirkungen derselben äußern, heißt das elektrische Feld.

Bringt man einen neuen Körper in das Feld, so werden offenbar die Kraftwirkungen der Ladungen auf ihn auch davon abhängen, ob der Körper eine Ladung trägt und wie groß dieselbe ist. Um diese Abhängigkeit zunächst zurückstellen zu können, sei festgesetzt, daß der einzubringende neue Körper immer ein und dieselbe Ladung tragen möge, deren Größe irgendwie festgelegt, z. B. in irgendeinem Maß gemessen (vgl. Ziff. 6, Eichung), gleich der Einheit sei. Die Messung der Ladungen geschieht bekanntlich mit Hilfe des COULOMBschen Gesetzes, kann also vor Aufstellung desselben nicht durchgeführt werden. PIDDUCK[1]) hat darauf hingewiesen, daß die Elektronentheorie wenigstens theoretisch ein einfaches Mittel an die Hand gibt, diese Schwierigkeit zu umgehen. Danach soll als Einheit der Ladung die Ladung des Elektrons (das „Elementarquantum" der Elektrizität, Ziff. 3) gewählt werden und an Stelle der Messung einer Ladung die Zählung der vorhandenen Elektronen treten.

Es ist weiter notwendig, daß die Ladung des in das Feld einzubringenden „Probekörpers" sehr klein sei. Sonst stören die von ihr ausgehenden Wirkungen das zu untersuchende Feld.

Es ist schließlich erforderlich, daß der die Ladung tragende Probekörper selber sehr klein sei, so daß zur Festlegung seines Ortes die Angabe der Koordinaten eines Punktes genügt.

Unter diesen Voraussetzungen läßt sich die Kraft bestimmen, die auf den Probekörper an irgendeiner Stelle des Feldes ausgeübt wird. Diese Kraft heißt die elektrische Feldstärke an dieser Stelle; sie ist, da sie auf eine bestimmte Ladung zu beziehen ist, ihrer Dimension nach keine Kraft im gewöhnlichen Sinne der Mechanik. Wir bezeichnen die Komponenten dieser Feldstärke mit $\mathfrak{E}_x$, $\mathfrak{E}_y$, $\mathfrak{E}_z$, die Feldstärke als Vektor mit $\mathfrak{E}$. Das elektrische Feld ist gegeben, sobald $\mathfrak{E}_x$, $\mathfrak{E}_y$, $\mathfrak{E}_z$ als Funktionen von x, y, z (des Ortes) gegeben sind.

9. Die Kraftlinien und ihre experimentelle Darstellung. Bringt man in einen Punkt des Feldes eine kleine Ladung, so setzt sie sich unter der Einwirkung des elektrischen Feldes in Bewegung. Wenn man sie sofort wieder zur Ruhe bringt, um sie dann wieder für einen Augenblick freizugeben usf., so beschreibt sie eine ganz bestimmte Bahn, welche die Kraftlinie heißt, die durch jenen Punkt geht. Die Einschränkung, daß die Ladung stets nur für ein kurzes Stück freigegeben werden darf, ist notwendig, da die Tangente der Bahn übereinstimmen soll mit der Richtung der elektrischen Feldstärke und der von ihr hervorgerufenen Beschleunigung; daher darf die Ladung nie eine nennenswerte Geschwindigkeit besitzen, die sich der Beschleunigung superponieren würde.

Aus der Definition folgt, daß durch jeden Punkt des Raumes, in welchem die elektrische Feldstärke bestimmt ist, eine und nur eine Kraftlinie geht. Die Differentialgleichungen der Kraftlinien lauten

$$dx : dy : dz = \mathfrak{E}_x : \mathfrak{E}_y : \mathfrak{E}_z . \qquad (1)$$

Es gibt also ∞^2 Kraftlinien im ganzen Raum.

Die elektrischen Kraftlinien können sichtbar gemacht werden, wenn auch nicht so leicht wie die magnetischen Kraftlinien. Indem man einen Papierbusch aus vielen schmalen Seidenpapierstreifchen auf einen Konduktor einer Elektrisiermaschine aufsetzt, geben die sich sträubenden Streifchen ein Bild

[1]) F. PIDDUCK, Treatise on electricity, S. 46. Cambridge 1916.

der nach allen Richtungen des Raumes von einer Ladung ausstrahlenden Kraftlinien. Nähert man dem Busch einen geerdeten Körper, so werden die Streifchen, also auch die Kraftlinien, an den Körper herangezogen. Verbindet man zwei Papierbüsche mit den entgegengesetzten Konduktoren, so reichen sich die Streifchen gegenseitig gewissermaßen die Hand, ein Zeichen, wie die Kraftlinien von positiver zu negativer Ladung herüberführen. Verbindet man dagegen zwei Büsche mit demselben Konduktor, so sieht man, wie die Kraftlinien sich ausweichen und abstoßen. FARADAY stellte sich vor, daß in Richtung der Kraftlinien eine Zugspannung, senkrecht zu den Kraftlinien eine Druckspannung, jede vom Betrage [nach MAXWELL[1]]

$$\frac{1}{8\pi}\mathfrak{E}^2,$$

herrschen.

Durch Pulver haben dargestellt die elektrischen Kraftlinien: A. PERRIN[2]) mittels Hanffasern 2 bis 3 mm lang, die auf eine Glasplatte gestreut wurden, wonach die Platte durch Klopfen erschüttert werden mußte; D. ROBERTSON[3]) mittels länglicher Sägespäne; GRIMSEHL[4]) und FISCHER[5]) mittels gesiebten Gipspulvers; MIE[6]) mittels feinen Rutilpulvers auf gefirnißter Glasplatte; PIDDUCK[7]) mittels prismatischer Kristalle von Oxalsäure auf Kartonblatt (Klopfen soll entbehrlich sein). Verwendbar sind schließlich feine Härchen, Kristalle von Hydrochinon, Magnesiumsulfat, Korkpulver u. dgl. BOUDRÉAUX[8]) betont die Notwendigkeit, Halbleiter als Pulver zu verwenden (da Leiter angezogen und abgestoßen werden), z. B. Diamidophenol in Nadeln von 2 bis 3 mm. Ferner muß nach ihm die Glasplatte gut isolieren; die auf dieselbe geklebten Stanniolflecke, die die geladenen Leiter repräsentieren, werden durch dünne Drähte mit einer langsam gedrehten Influenzmaschine verbunden. Mittels Suspensionen von Pulvern in nichtleitenden Flüssigkeiten gelingt die Darstellung der elektrischen Kraftlinien viel einfacher. KOLBE (Elektrizität 1891) verwendet schwefelsaures Chinin (wasserfrei) in reinem Terpentinöl. Desgleichen M. SEDDIG[9]), der auch Glyzin verwendet oder Holzpulver in geschmolzenem Paraffin. Die Dielektrizitätskonstante der Pulver muß größer sein als die der Flüssigkeit.

Schließlich geben auch die von Lichtenberg entdeckten Figuren, welche die Bahnen der Entladung eines mit einem Isolator berührten elektrisierten Leiters längs der Oberfläche des Isolators darstellen, bei Bestreuung des Isolators mit Schwefelmennigepulver (Ziff. 5) Bilder des Kraftlinienverlaufs (vgl. Bd. XIV, Kap. 8).

10. Das Potential. Wird der in Ziff. 8 definierte Probekörper im elektrischen Felde verschoben, so wird Arbeit geleistet. Diese Arbeit beträgt auf dem Wege von der Stelle 1 längs der Linie L nach der Stelle 2 nach bekannten Prinzipien der Mechanik:

$$A = \int_{1\,(L)}^{2} (dx\,\mathfrak{E}_x + dy\,\mathfrak{E}_y + dz\,\mathfrak{E}_z)\,.$$

[1]) J. CL. MAXWELL, Phil. Mag. 1861 u. 1862 (Ostw. Klass. Nr. 102).
[2]) A. PERRIN, Bull. Soc. Electriciens Bd. 6, S. 83. 1889.
[3]) D. ROBERTSON, Edinb. Proceed. Bd. 22, S. 361. 1899.
[4]) E. GRIMSEHL, Lehrbuch der Physik Bd. II, S. 43. 1923.
[5]) K. FISCHER, ZS. f. phys.-chem. Unterr. Bd. 29, S. 204. 1916.
[6]) G. MIE, ZS. f. phys.-chem. Unterr. Bd. 19, S. 154. 1906.
[7]) A. PIDDUCK, Treatise on electricity, S. 66, 1916.
[8]) E. BOUDRÉAUX, C. R. Bd. 128, S. 882. 1899.
[9]) M. SEDDIG, Ann. d. Phys. Bd. 11, S. 815. 1903.

Wird die Verschiebung des Probekörpers von 1 nach 2 längs der Linie L' vorgenommen, so leisten die Feldkräfte die Arbeit:

$$A' = \int_1^{2} {}^{(L')} (dx\,\mathfrak{E}_x + dy\,\mathfrak{E}_y + dz\,\mathfrak{E}_z).$$

Es wird behauptet, daß $A = A'$ oder die Arbeit unabhängig vom Wege ist. Beweis: Man lasse den Probekörper erst den Weg L von 1 nach 2 durchlaufen und führe ihn dann entgegen den Feldkräften von 2 nach 1 auf dem Wege L' zurück. Auf diesem Wege beträgt die gesamte Arbeit $A - A'$. Diese Arbeit muß Null sein. Denn nach der Rückkehr des Probekörpers zur Stelle 1 ist alles unverändert wie vor Beginn seines geschlossenes Weges von 1 über 2 nach 1[1]). Wäre also $A - A' \gtrless 0$, so wäre Energie aus dem Nichts gewonnen oder ins Nichts verloren worden. Da dies nicht möglich ist, muß $A - A' = 0$ sein oder:

$$\oint (\mathfrak{E}_x dx + \mathfrak{E}_y dy + \mathfrak{E}_z dz) = 0, \tag{2}$$

erstreckt über irgend einen geschlossenen Weg.

Es gibt Felder, in welchen die Bedingung (2) nicht erfüllt ist und bei Verschiebung des Probekörpers längs gewisser geschlossenen Bahnen elektrische Energie verlorengeht (und sich in die sog. JOULEsche Wärme verwandelt). Diese Energie entstammt den längs dieser Bahnen wirkenden „elektromotorischen Kräften", welche entweder chemischen oder thermischen Ursprungs sind und dann in das Gebiet der Elektrokinetik (stationäre Ströme) gehören, oder elektromagnetischen Ursprungs sind und dann in das Gebiet der Elektrodynamik (quasistationäre Ströme) gehören (vgl. Kap. 1).

Für die reine Elektrostatik ist die Bedingung (2) durchaus als erfüllt anzusehen. Dann folgt aus der bekannten Transformation von STOKES (Bd. III, Artikel Vektorrechnung) die differentielle Form von (2):

$$\left.\begin{aligned} \frac{\partial \mathfrak{E}_z}{\partial y} - \frac{\partial \mathfrak{E}_y}{\partial z} &= (\operatorname{rot} \mathfrak{E})_x = 0, \\ \frac{\partial \mathfrak{E}_x}{\partial z} - \frac{\partial \mathfrak{E}_z}{\partial x} &= (\operatorname{rot} \mathfrak{E})_y = 0, \\ \frac{\partial \mathfrak{E}_y}{\partial x} - \frac{\partial \mathfrak{E}_x}{\partial y} &= (\operatorname{rot} \mathfrak{E})_z = 0 \end{aligned}\right\} \tag{3}$$

oder vektoriell:

$$\operatorname{rot} \mathfrak{E} = 0. \tag{3a}$$

Die Gleichungen (2) sind bekanntlich die notwendige und hinreichende Bedingung dafür, daß eine Funktion V existiert, so daß

$$\mathfrak{E}_x = -\frac{\partial V}{\partial x}, \qquad \mathfrak{E}_y = -\frac{\partial V}{\partial y}, \qquad \mathfrak{E}_z = -\frac{\partial V}{\partial z} \tag{4}$$

oder vektoriell:

$$\mathfrak{E} = -\operatorname{grad} V. \tag{4a}$$

(Über das negative Vorzeichen vgl. unten.) Diese Funktion V ist bekanntlich nur bis auf eine Konstante bestimmbar und heißt das Potential des Vektors $\mathfrak{E}$ (der elektrischen Feldstärke. Aus dem Früheren ergibt sich, daß

$$V = -\int_P^{(x,y,z)} (dx\,\mathfrak{E}_x + dy\,\mathfrak{E}_y + dz\,\mathfrak{E}_z)$$

---

[1]) Mathematisch gesprochen: die Komponenten der Feldstärke $\mathfrak{E}_x$, $\mathfrak{E}_y$, $\mathfrak{E}_z$ sind eindeutige Funktionen des Ortes x, y, z; thermodynamisch: die elektrostatischen Kräfte sind konservativ.

genommen werden kann, wo sich das Integral auf irgendeinen Weg bezieht, der von dem festen Punkte P nach dem variablen Punkte x, y, z führt. V ist eine eindeutige Funktion der oberen Grenze x, y, z und enthält außerdem eine willkürliche Konstante durch P. Bei den Differentiationen (4) fällt natürlich diese willkürliche Konstante heraus.

Dieses Potential V bedeutet, physikalisch gesprochen, die Arbeit, die von außen zugeführt werden muß, um den mit der konstanten Ladung „Eins“ (vgl. Ziff. 8) geladenen Probekörper aus dem Punkte P in den Punkt x, y, z zu schaffen (daher das negative Vorzeichen). Mit dieser physikalischen Definition deckt sich die in der elementaren Theorie gegebene Definition, wobei gewöhnlich als P, wenn das Feld nicht ins Unendliche reicht, der Punkt ∞ gewählt und gesetzt wird:

$$V = -\int_{\infty}^{(x,y,z)} (dx\,\mathfrak{E}_x + dy\,\mathfrak{E}_y + dz\,\mathfrak{E}_z)\,. \tag{5}$$

Damit ist über die willkürliche Konstante in V so verfügt, daß das Potential im Unendlichen verschwindet. Es muß aber betont werden, daß diese physikalische Definition nur einem Zufall ihre Existenz verdankt, daß vielmehr (vgl. die Definition des Geschwindigkeitspotentials in der Hydrodynamik Bd. VII, Artikel LAGALLY) einzig und allein die aus (3a) fließende mathematische Definition (4a) maßgebend ist, ohne daß dieses V irgendeine physikalische Bedeutung haben müßte.

Bei Feldern, die ins Unendliche reichen, müssen andere Festsetzungen betreffend die willkürliche Konstante getroffen werden.

11. Die Äquipotentialflächen. Eigenschaften der Leiter. Unter einer Äquipotentialfläche (oder Niveaufläche) versteht man eine Fläche konstanten Potentials:

$$V(x, y, z) = \text{const}\,.$$

Da die Kraftlinien wegen (1) und (4) auch durch die Differentialgleichungen

$$dx : dy : dz = \frac{\partial V}{\partial x} : \frac{\partial V}{\partial y} : \frac{\partial V}{\partial z}$$

gegeben sind, so stehen sie senkrecht auf den Flächen konstanten Potentials. Da es ∞^1 Äquipotentialflächen in einem Felde gibt, kann man auch sagen: Die ∞^2 Kraftlinien bilden die Orthogonaltrajektorien einer Schar von ∞^1 Flächen. Darin liegt eine Besonderheit des Systems der Kraftlinien. Ein beliebiges System von ∞^2 Kurven erfüllt diese Bedingung nicht. Diese Bedingung ist übrigens notwendig, aber nicht hinreichend für die Existenz eines Potentials (4a).

Auf der Oberfläche eines Leiters, der sich in elektrischem Gleichgewicht befindet, müssen die Kraftlinien senkrecht stehen. Hätten sie nämlich eine zur Oberfläche schiefe Richtung, so besäße die elektrische Feldstärke eine zur Oberfläche tangentielle Komponente; diese würde die Elektrizität auf dem Leiter verschieben, es würde also kein Gleichgewicht herrschen: Die Oberfläche jedes im elektrischen Gleichgewichte befindlichen Leiters ist eine Äquipotentialfläche (Ziff. 7).

Aber es muß nicht nur das Potential auf der Oberfläche des Leiters konstant sein, sondern auch im Innern. Denn würde die elektrische Feldstärke dort irgendeine von Null verschiedene Komponente besitzen, so würde diese die

Elektrizität im Innern des Leiters verschieben, es könnte kein Gleichgewicht herrschen. Also verschwindet die gesamte Feldstärke

$$\mathfrak{E} = 0$$

im Innern eines Leiters oder

$$\frac{\partial V}{\partial x} = \frac{\partial V}{\partial y} = \frac{\partial V}{\partial z} = 0,$$

d. h. das Potential im Innern eines Leiters ist konstant.

Die geschlossene Oberfläche eines Leiters trennt also den Raum in zwei Teile, einen inneren Teil, in welchem die Funktion V konstant ist, und einen äußeren, in welchem sie von dem Oberflächenwert bis zum Wert Null im Unendlichen (Ziff. 10) abnimmt (zunimmt). Selbstverständlich handelt es sich hier um zwei Zweige der Funktion V.

Es mag bemerkt werden, daß aus der Konstanz des Potentials V im Innern der Leiter kein Schluß darauf gezogen werden kann, daß die Ladung nur an der Oberfläche sitzt. Bei einem anderen als dem COULOMBschen Kraftgesetz wäre vielmehr Ladung im Innern eines Leiters sehr wohl mit der Konstanz des Potentials daselbst verträglich.

Aus dieser Konstanz des Potentials auf der Oberfläche und im Innern eines Leiters folgt, daß man, obwohl das Potential eigentlich nur für einzelne Punkte definiert wurde, von dem „Potential des Leiters" sprechen kann. Das Potential des Leiters charakterisiert die Intensität seines elektrischen Zustandes (Ziff. 8). Man vergleicht es auch oft mit der Temperatur eines im thermischen Gleichgewicht befindlichen Wärmeleiters und spricht vom Elektrizitätsgrad. In den übrigen Geltungsgebieten der Potentialtheorie (Gravitation, Magnetismus, Hydrodynamik) fehlt eine Analogie für den Leiter und daher die Eigenschaft des Potentials, nicht nur Äquipotentialflächen, sondern auch (innerhalb der Leiter) Äquipotentialräume zu bilden. J. JEANS[1]) erwähnt allerdings ein Analogon aus dem Gebiet der zweidimensionalen Geodäsie. Denkt man sich auf der krummen Erdoberfläche die sog. Schichtenlinien (Linien gleichen Niveaus über dem Meereshorizont) gezogen, so sind sie ein zweidimensionales Analogon zu den Flächen konstanten (Schwere-)Potentials. Die Linien des kürzesten Falles oder des stärksten Gefälles (Schraffen auf der Landkarte) stellen die Kraftlinien (der Schwerkraft) dar. Die Oberfläche eines Sees bildet dann einen ganzen Flächenraum mit konstantem Niveau (Potential), da nicht nur die äußere Umrandung (das Ufer), sondern auch das Innere der Oberfläche (der Spiegel) das gleiche Niveau haben. —

Verbindet man zwei Leiter leitend, so sind sie nur dann im Gleichgewicht, wenn sie gleiches Potential besitzen. Sonst tritt Potentialausgleich durch Bewegung der Elektrizität ein.

Die Erde ist ein Leiter, der wegen seiner Größe gegen jeden Leiter unserer Laboratorien sein Potential beibehält. Die Ladung der Erde wird bei leitender Verbindung mit einem Leiter anderen Potentials nicht merklich geändert. Aus diesem Grunde kann man das Potential der Erde für viele Zwecke als das feste Niveau (P) ansehen, das ja in der Definition (5) des Potentials willkürlich bleibt. Man nimmt dann das Potential der Erde für „Null". In Wirklichkeit lehrt die Theorie der atmosphärischen Elektrizität (Bd. XIV, Kap. 9), daß die Erde eine negative Ladung (von der Dichte 2,63 bis 10,6 E.St.E. per 1 m²) und daher ein negatives Potential besitzt. Verbindet man einen Leiter leitend mit der Erde, „erdet" man ihn, so besitzt sein Potential den festen Wert „Null".

[1]) J. JEANS, Electricity and magnetism, 5. Aufl., S. 30. Cambridge 1925.

Das Elektroskop gibt immer die Potentialdifferenz gegen sein Gehäuse, wenn also dieses geerdet ist, die Potentialdifferenz gegen Erde an.

12. Die experimentelle Untersuchung des Feldes. Die praktische Untersuchung des elektrischen Feldes und seine Darstellung mittels der Äquipotentialflächen (z. B. in der Lehre von der atmosphärischen Elektrizität) geschieht mittels der elektrischen Sonde. Als solche dienen:

α) Die Spitze (vgl. Ziff. 7): Man verwendet als Sonde eine kleine mit Spitze versehene Probekugel oder überhaupt einen scharf zugespitzten kleinen Körper, der durch einen langen, dünnen, spiralisierten, blanken Kupferdraht mit einem empfindlichen Elektroskop verbunden ist. Infolge der Saugwirkung der Spitze nimmt das Elektroskop langsam das Potential der Stelle des Feldes an, in welchem sich die Spitze befindet[1]).

β) Die Flamme: Ähnlich wie eine Spitze wirkt eine Kerzenflamme[2]). Die aufsteigenden Rauchgase entführen ebenso wie der elektrische Wind die ungleichnamige Influenzladung und hinterlassen das mit der Flamme durch einen Draht verbundene Elektroskop auf dem entsprechenden Potential der gleichnamigen Influenzladung. Bedenklich bei der Verwendung dieses „Flammenkollektors", der rascher als die Spitze wirkt, ist die ionisierende Wirkung der Flammengase (vermöge ihres Ionengehaltes) auf die umgebende Luft (Bd. XIV, Kap. 3).

γ) Der Tropfkollektor[3]): Aus einem gut isolierten Metallgefäß, das mit einem Elektroskop verbunden ist, entführen die ausströmenden Tropfen die ungleichnamige Influenzladung. An Stelle des Tropfkollektors verwendet man heute bei Untersuchungen über atmosphärische Elektrizität (Bd. XIV, Kap. 9) gern Spritzkollektoren. Der Wasserkollektor ist langsamer, dafür unbedenklicher als der Flammenkollektor.

δ) Der Glühdraht[4]): Ein glühender Platindraht sendet positive (negative) Ionen aus, solange er sich auf höherem (niedrigerem) Potential als das umgebende Feld befindet, und stellt sich daher auf nahezu das gleiche Potential wie dieses ein.

Man kann auch die ungleichnamige Influenzladung zur Messung des Potentials an einer Stelle des Feldes verwenden, indem man die gleichnamige durch Ableitung einer isolierten Probekugel zur Erde (mittels dünnen kapazitätsfreien Drahtes) beseitigt. Diese Probekugel, in einem Becherelektroskop entladen, gibt dort eine dem jeweiligen Feldpotential proportionale Ladung zu erkennen[5]). Unzulässig ist es dagegen, wie es GRIMSEHL[6]) tut, die gleichnamige Influenzladung ohne Wegschaffung der ungleichnamigen Influenzladung zu Messungen zu verwenden, da die Wirkungen beider sich (in schwer berechenbarer Weise) schwächen und daher keine zum Feldpotential proportionale Ladung auf dem Elektroskop erzeugen.

Bei dieser Gelegenheit sei auch einer von MAXWELL herrührenden Zange Erwähnung getan. Sie besteht aus einem isolierenden Stoffe, an ihren Enden

---

1) Über einen Versuch zum Nachweis der Konstanz des Potentials auf einem ungeladenen Leiter mit positiver und negativer Influenzladung mittels Spitzenkollektors vgl. K. ROSENBERG, Experimentierbuch Bd. II, S. 292. Wien 1924.

2) A. BENNET, Phil. Trans. 1787, S. 26.

3) Lord KELVIN, Reprint of papers on electrost., S. 218 (aus NICHOLS Cyclopaedia 1860).

4) N. SEMENOFF u. A. WALTHER, ZS. f. Phys. Bd. 17, S. 67, 1923.

5) J. DELLMANN, Pogg. Ann. Bd. 112, S. 631. 1861; vgl. hierzu J. CL. MAXWELL, Treatise Bd. I, S. 340.

6) E. GRIMSEHL, Lehrb. d. Phys. Bd. II, S. 90. 1923; vgl. auch J. FRICK, Physikal. Technik Bd. II, S. 1, 62. 1907, wo dies durch eine ungenaue Rechnung gestützt wird. Vgl. hingegen J. CL. MAXWELL, Treatise Bd. I, S. 340f., wo eine ähnliche, aber richtige Methode dargestellt ist.

sind kleine Metallscheibchen angebracht. Man bringt diese Zange an eine Stelle des Feldes, wodurch die beiden Scheibchen (wenn sie senkrecht zu den Kraftlinien gehalten werden) entgegengesetzte Influenzladungen erhalten. Durch Öffnung der Zange werden dieselben getrennt und können im Becherelektroskop jede für sich gemessen werden, wodurch ein Rückschluß auf das Potential an der betreffenden Stelle möglich ist.

Von MAXWELL[1]) stammt schließlich eine elegante Methode, die zu einem Leiter gehörigen Äquipotentialflächen darzustellen, ohne daß dieser selbst geladen ist. Diese Methode beruht auf dem Reziprozitätssatz für die „Potentialkoeffizienten" (Ziff. 39 α) und besteht darin, eine kleine geladene Probekugel von verschiedenen Stellen des Feldes aus, den mit einem Elektroskop verbundenen Leiter influenzieren zu lassen. Nach Ableitung der gleichnamigen Influenzladung zeigt das Elektroskop keinen Ausschlag; denn es befindet sich der Leiter auf dem Potential Null der Erde, welches sich zusammensetzt aus dem ursprünglichen von der Probekugel auf dem Leiter erzeugten Potential und dem Potential der ungleichnamigen Influenzladung (Prinzip der Superposition Ziff. 28). Wird die Probekugel an eine andere Stelle gebracht und zeigt sich dort kein Ausschlag am Elektroskop, so ist das von der Probekugel in der neuen Lage auf dem Leiter erzeugte Potential das gleiche wie früher; nach dem erwähnten Reziprozitätssatz befindet sich daher die neue und die alte Lage der Probekugel auf ein und derselben Äquipotentialfläche, die der Leiter bei irgendwelcher Ladung besitzen würde. So fortfahrend, kann man die verschiedenen zu dem Leiter gehörigen Äquipotentialflächen ermitteln.

c) Das COULOMBsche Gesetz.

13. Abhängigkeit von der Ladung. Wir wollen zunächst die Kraftwirkung, die zwei Elektronen aufeinander ausüben, betrachten. Die Elektronen können wegen ihrer Kleinheit bei größerem Abstande wie sog. Punktladungen behandelt werden. (Es soll jedoch hier nicht verschwiegen werden, daß alle Schwierigkeiten, die dem „Problem des Elektrons" innewohnen, mit der Zulassung von Punktladungen bei den Rechnungen ihren Ausgang nehmen.) Da alle Elektronen untereinander gleich sind[2]), müssen die Kraftwirkungen zwischen irgend zwei Elektronen in derselben Entfernung gleich sein. Hat man ein neutrales Molekül, das aus einem negativen Elektron und einem gleich großen positiven Restion besteht, so müssen die Kräfte dieses neutralen Moleküls auf ein entferntes Elektron verschwinden. Also folgt, daß auch die Kräfte der positiven einfach geladenen Restionen (sofern diese auch als Punktladungen aufgefaßt werden) ceteris paribus gleich, aber entgegengesetzt sind den Kräften der Elektronen. Aus dem Prinzip der Superposition der Kräfte folgt mithin für die Kraftwirkung zwischen zwei Punktladungen von der Größe von m bzw. n Elektronen (Restionen), die sich in der Entfernung r voneinander befinden, daß diese Kraft von der Form

$$m n \varphi(r)$$

sein muß, wo φ nur von der Variablen r und nicht von m oder n abhängt. Dabei soll ein negatives m oder n eine negative, ein positives m oder n eine positive Ladung andeuten. Ist das Produkt mn positiv (die beiden Ladungen gleichnamig), so hat man positive, d. h. abstoßende Kraftwirkung, anderenfalls negative oder anziehende Kraftwirkung. Setzt man noch für den Augenblick die Ladung des Elektrons gleich 1 und bezeichnet die Ladung $m \cdot 1$ mit e, die Ladung $n \cdot 1$ mit e',

---

[1]) J. CL. MAXWELL, Elementary treatise on electricity and magnetism, S. 43.

[2]) Vgl. für diese Schlußweise das schon zitierte Buch von PIDDUCK, S. 46f.

so hat man aus der Hypothese der atomistischen Struktur der Elektrizität deduktiv die Form

$$e e' \varphi(r) \tag{6}$$

für die Kraftwirkung zweier Punktladungen e, e'.

In Wirklichkeit gibt es keine Punkte und Punktladungen, deren Existenz übrigens der atomistischen Hypothese widersprechen würde. Der Ausweg aus dieser Schwierigkeit ist die Einführung des Unterschiedes zwischen „mathematischem“ und „physikalischem“ Unendlichkleinen. Das erstere bedeutet: kleiner als jede angebbare Größe, das letztere: kleiner als jede meßbare Größe. Dann darf man die Größe des Elektrons selbst sowohl als auch die Abstände der einzelnen Elektronen voneinander, die in irgendeiner Ladung enthalten sind, als physikalisch unendlich klein (wenigstens in größerer Entfernung von der Ladung) auffassen und gelangt zur kontinuierlichen Verteilung von unendlich kleinen Ladungselementen, deren jedes selber als Punktladung behandelt werden darf[1]). Damit setzt man sich allerdings unbedingt in Widerspruch mit der atomistischen Hypothese.

Nennt man de die Ladung auf dem Element df der Oberfläche eines Körpers, so läßt sich dann eine Flächendichte σ der Ladung definieren als Grenzwert:

$$\sigma = \lim_{df \to 0} \frac{de}{df}$$

14. Das Gesetz des umgekehrten Quadrates der Entfernung. Wir betrachten mit CAVENDISH[1]) (1773) eine hohle geladene leitende Kugel. Der Versuch von CAVENDISH (Ziff. 4), der von MAXWELL[2]) mit größter Sorgfalt wiederholt wurde, bestätigt, daß die Ladung nur an der Oberfläche dieser Kugel sitzen kann. Die Dichte σ derselben wird aus Symmetriegründen überall gleichförmig sein. Es ist das Potential zu berechnen, das die ganze Ladung in einem beliebigen Punkte A erzeugt.

Hierzu denke man sich die Oberfläche in lauter kleine Elemente df mit der nahezu punktförmigen Ladung σdf zerlegt. In A befinde sich die Ladung 1. Dann übt df auf A eine Kraft (6)

$$\sigma\, df \cdot 1 \cdot \varphi(r)$$

aus, wo r die Entfernung von df nach A ist. Wir berechnen das Potential zu dieser „Feldstärke“. Nach (5) hat man

$$-\int_{\infty}^{r} dr \cdot \sigma\, df \cdot \varphi(r)\,,$$

indem als Weg die Verlängerung des Radiusvektors von df nach A über A hinaus gewählt wurde.

Für das Potential der ganzen Kugel hat man dementsprechend

$$V = \iint \sigma\, df \int_{r}^{\infty} dr\, \varphi(r)\,.$$

Wir führen eine neue Funktion $f(r)$ statt $\varphi(r)$ ein:

$$r \int_{r}^{\infty} dr\, \varphi(r) = \frac{d}{dr} f(r)\,. \tag{7}$$

---

1) Vgl. auch G. H. LIVENS, Theory of electricity, S. 48. Cambridge 1918.

2) J. CL. MAXWELL, Treatise Bd. I, S. 80ff. 1892; Electrical researches of H. CAVENDISH, edited by MAXWELL, S. 104. 1879.

Dann läßt sich V leicht berechnen (vgl. MAXWELL l. c.):

$$V = 2\pi\sigma\frac{a}{b}\{f(r_1) - f(r_2)\}.$$

Hierin bedeuten:

a den Radius der Kugelfläche,

b den Zentralabstand des Punktes A,

r_1 bzw. r_2 den größten bzw. kleinsten Abstand, den A von der Kugelfläche haben kann.

Daher ist für einen

äußeren Punkt: $V = 2\pi\sigma\frac{a}{b}\{f(a+b) - f(b-a)\}$,

Punkt der Kugel: $V = 2\pi\sigma\frac{a}{b}f(2a)$,

inneren Punkt: $V = 2\pi\sigma\frac{a}{b}\{f(a+b) - f(a-b)\}$.

Hier ist $f(0) = 0$ gesetzt, was zulässig ist.

LAPLACE[1]) hat aus der letzten Formel zuerst das Gesetz des umgekehrten Quadrates der Entfernung abgeleitet. Wenn das elektrische Gleichgewicht bei reiner Oberflächenladung bestehen soll, muß im Innern des Leiters (Ziff. 11) $V =$ konst. sein, wo auch A liege, also

$$\frac{1}{b}\{f(a+b) - f(a-b)\}$$

unabhängig von b sein oder:

$$f(a+b) - f(a-b) = \text{konst}\cdot b.$$

Zweimalige Differentiation nach b liefert

$$f''(a+b) - f''(a-b) = 0$$

oder

$$f''(r) = \text{konst.} = C_0,$$

hieraus (mit C_1 als Integrationskonstanten)

$$f'(r) = C_0 r + C_1$$

und nach (7)

$$\varphi(r) = \frac{C_1}{r^2} \tag{8}$$

was zu beweisen war. Der Beweis von CAVENDISH selbst beschränkt sich auf die Voraussetzung

$$\varphi(r) = r^{q-2}. \tag{7a}$$

CAVENDISH folgert aus der Genauigkeit, mit welcher sein Elektrometer die Nichtexistenz einer Ladung auf der Innenkugel festzustellen gestattete:

$$|q| < \tfrac{1}{50}.$$

MAXWELL fand bei seiner Wiederholung des Versuches unter Verwendung des Quadrantenelektrometers

$$|q| < \tfrac{1}{21600}.$$

Die Annahme (7a) ist, wie CAVENDISH und MAXWELL betonen, keine Beschränkung der Allgemeinheit, da nur diese Annahme mit der Tatsache verträglich ist, daß die von zwei einander ähnlichen Körpern erzeugten elektrischen Felder einander auch ähnlich sind.

---

[1]) P. S. LAPLACE, Mécanique céleste Bd. I, S. 163.

Die Umkehrung, daß aus dem Gesetz des umgekehrten Quadrates folgt, daß die gesamte Feldstärke im Innern einer gleichförmig geladenen Kugelschale verschwindet, hat schon NEWTON[1]) (für sein Gravitationsgesetz) bewiesen: Wir betrachten (Abb. 1) die auf einen Punkt P im Innern von der Oberfläche ausgehenden Wirkungen. Zu diesem Zwecke zerlegen wir die Oberfläche in lauter kleine Paare von unendlich kleinen Flächenelementen f_1, f_2, die je von einem Doppelkegel mit dem Scheitel in P und dem unendlich kleinen Öffnungswinkel dw ausgeschnitten werden. Die Wirkung jedes solchen Paares in P ist Null. Denn wir haben mit den Bezeichnungen der Abb. 1

$$f_1 = \frac{r_1^2 dw}{\sin\alpha}, \qquad f_2 = \frac{r_2^2 dw}{\sin\alpha},$$

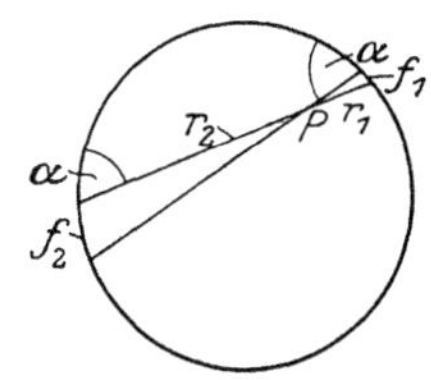

Abb. 1. Im Innern einer gleichförmig geladenen Kugelschale verschwindet das elektrische Feld.

und die Kraftwirkungen sind, wenn σ die Oberflächendichte bedeutet, bez.

$$\frac{\sigma f_1}{r_1^2} = \frac{\sigma dw}{\sin\alpha}, \qquad \frac{\sigma f_2}{r_2^2} = \frac{\sigma dw}{\sin\alpha}$$

also gleichen Betrages und entgegengesetzter Richtung.

15. COULOMBS eigene Forschungen. Das Gesetz für die Kraftwirkungen zweier Punktladungen e, e', deren Entfernung r ist, ist nach (6) und (8)

$$e \cdot e' \cdot \frac{C_1}{r^2}$$

und von CAVENDISH früher (1773) aufgefunden und genauer bestätigt worden als von COULOMB[2]) (1785), dessen Namen es trägt, der es aber unabhängig gefunden und veröffentlicht hat, während CAVENDISH seine Resultate nicht veröffentlichte. COULOMB verwendet zu seinen Messungen die Drehwage (Bd. XVI, Kap. 8); die Abstoßung einer an einem horizontalen Wagebalken, der um einen vertikalen Draht drehbar ist, befestigten Meßkugel durch eine feste Standkugel wird durch die Torsion des Aufhängedrahtes nach einer Drehung um einen bestimmten Winkel aus der Anfangslage kompensiert. Indem man diesem Draht verschiedene Anfangstorsionen erteilt, so daß Drehwinkel α und Torsionswinkel φ nicht zusammenfallen, ergibt sich bei Gültigkeit des Gesetzes des umgekehrten Quadrates der Entfernung

$$\varphi \sin\frac{\alpha}{2} \operatorname{tg}\frac{\alpha}{2} = \text{konst} \tag{9}$$

welche Relation durch Veränderung der Anfangstorsion $\beta = \varphi - \alpha$ bestätigt werden kann. Die Konstante hängt von den Ladungen e und e' der Stand- und Meßkugel ab. Da diese im Laufe der Versuche durch Zerstreuung abnehmen, muß eine Korrektion angebracht werden, welche allerdings die Abhängigkeit von der Ladung nach (6) vorwegnimmt. Insgesamt sind folgende Korrektionen erforderlich:

α) wegen Elektrizitätszerstreuung: durch Beobachtung zu ermitteln;

β) wegen der nicht punktförmigen Gestalt der Ladungen: durch Berücksichtigung der gegenseitigen Influenzen der beiden Kugeln [vgl. Ziff. 82, Gleichung (88 α)];

γ) wegen der Influenzladungen auf dem Gehäuse: durch Berücksichtigung des „elektrischen Bildes" der Standkugel an dem als leitende Kugel idealisierten Gehäuse[3]) (vgl. Ziff. 68).

[1]) J. NEWTON, Principia etc. lib. 1, sect. 12, prop. LXX.

[2]) CH. COULOMB, Mém. de l'Acad. roy. des sciences 1785, S. 572 (Ostwalds Klassiker Nr. 13).

[3]) J. CL. MAXWELL, Treatise Bd. I, S. 328ff.

Einige Resultate von COULOMB (ohne Korrektionen):

Anfangs-torsion	Drehwinkel (beobachtet)	Drehwinkel (gerechnet)	Differenz Beob. Rechnung
$\beta = 0°$	$\alpha = 36°$	—	—
126°	18°	18° 6′	+ 6′
567°	8° 30′	9° 5′	+35′

Einige Resultate von RIESS[1] (ohne Korrektionen):

Anfangs-torsion	Drehwinkel (beobachtet)	Drehwinkel (gerechnet)	Differenz Beob. Rechnung
$\beta = 0°$	$\alpha = 42°$	—	—
70°	28°	27° 44′	−16′
110°	23°	23° 42′	+42′

Schwieriger als für das Gesetz der Abstoßung nach dem umgekehrten Quadrat der Entfernung ist der Nachweis des Gesetzes der Anziehung. Es gibt hier zwei verschiedene Gleichgewichtslagen für die bewegliche Meßkugel, eine stabile und eine unstabile[2]). COULOMB hat hier die Methode der Drehwage durch eine Methode der Schwingungen ersetzen müssen[3]). Bei Gültigkeit seines Gesetzes muß die Schwingungsdauer eines ungleichnamig zu einer Standkugel geladenen horizontalen Stäbchens proportional der Entfernung sein, was annähernd bestätigt wurde:

Entfernung	Dauer von 15 Schwingungen	Verhältnis $\frac{\text{Schwingungsdauer}}{\text{Entfernung}}$
9 Zoll	20″	2,22
18 „	41″	2,28
24 „	60″	2,50

Das Gesetz der Anziehung nach dem umgekehrten Quadrate der Entfernung ist seinerzeit von S HARRIS angefochten worden[4]), der dabei die Anziehung mittels einer gewöhnlichen Wage und Gewichten maß (Vorläufer des absoluten [Gewichts-] Elektrometers von Lord KELVIN, Ziff. 43). Lord KELVIN [Sir W. THOMSON[5])] hat diese Anfechtung durch verschiedene Einwände, hauptsächlich aber durch den Hinweis auf CAVENDISH (damals noch unveröffentlicht) entkräftet. Die COULOMBsche Drehwage ist eben lange nicht so genau wie der Versuch von CAVENDISH. Gleichwohl behauptet sie ihren Platz, wenn es sich um die absolute Messung einer Elektrizitätsmenge handelt, während alle anderen Elektrometer nur relative Messungen derselben gestatten.

Es bleibt schließlich noch die Erforschung der Abhängigkeit von der Ladung durch COULOMBs Drehwage zu besprechen. COULOMB[6]) verwendet hierzu die Methode der Halbierung einer Ladung durch Berührung der Standkugel mit einer genau kongruenten Kugel. Mit der neuen Ladung $e/2$ der Standkugel und der unverändert gebliebenen Ladung e' der Meßkugel (e, e' sind wieder gleichnamig) wird eine verkleinerte Anfangstorsion β eingestellt, so daß der frühere Drehwinkel α wieder resultiert. Die Torsionswinkel $\varphi = \alpha + \beta$ müssen sich verhalten wie 1:2, für die Ladungen $e/2$ bzw. e. COULOMB fand: $\varphi = 148°$ bzw. $= 72°$ (korrigiert wegen Elektrizitätszerstreuung: 73,5°).

16. Demonstration des COULOMBschen Gesetzes. Für Demonstration eignet sich an Stelle der Drehwage besser das elektrische Pendel, bei welchem die elektrische Abstoßung durch die Schwerkraft an Stelle der Torsionselastizität kompensiert wird[7]). Dieses ursprünglich von ODSTRČIL herrührende Verfahren ist von PENKMAYER[8]) und DECHANT[9]) zu einer Nullmethode umgestaltet

[1]) P. RIESS, Reibungselektrizität Bd. I, S. 92. 1853.
[2]) E. MASCART, Handb. d. statischen Elektrizität, übersetzt von WALLENTIN, S. 61. 1883.
[3]) CH. COULOMB, l. c. S. 581.
[4]) S. HARRIS, Phil. Trans. 1834, II, S. 213; 1836, II, S. 431.
[5]) Lord KELVIN, Reprint of papers, S. 18—26.
[6]) CH. COULOMB, Mém. de l'Acad. des sciences 1786, S. 69.
[7]) J. ODSTRČIL in Grundriß der Naturlehre von E. MACH u. J. ODSTRČIL. Prag 1887.
[8]) R. PENKMAYER, ZS. f. Unterr. Bd. 15, S. 209. 1902.
[9]) J. DECHANT, ZS. f. Unterr. Bd. 17, S. 35. 1904.

worden. Auf einer Teilung sind zwei gleiche Standkugeln (statt einer) verschiebbar, zwischen denen die leichte Meßkugel als elektrisches Pendel bifilar aufgehängt ist. Die Meßkugel wird geladen und muß, wenn die beiden Standkugeln gleiche Ladung (nach der Methode der Halbierung einer Ladung; Ziff. 15) erhalten haben, genau in der Mitte zwischen beiden schweben. Nun wird eine der beiden Standkugeln mit einer dritten gleich großen zweimal berührt, wodurch ihre Ladung auf ein Viertel der anderen Standkugel sinkt; daher nähert sich die Meßkugel der schwächeren Ladung. Um sie wieder auf Null zu bringen, muß man die Standkugel mit der schwächeren Ladung auf die Hälfte ihrer früheren Entfernung von der Null bringen. Hierdurch ist die Proportionalität der Abstoßung sowohl mit der Ladung als mit dem umgekehrten Quadrat der Entfernung demonstriert. Um die Lagen der drei Kugeln sichtbar zu machen, projiziert man ihre Schattenbilder auf einen mit Teilung versehenen Schirm. Es lassen sich mit dieser Anordnung (bei Verzicht auf die Nullmethode) natürlich auch noch andere Fälle des COULOMBschen Gesetzes demonstrieren. Vorsicht vor Luftströmungen und Störungen durch den Körper des Experimentierenden!

Andere mehr oder minder komplizierte Methoden finden sich bei FRICK[1]).

17. Definition der elektrostatischen Einheit der Elektrizitätsmenge. Aus (6) und (8) ergibt sich für die Kraftwirkung zwischen zwei Punktladungen e, e' in der Entfernung r voneinander

$$C_1 \frac{e e'}{r^2},$$

wo C_1 eine noch unbestimmte Konstante ist. Durch Festlegung des Wertes von C_1 wird die Einheit der Elektrizitätsmenge festgelegt (vgl. hierzu die Bemerkungen in Ziff. 8). Man pflegt[2]) die Konstante $C_1 = 1$ zu setzen und erhält hierdurch die Definition der Einheit der Elektrizitätsmenge im elektrostatischen Maße bei Zugrundelegung von cm, g, sec:

Die elektrostatische Einheit der Elektrizitätsmenge ist diejenige Menge, welche auf eine genau gleiche Elektrizitätsmenge in der Entfernung 1 cm die Kraft 1 dyn ausübt.

Bemerkt werde, daß bei der Form

$$\frac{e e'}{r^2} \tag{10}$$

des COULOMBschen Gesetzes wie überhaupt im bisherigen der Einfluß des Mediums nicht berücksichtigt ist. Würde man als umgebendes Medium statt eines Vakuums oder (was nahezu auf dasselbe hinauskommt) Luft ein Dielektrikum mit einer von 1 wesentlich verschiedenen Dielektrizitätskonstante (Ziff. 7) ε verwenden, so käme statt (10)

$$\frac{1}{\varepsilon} \frac{e e'}{r^2} \tag{10a}$$

also eine Schwächung der Wirkung. (Hierbei ist vorausgesetzt, daß die Ladungen e, e' bei dem Übergang von Luft zu dem Dielektrikum ε konstant erhalten werden [vgl. Kap. 5].)

Zur Illustration der elektrostatischen Einheit (E.St.E.) der Elektrizitätsmenge diene (MACH): zwei gleiche Kugeln von 1 g Gewicht, an 490 cm $= \frac{g}{2}$ (halbe Fallbeschleunigung) langen Seidenfäden aufgehängt und elektrisiert,

[1]) J. FRICK, Physikal. Technik Bd. II, 1, S. 16ff. 1907.

[2]) Zuerst von C. F. GAUSS, Allgem. Lehrsätze usw. 1840 (Ostw. Klass. Nr. 2) nach dem Vorbild seiner magnetischen Einheiten: Intensitas viris magneticae etc. Pogg. Ann. Bd. 28. 1833; W. WEBER, Elektrodynam. Maßbest. Bd. I. 1846; vgl. auch H. v. HELMHOLTZ, Wied. Ann. Bd. 17, S. 42. 1882; R. KOHLRAUSCH u. W. WEBER, Elektrodynam. Maßbest., 4. Abh., Bd. III, S. 228. Leipzig 1857.

haben, wenn sie sich auf 1 cm Abstand abstoßen, je eine elektrostatische Einheit der Elektrizitätsmenge.

Die Dimension der E.St.E. der Elektrizitätsmenge ist

$$g^{\frac{1}{2}}\,cm^{\frac{3}{2}}\,sec^{-1},$$

wenn die Dielektrizitätskonstante ε als dimensionslos behandelt wird.

Noch mag bemerkt werden, daß seit O. HEAVISIDE[1]) und H. A. LORENTZ[2]) die Wahl der Konstanten $C_1 = 1$ im COULOMBschen Gesetz nicht mehr wie bei GAUSS und seinen Nachfolgern für passend erachtet wird; an Stelle der GAUSSschen Tendenz, die Coulombschen Elementargesetze zu vereinfachen, tritt jetzt die Tendenz, die Maxwellschen Fundamentalgleichungen zu vereinfachen. Dies gelingt durch die Wahl $C_1 = \frac{1}{4\pi}$, wodurch die LORENTZsche E. St.E. der Elektrizitätsmenge gleich wird $\frac{1}{\sqrt{4\pi}} \times$ der GAUSSschen E.St.E. In LORENTZschen E.St.E. lautet daher das COULOMBsche Gesetz:

$$\frac{1}{4\pi}\,\frac{e e'}{r^2} \quad \text{bez.} \quad \frac{1}{4\pi\varepsilon}\,\frac{e e'}{r^2}.$$

18. Feldstärke und Potential auf Grund des COULOMBschen Gesetzes. Nach Ziff. 13 ist die elektrische Feldstärke die auf die Ladungseinheit ausgeübte Kraft, also für eine Punktladung e als Kraftzentrum und für eine Entfernung r von dieser:

$$|\mathfrak{E}| = \frac{e}{r^2}. \tag{11}$$

Hierzu gehört als Potential

$$|\mathfrak{E}| = -\frac{\partial V}{\partial r}, \qquad V = \frac{e}{r}. \tag{12}$$

Hat man mehrere punktförmige Ladungen $e_1, e_2, e_3 \ldots$ als Kraftzentren mit den Entfernungen r_1 bzw. r_2 bzw. $r_3 \ldots$ vom „Aufpunkt" A, so berechnet sich V durch bloße Addition der Einzelpotentiale, da V eine „skalare" Größe ist vgl. Bd. III, Vektorrechnung von RADAKOVIC):

$$V = \frac{e_1}{r_1} + \frac{e_2}{r_2} + \frac{e_3}{r_3} + \cdots \qquad = \sum_i \frac{e_i}{r_i}. \tag{12a}$$

Hieraus

$$\mathfrak{E}_x = -\frac{\partial V}{\partial x}, \qquad \mathfrak{E}_y = -\frac{\partial V}{\partial y}, \qquad \mathfrak{E}_z = -\frac{\partial V}{\partial z},$$

wobei die Differentiation nach den Koordinaten des Aufpunkts A vorzunehmen ist. Hierin liegt der große Vorteil der Einführung des Potentials für die Vereinfachung der Rechnung.

Hat man eine kontinuierliche Verteilung (Ziff. 13), so tritt an Stelle von (12a)

$$V = \iint df\,\frac{\sigma}{r}, \tag{12b}$$

wobei das Integral über die Oberflächen der mit der Dichte σ geladenen Körper zu erstrecken ist und r die Entfernung des jeweiligen Elements df vom Aufpunkt A bedeutet. An Stelle von (12b) hätte man bei raumartiger Verteilung eine Raumdichte ϱ im Volumenelement dv und

$$V = \iiint dv\,\frac{\varrho}{r}. \tag{12c}$$

---

1) O. HEAVISIDE, Electrical papers. 1892 („rationelle Einheiten").
2) H. A. LORENTZ, Enzyklop. d. math. Wiss. Bd. V, S. 83ff. 1904.

Solche Raumladungen sind in ionisierten Gasen (atmosphärische Elektrizität, Glühelektronen usw.) von Bedeutung. Da wir es hier vorwiegend mit Leitern zu tun haben, werden uns nur Oberflächenladungen und nicht Raumladungen beschäftigen. In der Potentialtheorie, die auch Gravitation umfaßt, spielen diese Raumladungen natürlich eine große Rolle (vgl. Bd. III u. V).

d) Die aus dem COULOMBschen Gesetz folgenden Integral- und Differentialsätze.

19. GAUSS' Satz vom Kraftfluß. GAUSS[1]) hat folgendes Integral betrachtet:

$$\int df \frac{\cos(nr)}{r^2}.$$

Es ist zu erstrecken über irgendeine geschlossene Fläche; df ist irgendein Element derselben, n die nach außen gezogene Normale zu df, r die Entfernung von df bis zu einem festen Punkte Q, innerhalb oder außerhalb der Fläche. Welches auch immer die Form der Fläche und die Lage des Punktes Q seien, hat dieses Integral konstanten Wert, und zwar:

$$\int df \frac{\cos(nr)}{r^2} = \begin{cases} 4\pi & \text{innerhalb} \\ 2\pi \text{ für einen} & \text{auf} \quad \text{der Fläche gelegenen Punkt.} \\ 0 & \text{außerhalb} \end{cases}$$

Die Anwendung auf die Kräfte, welche das Gesetz des umgekehrten Quadrats der Entfernung befolgen, liegt auf der Hand. Es bedeutet

$$\frac{\cos(nr)}{r^2}$$

die nach der Normalen n des Elements df genommene Komponente der Feldstärke, welche gemäß (11) eine in Q befindliche Einheitsladung auf df ausübt. Hat man in Q die Ladung e, so betrachte man

$$\int df \frac{e\cos(nr)}{r^3} = 4\pi e \quad \text{oder} \quad 2\pi e \quad \text{oder} \quad 0 \quad \text{wie oben.}$$

Hat man schließlich mehrere Ladungen e_1 in Q_1, e_2 in Q_2 usw., so folgt

$$\int df \left\{\frac{e_1}{r_1^2}\cos(nr_1) + \frac{e_2}{r_2^2}\cos(nr_2) + \cdots\right\} = 4\pi\{e_1 + e_2 + \cdots\}$$

wenn alle Ladungen von der Fläche eingeschlossen werden, oder gleich Null, wenn alle Ladungen von der Fläche ausgeschlossen werden. Sonst sind an der rechten Seite leicht erkennbare Änderungen anzubringen. Der Integrand der linken Seite ist aber die Normalkomponente $\mathfrak{E}_n$ der gesamten Feldstärke $\mathfrak{E}$, so daß man

$$\int df\,\mathfrak{E}_n = 4\pi \sum e \tag{13}$$

erhält. Das Integral der linken Seite heißt der „Kraftfluß" durch die geschlossene Fläche; n ist die äußere Normale, und rechts steht die $\sum e$, das ist die Summe aller von der Fläche eingeschlossenen Ladungen, die auch Null sein kann. Es wird hierbei ausgeschlossen, daß Ladungen auf der Fläche selbst liegen.

Bei kontinuierlicher Verteilung mit der Dichte ϱ gilt

$$\int df\,\mathfrak{E}_n = 4\pi \int dv\,\varrho, \tag{13a}$$

wo das Volumintegral der rechten Seite über das ganze eingeschlossene Volumen zu erstrecken und für ladungsfreie Gebiete $\varrho = 0$ zu setzen ist.

[1]) C. F. GAUSS, Allgem. Lehrsätze usw., § 22ff. 1840 (Ostw. Klass. Nr. 2, S. 32ff.); oder schon C. F. GAUSS, Theoria attractionis etc. Göttinger Abh. Bd. II. 1813.

20. Anwendungen des GAUSSschen Satzes vom Kraftfluß. α) Sitz der Ladung im Leiter: Man ziehe irgendeine geschlossene Fläche f, die nur ganz im Innern des Leiters gelegen sei. Wenn der Leiter im elektrischen Gleichgewicht ist, verschwindet überall in ihm $\mathfrak{E}$, also auch die rechte Seite von (13), also auch jede innere Ladung. Solche kann sich also höchstens auf der Oberfläche vorfinden. So folgt aus dem mit dem COULOMBschen Gesetz gleichwertigen GAUSSschen Satz umgekehrt jene Tatsache, aus der in Ziff. 14 das COULOMBsche Gesetz selbst abgeleitet wurde.

β) Wirkung einer Kugel nach außen: Eine mit Flächendichte σ oder Raumdichte ϱ gleichförmig geladene Kugel wirkt nach außen jedenfalls radialsymmetrisch, d. h. die Feldstärke $\mathfrak{E}$ hängt nur von der Entfernung r des Aufpunktes vom Zentrum ab. Als geschlossene Fläche f lege man eine zur Kugel konzentrische äußere Kugel. Da auf dieser $r =$ konst., ist auch $|\mathfrak{E}| =$ konst.; obendrein ist $\mathfrak{E}_n = \mathfrak{E}_r = |\mathfrak{E}|$, da das Feld überall radial, daher normal zu dieser Kugel stehen muß. Daher folgt aus (13)

$$\int df\,\mathfrak{E}_n = |\mathfrak{E}|\int df = |\mathfrak{E}|\cdot 4\pi r^2 = 4\pi e,$$

woraus

$$|\mathfrak{E}| = \frac{e}{r^2}. \tag{14}$$

Eine gleichförmig geladene Kugel wirkt nach außen wie die gesamte in ihrem Mittelpunkte konzentrierte Ladung e. Dies ist eine schon von NEWTON verwendete nachträgliche Rechtfertigung der Einführung der fingierten Punktladungen. Freilich reicht diese Rechtfertigung zwar für die Gravitationstheorie, wo es keine Leiter und daher keine Verteilungsprobleme gibt, nicht aber für die Elektrostatik aus (vgl. etwa das Problem der zwei Kugeln Ziff. 82).

γ) Wirkung einer Kugel nach innen: Hier kommt selbstredend nur die Raumladung in Betracht. Als geschlossene Fläche f lege man eine zur Kugel (Radius a) konzentrische innere Kugel (Radius r), die gerade durch den Aufpunkt geht. Diese teilt jene in zwei Teile, von denen offenbar nur der innere Teil auf den Aufpunkt wirkt. Man hat dann nach (13a)

$$\int df\,\mathfrak{E}_n = |\mathfrak{E}|\int df = |\mathfrak{E}|\cdot 4\pi r^2 = 4\pi\int dv\,\varrho = 4\pi\cdot e\frac{r^3}{a^3}.$$

Daher:

$$|\mathfrak{E}| = e\frac{r}{a^3}. \tag{14a}$$

Die elektrische Feldstärke innerhalb der Kugel ist der ersten Potenz der Entfernung r vom Mittelpunkt direkt proportional. Dies wäre also ein Feld, das ins Unendliche reicht (dort nicht verschwindet). Selbstredend ist die Gültigkeit der Formel (14a) bloß auf das Innere $r \leqq a$ beschränkt. Für $r = a$ gehen (14a) und (14) stetig ineinander über, und für das Äußere $r > a$ gilt nur (14). Es handelt sich hier um zwei Zweige einer mehrwertigen Funktion.

δ) Wirkung eines unendlichen Zylinders nach außen: In analoger Weise findet man für einen gleichförmig geladenen unendlich langen Zylinder als äußeres Feld

$$|\mathfrak{E}| = \frac{2e_1}{r}, \tag{15}$$

wo e_1 die Ladung per Längeneinheit des Zylinders, r der Abstand von der Zylinderachse sind. Das Feld hat überall die Richtung von r.

ε) Wirkung einer unendlichen Ebene: Man findet

$$|\mathfrak{E}| = 2\pi\sigma, \tag{16}$$

wenn σ die Flächendichte der beiderseits geladenen Ebene ist. $|\mathfrak{E}|$ ist stets senkrecht zur Ebene und von ihr weg gerichtet.

21. Die COULOMBsche Gleichung. Wir betrachten einen mit der Flächendichte σ geladenen Leiter. Es sei df ein kleines Element seiner Oberfläche; mit df als Grundfläche errichte man sowohl nach außen als nach innen je einen unendlich kleinen Zylinder, dessen Leitlinien normal zu df stehen und durch die Berandung des Elements df gehen. Man betrachte sodann die aus diesen beiden Zylindern zusammengesetzte geschlossene Fläche und wende den GAUSSschen Satz (13) auf den so erhaltenen zusammengesetzten Zylinder an. Seine Mantelfläche ist durchaus parallel der zu df normalen Richtung, welches ja nach Ziff. 11 die Richtung der elektrischen Kraftlinien, also von $\mathfrak{E}$ ist. Daher verschwindet auf seiner Mantelfläche die zu dieser normale Komponente von $\mathfrak{E}$ und damit deren Beitrag zur linken Seite von (13). Was sodann die innere Basisfläche des zusammengesetzten Zylinders anlangt, so verschwindet auch deren Beitrag, da innerhalb des Leiters $\mathfrak{E} = 0$. Es verbleibt nur der Beitrag der äußeren Basisfläche, wo für $\mathfrak{E}_n$ sehr nahe der Wert auf der Grundfläche df selbst genommen werden kann. Indem man dann die Höhe des äußeren Zylinders unendlich klein werden läßt, erhält man aus (13)

$$\mathfrak{E}_n = 4\pi\sigma, \tag{17}$$

eine von COULOMB[1]) bei seinen Untersuchungen über die Verteilung der Elektrizität auf den Leitern gefundene Gleichung. Nach Einführung des Potentials wird:

$$-\frac{\partial V}{\partial n} = 4\pi\sigma, \tag{17a}$$

wobei n die äußere Normale und

$$\frac{\partial}{\partial n} = \cos nx \frac{\partial}{\partial x} + \cos ny \frac{\partial}{\partial y} + \cos nz \frac{\partial}{\partial z}$$

bedeutet. Da im Innern des Leiters V konstant ist, bedeutet (17a), daß die nach der Normalen genommene Derivierte des von einer Flächenladung herrührenden Potentials an der Oberfläche des geladenen Leiters unstetig ist. Außen gilt $-\frac{\partial V}{\partial n} = 4\pi\sigma$, innen $\frac{\partial V}{\partial n} = 0$. Diese Unstetigkeit folgt aus allgemeinen Sätzen der Potentialtheorie für ein Integral von der Form (12b) [vgl. die von POISSON gegebene Erweiterung (19c) der COULOMBschen Gleichung (17a) in Ziff. 23].

Die COULOMBsche Gleichung verbindet die unmittelbar an der Oberfläche des Leiters herrschende Feldstärke $|\mathfrak{E}| = \mathfrak{E}_n$ und die dortselbst herrschende Flächendichte σ. Beide sind einander proportional. Wo also das Feld $\mathfrak{E}$ stark ist, d. h. das Potential in der Richtung vom Leiter weg einen starken Abfall (pro Längeneinheit) erleidet, sind Stellen starker Flächendichte des Leiters. Diese Stellen sind Punkte großer Krümmung des Leiters (vgl. Ziff. 27).

22. Der elektrostatische Druck. Infolge der gegenseitigen Abstoßung der Elektrizitätsteilchen herrscht auf der Oberfläche eines geladenen Leiters ein Druck, der diese Teilchen nach außen zu treiben sucht. Dieser Druck wird gefunden als Quotient aus der Kraft, die auf ein Element df der Oberfläche des Leiters von den sämtlichen anderen Elementen ausgeübt wird, durch die Größe df dieses Elements.

Die gesamte Feldstärke $|\mathfrak{E}| = \mathfrak{E}_n$ in df steht auf df normal und soll in zwei Teile zerlegt werden

$$\mathfrak{E}_n = \mathfrak{E}'_n + \mathfrak{E}''_n,$$

von denen der erste der von df selbst herrührende Anteil, der zweite der von sämtlichen anderen Elementen herrührende Anteil ist. Es ist dann der elektrostatische Druck offenbar gleich $\sigma\mathfrak{E}''_n$. Um $\mathfrak{E}''_n = \mathfrak{E}_n - \mathfrak{E}'_n$ zu berechnen, fassen

[1]) CH. COULOMB, Mém. de l'Acad. 1788, S. 676—677.

wir df als Teil einer unendlichen Ebene, die gleichförmig mit derselben Dichte σ geladen ist, auf. Dies ist gestattet, wenn der Abstand des Aufpunkts von df unendlich klein von höherer Ordnung gegen die Abmessungen des df ist, was wir voraussetzen wollen. Dann wirkt nach Ziff. 20 (16) die Ebene nach innen wie nach außen mit der konstanten Feldstärke $|\mathfrak{E}'_n| = 2\pi\sigma$. Da aber im Innern kein Feld herrscht, muß die nach innen gerichtete Feldstärke $\mathfrak{E}'_n = 2\pi\sigma$ von der (nach außen) gerichteten Feldstärke $\mathfrak{E}''_n$, die von den sämtlichen anderen Elementen herrührt, kompensiert werden, woraus $\mathfrak{E}''_n = 2\pi\sigma$. Nach außen addieren sich hingegen die Beiträge $\mathfrak{E}'_n$ und $\mathfrak{E}''_n$ zu $\mathfrak{E}_n = 4\pi\sigma$ in Übereinstimmung mit (17). Aus dem Vorstehenden folgt für den elektrostatischen Druck per Flächeneinheit der Oberfläche eines geladenen Leiters

$$p = 2\pi\sigma^2 \tag{18}$$

in der Richtung der äußeren Normale. Hierfür kann auch wegen (17) geschrieben werden

$$p = \frac{1}{8\pi}\mathfrak{E}^2. \tag{18a}$$

Aus der von MAXWELL gegebenen dynamischen Theorie der Elektrizität (vgl. Ziff. 9) folgt dieses Resultat unmittelbar, da längs der auf dem Leiter senkrecht beginnenden (endigenden) Kraftlinien ein Zug von der Größe (18a) herrscht.

Um eine Abschätzung der Größe des elektrostatischen Drucks zu ermöglichen, diene als Maßstab[1]), daß ein Leiter bei 760 mm Hg und 15 ° C nicht mehr als $|\mathfrak{E}| = 100$ E.St.E. vertragen kann, ohne daß Entladung durch die Luft eintritt. Dabei ist vorausgesetzt, daß kein anderer Leiter in größerer Nähe (Bruchteil von 1 mm) ist. Dies ergibt

$$p \leqq \frac{1}{8\pi} 10^4 \text{ dyn per cm}^2.$$

Der Druck der Atmosphäre ist bei 760 mm ca. 10^6 dyn per cm^2, daher:

$$p \leqq \frac{1}{800\pi} \text{ atm} = \text{ca. } 0{,}3 \text{ mm Hg}.$$

JEANS[2]) diskutiert die Möglichkeit, diesen elektrostatischen Druck an elektrisierten Seifenblasen durch Vergrößerung von deren Radius zu messen[3]). Versuche zur Demonstration des elektrostatischen Druckes an Flüssigkeitstropfen bei FRICK-LEHMANN[4]).

Man kann die Formel (18) oder (18a) benutzen, um die resultierende ponderomotorische Kraft auf einem geladenen Leiter auszurechnen (vgl. Ziff. 42).

In einem Dielektrikum mit der Konstante ε tritt an Stelle von (18a):

$$p = \frac{\varepsilon}{8\pi}\mathfrak{E}^2. \tag{18a}$$

23. Die LAPLACE-POISSONsche Differentialgleichung. Von GAUSS (1813) und GREEN (1828) ist die Umformung angegeben (vgl. Bd. III, Vektorrechnung):

$$\int df\{\mathfrak{E}_x \cos nx + \mathfrak{E}_y \cos ny + \mathfrak{E}_z \cos nz\} = \int dv \left(\frac{\partial \mathfrak{E}_x}{\partial x} + \frac{\partial \mathfrak{E}_y}{\partial y} + \frac{\partial \mathfrak{E}_z}{\partial z}\right)$$

oder vektoriell

$$\int df\,\mathfrak{E}_n = \int dv \operatorname{div} \mathfrak{E}.$$

[1]) J. J. THOMSON, Elements of electricity, S. 41. 1921.

[2]) J. JEANS, Electricity, S. 81ff. 1925.

[3]) Versuche an elektrisierten Seifenblasen bei C. V. BOYS, Soap-bubbles, S. 131ff. 1890 (L. WEINHOLD, Physikal. Demonstrationen, S. 747ff. 1913), die dem Nachweis des Sitzes der Ladung dienen sollen.

[4]) J. FRICK, Physik. Technik Bd. II, 1, S. 83ff. 1907.

Hierin erstreckt sich das Oberflächenintegral über die geschlossene Fläche f, welche das Volumen v einschließt. Bedingungen: $\mathfrak{E}_x$, $\mathfrak{E}_y$, $\mathfrak{E}_z$ endlich und stetig und $\frac{\partial \mathfrak{E}_x}{\partial x}$, $\frac{\partial \mathfrak{E}_y}{\partial y}$, $\frac{\partial \mathfrak{E}_z}{\partial z}$ endlich auf und innerhalb f.

Anwendung dieser Umformung auf (13a) führt zu

$$\int dv\,(\operatorname{div}\mathfrak{E} - 4\pi\varrho) = 0$$

oder da das Volumen v ganz beliebig ist,

$$\operatorname{div}\mathfrak{E} = \frac{\partial \mathfrak{E}_x}{\partial x} + \frac{\partial \mathfrak{E}_y}{\partial y} + \frac{\partial \mathfrak{E}_z}{\partial z} = 4\pi\varrho. \tag{19}$$

Einsetzung von (4) liefert

$$\frac{\partial^2 V}{\partial x^2} + \frac{\partial^2 V}{\partial y^2} + \frac{\partial^2 V}{\partial z^2} = \Delta V = -4\pi\varrho \tag{19a}$$

bzw. im ladungsfreien Gebiete:

$$\Delta V = 0. \tag{19b}$$

Die Gleichung (19b) heißt die LAPLACEsche Differentialgleichung[1]; die Gleichung (19a) heißt die POISSONsche Differentialgleichung[2].

Nach ihrer Herleitung bezieht sich die POISSONsche Differentialgleichung bloß auf Raumladung. Bei Flächenladung σ erleidet nämlich $\mathfrak{E}_n$ eine Unstetigkeit an der geladenen Fläche (Ziff. 21), weshalb die GAUSS-GREENsche Transformation nicht mehr anwendbar ist. Dortselbst gilt an Stelle von (19a) die COULOMBsche Gleichung (17a) bzw. die allgemeinere von POISSON[3]) an Stelle derselben aufgestellte Gleichung:

$$\left(\frac{\partial V}{\partial n}\right)_{\text{außen}} - \left(\frac{\partial V}{\partial n}\right)_{\text{innen}} = -4\pi\sigma. \tag{19c}$$

Bei Leitern verschwindet innen $\frac{\partial V}{\partial n}$, und aus (19c) wird wieder die COULOMBsche Gleichung (17a). Die Gleichung (19c) wird für uns, da wir es nur mit Leitern zu tun haben, keine Rolle spielen. Anders ist es bei Dielektriken, wo durch (19c) die scheinbare Ladung an den Grenzflächen derselben gegeben ist. [Beim Übergang von einem Dielektrikum (ε_1) in ein anderes (ε_2) ist nämlich $\mathfrak{E}_n$ unstetig, da $\varepsilon_1(\mathfrak{E}_n)_1 = \varepsilon_2(\mathfrak{E}_n)_2$ stetig ist; Näheres in Kap. 5].

In der Potentialtheorie wird gezeigt, daß die allgemeinste Lösung von (19a) die Form hat

$$V = \int dv\,\frac{\varrho}{r} + \int df\,\frac{\sigma}{r} + \int df\,\tau\,\frac{\partial}{\partial n}\left(\frac{1}{r}\right), \tag{20}$$

wo τ die Flächendichte des „elektrischen" Moments einer „Doppelschicht" ist. Da wir in der Elektrostatik der Leiter $\tau = 0$ haben, zeigt dies, daß der aus dem COULOMBschen Gesetz (durch Übergang von Punkt- zu kontinuierlichen Ladungen) gefolgerte Ansatz (12b), (12c) mit der POISSONschen Differentialgleichung völlig gleichwertig ist.

Man kann umgekehrt zeigen (GAUSS), daß der Ansatz (20) die Differentialgleichung (19a) befriedigt. Ein ungenauer Beweis ist schon von POISSON (l. c.) gegeben worden und bedient sich einer kleinen Kugel, die den Aufpunkt umgibt, innerhalb welcher die Dichte ϱ von POISSON (zu Unrecht) als gleichförmig angesetzt wird, woraus dann allerdings nach Ziff. 20γ) der gewünschte Beweis folgt.

---

1) P. S. LAPLACE, Par. Hist. 1782, S. 135, 252.
2) S. D. POISSON, Soc. Philom. Bd. 3, S. 388. 1813.
3) S. D. POISSON, Par. Mém. Bd. 12, S. 30. 1811.

An sog. Unstetigkeitsflächen mit „einfacher Belegung" gilt bei dem Ansatz (20)

$$-\frac{\partial V}{\partial n_1} - \frac{\partial V}{\partial n_2} = 4\pi\sigma,$$

wo n_1, n_2 die Normalen nach beiden Seiten dieser Fläche sind, an sog. Unstetigkeitsflächen mit „doppelter Belegung"

$$V_1 - V_2 = 4\pi\tau,$$

wobei V_1 der Wert auf der im Sinne von n in (20) positiven Seite, V_2 der Wert auf der negativen Seite ist. In der Elektrostatik der Leiter haben wir es nur mit den ersteren und auch da nur im Sinne COULOMBs mit der eingeschränkten Bedingung (17a) an Stelle der allgemeineren (19c) zu tun.

24. Das Hauptproblem der mathematischen Elektrostatik. In der Potentialtheorie wird bewiesen, daß das Potential V irgendeines elektrostatischen Feldes eindeutig bestimmt ist, wenn folgende Bedingungen erfüllt sind: α) $\Delta V = -4\pi\varrho$ bzw. $= 0$ in allen Punkten des Feldes, außerhalb gewisser das Feld nach innen und nach außen begrenzender Flächen. Dabei ist die Raumdichte ϱ für jede Stelle des Feldes vorgegeben, wobei ϱ natürlich auch Null sein kann. β) An den das Feld begrenzenden Flächen, worunter auch Unstetigkeitsflächen innerhalb des Feldes zu verstehen sind, genügt V den Bedingungen: $\frac{\partial V}{\partial n_1} + \frac{\partial V}{\partial n_2} = -4\pi\sigma$ oder $V_1 - V_2 = 4\pi\tau$, wobei σ und τ für alle diese Flächen vorgegeben sind (und natürlich auch eines oder beide Null sein können). γ) Wenn das Feld ins Unendliche reicht, so bleiben RV bzw. $R^2\frac{\partial V}{\partial R}$ endlich, wenn R (der Abstand vom Ursprung der Koordinaten) unendlich wird.

An Stelle dieses allgemeineren Problems werden wir es in der Elektrostatik der Leiter bloß mit folgendem Probleme zu tun haben. α) V erfüllt in allen Punkten des Feldes außerhalb gewisser Flächen die Gleichung $\Delta V = 0$. β) Auf den genannten Flächen ist V konstant und vorgegeben oder V konstant und (an Stelle von V) die gesamte Ladung jedes Leiters vorgegeben. γ) Bedingung für das Unendlichferne wie oben.

Es läßt sich zeigen, daß, wenn eine Lösung existiert, sie durch diese Bedingungen eindeutig bestimmt ist. Hierzu bedient man sich der folgenden von GREEN[1]) herrührenden Formel und Schlußweise:

$$\int dv \left\{\left(\frac{\partial U}{\partial x}\right)^2 + \left(\frac{\partial U}{\partial y}\right)^2 + \left(\frac{\partial U}{\partial z}\right)^2\right\} + \int dv\, U \Delta U = -\sum \int df\, U \frac{\partial U}{\partial n}.$$

Hierin ist U irgendeine gewissen Regularitätsbedingungen (vgl. Ziff. 23) genügende Funktion. Die Volumintegrale gehen über das Innere des Feldes, die Flächenintegrale über sämtliche das Feld innen und außen begrenzenden Flächen, wobei n diesmal nicht die vom Feld hinausgerichtete äußere, sondern die in das Feld herein gerichtete Normale bedeutet.

Angenommen, es gäbe zwei verschiedene Lösungen des skizzierten Problems V und V'. Dann wähle man $U = V - V'$. Es ist $\Delta U = 0$ und auf den Flächen entweder $U = 0$ oder zumindest konstant, so daß mit Hilfe von (17a)

$$-\int df\, U \frac{\partial U}{\partial n} = -U \int df \frac{\partial U}{\partial n} = 4\pi U \cdot (e - e') = 0,$$

wobei e bzw. e' die Ladungen der betreffenden leitenden Fläche darstellen. Beidemal (ob V oder e gegeben sind) resultiert daher aus der zitierten Formel

$$\int dv \left\{\left(\frac{\partial U}{\partial x}\right)^2 + \left(\frac{\partial U}{\partial y}\right)^2 + \left(\frac{\partial U}{\partial z}\right)^2\right\} = 0$$

[1]) G. GREEN, Essay etc. 1828 (Ostw. Klass. Nr. 61).

oder $\frac{\partial U}{\partial x} = \frac{\partial U}{\partial y} = \frac{\partial U}{\partial z} = 0$, womit $U = V - V' = \text{konst.}$, welche Konstante überdies im Falle der Vorgabe von V Null sein muß. Aber auch, wenn in V (bei Vorgabe von e) eine Konstante willkürlich bleibt, ist nach Ziff. 10 das Feld eindeutig bestimmt. Was zu beweisen war.

Von diesem Satz wird im folgenden des öfteren Gebrauch gemacht werden, wenn es sich darum handelt, die Gleichgewichtsverteilung (σ) auf einer Anzahl von Leitern zu berechnen, deren Potentiale (V) oder Gesamtladungen (e) bekannt sind.

In der Potentialtheorie heißt dieses Problem ein Randwertproblem, und zwar das von LEJEUNE-DIRICHLET[1]). Das andere Problem, das von F. NEUMANN[2]), kommt in der Elektrostatik der Leiter nicht vor. Denn es hat keinen Zweck, $\sigma = -\frac{1}{4\pi}\frac{\partial V}{\partial n}$, also die Gleichgewichtsverteilung selbst, auf den Leitern vorzugeben, da dann V sich nach (12b) mittels einer Integration berechnet. Allerdings bereitet die direkte Integration nach (12b) oft praktisch große Schwierigkeiten und wird daher gern durch die Integration der LAPLACEschen Differentialgleichung unter Zugrundelegung eines DIRICHLETschen Problems umgangen. Als Beispiel sei die Umständlichkeit der Rechnungen nach (12b) [oder nach (12c)] für die gleichförmige Belegung [oder Raumladung] einer Kugel erwähnt.

Der Gegensatz zwischen den beiden Rechenmethoden, nämlich dem elektrostatischen Problem bei der LAPLACEschen Differentialgleichung und der bestimmten Integration oder Summation, ist von MAXWELL auf den Gegensatz zwischen Nahewirkung (Differentialgleichung) und Fernwirkung (Integralgesetz) bezogen worden[3]). Wenn dies richtig ist, so ist wenigstens vom mathematischen Gesichtspunkte dieser Gegensatz gegenstandslos, da beide Rechenmethoden gleichwertig sind. Ob ein anderer Gesichtspunkt in der rechnenden Physik zulässig ist und nicht in das Gebiet der Naturphilosophie gehört, soll hier nicht entschieden werden.

25. Einige Folgerungen aus der LAPLACEschen Gleichung. α) Im ladungsfreien Gebiet ist $\Delta V = 0$, also kann dort V weder ein Maximum noch ein Minimum haben. Denn für ein Maximum (Minimum) ist erforderlich, daß sowohl $\frac{\partial^2 V}{\partial x^2}$ als $\frac{\partial^2 V}{\partial y^2}$ als $\frac{\partial^2 V}{\partial z^2}$ sämtlich negativ (positiv) sind, was mit dem Bestehen der Relation $\frac{\partial^2 V}{\partial x^2} + \frac{\partial^2 V}{\partial y^2} + \frac{\partial^2 V}{\partial z^2} = 0$ unvereinbar ist.

β) Wenn V irgendwo ein Maximum (Minimum) hat, so befindet sich in dem betreffenden Punkt eine elektrische Ladung positiven (negativen) Vorzeichens. Denn, wenn man diesen Punkt mit einer kleinen Kugel vom Radius r umgibt, so muß dann (bei genügend kleinem r) $\frac{\partial V}{\partial r}$ auf der Kugelfläche durchweg $< 0 \, (> 0)$ sein, also auch

$$\int df \frac{\partial V}{\partial r} < 0 \, (> 0)$$

erstreckt über die ganze Kugel. Nach dem GAUSSschen Satz vom Kraftfluß (13) ist dies aber gleich der von der Kugel eingeschlossenen Gesamtladung

$$-4\pi e,$$

---

[1]) P. G. LEJEUNE-DIRICHLET, Vorlesungen über die im umgekehrten Verhältnis des Quadrats der Entfernung wirkenden Kräfte, S. 127. Leipzig 1867. Das Problem von DIRICHLET ist zum erstenmal von GREEN in seinem Essay (1828) formuliert worden.

[2]) F. NEUMANN, Vorlesungen über elektr. Ströme, 1884, oder Theorie des Potentials, S. 262. 1887.

[3]) J. CL. MAXWELL, Treatise preface IX.

also ist bei einem Maximum (Minimum) eine Ladung positiven (negativen) Vorzeichens vorhanden.

γ) Nach (4a) ist die elektrische Feldstärke durch das Gefälle (den negativen Gradienten) des Potentials V gegeben. Die elektrischen Kraftlinien, welche die Richtung der elektrischen Feldstärke repräsentieren (Ziff. 9), verlaufen daher von Stellen höheren zu Stellen tieferen Potentials. Wenn also eine Kraftlinie irgendwo endigt, kann dies nur in einem Minimum des Potentials, d. h. nach β) in einer negativen Ladung sein, und ebenso kann eine Kraftlinie nur in einem Maximum, d. h. in einer positiven Ladung, anfangen. Wenn eine Kraftlinie kein Ende hat, so geht sie ins Unendliche; wenn sie keinen Anfang hat, kommt sie aus dem Unendlichen. Kraftlinien ohne Anfang und ohne Ende, geschlossene Linien, gibt es bei eindeutigem Potential (Ziff. 10) nicht.

Eine Kraftlinie, die auf einem Leiter beginnt, kann nicht auf demselben Leiter endigen, da auf diesem das Potential konstant ist. Ebensowenig kann eine Kraftlinie aus dem Unendlichen, wenn dort keine Ladungen sind, kommen und ins Unendliche gehen. Ist ein Leiter hohl und befinden sich in seinem Innern keine Ladungen, so gibt es dort keine Kraftlinien, ebensowenig wie in einem massiven Leiter. Befinden sich aber in einem hohlen Leiter Ladungen, so müssen alle Kraftlinien, die von ihnen ausgehen (auf ihnen endigen), innerhalb des Leiters endigen (anfangen) (vgl. FARADAYS Influenzgesetz; Ziff. 6), was leicht aus dem GAUSSschen Satz bewiesen werden kann: Hierzu denke man sich eine in dem hohlen Leiter zwischen seiner Innen- und Außenfläche verlaufende geschlossene Fläche. Da in dem Leiter $\mathfrak{E} = 0$, ist also nach (13) die eingeschlossene Gesamtladung Null, also muß auf der Innenfläche eine der Innenladung gleiche, aber entgegengesetzte, auf der Außenfläche des (ursprünglich ungeladenen) Leiters daher eine gleiche und gleichnamige Influenzladung sitzen.

26. FARADAYS Kraftröhren. FARADAY hat bei seinen Forschungen (vgl. vorstehendes und Ziff. 6) viele Resultate der Mathematiker durch seine Konzeption der Kraftröhren antizipiert. Seine Kraftröhren stellen einen Versuch dar, die Konzeption der Kraftlinien nicht nur für die Darstellung der Richtung, sondern auch der Größe der elektrischen Feldstärke dienstbar zu machen.

Hierzu denkt er sich auf irgendeiner Niveaufläche ein kleines Element df umgrenzt und die durch die Randlinie gehenden Kraftlinien gezogen. Hierdurch erhält man eine schmale gekrümmte röhrenartige Mantelfläche. Schneidet man nun diese „Kraftröhre“ irgendwo durch eine zu ihr senkrechte Fläche, so bekommt man ein anderes Element df' (einer anderen Niveaufläche). Betrachtet man den durch das erste Element hindurchgehenden Kraftfluß $\mathfrak{E}_n df$ (wo n parallel der Richtung der Kraftlinien sei) und den durch das zweite Element hindurchgehenden, $\mathfrak{E}'_n df'$, so folgt leicht aus dem GAUSSschen Satze (13), angewendet auf den krummen Zylinder mit den Basisflächen df bzw. df':

$$\mathfrak{E}_n df = \mathfrak{E}'_n df',$$

d. h. längs einer Kraftröhre ist der Kraftfluß durch deren Querschnitt konstant[1]).

FARADAY nennt nun das Produkt $\mathfrak{E}_n df$ die „Stärke“ der Kraftröhre. Die Einheitsröhre ist: $\mathfrak{E}_n df = 1$ oder $\mathfrak{E}_n = |\mathfrak{E}| = 1/df$, d. h. je stärker das Feld, desto schmäler, also auch gedrängter sind die nebeneinanderliegenden Einheitsröhren. Konstruiert man also sämtliche durch eine Niveaufläche hindurchgehenden Einheitsröhren, so kann man aus dem Anblick des Kraftröhrenbildes die Stellen größerer und kleinerer Feldstärke sofort erkennen, ähnlich wie bei den

[1]) M. FARADAY, Roy. Soc. Trans. Bd. 141, S. 2. 1831.

durch Eisenfeilicht gebildeten „Kraftlinienbildern" der Magnete. Von der Ladung e gehen dabei, wegen $\int \mathfrak{E}_n df = 4\pi e$, $4\pi e$ Kraftröhren weg.

Die FARADAYsche Konzeption ist sicherlich ein fruchtbares und anschauliches Mittel zur Darstellung des elektrostatischen Feldes. Jedoch soll nicht unterlassen werden, darauf hinzuweisen, daß die moderne Vektoranalysis mindestens ebenso anschaulich ist, und daß es zum mindesten unökonomisch ist, den etwas schwerfälligen und willkürlich scheinenden FARADAYschen Apparat an ihre Stelle zu setzen. Bekannt ist ferner, daß sich an die FARADAYschen Kraftröhren viele nicht gerade fruchtbare „Erklärungen" knüpfen, die das Einfachere durch das Schwierigere zu erklären scheinen. Schließlich hat BERTRAND[1]) darauf hingewiesen, daß im Gegensatz zu den Kraftlinien die Kraftröhren unverwendbar sind zur Beschreibung eines beliebigen Kraftfeldes, da sie an den GAUSSschen Satz, also an das Gesetz des umgekehrten Quadrates der Entfernung, gebunden sind.

27. Flächendichte und Krümmung. Es soll jetzt gezeigt werden, daß das Potentialgefälle und daher die Feldstärke und Ladungsdichte längs der Oberfläche eines Leiters dort am stärksten ist, wo die mittlere Krümmung der Oberfläche am stärksten ist. Wir betrachten (Abb. 2) eine Äquipotentialfläche $V =$ konst. im ladungsfreien Gebiet und einen Punkt P derselben. Die Abbildung stellt einen durch die Flächennormale in P (die wir zur z-Achse des Koordinatensystems wählen) gelegten Schnitt dar und soll als z-x-Ebene gewählt werden. Die Tangentialebene ist also die x-y-Ebene, die Tangente $PT'T''$ die x-Achse. Auf letzterer seien zwei Punkte T', T'' so gewählt, daß:

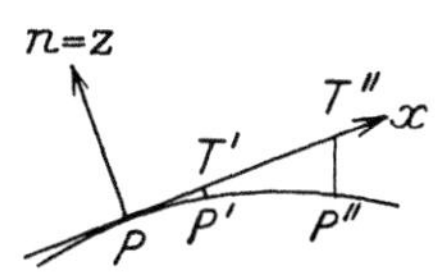

Abb. 2. Zur Berechnung der zweiten Differentialquotienten des Leiterpotentials.

$$PT' = T'T'' = \Delta x.$$

Wir projizieren T', T'' auf die Fläche und erhalten so P', P''. Wenn Δx klein, so darf der Flächenbogen $PP'P''$ mit einem Kreisbogen verwechselt werden. Es sei R_1 der Krümmungsradius dieses Kreises. Dann ist angenähert:

$$P'T' = \frac{1}{2}\frac{(\Delta x)^2}{R_1}, \qquad P''T'' = \frac{1}{2}\frac{(2\Delta x)^2}{R_1}.$$

Das Potential V' in T' ist nicht mehr V (wie in P, P', P''), sondern angenähert:

$$V' = V + P'T' \cdot \frac{\partial V}{\partial n} = V + \frac{1}{2}\frac{(\Delta x)^2}{R_1}\frac{\partial V}{\partial n}.$$

Ebenso ist das Potential V'' in T'':

$$V'' = V + P''T''\frac{\partial V}{\partial n} = V + 2\frac{(\Delta x)^2}{R_1}\frac{\partial V}{\partial n}.$$

Wir bilden nun den tangentiellen Differentialquotienten $\frac{\partial V}{\partial x}$ in P:

$$\frac{\partial V}{\partial x} = \lim_{\Delta x \to 0} \frac{V' - V}{\Delta x} = 0$$

und ebenso den zweiten tangentiellen Differentialquotienten $\frac{\partial^2 V}{\partial x^2}$:

$$\frac{\partial^2 V}{\partial x^2} = \lim_{\Delta x \to 0} \frac{1}{\Delta x}\left\{\frac{V'' - V'}{\Delta x} - \frac{V' - V}{\Delta x}\right\} = \lim_{\Delta x \to 0} \frac{V'' - 2V' + V}{(\Delta x)^2} = \frac{1}{R_1}\frac{\partial V}{\partial n}. \tag{a}$$

Ebenso bekommt man für den zur Zeichenebene senkrechten Schnitt, die z-y-Ebene, wenn R_2 den Krümmungsradius des zugehörigen Kreisbogens bedeutet:

$$\frac{\partial^2 V}{\partial y^2} = \frac{1}{R_2}\frac{\partial V}{\partial n}. \tag{b}$$

---

[1]) J. BERTRAND, Leçons sur la théorie de l'électricité, Kap. IV. 1890.

Da nun aber

$$\Delta V = \frac{\partial^2 V}{\partial x^2} + \frac{\partial^2 V}{\partial y^2} + \frac{\partial^2 V}{\partial z^2} = 0$$

gilt, folgt aus (a) und (b), indem $\frac{\partial^2 V}{\partial z^2} = \frac{\partial^2 V}{\partial n^2}$ geschrieben wird

$$-\frac{\partial^2 V}{\partial n^2} = \left(\frac{1}{R_1} + \frac{1}{R_2}\right)\frac{\partial V}{\partial n}. \qquad (21)^{1)}$$

Diese Gleichung kann auch auf die Oberfläche eines geladenen Leiters, die ja auch eine Äquipotentialfläche ist, angewendet werden[2]. Integriert man (21) längs einer von dem Leiter senkrecht weggehenden und alle Äquipotentialflächen bis ins Unendliche senkrecht durchsetzenden Kraftlinie, so erhält man

$$-\frac{\partial V}{\partial n} = e^{\int dn\left(\frac{1}{R_1} + \frac{1}{R_2}\right)}.$$

Die Dichte $\sigma = -\frac{1}{4\pi}\frac{\partial V}{\partial n}$ hängt also mit der mittleren Krümmung[3]

$$\frac{1}{R_1} + \frac{1}{R_2}$$

der sämtlichen von der Kraftlinie durchsetzten Äquipotentialflächen zusammen. Es ist also offenbar, daß an Stellen großer Krümmung eines Leiters die Dichte große Werte erreichen wird; insbesondere wird dies bei ausspringenden Spitzen oder Kanten der Fall sein, wo beide oder eine der Krümmungen $\frac{1}{R_1}, \frac{1}{R_2} = \infty$ werden. Sie wird dagegen kleinste Werte bei einspringenden Spitzen oder Kanten haben, wo beide oder eine der Krümmungen $-\infty$ werden.

Über die mit dem Unendlichwerden der Dichte zusammenhängende Spitzenwirkung vgl. Ziff. 7.

e) Die Kapazität. Kondensatoren.

28. Die Kapazität eines Leiters. In der experimentellen Einleitung war mehrfach (Ziff. 2, Ziff. 7) von der Kapazität eines Leiters die Rede.

Unter Kapazität versteht man den Quotienten aus Ladung eines Leiters durch sein Potential[4]. Dieser Quotient hängt nur von der geometrischen Gestalt des Leiters, nicht aber von Ladung e oder Potential V des Leiters ab. Um dies zu beweisen, bedarf es des Prinzips der Superposition der elektrischen Gleichgewichtszustände sowie des Eindeutigkeitssatzes der Ziff. 24. Nach (12b) ist (bezogen auf einen Punkt der Leiteroberfläche)

$$V = \int df \frac{\sigma}{r}.$$

Wenn man die Dichte σ verdoppelt, so superponiert man einer schon bestehenden Gleichgewichtsverteilung eine zweite. Die Summe beider entspricht ebenfalls einer Gleichgewichtsverteilung nach dem Prinzip der Superposition der Gleichgewichtszustände, das einfach aus der Linearität der LAPLACEschen Differentialgleichung (19b) bzw. der COULOMBschen Gleichung (17a) folgt. Die Summe

---

[1] G. GREEN, Essay (Theorie der allgemeinen Leidnerflasche), S. 24. 1828; R. CLAUSIUS, Mechan. Behandlung der Elektrizität, S. 42. 1879; TH. KÖTTERITZSCH, Elektrostatik, S. 70. 1872.

[2] TH. KÖTTERITZSCH, l. c. S. 102.

[3] Der Ausdruck $1/R_1 + 1/R_2$ ist bekanntlich eine Invariante.

[4] Vgl. Ziff. 11.

zweier Lösungen ist wieder eine Lösung. Wenn man aber die Dichte verdoppelt, verdoppelt man, nachdem die Ladung durch

$$e = \int df\,\sigma$$

gegeben ist, die Ladung, und umgekehrt: zur verdoppelten Ladung gehört die verdoppelte Dichte als einzig mögliche Gleichgewichtsverteilung, da nach dem Eindeutigkeitssatz Ziff. 24 diese durch die Vorgabe der Ladung eindeutig bestimmt ist. Aber nicht nur die Ladung verdoppelt sich bei verdoppelter Dichte; auch das Potential verdoppelt sich nach (12b). So fortfahrend, zeigt man, daß zur n-fachen Ladung das n-fache Potential gehört oder: Ladung und Potential sind einander proportional. Was zu beweisen war.

Der Proportionalitätsfaktor in

$$e = CV \tag{22}$$

heißt die Kapazität des Leiters. Er ist, wie gesagt, der Quotient

$$C = \left(\int df\,\frac{\sigma}{r}\right)_{\substack{\text{genommen für}\\ \text{einen Punkt der}\\ \text{Leiteroberfläche}}} : \int df\,\sigma$$

und nur von der geometrischen Gestalt abhängig. (Der direkte Beweis hierfür wäre äußerst schwierig.) Bezüglich Illustration des Begriffes der Kapazität Ziff. 7. Vorausgesetzt ist bei (22), daß der Leiter allein (ohne benachbarte Leiter) auftritt. Sonst Ziff. 36.

29. Kapazität einer Kugel. Um das Potential der Kugel (Radius a) zu berechnen, hat man Ziff. 20β), Formel (14)

$$|\mathfrak{E}| = \mathfrak{E}_r = -\frac{\partial V}{\partial r} = \frac{e}{r},$$

also $V = e/r$, wenn für $r \to \infty$, $V \to 0$ sein soll, und für $r = a$ auf der Kugel:

$$V = \frac{e}{a}.$$

Hieraus folgt nach (22):

$$C = a. \tag{23}$$

Die Kapazität einer vereinzelten Kugel ist gleich ihrem Radius. Das elektrostatische Maß der Kapazität ist daher das Zentimeter.

30. Kondensatoren. Die Kapazität eines Leiters hängt, wie wir in Ziff. 7 sahen, von seiner Oberfläche, aber auch von der Nähe anderer Leiter ab. Und zwar drückt die auf diesen influenzierte ungleichnamige Ladung das Potential des Leiters herab, ohne daß seine Ladung geändert wurde. Diese Wirkung ist noch stärker, wenn gleichzeitig die gleichnamige Influenzladung durch Erdung der benachbarten Leiter weggeschafft ist. Schließlich kommt es auf eine möglichst starke Influenzierung an; diese kommt zustande, wenn der Fall des Faradayschen Influenzgesetzes vorliegt, d. h. der Leiter allseitig von einer leitenden Fläche umschlossen ist, die nach dem Vorigen zur Erde abzuleiten ist (wodurch er nach Ziff. 4 auch noch vor störenden fremden Feldern geschützt ist). Eine solche Vorrichtung heißt ein Kondensator: der eingeschlossene Leiter stellt die „Kollektorbelegung" (auch den „Kollektor"), der umschließende geerdete Leiter die „Kondensatorbelegung" des Kondensators dar. Füllt man noch den Zwischenraum zwischen beiden Belegungen statt mit Luft mit einem festen, flüssigen oder gasförmigen Dielektrikum von der Dielektrizitätskonstante ε aus, so erhält man eine ε-mal stärkere kondensierende, d. h. das Potential bei konstanter Ladung herabdrückende Wirkung, welche von der ungleichnamigen scheinbaren Ladung der an den Kollektor anstoßenden Grenzschicht des Dielektrikums herrührt. Nach (22) muß aber, wenn das Potential bei konstanter Ladung heruntergedrückt wird, die Kapazität des Kollektors durch die Einschließung in der kondensierenden Umhüllung gestiegen sein, was auch die Rechnung bestätigen wird.

Der Vorteil eines Kondensators ist der, bei Verwendung einer Quelle konstanten Potentials größere Ladung aufspeichern zu können.

Die wirklich verwendeten Kondensatoren entsprechen der obigen Definition, vom Kugelkondensator abgesehen, nur unvollkommen; sowohl die Leidener Flasche[1]) als die FRANKLINsche Tafel[2]), d. h. sowohl der praktisch verwendete Zylinderkondensator als der Plattenkondensator sind begrenzt, so daß die Kollektorbelegung nicht allseitig von der Kondensatorbelegung umschlossen wird, was auch zu einer störenden Randwirkung führt (vgl. Ziff. 105). Für unsere Rechnung (Ziff. 32 und 33) ersetzen wir gleichwohl den begrenzten Zylinderkondensator und den Plattenkondensator durch unbegrenzte, aus unendlichen Zylindern bzw. Platten bestehende Apparate.

31. Kugelkondensator. Die Kollektorbelegung wird von einer inneren Kugel (Radius r_i) dargestellt, die Kondensatorbelegung von einer mit jener konzentrischen äußeren Kugel (Radius r_a). Es sei e die Ladung der Innenkugel, dann trägt nach dem FARADAYschen Influenzgesetz (Ziff. 6 u. 25 γ) die geerdete äußere Kugel auf ihrer Innenfläche die Ladung $-e$. Das Potential V der Innenkugel setzt sich nach dem Prinzip der Superposition (Ziff. 28) aus zwei Teilen zusammen: der von der Ladung e auf der inneren Kugel herrührende Beitrag ist (Ziff. 29)

$$\frac{e}{r_i};$$

hinzu kommt der von der äußeren Kugel herrührende Beitrag

$$-\frac{e}{r_a},$$

da nach Ziff. 11 das Potential im Innern und auf der Oberfläche eines Leiters das gleiche ist. Somit:

$$V = \frac{e}{r_i} - \frac{e}{r_a} = e \cdot \frac{r_a - r_i}{r_a r_i}.$$

Hieraus folgt für die Kapazität eines Kugelkondensators:

$$C = \frac{r_a r_i}{r_a - r_i}. \tag{24}$$

Vergleicht man dies mit (23), so sieht man, daß die Kapazität r_i der einzelnen inneren Kugel durch die kondensierende Umhüllung im Verhältnis

$$\frac{r_a}{r_a - r_i},$$

welches stets > 1 ist, vergrößert wurde. Man nennt dies Verhältnis die kondensierende Kraft des Kondensators.

Wenn der Abstand beider Kugeln

$$\delta = r_a - r_i$$

klein ist, so kann statt (24) geschrieben werden:

$$C \sim \frac{r_i^2}{\delta} = \frac{1}{4\pi} \frac{F}{\delta}. \tag{34a}$$

---

[1]) E. v. KLEIST, Versuche und Abhandlungen der naturf. Gesellsch. zu Danzig Bd. 2, S. 407. 1745; P. VAN MUSSCHENBROEK, Mém. de l'Acad. de Paris 1746, S. 2 (lettre à Réaumur: Anzeige von der Entdeckung durch CUNAEUS und MUSSCHENBROEK).

[2]) B. FRANKLIN, Werke Bd. I, S. 48. Dresden 1780 (aus dem Jahre 1747).

Hierin bedeutet: $F = 4\pi r_i^2$ die Oberfläche der Kollektorbelegung, δ den Abstand der beiden Belegungen. Man sieht, daß die Kapazität des Kugelkondensators (und, wie wir sehen werden, auch der anderen Kondensatoren) mit der Oberfläche der Belegungen direkt, mit ihrem Abstande verkehrt proportional ist.

Würde der Zwischenraum durch ein Medium von der Dielektrizitätskonstante ε ausgefüllt, so würden sich die rechten Seiten in (34) und (34a) noch mit ε multiplizieren.

32. Zylinderkondensator. Er besteht aus zwei konaxialen unendlichen (vgl. Ziff. 30) Kreiszylindern. Der Radius des inneren Kollektorzylinders sei r_i, der des geerdeten äußeren Kondensatorzylinders sei r_a. Aus Ziff. 20δ, Formel (15), folgt für das Feld im Zwischenraum

$$|\mathfrak{E}| = -\frac{\partial V}{\partial r} = \frac{2e_1}{r},$$

wenn e_1 die Ladung des inneren Zylinders per Längeneinheit ist. Hieraus

$$V = 2e_1 \ln \frac{r_a}{r},$$

wenn V auf dem äußeren Zylinder verschwindet. Daher ist das Potential des Kollektorzylinders

$$V = 2e_1 \ln \frac{r_a}{r_i}$$

und die Kapazität des unendlichen Zylinderkondensators per Längeneinheit:

$$C_1 = \frac{1}{2\ln\frac{r_a}{r_i}}, \tag{35}$$

Ist der Abstand $\delta = r_a - r_i$ der beiden Belegungen klein, so folgt

$$C_1 = \frac{1}{2\ln\left(1 + \frac{\delta}{r_i}\right)} \backsim \frac{r_i}{2\delta} = \frac{1}{4\pi}\frac{F_1}{\delta}, \tag{35a}$$

worin $F_1 = 2\pi r_i \cdot 1$ die Oberfläche der Längeneinheit bedeutet. [Vgl. das zu (34a) Gesagte.]

Für den praktischen Zylinderkondensator ist die Formel (35) oder (35a) nur dann annähernd brauchbar, wenn die Länge desselben groß gegen seine Breite ist.

Für die Länge l multiplizieren sich (35) und (35a) mit l.

Um die kondensierende Kraft des Zylinderkondensators zu finden, muß man die Kapazität eines einzelnen unendlich langen Zylinders per Längeneinheit berechnen. Hierzu bediene man sich, da die Formel (15) hier nicht brauchbar ist, der bestimmten Integration (12b). Man berechne zunächst das Potential eines Zylinders von der Länge l für den Mittelpunkt desselben. Man nehme diesen als Ursprung, die Zylinderachse als z-Achse, so daß der Zylinder sich von $z = -\frac{1}{2}l$ bis $z = +\frac{1}{2}l$ erstreckt; der Radius des Zylinders sei $r = a$. Man findet mit gleichförmiger Dichte σ:

$$V = \int df \frac{\sigma}{r} = 2\pi r \sigma \int_{-\frac{l}{2}}^{+\frac{l}{2}} \frac{dz}{\sqrt{a^2 + z^2}} = 2\pi r \sigma \ln \frac{\frac{1}{2}l + \sqrt{a^2 + \frac{1}{4}l^2}}{-\frac{1}{2}l + \sqrt{a^2 + \frac{1}{4}l^2}} = 4\pi r \sigma \ln\left(\frac{l}{2a} + \sqrt{1 + \frac{l^2}{4a^2}}\right).$$

Sodann hat man $l \gg a$ zu nehmen und erhält das gesuchte Potential

$$V \to \frac{2e}{l} \ln \frac{l}{a},$$

wobei $e = 2\pi a l \cdot \sigma$ die Ladung der Länge l ist. Hieraus folgt für die Kapazität eines vereinzelten Zylinders von der Länge l:

$$C \to l/2 \ln \frac{l}{a}. \tag{36}$$

Für die gleiche Länge l hat der Zylinderkondensator nach (35)

$$C = l/2 \ln \frac{r_a}{r_i}. \tag{35}$$

Die kondensierende Kraft ist der Quotient von (35) durch (36) mit $r_i = a$

$$\frac{\ln l - \ln r_i}{\ln r_a - \ln r_i},$$

also, da $l \gg r_a$, sicher größer als 1.

33. Plattenkondensator. Dieser besteht aus zwei zueinander parallelen unendlichen (Ziff. 30) Ebenen.

Sei $z = 0$ die Kollektorebene, $z = \delta$ die Kondensatorebene, so ist das Feld innen homogen, also V eine lineare Funktion von z. Man findet leicht

$$V = 4\pi\sigma(\delta - z),$$

da $V = 0$ für $z = \delta$. Für die Kollektorebene $z = 0$ ist

$$V = 4\pi\sigma\delta$$

und daraus die Kapazität des Plattenkondensators für die Flächeneinheit

$$C_1 = \frac{1}{4\pi\delta}.$$

Für die Fläche F ergibt sich [exakt, nicht bloß genähert wie in (34a) und (35a)]:

$$C = \frac{1}{4\pi}\frac{F}{\delta}. \tag{37}$$

Der praktische Plattenkondensator besteht aus zwei rechteckigen oder kreisförmigen Platten (vgl. Unterabschnitt o) und entspricht daher nur bei großer Ausdehnung und kleinem Abstand dem obigen Fall. Wegen der allseitigen Begrenztheit der Belegungen ist die Übereinstimmung des praktischen mit dem idealisierten Typus noch schlechter als bei dem Zylinderkondensator, der nur eine zweiseitige Begrenztheit aufweist.

34. Kondensator aus zwei beliebigen krummen Flächen bestehend[1]). GREEN hat im Essay (1828) Art. 8 die Kapazität eines solchen Kondensators berechnet.

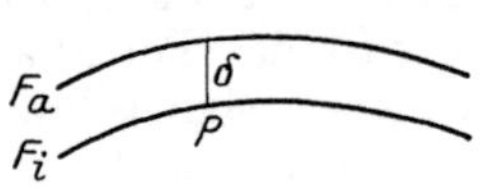

Abb. 3. Zur Theorie des krummflächigen Kondensators.

Es sei (Abb. 3) F_i die innere Belegung und F_a die äußere Belegung. Beides sind geschlossene leitende Flächen und sollen den sehr kleinen von Punkt zu Punkt veränderlichen Abstand δ haben. Sowohl F_i als F_a müssen Niveauflächen sein. Sei zunächst die äußere Belegung F_a nicht geerdet, so kann ihr Potential V_a aus dem Potential V_i der inneren Belegung durch eine TAYLORsche Reihenentwicklung berechnet werden. Sei P ein Punkt auf F_i, δ sein längs der Normalen n in P gemessener Abstand von F_a. Man hat:

$$V_a = V_i + \delta \cdot \frac{\partial V_i}{\partial n} + \frac{\delta^2}{2} \cdot \frac{\partial^2 V_i}{\partial n^2} + \cdots$$

[1]) Für Felder, deren Potentialflächen abwickelbar sind, berechnet die Kapazität eines derartigen Kondensators J. SPIELREIN, Arch. f. Elektrot. Bd. 10, S. 371. 1922.

Unter Benutzung von (21) wird daraus:

$$V_a = V_i + \delta \cdot \frac{\partial V_i}{\partial n}\left(1 - \frac{\delta}{2}\left[\frac{1}{R_1} + \frac{1}{R_2}\right]\right) + \cdots$$

Setzt man jetzt $V_a = 0$ (äußere Belegung geerdet), so hat man für das Potential $V = V_i$ der inneren Kollektorbelegung unter Benutzung von (17a):

$$V = 4\pi\sigma\delta \cdot \left(1 - \frac{\delta}{2}\left[\frac{1}{R_1} + \frac{1}{R_2}\right]\right).$$

Wenn δ eine kleine Größe ist, deren Quadrat vernachlässigt werden darf, folgt

$$\sigma = \frac{1}{4\pi\delta}\left(1 + \frac{\delta}{2}\left[\frac{1}{R_1} + \frac{1}{R_2}\right]\right) V$$

und somit für die Kapazität der Flächeneinheit des Kondensators an der Stelle P:

$$C_1 = \frac{1}{4\pi\delta}\left(1 + \frac{\delta}{2}\left[\frac{1}{R_1} + \frac{1}{R_2}\right]\right). \tag{38}$$

Für die ganze Kapazität hat man

$$C = \frac{1}{4\pi}\int df \cdot \frac{1}{\delta}\left[1 + \frac{\delta}{2}\left(\frac{1}{R_1} + \frac{1}{R_2}\right)\right] \tag{38a}$$

erstreckt über die ganze Fläche des Kollektors.

Wenn δ überall konstant ist, wird hieraus

$$C = \frac{1}{4\pi\delta}F + \frac{1}{8\pi}\int df\left(\frac{1}{R_1} + \frac{1}{R_2}\right). \tag{38b}$$

Bei kleinem δ überwiegt hier der erste Ausdruck über den zweiten, so daß

$$C \backsim \frac{1}{4\pi\delta}F \tag{38c}$$

die schon oft erwähnte Näherungsformel für die Kapazität eines beliebigen Kondensators bewiesen ist [vgl. (34a), (35a), 37)].

Die genauere Formel (38b) ergibt:

α) für den Kugelkondensator ($R_1 = R_2 = r_i$ = Radius der Innenkugel):

$$C = \frac{r_i^2}{\delta} + \frac{1}{2}r_i^2 \cdot \frac{2}{r_i} = \frac{r_i}{\delta}(r_i + \delta) = \frac{r_i r_a}{r_a - r_i},$$

da $r_a = r_i + \delta$ der Radius der äußeren Belegung ist, in Übereinstimmung mit der genauen Formel (34)

β) für den Zylinderkondensator ($R_1 = r_i$, $R_2 = \infty$) (Länge l)

$$C = \frac{r_i l}{2\delta} + \frac{l}{4},$$

dies entspricht der Entwicklung in (35a), wenn sie um ein Glied weiter getrieben wird

$$C = \frac{l}{2\ln\left(1 + \frac{\delta}{r_i}\right)} = \frac{l}{2\left(\frac{\delta}{r_i} - \frac{1}{2}\frac{\delta^2}{r_i^2} + \cdots\right)} = \frac{l r_i}{2\delta}\left(1 + \frac{1}{2}\frac{\delta}{r_i} + \cdots\right);$$

γ) für den Plattenkondensator ($R_1 = R_2 = \infty$)

$$C = \frac{1}{4\pi}\frac{F}{\delta}.$$

Clausius[1]) hat die Formel (38a) auf die Berechnung der Kapazität eines Kreisplattenkondensators angewendet und ist damit zu einer Berechnung

[1]) R. Clausius, Pogg. Ann. Bd. 86, S. 161. 1852.

der störenden Wirkung der Ränder gelangt. KIRCHHOFF hat eine einfachere Methode angegeben (vgl. Unterabschn. o). Die rechten Seiten aller bisher entwickelten Formeln multiplizieren sich gegebenenfalls noch mit der Dielektrizitätskonstante ε.

35. Schaltung von Kondensatorenbatterien. Unter einer Batterie versteht man eine Zusammenstellung von mehreren, meistens untereinander gleichen Kondensatoren. Diese kann in zweierlei Weise vorgenommen werden:

α) Parallel- oder Nebeneinanderschaltung: Alle Kollektorbelegungen einerseits, alle Kondensatorbelegungen anderseits sind leitend verbunden. Man erhält offenbar nichts anderes als einen Kondensator mit n-mal vergrößerter Belegungsfläche F, wenn n Kondensatoren vorhanden sind. Ist c die Kapazität eines einzelnen Kondensators, so ist die Kapazität der Batterie nach (38c):

$$C = nc. \tag{39a}$$

β) Serien- oder Hintereinanderschaltung (FRANKLINs Kaskadenschaltung): Die Kondensatorbelegung des ersten Kondensators ist verbunden mit der Kollektorbelegung des zweiten, die Kondensatorbelegung des zweiten mit der Kollektorbelegung des dritten usf. Da die verbundenen Belegungen je auf dem gleichen Potential sich befinden, kommt alles auf dasselbe hinaus, als ob zwischen die erste (freie) Kollektorbelegung und die letzte (ebenfalls freie) Kondensatorbelegung n Zwischenstufen eingeschaltet werden, d. h. das Potentialgefälle n-fach unterteilt wird. Mit anderen Worten: die Batterie stellt einen Kondensator mit n-fach vergrößertem Belegungsabstand δ dar. Somit ist nach (38c) die Kapazität der Batterie, wenn c die eines einzelnen Kondensators ist:

$$C = \frac{1}{n} c. \tag{39b}$$

Die Anwendung der Parallelschaltung liegt auf der Hand; sie dient der Vergrößerung der Kapazität des einzelnen Kondensators. Die Kaskadenschaltung wird selten angewendet; sie bezweckt z. B. die Vergrößerung der von einem einzelnen Kondensator tolerierten Potentialdifferenz; hierzu wird diese, um Durchschläge der isolierenden Zwischenschichten zu vermeiden, auf n Zwischenstufen aufgeteilt.

In Kaskade geschaltet sind z. B. die an den Influenzmaschinen befindlichen Leidener Flaschen; hierdurch trägt jede nur die halbe Potentialdifferenz der Konduktoren der Maschine.

Wichtig ist es auch, daß mittels Kaskadenschaltung ein höheres Potential als das von der Elektrizitätsquelle gelieferte erzielt werden kann. Hierzu bedient man sich nach dem Vorgang von MACH[1]) einer Batterie, die von Parallelschaltung zur Kaskadenschaltung überzugehen gestattet. Geladen wird in ersterer, wodurch jeder Kondensator der Batterie das Potential V der Quelle annimmt. Nun wird zur Kaskadenschaltung übergegangen, wodurch jeder Kondensator gegen den folgenden auf ein um V höheres Niveau gebracht wird, so daß als Potentialdifferenz der Enden schließlich das n-fache von V resultiert. Hierdurch kann man Strom und Potential der Funkenentladung so steigern, daß die Leistung großer Induktorien erreicht wird [Funken von 1 m Länge nach DES COUDRES[2])].

Wenn die Kondensatoren einer Batterie ungleich sind, so seien $c_1, c_2 \ldots c_n$ ihre Kapazitäten, $e_1, e_2 \ldots e_n$ ihre Ladungen, $V_1, V_2 \ldots V_n$ die Potentialdifferenzen ihrer Belegungen. Man hat bei

[1]) E. MACH, Wiener Anz. Bd. 15. 1876.
[2]) Nach W. KAUFMANN in MÜLLER-POUILLET, Physik Bd. IV, S. 208. 1909.

α) Parallelschaltung: $V_1 = V_2 = \cdots = V_n = V$, daher durch Addition von

$$e_1 = c_1 V_1, \quad e_2 = c_2 V_2, \quad \ldots \quad e_n = c_n V_n,$$

$$e_1 + e_2 + \cdots + e_n = (c_1 + c_2 + \cdots + c_n) V$$

oder

$$C = c_1 + c_2 + \ldots + c_n. \tag{40a}$$

β) Serienschaltung: $e_1 = e_2 \cdots = e_n = e$ (FARADAYsches Influenzgesetz). Daher durch Addition von

$$V_1 = \frac{e_1}{c_1}, \quad V_2 = \frac{e_2}{c_2}, \quad \ldots \quad V_n = \frac{e_n}{c_n},$$

$$V_1 + V_2 + \cdots + V_n = e\left(\frac{1}{c_1} + \frac{1}{c_2} + \cdots + \frac{1}{c_n}\right)$$

oder

$$\frac{1}{C} = \frac{1}{c_1} + \frac{1}{c_2} + \cdots + \frac{1}{c_n}. \tag{40b}$$

Diese Formeln erinnern an die KIRCHHOFFschen Gesetze der Stromverzweigung (Bd. XIII, Kap. 2). Es addieren sich die Leitvermögen (reziproken Widerstände) bei Parallel-, die reziproken Leitvermögen (die Widerstände) bei Serienschaltung. Man hat dies zum Anlaß genommen, einen „dielektrischen Widerstand" (in unserem Fall gleich der reziproken Kapazität) in die Elektrostatik einzuführen[1]) und auf die FARADAYschen Kraftröhren zu basieren (vgl. hierzu die Bemerkungen in Ziff. 26).

Über die praktischen Ausführungen der Kondensatoren vgl. Bd. XVI, Kap. 18.

f) Systeme von Leitern. Verallgemeinerung des Kapazitätsbegriffs.

36. Die Potential-, Kapazitäts- und Influenzierungskoeffizienten. Wir haben bisher immer nur einen vereinzelten Leiter (Ziff. 28 bis 29) bzw. einen Leiter, dem ein geerdeter Leiter gegenübersteht (Ziff. 30ff.) betrachtet. Die hierbei eingeführte Kapazität, die sog. Kapazität gegen Erde, läßt eine Verallgemeinerung zu für den Fall, daß mehrere Leiter mit beliebigen Potentialen sich gegenseitig influenzieren. Das Potential eines jeden von ihnen wird dann nicht nur von seiner eigenen Ladung abhängen, wie bei (22), sondern auch von den Ladungen der anderen. An Stelle der einfachen Proportion (22) tritt, wie wir sehen werden, eine lineare Relation.

Wir denken uns n Leiter $1, 2 \ldots n$ gegeben, welche bez. die Ladungen $1, 0 \ldots 0$ tragen sollen. Ihre Potentiale seien bez. $p_{11}, p_{21} \ldots p_{n1}$. Wenn sie die Ladungen $e_1, 0 \ldots 0$ tragen, müssen dann nach dem Prinzip der Superposition der Gleichgewichtszustände (Ziff. 28) und nach dem Eindeutigkeitssatz Ziff. 24 ihre Potentiale $p_{11} e_1, p_{21} e_1, \ldots p_{n1} e_1$ sein. Wir denken uns jetzt, daß sie bez. die Ladungen $0, 1, 0 \ldots 0$ tragen; es seien ihre Potentiale jetzt bez. $p_{12}, p_{22} \ldots p_{n2}$. Wenn sie statt dessen die Ladungen $0, e_2, 0 \ldots 0$ tragen, so müssen ihre Potentiale $p_{12} e_2, p_{22} e_2 \ldots p_{n2} e_2$ sein.

Wenn diesen Leiter nunmehr die Ladungen $e_1, e_2, 0 \ldots 0$ tragen, so folgt durch erneute Anwendung des Superpositionsprinzips, daß ihre Potentiale $p_{11} e_1 + p_{12} e_2, p_{21} e_1 + p_{22} e_2, \ldots p_{n1} e_1 + p_{n2} e_2$ sein müssen. So fortfahrend, gelangt man zu dem Satz:

Wenn n Leiter $1, 2 \ldots n$ die bez. Ladungen $e_1, e_2 \ldots e_n$ tragen, so sind ihre Potentiale darstellbar in der Form:

---

[1]) Z. B.: EBERT-HEINKE, Physik Bd. II, S. 167ff. 1920.

$$\left.\begin{aligned} V_1 &= p_{11} e_1 + p_{12} e_2 + \cdots + p_{1n} e_n, \\ V_2 &= p_{21} e_1 + p_{22} e_2 + \cdots + p_{2n} e_n, \\ &\cdots\cdots\cdots\cdots\cdots\cdots \\ V_n &= p_{n1} e_1 + p_{n2} e_2 + \cdots + p_{nn} e_n \end{aligned}\right\} \tag{41}$$

oder kurz

$$V_i = \sum_{k=1}^{n} p_{ik} e_k \qquad i = 1, 2 \ldots n,$$

wobei die p_{ik} die Potentialkoeffizienten heißen und nur von Gestalt und gegenseitiger Lage des Systems der n Leiter, nicht aber von deren elektrischem Zustand abhängen.

Durch Auflösung der n linearen Gleichungen (41) nach den n Unbekannten $e_1, e_2 \ldots e_n$ gewinnt man hieraus den Satz:

Wenn n Leiter $1, 2, \ldots n$ die Potentiale $V_1, V_2 \ldots V_n$ besitzen, so sind ihre Ladungen darstellbar in der Form:

$$\left.\begin{aligned} e_1 &= q_{11} V_1 + q_{12} V_2 + \cdots + q_{1n} V_n, \\ e_2 &= q_{21} V_1 + q_{22} V_2 + \cdots + q_{2n} V_n, \\ &\cdots\cdots\cdots\cdots\cdots\cdots \\ e_n &= q_{n1} V_1 + q_{n2} V_2 + \cdots + q_{nn} V_n \end{aligned}\right\} \tag{42}$$

oder kurz:

$$e_i = \sum_{k=1}^{n} q_{ik} V_k \qquad i = 1, 2 \ldots n.$$

Die Koeffizienten q_{ii} (mit zwei gleichen Indizes) sind hierbei die Kapazitätskoeffizienten, die $q_{ik} (i \neq k)$ die Influenzierungskoeffizienten (des i-ten Leiters mit Rücksicht auf den k-ten Leiter). Sie sind nur von Gestalt und gegenseitiger Lage der n Leiter, nicht aber von deren elektrischem Zustand abhängig.

Die q_{ik} bilden nach der Lehre von den Determinanten die zu den p_{ik} reziproke Matrix und umgekehrt.

37. Der Reziprozitätssatz. GAUSS[1]) hat folgenden allgemeinen Reziprozitätssatz bewiesen: Es seien $e_1, e_2 \ldots e_n$ die Ladungen von n Leitern, wenn deren bez. Potentiale $V_1, V_2, \ldots V_n$ sind, und es seien $e'_1, e'_2, \ldots e'_n$ die Ladungen derselben n Leiter, wenn deren bez. Potentiale $V'_1, V'_2, \ldots V'_n$ sind, dann gilt:

$$\sum_{i=1}^{n} e_i V'_i = \sum_{i=1}^{n} e'_i V_i. \tag{43}$$

Der Beweis wird geführt, indem man von der Darstellung (12a) durch diskrete Punktladungen ausgeht. Wir verweisen diesbezüglich auf GAUSS.

Wendet man (43) auf folgende Verteilungen an:

$$V_1 = 1, \quad V_2 = 0, \quad \ldots \quad V_n = 0 \quad \text{bez.} \quad V'_1 = 0, \quad V'_2 = 1, \quad \ldots \quad V'_n = 0,$$

also nach (42)

$$e_1 = q_{11}, \quad e_2 = q_{21}, \quad \ldots \quad e_n = q_{n1} \quad \text{bez.} \quad e'_1 = q_{12}, \quad e'_2 = q_{22}, \quad \ldots \quad e'_n = q_{n2},$$

so findet man:

$$q_{12} = q_{21}.$$

Allgemein ist:

$$q_{ik} = q_{ki} \tag{44a}$$

und daher

$$p_{ik} = p_{ki}. \tag{44b}$$

[1]) C. F. GAUSS, Allgem. Lehrsätze, Art. 19. 1840.

38. Der Kugelkondensator; Schirmwirkung. Als Beispiel sei hier der Kugelkondensator betrachtet, wobei aber nicht mehr, wie in Ziff. 31, die äußere Kugel geerdet sei. Es seien e_1, V_1, r_1 bez. e_2, V_2, r_2 Ladung, Potential, Radius der inneren bez. äußeren Kugel. Das Potential jeder Kugel setzt sich wieder aus zwei Beiträgen, dem eigenen und dem der anderen Kugel, zusammen. So findet man

$$V_1 = \frac{e_1}{r_1} + \frac{e_2}{r_2},$$

$$V_2 = \frac{e_1}{r_2} + \frac{e_2}{r_2}.$$

Hieraus:

$$p_{11} = \frac{1}{r_1}, \qquad p_{12} = \frac{1}{r_2}, \qquad p_{21} = \frac{1}{r_2}, \qquad p_{22} = \frac{1}{r_2}.$$

Die Relation (44b) ist somit hier bestätigt. Durch Auflösung findet man:

$$e_1 = \frac{r_1 r_2}{r_2 - r_1} V_1 - \frac{r_1 r_2}{r_2 - r_1} V_2,$$

$$e_2 = -\frac{r_1 r_2}{r_2 - r_1} V_1 + \frac{r_2^2}{r_2 - r_1} V_2.$$

Hieraus:

$$q_{11} = \frac{r_1 r_2}{r_2 - r_1}, \qquad q_{12} = -\frac{r_1 r_2}{r_2 - r_1}, \qquad q_{21} = -\frac{r_1 r_2}{r_2 - r_1}, \qquad q_{22} = \frac{r_2^2}{r_2 - r_1}.$$

Die Relation (44a) ist hier ebenfalls bestätigt.

Man bemerkt, daß q_{11} mit C (der Kapazität gegen Erde des Kugelkondensators) in (34) identisch ist, wie auch aus unseren Formeln, wenn darin $V_2 = 0$ gesetzt wird, folgt. Ist aber $V_2 \neq 0$, so repräsentiert der Influenzierungskoeffizient q_{12} die auf der Kugel 1 durch V_2 hervorgerufene Influenzwirkung. Er ist negativ, da es sich stets um eine ungleichnamige Influenzladung oder Schwächung des eigenen Potentials handelt. Außerdem zeigt unser Beispiel noch das Bestehen einer Relation

$$q_{11} + q_{12} = 0$$

an. Diese ist charakteristisch für die Schirmwirkung der äußeren Kugel auf die innere.

Um dies zu beweisen, denke man sich n Leiter 1, 2, 3 ... n gegeben, von denen der Leiter 2 den Leiter 1 vollkommen einschließe und ihn so gegen die Wirkungen der anderen abschirme. Wenn zwischen 1 und 2 keine Potentialdifferenz besteht, so muß offenbar die Ladung auf 1 Null sein. Denn die Ladung im Innern eines hohlen Leiters ist Null, wenn dort das gleiche Potential herrscht, wie an seiner Oberfläche, d. h. $V_1 = V_2$ ist. Dies muß gelten, welche Potentiale auch immer die äußeren Leiter 3, 4, ... n haben. Es folgt aus (42):

$$e_1 = 0 = (q_{11} + q_{12}) V_2 + q_{13} V_3 + q_{14} V_4 + \cdots + q_{1n} V_n.$$

Diese Gleichung kann bei völlig willkürlichen $V_2, V_3 \ldots V_n$ nur bestehen, wenn

$$q_{11} + q_{12} = q_{13} = \cdots = q_{1n} = 0$$

ist, d. h. Kapazitäts- und Influenzierungskoeffizient des eingeschlossenen Leiters rücksichtlich des einschließenden Leiters 2 sind einander entgegengesetzt gleich; die Influenzierungskoeffizienten des Leiters 1 rücksichtlich der äußeren Leiter 3, 4 ... n sind Null. Man erkennt unschwer das FARADAYsche Influenzgesetz (Ziff. 6 u. 25 γ) in der ersten dieser Relationen. Die anderen besagen die Wirkungslosigkeit der äußeren auf den inneren Leiter.

Nur im Falle der Schirmwirkung, also wenn die obigen Relationen erfüllt sind, ist der Kapazitätskoeffizient eines Leiters 1 gleich seiner Kapazität gegen Erde. Man schreibe:

$$e_1 = q_{11}(V_1 - V_2) + (q_{12} + q_{11})V_2 + q_{13}V_3 + \cdots + q_{1n}V_n = q_{11}(V_1 - V_2),$$

d. h. man hat wieder unsere frühere Proportion (22) mit $q_{11} = C$, in der bloß an Stelle des Potentials des Leiters, seine Potentialdifferenz gegen die Hülle eintritt.

Für die Potentialkoeffizienten gilt bei Schirmwirkung: Wenn der innere Leiter 1 keine Ladung trägt, $e_1 = 0$, muß $V_1 = V_2$ sein, welches auch $e_2, e_3 \ldots e_n$ seien:

$$V_1 = p_{11}e_1 + p_{12}e_2 + \cdots + p_{1n}e_n,$$

$$V_2 = p_{21}e_1 + p_{22}e_2 + \cdots + p_{2n}e_n.$$

Somit: $p_{12} = p_{22}$, $p_{13} = p_{23}$, ..., $p_{1n} = p_{2n}$ bei Schirmwirkung. Tatsächlich war auch in unserem Beispiel $p_{12} = p_{22}$.

39. Eine leitende Kugel und eine Punktladung. Als weiteres Beispiel betrachten wir eine leitende Kugel 1 mit dem Mittelpunkt in O und einen punktförmigen Leiter 2 in P:

α) P außerhalb der Kugel (diese isoliert). Bringt man die Ladung Eins auf die Kugel 1 (Abb. 4), während in P die Ladung Null ist, so ist das Potential von 2 nach (12) und (41):

$$V_2 = \frac{1}{\overline{OP}} = p_{21} \cdot 1 + p_{22} \cdot 0 = p_{21}.$$

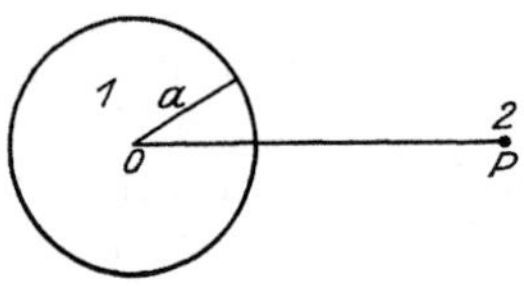

Abb. 4. Punktladung 1 und Kugel 2.

Bringt man dagegen die Ladung Eins nach P, während die Kugel ungeladen ist, so erzeugt diese Punktladung 2 auf der Kugel 1 ein Potential:

$$V_1 = p_{11} \cdot 0 + p_{12} \cdot 1 = p_{12}.$$

Nach dem Reziprozitätssatz (44b) ist aber

$$p_{12} = p_{21}$$

und folglich auch:

$$V_1 = \frac{1}{\overline{OP}}.$$

Statt einer Kugel kann man auch einen beliebigen Leiter für 1 nehmen; immer gilt: Das Potential, das eine Punktladung e in P auf dem ungeladenen Leiter influenziert, ist das gleiche wie das Potential, das der Leiter im Aufpunkt P erzeugt, wenn er eine Ladung von der Größe e erhält.

MAXWELL hat dies zur Erforschung der Äquipotentialflächen eines Leiters verwendet (Ziff. 12).

β) P innerhalb der Kugel (diese isoliert). Bringt man die Ladung Eins auf die Kugel 1, während P ungeladen ist, so ist, wo immer auch P liege, das Potential des in P befindlichen kleinen Leiters

$$V_2 = \frac{1}{a} = p_{21},$$

wo a der Kugelradius ist. Daher erzeugt die Ladung Eins, irgendwo in einem inneren Punkt P der Kugel befindlich, auf dieser stets das Potential

$$V_1 = p_{12} = p_{21} = \frac{1}{a}.$$

γ) P außerhalb der Kugel (diese geerdet): Erdet man die Kugel 1 und bringt eine Ladung Eins nach dem äußeren Punkte P, so ist nach (41)

$$V_1 = 0 = p_{11} e_1 + p_{12} \cdot 1$$

oder die auf der Kugel influenzierte ungleichnamige Ladung

$$e_1 = -\frac{p_{12}}{p_{11}} = -\frac{a}{OP} \quad \text{[wegen } \alpha\text{) und (23)]},$$

d. h. gleich dem Quotienten aus Radius gebrochen durch Zentralabstand. Dieses Resultat wird sich später (Ziff. 68) aus der Methode der elektrischen Bilder von Lord KELVIN (Sir W. THOMSON) nochmals ergeben.

δ) P innerhalb der Kugel (diese geerdet). Ebenso ergibt sich für die auf der Kugel influenzierte ungleichnamige Ladung, wenn in einem inneren Punkt P die Ladung Eins sitzt,

$$e_1 = -\frac{p_{12}}{p_{11}} = -1 \quad \text{[wegen } \beta\text{) und (23)]},$$

d. h. die influenzierte Ladung ist diesmal unabhängig vom Ort der Punktladung, dieser stets gleich und entgegengesetzt. Es liegt hier der Fall des FARADAYschen Influenzgesetzes (Ziff. 25γ) vor. Vollständige Influenz, während im Falle γ) die Influenzladung nur ein Bruchteil der influenzierenden Ladung ist (unvollständige Influenz).

Die in β) und δ) erhaltenen Resultate gelten natürlich mutatis mutandis für das Innere eines beliebigen hohlen Leiters.

40. Zwei leitende Kugeln in großer Entfernung voneinander. Als letztes Beispiel betrachten wir zwei Kugeln mit den Radien r_1, r_2 und dem Zentralabstand R, welcher gegen r_1 und r_2 so groß sei, daß jede Kugel für die andere wie ein punktförmiger Körper behandelt werden darf. Es seien e_1, V_1 bez. e_2, V_2 Ladung und Potential der Kugeln. Dann gilt nach (14) (vgl. Ziff. 31):

$$V_1 = \frac{e_1}{r_1} + \frac{e_2}{R},$$

$$V_2 = \frac{e_1}{R} + \frac{e_2}{r_2},$$

hieraus:

$$p_{11} = \frac{1}{r_1}, \qquad p_{12} = p_{21} = \frac{1}{R}, \qquad p_{22} = \frac{1}{r_2}.$$

Ferner durch Auflösung

$$e_1 = \frac{r_1 R^2}{R^2 - r_1 r_2} V_1 - \frac{r_1 r_2 R}{R^2 - r_1 r_2} V_2,$$

$$e_2 = -\frac{r_1 r_2 R}{R^2 - r_1 r_2} V_1 + \frac{r_2 R^2}{R^2 - r_1 r_2} V_2,$$

also:

$$q_{11} = r_1 \frac{R^2}{R^2 - r_1 r_2}, \qquad q_{12} = q_{21} = -R \frac{r_1 r_2}{R^2 - r_1 r_2}, \qquad q_{22} = r_2 \frac{R^2}{R^2 - r_1 r_2}.$$

Die Kapazitätskoeffizienten q_{11} und q_{22} sind bez. größer als r_1 und r_2 die Kapazitäten der einzelnen Kugeln. Dies entspricht der allgemeinen Regel, daß die Kapazität eines Leiters durch Annäherung eines anderen vergrößert wird (Ziff. 7). Die erhaltenen Resultate sind natürlich ungenau: denn erstens ist das von 2 herrührende Potential e_2/R auf 1 nicht konstant, V_1 also kein Gleichgewichtspotential. Und zweitens gilt das nämliche von e_1/R auf 2. Die genaue Lösung s. Unterabschnitt k, insbesondere Ziff. 79.

g) Energie und ponderomotorische Kräfte.

41. Energie eines einzelnen Leiters. Wird ein Leiter von der Kapazität C auf das Potential V (gegen Unendlich oder Erde) geladen, so wird hierbei eine gewisse Ladungsarbeit geleistet, die sich in potentielle, elektrostatische Energie W verwandelt. Diese wird dann später bei der Entladung des Leiters in Form von Strom- oder Funkenwärme und magnetischer, kurz elektrokinetischer Energie frei. Diese Ladungsarbeit, die ebenso groß ist wie die Entladungsenergie, berechnet sich wie folgt:

Wenn der Leiter bereits irgendeine Ladung besitzt, so daß sein Potential irgendeinen Wert V (gegen Null) erreicht hat, so ist, um der Ladung das Element de hinzuzufügen, nach Ziff. 10 die Arbeit

$$dW = V\,de$$

erforderlich, da V die Arbeit ist, welche bei der Verschiebung der Ladung Eins aus dem Unendlichen bis zu dem Punkte, wo das Potential den Wert V hat, von außen zugeführt werden muß. Wegen (22) hat man auch:

$$dW = \frac{e}{C}\,de.$$

Die ganze Ladungsarbeit ist daher:

$$W = \int_0^e \frac{e}{C}\,de = \frac{1}{2}\frac{e^2}{C}.$$

Man gewinnt so die folgenden Ausdrücke für die Energie eines Leiters:

$$W = \frac{1}{2}\frac{e^2}{C} = \frac{1}{2}eV = \frac{1}{2}CV^2. \tag{45}$$

42. Energie des Plattenkondensators. Trennungsarbeit und Potentialverstärkung. Die Anwendung der Formel (45) auf den Kollektor des Plattenkondensators ergibt wegen (37):

$$W = \frac{1}{2}\frac{e^2}{C} = \frac{1}{2}\frac{\sigma^2 F^2}{F/4\pi\delta} = 2\pi\sigma^2\cdot F\cdot\delta. \tag{46}$$

Diese Energie läßt sich noch auf eine andere Weise berechnen: Auf die Flächeneinheit des Kondensators wirkt der elektrostatische Druck (18)

$$p = 2\pi\sigma^2,$$

auf die Fläche F daher die Kraft $pF = 2\pi\sigma^2 F$. Hieraus kann die Arbeit berechnet werden, welche notwendig wäre, um die $\pm$ geladenen, dicht beieinander liegenden Platten des Kondensators auf die Entfernung δ auseinanderzubringen. Da σ unabhängig von der Entfernung der beiden Platten ist, behält hierbei der elektrostatische Druck und die Kraft denselben Wert. Diese Arbeit ist daher einfach

$$A = pF\cdot\delta = 2\pi\sigma^2 F\,\delta = W$$

wie in (45). Die Energie eines Plattenkondensators ist daher gleich der mechanischen Arbeit, welche zur Trennung der Platten unter Überwindung ihrer Anziehung nötig war. Hierbei nahm die Potentialdifferenz der Platten von Null in der Anfangslage der Platten ($\delta = 0$) bis zu $V = 4\pi\sigma\delta$ (vgl. Ziff. 33) in der Endlage zu.

Diese Vermehrung der Potentialdifferenz auf Kosten der mechanischen Arbeit der Trennung findet sich ausgenutzt in ALESSANDRO VOLTAS Kondensatorelektroskop (1782). Dieses trägt an Stelle des Knopfes einen Plattenkondensator, der oft nur aus zwei durch isolierenden Lackanstrich getrennten

Platten besteht (zur Erzielung eines sehr kleinen δ). Die Ladung wird von einer ergiebigen Quelle konstanten aber niedrigen Potentials der unteren Platte unter Erdung der oberen zugeführt; wenn dann die obere Platte abgehoben wird, zeigt das Elektroskop einen merklichen Ausschlag, auch wenn das anfängliche Potential sehr gering war.

Die Bedeutung der mechanischen Trennungsarbeit zur Gewinnung elektrostatischer Energie spielt auch bei VOLTAs Elektrophor (1775) eine Rolle, die von VOLTA selbst übersehen, erst durch ROBERT MEYER (1845) richtig erkannt wurde.

Schließlich gehören hierher alle auf dem Prinzip des Duplikators oder Potentialverstärkers aufgebauten Elektrisiermaschinen: Ein rotierender Querarm, der an seinen Enden zwei Leiter 1, 2 trägt, wird in einer bestimmten Lage (Abb. 5) von zwei, seinen Enden (die in dieser Lage leitend verbunden sind) gegenüberstehenden, festen + bez. — geladenen Konduktoren — bez. + influenziert; wenn er weitergedreht wird, ist die Anziehung der influenzierenden und der influenzierten Ladungen an jedem seiner Enden (die jetzt nicht mehr leitend verbunden sind) zu überwinden, was mechanische Arbeit erfordert. Er gerät in eine zweite Lage, wo er die mitgeführte — Ladung an den festen — Konduktor,

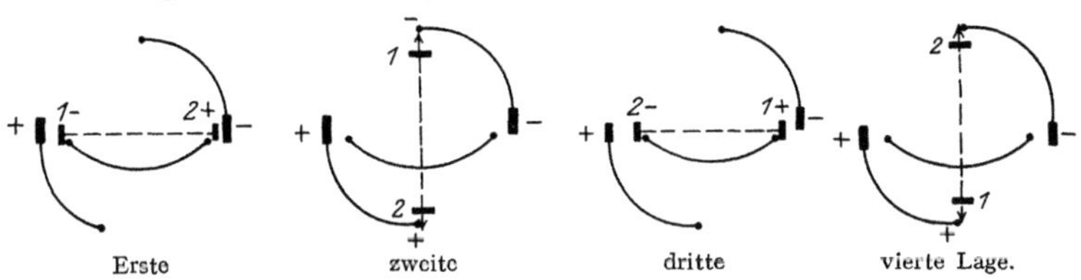

Abb. 5. Rotierender Duplikator.

bez. die mitgeführte + Ladung an den festen + Konduktor abgibt, deren Potentiale hierdurch verstärkt werden. In einer dritten Lage sind die Enden des Querarms wieder leitend verbunden, sie stehen aber jetzt bez. den — bez. + geladenen Konduktoren gegenüber. Die hier gewonnene + bez. — Influenzelektrizität wird dann in einer vierten Lage wieder an die festen + bez. — Konduktoren abgegeben, deren Potentiale abermals verstärkt werden, worauf das Spiel von neuem beginnt. Die gewonnene elektrostatische Energie beruht also auf der mechanischen Arbeit, die zur Trennung sich anziehender Ladungen beim Übergang von der ersten (dritten) (Lade-) Stellung in die zweite (vierte) (Entlade-) Stellung erforderlich sind [vgl. Bd. XVI, Kap. 3[1]]. Die Rückverwandlung elektrostatischer Energie in mechanische Arbeit kann bei den auf dem Duplikatorprinzip beruhenden Influenzmaschinen nach POGGENDORFS Vorgang[2]) dadurch gezeigt werden, daß man die von einer gedrehten Maschine erzeugten Ladungen in die Konduktoren einer anderen leitet, die dann ihrerseits in Drehung gerät, und zwar im umgekehrten Sinne, als wenn sie selbst ihre Konduktoren mit dem entsprechenden gleichen Vorzeichen aufzuladen hätte.

43. Energie einer Batterie von Kondensatoren. Die Energie einer Batterie von n Kondensatoren kann nach Ziff. 35 wie folgt ermittelt werden:

α) Parallelschaltung: Die Batterie ist äquivalent einem einzigen Kondensator von der $n$fachen Kapazität, aber dem einfachen Potential eines Einzelkondensators. Sei w die Energie desselben, so ist die Energie W der Batterie nach (45) und (39a)

$$W = n w. \tag{47a}$$

---

[1]) Zur Theorie der zyklischen elektrostatischen Maschinen vgl. z. B. A. W. SIMON, Phys. Rev. Bd. 26, S. 111. 1925.

[2]) J. C. POGGENDORF, Pogg. Ann. Bd. 139, S. 513. 1870.

β) Serienschaltung: Die Batterie ist äquivalent einem einzigen Kondensator von der $1/n$fachen Kapazität eines Einzelkondensators, aber der einfachen Ladung eines Einzelkondensators. Somit nach (45) und (39b) wieder:

$$W = nw. \tag{47b}$$

Berühmt sind die Versuche von P. RIESS[1]) zur Bestätigung von (47a) und (47b), indem er die Entladungsenergie der Batterie durch die Entladungswärme mit Hilfe eines Luftthermometers bestimmte. Dies geschah zu einer Zeit, als das Energieprinzip und der Satz von der JOULEschen Wärme noch unbekannt waren! Zur Messung der Ladungen diente hierbei eine LANEsche Maßflasche[2]). Dies ist eine Leidener Flasche, deren Innen- und Außenbelegung zu einer Funkenstrecke geführt sind. Übersteigt die Ladung und damit das Potential der Flasche eine ganz bestimmte Höhe, die im wesentlichen nur durch die Länge der Funkenstrecke, nicht durch die Kapazität der Flasche bestimmt ist, so erfolgt Funkenentladung. Auf diesem „Fundamentalgesetz der elektrischen Entladungen" beruht die Messung hoher Potentiale durch Funkenschlagweiten (vgl. Bd. XIV, Kap. 7 und Bd. XVI, Kap. 14). Aus der Anzahl der Entladungen der mit der Batterie verbundenen Maßflasche während der Aufladung der Batterie läßt sich die Größe der erreichten Ladung berechnen.

44. Energie eines Systems von Leitern. Es seien n Leiter mit den Potentialen $V_1, V_2 \ldots V_n$ und den Ladungen $e_1, e_2 \ldots e_n$ gegeben. Man betrachte einen früheren Zustand, in welchem die Ladungen und Potentiale bloß den αten Bruchteil ihres Wertes haben. Dies ist, wie das Superpositionsprinzip zeigt, auch ein Gleichgewichtszustand des Systems. Von diesem Zustand aus soll der Endzustand des Systems dadurch erreicht werden, daß jedem Leiter ein Ladungsinkrement $d\alpha e_1$ bez. $d\alpha e_2 \ldots$ bez. $d\alpha e_n$, also proportional den zu erreichenden Endwerten zugeführt werde. So fortfahrend, gelangt man offenbar durch eine fortlaufende Reihe von Gleichgewichtszuständen zum Endzustand. Die jedesmal erforderliche Ladungsarbeit ist:

$$\begin{aligned} dW &= \alpha V_1 \cdot d\alpha e_1 + \alpha V_2 \cdot d\alpha e_2 + \cdots + \alpha V_n \cdot d\alpha e_n \\ &= (e_1 V_1 + e_2 V_2 + \cdots + e_n V_n) \cdot \alpha d\alpha . \end{aligned}$$

Daher beträgt die ganze Ladungsarbeit vom Anfangszustand $\alpha = 0$ bis zum Endzustand $\alpha = 1$ wegen $\int\limits_0^1 \alpha d\alpha = \frac{1}{2}$

$$W = \tfrac{1}{2}(e_1 V_1 + e_2 V_2 + \cdots + e_n V_n) = \tfrac{1}{2}\sum_{i=1}^{n} e_i V_i . \tag{48}$$

Einsetzung von (41) oder (42) liefert

$$W = \tfrac{1}{2}(p_{11} e_1^2 + 2p_{12} e_1 e_2 + p_{22} e_2^2 + \cdots) = \tfrac{1}{2}\sum_{i,k=1}^{n} p_{ik} e_i e_k \tag{48a}$$

oder:

$$W = \tfrac{1}{2}(q_{11} V_1^2 + 2q_{12} V_1 V_2 + q_{22} V_2^2 + \cdots) = \tfrac{1}{2}\sum_{i,k=1}^{n} q_{ik} V_i V_k . \tag{48b}$$

Die elektrostatische Energie W eines Systems von Leitern ist also eine quadratische Funktion der Ladungen oder der Potentiale.

Durch Differentiation erhält man aus (48a) wegen (41)

$$\frac{\partial W}{\partial e_1} = p_{11} e_1 + p_{12} e_2 + \cdots + p_{1n} e_n = V_1 , \tag{49a}$$

[1]) P. RIESS, Pogg. Ann. Bd. 40, S. 335. 1837; Bd. 43, S. 49. 1838.
[2]) LANE, Phil. Trans. 1767, S. 451.

wobei die übrigen $n-1$ Ladungen immer konstant zu halten sind. Ebenso aus (48b) mit (42)

$$\frac{\partial W}{\partial V_1} = q_{11}V_1 + q_{12}V_2 + \cdots + q_{1n}V_n = e_1 \text{ usw.}, \tag{49b}$$

wobei die übrigen $n-1$ Potentiale immer konstant zu halten sind.

Die Gleichungen (49a) und (49b) können auch folgendermaßen abgeleitet werden: Wenn die Ladungen $e_1 \ldots e_n$ bez. die Potentiale $V_1 \ldots V_n$ in $e_1' \ldots e_n'$ bez. $V_1' \ldots V_n'$ abgeändert werden, sei W' die geänderte Energie. Die Änderung der Energie ist dann nach (48) und dem GAUSSschen Reziprozitätssatz (43):

$$\begin{aligned} W' - W &= \tfrac{1}{2}\sum e'V' - \tfrac{1}{2}\sum eV \\ &= \tfrac{1}{2}\sum e'V' \pm \tfrac{1}{2}\sum eV' \mp \tfrac{1}{2}\sum e'V - \tfrac{1}{2}\sum eV = \tfrac{1}{2}\sum (e' \pm e)(V' \mp V). \end{aligned}$$

Wählt man das obere Vorzeichen, so hat man bei kleinen Änderungen

$$e' - e = de, \qquad V' - V = dV, \qquad W' - W = dW,$$

also

$$dW = \sum e\,dV,$$

woraus sofort (49b) folgt. Für das untere Vorzeichen hat man

$$dW = \sum de\,V,$$

woraus sofort (49a) folgt.

Die Gleichungen (48), (48a), (48b) sind natürlich für $n = 1$ in Übereinstimmung mit (45).

45. Ponderomotorische Kräfte. Es möge das in Ziff. 44 behandelte System von n Leitern in seiner geometrischen Konfiguration durch eine Anzahl von LAGRANGEschen generalisierten Koordinaten $\xi_1, \xi_2 \ldots$ (vgl. Bd. V, Prinzipe der Dynamik) bestimmt sein. Wenn die Leiter sich infolge ihrer elektrischen Energie in Bewegungen setzen, d. h. die Koordinaten ξ sich ändern, so werden die zur Einleitung dieser Bewegungen erforderlichen ponderomotorischen Kräfte Arbeit offenbar auf Kosten der elektrischen Energie leisten. Dies verlangt das Energieprinzip, sofern die Leiter sich selbst überlassen sind, also keine andere Energiequelle in Betracht kommt. Die Bedingung für letzteres ist offenbar, daß die Ladungen der Leiter während der Bewegung konstant bleiben, so daß keine Ladungszufuhr (und ebenso kein Ladungsverlust) vorkommt. Nach LAGRANGE ist die Arbeit bei generalisierten Koordinaten ξ gegeben durch

$$A = \sum_\alpha \Xi_\alpha \, d\xi_\alpha,$$

wo Ξ_α die auf Vergrößerung der Koordinate ξ_α hinzielende generalisierte Kraft ist. Nach dem Energieprinzip ist aber

$$A = -dW_e,$$

d. h. diese Arbeit ist gleich der Abnahme der elektrischen Energie bei Konstanthaltung der Ladungen. Durch Gleichsetzung der beiden Ausdrücke und Differentiation ergibt sich leicht

$$\Xi_\alpha = -\left(\frac{\partial W}{\partial \xi_\alpha}\right)_e \qquad \alpha = 1, 2 \ldots, \tag{50a}$$

wo der Index e die Konstanthaltung der Ladungen andeutet.

Es kann nun auch der Fall eintreten, daß nicht die Ladungen e, sondern die Potentiale V konstant erhalten werden, z. B. indem die Leiter mit Elektrizitätsquellen festen Potentials verbunden sind. Dies ist der Fall bei den Elektrometern bei Messung von Potentialen (vgl. nächsten Abschnitt). Hierbei wird während der Bewegung (infolge der eintretenden Kapazitätsänderungen und Änderungen der Influenzierungskoeffizienten, da ja die q_{ik} von den ξ abhängen) Ladung zugeführt; somit geschieht die Arbeit der ponderomotorischen Kräfte nicht mehr bloß auf Kosten der elektrostatischen Energie des Systems, sondern auch auf Kosten der fremden Elektrizitätsquellen.

Es ist leicht, auch in diesem Falle die ponderomotorischen Kräfte Ξ_α durch Differentiation der Energie W_V bei konstanten V auszudrücken. Die ponderomotorischen Kräfte müssen in beiden Fällen die gleichen sein, da sie nur von dem anfänglichen Zustand des Systems, d. h. von den $e_1 \dots e_n$, $V_1, \dots V_n$, $\xi_1, \xi_2, \xi_3 \dots$ nicht aber von den Inkrementen $de_1, \dots de_n$ oder $dV_1 \dots dV_n$ am Ende der Verschiebung $d\xi_1, d\xi_2, d\xi_3 \dots$ abhängen. Nun kann leicht gezeigt werden, daß während der Verschiebung die Größe

$$W_e + W_V$$

konstant bleibt, d. h. von den ξ unabhängig ist. In der Tat hat man nach (48)

$$W_e + W_V = \sum e V,$$

wodurch die Behauptung bewiesen ist. Somit folgt

$$-d W_e = + d W_V,$$

d. h. die Abnahme der elektrischen Energie während der Verschiebung $d\xi_1$, $d\xi_2, d\xi_3 \dots$, wenn die Ladungen konstant erhalten werden, ist gleich der Zunahme der elektrischen Energie bei der gleichen Verschiebung, wenn die Potentiale konstant erhalten werden. Da nun die ponderomotorischen Kräfte in beiden Fällen die gleichen sind, ist ihre Arbeit A auch ausdrückbar:

$$A = + d W_V,$$

diese Arbeit ist also gleich der Zunahme der elektrischen Energie bei Konstanthaltung der Potentiale. Wie vorhin erhält man so:

$$\Xi_\alpha = + \left(\frac{\partial W}{\partial \xi_\alpha}\right)_V. \tag{50b}$$

Die von den fremden Elektrizitätsquellen zugeschossene Energie ist offenbar gleich

$$2\, d W_V,$$

da ja $d W_V$ zur Deckung der Abnahme von W, die infolge der Bewegung eintreten würde, und weiter $d W_V = A$ für die Arbeit der ponderomotorischen Kräfte gebraucht werden.

Es mag noch daran erinnert werden, daß der Form nach ähnliche Gleichungen wie (50a), (50b) auch in der LAGRANGEschen Mechanik auftreten. Dort handelt es sich ebenfalls um eine quadratische Funktion, nämlich um die kinetische Energie, welche einmal als Funktion der Geschwindigkeiten, ein zweites Mal als Funktion der Impulsmomente dargestellt werden kann. Die hierbei verwendeten Matrizen sind ebenso reziprok zueinander wie die Matrizen der p_{ik} und q_{ik} in (48a) und (48b). Auf dieser Reziprozität beruht die Gleichheit der rechten Seiten von (50a) und (50b), ebenso wie der Übergang von den LAGRANGEschen Gleichungen erster Art (Konstanthaltung der Geschwindigkeiten) zu denen zweiter Art (Konstanthaltung der Momente).

46. Beispiele zu den ponderomotorischen Kräften. α) Elektrisierte Seifenblase. Bei der Kugel ist die Energie zufolge (45) und (23):

$$W = \frac{1}{2}\frac{e^2}{a} = \frac{1}{2} a V^2.$$

Der einzige Parameter ξ ist hier der Kugelradius a

$$\xi = a.$$

Die elektrischen Kräfte [der elektrostatische Druck (18)] sind bestrebt, diese Koordinate zu vergrößern, was bei einer deformierbaren Kugel, z. B. einer elektrisierten Seifenblase, in Erscheinung treten kann. Die bezügliche auf Vergrößerung des Kugelradius hinwirkende Kraft Ξ berechnet sich auf zweifache Weise. Einerseits bei Konstanthaltung der Ladung:

$$\Xi = -\left(\frac{\partial W}{\partial a}\right)_e = \frac{1}{2}\frac{e^2}{a^2} = \frac{1}{2}V^2.$$

Anderseits bei Konstanthaltung des Potentials:

$$\Xi = +\left(\frac{\partial W}{\partial a}\right)_V = \frac{1}{2}V^2.$$

Beide Ausdrücke stimmen natürlich miteinander überein. Man kann auch die Resultierende des elektrostatischen Druckes (18)

$$p = 2\pi\sigma^2 = 2\pi\left(\frac{e}{4\pi a^2}\right)^2 = \frac{1}{8\pi}\frac{e^2}{a^4}$$

über die ganze Oberfläche bilden

$$F \cdot p = 4\pi a^2 \cdot \frac{1}{8\pi}\frac{e^2}{a^4} = \frac{1}{2}\frac{e^2}{a^2} = \frac{1}{2}V^2$$

und findet auch diesen Ausdruck in Übereinstimmung mit den zwei früheren.

β) Zwei leitende Kugeln in großer Entfernung voneinander. Nach Ziff. 40 haben wir:

$$W = \frac{1}{2}\left(\frac{e_1^2}{r_1} + 2\frac{e_1 e_2}{R} + \frac{e_2^2}{r_2}\right).$$

Der einzige veränderliche Parameter ist der Zentralabstand der beiden Kugeln:

$$\xi = R.$$

Die auf Vergrößerung dieser Koordinate hinwirkende Kraft ist bei Konstanthaltung der Ladungen

$$\Xi = -\left(\frac{\partial W}{\partial R}\right)_e = \frac{e_1 e_2}{R^2},$$

womit wir das COULOMBsche Gesetz wiederfinden. Wir erkennen gleichzeitig die Gültigkeitsgrenzen desselben. Der obige Ausdruck für W ist nämlich nur bis auf Glieder von der Ordnung

$$\left(\frac{r_1}{R}\right)^3 \quad \text{und} \quad \left(\frac{r_2}{R}\right)^3$$

genau [vgl. Ziff. 40 u. 82, Gleichung (88)]. Daher gilt das COULOMBsche Gesetz für zwei Kugeln nur bis auf Glieder von der Ordnung

$$\left(\frac{r_1}{R}\right)^4 \quad \text{und} \quad \left(\frac{r_2}{R}\right)^4,$$

d. h. für solche Entfernungen R, die entsprechend groß sind gegen die Radien der Kugeln.

h) Theorie der Elektrometer.

Als Anwendung der in Ziff. 45 abgeleiteten Sätze über die ponderomotorischen Kräfte folgt die Theorie der Elektrometer, weil für dieselbe in der Beschreibung derselben (Bd. XVI, Kap. 8) nicht der geeignete Platz ist.

47. Thomsons absolutes Elektrometer[1]). Die elektrostatische Einheit des Potentials.. Die Kondensatorplatte eines Kreisplattenkondensators ist durch einen ringförmigen Schlitz in einen inneren (kreisförmigen) und einen äußeren

[1]) W. THOMSON (Lord KELVIN), Rep. Brit. Assoc. 1867 (Reprint of papers, S. 281); G. KIRCHHOFF hat dem Elektrometer die handliche Form einer Wage gegeben.

(kreisringförmigen) (Schutzring) Teil zerlegt. Der innere Teil ist als Wagschale an einer gewöhnlichen Wage ausgebildet. Unterhalb der Kondensatorplatte befindet sich in genau meßbarem Abstande und parallel zu jener verschiebbar auf isoliertem Ständer die Kollektorplatte. Der Zweck des Schutzringes ist die Homogenisierung des Feldes im Raum zwischen (unterer) Kollektorplatte und beweglichem Teil der (oberen) Kondensatorplatte. Der Schutzring selbst ist fest und trennt sozusagen die störenden Ränder von dem Kondensator ab, durch deren Einwirkung das Feld in ihrer Nähe inhomogen wird, also von dem Ansatz Ziff. 33 abweicht. Freilich hat man dafür die störende Einwirkung des schmalen Luftschlitzes zwischen Schutzring und Wagschale. Diese ist aber sehr gering und kann dadurch genügend berücksichtigt werden, daß man als wirksame Fläche der oberen Belegung die Fläche der beweglichen Platte um die halbe Fläche des Schlitzes vermehrt[1]).

Man bringt bei geerdeter Wage die Kollektorplatte auf ein bestimmtes Potential, wodurch die bewegliche Platte heruntergezogen wird. Zur Herstellung ihrer früheren Gleichgewichtslage inmitten des festen Schutzrings ist die Auflage von G Gramm auf der anderen Wagschale erforderlich. Auf diese Weise dient dieses absolute Elektrometer zur Abwägung elektrischer Kräfte (Potentiale).

Wir berechnen den Fall des wiederhergestellten Gleichgewichts: Nach (18) und (37) ist der elektrostatische Zug der unteren auf die obere Platte

$$p \cdot F = 2\pi\sigma^2 \cdot F = 2\pi \frac{e^2}{F} = \frac{1}{8\pi} \frac{F}{\delta^2} \cdot V^2.$$

Dieser Kraft hält die Schwerkraft von Gg Dyn das Gleichgewicht. Somit durch Gleichsetzung beider Ausdrücke

$$V = \delta \sqrt{\frac{8\pi}{F} Gg}, \tag{51}$$

wodurch sich V im absoluten Maße (CGS) ergibt, wenn der Abstand δ der beiden Platten, F die wirksame Fläche der oberen beweglichen Platte, G das Auflagegewicht bestimmt sind.

Das absolute Elektrometer dient zur Zurückführung der absoluten Einheit des Potentials (E.St.E.) auf Einheiten des CGS-Systems ebenso wie die Torsionswage zur Zurückführung der absoluten Einheit der Elektrizitätsmenge (E.St.E.) auf CGS-Einheiten dient (Ziff. 17). Selbstredend sind beide Einheiten nicht voneinander unabhängig, sondern durch die Gleichung (12)

$$V = \frac{e}{r}$$

miteinander verbunden. Daher kann man eine der beiden Reduktionen auf CGS-Einheiten sparen; bequemer ist es z. B., ein Elektrometer auf CGS-Einheiten des Potentials mittels der THOMSON-KIRCHHOFFschen Wage zu eichen, anstatt auf Einheiten der Ladung. Allerdings ist die Wage nur für Werte von 1000 Volt aufwärts zu gebrauchen. Außerdem bereitet die genaue Bestimmung des Abstandes δ der Platten erhebliche Schwierigkeiten.

Die Dimension der E.St.E. des Potentials ist entsprechend Ziff. 17 und Gleichung (12):

$$g^{\frac{1}{2}}\,cm^{\frac{1}{2}}\,sec^{-1}.$$

---

[1]) J. J. THOMSON, Elements of Electricity, S. 67. 1921. Vgl. die Theorie des Schutzringkondensators in Ziff. 106.

Zu den von LORENTZ gewählten Einheiten (Ziff. 17) besteht die Relation:

1 LORENTZsche E.St.E. der Ladung $= 1/\sqrt{4\pi}$ GAUSSsche E.St.E.,

1 LORENTZsche E.St.E. des Potentials $= \sqrt{4\pi}$ GAUSSsche E.St.E.,

da das Produkt eV die (doppelte) Energie bedeutet und sowohl bei LORENTZ als bei GAUSS in den gleichen Einheiten Erg zu messen ist.

Noch mag an die Beziehung zum praktischen (P.E.) und elektromagnetischen Maßsystem (E.M.E.) erinnert werden:

	E.St.E.	P.E.	E.M.E.
Ladung	$3 \cdot 10^{10}$ =	10 Coulomb =	1
Potential	1 =	300 Volt =	$3 \cdot 10^{10}$

(alles natürlich in GAUSSschen Einheiten). Die E.St.E. der Ladung (des Potentials) ist daher sehr klein (groß) entsprechend den Verhältnissen in der Elektrostatik, wo man es mit kleinen Ladungen (großen Potentialen) zu tun hat. Umgekehrt ist es in der Elektrodynamik.

Schließlich soll noch bemerkt werden, daß die Gleichung (51) auch mittels (46)

$$W = \frac{1}{2} C V^2 = \frac{F}{8\pi\delta} V^2$$

und (50b)

$$+\left(\frac{\partial W}{\partial \delta}\right)_V = -\frac{F}{8\pi\delta^2} V^2$$

gewonnen werden kann; vorstehender Ausdruck zeigt die auf die Verkleinerung von δ (daher Minuszeichen) hinwirkende elektrische Kraft. Ihr ist die auf Vergrößerung von δ hinwirkende Schwerkraft des Gegengewichts zu addieren, um die Resultierende (die Null sein soll) zu finden.

48. Andere Formen des absoluten Elektrometers. LIPPMANN[1]) und früher MACH[2]) haben an Stelle des absoluten Plattenelektrometers von THOMSON ein absolutes sphärisches Elektrometer gesetzt, bei welchem die Abstoßung zweier getrennter, aber sich gerade berührender Hälften einer geladenen Kugel durch eine Wage gemessen wird. Hierdurch wird die schwierige Messung von δ (Ziff. 47) umgangen. Die Methode ist jedoch nur bei sehr empfindlicher Wage und für hohe Potentiale (5000 bis 30000 Volt) brauchbar. Zur Berechnung der gegenseitigen Abstoßung der Hälften bedenke man, daß diese gleich ist dem halben elektrostatischen Gesamtdruck auf eine Halbkugel (Ziff. 46a), da der von der Halbkugel auf sich selbst ausgeübte Druck offenbar nicht in Betracht kommt. Es folgt für die Größe der Abstoßung:

$$\tfrac{1}{2} \cdot \tfrac{1}{2} \cdot \tfrac{1}{2} V^2 = \tfrac{1}{8} V^2,$$

daher als Gleichgewichtsbedingung

$$Gg = \tfrac{1}{8} V^2$$

oder

$$V = \sqrt{8Gg}. \tag{52}$$

Schließlich ist von BICHAT und BLONDLOT[3]) ein zylindrisches Elektrometer konstruiert worden. Bei diesem schwebt ein geerdeter Zylinder teilweise inmitten eines festen isolierten Zylinders. Wird dem letzteren eine Aufladung erteilt, so wird der erstere in ihn hineingezogen. Dieser Zug wird an einer Wage gemessen.

[1]) G. LIPPMANN, Journ. de phys. (2) Bd. 5, S. 323. 1886.
[2]) E. MACH, Wiener Elektrot. ZS. 1883.
[3]) E. BICHAT u. R. BLONDLOT, Journ. de phys. (2) Bd. 5. 1886.

Nach Ziff. 32, Gleichung (35) und nach (45) beträgt die Energie des Zylinderkondensators von der Länge l und dem äußeren (inneren) Radius $r_a\,(r_i)$:

$$W = \frac{1}{2} \cdot \frac{l}{2 \ln \frac{r_a}{r_i}} V^2 .$$

Somit ist die auf Vergrößerung von l gerichtete Kraft nach (50b)

$$\left(\frac{\partial W}{\partial l}\right)_V = \frac{V^2}{4 \ln \frac{r_a}{r_i}} ,$$

welche im Falle des Gleichgewichts der Schwerkraft Gg gleich ist. Hieraus ergibt sich

$$V = \sqrt{4\, Gg \ln \frac{r_a}{r_i}} . \tag{53}$$

Auch dieses Elektrometer ist ziemlich unempfindlich, wenn auch leicht zu handhaben. Es ist für Unterrichtszwecke geeignet.

49. Quadrantenelektrometer von Thomson[1]. Es besteht aus einer flachen zylindrischen Schachtel, die durch zwei Schnitte in vier symmetrische Quadranten zerlegt ist. In der Mitte dieser Schachtel schwebt eine gut zentrierte leichte Nadel von der Gestalt zweier sich diametral gegenüberliegender Kreissektoren. Gegenüberliegende Quadranten sind je untereinander verbunden und unterstützen sich in ihrer Wirkung auf die Nadel. Besteht eine Potentialdifferenz zwischen beiden Quadrantenpaaren, so dreht sich die Nadel zu demjenigen Paare hin, dessen Potential stärker von ihrem eigenen abweicht, solange bis durch die Torsion des Aufhängedrahts (Fadens) dieser Drehung Einhalt geboten wird. Die Theorie des Instruments wird gewöhnlich auf der des Plattenkondensators basiert. Wenn die Nadel in der Ruhelage streng symmetrisch über einem der zwei diametralen Schlitze schwebt, und wenn sie sich von dieser Ruhelage nur um einen kleinen Winkel ϑ (Abb. 6) entfernt, kann die störende Einwirkung der Ränder vernachlässigt werden. Dann kann man in der Tat von zwei Plattenkondensatoren sprechen, deren eine gemeinsame Belegung die Nadel ist, während die anderen Belegungen bez. von den oberen (unteren) Deckplatten der Quadrantenschachtel gebildet werden. Wir bezeichnen das Potential des ersten (zweiten) Quadrantenpaares mit $V_1\,(V_2)$, das der Nadel mit V_3. Die Gesamtfläche der Nadel sei $F = F_1 + F_2$, wo F_1 den über 1, F_2 den über 2 befindlichen Flächenteil bedeutet. Der Abstand der Nadel von der oberen und unteren Deckfläche sei gleich δ. Dann hat man für die Energie [wegen (45) und (37)] vom ersten Quadrantenpaar den Anteil

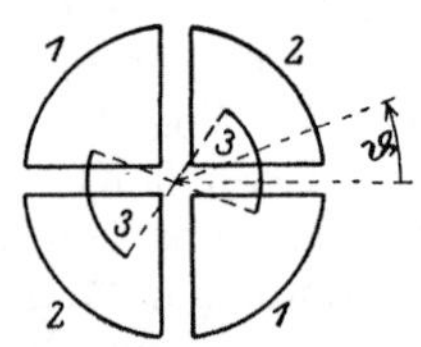

Abb. 6. Zur Theorie des Quadrantenelektrometers.

$$W_1 = 2 \cdot \frac{1}{2} \frac{F_1}{4\pi\delta} (V_3 - V_1)^2$$

und vom zweiten

$$W_2 = 2 \cdot \frac{1}{2} \frac{F_2}{4\pi\delta} (V_3 - V_2)^2 ,$$

indem der Anteil jedes Quadrantenpaares sowohl oberhalb als unterhalb der Nadel zu nehmen ist. Insgesamt

$$W = \frac{F_1}{4\pi\delta} (V_3 - V_1)^2 + \frac{F_2}{4\pi\delta} (V_3 - V_2)^2 .$$

[1] W. THOMSON (Lord KELVIN), Rep. Brit. Assoc. 1855; Reprint S. 263ff.

Die Drehung der Nadel erfolge etwa von 1 nach 2 (Abb. 6). Hierbei nimmt F_1 um den gleichen Betrag ab, um den F_2 zunimmt. Sei a der Halbmesser der Nadel, so ist

$$-dF_1 = dF_2 = a^2\vartheta.$$

Daher für kleines ϑ

$$-\frac{\partial F_1}{\partial\vartheta} = \frac{\partial F_2}{\partial\vartheta} = a^2.$$

Somit ergibt sich für das Drehmoment der elektrischen Kräfte nach (50b)

$$\left(\frac{\partial W}{\partial\vartheta}\right)_V = \frac{a^2}{4\pi\delta}(V_1 - V_2)\,(2V_3 - V_1 - V_2).$$

Das Drehmoment der elastischen Kräfte sei $k\vartheta$; dann ist die neue Lage der Nadel bestimmt durch[1])

$$k\vartheta = \frac{a^2}{2\pi\delta}(V_1 - V_2)\left(V_3 - \frac{1}{2}V_1 - \frac{1}{2}V_2\right). \tag{54}$$

Von dieser Formel macht man folgende Anwendungen[2]):

Quadrantenschaltung: Das eine Quadrantenpaar 2 ist geerdet, das andere 1 wird mit der zu messenden kleinen Spannung V_1 verbunden; die Nadel ist auf ein relativ hohes Hilfspotential $V_3 \gg V_1$ geladen. Es ergibt sich aus (54)

$$\vartheta = \text{konst. } V_1 V_3, \tag{54a}$$

d. h. der Ausschlag ϑ ist porportional dem zu messenden Potential V_1. Die Proportionalität mit V_3 laut (54a) trifft strenge nicht zu; erstens weil V_3 an Stelle von $V_3 - \frac{1}{2}V_1$ steht, was nur vernachlässigt wurde, zweitens weil die oben gemachte Voraussetzung, daß die Kapazitätsänderungen durch $-\frac{\partial F_1}{\partial v} = \frac{\partial F_2}{\partial v} = a^2$ gegeben sind, nicht genau zutrifft[3]). Die Empfindlichkeit der Nadel wächst also nicht dauernd mit dem Nadelpotential V_3, sondern nur bis zu einem Maximum.

Nadelschaltung: Die beiden Quadrantenpaare werden auf gleiche, aber entgegengesetzte Hilfsspannung, $V_1 = -V_2$, geladen. Das zu messende Potential V_3 wird an die Nadel angelegt. Es folgt aus (54):

$$\vartheta = \text{konst. } V_3 V_1. \tag{54b}$$

Ziemlich unempfindlich und Isolationsschwierigkeiten.

Idiostatische Schaltung (ohne Hilfsspannung im Gegensatz zu den beiden vorstehenden heterostatischen Schaltungen mit Hilfsspannung): Nadel 3 und ein Quadrantenpaar 2 werden miteinander verbunden und geerdet; dem anderen Quadrantenpaar 1 wird die zu messende Spannung V_1 zugeführt. Es folgt aus (54):

$$\vartheta = \text{konst. } V_1^2. \tag{54c}$$

Während also bei den heterostatischen Schaltungen der Ausschlag mit der ersten Potenz der zu messenden Spannung [V_1 in (54a) bez. V_3 in (54b)] proportional ist, ist er es mit der zweiten Potenz bei der idiostatischen Schaltung. Letztere ist deshalb auch für Wechselspannungen brauchbar. Bei ihr sind übrigens die Störungen infolge der veränderlichen Kapazität der Nadel[3]) geringer als bei der Quadrantenschaltung.

---

1) J. Cl. Maxwell, Treatise Bd. I, S. 338.

2) W. Hallwachs, Wied. Ann. Bd. 29, S. 1. 1886; E. Orlich, ZS. f. Instrkde. Bd. 23, S. 97. 1903.

3) Infolge von Randwirkungen treten Störungen in der Kapazitätsänderung auf. Vgl. L. Gouy, Journ. de phys. Bd. 7, S. 97. 1888.

Die Formel (54) ist von HALLWACHS (l. c.) durch Berücksichtigung der Kontaktpotentiale der Quadranten gegeneinander, P_{12} und der Nadel gegen die Quadranten P_3 wie folgt verbessert worden:

$$\vartheta = \text{konst.}\,(V_1 - V_2 + P_{12})\,(V_3 + P_3 - \tfrac{1}{2}V_1 - \tfrac{1}{2}V_2)\,. \qquad (54')$$

Hieraus ergibt sich die Justierungsvorschrift: Bei geerdeten Quadranten ($V_1 = V_2 = 0$) und aufgeladener Nadel ergibt sich ein Ausschlag

$$\vartheta = \text{konst.}\,V_3 P_{12}\,,$$

der sich bei Kommutierung des Nadelpotentials V_3 umkehrt. Über Justierung und Mittelung der verschiedenen Ausschläge vgl. ORLICH l. c.

Größte Empfindlichkeit des Quadrantenelektrometers in der Form nach DOLEZALEK (1901): 10^{-5} Volt.

50. Binantenelektrometer[1]). Die mehrfachen erwähnten (Ziff. 49), von den Rändern der Nadel herrührenden Störungen werden wie folgt vermieden: Man läßt die Nadel aus zwei voneinander isolierten Teilen bestehen, die auf entgegengesetzte Potentiale $V_3 = -V_4$ geladen werden. Außerdem bestehen an Stelle der Quadrantenpaare 1, 2 nur zwei Binanten 1, 2; in der Ruhelage schwebt die Nadel so über denselben, daß die Trennungslinie ihrer Hälften 3, 4 senkrecht steht über 1, 2. Bezeichnet man (Abb. 7) die Fläche der Hälfte 3 der Nadel mit $F_3 = F_{31} + F_{32}$, wo F_{31} bez. F_{32} die über dem Binanten 1 bez. 2 stehenden Teile bedeuten, und ebenso die Fläche der anderen Hälfte 4 mit $F_4 = F_{41} + F_{42}$, so ist (vgl. Ziff. 49, aber diesmal mit größerer Genauigkeit) die Kapazitätsänderung bestimmt durch:

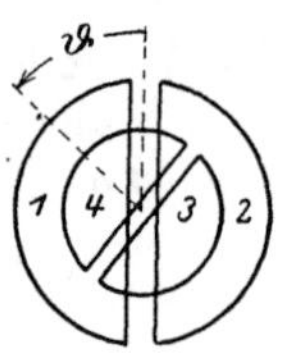

Abb. 7. Zur Theorie des Binantenelektrometers.

$$-\frac{\partial F_{31}}{\partial \vartheta} = +\frac{\partial F_{32}}{\partial \vartheta} = -\frac{\partial F_{42}}{\partial \vartheta} = +\frac{\partial F_{41}}{\partial \vartheta} = a^2\,.$$

Für die Energie des Systems hat man ähnlich wie in Ziff. 49:

$$W = \frac{F_{31}}{4\pi\delta}(V_3 - V_1)^2 + \frac{F_{32}}{4\pi\delta}(V_3 - V_2)^2 + \frac{F_{41}}{4\pi\delta}(V_4 - V_1)^2 + \frac{F_{42}}{4\pi\delta}(V_4 - V_2)^2\,.$$

So ergibt sich schließlich:

$$k\vartheta = \frac{2a^2}{4\pi\delta}(V_3 - V_4)(V_1 - V_2)\,. \qquad (55)$$

Der Vergleich mit (54) zeigt sofort die Überlegenheit des Binantenelektrometers über das Quadrantenelektrometer: Es besteht Proportionalität der Ausschläge ϑ zu der zu messenden Potentialdifferenz $V_1 - V_2$ ohne Rücksicht auf deren Größe im Vergleich zum Nadelpotential $V_3 = -V_4$, während dies beim Quadrantenelektrometer nur bei geringer Größe ($V_1 + V_2 \ll 2\,V_3$) der Fall ist (vgl. Ziff. 49, Quadrantenschaltung). Auch gilt die Formel (55) bis zu Ablenkungen $\vartheta = 80°$, während (54) nur für kleine ϑ gilt. (Wegen der oft erwähnten Randstörungen.) Schließlich ist die Empfindlichkeit des Binantenelektrometers dem Nadelpotential V_3 proportional, ohne sich wie beim Quadrantenelektrometer bei wachsendem Nadelpotential einem Maximum zu nähern[2]).

---

[1]) R. BLONDLOT u. P. CURIE, C. R. Bd. 107, S. 864. 1888; F. DOLEZALEK, Ann. d. Phys. Bd. 26, S. 312. 1908.

[2]) Dieses Maximum ist ca. 200 Volt beim Quadrantenelektrometer. Empfindlichkeit bei 200 Volt von Binantenelektrometer und Quadrantenelektrometer ungefähr gleich. Die des ersteren läßt sich durch Steigerung des Nadelpotentials (bis zu 1500 Volt) steigern.

51. Verwendung des Quadrantenelektrometers zur Ladungsmessung. Wir berechnen aus dem Ansatz für die Energie (Ziff. 49)

$$W = \frac{F_1}{4\pi\delta}(V_3 - V_1)^2 + \frac{F_2}{4\pi\delta}(V_3 - V_2)^2$$

gemäß (48b) die Kapazitäts- und Influenzierungskoeffizienten[1]) der Quadranten 1, 2 und der Nadel 3:

$$q_{11} = -q_{13} = \frac{F_1}{2\pi\delta}, \qquad q_{22} = -q_{23} = \frac{F_2}{2\pi\delta}, \qquad q_{33} = \frac{F_1 + F_2}{2\pi\delta} = \frac{F}{2\pi\delta},$$

wozu nach (Ziff. 49) die Veränderlichkeit mit dem Drehungswinkel ϑ tritt:

$$-\frac{\partial F_1}{\partial\vartheta} = \frac{\partial F_2}{\partial\vartheta} = a^2.$$

Bringt man also eine Ladung e_1' auf das wohlisolierte Quadrantenpaar 2, wenn vorher 1 und 2 geerdet waren, so hat man daselbst eine Ladung:

$$e_1 = e_1' + e_1^0.$$

welche sich aus der zugeführten e_1' und der infolge der Potentialdifferenz der Nadel gegen Erde schon vorhandenen Influenzladung e_1^0 zusammensetzt. Man hat:

$$e_1 = e_1' + e_1^0 = q_{11}V_1 + q_{13}V_3$$

$$e_1^0 = \qquad q_{13}^0 V_3 \qquad (\text{für } \vartheta = 0).$$

Somit folgt:

$$e_1' = q_{11}V_1 + (q_{13} - q_{13}^0)\,V_3 = q_{11}V_1 + \frac{a^2}{2\pi\delta}\vartheta \cdot V_3.$$

Anderseits ist (mit $V_2 = 0$ und $V_1 \ll V_3$) nach (54):

$$k\vartheta = \frac{a^2}{2\pi\delta}V_1 V_3.$$

Hieraus

$$e_1' = \vartheta\left\{\frac{F_1}{a^2}\,\frac{k}{V_3} + \frac{a^2}{2\pi\delta}V_3\right\}$$

oder:

$$\vartheta = \frac{2\pi\delta\, a^2 V_3}{2\pi\delta\, F_1 k + a^4 V_3^2}\,e_1'. \tag{56}$$

Durch Zusammenhaltung dieser Formel für Ladungsmessung mit der für Potentialmessung (54)

$$\vartheta = \frac{a^2 V_3}{2\pi\delta k}V_1 \tag{54}$$

erkennt man, daß die Eichung für erstere und für letztere nicht zusammenfallen (vgl. das in Ziff. 2γ über das Elektroskop Gesagte, wo ebenfalls eine mit dem Ausschlag veränderliche Kapazität vorhanden ist). Proportionalität der zugeführten Ladung e_1' mit dem Ausschlag ϑ besteht, da F_1 von ϑ abhängt, nur für sehr kleine ϑ.

Außerdem ergibt Gleichung (56), schon für kleine ϑ, eine Abhängigkeit der Empfindlichkeit von der Nadelspannung in dem Sinne, daß für $V_3 = \sqrt{\frac{2\pi\delta\, F_1 k}{a^4}}$ ein Maximum der Empfindlichkeit auftritt (vgl. Ähnliches in Ziff. 49 Quadrantenschaltung).

---

[1]) Beachte die Schirmwirkung von 3 auf 1 bez. von 3 auf 2, nach Ziff. 38, die natürlich in Wirklichkeit nicht besteht. Es besteht höchstens eine solche von 1 + 2 auf 3.

52. Saitenelektrometer[1]. Bei diesen Elektrometern befindet sich ein einziges Blättchen oder eine Saite inmitten zweier auf entgegengesetztes Potential geladener paralleler Platten. J. J. THOMSON[2] hat diesen Fall behandelt. Es sei (Abb. 8) das Potential der linken Platte $+V$, das der rechten $-V$; die Saite, welche geerdet in der Mitte des Plattenabstands $2d$ sich befindet, werde auf das Potential v gebracht, um x parallel zu sich selbst aus ihrer Ruhelage verschoben, bis eine elastische Kraft, die sie in diese Ruhelage zurückzuziehen trachtet, Einhalt gebietet. Faßt man das Ganze wieder als doppelten Plattenkondensator auf (vgl. Ziff. 49) und bedeutet F die Fläche der Saite, so ist die Energie des Systems:

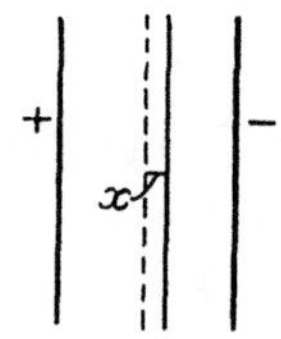

Abb. 8. Zur Theorie des Saitenelektrometers.

$$W = \frac{1}{2}\frac{F}{4\pi(d+x)}(V-v)^2 + \frac{1}{2}\frac{F}{4\pi(d-x)}(V+v)^2.$$

Hieraus folgt die Gleichgewichtsbedingung:

$$\frac{\partial W}{\partial x} = F\mu x,$$

wenn μx die elastische Kraft per Flächeneinheit der Saite bedeutet, oder

$$\frac{1}{8\pi}\frac{(V+v)^2}{(d-x)^2} - \frac{1}{8\pi}\frac{(V-v)^2}{(d+x)^2} = \mu x. \tag{57}$$

Um diese Gleichung zu diskutieren, nehme man zunächst $v = 0$ (Saite geerdet). Es ergibt sich als Gleichgewichtslage

$$x = 0 \quad \text{und} \quad \frac{x^2}{d^2} = 1 - \sqrt{\frac{V^2}{2\pi\mu d^3}},$$

d. h. es gibt eine stabile Gleichgewichtslage (Mittellage) und zwei instabile Lagen, links oder rechts davon, solange $V^2 < 2\pi\mu d^3$. Wenn $V^2 = 2\pi\mu d^3$ wird, rücken beide Lagen dicht zusammen. Das Instrument erreicht dann seine größte Empfindlichkeit, da die geringste Verschiebung die Saite aus der stabilen in die unstabile Lage hinausbringt. Für $V^2 > 2\pi\mu d^3$ gibt es nur eine instabile Gleichgewichtslage.

Wenn jetzt die Saite auf ein gegen V kleines Potential $v > 0$ gebracht wird, so gibt es eine stabile Lage: $x > 0$ und klein, die annähernd durch

$$\frac{x}{d} = \frac{v}{V}\cdot\frac{1}{\frac{2\pi\mu d^3}{V^2} - 1} \tag{57a}$$

gegeben ist, und eine instabile Lage, ebenfalls $x > 0$, und etwas näher zur Mitte als die frühere instabile Lage für $v = 0$. Je mehr v wächst, desto näher rücken sich die stabile und die instabile Lage, bis sie schließlich für einen bestimmten Wert von v, der von V, d und μ abhängt, zusammenfallen. Über diesen Wert von v hinaus gibt es keine stabile Gleichgewichtslage: Die Saite fliegt an die negative Platte an, das Elektrometer gestattet nicht mehr, solche Potentiale zu messen.

Das Instrument ist natürlich um so empfindlicher, je näher schon für kleine Saitenspannungen v die beiden Gleichgewichtslagen sich sind. Dies tritt nach dem für $v = 0$ Gesagten dann ein, wenn V^2 fast gleich $2\pi\mu d^3$ geworden ist. Die Gleichung (57a) zeigt auch, daß dann schon zu kleinen v große Ausschläge x gehören; sie zeigt auch die Unbrauchbarkeit des Instrumentes, wenn die Grenz-

[1] W. HANKEL, Pogg. Ann. Bd. 84, S. 28. 1850; M. TH. EDELMANN, Phys. ZS. Bd. 7, S. 113. 1906.

[2] J. J. THOMSON, Elements, S. 77. 1921.

spannung v für die Saite überschritten, d. h. im Falle $v \sim 0$, wenn $V^2 > 2\pi\mu d^3$ geworden ist, da sich zu positivem v große negative (anstatt positive) x ergeben würden.

Es kann natürlich auch der Fall eintreten, daß V^2 klein gegen $2\pi\mu d^3$ ist. Dann liegen die beiden Gleichgewichtslagen für kleines v weit auseinander und nähern sich erst stärker für größeres v. Die Empfindlichkeit des Instruments ist dann klein für kleine Spannungen v und wächst erst für wachsende Spannungen. Dieses auffallende Verhalten findet sich auch oft bei den gewöhnlichen Elektroskopen.

Die Ablesungen sind natürlich gemäß (57) und (57a) nur für kleine v diesen an die Saite angelegten Spannungen proportional. Das Instrument muß also zum Unterschiede vom Quadrantenelektrometer auch für relative Messungen geeicht werden, während das letztere einer Eichung nur für absolute Messungen bedarf. Dafür hat das erstere vor dem letzteren den Vorzug geringer Kapazität (2 cm gegen etwa 50 cm bei DOLEZALEKs Form des Quadrantenelektrometers[1]).

An Stelle der elastischen Kraft bei dem eigentlichen Saitenelektrometer kann natürlich jede mit der Entfernung annähernd proportionale Kraft, daher auch die Schwerkraft treten. (Vgl. die ursprüngliche Form von HANKEL und das Kippelelektrometer von C. T. R. WILSON. Näheres in Bd. XVI.)

53. Elektroskop. Noch schwieriger als die Theorie des Saitenelektrometers ist die des gewöhnlichen Blättchenelektroskops. Man begnügt sich daher meist mit empirischen Kurven. Es sollen hier nur zwei Punkte kurz berührt werden, die sich mit verhältnismäßig einfachen Mitteln erledigen lassen.

Der erste betrifft das Doppelpendel (Abb. 9). Zwei kleine leitende Kugeln (Masse m) werden an isolierenden Fäden (Länge l) aufgehängt. Gleichstark geladen (e), stoßen sie sich bis zu einer Entfernung $2r$ ab. Nach dem COULOMBschen Gesetz muß dann sein:

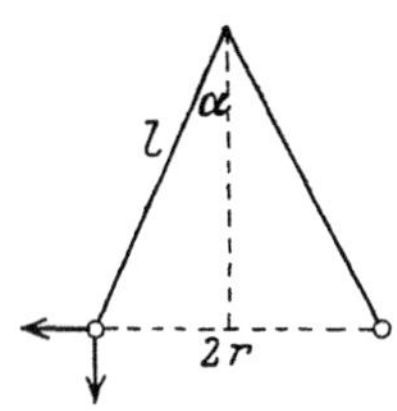

Abb. 9. Zur Theorie des Doppelpendels.

$$\frac{e^2}{4r^2} \cdot \sqrt{l^2 - r^2} - mg \cdot r = 0$$

(Summe der Drehmomente = Null). Hieraus

$$e = \sqrt{4mg\, l^2 \operatorname{tg}\alpha \sin^2\alpha}. \tag{58 a}$$

Wenn die Kugeln sich nicht selbst influenzieren und von Influenzen des Gehäuses frei sind, kann nach (22) die Ladung e proportional dem Potential V genommen werden, so daß $e = CV$ und:

$$V = 2Cl \sin\alpha \sqrt{mg \operatorname{tg}\alpha}. \tag{58b}$$

Der zweite betrifft das Blättchenelektroskop mit einem Blättchen und parallelepipedischer Wand[2]). Dies gestattet die Auffassung als Plattenkondensator; eine Belegung ist die Wand, die andere der Blättchenträger, dem das Blättchen anliegt (Abb. 10). Dann wirkt auf das Blättchen bei kleinen Ablenkungswinkeln der elektrostatische Zug, welcher nach Ziff. 42 proportional V^2 ist. Als Gleichgewichtsbedingung ergibt sich:

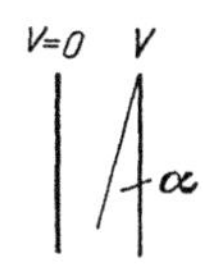

Abb. 10. Zur Theorie des Blättchenelektroskops.

$$V = \text{konst.} \sqrt{mg \operatorname{tg}\alpha}. \tag{59a}$$

Die von NOACK vorgenommene experimentelle Prüfung dieser Formel hat keine gute Bestätigung derselben ergeben. Er hat dann ein Halb-

[1]) Empfindlichkeit eines Saitenelektrometers mit Ablesemikroskop ca. $^1/_{300}$ Volt.

[2]) K. NOACK, Abhandlungen zur Didaktik der Naturwissenschaften Bd. 2, S. 1. 1906.

zylinderelektrometer (Abb. 11) konstruiert, bei welchem das Gehäuse aus einem Halbzylinder besteht, in dessen Achse das Blättchen drehbar angebracht ist. Die Beobachtungen werden überraschend gut durch die Formel

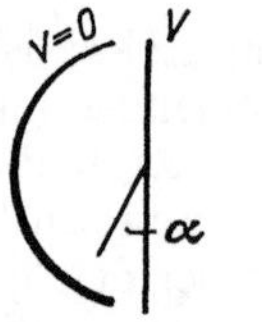

Abb. 11. NOACKsches Halbzylinderelektrometer.

$$V = \text{konst.}\sqrt{mg \sin\alpha \cdot \operatorname{tg}\alpha} \qquad (59\text{b})$$

dargestellt.

Welche von den obigen Formeln die Theorie des gewöhnlichen Doppelblättchenelektrometers mit zylindrischem Gehäuse annähernd wiedergibt, muß dahingestellt bleiben. Untersuchungen von KOLACEK[1]) ergaben für $\alpha < 18°$

$$V^2 = A\alpha + B\alpha^2, \qquad (60)$$

wo A und B Konstanten des Elektroskops sind. Dies ist mit keiner der obigen Formeln verträglich.

i) Das Feld von Punktladungen auf einer Geraden.

54. Allgemeines über Lösungen elektrostatischer Probleme. Wenn wir jetzt uns zur Berechnung spezieller elektrischer Felder wenden, so tritt uns die in Ziff. 24 charakterisierte Aufgabe der Integration der LAPLACEschen Differentialgleichung unter gewissen Randbedingungen entgegen. Diese Aufgabe ist bei allgemeiner Gestalt der das Feld berandenden Leiterflächen, wenigstens praktisch, nicht lösbar[2]). Alle Lösungen der LAPLACEschen Gleichung, die im nachfolgenden behandelt werden, beziehen sich auf spezielle Gestalten dieser Flächen; bei fast allen diesen ist ein besonderer Grad von Symmetrie vorhanden, so daß die Lösung nicht von drei Koordinaten, sondern nur von zwei oder einem Parameter abhängt.

Dagegen ist es ein Leichtes, Lösungen der LAPLACEschen Gleichungen ohne Rücksicht auf Randbedingungen aufzustellen. Man kann zusehen, welches die Leiterflächen sind, zu denen diese Lösungen passen. Dies nennt MAXWELL[3]) das umgekehrte Verfahren zu dem oben geschilderten: anstatt die Lösung an die vorgegebene Fläche anzupassen, wird die Fläche zu der vorhandenen Lösung ermittelt. „Dies ist in der Tat der Weg, auf welchem die Lösung zu jedem elektrischen Problem, das wir kennen, gefunden worden ist.“ (MAXWELL.)

So wenig befriedigend vom mathematischen Gesichtspunkte schon diese „experimentierende Analysis“ ist, so ist die von MAXWELL daran geknüpfte praktische Methode zur allgemeinen näherungsweisen Integration allgemeinerer Fälle noch unbefriedigender; gleichwohl ist sie bei dem völligen Mangel an praktischen Integrationsmethoden die einzige, die wir haben. MAXWELL schlägt nämlich vor, auf Grund der schon gelösten Sonderfälle denjenigen herauszusuchen und als Näherung zugrunde zu legen, mit welchem die in dem zu lösenden Problem auftretenden Leiterflächen die größte geometrische Ähnlichkeit haben. Dabei muß nicht bloß die dem betreffenden Sonderfall zugrunde liegende Leiterfläche, sondern auch alle sie umgebenden Äquipotentialflächen in Betracht gezogen werden. Denn nach einem von GREEN herrührenden Satze (vgl. Ziff. 66) kann jede Äquipotentialfläche mit einer der COULOMBschen Gleichung (17) entsprechenden Ladungsdichte belegt, als Leiter angesehen werden, der die

[1]) KOLACEK, Wied. Ann. Bd. 28, S. 525. 1886.

[2]) Einen formalen Ansatz zur Lösung dieses Problems unter Verwendung der „Elementarbelegungen“ und „Elementarpotentiale“ von C. NEUMANN siehe bei K. HILLEBRAND, Phys. ZS. Bd. 25, S. 8. 1924.

[3]) J. CL. MAXWELL, Treatise Bd. I, S. 177.

eingeschlossene Leiterfläche hinsichtlich ihrer Wirkung außerhalb dieser Äquipotentialfläche vollkommen vertritt.

Bei diesem Stande der Dinge ist es daher nach MAXWELL geboten, die Kenntnis möglichst vieler gelöster Sonderfälle zu sammeln und evident zu halten. Man darf daher auch von dem Folgenden nicht allgemeine mathematische Formulierungen erwarten, die praktisch unbrauchbar sind, sondern eine bloße Aneinanderreihung der für die einfachsten geometrischen Formen von Leitern bekannten Lösungen innerhalb der durch die Rücksichten auf den verfügbaren Raum beschränkten Grenzen der Vollständigkeit. Die Beschränkung auf praktische Brauchbarkeit bringt es mit sich, daß im folgenden auf Entwicklungen nach Kugelfunktionen, Ringfunktionen u. dgl. nicht eingegangen wird. Diesbezüglich sei auf MAXWELL oder JEANS, Lehrbuch der Elektrizität, verwiesen.

55. Punktladungen, welche sich auf der nämlichen Geraden befinden. Ihre Kraftlinien. Haben wir eine Anordnung von punktförmigen Ladungen, die auf der gleichen Geraden g (Abb. 12) liegen, so liegt hier ein nach der Formel (12) leicht, ohne Integration der Differentialgleichung zusammensetzbares Feld vor. Es kommt dazu, daß in diesem Fall auch die Differentialgleichungen (1) der Kraftlinien leicht integriert werden können, so daß das ganze System der Äquipotentialflächen, nach (12) und der Kraftlinien, nach (1) leicht gezeichnet werden kann.

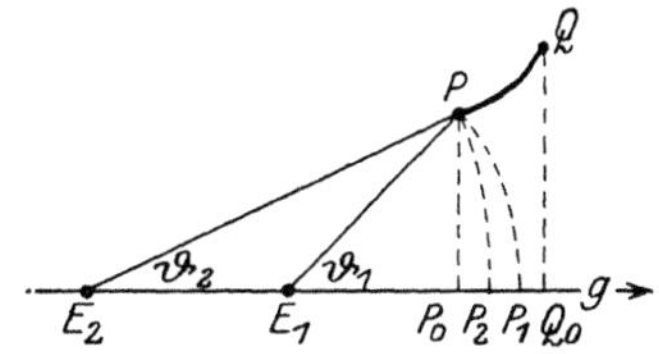

Abb. 12. Punktladungen auf einer Geraden.

Wir betrachten einen Punkt P (Abb. 12) in irgendeiner Ebene, die durch g gelegt ist; jede solche Ebene ist bei der axialen Symmetrie des Problems gleichwertig. Es soll die durch P gehende Kraftlinie bestimmt werden (durch jeden regulären Punkt geht nur eine solche Linie; Ausnahmen können nach (1) nur eintreten, wenn für den betreffenden Punkt $\mathfrak{E}_x = \mathfrak{E}_y = \mathfrak{E}_z = 0$ (vgl. Ziff. 58, 64). Es seien E_1, $E_2 \ldots$ die auf der Geraden g gelegenen Punkte mit den Ladungen $e_1, e_2 \ldots$ Der Kraftfluß, den e_1 durch eine Kugelkalotte von der halben Öffnung PP_1 und dem Zentrum E_1 hindurchschickt (man denke sich die Figur um g als Achse rotiert), ist (Ziff. 19)

$$\int df\, \mathfrak{E}_n$$

erstreckt über diese nicht geschlossene Fläche. Er werde mit Φ_1 bezeichnet:

$$\Phi_1 = \int_0^{2\pi} d\omega \int_0^{\vartheta_1} d\vartheta \sin\vartheta\, r_1^2 \cdot \frac{e_1}{r_1^2} = 2\pi e_1 (1 - \cos\vartheta_1)\,.$$

Hierin bedeuten r_1, ϑ, ω auf E_1 und g bezügliche Polarkoordinaten. ϑ_1 ist der Winkel PE_1P_1; r_1 ist $E_1P = E_1P_1$. Ebenso berechnet sich für E_2 der von e_2 durch die Kalotte mit der halben Öffnung P_2P und dem Zentrum in E_2 hindurchgeschickte Kraftfluß zu

$$\Phi_2 = 2\pi e_2 (1 - \cos\vartheta_2)\,,$$

Der Kraftfluß, den e_1 bez. e_2 durch die ebene Kreisfläche vom Radius P_0P (P_0 Projektion von P auf g) und Zentrum in P_0 hindurchschicken, ist ebenfalls Φ_1 bez. Φ_2. Denn betrachtet man z. B. die aus dieser Kreisfläche und der Kalotte P_1P zusammengesetzte geschlossene Fläche, so verschwindet, da e_1 außerhalb derselben liegt, der gesamte von e_1 durch diese Fläche geschickte Kraftfluß $\int df\, \mathfrak{E}_n$ nach Ziff. 19, wobei die Normale n durchwegs nach außen, also auf der Kreisfläche gegen e_1 hin, gerichtet ist. Rechnet man n immer von e_1 weg, so folgt daraus die obige Behauptung. Der gesamte Kraftfluß durch die Kreisfläche vom Radius P_0P ist daher:

$$\Phi = \Phi_1 + \Phi_2 + \cdots = 2\pi e_1(1 - \cos\vartheta_1) + 2\pi e_2(1 - \cos\vartheta_2) + \cdots$$

Es sei nun Q ein zu P benachbarter Punkt, für welchen Φ den gleichen Wert hat wie für P. Wir betrachten die kegelstumpfartige Fläche, die durch Rotation des Vierecks PQP_0Q_0 um die Achse g entsteht. Der gesamte Kraftfluß durch diese Fläche kann Null genommen werden, wenn der Fall ausgeschlossen wird, daß zwischen P_0 und Q_0 auf g eine Ladung liegt. Dabei ist die Normale n immer nach außen, also auf P_0P nach links, auf Q_0Q nach rechts gerichtet. Nimmt man n auf P_0P ebenfalls nach rechts gerichtet an, so bekommt man von P_0P den Beitrag $-\Phi$, von Q_0Q den Beitrag Φ zu dem Kraftfluß durch die Fläche P_0Q_0PQ, da Φ für Q den gleichen Wert haben soll wie für P. Es verbleibt mithin für den Mantel PQ dieser Fläche der Rest Null des Kraftflusses oder es ist dort $\mathfrak{E}_n = 0$ oder die Linie PQ ist eine Kraftlinie.

Die Kraftlinien sind daher in unserem Falle Linien konstanten Kraftflusses Φ. Ihre Gleichung kann geschrieben werden:

$$e_1 \cos\vartheta_1 + e_2 \cos\vartheta_2 + \cdots = \text{konst.} \tag{61}$$

Führt man die Gerade g als z-Achse eines Koordinatensystems ein, so seien z_1 bez. $z_2 \ldots$ die Koordinaten von E_1 bez. $E_2 \ldots$, ferner x, y, z die Koordinaten des Aufpunkts. Dann erhält man statt (61)

$$\sum_i e_i \frac{z - z_i}{\sqrt{x^2 + y^2 + (z - z_i)^2}} = \text{konst.} \tag{61a}$$

Wir bezeichnen die linke Seite dieser Gleichung der Kraftlinien mit $U(x, y, z)$. Ferner erhält man für das Potential im Punkte x, y, z

$$V = \sum_i e_i \frac{1}{\sqrt{x^2 + y^2 + (z - z_i)^2}} = \sum_i \frac{e_i}{r_i} \tag{62}$$

das dort die Punktladungen $e_1, e_2 \ldots$ erzeugen.

56. Das axialsymmetrische Feld. Die Integration der Differentialgleichungen (1), deren Integral im vorigen Falle durch (61a) gegeben ist, gelingt überhaupt immer in ähnlicher Weise, wenn das Feld axialsymmetrisch ist, wie schon Lord KELVIN[1]) bemerkt hat. Es seien ϱ, ω, z Zylinderkoordinaten, wobei ϱ den Abstand von der, ω das Azimut um die z-Achse bedeuten. Bei axialer Symmetrie hat man durchweg:

$$\frac{\partial}{\partial \omega} = 0.$$

Daher reduziert sich die LAPLACEsche Gleichung, die in Zylinderkoordinaten

$$\Delta V \equiv \frac{1}{\varrho}\frac{\partial}{\partial \varrho}\left(\varrho \frac{\partial V}{\partial \varrho}\right) + \frac{1}{\varrho^2}\frac{\partial^2 V}{\partial \omega^2} + \frac{\partial^2 V}{\partial z^2} = 0.$$

lautet, auf

$$\frac{1}{\varrho}\frac{\partial}{\partial \varrho}\left(\varrho \frac{\partial V}{\partial \varrho}\right) + \frac{\partial^2 V}{\partial z^2} = 0. \tag{a}$$

Ferner lautet die Gleichung einer Kraftlinie in irgendeiner durch die z-Achse gelegten Ebene, nach (1):

$$-\frac{\partial V}{\partial \varrho} dz + \frac{\partial V}{\partial z} d\varrho = 0. \tag{b}$$

[1]) W. THOMSON, Cambr. Math. Journ. 1843, Reprint 492; G. KIRCHHOFF, Vorlesungen über Elektrizität, S. 91.

Bildet man:

$$\int\left(\varrho\frac{\partial V}{\partial z}\cdot d\varrho - \varrho\frac{\partial V}{\partial \varrho}dz\right) = U(z,\varrho), \tag{63}$$

so ist

$$U(z,\varrho) = \text{konst.}$$

ein Integral der Differentialgleichung (b). Dies bestätigt man durch Differentiation von (63)

$$\frac{\partial U}{\partial z} = -\varrho\frac{\partial V}{\partial \varrho}, \qquad \frac{\partial U}{\partial \varrho} = +\varrho\frac{\partial V}{\partial z}, \tag{64}$$

so daß ϱ integrierender Multiplikator der Differentialgleichung (b) sein muß. Dies ist in der Tat der Fall, weil die Bedingung hierfür

$$\frac{\partial}{\partial\varrho}\left(\varrho\frac{\partial V}{\partial\varrho}\right) = \frac{\partial}{\partial z}\left(\varrho\cdot -\frac{\partial V}{\partial z}\right)$$

wegen (a) erfüllt ist.

Die Gleichungen (64) und die Funktion U (sog. STOKESsche Funktion) (63) spielen in der Theorie der axialsymmetrischen Lösungen der LAPLACEschen Differentialgleichung die gleiche Rolle wie die CAUCHY-RIEMANNschen Differentialgleichungen (96) und die konjugierte Funktion U (95) in der Theorie der zweidimensionalen Lösungen derselben Differentialgleichung. [Vgl. Ziff. 94[1])].

Überhaupt kann man noch weiter gehen und den Satz aussprechen[2]): Allemal, wenn das Feld statt von drei nur von zwei Parametern abhängt, ist ein Integral der Differentialgleichungen (1) der Kraftlinien sofort angebbar, indem man nämlich den dritten Parameter gleich konst. setzt, wonach das zweite noch übrige Integral der Differentialgleichungen (1) bloß durch eine Quadratur (nach JACOBIS Theorie des letzten Multiplikators), als eine Funktion der zwei anderen Parameter folgt.

In unserem Falle sind diese beiden Integrale:

$$\omega = \text{konst.}, \quad U(z,\varrho) = \text{konst.}$$

Diese beiden Gleichungen zusammen bilden die Gleichung einer Kraftlinie im Raume. Auch im allgemeinsten Falle wird natürlich eine solche durch zwei Gleichungen

$$F(x,y,z) = \text{konst.}, \quad G(x,y,z) = \text{konst.}$$

dargestellt, ohne daß es aber (wie bei den obigen Fällen) möglich wäre, z. B. G als Funktion bloß zweier Parameter darzustellen.

57. Besondere Fälle der Kraftlinien von Ziff. 55. Zum speziellen Falle der Ziff. 55 zurückkehrend, bestätigt man leicht an Hand der Formeln:

$$U = \sum_i{}' e_i \frac{z - z_1}{\sqrt{x^2 + y^2 + (z - z_1)^2}} \tag{61 a}$$

und

$$V = \sum_i{}' e_i \frac{1}{\sqrt{x^2 + y^2 + (z - z_1)^2}} \tag{62}$$

die Formeln (64), wobei $x^2 + y^2 = \varrho^2$ gesetzt wird.

Auch die Deutung der Funktion U durch den Kraftfluß Φ

$$\Phi = -2\pi U + 2\pi\sum_i e_i$$

ist mittels (63) leicht zu bestätigen.

---

[1]) Eine Anwendung der STOKESschen Funktion auf das axialsymmetrische Feld einer Linse bei G. GREENHILL, Proc. Roy. Soc. (A) Bd. 98, S. 345. 1921.

[2]) E. BETTI, Lehrb. d. Potentialtheorie, deutsch von W. FR. MEYER, S. 164. 1885.

Wir wollen nun besondere Fälle der Gleichung

$$U = \text{konst.}$$

der Kraftlinien untersuchen. Wenn eine Kraftlinie durch eine der Ladungen, z. B. e_1, hindurchgeht, wird (Abb. 12) der Radius $r_1 = E_1 P$ wegen Zusammenfallens der Punkte E_1 und P, zur Tangente an die Kraftlinie in E_1, der Winkel ϑ_1 wird zu ϑ_1^0, dem Winkel, unter welchem diese Kraftlinie die Achse g schneidet. Die anderen Winkel $\vartheta_2, \vartheta_3 \ldots$ werden dann bez. Null oder 180°, je nachdem die betreffenden Ladungen $e_2, e_3 \ldots$ links oder rechts von e_1 auf g angeordnet sind. Mithin wird:

$$U = \sum_i e_i \cos\vartheta_i = \text{konst.} = e_1 \cos\vartheta_1^0 \pm e_2 \pm e_3 \pm \cdots$$

Wenn eine Kraftlinie von e_1 ausgeht und in e_2 endigt, so hat man demgemäß für sie:

$$U = \sum_i e_i \cos\vartheta_i = \text{konst.} = e_1 \cos\vartheta_1^0 \pm e_2 \pm e_3 \pm \cdots$$
$$= \mp e_1 + e_2 \cos\vartheta_2^0 \pm e_3 \pm \cdots$$

Hieraus folgt

$$e_1 (1 \pm \cos\vartheta_1^0) + e_2 (1 \mp \cos\vartheta_2^0) = 0,$$

d. h. e_1 und e_2 müssen, da $1 \pm \cos\vartheta$ im allgemeinen > 0, ungleichnamige Ladungen sein, wie schon in Ziff. 25 γ für Anfang und Ende einer Kraftlinie bemerkt wurde. Nur wenn $1 \pm \cos\vartheta_1^0 = 1 \mp \cos\vartheta_2^0 = 0$ ist, wenn also $\vartheta_1^0 = \pi$ bez. $= 0$ und $\vartheta_2^0 = 0$ bez. $= \pi$ ist, muß dies nicht der Fall sein. Dann geht eine Kraftlinie von einer Ladung e_1 nach links bez. rechts aus und endigt von rechts bez. links kommend, in einer Ladung e_2, die ungleichnamig oder gleichnamig sein kann. Diese Kraftlinie ist offenbar identisch mit dem Stück der Achse g zwischen E_1, E_2. Wenn die Ladungen gleichnamig sind, so liegt zwischen ihnen ein sog. Gleichgewichtspunkt (vgl. Ziff. 65), so daß in Wirklichkeit zwei Kraftlinien je eine von E_1 und von E_2 gegen diesen Punkt längs der Achse g auslaufen, wo sie sich dann von der Achse wegbiegen. Es besteht daher auch hier keine Ausnahme von der Regel, daß Kraftlinien nur auf positiven Ladungen beginnen und auf negativen Ladungen endigen können (Näheres vgl. Ziff. 59).

Wenn eine Kraftlinie ins Unendliche verläuft, so geht sie nach Ziff. 25 γ sicher von einer der Ladungen aus oder endigt auf einer der Ladungen. Es möge eine Kraftlinie z. B. auf e_1 beginnen und im Unendlichen endigen. Dann bilden (Abb. 12) sämtliche Radienvektoren von E_1 bez. E_2 bez. ... nach dem unendlichfernen Punkt P_∞ dieser Kraftlinie die gleichen Winkel ϑ_1^∞ bez. ϑ_2^∞ bez. ... mit der Achse g. Es folgt mithin für diese Kraftlinie:

$$U = \sum_i e_i \cos\vartheta_i = \text{konst.} = \cos\vartheta_1^\infty \sum_i e_i.$$

Um das Feld im Unendlichen zu untersuchen, entwickeln wir den Ausdruck (62) für das Potential nach reziproken Potenzen von $x^2 + y^2 + z^2 = r^2$, wo r die Entfernung von dem auf der Achse g zunächst irgendwo gelegenen Ursprung der Koordinaten bedeutet. Wenn r, die Entfernung des Aufpunktes vom Ursprung, sehr groß wird, kann man Glieder mit $\frac{1}{r^3}$ schon weglassen und erhält aus (62):

$$V = \sum_i \frac{e_i}{\sqrt{r^2 + z_i^2 - 2 z z_i}} = \sum_i \frac{e_i}{r}\left(1 + \frac{z}{r^2} z_i + \cdots\right)$$
$$= \frac{1}{r}\sum_i e_i + \frac{z}{r^3}\sum_i e_i z_i + \cdots$$

Das zweite Glied ist natürlich nur von der Ordnung $\frac{1}{r^2}$, da $\frac{z}{r}$ von der Ordnung Null ist. Wählt man nun den Ursprung so, daß

$$\sum_i e_i z_i = 0,$$

d. h. daß der Ursprung mit dem „elektrischen Schwerpunkt" zusammenfällt, so ist das Feld im Unendlichen bis auf unendlich Kleines dritter Ordnung gegeben durch

$$V = \frac{\sum e_i}{r} + \dots$$

d. h. das System wirkt im Unendlichen so, als ob die gesamte Ladung im elektrischen Schwerpunkte vereinigt wäre.

Um zu den Kraftlinien, die ins Unendliche reichen, wieder zurückzukehren, bemerken wir, daß daher für $\sum e_i = 0$ (Gesamtladung des Systems Null) keine Kraftlinie ins Unendliche reichen kann. Wenn $\sum e_i \neq 0$, so gibt es Kraftlinien, die ins Unendliche reichen und daselbst von dem elektrischen Schwerpunkt des Systems herzukommen scheinen. Sie besitzen also jede eine Asymptote, die durch den Schwerpunkt geht, und deren Neigung gegen die Achse nach dem früheren durch

$$\cos \vartheta_1^\infty = \frac{U}{\sum_i e_i}$$

gegeben ist.

58. Zeichnung von Kraftlinienbildern[1]. Die zeichnerische Darstellung von Kraftlinien und Äquipotentiallinien (in der Zeichenebene) beruht im wesentlichen auf dem Prinzip der Superposition:

$$V = V_1 + V_2 + \dots \text{ bez. } U = U_1 + U_2 + \dots$$

Hierin bedeuten V_1 bez. U_1 die auf eine Punktladung e_1 entfallenden Beiträge zum Potential bez. Kraftfluß usf.

Man kann auf diese Weise das Feld mehrerer Punktladungen aus den Feldern der einzelnen Punktladungen zusammensetzen, indem man die zu jeder einzelnen Punktladung gehörigen Kraft- und Niveaulinien (Radien und konzentrischen Kreise) konstruiert und zum Schnitt bringt. In jedem Schnittpunkt ist dann die Summe der Werte $V_1 + V_2 + \dots$ bez. $U_1 + U_2 + \dots$ der sich schneidenden Linien zu bilden. Verbindet man dann alle so erhaltenen Schnittpunkte mit gleichem V bez. gleichem U. so erhält man eine Niveaulinie bez. Kraftlinie des zusammengesetzten Feldes.

Es ist dabei üblich[2], die Einzelwerte V_1 sowohl als U_1 nach einer arithmetischen Reihe auszuwählen, da ja doch nicht alle gezeichnet werden können. Man hat so insbesondere, wenn man statt U den Kraftfluß $\Phi = -2\pi U + 2\pi e$ (Ziff. 57) verwendet, direkten Anschluß an die FARADAYschen Einheitsröhren (Ziff. 26). Zum Beispiel teilt man bei einer einzigen Punktladung e die Kugel in lauter flächengleiche Zonen durch:

$$\Phi = 2\pi e(1 - \cos\vartheta) = a, 2a, 3a, \dots$$

MAXWELL[1] wählt $a = 4\pi$, so daß in jeder durch die Kugelachse gehenden Halbebene e Kraftlinien (wenn e eine ganze Zahl ist) von dem Kugelzentrum (= Sitz der Punktladung) weggehen (Abb. 13).

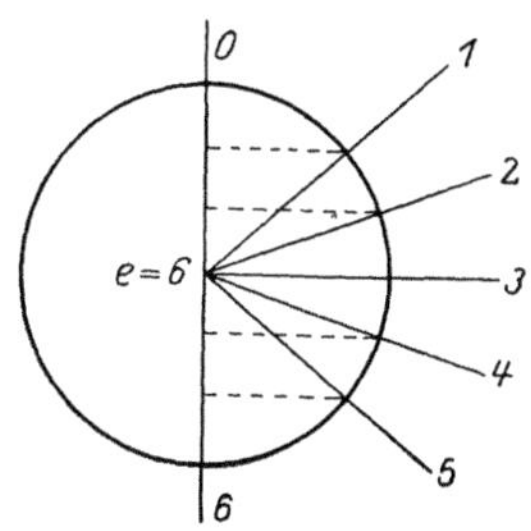

Abb. 13. Kraftlinien einer Punktladung $e = 6$ nach MAXWELL.

---

[1]) Vgl. auch O. GROTRIAN, Phys. ZS. Bd. 21, S. 145. 1920; TH. THORKELSSON, ebenda S. 513.

[2]) J. CL. MAXWELL, Treatise Bd. I, S. 183f.

Diese Darstellung leidet an dem Übelstand, daß eine willkürliche Richtung als Achse ausgezeichnet werden muß, und daß wegen der Nichtproportionalität von $1 - \cos\vartheta$ und ϑ das Feld seinen radialsymmetrischen Charakter zu verlieren scheint. Besonders auffallend wird dies, wenn man die Kraftlinien des homogenen Feldes (Feldes einer unendlich fernen Punktladung) auf diese Weise darstellt. Irgendeine der sämtlich dann parallelen Kraftlinien wird als Achse ausgewählt; die Abstände der übrigen Kraftlinien von dieser Achse wachsen wie die Quadratwurzeln der ganzen Zahlen. Die Kraftlinien des homogenen Feldes sind also in dieser Darstellung nicht äquidistant.

Gegenüber diesen Nachteilen hat die Darstellung nach Abb. 13 den Vorteil, daß der Kraftfluß durch die Kugelkalotte von der halben Öffnung 0 1 gleich ist dem Kraftfluß durch die Kugelzone 12 usf., nämlich je gleich 4π, so daß jede solche Zone (Kalotte) 4π FARADAYsche Einheitsröhren umfaßt. Teilt man eine solche Zone in 4π gleiche Teile, so erhält man, indem man die so erhaltenen Flächenstücke aus dem Zentrum projiziert, lauter Einheitsröhren und deren von innen nach außen zunehmende Divergenz bietet ein Bild der Abnahme der Feldstärke mit der Entfernung.

59. Zwei gleiche Punktladungen. Wir wählen $e_1 = e$ in $z_1 = a$ und $e_2 = e$ in $z_2 = -a$. Dann gibt es einen sog. Gleichgewichtspunkt, in welchem $\frac{\partial V}{\partial x} = \frac{\partial V}{\partial y} = \frac{\partial V}{\partial z} = 0$ ist, d. h. das Feld verschwindet. Selbstredend ist dieses Gleichgewicht labil, da nach einem Theorem von EARNSHAW[1]) eine stabile Gleichgewichtslage innerhalb des elektrostatischen Feldes unmöglich ist. Man hat

$$\frac{\partial V}{\partial x} = \frac{\partial}{\partial x}\left\{\frac{e}{\sqrt{x^2+y^2+(z-a)^2}} + \frac{e}{\sqrt{x^2+y^2+(z+a)^2}}\right\} = 0$$

$$\frac{\partial V}{\partial y} = \frac{\partial}{\partial y}\left\{\quad ,, \quad + \quad ,, \quad\right\} = 0$$

$$\frac{\partial V}{\partial z} = \frac{\partial}{\partial z}\left\{\quad ,, \quad + \quad ,, \quad\right\} = 0$$

und findet, daß diese Gleichungen die Lösung

$$x = y = z = 0$$

zulassen. Der Punkt O in der Mitte der Strecke E_1E_2 ist also ein Gleichgewichtspunkt. Er ist gleichzeitig der elektrische Schwerpunkt von e_1 und e_2. Man sieht auch leicht ein, daß er von links und von rechts die Abstoßung e/a^2 erfährt, welche sich beide aufheben. Verschiebt man aber einen dort befindlichen Probekörper ein wenig aus der Geraden E_1E_2, so sieht man, daß dieser Probekörper in der neuen Lage auf jeden Fall eine Resultierende der beiden von e_1 und e_2 herrührenden Abstoßungen erfährt, die ihn ins Unendliche treibt. Das Gleichgewicht ist also jedenfalls nicht stabil.

Wir betrachten die Äquipotentialfläche, welche durch den Gleichgewichtspunkt O hindurchgeht. Sie hat die Gleichung

$$V = \frac{2e}{a}$$

und besitzt wegen

$$\frac{\partial V}{\partial x} = \frac{\partial V}{\partial y} = \frac{\partial V}{\partial z} = 0$$

---

[1]) J. CL. MAXWELL, Treatise Bd. I, S. 174ff.

in O einen Doppelpunkt. Ihre Durchschnittsfigur mit der Zeichenebene (Abb. 14) hat lemniskatenähnliche Gestalt. Entwickelt man

$$V = e\left\{\frac{1}{\sqrt{x^2+y^2+(z-a)^2}} + \frac{1}{\sqrt{x^2+y^2+(z+a)^2}}\right\} = \frac{2e}{a}$$

in der Nähe von O in eine TAYLORsche Reihe, so erhält man bei Beschränkung auf die Glieder zweiter Ordnung die Gleichung

$$0 = 2z^2 - (x^2 + y^2)\,.$$

Setzt man noch $x^2 + y^2 = \varrho^2$, so sieht man, daß die beiden Tangenten, die die Niveaulinie $V = \frac{2e}{a}$ in O besitzt, mit der Achse einen Winkel

$$\operatorname{arctg}\frac{\varrho}{z} = \operatorname{arctg}\sqrt{2} = 54^\circ\,44'$$

bilden. Die ∞^1 Tangenten in dem Doppelpunkt der Niveaufläche bilden daher einen Kegel mit der halben Öffnung $54^\circ\,44'$. Dies ist eine allgemeine Eigenschaft der ∞^1 Tangenten, die eine Niveaufläche in einem ihrer Doppelpunkte besitzt (Ziff. 65).

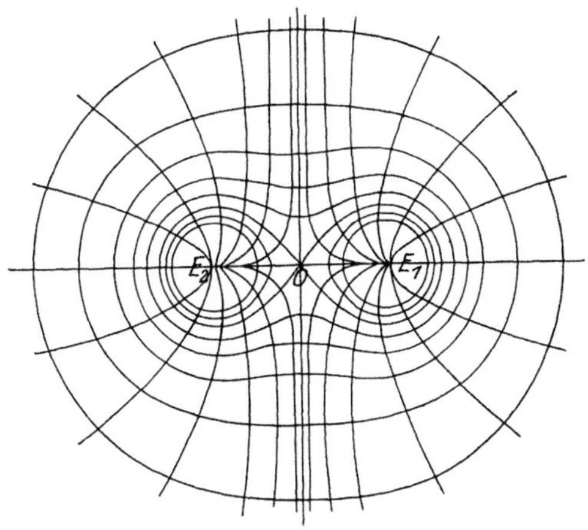

Abb. 14. Niveaulinien und Kraftlinien zweier gleicher Punktladungen.

Alle Niveauflächen, für welche $V > \frac{2e}{a}$ ist, zerfallen in zwei getrennte Schalen, welche je E_1 bez. E_2 umgeben; je näher man an E_1 bez. E_2 heranrückt, desto größer wird der Wert von V und desto ähnlicher werden die Niveauflächen zu Kugeln, welche ihr Zentrum in E_1 bez. E_2 besitzen.

Alle Niveauflächen, für welche $V < \frac{2e}{a}$ ist, bestehen nur aus einer Schale, welche sowohl E_1 als E_2 umschließt. Je kleiner V wird, um so mehr entfernt man sich ins Unendliche, wo schließlich die Niveauflächen zu Kugeln werden, welche ihr Zentrum in O, dem elektrischen Schwerpunkt (Ziff. 57), besitzen.

Zu den Kraftlinien übergehend, bemerken wir, daß dieselben, wenn sie z. B. von E_1 gegen E_2 hin ausgehen, vor Erreichung der Symmetrieebene $z = 0$ umbiegen und ins Unendliche verlaufen. Dabei besitzen sie Asymptoten, die durch den elektrischen Schwerpunkt O gehen und den Winkel $\vartheta_1^\infty = \vartheta_2^\infty$ mit der Achse bilden. Hat eine Kraftlinie in E_1 eine Tangente, die den Winkel ϑ_1^0 mit der Achse bildet, so besitzt sie (Ziff. 57) die Gleichung

$$e_1\cos\vartheta_1 + e_2\cos\vartheta_2 = e(1 + \cos\vartheta_1^0) = 2e\cos\vartheta^\infty,$$

woraus:

$$\cos\vartheta^\infty = \cos^2\frac{\vartheta_1^0}{2} \qquad \text{oder} \qquad \sqrt{2}\sin\frac{\vartheta^\infty}{2} = \sin\frac{\vartheta_1^0}{2}\,.$$

Diejenige Kraftlinie, welche von E_1 unter $\vartheta_1^0 = \frac{\pi}{2}$ weggeht, erleidet daher eine solche Abbiegung nach rechts (von E_2 weg), daß ihre Asymptote die Achse unter dem Winkel $\vartheta^\infty = \frac{\pi}{3}$ trifft. Die gesamte Abbiegung beträgt bei dieser Kraftlinie daher 30°.

Was nun die Kraftlinie, die längs der Achse von E_1 nach O hinläuft und ebenso die von E_2 nach O hinlaufende anlangt, so haben sie beide die Gleichung

$$e_1 \cos\vartheta_1 + e_2 \cos\vartheta_2 = e(\cos\vartheta_1 + \cos\vartheta_2) = 0 .$$

Diese Gleichung wird befriedigt durch:

$$\vartheta_1 = \pi , \quad \vartheta_2 = 0$$

(das Stück $E_1 E_2$) oder $\vartheta_1 + \vartheta_2 = \pi$ (die Symmetrielinie senkrecht zu g durch O).

Man sieht daraus, daß die Kraftlinie sich in O in zwei Teile teilt, die aufeinander senkrecht stehen. Offenbar hat man sich die entstehenden vier Zweige in der Form der Abb. 15 getrennt und von einem Probekörper im Sinne der Pfeile durchlaufen zu denken, da ein anderes Verhalten physikalisch unmöglich ist.

MAXWELL gibt im Treatise[1]) den Fall zweier ungleicher gleichnamiger Punktladungen $e_1 : e_2 = 4:1$ wieder. Dann fallen Gleichgewichtspunkt O und elektrischer Schwerpunkt S nicht mehr zusammen, da O die Strecke $E_1 E_2$ im direkten Verhältnis der Quadratwurzeln $\sqrt{e_1} : \sqrt{e_2} = 2:1$, S dieselbe Strecke im indirekten Verhältnis $e_2 : e_1 = 1:4$ teilt. Wieder geht natürlich eine Äquipotentialfläche mit Doppelpunkt in O hindurch. Es gibt auch wieder eine

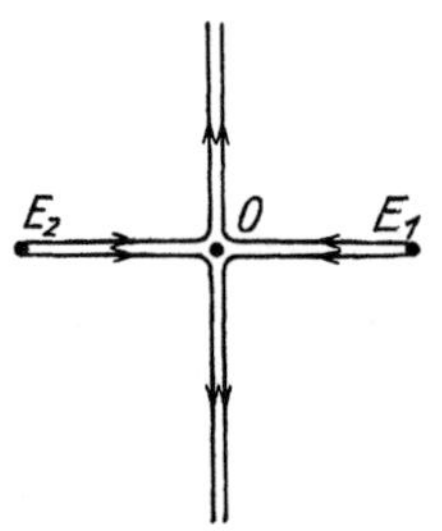

Abb. 15. Anomale Kraftlinie.

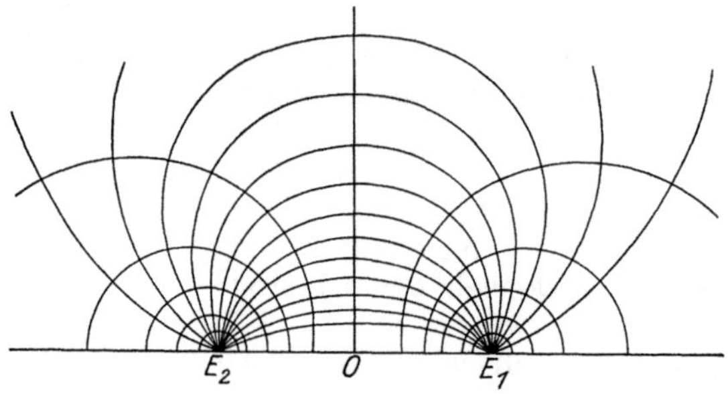

Abb. 16. Zwei entgegengesetzte Punktladungen.

anomale Kraftlinie, die sich in O teilt, und die aus der Strecke $E_1 E_2$ sowie aus einer senkrecht durch O hindurchgehenden gegen E_2 konkaven krummen Kurve besteht. Letztere bildet wieder die Grenze der von E_1 ausgehenden Kraftlinien gegen die von E_2 ausgehenden Kraftlinien.

60. Zwei entgegengesetzt gleiche Punktladungen. Die beiden entgegengesetzten Ladungen seien $e_1 = e$ in $Z = +a$ und $e_2 = -e$ in $z = -a$. Hier gibt es keinen Gleichgewichtspunkt.

Die Niveaulinien (Abb. 16) umgeben E_1 und E_2 als geschlossene kreisartige Kurven. Nur die Niveaufläche

$$V = 0$$

macht eine Ausnahme hiervon; sie ist die Symmetrieebene der Strecke $E_1 E_2$. Wir haben also hier den Fall einer geerdeten Ebene bei Gegenwart zweier Punktladungen, von denen die eine das Spiegelbild der anderen bezüglich dieser Ebene ist. Nach dem in der Einleitung zu diesem Abschnitt erwähnten heuristischen Prinzip MAXWELLS kann dies dazu dienen, ein auf eine leitende Ebene bezügliches Problem zu lösen, welche man an die Stelle jener ebenen Äquipotentialfläche $z = 0$ setzt und entsprechend der COULOMBschen Gleichung (17) mit der Dichte $\sigma = -\frac{1}{4\pi}\frac{\partial V}{\partial n}$ (berechnet für $z = 0$) belegt. Man hat nur alle auf einer Seite dieser Ebene, z. B. links, gelegenen Niveauflächen und Kraftlinien wegzulassen, da das Feld durch einen Leiter nicht hindurchgeht, und hat dann z. B.

[1]) MAXWELL, Bd. I, Tafel 1 (Text Seite 178).

das Feld einer Punktladung e in E_1 in Gegenwart einer leitenden Ebene, $z = 0$, die geerdet ist. Wie man sieht, ist die Wirkung der Ebene für den Raum rechts von ihr äquivalent mit der Wirkung einer Punktladung $-e$ in E_2, die das Spiegelbild der ersteren bezüglich der Ebene ist (Lord KELVINS elektrische Bilder vgl. Ziff. 67).

Was die Kraftlinien anlangt, so gehen ihrer keine ins Unendliche. Alle beginnen in E_1 $(+e)$ und endigen in E_2 $(-e)$. Die Gleichung der Kraftlinien lautet:

$$e(\cos\vartheta_1 - \cos\vartheta_2) = \text{konst.}$$

Sie gibt zu folgender Konstruktion[1]) Anlaß (Abb. 17): Man schlage um E_1 und E_2 zwei Kreise mit gleichen Radien r und bringe diese mit einer beliebigen Geraden $S_1 S_2 P$, die auf g senkrecht steht, zum Schnitt. Die Verbindungslinien $E_1 S_1$ und $E_2 S_2$ schneiden sich in einem Punkt einer Kraftlinie. Beweis: $E_1 P = -r\cos\vartheta_1$, $E_2 P = r\cos\vartheta_2$; $E_1 P + E_2 P = E_1 E_2 = \text{konst.}$, daher $\cos\vartheta_2 - \cos\vartheta_1 = \text{konst.}$, solange $r = \text{konst.}$, welches auch die gewählte Gerade $PS_1 S_2$ sei. Die Konstruktion läßt sich offenbar verallgemeinern auf den Fall ungleicher Punktladungen. Man hat dann nur Radien r_1 von E_1 bez. r_2 von E_2 aus zu nehmen, die im Verhältnis der absoluten Beträge der Ladungen e_1 bez. e_2 stehen.

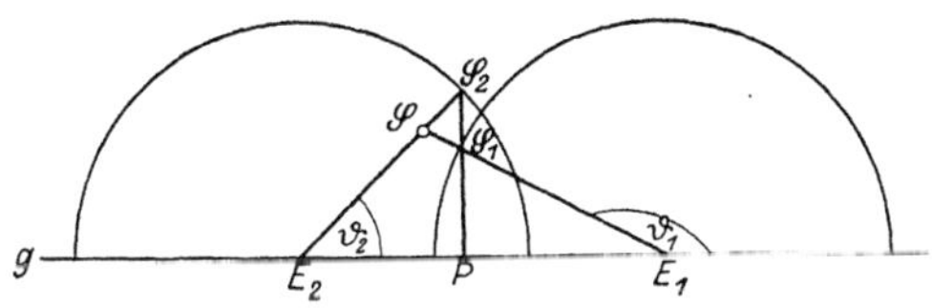

Abb. 17. Konstruktion der Kraftlinien bei zwei entgegengesetzt gleichen Punktladungen.

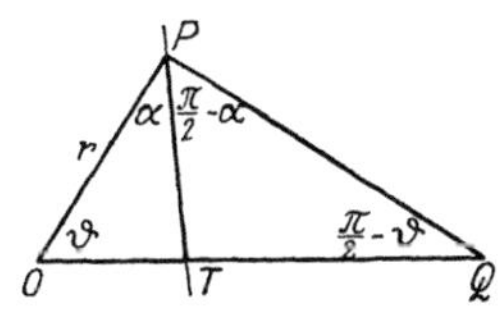

Abb. 18. Tangente der Kraftlinie eines Dipols.

61. Dipol. Wenn in Ziff. 60 a sehr klein, e gleichzeitig aber sehr groß wird, so daß das Produkt $2ea \to \mu$ einen endlichen Wert μ behält, entsteht aus der obigen Anordnung zweier entgegengesetzt gleicher Ladungen ein Dipol. μ heißt das Moment des Dipols. Für das Potential erhält man in der Grenze den Ausdruck

$$V = \mu \frac{\partial}{\partial z}\left(\frac{1}{r}\right) = \frac{\mu\cos\vartheta}{r^2}. \tag{65a}$$

Die Gleichung der Kraftlinien wird:

$$U = \mu\frac{\varrho^2}{r^3} = \mu\frac{\sin^2\vartheta}{r}, \tag{65b}$$

wobei $r = \sqrt{\varrho^2 + z^2}$ den Abstand von dem im Ursprung befindlichen Dipol, dessen Achse die z-Achse ist, bedeutet.

Über die Tangente dieser Kraftlinie des Dipols in einem beliebigen Punkte bestehen folgende Sätze (GAUSS)[2]):

α) Die Tangente TP (Abb. 18) in einem Punkte P einer Kraftlinie schließt mit dem Radiusvektor OP einen Winkel α ein, wobei $\operatorname{tg}\alpha = \frac{1}{2}\operatorname{tg}\vartheta$.

Beweis:

$$\mathfrak{E}_\vartheta = -\frac{1}{r}\frac{\partial V}{\partial\vartheta} = \frac{\mu\sin\vartheta}{r^3}, \qquad \mathfrak{E}_r = -\frac{\partial V}{\partial r} = 2\frac{\mu\cos\vartheta}{r^3},$$

$$\operatorname{tg}\alpha = \frac{\mathfrak{E}_\vartheta}{\mathfrak{E}_r} = \frac{1}{2}\operatorname{tg}\vartheta.$$

[1]) J. FRICK, Physikal. Technik Bd. II, 1, S. 349. 1907.

[2]) Vg. E. Mascart u. I. Joubert, Leçons sur l'électricité I (1896), 163 ft.

β) Die Tangente TP trifft die Achse in einem Punkte T, so daß $OT = \frac{1}{3} OQ$, wobei Q der Schnittpunkt der zum Radiusvektor senkrechten Geraden $PQ \perp OP$ mit der Achse ist.

Beweis:

$$OT = PT \frac{\sin\alpha}{\sin\vartheta}; \qquad TQ = PT \frac{\cos\alpha}{\cos\vartheta}; \qquad OT:TQ = \operatorname{tg}\alpha : \operatorname{tg}\vartheta = 1:2.$$

62. Zwei ungleichnamige Punktladungen verschiedener Größe. Es befinde sich $e_1 = k^2 e$ in $z_1 = a$ und $e_2 = -e$ in $z_2 = -a$. Die Gleichung einer Äquipotentialfläche lautet:

$$V = e\left(\frac{k^2}{r_1} - \frac{1}{r_2}\right).$$

Diese Flächen (Abb. 19) sind für große negative Werte von V geschlossene Flächen, welche E_2 umgeben. Dann gibt es eine Fläche

$$V = 0 \qquad \text{oder} \qquad r_1 = k^2 r_2,$$

das ist eine Kugel, welche die Strecke E_1E_2 harmonisch teilt. Denn der geometrische Ort aller Punkte P (Abb. 20), deren Abstände $E_1P = r_1$ und $E_2P = r_2$ von zwei festen Punkten E_1E_2 das konstante Verhältnis

$$\frac{E_1P_1}{E_2P} = k^2,$$

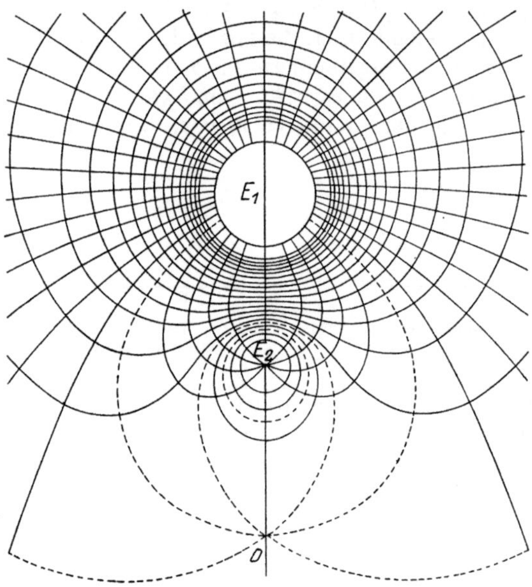

Abb. 19. Zwei ungleichnamige Punktladungen verschiedener Größe.

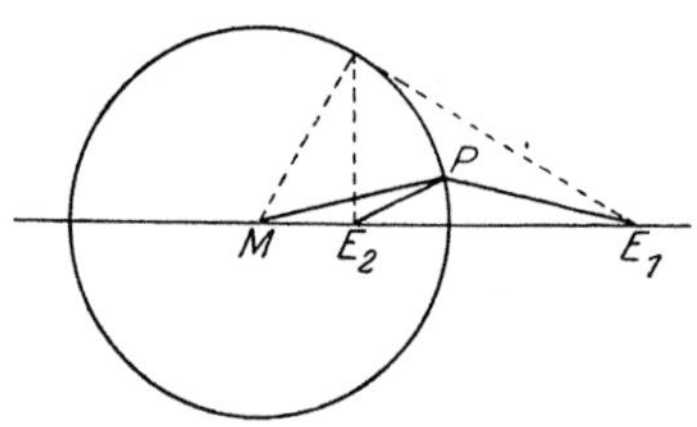

Abb. 20. Inverse Punkte einer Kugel.

besitzen, ist diese Kugel. Der Beweis folgt aus: $\Delta ME_2P \sim \Delta ME_1P$. (Denn $\sphericalangle M$ ist beiden Dreiecken gemeinsam und $ME_2 : MP = MP : ME_1$ wegen $ME_1 \cdot ME_2 = R^2 = MP^2$, wenn die Punkte E_1E_2 durch die Kugel vom Zentrum M und Radius R harmonisch getrennt werden, oder was auf dasselbe hinauskommt, bezüglich dieser Kugel zueinander invers oder reziprok sind.) Jetzt ergibt sich:

$$\frac{E_1P}{E_2P} = \frac{MP}{ME_2} = \frac{ME_1}{MP} = \sqrt{\frac{ME_1}{ME_2}} = \text{konst.} = k^2.$$

Wenn $k^2 > 1$ ist, wie wir fortab annehmen wollen, ist E_1 der äußere, E_2 der innere der beiden inversen Punkte. Das Verhältnis der beiden Ladungen ist also

$$\frac{e_1}{e_2} = -k^2 = -\frac{ME_1}{MP} = -\frac{d}{R}, \tag{66a}$$

wo d der Zentralabstand der äußeren Ladung von der Kugel ist.

Innerhalb dieser Kugel liegen alle Äquipotentialflächen $V < 0$, außerhalb derselben alle $V > 0$. Und zwar gibt es zweischalige, von denen die eine

Schale E_2 nahe umschließt, während die andere E_1 und E_2 in großem Bogen umschließt[1]), und einschalige, welche nur E_1 in ziemlich geringer Entfernung umgeben. Die Grenze zwischen beiden bildet eine Niveaufläche mit Doppelpunkt. Dieser ist natürlich wieder ein Gleichgewichtspunkt $D\left(\frac{\partial V}{\partial x} = \frac{\partial V}{\partial y} = \frac{\partial V}{\partial z} = 0\right)$ (vgl. Ziff. 65) und liegt dort auf der Achse jenseits E_2 von E_1 aus, wo die Abstoßung durch e_1 und die Anziehung durch e_2 sich die Wage halten, wo also

$$k^2 \frac{e}{r_1^2} = \frac{e}{r_2^2} \quad \text{oder} \quad \frac{r_1^2}{r_2^2} = k^2 \quad \text{oder} \quad \frac{r_1}{r_2} = k .$$

Dieser Punkt D liegt natürlich außerhalb der Kugel $V = 0$; die hindurchgehende Niveaufläche, die ihn zum Doppelpunkte hat, besitzt die Gleichung

$$V = e\,\frac{(k-1)^2}{2a},$$

denn der Abstand D von E_1 bez. E_2 rechnet sich aus $E_1E_2 = 2a$ und $\frac{DE_1}{DE_2} = k$ zu $DE_1 = r_1 = 2a\frac{k}{k-1}$, bez. $DE_2 = r_2 = 2a\frac{1}{k-1}$. Einschalig sind also alle Flächen $+\infty > V > e\frac{(k-1)^2}{2a}$, zweischalig $e\frac{(k-1)^2}{2a} > V > 0$.

Wir sehen also hier das Auftreten einer geerdeten Kugel bei Gegenwart einer äußeren Ladung. So wie in Ziff. 60 eine geerdete ebene Niveaufläche auftrat, die wir durch eine leitende Ebene ersetzten, können wir die kugelförmige Niveaufläche durch eine leitende Kugel ersetzen, die sich auf dem Potential Null befindet und von einer Punktladung $e_1 = k^2 e$ außerhalb influenziert wird. Dabei müssen wir wieder den Innenraum der leitenden Kugel freilassen von Kraftlinien und Niveauflächen, da das äußere Feld nicht in das Innere eines Leiters durchdringt. Man sieht nun, daß die Wirkung der auf der Kugel influenzierten Ladung nach außen ersetzt werden kann durch eine zur influenzierenden Ladung ungleichnamige Punktladung $e_2 = -e = -\frac{R}{d}e_1$, welche sich in dem zu dem geladenen Punkt E_1 bezüglich der Kugel inversen Punkt E_2 befindet, so daß, wenn M der Mittelpunkt, R der Radius der Kugel:

$$ME_1 \cdot ME_2 = R^2. \tag{66b}$$

Die Ladung in E_2 heißt nach Lord Kelvin das elektrische Bild der Ladung in E_1 bezüglich der Kugel (vgl. Ziff. 68).

Wir wenden uns zu den Kraftlinien. Ihre Gleichungen sind:

$$U = e(k^2 \cos\vartheta_1 - \cos\vartheta_2) = \text{konst.}$$

Ins Unendliche wirkt das System wie die im elektrischen Schwerpunkt vereinigte Gesamtladung $e_1 + e_2 = (k^2 - 1)\,e$, welche positiv ist. Es gibt daher Kraftlinien, welche von E_1 ausgehend ins Unendliche verlaufen und solche, welche von E_1 ausgehen und in E_2 endigen. Die Grenze zwischen beiden bildet die Kraftlinie, welche von E_1 ausgeht und die Kugel $V = 0$ links bez. rechts umfährt, um in D zu endigen. Um die Gleichung dieser Kraftlinie zu ermitteln, berechnen wir den Winkel ϑ^∞, welchen die Asymptote irgendeiner ins Unendliche gehenden Kraftlinie mit der Achse bildet (Ziff. 57). Wir finden

$$\cos\vartheta^\infty \cdot (k^2 - 1) = k^2 \cos\vartheta_1^0 - 1,$$

wo ϑ_1^0 der Winkel gegen die Achse ist, unter dem diese Kraftlinie von E_1 ausgeht. Also muß sein

$$\cos\vartheta^\infty = \frac{k^2\cos\vartheta_1^0 - 1}{k^2 - 1} \geqq -1 .$$

[1]) In Abb. 19 fehlen wegen Raummangels diese zweiten Schalen.

Dies gibt als Grenze der ins Unendliche verlaufenden Kraftlinie:

$$\cos\vartheta_1^0 = -1 + \frac{2}{k^2}.$$

Daher ist die Gleichung der durch den Doppelpunkt gehenden Kraftlinie[1]):

$$U = e(k^2\cos\vartheta_1 - \cos\vartheta_2) = -e(k^2 - 1).$$

Diese Gleichung wird auch erfüllt durch alle Punkte, für welche $\vartheta_1 = \pi$, $\vartheta_2 = \pi$, d. h. durch die ganze Achse jenseits E_2 bis ins Unendliche. Dieses Stück ist die Fortsetzung der von E_1 kommenden, die Kugel $V = 0$ links und rechts umgehenden, in D endigenden Zweige dieser Kraftlinie. Um auch explizite zu beweisen, daß der erste Punkt, in welchem ein solcher von E_1 ausgehender Zweig die Achse wieder trifft, der Doppelpunkt D ist, setze man für einen Punkt P in der Nähe der Achse: $\vartheta_1 = \pi - \varepsilon$, wo ε sehr klein sei. Es ergibt sich aus der Gleichung dieser Kraftlinie

$$\vartheta_2 = \pi - k\varepsilon.$$

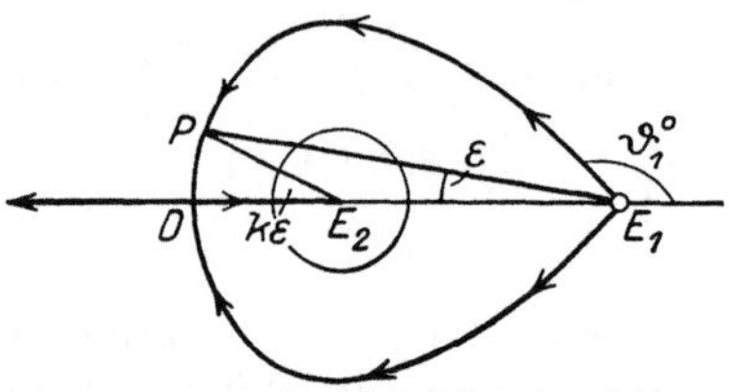

Abb. 21. Anomale Kraftlinie bei zwei ungleichen ungleichnamigen Punktladungen.

Man hat (Abb. 21): $DP = DE_2 \cdot k\varepsilon_2 = DE_1 \cdot \varepsilon$, woraus $\frac{DE_1}{DE_2} = k$, wie oben für den Doppelpunkt D folgt. Man sieht übrigens, daß der Zweig $E_1 \ldots P \ldots D \ldots$ in D auf der Achse senkrecht steht.

Der Doppelpunkt D hat die Koordinate $z = -a\frac{k+1}{k-1}$. Entwickelt man

$$V = e\frac{k^2}{\sqrt{\varrho^2 + (z-a)^2}} - e\frac{1}{\sqrt{\varrho^2 + (z+a)^2}} = e\frac{(k-1)^2}{2a}$$

in der Nähe von $z = -a\frac{k+1}{k-1}$, so findet man bei Beschränkung auf die Glieder zweiter Ordnung

$$0 = -(2\zeta^2 - \varrho^2)\frac{(k-1)^4}{8ka^3} + \cdots,$$

wo $z = -a\frac{k+1}{k-1} + \zeta$ gesetzt wurde. Hieraus bestätigt man wieder wie in Ziff. 59, daß die beiden Tangenten, welche die Niveaulinie $V = e\frac{(k-1)^2}{2a}$ in der Zeichenebene im Doppelpunkt D besitzt, mit der Achse einen Winkel

$$\operatorname{arctg}\frac{\varrho}{\zeta} = \operatorname{arctg}\sqrt{2} = 54^\circ\,44'$$

einschließen.

63. Eine Punktladung im homogenen Feld. Im Ursprung der Koordinaten O befinde sich die Ladung e. Das homogene Feld habe die Stärke E und sei parallel zur z-Achse. Man hat somit für das Potential:

$$V = \frac{e}{r} - Ez.$$

Es gibt einen Doppelpunkt D auf der negativen z-Achse, dort, wo (Abb. 22)

$$\frac{e}{z^2} = E$$

also $z = -\sqrt{\frac{e}{E}}$. Durch ihn geht die Äquipotentialfläche

$$V = 2\sqrt{eE},$$

[1]) Berücksichtigt man (Ziff. 57), daß der Kraftfluß $\Phi = 2\pi(\Sigma e - U)$ ist, so zeigt diese Gleichung, daß diese Kraftlinie die Linie des gesamten Kraftflusses „Null" ist. Konstruiert man also eine Kreisfläche senkrecht zur Achse durch irgendeinen Punkt einer solchen Kraftlinie, so tritt durch diese Kreisfläche von E_2 der gleiche Kraftfluß wie von E_1 (dem absoluten Werte nach).

welche eine Schleife besitzt, die in $z = +\sqrt{\frac{e}{E}}\,(\sqrt{2}-1)$, also auf der anderen Seite von E wieder die Achse schneidet. Innerhalb derselben liegen die den großen Werten von V entsprechenden Äquipotentialflächen $\infty > V > 2\sqrt{eE}$, und zwar sind es nur die einen Schalen dieser zweischaligen Flächen, diejenigen, welche O als geschlossene Flächen umgeben; die anderen Schalen durchschneiden die negative z-Achse bei Werten von $z < -\sqrt{\frac{e}{E}}$ normal zu ihr und besitzen Asymptotenebenen normal zur z-Achse. Schließlich für $V \to +\infty$ reduzieren sich die äußeren Schalen auf Ebenen normal zur negativen z-Achse und die inneren auf Kugeln, die den Ursprung umgeben. Für $2\sqrt{eE} > V > -\infty$ hat man einschalige Flächen, die um so mehr Ebenen normal zur positiven z-Achse ähneln, je weiter man sich vom Ursprung entfernt (Abb. 22).

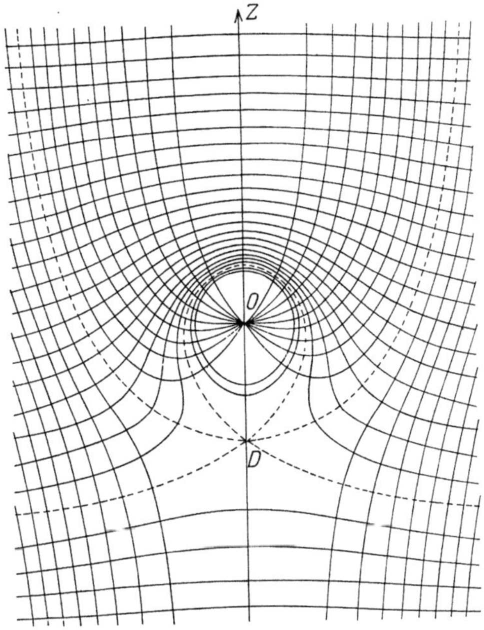

Abb. 22. Punktladung im homogenen Feld.

Die Gleichung einer Kraftlinie lautet jetzt (Ziff. 57)

$$\Phi = 2\pi e(1-\cos\vartheta) + \pi\varrho^2 E = \text{konst.},$$

hieraus wegen $\Phi = 2\pi(e-U)$

$$U = e\cos\vartheta - \tfrac{1}{2}\varrho^2 E = \text{konst.}$$

Für $\vartheta \backsim \pi$ und ebenso $\vartheta \backsim 0$ hat man $\varrho = \text{konst.}$, also Parallele zur Achse. Ein Teil der Kraftlinien beginnt also in $z = -\infty$ parallel zur Achse, erleidet bei Annäherung an den Ursprung eine Abstoßung und Ausbiegung, um schließlich wieder für $z = +\infty$ parallel zur Achse zu endigen. Diese Ausbiegung bestimmt sich aus:

$$(\varrho^2)_{\substack{z=+\infty\\ \vartheta=0}} - (\varrho^2)_{\substack{z=-\infty\\ \vartheta=\pi}} = \frac{4e}{E}.$$

Die Ausbiegung $\varrho_{+\infty} - \varrho_{-\infty}$ ist also um so schwächer, je größer die mittlere Entfernung von der Achse, d. h. in je größerer Entfernung von e sie vorbeistreichen. Ein anderer Teil der Kraftlinien beginnt in e und verläuft nach $z = +\infty$. Beide Gattungen Kraftlinien werden getrennt durch die Linie:

$$U = e\cos\vartheta - \tfrac{1}{2}\varrho^2 E = -e.$$

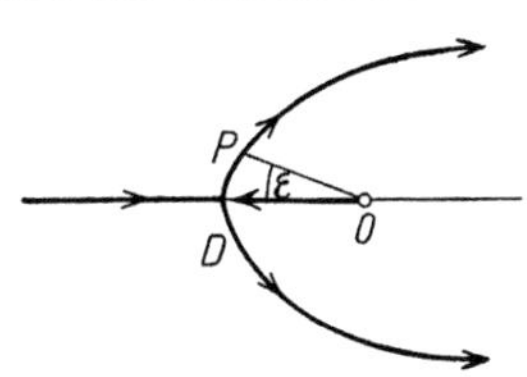

Abb. 23. Anomale Kraftlinie bei Punktladung im homogenen Feld.

Diese läuft von $z = -\infty$ bez. von e ($z = 0$) je längs der Achse gegen den Doppelpunkt D, um sich daselbst senkrecht zur Achse auszubiegen und nach Erlangung einer gewissen Ausbiegung wieder parallel zur Achse in $z = +\infty$ zu endigen: Setzt man nämlich (Abb. 23) $\vartheta = \pi - \varepsilon$ für einen Punkt P in unmittelbarer Nähe von D, so kommt bei kleinem ε aus der Gleichung $U = -e$ für den Abstand P von der Achse:

$$\varrho \backsim \sqrt{\frac{e}{E}}\cdot\varepsilon,$$

woraus $OD \to \sqrt{\frac{e}{E}}$ in Übereinstimmung mit dem Umstand, daß die Koordinate von D

$$z = -\sqrt{\frac{e}{E}}$$

wie oben bewiesen worden ist. Für $\vartheta = \pi$ erhält man aus $U = -e$ den Wert $\varrho = 0$, d. h. die ganze negative z-Achse.

64. Drei Punktladungen in bestimmten Verhältnissen der Ladungen und Entfernungen. MAXWELL[1]) behandelt folgendes Beispiel (Abb. 24): Auf der Achse befinden sich in E_1 eine Ladung e_1, in E_2 eine Ladung e_2, in E_3 eine Ladung e_3. Um E_1 ist eine Kugel mit dem Radius $E_1D = e_1$, um E_3 eine Kugel mit dem Radius $E_3D = e_3$ geschlagen. Beide Kugeln schneiden sich senkrecht in dem Kreise DD, dessen Mittelpunkt E_2 ist. Dann folgt

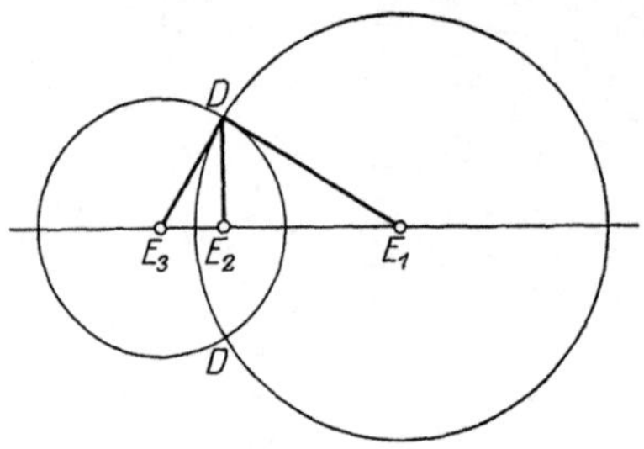

Abb. 24. Drei Punktladungen.

$$E_3E_2 \cdot E_3E_1 = E_3D^2$$

und

$$E_1E_2 \cdot E_1E_3 = E_1D^2,$$

d. h. die Punkte E_1 und E_2 sind bezüglich der Kugel um E_3 invers zueinander; ebenso die Punkte E_3 und E_2 bezüglich der Kugel um E_1. Wählt man nun noch

$$e_2 = -e_1\frac{E_3D}{E_1E_3} \quad \text{und gleichzeitig} \quad e_2 = -e_3\frac{E_1D}{E_1E_3},$$

also

$$e_2 = -\frac{e_1 \cdot e_3}{E_1E_3}, \tag{67}$$

so ist E_2 das elektrische Bild (Ziff. 62) von E_1 in bezug auf die Kugel um E_3 und gleichzeitig das elektrische Bild von E_3 in bezug auf die Kugel um E_1.

Dann folgt, daß die Äquipotentialfläche[2])

$$V = \frac{e_1}{r_1} + \frac{e_2}{r_2} + \frac{e_3}{r_3} = 1$$

in zwei Kugeln zerfällt, in die Kugel um E_1 mit dem Radius $r_1 = e_1$ und in die Kugel um E_3 mit dem Radius $r_3 = e_3$. Beweis: Wenn $r_1 = e_1$ folgt aus $V = 1$:

$$\frac{r_2}{r_3} = -\frac{e_2}{e_3} = +\frac{e_1}{E_1E_3} = \frac{E_1D}{E_1E_3},$$

d. h. $V = 1$ entspricht tatsächlich die Kugel um E_1 mit dem Radius $r_1 = e_1$ [vgl. Ziff. 62, wo bewiesen wird, daß für zwei Bilder E_1 und E_2 in bezug auf einen beliebigen Punkt der Bildkugel um M das konstante Abstandsverhältnis $\frac{E_1P}{E_2P} = k^2 = \frac{ME_1}{MP}$, (66a), besteht]. Ebenso folgt, wenn $r_3 = e_3$, aus $V = 1$:

$$\frac{r_2}{r_1} = -\frac{e_2}{e_1} = +\frac{e_3}{E_1E_3} = \frac{E_3D}{E_3E_1},$$

d. h. $V = 1$ entspricht tatsächlich die Kugel um E_3 mit dem Radius $r_1 = e_1$.

Dies kann man auch folgendermaßen einsehen: e_2 ist die von e_1 auf der Kugel um E_3 influenzierte Ladung, wenn diese Kugel das Potential Null hat. Wenn außerdem in den Mittelpunkt E_3 die Punktladung e_3 gesetzt wird, so super-

[1]) J. CL. MAXWELL, Treatise Bd. I, S. 181, Tafel IV; J. BERTRAND, Leçons, S. 51.
[2]) MAXWELL schreibt (l. c.) irrtümlich: $V = 0$ statt $V = 1$.

poniert sich dieser Influenzladung die mit homogener Dichte über die Oberfläche verbreitete Ladung e_1, die die Kugel auf das Potential $V = \frac{e_3}{e_3} = 1$ bringt. Das Gesamtpotential ist daher $V = 0 + 1 = 1$ für die Kugel um E_3. Ebenso ist aber e_2 die von E_3 auf der Kugel um E_1 influenzierte Ladung, wenn diese Kugel das Potential Null hat. Wenn außerdem in den Mittelpunkt E_1 die Punktladung e_1 gesetzt wird, so superponiert sich dieser Influenzladung die mit homogener Dichte über die Oberfläche verbreitete Ladung e_1, die die Kugel auf das Potential $V = \frac{e_1}{e_1} = 1$ bringt. Das Gesamtpotential ist daher $V = 0 + 1 = 1$.

Wir haben hier das Beispiel einer aus zwei kugelförmigen Teilen bestehenden Niveaufläche, welche nicht mehr wie die Beispiele in Ziff. 59 und 62 einen einzigen Doppelpunkt, sondern eine ganze singuläre Linie, den Kreis DD, besitzt. Dieser Kreis ist eine elektrische Gleichgewichtslinie: $\frac{\partial V}{\partial x} = \frac{\partial V}{\partial y} = \frac{\partial V}{\partial z} = 0$. Die beiden Niveaulinien, die in der Zeichenebene (Abb. 24) durch einen Punkt D der singulären Linie gehen, nämlich die Kreise um E_1 mit dem Radius e_1 bez. um E_3 mit dem Radius e_3 schneiden sich jetzt in D nicht mehr unter dem Winkel $\operatorname{arctg}\sqrt{2} = 54°44'$ (vgl. Ziff. 59 u. 62), sondern unter dem Winkel 90°. Es ist dies ein spezieller Fall eines von RANKINE gegebenen Theorems über elektrische Gleichgewichtslinien (vgl. Ziff. 65).

Innerhalb der den beiden Kugeln gemeinsamen Doppelkalotte, in welcher die negative[1]) Ladung e_2 liegt, liegen alle Äquipotentialflächen: $-\infty < V < 0$; außerhalb der Kugeln, alle drei Ladungen e_1, e_2, e_3 einschließend, die Flächen: $0 < V < 1$; innerhalb des restlichen Raumes der Kugeln die zweischaligen Flächen: $1 < V < \infty$, je eine Schale E_1 bez. E_3 umgebend.

Die Kraftlinien zerfallen in drei Gattungen: solche, welche von E_1 nach ∞ gehen, solche, welche von E_3 nach ∞ gehen, und solche, welche von E_1 bez. E_3 nach E_2 gehen. Die Grenze zwischen den letzten und den ersteren bilden Kraftlinien, welche von E_1 bez. E_3 nach den Doppelpunkten D auf der singulären Linie DD auslaufen und dort sich in einen nach E_2 bez. in einen nach ∞ verlaufenden Zweig teilen. (Vgl. die Tafel IV bei MAXWELL.)

Durch Anwendung der wiederholt angeführten MAXWELLschen Betrachtung folgt, daß hiermit die Lösung zu folgenden Problemen gefunden ist:

α) Eine leitende Kugel um E_1 mit dem Radius $r_1 = e_1$ wird durch eine Ladung e_3 in E_3 influenziert und befindet sich auf dem Potential 1. Diese Kugel trägt negative[1]) Ladung auf der Kalotte, die durch die Kreislinie DD begrenzt ist, positive[1]) Ladung auf dem Rest. Die Linie DD selbst ist eine neutrale Linie. (Vgl. Ziff. 5 bei Influenz.) Es ist bemerkenswert, daß nicht nur die influenzierte Kugel das Potential 1 hat, sondern auch eine sie in der neutralen Linie senkrecht durchschneidende Niveaufläche, welches in unserem Falle der Teil der Kugelfläche um E_3 ist, welche außerhalb der leitenden Kugel um E_1 liegt. Denn durch diese Kugel dringt das Feld nicht hindurch. Diese Spaltung einer Niveaufläche längs der neutralen Linie eines influenzierten Leiters ist ein allgemeines Symptom der Influenzierung von nicht geerdeten Leitern. (Vgl. Ziff. 69.)

β) Statt dessen kann auch die Kugel um E_3 als leitend und auf dem Potential 1 befindlich bei Gegenwart einer influenzierenden Ladung e_1 in E_1 angesehen werden.

γ) Endlich kann die äußere Oberfläche beider sich senkrecht schneidender Kugeln um E_1 und um E_3 als leitend und auf dem Potential 1 befindlich an-

---

[1]) e_1, e_3 werden als positiv vorausgesetzt.

gesehen werden. Man erhält dann eine größere Kugel, die einen kleineren kugelförmigen Buckel besitzt. (Vgl. Ziff. 73.)

65. Punkte und Linien elektrischen Gleichgewichts. Im vorstehenden sind wir des öfteren Gleichgewichtspunkten oder auch Linien, wo das Feld verschwindet,

$$\frac{\partial V}{\partial x} = \frac{\partial V}{\partial y} = \frac{\partial V}{\partial z} = 0$$

begegnet. Es sei x_0, y_0, z_0 ein solcher Punkt; wir entwickeln das Potential V nach $x - x_0 = \xi$, $y - y_0 = \eta$, $z - z_0 = \zeta$ in eine TAYLORsche Reihe:

$$V = V_0 + \frac{1}{2}\xi^2\left(\frac{\partial^2 V}{\partial x^2}\right)_0 + \xi\eta\left(\frac{\partial^2 V}{\partial x\,\partial y}\right)_0 + \cdots + \frac{1}{2}\zeta^2\left(\frac{\partial^2 V}{\partial z^2}\right)_0 + \cdots$$

Die Fläche $V = V_0$, welche durch den Punkt x_0, y_0, z_0 hindurchgeht, hat in seiner Nähe die Gleichung:

$$\xi^2\left(\frac{\partial^2 V}{\partial x^2}\right)_0 + 2\xi\eta\left(\frac{\partial^2 V}{\partial x\,\partial y}\right)_0 + \cdots = 0.$$

Dies stellt einen Kegel zweiten Grades mit der Spitze in x_0, y_0, z_0, nämlich den Kegel der daselbst an die Niveaufläche $V = V_0$ gelegten Tangenten, dar. Bezieht man diesen Kegel auf seine Hauptachsen, indem man auf geeignete Koordinaten ξ', η', ζ' orthogonal transformiert, so nimmt diese Gleichung die Form an

$$a\xi'^2 + b\eta'^2 + c\zeta'^2 = 0,$$

wobei

$$a = \left(\frac{\partial^2 V}{\partial x'^2}\right)_0, \quad b = \left(\frac{\partial^2 V}{\partial y'^2}\right)_0, \quad c = \left(\frac{\partial^2 V}{\partial z'^2}\right)_0$$

bedeuten. Wegen der LAPLACEschen Gleichung, die ja gegen orthogonale Transformationen invariant ist, gilt:

$$a + b + c = 0.$$

Dies ist die Bedingung dafür, daß der Kegel zweiten Grades drei zueinander senkrechte Erzeugende besitzt. Es lassen sich dann solche Tripel von senkrechten Erzeugenden auf ∞^1 Weisen auffinden.

Ist z. B. das Potential V um die z-Achse axialsymmetrisch, so muß oben $a = b$, daher $c = -2a$ sein, und wir erhalten die Gleichung

$$\xi'^2 + \eta'^2 - 2\zeta'^2 = 0$$

(vgl. Ziff. 59 u. 61). Dies bedeutet, daß die Tangenten, die diesen Kegel bilden, mit der z-Achse den Winkel

$$\operatorname{arctg}\frac{\sqrt{\xi'^2 + \eta'^2}}{\zeta'} = \operatorname{arctg}\sqrt{2} = 54^\circ\,44'$$

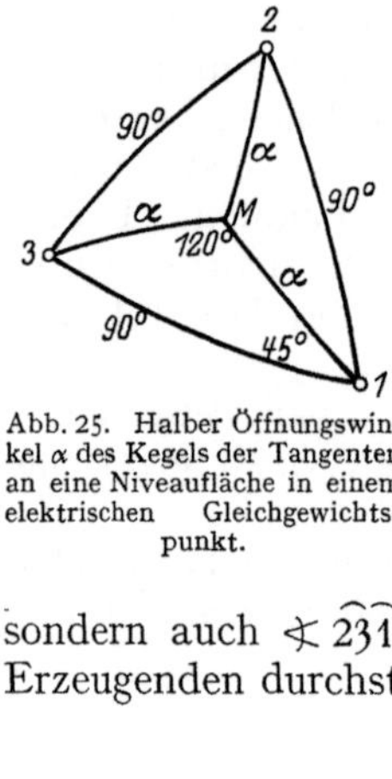

Abb. 25. Halber Öffnungswinkel α des Kegels der Tangenten an eine Niveaufläche in einem elektrischen Gleichgewichtspunkt.

bilden. In diesem axialsymmetrischen Falle ist der Kegel zweiter Ordnung ein gerader Kreiskegel und die Achse dieses Kegels eine Hauptachse. Der halbe Öffnungswinkel eines solchen Kreiskegels, der ein (und daher ∞^1) Tripel senkrechter Erzeugender besitzt, muß gerade $\operatorname{arctg}\sqrt{2}$ sein. Dies sieht man aus dem sphärischen durchaus rechtwinkligen Dreieck (Abb. 25), das die drei irgendwie herausgegriffenen zueinander senkrechten Erzeugenden 1, 2, 3 auf der Einheitskugel um den Kegelscheitel bilden. Es ist nicht nur: $\widehat{12} = \widehat{13} = \widehat{23} = 90^\circ$, sondern auch $\sphericalangle\,\widehat{2}\widehat{3}\widehat{1} = \sphericalangle\,\widehat{3}\widehat{1}\widehat{2} = \sphericalangle\,\widehat{1}\widehat{2}\widehat{3} = 90^\circ$. Die Mittellinie zu diesen drei Erzeugenden durchstößt die Einheitskugel im Mittelpunkt M dieses sphärischen

Dreiecks. Dann ist $\widehat{1M} = \widehat{2M} = \widehat{3M} = \alpha$ der gesuchte halbe Öffnungswinkel. Man findet durch Anwendung des cos-Satzes auf das Dreieck $13\,M$

$$\cos^2\alpha - \sin^2\alpha \cdot \tfrac{1}{2} = 0 \quad \text{oder} \quad \operatorname{tg}\alpha = \sqrt{2}.$$

Dies ist also, wie man sieht, eine unmittelbare Konsequenz der LAPLACEschen Gleichung $(a + b + c = 0)$.

Es kann vorkommen, daß der Kegel zweiten Grades zerfällt. Er zerfällt dann in zwei Ebenen, deren Schnittgerade die Tangente an eine Schnittlinie zweier Schalen ein und derselben Niveaufläche ist; diese Schnittlinie ist eine Linie elektrischen Gleichgewichts: $\frac{\partial V}{\partial x} = \frac{\partial V}{\partial y} = \frac{\partial V}{\partial z} = 0$. Machen wir sie zur ζ'-Achse, so lautet die Gleichung des Ebenenpaares

$$a\xi'^2 + b\eta'^2 + 2p\,\xi'\eta' = 0$$

mit $a + b = 0$, wie aus der LAPLACEschen Gleichung folgt. Daher mit $\frac{p}{a} = q$

$$0 = \xi'^2 - \eta'^2 + 2\frac{p}{a}\,\xi'\eta' = \left(\xi' + \eta'\left[q + \sqrt{q^2+1}\right]\right)\left(\xi' + \eta'\left[q - \sqrt{q^2+1}\right]\right).$$

Dies stellt zwei zueinander senkrechte Ebenen dar. Man vergleiche damit das in Ziff. 64 für eine solche Gleichgewichtslinie Gefundene. Eine solche Gleichgewichtslinie $\frac{\partial V}{\partial x} = \frac{\partial V}{\partial y} = \frac{\partial V}{\partial z} = 0$ ist jede neutrale Linie $\sigma = 0$, wegen der COULOMBschen Gleichung $\sigma = -\frac{1}{4\pi}\frac{\partial V}{\partial n}$. Infolgedessen schneidet längs der neutralen Linie den Leiter eine Niveaufläche, welche zu dem gleichen Potential gehört wie die Leiteroberfläche selbst, und zwar schneidet sie ihn senkrecht. Dies ist z. B. der Fall bei der neutralen Linie, welche die ungleichnamige und die gleichnamige Influenzladung auf einem influenzierten Leiter trennt (Abb. 26). Selbstverständlich treffen in jedem Punkt dieser Linie zwei Kraftlinien zusammen, eine dort endigende und eine dort beginnende (vgl. das über die anomalen Kraftlinien in Doppelpunkten Gesagte in Ziff. 59, 61 u. 64).

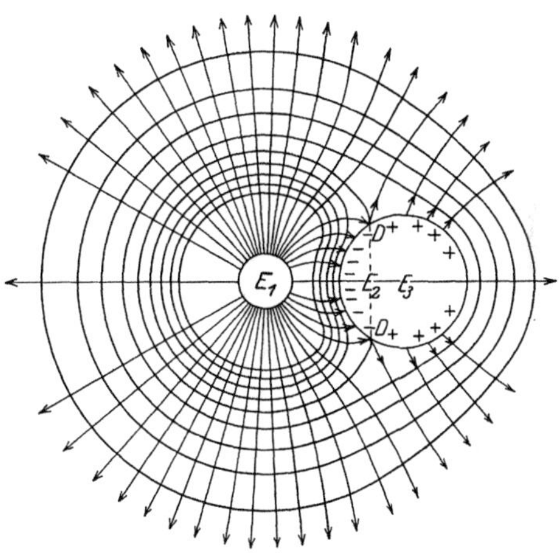

Abb. 26. Influenzierung der isolierten Kugel um E_3 durch eine Punktladung E_1 (darstellbar durch die Punktladung E_2), wobei die Kugel auf konstantem Potential sich befindet (darstellbar durch die Punktladung in E_3). Vgl. Ziff. 69. Der Kreis DD ist neutrale Linie.

Wir haben im vorstehenden den Selbstdurchschnitt einer und derselben Niveaufläche in einem Doppelpunkt oder in einer singulären Linie besprochen. Es gibt aber Selbstdurchschnittspunkte oder Linien, die mit den obigen Resultaten im Widerspruch zu stehen scheinen. Ein solcher Punkt oder eine solche Linie ist z. B. die Spitze oder Kante eines Leiters. Alle Teile eines Leiters befinden sich auf demselben Potential. Es handelt sich also wirklich bei einer Spitze um einen Selbstdurchschnittspunkt, bei einer Kante um eine Selbstdurchschnittslinie ein und derselben Niveaufläche. Gleichwohl muß der halbe Öffnungswinkel des die Spitze tragenden Kegels nicht $\operatorname{arctg}\sqrt{2}$, noch muß der Kantenwinkel $90°$ sein. Dieser Widerspruch klärt sich wie folgt: Haben wir es zunächst mit einer ausspringenden Spitze oder Kante zu tun, so wissen wir aus Ziff. 27, Formel (21), daß hier keinesfalls ein Punkt oder eine Linie elektrischen Gleichgewichts vorliegt, indem $\frac{\partial V}{\partial x}$, $\frac{\partial V}{\partial y}$, $\frac{\partial V}{\partial z}$ nicht nur nicht Null, sondern alle oder teilweise Unendlich sind. Haben wir es aber mit einer einspringenden Kante oder Spitze zu tun, so verschwindet daselbst das Feld von höherer als erster Ordnung. Es sind also alle zweiten Differentialquotienten, also oben $a = b = c = 0$. Dies führt auf den letzten hier zu behandelnden Punkt, das RANKINEsche Theorem:

Wenn alle Differentialquotienten bis zur $n - 1$ten Ordnung verschwinden, so ist der in dem betreffenden Gleichgewichtspunkt zu betrachtende Tangentenkegel ein Kegel $n$ten Grades. Es kann nun der Fall eintreten, daß dieser Kegel zerfällt. Ein Kegel dritten Grades kann z. B. zerfallen in einen Kegel zweiten Grades und eine Ebene oder auch in drei Ebenen. Jedenfalls existiert eine Selbstdurchschnittslinie der Niveaufläche, d. h. wir haben es mit einem auf einer Gleichgewichtslinie liegenden Gleichgewichtspunkt zu tun. RANKINE[1]) hat nun den Fall betrachtet, daß der Kegel $n$ten Grades in lauter (insgesamt n) Ebenen zerfällt. Dann kann bewiesen werden, daß diese Ebenen unter sich gleiche Winkel $\frac{\pi}{n}$ bilden. Man mache nämlich die gemeinsame Schnittlinie dieser Ebenen zur ξ'-Achse, dann erhält die TAYLORsche Entwicklung des Potentials in der Spitze unseres Kegels die Gestalt:

$$V = V_0 + a_0 \xi'^n + a_1 \xi'^{n-1} \eta' + a_2 \xi'^{n-2} \eta'^2 + \cdots + a_{n-1} \xi' \eta'^{n-1} + a_n \eta'^n$$
$$+ \text{(Glieder } n+1\text{ter Ordnung)}.$$

Führt man Zylinderkoordinaten durch

$$\xi' = \varrho \cos\omega, \qquad \eta' = \varrho \min$$

ein, so folgt:

$$V - V_0 = \varrho^n \cdot \text{Funktion von } \omega + \text{Glieder } (n+1)\text{ter Ordnung.}$$

Die LAPLACEsche Gleichung lautet in Zylinderkoordinaten:

$$\Delta V = \frac{\partial^2 V}{\partial \xi^2} + \frac{1}{\varrho}\frac{\partial}{\partial \varrho}\left(\varrho \frac{\partial V}{\partial \varrho}\right) + \frac{1}{\varrho^2}\frac{\partial^2 V}{\partial \omega^2} = 0.$$

Dies angewendet auf

$$V = V_0 + \varrho^n f(\omega) + \cdots$$

liefert für die Glieder $n$ter Ordnung

$$n^2 f(\omega) + f''(\omega) = 0 \qquad \text{oder} \qquad f(\omega) = \cos(n\omega + \alpha),$$

wo α eine Integrationskonstante ist. Der (zerfallende) Kegel $n$ter Ordnung hat also die Gleichung

$$\cos(n\omega + \alpha) = 0 \quad \text{oder} \quad \omega = -\alpha + k\frac{\pi}{2n}, \quad k = 1, 3 \ldots 2n - 1,$$

womit der Beweis erbracht ist.

Für $n = 2$ erhalten wir zwei Ebenen, die aufeinander senkrecht stehen (vgl. oben). Bei einer einspringenden Kante eines Leiters ist der Tangentenkegel zwar auch dritten oder höheren Grades; er muß aber durchaus nicht in drei (oder lauter) Ebenen zerfallen, weshalb das RANKINEsche Theorem auf eine solche Kante keine Anwendung findet.

j) Die elektrischen Bilder.

66. GREENS äquivalente Schicht. Der sog. GREENsche Satz lautet bekanntlich:

$$\int dv\,(U\Delta V - V\Delta U) = \int df\left(U\frac{\partial V}{\partial n} - V\frac{\partial U}{\partial n}\right).$$

[1]) RANKINE, Phil. Mag. Okt. 1864.

Das erstere Integral geht über das Innere, das letztere über die Begrenzungsfläche des geschlossenen Gebiets, n ist die äußere Normale. Man wendet diesen Satz auf den Außenraum einer Fläche f (Abb. 27) an, indem man annimmt, daß U, V im Unendlichen sich wie $1/R$ verhalten. (Vgl. Ziff. 24.) Im Innern der Fläche f sollen sich verschiedene Ladungen 1, 2, 3, 4 . . ., die das Potential V erzeugen, befinden. Außerhalb der Fläche f soll sich keine Ladung oder Unstetigkeit von V befinden. Dann ist dort $\Delta V = 0$. Für U wählt man nun eine sog. Grundlösung

$$U = \frac{1}{r},$$

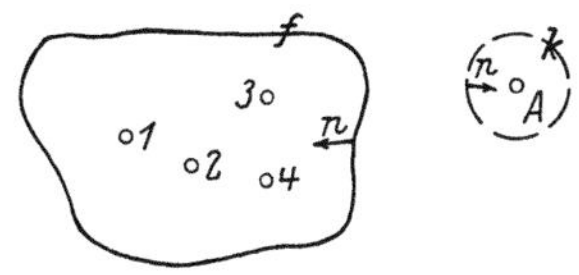

Abb. 27. Ersatz der innerhalb einer Fläche liegenden Ladungen durch eine äquivalente Schicht auf der Fläche.

die in A eine Unendlichkeit hat; r bedeutet die Entfernung irgendeines Punktes vom „Aufpunkt" A. Man muß also die Umgebung von A durch eine kleine Kugelfläche k vom Radius $r = \varepsilon$ ausschließen. In dem Raum außerhalb f und k ist dann auch $\Delta U = 0$; die linke Seite des GREENschen Satzes verschwindet.

Die Durchführung der Integration über k und Grenzübergang zu $\varepsilon \to 0$ liefert

$$\lim_{r=\varepsilon\to 0} \int_k df\left(\frac{1}{r}\frac{\partial V}{\partial n} - V\frac{\partial\, 1/r}{\partial n}\right) = -4\pi V_A,$$

so daß schließlich resultiert:

$$4\pi V_A = \int df\left(\frac{1}{r}\frac{\partial V}{\partial n} - V\frac{\partial\, 1/r}{\partial n}\right).$$

Ist nun f eine Äquipotentialfläche, $V =$ konst., so verschwindet der zweite Teil des Integrals, da $\int df \frac{\partial\, 1/r}{\partial n}$ für einen äußeren Punkt verschwindet (Ziff. 19). Es bleibt also nur

$$V_A = -\frac{1}{4\pi}\int \frac{df}{r}\frac{\partial V}{\partial n'}, \tag{68}$$

wo n' die von f gegen den Aufpunkt hingehende (für das Integrationsgebiet innere) Normale ist. Statt also das Potential, das die Ladungen 1, 2, 3, 4 . . . in A erzeugen, nach der Formel $V = \sum \frac{e}{r}$ oder $\int dv \frac{\varrho}{r}$ zu berechnen, kann man das Potential V auch nach (68) berechnen. Hierbei ist irgendeine Äquipotentialfläche $V =$ konst., welche sämtliche Ladungen umschließt, als belegte Fläche f angenommen, die mit der Dichte

$$-\frac{1}{4\pi}\frac{\partial V}{\partial n}$$

belegt ist. Diese Belegung bildet nach GREEN eine mit den Ladungen 1, 2, 3, 4 . . . wenigstens außerhalb f völlig äquivalente Schicht und umgekehrt: man kann natürlich die Flächenbelegung f durch die inneren Ladungen ersetzen.

Von dem ersten Teil dieses Satzes haben wir Gebrauch gemacht: in Ziff. 60 (zwei entgegengesetzte gleiche Punktladungen: eine Äquipotentialfläche, $V = 0$, ist eben); in Ziff. 62 (zwei entgegengesetzte ungleiche Punktladungen: eine Äquipotentialfläche, $V = 0$, ist eine Kugel); endlich in Ziff. 64 (drei Punktladungen unter gewissen Verhältnissen: eine Äquipotentialfläche, $V = 1$, ist eine Kugel). In der nun darzustellenden Theorie der elektrischen Bilder von Lord KELVIN[1]) wird von der Umkehrung, dem zweiten Teil des obigen Äquivalenzsatzes, Gebrauch gemacht. Wir haben Leiter von ebener und kugel-

[1]) W. THOMSON, Liouvilles Journ. Bd. 10. 1845; Bd. 12. 1847 (Reprint Art. XIV); Cambridge Math. Journ. 1818, 1849, 1850 (Reprint Art. V).

förmiger Gestalt gegeben und suchen in gewissen Fällen die auf diesen Leitern bestehenden Flächenbelegungen durch Punktladungen im Innern derselben zu ersetzen.

67. Influenzierung einer leitenden Ebene durch eine Punktladung. In Ziff. 60 fanden wir, daß zwei entgegengesetzte gleiche Punktladungen e in E_1 und $-e$ in E_2 auf der Symmetrieebene $z = 0$ ihres Abstandes $2a$ das Potential $V = 0$ erzeugen. Umgekehrt können wir daher bei der Influenzierung einer geerdeten leitenden Ebene $z = 0$ (Abb. 28) durch eine Punktladung e in E_1 in $z = a$ die Influenzladung auf der Ebene hinsichtlich ihrer Wirkung rechts der Ebene ersetzen durch eine Punktladung $-e$ in E_2 in $z = -a$ (Spiegelbild!). Links der Ebene herrscht natürlich nicht das Feld von $-e$, sondern es ist dort $V = \text{konst.} = 0$.

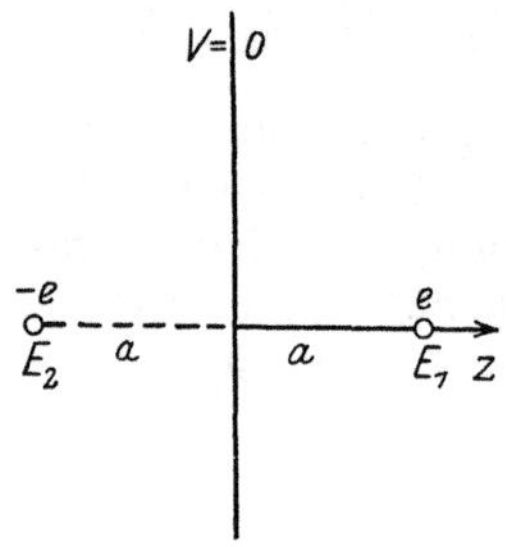

Abb. 28. Das Bild einer Punktladung in einer geerdeten Ebene.

Wir berechnen die Belegungsdichte $\sigma = -\frac{1}{4\pi}\frac{\partial V}{\partial n}$ aus

$$V = \frac{e}{\sqrt{\varrho^2 + (z-a)^2}} - \frac{e}{\sqrt{\varrho^2 + (z+a)^2}},$$

indem wir $-\frac{1}{4\pi}\left(\frac{\partial V}{\partial z}\right)_{z=0}$ bilden. Es kommt:

$$\sigma = -\frac{1}{2\pi}\frac{ea}{(\sqrt{\ } + \varrho^2 a^2)^3} = -\frac{1}{2\pi}\frac{ea}{r_1^3}. \tag{69}$$

Die Dichte der auf der geerdeten Ebene influenzierten Ladung ist also der dritten Potenz der Entfernung des betreffenden Ebenenpunktes von der Punktladung umgekehrt proportional. Der größte Wert der Dichte besteht im Ursprung $\varrho = z = 0$, wo $\sigma = -\frac{1}{2\pi}\frac{e}{a^2}$; auf jedem Kreise $\varrho = \text{konst.}$ um diesen Punkt als Zentrum in der Ebene $z = 0$ herrscht konstante Dichte σ, wobei gemäß (69) die Dichte mit der dritten Potenz der Entfernung des Kreises von E_1 abnimmt. Die nebenstehende Abb. 29 illustriert die Verteilung der Influenzladung längs

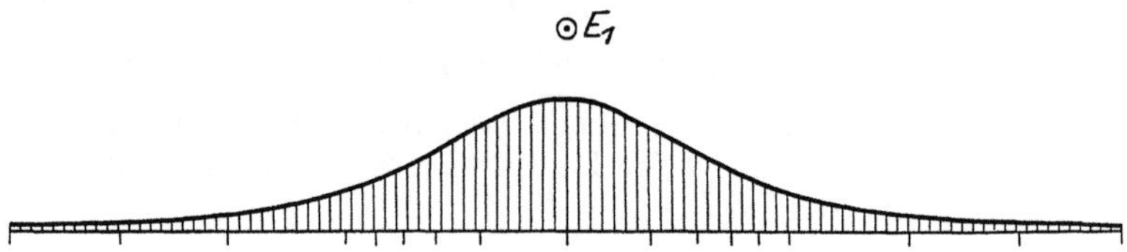

Abb. 29. Verteilung der von E_1 auf der Ebene influenzierten Ladung.

der Ebene, indem parallel zur z-Richtung die Werte von σ über den entsprechenden Abständen ϱ von der Achse aufgetragen sind. Die Ladung wird infolge der Anziehung durch den influenzierenden Punkt sehr stark gegen die Mitte der Ebene (Durchstoßpunkt der z-Achse) herangezogen. Die Gesamtladung auf der Ebene beträgt natürlich, wie aus dem GAUSSschen Satz unmittelbar gefolgert werden kann, $-e$. Dasselbe ergibt sich auch durch Integration von (69) über die ganze Ebene.

Die Punktladung erfährt durch die ungleichnamige Influenzladung auf der geerdeten Ebene eine Anziehung, die gleich ist der Anziehung, die von der fingierten Punktladung, dem elektrischen Bild, hinter der Ebene ausgeübt wurde, also gleich

$$-\frac{e^2}{4a^2}.$$

68. Influenzierung einer leitenden Kugel durch eine Punktladung. In Ziff. 62 fanden wir, daß eine Punktladung e in E_1 und eine Punktladung $-e\frac{R}{d}$ in E_2 das Potential Null auf einer Kugel vom Radius R erzeugen, bezüglich derer die beiden Punkte $E_1 E_2$ invers oder reziprok sind und von deren Mittelpunkt der Punkt E_1 den Zentralabstand $ME_1 = d$ aufweist (Abb. 30). Umgekehrt können wir daher die Influenzladung auf einer geerdeten leitenden Kugel, die durch eine Punktladung E_1 hervorgerufen wird, ersetzen durch eine fingierte Punktladung im Innern der Kugel in dem zu E_1 reziproken Punkte E_2, von der Größe $-e\frac{R}{d}$ (elektrisches Bild von e).

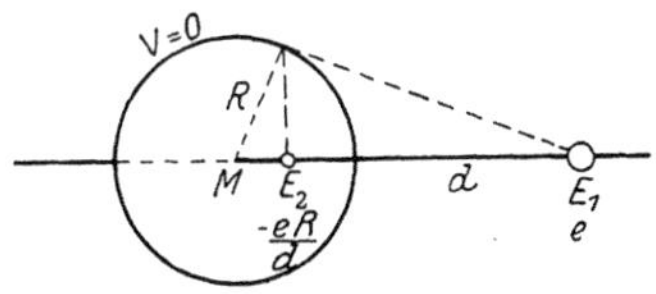

Abb. 30. Das Bild einer Punktladung in einer geerdeten Kugel.

Selbstredend gilt dies nur außerhalb der Kugel; innerhalb der Kugel ist das Feld Null. Wir berechnen die Dichte der Influenzladung aus $\sigma = -\frac{1}{4\pi}\frac{\partial V}{\partial n}$, wobei

$$V = \frac{e}{\sqrt{r^2 - 2rd\cos\vartheta + d^2}} - \frac{eR}{d\sqrt{r^2 - 2r\frac{R^2}{d}\cos\vartheta + \frac{R^4}{d^2}}}$$

und r, ϑ, Polarkoordinaten in M mit ME_2E_1 als Achse sind. Man findet

$$\sigma = -\frac{1}{4\pi}\left(\frac{\partial V}{\partial r}\right)_{r=R} = -\frac{e}{4\pi r_1^3}\cdot\frac{d^2 - R^2}{R}, \tag{70}$$

wo $r_1 = \sqrt{R^2 - 2Rd\cos\vartheta + d^2}$ den Abstand eines Kugelpunktes (R_1, ϑ) von E_1 bedeutet. Es ist also wieder, wie in (69) bei der leitenden Ebene, die Dichte der an irgendeiner Stelle influenzierten Ladung der dritten Potenz des Abstandes dieser Stelle von der influenzierenden Punktladung verkehrt proportional. Die Gesamtladung auf der Kugel ist natürlich $-e\frac{R}{d}$ (vgl. Ziff. 39γ). Umgekehrt kann jede Dichteverteilung σ auf einer Kugel, welche der dritten Potenz der Entfernung von einem äußeren Punkt verkehrt proportional ist, $\sigma = \frac{\lambda}{r_1^3}$, in ihrer Wirkung nach außen ersetzt werden durch eine Punktladung in dem zu jenem Punkt inversen inneren Punkt von der Größe:

$$\frac{4\pi R^2}{d(d^2 - R^2)}\cdot\lambda.$$

Das Maximum hat die Dichte nach (70) in dem zu E_1 benachbarten Pole ($\vartheta = 0$, $r_1 = d - R$):

$$\sigma = -\frac{e}{4\pi R}\frac{d+R}{(d-R)^2};$$

das Minimum in dem anderen Pole ($\vartheta = \pi$, $r_1 = d + R$):

$$\sigma = -\frac{e}{4\pi R}\frac{d-R}{(d+R)^2}.$$

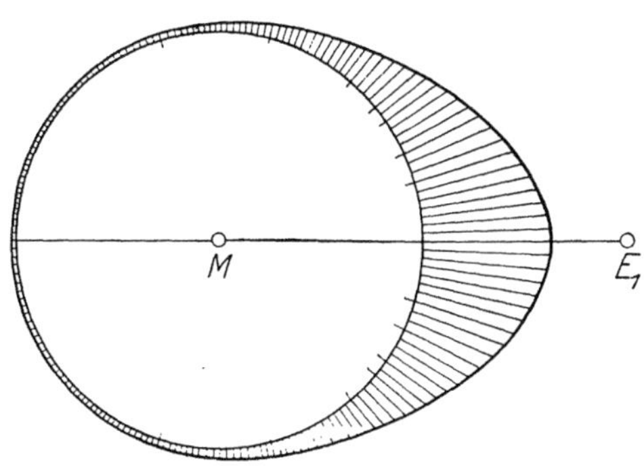

Abb. 31. Verteilung der auf einer geerdeten Kugel von einer Punktladung in E_1 influenzierten Ladung.

Die nebenstehende Abb. 31 versinnlicht wiederum die Dichteverteilung, indem die Werte von σ jeweils normal zur Kugelfläche aufgetragen sind. Übrigens kann leicht aus (70) auf (69) durch Grenzübergang zu einer unendlich großen Kugel (= Ebene) zurückgegangen werden, indem man statt des Zentralabstandes d den Polabstand a durch $d = a + R$ einführt und sodann in (70) $R \to \infty$ macht.

Was das Kraftlinienbild anlangt, so braucht man nur in Abb. 19 die Niveaulinien und Kraftlinien innerhalb der (strichlierten) Kugel wegzulassen, um dasselbe zu erhalten. Bemerkenswert ist dabei der Punkt D, der Gleichgewichtspunkt. Er ist ein Punkt eines relativen (!) Maximums des Potentials, wenn man sich auf Verschiebungen längs der Achse beschränkt, wie man nach Ziff. 62 leicht erkennt. Die Wirkung des Feldes auf eine Sonde (Ziff. 12) ist also in D am stärksten, stärker als näher zur Achse hin. Dies erinnert an den nebenstehend skizzierten (Abb. 32) Versuch FARADAYS[1]). Dieser setzte eine kleine metallene Halbkugel m auf einen Schellackzylinder s, machte den oberen Teil des letzteren durch Reiben negativ elektrisch, so daß die Halbkugel positive Influenzladung annahm, indem die negative durch Erdung fortgeschafft wurde. Er untersuchte nun das Feld mittels einer isolierten Probekugel, von der (vgl. Ziff. 12) die gleichnamige (negative) Influenzladung durch Erdung beseitigt und nur die ungleichnamige (positive) behalten wurde. Diese letztere wurde in einer Torsionswage gemessen. In den bez. Stellungen der Probekugel (Abb. 31) wurde gefunden:

1:112°, 2:108°, 3:65°, 4:35°, 5:87°, 6:105° (Maximum), 7:98°.

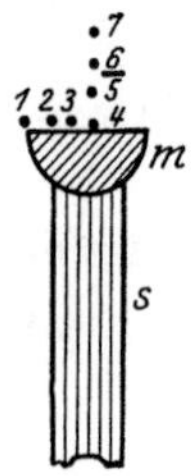

Abb. 32. Versuch FARADAYS über die krummen Kraftlinien.

Aus diesem Versuch schloß FARADAY, daß die Influenzwirkung des Schellackzylinders S die Metallhalbkugel $\mathfrak{M}$ umkreisen muß, daß also krumme Kraftlinien existieren (vgl. Abb. 19 die von E_1 nach D gehende Kraftlinie und Abb. 21). Dies aber wäre nach FARADAY ein Zeichen dafür, daß die elektrische Wirkung sich nicht unvermittelt, sondern mit Hilfe des Zwischenmediums fortpflanzt, da unvermittelte Fernwirkung nur mit geradliniger Wirkungslinie verträglich sei. Dieser letztere Schluß FARADAYS ist nicht zutreffend; denn die Existenz des Maximums kann, wie wir eben gesehen haben, auch aus der Potentialtheorie, also auch aus der Fernwirkungstheorie, gefolgert werden[2]).

Es mag noch bemerkt werden, daß auch die äußere Punktladung in E_1 umgekehrt als das elektrische Bild einer im Innern einer geerdeten Kugel in E_2 befindlichen Ladung angesehen werden kann, wenn es sich um das Feld im Innern einer Hohlkugel und den Ersatz der auf ihrer Innenwand influenzierten Ladung handelt. Bezeichnet man Ladung und Zentralabstand von E_2 mit e_2 und d_2, von E_1 mit e_1 und d_1, so hat man in beiden Fällen, ob es sich um das „äußere" oder „innere" Problem handelt:

$$e_1 = -e_2 \frac{R}{d_2}, \qquad d_1 d_2 = R^2, \qquad e_2 = -e_1 \frac{R}{d_1} \quad \text{oder} \quad \frac{e_1}{e_2} = -\sqrt{\frac{d_1}{d_2}}.$$

69. Influenzierung einer nicht geerdeten Kugel durch eine Punktladung. Man kann zu der in Ziff. 68 gefundenen Verteilung (70) der ungleichnamigen Influenzladung auf der Kugel irgendeine andere Gleichgewichtsverteilung superponieren und erhält wieder eine neue Gleichgewichtsverteilung, wobei die Kugel sich auf einem von Null verschiedenen, konstanten Potential V (dem Potential der hinzugefügten Verteilung) befindet. Aus dem Eindeutigkeitssatz (Ziff. 24) folgt umgekehrt, daß die resultierende Verteilung die einzige ist, die zu dem Potential V gehört, wenn die Kugel vom Radius R der Wirkung einer influenzierenden Punktladung e_1 im Zentralabstand d_1 ausgesetzt ist.

---

1) M. FARADAY, Exper. Researches Bd. I, S. 383. 1837.

2) E. MASCART, Handb. d. statischen Elektrizität, übersetzt von WALLENTIN, S. 214, 438. 1883.

Die zu dem Potential V allein gehörende Gleichgewichtsverteilung ist natürlich homogen von der Dichte $\frac{V}{4\pi R}$, so daß die aus Influenz und Eigenpotential resultierende Dichte

$$\sigma = \frac{V}{4\pi R} - \frac{e_1}{4\pi r_1^3} \frac{d_1^2 - R^2}{R} \tag{71}$$

beträgt. Die Gesamtladung ist:

$$e = RV - e_1 \frac{R}{d_1}. \tag{71a}$$

Wenn diese Gesamtladung verschwindet, also wenn

$$V = \frac{e_1}{d_1}, \tag{71b}$$

dann haben wir eine Kugel isoliert und ungeladen im Felde der Punktladung e_1 mit Zentralabstande d_1; dann trägt sie sowohl die mit e_1 ungleichnamige als die gleichnamige Influenzladung. Das Potential einer solchen Kugel ist nach (71b) genau so groß wie das Potential, das die Kugel, mit der Ladung e_1 geladen, in E_1 erzeugen würde (vgl. Ziff. 39α). Die Dichte ist in diesem Falle

$$\sigma = \frac{e_1}{4\pi R}\left\{\frac{1}{d_1} - \frac{d_1^2 - R^2}{r_1^3}\right\}. \tag{71c}$$

Es gibt eine neutrale Linie: $r_1^3 = d_1(d_1^2 - R^2)$.

Wenn dagegen die Kugel eine Eigenladung (also zugleich auch Gesamtladung) hat, die gerade

$$e = e_1\left(\frac{R}{\sqrt{d_1^2 - R^2}} - \frac{R}{d_1}\right) \tag{71d}$$

beträgt, so ist das Potential dieser Kugel, wenn sie der Influenzwirkung von e_1 in E_1 ausgesetzt ist nach (71a):

$$V = \frac{e}{\sqrt{d_1^2 - R^2}}, \tag{71e}$$

also größer als das Potential $V' = \frac{e_1}{\sqrt{d_1^2 - R^2}} - \frac{e_1}{d_1}$, das die Kugel für sich allein hätte. Die Dichte ist in diesem Falle:

$$\sigma = \frac{e_1}{4\pi R}\left\{\frac{1}{\sqrt{d_1^2 - R^2}} - \frac{d_1^2 - R^2}{r_1^3}\right\}. \tag{71f}$$

Es gibt eine neutrale Linie: $r_1^3 = (\sqrt{d_1^2 - R^2})^3$. Diese liegt näher gegen E_1 zu als jene in (71c) wegen $d_1 > \sqrt{d_1^2 - R^2}$.

Der zuletzt behandelte Fall entspricht genau dem in Ziff. 64 behandelten Fall der drei Punktladungen Maxwells. In der Tat kann die zu dem Potential V gehörige Gleichgewichtsverteilung, da sie homogen ist, nach Ziff. 20β ebenfalls durch eine Punktladung ersetzt werden, die im Mittelpunkt der Kugel (M in Abb. 30, E_3 in Abb. 24, 26) anzubringen ist. Nennen wir diese Ladung e_3, so haben wir:

im Falle (71b, c) (isolierte Kugel) (vgl. Abb. 26)

$$V = \frac{e_1}{d_1}, \quad e_3 = VR = e_1\frac{R}{d_1} \text{ in } E_3; \quad e_2 = -e_1\frac{R}{d_1} \text{ in } E_2; \quad e_1 = e_1 \text{ in } E_1,$$

im Falle (71d, e) (Maxwells Fall) (vgl. Abb. 24)

$$V = \frac{e_1}{\sqrt{d_1^2 - R^2}}, \quad e_3 = VR = e_1\frac{R}{\sqrt{d_1^2 R^2}} \text{ in } E_3{}^{1)}; \quad e_2 = -e_1\frac{R}{d_1} \text{ in } E_2; \quad e_1 = e_1 \text{ in } E_1.$$

[1] Diese Ladung besteht also aus der Eigen- oder Gesamtladung der Kugel und der gleichnamigen Influenzladung:

$$e_3 = e_1\left(\frac{R}{\sqrt{d_1^2 - R^2}} - \frac{R}{d_1}\right) + e_1\frac{R}{d_1}.$$

Setzt man hierin $V = 1$, so kommt

$$e_3 = R\,; \quad e_2 = -\frac{e_1 e_3}{d_1}\,; \quad e_1 = \sqrt{d_1^2 - R^2}$$

ganz in Übereinstimmung mit Abb. 24 und Formel (67) in Ziff. 64. Die neutrale Linie auf der leitenden Kugel um E_3 (Abb. 24) mit dem Radius e_3 oder der Kugel um M (Abb. 30) mit dem Radius R ist der Kreis DD (Ziff. 64α). Sie hat genau den Abstand $r_1 = \sqrt{d_1^2 - R^2}$ von E_1, wie wir auch vorhin bei (71 f) fanden.

Im Falle der isolierten Kugel trifft das MAXWELLsche Verhältnis der drei Ladungen nicht mehr zu. Infolgedessen ist die neutrale Linie (der Kreis DD in Abb. 26) nicht mehr mit dem Kreis DD von Abb. 24 identisch, wie wir auch vorhin bei (71 c) fanden. Auch ist der außerhalb der Kugel gelegene Teil der Äquipotentialfläche $V = e_1/d_1$ keine Kugel mehr (wie die Kugel um E_1 in Abb. 24), sondern, wie Abb. 26 zeigt, eine andere Fläche, die aber auch die leitende Kugel um E_3 (Abb. 26) längs der neutralen Linie DD senkrecht schneidet.

Das Besondere des MAXWELLschen Falles ist, daß eine Äquipotentialfläche der influenzierenden Punktladung e_1, die Kugel um E_1 mit dem Radius $\sqrt{d_1^2 - R^2}$, die gleiche bleibt wie vor Einbringung der leitenden Kugel um M oder E_3 mit dem Radius R in das Feld. Alle anderen werden deformiert, da sie die eingebrachte leitende Kugel schief schneiden. Nur diejenige, die sie senkrecht schneidet, eben die Kugel mit dem Radius $\sqrt{d_1^2 - R^2}$, bleibt undeformiert, da ein Sichschneiden zweier Äquipotentialflächen (eine solche ist ja die Oberfläche der leitenden Kugel) nach dem RANKINEschen Theorem (Ziff. 65) möglich ist, wenn sie sich senkrecht schneiden. Ihre Schnittlinie ist dann eine neutrale (Gleichgewichts-) Linie und sie gehören beide zum gleichen Potentialwert V.

70. Kräfte auf die influenzierte Kugel. Nach Ziff. 69 haben wir es im Falle einer mit e geladenen leitenden Kugel vom Radius R und Mittelpunkt M, die von einer Punktladung (Abb. 33) e_1 in E_1 im Zentralabstand d_1 influenziert wird, mit drei Punktladungen zu tun, nämlich: e_1 in E_1, $e_2 = -\frac{e_1 R}{d_1}$ in E_2, wo $ME_1 \cdot ME_2 = R^2$ und $e_3 = e + \frac{e_1 R}{d_1}$ in M. Das Potential der Kugel ist:

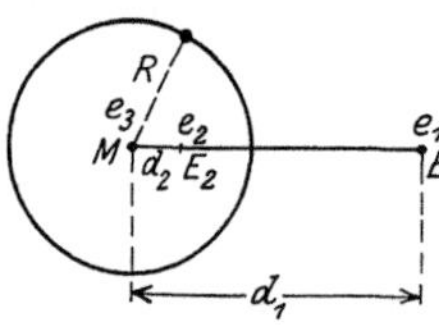

Abb. 33. Eine irgendwie geladene Kugel unter der Einwirkung einer Punktladung.

$$V = \frac{e_3}{R} = \frac{e}{R} + \frac{e_1}{d_1}\,.$$

Infolgedessen erfährt die Ladung in E_1 nach dem COULOMBschen Gesetz die Kraftwirkung

$$\frac{e_1 e_3}{d_1^2} + \frac{e_1 e_2}{(d_1 - d_2)^2} = \frac{e_1 V R}{d_1^2} - \frac{e_1^2 R d_1}{(d_1^2 - R^2)^2} = \frac{e_1 e}{d_1^2} + \frac{e_1^2 R}{d_1^3} - \frac{e_1^2 R d_1}{(d_1^2 - R^2)^2}\,,$$

worin $d_2 = ME_2 = \frac{R^2}{d_1}$ gesetzt ist; diese Kraft ist längs des Radiusvektors ME_1 gerichtet und ist auch die Kraft, mit der die Kugel auf e_1 wirkt; sie ist entgegengesetzt gleich der Kraft, die auf die Kugel wirkt. Im besonderen:

α) Kugel geerdet ($V = 0$); Anziehung:

$$-e_1^2 \frac{R d_1}{(d_1^2 - R^2)^2}\,.$$

Für große Entfernung ($d_1 \gg R$) ist diese Anziehung $\sim -\frac{e_1^2 R}{d_1^3}$ verkehrt proportional der dritten Potenz der Entfernung der influenzierenden Punktladung e_1 vom Zentrum; für kleine Entfernung ($d_1 \sim R$) ist diese Anziehung $\sim -\frac{e_1^2}{4}\frac{1}{(d_1 - R)^2}$ verkehrt proportional der zweiten Potenz der Entfernung der Punktladung von der Oberfläche der Kugel.

β) Kugel isoliert und ungeladen ($e = 0$); Anziehung:

$$-\frac{e_1^2 R^3 (2 d_1^2 - R^2)}{d_1^3 (d_1^2 - R^2)^2}.$$

Für große Entfernung ($d_1 \gg R$) ist diese Anziehung: $\sim -2\frac{e_1^2 R^3}{d_1^5}$ verkehrt proportional der fünften Potenz der Entfernung; für kleine Entfernung ($d_1 \sim R$) ist diese Anziehung: $\sim -\frac{e_1^2}{4}\frac{1}{(d_1 - R)^2}$ wie unter α, (es kommt also bei kleiner Entfernung nur die ungleichnamige Influenzladung in Betracht).

γ) Kugel geladen ($e \neq 0$, $V \neq 0$): Die Kraftwirkung ist nicht die bloße Coulombsche Wirkung

$$\frac{e_1 e}{d_1^2},$$

sondern: $\frac{e_1 e}{d_1^2} - \frac{e_1^2 R^3 (2 d_1^2 - R^2)}{d_1^3 (d_1^2 - R^2)^2}$, d.h. geändert durch die von den beiden Influenzladungen herrührende Wirkung. Es kommt daher auch, wenn e und e_1 gleichnamig sind, unter Umständen eine Anziehung zustande, wenn

$$e < e_1 \frac{R^3 (2 d_1^2 - R^2)}{d_1 (d_1^2 - R^2)^2}.$$

Setzt man hierin $d_1 \sim R$, so erhält man als Grenze für e

$$e < e_1 \frac{R^2}{4 (d_1 - R)^2},$$

damit trotz Gleichnamigkeit von e_1 und e keine Abstoßung, sondern eine Anziehung stattfinde. Wenn also die Entfernung der Punktladung von der leitenden Kugel nur genügend klein genommen wird und die Ladung der letzteren nicht sehr groß wird, gibt es jederzeit einen Punkt im Felde, wo die Abstoßung verschwindet und in Anziehung übergeht. Dieser Punkt ist natürlich ein Punkt (labilen) Gleichgewichts (Ziff. 65). Die influenzierende Punktladung sitzt dann selbst in einem Gleichgewichtspunkt; die kleinste Verschiebung, die sie aus diesem Punkt auf die Kugel zu, bez. von der Kugel weg verschiebt, verwandelt das Gleichgewicht in Anziehung bez. Abstoßung, läßt also keine Rückkehr der Punktladung in die Gleichgewichtslage zu; das Gleichgewicht ist eben labil.

71. Eine leitende Kugel im homogenen Feld. Die Kugel sei isoliert und ungeladen. Ein homogenes Feld $\mathfrak{E}$ entsteht, wenn die influenzierende Punktladung ins Unendliche rückt, die Ladung dabei unendlich groß wird, so zwar, daß $\lim \frac{e_1}{d_1^2} \to \mathfrak{E}$ endlich bleibt. In Ziff. 69 haben wir daher das elektrische Bild E_2 mit der unendlich großen Ladung $e_2 = -\frac{e_1 R}{d_1} \to -\mathfrak{E} R d_1$, welches dicht an die im Mittelpunkt M befindliche Ladung $e_3 = +\frac{e_1 R}{d_1} \to +\mathfrak{E} R \cdot d_1$ heranrückt, da der Zentralabstand $M E_2 = d_2 = \frac{R^2}{d_1}$ unendlich klein wird. Es entsteht ein Dipol. Sein „Moment" (Ziff. 61) ist gleich dem Produkt Ladung mal Abstand der Pole, also

$$\mathfrak{E} R \cdot d_1 \cdot \frac{R^2}{d_1} \to \mathfrak{E} R^3.$$

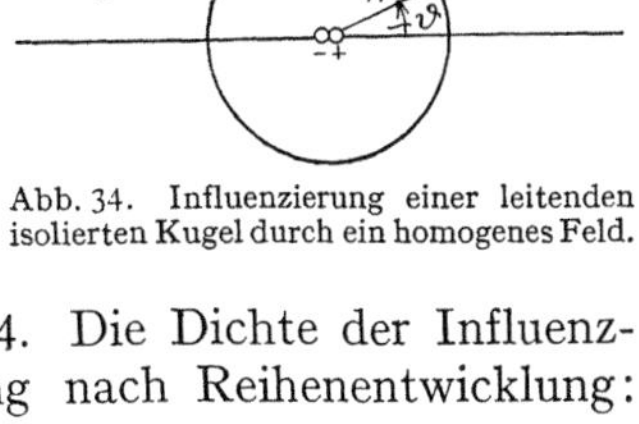

Abb. 34. Influenzierung einer leitenden isolierten Kugel durch ein homogenes Feld.

Dieser Dipol im Mittelpunkt der leitenden isolierten Kugel repräsentiert daher die Influenzwirkung des homogenen Feldes $\mathfrak{E}$ auf die Kugel. Die Orientierung des Dipols in bezug auf das Feld zeigt die Abb. 34. Die Dichte der Influenzladung finden wir aus (71c) durch Grenzübergang nach Reihenentwicklung:

$$\sigma = +\frac{3\,\mathfrak{E} \cos\vartheta}{4\pi}. \tag{72}$$

Es besteht natürlich ungleichnamige Influenzladung von $\vartheta = \pi$ bis zum Äquator $\vartheta = \frac{\pi}{2}$ (neutrale Linie) und gleichnamige von da bis zu $\vartheta = 0$. Die Ebene $\vartheta = \frac{\pi}{2}$ ist ein Teil, die Kugelfläche der andere Teil[1]) einer und derselben Niveaufläche $V = V_0$ [vgl. (73)]. Die resultierende Feldstärke auf der Kugel ergibt sich nach (17) aus $4\pi\sigma = +3\,\mathcal{E}\cos\vartheta$; sie ist mithin in dem Pol $\vartheta = 0$ dreimal so groß als die ursprüngliche. Dies erklärt sich in FARADAYS Sprechweise dadurch, daß die ursprünglich parallelen Kraftlinien von der Kugel angezogen und verdichtet werden.

Lord KELVIN[2]) hat die Gestalt der Kraftlinien in diesem und ähnlichen Fällen berechnet. Man hat für das Potential gemäß (65 a)

$$V = V_0 - \mathcal{E} r \cos\vartheta + \mathcal{E} R^3 \cdot \frac{\cos\vartheta}{r^2}, \tag{73}$$

wobei V_0 das ursprünglich an dem Orte des Mittelpunkts der Kugel vorhandene Potential bedeutet. ($V_0 - \mathcal{E} r \cos\vartheta$ ist das Potential des homogenen Feldes.) Unser Feld ist ein axialsymmetrisches; infolgedessen existiert nach (63), (64) und (65b) eine Funktion

$$U = +\frac{1}{2}\mathcal{E} r^2 \sin^2\vartheta + \mathcal{E} R^3 \frac{\sin^2\vartheta}{r}. \tag{74}$$

Die Gleichungen der Kraftlinien sind daher $U =$ konst. Setzt man

$$+\frac{2U}{E} = b^2, \quad 2R^3 = a^3,$$

so erhält man aus (74)

$$\varrho^2 = b^2 - a^3 \frac{\varrho^2}{(\varrho^2 + z^2)^{\frac{3}{2}}}.$$

Für $z = \infty$ ist $\varrho = b =$ konst. Jede Kraftlinie besitzt eine Asymptote parallel zur Richtung des homogenen Feldes. Für endliches z muß $\varrho^2 < b^2$ sein, da die Kraftlinien zu der leitenden Kugel hingezogen werden (Abb. 35). Daher ist die obige Quadratwurzel positiv zu nehmen. Die Doppelpunkte (Schnittpunkte zweier Kraftlinien) findet man zu $z = 0$, $\varrho = \frac{a}{\sqrt[3]{2}} = R$ (Äquator der Kugel R), wenn $b = \frac{a\sqrt{3}}{\sqrt[3]{2}} = R\sqrt{3}$, also $U = \frac{3}{2}\mathcal{E} R^2$. Für $b > R\sqrt{3}$ hat man zweiteilige Kraftlinien, die teils innerhalb der Kugel R zwischen den Polen des Dipols im Mittelpunkt der Kugel verlaufen, daher nicht in Betracht kommen, teils außen an der Kugel mit einer leichten Einbiegung gegen dieselbe vorbeigehen. Für $b < R\sqrt{3}$ hat man einteilige Kraftlinien, die, aus dem Unendlichen kommend, im negativen Pol des Dipols bez. auf der Kugel R endigen und vom positiven Pol des Dipols bez. der Kugel R anfangend, ins Unendliche verlaufen. Die Grenze zwischen beiden ist die erwähnte Kraftlinie mit Doppelpunkt, $b = R\sqrt{3}$.

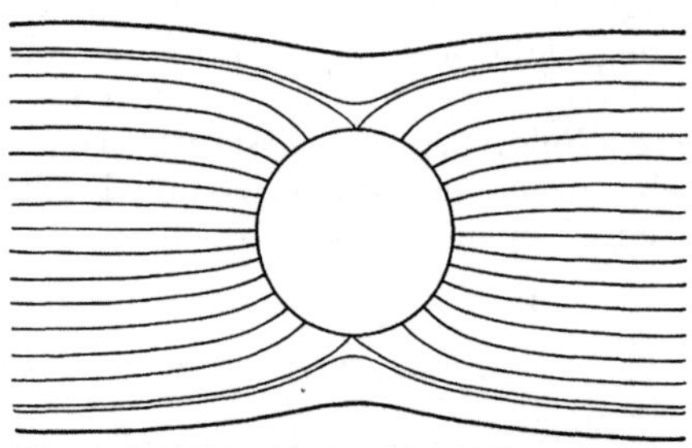

Abb. 35. Kraftlinien für eine leitende Kugel im homogenen Feld.

Die Formel (72) kann geschrieben werden

$$\sigma = \sigma_0 \cos\vartheta, \tag{72a}$$

[1]) Vgl. Ziff. 65.

[2]) W. THOMSON (Lord KELVIN), Reprint, Art. XXXII.

wobei $\sigma_0 = \frac{3\mathcal{E}}{4\pi}$ die maximale Dichte im Pole $\vartheta = 0$ der Kugel (Abb. 34) ist. Dies läßt folgende Interpretation zu (Abb. 36): Man denke sich eine mit homogener Raumdichte $-\varrho$ geladene Vollkugel mit dem Mittelpunkt M und eine mit homogener Raumdichte $+\varrho$ geladene Vollkugel mit dem Mittelpunkt M', wo $MM' = \delta$ eine kleine Strecke parallel zur Richtung des homogenen Feldes $\mathcal{E}$ ist. Beide Raumladungen heben sich auf bis auf eine schmale Schicht an der Oberfläche (Verschiebungsschicht). Die Ladung eines Volumelements dv derselben beträgt (Abb. 36) wegen $dv = df \cdot h = df \cdot \delta\,|\cos\vartheta|$:

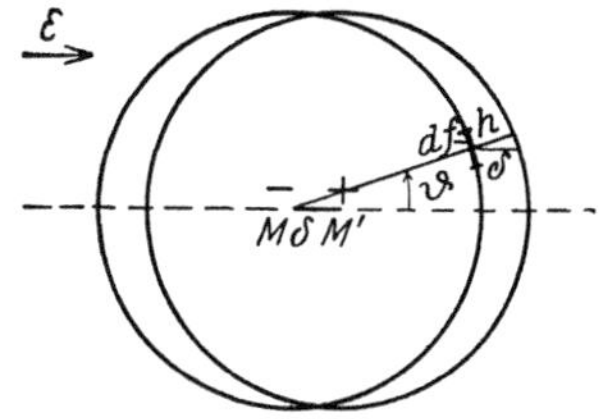

Abb. 36. Verschiebungsschichten.

$$\pm\varrho\,dv = \pm\varrho\,|\cos\vartheta|\,df\delta = \varrho\cos\vartheta\,df\,\delta = \varrho\delta\cdot\cos\vartheta\cdot df = \sigma_0\cdot\cos\vartheta\cdot df,$$

wo $\lim\varrho\,\delta \to \sigma_0$ gesetzt ist, wodurch eine reine Oberflächenladung $df\sigma$ mit $\substack{\varrho\,\to\,\infty\\ \delta\,\to\,0}$ der Dichte (72a) entsteht. Dieser Ersatz des Dipols in Abb. 34 durch die Verschiebungsschichten ist übrigens eine selbstverständliche Folgerung aus der Tatsache, daß auch eine homogene Vollkugel nach außen wie eine in ihrem Mittelpunkt befindliche Punktladung wirkt, und umgekehrt (Ziff. 20 β).

72. Eine geerdete Kugel im homogenen Feld. Wenn die Kugel eine Ladung besitzt, so sei ihr Potential V'. Gemäß (73) folgt jetzt

$$V = V' + V_0 - \mathcal{E}r\cos\vartheta + E\mathcal{E}^3\frac{\cos\vartheta}{r^2}$$

und für die Dichte gemäß (72)

$$\sigma = \frac{1}{4\pi}\frac{V'}{R} + \frac{3}{4\pi}\mathcal{E}\cos\vartheta.$$

Insbesondere für die maximale Dichte ($\vartheta = 0$)

$$\sigma_0 = \frac{1}{4\pi}\frac{V'}{R} + \frac{3}{4\pi}\mathcal{E}.$$

Wenn also $V' \gtrless -3\,\mathcal{E}R$, ist die Dichte $\sigma_0 \gtrless 0$. Ist insbesondere die Kugel geerdet, also $V' = -V_0$, so hat die Kugel eine Gesamtladung

$$e = -V_0 R,$$

die $\gtreqless 0$ ist, je nachdem $V_0 \lesseqgtr 0$ ist. Um dieses merkwürdige Verhalten zu verstehen, bedenke man, daß man sich das homogene Feld anstatt durch eine einzige, etwa nach $z = -\infty$ gerückte positive Ladung unter anderem auch durch zwei Ladungen, eine positive $+e_\infty$ in $z = -\infty$ und eine ebenso große negative $-e_\infty$ in $z = +\infty$ erzeugt denken kann (Abb. 37). Es sei $V = V_0 - \mathcal{E}r\cos\vartheta$ das Potential des homogenen Feldes, wobei V_0 das Potential an der Stelle ist, an die dann der Mittelpunkt der leitenden Kugel gebracht wird. Ist also z. B. $V_0 < 0$, so ist diese Kugel sozusagen der negativen unendlich fernen Ladung näher als der positiven, empfängt also mehr positive als negative Influenzladung usf. Ja es kann der Fall eintreten, daß (Abb. 37)

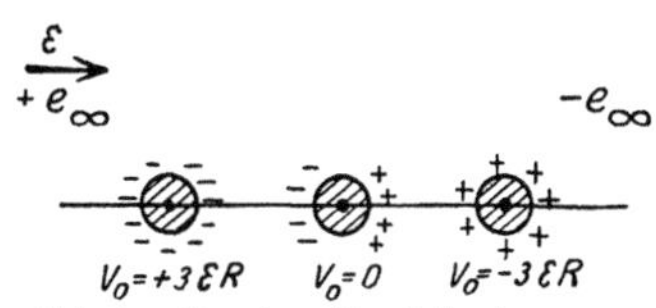

Abb. 37. Geerdete Kugel im homogenen Feld in mehreren Stellungen.

für $V_0 < -3\,\mathcal{E}R$	die Dichte σ	überall positiv
und für $V_0 > +3\,\mathcal{E}R$	die Dichte σ	überall negativ

ist. Dies rührt eben von dem Zusammenwirken zweier influenzierenden Ladungen her. Befindet sich die Kugel in den Zwischenlagen zwischen $V_0 = -3\,\mathcal{E}R$

und $V_0 = +3\,\mathfrak{E}R$, so trägt sie Influenzladung beiderlei Vorzeichen. Ist insbesondere $V_0 = 0$, so unterscheidet sich der Fall der geerdeten Kugel nicht von dem der isolierten Kugel im homogenen Feld; in beiden Fällen ist die Gesamtladung Null. Es besteht wohl ein Unterschied in energetischer Beziehung. Die ungeladene Kugel erfährt im homogenen Feld keinerlei Kraftwirkung, die geerdete erfährt hingegen je nach ihrer Lage eine Beschleunigung parallel oder entgegengesetzt zum Felde, also (Abb. 37) in der rechten Lage eine Beschleunigung nach rechts, in der linken eine nach links, in der mittleren keine. Diese letztere Lage ist also bei geerdeter Kugel eine Lage labilen Gleichgewichts, während sie bei ungeladener Kugel (wie alle deren Lagen) eine Lage indifferenten Gleichgewichts ist.

73. Zwei sich rechtwinklig schneidende Kugeln. Wir kommen nunmehr auf das dritte der in Ziff. 64 angedeuteten Probleme (γ) zurück, bei welchem ebenfalls wie bei α oder β oder wie in Ziff. 69 alles auf insgesamt drei Punktladungen zurückgeführt werden kann. Es seien also zwei sich rechtwinklig schneidende Kugeln mit dem Mittelpunkt um E_1 bez. um E_3 mit Radien $R_1 = \frac{e_1}{V}$ bez. $R_3 = \frac{e_3}{V}$, wo e_1 bez. e_3 die in E_1 und E_3 anzubringenden Ladungen und V das konstante Potential ist, auf welchem sich das ganze Gebilde (Abb. 38) befinden soll. Wir müssen außerdem noch eine dritte Punktladung (67) in E_2

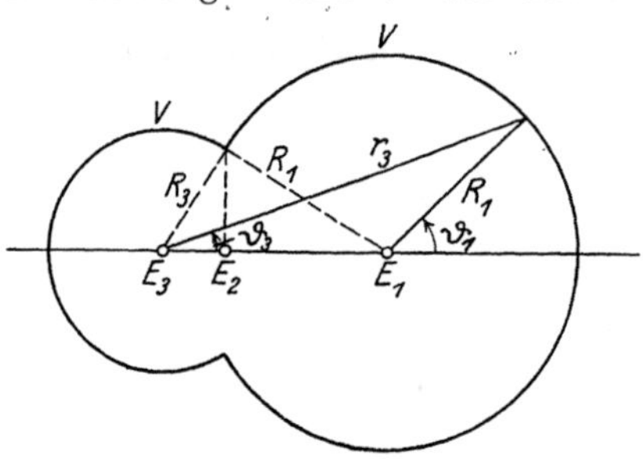

Abb. 38. Zwei sich rechtwinklig schneidende Kugeln.

$$e_2 = -\frac{e_1 e_3}{V}\,\frac{1}{\sqrt{R_1^2 + R_3^2}}$$

anbringen, wobei E_2 zu E_1 (E_3) in bezug auf die Kugel um E_3 (E_1) reziprok ist. Es stellt also e_2 das elektrische Bild von e_1 (e_3) in der Kugel um E_3 (E_1) dar. Daraus geht sofort hervor, daß e_1 (e_3) und e_2 zusammen auf der Kugel um E_3 (E_1) das Potential Null ergeben, wozu noch das von e_3 (e_1) auf der Kugel um E_3 (E_1) erzeugte Potential e_3/R_3 (e_1/R_1) $= V$ (nach Voraussetzung) kommt. Das Problem ist dadurch gelöst.

Die Gesamtladung ist:

$$e = e_1 + e_2 + e_3 = V\left(R_1 + R_3 - \frac{R_1 R_3}{\sqrt{R_1^2 + R_3^2}}\right),$$

die Kapazität des Systems ist:

$$C = \frac{e}{V} = R_1 + R_3 - \frac{R_1 R_3}{\sqrt{R_1^2 + R_3^2}}.$$

Zur Berechnung der Dichteverteilung hat man, wenn $\mathfrak{E}_n^{(1)}, \mathfrak{E}_n^{(2)}, \mathfrak{E}_n^{(3)}$ die von e_1 bez. e_2 bez. e_3 herrührenden Anteile an der Normalkomponente der elektrischen Feldstärke sind:

$$4\pi\sigma = \mathfrak{E}_n^{(1)} + \mathfrak{E}_n^{(2)} + \mathfrak{E}_n^{(3)}.$$

Auf der Kugel um E_1 hat man, wenn $E_1E_3 = \sqrt{R_1^2 + R_3^2} = d$ gesetzt wird, nach leichter Rechnung:

$$\mathfrak{E}_n^{(1)} = \frac{e_1}{R_1^2} = \frac{V}{R_1},$$

$$\mathfrak{E}_n^{(3)} = \frac{e_3}{r_3^2}\cos(r_3 R_1) = V\,\frac{R_3(R_1 + d\cdot\cos\vartheta_1)}{\{R_1^2 + d^2 + 2R_1 d\cos\vartheta_1\}^{\frac{3}{2}}},$$

$$\mathfrak{E}_n^{(2)} = \frac{e_2}{r_2^2}\cos(r_2 R_1) = -V\,\frac{R_3 d}{R_1}\,\frac{(R_1\cos\vartheta_1 + d)}{\{R_1^2 + d^2 + 2R_1 d\cdot\cos\vartheta_1\}^{\frac{3}{2}}},$$

folglich auf der Kugel um E_1

$$4\pi\sigma' = \frac{V}{R_1}\left\{1 - \frac{R_3^3}{\{R_1^2 + d^2 + 2R_1 d\cdot\cos\vartheta_1\}^{\frac{3}{2}}}\right\}.$$

Ganz analog auf der Kugel um E_3

$$4\pi\sigma''' = \frac{V}{R_3}\left\{1 - \frac{R_1^3}{\{R_3^2 + d^2 - 2R_3 d\cdot\cos\vartheta_3\}^{\frac{3}{2}}}\right\}.$$

Wünscht man die auf die Kugel um E_1 entfallende Ladung zu kennen, so bilde man mit dem ersten der obigen Werte (σ')

$$\int\limits_0^{2\pi} d\omega \int\limits_0^{\arccos(-R_1/d)} R_1^2 \sin\vartheta_1\, d\vartheta_1\, \sigma'.$$

Man erhält so für die Gesamtladung e' auf der Kugel um E_1

$$e' = \frac{V}{2}\left\{R_1 + R_3 + \frac{R_1^2 - R_1 R_3 - R_3^2}{\sqrt{R_1^2 + R_3^2}}\right\}$$

bez. für die Gesamtladung e''' auf der Kugel um E_3

$$e''' = \frac{V}{2}\left\{R_3 + R_1 + \frac{R_3^2 - R_1 R_3 - R_1^2}{\sqrt{R_1^2 + R_3^2}}\right\}.$$

Die Summe beider ergibt natürlich die Gesamtladung e:

$$e = e' + e'''.$$

Die Dichte auf der Kugel um E_1 kann geschrieben werden:

$$4\pi\sigma' = \frac{V}{R_1}\left\{1 - \left(\frac{R_3}{r_3}\right)^3\right\}.$$

Dabei bedeutet $\frac{1}{4\pi}\frac{V}{R_1}$ die homogene Dichte, welche auf der ganzen Kugel bei Abwesenheit der zweiten Kugel und bei dem Potential V herrschen würde. Diese Dichte ist je nach der Entfernung r_3 von E_3 verringert im Verhältnis $1 - \left(\frac{R_3}{r_3}\right)^3$ gegen 1. Den maximalen Wert erreicht dieser Faktor für $\vartheta_1 = 0$ im Durchstoßpunkt der Achse, wo

$$r_3 = d + R_1 \frac{R_3^2}{d - R_1},$$

der Faktor also

$$1 - \left(\frac{R_3}{d + R_1}\right)^3 = 1 - \left(\frac{d - R_1}{R_3}\right)^3$$

wird. Den kleinsten Wert erreicht der Faktor für $\cos\vartheta_1 = -\frac{R_1}{d}$, wo $r_3 = R_3$, der Faktor also Null wird. Die Schnittlinie der beiden Kugeln ist, was auch aus ihrer Eigenschaft als einspringende Kante eines leitenden Gebildes (Ziff. 27 u. 65) folgt, eine Linie von der Ladung Null oder eine Gleichgewichtslinie.

Ebenso findet man für die Dichte auf der Kugel um E_3:

$$4\pi\sigma''' = \frac{V}{R_3}\left\{1 - \left(\frac{R_1}{r_1}\right)^3\right\}.$$

Es gilt Analoges wie früher: Maximum im Durchstoßpunkt der Achse $(\vartheta_3 = \pi)$; Minimum (Null) auf der Schnittlinie: $\cos\vartheta_3 = \frac{R_3}{d}$, $r_1 = R_1$.

Wir diskutieren den Fall einer kleinen halbkugelförmigen Erhebung (Buckel) auf einer großen Kugel. Es sei also (Abb. 39)

$$R_3 \ll R_1 .$$

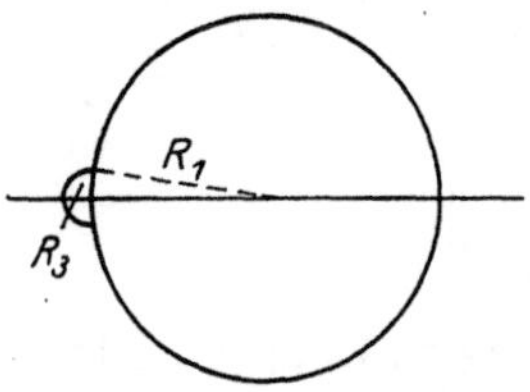

Abb. 39. Ein Buckel auf einer Kugel.

Dann folgt: Kapazität:

$$C = R_1 + \frac{1}{2}\frac{R_3^3}{R_1^2} = R_1\left(1 + \frac{1}{2}\frac{v_3}{v_1}\right),$$

wo v_3 das Volumen der kleinen, v_1 das Volumen der großen Kugel bedeutet. Die Vermehrung der Kapazität durch den Buckel ist also nicht durch den Zuwachs an Oberfläche, sondern durch den Zuwachs an Volumen ($\frac{1}{2} v_3 =$ Volumen des Buckels) bestimmt. Auf die große Kugel entfällt hierbei die Ladung

$$e' = V\left(R_1 - \frac{3}{4}\frac{R_3^2}{R_1}\right) \text{ bis auf Glieder dritter Ordnung}$$

auf den Buckel

$$e''' = \frac{3}{4} V \cdot \frac{R_3^2}{R_1}.$$

Wie man sieht, wird ein beträchtlicher Teil der Gesamtladung

$$e = e' + e''' = VR_1 \text{ bis auf Glieder dritter Ordnung}$$

auf den Buckel als ausspringenden Teil des leitenden Gebildes (Ziff. 27) hinausgezogen. Dies zeigt sich auch an den Dichten:

Große Kugel: $4\pi\sigma' \backsim \frac{V}{R_1}$ bis auf Glieder dritter Ordnung, daher gleich der homogenen Dichte, die bei Abwesenheit des Buckels herrschen würde.

Buckel: $4\pi\sigma''' \backsim 3\,\frac{V}{R_1}(-\cos\vartheta_3)$, d. h. die Dichte auf dem Buckel erreicht für $\vartheta_3 = \pi$ sogar das Dreifache der Dichte auf der großen Kugel.

Rechnet man die mittlere Dichte auf dem Buckel, so erhält man

$$\frac{e'''}{2\pi R_3^2} = \frac{3}{2}\,\frac{1}{4\pi}\,\frac{V}{R_1},$$

d. h. die mittlere Dichte ist das Anderthalbfache der mittleren Dichte auf der großen Kugel.

74. Buckel auf einer leitenden Ebene. Die in Ziff. 73 gegebene Lösung umfaßt auch den Fall einer halbkugelförmigen Erhebung auf einer leitenden Ebene (Abb. 38, $R_1 \to \infty$). Es rücken e_2 und e_3 in einen Dipol zusammen wegen

$$e_2 = -\,e_3 \frac{R_1}{\sqrt{R_1^2 + R_3^2}} \to -\,e_3,$$

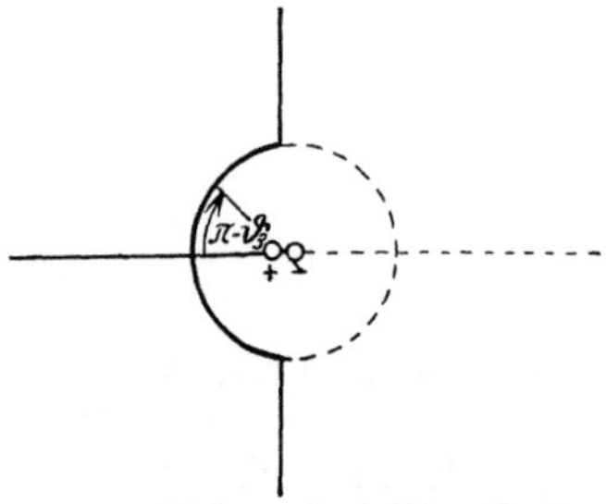

Abb. 40. Ableitung der halbkugelförmigen Erhebung auf der Ebene aus dem Falle einer leitenden Kugel im homogenen Feld.

während e_1 ins Unendliche rückt. Man hat also den Fall einer leitenden Kugel im homogenen Feld (Ziff. 71), wo ja auch (73) eine Ebene $\vartheta = \frac{\pi}{2}$ oder $V = V_0$ auftritt. Man hat nur die eine Hälfte der Abb. 34 (vgl. Abb. 40) wegzulassen. Als Stärke des homogenen Feldes tritt jetzt (vgl. Ziff. 73)

$$\frac{e_1}{R_1^2} = \frac{V}{R_1} = \mathfrak{E}$$

auf. Man findet sowohl aus (72) als aus dem Wert von σ''' in Ziff. 73, da ja der Fall $R_3 \ll R_1$ gleichwertig mit $R_1 \to \infty$ ist, für die Dichte auf dem Buckel:

$$4\pi\sigma''' = 3\,\mathfrak{E}\cos(\pi - \vartheta_3) = -\,3\,\mathfrak{E}\cos\vartheta_3 .$$

Die Dichte auf der Ebene ist dagegen bis auf Glieder dritter Ordnung

$$4\pi\sigma' = \mathfrak{E}.$$

k) Das Problem der zwei Kugeln.

75. Verschiedene Methoden. Die im vorigen Abschnitt besprochene Methode der Bilder ist in ihrer Anwendung auf kugelförmige (ebene) Leiter beschränkt, wie man unschwer aus Ziff. 62 (Abb. 20) ableiten kann. Man kann die Bilder nicht nur bezüglich einer, sondern auch mehrerer Kugeln (Ebenen) bilden. Man gelangt so zu einem endlichen System von Bildern, wofür MAXWELL in Art. 165 bis 170 des Treatise Beispiele bringt, auf die wir hier verweisen. Die berühmteste Anwendung der Methode der elektrischen Bilder besteht jedoch in der Lösung des Problems zweier sich gegenseitig influenzierenden Kugeln, die schon von Lord KELVIN 1853 (Reprint Art. VI) angebahnt, bei MAXWELL Treatise Art. 171 ff. weiter ausgeführt und von J. J. THOMSON in einem Appendix hierzu verbessert wurde. Es handelt sich hierbei um ein unendliches System von Bildern. Auf ganz anderer Grundlage beruht die ursprüngliche von POISSON 1811 gegebene Lösung dieses Problems, des einzigen Problems, bei welchem die Berechnung der gegenseitigen Influenzierung zweier Leiter bisher gelungen ist. POISSON[1]) hat eine Funktionalgleichung für das Potential aufgestellt, das in irgendeinem Punkte der Zentrallinie herrscht. Mit der Lösung dieser Funktionalgleichung haben sich nach POISSON u. a. beschäftigt: PLANA[2]), KIRCHHOFF[3]), neuestens A. RUSSELL[4]).

Wir geben nachstehend die Lösung nach der Methode der Bilder wieder.

76. Die unendlich vielen Bilder bei zwei sich influenzierenden Kugeln. Die Lösung mittels der Bilder beruht auf einer von MURPHY[5]) vorgeschlagenen Methode der „sukzessiven Influenzen“. Das Wesen der Methode wird aus dem folgenden klar werden.

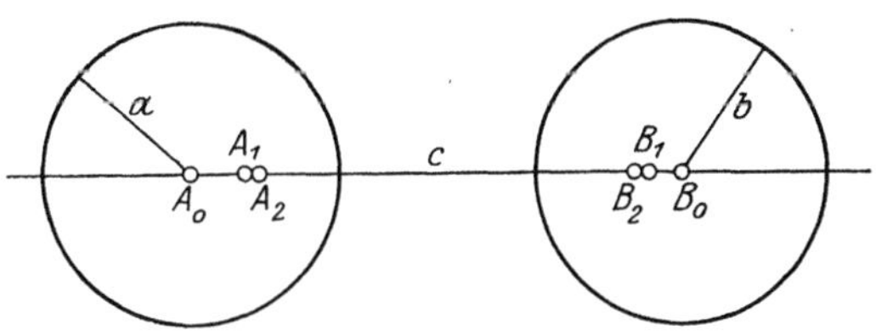

Abb. 41. Problem der zwei Kugeln.

Wir bezeichnen (Abb. 41) alles auf die eine Kugel Bezügliche mit den Buchstaben A (Punkte, z. B. A_0 Mittelpunkt), a (Abstände vom Mittelpunkte, z. B. a Radius), α (Ladungen). Desgleichen alles auf die zweite Kugel Bezügliche mit den Buchstaben B, b, β. Der Zentralabstand A_0B_0 sei c.

Wir behandeln nun zwei getrennte Probleme:

α) Kugel A auf dem Potential $\frac{\alpha_0}{a}$, Kugel B auf dem Potential 0,

β) „ A „ „ „ 0, „ B „ „ „ $\frac{\beta_0'}{b}$.

Die auf das zweite Teilproblem bezüglichen Größen sollen durch den Akzent von den auf das erste Teilproblem bezüglichen unterschieden werden. Nach dem Prinzip der Superposition ergibt sich durch Addition die allgemeine Lösung, wo beide Kugeln auf je einem willkürlichen Potential sich befinden. Wir behandeln zuerst das erste Teilproblem. Die Lösung des zweiten wird hieraus durch Vertauschung der Buchstaben a, α mit b, β erhalten.

---

1) S. D. POISSON, Mém. de l'Inst. Bd. XII. 1811.

2) PLANA, Mém. de l'Ac. des sciences de Turin Bd. II, S. 7. 1845.

3) G. KIRCHHOFF, Crelle's Journal Bd. 59. 1861, Berl. Ber. 1885, Vorlesungen über Elektrizität Bd. 3.

4) A. RUSSELL, Proc. Phys. Soc. Bd. 35. 1922. A. RUSSELL gibt auch eine Methode zur Berechnung des „Selbstkapazitätskoeffizienten“ (vgl. Kapazität gegen die Erde Ziff. 36) einer Kugel in Anwesenheit eines anderen Leiters von beliebiger Gestalt: $q_{aa} = a + C$, wo C die Kapazität des Kondensators ist, der von dem elektrischen Bilde des Leiters in der Kugel und von der Kugeloberfläche gebildet wird. Proc. Roy. Soc. Bd. 97, S. 160. 1920.

5) MURPHY, Electricity. S. 93. Cambridge 1833.

Wir erteilen also der Kugel A eine Ladung α_0, während die Kugel B geerdet ist. Die Ladung α_0 wirkt zunächst nach außen wie eine im Mittelpunkt A_0 befindliche Punktladung α_0. Diese erzeugt nach Ziff. 68 auf der geerdeten Kugel eine ungleichnamige Influenzladung, die sich hinsichtlich ihrer Wirkung nach außen durch eine Punktladung β_1 in B_1 dem zu A_0 in bezug auf die Kugel B inversen Punkte ersetzen läßt (elektrisches Bild von α_0), wobei:

$$\beta_1 = -\alpha_0 \frac{b}{c}, \qquad B_0B_1 = b_1 = \frac{b^2}{c}, \qquad A_0B_1 = c - b_1.$$

Diese Influenzladung wird aber wieder rückwärts die Verteilung auf der Kugel A stören, indem sie dort auch eine ungleichnamige Influenzladung erzeugt. Diese wird nach außen repräsentiert durch eine Punktladung α_1 in A_1 dem zu B_1 in bezug auf die Kugel A inversen Punkte (elektrisches Bild von β_1), wobei

$$\alpha_1 = -\beta_1 \frac{a}{c - b_1}, \qquad A_0A_1 = a_1 = \frac{a^2}{c - b_1}, \qquad B_0A_1 = c - a_1.$$

Nunmehr wird auch diese neue Ladung α_1 auf die Kugel B influenzierend wirken. Das elektrische Bild von α_1 in bezug auf die Kugel B ist eine Ladung β_2 in B_2, dem zu A_1 in bezug auf die Kugel B inversen Punkte, wobei

$$\beta_2 = -\alpha_1 \frac{b}{c - a_1}, \qquad B_0B_2 = b_2 = \frac{b^2}{c - a_1}, \qquad A_0B_2 = c - b_2 \text{ u.s.f.}$$

Wir erhalten so durch Berücksichtigung der sukzessiven Influenzen — dies ist eben die Methode von MURPHY — eine unendliche Reihe von elektrischen Bildern, α_s in A_s, β_s in B_s, wo

$$\alpha_s = -\beta_s \frac{a}{c - b_s}, \qquad A_0A_s = a_s = \frac{a^2}{c - b_s}, \qquad B_0A_s = c - a_s, \tag{75a}$$

$$\beta_s = -\alpha_{s-1} \frac{b}{c - a_{s-1}}, \qquad B_0B_s = b_s = \frac{b^2}{c - a_{s-1}} \qquad A_0B_s = c - b_s \tag{75b}$$

mit $s = 1, 2, 3 \ldots$ Dabei ist $a_0 = 0$ und α_0 die in A_0 ursprünglich angebrachte Ladung.

77. Aufstellung und Lösung einer Funktionalgleichung. Zur Lösung von (75 a) und (75 b) beachte man

$$b_s = \frac{b^2}{c - a_{s-1}}, \qquad a_s = \frac{a^2}{c - b_s}.$$

Man hat:

$$\alpha_s = -\beta_s \frac{a}{c - bs} \quad \text{entweder} \quad = -\beta_s \frac{a_s}{a} \quad \text{oder} \quad = -\beta_s \frac{a}{c - \dfrac{b^2}{c - a_{s-1}}}$$

$$\beta_s = -\alpha_{s-1} \frac{b}{c - a_{s-1}} = -\alpha_{s-1} \frac{b_s}{b} \text{ entweder} = -\alpha_{s-1} \frac{c - \dfrac{a^2}{a_s}}{b} \text{ oder} = -\alpha_{s-1} \frac{b}{c - a_{s-1}}.$$

Eliminiert man hieraus β_s, so kommt bez.

$$\text{entweder} \quad \alpha_s = \alpha_{s-1} \frac{a_s c - a^2}{ab} \quad \text{oder} \quad = \alpha_{s-1} \frac{ab}{c(c - a_{s-1}) - b^2}.$$

Wendet man den zweiten Teil der obigen Gleichung auf $s + 1$ statt s an, so hat man:

$$\alpha_{s+1} = \alpha_s \frac{ab}{c(c - a_s) - b^2}.$$

hieraus die Funktionalgleichung:

$$\frac{1}{\alpha_{s-1}} + \frac{1}{\alpha_{s+1}} = \frac{1}{\alpha_s} \frac{c^2 - a^2 - b^2}{ab}. \tag{76}$$

Genau dieselbe Gleichung gilt (durch Vertauschung der a, α mit den b, β) für die β.

Zur Lösung von (76) betrachten wir die quadratische Gleichung:

$$u^2 + 1 - u\,\frac{c^2 - a^2 - b^2}{a\,b} = 0\,.$$

Ihre Wurzeln seien $u_1 = e^{\lambda}$ und $u_2 = e^{-\lambda}$, also

$$\left.\begin{aligned} \cosh\lambda &= \frac{c^2 - a^2 - b^2}{2ab} \\ \sinh\lambda &= \frac{\sqrt{a^4 + b^4 + c^4 - 2b^2c^2 - 2c^2a^2 - 2a^2b^2}}{2ab} = \frac{\sqrt{W}}{2ab}\,. \end{aligned}\right\} \tag{77b}$$

Dann ist eine Lösung von (76), wie man sofort sieht:

$$\frac{1}{\alpha_s} = C_1 u_1^s + C_2 u_2^s\,.$$

Ebenso

$$\frac{1}{\beta_s} = D_1 u_1^s + D_2 u_2^s\,,$$

wo C_1, C_2, D_1, D_2 noch zu bestimmende Konstanten sind.

Bestimmung von C_1, C_2 aus α_0 (vorgegeben) und $\alpha_1 = \alpha_0 \frac{ab}{c^2 - b^2}$: Führt man die Wurzeln $v_1 = \frac{a + b\mu_1}{c} = e^{\mu}$, $v_2 = \frac{a + b\mu_2}{c} = e^{-\mu}$ der quadratischen Gleichung

$$v^2 + 1 - v\,\frac{c^2 + a^2 - b^2}{a\,c} = 0 \tag{78a}$$

ein, also

$$\left.\begin{aligned} \cosh\mu &= \frac{c^2 + a^2 - b^2}{2ac} \\ \sinh\mu &= \frac{\sqrt{W}}{2ac} = \frac{b}{c}\sinh\lambda \end{aligned}\right\} \tag{78b}$$

so kommt

$$C_1 = \frac{1}{\alpha_0}\,\frac{v_1}{v_1 - v_2}\,, \qquad C_2 = -\frac{1}{\alpha_0}\,\frac{v_2}{v_1 - v_2}$$

und schließlich

$$\frac{1}{\alpha_s} = \frac{1}{\alpha_0}\,\frac{v_1 u_1^s - v_2 u_2^s}{v_1 - v_2} = \frac{1}{\alpha_0}\,\frac{\sinh(s\lambda + \mu)}{\sinh\mu} \tag{76a}$$

Bestimmung von D_1, D_2 aus $\beta_1 = -\alpha_0 \frac{b}{c}$ und $\beta_2 = -\alpha_0 \frac{ab^2}{c(c^2 - a^2 - b^2)}$:

$$D_1 = -\frac{1}{\alpha_0}\,\frac{1}{v_1 - v_2}\,, \qquad D_2 = +\frac{1}{\alpha_0}\,\frac{1}{v_1 - v_2}\,,$$

$$\frac{1}{\beta_s} = -\frac{1}{\alpha_0}\,\frac{u_1^s - u_2^s}{v_1 - v_2} = -\frac{1}{\alpha_0}\,\frac{\sinh s\lambda}{\sinh\mu}\,. \tag{76b}$$

Somit lautet die gesamte Lösung der Funktionalgleichung (76):

Ladungen der Bildpunkte:

$$\alpha_s = \alpha_0\,\frac{\sinh\mu}{\sinh(s\lambda + \mu)}\,, \qquad \beta_s = -\,\alpha_0\,\frac{\sinh\mu}{\sinh s\lambda}$$

Zentralabstände der Bildpunkte von der eigenen Kugel:

$$a_s = a\,\frac{\sinh s\lambda}{\sinh(s\lambda + \mu)}\,, \qquad b_s = b\,\frac{\sinh[(s-1)\lambda + \mu]}{\sinh s\lambda} \qquad s = 1, 2, 3 \ldots \tag{79}$$

Desgleichen von der anderen Kugel:

$$c - a_s = b\,\frac{\sinh[s+1]\lambda}{\sinh(s\lambda + \mu)}\,, \qquad c - b_s = a\,\frac{\sinh(s\lambda + \mu)}{\sinh s\lambda}$$

wozu noch $(\alpha_s)_{s=0} = \alpha_0$, $a_0 = 0$ tritt.

Dies ist die Lösung des ersten Teilproblems (Kugel A auf Potential $\frac{\alpha_0}{a}$, Kugel B geerdet). Wie man sieht, werden die sukzessiven Influenzladungen $\alpha_1, \alpha_2, \ldots$ bez. $\beta_1, \beta_2 \ldots$ immer kleiner, je größer die Ordnungszahl s wird (wegen des Nenners $\sinh(s\lambda+\mu)$ bez. $\sinh s\lambda$), ihr Beitrag zum Feld daher immer geringer. Eine Ausnahme tritt nur ein, wenn $\lambda = 0$ oder $c = a + b$, d. h. die Kugeln A und B sich berühren. Für diesen Fall sind die Formeln (79) nicht brauchbar (vgl. Ziff. 83). In allen übrigen Fällen ist $c > a + b$ und die von (79) gelieferten Reihen konvergieren.

Die Lösung des zweiten Teilproblems (Kugel A auf Potential 0, Kugel B auf Potential $\frac{\beta_0'}{b}$) erhält man aus (79) durch Vertauschung der a, α mit den b, β und Akzentuierung. An Stelle von (78a), (78b) treten die Wurzeln $v_1' = \frac{b + a u_1}{c} = e^{\mu'}$, $v_2' = \frac{b + a u_2}{c} = e^{-\mu'}$ der quadratischen Gleichung

$$v'^2 + 1 - v' \frac{c^2 - a^2 + b^2}{bc} = 0, \tag{80a}$$

also

$$\left.\begin{aligned} \cosh\mu' &= \frac{c^2 - a^2 + b^2}{2bc} \\ \sinh\mu' &= \frac{\sqrt{W}}{2bc} = \frac{a}{c}\sinh\lambda \end{aligned}\right\} \tag{80b}$$

wobei

$$\lambda = \mu + \mu', \tag{80c}$$

so daß schließlich die Lösung des zweiten Teilproblems lautet:

$$\left.\begin{array}{l} \text{Ladungen der Bildpunkte:} \\ \qquad \beta_s' = \beta_0' \dfrac{\sinh\mu'}{\sinh(s\lambda + \mu')}, \qquad \alpha_s' = -\beta_0' \dfrac{\sinh\mu'}{\sinh s\lambda} \\ \text{Zentralabstände der Bildpunkte von der eigenen Kugel:} \\ \qquad b_s' = b \dfrac{\sinh s\lambda}{\sinh(s\lambda + \mu')}, \qquad a_s' = a \dfrac{\sinh[(s-1)\lambda + \mu']}{\sinh s\lambda} \quad s = 1, 2, 3 \ldots \\ \text{Desgleichen von der anderen Kugel:} \\ \qquad c - b_s' = a \dfrac{\sinh(s+1)\lambda}{\sinh(s\lambda + \mu')}, \qquad c - a_s' = b \dfrac{\sinh(s\lambda + \mu')}{\sinh s\lambda} \end{array}\right\} \tag{81}$$

wozu noch $(\beta_s')_{s=0} = \beta_0'$, $b_0' = 0$ tritt.

Auch die Formeln (81) gelten nur für $c > a + b$ und versagen für $c = a + b$ (Berührung der Kugeln).

78. Dipolare Koordinaten. Methode von RUSSELL. Man setzt (Abb. 42)

$$\xi + i\eta = p \coth\tfrac{1}{2}(\mu - i\nu),$$

wobei $OO' = 2p$ und O, O' die beiden Pole des dipolaren Koordinatensystems sind. Es ergibt sich durch Trennung des Reellen und Imaginären:

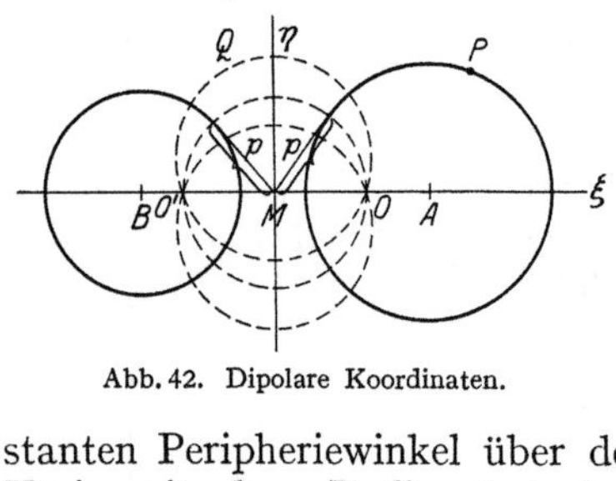

Abb. 42. Dipolare Koordinaten.

$$\xi = p \frac{\sinh\mu}{\cosh\mu - \cos\nu}, \qquad \eta = p \frac{\sin\nu}{\cosh\mu - \cos\nu}.$$

Hieraus zeigt man, daß die Kurven

$$\nu = \text{konst.} \qquad \text{oder} \qquad \xi^2 (\eta - p \operatorname{ctg}\nu)^2 = \frac{p^2}{\sin^2\nu}$$

Kreise sind, die sämtlich durch die zwei Punkte O, O' hindurchgehen (strichlierte Kreise in Abb. 42); ν bez. $\pi - \nu$ bedeutet den für alle Punkte Q eines solchen Kreises konstanten Peripheriewinkel über den beiden durch OO' begrenzten Bögen. Der Kreis mit dem Radius p insbesondere hat seinen Mittelpunkt in M; ihm entspricht $\nu = \frac{\pi}{2}$. Für $\nu = \pi$ hat man die Strecke OO' oder $\eta = 0$, $\xi = p \operatorname{tangh} \frac{\mu}{2}$, was dem absoluten Werte nach höchstens gleich p ist. Für $\nu = 0$ hat man die unendlichen Stücke der ξ-Achse jenseits O bez. O' oder $\eta = 0$, $\xi = p \operatorname{cotangh} \frac{\mu}{2}$, also $\xi \geqq p$ für $\mu > 0$ bez. $\xi \leqq -p$ für $\mu < 0$. Für $\xi = +\infty$ ist $\mu = 0$ und nimmt dann mit abnehmendem ξ bis zu $\mu = +\infty$ für O oder $\xi = p$ zu. Für $\xi = -\infty$ ist $\mu = 0$ und nimmt dann mit zunehmendem ξ bis zu $\mu = -\infty$ für O' oder $\xi = -p$ ab.

Die Kurven

$$\mu = \text{konst.} \quad \text{oder} \quad (\xi - p \coth \mu)^2 + \eta^2 = \frac{p^2}{\sinh^2 \mu}$$

sind Kreise, die jene ersten sämtlich senkrecht schneiden. Der Mittelpunkt eines solchen Kreises ist $\xi_0 = p \operatorname{cotangh} \mu$, $\eta_0 = 0$ oder $\nu_0 = 0$, $\mu_0 = 2\mu$, wenn μ die Konstante des Kreises ist. Der Radius ist $p/|\sinh \mu|$. Dabei bedeutet für irgendeinen Punkt P eines Kreises μ:

$$e^{\mu} = \frac{O'P}{OP}$$

(vgl. Ziff. 68 bei Abb. 30) das konstante Verhältnis der Abstände von den Polen O, O', welche für alle Kreise μ ein inverses Punktepaar sind.

Wir wählen zwei solche Kreise $\mu_1 = \mu > 0$ und $\mu_2 = -\mu' < 0$. Die Mittelpunkte seien: A $(2\mu, \nu = 0)$ und $B(-2\mu', \nu = 0)$, die Radien $a = p/\sinh \mu$ und $b = p/\sinh \mu'$, der Zentralabstand $c = p \coth \mu + p \coth \mu' = p \frac{\sinh(\mu + \mu')}{\sinh \mu \sinh \mu'}$ $= p \frac{\sinh \lambda}{\sinh \mu \sinh \mu'}$. Bildet man hieraus $\cosh \mu$ bez. $\cosh \mu'$, so findet man die in (78b) bez. (80b) angegebenen Werte und erkennt so die Bedeutung der dortigen Größen μ, μ'. Zu bemerken ist, daß an Stelle der negativen Koordinate μ_2 für die Kugel B bez. den Kreis B hierbei der absolute Wert $\mu' = -\mu_2$ verwendet wird.

Wir betrachten irgend zwei bezüglich eines Kreises μ inverse Punkte P, P' (Abb. 43). Man sieht leicht, daß $\Delta OPA \backsim \Delta O'P'A$ (gemeinsamer Winkel A, $AP' \cdot AP = AO' \cdot AO = a^2$), ebenso $\Delta O'PA \backsim \Delta OP'A$. Hieraus folgt: $O'P' : OP = AP' : AO$, ebenso $O'P : OP' = O'A : AP'$, woraus durch Multiplikation:

$$\frac{O'P'}{OP'} \cdot \frac{O'P}{OP} = \frac{O'A}{OA}$$

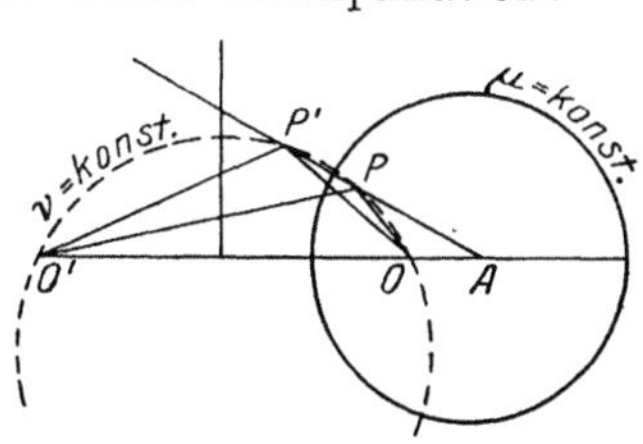

Abb. 43. Inverse Punktepaare.

oder wenn $\mu(P')$ bez. $\mu(P)$ bez. $\mu(A)$ die dipolare μ-Koordinate von P bez. P' bez. A bedeuten

$$\mu(P) + \mu(P') = \mu(A) \qquad (\alpha)$$

d. h. die Summe der μ-Koordinaten zweier bezüglich des Zentrums A inverser Punkte P, P' ist gleich der μ-Koordinate dieses Zentrums. Da nach dem Vorigen die μ-Koordinate $\mu(A)$ des Zentrums A des Kreises μ gleich ist 2μ, so ist diese Summe auch gleich 2μ, wenn μ der Inversionskreis ist.

Ferner findet man leicht, daß

$$\sphericalangle O'P'O = \sphericalangle O'PO \quad \text{oder} \quad \nu(P') = \nu(P);$$

inverse Punkte bezüglich eines Kreises μ liegen auf dem gleichen Kreis ν.

Von diesen Resultaten machen wir die folgende Anwendung[1]) (Abb. 44). Wir invertieren die Kugeln (Kreise) A (Zentrum A_0) an B und B (Zentrum B_0) an A; wir erhalten die Kugeln Zentrum A_1 und Zentrum B_1'. Hierauf inver-

[1]) Vgl. A. RUSSELL, Proc. Phys. Soc. Bd. 35, S. 22. 1922.

tieren wir wieder die Kugel A_1 an B und die Kugel B_1' an A. Wir erhalten die Kugeln Zentrum B_2' bez. Zentrum A_2 usf. Es wird sich zeigen, daß diese mit den unendlich vielen Bildern Lord KELVINS (Ziff. 77) in engstem Zusammenhang stehen. Nach (α) folgt: Kugel A_1 invers zu B in bezug auf A_0: $\mu(P) + \mu(P') = \mu(A_0)$, wo P bez. P' zwei bei der Inversion sich entsprechende Punkte der Kugel A_1 bez. der Kugel B sind. Da die μ-Koordinate auf B bez. auf A_1 konstant ist, so haben P bez. P' die μ-Koordinate der betreffenden Kugel. Wir setzen wieder für die Kugel B: $\mu = -\mu'$, für die Kugel A schreiben wir: μ. Dann folgt für die Koordinate μ_1 der Kugel A_1 mit $\lambda = \mu + \mu'$: $\mu_1 = 2\mu + \mu' = \lambda + \mu$, für den Mittelpunkt A_1 dieser Kugel: $2\mu_1 = 2\lambda + 2\mu$, für den Radius: $r_1 = p/\sinh\mu_1 = p/\sinh(\lambda + \mu)$, für den Abstand: $AA_1 = a_1$ $= p \operatorname{cotangh}\mu - p \operatorname{cotangh}\mu = p\dfrac{\sinh\lambda}{\sinh\mu\sinh(\lambda+\mu)} = a\dfrac{\sinh\lambda}{\sinh(\lambda+\mu)}$.

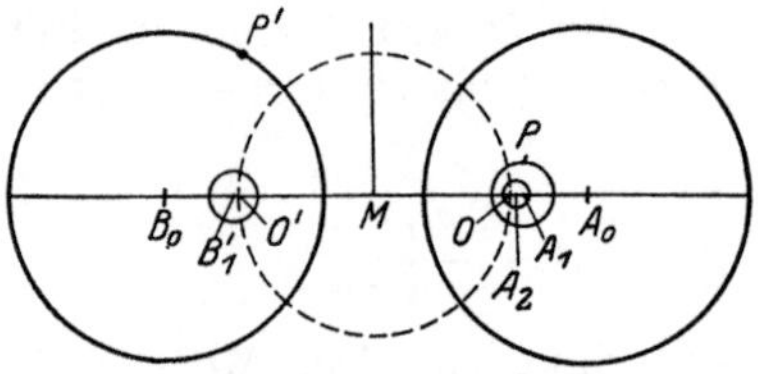

Abb. 44. Sukzessive Inversionen zweier Kugeln.

Ferner für die Kugel B_1': $\mu_1' = -2\mu' - \mu$, für den Mittelpunkt B_1': $2\mu_1'$ $= -4\mu' - 2\mu$, für den Radius: $r_1' = p/|\sinh\mu_1'| = p/\sinh(2\mu' + \mu)$, für den Abstand: $AB_1' = c_1' = p\operatorname{cotangh}\mu - p\operatorname{cotangh}\mu_1' = p[\operatorname{cotangh}\mu + \operatorname{cotangh}(2\mu' + \mu)]$ $= p\dfrac{\sinh(2\mu' + 2\mu)}{\sinh\mu\sinh(2\mu'+\mu)} = a\dfrac{\sinh(2\mu'+2\mu)}{\sinh(2\mu'+2\mu)}$.

Für die zu B_1 bezügliche A inverse Kugel A_2: $\mu_2 = 2\mu_1 - \mu_1' = 3\mu + 2\mu'$ $= 2\lambda + \mu$, Mittelpunkt A_2: $2\mu_2 = 4\lambda + 2\mu$, Radius: $r_2 = p/\sinh\mu_2 = p/\sinh(2\lambda+\mu)$, Abstand $AA_2 = a_2 = p\operatorname{cotangh}\mu - p\operatorname{cotangh}\mu_2 = p\dfrac{\sinh 2\lambda}{\sinh\mu\sinh(2\lambda+\mu)}$ $= a\dfrac{\sinh 2\lambda}{\sinh(2\lambda+\mu)}$.

Für die zu A_1 bezüglich B inverse Kugel B_2': $\mu_2' = -2\mu' - \mu_1 = -3\mu' - 2\mu$, Mittelpunkt B_2': $2\mu_2'$, Radius: $r_2' = p/|\sinh\mu_2'|$, Abstand: $AB_2' = c_2' = p\operatorname{cotangh}\mu$ $- p\operatorname{cotangh}\mu_2' = a\dfrac{\sinh(3\mu'+3\mu)}{\sinh(3\mu'+2\mu)}$ usf.

Man sieht zunächst durch Vergleich mit (79):

Die Mittelpunkte $A_1, A_2 \ldots$ der Kugeln, welche durch sukzessive Inversion von B an A bez. A an B innerhalb A entstehen, sind identisch mit den Bildpunkten $A_1, A_2 \ldots$ des ersten Teilproblems in Ziff. 75 (Kugel A auf dem Potential $V_a = \dfrac{\alpha_0}{a}$, Kugel B auf dem Potentiale $V_b = 0$). Jeder solche Bildpunkt A_s trägt eine Ladung

$$\alpha_s = \alpha_0\frac{\sinh\mu}{\sinh(s\lambda+\mu)} = \frac{\alpha_0}{a}\cdot\frac{p}{\sinh(s\lambda+\mu)} = V_a\cdot\frac{p}{\sinh(s\lambda+\mu)} = V_a\cdot r_s,$$

d. h. diese Ladung entspricht genau der Kapazität (Radius) der Kugel, deren Mittelpunkt A_s ist, wenn sie gleichförmig zum Potential V_a geladen ist. Man ersieht hieraus leicht: die Kapazität der Kugel a, die sich ja nach (42) aus

$$e_a = q_{aa}V_a + q_{ab}V_b,$$
$$e_b = q_{ab}V_a + q_{bb}V_b$$

(e_a, V_a bez. e_b, V_b Gesamtladung und Potential der Kugel A bez. B) als q_{aa} berechnet, d. h. als Gesamtladung der Kugel A im ersten Teilproblem, wo $V_a = 1$, $V_b = 0$, läßt sich ausdrücken:

$$\frac{\alpha_0}{a}q_{aa} = \alpha_0 + \alpha_1 + \alpha_2 + \cdots \qquad \text{oder} \qquad q_{aa} = a + r_1 + r_2 + \cdots$$

als Summe der Einzelkapazitäten der ineinander geschachtelten (Abb. 44) Kugeln A, A_1, A_2 usf.

Weiters: Der Influenzierungskoeffizient q_{ab} berechnet sich für das erste Teilproblem als $\frac{\alpha_0}{a} q_{ab} = \beta_1 + \beta_2 + \beta_3 + \cdots$ (Gesamtladung der Kugel B) oder $-q_{ab} = \frac{ab}{c} + a\frac{r_1'}{c_1'} + a\frac{r_2'}{c_2'} + \cdots$.

Denn aus (79) folgt:

$$\beta_s = -\frac{\alpha_0}{a} \cdot \frac{p}{\sinh s\lambda} = -\frac{\alpha_0}{a} \cdot \frac{a r_s'}{c_s'}.$$

Er ist also gleich der Summe der Einzelinfluenzierungskoeffizienten (Ziff. 40), die die Kugel A und die Kugeln B, B_1', B_2' (bei großer Entfernung voneinander) besitzen würden.

79. Berechnung der Kapazitätskoeffizienten. Auf die in Ziff. 78 auseinander gesetzte Weise findet man:

$$\left.\begin{aligned} q_{aa} &= \sum_{s=0}^{\infty} \alpha_s = a \sinh\mu \sum_{s=0}^{\infty} \frac{1}{\sinh(s\lambda+\mu)}, \\ q_{ab} &= \sum_{s=1}^{\infty} \beta_s = \sum_{s=1}^{\infty} \alpha_s' = -\frac{ab}{c}\sinh\lambda \sum_{s=1}^{\infty} \frac{1}{\sinh s\lambda}, \\ q_{bb} &= \sum_{s=0}^{\infty} \beta_s' = b \sinh\mu' \sum_{s=0}^{\infty} \frac{1}{\sinh(s\lambda+\mu')}, \end{aligned}\right\} \tag{82}$$

wo von (79), (81) sowie von der aus (78b) und (80b) folgenden Relation (vgl. auch Ziff. 78)

$$b\sinh\mu' = a\sinh\mu = \frac{ab}{c}\sinh\lambda = p$$

Gebrauch gemacht und $\alpha_0 = a$, $\beta_0' = b$ gesetzt ist.

Diese Reihen konvergieren, wenn $\lambda \neq 0$, d. h. (Ziff. 77) die Kugeln sich nicht berühren, absolut. Dies ist die nachträgliche Rechtfertigung der Methode der sukzessiven Influenzen.

Für die praktische Berechnung eignen sich die Reihen (82) weniger gut. Wir schreiben zunächst, indem wir wieder nach (77b), (78 b), (80 b)

$$e^{-\lambda} = u_2, \qquad e^{-\mu} = v_2, \qquad e^{-\mu'} = v_2'$$

einführen:

$$\left.\begin{aligned} q_{aa} &= a(1-v_2^2) \sum_{s=0}^{\infty} \frac{u_2^s}{1-v_2^2 u_2^{2s}}, \\ q_{ab} &= -\frac{ab}{c}(1-u_2^2) \sum_{0}^{\infty} \frac{u_2^s}{1-u_2^{2s+2}}, \\ q_{bb} &= b(1-v_2'^2) \sum_{s=0}^{\infty} \frac{u_2^s}{1-v_2'^2 u_2^{2s}}. \end{aligned}\right\} \tag{82a}$$

Diese Reihen sind also sämtlich von der Form

$$\sum_{s=0}^{\infty} \frac{\gamma^s}{1-\delta^2\gamma^{2s}}, \qquad \text{wobei } \gamma = u_2 \text{ und } \delta = v_2 \text{ bzw. } = u_2 \text{ bzw. } = v_2' \text{ ist.}$$

KIRCHHOFF (Vorlesungen l. c. 87) gibt folgende Umformung einer solchen Reihe

$$\sum_{s=0}^{\infty} \frac{\gamma^s}{1-\delta^2\gamma^{2s}} = \sum_{0}^{\infty} (\delta^2\gamma^{2s+1})^s \frac{1-\delta^2\gamma^{4s+1}}{(1-\delta^2\gamma^{2s})(1-\gamma^{2s+1})},$$

welche Reihe viel rascher konvergiert. Schon das erste Glied ($s = 0$)

$$\frac{1-\delta^2\gamma}{(1-\delta^2)(1-\gamma)}$$

genügt für eine gute Näherung, also:

$$q_{aa} \backsim a \frac{1-v_2^2 u_2}{1-u_2},$$

$$q_{ab} \backsim -\frac{ab}{c}\frac{1-u_2^3}{1-u_2},$$

$$q_{bb} \backsim b\cdot \frac{1-v_2'^2\mu_2}{1-u_2}.$$

Wendet man nämlich (82a) auf zwei Kugeln in großer Entfernung voneinander an ($c \gg a$ und $\gg b$), so hat man zufolge (77 b), (78 b), (80 b)

$$u_2 = \cosh\lambda - \sinh\lambda$$

$$= \frac{c^2-a^2-b^2}{2ab} - \frac{\sqrt{(c^2-a^2-b^2)^2-4a^2b^2}}{2ab} \backsim \frac{c^2-a^2-b^2}{2ab}\left\{1-\left(1-\frac{1}{2}\frac{4a^2b^2}{(c^2-a^2-b^2)^2}+\cdots\right)\right\}$$

$$= \frac{ab}{c^2} + \left(\text{Glieder } \frac{1}{c^4}\right),$$

$$v_2 = \cosh\mu - \sinh\mu$$

$$= \frac{c^2+a^2-b^2}{2ac} - \frac{\sqrt{(c^2+a^2-b^2)^2-4a^2c^2}}{2ac} \backsim \frac{c^2+a^2-b^2}{2ac}\left\{1-\left(1-\frac{1}{2}\frac{4a^2c^2}{(c^2+a^2-b^2)^2}+\cdots\right)\right\}$$

$$= \frac{a}{c} + \left(\text{Glieder } \frac{1}{c^3}\right).$$

Ebenso $v_2' \backsim \frac{b}{c} + \left(\text{Glieder } \frac{1}{c^3}\right)$.

Somit:

$$q_{aa} \backsim a \frac{1-\cdots}{1-\frac{ab}{c^2}} + \text{Glieder } \frac{1}{c^4}$$

$$q_{ab} \backsim -\frac{ab}{c}\frac{1-\cdots}{1-\frac{ab}{c^2}} + \text{Glieder } \frac{1}{c^3}$$

$$q_{bb} \backsim b \frac{1-\cdots}{1-\frac{ab}{c^2}} + \text{Glieder } \frac{1}{c^4},$$

welche Resultate genau mit den in Ziff. 40 erhaltenen übereinstimmen. Zugleich sieht man, daß für zwei Kugeln in einer Entfernung c groß gegen deren Radien a, b die dort erhaltenen Resultate in dritter bez. zweiter Ordnung bezüglich c genau sind.

RUSSELL[1]) hat eine ähnliche Umformung wie KIRCHHOFF gegeben:

$$\sum_{s=0}^{\infty} \frac{\gamma^s}{1-\delta^2\gamma^{2s}} = \sum_{s=0}^{n-1} \frac{\gamma^s}{1-\delta^2\gamma^{2s}} + \gamma^n \sum_{p=0}^{\infty} \frac{(\delta\gamma^n)^{2p}}{1-\gamma^{2p+1}}.$$

---

[1]) A. RUSSELL, Proc. Phys. Soc. Bd. 23, S. 352. 1911.

Es genügt nach RUSSELL hierin $n = 1$ zu nehmen

$$\frac{1}{1-\delta^2} + \gamma \frac{1}{1-\gamma} + \cdots = \frac{1-\gamma\delta^2}{(1-\delta^2)(1-\gamma)},$$

welcher Ausdruck offenbar mit dem ersten Glied der von KIRCHHOFF gegebenen Entwicklung übereinstimmt.

Beispiel: $a = 7b$, $c = 10b$.

$$W = c^4 + a^4 + b^4 - 2a^2c^2 - 2a^2b^2 - 2b^2c^2 = (48\,b^2)^2$$

$$u_2 = \frac{c^2 - a^2 - b^2}{2ac} - \frac{\sqrt{W}}{2ab} = \frac{50}{14} - \frac{48}{14} = \frac{1}{7}$$

$$v_2 = \frac{a + b u_2}{c} = \frac{5}{7}$$

$$v_2' = \frac{b + a u_2}{c} = \frac{1}{5}$$

$$\text{z. B. } q_{aa} = a\,(1 - v_2^2)\left\{\frac{1 - v_2^2 u_2}{(1 - v_2^2)(1 - u_2)} + \frac{u_2^3 v_2^2}{1 - u_2^3} + \frac{u_2^5 v_2^4}{1 - u_2^5} + \cdots\right\}$$

$$= a\left\{\frac{1 - \frac{25}{343}}{1 - \frac{1}{7}} + \frac{\left(1 - \frac{25}{49}\right)\frac{1}{343}\cdot\frac{25}{49}}{1 - \frac{1}{343}} + \frac{\left(1 - \frac{25}{49}\right)\frac{1}{16\,807}\cdot\frac{625}{2401}}{1 - \frac{1}{16\,807}} + \cdots\right\}$$

$$= a\left\{\frac{53}{49} + \frac{4}{49}\cdot 0{,}0089509 + \frac{4}{49}\cdot 0{,}0000929 + \cdots\right\} \backsim \frac{53}{49}a = a\left(1 + \frac{4}{49}\right).$$

Wie man sieht, genügt es vollkommen, auch in diesem Falle, wo $c = \frac{10}{7}a$, also nicht besonders groß gegen a ist, die erste Näherung nach RUSSELL ($n = 1$) sowie KIRCHHOFF ($s = 0$) zu nehmen.

80. Zurückführung der Berechnung auf den exzentrischen Kugelkondensator. RUSSELL[1]) geht bei der Berechnung der Kapazitätskoeffizienten zweier Kugeln auf den aus zwei ineinander, aber exzentrisch gelegenen Kugeln bestehenden Kondensator zurück. Es seien (Abb. 45) $\mathfrak{A}$, $\mathfrak{a}$ bez. $\mathfrak{B}$, $\mathfrak{b}$ Mittelpunkt und Radius der beiden Kugeln ($\mathfrak{a} > \mathfrak{b}$) und $\mathfrak{c} < \mathfrak{a} - \mathfrak{b}$ sei ihr Zentralabstand. Dann ist die „Kapazität" eines solchen Kondensators, wenn die äußere Kugel $\mathfrak{A}$ geerdet ist (Kapazität gegen Erde vgl. Ziff. 38), gegeben durch:

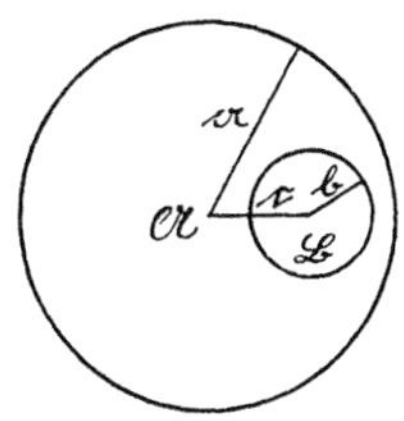

Abb. 45. Exzentrischer Kugelkondensator.

$$C(\mathfrak{a}, \mathfrak{b}, \mathfrak{c}) = \mathfrak{p}\sum_{s=0}^{\infty}\frac{1}{\sinh(\mu + s\lambda)}, \tag{83}$$

wobei $\mathfrak{a} = \frac{\mathfrak{p}}{\sinh(\mu - \lambda)}$, $\mathfrak{b} = \frac{\mathfrak{p}}{\sinh\mu}$, $\mathfrak{c} = \frac{\mathfrak{p}\sinh\mu}{\sinh(\mu-\lambda)\sinh\mu}$ und $\mathfrak{p} = \frac{\mathfrak{a}\mathfrak{b}}{\mathfrak{c}}\sinh\lambda$ ähnliche Bedeutung haben, wie μ, λ, p in Ziff. 78. RUSSELL schreibt nun

$$C(\mathfrak{a}, \mathfrak{b}, \mathfrak{c}) = \mathfrak{p}\frac{1}{\sinh\mu} + \mathfrak{p}\sum_{s=0}^{\infty}\frac{1}{\sinh(\mu + \lambda + s\lambda)} = \mathfrak{b} + C(\mathfrak{a}', \mathfrak{b}', \mathfrak{c}'),$$

worin $\mathfrak{b}' = \frac{\mathfrak{p}}{\sinh(\mu + \lambda)}$, $\mathfrak{a}' = \frac{\mathfrak{p}}{\sinh(\mu + \lambda - \lambda)} = \mathfrak{b}$, $\mathfrak{c}' = \frac{\mathfrak{p}\sinh\lambda}{\sinh\mu\sinh(\mu + \lambda)}$ ist. Somit $\mathfrak{a}' = \mathfrak{b}$, $\mathfrak{b}' = \frac{\mathfrak{a}\mathfrak{b}^2}{\mathfrak{a}^2 - \mathfrak{c}^2}$, $\mathfrak{c}' = \frac{\mathfrak{c}\mathfrak{b}^2}{\mathfrak{a}^2 - \mathfrak{c}^2}$ wegen $\cosh\mu = \frac{\mathfrak{a}^2 - \mathfrak{b}^2 - \mathfrak{c}^2}{2\mathfrak{b}\mathfrak{c}}$, $\cosh\lambda = \frac{\mathfrak{a}^2 + \mathfrak{b}^2 + \mathfrak{c}^2}{2\mathfrak{a}\mathfrak{b}}$.

---

[1]) A. RUSSELL, Proc. Phys. Soc. Bd. 35, S. 10. 1922.

Also folgt:

$$C(\mathfrak{a}, \mathfrak{b}, \mathfrak{c}) = \mathfrak{b} + C\left(\mathfrak{b}, \mathfrak{a}\frac{\mathfrak{b}^2}{\mathfrak{a}^2 - \mathfrak{c}^2}, \mathfrak{c}\frac{\mathfrak{b}^2}{\mathfrak{a}^2 - \mathfrak{c}^2}\right) = \mathfrak{b} + \frac{\mathfrak{b}^2}{\mathfrak{a}^2 - \mathfrak{c}^2} C\left(\frac{\mathfrak{a}^2 - \mathfrak{c}^2}{\mathfrak{b}}, \mathfrak{a}, \mathfrak{c}\right), \tag{83a}$$

da es gestattet ist, alle Abmessungen eines Kondensators mit dem gleichen Faktor zu multiplizieren, wobei die Kapazität sich mit dem gleichen Faktor multipliziert. Durch wiederholte Anwendung der Formel (83a), wobei $\mathfrak{c} < \mathfrak{a} - \mathfrak{b}$ vorausgesetzt ist, d. h. daß die Kugeln sich nicht berühren, gelingt es einen nahezu konzentrischen Kondensator, für den die Formel (24), also

$$C(\mathfrak{a}, \mathfrak{b}, 0) = \frac{\mathfrak{a}\mathfrak{b}}{\mathfrak{a} - \mathfrak{b}}$$

gilt, zu erreichen.

Die Anwendung auf die Formeln (82) zeigt folgendes:

$$q_{aa} = p\sum_0^\infty \frac{1}{\sinh(s\lambda + \mu)} = \frac{p}{\sinh\mu} + p\sum_{s=0}^\infty \frac{1}{\sinh(\mu + \lambda + s\lambda)},$$

worin $a\sinh\mu = \frac{ab}{c}\sinh\lambda = p$ (Ziff. 78) gesetzt ist. Die auf der rechten Seite dieser Gleichung stehende Summe entspricht nun einem exzentrischen Kugelkondensator mit

$$\mathfrak{b} = \frac{p}{\sinh(\mu + \lambda)}, \qquad \mathfrak{a} = \frac{p}{\sinh(\mu + \lambda - \lambda)} = a, \qquad \mathfrak{c} = \frac{p\sinh\lambda}{\sinh(\mu + \lambda)\sinh(\mu + \lambda - \lambda)}$$

$$= b\frac{a^2}{c^2 - b^2} \qquad\qquad = c\frac{a^2}{c^2 - b^2}$$

also

$$q_{aa} = a + \frac{a^2}{c^2 - b^2} C\left(\frac{c^2 - b^2}{a}, b, c\right), \tag{84a}$$

worauf nach (83 a) zu verfahren ist. Ebenso

$$q_{bb} = b + \frac{b^2}{c^2 - a^2} C\left(\frac{c^2 - a^2}{b}, a, c\right), \tag{84b}$$

$$-q_{ab} = \frac{ab}{c} + \frac{a^2 b^2}{c(c^2 - a^2 - b^2)} C\left(\frac{c^2 - a^2 - b^2}{ab}, 1, 1\right). \tag{84c}$$

Beispiel: POISSON berechnete den Fall $a = 1$, $b = 3$, $c = 5$ (nach seiner Methode; vgl. Ziff. 75)

$$q_{aa} = 1 + \frac{1}{16} C(16, 3, 5),$$

$$C(16, 3, 5) = 3 + \frac{9}{231} C\left(\frac{231}{3}, 16, 5\right) = 3 + \frac{3}{77} C(77, 16, 5),$$

$$C(77, 16, 5) \backsim C(77, 16, 0) = \frac{77 \cdot 16}{61}.$$

Somit

$$q_{aa} = 1 + \frac{3}{16} + \frac{3}{61} = 1{,}2367.$$

Ferner

$$q_{ab} = \frac{3}{5} + \frac{9}{5 \cdot 15} C\left(\frac{15}{3}, 1, 1\right) = \frac{3}{5} + \frac{3}{25} C(5, 1, 1),$$

$$C(5, 1, 1) = 1 + \frac{1}{24} C(24, 5, 1),$$

$$C(24, 5, 1) \backsim C(24, 5, 0) = \frac{5 \cdot 24}{19},$$

$$-q_{ab} = \frac{3}{5} + \frac{3}{25} + \frac{3}{95} = 0{,}7516.$$

Schließlich

$$q_{bb} = 3 + \frac{9}{24} C\left(\frac{24}{3}, 1, 5\right) = 3 + \frac{3}{8} C(8, 1, 5),$$

$$C(8, 1, 5) = 1 + \frac{1}{39} C(39, 8, 5),$$

$$C(39, 8, 5) \sim C(39, 8, 0) = \frac{39 \cdot 8}{31},$$

$$q_{bb} = 3 + \frac{3}{8} + \frac{3}{31} = 3{,}4719$$

in Übereinstimmung mit den von POISSON berechneten Werten. Zur Abschätzung des Fehlers bei Ersetzung des nahe konzentrischen durch den genau konzentrischen Kondensator dient folgende von RUSSELL gegebene Entwicklung:

$$C(\mathfrak{a}, \mathfrak{b}, \mathfrak{c}) = \frac{\mathfrak{a}\mathfrak{b}}{\mathfrak{a} - \mathfrak{b}} \left\{1 + \frac{\mathfrak{a}\mathfrak{b}}{\mathfrak{a}^2 + \mathfrak{b}^2 + \mathfrak{a}\mathfrak{b}} \frac{\mathfrak{c}^2}{(\mathfrak{a} - \mathfrak{b})^2} + \cdots\right\} \tag{85}$$

Der Fehler in $\frac{3}{77 \cdot 16} C(77, 16, 5) \sim \frac{3}{77 \cdot 16} C(77, 16, 0)$ ist daher von der Ordnung:

$$\frac{3}{16 \cdot 77} \cdot \frac{77 \cdot 16}{61} \frac{77 \cdot 16}{5929 + 256 + 77 \cdot 16} \frac{25}{3721} = \frac{1232}{7417} \frac{25}{3721} \cdot \frac{3}{61} = 0{,}000055 .$$

Die Resultate sind also einschließlich der vierten Dezimalstelle genau.

Die Kapazitäts- und Influenzierungskoeffizienten zweier gleicher Kugeln ($a = b$) s. in Ziff. 82.

81. Berechnung der Potentiale und Dichten. Für das von beiden Kugeln in einem Punkte P des Außenraumes erzeugte Potential findet man als Gesamtwirkung der unendlich vielen Bilder α_s in A_s, β_s in B_s bez. β'_s in B'_s, α'_s in A'_s [vgl. (75a) u. (75b)]:

$$V = \sum_0^\infty \frac{\alpha_s}{A_s P} + \sum_1^\infty \frac{\beta_s}{B_s P} + \sum_1^\infty \frac{\alpha'_s}{A'_s P} + \sum_0^\infty \frac{\beta'_s}{B'_s P} .$$

Die beiden ersten Summanden rühren vom ersten Teilproblem (Ziff. 76), die beiden letzten vom zweiten Teilproblem her. Bei POISSON und allen seinen Nachfolgern findet sich V zerlegt in eine Summe aus dem ersten und dritten Summand (Ladungen in der Kugel A) und eine Summe aus dem zweiten und vierten Summand (Ladungen in der Kugel B). Diese Zerlegung entspricht nicht der Superposition von zwei Gleichgewichtsproblemen wie die unserige und führt daher auf umständlichere Rechnungen bei der Berechnung der Dichte. Führt man (Abb. 46) Polarkoordinaten ein, so hat man nach (79) und (81), indem man jeden Bildpunkt einmal auf A_0 als Zentrum, ein andermal auf B_0 als Zentrum des Polarkoordinatensystems bezieht:

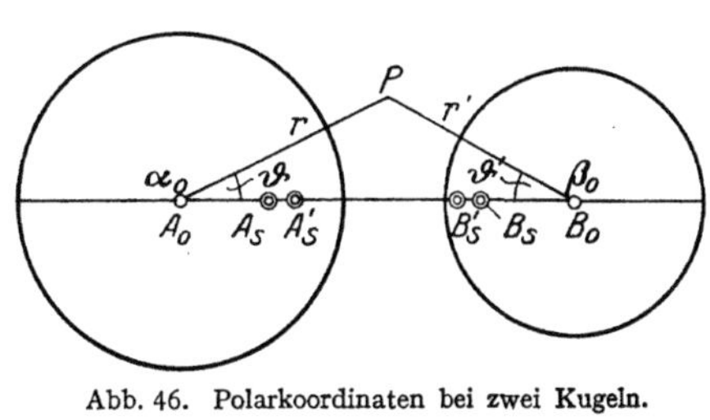

Abb. 46. Polarkoordinaten bei zwei Kugeln.

$$\overline{A_s P^2} = a_s^2 - 2 a_s r \cos\vartheta + r^2 = (c - a_s)^2 - 2(c - a_s) r' \cos\vartheta' + r'^2 ,$$

$$\overline{B_s P^2} = (c - b_s)^2 - 2(c - b_s) r \cos\vartheta + r^2 = b_s^2 - 2 b_s r' \cos\vartheta' + r'^2 ,$$

$$\overline{B'_s P^2} = b'^2_s - 2 b'_s r' \cos\vartheta' + r'^2 = (c - b'_s)^2 - 2(c - b'_s) r \cos\vartheta + r^2 ,$$

$$\overline{A'_s P^2} = (c - a'_s)^2 - 2(c - a'_s) r' \cos\vartheta' + r'^2 = a'^2_s - 2 a'_s r' \cos\vartheta' + r'^2 .$$

Demgemäß bezogen auf A_0[1]:

$$V = \alpha_0 \sinh\mu \sum_0^\infty \frac{1}{\sqrt{a^2\sinh^2 s\lambda - 2ar\sinh s\lambda \sinh(s\lambda+\mu)\cos\vartheta + r^2\sinh^2(s\lambda+\mu)}}$$

$$- \alpha_0 \sinh\mu \sum_1^\infty \frac{1}{\sqrt{a^2\sinh^2(s\lambda+\mu) - 2ar\sinh s\lambda \sinh(s\lambda+\mu)\cos\vartheta + r^2\sinh^2 s\lambda}}$$

$$+ \beta_0' \sinh\mu' \sum_0^\infty \frac{1}{\sqrt{a^2\sinh^2(s+1)\lambda - 2ar\sinh(s+1)\lambda \sinh(s\lambda+\mu')\cos\vartheta + r^2\sinh^2(s\lambda+\mu')}}$$

$$- \beta_0' \sinh\mu' \sum_1^\infty \frac{1}{\sqrt{a^2\sinh^2[(s-1)\lambda+\mu'] - 2ar\sinh[(s-1)\lambda+\mu']\sinh s\lambda\cos\vartheta + r^2\sinh^2 s\lambda}},$$

oder bezogen auf B_0[2]:

$$V = \alpha_0 \sinh\mu \sum_0^\infty \frac{1}{\sqrt{b^2\sinh^2(s+1)\lambda - 2br'\sinh(s+1)\lambda\sinh(s\lambda+\mu)\cos\vartheta' + r'^2\sinh^2(s\lambda+\mu)}}$$

$$- \alpha_0 \sinh\mu \sum_1^\infty \frac{1}{\sqrt{b^2\sinh^2[(s-1)\lambda+\mu] - 2br'\sinh[(s-1)\lambda+\mu]\sinh s\lambda\cos\vartheta' + r'^2\sinh^2 s\lambda}}$$

$$+ \beta_0' \sinh\mu' \sum_0^\infty \frac{1}{\sqrt{b^2\sinh^2 s\lambda - 2br'\sinh s\lambda\sinh(s\lambda+\mu')\cos\vartheta' + r'^2\sinh^2(s\lambda+\mu')}}$$

$$- \beta_0' \sinh\mu' \sum_1^\infty \frac{1}{\sqrt{b^2\sinh^2(s\lambda+\mu') - 2br'\sinh s\lambda\sinh(s\lambda+\mu')\cos\vartheta' + r'^2\sinh^2 s\lambda}}.$$

Die Dichte erhält man hieraus höchst einfach nach der COULOMBschen Gleichung: Und zwar nimmt man auf der Kugel A natürlich die erstere Gestalt von V (bezogen auf A_0) und bildet:

$$\left.\begin{aligned}\sigma_a = -\frac{1}{4\pi}\left(\frac{\partial V}{\partial r}\right)_{r=a} &= \frac{\alpha_0}{4\pi a^2}\cdot\sinh\mu\sum_0^\infty \frac{\sinh^2(s\lambda+\mu)-\sinh^2 s\lambda}{\{\sinh^2 s\lambda - 2\sinh s\lambda\sinh(s\lambda+\mu)\cos\vartheta + \sinh^2(s\lambda+\mu)\}^{\frac{3}{2}}}\\ &+ \frac{\beta_0'}{4\pi a^2}\cdot\sinh\mu'\sum_0^\infty \frac{\sinh^2(s\lambda+\mu')-\sinh^2(s+1)\lambda}{\{\sinh^2(s+1)\lambda - 2\sinh(s+1)\lambda\sinh(s\lambda+\mu')\cos\vartheta + \sinh^2(s\lambda+\mu')\}^{\frac{3}{2}}}.\end{aligned}\right\}$$

Ebenso kommt auf der Kugel B aus der zweiten Gestalt von V (bezogen auf B_0):

$$\left.\begin{aligned}\sigma_b = -\frac{1}{4\pi}\left(\frac{\partial V}{\partial r'}\right)_{r'=b} &= \frac{\beta_0'}{4\pi b^2}\sinh\mu'\sum_0^\infty \frac{\sinh^2(s\lambda+\mu')-\sinh^2 s\lambda}{\{\sinh^2 s\lambda - 2\sinh s\lambda\sinh(s\lambda+\mu')\cos\vartheta' + \sinh^2(s\lambda+\mu')\}^{\frac{3}{2}}}\\ &+ \frac{\alpha_0}{4\pi b^2}\sinh\mu\sum_0^\infty \frac{\sinh^2(s\lambda+\mu)-\sinh^2(s+1)\lambda}{\{\sinh^2(s+1)\lambda - 2\sinh(s+1)\lambda\sinh(s\lambda+\mu)\cos\vartheta' + \sinh^2(s\lambda+\mu)\}^{\frac{3}{2}}}.\end{aligned}\right\}$$

Besonders einfache Werte nehmen die Dichten an den Polen der Kugeln an. So ist auf der Kugel A:

$$\text{am}\begin{Bmatrix}\text{zugekehrten}\\ \text{abgekehrten}\end{Bmatrix}\text{Pole}\begin{Bmatrix}\vartheta=0\\ \vartheta=\pi\end{Bmatrix}\text{die Dichte } \sigma_a = \frac{\alpha_0}{4\pi a^2}\sinh\mu\sum_0^\infty\frac{\sinh(s\lambda+\mu)\pm\sinh s\lambda}{\{\sinh(s\lambda+\mu)\mp\sinh s\lambda\}^2}$$

$$+\frac{\beta_0'}{4\pi a^2}\sinh\mu'\sum_0^\infty\frac{\sinh(s\lambda+\mu')\pm\sinh(s+1)\lambda}{\{\sinh s\lambda+\mu')\mp\sinh(s+1)\lambda\}^2}$$

---

[1] Für $r = a$, d. h. auf der Kugel A ergibt dies $V_a = \frac{\alpha_0}{a}$.

[2] Für $r' = b$, d. h. auf der Kugel B ergibt dies $V_b = \frac{\beta_0}{b}$.

Poisson hat (l. c. IIe partie, 163) den Fall $a = 1$, $b = 3$, $c = 5$ berechnet, wobei er an Stelle der ursprünglich auf den Kugeln vorhandenen Ladungen α_0 bez. β_0' die Potentiale $V_a = \frac{\alpha_0}{a}$ bez. $V_b = \frac{\beta_0'}{b}$ einführt und mit $4\pi h$ bez. mit $4\pi g$ bezeichnet. Er schreibt:

$$\sigma_a = Mh - Ng, \qquad \sigma_b = -M'h + N'g.$$

Dabei sind also nach (86 a):

$$M = \frac{\sinh\mu}{a} \sum_0^\infty \frac{\sinh^2(s\lambda + \mu) - \sinh^2 s\lambda}{\{\sinh^2 s\lambda - 2\sinh s\lambda \sinh(s\lambda + \mu)\cos\vartheta + \sinh^2(s\lambda + \mu')\}^{\frac{3}{2}}}$$

$$N = + \frac{\sinh\mu}{a} \sum_0^\infty \frac{\sinh^2(s+1)\lambda - \sinh^2(s\lambda + \mu')}{\{\sinh^2(s+1)\lambda - 2\sinh(s+1)\lambda\sinh(s\lambda + \mu')\cos\vartheta + \sinh^2(s\lambda + \mu')\}^{\frac{3}{2}}}.$$

$\vartheta =$	$M =$	$N =$	$\vartheta' =$	$M' =$	$N' =$
0	1,6637	1,5595	0	0,9525	0,8803
22° 30′	1,5735	1,4215	22° 30′	0,6142	0,4304
45°	1,4032	1,1343	45°	0,4215	0,1444
67° 30′	1,2684	0,8613	67° 30′	0,3677	0,0612
90°	1,1850	0,6605	90°	0,3526	0,0328
112° 30′	1,1374	0,5288	112° 30′	0,3457	0,0212
135°	1,1110	0,4486	135°	0,3425	0,0158
157° 30′	1,0979	0,4058	157° 30′	0,3411	0,0134
180°	1,0938	0,3923	180°	0,3407	0,0127

Nachstehende Abb. 47 illustriert die Poissonsche Tabelle, indem wieder wie in Abb. 29 und 31 die Dichten, d. h. die Werte M bez. M' für das erste

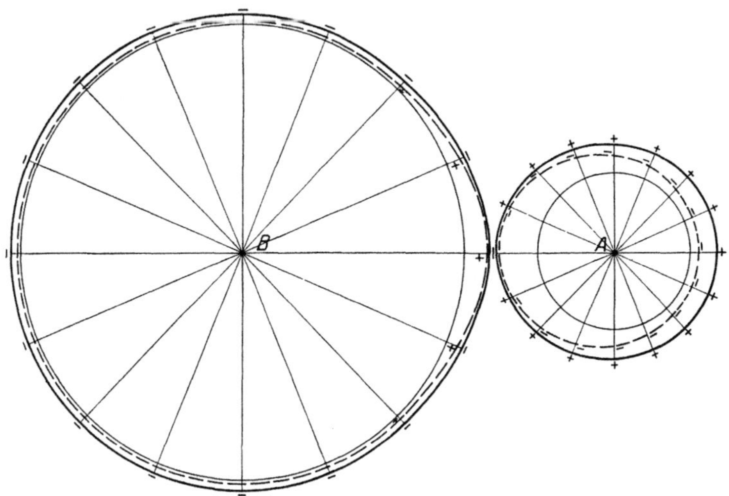

Abb. 47. Die Verteilung der Ladung auf zwei sich influenzierenden Kugeln.
Ausgezogene Kurve: A auf Potential $1/4\pi$, B geerdet; gestrichelte Kurve: A geerdet, B auf Potential $1/4\pi$.

Teilproblem (ausgezogene Kurven), und die Werte N bez. N' für das zweite Teilproblem (gestrichelte Kurven) auf den Radien der Kugeln nach außen aufgetragen sind.

Statt, wie vorstehend, durch die Potentiale, kann man die Dichten auch durch die Ladungen oder mittleren Dichten ausdrücken, indem man sich der von Poisson (Ziff. 80) berechneten Werte der q_{aa}, q_{ab}, q_{bb} bedient, da ja

$$e_a = q_{aa}V_a + q_{ab}V_b = 1{,}2367 \cdot 4\pi h - 0{,}7516 \cdot 4\pi g,$$
$$e_b = q_{ab}V_a + q_{bb}V_b = -0{,}7516 \cdot 4\pi h + 3{,}4719 \cdot 4\pi g$$

ist. Die mittleren Dichten sind $\bar{\sigma}_a = e_a/4\pi a^2$ und $\bar{\sigma}_b = e_b/4\pi b^2$. POISSON hat auch eine darauf bezügliche Tabelle gegeben.

Bemerkenswert ist das folgende Verhalten der kleineren Kugel ($a = 1$): Wenn sie mit der größeren ($b = 3$) zuerst in Berührung war, wobei beiden eine Ladung erteilt wurde, so verhalten sich die mittleren Dichten $\bar{\sigma}_a : \bar{\sigma}_b = 1{,}2541 : 1$ (vgl. Ziff. 84). Werden sie hierauf getrennt, so zeigt die kleine Kugel an dem der großen zugekehrten Pol ($\vartheta = 0$) ungleichnamige Dichte im Betrage von 7/100 ihrer mittleren Dichte, wenn der Zentralabstand $c = 5$, daher der Abstand der zugekehrten Pole $\Delta = c - a - b = a = 1$ ist. Dieses Verhalten hat schon COULOMB beobachtet. PLANA hat (l. c.) eine Tafel berechnet, aus welcher hervorgeht, bei welcher Distanz Δ diese ungleichnamige Dichte am zugekehrten Pol der kleineren Kugel, die zuerst mit der größeren Kugel in Berührung gewesen war, verschwindet.

Die Dichten in den zugekehrten Polen der beiden Kugeln sind durch die obigen Formeln gegeben, welche im Falle gleicher Kugeln $a = b$ und entgegengesetzt gleicher Potentiale $V_a = -V_b = E/2$ die Form annehmen

$$4\pi\sigma_{\vartheta=0} = \frac{E}{\Delta}\cdot \sinh\mu \cosh\frac{\mu}{2} \sum_0^\infty \frac{\sinh(2s+1)\frac{\mu}{2}}{\cosh^2(2s+1)\frac{\mu}{2}},$$

worin $\mu = \mu' = \frac{\lambda}{2}$, $\cosh\mu = \frac{c}{2a}$ nach (78b), also $\Delta = c - 2a = 2a(\cosh\mu - 1)$. Nach der COULOMBschen Gleichung ist $4\pi\sigma_{\vartheta=0} = (\mathfrak{E}_n)_{\vartheta=0}$ der maximale Wert der Feldstärke auf der Oberfläche jeder der Kugeln. RUSSELL gibt (l. c.) (64) eine empirische Relation für diesen maximalen Wert, der bei Eintritt der Funkenentladung an den zugekehrten Polen zweier kugelförmiger Elektroden herrscht. Es läßt sich daraus auf eine Abhängigkeit von Entladungsspannung E und Radius a der Kugeln schließen, während nach der Theorie die Entladungsspannung bei gegebenem Δ (Schlagweite des Funkens) von der Kapazität a der Kugeln unabhängig sein sollte.

RUSSELL berechnet schließlich die maximale Anziehungskraft zwischen zwei solchen Kugeln und schlägt auf Grund dessen ein absolutes Elektrometer mit Kugeln anstatt der Platten (Ziff. 47) vor.

82. Ponderomotorische Kräfte zwischen den Kugeln. Um die ponderomotorischen Kräfte zu berechnen, hat man nach Ziff. 45 für die Energie:

$$2W = q_{aa}V_a^2 + 2q_{ab}V_aV_b + q_{bb}V_b^2.$$

Die Kraft ist bei Konstanthaltung der Potentiale gegeben durch

$$\frac{\partial W}{\partial c}$$

[vgl. (50b)]. Bei der Differentiation beachte gemäß (77b), (78b), (80b):

$$\frac{\partial\lambda}{\partial c} = \frac{c}{ab\sinh\lambda}, \quad \frac{\partial\mu}{\partial c} = \frac{\cosh\mu'}{a\sinh\lambda}, \quad \frac{\partial\mu'}{\partial c} = \frac{\cosh\mu}{b\sinh\lambda}.$$

Man erhält:

$$\left.\begin{aligned}
\frac{\partial q_{aa}}{\partial c} &= \sum_1^\infty \frac{1}{\sinh^2(s\lambda+\mu)}\left\{\frac{\cosh\mu'\cdot\sinh s\lambda}{\sinh\lambda} - s\cosh(s\lambda+\mu)\right\},\\
\frac{\partial q_{ab}}{\partial c} &= \sum_1^\infty \frac{1}{\sinh s\lambda}\left\{-\frac{\cosh\mu\cdot\cosh\mu'}{\sinh\lambda} + s\frac{\cosh s\lambda}{\sinh s\lambda}\right\},\\
\frac{\partial q_{bb}}{\partial c} &= \sum_1^\infty \frac{1}{\sinh^2(s\lambda+\mu')}\left\{\frac{\cosh\mu\cdot\sinh s\lambda}{\sinh\lambda} - s\cosh(s\lambda+\mu')\right\}.
\end{aligned}\right\} \quad (87)$$

Lord KELVIN[1]) berechnet den Fall gleicher Kugeln, $a = b = 1$, $c > a + b = 2$, wenn $V_a = V$, $V_b = 0$, welchen Fall SNOW HARRIS in Phil. Trans. 1834 experimentell untersucht und als im Widerspruch mit dem COULOMBschen Elementargesetz befindlich gefunden hatte (vgl. Ziff. 15). Man findet die Kraft wegen $\mu = \mu' = \frac{\lambda}{2}$ zu

$$\frac{1}{2}\frac{\partial q_{aa}}{\partial c} V^2 = \frac{V^2}{2}\cosh\frac{\lambda}{2}\sum_1^\infty \frac{1}{\sinh^2(s+\frac{1}{2})\lambda}\left\{\frac{\sinh s\lambda}{\sinh\lambda} - s\,\frac{\cosh(s+\frac{1}{2})\lambda}{\cosh\frac{1}{2}\lambda}\right\}$$

$$= -2\cosh\frac{\lambda}{2}\cdot V^2\sum_1^\infty\left(\frac{\sinh\lambda}{\sinh(s+1)\lambda+\sinh s\lambda}\right)^2\frac{s\sinh(s+1)\lambda-(s+1)\sinh s\lambda}{4\sinh\lambda\sinh^2\frac{\lambda}{2}}$$

$$= -c V^2\sum_1^\infty\frac{P_s}{Q_s^2},$$

worin gesetzt ist:

$$P_s = \frac{s\sinh(s+1)\lambda-(s+1)\sinh s\lambda}{4\sinh\lambda\sinh^2\frac{\lambda}{2}}, \qquad Q_s = \frac{\sinh(s+1)\lambda+\sinh s\lambda}{\sinh\lambda}.$$

Es ist $c = 2\cosh\frac{\lambda}{2}$ nach (77b). Man findet:

$$P_1 = 1,\quad Q_1 = c^2 - 1;\qquad P_2 = 2c^2 - 3,\quad Q_2 = (c^2-2)Q_1 - 1 = c^4 - 3c^2 + 1 \text{ usf.}$$

Wichtiger ist der Fall der Konstanthaltung der Ladungen. Man berechne nach (50a) und (48a) die Potentialkoeffizienten in

$$V_a = p_{aa}e_a + p_{ab}e_b,$$
$$V_b = p_{ab}e_b + p_{bb}e_b,$$

wo

$$p_{aa} = \frac{q_{bb}}{\Delta},\quad p_{ab} = -\frac{q_{ab}}{\Delta},\quad p_{bb}\frac{q_{aa}}{\Delta},\quad \Delta = q_{aa}q_{bb} - q_{ab}^2,$$

und findet die Kraft jetzt zu

$$-\frac{\partial W}{\partial c}$$

KELVIN hat für den Fall $a = b$ Tabellen gerechnet.

Wir geben einen Auszug und eine Vervollständigung nach JEANS[2]): $a = b = 1$.

c	$q_{aa} = q_{bb}$	$-q_{ab}$	$-\frac{1}{2}\frac{\partial q_{aa}}{\partial c}$	$\frac{\partial q_{ab}}{\partial c}$	$p_{aa} = p_{bb}$	$+p_{ab}$	$+\frac{1}{2}\frac{\partial p_{aa}}{\partial c}$	$-\frac{\partial p_{ab}}{e_b}$	$\left(\frac{e_a}{c_b}\right)_{\text{Gleichgewicht}}$
2	∞	∞	∞	∞	0,722	0,722	∞	∞	1
2,1	1,584	0,882	1,138	2,349	0,915	0,509	0,154	0,453	0,391
2,2	1,431	0,724	0,529	1,127	0,939	0,475	0,083	0,305	0,294
2,3	1,348	0,634	0,329	0,727	0,952	0,448	0,054	0,243	0,236
2,4	1,293	0,572	0,231	0,529	0,961	0,425	0,039	0,206	0,199
2,5	1,253	0,525	0,174	0,413	0,968	0,406	0,030	0,181	0,169
2,6	1,222	0,488	0,137	0,335	0,973	0,389	0,023	0,861	0,145
2,7	1,198	0,457	0,111	0,282	0,978	0,373	0,018	0,147	0,128
2,8	1,177	0,431	0,092	0,241	0,981	0,359	0,015	0,134	0,113
2,9	1,160	0,409	0,077	0,210	0,984	0,346	0,012	0,123	0,100
3,0	1,146	0,389	0,066	0,186	0,986	0,335	0,010	0,115	0,089
3,5	1,099	0,317	0,0344	0,114	0,993	0,286	0,00437	0,0825	0,053
4,0	1,072	0,269	0,0207	0,079	0,996	0,250	0,00216	0,0628	0,034
5,0	1,044	0,209	0,0096	0,048	0,998	0,200	0,00065	0,0401	0,016
6,0	1,030	0,172	0,0053	0,031	0,999	0,167	0,00026	0,0278	0,009
∞	1,0	0	0	0	1,0	0	0	0	0

[1]) Lord KELVIN, Reprint S. 22.
[2]) J. H. JEANS, Electricity, S. 199.

Die Kraft ist gegeben durch

$$\frac{1}{2}\frac{\partial q_{aa}}{\partial c}(V_a^2 + V_b^2) + \frac{\partial q_{ab}}{\partial c} V_a V_b$$

oder durch

$$-\frac{1}{2}\frac{\partial p_{aa}}{\partial c}(e_a^2 + e_b^2) - \frac{\partial p_{ab}}{\partial c} e_a e_b .$$

Wenn $a = b$ nicht gleich Eins, sondern gleich r sind, so multipliziert sich der erstere Ausdruck mit $\frac{r}{r} = 1$, der letztere mit $\frac{1}{r \cdot r} = \frac{1}{r^2}$, da dann auch c mit r, ebenso wie die Kapazitäten $q_{aa} = q_{bb}$ mit r, die Potentialkoeffizienten dagegen mit $\frac{1}{r}$ sich multiplizieren.

Wollen wir den letzteren Ausdruck mit dem COULOMBschen Gesetz vergleichen, so haben wir $\frac{e_a e_b}{c^2}$ zu bilden. Der Einfachheit halber nehmen wir $e_a = e_b = 1$ und haben: nach COULOMB $\frac{1}{c^2}$, nach KELVIN $\left[\left(-\frac{\partial p_{ab}}{\partial c}\right) - 2 \cdot \frac{1}{2}\frac{\partial p_{aa}}{\partial c}\right]$.

Kraft nach	$c = 2$	2,1	2,2	2,3	2,4	2,5	2,6	2,7	2,8	2,9	3,0	3,5	4,0	5,0	6,0
Coulomb	0,2500	0,227	0,207	0,189	0,174	0,160	0,150	0,137	0,128	0,119	0,111	0,08164	0,0625	0,04	0,0278
Kelvin	0,1538	0,145	0,139	0,135	0,128	0,121	0,115	0,111	0,104	0,099	0,095	0,0738	0,0585	0,0388	0,0273

Die Abweichungen vom COULOMBschen Elementargesetz infolge der störenden Influenz sind also selbst bei Entfernungen, die das Sechsfache des Halbmessers betragen, merkbar.

Die Ausdrücke für die Kraft können geschrieben werden:

$$2m V_a V_b - l V_a^2 - n V_b^2, \qquad 2m = \frac{\partial q_{ab}}{\partial c}, \quad 2l = -\frac{\partial q_{aa}}{\partial c}, \quad 2n = -\frac{\partial q_{bb}}{\partial c}$$

bez.

$$2q\, e_a e_b - p\, e_a^2 - r e_b^2, \qquad 2q = -\frac{\partial p_{ab}}{\partial c}, \quad 2p = \frac{\partial p_{aa}}{\partial c}, \quad 2r = \frac{\partial p_{bb}}{\partial c}.$$

Sie werden Null, wenn

$$V_a : V_b = m \pm \sqrt{m^2 - l n} : l$$

bez.

$$e_a : e_b = q \pm \sqrt{q^2 - p r} : p .$$

Dann tritt Gleichgewicht ein, d. h. die Anziehung infolge der Influenzladungen hält der Abstoßung infolge der Eigenladungen die Wage. Für gleiches Vorzeichen und ein bestimmtes Verhältnis der Ladungen wird also bei ganz kleinen Distanzen die Anziehung überwiegen, bei einer gewissen mittleren Distanz ist die Kraft Null, und für größere Distanzen tritt Abstoßung auf. Das Gleichgewicht in dieser mittleren Distanz ist also labil, die Energie W ist ein Maximum. (Umgekehrt wäre sie ein Minimum bei Konstanz der Potentiale anstatt der Ladungen.) Das betreffende Ladungsverhältnis im Falle $a = b$

$$\frac{e_a}{e_b} = \frac{q - \sqrt{q^2 - p^2}}{p} = \frac{p}{q + \sqrt{q^2 - p^2}}$$

findet sich als letzte Kolonne in der vorletzten Tabelle.

Bei Ladungen entgegengesetzten Vorzeichens besteht natürlich ständig Anziehung und gibt es keine Gleichgewichtslage.

RUSSELL[1]) gibt folgende Reihen bei gleichen Kugeln $a = b$ für die Kraft:

$$\left(1 + 15\frac{a^6}{c^6} + 54\frac{a^8}{c^8} + \cdots\right)\frac{e_a e_b}{c^2}$$

$$-\left(2\frac{a^3}{c^3} + 3\frac{a^5}{c^5} + 4\frac{a^7}{c^7} + 25\frac{a^9}{c^3(c^2-a^2)^3} + 75\frac{a^{11}}{c^5(c^2-a^2)^3} + \cdots\right)\frac{e_a^2 + e_b^2}{c^2}$$

bei konstanten Ladungen bez. bei konstanten Potentialen:

$$\left(\frac{a^2}{c^2 - 4a^2} - \frac{a^4}{c^4} - \frac{a^6}{c^6} - \frac{a^8}{c^8 - 4c^4a^4} + \cdots\right)V_a V_b$$

$$-\left(\frac{a^3}{c(c^2-4a^2)} - \frac{a^7}{c(c^3 - 2ac^2)^2} - \cdots\right)(V_a^2 + V_b^2).$$

Als Korrektur zum COULOMBschen Gesetz für endliche Größe der Kugeln folgt hieraus in erster Näherung:

$$\frac{e_a e_b}{c^2} - 2\frac{a^3}{c^5}(e_a^2 + e_b^2) \quad \text{anstatt} \quad \frac{e_a e_b}{c^2}. \tag{88}$$

Bei gleichen Ladungen $e_a = e_b = e$ ergibt dies:

$$\frac{e^2}{c^2}\left(1 - 4\frac{a^3}{c^3}\right) \quad \text{anstatt} \quad \frac{e^2}{c^2}. \tag{88α}$$

Bei entgegengesetzt gleichen Ladungen $e_a = -e_b = e$:

$$-\frac{e^2}{c^2}\left(1 + 4\frac{a^3}{c^3}\right) \quad \text{anstatt} \quad -\frac{e^2}{c^2}. \tag{88β}$$

Die erstere Korrektur (88α) ist notwendig, um mittels der COULOMBschen Drehwage (Ziff. 15) absolute Ladungen zu messen [vgl. das von BEER[2]) aus den elektrodynamischen Maßbestimmungen von WEBER und KOHLRAUSCH entnommene Beispiel].

83. Zwei sich berührende Kugeln[3]). Bisher war der Fall der Berührung der Kugeln durchaus ausgeschlossen worden. Dann wird nämlich der Zentralabstand e gleich der Summe der Radien $a + b$, daher nach (77b), (78b), (80b)

$$\lambda = \mu = \mu' = 0.$$

Die Reihen (82) für die Kapazitätskoeffizienten nehmen die Werte 0/0 an. Es versagen auch die dipolaren Koordinaten (Ziff. 78), da keine der Kugeln $\mu =$ konst. eine andere Kugel $\mu' =$ konst. berührt oder schneidet. Es lassen sich aber mittels des Grenzübergangs

$$c = a + b + \tfrac{1}{2}\delta^2, \quad \text{wo} \quad \delta \to 0$$

die unbestimmten Werte 0/0 berechnen. Man findet zunächst:

$$\lambda \sim \delta \cdot \frac{a+b}{\sqrt{a \cdot b(a+b)}}, \quad \mu \sim \delta \cdot \frac{b}{\sqrt{a \cdot b(a+b)}}, \quad \mu' \sim \delta \cdot \frac{a}{\sqrt{a \cdot b(a+b)}}.$$

Ferner muß selbstverständlich das Potential der beiden Kugeln gleich sein:

$$\frac{\alpha_0}{a} = \frac{\beta_0'}{b} = V.$$

---

1) A. RUSSELL, Proc. Phys. Soc. Bd. 35, S. 25. 1922.

2) A. BEER, Elektrostatik, S. 95. 1865.

3) Vgl. auch A. RUSSELL, Proc. Phys. Soc. Bd. 37, S. 282. 1925: The electrostatic capacity of two spheres when touching one another. Hier wird gezeigt, daß z. B. lognat 7 die Summe der Kapazitäten von 3 sich berührenden Kugelpaaren ist, deren Radien bez. 1 und $\frac{1}{6}$, $\frac{1}{2}$ und $\frac{1}{3}$, $\frac{1}{3}$ und $\frac{1}{4}$ sind.

Damit ergibt sich aus (79) und (81):

$$\alpha_s = V\frac{ab}{b+s(a+b)}, \qquad \beta_s = -V\frac{ab}{s(a+b)} \tag{89}$$

$$s = 0, 1, 2, \qquad\qquad s = 1, 2, \ldots$$

$$\alpha_s' = -V\frac{ab}{s(a+b)}, \qquad \beta_s' = V\frac{ab}{a+s(a+b)}$$

$$s = 1, 2, \ldots \qquad\qquad s = 0, 1, 2, \ldots$$

Daher folgt die Gesamtladung:

$$e_a = \sum_0^\infty \alpha_s + \sum_1^\infty \alpha_s' = V\left\{a + \frac{ab}{a+b}\sum_1^\infty\left(\frac{1}{s+\frac{b}{a+b}} - \frac{1}{s}\right)\right\}, \tag{90}$$

$$= V\left\{a + \frac{ab}{a+b}\left[\psi(0) - \psi\left(\frac{b}{a+b}\right)\right]\right\},$$

$$e_b = \sum_0^\infty \beta_s' = \sum_1^\infty \beta_s = V\left\{b + \frac{ab}{a+b}\left[\psi(0) - \psi\left(\frac{a}{a+b}\right)\right]\right\}.$$

Hierin ist gesetzt

$$\psi(x) = \frac{d}{dx}\ln \Pi(x) = \frac{d}{dx}\ln\Gamma(x+1)$$

(gewöhnlichere Schreibweise: $\psi(x) = \frac{d}{dx}\ln\Gamma(x)$). Es ist also nach der EULER-GAUSSschen Definition der Gammafunktion

$$\psi(x) = \lim_{n\to\infty}\left\{\operatorname{lognat} n - \frac{1}{x+1} - \frac{1}{x+2} - \cdots - \frac{1}{x+n}\right\}.$$

Insbesondere

$$\psi(0) = \lim_{n\to\infty}\left\{\operatorname{lognat} n - \frac{1}{1} - \frac{1}{2} - \cdots - \frac{1}{n}\right\} = -C = -0{,}57721$$

(EULERsche Konstante).

Man beachte die Regeln:

$$\psi(x) = \psi(x-1) + \frac{1}{x},$$

$$\psi(-x) = \psi(x-1) + \pi\operatorname{cotang}\pi x.$$

Infolgedessen kann man auch schreiben

$$\left.\begin{aligned} e_a &= V\frac{ab}{a+b}\left\{\psi(0) - \psi\left(-\frac{a}{a+b}\right)\right\}, \\ e_b &= V\frac{ab}{a+b}\left\{\psi(0) - \psi\left(-\frac{b}{a+b}\right)\right\} \end{aligned}\right\} \tag{90a}$$

und für die Differenz der Ladungen:

$$e_a - e_b = Va\frac{\pi b}{a+b}\operatorname{cotang}\frac{\pi b}{a+b}.$$

Wir berechnen die Grenzwerte von e_a und e_b, wenn die Kugel B unendlich klein wird ($b \to 0$). Aus (90) folgt für $b \to 0$:

$$e_a \to V\cdot a,$$

d. h. die gleiche Ladung wie eine einzelne Kugel. Die Berührung mit einer unendlich kleinen Kugel hat keinen Einfluß auf die Ladung der berührten Kugel. Aus (90a) ergibt sich ferner durch TAYLOR-Entwicklung:

$$e_b \to Va\left(\frac{b}{a}\right)^2\left[\frac{d\psi(x)}{dx}\right]_{x=0}.$$

Man findet aber leicht

$$\frac{d\psi(x)}{dx} = \frac{1}{(x+1)^2} + \frac{1}{(x+2)^2} + \frac{1}{(x+3)^2} + \cdots$$

also

$$\left(\frac{d\psi(x)}{dx}\right)_{x=0} = \frac{1}{1^2} + \frac{1}{2^2} + \frac{1}{3^2} + \cdots = \frac{\pi^2}{6}.$$

Somit

$$e_b \to Va\left(\frac{b}{a}\right)^2 \frac{\pi^2}{6}.$$

Berechnet man die mittleren Dichten

$$4\pi\bar{\sigma}_a = \frac{e_a}{a^2} \quad \text{und} \quad 4\pi\bar{\sigma}_b = \frac{e_b}{b^2},$$

so findet man in der Grenze $b \to 0$

$$4\pi\bar{\sigma}_a \to \frac{V}{a} \quad \text{und} \quad 4\pi\bar{\sigma}_b \to \frac{V}{a}\frac{\pi^2}{6},$$

d. h. die mittlere Dichte auf einer sehr kleinen Kugel, mit der eine geladene Kugel berührt wird, ist unabhängig von der Größe a dieser Kugel und beträgt $\pi^2/6$mal der mittleren Dichte der geladenen Kugel. Daher ist es möglich, mittels einer unendlich kleinen Probekugel die Dichteverteilung auf einer Kugel, und wenn dieses Resultat auf einen Leiter beliebiger Gestalt ausgedehnt werden darf, auch auf einem solchen festzustellen.

Man sieht, daß die Ladung auf der kleineren der beiden Kugeln, z. B. B, wenn $b < a$, stets kleiner ist als die der größeren Kugel. Die mittlere Dichte ist gleichwohl auf der kleineren Kugel stets größer[1]), da für $0 \leqq b \leqq a$ [2])

$$\frac{\pi^2}{6} \geqq \frac{e_b a^2}{e_a b^2} \geqq 1.$$

COULOMB[3]) hat diesbezüglich genaue Versuche angestellt. Nachstehend eine Vergleichung seiner Resultate mit den Rechnungen POISSONS:

Verhältnis der Radien der großen und der kleinen Kugel $a:b$	Verhältnis der beobachteten mittleren Dichten $\frac{e_a:a^2}{e_b:b^2}$	Dasselbe nach den Rechnungen POISSONS
1	1	1
2	1,08	1,16
4	1,30	1,32
8	1,65	1,44
∞	2 (geschätzt)	1,65 = $\pi^2/6$

84. Die Dichteverteilung auf zwei sich berührenden Kugeln. Der Grenzübergang von Ziff. 83 liefert aus (86a) für die Dichte auf zwei sich berührenden Kugeln, wenn $\frac{\alpha_0}{a} = \frac{\beta_0'}{b} = V$ das gleiche Potential der beiden Kugeln ist:

$$\sigma_a = \frac{V}{4\pi a}\left\{1 + b^2 \sum_1^\infty \frac{2sc+b}{\{b^2+2sc(b+sc)(1-\cos\vartheta)\}^{\frac{3}{2}}} - b^2 \sum_1^\infty \frac{2sc-b}{\{b^2+2sc(-b+sc)(1-\cos\vartheta)\}^{\frac{3}{2}}}\right\},$$

worin $c = a + b$ ist.

---

1) In Übereinstimmung mit Ziff. 27. Die Krümmung auf der kleinen Kugel ist größer.

2) Wenn $b = a$ wird, ergibt sich aus (90):

$$e_a = e_b = Va\left\{1 + \frac{1}{2}\sum_1^\infty \frac{1}{s+\frac{1}{2}} - \frac{1}{2}\sum_1^\infty \frac{1}{s}\right\} = Va\left\{1 - \frac{1}{2} + \frac{1}{3} - \frac{1}{4} + \cdots\right\} = Va \ln \text{nat}\, 2.$$

3) CH. COULOMB, Mém. de l'Acad. de Paris 1787, S. 425.

Für $\vartheta = 0$ (Berührungspunkt der beiden Kugeln) versagt diese sonst konvergente Reihe. Aber es ist für den Berührungspunkt als einspringenden Doppelpunkt der aus den zwei Kugeln bestehenden Niveaufläche nach Ziff. 27 und 65 ohne weiteres klar, daß die Dichte dort verschwindet.

Für den anderen Pol $\vartheta = \pi$ findet man maximale Dichte:

$$\sigma_a^{180} = \frac{V}{4\pi a}\left\{1 - 8b^3 c \sum_1^\infty \frac{s}{\{4s^2c^2 - b^2\}^2}\right\}.$$

Auf der anderen Kugel (Radius b) bekommt man die Werte von σ_b, indem man in σ_a b und a vertauscht. Hieraus ergibt sich, wenn der Radius $b \to 0$ (unendlich kleine Kugel):

$$\sigma_b^{180} = \frac{V}{4\pi b}\left\{a^2 \sum_0^\infty \frac{1}{(2sc+a)^2} - a^2 \sum_0^\infty \frac{1}{\{2(s+1)c - a\}^2}\right\}$$

$$\to \frac{V}{4\pi b} a^2 \left\{-\sum_0^\infty \frac{4sb}{(2s+1)^3 a^3} + \sum_0^\infty \frac{2(2s+2)b}{(2s+1)^3 a^3}\right\}$$

$$= \frac{V}{4\pi a} 4 \sum_0^\infty \frac{1}{(2s+1)^3} = \frac{V}{4\pi a} 4{,}20721\,,$$

während $\lim\limits_{b\to 0} \sigma_a^{180} \to \frac{V}{4\pi a}$ ist. Die maximale Dichte auf der (unendlich) kleinen Kugel erreicht also das 4,20721fache der Dichte auf der großen Kugel, während die mittlere Dichte (Ziff. 83) auf der kleinen Kugel das $\pi^2/6 = 1{,}65$fache ist. COULOMB[1]) hat die Verteilung der Dichte auf zwei sich berührenden Kugeln experimentell bestimmt und POISSON hat sie nach den obigen Formeln berechnet. In folgender Tabelle ist die Dichte auf der größeren Kugel gegeben:

Radius $a = 4$ Zoll

	Radius $b = 4''$	$2''$	$1''$
$\vartheta = 30°$	$\sigma_a = 0{,}21$ (0,171)		
60°	0,80 (0,746)	0,59 (0,556)	
90°	1 (1)	1 (1)	1 (1)
180°	1,05 (1,140)	1,33 (1,35)	1,43 (1,67)

Die Dichte σ_a^{90} für 90° ist gleich Eins gesetzt. In Klammern steht die Berechnung POISSONS.

Andere Versuche COULOMBS[2]) betrafen die maximale Dichte σ_b^{180} der kleineren Kugel:

Radius $a = 1$ Zoll

Radius $b =$	$1''$	$\frac{1}{2}''$	$\frac{1}{4}''$	$\frac{1}{8}''$	Null
$\sigma_b^{180} =$	1,27 (1,322)	1,55 (1,834)	2,35 (2,477)	3,18 (3,087)	4 (4,207)

Hier ist die Dichte auf der großen Kugel $\sigma_a = 1$ gesetzt; in Klammern steht die Berechnung POISSONS. Der Wert für Null ist von COULOMB extrapoliert.

Schließlich folge eine von PLANA[3]) berechnete Tabelle: Radius der größeren Kugel $a = 1$. Potential beider Kugeln $V = 1$.

---

[1]) CH. COULOMB, Mém. de l'Acad. de Paris 1787, S. 437.

[2]) CH. COULOMB, l. c. S. 457.

[3]) PLANA, Mém. Turin II, 7, S. 71. 1845.

Radius der kleinen Kugel b	Ladung der großen Kugel e_a	Ladung der kleinen Kugel e_b	Kapazität beider Kugeln $e_a + e_b$	Verhältnis [1] der Ladungen $e_b : e_a$	Verhältnis der mittleren Dichte $\bar{\sigma}_b : \bar{\sigma}_a$	Maximale Dichte	
						$4\pi\sigma_a^{max}$	$4\pi\sigma_b^{max}$
1	0,69315 = ln 2	0,69315	1,38629 = 2 ln 2	1	1	0,91588	0,91588
0,9	0,72108	0,59777	1,31885	0,83	1,02344	0,92939	1,00074
0,8	0,75116	0,50496	1,25612	0,67	1,05037	0,94239	1,04332
0,7	0,87267	0,41459	1,19726	0,53	1,08107	0,95477	1,22401
0,6	0,81629	0,32831	1,14460	0,40	1,11721	0,96628	1,39407
0,5	0,85161	0,24700	1,09861	0,29	1,16017	0,97474	1,56260
0,4	0,88809	0,17228	1,06037	0,19	1,21241	0,98547	1,73751
0,3	0,92466	0,10632	1,03098	0,11	1,27757	0,99244	2,12645
0,2	0,95903	0,05214	1,01117	0,05	1,35906	0,99718	2,56949
1,0	0,98724	0,01458	1,00182	0,015	1,47666	0,99955	3,21145
0,05	1,99640	0,00387	1,00027	0,004	1,55038	0,99999	3,66106
0	1	0	1	0	$1{,}64494 = \frac{\pi}{6}$	1	4,20721

85. Ponderomotorische Kräfte zwischen zwei sich berührenden Kugeln. Die Methode des Grenzüberganges aus (87) nach Ziff. 83 versagt hier. Lord KELVIN[2]) hat die hier einzuschlagende Methode angegeben. Aus (79) und (81) folgt zunächst durch Grenzübergang nach Ziff. 83 für die einzelnen elektrischen Bilder:

$$a_s = V\frac{ab}{sc+b} \qquad \beta_s = -V\frac{ab}{sc} \qquad \alpha'_s = -V\frac{ab}{sc} \qquad \beta'_s = V\frac{ab}{sc+a}$$

$$a_s = a\frac{sc}{sc+b} \qquad b_s = b\frac{(s-1)c+b}{sc} \qquad a'_s = a\frac{(s-1)c+a}{sc} \qquad b'_s = b\frac{sc}{sc+a}$$

$$c - a_s = b\frac{(s+1)c}{sc+b} \qquad c - b_s = a\frac{sc+b}{sc} \qquad c - a'_s = b\frac{sc+a}{sc} \qquad c - b'_s = a\frac{(s+1)c}{sc+a}$$

$$s = 0, 1, 2\ldots \qquad s = 1, 2\ldots \qquad s = 1, 2\ldots \qquad s = 0, 1, 2\ldots$$

Daraus berechnet sich die ponderomotorische Kraft nach Lord KELVIN einfach nach dem COULOMBschen Gesetze durch Doppelsummen über die Kraftwirkungen sämtlicher Bilder α_s und α'_s auf die Bilder β_s und β'_s, mithin:

$$\sum_{s=0}^{\infty}\sum_{t=0}^{\infty}\frac{\alpha_s\beta_{t+1}}{(c-b_{t+1}-a_s)^2} + \frac{\alpha_s\beta'_t}{(c-b'_t-a_s)^2} + \frac{\alpha'_{s+1}\beta_{t+1}}{(c-b_{t+1}-a'_{s+1})^2}$$
$$+ \frac{\alpha'_{s+1}\beta'_t}{(c-b'_t-a'_{s+1})^2} = +V^2\sum\sum - \frac{(t+1)c\cdot(sc+b)}{[b+(s+t+1)c]^2}$$
$$+ \frac{(tc+a)\cdot(sc+b)}{c^2(s+t+1)^2} + \frac{(s+1)\cdot(t+1)}{(s+t+2)^2} - \frac{(s+1)c\cdot(ct+a)}{[(s+t+1)c+2]^2}.$$

Man beachte, daß im Nenner bei jeder dieser vier Doppelsummen das Quadrat der Summe der beiden Faktoren des Zählers steht.

Lord KELVIN berechnet den Fall $a = b = 1$, $c = 2$. Man erhält:

$$+V^2\sum\sum - \frac{(2t+2)(2s+1)}{(2s+2t+3)^2} + \frac{(2t+1)(2s+1)}{(2t+2s+2)^2} + \frac{(2s+2)(2t+2)}{(2s+2t+4)^2} - \frac{(2s+2)(2t+1)}{(2s+2t+3)^2}$$

eine nur bedingt konvergente Doppelreihe. Statt dessen kann man schreiben

$$V^2\sum_{m=1}^{\infty}\sum_{n=1}^{\infty}(-)^{m+n}\frac{m\cdot n}{(m+n)^2} = V^2\int_0^1 dt\,\frac{t\ln\frac{1}{t}}{(1+t)^4} =$$
$$= V^2\left| -\frac{1}{6}\ln t\cdot\frac{3t^2+t^3}{(1+t)^3} + \frac{1}{6}\ln(1+t) - \frac{1}{6}\frac{t}{(1+t)^2}\right|_0^1$$
$$= \frac{V^2}{6}\left\{\ln 2 - \frac{1}{4}\right\} = V^2\cdot 0{,}073858\,.$$

1) Diese Spalte ist von uns hinzugefügt; sie zeigt, daß die Ladung zweier sich berührender Kugeln sich im allgemeinen nicht im Verhältnis der Radien (Eigenkapazitäten) verteilt.

2) Lord KELVIN, Reprint S. 94.

Da andererseits nach Ziff. 83 (Fußnote) in unserem Falle $a = b$

$$e_a = e_b = a V \ln 2 = a V \cdot 0{,}69315$$

ist, so folgt für die ponderomotorische Kraft im Falle $a = b = 1$, $c = 2$

$$\frac{e^2}{6(\ln 2)^2}\left\{\ln 2 - \frac{1}{4}\right\} = \frac{e^2}{(2{,}550)^2} = e^2 \cdot 0{,}1538 .$$

Nach COULOMB berechnet, wäre

$$\frac{e^2}{2^2} = e^2 \cdot 0{,}25 .$$

Diese Verkleinerung der COULOMBschen Kraft ist die Folge der ungleichförmigen Verteilung der Ladung. Sie wirkt wie eine Vergrößerung der Entfernung von 2 auf 2,55.

RUSSELL[1]) gibt eine Berechnung der ponderomotorischen Kraft zwischen zwei sich nahezu berührenden Kugeln. Wenn der Abstand der Oberflächen $c - a - b = \Delta$ klein gegen a und b ist, findet er für die Kraft:

$$\begin{aligned}
&- \frac{(V_a - V_b)^2 ab}{4\Delta(a+b)}\left\{1 + \frac{a^2+b^2-ab}{3ab(a+b)}\Delta \ln\left(\frac{(a+b)\Delta}{2ab}\right) + \frac{(2a^2+2b^2+ab)\Delta}{18ab(a+b)}\right\} \\
&- \frac{a^2+b^2-ab}{6(a+b)^2}\left\{\psi\left(-\frac{a}{a+b}\right)V_a^2 + \psi\left(-\frac{b}{a+b}\right)V_b^2 - 2V_a V_b \psi(0)\right\} \\
&- \frac{ab(a-b)}{6(a+b)^3}\left\{\psi'\left(-\frac{a}{a+b}\right)V_a^2 - \psi'\left(-\frac{b}{a+b}\right)V_b^2\right\} \\
&- \frac{ab}{6(a+b)^2} V_a V_b .
\end{aligned}$$

Für kleines Δ findet man:

$$-\frac{(V_a - V_b)^2 ab}{4\Delta(a+b)},$$

d. h. stets Anziehung, wenn V_a nicht genau gleich V_b ist. Nur bei strenger Gleichheit der Potentiale (wie z. B. bei der Berührung) besteht Abstoßung.

Im Falle $a = b$ hat man:

$$\begin{aligned}
&- \frac{(V_a - V_b)^2}{8\Delta} \cdot a\left\{1 - \frac{\Delta}{a}\frac{1 - 12\psi(0)}{36} + \frac{1}{6}\frac{\Delta}{a}\ln\frac{\Delta}{a}\right\} \\
&+ (V_a^2 + V_b^2)\frac{\ln 2 - \frac{1}{4}}{12} .
\end{aligned}$$

Dies liefert mit $V_a = V_b$ den KELVINschen Wert (vgl. oben): $V^2\ 0{,}073858$.

Im Falle $a = 3b$ hat man mit $V_a = V_b$ aus der früheren Formel $V^2\ 0{,}0430$; schließlich im Falle $a \gg b$ den Wert Null.

l) Das Ellipsoid.

Bisher war nur von kugelförmigen Leitern die Rede gewesen; wir wenden uns nunmehr zu Leitern von ellipsoidischer Gestalt.

86. Gleichgewichtsverteilung auf einem dreiachsigen Ellipsoid. Wir betrachten ein einzelnes dreiachsiges Ellipsoid, dessen Oberfläche geladen ist. Wenn Gleichgewicht herrscht, muß die Wirkung der Flächenbelegung auf einen beliebigen Punkt P im Innern (Abb. 48) verschwinden. Man zerlegt nach dem

[1]) A. RUSSELL, Proc. Phys. Soc. Bd. 35, S. 24. 1922.

Vorgange NEWTONS bei der Kugelfläche (vgl. Abb. 1) die Oberfläche durch lauter kleine Doppelkegel mit dem Scheitel in P in entsprechende Paare von Flächenelementen df_1, df_2. Wenn die Wirkung eines jeden solchen Paares in P sich aufhebt, so ist die Gesamtwirkung sicher Null. Wenn es also möglich ist, eine Gleichgewichtsverteilung mit der Dichte σ anzugeben, welche diese Bedingung erfüllt und dabei von der Lage von P unabhängig ist, so ist sie, da es nur eine einzige Gleichgewichtsverteilung gibt, die Lösung des Problems. Jene Bedingung ist aber erfüllt, wenn

$$\frac{\sigma_1 df_1}{r_1^2} = \frac{\sigma_2 df_2}{r_2^2}$$

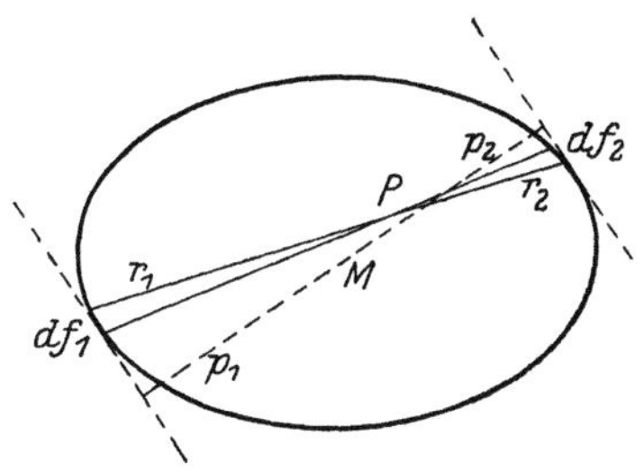

Abb. 48. Gleichgewicht auf der Oberfläche eines Ellipsoids.

oder, wenn n_1 bez. n_2 die Normale auf df_1 bez. df_2 bedeutet:

$$\frac{\sigma_1}{\cos(n_1 r_1)} = \frac{\sigma_2}{\cos(n_2 r_2)}. \tag{91}$$

Das Ellipsoid habe die Gleichung:

$$\frac{x^2}{a^2} + \frac{y^2}{b^2} + \frac{z^2}{c^2} - 1 = 0.$$

Hieraus ergibt sich

$$\cos(nx) = \frac{x}{a^2}p, \quad \cos(ny) = \frac{y}{b^2}p, \quad \cos(nz) = \frac{z}{c^2}p,$$

worin

$$\frac{1}{p} = \sqrt{\frac{x^2}{a^4} + \frac{y^2}{b^4} + \frac{z^2}{c^4}}$$

gesetzt ist; p ist die Länge des Perpendikels, das vom Ursprung der Koordinaten M (dem Mittelpunkt des Ellipsoids) auf die in x, y, z das Ellipsoid tangierende Ebene gefällt ist. Somit ergibt sich:

$$\begin{aligned}\cos(n_1 r_1) &= \cos(n_1 x)\cos(r_1 x) + \cos(n_1 y)\cos(r_1 y) + \cos(n_1 z)\cos(r_1 z)\\ &= p_1\left\{\frac{x_1}{a^2}\cdot\frac{x_1 - x_2}{r_{12}} + \frac{y_1}{b_2}\frac{y_1 - y_2}{r_{12}} + \frac{z_1}{c_2}\frac{z_1 - z_2}{r_{12}}\right\}\\ &= \frac{p_1}{r_{12}}\left\{1 - \frac{x_1 x_2}{a^2} - \frac{y_1 y_2}{b^2} - \frac{z_1 z_2}{c^2}\right\}.\end{aligned}$$

Ebenso findet man:

$$\cos(n_2 r_2) = \frac{p_2}{r_{12}}\left\{1 - \frac{x_1 x_2}{a^2} - \frac{y_1 y_2}{b^2} - \frac{z_1 z_2}{c^2}\right\}.$$

Hierin bedeutet $r_{12} = r_1 + r_2$ die Entfernung der Oberflächenpunkte $1(df_1)$ und $2(df_2)$. Die Bedingung (91) ist also erfüllbar, wenn

$$\sigma = \text{konst.}\cdot p, \tag{92}$$

und zwar gilt dies für jeden beliebigen inneren Punkt P. Daher gibt (92) die Gleichgewichtsverteilung auf einem einzelnen dreiachsigen Ellipsoid: Die Dichte in irgendeinem Punkte seiner Oberfläche ist dem Abstand der zugehörigen Tangentialebene vom Mittelpunkt proportional.

Zur Bestimmung der Konstante in (92) sei e die Gesamtladung des Ellipsoids. Man hat

$$e = \int \sigma\, df = \text{konst.}\int p\, df = \text{konst.}\, 3v = \text{konst.}\cdot 4\pi abc,$$

da $\frac{1}{3}p\,df$ das Volumen des über df mit dem Mittelpunkt als Scheitel errichteten Kegels ist. Also

$$\text{konst.} = \frac{e}{4\pi abc}$$

und

$$\sigma = \frac{e}{4\pi abc}p. \tag{92a}$$

87. Berechnung des äußeren Potentials der in Ziff. 86 berechneten Gleichgewichtsverteilung. Wir beweisen zunächst[1]), daß die Äquipotentialflächen zu der Verteilung (92a) konfokale Ellipsoide sind.

Wir betrachten (Abb. 49) einen Punkt P auf dem Ellipsoid E

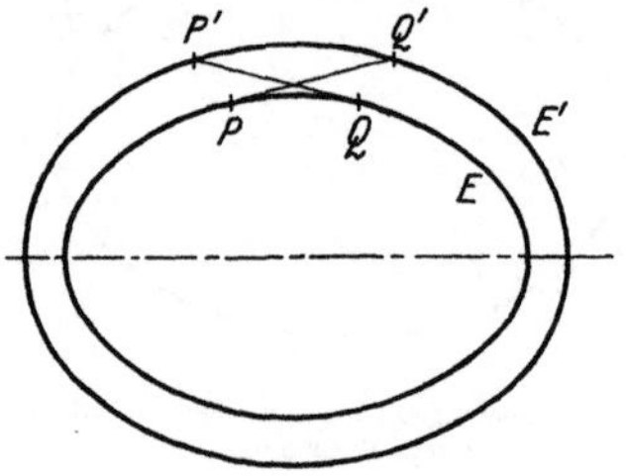

Abb. 49. Transformation zweier konfokaler Ellipsoide ineinander.

$$\frac{x^2}{a^2}+\frac{y^2}{b^2}+\frac{z^2}{c^2}-1$$

und einen Punkt P' auf dem konfokalen Ellipsoid E'

$$\frac{x'^2}{a^2+\lambda}+\frac{y'^2}{b^2+\lambda}+\frac{z'^2}{c^2+\lambda}-1=0$$

die, wenn $a'^2=a^2+\lambda$, $b'^2=b^2+\lambda$, $c'^2=c^2+\lambda$ bedeuten, durch folgende Transformation T zusammenhängen:

$$\frac{x'}{a'}=\frac{x}{a}, \quad \frac{y'}{b'}=\frac{y}{b}, \quad \frac{z'}{c'}=\frac{z}{c}. \tag{T}$$

Wenn Q, Q' ein zweites bei dieser Transformation sich entsprechendes Punktepaar sind, so kann man leicht beweisen:

$$\overline{PQ'}=\overline{P'Q}.$$

Wenn nun das Ellipsoid E mit der Menge e geladen ist, hat es nach (92a) die Dichte

$$\sigma=\frac{e}{4\pi abc}p,$$

und wenn das Ellipsoid E' statt dessen mit e geladen ist, hat es:

$$\sigma'=\frac{e}{4\pi a'b'c'}p'.$$

Wir betrachten zwei Elemente df in P (Abb. 49) und df' in P', die durch die Transformation T sich entsprechen. Konstruiert man aus dem gemeinsamen Mittelpunkt beider Ellipsoide die Kegel, welche df bez. df' projizieren, so verhalten sich deren Volumina:

$$p'df':pdf=a'b'c':abc.$$

Somit folgt für das Verhältnis der Ladungen auf df' und df:

$$\sigma'df':\sigma df=\frac{p'}{a'b'c'}df':\frac{p}{abc}df=1.$$

Oder: die Ladungen auf den durch die Transformation T sich entsprechenden Elementen df und df' sind gleich.

Berechnet man also das Potential V, das E in einem Punkt Q' von E' erzeugt, so hat man

$$V=\int df\frac{\sigma}{r},$$

wo r die Entfernung irgendeines df des Ellipsoids E, z. B. des df in P, von dem Punkte Q', also $r=PQ'$, bedeutet. Berechnet man anderseits das Potential V', das statt dessen E' (mit e geladen) in dem Punkte Q des Ellipsoids E, der Q' durch die Transformation T entspricht, erzeugen würde, so hat man

$$V'=\int df'\frac{\sigma'}{r'},$$

wo $r'=P'Q$ die Entfernung des dem df entsprechenden Elements df', also z. B. des df' in P', von Q bedeutet.

[1]) Vgl. GRINWIS, Wiskundige theorie der wrijvings electriciteit, S. 60. Utrecht 1869.

Nach dem vorhin Bewiesenen ist aber $\sigma' df' = \sigma df$ und $P'Q = r' = PQ' = r$ und daher:

$$V = V',$$

Das Potential V' muß aber in allen Punkten von E konstant sein, da sie innere Punkte des geladenen Leiters E' sind. Also ist auch das Potential V in allen Punkten des konfokalen E' konstant oder: jedes konfokale Ellipsoid E' ist eine Äquipotentialfläche von E.

Wir berechnen jetzt den Abstand des konfokalen Ellipsoids E' von E, wenn in der Gleichung von E'

$$\frac{x^2}{a^2+\lambda} + \frac{y^2}{b^2+\lambda} + \frac{z^2}{c^2+\lambda} - 1 = 0$$

λ eine sehr kleine Größe $d\mu$ ist. Dieser Abstand ist längs der Normalen n irgendeines Punktes P von E (Abb. 50) zu messen. Es sei dn seine Länge, und x_1, y_1, z_1 seien die Koordinaten von P_1, dem Endpunkte von dn. Man findet leicht (vgl. Ziff. 86)

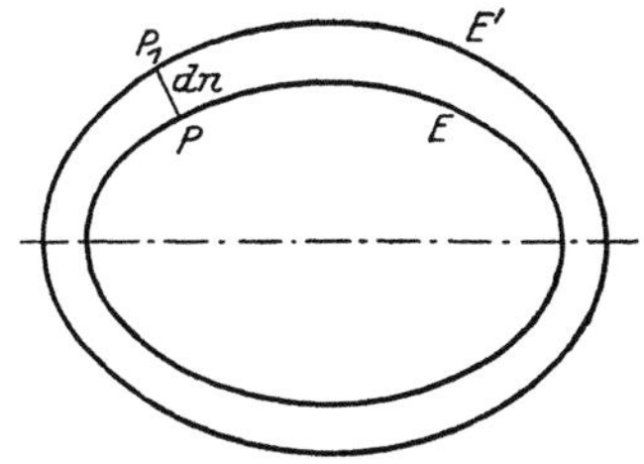

Abb. 50. Abstand zweier konfokaler Ellipsoide.

$$x_1 = x + \frac{x}{a^2}\cdot p\cdot dn, \qquad y_1 = y + \frac{y}{b^2}\cdot p\cdot dn, \qquad z_1 = z + \frac{z}{c^2}\cdot p\cdot dn,$$

wobei

$$\frac{x_1^2}{a^2+d\mu} + \frac{y_1^2}{b^2+d\mu} + \frac{z_1^2}{c^2+d\mu} - 1 = 0$$

und $d\mu$ sehr klein ist. Hieraus:

$$dn = d\mu\cdot\frac{1}{2p}\,.$$

Aus der COULOMBschen Gleichung $4\pi\sigma = -\frac{\partial V}{\partial n}$ und aus (92a) folgt dann für die Abnahme des Potentials von E zu E':

$$dV = -4\pi\sigma dn = -4\pi\cdot\frac{ep}{4\pi abc}\cdot\frac{d\mu}{2p} = -\frac{e}{2abc}\,d\mu\,.$$

Geht man von E' zu einem zweiten konfokalen Ellipsoid E'' weiter, so hat man wieder eine Abnahme des Potentials

$$dV = -\frac{e}{2a'b'c'}\,d\mu = -\frac{e}{2\sqrt{(a^2+\mu)(b^2+\mu)(c^2+\mu)}}\,d\mu,$$

da ja das mit e geladene E in seiner Wirkung nach außen durch das mit e geladene E' (Äquipotentialfläche zu E, nach dem GREENschen Äquivalenzsatz (Ziff. 66) ersetzt werden kann; es treten dann einfach a', b', c' an Stelle des früheren a, b, c, also $a' = \sqrt{a^2+\lambda}$ usw., wofür wir lieber $\sqrt{a^2+\mu}$ usw. schreiben. So fortfahrend, erhält man für die Abnahme des Potentials von E bis zu $E(\lambda)$, wo λ ein endlicher Wert des Parameters μ ist

$$V_E - V_{(\lambda)} = \frac{e}{2}\int_0^\lambda \frac{d\mu}{\sqrt{(a^2+\mu)(b^2+\mu)c^2+\mu)}}\,,$$

indem $\lambda = 0$ dem Ellipsoid E entspricht. Oder

$$V_{(\lambda)} = V_E - \frac{e}{2}\int_0^\lambda \frac{d\mu}{\sqrt{(a^2+\mu)(b^2+\mu)(c^2+\mu)}}\,.$$

Da im Unendlichen das Potential verschwinden soll, hat man

$$0 = V_E - \frac{e}{2}\int_0^\infty \frac{d\mu}{\sqrt{(a^2+\mu)(b^2+\mu)(c^2+\mu)}}\,,$$

so daß schließlich für das äußere Potential des mit e geladenen Ellipsoids $\lambda = 0$ sich ergibt:

$$V = V_{(\lambda)} = \frac{e}{2}\int\limits_{\lambda}^{\infty}\frac{d\mu}{\sqrt{(a^2+\mu)(b^2+\mu)(c^2+\mu)}}\,. \tag{93}$$

88. Kapazität des Ellipsoids und seiner Ausartungen. Aus Ziff. 87 ergibt sich für das auf dem Ellipsoid E selbst herrschende Potential

$$V_E = \frac{e}{2}\int\limits_{0}^{\infty}\frac{d\mu}{\sqrt{(a^2+\mu)(b^2+\mu)(c^2+\mu)}}$$

und hieraus für die Kapazität des Ellipsoids:

$$C = \frac{2}{\int\limits_{0}^{\infty}\frac{d\mu}{\sqrt{(a^2+\mu)(b^2+\mu)(c^2+\mu)}}}\,. \tag{94}$$

Wir spezialisieren jetzt die Formel (94) in verschiedenen Fällen.

α) Kugel $(a = b = c)$:

$$\frac{2}{C} = \int\limits_{0}^{\infty}\frac{d\mu}{\{a^2+\mu\}^{\frac{3}{2}}} = -\left|\frac{2}{\sqrt{a^2+\mu}}\right|_0^{\infty} = \frac{2}{a}$$

$$C = a \qquad \text{[vgl. Ziff. 29, Formel (23)].}$$

β) Gestrecktes Rotationsellipsoid $a > b = c$ $\left(\sqrt{a^2-b^2} = f\right)$:

$$\frac{2}{C} = \int\limits_{0}^{\infty}\frac{d\mu}{\sqrt{a^2+\mu}\,(b^2+\mu)} = \frac{1}{f}\left|\ln\frac{\sqrt{a^2+\mu}-f}{\sqrt{a^2+\mu}+f}\right|_0^{\infty} = \frac{1}{f}\ln\frac{a+f}{a-f}$$

$$\frac{1}{C} = \frac{1}{2f}\ln\frac{a+f}{a-f}\,. \tag{94a}$$

Hieraus folgt für ein nahezu spindelförmiges Rotationsellipsoid $b \ll a$

$$\frac{1}{C} \sim \frac{1}{a}\ln\frac{2a}{b}$$

[vgl. (36) für den sehr dünnen Kreiszylinder],

so daß für eine Dicke $b \to 0$ auch die Kapazität $C \to 0$ geht.

γ) Abgeplattetes Rotationsellipsoid $a = b > c$:

$$\frac{2}{C} = \int\limits_{0}^{\infty}\frac{d\mu}{(a^2+\mu)\sqrt{c^2+\mu}} = \frac{2}{\sqrt{a^2-c^2}}\left|\operatorname{arctg}\sqrt{\frac{c^2+\mu}{a^2-c^2}}\right|_0^{\infty} = \frac{2}{\sqrt{a^2-c^2}}\operatorname{arccotg}\frac{c}{\sqrt{a^2-c^2}}$$

$$\frac{1}{C} = \frac{1}{\sqrt{a^2-c^2}}\operatorname{arccotg}\frac{c}{\sqrt{a^2-c^2}} = \frac{1}{\sqrt{a^2-c^2}}\arccos\frac{c}{a}\,. \tag{94b}$$

δ) Kreisscheibe $(a = b,\ c = 0)$. Aus (94b) folgt für $c = 0$:

$$\frac{1}{C} = \frac{\pi}{2a} \qquad \text{oder} \qquad C = \frac{2a}{\pi} = \frac{a}{1{,}5708}\,. \tag{94c}$$

ε) Elliptische Scheibe $(a > b,\ c = 0)$. Aus (94) folgt:

$$\frac{2}{C} = \int\limits_{0}^{\infty}\frac{d\mu}{\sqrt{(a^2+\mu)(b^2+\mu)\mu}} = \frac{2}{a}\int\limits_{0}^{\frac{\pi}{2}}\frac{d\varphi}{\sqrt{1-\frac{f^2}{a^2}\sin^2\varphi}} = \frac{2}{a}K\left(\operatorname{mod}\frac{f}{a}\right).$$

Hier ist K das vollständige elliptische Integral erster Gattung modulo

$$\frac{f}{a} = \frac{\sqrt{a^2 - b^2}}{a} \quad \text{und} \quad \sin\varphi = \frac{a}{\sqrt{a^2 + \mu}}.$$

Also

$$C = \frac{a}{K} \quad \left(\operatorname{mod} \frac{f}{a} = \frac{\sqrt{a^2 - b^2}}{a}\right). \tag{94d}$$

Wenn $f = 0$ oder $a = b$, wird $K = \frac{\pi}{2}$, und man erhält wieder (94c). Wenn $f \ll a$ (geringe Exzentrizität), wird

$$K \sim \frac{\pi}{2}\left(1 + \frac{1}{4}\frac{f^2}{a^2} + \cdots\right)$$

$$\frac{1}{K} \sim \frac{2}{\pi}\left(1 - \frac{1}{4}\frac{f^2}{a^2} + \cdots\right) \sim \frac{2}{\pi}\sqrt[4]{1 - \frac{f^2}{a^2}} = \frac{2}{\pi}\sqrt{\frac{b}{a}}$$

$$C \sim \frac{2\sqrt{a\,b}}{\pi}.$$

Wenn $f \sim a$ (Exzentrizität sehr groß), wird der Modul $k = \frac{f}{a} \sim 1$ und

$$K = \lim_{k \to 1} \int_0^{\frac{\pi}{2}} \frac{d\varphi}{\sqrt{1 - k^2 \sin^2\varphi}} = \lim_{\substack{\varepsilon \to 0 \\ k' = \sqrt{1-k^2} \to 0 \\ \varepsilon \gg k'}} \left(\int_0^{\frac{\pi}{2} - \varepsilon} \frac{d\varphi}{\sqrt{\cos^2\varphi + k'^2 \sin^2\varphi}} + \int_0^{\varepsilon} \frac{d\varphi}{\sqrt{\sin^2\varphi + k'^2 \cos^2\varphi}} \right)$$

$$= \lim \left| \lg n \frac{1 + \sin\varphi}{\cos\varphi} \right|_0^{\frac{\pi}{2} - \varepsilon} + \left| \lg n \left(\varphi + \sqrt{\varphi^2 + k'^2}\right) \right|_0^{\varepsilon}$$

$$\to \lim \left[\lg n \frac{1 + \cos\varepsilon}{\sin\varepsilon} \cdot \frac{\varepsilon + \sqrt{\varepsilon + k'^2}}{k'} \right] \to \lg n \frac{4}{\sqrt{1 - k^2}} = \lg n \frac{4a}{b},$$

also

$$\frac{1}{C} \sim \frac{1}{a} \lg n \frac{4a}{b}$$

(vgl. dagegen oben unter β: runde Spindel im Gegensatz zu flacher Spindel).

89. Dichte und Potential der Kreisscheibe. Aus (92a) folgt für die Dichte auf der Kreisscheibe ($a = b$, $c = 0$):

$$\left.\begin{aligned} \sigma &= \lim_{c \to 0} \left(\frac{e}{4\pi a^2 c} \frac{1}{\sqrt{\frac{x^2}{a^4} + \frac{y^2}{a^4} + \frac{z^2}{c^4}}} \right) = \lim_{c \to 0} \frac{e}{4\pi a^2 c} \frac{1}{\sqrt{\frac{x^2 + y^2}{a^4} + \frac{1}{c^2}\left(1 - \frac{x^2 + y^2}{a^2}\right)}} \\ &= \frac{e}{4\pi a} \frac{1}{\sqrt{a^2 - x^2 - y^2}} = \frac{e}{4\pi a} \frac{1}{\sqrt{a^2 - r^2}}, \end{aligned}\right\} \tag{94e}$$

wo $r = \sqrt{x^2 + y^2}$ der Abstand vom Mittelpunkt der Kreisscheibe ist. Auf dem Rande $r = a$ wird dies natürlich unendlich (Ziff. 27). COULOMB[1]) hat diesbezügliche Messungen bei einer Kreisscheibe von $a = 5$ Zoll Halbmesser angestellt. Die folgende Tabelle enthält die von GREEN nach (94e) gerechnete Vergleichung mit den Beobachtungen:

Abstand vom Mittelpunkt r	=	0	1	2	3	4	4,5	5
$\frac{4\pi a^2 \sigma}{e}$ beobachtet (COULOMB)	=	1	1,001	1,005	1,17	1,52	2,07	2,90
$\frac{4\pi a^2 \sigma}{e}$ gerechnet (GREEN)	=	1	1,020	1,090	1,25	1,667	2,294	∞

---

[1]) Vgl. Lord KELVIN, Reprint S. 179.

Die Kapazität der Kreisscheibe ist nach (94c)

$$C = \frac{2a}{\pi} = \frac{a}{1,5708},$$

CAVENDISH[1]) fand die Kapazität einer Kreisscheibe vom Radius a durch Messung gleich dem 1,57. Teil der Kapazität einer Kugel von gleichem Radius, ein Zeichen hoher Meßgenauigkeit.

Für das Potential, das eine Kreisscheibe mit der Ladung e in der Umgebung erzeugt, findet man aus (93) und Ziff. 88):

$$V = \lim_{c\to 0} \left| \frac{e}{2} \cdot \frac{2}{\sqrt{a^2 - c^2}} \operatorname{arctg} \sqrt{\frac{c^2+\lambda}{a^2-c^2}} \right|_{\lambda}^{\infty} = \frac{e}{a} \operatorname{arctg} \frac{a}{\sqrt{\lambda}},$$

worin λ eine Wurzel der folgenden Gleichung ist:

$$\frac{x^2+y^2}{a^2+\lambda} + \frac{z^2}{\lambda} = 1 \quad \text{und} \quad \lambda > 0.$$

Der Scheibe entspricht hierbei: $z = 0$, $x^2 + y^2 \leqq a^2$ oder $\lambda = 0$. Aus (94e) hat KELVIN (l. c.) mittels der Methode der Inversion die Verteilung auf einer offenen Kugelschale abgeleitet (vgl. Ziff. 92).

Schließlich sei noch die Dichte auf einer geladenen geraden Strecke (Fokalstrecke eines abgeplatteten Rotationsellipsoids) angegeben. Man findet aus (92a) mit $b = c$

$$\sigma = \lim_{b\to 0} \frac{e}{4\pi a b^2} \frac{1}{\sqrt{\frac{x^2}{a^4} + \frac{y^2+z^2}{b^4}}} \to \frac{e}{4\pi a\sqrt{y^2+z^2}} = \frac{e}{4\pi a b},$$

wo $b = \sqrt{y^2+z^2}$ die „Dicke" der geraden Strecke ist. Die Dichte ist also gleichförmig verteilt und die Äquipotentialflächen sind die abgeplatteten Rotationsellipsoide, die jene Strecke als Fokalstrecke besitzen.

90. Die Kraftlinien bei einem geladenen Ellipsoid. In Ziff. 87 ist bewiesen worden, daß die Äquipotentialflächen bei einem geladenen Ellipsoid die konfokalen Ellipsoide sind. Daraus folgt sofort für die Kraftlinien als die orthogonalen Trajektorien sämtlicher Äquipotentialflächen (vgl. Ziff. 11), daß sie die Schnittlinien der einschaligen und der zweischaligen Hyperboloide sind, welche mit jenen Ellipsoiden zusammen bekanntlich eine Schar von konfokalen dreifach orthogonalen Flächen zweiten Grades bilden. Man findet diese Schar mit Hilfe der drei Wurzeln der kubischen Gleichung

$$(a^2+\lambda)(b^2+\lambda)(c^2+\lambda)\left[1 - \frac{x^2}{a^2+\lambda} - \frac{y^2}{b^2+\lambda} - \frac{z^2}{c^2+\lambda}\right] = (\lambda-\lambda_1)(\lambda-\lambda_2)(\lambda-\lambda_3) = 0,$$

woraus man für die acht Schnittpunkte der drei Flächen λ_1, λ_2, λ_3 hat:

$$x^2 = \frac{(a^2+\lambda_1)(a^2+\lambda_2)(a^2+\lambda_3)}{(a^2-b^2)(a^2-c^2)}, \qquad y^2 = -\frac{(b^2+\lambda_1)(b^2+\lambda_2)(b^2+\lambda_3)}{(a^2-b^2)(b^2-c^2)},$$

$$z^2 = \frac{(c^2+\lambda_1)(c^2+\lambda_2)(c^2+\lambda_3)}{(a^2-c^2)(b^2-c^2)}.$$

Hierin sei etwa $\lambda_1 > \lambda_2 > \lambda_3$, woraus leicht folgt, daß

$$\infty > \lambda_1 > -c^2 > \lambda_2 > -b^2 > \lambda_3 > -a^2$$

sein muß. Es repräsentiert daher

$\lambda = \lambda_1$ (wegen $c^2 + \lambda_1$, $b^2 + \lambda_1$, $a^2 + \lambda_1$ sämtlich positiv) ein Ellipsoid,

$\lambda = \lambda_2$ (wegen $c^2 + \lambda_2 < 0$, $b^2 + \lambda_2$ und $a^2 + \lambda_2 > 0$) ein einschaliges Hyperboloid,

$\lambda = \lambda_3$ (wegen $c^2 + \lambda_3$ und $b^2 + \lambda_3 < 0$, $a^2 + \lambda_3 > 0$) ein zweischaliges Hyperboloid.

---

[1]) LORD KELVIN l. c.

m) Die Methode der Inversion.

91. Die geometrischen Grundlagen. Es sei (Abb. 51) E' der zu E in bezug auf das Zentrum O einer gewissen Kugel vom Radius k inverse (vgl. Ziff. 62) Punkt, ebenso P' zu P. Die Dreiecke

$$\triangle OPE \backsim \triangle OP'E'$$

sind einander ähnlich. Hieraus folgt

$$EP:E'P' = OE:OP' = OP:OE'.$$

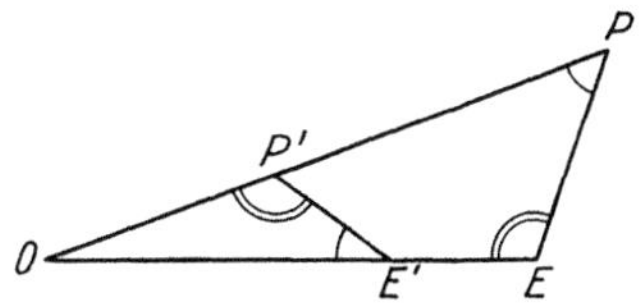

Abb. 51. Inversion einer Punktladung.

Bildet man also das Potential einer Punktladung e in E bezüglich P:

$$V = \frac{e}{EP},$$

so erhält man ein anderes Potential

$$V' = \frac{e'}{E'P'} = \frac{e' \cdot OE}{EP \cdot k} \cdot \frac{k}{OP'} = \frac{e' \cdot k}{EP \cdot OE'} \cdot \frac{OP}{k} = \frac{e}{EP} \cdot \frac{k}{OP'} = \frac{e}{EP} \cdot \frac{OP}{k}$$

einer Punktladung $e' = e\frac{k}{OE} = e\frac{OE'}{k}$ in dem inversen Punkt E' bezüglich des inversen Punktes P', welches zu V in der Relation steht

$$V' = V\frac{r}{k} = \frac{k}{r'}, \tag{A}$$

worin $r = OP$, $r' = OP'$, $rr' = k^2$ gesetzt ist.

Was hier für das Potential einer einzelnen Punktladung bewiesen ist, gilt natürlich auch für die Summe aus vielen solchen, daher allgemein der Satz: Wenn man zu einem Leiter mit der Oberfläche f den Leiter mit der inversen Oberfläche f' in bezug auf ein Zentrum O (Inversionsradius k) bildet und die Ladungen entsprechender Flächenelemente der beiden Leiter df in E und df' in E' sich verhalten wie

$$\sigma\, df : \sigma' df' = OE:k = k:OE', \tag{B}$$

so erhält man in einem beliebigen Aufpunkt P ein Potential V vom ersten und in dem inversen Punkt P' ein Potential V' vom zweiten Leiter, so daß

$$V:V' = k:OP = OP':k. \tag{A}$$

Aus (B) folgt, da offenbar

$$df:df' = OE^2:OE'^2 = OE^4:k^4 = k^4:OE'^2,$$

daß

$$\sigma:\sigma' = k^3:OE^3 = OE'^3:k^3 \tag{C}$$

das Verhältnis der Dichten in entsprechenden Punkten ist.

Von diesem Satz hat Lord Kelvin[1]) eine Anwendung für den besonderen Fall gemacht, daß der Aufpunkt P ein Punkt der Leiteroberfläche f ist, daß also V das auf der Oberfläche f konstante Potential des Leiters ist. Dann liegt auch P' auf der zu f inversen Oberfläche f' des anderen Leiters, aber V' ist zufolge (A) nicht mehr konstant auf der Fläche f'. Wohl aber ist nach (A)

$$V'' = V' - \frac{V \cdot k}{OP'} = 0$$

konstant auf der ganzen Fläche f' des anderen Leiters, nämlich Null. Dies läßt sich deuten, als das Zusammenwirken einer Punktladung

$$-V \cdot k$$

im Inversionszentrum und der von ihr auf der Fläche f' erzeugten ungleichnamigen Influenzladung mit dem (Teil-)Potential V', wenn das (Gesamt-)Potential V'' der Fläche f' Null ist.

[1]) Lord Kelvin, Reprint XV, S. 179.

Von NICHOLSON und WRINCH[1]) ist hervorgehoben worden, daß die Anwendung des Satzes (A) nicht auf den speziellen Fall Lord KELVINS, nämlich $V =$ konst. auf f, beschränkt ist, sondern daß V beliebig sein kann, also P nicht auf f zu liegen braucht.

92. Einige Anwendungen der Inversion. Invertiert man eine Kugel, so erhält man wieder eine Kugel. Nimmt man also für V das auf der ersten Kugel konstante Potential einer gleichförmigen Verteilung σ, so erhält man auf der zweiten Kugel das Potential V' der Influenzladung, welches eine Punktladung $(-Vk)$ im Inversionszentrum O auf der geerdeten Kugel erzeugt (Ziff. 68). Die Formel (C) gibt die Dichte dieser Influenzladung; sie ist verkehrt proportional der dritten Potenz der Entfernung des jeweiligen Flächenelements von der Punktladung in O [vgl. (70)].

Auf diese Weise gelingt es aus bekannten Lösungen Lösungen für neue Probleme abzuleiten. Das bekannteste Beispiel ist die schon erwähnte Gewinnung der Verteilung auf einer offenen Kugelschale aus der Verteilung auf der Kreisscheibe (Ziff. 89). Wir geben nur Lord KELVINS Resultate wieder.

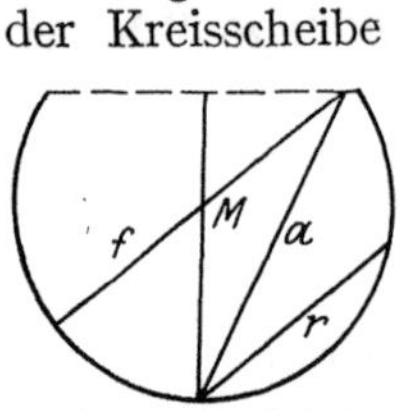

Abb. 52. Kugelschale.

Mit den Bezeichnungen der Abb. 52 wird die innere Dichte

$$\varrho_i = \frac{V}{2\pi^2 f}\left\{\sqrt{\frac{f^2 - a^2}{a^2 - r^2}} - \operatorname{arctg}\sqrt{\frac{f^2 - a^2}{a^2 - r^2}}\right\}$$

und die äußere Dichte

$$\varrho_a = \varrho_i + \frac{V}{2\pi f},$$

worin V das Potential der Kugelschale ist. Für $f \to \infty$ erhält man hieraus wieder die Verteilung (94e) auf der Kreisscheibe:

$$\varrho_i = \varrho_a = \frac{V}{2\pi^2}\frac{1}{\sqrt{a^2 - r^2}} = \frac{e}{4\pi a}\frac{1}{\sqrt{a^2 - r^2}}.$$

n) Zweidimensionale Probleme.

93. Vorbemerkungen. In Ziff. 56 war das axialsymmetrische Feld behandelt worden, das bei Einführung von Zylinderkoordinaten ϱ, ω, z von dem Azimut ω rings um die Achse unabhängig ist, also nur von zwei Koordinaten ϱ, z abhängt[2]). Dieser Fall — Abhängigkeit des Feldes von nur zwei anstatt von drei Größen — ist gekennzeichnet durch die unmittelbare Integrierbarkeit der Differentialgleichung der Kraftlinien mittels einer Funktion U, die mit dem Potential V durch die Differentialgleichungen (64) zusammenhängt.

Einen ganz analogen Fall haben wir bei den zweidimensionalen Problemen, bei denen eine Unabhängigkeit von z besteht, indem alle vorhandenen Leiter unendliche Zylinder vorstellen, deren Erzeugende parallel zur z-Achse sind. Ein solches Problem hängt nur von ϱ, ω oder (was dasselbe ist) von x, y ab. Auch hier tritt eine Funktion U auf, die mit dem Potential V einfach zusammenhängt.

94. Die zum Potential V konjugierte Funktion U. In dem vorstehend skizzierten Falle lautet die LAPLACEsche Gleichung

$$\frac{\partial^2}{\partial x^2} V + \frac{\partial^2}{\partial y^2} V = 0 \tag{a}$$

[1]) D. WRINCH u. J. W. NICHOLSON, Proc. Roy. Soc. London Bd. 108, S. 104. 1925; D. WRINCH, Phil. Mag. Bd. 50, S. 1049ff. 1925, insbesondere 1054.

[2]) Vgl. hierzu die Untersuchungen von D. WRINCH über Kapazität gewisser Rotationskörper, Phil. Mag. Bd. 50, S. 60. 1925.

und die Gleichung der (durchaus ebenen) Kraftlinien:

$$+\frac{\partial V}{\partial y}dx - \frac{\partial V}{dx}dy = 0. \tag{b}$$

Bildet man mit 1 als integrierendem Multiplikator:

$$\int 1\cdot\left(\frac{\partial V}{\partial y}dx - \frac{\partial V}{\partial x}dy\right) = U(x,y), \tag{95}$$

so ist U ein Integral von (b). Dies bestätigt man durch Differentiation von (95):

$$\frac{\partial U}{\partial x} = \frac{\partial V}{\partial y}, \qquad \frac{\partial U}{\partial y} = -\frac{\partial V}{\partial x}. \tag{96}$$

Die Gleichungen (96) sind aber identisch mit den CAUCHY-RIEMANNschen Differentialgleichungen in der Theorie der Funktionen einer komplexen Veränderlichen. Sie sagen aus, daß U die konjugierte Funktion zu V ist, d. h. daß

$$U + iV = W(x, y)$$

nur eine Funktion von $\zeta = x + iy$ ist:

$$U + iV = W(x + iy) = W(\zeta). \tag{97}$$

Umgekehrt liefert jede Funktion $W(\zeta)$ der komplexen Variation $\zeta = x + iy$ in ihrem reellen oder imaginären Bestandteil eine von z unabhängige, nur von x, y abhängende Lösung der LAPLACEschen Gleichung, die als Potential oder als Kraftlinienfunktion angesehen werden kann. Zu welchem speziellen Problem sie gehört, hat erst die nähere Untersuchung zu lehren. Jedenfalls bilden die Kurven

$$U(x,y) = \text{konst.} \qquad \text{und} \qquad V(x,y) = \text{konst.}$$

zwei zueinander orthogonale Kurvenscharen (Niveaulinien in der Ebene $z = \text{konst.}$ und Kraftlinien oder umgekehrt).

Auf der Begrenzung eines Leiters ist diejenige Funktion, die das Potential darstellt, z. B. V, konstant. Die Normale n ist natürlich bei einem von z unabhängigen Problem der xy-Ebene überall parallel. Wir betrachten (Abb. 53) den Grundriß eines Leiters ($V = \text{konst.}$) in der Ebene $z = 0$. Es sei ds ein Element der Umrißlinie. Diese möge das Innere des Leiters im positiven Sinne (entgegengesetzt zum Uhrzeiger) umkreisen; n sei die äußere Normale. Dann folgt aus (96) durch Spezialisierung des Koordinatensystems:

$$-\frac{\partial U}{\partial s} = +\frac{\partial V}{\partial n}.$$

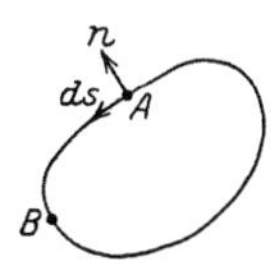

Abb. 53. Dichte auf einem Leiter.

Daher für die Dichte auf dem Leiter $V = \text{konst.}$:

$$4\pi\sigma = +\frac{\partial U}{\partial s} \tag{98}$$

und für die Ladung zwischen zwei Punkten A und B der Umrißlinie bezogen auf die Längeneinheit der z-Achse:

$$\frac{1}{4\pi}\int_0^1 dz \int_A^B ds\frac{\partial U}{\partial s} = \frac{1}{4\pi}(U_B - U_A). \tag{99}$$

Bekanntlich ist $W(\zeta)$ eine monogene Funktion von $\zeta = x + iy$, d. h.

$$\frac{dW}{d\zeta} = \frac{\partial W}{\partial x} = -i\frac{\partial W}{\partial y} = \frac{\partial U}{\partial x} + i\frac{\partial V}{\partial x} = -i\frac{\partial U}{\partial y} + \frac{\partial V}{\partial y}.$$

Hieraus folgt für die Feldstärke $\mathfrak{E}$ in irgendeinem Punkte:

$$\left|\frac{dW}{d\zeta}\right| = \sqrt{\left(\frac{\partial V}{\partial x}\right)^2 + \left(\frac{\partial V}{\partial y}\right)^2} = |\mathfrak{E}|. \tag{100}$$

Es soll schließlich daran erinnert werden, daß (97) auch als eine **konforme Abbildung** der $W = U + iV$-Ebene auf die $\zeta = x + iy$-Ebene aufgefaßt werden kann, wobei die Längenelemente durch

$$|dW|^2 = dU^2 + dV^2 = \left|\frac{dW}{d\zeta} d\zeta\right|^2 = \left|\frac{dW}{d\zeta}\right|^2 (dx^2 + dy^2) \tag{101}$$

zusammenhängen.

95. Einfache rationale Funktionen. Wie schon in Ziff. 94 bemerkt, besteht die Behandlung der zweidimensionalen Probleme meistens darin, daß man zu einer gegebenen Lösung den passenden Leiter sucht, anstatt zu einem Leiter die passende Lösung zu finden. Wir bringen einige Beispiele:

α) $W = \zeta$ oder $V = y$ liefert ein zur y-Achse paralleles Feld.

β) $W = \zeta^2$ oder $V = 2xy$, $U = x^2 - y^2$. Die Kurven $U =$ konst. sind (Abb. 54) gleichseitige Hyperbeln mit der x- bez. y-Achse als reeller Achse; als besonderer Fall erscheint das Geradenpaar $x^2 - y^2 = 0$. Die Kurven $V =$ konst. entstehen durch

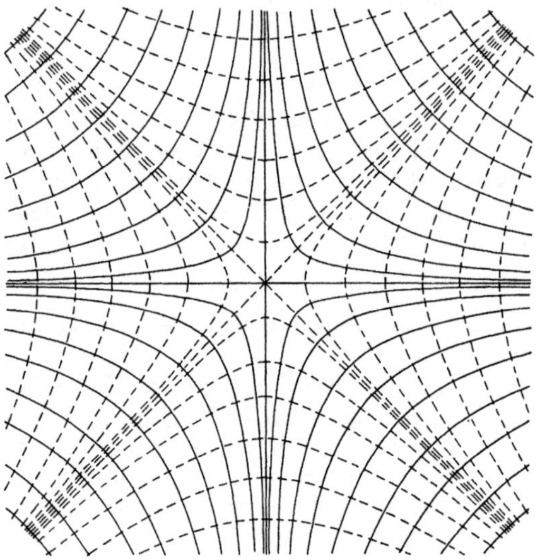

Abb. 54. Gleichseitige Hyperbeln.

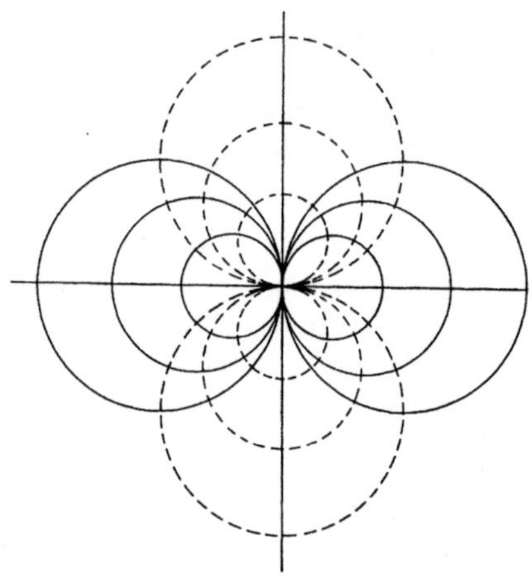

Abb. 55. Zwei entgegengesetzt geladene zusammenfallende Linien.

Drehung des Systems der Kurven $U =$ konst. um 45°. Sie besitzen die x- und y-Achse als Asymptoten. Als besonderer Fall tritt auf das Geradenpaar $xy = 0$.

Hat man also $V = 2xy$, so kann dies z. B. gedeutet werden als das Feld in dem von zwei leitenden Halbebenen $x = 0$, $y > 0$ bez. $y = 0$, $x > 0$ begrenzten Raum, wenn diese zwei Halbebenen sich auf dem Potential Null befinden. Man benutzt dann nur den einen Quadranten der ζ-Ebene. Anstatt dessen kann man ebenso den Raum außerhalb eines beliebigen Hyperbelzweiges $V =$ konst. in diesem Quadranten oder den Raum zwischen zwei solchen Hyperbeln annehmen, die als Leiter auf entsprechenden Potentialen gehalten werden.

γ) $W = \zeta^{-1}$ oder $U = \frac{\cos\omega}{\varrho}$, $V = -\frac{\sin\omega}{\varrho}$, wo $\varrho = \sqrt{x^2 + y^2}$, $\operatorname{tg}\omega = \frac{y}{x}$.

Die Kurven $\begin{Bmatrix} U = \text{konst.} \\ V = \text{konst.} \end{Bmatrix}$ oder $\begin{Bmatrix} x^2 + y^2 - \frac{x}{U} = 0 \\ x^2 + y^2 + \frac{y}{V} = a \end{Bmatrix}$ sind Kreise, die die $\begin{Bmatrix} y\text{-Achse} \\ x\text{-Achse} \end{Bmatrix}$ im Ursprung als gemeinsame Tangente besitzen (Abb. 55). Besondere Fälle: $U = 0$ oder $x = 0$ (y-Achse) und $V = 0$ oder $y = 0$ (x-Achse). Der Ursprung selbst ist auszuschließen, da in ihm $W = \infty$. Das Feld entspricht mit V als Potential einem zweidimensionalen Dipol, dessen Achse die y-Achse und dessen Moment $\frac{1}{2}$ ist. Im Raum tritt natürlich ein aus zwei unendlich benachbarten und entgegengesetzt geladenen Linien, die in der z-Achse liegen, bestehendes Gebilde auf. Bezüglich der Linienladungen vgl. Ziff. 96. Man vergleiche das Kraftlinienbild der Abb. 55 mit der Abb. 16 (die einen punktförmigen Dipol darstellt, wenn $E_1 E_2 \to 0$).

96. Die Funktion log. Setzt man $V = \ln \zeta$, so erhält man $U = \ln \varrho$, $V = \omega$. Bedeutet V das Potential, so sind die Niveaulinien die vom Ursprung ausstrahlenden Radien, im Raume sind also die durch die z-Achse gehenden Halbebenen die Äquipotentialflächen. Dabei sind die Werte des Potentials in zwei eine Ebene bildenden Halbebenen um π voneinander verschieden. Die Kraftlinien $U =$ konst. oder $\varrho =$ konst. sind Kreise, die, an der Halbebene $\omega = 2\pi$ beginnend, im negativen Drehungssinn bis zu der Halbebene $\omega = 0$ führen. Natürlich kann man sich auch auf einen Teil des Winkelraums beschränken, also z. B. nur den Raum $0 \leqq \omega \leqq \pi$ betrachten: dies entspricht dem Fall, daß die zwei Hälften einer Ebene auf verschiedenen Potentialen gehalten werden (die z-Achse ist natürlich als Trennungslinie der beiden Hälften aus dem betrachteten Gebiet auszuschließen).

Wichtiger ist der Fall, daß U das Potential bedeutet (Abb. 56): Wir denken uns die z-Achse gleichförmig mit der Ladung e_1 per Längeneinheit geladen. Dann haben wir ein zweidimensionales Problem; in allen Ebenen normal zur z-Achse herrscht das gleiche Feld, die Kraftlinien haben die Richtung von ϱ (Abb. 56). Die Anwendung des Gaussschen Satzes vom Kraftfluß auf einen Zylinder, der die z-Achse zur Achse hat, von der Höhe 1, ergibt, da $|\mathfrak{E}| = \mathfrak{E}_\varrho$ sein muß und nur von ϱ abhängt:

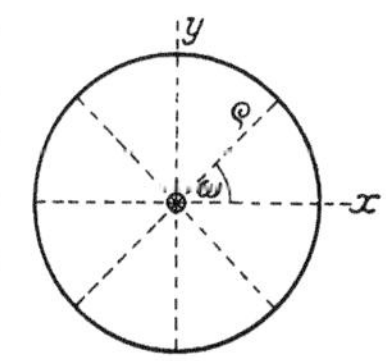

Abb. 56. Eine Linienladung in der z-Achse.

$$2\pi\varrho \cdot |\mathfrak{E}| = 4\pi e_1,$$

woraus $|\mathfrak{E}| = \frac{2e_1}{\varrho} = -\frac{\partial V}{\partial \varrho}$ und $V = -2e_1 \ln \varrho + \text{konst.}$ folgen. Wir sehen also, daß $U = \ln \varrho$ das Potential einer mit $e_1 = -\frac{1}{2}$ per Längeneinheit geladenen Linie ist, wobei noch eine additive Konstante weggelassen ist. Ebenso ergibt sich jetzt leicht, daß zwei mit der z-Achse parallele entgegengesetzt geladene Linien, wenn e_1 die Ladung per Längeneinheit und dy ihr etwa zur y-Achse paralleler Abstand ist, das Potential $-2e_1 dy \frac{\partial}{\partial y} \ln \varrho = -2e_1 dy \cdot \frac{y}{\varrho^2} = -2e_1 dy \cdot \frac{\sin\omega}{\varrho}$ erzeugen (Ziff. 95).

97. Das Problem der zwei sich influenzierenden Kreiszylinder und Verwandtes. Wir betrachten die Funktion: $W = \ln(\zeta - p) - \ln(\zeta + p)$. Dies entspricht einer Linienladung (Ziff. 96) von der Stärke $e_1 = -\frac{1}{2}$ per Längeneinheit in der Linie $x = p$ (p als reell vorausgesetzt), $y = 0$ und einer Linienladung von der Stärke $e_1 = +\frac{1}{2}$ per Längeneinheit in der Linie $x = -p$, $y = 0$, wenn $U = \frac{1}{2} \ln \frac{(x-p)^2 + y^2}{(x+p)^2 + y^2}$ als Potential angesehen wird. Das Bild der kreisförmigen Niveaulinien bez. Kraftlinien in der Ebene zeigt Abb. 42. Denn durch Auflösung findet man leicht

$$\zeta = -p \coth \frac{W}{2} = -p \coth \frac{U + iV}{2},$$

so daß U und V die zu den Polen $x = p$, $y = 0$ und $x = -p$, $y = 0$ gehörigen dipolaren Koordinaten sind. (In Ziff. 78 ist $U = -\mu$, $V = \nu$.) Im Raume hat man natürlich als Niveauflächen Kreiszylinder, deren Achsen parallel der z-Achse sind. Die Ebene $x = 0$ ist die Äquipotentialfläche $U = 0$. Beschränkt man sich auf den Halbraum $x > 0$, so löst der obige Ansatz das Problem: eine Linienladung in Gegenwart einer leitenden Ebene. Man hat also auch eine zweidimensionale Theorie elektrischer Bilder[1]) (vgl. Ziff. 67); denn die leitende Ebene $x = 0$ und ihre Influenzladung können hinsichtlich ihrer Wirkung nach außen ersetzt werden durch eine in der Bildlinie der influenzierenden Linienladung bezüglich der Ebene angebrachte, entgegengesetzte Linienladung. Berechnet man die Dichte der Influenzladung auf der Ebene $x = 0$, so findet man gemäß (98) wegen $V = \operatorname{arctg}\frac{y}{x-p} - \operatorname{arctg}\frac{y}{x+p}$:

$$4\pi\sigma = -\frac{\partial U}{\partial x} = -\frac{\partial V}{\partial y} = +2\frac{\partial}{\partial y}\operatorname{arctg}\frac{y}{p} = \frac{2p}{p^2+y^2}.$$

Würde die Ladung der Linie $x = p$, $y = 0$ per Längeneinheit nicht $-\frac{1}{2}$, sondern e_1 betragen, so hätte man:

$$\sigma = -\frac{e_1}{\pi}\frac{p}{p^2+y^2} = -\frac{e_1}{\pi}\frac{p}{\varrho_1^2}. \tag{102}$$

Der Vergleich mit dem dreidimensionalen Problem (69) zeigt, daß beim zweidimensionalen Problem bloß das Quadrat der Entfernung ϱ_1 von der Linienladung an Stelle des Kubus der Entfernung r_1 von der Punktladung beim dreidimensionalen Problem eintritt. Die gesamte Influenzladung für die Höhe 1 der Ebene $x = 0$ ergibt sich aus

$$\int_0^1 dz \int_{-\infty}^{\infty} dy\, \sigma = -e_1$$

in Übereinstimmung mit dem GAUSSschen Satz vom Kraftfluß.

An Stelle der Linienladung in $x = -p$, $y = 0$ (O' in Abb. 42) kann aber z. B. ein sie umgebender Kreiszylinder $U =$ konst. treten. Dann hat man das Bild der Linienladung in $x = p$, $y = 0$ (dem Punkte O in Abb. 42) in einem Kreiszylinder. Dieses Bild ist eben die Linienladung $e_1' = -e_1$, in O' dem zu O in bezug auf den Kreis $U =$ konst. inversen Punkt. Das Bild hat hier also die entgegengesetzt gleiche Ladung wie die abzubildende Ladung (vgl. dagegen Ziff. 68 für das dreidimensionale Problem). Allerdings ist der Zylinder $U =$ konst. nicht auf dem Potential Null, sondern auf U; aber es ist bei dem logarithmischen Potential über die willkürliche Konstante in $U =$ oder $V = -2e\log n\varrho +$ konst. noch zu verfügen, so daß immer U auf Null gebracht werden kann. (Dies steht im Gegensatz zu der Bestimmung bei dem dreidimensionalen Potential $V = \frac{1}{r} +$ konst., wo konst. $= 0$ gesetzt werden muß, wenn die Bedingung [Ziff. 10] über das Verschwinden im ∞ angenommen wird. Eine solche Bedingung kann beim logarithmischen Potential nicht gestellt werden.)

Es mag schließlich noch bemerkt werden, daß an Stelle beider Linienladungen in O bez. in O' (Abb. 42) Kreiszylinder mit der Achse in A bez. in B parallel zur z-Achse treten können. Man hat dann den Fall zweier Kreiszylinder mit entgegengesetzt gleichen Ladungen[2]). Die Potentialdifferenz $U_1 - U_2$

---

[1]) Einige Anwendungen auf ebenflächige Leiter bei J. KUNZ u. P. L. BAYLEY, Phys. Rev. Bd. 17, S. 147. 1921; C. M. HERBERT, ebenda S. 157.

[2]) Der Fall zweier Kreiszylinder mit gleichen Ladungen ist schwieriger zu behandeln. Im Falle gleicher Radien $a = b = p/|\sinh v_1|$ findet F. J. WHIPPLE, Proc. Roy. Soc. Bd. 96, S. 465. 1920 die Darstellung:

$$\zeta = p\coth\frac{v - iu}{2}, \qquad W = 4e_1\ln\left\{m \operatorname{sinam}\left[\frac{(u+iv)K}{\pi}\right]\right\},$$

wobei m eine willkürliche Konstante, K das vollständige elliptische Integral 1. Gattung mod. k, K' das komplementäre Integral, endlich $2v_1 = K'\pi/K$ bedeuten. Das Potential der beiden Zylinder ist, weil das Potential $U = -\mu$ (vgl. oben und Ziff. 78), gegeben durch

$$\sinh(U_1 - U_2) = \frac{\sqrt{a^4 + b^4 + c^4 - 2a^2b^2 - 2a^2c^2 - 2b^2c^2}}{2ab},$$

$$\cosh(U_1 - U_2) = \frac{c^2 - a^2 - b^2}{2ab},$$

wo $a(b)$ Radius des Zylinders $U_1(U_2)$ und c der Abstand der Zylinderachsen ist. Infolgedessen ist die „Kapazität“ der Kombination beider Zylinder per Längeneinheit im Falle entgegengesetzt gleicher Ladungen

$$\frac{1}{C_1} = 2\,\mathrm{arccosh}\,\frac{c^2 - a^2 - b^2}{2ab},$$

da die Ladung per Längeneinheit $e_1 = -\frac{1}{2}$ ist[1][2].

Das gleiche gilt für zwei sich umschließende Zylinder, also einen Zylinderkondensator mit exzentrischem inneren Zylinder. Hier hat man nach dem FARADAYschen Influenzgesetz (Ziff. 6) immer den Fall entgegengesetzt gleicher Ladungen auf beiden Zylindern. Man hat hier:

$$\cosh(U_1 - U_2) = \frac{a^2 + b^2 - c^2}{2ab}.$$

Für die Kapazität des exzentrischen Zylinderkondensators daher

$$\frac{1}{C_1} = 2\,\mathrm{arccosh}\,\frac{a^2 + b^2 - c^2}{2ab}. \tag{103}$$

Für den konzentrischen Zylinderkondensator ist $c = 0$ und daher

$$\frac{1}{C_1} = 2\,\mathrm{arccosh}\,\frac{a^2 + b^2}{2ab} = 2\ln\left[\frac{a^2 + b^2}{2ab} + \frac{a^2 - b^2}{2ab}\right] = 2\ln\frac{a}{b}$$

[vgl. (35)].

98. Parameterdarstellung von Kurven. Direkte Lösung der bezüglichen elektrostatischen Probleme. Bisher waren zu gegebenen Funktionen die zugehörigen Probleme gesucht worden, jetzt soll eine Methode angegeben werden, die den direkten Weg (Aufsuchung der zu einem gegebenen Problem gehörigen Lösung) geht[3].

Es sei eine Kurve (Grundlinie eines zylindrischen Leiters) gegeben durch

$$x = f(U), \qquad y = g(U), \tag{104}$$

wo U ein reeller Parameter ist, der in einem gewissen Bereich variiert, wenn der Punkt x, y die Kurve durchläuft. Dann kann man schreiben

$$\zeta = x + iy = f(U + iV) + ig(U + iV) = F(U + iV) \tag{104a}$$

auf jedem der beiden gleichen Zylinder hat dann den Wert $U = 4e_1 \ln(m^2/k)$. Da nach dem Obigen für entgegengesetzt gleiche Ladungen e_1' der Ansatz $W' = 2e_1'(v - iu)$ zu Recht besteht, so wird der allgemeine Fall beliebiger Ladungen auf zwei Kreiszylindern von gleichem Radius erhalten durch Addition von W und W'. Dabei ist die Ladung per Längeneinheit des Zylinders $v = v_1$ gleich $e_1 + e_1'$, die des Zylinders $v = -v_1$ gleich $e_1 - e_1'$. Die willkürliche Konstante m kann erst festgelegt werden, wenn das Potential Null festgelegt ist.

[1]) Für die Kapazität C eines dünnen Kreiszylinders U in Gegenwart der geerdeten Ebene $U = 0$ oder $x = 0$ hat man einfach: $\sinh U = \frac{p}{a}$ oder $U = \ln\frac{p + \sqrt{a^2 + p^2}}{a}$, daher $\frac{1}{C_1} = 2U = 2\ln\frac{p + \sqrt{a^2 + p^2}}{a} \backsim 2\ln\frac{2\sqrt{a^2 + p^2}}{a} = 2\ln\frac{2d}{a}$, wo $d = \sqrt{a^2 + p^2}$ der Abstand der Zylinderachse von der Ebene ist. (Kapazität eines Telegraphendrahtes per Längeneinheit gegen Erde.)

[2]) Für die Kapazität zweier paralleler gleich dicker Kreiszylinder ($a = b$) liefert unsere Formel $1/C_1 = 4\,\mathrm{arccosh}\,\frac{c}{2a} = 4\ln\left(\frac{c}{2a} + \sqrt{\frac{c^2}{4a^2} - 1}\right)$. Dies kann zur Berechnung der Kapazität von Drahtspulen dienen. Vgl. F. PIDDUCK, Electricity, S. 80. 1916.

[3]) Vgl. J. JEANS, Electricity, S. 269. Eine Anwendung auf Zylinder von allgemeinerem Querschnitt bei D. M. WRINCH, Phil. Mag. Bd. 48, S. 692. 1924.

und hat in V das Potential, welches einem auf dem Potential $V = 0$ befindlichen zylindrischen Leiter, der jene Kurve (104) zur Grundlinie und die Erzeugenden parallel zur z-Achse hat, entspricht.

99. Anwendung auf einen elliptischen und hyperbolischen Zylinder. Für die Ellipse gibt es bekanntlich die Parameterdarstellung:

$$x = a \cos U, \qquad y = b \sin U \qquad 0 \leqq U \leqq 2\pi.$$

Die Lösung des Problems, welches einem auf $V = 0$ befindlichen elliptischen Zylinder entspricht, ist daher gegeben durch

$$x + iy = a \cos(U + iV) + ib \sin(U + iV).$$

Setzt man, wenn $2f$ die Brennweite der Ellipse ist:

$$a = f \cos(iV_0), \qquad ib = f \sin(iV_0),$$

so kommt

$$x + iy = f \cos(U + i[V - V_0]) \tag{105}$$

oder, da die Konstante beim logarithmischen Potential willkürlich ist, einfacher:

$$\zeta = x + iy = f \cos(U + iV) = f \cos W. \tag{105a}$$

Man erhält

$$x = f \cos U \cosh V, \qquad y = f \sin U \sinh V,$$

so daß die Niveaulinien $V =$ konst.:

$$\frac{x^2}{f^2 \cosh^2 V} + \frac{y^2}{f^2 \sinh^2 V} = 1,$$

die konfokalen Ellipsen, die Kraftlinien $U =$ konst. die konfokalen Hyperbeln:

$$\frac{x^2}{f^2 \cos^2 U} - \frac{y^2}{f^2 \sin^2 U} = 1,$$

sind. Dabei läuft V von Null bis ∞, U von 0 bis 2π. $V = 0$ ist die Strecke zwischen den beiden Brennpunkten, $U = 0$ bez. $U = \pi$ ist der Rest der x-Achse, $U = \pi/2$ bez. $U = 3\pi/2$ ist die y-Achse. Aus

$$ds^2 = dx^2 + dy^2 = f^2 (\cosh^2 V - \cos^2 U)(dU^2 + dV^2)$$

folgt auf dem Zylinder $V =$ konst.

$$\frac{\partial U}{\partial s} = -\frac{1}{f\sqrt{\cosh^2 V - \cos^2 U}} = 4\pi\sigma \tag{106}$$

gemäß (98). Dies steht in Übereinstimmung mit (92a), da ja der elliptische Zylinder als Ausartung des Ellipsoids [$c = \infty$ in (92a)] aufgefaßt werden kann. In der Tat kommt mit $e/2c = e_1$ (Ladung per Längeneinheit der Zylinderachse) aus (92a) für $c = \infty$ wegen $a = f \cosh V$, $b = f \sinh V$

$$4\pi\sigma = \frac{2e_1}{ab} \frac{1}{\sqrt{\frac{x^2}{a^4} + \frac{y^2}{b^4}}} = \frac{2e_1}{\sqrt{x^2 \frac{b^2}{a^2} + y^2 \frac{a^2}{b^2}}} = \frac{2e_1}{f\sqrt{\cosh^2 V - \cos^2 U}},$$

so daß in unserem Falle die Ladung

$$e_1 = -\tfrac{1}{2}$$

per Längeneinheit des elliptischen Zylinders ist. Dies geht auch aus (99) hervor, wenn über den ganzen Umfang der Ellipse integriert wird, wegen $U_B - U_A = -2\pi$ in diesem Fall. Die Kapazität C_1 des elliptischen Zylinders per Längeneinheit ergibt sich aus

$$\frac{1}{C_1} = \frac{V}{e_1} = 2V = 2 \operatorname{arctangh} \frac{b}{a}$$

$$= 2 \operatorname{lognat} \frac{a+b}{f} = \operatorname{lognat} \frac{a+b}{a-b} \tag{107}$$

in Übereinstimmung mit (94), wenn bei (93) berücksichtigt wird, daß unser Potential V nicht im Unendlichen, sondern auf der Strecke zwischen beiden Brennpunkten verschwindet, so daß an Stelle der Grenze ∞ für μ die Grenze $(-b^2)$ in (93) bez. (94) einzusetzen ist. Dies liefert (wegen $c \to \infty$) mit $\frac{e}{2c} = e_1$:

$$\frac{1}{C_1} = \int_{-b^2}^{0} \frac{d\mu}{\sqrt{(a^2+\mu)(b^2+\mu)}} = 2 \left| \operatorname{lognat}\left(\sqrt{b^2+\mu} + \sqrt{a^2+\mu}\right) \right|_{-b}^{0} = \operatorname{lognat}\frac{a+b}{a-b}.$$

Man kann natürlich die vorstehenden Betrachtungen statt auf den elliptischen Zylinder auch auf den hyperbolischen Zylinder anwenden, indem man V mit U vertauscht.

Man kann auch die Kapazität eines aus 2 konfokalen Zylindern bestehenden elliptischen Zylinderkondensators berechnen. Man erhält, wenn a, b bez. $a' b'$ die bezüglichen Halbachsen des inneren bez. äußeren Zylinders sind, aus (107) per Längeneinheit

$$\frac{1}{C_1} = \frac{V'-V}{e_1} = 2(V'-V) = \operatorname{lognat}\frac{a'+b'}{a'-b'}\frac{a-b}{a+b}$$
$$= 2\operatorname{lognat}\frac{a'+b'}{a+b} = 2\operatorname{lognat}\frac{a'+\sqrt{a'^2-f}}{a+\sqrt{a^2-f}}, \qquad (108)$$

wegen $a'^2 - b'^2 = a^2 - b^2$ (konfokale Ellipsen). In der Grenze $a = b$ liefert dies für den Kreiszylinderkondensator (35).

Wir bemerken noch, daß (in 105a) als spezieller Fall das Feld eines unendlichen Streifens ($y = 0$, $|x| \leqq f$) enthalten ist und geben nachstehend (Abb. 57) Niveau- und Kraftlinien desselben. Die gleiche Abbildung gibt bei Vertauschung von V mit U, also der Niveau- mit den Kraftlinien, das Bild für das Feld irgendeines hyperbolischen Zylinders $U =$ konst., wobei V von $-\infty$ bis $+\infty$, U von 0 bis π läuft. Selbstredend ist dann $U =$ konst. nur die eine Schale des hyperbolischen Zylinders, die andere Schale entspräche dem Wert $\pi - U$. Als besondere Fälle seien erwähnt: das Feld einer geschlitzten Ebene (x—z-Ebene, Schlitz $|x| \leqq f$), wobei die rechte Hälfte auf dem Potentiale $U = 0$, die linke auf dem Potential $U = \pi$ sich befindet, oder das Feld der Halbebene $x > f$, $y = 0$ auf dem Potential $U = 0$ in Gegenwart der Ebene $x = 0$ auf dem Potential $U = \pi/2$.

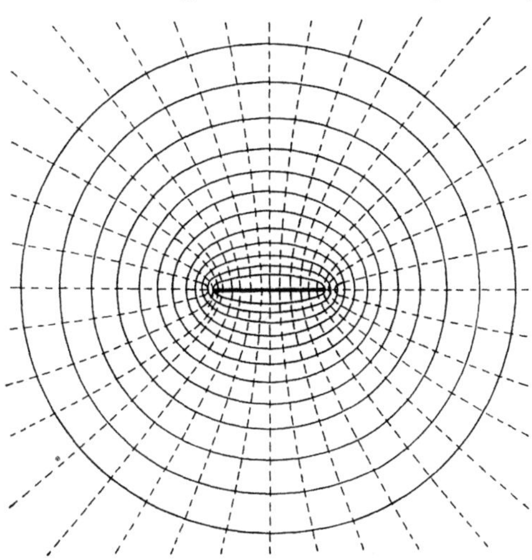

Abb. 57. Niveau- und Kraftlinien bei einem unendlichen ebenen Streifen.

100. Anwendung auf den parabolischen Zylinder. Bezieht man die Parabel auf ihren Brennpunkt als Ursprung, so läßt sie bekanntlich die Parameterdarstellung

$$y = pU, \qquad x + \frac{p}{2} = \frac{p}{2}U^2$$

zu, woraus $y^2 = 2p(x + p/2)$ resultieren würde. Gemäß (104), (104a) hat man daher

$$\zeta = x + iy = \frac{p}{2}W^2 + ipW - \frac{p}{2} = \frac{p}{2}(W+i)^2$$

für das Problem des parabolischen Zylinders. Die vorgegebene Parabel befindet sich dann auf dem Potential $V = 0$. Führt man statt dessen

$$\zeta = \frac{p}{2} W^2 \tag{109}$$

ein, so befindet sich die vorgegebene Parabel auf dem Potential $V = +1$, während das Potential $V = 0$ der Halbachse $y = 0$, $x > 0$ zukommt. Man hat:

$$x = \frac{p}{2}(U^2 - V^2), \qquad y = p U V.$$

Die Kurven $V =$ konst. stellen, wenn V von Null bis Unendlich läuft, konfokale Parabeln dar:

$$y^2 = 2(\sqrt{p}V)^2\left(x + \frac{(\sqrt{p}V)^2}{2}\right).$$

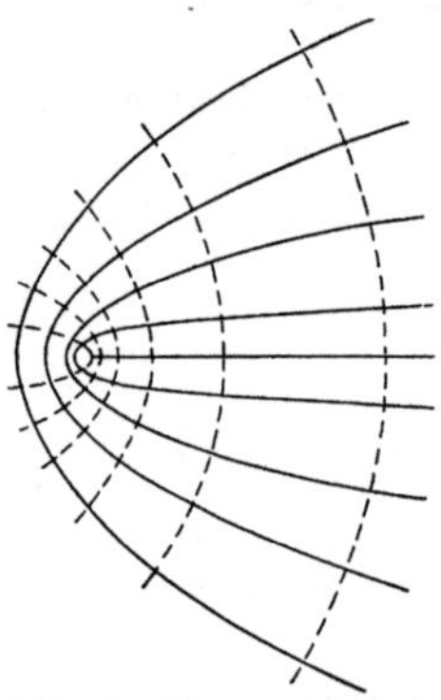

Abb. 58. Niveau- und Kraftlinien bei einer Halbebene.

Die Kurven $U =$ konst., wo U von $-\infty$ bis $+\infty$ läuft, stellen die orthogonale Schar konfokaler Parabeln (Abb. 58) dar, also die Kraftlinien, wenn V das Potential bedeutet, und haben die Gleichung:

$$y^2 = 2(\sqrt{p}U)^2\left(-x + \frac{(\sqrt{p}U)^2}{2}\right).$$

Die Dichte auf der zum Potential $V = 0$ geladenen Halbebene $y = 0$, $x > 0$ berechnet sich aus (98) beiderseits zu

$$4\pi\sigma = \pm\frac{\partial U}{\partial x} = -\frac{1}{\sqrt{2px}}.$$

Die Gesamtladung ist Unendlich, gemäß (99), da U von $-\infty$ bis $+\infty$ läuft. In der Kante $x = 0$ wird die Dichte unendlich wie $\frac{1}{\sqrt{x}}$ (Ziff. 27). Die Ladung $1/4\pi$ entspricht einem Streifen, etwa auf der Oberseite der Halbebene, zwischen der Kante ($U = 0$) und der Geraden $x = \frac{p}{2}$ ($U = 1$), der von $z = 0$ bis $z = 1$ reicht (Gestalt eines Parallelogramms).

Es mag noch bemerkt werden, daß die Transformation (109) nur auf den Außenraum des parabolischen Zylinders anwendbar ist[1]). Im Innenraum eines solchen gibt sie das Potential nur dann richtig, wenn eine leitende Halbebene $y = 0$, $x > 0$ auf dem Potential $V = 0$ innerhalb vorhanden ist.

101. Das Problem der geradlinigen Kante. Im Anschluß an die in Ziff. 100 behandelte leitende Halbebene geben wir nach MAXWELL[2]) die Behandlung eines leitenden Keils aus zwei leitenden Halbebenen, die unter einem Winkel α in einer geradlinigen Kante zusammenstoßen. Anstatt nach (109) $\zeta =$ konst. W^2 setzen wir

$$\zeta = a W^n \qquad 0 \leqq n \leqq 2$$

(für $n = 2$ hat man den früheren Fall). Hieraus

$$W = \left(\frac{\zeta}{a}\right)^{\frac{1}{n}}$$

und

$$U = \left(\frac{\varrho}{a}\right)^{\frac{1}{n}} \cos\frac{\omega}{n}, \qquad V = \left(\frac{\varrho}{a}\right)^{\frac{1}{n}} \sin\frac{\omega}{n}.$$

Die Äquipotentialfläche $V = 0$ entspricht daher den zwei Halbebenen $\omega = 0$ und $\omega = n\pi$, so daß als Keilwinkel $\alpha = 2\pi - n\pi$ resultiert oder $n = \frac{2\pi - \alpha}{\pi}$

[1]) J. H. JEANS, Electricity, S. 281.
[2]) J. CL. MAXWELL, Treatise Bd. I, S. 294f.

(Abb. 59). Die Dichte auf den Seitenflächen dieses Keiles berechnet sich aus (98) zu:

$$4\pi\sigma = \pm\frac{\partial U}{\partial\varrho} = \pm\frac{1}{n}\frac{\varrho^{\frac{1-n}{n}}}{a^{\frac{1}{n}}}\cos\frac{\omega}{n} = -\frac{1}{na}\left(\frac{\varrho}{a}\right)^{\frac{1-n}{n}} = -\frac{\pi}{2\pi-\alpha}\cdot\frac{1}{a}\left(\frac{\varrho}{a}\right)^{\frac{\alpha-\pi}{2\pi-\alpha}}. \qquad (110)$$

Das Vorzeichen von $\frac{\partial U}{\partial\varrho}$ bestimmt sich nach der Abb. 53 auf der Fläche $\omega = 0$ des Keils zu minus, auf der anderen Fläche ($\omega = n\pi$) zu plus.

Aus (110) geht hervor: Solange $\alpha < \pi$ (ausspringende Kante), wird σ in der Kante ($\varrho = 0$) unendlich. Für $\alpha = \pi$ hat man die Ganzebene mit homogenem Feld. Wenn $\alpha > \pi$ (einspringende Kante), wird σ in der Kante ($\varrho = 0$) Null (vgl. Ziff. 27).

Hat man insbesondere $n = \frac{1}{2}$, so findet man den Fall Ziff. 95) eines einspringenden Keils vom Keilwinkel $\alpha = \frac{3\pi}{2}$ wieder (Abb. 54). Die Dichte ist in diesem Falle nach (110)

$$\sigma = -\frac{2}{a^2}\varrho,$$

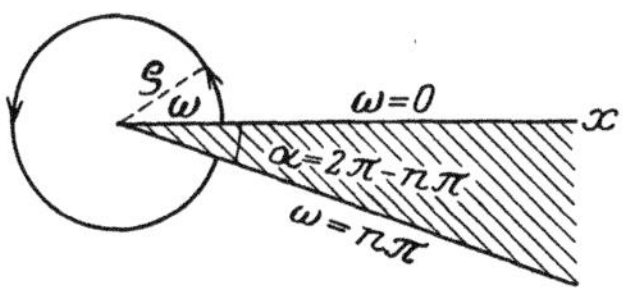

Abb. 59. Ein leitender Keil.

d. h. dem Abstand von der Kante direkt proportional.

Die Gesamtladung ist in jedem Falle unendlich. Die Ladung auf einem Streifen von der Länge Eins ($\|z$-Achse) und der Breite $\varrho = a$, von der Kante ab gerechnet, beträgt beiderseits nach (99)

$$\left.\begin{array}{ll} \omega = 0, & \frac{1}{4\pi}(U_a - U_0) \\ \omega = n\pi, & \frac{1}{4\pi}(U_0 - U_a) \end{array}\right\} = -\frac{1}{4\pi},$$

ist also auch in den Fällen ($n > 1$) endlich, wenn die Dichte in der Kante selbst unendlich wird (in Ziff. 100 ist $a = p/2$).

102. Geradlinig begrenzte Leiter. Elliptische Funktionen. Wir hatten bisher die in nachstehenden Figuren (Abb. 60—63) angedeuteten Fälle von geradlinig begrenzten Leitern mit den dabeistehenden Transformationen.

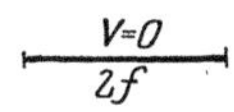

Abb. 60. $\zeta = f\cdot\cos(U+iV)$. Unendlicher Streifen von der Breite $2f$, der sich auf konstantem Potential befindet.

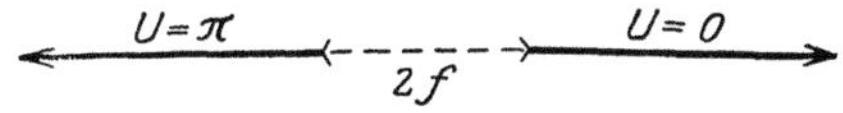

Abb. 61. $\zeta = f\cdot\cos(U+iV)$. Schlitz von der Breite $2f$ zwischen zwei Halbebenen, zwischen denen eine Potentialdifferenz π herrscht.

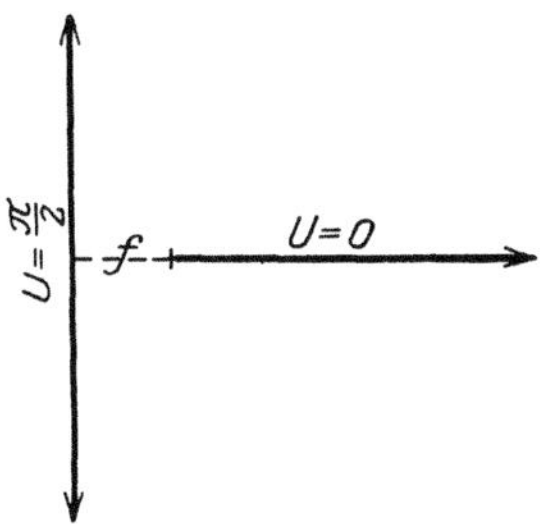

Abb. 62. $\zeta = f\cdot\cos(U+iV)$. Halbebene gegenüber einer Ganzebene. Potentialdifferenz zwischen beiden $\pi/2$.

Wir wollen nun noch einige allgemeinere Fälle hinzufügen, die man mit Hilfe der JACOBIschen elliptischen Funktionen[1]) sinam (kurz sn geschrieben), cosam (oder cn), dam (oder dn) behandeln kann.

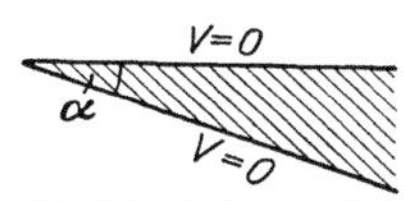

Abb. 63. $\zeta = a\cdot(U+iV)^n\ 2\geqq n\geqq 0$. Keil auf dem Potential $V=0$. Keilwinkel $\alpha = 2\pi - n\pi$.

[1]) J. J. THOMSON, Recent Researches in Electricity, S. 236—250. 1893.

α) Geschlitzter Streifen: $\zeta = a \operatorname{sin am}(U + iV)$ führt auf das in Abb. 64 dargestellte Problem eines unendlichen Streifens von der Breite $2a/k$, wo k der Modul der elliptischen Funktion ist, der durch einen Schlitz von der Breite $2a$ in zwei symmetrische Hälften zerlegt ist, zwischen denen eine Potentialdifferenz $2K$ besteht, wo K das vollständige elliptische Integral erster Gattung mod. k ist.

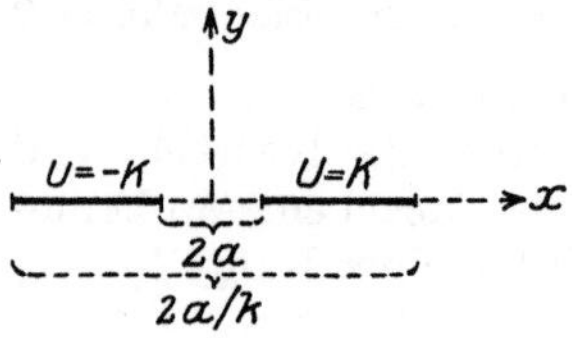

Abb. 64. Geschlitzter Streifen.

Man beachte hier und für das folgende

$$\left.\begin{aligned} \operatorname{sn}(iu, k) &= i \operatorname{tgn}(u, k') \\ \operatorname{cn}(iu, k) &= \frac{1}{\operatorname{cn}(u, k')} \\ \operatorname{dn}(iu, k) &= \frac{\operatorname{dn}(u, k')}{\operatorname{cn}(u, k')}, \end{aligned}\right\} \qquad (111)$$

worin $k' = \sqrt{1 - k^2}$ der komplementäre Modul ist. Hierzu nehme man die Tafel[1]):

$u =$	0	K	$2K$	iK'	$iK'+K$	$iK'+2K$	$2iK'$	$2iK'+K$	$2iK'+2K$
$\operatorname{sn} u$	0	1	0	∞	$1/k$	∞	0	1	0
$\operatorname{cn} u$	1	0	-1	∞	ik'/k	∞	-1	0	1
$\operatorname{dn} u$	1	k'	1	∞	0	∞	-1	$-k'$	-1

Dann ergibt sich mit Hilfe der bekannten Additionstheoreme[2]) und aus (111) für $U = K$:

$$x + iy = a \operatorname{sn}(K + iV) = a \frac{\operatorname{sn} K \operatorname{cn} iV \operatorname{dn} iV + \operatorname{sn}(iV) \operatorname{cn} K \operatorname{dn} K}{1 - k^2 \cdot \operatorname{sn}^2 K \cdot \operatorname{sn}^2(iV)}$$

$$= a \frac{\operatorname{cn} iV \operatorname{dn} iV}{[\operatorname{dn}(iV)]^2} = a \frac{1}{\operatorname{dn}(V, k')}.$$

Die Funktion $\operatorname{dn}(V, k')$ ist für alle reellen Werte von V reell und positiv und zwischen $\sqrt{1 - k'^2} = k$ und 1 gelegen. Daher entspricht dem Werte $U = K$ die Strecke $y = 0$, $x = a/\operatorname{dn}(V, k')$, die bei $x = a$ beginnt und bei $x = a/k > a$ endigt (Abb. 64). Ebenso kommt für $U = -K$

$$x + iy = -a \frac{1}{\operatorname{dn}(V, k')},$$

also die Strecke von $x = -a/k$ bis $x = -a$ (Abb. 64).

Die Dichte auf der rechten Hälfte des Streifens berechnet sich aus $x = a/\operatorname{dn}(V, k')$

$$4\pi\sigma = \frac{\partial V}{\partial x} = \frac{\operatorname{dn}^2(V, k')}{a \cdot k'^2 \cdot \operatorname{sn}(V, k') \operatorname{dn}(V, k')} = \frac{\operatorname{dn}^2(V, k')}{a\sqrt{1 - \operatorname{dn}^2(V, k')}\sqrt{\operatorname{dn}^2(V, k') - k^2}}$$

$$= \frac{a}{\sqrt{(x^2 - a^2)(a^2 - k^2 x^2)}},$$

wird also an beiden Kanten $x = a$ und $x = a/k$ unendlich. Die Ladung auf der Oberseite des rechten Streifens ergibt sich nach (99) per Längeneinheit zu

$$\frac{1}{4\pi}\left[V\left(\frac{a}{k}\right) - V(a)\right] = \frac{1}{4\pi} K',$$

da $x = a/\operatorname{dn}(V, k')$ und $\operatorname{dn}(0, k') = 1$, $\operatorname{dn}(K', k') = k$ ist. Die ganze Ladung auf dem rechten Streifen ist daher per Längeneinheit

$$\frac{1}{2\pi} K'.$$

[1]) JAHNKE-EMDE, Funktionentafeln, S. 47. 1909.
[2]) JAHNKE-EMDE, l. c. S. 47.

Ebenso befindet sich auf dem linken Streifen beiderseits die Ladung

$$-\frac{1}{2\pi}K'.$$

Die Potentialdifferenz zwischen beiden Streifen ist $2K$, daher die Kapazität per Längeneinheit:

$$C_1 = \frac{1}{4\pi}\frac{K'}{K} = \frac{1}{4\pi^2}\cdot\frac{\pi K'}{K} = -\frac{1}{4\pi^2}\operatorname{lognat} q$$

$$= \left(-2\ln\frac{k}{4} - \frac{1}{2}k^2 - \frac{13}{64}k^4 - \frac{23}{192}k^6 - \cdots\right)\frac{1}{4\pi^2}.$$

Die Funktion $\log_{10} q = -\frac{\pi K'}{K}$ findet sich tabuliert bei Jahnke-Emde für alle Werte von $\arcsin k$ von Null bis 90° von 5 zu 5 Minuten[1]).

Für $k \to 0$ wird die Breite jeder Hälfte des Streifens (Abb. 64) unendlich groß. In diesem Falle nähert sich die Kapazität dem Werte

$$C_1 \to \frac{1}{2\pi^2}\ln\frac{4}{k},$$

wobei k das Verhältnis des Abstands des Innenkante der Streifenhälfte von der Mittellinie des Schlitzes zu dem Abstand der Außenkante ist. Wir erhalten dann den Fall der Ziff. 99 mit U als Potential (Abb. 61). Dies geht auch aus

$$\zeta = a\lim_{k\to 0}\operatorname{sn}(U + iV) \to a\sin(U + iV), \qquad \lim_{k\to 0} K \to \frac{\pi}{2}$$

hervor, wenn U durch $\frac{\pi}{2} - U$ ersetzt wird.

Für $k \to 1$ schrumpft jede Hälfte des Streifens (Abb. 64) auf eine Linie ($x = a$, $y = 0$ bez. $x = -a$, $y = 0$) zusammen. Man erhält

$$\zeta = a\lim_{k\to 1}\operatorname{sn}(U + iV) \to a\operatorname{tangh}(U + iV), \qquad \lim_{k\to 1} K \to \infty,\ \lim_{k\to 1} K' \to \frac{\pi}{2},$$

d. h. den Fall zweier entgegengesetzt gleicher Linienladungen im Abstand $2a$, welcher Fall mit dem in Ziff. 97 behandelten übereinstimmt, wenn man $U + iV$ durch $\left[\frac{U}{2} + i\left(\frac{V}{2} + \frac{\pi}{2}\right)\right]$, a durch p ersetzt. (Die Ladung per Längeneinheit der rechten Linie wäre $\frac{1}{2\pi}K' \to \frac{1}{4}$ statt $\frac{1}{2}$ wie in Ziff. 97.) Schließlich mag noch bemerkt werden, daß der Ansatz α ebensowohl den Fall der Abb. 65 befriedigt, wo ein unendlicher Streifen $y = 0$, $a \leqq x \leqq \frac{a}{k}$ vom Potential $U = K$ senkrecht zu einer leitenden Ebene $x = 0$ vom Potentiale $U = 0$ steht. Grenzübergang zu $k \to 0$ liefert den Fall von Abb. 62, zu $k \to 1$ den in Ziff. 97, Fußnote [1]) auf S. 471, behandelten Fall der Linienladung vor einer leitenden Ebene.

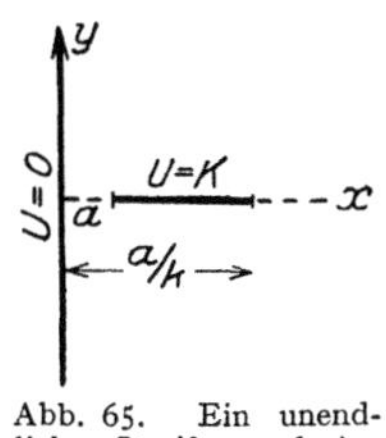

Abb. 65. Ein unendlicher Streifen und eine Ebene.

β) Geschlitzte Ebene mit Zwischenstreifen. Wenn in der Transformation $\zeta = a\operatorname{sn}(U + iV)$ nicht U, sondern V das Potential bedeutet, so liefert sie den folgenden Fall: Aus

$$\zeta = a\operatorname{sn}(U + iV) = a\frac{\operatorname{sn} U \operatorname{dn}(V,k') + i\operatorname{cn} U \operatorname{sn}(V,k')\operatorname{dn} U \operatorname{cn}(V,k')}{\operatorname{cn}^2(V,k') + k^2\operatorname{sn}^2 U \operatorname{sn}^2(V k')}$$

folgt für $V = 0$: $\qquad \zeta = a\operatorname{sn} U, \qquad$ d. h. $\qquad y = 0, \qquad |x| < a,$

für $V = K'$: $\qquad \zeta = \frac{a}{k\operatorname{sn} U}, \qquad$ d. h. $\qquad y = 0, \qquad |x| > \frac{a}{k}.$

---

1) Jahnke-Emde, l. c. S. 65.

Hier geht:
$$-K \leqq U \leqq K, \qquad 0 \leqq V \leqq K'.$$
Abb. 66 zeigt die geschlitzte Ebene $y = 0$, Breite des Schlitzes $2a/k$, die sich auf dem Potential $V = K'$ befindet, und den inmitten des Schlitzes liegenden Streifen, Breite $2a$, auf dem Potential $V = 0$ befindlich. Abb. 66 ist die zu Abb. 64 komplementäre Figur. Gesamtladung der geschlitzten Ebene:
$$2 \cdot \frac{1}{4\pi}(-U_{x=\infty} + U_{x=a/k}) + 2 \cdot \frac{1}{4\pi}(-U_{x=-a/k} + U_{x=-\infty})$$
$$= 2 \cdot \frac{1}{4\pi} \cdot K + 2 \cdot \frac{1}{4\pi} K = \frac{1}{\pi} K.$$
Gesamtladung des Streifens:
$$2 \cdot \frac{1}{4\pi}(U_{x=-a} - U_{x=a}) = -\frac{1}{\pi} K.$$
Kapazität der geschlitzten Ebene per Längeneinheit:
$$C_1 = \frac{1}{\pi} K : K'.$$
Grenzübergang $k \to 0$:
$$\zeta = a \sin(U + iV), \quad k \to 0, \quad k' \to 1, \quad K \to \frac{\pi}{2}, \quad K' \to \infty.$$
Der Schlitz ist unendlich breit, die Ebene verschwindet, es bleibt nur der Streifen. Wir erhalten den Fall der Abb. 60 (vgl. auch Ziff. 99), wenn wir bloß U durch

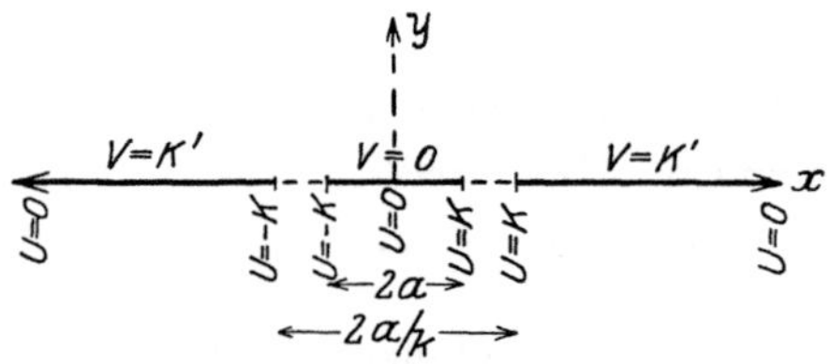

Abb. 66. Geschlitzte Ebene mit Zwischenstreifen.

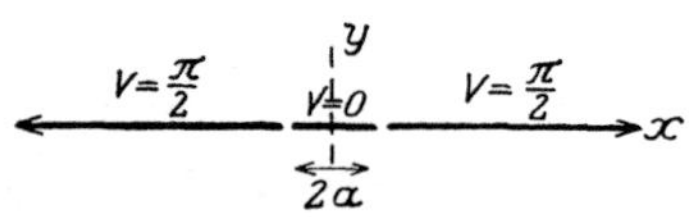

Abb. 67. Ebene mit Mittelstreifen.

$U + \frac{\pi}{2}$, a durch b ersetzen. Die Kapazität C_1 (der verschwindenden Ebene) wird natürlich Null [vgl. auch (107), welches mit $b \to 0$ Null wird].

Grenzübergang $k \to 1$:
$$\zeta = a \operatorname{tangh}(U + iV), \; k' \to 0, \; k \to 1, \; K' \to \frac{\pi}{2}, \; K \to \infty.$$
Der Schlitz verschwindet, wir erhalten die Ebene (Abb. 67), die in ihrer Mitte einen Streifen von der Breite $2a$ enthält, der sich auf dem Potential Null befindet, während der Rest der Ebene das Potential $V = \frac{\pi}{2}$ hat.

103. Elliptische Funktionen (Fortsetzung). Wir besprechen weiter: α) Geschlitzte Ebene mit quergestelltem Zwischenstreifen $\zeta = a \operatorname{cn}(U + iV)$. Dies liefert
$$\zeta = a \operatorname{cn}(U + iV) = a \frac{\operatorname{cn} U \operatorname{cn}(V,k') - i \operatorname{sn} U \operatorname{sn}(V,k') \operatorname{dn} U \operatorname{dn}(V,k')}{\operatorname{cn}^2(V,k') + k^2 \operatorname{sn}^2 U \operatorname{sn}^2(V,k')}.$$
Mit V als Potential ergibt sich:
$$\text{für } V = 0: \quad \zeta = a \operatorname{cn} U, \quad \text{d. h.} \quad y = 0, \quad |x| < a,$$
$$\text{für } V = K': \quad \zeta = -i \frac{a}{k} \frac{\operatorname{dn} U}{\operatorname{sn} U}, \quad \text{d. h.} \quad x = 0, \quad |y| > \frac{a k'}{k},$$
wobei $0 \leqq U < 4K$ und $0 \leqq V \leqq K'$. Wir erhalten (Abb. 68) die geschlitzte Ebene $x = 0$, Schlitzbreite $2ak'/k$, Potential $V = K'$ mit senkrecht dazu

gestelltem Zwischenstreifen inmitten des Schlitzes, Breite $2a$, Potential $V = 0$. Gesamtladung der Ebene:

$$2\cdot\frac{1}{4\pi}\left(U_{y=+\infty} - U_{y=a\frac{k'}{k}}\right) + 2\cdot\frac{1}{4\pi}\left(U_{y=+a\frac{k'}{k}} - U_{y=-\infty}\right) = \frac{1}{\pi}K.$$

Gesamtladung des Zwischenstreifens: $-\frac{1}{\pi}K$. Kapazität der Ebene per Längeneinheit:

$$C_1 = \frac{1}{\pi}K : K'.$$

Grenzübergang $k \to 0$: $\zeta = a\cos(U + iV)$ [vgl. (105a) und Abb. 60.]

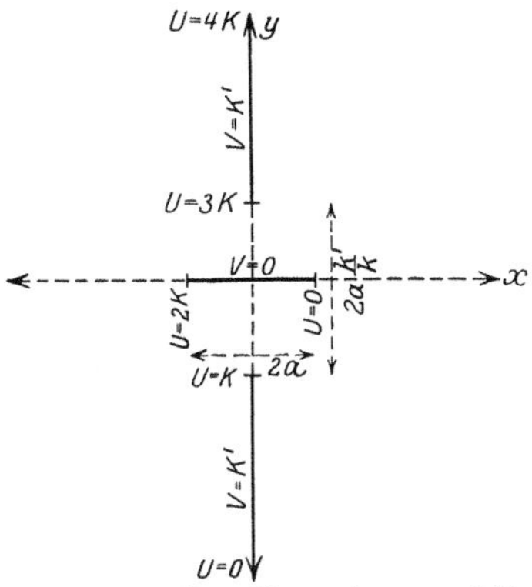

Abb. 68. Geschlitzte Ebene mit quergestelltem Zwischenstreifen.

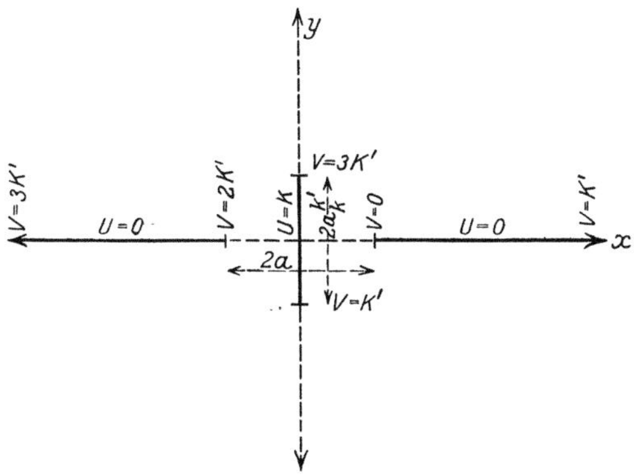

Abb. 69. Geschlitzte Ebene mit quergestelltem Zwischenstreifen

β) Geschlitzte Ebene mit quergestelltem Zwischenstreifen. Bedeutet in unserer Transformation U das Potential, so lasse man $0 \leqq V < 4K'$, $0 \leqq U \leqq K$ laufen und erhält aus:

$$\zeta = a\,\mathrm{cn}(U + iV) = a\,\frac{\mathrm{cn}\,U\,\mathrm{cn}(V,k') - i\,\mathrm{sn}\,U\,\mathrm{sn}(V,k')\,\mathrm{dn}\,U\,\mathrm{dn}(V,k')}{\mathrm{cn}^2(V,k') + k^2\,\mathrm{sn}^2 U\,\mathrm{sn}^2(Vk')},$$

für $U = 0$: $\quad \zeta = \dfrac{a}{\mathrm{cn}(V,k')}$, $\quad$ d. h. $\quad y = 0$, $\quad |x| > a$,

für $U = K$: $\quad \zeta = -i\,k'a\,\dfrac{\mathrm{sn}(V,k')}{\mathrm{dn}(V,k')}$, $\quad$ d. h. $\quad x = 0$, $\quad |y| < \dfrac{a\,k'}{k}$

(vgl. Abb. 69). Gesamtladung auf dem Zwischenstreifen:

$$2\cdot\frac{1}{4\pi}\left(V_{y=+a\frac{k'}{k}} - V_{y=-a\frac{k'}{k}}\right) = 2\cdot\frac{1}{4\pi}\cdot 2K' = \frac{1}{\pi}K'.$$

Gesamtladung auf der Ebene:

$$2\cdot\frac{1}{4\pi}(-V_{x=+\infty} + V_{x=+a}) + 2\cdot\frac{1}{4\pi}(-V_{x=-a} + V_{x=-\infty})$$

$$= -2\cdot\frac{1}{4\pi}\cdot K' - 2\cdot\frac{1}{4\pi}\cdot K' = -\frac{1}{\pi}K'.$$

Kapazität: $1/\pi\,K' : K$,

Grenzübergang: $k \to 1$, $k' \to 0$, $K \to \infty$, $K' \to \pi/2$,

$$\zeta = \frac{a}{\cosh(U + iV)}$$

mit U als Potential ergibt

$$U + iV = \ln\frac{a + \sqrt{a^2 - \zeta^2}}{\zeta},$$

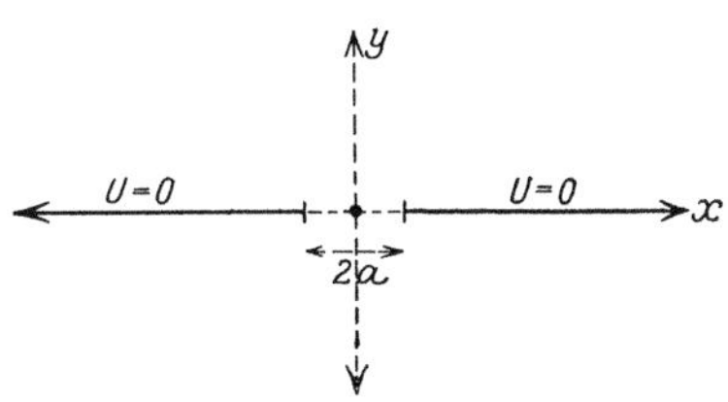

Abb. 70. Geschlitzte Ebene mit Linienladung in der Mitte.

d. h. eine Linienladung von der Stärke $+\frac{1}{2}$ per Längeneinheit inmitten des Schlitzes einer auf Potential $U = 0$ befindlichen Ebene $y = 0$, Breite des Schlitzes $= 2a$ (Abb. 70).

γ) $\zeta = a\,\mathrm{dn}(U + iV)$ oder

$$\zeta = a\frac{\mathrm{dn}\,U\,\mathrm{dn}(V,k')\,\mathrm{cn}(V,k') - i k^2 \mathrm{sn}\,U\,\mathrm{cn}\,U\,\mathrm{sn}(V,k')}{\mathrm{cn}^2(V k') + k^2 \mathrm{sn}^2 U\,\mathrm{sn}^2(V,k')}.$$

Mit V als Potential

$$V = 0:\quad \zeta = a\,\mathrm{dn}\,U,\quad y = 0,\quad ak' < x < a,$$
$$V = K':\quad \zeta = -i a\,\mathrm{cotg}\,U,\quad x = 0,$$

entspricht dem Fall der Abb. 65.

Mit U als Potential

$$U = 0:\quad \zeta = a\frac{\mathrm{dn}(V,k')}{\mathrm{cn}(V,k')},\quad y = 0,\quad |x| > a,$$
$$U = K:\quad \zeta = a k'\frac{\mathrm{cn}(V,k')}{\mathrm{dn}(V,k')},\quad y = 0,\quad |x| < a k'$$

entspricht dem Fall der Abb. 66.

Zum Schlusse dieser Ziffer verweisen wir auf die kürzlich erschienene Arbeit von HERTHA PETERSOHN, ZS. f. Phyz. Bd. 38, S. 727. 1926, wo statt der JACOBIschen Funktionen irgendwelche Quotienten der vier Θ-Funktionen betrachtet werden.

104. Die Methode von SCHWARZ. Äußerst fruchtbar zur Behandlung von geradlinig begrenzten Leitern erweist sich die von H. A. SCHWARZ[1]) herrührende und von G. KIRCHHOFF[2]) in die Elektrostatik eingeführte Methode. Wir erinnern daran, daß der Ansatz (97) in Ziff. 94

$$W = U + iV = W(\zeta) = W(x + iy)$$

auch als eine konforme Abbildung der Ebene der komplexen Variablen ζ auf die Ebene der komplexen Variablen W aufgefaßt werden kann.

Die Methode von SCHWARZ und KIRCHHOFF besteht nun darin, zwei konforme Abbildungen der Variablen W einerseits, der Variablen ζ anderseits auf die Hilfsvariable t vorzunehmen, so zwar, daß ein gewisser geradliniger Linienzug in der W-Ebene als auch ein ebenfalls geradliniger Linienzug in der ζ-Ebene sich beide auf die reelle Achse der t-Ebene abbilden. Damit ist auch die passende Zuordnung der geeigneten W-Werte zu den zugehörigen ζ-Werten auf dem geradlinigen Linienzug in der x-y- oder ζ-Ebene erreicht. Man braucht nämlich bloß zwischen

$$W = W(t)\quad \text{und}\quad \zeta = \zeta(t)$$

die Hilfsvariable t zu eliminieren, um die genannte Zuordnung und damit zufolge des Eindeutigkeitssatzes (eindeutige Bestimmtheit einer Lösung bei Erfüllung der Randwerte) die gesuchte Lösung zu erhalten.

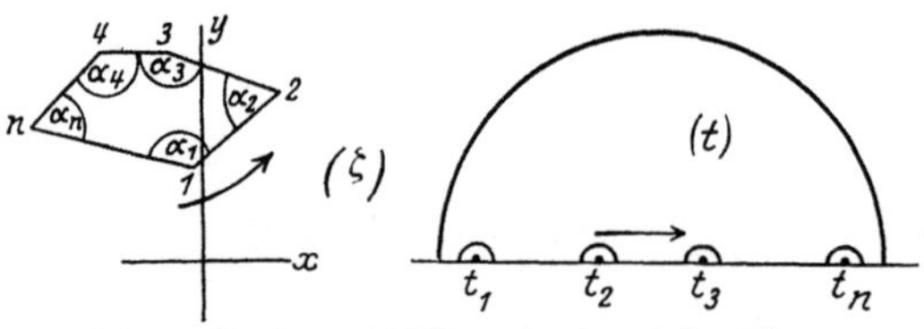

Abb. 71. Konforme Abbildung der ζ- auf die t-Ebene.

Die Abbildung eines polygonalen Zuges (Abb. 71) auf die reelle Achse der t-Ebene ergibt sich aus der Integration der Differentialgleichung:

$$\frac{d\zeta}{dt} = C(t - t_1)^{\frac{\alpha_1}{\pi} - 1}(t - t_2)^{\frac{\alpha_2}{\pi} - 1}\dots(t - t_n)^{\frac{\alpha_n}{\pi} - 1}. \tag{112}$$

Hierin sind $\alpha_1, \alpha_2 \dots$ die Innenwinkel des Polygons. C ist eine Konstante, die vorläufig frei bleibt. Die Zuordnung der $t_1 t_2 \dots t_n$ Werte zu den Ecken des

[1]) H. A. SCHWARZ, Crelles Journ. Bd. 70, S. 105–120. 1869.
[2]) G. KIRCHHOFF, Berl. Ber. 1877; Ges. Abh. S. 101.

Polygons ist nicht ganz willkürlich. Damit zwei n-Ecke, die die gleichen Winkel besitzen, sich ähnlich sind, sind $n-3$ Bedingungen zu erfüllen. Daher können nur 3 t-Werte willkürlich gewählt werden.

105. Der Plattenkondensator. Wir illustrieren die SCHWARZ-KIRCHHOFFsche Methode an dem Problem eines aus zwei parallelen unendlichen Halbebenen bestehenden Plattenkondensators[1]). Die Abb. 72 gibt die Lage und Entfernung der Spuren der Platten in der $xy = \zeta$-Ebene, die Zuordnung der t-Werte und die V-Werte. Der polygonale Zug muß durch einen Kreisbogen von $t=+\infty$, das ist $x=+\infty$, $y=+h$ nach $t=-\infty$, das ist $x=+\infty$, $y=-h$ geschlossen werden, während bei $t=0$, das ist $x=+\infty$, $y=\pm h$ keine Lücke besteht. Die Innenwinkel sind 2π bei $t=-1$ oder $x=0$, $y=-h$ sowohl als bei $t=+1$ oder $x=0$, $y=h$ und 0 bei $t=0$. Daraus und aus (112)

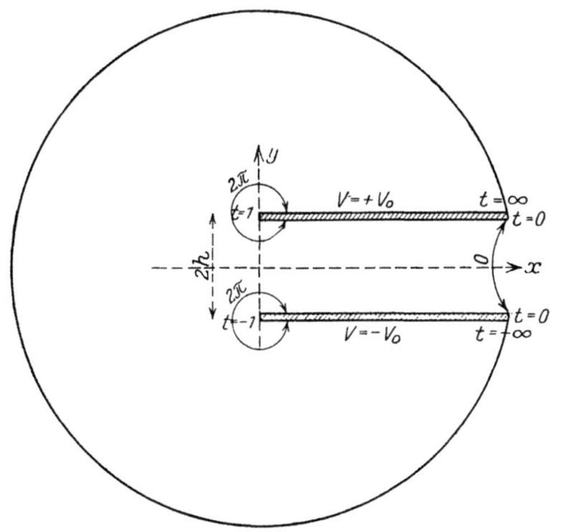

Abb. 72. Konforme Abbildung der ζ- auf die t-Ebene.

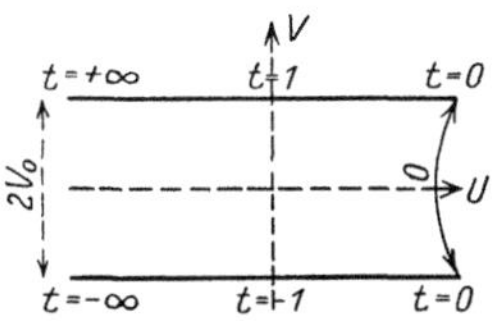

Abb. 73. Konforme Abbildung der W- auf die t-Ebene.

$$\frac{d\zeta}{dt} = C(t+1)^{2-1}t^{-1}(t-1)^{2-1} = C\frac{t^2-1}{t}$$

und

$$\zeta = C\left(\frac{t^2}{2} - \ln t\right) + A,$$

wo die Konstanten A, C aus den Bedingungen

$$t=1:\quad \zeta = ih = C(\tfrac{1}{2}) + A$$

$$t=-1:\quad \zeta = -ih = C(\tfrac{1}{2} - i\pi) + A$$

zu

$$C = \frac{2h}{\pi},\quad A = ih - \frac{h}{\pi}$$

bestimmt werden, also

$$\zeta = \frac{2h}{\pi}\left(\frac{t^2-1}{2} - \ln t\right) + ih. \tag{113a}$$

Ferner hat man die konforme Abbildung der W-Ebene nach Abb. 73. Sie liefert:

$$\frac{dW}{dt} = Dt^{-1} \qquad \text{oder} \qquad W = D\ln t + B.$$

Die Konstanten B, D, bestimmen sich aus

$$t=1,\quad W = +iV_0 = B,$$

$$t=-1,\quad W = -iV_0 = Di\pi + B,$$

zu

$$D = -\frac{2V_0}{\pi},\quad B = iV_0,$$

also

$$W = -\frac{2V_0}{\pi}\ln t + iV_0. \tag{113b}$$

[1]) Zwei sich schneidende Platten endlicher Breite behandelt W. B. MORTON, Phil. Mag. Bd. 1, S. 337. 1926.

Man kann t in (113a) und (113b) als Parameter betrachten, was oft bequem ist, oder auch eliminieren, woraus

$$\zeta = -\frac{h}{\pi} + \frac{h}{\pi} e^{\frac{\pi}{V_0}(-W+iV_0)} + h\frac{W}{V_0} \tag{113c}$$

oder

$$x = -\frac{h}{\pi} + \frac{h}{\pi} e^{-\frac{U\pi}{V_0}} \cos\frac{\pi}{V_0}(V - V_0) + h\frac{U}{V_0},$$

$$y = -\frac{h}{\pi} e^{-\frac{U\pi}{V_0}} \sin\frac{\pi}{V_0}(V - V_0) + h\frac{V}{V_9}.$$

Man sieht leicht, daß (113c) das vorgegebene Problem wirklich löst. Die Abb. 74 gibt die Niveau- und Kraftlinien. Die Ebene $y = 0$ ist Niveaufläche $V = 0$, weshalb (113c) auch das Problem „eine Halbebene im Abstand h von einer Ganzebene" löst.

Um die Ladung auf der oberen Platte $y = h$ zu berechnen, bemerken wir, daß (Abb. 73) $U = -\infty$ für $t = +\infty$, $U = 0$ für $t = 1$ und $U = +\infty$ für $t = 0$. Mithin ist die Ladung auf der $\begin{Bmatrix}\text{Oberseite}\\\text{Unterseite}\end{Bmatrix}$ von der Kante ($U = 0$) bis zu einer Stelle ($U \lessgtr 0$)

$$\mp\frac{1}{4\pi}U.$$

Diese Ladung ist stets positiv und für die ganze Ober- (Unter-) Seite unendlich. Man hat aus (113c) für $V = V_0$ auf der Unterseite

$$x + \frac{h}{\pi} = \frac{h}{\pi} e^{-\frac{U\pi}{V_0}} + h\frac{U}{V_0} \backsim h\frac{U}{V_0},$$

wenn die Entfernung von der Kante groß, $U \to \infty$ ist. Die Ladung auf einem Streifen von der Kante bis zu einer gewissen Entfernung x ist also auf der Unterseite der oberen Platte bei größerer Entfernung nicht dieser Entfernung x, sondern der um h/π vergrößerten Entfernung proportional. Dies ist die Wirkung der durch die Kante hervorgerufenen Verdichtung oder Ungleichförmigkeit der Dichte. Auf der Oberseite hat man

$$x + \frac{h}{\pi} \backsim \frac{h}{\pi} e^{-\frac{U\pi}{V_0}} \qquad \text{oder} \qquad -\frac{Uh}{V_0} \backsim \frac{h}{\pi}\ln\left(1 + \frac{\pi x}{h}\right).$$

Somit ist die ganze Ladung auf der Ober- und Unterseite zwischen der Kante und der zu ihr parallelen Geraden in größerer Entfernung x von der Kante (natürlich per Längeneinheit der z-Achse):

$$\frac{V_0}{4\pi^2}\left[1 + \frac{x\pi}{h} + \ln\left(1 + \frac{x\pi}{h}\right)\right].$$

Die Ladung auf der Oberseite ist daher zwar auch unendlich wie die der Unterseite, gleichwohl aber im Vergleich zu dieser verschwindend. Berücksichtigt man daher nur die Ladung der Unterseite, so findet sich eine Vergrößerung der Kapazität für den Streifen Breite x, Länge 1, von

$$\frac{1}{4\pi}\frac{x \cdot 1}{2h} \quad \text{[vgl. (37)] auf} \quad \frac{1}{4\pi}\frac{x + h/\pi}{2h}.$$

Die Dichte berechnet sich aus

$$4\pi\sigma = \mp\frac{\partial U}{\partial x} = \mp\frac{V_0}{h}\frac{1}{1 - e^{-\frac{\pi U}{V_0}}} \qquad \begin{pmatrix}\text{Oberseite}\\\text{Unterseite}\end{pmatrix}$$

für $t = +\infty$ $(U = -\infty)$: $\quad 4\pi\sigma = 0$ (Oberseite weit von der Kante),

$t \backsim 1$ $(U \backsim 0)$: $\quad 4\pi\sigma \to \frac{V_0^2}{|U|}\frac{1}{h\pi} \to \infty$ (Kante),

$t = 0$ $(U = +\infty)$: $\quad 4\pi\sigma = \frac{V_0}{h}$ (Unterseite weit von der Kante), letzteres wie die gleichförmige Dichte auf einer unendlichen Ebene (Ziff. 33). Auf der Oberseite hat man bei g r ö ß e r e m x nach dem Vorausgehenden

$$4\pi\sigma \backsim \frac{V_0}{\pi x},$$

auf der Unterseite: $4\pi\sigma \backsim \frac{V_0}{h} \frac{1}{1-e^{-\left(\frac{x\pi}{h}+1\right)}} \to \frac{V_0}{h}$. In kleiner Entfernung $U \backsim 0$ hat man $x \backsim \frac{h\pi}{2V_0^2} U^2$ und $4\pi\sigma \backsim \frac{V_0}{\sqrt{2\pi h x}}$ auf Unter- und Oberseite. Die Abb. 74 gibt die Niveau- und Kraftlinien, die Abb. 75 die Dichteverteilung

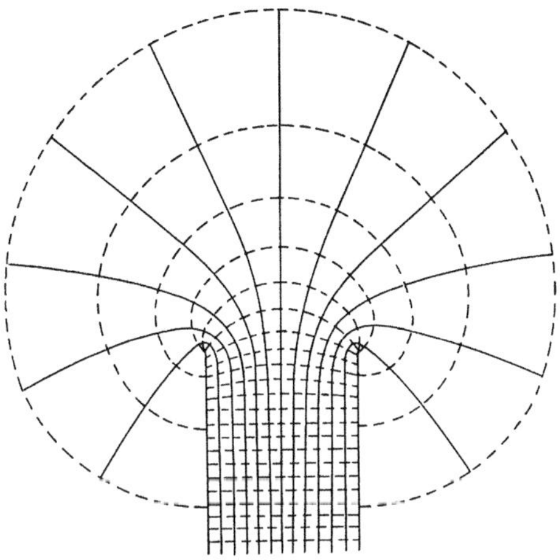

Abb. 74. Niveau- und Kraftlinien beim Plattenkondensator.

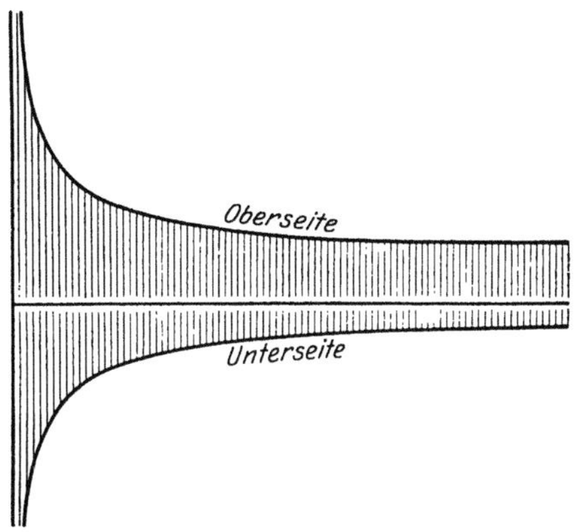

Abb. 75. Darstellung der Dichte auf der Ober- bzw. Unterseite der unteren Platte eines Plattenkondensators.

auf der u n t e r e n Platte, wobei $V_0 = h = \pi$ gesetzt ist, d. h. Plattenabstand und Potentialdifferenz der Platten $= 2\pi$.

106. Der Schutzringkondensator (vgl. Ziff. 47). Wir betrachten den Fall Abb. 76: Eine geschlitzte unendliche Platte, $y = h$, Breite des Schlitzes $2k$ befindet sich auf dem Potential $V = V_0$, im Abstand h von einer geerdeten unendlichen Platte $y = 0$. Dieser Fall tritt bei dem mit Schutzring versehenen

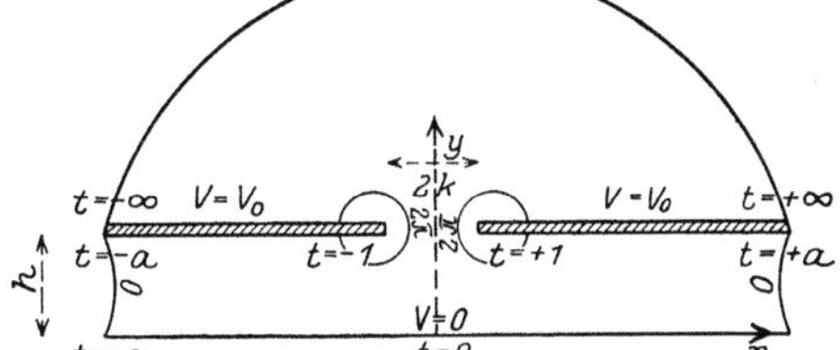

Abb. 76. Konforme Abbildung der ζ- auf die t-Ebene.

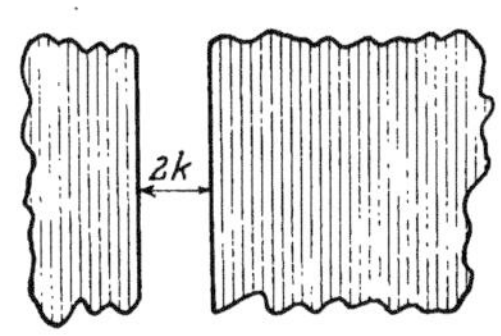

Abb. 77. Draufsicht auf den Kondensator von Abb. 76.

Kondensator auf, wenn man die K r ü m m u n g des Ringes vernachlässigen darf, so daß der Kondensator in Draufsicht wie Abb. 77 aussieht. Aus (112) und Abb. 76 ergibt sich (der Wert $t = a < 1$)

$$\frac{d\zeta}{dt} = C(t+1)^{2-1}(t+a)^{-1}(t-a)^{-1}(t-1)^{2-1} = C\frac{t^2-1}{t^2-a}$$

oder

$$\zeta = C\left(t - \frac{1-a^2}{2a}\ln\frac{t-a}{t+a} + \frac{1-a^2}{2a} i\pi\right). \tag{114}$$

Der Wert von $t = a$ muß aus den Abmessungen des Polygons bestimmt werden, da (Ziff. 104) nur drei t-Werte willkürlich angenommen werden können. Man hat:

$$k = C\left(1 - \frac{1-a^2}{2a}\ln\frac{1-a}{1+a}\right), \qquad h = C\frac{1-a^2}{2a}\pi. \tag{114a}$$

Hieraus folgt für a:

$$\frac{k\pi}{h} = \frac{2a}{1-a^2} + \ln\frac{1+a}{1-a}.$$

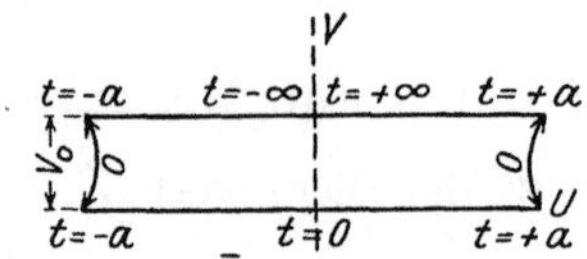

Abb. 78. Konforme Abbildung der W- auf die t-Ebene.

Für die Abbildung der W-Ebene dient Abb. 78:

$$\frac{dW}{dt} = D(t-a)^{-1}(t+a)^{-1},$$

hieraus

$$W = \frac{V_0}{\pi}\ln\frac{t+a}{t-a} + iV_0. \tag{114b}$$

Die Ladung auf der Unterseite der rechten Hälfte der oberen Platte beträgt von einem Werte $a < t < 1$ an bis zur Kante $t = 1$ per Längeneinheit der z-Achse:

$$\frac{1}{4\pi}(U_t - U_{t=1}) = \frac{V_0}{4\pi^2}\left(\ln\frac{t+a}{t-a} - \ln\frac{1+a}{1-a}\right).$$

Wenn die Entfernung von der Kante groß oder $t \to a$ ist, ergibt sich aus (114), (114a):

$$x - k = C\left(t - 1 + \frac{1-a^2}{2a}\left[\ln\frac{t+a}{t-a} - \ln\frac{1+a}{1-a}\right]\right)$$

und die gesuchte Ladung zu

$$\frac{V_0}{4\pi h}\{x - k + C(1-t)\} \to \frac{V_0}{4\pi h}\{x - k + C(1-a)\}. \tag{115a}$$

Die gesamte Ladung auf der Oberseite der rechten Hälfte der oberen Platte beträgt:

$$\frac{1}{4\pi}(U_{t=1} - U_{t=+\infty}) = \frac{V_0}{4\pi^2}\ln\frac{1+a}{1-a}. \tag{115b}$$

Es sei der Schlitz schmal oder $k \ll h$. Dann ist $a \sim 0$ und gemäß (114a):

$$a \sim \frac{k\pi}{4h} \qquad \text{und} \qquad k \sim 2C.$$

Daher für die Ladung auf einem Streifen der Unterseite bis zum Abstand $(x - k)$ von der Kante aus (115a)

$$\frac{V_0}{4\pi h}\left(x - \frac{1}{2}k\right) \tag{115c}$$

und für die ganze Ladung der Oberseite aus (115b):

$$\frac{V_0}{4\pi h}\cdot\frac{k}{2}. \tag{115d}$$

Aus (115c) folgt, daß der Einfluß der Kante auf die Verdichtung der Elektrizität auf der Unterseite sich in einer Vergrößerung der Kapazität nach (37) von $\frac{1}{4\pi h}(x-k)$ auf $\frac{1}{4\pi h}\left(x - \frac{k}{2}\right)$ äußert, also in einer Verbreiterung der Plattenhälfte um $^1/_4$ der Schlitzbreite. Hinzu tritt die gesamte auf die Oberseite geschlüpfte Ladung, so daß aus (115c) und (115d) zusammen die Ladung

$$\frac{V_0}{4\pi h}x$$

oder eine Vergrößerung der gesamten Kapazität um k resultiert, was einer Verbreiterung der rechten Plattenhälfte um die halbe Schlitzbreite gleichkommt.

Man kann die hier gegebene Berechnung leicht auf den Fall erweitern, daß die rechte Hälfte ($a < t < \infty$) und die linke Hälfte ($-a > t > -\infty$) der oberen Platten sich auf ungleichen Potentialen V_1 bez. V_2 befinden. Anstatt (114b) hat man einfach zu setzen

$$W = \frac{V_2}{\pi}\ln(t+a) - \frac{V_1}{\pi}\ln(t-a) + iV_1\,. \tag{114c}$$

Denn wenn z. B. $t = 1$ ist, hat man $V = V_1$; nimmt t ab und geht von $a + \varepsilon$ zu $a - \varepsilon$, so nimmt die Phase von $t - a$ um π zu, daher nimmt V um V_1 ab und wird Null. Gelangt man zu $t = -a + \varepsilon$ und geht t von $-a + \varepsilon$ zu $-a - \varepsilon$, so nimmt die Phase von $+t + a$ um π, daher V um V_2 zu und V wird V_2.

An (114), (114a) ändert sich nichts. Somit wird die Ladung auf der Unterseite der rechten Hälfte der oberen Platte bis zu einer Entfernung $x - k$ von der Kante per Längeneinheit der z-Achse gegeben durch:

$$\frac{1}{4\pi}(U_t - U_{t=1}) = \frac{1}{4\pi}\left\{\frac{V_2}{\pi}\ln(t+a) - \frac{V_1}{\pi}\ln(t-a) - \frac{V_2}{\pi}\ln(1+a) + \frac{V_1}{\pi}\ln(1-a)\right\}$$
$$= \frac{1}{4\pi}\left\{\frac{(V_2 - V_1)}{\pi}\ln(t+a) + \frac{V_1}{h}(x - Ca) - \frac{V_2 - V_1}{\pi}\ln(1+a) - \frac{V_1}{h}(k - C)\right\}.$$

Wenn $t \backsim a$ (große Entfernung von der Kante) und wenn $k \ll h$ (schmaler Schlitz), also $a \backsim 0$, so wird dies mit $a \backsim \frac{k\pi}{4h}$, $C \backsim \frac{k}{2}$:

$$\frac{(V_2 - V_1)}{4\pi^2}\,,\ \ln\frac{k\pi}{2h} + \frac{V_1}{4\pi h}x - \frac{V_1 + V_2}{4\pi h}\cdot\frac{k}{4}\,. \tag{115e}$$

Für $V_2 = V_1 = V_0$ geht dies wieder in (115c) über. Die Ladung auf der Oberseite wird für große Entfernung ($t \to \infty$) von der Kante per Längeneinheit der z-Achse:

$$\frac{1}{4\pi}(U_{t=1} - U_t) = \frac{1}{4\pi}\left\{\frac{V_2}{\pi}\ln(1+a) - \frac{V_1}{\pi}\ln(1-a) - \frac{V_2}{\pi}\ln(t+a) + \frac{V_1}{\pi}\ln(t-a)\right\}$$
$$\to \frac{1}{4\pi}\left\{\frac{V_2 - V_1}{\pi}\ln(1+a) - \frac{V_1}{h}\cdot(k - C) - \frac{V_2 - V_1}{\pi}\ln t\right\}.$$

Hieraus für schmalen Schlitz ($a \backsim 0$, wie oben):

$$\frac{1}{4\pi}\left\{\frac{V_2 + V_1}{4h}k - \frac{V_2 - V_1}{\pi}\ln\frac{2x}{k}\right\}. \tag{115f}$$

Für $V_2 = V_1 = V_0$ geht (115f) in (115d) über. Gesamtladung auf einem Streifen von der Breite $x - k$ und der Länge 1 aus (115e) und (115f):

$$-\frac{V_2 - V_1}{4\pi^2}\ln\frac{4xh}{\pi k^2} + \frac{V_1}{4\pi h}x\,.$$

Die Gesamtladung der rechten Hälfte der oberen Platte bis zur Entfernung x von der Kante ist also bei nur einigermaßen verschiedenen Potentialen V_1, V_2 der beiden Hälften stark verschieden von der Ladung bei gleichen Potentialen $V_1 = V_2 = V_0$, da $xh \gg k^2$ ist. Es ist dies eine Folge der Influenzwirkung des Schutzringes auf die geschützte Platte. Es empfiehlt sich daher, den Schutzring immer auf gleichem Potentiale wie die geschützte Platte zu verwenden.

o) Der Kreisplattenkondensator.

107. Vorbereitung der Rechnung. Wir geben nachfolgend die Berechnung wieder, mittels welcher G. KIRCHHOFF[1]) das wichtige Problem des aus zwei

---

[1]) G. KIRCHHOFF, Berl. Ber. 1877; Ges. Abh. S. 101; Vorlesungen über Elektrizität, 8. Vorl.

parallelen kreisförmigen Platten bestehenden Kondensators behandelt hat. Das Problem hat axiale Symmetrie, hängt also nur von zwei Koordinaten ϱ, z (vgl. Ziff. 56) ab. Die Integration der LAPLACEschen Gleichung ist aber in diesen Koordinaten nicht so leicht wie in dem zweidimensionalen Fall (Abhängigkeit nur von x, y), was auf die kompliziertere Gestalt der Differentialgleichungen (64) (Ziff. 56) im Gegensatz zu der einfachen Gestalt der CAUCHY-RIEMANNschen Differentialgleichungen (96) des zweidimensionalen Falles zurückgeht. Deshalb hat KIRCHHOFF einen Umweg eingeschlagen, welcher im wesentlichen auf die Ersetzung des axialsymmetrischen Problems durch ein zweidimensionales hinausläuft[1]).

Wir betrachten (Abb. 79) einen Kreisplattenkondensator, Radius der Platten R, Abstand der Innenseiten $2a$, Dicke jeder Platte b, und legen das Zylinderkoordinatensystem ϱ, ω, z, so daß der Mittelpunkt des Kondensators Ursprung, die Achse des Kondensators die z-Achse ist. Wir konstruieren einen ringförmigen Raum 1, 1, der durch Rotation eines Kreises 1 um die z-Achse entsteht. Dieser Raum enthält die „Randwirkungen“. Der restliche Innenraum des Kondensators sei 2,2, der restliche Außenraum sei 3,3.

In (1) können wir alle Entfernungen als klein gegen R ansehen, d. h. die Krümmung $1/R$ der Kreise vernachlässigen ($R \to \infty$). Wir erhalten dann ein zweidimensionales Problem in jeder durch die z-Achse gelegten ϱz-Ebene: zwei parallele Platten (von endlicher Dicke b, aber einseitig unendlicher Ausdehnung $2R \to \infty$) stehen sich im Abstand $2a$ der Innenflächen gegenüber.

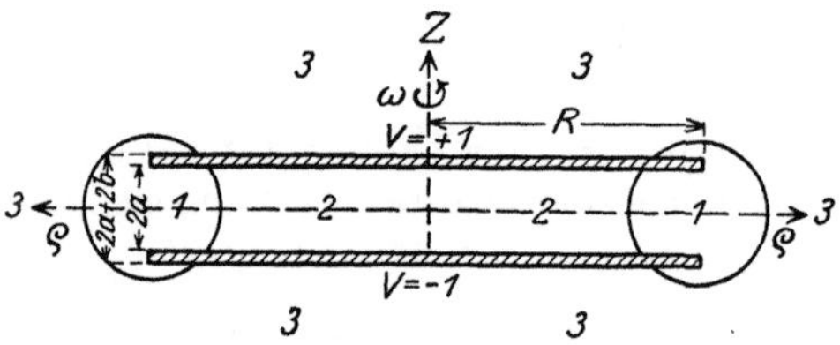

Abb. 79. Zerlegung des Raumes beim Kreisplattenkondensator in drei Gebiete.

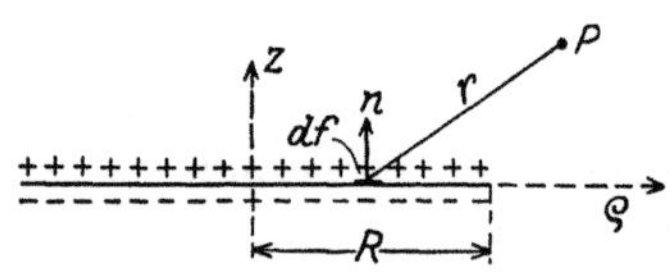

Abb. 80. Der Fall der kreisförmigen ($\varrho \leqq R$) Doppelschicht.

In (2) können wir die Entfernung von den Rändern als so groß ansehen, daß wir ein eindimensionales Problem folgender Art haben: Zwei unendliche parallele Ebenen im Abstande $2a$ voneinander.

In (3) können wir schließlich die Entfernungen von den Rändern als so groß gegen den Plattenabstand $2a$ ansehen, daß wir diesen vernachlässigen dürfen und folgendes axialsymmetrische dreidimensionale Problem haben: Eine Doppelschicht auf der Kreisfläche $z = 0$, $\varrho \leqq R$.

Wir berechnen nun die geeigneten Lösungen für jeden dieser drei Räume und bemerken noch, daß auf den Grenzflächen zwischen 3 und 1, bez. 3 und 2 die Lösungen für 3 und für 1 bez. für 3 und für 2 stetig ineinander übergehen müssen.

108. Die Lösung für den Außenraum (3). Nach Ziff. 107 haben wir hier eine kreisförmige Doppelschicht an Stelle der beiden Kreisplatten (Abb. 80). Nach (20) hat deren Potential in P die Form:

$$V = \int df \, \tau \frac{\partial}{\partial n}\left(\frac{1}{r}\right).$$

[1]) Eine andere Behandlung dieses Problems, wobei die beiden Kreisplatten als Grenzfälle abgeplatteter Rotationsellipsoide betrachtet werden, bei J. W. NICHOLSON, Phil. Trans. (A) Bd. 224, S. 303. 1924. Eine andere Behandlung auf Grund symmetrischer harmonischer Funktionen von BELTRAMI, die auf zwei FREDHOLMsche Integralgleichungen zweiter Art führt, bei R. SERINI, Linc. Rend. Bd. 29, S. 34, 257. 1920; Bd. 31, S. 182. 1922. Er gelangt zu einer Endformel für unendlich dünne Platten: $C = \frac{\text{konst.}}{a} + \frac{R}{\pi}$, vgl. dagegen (120a).

Die Flächendichte τ des Moments ist offenbar gleichförmig und durch die Gleichung

$$4\pi\tau = V_+ - V_- = 1 - (-1) = 2$$

zu $\tau = \frac{1}{2\pi}$ bestimmt. Somit für den Wert von V in P

$$V_{(P)} = \frac{1}{2\pi}\int df \frac{\partial}{\partial z}\left(\frac{1}{r}\right) = -\frac{1}{2\pi}\frac{\partial}{\partial z_P}\int\frac{df}{r}, \tag{116a}$$

denn

$$r^2 = (x - x_P)^2 + (y - y_P)^2 + (z - z_P)^2;$$

daher

$$\frac{\partial}{\partial z}\left(\frac{1}{r}\right) = -\frac{\partial}{\partial z_P}\left(\frac{1}{r}\right).$$

Da unser Problem axialsymmetrisch ist, existiert nach Ziff. 56 eine Funktion $U(\varrho, z)$, so daß

$$\frac{\partial U}{\partial \varrho} = \varrho\frac{\partial V}{\partial z}, \quad \frac{\partial U}{\partial z} = -\varrho\frac{\partial V}{\partial \varrho}. \tag{64}$$

Diese Funktion ist, von einer additiven Konstanten abgesehen,

$$U = \frac{1}{2\pi}\varrho\frac{\partial}{\partial\varrho}\int\frac{df}{r}, \tag{116b}$$

denn

$$\frac{\partial U}{\partial z} = \varrho\cdot\frac{\partial}{\partial\varrho}\left(\frac{1}{2\pi}\frac{\partial}{\partial z}\int\frac{df}{r}\right) = -\varrho\frac{\partial}{\partial\varrho}V,$$

nach (116a), wenn der Buchstabe P wieder weggelassen wird, da selbstverständlich hier nur nach den Koordinaten irgendeines Aufpunkts P und nicht nach denen eines geladenen Elements differenziert wird. Ferner:

$$\frac{\partial U}{\partial\varrho} = \frac{1}{2\pi}\frac{\partial}{\partial\varrho}\left(\varrho\frac{\partial}{\partial\varrho}\int\frac{df}{r}\right) = -\frac{1}{2\pi}\varrho\frac{\partial^2}{\partial z^2}\int\frac{df}{r} = \varrho\frac{\partial V}{\partial z},$$

da $\int\frac{df}{r}$ die LAPLACEsche Gleichung

$$\frac{1}{\varrho}\frac{\partial}{\partial\varrho}\left(\varrho\frac{\partial}{\partial\varrho}[\cdots]\right) + \frac{\partial^2}{\partial z^2}[\cdots] = 0$$

befriedigt.

Mit (116a) und (116b) ist das Problem für den Raum (3) gelöst. Wir berechnen noch:

α) Grenzwert von V auf der Trennungsfläche von 3 und 1: Es sei P (Abb. 81) ein Punkt auf der Trennungsfläche. Nach (116a) ist der Raumwinkel zu berechnen, unter dem sich auf der Einheitskugel $\mathfrak{K}$ (s. Abb. 81) um P die Kreisfläche f des Kondensators darstellt. Da auf dieser Grenzfläche die Entfernung vom Rand klein gegen den Durchmesser $2R$ der Kreisplatte ist, läuft der nach dem anderen Randpunkte in Abb. 81 gehende Leitstrahl von P aus nahezu parallel mit der Spur der f. Da man ferner die Krümmung $1/R$ des Randes aus den eben genannten Gründen vernachlässigen darf, hat man statt der Kreisfläche eine Halbebene, daher wird der Raumwinkel von zwei Ebenen gebildet, deren eine durch P und die Randlinie der Halbebene bestimmt ist, deren andere die durch P gelegte, zur genannten Halbebene parallele Ebene ist. Dieser Winkel ist (Abb. 81) 2ϑ, da ϑ der Winkel der beiden Ebenen ist. Dabei ist ϑ auch der Winkel, unter dem der vom Rand nach P hin gehende kürzeste Abstand sich über der Verlängerung der Halbebene erhebt ($-\pi \leqq \vartheta \leqq \pi$).

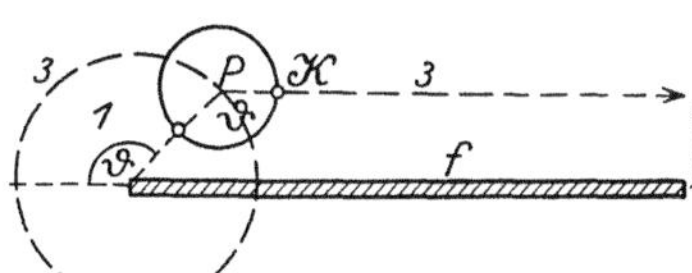

Abb. 81. Zur Berechnung des Grenzwerts des Potentials an der Grenze zwischen 1 und 3.

Der gesuchte Grenzwert ist daher:

$$V = \frac{\vartheta}{\pi}. \tag{116c}$$

β) Wert von U auf der Platte: Um den Wert von U auf der Kreisplatte zu berechnen, bedürfen wir des Wertes von $\int \frac{df}{r}$, wenn der Aufpunkt P in die Platte fällt (Abb. 82)

$$\int \frac{df}{r} = \int_0^{2\pi} d\omega \int_0^{r'} r\,dr \cdot \frac{1}{r} = \int_0^{2\pi} d\omega \cdot r',$$

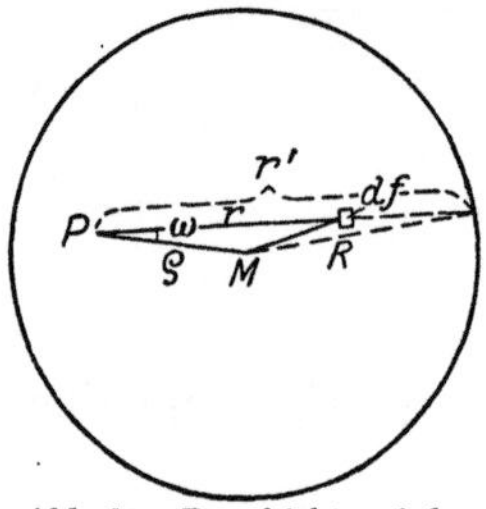

Abb. 82. Draufsicht auf den Kondensator.

wo r' den unter dem (festgehaltenen) Winkel ω gegen PM geneigten längsten Radiusvektor (bis an die Kreisperipherie) bedeutet. Man hat daher

$$r'^2 + \varrho^2 - 2\varrho r' \cos\omega = R^2$$

oder

$$r' = \varrho\cos\omega + \sqrt{R^2 - \varrho^2 \sin^2\omega},$$

also

$$\int \frac{df}{r} = \int_0^{2\pi} d\omega\,(\varrho\cos\omega + \sqrt{R^2 - \varrho^2\sin^2\omega}) = R\int_0^{2\pi} d\omega \sqrt{1 - \left(\frac{\varrho}{R}\right)^2 \sin^2\omega} = 4R\cdot E\left(\bmod \frac{\varrho}{R}\right),$$

wo E das vollständige elliptische Integral zweiter Gattung mod ϱ/R ist:

$$U = \frac{1}{2\pi}\varrho\frac{\partial}{\partial\varrho}\int\frac{df}{r} = \frac{1}{2\pi}\varrho\, 4\cdot\frac{\partial E}{\partial k} = \frac{2\varrho}{\pi}\cdot\frac{1}{k}(E-K) = \frac{2R}{\pi}(E-K),$$

wo $k = \varrho/R$ ist. Wir werden besonders benötigen die Werte von U:
am Plattenrand:

$$k\to 1,\quad E\to 1,\quad K\to \ln\frac{4}{\sqrt{1-k^2}} = \ln\frac{4R}{\sqrt{R^2-\varrho^2}} \to \frac{1}{2}\ln\frac{8R}{R-\varrho} \text{ (vgl. Ziff. 88}\varepsilon\text{)},$$

$$U \to \frac{2R}{\pi}\left(1 - \frac{1}{2}\ln\frac{8R}{R-\varrho}\right), \tag{116d}$$

im Plattenmittelpunkt: $k\to 0,\quad E = K \to \frac{\pi}{2}$

$$U \to 0. \tag{116e}$$

Der Grund, weshalb wir diese Werte benötigen, ist folgender: Für die Ladung auf der Kreisplatte haben wir gemäß (64)

$$\int df\,\sigma = \mp\frac{1}{4\pi}\int_0^R \varrho\,d\varrho \int_0^{2\pi} d\omega\frac{\partial V}{\partial z} = \mp\frac{1}{4\pi}\int_0^R d\varrho\int_0^{2\pi} d\omega\frac{\partial U}{\partial\varrho} = \mp\frac{1}{2}[U(R) - U(0)], \tag{117}$$

wo das obere (untere) Vorzeichen für die obere (untere) Seite gilt. Also eine zu (99) (bei der zweidimensionalen U-Funktion) ganz ähnliche Relation.

109. Berechnung für den Ringraum 1. Wir haben hier nach Ziff. 107 das zweidimensionale Problem nach Abb. 83 nach der Methode von SCHWARZ und KIRCHHOFF (Ziff. 104) zu lösen. Als Ursprung der Koordinaten in der gezeichneten z-ϱ-Ebene nehmen wir nicht den in Ziff. 107 gewählten Mittelpunkt des Kondensators, sondern den in der Entfernung $\varrho = R$ vom Mittelpunkt gelegenen Punkt der Ebene $z = 0$ und führen statt ϱ die Koordinate $\xi = R - \varrho$ (Abb. 83) ein. Wir setzen $\zeta = \xi + iz$ und bilden, indem $t = \pm\mu,\ \pm\lambda$ noch zu bestimmende Werte bleiben

$$\frac{d\zeta}{dt} = C\frac{(\mu^2 - t^2)^{\frac{1}{2}}(\lambda^2 - t^2)^{\frac{1}{2}}}{t}$$

oder, wenn $C = -2a$ gesetzt wird,

$$\begin{aligned}\zeta = i a - a\sqrt{(\lambda^2 - t^2)(\mu^2 - t^2)} \\ - \frac{\lambda^2 + \mu^2}{2} a \ln\frac{\sqrt{\mu^2 - t^2} + \sqrt{\lambda^2 - t^2}}{\sqrt{\mu^2 - t^2} - \sqrt{\lambda^2 - t^2}} + \lambda\mu a \ln\frac{\lambda\sqrt{\mu^2 - t^2} + \mu\sqrt{\lambda^2 - t^2}}{\lambda\sqrt{\mu^2 - t^2} - \mu\sqrt{\lambda^2 - t^2}},\end{aligned} \tag{118a}$$

wobei die Integrationskonstante so gewählt ist, daß, für $t = \lambda$, $\zeta = i a$ wird. Von den ln sind, wenn $\lambda > t > 0$ ist, die Hauptwerte ($\ln 1 = 0$) zu nehmen.

Ferner haben wir die Abbildung der W-Ebene auf die t-Ebene nach Abb. 84

$$\frac{dW}{dt} = \frac{B}{t} \qquad \text{oder} \qquad W = -\frac{2}{\pi}\ln t + i, \tag{118b}$$

wo die Integrationskonstante so gewählt ist, daß, für $t = 0$, $V = 1$.

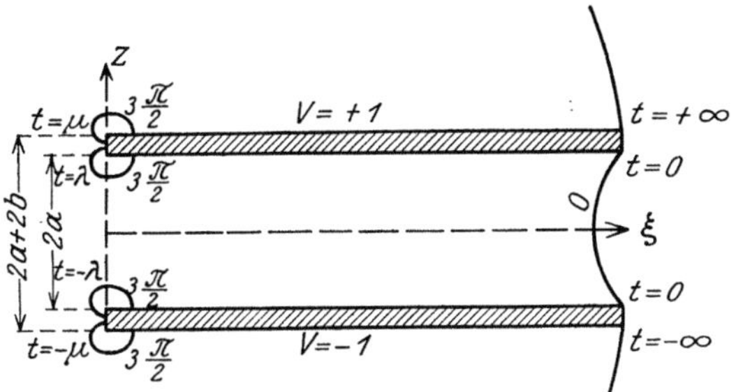

Abb. 83. Abbildung der $\zeta = \xi + iz$- auf die t-Ebene.

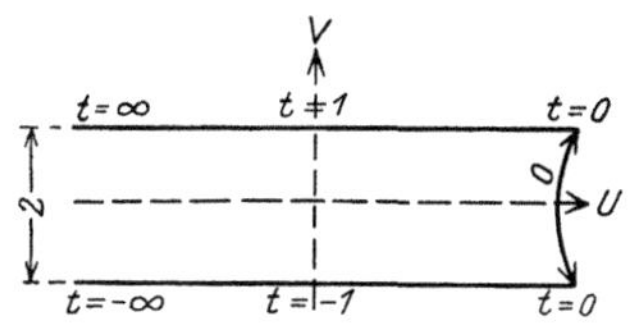

Abb. 84. Abbildung der W-Ebene auf die t-Ebene.

Zur Bestimmung von λ, μ in (118a): Von $t = -0$ auf $t = +0$ nimmt die Phase von t um π ab, ζ um $2ia$ zu, also wegen

$$\lambda\mu a \ln(\lambda\sqrt{\mu^2 - t^2} - \mu\sqrt{\lambda^2 - t^2})_{t\sim 0} \to \lambda\mu a \ln\frac{t^2(\mu^2 - \lambda^2)}{2\mu\lambda}.$$

$$2ia = -2\lambda\mu a\cdot(-i\pi) \qquad \text{oder} \qquad 1 = \lambda\mu\pi. \tag{118c}$$

Von $t = +\infty$ auf $t = -\infty$ nimmt die Phase von t um 2π zu, ζ um $2i(a + b)$ ab.

Wegen
$$\frac{\lambda^2 + \mu^2}{2} a \ln(\sqrt{t^2 - \mu^2} - \sqrt{t^2 - \lambda^2})_{t\to\infty} \to \frac{\lambda^2 + \mu^2}{2} a \ln\left(\frac{\lambda^2 - \mu^2}{2t}\right)$$

hat man
$$2i(a + b) = +\frac{\lambda^2 + \mu^2}{2} a(-i\pi) \qquad \text{oder} \qquad \frac{a + b}{2} = \frac{\lambda^2 + \mu^2}{2}\pi. \tag{118d}$$

Hieraus
$$\mu + \lambda = \sqrt{\frac{2}{\pi}\frac{2a + b}{a}}, \qquad \mu - \lambda = \sqrt{\frac{2}{\pi}\frac{b}{a}}. \tag{118e}$$

Mit (118a), (118b), (118e) ist unser Problem gelöst. Wir benötigen noch:

α) Grenzwert von V auf der Trennungsfläche gegen 3: Dazu haben wir offenbar $t \to \infty$ gehen zu lassen, da der Kreis $|\zeta| = \infty$ die Spur der Grenzfläche ist (Abb. 83). Wir erhalten:

$$\begin{aligned} W &= -\frac{2}{\pi}\ln t + i, \qquad \zeta \to +at^2, \qquad W \to -\frac{1}{\pi}\ln\frac{\zeta}{a} + i \\ &= -\frac{1}{\pi}\left\{\ln\frac{|\zeta|}{a} + i\,\mathrm{arctg}\frac{z}{\xi}\right\} + i, \qquad \text{wo } 0 \leqq \mathrm{arctg} \leqq 2\pi. \end{aligned}$$

Somit
$$V \to +\frac{1}{\pi}\left(\pi - \mathrm{arctg}\frac{z}{\xi}\right) = \frac{\vartheta}{\pi}, \tag{118e}$$

wie man leicht aus Abb. 81 erkennt. Also stimmen, (118e) und (116c), oder die Grenzwerte von V aus Raum 3 und aus Raum 1 an der Grenzfläche überein.

β) Grenzwerte von U auf der Platte an der Grenze zwischen 3 und 1: Mit $t\to\infty$ wird

$$U = -\frac{2}{\pi}\ln t, \qquad \xi \to +a t^2, \qquad U \to -\frac{1}{\pi}\ln\frac{\xi}{a}$$

oder

$$U \to -\frac{1}{\pi}\ln\frac{R-\varrho}{a}. \tag{118f}$$

γ) Grenzwert von U auf der Platte an der Grenze zwischen 2 und 1. Mit $t\to 0$ wird

$$U = -\frac{2}{\pi}\ln t, \quad \xi \to -a\lambda\mu - \frac{\lambda^2+\mu^2}{2}a\ln\frac{\mu+\lambda}{\mu-\lambda} + \lambda\mu a\ln\frac{(2\lambda\mu)^2}{(\mu^2-\lambda^2)\,t^2}$$

$$= -\frac{a}{\pi} - \frac{a}{\pi}\ln\left(\pi\frac{2a+b}{2a}\right) - \frac{b}{2\pi}\ln\frac{2a+b}{b} - \frac{2a}{\pi}\ln t$$

gemäß (118c), (118d), (118e). Also:

$$U \to \frac{R-\varrho}{a} + \frac{1}{\pi} + \frac{1}{\pi}\ln\left(\pi\frac{2a+b}{2a}\right) + \frac{b}{2\pi a}\ln\frac{2a+b}{b}. \tag{118g}$$

δ) Grenzwert von V auf der Trennungsfläche gegen 2: Mit $t\to 0$ wird

$$W = -\frac{2}{\pi}\ln t + i, \quad \zeta \to ia - \frac{a}{\pi} - \frac{a}{\pi}\ln\left(\pi\frac{2a+b}{2a}\right) - \frac{b}{2\pi}\ln\frac{2a+b}{b} - \frac{2a}{\pi}\ln t,$$

also

$$W \to \frac{\zeta}{a} + \frac{1}{\pi} + \frac{1}{\pi}\ln\left(\pi\frac{2a+b}{2a}\right) + \frac{b}{2a\pi}\ln\frac{2a+b}{b},$$

woraus

$$V \to \frac{z}{a}. \tag{118h}$$

110. Berechnung für den Innenraum 2. Nach Ziff. 107 haben wir hier das eindimensionale Problem: Zwei unendliche parallele Ebenen im Abstand $2a$. Wir erhalten also das Potential für ein homogenes Feld (vgl. Ziff. 33):

$$V = \frac{z}{a}. \tag{119a}$$

Hierzu gehört nach Ziff. 95 α:

$$U = \frac{\xi}{a} = \frac{R-\varrho}{a}. \tag{119b}$$

Grenzwert von V gegen 1: Wir erhalten Übereinstimmung zwischen (119a) und (118h):

Wert von U in der Mitte der Platte ($\varrho = 0$): $U = \frac{R}{a}$. (119c)

Wert von U am Rande der Platte ($\varrho = R$): $U = 0$. (119d)

111. Berechnung der Ladungen auf den einzelnen Teilen der Kreisplatte. Kapazität des Kreisplattenkondensators. Wir haben:

Auf der zum Raum 3 gehörigen Oberseite der oberen Platte (Abb. 79) nach (117):

$$\text{Gesamtladung:}\quad \frac{1}{2}[U(0) - U(R)] = \frac{R}{\pi}\left(\frac{1}{2}\ln\frac{8R}{R-\varrho} - 1\right).$$

Auf den zum Ringraum 1 gehörigen Rändern der Platte nach (118f), (118g), (99):

$$\text{Gesamtladung:}\quad \frac{1}{4\pi}[-U(\infty) + U(0)]\cdot 2R\pi = +\frac{R}{2\pi}\ln\frac{R-\varrho}{a}$$

$$+\frac{R}{2}\left\{\frac{1}{\pi} + \frac{1}{\pi}\ln\frac{\pi(2a+b)}{2a} + \frac{b}{2\pi a}\ln\frac{2a+b}{b}\right\}.$$

In (118g) kann nämlich nachträglich $\varrho \sim R$ gesetzt werden, da es sich um die Ränder handelt. Man beachte, daß der Wert $t = \infty$ (Abb. 79 und 83) bei U nach (118b) unmittelbar an den Wert $\varrho \sim R$ bei U nach (116b) anschließt, daß aber gleichwohl gemäß Abb. 53 der Wert $t = \infty$ nicht als obere, sondern als untere Grenze zu behandeln ist, ferner daß sich die nach (99) berechnete Ladung [zum Unterschied von der nach (117) berechneten] auf die Längeneinheit der Randlinie bezieht, daher noch mit $2\pi R$ zu multiplizieren ist.

Auf der zum Innenraum 2 gehörigen Unterseite der Platte nach (119c), (119d), (99):

Gesamtladung:
$$\frac{1}{4\pi}[-U(R) + U(0)] \cdot \frac{2R\pi}{2} = \frac{R^2}{4a}.$$

Hier muß als Länge der Mittelwert zwischen Null (Mittelpunkt) und $2R\pi$ (Umfang der Kreisscheibe) eingesetzt werden. Auch direkt aus (119b), indem die Dichte: $\sigma = \frac{1}{4\pi}\frac{\partial U}{\partial \xi} = \frac{1}{4\pi a}$ und die Gesamtladung
$$\int df\sigma = \frac{1}{4\pi}\int \frac{d}{a}\,df = \frac{R^2}{4a}$$
ist.

Gesamtladung auf der oberen Platte: Als Summe dieser Ladungen ergibt sich
$$\frac{R^2}{4a} + \frac{R}{2\pi}\left[-1 + \ln\left(\frac{2a+b}{2a}\pi\right) + \frac{b}{2a}\ln\frac{2a+b}{b} + \ln\frac{8R}{a}\right] = 2C \qquad (120)$$
gleich der doppelten Kapazität des Kreisplattenkondensators, da die Potentialdifferenz zwischen oberer und unterer Platte 2 ist[1]).

Der zweite Summand in (120) gibt die störende Wirkung des Randes und der Oberseite auf die für einen unendlich ausgedehnten Plattenkondensator nach der üblichen Formel (37) berechnete Kapazität $R^2/8a$. Setzt man, um diese störende Wirkung zu erfassen
$$C = \frac{R^2}{8a}(1 + k),$$
so bekommt man nach GANS[2]) für unendlich dünne Platten $b = 0$, wo
$$C = \frac{R^2}{8a} + \frac{R}{4\pi}\left(\ln\frac{8R\pi}{a} - 1\right) \qquad (120\,a)$$
die folgende Tabelle für k:

a/R = 0,0001	0,0005	0,0010	0,0050	0,0100
k = 0,0004	0,0017	0,0031	0,0131	0,0239

112. Kreisplattenkondensator, dessen Platten sich auf beliebigen Potentialen befinden. Es werde zunächst der Fall untersucht, in welchem beide Platten des Kondensators Abb. 79 sich auf gleichem Potential $V = 1$ befinden. Bei genügender Kleinheit des Abstandes $2a$ gegen den Durchmesser $2R$ läßt sich der Kreisplattenkondensator dann als eine einfache Kreisscheibe auffassen. Nach Ziff. 89 gilt für das Potential im Außenraum bei der Ladung e
$$V = \frac{e}{R}\operatorname{arctg}\frac{R}{\sqrt{\lambda}},$$

1) Vor KIRCHHOFF hatte schon R. CLAUSIUS (Pogg. Ann. Bd. 86, S. 161. 1852) den Fall $b = 0$ angenähert, aber nicht ganz richtig berechnet. Vgl. Ziff. 34.

2) R. GANS, Enzyklop. d. math. Wiss. Bd. V, S. 317. 1907.

worin λ die positive Wurzel von

$$\frac{\varrho^2}{R^2+\lambda} + \frac{z^2}{\lambda} - 1 = 0$$

ist (ϱ, z Koordinaten des Aufpunktes) und $0 \leqq \operatorname{arctg} \leqq \pi/2$ ist, dabei ist die Kapazität der Kreisscheibe

$$C = \frac{2R}{\pi},$$

das Potential derselben also $Ce = \frac{2R}{\pi} e$. Da dieses gleich Eins sein soll, muß $e = \frac{2R}{\pi}$ sein, und

$$V = \frac{2}{\pi} \operatorname{arctg} \frac{R}{\sqrt{\lambda}}. \tag{121}$$

Auf jeder der beiden Platten sitzt die Ladung $\frac{e}{2} = \frac{R}{\pi}$.

Es sei nun $V^{(1)}$ die Lösung nach (116a), (118b), (119a), welche auf der oberen Platte $V^{(1)} = +1$, auf der unteren Platte $V^{(1)} = -1$ ergibt. Und es sei $V^{(2)}$ die Lösung (121), welche auf beiden Platten $V^{(2)} = +1$ ergibt. Wenn nun die obere Platte das Potential A, die untere das Potential B erhalten soll, so ist

$$V = \tfrac{1}{2}(A - B) V^{(1)} + \tfrac{1}{2}(A + B) V^{(2)}$$

die gesuchte Lösung.

Es seien ferner im ersten Falle die Ladungen der oberen bez. unteren Platte $e^{(1)}$ bez. $-e^{(1)}$, also gleich $+$ oder $-2C$ nach (120); im zweiten Falle seien die Ladungen sowohl der oberen als der unteren Platte $e^{(2)}$, also gleich $R/2\pi$ (vgl. oben). Dann hat man für die Ladung im allgemeinen Falle

auf der oberen Platte: $e = \tfrac{1}{2}(A - B) e^{(1)} + \tfrac{1}{2}(A + B) e^{(2)}$,

auf der unteren Platte: $e = -\tfrac{1}{2}(A - B) e^{(1)} + \tfrac{1}{2}(A + B) e^{(2)}$.

Hieraus folgt nach (42) für den

Kapazitätskoeffizienten der $\begin{pmatrix}\text{oberen}\\ \text{unteren}\end{pmatrix}$ Platte: $\tfrac{1}{2}(e^{(1)} + e^{(2)})$

Influenzierungskoeffizienten der beiden Platten: $-\tfrac{1}{2}(e^{(1)} - e^{(2)})$.

Hier hat $e^{(1)}$ den Wert $2C$ nach (120), $e^{(2)} = \frac{R}{2\pi}$.

Kapitel 5.

Dielektrika.

Von

A. GÜNTHERSCHULZE, Berlin.

Mit 10 Abbildungen.

I. Theorie der Dielektriken[1]).

a) Das ladungsfreie Feld.

1. Bei statischer dielektrischer Beanspruchung. Die dielektrischen Eigenschaften des ladungsfreien leeren Raumes lassen sich ermitteln, wenn er durch Körper begrenzt wird, von denen aus er elektrisch beeinflußt werden kann. Der einfachste Fall einer solchen Begrenzung sind zwei unendlich ausgedehnte planparallele leitende Platten im Abstand a. Zwischen ihnen ist die elektrische Erregung $\mathfrak{D}$ des Raumes der in ihm herrschenden Feldstärke $\mathfrak{E}$ proportional

$$\mathfrak{D} = \frac{\varepsilon}{4\pi} \cdot \mathfrak{E}, \tag{1}$$

wo ε eine Konstante ist, die Dielektrizitätskonstante genannt und im elektrostatischen Maßsystem für den leeren Raum gleich 1 gesetzt wird. Ist U die Spannung zwischen den Platten, so ist

$$\mathfrak{D} = \frac{\varepsilon \mathfrak{E}}{4\pi} = \frac{\varepsilon \cdot U}{4\pi a}. \tag{2}$$

Ein Element des Raumes, in dem die Feldstärke $\mathfrak{E}$ ist, enthält eine Energie, die gleich dem Produkt aus dem Volumen des Elementes und der Energiedichte u ist. Dabei ist

$$u = \frac{\varepsilon}{8\pi} \mathfrak{E}^2. \tag{3}$$

2. Bei dynamischer dielektrischer Beanspruchung. Ist die elektrische Feldstärke $\mathfrak{E}$ periodisch veränderlich

$$\mathfrak{E} = \mathfrak{E}_0 \sin \omega t, \tag{4}$$

so wird

$$\mathfrak{D} = \frac{\varepsilon}{4\pi} \mathfrak{E}_0 \sin \omega t. \tag{5}$$

b) Das ideale, verlustfreie, Ladungen enthaltende Feld. Die MAXWELLsche Theorie der Dielektriken.

3. Statische oder quasistationäre Belastung. Als quasistationär werden solche Spannungsänderungen bezeichnet, deren Änderungszeit groß ist gegen

[1]) Zusammenfassende Darstellung 1. der älteren Theorien s. E. SCHROEDINGER, Dielektrizität, im Handbuch der Elektrizität und des Magnetismus von L. GRAETZ, Bd. 1. 1921; 2. der neueren Theorien s. O. BLÜH, Phys. ZS. Bd. 27, S. 226. 1926.

die Zeit, die die elektromagnetischen Störungen gebrauchen, um den Abstand zwischen den beiden entferntesten Punkten des Systems zu durchmessen.

Zwischen den beiden planparallelen Platten befinde sich jetzt nicht mehr der leere Raum, sondern ein nichtleitender gasförmiger, flüssiger oder fester Körper, ein Dielektrikum. Seine Dielektrizitätskonstante sei ε, seine Leitfähigkeit $\sigma = 0$.

Die Gleichungen 1 bis 5 bleiben bestehen. ε ist jetzt aber nicht mehr gleich 1, sondern eine vom dielektrischen Material abhängige Konstante. Die MAXWELLsche Theorie sieht diese Konstante als gegeben an und geht auf ihren Zusammenhang mit der Konstitution der Materie nicht ein. Sie ist in dieser Beziehung rein formal.

Ist das Feld stationär, so läßt es sich von einem Potential ableiten

$$\mathfrak{E} = -\operatorname{grad}\varphi, \tag{6}$$

woraus nach der Potentialtheorie folgt

$$\varphi = \frac{1}{4\pi}\int \frac{\operatorname{div}\mathfrak{E}}{r}\,d\tau, \tag{7}$$

wobei das Raumintegral über alle Volumelemente $d\tau$ zu erstrecken ist und r den Aufpunkt des Volumelementes $d\tau$ bedeutet.

Die Größe

$$\frac{\operatorname{div}\mathfrak{E}}{4\pi} = \varrho_f$$

wird „Dichte der freien Ladung“, die Größe

$$\operatorname{div}\mathfrak{D} = \frac{\varepsilon}{4\pi}\operatorname{div}\mathfrak{E} = \varrho_w$$

„Raumdichte der freien Elektrizität“ genannt.

4. Die Erscheinungen an der Grenzfläche zweier Dielektriken. Es sei df ein Element der Grenzfläche zweier Dielektriken verschiedener Dielektrizitätskonstanten. Wird df durch zwei parallele Flächenstücke a und a' und durch die Zylinderfläche b (Abb. 1) eingeschlossen, so ergibt sich für die gesamte freie Elektrizitätsmenge im Innern des kleinen Zylinders:

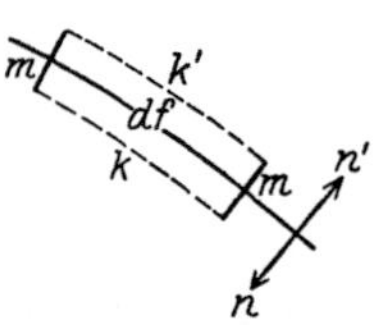

Abb. 1. Grenzfläche zweier Dielektriken.

$$\int \varrho_f\,d\tau = \frac{1}{4\pi}\int \operatorname{div}\mathfrak{E}\,d\tau = \frac{1}{4\pi}\int \mathfrak{E}_n\,df = \frac{df}{4\pi}(\mathfrak{E}_n + \mathfrak{E}_{n'}). \tag{8}$$

Dabei sind $\mathfrak{E}_n$ und $\mathfrak{E}_{n'}$ die Normalkomponenten von $\mathfrak{E}$ zu beiden Seiten von df, und die Normale ist stets in das Innere des betrachteten Dielektrikums gerichtet.

Die Oberflächendichte der freien Elektrizität an der Grenzfläche beträgt also

$$\sigma_f = \frac{1}{4\pi}(\mathfrak{E}_n + \mathfrak{E}_{n'}). \tag{9}$$

Andererseits ergibt sich die Flächendichte σ_w der wahren Elektrizität zu

$$\sigma_w = \mathfrak{D}_n + \mathfrak{D}_{n'} = \frac{\varepsilon}{4\pi}\mathfrak{E}_n + \frac{\varepsilon'}{4\pi}\mathfrak{E}_{n'}. \tag{10}$$

Enthält eine Grenzfläche zweier Dielektriken zu irgendeiner Zeit keine wahren Ladungen, so entstehen auf ihr auch nie solche. Es ist stets

$$\varepsilon\,\mathfrak{E}_n + \varepsilon'\,\mathfrak{E}_{n'} = 0. \tag{11}$$

Zusammen mit dem Satz, daß die tangentielle Komponente von $\mathfrak{E}$ stetig durch die Grenzfläche geht, führt das zu dem Brechungsgesetz der elektrischen Kraftlinien:

Die Tangenten der Winkel, welche die elektrischen Feldstärken mit dem Lot auf die Grenzfläche bilden, verhalten sich wie die Dielektrizitätskonstanten.

Ist das eine der beiden Medien ein Leiter, so verhält er sich hinsichtlich des vorstehenden Gesetzes so, als ob seine Dielektrizitätskonstante unendlich wäre: Die elektrischen Kraftlinien stehen auf der Oberfläche eines Leiters stets senkrecht.

Sind eine Anzahl Leiter in ein unendliches homogenes Dielektrikum eingebettet, und ist die wahre Dichte der Elektrizität im Dielektrikum überall gleich Null, so folgen aus der Potentialtheorie die beiden Sätze:

1. Die Kapazität eines Leiters ist der Dielektrizitätskonstante des umgebenden Mediums proportional.

2. Die ponderomotorischen Kräfte zwischen Leitern, die auf einem konstanten Potential gehalten werden, sind der Dielektrizitätskonstante des umgebenden Dielektrikums proportional. Wird dagegen die Ladung der Leiter konstant gehalten, so sind die Kräfte der Dielektrizitätskonstanten des umgebenden Dielektrikums umgekehrt proportional.

Dadurch, daß in Wirklichkeit an die Stelle des unendlichen ein endliches Dielektrikum gesetzt werden muß, entstehen Fehler, über deren Größe sich der Messende in jedem Falle Rechenschaft geben muß.

5. Dynamische, nicht mehr quasistationäre Belastung. Für das Folgende werde der allgemeine Fall zugrunde gelegt, daß das Dielektrikum ein spezifisches Leitvermögen $\sigma \neq 0$ hat. Die Beschreibung der nicht mehr quasistationären Vorgänge im Dielektrikum geht von den MAXWELLschen Feldgleichungen aus:

$$\operatorname{rot} \mathfrak{H} = \frac{4\pi}{c} (\dot{\mathfrak{D}} + \mathfrak{J}), \tag{12}$$

$$\operatorname{rot} \mathfrak{E} = -\frac{1}{c} \dot{\mathfrak{H}}, \tag{13}$$

$$u = \frac{1}{2} \mathfrak{D} \cdot \mathfrak{E} + \frac{1}{8\pi} \mathfrak{H}^2. \tag{14}$$

Dabei ist $\mathfrak{D} = \frac{\varepsilon}{4\pi} \mathfrak{E}$ die dielektrische Erregung, $\mathfrak{J} = \sigma \mathfrak{E}$ die Dichte des Leitungsstromes, σ das spezifische Leitvermögen, $\mathfrak{H}$ die magnetische Feldstärke.

Wird auf Gleichung (12) die Operation rot angewandt und Gleichung (13) nach der Zeit differenziert, so ergibt sich

$$\Delta \mathfrak{H} - \frac{\varepsilon}{c^2} \ddot{\mathfrak{H}} - \frac{4\pi\sigma}{c^2} \dot{\mathfrak{H}} = 0, \tag{15}$$

$$\Delta \mathfrak{E} - \frac{\varepsilon}{c^2} \ddot{\mathfrak{E}} - \frac{4\pi\sigma}{c^2} \dot{\mathfrak{E}} = 0. \tag{16}$$

Es verlaufen also die Änderungen sowohl der magnetischen als auch der elektrischen Feldstärke nach der sog. Wellengleichung. Und zwar ergeben sich ungedämpfte Wellen, wenn $\sigma = 0$, gedämpfte wenn $\sigma \neq 0$. Bei dem einfachsten Fall, der ebenen, linear polarisierten Sinuswelle hängen die Feldstärken bei geeigneter Wahl der Koordinaten außer von der Zeit nur von einer Konstanten ab, die die Fortschreitungsrichtung des Wellenzuges angibt. Sie sind dem reellen Teil des Ausdruckes

$$A\, e^{-\frac{2\pi\nu\varkappa x}{v}}\, e^{2\pi\nu i\left(\frac{x}{v} - t\right)} \tag{17}$$

proportional. Dabei ist A die Amplitude, ν die Frequenz, v die Fortpflanzungsgeschwindigkeit und $\varkappa$ der Absorptionsindex der Welle. $\varkappa$ läßt sich durch die Angabe veranschaulichen, daß die Amplitude auf der Strecke einer Wellenlänge auf den Bruchteil $e^{-2\pi\varkappa}$ geschwächt wird.

Im leeren Raume ist $\varkappa = 0$, $v = c$.

Im reinen Dielektrikum mit der Dielektrizitätskonstante ε und der Leitfähigkeit Null ist

$$\varkappa = 0, \qquad v = \frac{c}{\sqrt{\varepsilon}}.$$

Es findet also in einem nichtleitenden Dielektrikum wie im leeren Raume weder Dispersion noch Absorption statt, während $v < c$. Das Verhältnis $\frac{c}{v} = n = \varepsilon^2$ heißt der Brechungsindex.

Ist $s \neq 0$, so wird

$$\varkappa = \frac{\frac{2\sigma}{\varepsilon\nu}}{1 + \sqrt{1 + \left(\frac{2\sigma}{\varepsilon\nu}\right)^2}}, \tag{18}$$

$$\varepsilon = n^2 (1 - \varkappa^2). \tag{19}$$

Merkliche Leitfähigkeit bewirkt also bei der MAXWELLschen Theorie sowohl Absorption als auch Dispersion. Doch ist die Theorie völlig außerstande, die wirklichen Erscheinungen wiederzugeben, weil sie ein Dielektrikum voraussetzt, das es nicht gibt, nämlich ein Dielektrikum, in welchem $\varepsilon > 1$ ist, ohne daß quasielastisch gebundene Ladungen in ihm vorhanden sind. In Wirklichkeit ist nur dann $\varepsilon > 1$, wenn sich solche Ladungen im Dielektrikum befinden. Dann treten aber sogleich die quasielastischen Bindungskräfte dieser Ladungen ins Spiel, und die Theorie erhält eine völlig neue Grundlage.

c) Die Theorie der Dielektriken mit quasielastisch gebundenen Elektronen und Ionen.

6. Ein Vorläufer der Elektronentheorien. In einer von W. THOMSON, MOSOTTI und POINCARÉ entwickelten Theorie werden die Moleküle eines homogenen Dielektrikums als leitende Kugeln angesehen. Es wird dann auf ihrer Oberfläche durch das Feld eine Flächenladung induziert. Wird weiter angenommen, daß die Kugeln so klein sind, daß das jede einzelne Kugel induzierende Feld in der Umgebung dieser Kugel als konstant angesehen werden kann, so ergibt sich für ε der Wert

$$\varepsilon = 1 + \frac{3h}{1-h}, \tag{20}$$

wo h das Verhältnis des von den Kugeln eingenommenen Volumens zu dem des Dielektrikums ist. Die ausführliche Ableitung der Formel findet sich im Kapitel 2 dieses Bandes.

7. Übersicht über die verschiedenen in den Dielektriken möglichen Polarisationen. a) Die in den Atomen quasielastisch gebundenen Elektronen bewirken eine Elektronenpolarisation $\mathfrak{P}_e$. b) Besteht das Dielektrikum aus Molekeln, so verschieben sich in einem elektrischen Felde auch die Atome der Molekeln gegeneinander. Es tritt zu der Elektronenpolarisation $\mathfrak{P}_e$ eine Atompolarisation $\mathfrak{P}_a$. c) Sind die Molekeln frei beweglich und haben sie auch ohne die Wirkung eines äußeren Feldes polare Ladungen, so drehen sie sich im elektrischen Feld mehr oder weniger in die Feldrichtung. Es ergibt sich also eine Orientierungspolarisation $\mathfrak{P}_0$.

8. Theorie der statischen Elektronenpolarisation $\mathfrak{P}_e$ und Atompolarisation $\mathfrak{P}_a$. Da diese Theorie in Kap. 2 ausführlich behandelt ist, soll hier der Vollständigkeit halber nur das Wesentliche kurz angeführt werden. Die elektrische Struktur des Moleküls wird durch seine Polarisation

$$\mathfrak{p}_e = \sum e_i r_i \tag{21}$$

charakterisiert. Der makroskopische elektrische Zustand ist dann durch

$$\mathfrak{P}_e = N \mathfrak{p}_e \tag{22}$$

gegeben, wobei N die Zahl der Moleküle in der Volumeinheit bedeutet. Die dielektrische Erregung $\mathfrak{D}$ wird

$$\mathfrak{D} = \mathfrak{E} + 4\pi \mathfrak{P}_e = \varepsilon \mathfrak{E}. \tag{23}$$

Daraus ergibt sich

$$\varepsilon = \frac{\mathfrak{E} + 4\pi \mathfrak{P}_e}{\mathfrak{E}}. \tag{24}$$

Zur Berechnung von $\mathfrak{P}_e$ wird die Annahme gemacht, daß eine Verrückung des Teilchens um den Betrag $\mathfrak{q}$ eine elastische Kraft $-a\mathfrak{q}$ hervorruft. Wirkt also auf das Teilchen die Kraft $e\mathfrak{f}$, so wird die Verschiebung

$$\mathfrak{q} = \frac{e}{a} \mathfrak{f}$$

und die Polarisation

$$\mathfrak{p}_e = \frac{e^2}{a} \mathfrak{f}.$$

Für das ganze Atom oder Molekül läßt sich also setzen $\mathfrak{p}_e = p\mathfrak{f}$, wo p die Summe aller einzelnen e^2/a darstellt. $\mathfrak{f}$ ist die wirksame elektrische Feldstärke. Die Ausdehnung der Rechnung auf das makroskopische Dielektrikum führt zu der Formel

$$\varepsilon = \frac{1 + Np\left(\frac{8\pi}{3} - s\right)}{1 - Np\left(\frac{4\pi}{3} + s\right)}, \tag{25}$$

wobei s eine von der als isotrop angenommenen Verteilung der Moleküle abhängige Größe ist. Bilden die Moleküle ein kubisches Gitter, so ist $s = 0$. Eine Umformung der Gleichung (25) ergibt:

$$\frac{\varepsilon - 1}{\varepsilon\left(1 + \frac{3s}{4\pi}\right) + 2 - \frac{3s}{4\pi}} = \frac{3}{4\pi} Np \sim d. \tag{26}$$

Daraus folgt für $s = 0$

$$\frac{\varepsilon - 1}{\varepsilon + 2} \frac{1}{d} = \text{konst.}, \tag{27}$$

wo d die Dichte des betreffenden Dielektrikums ist. Gleichung (27) ist die sog. CLAUSIUS-MOSOTTIsche Beziehung. Nach ihr ist die Konstante der Gleichung (27) vom Aggregatzustand des Dielektrikums unabhängig, falls p davon unabhängig ist.

Die Schwierigkeit der Berechnung von Dielektrizitätskonstanten aus BOHRschen Atommodellen liegt in der Ermittlung der Größe p.

Die Atompolarisation $\mathfrak{P}_a$ berechnet sich mit Hilfe von Ansätzen, die den vorstehenden völlig analog sind.

9. Theorie der Elektronenpolarisation im elektromagnetischen Schwingungsfelde. Im elektromagnetischen Felde erleiden die schwingenden Elektronen und Atome Energieverluste durch die ausgesandte Strahlung und durch Zusammenstöße mit benachbarten Molekülen. Aus den auf dieser Grundlage oben ausgeführten Rechnungen folgt:

$$\varepsilon = 1 + \frac{4\pi}{\alpha + i\beta}, \tag{28}$$

wobei

$$\alpha = m'(\nu_0^2 - \nu^2) - \left(\frac{4\pi}{3} + s\right), \qquad \beta = 2\pi\nu g', \qquad i = \sqrt{-1}, \qquad m' = \frac{m}{Ne^2},$$

m die Masse des schwingenden Teilchens, ν_0 seine Eigenfrequenz, g' das die Energieverluste repräsentierende Reibungsglied ist.

Nach Gleichung (28) hängt die Dielektrizitätskonstante, wie es die Optik verlangt, von der Frequenz der elektromagnetischen Schwingung ab, es besteht eine Dispersion. Ferner folgt aus (28), daß die Absorption nur in der Nähe der Eigenfrequenz in Betracht kommt.

Der reelle Teil von ε wird

$$\varepsilon = 1 + \frac{4\pi\alpha}{\alpha^2 + \beta^2} = n^2(1 - \varkappa^2), \tag{29}$$

wobei n der Brechungs- und $\varkappa$ der Absorptionsindex ist. ε läßt sich in diesem Falle als dynamische Dielektrizitätskonstante des Dielektrikums bei der Frequenz ν bezeichnen.

Ist ν sehr klein, so verschwindet β und damit auch $\varkappa$: Für sehr lange Wellen nähert sich das Quadrat des Brechungsindex der statischen Dielektrizitätskonstanten.

Ist bei beliebiger Frequenz der Energieverlust verschwindend klein, so wird

$$\varepsilon = n^2 = 1 + \frac{4\pi}{\alpha} = 1 + \frac{4\pi}{m'(\nu_0^2 - \nu^2) - \left(\frac{4\pi}{3} + s\right)} = 1 + \frac{4\pi}{\text{konst.} - m'\nu^2}. \tag{30}$$

$$\varkappa = 0.$$

Die Dielektrizitätskonstante nimmt mit der Frequenz zu (sog. normale Dispersion). Die Absorption ist Null und die Maxwellsche Beziehung erfüllt.

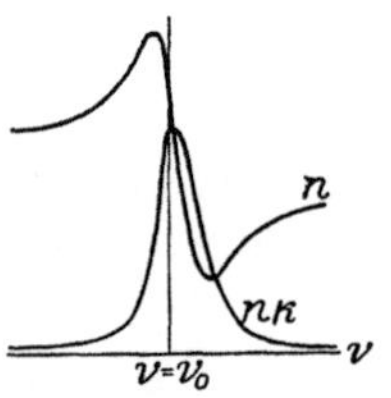

Abb. 2. Absorption und Dispersion im kritischen Gebiet.

Mit der Annäherung von ν an ν_0 nimmt der Einfluß der Energieverluste (β) zu. Der Verlauf von n und $n\varkappa$ in dem kritischen Gebiete in der Nähe von $\nu = \nu_0$ ist in Abb. 2 für den Fall wiedergegeben, daß g' nicht zu groß wird. Die Abnahme von n mit zunehmendem ν und die gleichzeitigen großen Werte von $\varkappa$ heißen anomale Dispersion und Absorption. Das Gebiet, in dem sie vorhanden sind, heißt ein Absorptions- oder Dispersionsstreifen. Ein solcher Streifen ist um so schmäler und intensiver, je kleiner das Reibungsglied g' ist. Sind mehrere Elektronengattungen vorhanden, so treten so viele Absorptionsstreifen auf, wie Elektronengattungen mit verschiedenen Eigenfrequenzen.

d) Die Dipoltheorien.

10. Die Dipoltheorie von Debye. Debye[1]) wird durch die Unfähigkeit der reinen Elektronentheorie der Dielektriken, die starke Temperaturabhängigkeit der Dielektrizitätskonstante vieler Flüssigkeiten zu erklären, zu der Annahme geführt: Im Innern der Dielektriken sind nicht allein elastisch gebundene Elektronen, sondern auch fertige Dipole vorhanden. Jedes Molekül hat ein unveränderliches elektrisches Moment vom Betrage μ. Dann besteht die Polarisation $\mathfrak{P}$, die durch ein Feld $\mathfrak{E}$ hervorgerufen wird, aus zwei Gliedern. Der erste Summand gibt die Wirkung der „Verschiebungselektronen" und ist von der Temperatur unabhängig. Er sei mit $(\varepsilon_0 - 1)\mathfrak{E}$ bezeichnet. Der zweite Summand hat die Curie-Langevinsche Form $\mathfrak{E}\frac{a}{T}$, wobei a eine durch das Dipolmoment μ bestimmte Konstante und T die absolute Temperatur ist. Hiernach ist für Gase:

$$\mathfrak{P} = \mathfrak{E}(\varepsilon_0 - 1) + \mathfrak{E}\frac{a}{T}. \tag{31}$$

[1]) P. Debye, Phys. ZS. Bd. 13, S. 97. 1912.

Es wird also die dielektrische Verschiebung

$$\mathfrak{D} = \mathfrak{P} + \mathfrak{E} = \mathfrak{E}\left(\varepsilon_0 + \frac{a}{T}\right) \tag{32}$$

und die Dielektrizitätskonstante

$$\varepsilon = \varepsilon_0 + \frac{a}{T}, \tag{33}$$

wenn das Volumen konstant gehalten wird.

Bei der Anwendung der Formel (31) auf flüssige Dielektriken ist die Wirkung des von den Dipolen erzeugten Molekularfeldes zu berücksichtigen. DEBYE stellt die durch das Molekularfeld hervorgerufene Kraft nach H. A. LORENTZ durch $\mathfrak{P}/3$ dar und findet dann in erster Näherung für kleine Feldstärken

$$\mathfrak{P} = \left(\mathfrak{E} + \frac{\mathfrak{P}}{3}\right)\Theta, \tag{34}$$

wobei Θ eine Temperaturfunktion der Form

$$\Theta = 3b + \frac{3a}{T}$$

ist. Aus (32) und (34) ergibt sich weiter

$$\varepsilon = \frac{1 + \frac{2}{3}\Theta}{1 - \frac{1}{3}\Theta} \tag{35}$$

oder auch

$$\frac{\varepsilon - 1}{\varepsilon + 2} T = a + bT. \tag{36}$$

Das heißt: Das Produkt des Ausdruckes $\frac{\varepsilon - 1}{\varepsilon + 2}$ mit der absoluten Temperatur ist eine lineare Funktion von T. Dabei ist die Änderung der Dichte des Dielektrikums mit der Temperatur vernachlässigt. Die genauere Formel lautet:

$$\frac{\varepsilon - 1}{\varepsilon + 2} \frac{T}{d} = a + bT. \tag{37}$$

Wird die linke Seite der Gleichung (37) als Funktion von T aufgetragen, so ergibt sich eine Gerade, deren Neigung gegen die horizontale Achse durch die Verschiebungselektronen hervorgerufen wird. Sind keine Dipole vorhanden, so ist $a = 0$, und es wird

$$\frac{\varepsilon - 1}{\varepsilon + 2} \frac{1}{d} = b \tag{38}$$

von der Temperatur unabhängig.

Haben dagegen alle Moleküle das gleiche feste, von der Temperatur unabhängige elektrische Moment μ und sind N Moleküle im cm^3, so wird

$$a = \frac{N\mu^2}{9k}, \tag{39}$$

wobei k die BOLTZMANNsche Konstante ist. Daraus folgt

$$\mu = \frac{3}{\sqrt{4\pi}} \sqrt{\frac{k a}{N}} \text{ el. stat. E.} \tag{40}$$

Der Faktor $\frac{1}{\sqrt{4\pi}}$ ist infolge des Übergangs zu elektrostatischen Einheiten hinzugefügt.

Es ist hervorzuheben, daß die entwickelten Formeln nicht anwendbar sind, wenn die Zahl der Dipolmoleküle und ihr Moment ihrerseits von der Temperatur abhängen, beispielsweise wenn durch Assoziationen mit abnehmender Temperatur Dipole verschwinden.

Ähnliche Vorstellungen wie DEBYE entwickelte auch SCHROEDINGER[1]) und später, anscheinend unabhängig von DEBYE, J. J. THOMSON[2]).

11. Die Dipoltheorie von GANS. Berücksichtigung der molekularen Felder. GANS wurde durch seine Untersuchungen über den Paramagnetismus[3]) zu einer Berechnung des Einflusses der Molekularfelder geführt. Die gewonnenen Ergebnisse ließen sich ohne weiteres auf das Problem der Dielektrizitätskonstante übertragen[4]). Der Gedankengang ist folgender: Zu dem Felde, das sich am Ort eines beliebig herausgegriffenen Moleküls in einer Flüssigkeit befindet, liefert ein in der Umgebung befindliches anderes Molekül einen Beitrag F, der zeitlich nach Größe und Richtung schwankt. Der zeitliche Mittelwert des am Ort des ersten Moleküls aus der Wirkung sämtlicher Moleküle der Umgebung resultierenden Feldes sei F_1, die Feldschwankungen um diesen Mittelwert F_2. In dem Augenblick, in dem das Feld gleich $F_1 + F_2$ ist, sucht sich das Dipolmolekül diesem Felde entsprechend zu orientieren. Daraus läßt sich die Wahrscheinlichkeit einer bestimmten Orientierung nach dem MAXWELLschen Verteilungsgesetz bestimmen und die Richtungswahrscheinlichkeit in bezug auf das Gesamtfeld mit dem Wahrscheinlichkeitsgesetz der Schwankung vereinigen, wobei sich dann nach GANS der richtige Mittelwert des beobachteten Momentes ergibt.

DEBYE hat hiergegen den Einwand erhoben, daß die Schwankungen der Molekularfelder so schnell verlaufen, daß es nicht zu der von GANS vorausgesetzten Einstellung kommt.

GANS beschränkt die Gültigkeit seiner Überlegungen infolgedessen auf extrem tiefe Temperaturen, bei denen sich die Teilchen hinreichend langsam verschieben. Doch werden die Überlegungen auch bei extrem hohen Temperaturen wieder streng gültig, weil dann die Wärmebewegung den Einfluß des Molekularfeldes völlig überdeckt. Für den allgemeinen Fall, daß die Moleküle Dipole vom Momente μ sind, daß aber μ durch äußere Felder merklich geändert wird, erhält GANS die Formel:

$$\frac{\varepsilon - 1}{\varepsilon + 2}\frac{T}{N} = \frac{4\pi}{3}\left[gT + \frac{4\mu^2}{3\sqrt{\pi}\,k}\,\tau\,\psi(\tau)\right]. \tag{41}$$

Dabei ist g die Konstante der quasielastischen Bindung, d. h. das von der erregenden Kraft 1 induzierte elektrische Moment:

$$\tau = \frac{kT}{\mu A_0}, \qquad A_0 = \sqrt{\frac{9}{20}\frac{\mu^2 C}{1 - \frac{10}{3} g^2 C}},$$

C der Beitrag der durch das äußere Feld bedingten quasielastischen Änderungen des elektrischen Momentes zu $\frac{\varepsilon - 1}{\varepsilon + 2}\frac{1}{d}$.

$\psi(\tau)$ ist eine von GANS in Form einer Tabelle berechnete Funktion.

In einer späteren gemeinsam mit ISNARDI ausgeführten Arbeit[5]) hat GANS die Gleichung (41) in die Form

$$\frac{\varepsilon - 1}{\varepsilon + 2}\frac{1}{d} = C + \frac{A}{T}\,\Phi\left(\frac{T}{B}\sqrt{\frac{1 - \gamma d}{d}}\right) \tag{42}$$

gebracht. Hier ist

$$\gamma = \frac{8}{3\pi}\left(\frac{BC}{A}\right)^2.$$

[1]) E. SCHROEDINGER, Wiener Ber. Bd. 21, S. 1937. 1912.
[2]) J. J. THOMSON, Phil. Mag. Mai 1914.
[3]) R. GANS, Ann. d. Phys. Bd. 50, S. 163. 1916.
[4]) R. GANS, Ann. d. Phys. Bd. 64, S. 481. 1921.
[5]) R. GANS u. H. ISNARDI, ZS. f. Phys. Bd. 9, S. 153. 1922.

Der zweite Term der rechten Seite der Gleichung (42) stellt den Beitrag der Orientationen der permanenten Momente μ dar. Da diese infolge des großen Trägheitsmomentes der Moleküle zum optischen Brechungsexponenten n keinen Beitrag liefern, ist

$$\frac{n^2-1}{n^2+2}\,\frac{1}{d}=\frac{C}{1-\frac{\lambda_0^2}{\lambda^2}}\,. \tag{43}$$

Es läßt sich also C aus der Dispersionskurve unter der Annahme berechnen, daß λ_0 die ultraviolette Eigenwellenlänge ist, die den elektrischen Deformationen der Moleküle durch das äußere Feld entspricht.

Weiter läßt sich der Ausdruck $\frac{\varepsilon-1}{\varepsilon+2}\,\frac{1}{d}$ nach der Gleichung

$$\frac{\varepsilon-1}{\varepsilon+2}\,\frac{1}{d}=\frac{\varepsilon_1-1}{\varepsilon_1+2}\,\frac{1}{d}+\frac{\varepsilon_2-1}{\varepsilon_2+2}\,\frac{1}{d} \tag{44}$$

so in die Beiträge ε_1 der Deformation und ε_2 der Orientation zerlegen, daß

$$\frac{\varepsilon_1-1}{\varepsilon_1+2}\,\frac{1}{d}=C\,,\qquad \frac{\varepsilon_2-1}{\varepsilon_2+2}\,\frac{1}{d}=\frac{A}{T}\,\Phi\left(\frac{T}{B}\sqrt{\frac{1-\gamma d}{d}}\right)$$

ist. Es bleiben also die beiden Konstanten A und B, um die theoretische ($\varepsilon=f(T)$)-Kurve den Versuchsergebnissen anzupassen.

Andererseits drücken sich die Konstanten A, B und C nach GANS folgendermaßen durch molekulare Größen aus:

$$A=\frac{16\sqrt{\pi}\,\mu^2N^2}{9RM}\,,\qquad B=\frac{4N^2\mu^2}{3R}\sqrt{\frac{\pi}{s^3MN}}\,,\qquad C=\frac{4\pi Ng}{3M}\,.$$

Das wahrscheinlichste Molekularfeld ist:

$$\mathfrak{E}_0=\frac{R}{N\mu}B\sqrt{\frac{d}{1-\gamma d}}\,. \tag{45}$$

Dabei ist R die Gaskonstante, M das Molekulargewicht, s der Molekulardurchmesser.

12. Dipolmoment und Quantentheorie. Die Quantentheorie ist durch PAULI[1]) auf die Berechnung des Dipolmomentes aus der Dielektrizitätskonstante angewandt worden. PAULI geht von der DEBYEschen Theorie aus und läßt bei seinen Rechnungen den von der quasielastischen Elektronenverschiebung herrührenden Beitrag zu ε der Übersichtlichkeit halber weg.

Für die Berechnung des mittleren elektrischen Momentes $\mathfrak{P}$ pro Volumeneinheit kommt es auf das Verteilungsgesetz der Winkel ϑ an, den die Dipolachsen mit der Richtung des äußeren Feldes bilden. Nach der klassischen Theorie ist es das MAXWELLsche. Ferner wird nach der klassischen Theorie die ganze elektrische Polarisation allein von den verhältnismäßig wenigen Molekülen hervorgerufen, die kleine Schwingungen um ihre Gleichgewichtslage vollführen. Die Hauptmenge der Moleküle, die wirkliche Rotationen ausführen, liefert keinen merklichen Beitrag zur Polarisation.

Nach der Quantentheorie dagegen gibt es Quantenzustände, bei denen der Dipol Schwingungen um seine Gleichgewichtslage ausführt, überhaupt nicht. Es sind nur solche Bahnen vorhanden, die nach der klassischen Theorie keinen merklichen Anteil zur elektrischen Polarisation beisteuern.

---

[1]) W. PAULI, ZS. f. Phys. Bd. 6, S. 319. 1921.

Die quantentheoretische Mittelung über $\cos\vartheta$ ergibt bei Beschränkung auf zweiatomige Gase mit einer nur bei sehr tiefen Temperaturen nicht mehr ausreichenden Näherung:

$$\frac{3}{4\pi}\,\frac{\varepsilon-1}{\varepsilon+2} = 1{,}5367\,\frac{\mu^2}{kT}\,N. \tag{46}$$

Wird mit μ_{kl} das nach der klassischen Formel

$$\frac{3}{4\pi}\,\frac{\varepsilon-1}{\varepsilon+2} = \frac{1}{3}\,\frac{\mu^2}{kT}\,N, \tag{47}$$

mit μ_{qu} das nach Formel (46) berechnete Dipolmoment bezeichnet, so wird

$$\mu_{\mathrm{kl}} = 2{,}1471\,\mu_{\mathrm{qu}}. \tag{48}$$

PAULING[1]) rechnet mit Halbquantenzahlen, wie sie durch die neueren Untersuchungen wahrscheinlicher geworden sind, und kommt zu einem ähnlichen Ausdruck wie PAULI.

Eine Möglichkeit, zwischen beiden Formeln zu entscheiden, liegt vor, wenn das Dipolmoment μ der untersuchten Substanz anderweitig bekannt ist. Das ist z. B. bei den Halogenwasserstoffen der Fall, wo der Kernabstand aus den ultraroten Spektren genau entnommen werden kann. Liefert also die klassische Formel für die Dielektrizitätskonstante eine Dipollänge, die größer ist als der aus den ultraroten Spektren entnommene Kernabstand, so ist sie zu verwerfen. Werden die Messungen an gasförmigen Halogenwasserstoffen ausgeführt, so ist die DEBYEsche Formel (31) anwendbar, die erforderliche Meßgenauigkeit jedoch kaum zu erreichen. Werden flüssige Halogenwasserstoffe untersucht, so hat die GANSsche Formel an die Stelle der DEBYEschen zu treten und die PAULIsche Rechnung ist entsprechend zu modifizieren.

13. Theorie des Dipolrotationseffektes. Bei dem Versuch, den eigentümlichen Zusammenhang zwischen der Beweglichkeit elektrolytischer Ionen und ihrer Größe und Ladung zu erklären, wird BORN[2]) auf die Wirkung der Wasserdipole auf diese Beweglichkeit geführt. Wenn ein Ion durch das Wasser vorwärts wandert, so wird sich die elektrische Achse der Wasserdipole nach der momentanen Lage des Ions hinzudrehen streben, dabei aber wegen der Reibung stets etwas zurückbleiben. Daraus folgt, daß die Anziehungskraft auf die Dipole im inhomogenen Felde des Ions nicht genau nach dessen Mittelpunkt gerichtet ist, sondern eine bremsende Komponente hat, und außerdem durch das Feld ein Drehmoment auf jedes Volumelement ausgeübt wird, das gegen die Reibungskräfte Arbeit leistet, Energie verzehrt und dadurch den Widerstand vergrößert.

Diese Überlegung veranlaßt BORN, die Wirkung eines elektrischen Feldes auf eine Dipolflüssigkeit genauer zu studieren, wobei er auf der Theorie von DEBYE aufbaut. Die von Born ausgeführten Rechnungen, deren Wiedergabe hier zu weit führen würde, zeigen, daß auf eine Dipolflüssigkeitskugel in einem elektrostatischen Drehfeld ein Drehmoment vom Betrage

$$L = \mathfrak{E}^2\,\frac{4\pi}{3}\,r^3\,\omega\,\eta\left(\frac{\mu}{kT}\right)^2 \tag{49}$$

ausgeübt wird. Dabei bedeutet R den Radius der Flüssigkeitskugel, ω die Kreisfrequenz des Drehfeldes, η die Reibungskonstante der Flüssigkeit, k die BOLTZMANNsche Konstante.

14. Rotationseffekt infolge von Leitfähigkeit des Dielektrikums. Wird eine dielektrische Kugel in ein elektrostatisches Feld gebracht, so wird sie sich,

[1]) L. PAULING, Proc. Nat. Acad. Amer. Bd. 12, S. 32. 1926.

[2]) M. BORN, ZS. f. Phys. Bd. 1, S. 221. 1920.

sofern ihre Leitfähigkeit nicht Null ist, auch durch Leitungsströme polarisieren. Wird sie nun in Rotation versetzt, so werden diese Polarisationsladungen durch die Drehung bis zu einem gewissen Grade mitgeführt, ehe sie sich wieder ausgleichen. Das elektrische Feld übt also ein die Rotation hemmendes Drehmoment auf die rotierende dielektrische Kugel aus. Ruht die Kugel und rotiert das Feld, so ergibt sich das gleiche Drehmoment, das bestrebt ist, die Kugel in Rotation zu versetzen. Diese Erscheinung ist zuerst von QUINCKE[1]) beobachtet, dann von HEYDWEILLER[2]) und v. SCHWEIDLER[3]) theoretisch behandelt worden. Endlich hat LAMPA[4]) gezeigt, daß das Drehmoment mit steigender Frequenz linear zunimmt und nach Erreichen eines Maximums hyperbolisch abfällt. Und zwar ergibt sich das Drehmoment nach LAMPA zu

$$L = \mathfrak{E}^2 r^3 \frac{4\pi}{\omega} \frac{3(\varepsilon_a \sigma_i - \varepsilon_i \sigma_a)}{\frac{16\pi^2}{\omega^2}(2\sigma_a + \sigma_i)^2 + (2\varepsilon_a + \varepsilon_i)^2}, \tag{50}$$

dabei sind ε_i und σ_i die Dielektrizitätskonstante und spezifische Leitfähigkeit der Kugel und ε_a, σ_a die entsprechenden Werte des sie umgebenden Mediums. Ist dieses Luft, so wird

$$L = \mathfrak{E}^2 r^3 \frac{4\pi}{\omega} \frac{3\sigma_i}{\frac{16\pi^2}{\omega^2}\sigma_i^2 + (2+\varepsilon_i)^2}. \tag{51}$$

Das maximale Drehmoment liegt bei der Frequenz

$$\omega_{\max} = \frac{4\pi\sigma_i}{2+\varepsilon_i}. \tag{52}$$

Soll also der im Abschnitt (12) behandelte Dipolrotationseffekt ermittelt werden, so muß die Frequenz ω des Drehfeldes möglichst weit oberhalb des Wertes $\omega_{\max}$ liegen, da der Dipolrotationseffekt mit steigendem ω dauernd zu, der Leitfähigkeitsrotationseffekt oberhalb von $\omega_{\max}$ asymptotisch abnimmt.

Eine genauere Durchrechnung des Problems, die zu den gleichen Ergebnissen führt, findet sich bei LERTES[5]).

15. Dipoltheorie der anomalen Dispersion. DEBYE[6]) fand, daß anomale Dispersion bei denjenigen Substanzen auftritt, deren Dielektrizitätskonstante von der Temperatur abhängt, die also Dipole enthalten. Wird an ein solches Dielektrikum eine hochfrequente Wechselspannung gelegt, so haben die Moleküle nicht die Zeit, die sie brauchen, um sich in die einem statischen Felde entsprechende Richtung einzustellen. Die Dielektrizitätskonstante erreicht also nicht mehr den Betrag, den sie in einem statischen Feld hat. Sie wird um so kleiner, je größer die Frequenz des Wechselfeldes wird, bis bei den höchsten Frequenzen nur die Wirkung der Verschiebungselektronen übrig bleibt und sich die dem Quadrat des optischen Brechungsindex gleiche Dielektrizitätskonstante ergibt.

Es ist also zunächst diese „Relaxationszeit der Moleküle" zu berechnen. Aus ihr folgt dann ohne weiteres die Schwingungszahl, bei der die Dispersionskurve sich anomal zu verhalten anfängt. DEBYE stellt deshalb zunächst die Differentialgleichung auf, welche die mittlere Änderungsgeschwindigkeit der Anordnung der Momentenachsen als Funktion der veränderlichen treibenden Kraft zu berechnen gestattet. Sie ergibt sich aus einer Verallgemeinerung der von

[1]) G. QUINCKE, Wied. Ann. Bd. 59, S. 417. 1896 und Bd. 62, S. 67. 1897.
[2]) A. HEYDWEILLER, Verh. d. D. Phys. Ges. Bd. 16, S. 32. 1897.
[3]) E. v. SCHWEIDLER, Wien. Ber. Bd. 115, S. 526. 1897.
[4]) A. LAMPA, Wien. Ber. Bd. 115, S. 1659. 1906.
[5]) P. LERTES, ZS. f. Phys. Bd. 4, S. 315. 1921.
[6]) P. DEBYE, Verh. d. D. Phys. Ges. Bd. 15, S. 777. 1913; Handb. d. Radiologie Bd. 6, S. 597. 1924.

EINSTEIN zur Theorie der BROWNschen Bewegung berechneten Bestimmungsgleichung für das mittlere Quadrat der Schwankung.

Zur Vereinfachung wird das wirkliche Dielektrikum durch ein fingiertes ersetzt. Beim wirklichen können die Momentenachsen nach allen Richtungen des Raumes gerichtet sein, bei dem fingierten sollen alle Momentenachsen nur in einer Ebene drehbar sein, in der auch die erregende elektrische Kraft liegen möge. Dann kann die Richtung einer Achse in jedem Augenblick durch einen einzigen Winkel α definiert werden, der von der Richtung der positiven Kraft aus gemessen sei. Der dielektrische Zustand der Substanz ist in jedem Moment durch die Anzahl Moleküle bestimmt, deren Momentenachsen im Intervall $d\alpha$ liegen. Sie sei

$$dz = F \cdot d\alpha. \tag{53}$$

Dabei ist F die gesuchte von α und t abhängige Verteilungsfunktion. In der Zeit Δt ändert sich F um ΔF und es wird

$$\Delta dz = \Delta F d\alpha. \tag{54}$$

Die Anzahl Moleküle, deren Momente „durch den Punkt α von links nach rechts während einer Zeit Δt hindurchgehen", setzt sich aus zwei Bestandteilen zusammen. Erstens wirkt auf jedes Molekül infolge des äußeren Feldes ein Drehmoment von der Stärke

$$-\mu \mathfrak{E} \sin\alpha.$$

Zweitens zeigt der Winkel α durch die Zusammenstöße verursachte Schwankungen χ. Wird das mittlere Quadrat dieser Schwankungen χ_m^2 genannt, so wandern infolge dieser Schwankungen pro Zeit Δt durch den Punkt α hindurch:

$$-\frac{\chi_m^2}{2} \frac{\partial F}{\partial \alpha}$$

Moleküle. Aus beiden ergibt sich:

$$\Delta F \cdot d\alpha = \frac{\partial}{\partial \alpha}\left[\frac{\mu \mathfrak{E} \sin^2\alpha}{\varrho} F \Delta t + \frac{\chi_m^2}{2} \frac{\partial F}{\partial \alpha}\right] d\alpha. \tag{55}$$

Dabei ist ϱ eine Reibungskraft, die durch die Gleichung

$$\varrho = 8\pi\eta a^3 \tag{56}$$

definiert ist, wobei η der Koeffizient der inneren Reibung der untersuchten Flüssigkeit und a der Radius des als Kugel gedachten Moleküls ist.

Wäre nun der Zustand des elektrischen Feldes stationär, das heißt $\mathfrak{E}$ von t unabhängig, so wäre mit EINSTEIN

$$\frac{\chi_m^2}{2} = \frac{kT}{\varrho} \Delta t. \tag{57}$$

Dieser Wert wird nun auch für den nichtstationären Fall als näherungsweise richtig angesehen. Dann ergibt sich die gesuchte Differentialgleichung in der Form

$$\varrho \frac{\partial F}{\partial t} = \frac{\partial}{\partial \alpha}\left[\mu \mathfrak{E} \sin\alpha F + kT \frac{\partial F}{\partial \alpha}\right], \tag{58}$$

aus der F bei gegebenem $\mathfrak{E}$ als Funktion von α und t zu bestimmen ist.

$\mathfrak{E}$ wird nun als periodische Funktion

$$\mathfrak{E} = \mathfrak{E}_0 e^{i\omega t}$$

angenommen, wobei ω die Kreisfrequenz, d. h. die Schwingungszahl in 2π sec bedeutet. Dann wird für beliebige Werte von ω

$$F = A\left[1 + \frac{\mu \mathfrak{E}_0 e^{i\omega t}}{kT + i\omega\varrho} \cos\alpha\right], \tag{59}$$

wobei $A = F_0$ eine Konstante ist.

Solange $\mathfrak{E}_0$ konstant ist, gilt dagegen

$$F = A\left[1 + \frac{m\,\mathfrak{E}_0\cos\alpha}{kT}\right]. \tag{60}$$

Für $\mathfrak{E}_0 = 0$ muß F der Gleichung genügen:

$$\varrho\frac{\partial F}{\partial t} = kT\frac{\partial^2 F}{\partial\alpha^2}. \tag{61}$$

Ihre Lösung hat die Form:

$$F = A\left[1 + \frac{\mu\,\mathfrak{E}_0\cos\alpha}{kT}\,e^{-\frac{kT}{\varrho}t}\right]. \tag{62}$$

Der Einfluß des zweiten Gliedes der Klammer ist nach einer Relaxationszeit $\tau = \frac{\varrho}{kT}$ auf den e-ten Teil abgedämpft.

Hieraus folgt, daß das erregende Feld nur dann die Verteilung der Dipolachsen wesentlich ändert, wenn sich der Wert $\omega\varrho/kT$ oder $\omega\tau$ der Größenordnung 1 nähert. Das heißt, der Einfluß der Schwingungszahl wird merklich, wenn die Zeitdauer einer elektrischen Schwingung und die Relaxationszeit vergleichbare Werte bekommen.

Aus Gleichung (59) läßt sich der Brechungs- und Absorptionsindex als Funktion der Schwingungszahl berechnen. Nach dem LORENTZschen Ansatz wird zunächst

$$\mathfrak{E} = \mathfrak{E}_0 e^{i\omega t} \qquad \text{mit} \qquad \mathfrak{E} + \frac{4\pi}{3}\mathfrak{P}$$

identifiziert, dann wird die Polarisation $\mathfrak{P}$ als mittleres elektrisches Moment eines Kubikzentimeters ausgerechnet, woraus dann schließlich die dielektrische Verschiebung $\mathfrak{D}$ nach der Formel

$$\mathfrak{D} = \mathfrak{E} + 4\pi\mathfrak{P}$$

folgt. Nun kann das rechte Glied als Vielfaches von $\mathfrak{E}$ geschrieben werden, und der Faktor von $\mathfrak{E}$ ist das gesuchte Quadrat des komplexen Brechungsexponenten $\mathfrak{n}$, der sich dann weiter in seine Bestandteile: gewöhnlicher Brechungsindex n und Absorptionsindex $\varkappa$, zerlegen läßt. Es ist

$$\mathfrak{n}^2 = \frac{1 + 2\left(\frac{4\pi}{3}\frac{Ne^2}{f} + \frac{4\pi}{3}\frac{N\mu^2}{2kT}\frac{1}{1 + \frac{i\omega\varrho}{kT}}\right)}{1 - \left(\frac{4\pi}{3}\frac{Ne^2}{f} + \frac{4\pi}{3}\frac{N\mu^2}{2kT}\frac{1}{1 + \frac{i\omega\varrho}{kT}}\right)}. \tag{63}$$

Dabei ist angenommen, daß pro Molekül außer dem Dipolmoment μ noch ein Verschiebungselektron e vorhanden ist, das durch eine quasielastische Kraft vom Betrage f im Abstande 1 an seine Ruhelage gebunden ist. Offenbar ist infolgedessen Gleichung (63) nur solange richtig, als die Schwingungszahl der erregenden Welle nicht in die Nähe der Eigenschwingungszahl der Elektronen kommt, also nur im langwelligen und elektrischen Spektrum. Wird

$$\frac{Ne^2}{f} = \varepsilon_\infty, \qquad \frac{N\mu^2}{2kT} = \varepsilon_0$$

gesetzt, so folgt nach einigen Umrechnungen:

$$\mathfrak{n}^2 = \frac{\frac{\varepsilon_0}{\varepsilon_0+2} + \frac{i\omega\varrho}{kT}\frac{\varepsilon_\infty}{\varepsilon_\infty+2}}{\frac{1}{\varepsilon_0+2} + \frac{i\omega\varrho}{kT}\frac{1}{\varepsilon_\infty+2}}. \tag{64}$$

Eine numerische Rechnung ergibt für Wasser von 18° C bei einem Molekülradius von $1 \cdot 10^{-8}$ cm eine kritische Frequenz von $2{,}35 \cdot 10^{10}$, die in Luft einer Wellenlänge von 1,28 cm entspricht, während sich bei einem Molekülradius von $2 \cdot 10^{-8}$ cm eine Wellenlänge von 10,2 cm ergeben würde.

Die Trennung von n und $\varkappa$ ergibt sich mit Hilfe der Formel

$$\mathfrak{n} = n(1 - i\varkappa).$$

Es folgt

$$n = \left[\frac{\left(\frac{\varepsilon_0}{\varepsilon_0 + 2}\right)^2 + \frac{\omega^2 \varrho^2}{k^2 T^2}\left(\frac{\varepsilon_\infty}{\varepsilon_\infty + 2}\right)^2}{\left(\frac{1}{\varepsilon_0 + 2}\right)^2 + \frac{\omega^2 \varrho^2}{k^2 T^2}\left(\frac{1}{\varepsilon_\infty + 2}\right)^2}\right]^{\frac{1}{4}} \cos\frac{\varphi_2 - \varphi_1}{2}, \tag{65}$$

$$\varkappa = \operatorname{tg}\frac{\varphi_2 - \varphi_1}{2}. \tag{66}$$

Dabei ergibt sich $\varphi_2 - \varphi_1$ aus:

$$\operatorname{tg}(\varphi_2 - \varphi_1) = \frac{\omega\varrho}{kT}\,\frac{\varepsilon_0 + 2}{\varepsilon_\infty + 2}\,\frac{1 - \frac{\varepsilon_\infty}{\varepsilon_0}}{1 + \frac{\omega^2\varrho^2}{k^2T^2}\left(\frac{\varepsilon_0 + 2}{\varepsilon_\infty + 2}\right)^2 \frac{\varepsilon_\infty}{\varepsilon_0}}. \tag{67}$$

Aus (66) und (67) folgt, daß $\varkappa$ bei einer bestimmten Frequenz ein Maximum hat und für sehr lange und sehr kurze Wellen verschwindet. Da $\cos\frac{\varphi_2 - \varphi_1}{2}$ in diesen Fällen den Wert 1 annimmt, geht der Brechungsexponent n bei zunehmenden Werten von ω von $n = \sqrt{\varepsilon_0}$ zu $n = \sqrt{\varepsilon_\infty}$ über, zeigt also eine anomale Dispersion.

16. Abhängigkeit der Dielektrizitätskonstante von Dipolflüssigkeiten von der elektrischen Feldstärke. DEBYE beschränkt seine Formeln ausdrücklich auf kleine Feldstärken. RATNOWSKY[1]) erweitert sie für hohe Feldstärken. Er rechnet dabei der Einfachheit halber so, als ob in einem Dielektrikum großer Temperaturabhängigkeit nur fertige Dipole, also keine Verschiebungselektronen vorhanden seien. Er findet dann

$$\varepsilon = \frac{1 + 2\Theta}{1 - \Theta} - \frac{243}{80\pi^2}\,\frac{\Theta^3}{(1 - \Theta)^3}\,\frac{\mathfrak{E}^2}{N^2\mu^2}, \tag{68}$$

wobei

$$\Theta = \frac{4\pi N\mu^2}{9kT} \tag{69}$$

ist. Das zweite Glied der rechten Seite der Gleichung (68), das bei kleinen Feldstärken vernachlässigt werden kann, stellt die Abnahme der Dielektrizitätskonstante mit zunehmender Feldstärke dar.

Später hat HERWEGH[2]) gezeigt, daß die Vernachlässigung der Verschiebungselektronen durch RATNOWSKY zu beträchtlichen Fehlern führt.

HERWEGH entwickelt die grundlegende DEBYEsche Formel

$$\mathfrak{P}_\mu = N\mu\left\{\coth\frac{\mu}{kT}\left(\mathfrak{E} + \frac{4\pi}{3}\mathfrak{P}\right) - \frac{kT}{\mu\left(\mathfrak{E} + \frac{4\pi}{3}\mathfrak{P}\right)}\right\} \tag{70}$$

nach steigenden Potenzen von $\mathfrak{E}$ und bricht nach dem zweiten Gliede ab. Dazu addiert er die Verschiebungspolarisation und erhält die Gesamtpolarisation:

$$\mathfrak{P} = \left\{\frac{Ne^2}{f} + \frac{N\mu^2}{3kT}\left(1 - \frac{1}{15}\,\frac{\mu^2}{k^2T^2}\,\frac{\mathfrak{E}^2}{(1 - \Theta)^2}\right)\right\}\left(\mathfrak{E} + \frac{4\pi}{3}\mathfrak{P}\right). \tag{71}$$

[1]) S. RATNOWSKY, Verh. d. D. Phys. Ges. Bd. 15, S. 497. 1913.
[2]) J. HERWEGH, ZS. f. Phys. Bd. 3, S. 36. 1920.

Nach einigen Umformungen ergibt sich daraus:

$$\varepsilon = \frac{1 + 2\Theta}{1 - \Theta} - \frac{4}{15} \frac{N\mu^4}{k^3 T^3} \frac{\mathfrak{E}^2}{(1 - \Theta)^4}. \tag{72}$$

Der äußere Bau der Gleichung ist derselbe wie bei RATNOWSKY. Das Glied, welches die Abnahme der Dielektrizitätskonstanten mit der Feldstärke darstellt, lautet jetzt aber:

$$\Delta \varepsilon = - \frac{4\pi}{15} \frac{N\mu^4}{k^3 T^3} \frac{\mathfrak{E}^2}{(1 - \Theta)^4}. \tag{73}$$

$\Delta \varepsilon$ liegt an der Grenze der zur Zeit erreichbaren Meßgenauigkeit.

e) Theorien der dielektrischen Nachwirkungen und dielektrischen Verluste[1].

17. Körper aus zwei dielektrischen Schichten verschiedener Dielektrizitätskonstante und Leitfähigkeit im statischen Feld. MAXWELL[2]) stellt folgende Theorie auf: Zwei planparallele Platten gleicher Dicke a aus verschiedenen Dielektriken seien lückenlos aufeinandergelegt und mit Hilfe zweier Elektrodenplatten einer Spannung U ausgesetzt. Die Dielektrizitätskonstanten seien ε_1 und ε_2. Dann ist die dielektrische Verschiebung $\mathfrak{D}$ in beiden Platten gleich, die Feldstärke also verschieden. Und zwar ist

$$\mathfrak{E}_1 = \frac{U}{a} \frac{\varepsilon_2}{\varepsilon_1 + \varepsilon_2} \quad \text{und} \quad \mathfrak{E}_2 = \frac{U}{a} \frac{\varepsilon_1}{\varepsilon_1 + \varepsilon_2}. \tag{74}$$

Haben nun die beiden Dielektriken die Leitfähigkeiten σ_1 und σ_2, so fließt im ersten ein Leitungsstrom

$$J_1 = \sigma_1 \mathfrak{E}_1 = \frac{U}{a} \frac{\sigma_1 \varepsilon_1}{\varepsilon_1 + \varepsilon_2} \tag{75}$$

und im zweiten entsprechend

$$J_2 = \sigma_2 \mathfrak{E}_2 = \frac{U}{a} \frac{\sigma_2 \varepsilon_2}{\varepsilon_1 + \varepsilon_2}. \tag{76}$$

Infolgedessen sammelte sich eine elektrische Ladung auf der Trennfläche der Dielektriken an, die die ursprüngliche Feldverteilung ändert und zunimmt, bis das Gleichgewicht wieder hergestellt, das heißt, bis $J_1 = J_2$ ist. Das ist der Fall, wenn

$$\mathfrak{E}_1 = \frac{U}{a} \frac{\sigma_2}{\sigma_1 + \sigma_2}, \quad \mathfrak{E}_2 = \frac{U}{a} \frac{\sigma_1}{\sigma_1 + \sigma_2}. \tag{77}$$

Die dielektrischen Verschiebungen sind jetzt in beiden Dielektriken ungleich. Ferner nimmt die durch das System gebildete Kapazität zu, bis das Gleichgewicht erreicht ist.

Die Geschwindigkeit, mit der das Gleichgewicht erreicht wird, berechnet sich aus dem Ansatz:

$$J_1 - J_2 = \frac{d}{dt} (\mathfrak{D}_2 - \mathfrak{D}_1). \tag{78}$$

Aus ihm ergibt sich

$$\mathfrak{E}_1 = \frac{\sigma_2}{\sigma_1 + \sigma_2} \frac{U}{a} + C e^{-\frac{t}{W}}, \tag{79}$$

wo

$$W = \frac{\varepsilon_1 + \varepsilon_2}{\gamma (\sigma_1 + \sigma_2)} \quad \text{und} \quad \gamma = 36\pi \cdot 10^{11}$$

durch die gewählten gesetzlichen Maßeinheiten bestimmt ist.

---

[1]) Siehe auch E. v. SCHWEIDLER, Die Anomalien der dielektrischen Erscheinungen. Handbuch der Elektrizität und des Magnetismus von L. GRAETZ, Bd. 1. 1921.

[2]) J. Cl. MAXWELL, Lehrbuch der Elektrizität und des Magnetismus Bd. 1, Berlin 1883.

Obgleich also jedes der beiden Dielektriken für sich allein weder Nachladung noch Rückstand zeigt, hat ihre Kombination zu einer geschichteten Anordnung beide Eigenschaften.

Zeigt nun ein anscheinend homogenes festes Dielektrikum Nachladung und Rückstand, so liegt nahe, zur Erklärung anzunehmen, daß sie durch eine verborgene Art Schichtung inhomogener Bestandteile verschiedener Dielektrizitätskonstante und Leitfähigkeit hervorgerufen sind. In der Tat stellt diese Annahme die an wirklichen Dielektriken beobachteten Erscheinungen qualitativ dar, versagt aber, wenn es sich um ihre quantitative Erfassung handelt.

18. Das geschichtete Dielektrikum im Wechselspannungsfelde[1]. In einem idealen homogenen Dielektrikum der Leitfähigkeit σ und Dielektrizitätskonstanten ε setzt sich bei Belastung mit einer periodischen Wechselspannung $\mathfrak{E} = \varepsilon e^{i\omega t}$ der Gesamtstrom

$$J = \left(\sigma + \frac{i\omega\varepsilon}{\gamma}\right)\mathfrak{E} \tag{80}$$

aus den durch die beiden Glieder der Klammer gegebenen Anteilen des Leitungsstromes und des Verschiebungsstromes zusammen.

Bei einem in gleicher Weise wie im vorhergehenden Abschnitt geschichteten Dielektrikum wird, weil der Verschiebungsstrom in einer dielektrischen Schicht gleich dem ihr zugeführten Ladungsstrom ist:

$$J = \left(\sigma_1 + \frac{i\omega\varepsilon_1}{\gamma}\right)\mathfrak{E}_1 = \left(\sigma_2 + \frac{i\omega\varepsilon_2}{\gamma}\right)\mathfrak{E}_2 = \Sigma_1\mathfrak{E}_1 = \Sigma_2\mathfrak{E}_2. \tag{81}$$

Gleichung (81) läßt sich umformen in

$$J = \frac{U}{a}\,\frac{\Sigma_1\Sigma_2}{\Sigma_1 + \Sigma_2} = \frac{U}{a}\,\Sigma. \tag{82}$$

Für Gleichstrom wird

$$\Sigma_0 = \frac{\sigma_1\sigma_2}{\sigma_1 + \sigma_2}.$$

Für sehr hohe Frequenz ist λ neben $\omega\frac{\varepsilon_1}{\gamma}$ zu vernachlässigen und es wird

$$\Sigma_\infty = \frac{i\omega}{\gamma}\,\frac{\varepsilon_1\varepsilon_2}{\varepsilon_1 + \varepsilon_2}.$$

Wird Σ in der Form

$$\Sigma = \sigma + i\omega\frac{\varepsilon}{\gamma} + \Sigma_n \tag{83}$$

dargestellt, so ist Σ_n derjenige Teil der scheinbaren Leitfähigkeit, der von den Nachladungsvorgängen herrührt. Es ergibt sich:

$$\Sigma_n = \frac{i\omega\varepsilon}{\gamma}\,\frac{K}{1 + i\omega W}, \qquad \text{wo} \qquad K = \frac{(\varepsilon_1\sigma_2 - \varepsilon_2\sigma_1)^2}{\varepsilon_1\varepsilon_2(\sigma_1 + \sigma_2)^2} \tag{84}$$

ist. K heißt die Nachwirkungskonstante.

Wird in Gleichung (84) der reelle Teil vom imaginären getrennt, so bestimmt der reelle Teil

$$\sigma + \frac{\omega^2\varepsilon K W}{\gamma(1 + \omega^2 T^2)}$$

den Energieverbrauch bei Belastung mit Wechselspannung. Der durch den zweiten Summanden dargestellte, über den der wahren Leitfähigkeit σ entsprechenden Wert hinausgehende Verbrauch wird als „dielektrischer Verlust" bezeichnet. Diese Verluste haben zwei Folgen. Erstens tritt zu dem Leitungsstrom und dem Verschiebungsstrom als dritter der dielektrische Verluststrom

[1] Siehe H. SCHERING, Die Isolierstoffe der Elektrotechnik. Berlin 1924, Kap. 1: K. W. WAGNER: Theoretische Grundlagen.

hinzu. Zweitens eilt die Gesamtladung des von dem geschichteten Dielektrikum gebildeten Kondensators der Spannung um einen Winkel δ, den dielektrischen Verlustwinkel, nach. Für diesen gilt

$$\operatorname{tg}\delta = K\frac{\omega W}{1 + K + \omega^2 W^2}. \tag{85}$$

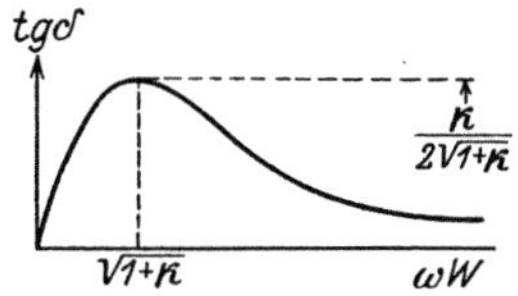

Abb. 3. Abhängigkeit des tg δ von der Frequenz der Wechselspannung.

Abb. 3 veranschaulicht die Abhängigkeit des tg δ von der Frequenz der Wechselspannung. Sein Maximum liegt bei der durch $\omega W = \sqrt{1+K}$ gegebenen Frequenz. Endlich ist der dielektrische Verlust

$$Q = \omega C U^2 \operatorname{tg}\delta, \tag{86}$$

wo C die Kapazität des Kondensators ist. Der dielektrische Verlust wächst also mit dem Quadrat der Spannung.

Die vollständige Darstellung der Nachwirkungsvorgänge bei einem Dielektrikum aus einer größeren Anzahl verschiedenartiger Schichten scheitert an mathematischen Schwierigkeiten.

19. Das beliebig inhomogene Dielektrikum. Theorie der dielektrischen Hysterese. Bei einem Dielektrikum, das Nachladung und Rückstandsbildung hat, ist bei variabler elektrischer Feldstärke $\mathfrak{E}$ der jeweilige Wert der dielektrischen Verschiebung $\mathfrak{D}$ bei abnehmendem $\mathfrak{E}$ größer als bei zunehmendem. Bei Wechselspannung ergibt daher die graphische Darstellung $\mathfrak{D} = f(\mathfrak{E})$ eine Kurve, die eine gewisse Ähnlichkeit mit einer magnetischen Hysteresisschleife hat. BEAULARD[1]) bezeichnete deshalb die dielektrische Nachwirkung als dielektrische Hysteresis. Er konnte jedoch zeigen, daß sie durchaus andere Gesetze befolgt als die magnetische.

Eine größere Anzahl Forscher bemühten sich um die Ausbildung der Theorie dieser dielektrischen Hysterese. HOPKINSON[2]) übertrug die von BOLTZMANN für die elastische Nachwirkung aufgestellten Gesetze auf die dielektrische Nachwirkung. HOLLEVIGUE[3]) behandelte die dielektrische Verschiebung wie eine elastische Deformation. DÉCOMBE[4]) entnahm einen formal ähnlichen Ansatz der Elektronentheorie. Seine Ableitungen werden durch PELLAT[5]) zu einer vollständigen Theorie entwickelt, in der die Verschiebung in eine normale und eine viskose zerlegt ist:

$$\mathfrak{D} = \mathfrak{D}' + \mathfrak{D}''. \tag{87}$$

Der erste Teil genügt den Voraussetzungen der allgemeinen Theorie. Es ist

$$\mathfrak{D}'(t) = \frac{\varepsilon}{4\pi}\mathfrak{E}(t). \tag{88}$$

Für den zweiten Teil gilt die Differentialgleichung:

$$\frac{d\mathfrak{D}''(t)}{dt} = \alpha[\mathfrak{D}''(\infty) - \mathfrak{D}''(t)] = \alpha\left[\eta\frac{\varepsilon}{4\pi}\mathfrak{E}(t) - \mathfrak{D}''(t)\right]. \tag{89}$$

Darnach strebt $\mathfrak{D}''$ einem ebenfalls der Feldstärke proportionalen Endwert $\mathfrak{D}''(\infty)$ zu und seine Änderungsgeschwindigkeit ist der vorhandenen Abweichung von diesem Endwert proportional.

---

1) F. BEAULARD, Journ. de Phys. Bd. 9, S. 313. 1900.
2) J. HOPKINSON, Phil. Trans. Bd. 166, S. 489. 1876; Bd. 167, S. 599. 1877.
3) L. HOLLEVIGUE, Journ. de Phys. Bd. 6, S. 113, 120 u. 153. 1897.
4) L. DÉCOMBE, Journ. de Phys. Bd. 2, S. 181. 1912.
5) H. PELLAT, Journ. de Phys. Bd. 9, S. 313. 1900.

Bei konstanter Feldstärke $\mathfrak{E}_0$ gilt für $t > 0$:

$$\mathfrak{D}'' = \eta \frac{\varepsilon}{4\pi} \mathfrak{E}_0 [1 - e^{-\alpha t}], \tag{90}$$

$$J(t) = \frac{a\mathfrak{D}''}{dt} = \alpha \eta \frac{\varepsilon}{4\pi} \mathfrak{E}_0 e^{-\alpha t}. \tag{91}$$

Bei beliebig veränderlicher Feldstärke wird

$$\mathfrak{D}(t) = \frac{\varepsilon}{4\pi} \mathfrak{E}(t) + \alpha \eta \frac{\varepsilon}{4\pi} \int_0^\infty \mathfrak{E}(t - \omega) e^{-\alpha \omega} d\omega, \tag{92}$$

wobei ω die seit Erzeugung der Nachwirkung verflossene Zeit ist.

SCHWEIDLER[1]) wies jedoch nach, daß diese Theorie die Versuchsergebnisse nicht darzustellen vermag und modifizierte sie deshalb durch die Annahme, daß die viskose Verschiebung sich aus einer endlichen oder unendlichen Zahl von Gliedern zusammensetze, deren jedes der PELLATschen Differentialgleichung genüge. SCHWEIDLER weist jedoch selbst darauf hin, daß sich auf diese Weise jede beliebig gegebene Funktion für den zeitlichen Verlauf des Rückstandsstromes darstellen läßt.

Zur Erklärung der viskosen Verschiebung läßt sich annehmen, daß es in den festen Dielektriken, denn um diese handelt es sich in erster Linie, Moleküle gibt, deren Bewegung im elektrischen Felde aperiodisch gedämpft ist, so daß sich das Molekül durch seine „molekulare Relaxationszeit" charakterisieren läßt.

Die Annahme, daß nur eine Sorte solcher Moleküle vorhanden ist, führt zur PELLATschen Theorie, die Annahme, daß verschiedene Arten aperiodisch gedämpfter Moleküle vorhanden seien, zur Theorie von SCHWEIDLER.

Es liegt nahe, die Moleküle in Anlehnung an die DEBYEsche Dipoltheorie als Dipole konstanten elektrischen Momentes anzusehen, deren Bewegung in einem äußeren Felde in einem festen Körper aperiodisch gedämpft ist. Diese Auffassung hat WAGNER[2]) angedeutet.

20. Das beliebig inhomogene Dielektrikum. Theorie von WAGNER. K. W. WAGNER gelang es mit Hilfe eines den wirklichen Dielektriken besser angepaßten Modells, als es das geschichtete Dielektrikum war, die wirklichen dielektrischen Verluste erschöpfend zu beschreiben.

WAGNER denkt sich in einer nicht leitenden Grundsubstanz von der Dielektrizitätskonstante ε kleine Kugeln verteilt, deren Dielektrizitätskonstante den nämlichen Wert hat wie die Grundsubstanz, und die außerdem eine gewisse Leitfähigkeit λ haben. Das Dielektrikum möge den Raum zwischen zwei planparallelen Elektroden ausfüllen. Bei Abwesenheit der leitenden Kugeln wäre das Feld homogen. Jede Kugel ruft eine gewisse Störung des Feldes hervor, die in großem Abstand von ihr unmerklich wird. Wird angenommen, daß die einzelnen Kugeln im Vergleich zu ihrer Größe genügend weit voneinander entfernt sind, so beeinflußt jede Kugel das Feld so, als ob die übrigen nicht vorhanden wären, und das Verhalten des Dielektrikums läßt sich in Anlehnung an eine ähnliche Rechnung MAXWELLS berechnen. Es ergibt sich für die gesamte Störung im Dielektrikum:

$$J = \Sigma' \mathfrak{E}, \tag{93}$$

$$\Sigma' = \frac{i\omega\varepsilon}{4\pi c^2}\left[1 + \frac{3p}{1 + \omega^2 W^2} - \frac{3p\, i\omega W}{1 + \omega^2 W^2}\right]. \tag{94}$$

[1]) E. v. SCHWEIDLER, Wiener Ber. Bd. 116, S. 1055. 1907; Ann. d. Phys. Bd. 24, S. 711. 1907.

[2]) K. W. WAGNER, Verh. d. D. Phys. Ges. Bd. 15, S. 45. 1913; Ann. d. Phys. Bd. 40, S. 817. 1913.

Dabei ist c die Lichtgeschwindigkeit und $p = \frac{m r^3}{r_0^3}$, r_0 der Radius einer aus dem Dielektrikum herausgeschnitten gedachten Kugel, r der Radius einer der leitenden Kugeln und m ihre Anzahl in der herausgeschnittenen Kugel, $W = \frac{3\varepsilon}{4\pi c^2 \sigma}$ die Zeitkonstante des Modells.

Die Beziehung zwischen der Verschiebung und Feldstärke lautet:

$$\mathfrak{D} = \frac{\varepsilon \mathfrak{E}}{4\pi c^2}\left[1 + \frac{3p}{1+\omega^2 W^2} - \frac{3p i \omega W}{1+\omega^2 W^2}\right]. \tag{95}$$

Nun geht WAGNER noch einen Schritt weiter und nimmt an, daß in der Grundsubstanz nicht nur eine einzige Art von leitenden Kügelchen eingebettet sind, sondern n Arten mit den verschiedenen Leitfähigkeiten $\sigma_1, \sigma_2, \ldots, \sigma_n$ und den relativen räumlichen Dichten $p_1, p_2, \ldots, p_n$. Sind dann die Kügelchen hinreichend weit voneinander entfernt, so können alle Störungsglieder einfach superponiert werden, und an Stelle von Gleichung (89) ergibt sich:

$$\mathfrak{D} = \frac{\varepsilon \mathfrak{E}}{4\pi c^2}\left[1 + \sum_n \frac{3p_n}{1+\omega^2 W_n^2} - \sum_n \frac{3p_n i \omega W_n}{1+\omega^2 W_n^2}\right]. \tag{96}$$

Diese Gleichung erlaubt die wirklichen Vorgänge in Dielektriken mit dielektrischen Verlusten vollständig zu beschreiben. Die Annahme der Kugelgestalt der Teilchen, die gemacht werden mußte, um die mathematischen Betrachtungen durchführen zu können, ist nicht in der Natur des Problems begründet, so daß eine andere Annahme über die Form der Teilchen zu demselben Ergebnis geführt hätte.

Die wichtigste Leistung dieser Theorie besteht darin, daß man die dielektrische Nachwirkung nicht als eine neue physikalische Erscheinung aufzufassen braucht, sondern daß sich ihre allgemeinen Gesetze aus MAXWELLschen Vorstellungen vollständig herleiten lassen. Ein Vergleich der SCHWEIDLERschen Theorie der viskosen Hysterese mit der WAGNERschen Theorie der eingebetteten leitenden Teilchen zeigt, daß die beiden Theorien einander ziemlich ähnlich sind. Beide nehmen zur Erklärung der dielektrischen Anomalien Inhomogenitäten des Dielektrikums an, die über die Inhomogenitäten der Atome mit ihren Verschiebungselektronen hinausgehen. Bei SCHWEIDLER sind es die Moleküle, die als Dipole die elektrische Inhomogenität bilden, bei WAGNER makroskopische Teilchen. Denn der Begriff der Leitfähigkeit ist ein makroskopischer. Beide Theorien kommen mit einer einzigen Art Teilchen nicht aus, sondern sind gezwungen, eine größere Anzahl verschiedenartiger Teilchenarten anzunehmen.

Für Dipolflüssigkeiten geht die SCHWEIDLERsche Theorie in die BORNsche Theorie der anomalen Dispersion über.

21. Theorie der dielektrischen Leitungsanomalien. Zuerst von WARBURG[1]), dann von REICH[2]) wurde die bei vielen schlechtleitenden Dielektriken zu beobachtende Abnahme der Stromstärke mit der Dauer des Stromdurchganges durch das Vorhandensein dissoziierter Verunreinigungen erklärt, die durch den Strom ausgeschieden werden.

SCHWEIDLER[3]) verglich die zeitliche Abnahme des Stromes mit den Vorgängen bei Gasentladungen, insbesondere mit der Änderung der Ionenverteilung und dem Auftreten von Raumladungen, die ebenfalls den Strom schwächen. Die einfachen, der Gasionentheorie entnommenen Voraussetzungen zeigten sich jedoch nicht genügend erfüllt.

---

1) E. WARBURG, Wied. Ann. Bd. 54, S. 396. 1895.

2) M. REICH, Dissert. Berlin 1900.

3) E. v. SCHWEIDLER, Wiener Ber. Bd. 109, S. 964. 1900; Bd. 111, S. 579. 1902.

MIE[1]) verbesserte die Theorie der Ionenverteilung und der Beziehung zwischen Stromstärke und Spannung.

LANGEVIN[2]) leitete theoretisch die Formel

$$\frac{\varepsilon\alpha}{4\pi(u_1+u_2)} = \eta \leqq 1 \tag{97}$$

ab, worin α der Wiedervereinigungskoeffizient gemäß der Gleichung $\frac{dn}{dt} = -\alpha n^2$ ist und u_1 und u_2 die Beweglichkeiten der beiden Ionenarten sind. η ist eine durch eine Wahrscheinlichkeit definierte Größe.

Durch Versuche an Dielektriken, in denen durch die durchdringenden Strahlen des Radiums künstlich Ionen erzeugt waren, ließ sich die Theorie prüfen und bestätigen.

II. Meßergebnisse.

a) Allgemeine Bemerkungen über die Meßmethoden.

22. Die Messung der Dielektrizitätskonstanten. Auf wenigen Gebieten der Physik sind die älteren Messungen so fragwürdig wie auf dem der Dielektrizitätskonstanten. Die komplizierte Einwirkung der Leitfähigkeit, der dielektrischen Nachwirkung, der dielektrischen Verluste und der elektrolytischen Polarisation auf die der Messung zugänglichen Größen führte insbesondere bei den früher überwiegend mit Gleichstrom ausgeführten Messungen zu Fehlern, die unter Umständen sogar eine falsche Größenordnung der Dielektrizitätskonstanten ergaben.

Ein Umschwung trat hier erst ein, als einerseits durch die Ausbildung der Theorie klargestellt wurde, wie zu messen war und wie die Störungen zu umgehen waren und andrerseits durch die ungedämpften Hochfrequenzströme eine außerordentliche Steigerung der Meßgenauigkeit erzielt wurde, so daß jetzt genügend genaue und hochempfindliche Meßmethoden vorliegen. Sie sind im Band 16 ausführlich behandelt.

Eine weitere Schwierigkeit der Messung, die darin liegt, daß sich das zu messende Dielektrikum vielfach nicht in eine kompakte homogene Form bringen läßt, besteht dagegen unverändert fort.

23. Messung des Dipolmomentes der dielektrischen Verluste und der dielektrischen Festigkeit. Die ohne besondere Schwierigkeiten ausführbare Messung der Temperaturabhängigkeit der Dielektrizitätskonstanten führt nur in Verbindung mit einer Theorie dieser Abhängigkeit zu Werten für die Dipolmomente des Dielektrikums, so daß diese von der benutzten, strittigen Theorie abhängen. Die beiden neuen Methoden der Dipolrotation von LERTES und der elektrostatischen Dipolpolarisation von HERWEG, die die Ergebnisse der erstgenannten Methode kritisch ergänzen könnten, sind leider meßtechnisch so schwierig fehlerfrei zu bekommen, daß sie kaum in größerem Umfange angewandt werden dürften, so daß hier der Zustand zur Zeit noch unbefriedigend ist.

Die Messung der dielektrischen Verluste ist durch das große technische Interesse an ihrer möglicht genauen Kenntnis auf eine hohe Stufe der Vollendung gebracht worden. Es gibt exakte Methoden, nach denen die dielektrischen Verluste von Isoliermaterialien gemessen werden können, während sie mit einer Wechselspannung von 200000 Volt belastet sind.

Andererseits hat dieses überwiegend technische Interesse zur Folge gehabt, daß auch fast nur technische Isoliermaterialien untersucht sind und Messungen an chemisch reinen, wohldefinierten Dielektriken bisher kaum vorliegen.

---

[1]) G. MIE, Ann. d. Phys. Bd. 26, S. 597. 1908.

[2]) P. LANGEVIN, C. R. Bd. 146, S. 1011. 1908.

Für die Messung der dielektrischen Festigkeit gilt das gleiche wie für die der Dielektrizitätskonstanten. Die älteren Messungen sind fast alle undefiniert und zum Teil der Größenordnung nach falsch. Erst in letzter Zeit ist hier Wandel geschaffen. Auch hier liegen immer noch die größten Schwierigkeiten im Material selbst. Neuerdings wird die Ermittelung der dielektrischen Festigkeit der festen Körper durch die Theorie der Lockerstellen, die in allen Kristallen vorhanden sein sollen, auf eine völlig neue Grundlage gestellt.

b) Die Dielektrizitätskonstante der Gase[1]).

24. Einfluß des Materials. Infolge der außerordentlich geringen Dichte der Ladungen ist die Dielektrizitätskonstante der Gase von 1 nur so wenig verschieden, daß die ersten von FARADAY und anderen Forschern angestellten Versuche, diesen Unterschied zu entdecken, mißlangen.

Andererseits bieten die Gase den großen Vorteil, daß die verschiedenen bei flüssigen und festen Dielektriken auftretenden Störungen bei ihnen fehlen, so daß bei hinreichend empfindlichen Methoden sehr genaue und gut definierte Messungen möglich sind.

Als erstem gelang es BOLTZMANN[2]), für die Gase Luft, H_2, CO, CO_2, CH_4, C_2H_4 (Äthylen) und N_2O den Wert $\varepsilon - 1$ mit hinreichender Genauigkeit zu messen. Weitere Versuche wurden durch KLEMENČIČ[3]), LEBEDEW[4]), BÄDECKER[5]), HOCHHEIM[6]), ROHMANN[7]), GILL[8]), BEDEAU[9]), CARMAN und LORANCE[10]), FRITTS[11]) bei der Frequenz $8 \cdot 10^6$ Hertz, C. T. ZAHN[12]) u. a. ausgeführt. Dabei wurde sowohl der Kreis der untersuchten Gase weiter ausgedehnt, als auch die Genauigkeit der Messungen durch Anwendung der Differenzmethoden der Hochfrequenz weitgehend gesteigert. Trotzdem bestehen in den Untersuchungen noch empfindliche Lücken.

In folgendem sind die Dielektrizitätskonstanten der elementaren Gase und der Kohlensäure für 0° C und 760 mm Druck zusammengestellt. Weitere Werte finden sich im nächsten Abschnitt über die Temperaturabhängigkeit der Dielektrizitätskonstante der Gase. Einzelheiten sind in den Tabellen von LANDOLT BÖRNSTEIN nachzusehen.

Die Tabelle 1 zeigt, daß unsere Kenntnis der Dielektrizitätskonstanten der Gase noch recht lückenhaft ist. Fehlen doch die gesamten Edelgase mit Aus-

---

[1]) Die Messungen der Dielektrizitätskonstante werden in der Reihenfolge Gase, Flüssigkeiten, feste Körper behandelt werden. In jedem der drei Unterabschnitte wiederum wird die Unterteilung

1. Abhängigkeit vom Material,
2. ,, von der Temperatur und den Umwandlungspunkten,
3. ,, vom Druck,
4. ,, von der Wellenlänge,
5. ,, vom Magnetfeld und elektrischen Feld

durchgeführt werden. Dabei werden jedesmal die rein phänomenologischen Werte vorangestellt. Es folgen die Werte, die eine der besprochenen Theorien bestätigen oder widerlegen sollen.

[2]) L. BOLTZMANN, Wiener Ber. Bd. 69, S. 795. 1874; Ann. d. Phys. Bd. 155, S. 401. 1873.

[3]) J. KLEMENČIČ, Wiener Ber. Bd. 91, S. 712. 1885.

[4]) P. LEBEDEW, Ann. d. Phys. Bd. 44, S. 288. 1891.

[5]) K. BÄDECKER, ZS. f. phys. Chem. Bd. 36, S. 305. 1901.

[6]) E. HOCHHEIM, Verh. d. D. Phys. Ges. Bd. 10, S. 446. 1908.

[7]) H. ROHMANN, Ann. d. Phys. Bd. 34, S. 979. 1911.

[8]) E. W. B. GILL, Rad. Rev. Bd. 2, S. 450. 1921.

[9]) BEDEAU, C. R. Bd. 174, S. 380. 1922; Bd. 175, S. 147. 1922.

[10]) A. P. CARMAN u. C. T. LORANCE, Phys. Rev. Bd. 20, S. 715. 1922; Bd. 21, S. 197. 1923.

[11]) E. C. FRITTS, Phys. Rev. Bd. 21, S. 198. 1923.

[12]) C. T. ZAHN, Phys. Rev. Bd. 23, S. 781. 1924.

nahme von He ebenso wie die halogenen Gase F_2 und Cl_2. Auch die in der Tabelle aufgeführten Werte dürften zum Teil revisionsbedürftig sein, da sie von recht alten Messungen herrühren. Leider fallen gerade die neuesten Messungen beträchtlich aus den gut in sich übereinstimmenden Gruppen der älteren heraus. Es bietet sich hier also die dankbare Aufgabe, diese Messungen mit den außerordentlich verfeinerten Methoden der Hochfrequenz zu wiederholen und zu erweitern. Die Beziehung $\varepsilon = n^2$ ist so gut erfüllt, wie sich bei der Unsicherheit der Messungen erwarten läßt. Überall fallen die Werte von n^2 zwischen die einzelnen von den verschiedenen Autoren gemessenen Werte; bei CO_2 scheint allerdings doch eine gewisse Abweichung vorzuliegen; in der Tat ist CO_2 auch in geringem Grade dipolar.

Tabelle 1. Dielektrizitätskonstanten der apolaren Gase bei 0° C und 760 mm Druck.

Gas	ε	Autor	n^2 optisch
Luft	1,000590	BOLTZMANN	
	1,000586	KLEMENČIČ	
	1,000576	TANGL	
	1,000580	ROHMANN	1,0005854
	1,000585	VERAIN	
	1,000572	ZAHN	
	1,000601	CARMAN u. LORANCE	
	1,000655	GILL	
He	1,000074	HOCHHEIM	1,00007
H_2	1,000264	BOLTZMANN	
	1,000264	KLEMENČIČ	
	1,000273	TANGL	
	1,000282	ROHMANN	1,0002774
	1,000265	ZAHN	
	1,000221	FRITTS	
N_2	1,000606	ROHMANN	
	1,000581	TANGL	1,000592
	1,000581	ZAHN	
	1,000505	FRITTS	
O_2	1,000547	ROHMANN	
	1,000518	ZAHN	1,0005436
	1,000460	FRITTS	
CO_2	1,000946	BOLTZMANN	
	1,000985	KLEMENČIČ	
	1,000975	VERAIN	1,0009088
	1,000989	ROHMANN	
	1,000760	FRITTS	

R. LANG[1]) hat die Gleichung aufgestellt

$$\frac{\varepsilon - 1}{S} = 123 \cdot 10^{-6}, \tag{98}$$

wo S die Summe aller Atomvalenzen des Gasmoleküls ist. Nach DOBROSEDOW[2]) soll diese Beziehung zwar für H_2, CO, CO_2, N_2O, CH_4, C_2H_4, nicht aber allgemein gelten. Da ein Teil der von DOBROSEDOW angeführten Gase Dipolmoleküle hat, die übrigen dagegen nicht, scheint die Gültigkeit der angeführten Beziehung selbst bei diesen Gasen sehr fraglich.

POHRT[3]) untersuchte die Dielektrizitätskonstante von etwa 40 Dämpfen mittels einer Brückenmethode nach LEBEDEW, größtenteils bei der Temperatur 100° C.

[1]) R. LANG, Ann. d. Phys. Bd. 56, S. 534. 1895.
[2]) D. DOBROSEDOW, Journ. russ. phys. chem. Ges. Bd. 41, S. 1385. 1909.
[3]) G. POHRT, Ann. d. Phys. Bd. 42, S. 569. 1913.

Die folgende Tabelle 2 enthält einige Werte zusammen mit denen früherer Beobachter:

Tabelle 2.

Substanz	Temperatur °C	KLEMENČIČ	LEBEDEW	BAEDECKER	POHRT
Methan	0	1,000953	—	—	1,000886
Äthylen	0	1,001456	—	—	1,001423
Benzol	100	—	1,00027	1,000293	1,000274
Äthylalkohol	100	—	1,00065	1,000647	1,000606
Methylalkohol	100	—	1,00057	1,000600	1,000566
Chloräthyl	0	1,000552	—	—	1,01420
Bromäthyl	0	1,01546	—	—	1,01500

25. Einfluß der Temperatur. Aus den Theorien der Dielektrizitätskonstante folgt, daß sich bei den Gasen oder Dämpfen, deren Moleküle keine Dipole enthalten, die Dielektrizitätskonstante mit der Temperatur in der gleichen Weise ändert wie die Dichte, d. h. $\varepsilon - 1$ bei konstantem Volumen von der Temperatur unabhängig, bei konstantem Druck der absoluten Temperatur umgekehrt proportional ist.

Diese Erwartung zeigte sich in der Tat bei denjenigen permanenten Gasen, bei denen Dipole nicht zu erwarten waren, erfüllt. So untersuchte z. B. RIEGER[1]) bei konstantem Druck folgende Gase bei den angegebenen Temperaturen

Luft	−185,5 °C	CO_2	− 73 °C
H_2	−191 „	CO	−189 „
CH_4	−154 „		

Wurde aus den Messungen nur unter Berücksichtigung der Dichteänderung auf Zimmertemperatur umgerechnet, so ergaben sich nur bei CO größere Abweichungen von den bei Zimmertemperatur direkt gemessenen Werten. Bei den übrigen Gasen stimmten die so berechneten mit den direkt gemessenen Dielektrizitätskonstanten innerhalb der Fehlergrenzen überein.

Dagegen fand BAEDECKER[2]) nach der NERNSTschen Methode als erster, daß die Proportionalität von $\varepsilon - 1$ mit der Dichte bei Temperaturänderungen von „Dämpfen" nicht mehr gilt. BAEDECKER hatte wohl kaum die Absicht, eine Theorie aufzustellen, als er „Dämpfe" sagte, und doch stellte er damit eine Theorie auf und eine unrichtige obendrein. Denn nicht bei Dämpfen, sondern bei Molekülen mit Dipolen zeigen sich die Abweichungen.

Erst durch die Dipoltheorie von DEBYE erhielten diese Abweichungen ihre Erklärung und die Untersuchung der Dielektrizitätskonstanten der Gase einen neuen Impuls und einen neuen Wegweiser. Es handelte sich jetzt darum, festzustellen, ob die nach der Theorie von DEBYE errechneten Dipolmomente mit den nach den atomistischen Vorstellungen zu erwartenden sich in Einklang befinden.

Zuerst bestimmte JONA[3]) die Dipolmomente von CO_2, NH_3, SO_2, CH_3OH und H_2O, verglich sie mit Werten, die HOLST[4]) erhalten hatte, und rechnete aus den Messungen von BAEDECKER die Dipolmomente aus.

Sodann beschäftigte sich speziell mit dieser Frage eine Untersuchung von ZAHN[5]) sowie von COMPTON und ZAHN[6]), die mit Hilfe der elektroakustischen

[1]) H. RIEGER, Ann. d. Phys. Bd. 59, S. 753. 1919.
[2]) K. BAEDECKER, ZS. f. phys. Chem. Bd. 36, S. 305. 1901.
[3]) M. JONA, Phys. ZS. Bd. 20, S. 14. 1919.
[4]) G. HOLST, Versl. Akad. Amsterdam Januar 1917.
[5]) C. T. ZAHN, Phys. Rev. Bd. 24, S. 400. 1924.
[6]) K. T. COMPTON u. C. T. ZAHN, Phys. Rev. Bd. 23, S. 781. 1924.

Tabelle 3.

Gas	T^0 abs.	$\varepsilon - 1$ bei 760 mm	$(\varepsilon - 1)\, v\, T$
HCl . . .	201,4	0,007482	1,110
	260,1	0,004716	1,169
	294,2	0,003792	1,205
	359,2	0,002672	1,266
	433,9	0,001948	1,347
	503,9	0,001526	1,423
	588,8	0,001182	1,505
HBr . .	217,5	0,004545	0,7835
	269,0	0,003209	0,8501
	294,4	0,002796	0,8840
	338,9	0,002228	0,9400
	478,5	0,001303	1,098
	599,1	0,000943	1,248
HJ . . .	244,5	0,002687	0,5885
	295,1	0,002123	0,6776
	345,9	0,001760	0,7713
	474,6	0,001239	1,022
	612,2	0.000971	1,334

v ist das nach der VAN DER WAALSschen Gleichung korrigierte spezifische Volumen bei 0° C und 760 mm Druck.

Überlagerungsmethode die DEBYEsche Theorie an den Halogenwasserstoffen prüften.

Tabelle 3 enthält die Messungen von ZAHN.

Ferner untersuchte WEIGT[1]) die Dipolmomente des CO- und CO_2-Moleküls nach der Methode von PREUNER und PUNGS, so daß bereits eine große Anzahl von Werten der Dipolmomente vorliegen. Sie werden im Abschnitt h), Ziff. 36 bis 40, gegeben.

In der folgenden Tabelle 4 sind die Dielektrizitätskonstanten der Dipolgase zusammengestellt. SÄNGER[2]) untersuchte nach der Methode von PUNGS und PREUNER sowie von HERWEG bei der Frequenz $1{,}6 \cdot 10^5$ die Dielektrizitätskonstanten der

Tabelle 4. Dielektrizitätskonstanten dipolarer Gase bei 0° C und 760 mm Druck.

Gas	Autor	ε	n^2
HCl	ZAHN	1,001040	1,000888
HBr	ZAHN	1,001212	1,001140
HJ	ZAHN	1,001856	1,001812
CO	WEIGT	1,00069	1,000670
CO_2	JONA	1,00097	
,,	WEIGT	—	1,0009088
NH_3	BAEDECKER	1,00718 (20° C)	
,,	HOLST	—	1,00754
SO_2	BAEDECKER	1,00993	
,,	JONA	—	1,001407
CH_3OH	BAEDECKER	1,00600 (110° C)	
,,	JONA	—	1,001098
H_2O	BAEDECKER	1,00705 (145° C)	
,,	HOLST	—	1,00508
,,	JONA	—	

Dämpfe von CH_4, CH_3Cl, CH_2Cl_2, $CHCl_3$, CCl_4 in Abhängigkeit von der Temperatur. Er fand folgendes:

Tabelle 5.

CH_4 Siedep. −164°		CH_3Cl Siedep. −24,09°		CH_2Cl_2 Siedep. 40°	
$\frac{10^3}{T}$	$(\varepsilon - 1) \cdot 10^5$	$\frac{10^3}{T}$	$(\varepsilon - 1) \cdot 10^5$	$\frac{10^3}{T}$	$(\varepsilon - 1) \cdot 10^5$
3,428	84.2	3,434	978,9	3,012	484,3
2,912	84,0	2,917	844,8	2,726	459,9
2,720	86,1	2,729	784,7	2,583	441,7
2,572	85,5	2,581	738,7	2,413	413,2
2,411	87,4 } verschiedene	2,412	691,2		
	81,5 } Meßreihen				

[1]) H. WEIGT, Phys. ZS. Bd. 22, S. 643. 1921.
[2]) R. SÄNGER, Phys. ZS. Bd. 27, S. 556. 1926.

Tabelle 5. (Fortsetzung.)

$CHCl_3$ Siedep. 61,21°		CCl_4 Siedep. 76,75°		
$\frac{10^3}{T}$	$(\varepsilon - 1) \cdot 10^5$	$\frac{10^3}{T}$	$(\varepsilon - 1) \cdot 10^5$	
2,917	341,9	2,772	273,6	
2,723	328,5	2,651	277,3	verschiedene Meßreihen
			273,9	
2,581	323,6	2,519	268,6	
2,415	315,2	2,405	271,9	
2,257	312,8	2,313	274,8	

Bezüglich der hieraus sich ergebenden Dipole s. Ziff. 47—51.

26. Einfluß des Druckes. Da eine wesentliche gegenseitige Beeinflussung der Eigenfelder der Moleküle im Gaszustand fehlt, ist zu erwarten, daß $\varepsilon - 1$ bei Gasen der Gasdichte auch bei Änderung des Druckes proportional ist. Die Versuche haben in der Tat ergeben, daß auch bei Druckänderungen die Beziehung von CLAUSIUS-MOSOTTI $\frac{\varepsilon - 1}{\varepsilon + 2}\frac{1}{d} =$ konst. mit großer Genauigkeit erfüllt ist. Sorgfältige Versuche sind hierüber von OCCHIALINI[1]) und von TANGL[2]) angestellt worden. TANGL erhielt folgende Werte:

Die Messungen sind mit H_2 und N_2 bei 20° C, mit Luft bei 19° C ausgeführt worden. $\frac{\varepsilon - 1}{\varepsilon + 2}\frac{1}{d}$ ist mit großer Annäherung konstant.

Tabelle 6.

Druck	H_2	N_2	Luft
1 Atm.	1,000273	1,000581	1,000576
20 ,,	1,00500	1,01086	1,01080
40 ,,	1,00986	1,02185	1,02171
60 ,,	1,01460	1,03299	1,03281
80 ,,	1,01926	1,04406	1,04386
100 ,,	1,02378	1,05498	1,05494

Neuere Messungen liegen von BODAREU[3]) (N_2, N_2O, CH_3Cl), VERAIN[4]) (Luft, SO_2, CO_2), OCCHIALINI[5]) (O_2, H_2, CO_2) vor. Sie sind auszugsweise in Tabelle 7 wiedergegeben. Tabelle 7 zeigt, mit welcher außerordentlichen Genauigkeit der Ausdruck $\frac{\varepsilon - 1}{\varepsilon + 2}\frac{1}{d}$ bei Gasen bei großen Druckänderungen konstant ist.

Tabelle 7.

Druck Atm.	Dichte	ε	$\frac{\varepsilon - 1}{\varepsilon + 2}\frac{1}{d} \cdot 10^7$	Autor
		1. Stickstoff bei 23° C.		
87	80	1,04750	1949	BODAREU
114	105	1,06276	1952	
143	130	1,07828	1956	
174	155	1,09373	1955	
205	180	1,10953	1957	
226	195	1,11867	1952	
		2. Stickoxydul N_2O bei 13° C.		
—	20	1,02246	372	BODAREU
—	30	1,03385	372	
—	40	1,04551	373	
—	50	1,05683	372	
		3. Wasserstoff bei 24° C.		
—	80	1,02180	9018	OCCHIALINI
—	100	1,02730	9018	
—	120	1,03280	9012	
—	140	1,03835	9015	
—	160	1,04390	9014	

Die früheren Ergebnisse über den linearen Zusammenhang zwischen $\varepsilon - 1$ und den Druck sind für H_2, O_2, N_2, CO_2 von WOLFF[6]) mit besonders großer Genauigkeit bestätigt. Aus seinen Messungen folgt, daß eine etwa auf den Elektroden vorhandene adsorbierte Gasschicht, die die Dielektrizitätskonstante vergrößern würde, dünner als 10^{-7} cm sein muß.

[1]) A. OCCHIALINI, Rend. Lincei Bd. 14, S. 613. 1905; Phys. ZS. Bd. 6, S. 669. 1905.
[2]) K. TANGL, Ann. d. Phys. Bd. 23, S. 559. 1907; Bd. 26, S. 59. 1908.
[3]) E. BODAREU, Cim. Bd. 7, S. 165. 1914.
[4]) L. VERAIN, Ann. d. phys. Bd. 1, S. 255. 1914.
[5]) A. OCCHIALINI, Cim. Bd. 7, S. 108. 1914.
[6]) K. WOLFF, Phys. ZS. Bd. 27, S. 588. 1926.

Bei Wasserdampf fand dagegen ZAHN[1]), daß die Kurve zwischen $\varepsilon - 1$ und dem Druck aus zwei linearen Stücken verschiedener Neigung besteht, die durch ein Knie verbunden sind. Das steilere Stück liegt bei höherem Druck. Mit steigender Temperatur nimmt die Differenz der Neigungen der beiden Kurvenstücke ab und verschwindet bei 47° C. ZAHN nahm die Bildung einer adsorbierten Wasserschicht merklicher Dicke auf den Elektroden oberhalb eines bestimmten Dampfdruckes an, die bei dem Sättigungsdruck etwa 200 Moleküllagen stark sein soll. WOLFF[2]) bestätigte die Ergebnisse von ZAHN und fand ähnliche Verhältnisse bei Ammoniak. Nur liegt bei diesem das steilere Stück bei höherem Druck. WOLFF hält infolgedessen die Erklärung der Erscheinung durch ZAHN für verfrüht.

27. Einfluß der Frequenz. Aus der Gültigkeit der Beziehung $\varepsilon = n^2$ der nichtpolaren Gase der Tabelle 1 folgt, daß bei diesen Gasen eine merkliche Dispersion zwischen der Frequenz 0 und optischer Frequenz nicht vorhanden ist.

Direkte Messungen wurden von GILL[3]) ausgeführt. Er arbeitete nach der Überlagerungsmethode, gibt seine Meßgenauigkeit auf $0{,}01^0/_{00}$ an und fand bei 760 mm Druck und 0° C:

ν	ε
$3{,}24 \cdot 10^5$ Hertz	1,000658
$2{,}29 \cdot 10^5$,,	1,000654
$1{,}69 \cdot 10^5$,,	1,000654
$0{,}75 \cdot 10^5$,,	1,000653

Es besteht also innerhalb des Frequenzbereiches, das die Messungen umfassen, keine über die Fehlergrenzen hinausgehende Dispersion. Doch liegen die Zahlen sämtlich nicht unbeträchtlich höher als die nach anderen Forschern gefundenen (vgl. Tab. 1), was aber wohl weniger an einer Dispersion als an den Messungen liegt.

Bei den Dipolgasen dagegen läßt sich aus Tabelle 4 auf das Vorhandensein von Resonanzschwingungen der Moleküle zwischen dem optischen Gebiet und niederer Frequenz schließen. Versuche über die Lage dieser Resonanzschwingungen im Gaszustand liegen noch nicht vor.

28. Einfluß des Magnetfeldes. WEATHERBY und WOLF[4]) fanden bei der Frequenz 10^6, daß sich die Dielektrizitätskonstante von Helium von 20 mm Druck, Luft und Sauerstoff von 76 mm Druck weniger als 1 auf 500000 ändert, wenn die Gase einem zu den elektrischen Feldlinien transversalen oder parallelen Magnetfelde von 800 bis 10000 Gauß ausgesetzt wurden.

c) Die Dielektrizitätskonstante von Flüssigkeiten.

29. Abhängigkeit vom Material. Dielektrizitätskonstante und Konstitution. Chemisch einheitliche Stoffe. Die große Menge der besonders an organischen Flüssigkeiten ermittelten Dielektrizitätskonstanten ist in den Tabellen im LANDOLT-BÖRNSTEIN einzusehen. Hier können nur die wichtigsten der seit der letzten Auflage dieses Werkes veröffentlichten Werte sowie die aus den Einzelmessungen abgeleiteten allgemeinen Gesetzmäßigkeiten gebracht werden.

---

[1]) C. T. ZAHN, Phys. Rev. Bd. 27, S. 329. 1926.
[2]) K. WOLFF, Phys. ZS. Bd. 27, S. 588. 1926.
[3]) W. B. GILL, Radio Rev. Bd. 2, S. 450. 1921.
[4]) B. B. WEATHERBY u. A. WOLF, Phys. Rev. Bd. 27, S. 252. 1926.

BREIT und KAMERLINGH ONNES[1]) sowie WOLFKE und KAMERLINGH ONNES[2]) untersuchten bei der Frequenz 10^5 Hertz die verflüssigten Gase He, H_2 und O_2 bei tiefen Temperaturen. Sie fanden:

Tabelle 8.

Flüssigkeit	Druck mm	abs. Temp. °	Dichte	ε	$\frac{\varepsilon-1}{\varepsilon+2}\frac{1}{d}$	$\frac{\varepsilon-1}{\varepsilon+2}\frac{1}{d}$ der Gase bei Zimmertemperatur
He . . .	76,5			1,048	—	—
H_2 . . .	76,3	20,37	0,0708	1,211	0,928	
	76,7	20,38	0,0708	1,220	0,964	
	76,7	20,38	0,0708	1,214	0,946	0,978[3])
	76,1	20,36	0,0709	1,220	0,964	
	17,7	16,30	0,0749	1,229	0,943	
	7,1	14,42	0,0767	1,236	0,951	
O_2 . . .	77,2	90,29	1,145	1,463	0,1167	
	15,2	77,12	1,210	1,493	0,1167	
	13,2	76,19	1,214	1,496	0,1169	0,1267[4])
	76,0	90,11	1,146	1,464	0,1168	
	41,0	84,61	1,174	1,478	0,1172	0,1073[5])
	25,0	80,70	1,193	1,487	0,1172	
	9,6	74,16	1,223	1,504	0,1176	
	5,4	70,75	1,239	1,510	0,1173	

SCHLUNDT und GERMAN[6]) bestimmten mit Hilfe der Methode DRUDE-SCHMIDT die Dielektrizitätskonstante von Karbonylchlorid bei 22° C zu 4,34 ± 0,02 und den Temperaturkoeffizienten zu −0,4% pro Grad.

LEAR[7]) ermittelte nach der gleichen Methode die Dielektrizitätskonstante von $GeCl_4$ und verglich sie mit älteren Werten der Dielektrizitätskonstanten von $SiCl_4$ und $SnCl_4$. Es ergab sich:

	t °C	ε
$GeCl_4$	30	2,65
$SiCl_4$	17	2,18
$SnCl_4$	22	3,2

LOOMIS und SCHLUNDT[8]) untersuchten die Halogenverbindungen des Vanadiums:

		bei Zimmertemperatur	bei −70° C
Vanadiumoxychlorid		$\varepsilon = 3{,}42$	3,38
Vanadiumoxybromid		$\varepsilon = 3{,}62$	4,38
Vanadiumtetrachlorid		$\varepsilon = 3{,}05$	—

Ferner SCHLUNDT und UNTERWOOD[9]) flüssiges HJ:

t °C	ε
19	2,65
−50	3,61
−70	3,05 (fest)

Untersuchungen von organischen Flüssigkeiten wurden in letzter Zeit von HYSLOP und CARMAN[10]) (Kerosin, Toluol, Äthyläther, Olivenöl, Petroläther),

---

[1]) G. BREIT u. H. KAMERLINGH ONNES, Proc. Amsterdam Bd. 26, S. 617. 1924.
[2]) M. W. WOLFKE u. H. KAMERLINGH ONNES, Proc. Amsterdam Bd. 27, S. 621 u. 627. 1924.
[3]) L. BOLTZMANN, Wiener Ber. Bd. 69, S. 795. 1874. Ann. d. Phys. Bd. 155, S. 401. 1873.
[4]) H. ROHMANN, Ann. d. Phys. Bd. 34, S. 979. 1911.
[5]) E. C. FRITTS, Phys. Rev. Bd. 21, S. 198. 1923.
[6]) H. SCHLUNDT u. A. F. O. GERMAN, Journ. phys. chem. Bd. 29, S. 353. 1925.
[7]) M. E. LEAR, Journ. phys. chem. Bd. 28, S. 889. 1924.
[8]) A. G. LOOMIS u. H. SCHLUNDT, Journ. phys. chem. Bd. 19, S. 734. 1915.
[9]) H. SCHLUNDT u. J. UNTERWOOD, Journ. phys. chem. Bd. 19, S. 338. 1915.
[10]) W. H. HYSLOP u. A. P. CARMAN, Phys. Rev. Bd. 15, S. 243. 1920.

MICHAUD und BALLOUL[1]), JOACHIM[2]), GRIMM und PATRICK[3]), SAYCE und BRISCOE[4]) (Benzin) durchgeführt.

Tabelle 15 (Ziff. 34) bringt die Ergebnisse der Versuche von HANS JOACHIM.

Da nach Arbeiten von SMITH[5]) der Brechungsquotient bei der kritischen Temperatur bei allen Stoffen den gleichen Wert besitzen soll und das gleiche für die Dielektrizitätskonstanten anzunehmen ist, berechnete HERTZ[6]) aus

$$\frac{\varepsilon_t - 1}{\varepsilon_t + 2}\,\frac{1}{d_t} = \text{konst} = \frac{\varepsilon_k - 1}{\varepsilon_k + 2}\,\frac{1}{d_k}, \tag{99}$$

wobei k der Index für den kritischen Zustand, t der Index für Zimmertemperatur ist, die Dielektrizitätskonstante ε_k für 33 Flüssigkeiten, die in der folgenden Tabelle 9 zusammengestellt sind.

Die Tabelle zeigt, daß sich die Zahlen in der Tat um einen bestimmten konstanten Wert gruppieren. Während die Dielektrizitätskonstante bei gewöhnlicher Temperatur zwischen 81,1 beim Wasser und 1,54 bei CO_2 liegt, liegen die kritischen Dielektrizitätskonstanten zwischen 2,83 bei HCl und 1,17 bei O_2.

Tabelle 9.

Stoff	t	d	d_k	ε	ε_k
Wasser	18	0,9986	0,329	81,1	2,40
Azetonitril	20	0,7828	0,2371	38,8	2,17
Methylalkohol	20	0,7915	0,2722	31,2	2,36
Proprionitril	20	0,7835	0,2401	27,7	2,14
Äthylalkohol	20	0,7894	0,2755	25,8	2,36
Prophylalkohol	20	0,8035	0,2734	22,2	2,27
Schwefeldioxyd	20	1,3774	0,52	14,0	2,33
Chlorbenzol	10,8	1,1160	0,3654	10,95	2,01
Äthylenchlorid	20	1,2521	0,419	10,4	2,02
Essigsäure	18	1,0511	0,3506	9,7	1,99
Äthylformiat	14,5	0,9189	0,3232	9,10	2,04
Prophylformiat	23,1	0,8908	0,3093	9,01	2,01
Chlorwasserstoff	−90	1,165	0,61	8,85	2,83
Methylformiat	20	0,9685	0,3489	8,37	2,03
Isobutylformiat	22	0,8818	0,2879	7,28	1,85
Methylazetat	20	0,9338	0,3252	7,08	1,91
Äthylazetat	20	0,9005	0,3077	6,11	1,82
Propylazetat	19	0,8895	0,2957	5,73	1,77
Methylpropionat	18,5	0,8918	0,2965	5,64	1,76
Amylformiat	19	0,8765	0,282	5,61	1,73
Isobutylazetat	19,5	0,8716	0,281	5,26	1,70
Brombenzol	20	1,4948	0,4853	5,2	1,70
Äthylbutyrat	18	0,8807	0,276	5,08	1,66
Brom	1	3,186	1,18	4,6	1,76
Äthyläther	20	0,7135	0,2625	4,30	1,71
Zinntetrachlorid	22	2,2211	0,7419	3,2	1,49
Benzol	18	0,8811	0,3045	2,288	1,35
Tetrachlorkohlenstoff	18	1,5978	0,5576	2,246	1,34
Oktan	17	0,7046	0,2327	1,95	1,26
Hexan	14,2	0,6648	0,2344	1,86	1,26
Stickoxydul	5	0,885	0,454	1,573	1,27
Kohlendioxyd	10	0,860	0,464	1,540	1,27
Sauerstoff	−182	1,1415	0,4299	1,491	1,17

[1]) F. MICHAUD u. A. BALLOUL, Ann. d. phys. Bd. 11, S. 295. 1919.
[2]) H. JOACHIM, Ann. d. phys. Bd. 60, S. 570. 1919.
[3]) F. V. GRIMM u. W. A. PATRICK, Journ. Amer. Chem. Soc. Bd. 45, S. 2794. 1923.
[4]) L. A. SAYCE u. H. V. A. BRISCOE, Journ. chem. soc. Bd. 127, S. 315. 1925.
[5]) SMITH, Proc. Roy. Soc. London Bd. 87, S. 366. 1912.
[6]) W. HERTZ, ZS. f. phys. Chem. Bd. 103, S. 269. 1922.

Gegen die Tabelle 9 lassen sich jedoch gewichtige Bedenken vorbringen. Ein großer Teil der in ihr aufgeführten Stoffe sind dipolare Flüssigkeiten, und es steht fest, daß für diese die CLAUSIUS-MOSOTTIsche Formel durchaus nicht anwendbar ist. Am eklatantesten zeigt sich dieses bei Wasser. Nach der Formel von CLAUSIUS-MOSOTTI müßte dessen Dielektrizitätskonstante von 0 bis 4° C zunehmen, während sie in Wirklichkeit abnimmt. Ferner berechnet sich für 100° C eine Dielektrizitätskonstante von 38,8, während sie zu 55,3[1]) gemessen worden ist. Es darf bei der CLAUSIUS-MOSOTTIschen Formel nicht vergessen werden, daß sie um so unempfindlicher wird, je größer die Dielektrizitätskonstante ist. Bei Wasser ergibt sich bei 0° C die Konstante zu $\frac{87{,}9-1}{87{,}9+2}\,\frac{1}{0{,}99986}=0{,}9668$. Nimmt jetzt ε um 10% ab, so ändert sich die Konstante um 0,44%. Es kann also in der Formel eine Änderung der Dielektrizitätskonstante um 10% durch eine Änderung der Dichte um 0,44% kompensiert werden. Das heißt, die Formel ist in diesem Gebiet großer Dielektrizitätskonstanten praktisch völlig unbrauchbar.

Aus der Tabelle 9 dürfte also hinsichtlich der dipolaren Flüssigkeiten wohl nur hervorgehen, daß die Störungen durch die Wärmebewegungen bei der kritischen Temperatur so groß sind, daß der Beitrag der Dipole zur Dielektrizitätskonstante verschwindet und praktisch nur die Elektronenpolarisation und Atompolarisation übrigbleibt, so daß die Dielektrizitätskonstante der dipolaren Flüssigkeiten hier ebenso klein ist wie die der apolaren.

Die am häufigsten gemessene Dielektrizitätskonstante, die des Wassers, wird im folgenden Abschnitt über Temperaturabhängigkeit der Dielektrizitätskonstante behandelt werden.

Gesetzmäßige Zusammenhänge zwischen Konstitution und Dielektrizitätskonstante sind im Gebiet der anorganischen Chemie für flüssige Dielektriken noch nicht aufgedeckt.

Dagegen ist für die flüssigen Dielektriken der organischen Chemie schon wiederholt mit mehr oder weniger Erfolg nach derartigen Zusammenhängen gesucht worden. THWING[2]) stellt die Formel auf

$$\varepsilon=\frac{d}{M}(a_1\varepsilon_1+a_2\varepsilon_2+\cdots), \tag{100}$$

worin d die Dichte, M das Molekulargewicht der Verbindung, a_1 die Zahl der Atome oder Atomgruppen und $\varepsilon_1 \ldots \varepsilon_n$ die Konstanten sind, die den Beitrag der einzelnen Atome oder Gruppen zur Gesamtdielektrizitätskonstante charakterisieren, die aber durchaus nicht etwa mit der Dielektrizitätskonstante der aus der betreffenden Atomart bestehenden reinen Flüssigkeit identisch ist. Nach THWING ist zu setzen für

	ε		ε
H	2,6	NO_2	3090
C	31,2 = 2,6 · 12	CH_2	41,6
O	41,2 = 2,6 · 16	CH_3	46,8
X	$2{,}6 \cdot m_x$	S	2,6 · 32,2
OH	1356		
CO	1520		
COH	970		

Daß diese additive Berechnung der Dielektrizitätskonstante höchstens da gelten kann, wo durch die Bildung der Verbindung weder neue Dipole entstehen, noch bisherige beseitigt werden, dürfte nach der neueren Entwicklung der Theorie der Dielektrizitätskonstante selbstverständlich sein.

[1]) Siehe L. KOCKEL, Ann. d. Phys. Bd. 77, S. 417. 1925.

[2]) C. B. THWING, ZS. f. phys. Chem. Bd. 14, S. 297. 1894.

Schon vor der Aufstellung der DEBYEschen Dipoltheorie hat denn auch WALDEN[1]) auf die sehr beschränkte Gültigkeit der THWINGschen Formel hingewiesen und ihr den Satz entgegengestellt, daß die Dielektrizität keine additive Eigenschaft ist, sondern daß die Atome und Atomgruppen eines Moleküls ihre dielektrischen Eigenschaften wechselseitig erheblich beeinflussen. Hohe Dielektrizitätskonstanten werden nach WALDEN durch gewisse elektronegative Radikale, sog. Dielektrophore, hervorgerufen, die Kombinationen polyvalenter Elemente untereinander oder Halogene sind. Solche Gruppen sind:

$$\text{I}\quad \text{OH},\ \text{NO}_2,\ \text{CO},\ \overset{\overset{\text{H}}{|}}{\text{C}}\text{O},\ \underset{|}{\overset{|}{\text{C}}} = \text{O},\ \text{COOH},\ \text{SO}_2.$$

$$\text{II}\quad \text{CN},\ \text{SCN},\ \text{NCS},\ \text{NH}_2.$$

$$\text{III}\quad \text{F},\ \text{Cl},\ \text{Br},\ \text{J}.$$

Wird ein Wasserstoffatom eines Kohlenwasserstoffes durch ein solches dielektrophores Radikal ersetzt, so entsteht eine Verbindung mit großer Dielektrizitätskonstante.

Hier sind also bereits im Jahre 1910 die Konsequenzen der Dipoltheorie klar ausgesprochen, ohne daß das erlösende Wort Dipol gefallen ist.

WALDEN fand weiter, daß, wenn alle Wasserstoffatome eines Kohlenwasserstoffes durch dielektrophore Gruppen ersetzt werden, sich Verbindungen mit wieder kleinerer Dielektrizitätskonstante ergeben. Auch das folgt aus der Dipoltheorie. Denn ein vollständig substituierter Körper ist kein Dipol mehr.

Die zweite Radikalart, die nötig ist, um hohe Dielektrizitätskonstanten hervorzurufen, nennt WALDEN Dielektrogene. Es sind elektropositive Gruppen wie H, CH_3, C_2H_5, C_6H_5 usw. Wie die Einführung der Radikale in einen Körper auf seine Dielektrizitätskonstante wirkt, sei an zwei Beispielen gezeigt:

1. Einführung des dielektrophoren Radikals NO_2 in den Benzolring:

Zahl der eingeführten Radikale	0	1	2	3
Körper	Benzol	Nitrobenzol	Dinitrobenzol	Trinitrobenzol
	C_6H_6	$C_6H_5NO_2$	$mC_6H_4(NO_2)_2$	$sC_6H_3(NO_2)_3$
ε	2,26	36,5	20,7	7,2

2. Einführung des dielektrophoren Radikals Cl in Essigsäure:

Zahl der eingeführten Radikale	0	1	2	3
Körper	CH_3COOH	$CH_2ClCOOH$	$CHCl_2COOH$	CCl_3COOH
ε	7	20	7,8	4,6

Es gelingt WALDEN, unter Umständen quantitative Regelmäßigkeiten bei Einführung solcher Gruppen in einander ähnliche Verbindungen zu ermitteln und so Dielektrizitätskonstanten vorauszuberechnen.

In einer neueren Arbeit haben WALDEN und WERNER[2]) die Dielektrizitätskonstante gechlorter Paraffine und Olefine in der HOLBORNschen Schaltung mit der Frequenz $6{,}7 \cdot 10^7$ Hertz gemessen. Tabelle 10 enthält ihre Ergebnisse.

Tabelle 10.

		Siedep. bei 760 mm Druck °C		ε
Perchloräthylen	C_2Cl_4	119		2,37
Trichloräthylen	C_2HCl_3	87		3,42
Dichloräthylen.	$C_2H_2Cl_2$	48,5	cis	3,67
		60	trans	7,55
Tetrachloräthan	$C_2H_2Cl_4$	145,6		8,15
Pentachloräthan	C_2HCl_5	158		3,76

[1]) P. WALDEN, ZS. f. phys. Chem. Bd. 70, S. 569. 1910.

[2]) P. WALDEN u. O. WERNER, ZS. f. phys. Chem. Bd. 111, S. 465. 1924.

Es besteht ein Parallelismus zwischen Ionisationstendenz (Bildung farbiger Ionen) und eine Proportionalität zwischen Löslichkeit und Dielektrizitätskonstante.

Weitere Untersuchungen wurden von TERESCHIN[1]), TOMASZEWSKI[2]), BÖHM[3]), STEWART[4]) über homologe Reihen der Fettkörper, des Benzols sowie über stereoisomere Verbindungen ausgeführt.

In letzter Zeit untersuchten ERRERA und LEPINGLE[5]) den Zusammenhang zwischen Dielektrizitätskonstante und Konfiguration von Stereoisomeren. Ihre Ergebnisse finden sich in Tabelle 11.

Tabelle 11.

Verbindung	Konfiguration	Siedepunkt °C	Dielektrizitätskonstante
HClC = CClH	cis	60,25	9,22
(Dichlor-Äthylen)	trans	48,35	2,35
HJC = CJH)	cis	72,5	4,46
(Dijod-Äthylen)	trans	76,5—77	3,19
CH_3—ClC = CH—$COOC_2H_5$	cis	75,3—76	7,67
(β-Chlorkrotonsäureäthylester)	trans	54	4,70
C_2H_5—HC = CHBr	—	94,6—94,8	5,89
(Äthyläthylenbromid)	—	86,0—86,2	5,05
CH_3—BrC = CH—CH_3	CH_3 u. Br trans	93,6—93,9	6,76
(Butylenbromid)	CH_3 u. Br cis	85,8—85,9	5,38
CH_3—HC = CH—CN	—	107,7—108,2	36,08
(Crotonnitril)	—	121,7—122,1	28,08

Hiernach geben die cis-Konfigurationen die höhere Dielektrizitätskonstante. Bei ihnen stehen die elektronegativen Atome oder Gruppen auf der gleichen Seite des *C*-Atomes.

Eine Weiterbildung der von WALDEN herausgearbeiteten Gesetzmäßigkeiten hat E. H. L. MEYER[6]) versucht. Er stellt folgende Sätze auf: Als polare *C*-Atome werden bezeichnet:

1. solche, bei denen von den 4 Valenzen mindestens 2 mit verschiedenen Atomen außer *C* abgesättigt sind;

2. solche, bei denen ein ein- oder mehrwertiger Substituent (z. B. OH, NO_2, SO_3H, SO_2, N, Karbonylsauerstoff, Halogen) an ein *C*-Atom gebunden ist, dessen übrige Valenzen sich nur an *C* betätigen.

Dann soll gelten: Alle organischen Flüssigkeiten mit derartigen polaren *C*-Atomen sind Dipolflüssigkeiten. Sie haben also einen verhältnismäßig großen absoluten Wert der Dielektrizitätskonstante, eine starke Abhängigkeit der Dielektrizitätskonstante von der Temperatur und eine starke Zunahme der Dielektrizitätskonstante beim Übergang vom festen zum flüssigen Zustand. Wo zwei oder mehrere polare *C*-Atome vorhanden sind, stellen absoluter Wert der Dielektrizitätskonstante und ihre Temperaturabhängigkeit einen Mittelwert aus mehreren Einzelwirkungen dar.

30. Mischungen von Dielektriken. Aus den theoretischen Überlegungen folgt, daß die Dielektrizitätskonstante einer Mischung aus den Dielektrizitätskonstanten der Komponenten nur dann nach der einfachen Gesellschaftsrechnung ermittelt werden kann, wenn die Komponenten nur Elektronenverschiebung

[1]) S. TERESCHIN, Ann. d. Phys. Bd. 36, S. 792. 1889.
[2]) F. TOMASZEWSKI, Ann. d. Phys. Bd. 33, S. 33. 1888.
[3]) P. BÖHM, Dissertation. Halle 1911.
[4]) A. W. STEWART, Journ. chem. soc. Bd. 93, S. 1059. 1908.
[5]) J. ERRERA u. M. LEPINGLE, Bull. de Belg. (5) Bd. 11, S. 150. 1925.
[6]) E. H. L. MEYER, Ann. d. Phys. Bd. 75, S. 801. 1924.

und keine atomare Verschiebung oder dipolare Drehung aufweisen. Sind solche vorhanden, so sind bei Mischungen Assoziationen oder lose Bindungen zu erwarten, die die Dielektrizitätskonstante vollständig ändern können. So fand z. B. THWING[1]) bei Mischungen von Methyl-, Äthyl-, Propylalkohol, Glyzerin und Essigsäure mit dem stark dipolaren Wasser bei molekularen Mischungsverhältnissen Spitzen in den Kurven, die die Dielektrizitätskonstante als Funktion des Mischungsverhältnisses angaben.

Ebenso fand LINEBERGER[2]) bei Mischungen organischer Flüssigkeiten Abweichungen von der einfachen Mischungsregel, und zwar lag die Dielektrizitätskonstante der Mischung unterhalb der berechneten.

DRUDE[3]) dagegen fand bei Wasser-Methylalkohol und Wasser-Propionsäure gute Übereinstimmung mit der Mischungsregel, wenn er nach Gewichtsprozenten rechnete.

Weiter liegen an älteren Untersuchungen noch die von SILBERSTEIN[4]) und von EHRENHAFT[5]) vor, die die Formeln aufstellten

$$\varepsilon = \frac{\sum \varepsilon_i V_i}{\sum V_i}, \tag{101}$$

wenn keine Volumenkontraktion bei der Mischung, und

$$\varepsilon = \frac{\sum \varepsilon_i V_i}{V}, \tag{102}$$

wenn Volumenkontraktion stattfindet und V das wirkliche Volumen der Mischung ist.

In neuerer Zeit hat REICH[6]) nach einer empfindlichen Resonanzmethode bei Methylalkohol-Wassergemischen wieder wie THWING Unstetigkeitsstellen bei Hydraten gefunden.

Weiter liegen Versuche vor von ANGERVO und LIIRI[7]) an den Gemischen Petroleum-Terpentin und Petroleum-Rizinusöl, von VÄISÄLÄ[8]) an Petroleum-Terpentin und Benzol-Rizinusöl und von SIIVOLA[9]) an Petroleum-Toluol und Toluol-Rizinusöl.

Sie fanden sämtlich, daß die Dielektrizitätskonstante bei den von ihnen benutzten Mischungen eine lineare Funktion der Zusammensetzung des Gemisches ist. Beispielsweise gibt SIIVOLA an (Methode von NERNST):

$$\text{Petroleum-Toluol bei} \begin{array}{l} 11{,}0^\circ\,\mathrm{C} \quad \varepsilon = 2{,}684 - 0{,}00600\,n \\ 21{,}0^\circ\,\mathrm{C} \quad \varepsilon = 2{,}527 - 0{,}00489\,n \end{array}\Big\}\; n = \%\ \text{Petroleum}$$

$$\text{Toluol-Rizinusöl bei} \begin{array}{l} 12{,}5^\circ\,\mathrm{C} \quad \varepsilon = 4{,}782 - 0{,}02144\,n \\ 20^\circ\,\mathrm{C} \quad \varepsilon = 4{,}554 - 0{,}02022\,n \end{array}\Big\}\; n = \%\ \text{Toluol.}$$

Endlich hat neuerdings GRÜTZMACHER[10]) die ganze Frage einer gründlichen Bearbeitung unterzogen. Als Formeln gibt er an

SILBERSTEIN:
$$\frac{\varepsilon}{d}(p_1 + p_2) = \frac{\varepsilon_1 p_1}{d_1} + \frac{\varepsilon_2 p_2}{d_2} \tag{103}$$

---

[1]) C. B. THWING, ZS. f. phys. Chem. Bd. 14, S. 293. 1894.
[2]) C. E. LINEBERGER, ZS. f. phys. Chem. Bd. 20, S. 131. 1896.
[3]) P. DRUDE, ZS. f. phys. Chem. Bd. 23, S. 288. 1897.
[4]) S. SILBERSTEIN, Ann. d. Phys. Bd. 56, S. 677. 1895.
[5]) F. EHRENHAFT, Wiener Ber. Bd. 111, S. 1549. 1902.
[6]) M. REICH, Verh. d. D. phys. Ges. Bd. 4, S. 22. 1923.
[7]) K. H. A. ANGERVO u. MIKKO LIIRI, Öfversigt Finska Vetensk.-Soc. Förh. Bd. 56, Nr. 9. 1913/14.
[8]) Y. VÄISÄLÄ, Öfversigt Finska Vetensk.-Soc. Förh. Bd. 57. Nr. 15, 1914/15.
[9]) P. SIIVOLA, Soc. Scient. Fenn. Comm. phys. math. Nr. 18, S. 1. 1922.
[10]) M. GRÜTZMACHER, ZS. f. Phys. Bd. 28, S. 342. 1924.

bei konstantem Volumen, wo p die Gewichtsmengen und d die Dichten sind;

PULFRICH:
$$\frac{R}{d}\,\frac{1-\alpha c}{1-c}\,(p_1+p_2)=\frac{R_1}{d_1}\,p_1+\frac{R_2}{d_2}\,p_2, \tag{104}$$
wobei für R entweder $\varepsilon - 1$ oder $\frac{\varepsilon-1}{\varepsilon+2}$ oder $\sqrt{\varepsilon}-1$ gesetzt werden kann. c ist der Kontraktionskoeffizient.

Ist N der Brechungsquotient der Mischung und n der eines Bestandteils der Mischung, so ergibt sich α aus der Formel
$$\alpha c=\frac{N-1-\frac{(n_1-1)v_1+(n_2-1)v_2}{v_1+v_2}}{N-1}\,. \tag{105}$$
Die Prüfung der Gleichungen erfolgte mit Gemischen von Tetrachlorkohlenstoff-Chloroform, Tetrachlorkohlenstoff-Schwefelkohlenstoff, Schwefelkohlenstoff-Benzol, Benzol-Toluol.

Es ergab sich, daß weder die SILBERSTEINsche noch die PULFRICHsche Formel die tatsächlichen Verhältnisse wiedergeben. Ob Volumenkontraktion eintritt oder Dilatation, fast stets sind die gemessenen Werte der Dielektrizitätskonstante beträchtlich kleiner als die berechneten.

Im letzten Jahre ist die ganze Frage noch einmal von LICHTENECKER[1]) in einer zusammenfassenden Darstellung erschöpfend behandelt worden. LICHTENECKER findet, daß sich die Dielektrizitätskonstante von Gemischen sehr gut nach der logarithmischen Mischungsregel berechnen läßt. Sie lautet
$$\lg n=\vartheta_1\lg n_1+\vartheta_2\lg n_2, \tag{106}$$
wo
$$n=\varepsilon^2,$$
ϑ_1 der Raumteil der einen, ϑ_2 der der anderen Komponente des Gemisches ist. Auf das der Arbeit beigefügte Literaturverzeichnis von 116 Veröffentlichungen sei besonders hingewiesen.

PARTINGTON und RULE[2]) bestimmten mit Hilfe der NERNSTschen Methode die Dielektrizitätskonstante der Lösungen von m-Dinitrobenzol, Phenol und Benzoësäure in Benzol. Sie erhielten folgende Ergebnisse:

Tabelle 12.
m-Dinitrobenzol in Benzol (Temperatur 20° C).

Molekular-konzentration	Gewichts-prozent	ε	Molekular-konzentration	Gewichts-prozent	ε
0	0	2,286	0,562	9,83	5,57
0,088	1,66	2,82	0,628	11,19	5,91
0,176	3,31	3,34	0,742	12,95	6,51
0,264	5,05	3,95	0,842	14,44	7,22
0,351	6,55	4,24	1,007	16,62	7,59
0,423	7,55	4,68			
Phenol in Benzol (Temperatur 18° C).					
0	0	2,288	2,82	26,61	4,02
0,700	7,73	2,64	3,85	33,14	4,62
0,951	12,48	2,80	5,57	41,34	5,61
1,40	15,23	3,08	6,55	45,74	6,25
1,90	19,66	3,37			
Benzoësäure in Benzol (Temperatur 18° C).					
0	0	2,288	0,123	1,69	3,93
0,011	0,15	2,67	0,164	2,24	3,87
0,023	0,30	3,22	0,205	2,81	3,74
0,035	0,46	3,53	0,322	4,44	3,57
0,046	0,61	3,76	0,393	5,38	3,43
0,082	1,11	3,94			

[1]) K. LICHTENECKER, Phys. ZS. Bd. 27, S. 115. 1926.
[2]) J. R. PARTINGTON u. J. F. J. RULE, Phil. Mag. Bd. 1, S. 1035. 1926.

Eigentümliche Erscheinungen zeigen sich, wenn absolutem Alkohol geringe Mengen Wasser zugesetzt werden. COLLEY[1]) fand, daß die Dielektrizitätskonstante bei zunehmendem Wassergehalt erst stark zu- und dann stark abnimmt, so daß in der Kurve ein Buckel entsteht. Zwischen 0 und 5% Wassergehalt waren fünf derartige Buckel vorhanden, deren Lage von der Frequenz und Temperatur unabhängig war. Offenbar bilden sich hier durch molekulare Umlagerung Dipole, die bei weiterer Konzentration zunächst wieder verschwinden und dann sich wiederum bilden. Die Untersuchung ist ein Beweis dafür, wie wichtig die Messungen der Dielektrizitätskonstante für das Eindringen in die feineren Molekularstrukturen unter Umständen sein können.

31. Wässerige Lösungen. Von besonderem Interesse ist die Wirkung des Zusatzes von Salzen zu Wasser auf die Dielektrizitätskonstante. Da die große Dielektrizitätskonstante des Wassers dadurch hervorgerufen wird, daß die dipolaren Wassermoleküle sich unter der Wirkung des Feldes drehen, und da die Ionen fast aller Salze in Lösung mehr oder weniger stark hydratisiert sind, d. h., eine Anzahl Wassermoleküle an sich gefesselt haben, die sich infolgedessen nicht mehr zu drehen vermögen, ist bei Zusatz von Salzen zu Wasser, die starke Elektrolyte bilden, eine Abnahme der Dielektrizitätskonstante zu erwarten. Infolge der mit der Konzentration zunehmenden Leitfähigkeit des Wassers wird ihre Messung allerdings um so schwieriger, je größer die Konzentration der Lösung ist. Infolgedessen widersprechen sich besonders die älteren Versuche vielfach. So fand COHN[2]), der die Dielektrizitätskonstante wässeriger Kochsalzlösungen untersuchte, eine Vergrößerung der Dielektrizitätskonstante. Das gleiche Ergebnis erhielt SMALE[3]) mit Lösungen von KCl, HCl, $CuSO_4$ und Mannit-Borsäure, während DRUDE[4]) ebenso wie COOLIDGE[5]) und PALMER[6]) für sehr verdünnte Lösungen keine Änderung der Dielektrizitätskonstante, bei großer Konzentration dagegen eine bedeutende Abnahme fanden.

Tabelle 13.

Zucker Molekulare Konzentration	ε	Harnstoff Molekulare Konzentration	ε
0	78,7	0	78,7
0,1	77,6	0,5	80,22
0,2	76,7	1,0	81,5
0,4	75,5	1,5	82,8
0,5	75,1	2,0	84,0
0,6	74,5	2,5	85,2
0,7	73,8	3,0	86,2
0,9	72,5		
1,0	71,8		
1,2	70,4		
1,4	68,7		

Die neueren Versuche stimmen besser untereinander überein. HARRINGTON[7]) untersuchte wässerige Lösungen von Zucker und Harnstoff und fand die in Tabelle 13 zusammengestellten Werte.

Hiernach nimmt die Dielektrizitätskonstante von Zuckerlösungen mit zunehmender Konzentration geradlinig ab, bei Harnstofflösungen dagegen, ebenfalls geradlinig, zu.

LATTEY[8]) untersuchte wässerige Lösungen von $CuSO_4$, KCl und Tetraäthylammoniumnaphthalen-β-Sulfonat. Er fand geradlinige Abnahme der Dielektrizitätskonstante mit zunehmender Konzentration der Lösung, und zwar war nahezu übereinstimmend bei allen drei Stoffen die Dielektrizitätskonstante bei einem Gehalt von $0{,}008\,n$ auf das 0,8fache gesunken.

---

1) A. R. COLLEY, Phys. ZS. Bd. 10, S. 663. 1909.
2) E. COHN, Ann. d. Phys. Bd. 45, S. 375. 1892.
3) F. SMALE, Ann. d. Phys. Bd. 60, S. 627. 1897.
4) P. DRUDE, Ann. d. Phys. Bd. 59, S. 61. 1896.
5) W. D. COOLIDGE, Ann. d. Phys. Bd. 69, S. 134. 1899.
6) A. DE FOREST PALMER JR., Phys. Rev. Bd. 14, S. 38. 1902.
7) E. A. HARRINGTON, Phys. Rev. Bd. 8, S. 581. 1916.
8) R. T. LATTEY, Phil. Mag. Bd. 41, S. 829. 1921.

ZAHN[1]) vergleicht die Dielektrizitätskonstante einer gesättigten LiCl-Lösung mit der einer verdünnten NaCl-Lösung gleicher Leitfähigkeit. Es ergab sich mit Sicherheit, daß die Dielektrizitätskonstante der LiCl-Lösung niedriger als die der Vergleichslösung ist. Ihr numerischer Wert ist sicher kleiner als 57, wahrscheinlich sogar kleiner als 42.

Die Methode bestand in der Messung der Intensitätsänderung eines elektrischen Strahlungsfeldes durch einen dielektrischen Zylinder. Für quantitative Messungen ist die Methode leider nicht geeignet. FÜRTH[2]) leitet aus der DEBYEschen Theorie ab, daß die Kurve der Abhängigkeit der Dielektrizitätskonstante von der Konzentration der Lösung ein Maximum hat, das je nach der Stärke der Dipolmomente eine verschiedene Lage einnimmt. Fällt das Maximum in das Gebiet der negativen Konzentration oder auf Konzentration Null, so ergibt sich eine mit zunehmender Konzentration abnehmende Dielektrizitätskonstante, wie FÜRTH sie bei den Zuckerarten findet. Fällt das Maximum jenseits der Sättigung, so ergibt sich eine aufsteigende Kurve wie bei Glykokoll und Karbamid. Fällt es endlich in das erreichbare Gebiet, so tritt es in der Kurve zutage wie bei Saccharin. Die drei beobachteten Typen von Kurven fügen sich also zwanglos in die DEBYEsche Theorie ein.

SACK[3]) nimmt an, daß sich ein Dipol in wässeriger Lösung mit einer Sättigungssphäre umgibt und berechnet die Größe dieser Sphäre auf Grund des Richtungseffektes. Es ergibt sich für die Dielektrizitätskonstante einer einwertigen Salzlösung die Formel

$$\varepsilon = 80[1{,}0 - 3{,}0\,\gamma],$$

wo γ die Konzentration in Mol pro Liter ist. Wird der aus optischen Messungen folgende Wert $\varepsilon = 2$ für die gebundenen Moleküle des Wassers eingesetzt, so wird der Radius der Wirkungssphäre 9,1 Å bei Ionenradien von 1 bis 3,5 Å.

HELLMANN und ZAHN[4]) kommen auf Grund ihrer neuesten Messungen zu dem Schluß, daß die tatsächlichen Erniedrigungen der Dielektrizitätskonstante beträchtlich kleiner sein müssen als in den letzten Arbeiten, insbesondere von FÜRTH und von WALDEN, ULICH und WERNER angegeben worden ist, bei denen durch den Kopplungsgrad zwischen Erreger- und Resonanzkreis falsche Werte vorgetäuscht werden.

L. EBERT[5]) berechnet aus den Messungen von BLÜH, HÜCKEL, WALDEN, ULICH und WERNER die Zahl der von einem Mol Salz fixierten Dipolmoleküle. Diese Zahl geht in keinem Falle (berechnet für KCl, $BaCl_2$, CdBr $[C_3H_7]_4$, NJ) über 12 hinaus.

32. Nichtwässerige Lösungen. WALDEN, ULICH und WERNER[6]) untersuchten den Einfluß der Lösung von Salzen auch in nichtwässerigen Lösungsmitteln. Sie fanden, daß in Lösungsmitteln mit kleiner Dielektrizitätskonstante die Dielektrizitätskonstante steigt, wenn Salze gelöst werden. Bei größerer Dielektrizitätskonstante nimmt diese dagegen zuerst ab, durchläuft mit steigender Salzkonzentration ein Minimum und steigt dann über den Wert des reinen Lösungsmittels hinaus. Abb. 4 enthält die Untersuchungen an Tetrapropyliodid und Diäthylaminhydrochlorid, die in Chloroform, Abb. 5 die Versuche an Tetrapropylammoniumjodid, das in Äthylanilin gelöst war.

[1]) H. ZAHN, ZS. f. Phys. Bd. 31, S. 362. 1925.
[2]) R. FÜRTH, Ann. d. Phys. Bd. 70, S. 64. 1923.
[3]) H. SACK, Phys. ZS. Bd. 27, S. 206. 1926.
[4]) H. HELLMANN u. H. ZAHN, Phys. ZS. Bd. 27, S. 636. 1926.
[5]) L. EBERT, Proc. Amsterdam Bd. 29, S. 454. 1926.
[6]) P. WALDEN, H. ULICH u. O. WERNER, ZS. f. phys. Chem. Bd. 115, S. 177. 1925; Bd. 116, S. 261. 1925.

Hier ist die anfängliche Abnahme der Dielektrizitätskonstante gering. Bei Lösung von Tetrapropylammoniumjodid in Pyridin ($\varepsilon = 12{,}5$) ergab sich bereits ein stärkeres Minimum (Abb. 6).

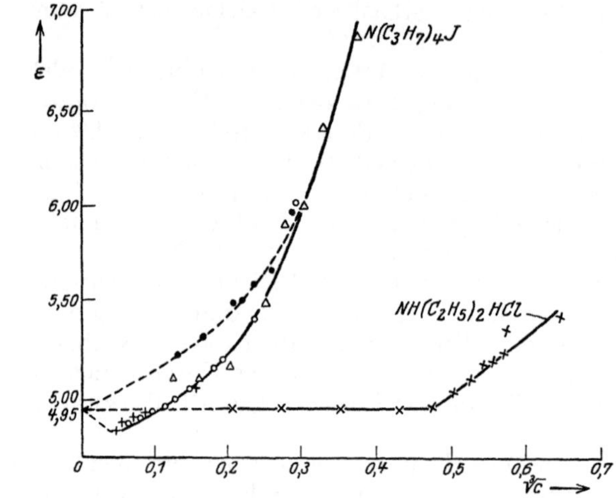

Abb. 4. Abhängigkeit der Dielektrizitätskonstanten des Chloroforms von der Konzentration der darin gelösten Salze.

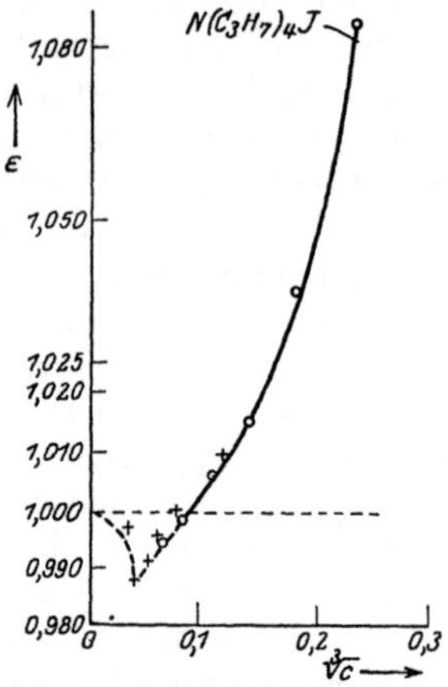

Abb. 5. Abhängigkeit der Dielektrizitätskonstanten des Äthylanilins von der Konzentration des darin gelösten Salzes.

Die Grenze bilden die wässerigen Lösungen, bei denen sich nur der absteigende Ast der Kurven bisher hat realisieren lassen.

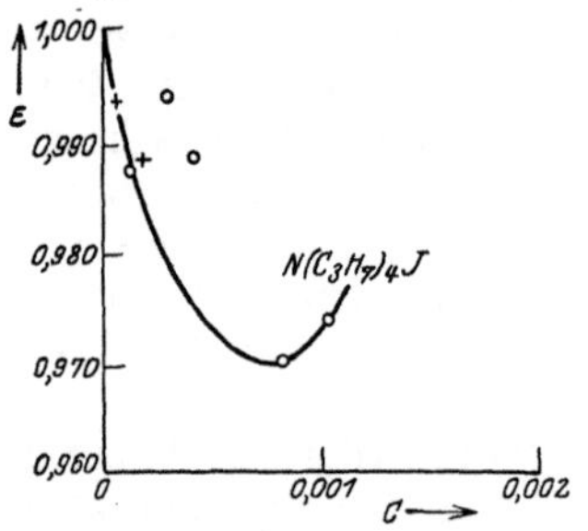

Abb. 6. Abhängigkeit der Dielektrizitätskonstanten des Pyridins von der Konzentration des darin gelösten Salzes.

Die Abnahme der Dielektrizitätskonstanten wird mit Hilfe der Dipoltheorie, die spätere Zunahme durch Assoziation erklärt.

33. Kolloidale Lösungen. Sehr interessante Erscheinungen ergab die Untersuchung der Dielektrizitätskonstante kolloidaler Lösungen. Die ersten Messungen rühren von KELLER[1]) her und erstrecken sich auf Rohrzucker-, Gelatine- und Eieralbuminlösungen verschiedener Konzentration. KELLER fand eine starke Abweichung der Dielektrizitätskonstante von der Proportionalität mit der Konzentration, wie die folgende Tabelle erkennen läßt:

Tabelle 14.

Rohrzucker in Wasser		Gelatine in Wasser	
Konzentration in %	ε	Konzentration in %	ε
0	81	1,9	74
10	79,5	4,8	67,5
20	74	6,7	66
30	67	9,1	61
40	60	13	58
60	39	30	48
100 fest	5	50	44
		100 fest	5,6

Ferner zeigen nach KELLER die elektrolythaltigen Kolloidlösungen in natürlichen Organismen bisweilen abnorm hohe Dielektrizitätskonstanten.

Dann wurde das V_2O_5-Sol von ERRERA[2]) sowie von FÜRTH und BLÜH[3]) eingehend untersucht. Nach den Beobachtungen von

[1]) R. KELLER, Kolloid-ZS. Bd. 29, S. 193. 1921.

[2]) J. ERRERA, Kolloid-ZS. Bd. 31, S. 59. 1922; Bull. Soc. chim. Bel. Bd. 33, S. 422 u. 432. 1924.

[3]) R. FÜRTH u. O. BLÜH, Kolloid-ZS. Bd. 34, S. 259. 1924.

DIESSELHORST, FREUNDLICH und LEONHARDT ist die Lösung dieses Sols unter Umständen doppelbrechend, weil die kolloiden Teilchen stäbchenförmig sind und sich beim Fließen des Sols ausrichten.

ERRERA verwandte die Methode von NERNST in der Ausgestaltung, die ihr durch W. HERTWIG und HANS JOACHIM gegeben wurde. Er arbeitete mit der Frequenz $6{,}8 \cdot 10^5$ und benutzte als Eichflüssigkeit Methylalkohol der Dielektrizitätskonstante 33. Er ging von der Lösung eines 14promill. V_2O_5-Sols aus und fand

Verdünnung	0	2	4	8	16	32	64	128
ε	400	203	149	119	98	91	84	83

Als Ursache der anormal hohen Dielektrizitätskonstante erkannte ERRERA bereits die stäbchenförmige Gestalt der dipolaren Kolloidteilchen des V_2O_5-Sols. Die einzelnen Stäbchen werden unter dem Einfluß der elektrischen Kräfte gerichtet. Deshalb nimmt auch die Dielektrizitätskonstante mit zunehmender Frequenz zu, weil dann die Einstellung der Teilchen durch die BROWNsche Molekularbewegung weniger gestört wird. Ferner ist die Temperatur der Lösungen und die Frequenz von Einfluß auf die Dielektrizitätskonstante. Endlich nimmt auch die Dielektrizitätskonstante dieser Sole nach ihrer Herstellung anfänglich zu. Der hohe Wert von 400 tritt erst nach einiger Zeit ein. Mit zunehmendem Alter nimmt dann die Dielektrizitätskonstante wieder ab.

Hinsichtlich anderer kolloidaler Lösungen findet sich bei ERRERA die Bemerkung, daß diejenigen Lösungen, die man als wenig solvatiert bezeichnet, in der Regel die gleiche Dielektrizitätskonstante wie das Lösungsmittel haben.

FÜRTH und BLÜH ermitteln mit der Frequenz $4{,}3 \cdot 10^8$ die Abhängigkeit der Dielektrizitätskonstanten eines drei Jahre alten und eines neuen V_2O_5-Sols von der Konzentration. Sie bestätigen im wesentlichen die Ergebnisse von ERRERA, wenn sie auch nicht ganz so große Werte der Dielektrizitätskonstante finden wie dieser. Sie betonen, daß alle ihre Ergebnisse mit der Theorie von DEBYE im Einklang sind, und erklären die Ansicht ERRERAS, daß nach der Dipoltheorie die Dielektrizitätskonstante mit der Feldstärke zunehmen müsse, für einen Irrtum. Die von ERRERA tatsächlich gefundene Zunahme führen sie auf elektrolytische Polarisationsspannungen und die dadurch hervorgerufenen Polarisationskapazitäten zurück.

Die Dielektrizitätskonstante flüssiger Kristalle hat KAST[1]) zuerst untersucht. Auch bei diesem haben die langgestreckten Moleküle die Tendenz, sich parallel zu richten, so daß sich Schwärme bis zu 0,01 mm Länge ausbilden. Die Kristalle sind doppelbrechend. KAST suchte mit der HERWEGschen Überlagerungsmethode nach Änderungen der Dielektrizitätskonstanten bei Übergang aus dem ungeordneten in den durch ein Magnetfeld geordneten Zustand der Kristalle. Er fand zwei Gruppen. Bei der einen ist die Längsachse die Richtung der größten Dielektrizitätskonstante, bei der anderen die der kleinsten. JEZEWSKI[2]) fand, daß die Dielektrizitätskonstante von Azooxyanisol und Azooxyphenetol mit der Intensität des Magnetfeldes, in das sie gebracht werden, zunimmt.

ORNSTEIN[3]) entwickelte die Theorie dieser Erscheinungen.

34. Abhängigkeit von der Temperatur. Ältere Messungen sind von PALAZ[4]), CASSIE[5]), NEGREANO[6]), RATZ[7]), HEINKE[8]), TANGL[9]) ausgeführt. Gemessen

[1]) W. KAST, Ann. d. Phys. Bd. 73, S. 145. 1924.
[2]) M. JEZEWSKI, Ann. d. Phys. Bd. 75, S. 108. 1924.
[3]) L. S. ORNSTEIN, Ann. d. Phys. Bd. 74, S. 445. 1924.
[4]) A. PALAZ, Beibl. Bd. 11, S. 259. 1887.
[5]) W. CASSIE, Proc. Roy. Soc. London Bd. 48, S. 357. 1889.
[6]) D. NEGREANO, C. R. Bd. 114, S. 375. 1892.
[7]) F. RATZ, ZS. f. phys. Chem. Bd. 19, S. 94. 1896.
[8]) C. HEINKE, Elektrot. ZS. Bd. 17, S. 483 u. 499. 1896.
[9]) K. TANGL, Ann. d. Phys. Bd. 10, S. 748. 1903.

wurden Benzol, Toluol, CS_2-Metaxylol, Äthyläther, Chloroform, Anilin, Amylalkohol, Äthylalkohol usw. Die Werte der von den einzelnen Forschern gemessenen Temperaturkoeffizienten weichen zum Teil recht erheblich voneinander ab.

Später hat WALDEN[1]) nach der Methode von NERNST die Dielektrizitätskonstanten einer größeren Zahl von Flüssigkeiten bei drei Temperaturen gemessen. Seine Ergebnisse finden sich in der folgenden Tabelle 15:

Tabelle 15.

Flüssigkeit	t_1	ε_1	t_2	ε_2	t_3	ε_3
Äthylalkohol	1,5	28,8	18,5	25,4	49,2	20,8
Äthylenglykol	1	46,7	20	41,2	50,5	35,5
Benzylalkohol	1	15,8	19	13,1	49	10,4
Furfurol	1	46,9	19,5	42,0	50	34,9
Benzylzyanid	1,3	19,95	21,5	18,23	51	16,80
Propionitril	1	31,3	21	27,5	50	24,6
Nitrobenzol	0	40,3	20,5	35,5	50,5	30,2
Äthylnitrat	1,1	21,2	20,7	19,6	50	16,9
Azetophenon	14	18,6	21	18,1	56	15,1
Anisol	4	4,7	23,4	4,3	56	3,9
Äthylenchlorid	1	11,55	19,8	10,45	50	9,4
Trichloressigsaures Äthyl	2	8,3	20,5	7,8	60	6,7
Symm.-Diäthylsulfit	1	17,5	19,5	15,9	50,4	13,7
Benzylamin	1	5,5	20,6	4,6	50	4,3
Dimethylanilin	2	4,8	20	4,48	51,8	3,9
Brombenzol	1,2	5,46	23,5	5,21	50	4,64

Hiernach scheinen Flüssigkeiten im allgemeinen negative Temperaturkoeffizienten zu haben. Eine Bearbeitung des von WALDEN beigebrachten Materials mit Hilfe der Dipoltheorie scheint bisher noch nicht erfolgt zu sein.

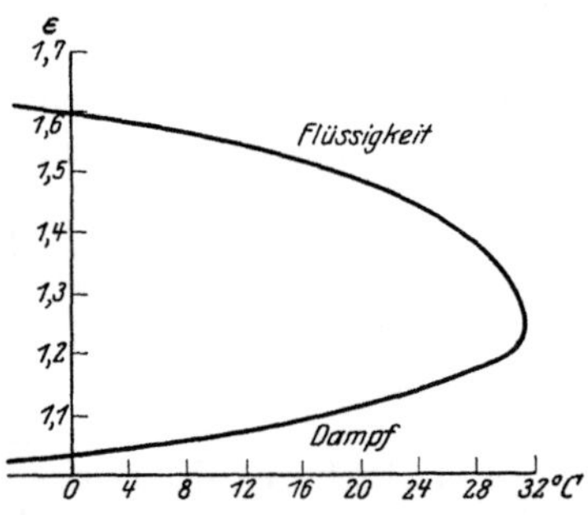

Abb. 7. Abhängigkeit der Dielektrizitätskonstanten von CO_2 vom Druck im Gebiet des kritischen Punktes.

In dem Gebiet der kritischen Temperatur bewegen sich zwei Untersuchungen, die eine von EVERSHEIM[2]), der Äthyläther, SO_2, SH_2, Cl_2, untersuchte und unterhalb der kritischen Temperatur eine lineare Abnahme, in der Umgebung der kritischen Temperatur ein rasches Absinken und dann annähernd Konstanz der Dielektrizitätskonstante fand. Die zweite Untersuchung rührt von VERAIN[3]) her und wurde an CO_2 ausgeführt. Abb. 7 zeigt die Kurve der Dielektrizitätskonstante in der Nähe des kritischen Punktes.

Weitere Messungen liegen noch vor von ABEGG[4]) über die Dielektrizitätskonstante von Toluol, Amylalkohol, Äthyläther und Äthylalkohol bei Temperaturen bis $-80°$ C sowie von ABEGG und SEITZ[5]) an einigen Alkoholen und Nitrobenzol.

DEBYE[6]) berechnet in seiner ersten Veröffentlichung über seine Dipoltheorie selbst eine Anzahl von Dipolen auf Grund der erwähnten Messungen von ABEGG

[1]) P. WALDEN, ZS. f. phys. Chem. Bd. 70, S. 569. 1910.
[2]) P. EVERSHEIM, Ann. d. Phys. Bd. 8, S. 539. 1902; Bd. 13, S. 492. 1904.
[3]) L. VERAIN, C. R. Bd. 154, S. 345. 1912.
[4]) R. ABEGG, Ann. d. Phys. Bd. 60, S. 54. 1897.
[5]) R. ABEGG u. W. SEITZ, ZS. f. phys. Chem. Bd. 29, S. 242 u. 491. 1899.
[6]) P. DEBYE, Phys. ZS. Bd. 13, S. 97. 1912.

und SEITZ. Die von ihm berechneten Werte sind in der folgenden Tabelle 16 zusammengestellt.

Die seit der Aufstellung der DEBYEschen Theorie veröffentlichten Arbeiten prüfen die Frage der Gültigkeit dieser Theorie. Dabei ist zu bedenken, daß eine selbstverständliche Voraussetzung dieser Theorie die ist, daß sich die Zahl und die Beschaffenheit der Dipole mit der Temperatur nicht ändert. Finden Assoziationen von Dipolen zu größeren, weniger oder nicht dipolaren Komplexen statt, deren Menge von der Temperatur abhängig ist, so ist eine Gültigkeit der DEBYEschen Formel nicht zu erwarten.

Tabelle 16. Dipolmomente nach DEBYE, berechnet aus Messungen von R. ABEGG u. W. SEITZ[1]).

Name	Chemische Formel	μ
Methylalkohol . .	CH_3OH	$3{,}4 \cdot 10^{-19}$
Äthylalkohol . . .	C_2H_5OH	$4{,}3 \cdot 10^{-19}$
Propylalkohol . .	C_3H_7OH	$5{,}0 \cdot 10^{-19}$
Isobutylalkohol .	$(CH_3)_2CHCH_2OH$	$6{,}5 \cdot 10^{-19}$
Amylalkohol . . .	$C_5H_{11}OH$	$7{,}9 \cdot 10^{-19}$
Wasser	HOH	$5{,}7 \cdot 10^{-19}$
Äthyläther	$C_2H_5OC_2H_5$	$11{,}8 \cdot 10^{-19}$
Azeton	CH_3COCH_3	$3{,}4 \cdot 10^{-19}$
Toluol	$C_6H_5CH_3$	$5{,}1 \cdot 10^{-19}$
Nitrobenzol . . .	$C_6H_5NO_2$	$5{,}7 \cdot 10^{-19}$

Hierzu sei zunächst eine Untersuchung von GRAFFUNDER[2]) erwähnt, der die Abhängigkeit der Dielektrizitätskonstante von Benzol, Azetylen und Glyzerin von der Temperatur bei der Frequenz $1 - 3 \cdot 10^6$ und Temperaturen zwischen -30 und $100°$ C untersucht. GRAFFUNDER findet, daß Benzol und Azetylen keine Dipole besitzen. Glyzerin dagegen zeigt zwischen den Frequenzen $3 \cdot 10^5$ und $6{,}8 \cdot 10^5$ anomale Dispersion, die in gutem Einklang mit der DEBYEschen Theorie der anomalen Dispersion bei Temperaturen unter $-10°$ C eintritt. Daß das Dispersionsgebiet hier bei tiefen Temperaturen sich bis zu so niedrigen Frequenzen erstreckt, liegt an der großen inneren Reibung des Glyzerins bei diesen Temperaturen.

GRAFFUNDER betont, daß aus dem Temperaturgang der Dielektrizitätskonstante von Substanzen im flüssigen Zustand allein, zum mindesten wegen der Möglichkeit der Polymerisation, nicht ohne weiteres auf das Vorhandensein von Dipolen geschlossen oder gar das Dipolmoment berechnet werden kann.

Über das flüssige Wasser, das bei seiner sehr großen Dielektrizitätskonstante von rund 80, bei Zimmertemperatur gegenüber einer Dielektrizitätskonstante von etwa 3,5 des Eises eine für die Prüfung der Dipoltheorie besonders geeignete Substanz zu sein scheint, liegen eine Anzahl ältere, vor Aufstellung dieser Theorie von HEERWAGEN[3]), FRANKE[4]), RATZ[5]), NIVEN[6]), COHN[7]), THWING[8]) und DRUDE[9]) ausgeführte Messungen vor. Sämtliche Forscher finden eine starke Abnahme der Dielektrizitätskonstante des Wassers mit zunehmender Temperatur, während die einzelnen Werte zum Teil recht beträchtliche Abweichungen voneinander zeigen.

Nach einer langen Pause ist dann vor kurzem die Temperaturabhängigkeit der Dielektrizitätskonstante des Wassers von LILI KOCKEL[10]) nach der NERNST-JOACHIMschen Brückenmethode bei einer Frequenz von $6 \cdot 10^5$ Hertz in dem

1) R. ABEGG u. W. SEITZ, ZS. f. phys. Chem. Bd. 29, S. 242 u. 491. 1899.
2) W. GRAFFUNDER, Ann. d. Phys. Bd. 70, S. 225. 1923.
3) F. HEERWAGEN, Ann. d. Phys. Bd. 49, S. 272. 1893.
4) A. FRANKE, Ann. d. Phys. Bd. 50, S. 163. 1893.
5) F. RATZ, ZS. f. phys. Chem. Bd. 19, S. 94. 1896.
6) C. NIVEN, Proc. Roy. Soc. London Bd. 85, S. 139. 1911.
7) E. COHN, Ann. d. Phys. Bd. 45, S. 376. 1892.
8) C. B. THWING, ZS. f. phys. Chem. Bd. 14, S. 296. 1894.
9) P. DRUDE, Ann. d. Phys. Bd. 59, S. 17. 1896.
10) L. KOCKEL, Ann. d. Phys. Bd. 77, S. 417. 1925.

ganzen Bereich zwischen 0 und 100° C sehr sorgfältig mit der ausgesprochenen Absicht der Prüfung der DEBYEschen Theorie gemessen worden. Die folgende Tabelle 17 gibt die Ergebnisse wieder. Dabei ist ε_t nach der Formel

$$\varepsilon_t = 87{,}9 \cdot e^{-0{,}0047t} \tag{107}$$

berechnet worden. Tabelle 17 zeigt, daß diese Formel die Messungen befriedigend wiedergibt.

Tabelle 17.

t	$\varepsilon_{\text{beob.}}$	ε_t
0	87,9	87,9
10	84,0	83,9
20	79,4	80,0
30	76,0	76,4
40	72,3	72,8
50	69,1	69,5
60	65,8	66,3
70	63,0	63,3
80	60,4	60,4
90	57,8	57,6
100	55,3	55,0

Aus der Tabelle ergibt sich weiter, daß $\frac{\varepsilon - 1}{\varepsilon + 2}\frac{T}{d}$ keine lineare Funktion von T ist, wie es die Theorie von DEBYE verlangt. Wird die Kurve trotzdem durch eine Gerade angenähert dargestellt, so ergibt sich aus dieser ein Dipolmoment des Wassers von 1,7 bis $2{,}4 \cdot 10^{-19}$, während DEBYE $5{,}7 \cdot 10^{-19}$ und P. LERTES aus dem Rotationseffekt $7{,}4 \cdot 10^{-19}$ finden. Auch mit der Theorie von GANS läßt sich keine vollständige Übereinstimmung erzielen. Der Grund dürfte in der erwähnten Polymerisation liegen.

Zu dem gleichen Ergebnis kommt KOCKEL hinsichtlich der Dielektrizitätskonstante von Rohrzuckerlösungen und Harnstofflösungen, die sie bei einer Anzahl verschiedener Konzentrationen zwischen 0 und 100° C untersucht.

Harnstoff ließ reproduzierbare Messungen nur bei steigender Temperatur zu.

ISNARDI[1]) folgert aus seinen mit Hochfrequenz ausgeführten Versuchen, daß Äther und Chloroform Molekeln mit permanenten Dipolmomenten haben, die sich nach der von GANS erweiterten DEBYEschen Theorie berechnen lassen.

Abb. 8 zeigt sehr anschaulich die starke Zunahme der Dielektrizitätskonstanten des flüssigen Äthyläthers mit abnehmender Temperatur bis zur

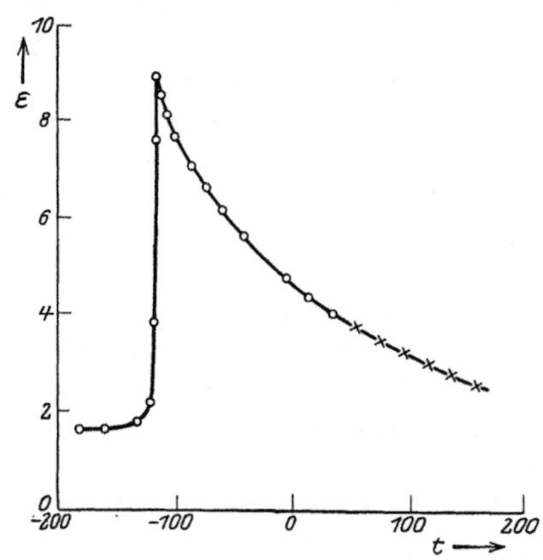

Abb. 8. Abhängigkeit der Dielektrizitätskonstanten des flüssigen Äthyläthers von der Temperatur.

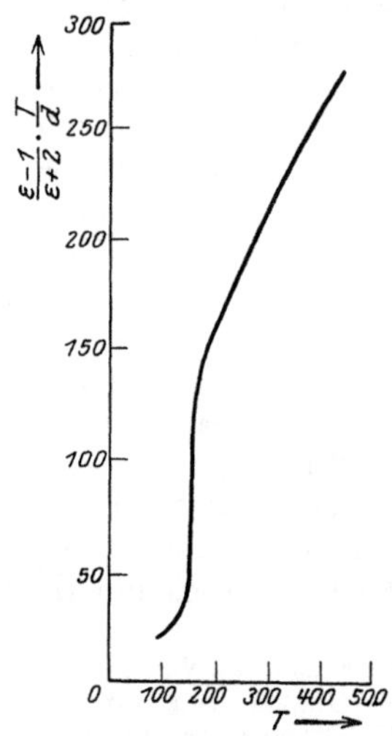

Abb. 9. Prüfung der Theorie von DEBYE mit Hilfe der Werte der Abb. 8.

Erstarrungstemperatur, bei der sie jäh bis zu dem geringen, fast temperaturunabhängigen Wert des festen Äthers abfällt. Abb. 9 zeigt, daß die Anwendung

[1]) H. ISNARDI, Phys. ZS. Bd. 22, S. 230. 1921; ZS. f. Phys. Bd. 9, S. 153. 1922.

der einfachen Theorie von DEBYE auf diese Werte nicht zu dem geforderten geradlinigen Zusammenhang von T und $\frac{\varepsilon - 1}{\varepsilon + 2} \frac{T}{d}$ führt, während die GANSsche Theorie die Werte erheblich besser darzustellen vermag. Da diese Theorie aber über mehr Konstanten verfügt, würde das erst dann die Richtigkeit dieser Theorie beweisen, wenn der Nachweis erbracht ist, daß bei den Messungen Störungen durch veränderliche Molekülassoziation keine Rolle gespielt haben.

Auch Toluol gehört nach ISNARDI zu den Stoffen mit permanenten Momenten, doch ist der Einfluß der Orientierungen auf den Betrag der Dielektrizitätskonstante so klein, daß die Molekularkonstanten von ISNARDI nicht berechnet wurden.

Tetrachlorkohlenstoff, Benzol, Xylol, CS_2, Äthylalkohol und Methylalkohol haben keine Dipole.

ZEJEWSKI[1]) mißt die Abhängigkeit der Dielektrizitätskonstante der in der nebenstehenden Tabelle 18 angegebenen Stoffe von der Temperatur zwischen 270 und 470° abs. Die Tabelle enthält die Konstanten a und b der DEBYEschen Gleichung $\frac{\varepsilon - 1}{\varepsilon + 2} \frac{T}{d} = a + bT$, durch die sich die Messungen gut darstellen lassen.

Tabelle 18.

	a	b
Anilin	+54,3	+0,465
Nitrobenzol	−43,2	+0,904
Glyzerin	−22,5	+0,822
Wasser	−25,5	+1,054

Im Widerspruch zur Theorie von DEBYE steht allerdings die Tatsache, daß die Konstanten a bei drei der untersuchten Flüssigkeiten negativ sind.

Eine eigentümliche Temperaturabhängigkeit fand BOCK[2]) bei Glyzerin. Bei einer Frequenz von $2{,}2 \cdot 10^6$ Hertz erwies sich nämlich die Dielektrizitätskonstante von −140 bis −15° C als praktisch konstant, wuchs dann von −15 bis +60° C von dem Wert 3 auf den Wert 36, um dann langsam wieder abzunehmen. Mit den früheren Einzelmessungen an Glyzerin stimmten die Werte von BOCK gut überein. Anscheinend liegen hier verwickelte Polymerisationen vor, die in dem Temperaturgebiet von −15 bis +60° mehr oder weniger zerfallen.

WERNER und KEESOM[3]) untersuchten die Dielektrizitätskonstante von festem und flüssigem Wasserstoff in Abhängigkeit von der Temperatur nach verbesserten Methoden. Die Frequenz betrug $1{,}67 \cdot 10^6$, der mittlere Fehler 0,4%. Sie fanden folgenden Zusammenhang zwischen der absoluten Temperatur T, der Dielektrizitätskonstanten ε und der Dichte ϱ.

Tabelle 19.

T° abs	ε	ϱ	
20,49	1,2305	0,07068	flüssig
20,40	1,2315	0,07082	flüssig
20,40	1,2307	0,07082	flüssig
19,11	1,2356	0,07215	flüssig
17,73	1,2408	0,07360	flüssig
16,73	1,2455	0,07457	flüssig
15,47	1,2484	0,07573	flüssig
14,71	1,2492	0,07641	flüssig
14,69	1,2512	0,07643	flüssig
14,56	[1,2497]	0,07654	flüssig
14,33	1,2521	0,07675	flüssig
14,29	[1,2505]	0,07678	flüssig
14,12	[1,2522]	0,07694	flüssig
14,10	1,2533	0,07695	flüssig
14,0	1,2059	—	fest
13,8	1,1987	—	fest
13,5	1,1972	—	fest

Für die Dielektrizitätskonstante von flüssigem Wasserstoff beim Siedepunkt ergibt sich $\varepsilon = 1{,}2311 \pm 0{,}0002$, nahe beim Schmelzpunkt $\varepsilon = 1{,}2533$, bei festem Wasserstoff $\varepsilon = 1{,}206$. Zwischen Schmelzpunkt und Siedepunkt ist der Verlauf von ε mit der Temperatur linear.

[1]) M. ZEJEWSKI, S. A. Poln. Akad. Ber. Bd. 105. 1921.
[2]) R. BOCK, ZS. f. Phys. Bd. 31, S. 534. 1925.
[3]) W. WERNER u. W. H. KEESOM, Proc. Amsterdam Bd. 29, S. 34. 1926.

35. Einfluß des Druckes. Bei Flüssigkeiten nimmt ε mit dem Druck anscheinend stets langsamer zu, als nach der CLAUSIUS-MOSOTTIschen Formel zu erwarten ist. Die Abweichungen sind bei Flüssigkeiten mit Dipolen besonders groß. Versuche darüber wurden von RATZ[1]), ORTVAY[2]) und WAIBEL[3]) angestellt. RATZ erhielt in dem Druckintervall von 1 bis 300 Atm. folgende Werte für die relative Druckzunahme $\Delta\varepsilon/\varepsilon$:

	Äther	Benzol	Anilin	Amylalkohol
$10^4 \frac{\Delta\varepsilon}{\varepsilon}$	232	0,139	0,45	0,42

ORTVAY stellte die Ergebnisse seiner Messungen mit Drucken bis 500 Atm. durch die Formel dar:

$$\varepsilon_p = \varepsilon_0 (1 + \alpha p + \beta p^2). \tag{108}$$

WAIBEL benutzte eine sehr empfindliche Resonanzmethode unter Verwendung einer Elektronenröhre als Schwingungserzeuger und eines Vibrationsgalvanometers als Resonanzinstrument. Seine Anordnung erlaubte, noch relative Kapazitätsänderungen von $1{,}2 \cdot 10^{-6}$ nachzuweisen. Er fand ebenfalls für alle drei von ihm untersuchten Flüssigkeiten einen schwach quadratischen Verlauf der Druckabhängigkeit der Dielektrizitätskonstante. Es war bei

CS_2	$\varepsilon = 2{,}644\,(1 + 7{,}47 \cdot 10^{-5} p - 3{,}64 \cdot 10^{-8} p^2)$	bei 13° C
Hexan	$\varepsilon = 1{,}883\,(1 + 8{,}61 \cdot 10^{-5} p - 7{,}81 \cdot 10^{-8} p^2)$	„ 14° C
Benzol	$\varepsilon = 2{,}291\,(1 + 6{,}24 \cdot 10^{-5} p - 0{,}468 \cdot 10^{-8} p^2)$	„ 14,8° C

FALKENBERG[4]) fand bei der Frequenz $6 \cdot 10^7$ die Werte der Tabelle 20.

Tabelle 20.

Flüssigkeit	Temp.	Druckintervall Atm.	Mittleres $\Delta\varepsilon$ Atm.
Wasser	16,3	7—200	0,0046
Äthylalkohol	20,0	15—200	0,0097
Methylalkohol	18,0	15—200	0,0102
Azeton	20,0	15—200	0,016

Bei Wasser und den Alkoholen war $\frac{\varepsilon - 1}{d}$ konstant, wenn d die Dichte ist.

Weitere Versuche liegen von GRENACHER[5]) und von CHARLOTTE FRANKE[6]) vor. Letztere untersuchte einige organische Flüssigkeiten bis zu Drucken von 800 Atm. Die Dielektrizitätskonstante nahm mit dem Drucke schwach zu, der CLAUSIUS-MOSOTTIsche Ausdruck bei Benzol um 2,25% ab.

36. Abhängigkeit von der Wellenlänge. Dispersion. Die älteren Messungen der im allgemeinen geringfügigen, wenn überhaupt vorhandenen Dispersion sind mit Mißtrauen zu betrachten, da die Meßtechnik damals noch nicht hinreichend fortgeschritten war. Vor allem gilt dieses, wenn die Messungen bei verschiedenen Frequenzen von verschiedenen Forschern an verschiedenen, vielfach nicht hinreichend definierten Proben des angeblich gleichen Materials vorgenommen worden sind. Vielleicht läßt sich aus den älteren Messungen der Schluß ziehen, daß merkliche anormale Dispersion am häufigsten bei organischen Flüssigkeiten vorkommt, während große normale Dispersion sehr selten ist.

Wird als Aufgabe der dielektrischen Dispersionsmessungen die Auffindung der Dispersionsstreifen, d. h. der Eigenfrequenz der schwingenden Ladungen, bezeichnet, so folgt aus den heutigen Anschauungen über die dielektrische

---

1) F. RATZ, ZS. f. phys. Chem. Bd. 19, S. 86. 1891.
2) R. ORTVAY, Ann. d. Phys. Bd. 36, S. 1. 1911.
3) F. WAIBEL, Ann. d. Phys. Bd. 72, S. 161. 1923.
4) G. FALKENBERG, Ann. d. Phys. Bd. 61, S. 160. 1920.
5) M. GRENACHER, Ann. d. Phys. Bd. 77, S. 138. 1925.
6) CH. FRANKE, Ann. d. Phys. Bd. 77, S. 159. 1925.

Polarisation, daß die Polarisationselektronen ihre Eigenfrequenz im Ultraviolett haben, also nicht Gegenstand elektrischer Messungen sein können. Auch die Eigenfrequenzen der Polarisationsatome liegen noch im optischen Gebiet, so daß nur bei Dipolen Eigenfrequenzen mit elektrisch zugänglichem Frequenzbereich zu erwarten sind. Der erste, dem es gelang, solche Eigenfrequenzen von Dipolflüssigkeiten zu finden, war COLLEY[1]), der mit sehr schwach gedämpften, kontinuierlich veränderlichen Wellen arbeitete. Im einzelnen erhielt COLLEY folgende Werte:

Wasser: bei 17° C $\varepsilon = 80{,}26$ bis $\nu = 5 \cdot 10^8$ Hertz; 20 Absorptionsstreifen zwischen $5 \cdot 10^8$ und $8{,}3 \cdot 10^8$ Hertz, daran anschließend stetige Abnahme von ε bis $13{,}4 \cdot 10^8$ Hertz.

Äthylalkohol: 5 Dispersionsbanden zwischen $3{,}23 \cdot 10^8$ und $5 \cdot 10^8$ Hertz.

Benzol: 2 scharfe Dispersionsstreifen zwischen $5{,}56 \cdot 10^8$ und $5{,}82 \cdot 10^8$ Hertz.

Toluol: 4 Streifen zwischen $4{,}25 \cdot 10^8$ und $4{,}57 \cdot 10^8$ Hertz;
2 „ „ $5{,}5 \cdot 10^8$ und $6{,}0 \cdot 10^8$ Hertz.

Azeton: 1 „ „ $4{,}43 \cdot 10^8$ und $4{,}50 \cdot 10^8$ Hertz.

Ähnliche Ergebnisse erzielte OBOLENSKI[2]) am Petroleum, dessen elektrisches Spektrum er mit einem kannelierten Bandespektrum vergleicht.

Mit sehr hohen, aber nicht so reinen Frequenzen wie COLLEY arbeitete MERCZYNG[3]). Er ging bis zur Frequenz $6{,}7 \cdot 10^9$, verwendete jedoch nicht die Methode der Drahtwellen, sondern die der Reflexion nach COLE[4]). Er erhielt folgende Werte für ε:

Tabelle 21.

$\nu =$	optisch	$6{,}7 \cdot 10^9$	$4.0 \cdot 10^8$
Glyzerin . .	2,1	16,8	25,4
Methylalkohol	1,8	29,4	33,2
Amylalkohol .	1,9	3,31	5,51
Essigsäure. .	1,9	3,5	6,29
Anilin . . .	2,5	4,36	7,14
Äthyläther .	1,9	3,26	4,42

Wie nicht anders zu erwarten, konvergiert also ε mit steigender Frequenz gegen den bei optischer Frequenz gültigen Wert.

Weitere Messungen von KOSSONOGOW[5]), der für eine Anzahl organischer Flüssigkeiten in dem Frequenzbereich $3{,}3 \cdot 10^9$ bis $15{,}5 \cdot 10^9$ vorwiegend normale Dispersion findet, und von LAMPA[6]), der für ähnliche Flüssigkeiten in dem Frequenzbereich $3{,}75 \cdot 10^{10}$ bis $7{,}5 \cdot 10^{10}$ vorwiegend anormale Dispersion feststellt, sind nicht recht miteinander in Einklang zu bringen.

Neuere Messungen über die Dispersion von Flüssigkeiten im elektrischen Gebiet sind von JOACHIM[7]) unternommen worden und in der folgenden Tabelle 22 zusammengestellt, aus der hervorgeht, daß bis zu $\nu = 10^6$ Hertz keinerlei Anzeichen einer Dispersion gegeben sind. Vielmehr dürften die beobachteten Unterschiede der Dielektrizitätskonstante durchaus innerhalb der Meßfehlergrenze liegen.

Zusammenfassend läßt sich sagen, daß es hier sowohl mit exakten Messungen über die Lage und Beschaffenheit der Dispersionsstreifen und den Gang der Dispersion, die von einem Forscher an einem und demselben Material durchgeführt sind, als auch mit der Theorie noch recht im argen liegt. Gerade bei den Dipolflüssigkeiten wäre eine weitere Durchmessung der Dispersion sehr erwünscht.

---

[1]) A. COLLEY, Phys. ZS. Bd. 10, S. 471 u. 657. 1909; Bd. 11, S. 324. 1910.
[2]) N. OBOLENSKI, Phys. ZS. Bd. 11, S. 433. 1910.
[3]) H. MERCZYNG, C. R. Bd. 149, S. 981. 1909; Ann. d. Phys. (4) Bd. 33, S. 1. 1910; Bd. 34, S. 1015. 1911.
[4]) A. D. COLE, Ann. d. Phys. Bd. 57, S. 290. 1896.
[5]) J. KOSSONOGOW, Phys. ZS. Bd. 3, S. 207. 1902.
[6]) A. LAMPA, Ann. d. Phys. Bd. 61, S. 79. 1897.
[7]) H. JOACHIM, Ann. d. Phys. Bd. 60, S. 570. 1919.

Tabelle 22.

Substanz	$\nu=0$	$4\cdot 10^6$	$1\cdot 10^6$ Hertz	
Chloroform . . .	5,14	4,95	5,06	ohne Widerstandskompensation
Toluol	2,33	2,31	2,38	ohne Widerstandskompensation
o-Xylol	2,57	2,57	2,47	ohne Widerstandskompensation
Äther	4,36	4,35	(4,36)	ohne Widerstandskompensation
Äthylenchlorid . .	10,8	—	10,95	ohne Widerstandskompensation
Anilin	7,32	7,14	7,23	ohne Widerstandskompensation
Wasser	81,1	80,7	80,16	
Methylalkohol . .	35,2	33,2	36,17	
Äthylalkohol . . .	26,8	31,8	29,57	
Isobutylalkohol .	18,9	18,0	19,90	
Azeton	21,5	20,7	21,03	
Nitrobenzol . . .	(36,45)	34,0	(36,45)	ohne Widerstandskompensation

37. Abhängigkeit vom elektrischen Feld und Magnetfeld. Bei Elektronenpolarisation ist bisher eine Abhängigkeit der Dielektrizitätskonstante von der elektrischen Feldstärke noch nicht festgestellt worden. Das heißt, die die Elektronen bindende quasielastische Kraft ist der Entfernung der Elektronen aus der Ruhelage streng proportional. Offenbar muß diese Proportionalität bei steigender Entfernung der Elektronen schließlich einmal aufhören. Es scheint aber unmöglich zu sein, die Spannungen zu erreichen, bei denen die Abweichung von der Proportionalität merklich zu werden beginnt, weil schon vorher stets ein elektrischer Durchschlag infolge von Ionisierung durch den Stoß freier Elektronen erfolgt.

Bei Dipolflüssigkeiten läßt sich dagegen nach HERWEGH und PÖTZSCH[1]) aus der Theorie von DEBYE eine Verkleinerung der Dielektrizitätskonstante bei zunehmender Feldstärke ableiten. Und zwar finden HERWEGH und PÖTZSCH dafür die Formel

$$\Delta\varepsilon = \frac{4\pi}{15}\,\frac{N\mu^4}{k^3 T^3}\left(\frac{\mathfrak{E}^2}{1-\Theta^4}\right), \tag{109}$$

wobei $\Delta\varepsilon$ die Differenz der Dielektrizitätskonstante beim Feld Null und dem Feld $\mathfrak{E}$, N die Zahl der Dipole im ccm, μ das Dipolmoment, k die BOLTZMANNsche Konstante, T die absolute Temperatur und $\Theta = \frac{\varepsilon-1}{\varepsilon+2}$, ε die Dielektrizitätskonstante der Flüssigkeit bei der Temperatur T ist.

HERWEGH und PÖTZSCH finden bei Äthyläther die aus der Gleichung (25) folgende Beziehung $\Delta\varepsilon = C\mathfrak{E}^2$ sehr gut bestätigt. Nach Anbringung der erforderlichen Korrekturen erhalten sie für das Dipolmoment des Äthyläthers den Wert $12{,}00\cdot 10^{-19}$, während DEBYE aus der Temperaturabhängigkeit der Dielektrizitätskonstante den Wert $11{,}8\cdot 10^{-19}$ ermittelt. Die Formel (25) stellt auch die Temperaturabhängigkeit der Wirkung der Feldstärke, sowie die Abhängigkeit von der Konzentration der Dipole beim Verdünnen des Äthyläthers mit Benzol recht gut dar. Unterhalb der absoluten Temperatur von 240° versagt sie jedoch. Anscheinend ändert sich bei dieser Temperatur der molekulare Zustand des Äthyläthers.

Ein Einfluß stärkerer Magnetfelder auf die Dielektrizitätskonstante hat sich trotz zahlreicher Versuche von VAN AUBEL[2]), PALAZ[3]) und DRUDE[4]) bis vor kurzem nicht feststellen lassen. Erst in letzter Zeit ist es gelungen, eine Einwirkung des Magnetfeldes auf die Dielektrizitätskonstante bei den flüssigen

[1]) J. HERWEGH u. W. PÖTZSCH, ZS. f. Phys. Bd. 8, S. 1. 1921.
[2]) VAN AUBEL, Arch. de Genève Bd. 5, S. 142. 1898.
[3]) A. PALAZ, Arch. de Genève Bd. 17, S. 287 u. 414. 1887.
[4]) P. DRUDE, Ann. d. Phys. Bd. 52, S. 498. 1894.

Kristallen nachzuweisen. Untersuchungen sind von KAST[1]), ORNSTEIN[2]) und JEZEWSKI[3]) ausgeführt.

KAST benutzt die von HERWEGH angegebene Apparatur zur Messung sehr kleiner Änderungen der Dielektrizitätskonstante zur Untersuchung der flüssig-kristallinischen Schmelzen von p-Azoxyanisol, p-Azoxyphenetol und von pseudoisotropen Schmelzen im Magnetfeld. Das Magnetfeld liegt senkrecht zu den Platten des Plattenkondensators, zwischen denen sich die Flüssigkeiten befinden.

Bei den gewöhnlichen flüssig-kristallinischen Schmelzen wird die Dielektrizitätskonstante durch das Magnetfeld verkleinert. Die Moleküle haben also in der Richtung, mit der sie sich in die magnetische Feldrichtung einstellen, ihre kleinste Dielektrizitätskonstante. Bei Temperatursteigerung vermindert nicht nur die wachsende Energie der molekularen Wärmebewegung die Einstellfähigkeit der Moleküle, sondern es scheint auch die Zahl der einstellfähigen Moleküle gegen die obere Grenze des flüssig-anisotropen Zustandes stark abzunehmen. Die Ionenbeweglichkeit folgt den gleichen Gesetzen.

Bei den pseudo-isotropen Schmelzen ist der Einfluß des Magnetfeldes bedeutend kleiner. Die Moleküle werden hier nur noch etwas nachgerichtet. Auffallenderweise ist das aber mit einer Vergrößerung der Dielektrizitätskonstante verbunden, so daß hier die optische Achse der Moleküle als die Richtung der größten Dielektrizitätskonstante angesehen werden muß. In diesem Fall besteht kein Temperatureinfluß.

ORNSTEIN hat diese Versuche von KAST theoretisch behandelt. Er macht die Annahme, daß das Medium entweder aus anisotropen Molekülen aufgebaut oder als Kristallaggregat mit BROWNscher Bewegung anzusehen ist. Er leitet die Formel ab

$$\Delta\varepsilon = \frac{2}{3}(\varepsilon_1 = \varepsilon_2)\left(1 - \frac{3\cosh C}{C} + \frac{3}{C^2}\right), \tag{110}$$

wo $C = \frac{\mu\mathfrak{H}}{kT}$, μ das Dipolmoment der Teilchen, $\mathfrak{H}$ die magnetische Feldstärke, ε_1 und ε_2 die größte und kleinste Dielektrizitätskonstante sind. Aus den Messungen von KAST berechnet sich dann

für p-Azoxyanisol $\mu = 9{,}43 \cdot 10^{-17}$,
für p-Azoxyphenetol $\mu = 8{,}46 \cdot 10^{-17}$.

Aus der Größe dieser Werte folgt, daß die der Theorie zugrunde gelegten Teilchen nicht einzelne Moleküle sein können, sondern größere Kristallaggregate sein müssen.

JEZEWSKI stellt ebenfalls fest, daß die flüssigen Kristalle elektrisch anisotrop sind, und daß $\Delta\varepsilon/\varepsilon$ mit der Feldstärke bis 2000 Gauß ansteigt, mit steigender Temperatur abnimmt, und daß sich die Dielektrizitätskonstante bei transversalem Magnetfeld nicht ändert. In gewöhnlich doppelbrechenden Flüssigkeiten konnte JEZEWSKI unter dem Einfluß des Magnetfeldes keine Anisotropie für elektrische Schwingungen feststellen. Er vermutet, daß seine Methode hierfür noch nicht genau genug war.

d) Die Dielektrizitätskonstante fester Körper.

38. Kristalle. Bei Kristallen hängt die Dielektrizitätskonstante von dem Winkel zwischen der Richtung der elektrischen Feldlinien und den Kristallachsen ab. Wird das Hauptkoordinatensystem als Achsenkreuz gewählt, so sind drei Hauptdielektrizitätskonstanten zu unterscheiden, die — wie beispiels-

[1]) W. KAST, Ann. d. Phys. Bd. 73, S. 145. 1924.
[2]) L. S. ORNSTEIN, Ann. d. Phys. Bd. 74, S. 445. 1924.
[3]) JEZEWSKI, Journ. de phys. Bd. 5, S. 59. 1924.

weise bei den regulären Kristallen — auch alle drei gleich sein können. Als Beispiel für derartige nach den Kristallachsen verschiedene Dielektrizitätskonstanten sei die folgende, von BOREL[1]) angegebene Tabelle 23 angeführt:

Tabelle 23. Klinorhombische Kristalle.

Kristall	ε_a	ε_b	ε_c
$(SO_4)_2Mg(NH_3)_2 + 6\,H_2O$	8,54	7,06	6,10
$(SO_4)_2Mn(NH_3)_2 + 6\,H_2O$	6,83	5,91	4,61
$(SO_4)_2Zn(NH_3)_2 + 6\,H_2O$	7,56	6,62	5,35
$(SO_4)_2NiK_2 + 6\,H_2O$	7,06	6,37	5,52
$(SO_4)_2CoK_2 + 6\,H_2O$	10,71	9,35	8,46
$(SO_4)_2Ni(NH_3)_2 + 6\,H_2O$	6,76	5,38	5,08
$(SO_4)_2Co(NH_3)_2 + 6\,H_2O$	6,13	5,78	5,58
$(SO_4)_2ZnK_2 + 6\,H_2O$	—	6,42	—
$AsO_4Na_2H + 12\,H_2O$	7,26	5,91	5,28

Im übrigen sei auf die unten angeführte Literatur[2]) der auf diesem Gebiet ausgeführten Untersuchungen und auf die Tabellen von LANDOLT-BÖRNSTEIN verwiesen.

Im allgemeinen hat sich ergeben, daß eine quantitative Übereinstimmung zwischen ε und n^2 in der Regel nicht besteht, ein Beweis dafür, daß zu ε auch die Atompolarisationen einen Beitrag liefern, die zwischen den elektrischen und den optisch sichtbaren Schwingungen im Ultrarot ihre Eigenfrequenzen haben.

39. Messungen ohne Rücksicht auf die Kristallstruktur. Für die dielektrischen festen Körper liegen bisher weit weniger exakte Messungen an reinen oder auch nur scharf definierten Stoffen vor als bei dielektrischen Flüssigkeiten. Die Gründe sind mehrfacher Art. Erstens ist die Messung einer dielektrischen Flüssigkeit zwischen den Platten eines Kondensators sehr viel einfacher wie die eines festen Körpers. Dieser muß entweder in Form einer größeren planparallelen Platte vorliegen, was bei einer ganzen Anzahl fester Substanzen ohne weiteres unmöglich ist. Die Elektroden müssen entweder mit Hilfe irgendwelcher störenden Bindemittel aufgebracht werden oder ein Luftraum zwischen Elektrode und Platte in Kauf genommen werden. Besteht eine merkliche elektrolytische Leitfähigkeit, so drohen schwer eliminierbare Störungen durch elektrische Polarisation. Lassen sich einheitliche planparallele Platten nicht herstellen, so müssen die Stoffe in Pulverform zwischen die Elektroden gebracht und durch Rechnungen mit Hilfe nicht immer ganz sicherer Annahmen aus den gemessenen Werten die Dielektrizitätskonstanten der Stoffe ermittelt werden.

Das alles hat zur Folge gehabt, daß vorwiegend technisch wertvolle Substanzen wie Gläser, Marmor, Hartgummi, Isoliermaterialien aller Art untersucht worden sind, deren Dielektrizitätskonstanten technisch recht wichtig, wissenschaftlich aber wegen der fast nie hinreichenden Definiertheit der Substanz ohne Wert sind. Und doch dürfte eine systematische Untersuchung des Zusammenhanges zwischen chemischer Konstitution und dielektrischer Elektronen- und Atompolarisation, denn nur um diese handelt es sich im festen Zustand, wertvolle Aufschlüsse über den Zusammenhang zwischen Elektronenverschieblichkeit und Elektronenbindung ergeben. Erst in der neueren Zeit sind derartige Versuche begonnen.

---

[1]) CH. BOREL, C. R. Bd. 116, S. 1509. 1893.

[2]) E. ROOT, Pogg. Ann. Bd. 158, S. 31. 1876; L. BOLTZMANN, Wiener Ber. Bd. 68, S. 81. 1870; Bd. 70, S. 301. 1874; Ann. d. Phys. Bd. 153, S. 525. 1874; ROMICH u. NOWACK, Wiener Ber. Bd. 70, S. 380. 1874; J. CURIE, Ann. chim. phys. Bd. 17, S. 385. 1889; Bd. 18, S. 203. 1889; CH. BOREL, C. R. Bd. 116, S. 1509. 1893; Arch. de Genève Bd. 30, S. 131. 1893; H. STARKE, Ann. d. Phys. Bd. 60, S. 641. 1897; Bd. 61, S. 804. 1897. R. FELLINGER, Ann. d. Phys. Bd. 7, S. 333. 1902; W. M. THORNTON, Proc. Roy. Soc. London Bd. 82, S. 422. 1909; M. v. PIRANI, Dissertation. Berlin 1903.; P. LEBEDEW, Ann. d. Phys. Bd. 56, S. 6. 1896; W. SCHMIDT, Ann. d. Phys. Bd. 9, S. 919. 1902; Bd. 11, S. 114. 1903; S. W. RICHARDSON, Proc. Roy. Soc. London Bd. 92, S. 41. 1915; R. FELLINGER, Ann. d. Phys. Bd. 60, S. 181. 1919.

Als erster untersuchte BAUMANN[1]) eine größere Anzahl fester Salze in Pulverform mit Hilfe schwach gedämpfter Hochfrequenzschwingungen. Er fand, daß das hygroskopisch aufgesogene Wasser die Dielektrizitätskonstante ziemlich stark erhöht, so daß seine Werte für hygroskopische Salze wohl etwas zu hoch sein dürften. Die BAUMANNschen Messungen sind dann von HEIDWEILLER[2]) vervollständigt und ausführlich durchgerechnet worden. Wegen der prinzipiellen Wichtigkeit des ganzen Verfahrens seien diese Rechnungen etwas ausführlicher mitgeteilt. Die Pulverwerte wurden mit Hilfe einer von O. WIENER[3]) angegebenen, von STÖCKER[4]) geprüften Formel auf die Werte der kompakten Salze normaler Dichte umgerechnet. Die Ergebnisse sind in der folgenden Tabelle 24 zusammengestellt. Dabei bedeuten

ε und ε_1 die Dielektrizitätskonstanten für die Frequenz $6{,}3 \cdot 10^7$,

d und d_1 die Dichten,

$\delta = \frac{d}{d_1}$ das Dichteverhältnis,

u die WIENERsche Formzahl nach STÖCKERS Tabelle 6,

ε_1, die Dielektrizitätskonstante der kompakten Salze, wurde aus ε, u, δ nach der Gleichung

$$\varepsilon_1 = \frac{\delta(\varepsilon + u) + u(\varepsilon - 1)}{\delta(\varepsilon + u) - (\varepsilon - 1)} \tag{111}$$

Tabelle 24.

		d	d_1	$10^3 \cdot \delta$	u	ε	ε_1	$10^3 \cdot \frac{\varepsilon_1 - 1}{\varepsilon_1 + 2}$
1	NaF	1,437	2,828	508	2,91	2,09	3,94	495
2	$NaCl$	1,330	2,181	610	3,13	3,15	6,28	638
3	$NaClO_4$	1,425	2,316	615	3,14	2,93	5,43	596
4	$NaBrO_3$	2,116	3,319	638	3,19	3,70	7,67	690
5	Na_2CO_3	1,253	4,454	511	2,91	2,97	8,44	713
6	$Na_2CO_3 10 H_2O$	1,039	1,469	707	3,34	3,37	5,33	592
7	KF	1,334	2,48	538	2,96	2,68	5,91	621
		1,472		593	3,09	2,96	5,93	
8	KCl	1,274	2,000	637	3,19	2,84	4,85	558
		1,306		653	3,22	2,92	4,88	
9	KBr	1,794	2,753	652	3,22	2,85	4,70	552
10	KJ	1,967	3,175	620	3,15	30,0	5,58	604
11	$KClO_3$	1,420	2,360	602	3,11	2,75	5,05	575
12	KNO_3	1,260	2,105	599	3,10	2,72	4,99	571
13	K_2SO_4	1,770	2,663	665	3,25	3,34	5,87	619
14	K_2CrO_4	1,701	2,711	627	3,17	3,53	7,31	678
15	$K_2CO_3H_2O$	1,102	2,222	496	2,88	2,61	6,61	652
16	$BaCl_2$	1,883	3,885	485	2,86	3,11	11,44	776
17	$BaCl_2 2 H_2O$	2,005	3,122	643	3,20	4,14	9,35	763
18	$BaBr_2 2 H_2O$	2,411	3,872	623	3,15	4,25	10,95	767
19	$Ba(BrO_3)_2H_2O$	2,627	3,950	665	3,25	3,99	8,0	699
20	$Ba(JO_3)_2H_2O$	1,816	4,657	390	2,67	2,56	12,9	799
21	$Ba(NO_3)_2$	2,268	3,372	672	3,26	3,42	5,89	624
22	$Ba(SCN)_2 3H_2O$	1,413	2,286	618	3,16	4,52	12,85	798
23	$CuCl_2 2 H_2O$	1,557	2,530	615	3,14	3,51	7,58	687
24	$CuSO_4$	1,373	3,631	379	2,65	2,36	10,31	756
25	$CuSO_4 5 H_2O$	1,439	2,388	603	3,11	3,44	7,84	689
26	$CrF_3 4 H_2O$	1,084	2,266	479	2,85	2,55	6,79	659
27	$FeF_3 3 H_2O$	1,195	2,298	521	2,93	2,83	7,27	676
28	$Pb(NO_3)_2$	3,069	4,552	674	3,27	7,67	37,7 (?)	924 (?)

[1]) E. BAUMANN, Diss. Rostock 1914.
[2]) A. HEYDWEILLER, ZS. f. Phys. Bd. 3, S. 308. 1920.
[3]) O. WIENER, Leipziger Ber. Bd. 62, S. 256. 1910.
[4]) E. STÖCKER, ZS. f. Phys. Bd. 2, S. 236. 1920.

berechnet. Die Werte sind nach HEYDWEILLER um einige Prozente unsicher und durchschnittlich etwas zu hoch. Aus den mit und ohne Kristallwasser untersuchten Salzen ermittelt HEYDWEILLER unter der wohlbegründeten Annahme, daß die elektrische Refraktion der wasserhaltigen Molekeln sich additiv aus den Refraktionen der wasserfreien Molekeln und der Wassermolekeln zusammensetzt, für Kristallwasser im Mittel die Dielektrizitätskonstante 5,8. Diese so berechnete Dielektrizitätskonstante sollte annähernd gleich der des Eises sein, da in beiden Fällen die dipolare Polarisation nicht in Frage kommt, weil die Moleküle festliegen. Es ist von Interesse, hier die neueste Bestimmung der Dielektrizitätskonstante des Eises von BROMMELS zum Vergleich heranzuziehen. BROMMELS[1]) findet

$$\varepsilon = 3{,}40 + 0{,}04\,(t + 10°)\,. \tag{112}$$

Das gibt auf die von BAUMANN bei seinen Messungen zugrunde gelegte Temperatur von 18° C extrapoliert

$$\varepsilon_{18} = 4{,}52\,.$$

BAUMANN selbst hatte aus weniger genauen Rechnungen für die Dielektrizitätskonstante des Kristallwassers den Wert

$$\varepsilon = 3{,}6$$

erhalten.

Es liegt also der von BROMMELS direkt gemessene Wert in der Tat zwischen den beiden, vielleicht obere und untere Grenzen darstellenden Werten von HEYDWEILLER und BAUMANN.

Ferner weist HEIDWEILLER nach, daß die dispersionsfreie optische Refraktion der Salze annähernd, vielleicht genau, gleich der Hälfte der langwelligen elektrischen Refraktion ist, oder daß an der letzteren die ultravioletten (Elektronen-) und die ultraroten (Ionen-) Eigenschwingungen gleichen Anteil haben, in Übereinstimmung mit der HABERschen[2]) empirischen Beziehung zwischen den beiden Schwingungsarten.

Ferner hat JOACHIM[3]) eine Anzahl pulverisierter Salze bei der Frequenz 10^6, JAEGER[4]) verschiedene kompakte und gepreßte Salze bei der Frequenz $3 \cdot 10^7$ gemessen. Ihre Ergebnisse sind in den Tabellen 25 und 26 zusammengestellt. Weitergehende allgemeine Schlüsse sind aus ihnen nicht abgeleitet.

Tabelle 25.

Substanz	d Pulver	d Krist.	ε Pulver	ε Krist. (berechnet[5])
KCl	1,61	1,985	2,06	2,42
$KAl(SO_4)_2$	1,42	1,75	2,97	3,87
$PbCl_2$	4,84	5,80	4,29	6,03
$PbSO_4$	3,59	6,30	3,72	16,07
$Pb(COOH)_2$	2,26	2,50	2,35	2,57
S(Am)	1,31	1,92	2,84	4,76
$HgCl_2$	4,39	5,42	2,58	2,95
$Hg(CN)_2$	3,11	4,02	2,41	3,11
$(NH_4)_2SO_4$	1,39	1,77	2,56	3,31

Zusammenfassend läßt sich sagen, daß die Untersuchungen über den Zusammenhang zwischen Dielektrizitätskonstante, chemischer Zusammensetzung, periodischem System der Elemente usw. noch in den ersten Anfängen stecken. Hier ist noch eine umfangreiche Arbeit zu leisten, denn es ist zu hoffen, daß es gelingt, diese Untersuchungen, die über die im Innern der Atome wirkenden

[1]) H. BROMMELS, Soc. Scien. Fenn. Comment. phys. math. Bd. 1, Nr. 19. 1922.
[2]) F. HABER, Verh. d. D. phys. Ges. Bd. 13, S. 1117. 1911; Bd. 21, S. 767. 1919.
[3]) H. JOACHIM, Ann. d. Phys. Bd. 60, S. 570. 1919.
[4]) R. JAEGER, Ann. d. Phys. Bd. 53, S. 409. 1917.
[5]) Mit Hilfe der Formel von CLAUSIUS-MOSOTTI.

Kräfte ebensogut Aufschluß geben wie die Spektren, ebenfalls mit Erfolg zum Ausbau der Atomphysik heranzuziehen.

Hinsichtlich der zahlreichen, zum Teil nur mit großer kritischer Vorsicht zu verwendenden Einzelmessungen über die Dielektrizitätskonstante fester Körper muß auf die Tabellen von LANDOLT-BÖRNSTEIN verwiesen werden. Es sei lediglich erwähnt, daß in neuerer Zeit folgende Forscher[1]) auf diesem Gebiet Untersuchungen ausgeführt haben.

Tabelle 26.

Substanz	Zustand	ε $\nu = 3 \cdot 10^7$	ε[2]) $\nu = 1 \cdot 10^{12}$	
AgCl	kompakt	11,2	12,3	
AgBr	,,	12,2	15,7	
AgCN	gepreßtes Pulver	5,62	5,88	nach der LORENTZschen Formel auf Kristalldichte umgerechnet
TlCl	,, ,,	46,9	50,3	
TlBr	,, ,,	53,8	61,0	
Hg_2Cl_2	,, ,,	9,36	14,1	
NH_4Cl	,, ,,	6,96	6,78	
NH_4Br	,, ,,	7,08	7,28	
KBr	,, ,,	4,61	5,09	
KJ	,, ,,	5,20	5,39	

40. Einfluß der Temperatur. Bei den festen Dielektriken wird die Übersicht sehr erleichtert, wenn sie in zwei Gruppen, die der echten und der Pseudodielektriken, geteilt werden. Dabei seien als echte Dielektriken solche Stoffe definiert, die aus neutralen Molekülen aufgebaut sind, so daß sie beim Übergang in den flüssigen Zustand Nichtleiter bleiben, während die Pseudodielektriken aus Ionen bestehen, bei der Verflüssigung gute Leiter werden und nur dadurch dielektrische Eigenschaften vortäuschen, daß die Reibungswiderstände der Ionenbewegung bei ihnen im festen Zustand und bei hinreichend niedriger Temperatur sehr groß sind.

Da diese Reibungswiderstände bei steigender Temperatur sehr schnell abnehmen, wächst bei fast allen Pseudodielektriken die Leitfähigkeit mit steigender Temperatur außerordentlich rasch, in der Regel exponentiell. Infolgedessen nehmen auch die Störungen bei der Messung der Dielektrizitätskonstante mit steigender Temperatur sehr schnell zu. Hierzu kommt noch, daß, sobald in einem festen Körper Bewegungen elektrisch geladener Teilchen über größere Strecken vorkommen, die Dielektrizitätskonstante nicht mehr exakt definiert ist, weil sich der Zustand des Körpers dauernd ändert. Alles das führt dazu, die Messungen über die Abhängigkeit der Dielektrizitätskonstante von der Temperatur bei den Pseudodielektriken mit großem Mißtrauen anzusehen. Ganz besonders gilt das von den älteren Messungen, bei denen die Technik der Elimination der Störungen noch nicht so weit gediehen war wie jetzt. Da nun die meisten häufig untersuchten Stoffe wie sämtliche salzartigen Körper, Glas, Glimmer, Marmor usw. zu der Klasse der Pseudodielektriken gehören, liegen kaum sichere Messungen über die Temperaturabhängigkeit der Dielektrizitätskonstante fester Körper vor.

[1]) F. SCHMIDT (Schwefel), Ann. d. Phys. Bd. 44, S. 329. 1914; H. H. POOLE (Glimmer), Phil. Mag. Bd. 32, S. 112. 1916; R. JAEGER (Gläser, Quarz, Gummi, Salze), Ann. d. Phys. Bd. 53, S. 409. 1917; G. E. BAIRSTO (Technische Stoffe), Proc. Roy. Soc. London Bd. 96, S. 363. 1920; E. SCHOTT (Gläser), Jahrb. d. drahtl. Telegr. Bd. 18, S. 82. 1921; F. J. ROGERS (Seide), Phys. Rev. Bd. 16, S. 370. 1920; J. R. WAKS JR. (Glimmer), Phys. Rev. Bd. 19, S. 272 u. 319. 1922; R. V. GUTHRIE (Isoliermaterialien), Proc. Inst. Radio Eng. Bd. 12, S. 841. 1924.

[2]) Aus optischen Messungen von RUBENS abgeleitet.

Es sei hier deshalb lediglich erwähnt, daß derartige Messungen von CASSIE[1]), PELLAT und SACERDOTE[2]), SCHAEFER und SCHLUNDT[3]), CURIE und COMPAN[4]), GRAY und DOBBIE[5]), DEWAR und FLEMING[6]), THOMAS[7]), BEHN und KIEBITZ[8]), GAGNEBIN[9]) angestellt worden sind.

Aus den angeführten Gründen ist auch durchaus noch die Frage offen, wieweit die CLAUSIUS-MOSOTTIsche Formel die Temperaturabhängigkeit der Dielektrizitätskonstante der festen Körper darstellt. Nach M. v. PIRANI[10]) stimmt sie bei vollkommen durchsichtigen Körpern gut, bei anderen dagegen nicht. G. RUDORF[11]) dagegen lehnt die Formel durchweg ab.

In letzter Zeit hat DIETRICH[12]) nach der Überlagerungsmethode von HERWEG unter besonderen Vorsichtsmaßregeln den Temperaturkoeffizienten der Dielektrizitätskonstanten von Quarz, Flußspat und Gips bestimmt. Zwischen 10° C und 50° C findet er folgendes für den Temperaturkoeffizienten $\frac{1}{\varepsilon}\frac{\Delta\varepsilon}{\Delta\vartheta}$. Quarz war nicht mehr genau meßbar.

Tabelle 27.

Material	$\frac{1}{\varepsilon}\frac{\Delta\varepsilon}{\Delta\vartheta}$	Frequenz
Reiner Flußspat	$2{,}05 \cdot 10^{-4}$	$6{,}4 \cdot 10^5$
Gips (Girgenti)	$3{,}75 \cdot 10^{-4}$	$7{,}1 \cdot 10^5$
Glas (photogr. Platte)	$2{,}97 \cdot 10^{-4}$	$4 \cdot 10^5$
SCHOTTsches Minosglas	$1{,}37 \cdot 10^{-4}$	4 bis $10 \cdot 10^5$

41. Umwandlungspunkte. Die Änderung der Dielektrizitätskonstante beim Umwandlungspunkt flüssig-fest ist für die Dipoltheorie von großem Interesse. Denn da die Dipole beim Erstarren der Körper in das Kristallgitter eingefügt werden, fällt die dipolare Polarisation im festen Zustand weg. Es läßt sich also durch Gefrierenlassen der Körper der dipolare Beitrag von dem Beitrag durch Elektronen- und Atompolarisation trennen. Allerdings scheinen die Dipole dicht unterhalb des Schmelzpunktes noch nicht unbedingt festzuliegen, so daß es sich empfiehlt, bei der Messung der Dielektrizitätskonstante des festen Zustandes nicht zu nahe an den Schmelzpunkt heranzugehen. Außerdem spielen in der Nähe des Schmelzpunktes Störungen durch dielektrische Anomalien eine große Rolle. Dadurch erklärt sich beispielsweise die folgende Tabelle 28 über die von verschiedenen Forschern gemessene Dielektrizitätskonstante des Eises, die ganz erstaunliche Diskrepanzen zeigt.

Eine neuere Untersuchung liegt von BROMMELS[13]) vor, der nach der Methode von NERNST und mit Benzol als Eichflüssigkeit den Wert $\varepsilon = 3{,}40 + 0{,}04\,(t + 10)$ für das Temperaturbereich von -18 bis $-2°$ C erhielt.

Aus den Untersuchungen von ABEGG und SEITZ[14]), DRUDE[15]) und AUGUSTIN[16]) folgt, daß die Dipolarität bei dielektrischen Flüssigkeiten sehr verbreitet ist,

[1]) W. CASSIE, Proc. Roy. Soc. London Bd. 48, S. 357. 1889.
[2]) H. PELLAT u. P. SACERDOTE, C. R. Bd. 127, S. 544. 1898.
[3]) O. C. SCHAEFER u. H. SCHLUNDT, Journ. phys. chem. Bd. 13, S. 669. 1909.
[4]) P. CURIE u. P. COMPAN, C. R. Bd. 134, S. 1295. 1902.
[5]) A. GRAY u. J. J. DOBBIE, Proc. Roy. Soc. London Bd. 67, S. 197. 1900.
[6]) J. DEWAR u. J. A. FLEMING, Proc. Roy. Soc. London Bd. 61, S. 2 u. 316. 1897.
[7]) P. THOMAS, Phys. Rev. Bd. 31, S. 278. 1910.
[8]) U. BEHN u. F. KIEBITZ, Boltzmann-Festschrift, S. 610, 1904.
[9]) S. GAGNEBIN, Arch. sc. phys. et nat. Bd. 6, S. 161. 1924.
[10]) M. v. PIRANI, Diss. Berlin 1903.
[11]) G. RUDORF, Jahrb. d. Radioakt Bd. 7, S. 38. 1910.
[12]) A. DIETRICH, Ann. d. Phys. Bd. 81, S. 523. 1926.
[13]) H. BROMMELS, Soc. Scient. Fenn. Comment. phys. math. Bd. 1, Nr. 19. 1922.
[14]) R. ABEGG u. W. SEITZ, ZS. f. phys. Chem. Bd. 29, S. 242. 1899.
[15]) P. DRUDE, ZS. f. phys. Chem. Bd. 23, S. 267. 1897.
[16]) H. AUGUSTIN, Diss. Leipzig 1898.

Tabelle 28. Die Dielektrizitätskonstante des Eises.

t	ν	ε	Beobachter
−38 bis 0°	$5 \cdot 10^6$	3,2	HARMS (R. ABEGG, Ann. d. Phys. Bd. 65, S. 229. 1898).
−23°	0	78,8	E. BOUTY, C. R. Bd. 114, S. 533 u. 1421. 1892.
−5°	10^6	2,85	C. B. THWING, ZS. f. phys. Chem. Bd. 14, S. 286. 1894.
−2	10	3,36	
−2	40 bis 80	93,9	P. THOMAS, Phys. Rev. Bd. 31, S. 278. 1910.
−2	Hochfrequenz	ca. 2	U. BEHN u. F. KIEBITZ, Boltzmann-Festschr., S. 610. 1904.
0	100	78	J. DEWAR u. J. A. FLEMING, Proc. Roy. Soc. London Bd. 61, S. 2 u. 316. 1897.
0	10^7	2	
0	$8,6 \cdot 10^6$	1,455	F. BEAULARD, C. R. Bd. 144, S. 904. 1907.
0	10^7	2,04	A. PÉROT, C. R. Bd. 119, S. 101. 1894.
0	$10^7 - 10^8$	2	R. BLONDLOT, C. R. Bd. 119, S. 595. 1894.
−4,5	10^8	2,17	DE LENAIGAN u. J. GRANIER, C. R. Bd. 180, S. 198. 1925.

und daß im festen Zustand nur sehr wenige Substanzen eine über 5 hinausgehende Dielektrizitätskonstante haben, so daß die Vermutung der Dipolarität ohne weiteres gegeben ist, wenn ein flüssiges Dielektrikum eine wesentlich über 5 hinausgehende Dielektrizitätskonstante besitzt.

HATTWICH[1]) fand bei Schwefel, Paraffin, Kolophonium, Naphthalin, Phenantren keine unstetige Änderung der Dielektrizitätskonstante beim Schmelzpunkt. Diese Stoffe besitzen also im flüssigen Zustand keine Dipole.

Eine gute Illustration zur Dipoltheorie ist ferner die Untersuchung des Benzophenons durch WALDEN[2]). Dieser fand für dessen stabile Form mit dem Schmelzpunkt 48,5° C:

	fest	flüssig unterkühlt			flüssig
$t =$	25,5° C	21° C	37° C	46° C	63° C
$\varepsilon =$	3,1	13,2	12,5	12,2	11,2

Solange also das Benzophenon flüssig bleibt, steigt mit abnehmender Temperatur die Dielektrizitätskonstante kräftig an, weil die Störungen durch die Wärmebewegung abnehmen. Sobald aber die Flüssigkeit erstarrt, springt die Dielektrizitätskonstante auf den geringen, der Elektronen- und Atompolarisation entsprechenden Wert 3,1. Ähnliche Ergebnisse erhielt SCHLUNDT[3]) an den Halogenverbindungen der Phosphorgruppe.

GAGNEBIN[4]) vermutete auf Grund der Theorien von CURIE, LANGEVIN, WEISS über den Magnetismus der Atome ein diesem analoges Verhalten der Dielektrizitätskonstante, indem er annahm, daß im festen Zustand eine spontane dielektrische Polarisation bestände, die bei einer bestimmten Temperatur, analog dem CURIEschen Punkt, verschwinde, wobei dann die Dielektrizitätskonstante stark ansteigen müßte. GAGNEBIN untersuchte deshalb die Dielektrizitätskonstante von Quarzstücken, die durch Schmelzen von Quarz hergestellt waren, bei Temperaturen bis 800° C. Die Versuche bestätigten jedoch die Vermutung in keiner Weise. Es war weder eine Unstetigkeit der Dielektrizitätskonstanten-Temperaturkurve beim Umwandlungspunkt $\alpha - \beta$ noch oberhalb 575° C irgendein starkes Ansteigen von ε zu beobachten. Parallel zur Achse war ε von Zimmertemperatur bis 120° C fast konstant, stieg dann langsam bis 200° C

[1]) J. HATTWICH, Wiener Ber. Bd. 117, S. 903. 1908.
[2]) P. WALDEN, ZS. f. phys. Chem. Bd. 70, S. 576. 1910.
[3]) H. SCHLUNDT, Journ. phys. chem. Bd. 5, S. 503. 1901; Bd. 8, S. 122. 1904.
[4]) S. GAGNEBIN, Arch. sc. phys. et nat. Bd. 6, S. 161. 1924.

von 4,5 auf 5,4. Bei weiterer Temperatursteigerung wuchs es schnell und ging in dem Gebiet von 200 bis 290° C anscheinend durch ein flaches Maximum im Betrage von 12,1, um bis 680° dann wieder ganz langsam abzunehmen. Senkrecht zur Achse stieg ε bis 500° C von 4,27 bis 4,5, wuchs dann stark und erreichte in abgeflachter Kurve bei 800° C den Wert 11,7. Oberhalb von 500° C war jedoch die dielektrische Hysterese und die Leitfähigkeit so groß, daß die Messung schwierig war.

SCHMIDT[1]) erhielt für Schwefel $\varepsilon_0 = 4{,}00$, $\delta\varepsilon = 0{,}0010$ pro 1° C und für einen CaBiNa-Phosphor $\varepsilon_0 = 8{,}03$, $\delta\varepsilon = 0{,}0021$ pro 1° C.

Die gefundenen Änderungen der Dielektrizitätskonstante des Phosphors sind in vollkommener Übereinstimmung mit dem, was aus den Phosphoreszenzeigenschaften zu erwarten war.

42. Einfluß des Druckes. Über den Einfluß mechanischen Druckes und Zuges auf die Dielektrizitätskonstante liegen Versuche von ERCOLINI[2]), CORBINO[3]) (Glas und Kautschuk), LAMPA[4]), SCHILLER[5]) (Kautschuk), WÜLLNER und WIEN[6]), ADAMS und HEAPS[7]) vor. Die Versuche widersprechen sich teils, teils wurde kein Effekt gefunden, so daß über diese Erscheinungen sich noch nichts Abschließendes sagen läßt.

43. Einfluß der Frequenz. Dispersion. Nach der Theorie ist eine merkliche Dispersion bei festen Körpern, bei denen die dipolare Polarisation fehlt, nur bei Frequenzen oberhalb von etwa 10^{12} Hertz, d. h. vom Ultrarot an, zu erwarten. Infolge der zu den allgemeinen Schwierigkeiten exakter Kapazitätsmessung bei den festen Körpern noch hinzutretenden besonderen Schwierigkeiten und Störungen gelten hier die bei den Flüssigkeiten gemachten Ausführungen in erhöhtem Maße: eine Dispersion aus Versuchen ableiten zu wollen, bei denen die Versuche mit verschiedenen Frequenzen von verschiedenen Forschern an verschiedenen Proben des angeblich gleichen Materials ausgeführt worden sind, muß als gänzlich verfehlt bezeichnet werden.

In neuerer Zeit ist eine sehr sorgfältige Untersuchung von R. JAEGER[8]) an einer Anzahl Gläser, Quarz, Gummi und verschiedenen Salzen ausgeführt worden. Die an Salzen von ihm erhaltenen Ergebnisse sind in Tabelle 26 zusammengestellt. JAEGER betont ebenfalls, daß der Vergleich der Messungen verschiedener Forscher bei verschiedenen Frequenzen zur Ermittlung einer Dispersion verfehlt ist. JAEGER zieht aus seinen Messungen den Schluß, „daß unter Berücksichtigung der Größe der Beobachtungsfehler kein Grund zur Annahme elektrischer Dispersion der untersuchten festen Körper in dem hier verwendeten Spektralbereich vorliegt".

Irgendwelche dieser Feststellung widersprechenden exakten Messungen liegen bisher nicht vor.

44. Absorption. Mit Hilfe des COLLEYschen Vibrators gelang ROMANOFF[9]) der Nachweis der selektiven Absorption im Gebiete der HERTZschen Wellen. Er untersuchte die ersten fünf Alkohole der Fettreihe. Bei allen war die Absorption von der Frequenz stark abhängig.

---

[1]) F. SCHMIDT, Ann. d. phys. Bd. 44, S. 329. 1914.
[2]) G. ERCOLINI, Cim. (4) Bd. 8, S. 306. 1898; (4) Bd. 12, S. 77. 1900; (5) Bd. 2, S. 297. 1901.
[3]) O. M. CORBINO, Acc dei Lincei (5) Bd. 8, Nr. 2, S. 238. 1899; Cim. (5) Bd. 3, S. 85. 1902.
[4]) A. LAMPA, Wiener Ber. Bd. 111 (2a), S. 982. 1902.
[5]) L. SCHILLER, Ann. d. Phys. (4) Bd. 35, S. 931. 1911.
[6]) A. WÜLLNER u. M. WIEN, Ann. d. Phys. (4), Bd. 11, S. 619. 1903.
[7]) E. P. ADAMS u. C. W. HEAPS, Phil. Mag. (6) Bd. 24, S. 507. 1912.
[8]) R. JAEGER, Ann. d. Phys. Bd. 53, S. 409. 1917.
[9]) W. ROMANOFF, Ann. d. Phys. Bd. 69, S. 125. 1922.

POTAPENKO[1]) setzte die Untersuchungen von ROMANOFF fort. Er fand Absorptionsstreifen in Methyl- und Äthylalkohol im Frequenzgebiet $3 \cdot 10^8$ bis 10^9. Bei Methylalkohol wächst der Absorptionskoeffizient mit der Frequenz. Bei Äthylalkohol erreicht er bei der größten benutzten Frequenz den Wert 0,843.

ECKERT[2]) maß die Absorption in Methyl-, Äthyl-, Propyl- und Isobutylalkohol sowie Glyzerin in dem Frequenzbereich $0{,}34 \cdot 10^{10}$ bis $1{,}7 \cdot 10^{10}$. MÖBIUS[3]) ging zu noch höheren Frequenzen. Er untersuchte Wasser und Äthylalkohol bei den Frequenzen 0,86 bis $4{,}3 \cdot 10^{10}$ und fand bei Wasser einen Absorptionsstreifen bei der Frequenz $1{,}36 \cdot 10^{10}$. (Näheres s. Bd. XV B, Kap. 4.)

45. Elektrisches Feld, Magnetfeld, Belichtung. Ein ziemlich verwickelter Erscheinungskomplex liegt bei den Untersuchungen vor, die von F. SCHMIDT[4]), MOLTHAN[5]), WILDE[6]) und HERWEGH[7]) über die Dielektrizitätskonstante von Phosphoren angestellt worden sind. SCHMIDT mißt die Dielektrizitätskonstante einer größeren Anzahl dieser Körper. Er findet bei den Oxydphosphoren je nach Zusammensetzung und wirksamem Metall, ja selbst nach der Glühtemperatur verschiedene Werte der Dielektrizitätskonstante. Im Mittel erhielt er für

	ε		ε
CaO-Phosphore	7,20	CaS-Phosphore	7,68
SrO-Phosphore	7,44	SrS-Phosphore	8,65
BaO-Phosphore	8,43	BaS-Phosphore	8,50

Seine Messungen bestätigen das von LENARD aufgestellte Gesetz, daß der Quotient aus den Wellenlängen der selektiven Erregung der betreffenden Dauerbanden und der Quadratwurzel der Dielektrizitätskonstante konstant ist.

WILDE findet eine erhebliche Zunahme der Dielektrizitätskonstante eines ZnSCu-α-Phosphors bei Belichtung. Die Erscheinung ist an die Erregung der Phosphoreszenzzentren gebunden und besitzt ein Maximum bei 140° C, weil mit steigender Temperatur zwar die Verschieblichkeit der Ladungen zunimmt, der verfügbare Weg jedoch abnimmt.

HERWEGH untersucht den Einfluß des elektrischen Feldes auf die durch die Belichtung vergrößerte Dielektrizitätskonstante eines ZnSCu-Phosphors. Hat die Dielektrizitätskonstante des Phosphors durch Belichtung ihren Höchstwert angenommen, so nimmt sie unter Einwirkung eines elektrischen Feldes ab. Die Verkleinerung ist proportional der Feldstärke, doch ist eine Mindestfeldstärke von 1300 V/cm für das Zustandekommen des Effektes erforderlich.

46. Die Dielektrizitätskonstante in der Biologie. Die Dielektrizitätskonstante organischer Substanzen hat neuerdings in der Biologie eine wichtige Rolle zu spielen begonnen. Da der Biologe in der Regel die Meßmethoden nicht hinreichend beherrscht, wird er dem Physiker seine Wünsche vortragen. Die ersten Untersuchungen sind von KELLER[8]) durchgeführt. Weiter hat dann FÜRTH[9]) auf seine Veranlassung Messungen ausgeführt, die in Tabelle 29 zusammengestellt sind. Ferner haben FÜRTH und KELLER[10]) beobachtet, daß die Dielektrizitätskonstante des Serums bei Zusatz weniger Promille Äthylalkohol

---

1) G. POTAPENKO, ZS. f. Phys. Bd. 20, S. 21. 1923.
2) F. ECKERT, Verh. d. D. Phys. Ges. Bd. 15, S. 307. 1913.
3) W. MÖBIUS, Ann. d. Phys. (4) Bd. 62, S. 293. 1920.
4) F. SCHMIDT, Ann. d. Phys. Bd. 44, S. 329. 1914; Bd. 64, S. 713. 1921.
5) W. MOLTHAN, ZS. f. Phys. Bd. 4, S. 262. 1921.
6) R. WILDE, ZS. f. Phys. Bd. 15, S. 350. 1923.
7) J. HERWEGH, ZS. f. Phys. Bd. 16, S. 29. 1923.
8) R. KELLER, Kolloid-ZS. Bd. 36, S. 173; Bd. 37, S. 255. 1925; Biochem.-ZS. Bd. 115, S. 134. 1921; Bd. 128, S. 409. 1922; Bd. 136, S. 163. 1923.
9) R. FÜRTH, Ann. d. Phys. Bd. 70, S. 64. 1923.
10) R. FÜRTH u. R. KELLER, Biochem. ZS. Bd. 141, S. 187. 1923.

Tabelle 29.

Substanz	ε	Substanz	ε
Stärke	11,6	Menschliches Blut	85,5
Dextrin	8,0	Menschliches Blutserum	85,5
Casein	8,0	Blutkuchen (nach Trocknen und Pulverisieren)	84,0
Hämoglobin	14,2		
Cholesterin	5,4	Pferdeserum	85,0
Lezithin	13,0	Diphtherieheilserum	85,5
Lezithin in Wasser emulgiert Gew.-Proz.		Meerschweinchenserum	85,2
		Inaktiviertes Serum:	
0,075	77,5	$^1/_2$ Stunde erhitzt	83,4
0,15	74	$^1/_2$ Stunde geschüttelt	81,9
Pepsin in Wasser gelöst: Gew.-Proz.		Fraktionen des menschlichen Serums:	
1	78,5	Albuminfraktion	82,5
2	76	Globulinfraktion	85,2
Trypsin in Wasser gelöst:		Froschmuskelsubstanz	83
Gew.-Proz.		Gehirnsubstanz des Menschen:	
0,25	81,5	graue	85,0
0,5	84	weiße	90,0
Kuhmilch	66	Nervus opticus vom Rind	89
Sahne	63	Gewebsubstanz grüner Blätter	83
Eiweiß	68		
Eigelb	60		

bis auf den Wert 93 steil ansteigt und bei weiteren Zusätzen einem konstanten geringeren Wert zustrebt. Das gleiche Maximum zeigt die Leitfähigkeit der Mischung. Diese Erscheinungen lassen sich zur Erklärung der physiologischen Wirkungen des Alkohols heranziehen.

HELLENBRAND und JOACHIMOGLU[1]) stellten fest, daß Sublimat in Lösungsmitteln mit kleiner Dielektrizitätskonstante nicht antiseptisch wirkt.

Ein zusammenfassender Bericht über die Dielektrizitätskonstante in der Biologie ist von HAFNER[2]) veröffentlicht.

e) Dipolmomente.

Die Dipolmomente sind hier besonders behandelt, weil sie der Messung nicht unmittelbar zugänglich sind, sondern mit Hilfe bestimmter Theorien aus den Messungen errechnet werden müssen. Für diese Rechnungen liegen die Verhältnisse bei den Gasen am einfachsten, weil bei ihnen sich die molekularen Felder der einzelnen Moleküle nicht mehr merklich beeinflussen und Assoziationen keine Rolle spielen. Infolgedessen erscheint es angebracht, die Dipolmomente möglichst weitgehend aus Messungen an Substanzen im gasförmigen Zustande abzuleiten und durch Vergleich der so erhaltenen Werte mit denen des flüssigen Zustandes die Anwendbarkeit der verschiedenen Theorien zu prüfen. Leider ist in dieser Richtung noch fast nichts geschehen.

47. Messung von Dipolmomenten mit Hilfe elektrostatischer Drehfelder. Die im folgenden mitgeteilten Messungen der Dipolmomente sind die einzigen, die nicht auf der Messung von Dielektrizitätskonstanten beruhen. Nach der Theorie von BORN-DEBYE werden die Dipole einer in ein elektrostatisches Drehfeld gebrachten Flüssigkeit dem rotierenden Feld zu folgen versuchen, aber infolge der inneren Reibung dagegen zurückbleiben. Das so entstandene Drehmoment äußert sich in einer Rotation der Flüssigkeit. Unabhängig von diesem

[1]) W. HELLENBRAND u. G. JOACHIMOGLU, Biochem. ZS. Bd. 153, S. 131. 1925.

[2]) E. A. HAFNER, Ergebn. d. Physiol. Bd. 24, S. 566. 1925.

Effekt treten infolge von Polarisation und Leitfähigkeit ähnliche Erscheinungen auf. Nach Versuchen von PETER LERTES[1]) wird bei der Frequenz $1{,}9 \cdot 10^7$ der gesuchte Rotationseffekt noch völlig durch die Störungen überdeckt. In einer zweiten Untersuchung[2]) gelang es ihm jedoch, die Frequenz so weit zu erhöhen, daß er den Dipolrotationseffekt exakt messen konnte. Untersucht wurden Methylalkohol, Äthylalkohol, Amylalkohol, Wasser, Äthyläther, Azetylen, Toluol, Nitrobenzol, Glyzerin, Benzol, Petroleum. Die Flüssigkeit wurde in eine dünnwandige Glaskugel gebracht, die an einem Phosphorbronzedraht von 0,06 mm Durchmesser und 105 cm Länge im Drehfeld aufgehängt war. Es ergab sich eine volle Bestätigung der BORN-DEBYEschen Theorie. Benzol und Petroleum zeigen keinen Effekt, besitzen also, wie sich auch aus anderweitigen Messungen ergibt, keine Dipole. Bei Glyzerin verschwindet der Effekt bei der Frequenz $2{,}75 \cdot 10^7$ Hertz, so daß dort wahrscheinlich das Maximum des Absorptionsgebietes des Glyzerins liegt. Aus den Messungen lassen sich die Dipolmomente der Flüssigkeiten errechnen, wobei sich folgendes ergab (Tabelle 30):

Durch diese Untersuchungen ist die BORNsche Theorie der Beweglichkeit der elektrolytischen Ionen auf eine sichere Grundlage gestellt worden.

Tabelle 30[3]).

Flüssigkeiten	ε	λ Ω^{-1} cm^{-1} 18°C	η Dyn pro cm² 18°C	μ
Methylalkohol	33	$1{,}64 \cdot 10^{-7}$	0,00610	$3{,}4 \cdot 10^{-19}$
Äthylalkohol	26 25*	$7{,}52 \cdot 10^{-7}$	0,01243	$4{,}3 \cdot 10^{-19}$
Amylalkohol	16 12,8*	$9{,}54 \cdot 10^{-7}$	0,05558	$7{,}9 \cdot 10^{-19}$
Wasser	81	$7{,}6 \cdot 10^{-6}$	0,01078	$5{,}7 \cdot 10^{-19}$
Äthyläther	4,4	$7{,}92 \cdot 10^{-8}$	0,00661	$11{,}8 \cdot 10^{-19}$
Azeton	21	$1{,}49 \cdot 10^{-5}$	0,01956	$3{,}4 \cdot 10^{-19}$
Toluol	2,3	$2{,}3 \cdot 10^{-10}$	0,00610	$5{,}1 \cdot 10^{-19}$
Nitrobenzol	36	$8{,}6 \cdot 10^{-8}$	0,02095	$5{,}7 \cdot 10^{-19}$
Glyzerin	56 43*	$8{,}78 \cdot 10^{-8}$	0,94	—
Benzol	2,3	$1{,}9 \cdot 10^{-9}$	—	—
Petroleum	2,1	$2{,}3 \cdot 10^{-10}$	—	—

* Bei der Frequenz $7{,}5 \cdot 10^7$ gemessen.

48. Wirkung des Magnetfeldes auf Dipole. Nach der BORNschen Dipoltheorie müßten sich im konstanten Magnetfelde die gegen die Feldrichtung geneigten Begrenzungsflächen einer anisotropen Flüssigkeit elektrisch aufladen. SZIVESSI[4]) hat bei einer Anzahl solcher Flüssigkeiten vergeblich nach diesem Effekt gesucht, obwohl seine Versuchsanordnung noch den 10^6ten Teil des Effektes angeben konnte. ORNSTEIN[5]) bemerkt dazu, daß dieses negative Ergebnis mit einer von ihm entwickelten Kristallaggregattheorie übereinstimmt.

49. Dipolmomente der Gase und Dämpfe. Die im folgenden mitgeteilten Dipolmomente beruhen auf den von JONA[6]) aus den Messungen von BAEDECKER[7]) errechneten Werten, auf seinen eigenen Messungen, auf denen von HOLST[8])

[1]) P. LERTES, ZS. f. Phys. Bd. 4, S. 315. 1921.
[2]) P. LERTES, ZS. f. Phys. Bd. 6, S. 56. 1921.
[3]) P. LERTES, ZS. f. Phys. Bd. 6, S. 61. 1921.
[4]) G. SZIVESSI, ZS. f. Phys. Bd. 34, S. 474. 1925.
[5]) L. S. ORNSTEIN, ZS. f. Phys. Bd. 35, S. 394. 1925.
[6]) M. JONA, Phys. ZS. Bd. 20, S. 14. 1919.
[7]) K. BAEDECKER, ZS. f. phys. Chem. Bd. 36, S. 105. 1901.
[8]) G. HOLST, Verslag. Kgl. Akad. d. Wiss., Amsterdam. Januar 1917.

und den neueren Untersuchungen von ZAHN[1]), WEIGT[2]), FALKENBERG[3]) und SÄNGER[4]). Ferner sind in die Tabelle 31 die Werte aufgenommen, die FRIVOLD[5]) aus der Elektrostriktion der Gase und BORN und KORNFELD[6]) aus der Sublimationswärme errechnet haben.

Tabelle 31. Dipolmomente μ der Gase und Dämpfe.

Substanz	Methode	Beobachter	$\mu \cdot 10^{18}$	Mittelwerte
Wasser . .	Temp.-Abh.	BAEDECKER	2,39	
,, . .	,,	JONA	1,87	2,29
,, . .	Zustandsgleichung	HOLST	2,61	
Luft . . .	Temp.-Abh.	JONA	1,61	
CO . . .	,,	WEIGT	0,118	
CO_2 . . .	,,	WEIGT	0,142	
,, . . .	,,	JONA	0,303	—
,, . . .	,,	ZAHN	0,060	
SO_2 . . .	,,	BAEDECKER	1,60	
,, . . .	,,	JONA	1,76	1,70
,, . . .	,,	ZAHN	1,61	
,, . . .	Elektrostriktion	FRIVOLD	1,83	
NH_3 . . .	Temp.-Abh.	BAEDECKER	1,52	
,, . . .	,,	JONA	1,53	
,, . . .	,,	ZAHN	1,44	1,72
,, . . .	Zustandsgleichung	HOLST	2,38	
HCl . . .	Temp.-Abh.	ZAHN	1,03	
,, . . .	,,	FALKENBERG	2,15	
,, . . .	,,	FALKENHAGEN u. WEIGT	2,15	
,, . . .	Elektrostriktion	FRIVOLD u. HASSEL	1,48	
,, . . .	Subl.-Wärme	BORN u. KORNFELD	3,89	
HBr . . .	Temp.-Abh.	ZAHN	0,79	
,, . . .	Subl.-Wärme	BORN u. KORNFELD	3,35	
HJ . . .	Temp.-Abh.	ZAHN	0,38	
,, . . .	Subl.-Wärme	BORN u. KORNFELD	3,89	
CH_3OH . .	Temp.-Abh.	BAEDECKER	1,96	
,, . . .	,,	JONA	1,61	
CH_4 . . .	,,	SÄNGER	0	
CH_3Cl . . .	,,	SÄNGER	1,97	
CH_2Cl_2 . . .	,,	SÄNGER	1,59	
$CHCl_3$ . . .	,,	SÄNGER	0,95	
CCl_4 . . .	,,	SÄNGER	0	
Äthan . .	,,	SMYTH u. ZAHN	0	
Äthylen . .	,,	SMYTH u. ZAHN	0	
Azetylen . .	,,	SMYTH u. ZAHN	0	
Butylen . .	,,	SMYTH u. ZAHN	0,37	

Die Tabelle zeigt, daß leider selbst bei gleichen Methoden bei einigen Gasen zwischen den Ergebnissen der einzelnen Forscher noch so große Unterschiede bestehen, daß ein Mittelnehmen zwecklos erscheint, während bei anderen Gasen die Ergebnisse bereits gut übereinstimmen.

50. Die Dipolmomente der Flüssigkeiten. Die Dipolmomente der Flüssigkeiten der folgenden Tabelle 32 beruhen auf den Messungen und Berechnungen

[1]) C. T. ZAHN, Phys. Rev. Bd. 27, S. 455. 1926.
[2]) H. WEIGT, Phys. ZS. Bd. 22, S. 643. 1921.
[3]) G. FALKENBERG, Ann. d. Phys. Bd. 61, S. 160. 1920.
[4]) R. SÄNGER, Phys. ZS. Bd. 27, S. 556. 1926.
[5]) O. E. FRIVOLD, Phys. ZS. Bd. 22, S. 603. 1921.
[6]) M. BORN u. H. KORNFELD, Phys. ZS. Bd. 24, S. 121. 1923.

von DEBYE[1]), ISNARDI[2]), GRAFFUNDER[3]), LERTES[4]), JONA[5]), HERWEG[6]), LANGE[7]), KOCKEL[8]) und KAST[9]).

Tabelle 32. Dipolmomente μ flüssiger Dielektriken.

Substanz	Methode	Beobachter	$10^{18}\cdot\mu$ flüssig	$10^{18}\cdot\mu$ Gas
Wasser	Temp.-Abh.	DEBYE	0,57	
,, ...	,,	KOCKEL	0,17—0,24	2,29
,, ...	Rot.-Effekt	LERTES	0,74	
Methylalkohol . .	Temp.-Abh.	DEBYE	0,34	
,, . .	,,	ISNARDI	0	
,, . .	,,	GRAFFUNDER	0	
,, . .	Rot.-Effekt	LERTES	0	
Äthylalkohol . . .	Temp.-Abh.	DEBYE	0,43	
,, . . .	,,	ISNARDI	0	
,, . . .	Rot.-Effekt	LERTES	0,53	
Propylalkohol . .	Temp.-Abh.	DEBYE	0,50	
,, . .	Assoziation	LANGE	1,53	
Isobutylalkohol . .	Temp.-Abh.	DEBYE	0,65	
,, . .	Assoziation	LANGE	0,172	
Amylalkohol . . .	Temp.-Abh.	DEBYE	0,79	
,, . . .	Assoziation	LANGE	1,83	
Isoamylalkohol . .	,,	LANGE	1,76	
Äthyläther	Temp.-Abh.	DEBYE	1,18	
,, ...	,,	ISNARDI	1,435	
,, ...	Rot.-Effekt	LERTES	1,27	M: 1,26
,, ...	Polarisation	HERWEG	1,20	
,, ...	Assoziation	LANGE	1,22	
Azeton	Temp.-Abh.	DEBYE	0,34	
,, ...	,,	GRAFFUNDER	0	
Toluol	,,	DEBYE	0,51	
,, ...	Rot.-Effekt	LERTES	0,63	
Nitrobenzol . . .	Temp.-Abh.	DEBYE	0,57	
,, . . .	Rot.-Effekt	LERTES	0,71	
,, . . .	Assoziation	LANGE	3,84	
Benzol	Temp.-Abh.	JONA	0	
,, ...	,,	GRAFFUNDER	0	
,, ...	Rot.-Effekt	LERTES	0	
,, ...	Polarisation	HERWEG	0	
Glyzerin	Temp.-Abh.	GRAFFUNDER	0	
,, ...	Rot.-Effekt	LERTES	0,28	
Schwefelkohlenstoff	Temp.-Abh.	ISNARDI	0	
,, ...	Rot.-Effekt	LERTES	0	
Tetrachlorkohlenstoff . .	Temp.-Abh.	ISNARDI	0	
Metaxylol	,,	ISNARDI	0	
Pyridin	Assoziation	LANGE	2,11	
Chloroform . . .	Temp.-Abh.	LERTES	0,136	
,, . . .	,,	ISNARDI	1,26	
p-Azoxyanisol . .	Magnetfeld	KAST	94,3	
p-Azoxyphenetol .	,,	KAST	84,6	

1) P. DEBYE, Phys. ZS. Bd. 13, S. 97. 1912; Bd. 13, S. 205. 1912.
2) H. ISNARDI, ZS. f. Phys. Bd. 9, S. 153. 1922.
3) W. GRAFFUNDER, Ann. d. Phys. Bd. 70, S. 225. 1923.
4) P. LERTES, Phys. ZS. Bd. 22, S. 621. 1922.
5) M. JONA, Phys. ZS. Bd. 20, S. 14. 1919.
6) J. HERWEG, ZS. f. Phys. Bd. 3, S. 36. 1920; Bd. 16, S. 23. 1923.
7) L. LANGE, ZS. f. Phys. Bd. 33, S. 169. 1925.
8) L. KOCKEL, Ann. d. Phys. Bd. 77, S. 417. 1925.
9) W. KAST, Ann. d. Phys. Bd. 73, S. 145. 1924.

LERTES benutzte den Dipolrotationseffekt, HERWEG die Polarisation der Dipole im elektrischen Felde, KAST ihre Beeinflussung durch das Magnetfeld.

LANGE suchte den Zusammenhang zwischen Assoziation der Moleküle und der Abweichung der Temperaturabhängigkeit der Dielektrizitätskonstanten von der DEBYEschen Theorie unmittelbar experimentell zu fassen. Bei der Assoziation bestehen zwei Möglichkeiten. Die Moleküle können sich so einander lagern, daß ihr Moment Null wird, oder so, daß sie den doppelten Betrag des einzelnen Moleküls erreichen. LANGE verwandte als Lösungsmittel die sicherlich dipolfreien Flüssigkeiten Benzol und Schwefelkohlenstoff. Gelöst wurden Nitrobenzol, Pyridin, Äther, Propylalkohol usw. LANGE zieht aus ihren Beobachtungen den Schluß, daß Nitrobenzol und Pyridin sowie vielleicht auch Amylalkohol nach dem Typus *a*, die übrigen untersuchten Alkohole nach dem Typus *b* assoziieren.

Die Tabelle 32 bietet im allgemeinen kein sehr erfreuliches Bild. Die Abweichungen der nach den verschiedenen Methoden erhaltenen Werte sind vielfach sehr groß. Nur bei Äthyläther stimmen die Messungen recht gut überein. Leider ist Wasser der einzige Stoff, der sowohl in gasförmigem wie in flüssigem Zustande untersucht worden ist, wobei von einer Übereinstimmung der Dipolmomente keine Rede sein kann.

Es wäre dringend erwünscht, daß baldigst die Dipolmomente von flüssigem CO_2, SO_2, NH_3, CH_3Cl, CH_2Cl_2 und von gasförmigem Äthyläther ermittelt würden.

51. Dipolmoment und Molekularstruktur. Das Dipolmoment eines Moleküls, das mehrere polare Gruppen enthält, muß nach DEBYEs Theorie die Vektorsumme der Dipolmomente der Gruppen sein. Zur Prüfung dieses Satzes wurde von HÖJENDAHL[1]) eine Reihe von organischen Flüssigkeiten untersucht. In der folgenden Tabelle 33 ist μ das experimentell ermittelte, v das theoretische Dipolmoment.

HÖJENDAHL nimmt an, daß die Chlor-, Brom- und Nitrogruppe gleiche, die Methylgruppe die entgegengesetzte Ladung hat.

Tabelle 33.

	$10^{18}\cdot\mu$	$10^{18}\cdot v$
Chlorbenzol	1,58	—
Brombenzol	1,56	—
Dimethylanilin	1,39	—
o-Dinitrobenzol	5,95	6,5
m-Dinitrobenzol	4,02	3,75
p-Dinitrobenzol	0,8	0,00
sym-Tribrombenzol	0,3	0,00
o-Nitrotoluol	3,56	3,62
p-Nitrotoluol	4,30	4,18
o-Chlornitrobenzol	4,25	4,75
m-Chlornitrobenzol	3,38	3,27
p-Chlornitrobenzol	2,52	2,17
p-Bromnitrobenzol	2,69	2,19

f) Permanente Polarisation.

52. Der Elektret. HEAVISIDE hat ein im gesamten Volumen permanent polarisiertes Dielektrikum „Elektret" genannt. Zwei japanischen Forschern, SATÔ[2]) und EGUCHI[3]) ist es gelungen, solche Elektrete herzustellen und zu untersuchen.

Wird eine dielektrische Flüssigkeit, die aus Dipolen besteht und amorph erstarrt, während sie sich in einem starken elektrischen Feld befindet, ihre Dipole also zum Teil ausgerichtet sind, in die feste Phase übergeführt, so werden die Dipole in ihrer gerichteten Lage fixiert und behalten diese Lage auch nach Ausschalten des elektrischen Feldes bei, so daß der Körper permanent elektrisiert ist.

[1]) K. HÖJENDAHL, Nature Bd. 117, S. 892. 1926.
[2]) M. SATÔ, Sc. Reports Tôhoku Univ. Bd. 11, S. 159. 1922.
[3]) M. EGUCHI, Phil. Mag. Bd. 49, S. 178. 1925.

EGUCHI und SATÔ fanden, daß Mischungen von Wachs und Harz die gewünschten Eigenschaften besitzen. Die nach der Erstarrung und dem Ausschalten des Feldes vorhandenen Oberflächenladungen zeigten ein bemerkenswertes Verhalten. Sie waren nach Größe und Art von den bei Oberflächenelektrisierung auftretenden Ladungen verschieden und ließen sich weder durch Behandlung der Oberfläche mit der Bunsenflamme noch durch wiederholte Bestrahlung mit Röntgenstrahlen noch durch Abwaschen mit Salzsäure, Alkohol, Alkalien zerstören. Auch Abtragen der Oberflächen mit dem Messer beseitigte die Oberflächenladung nicht. Nur ein zeitweises Absinken oder Verschwinden konnte bei verschiedenen Manipulationen beobachtet werden, stets aber stellte sich der ursprüngliche Wert der Polarisation wieder ein. Die erhaltenen Werte der Oberflächendichte sind ebenso groß wie diejenigen, die überhaupt durch Reibung erhalten werden können, nämlich ca. 5 elektrostatische Einheiten, und ihre Beständigkeit ist so groß, daß nach drei Jahren noch keine Verringerung der Ladung festgestellt werden konnte. Bei einer Art von Wachs, dem Carnaubawachs, erhielt SATÔ folgende permanenten Werte:

mittlere Raumladungsdichte	$2{,}63 \cdot 10^{-9}$ coul/cm³ positiv,
	$1{,}67 \cdot 10^{-9}$ coul/cm³ negativ;
maximale Oberflächendichte	$1{,}59 \cdot 10^{-9}$ coul/cm² positiv,
	$1{,}22 \cdot 10^{-9}$ coul/cm² negativ.

g) Ermittelung der Kraft f der Elektronenbindung.

53. Molrefraktion und Deformierbarkeit der Ionen. Das Ziel, aus der Messung der Dielektrizitätskonstante die auf die Polarisationselektronen in den Atomen und Molekülen wirkenden Kräfte abzuleiten, ist noch nicht erreicht worden. Dagegen liegen schon mehrere Versuche vor, diese dielektrischen Kräfte aus optischen Messungen abzuleiten.

Für die Kraft f, die sich der Verschiebung eines optischen oder dielektrisch wirksamen Elektrons aus seiner Ruhelage widersetzt, gilt

$$f = \frac{4\pi}{3} N e^2 \frac{n_\infty^2 + 2}{n_\infty^2 - 1}, \tag{113}$$

wo N die Zahl der fraglichen Elektronen in der Volumeneinheit, e die Elektronenladung und n_∞ der optische Brechungsindex für unendliche lange Wellen ist. Da nun nach MAXWELL

$$n_\infty^2 = \varepsilon,$$

so wird

$$f = \frac{4\pi}{3} N e^2 \frac{\varepsilon + 2}{\varepsilon - 1}. \tag{114}$$

Andererseits hängt f mit der sog. Molrefraktion R eng zusammen. Es ist

$$R = \frac{n_\infty^2 - 1}{n_\infty^2 + 2} \frac{g}{d}, \tag{115}$$

wo g das Molgewicht und d die Dichte der Substanz ist.

Also wird

$$f = \frac{4\pi}{3} \frac{N_0 n e^2}{R}, \tag{116}$$

wo N_0 die LOSCHMIDTsche Zahl und n die Zahl der im Atom oder Molekül verschiebbaren Elektronen ist.

Es läßt sich also setzen

$$f = \frac{\text{konst.} \cdot n}{R}. \tag{117}$$

Die Molrefraktion R ist durch FAJANS und JOOS[1]) für eine große Anzahl von Ionen berechnet worden. Sie extrapolierten allerdings n nicht auf unendlich lange Wellen, sondern rechneten mit den Brechungsexponenten bei der Wellenlänge der D-Linie. Die dadurch bedingten Abweichungen sind gering.

Ferner haben BORN und HEISENBERG[2]) die Deformierbarkeit eines Atoms oder Ions berechnet, wobei sie unter Deformierbarkeit α den Betrag des elektrischen Momentes verstehen, den das Atom im Felde 1 annimmt. Also ist

$$\alpha = \frac{n e^2}{f}. \tag{118}$$

BORN und HEISENBERG leiten α aus den RYDBERG- und RITZschen Korrektionen der Serienspektren ab. Die von ihnen erhaltenen Werte genügen mit beträchtlicher Genauigkeit dem Gesetz

$$\alpha = C \cdot Z_{\text{eff}}^{-3}, \tag{119}$$

wobei die zur Bestimmung von Z_{eff} benutzte Abschirmungszahl ungefähr mit der für Röntgenterme gültigen übereinstimmt. Unter Heranziehung der Refraktion der Salze läßt sich dann eine vollständige Tabelle der α-Werte aller edelgasähnlichen Ionen aufstellen und damit die wichtigsten Eigenschaften der Salzmolekeln der Alkalikaloide numerisch voraussagen.

54. Berechnung der Größe f. Aus den von FAGANS und JOOS gegebenen Werten hat SMYTH[3]) die Größe f selbst ausgerechnet. Dabei wurde angenommen, daß alle Elektronen der äußeren Schale in gleicher Weise verschieblich seien und zur Molrefraktion beitrugen, während die Elektronen der inneren Schalen so fest gebunden seien, daß ihr Beitrag zur Molrefreaktion vernachlässigt werden könne.

Er gibt folgende Tabelle:

Tabelle 34.

			He	Li^+		Be^{++}	B^{+++}	C^{++++}
R_D . . .			0,50	0,20		0,09	0,05	0,03
$f \cdot 10^{-6}$.			2,32	5,8		12,9	23,2	38,6
	O^{--}	F^-	Ne	Na^+		Mg^{++}	Al^{+++}	Si^{++++}
R_D . . .	7	2,5	1,00	0,50		0,29	0,17	0,1
$f \cdot 10^{-6}$.	0,66	1,85	4,63	9,27		16,0	27,3	46,3
	S^{--}	Cl^-	A	K^+	Ca^{++}		Sc^{+++}	Ti^{++++}
R_D . . .	15	8,7	4,20	2,23	1,35	Zn^{++}	0,97	0,69
$f \cdot 10^{-6}$.	0,31	0,53	1,10	2,08	3,43	0,29	4,78	6,72
	Se^{--}	Br^-	Kr	Rb^+	Sr^{++}	16,0	Y^{+++}	Zr^{++++}
R_D . . .	16,3	12,2	6,37	3,6	2,25	Cd^{+++}	2,6	2,03
$f \cdot 10^{-6}$.	0,28	0,38	0,73	1,29	2,06	2,44	1,78	2,28
	Te^{--}	J^-	X	Cs^+	Ba^{++}	1,90	La^{+++}	Ce^{++++}
R_D . . .	24,4	18,5	10,42	6,3	4,3	Hg^{++}	4,0	3,05
$f \cdot 10^{-6}$.	0,19	0,25	0,445	0,74	1,08		1,16	1,52
						5,05 0,92		

[1]) K. FAJANS u. G. JOOS, ZS. f. Phys. Bd. 23, S. 1. 1924.
[2]) M. BORN u. W. HEISENBERG, ZS. f. Phys. Bd. 23, S. 388. 1924.
[3]) C. F. SMYTH, Phil. Mag. Bd. 1, S. 361. 1925.

In Tabelle 34 bedeutet R_D die Molrefraktion für die D-Linie. Die in punktierte Linien eingeschlossene Spalte ist eine Reihe tiefer gesetzt, weil ihre Zahlen nicht unmittelbar mit den beiden Nebenspalten zu vergleichen sind.

Smyth folgert aus weiteren Berechnungen, daß bei ungesättigten Valenzen die auf die Elektronen wirkende Kraft f klein ist, und daß im allgemeinen die Kraft f sowohl bei denjenigen Elektronen, die Atome miteinander verbinden, als auch bei denen, die einem Atom oder Ion allein in der äußersten Schale angehören, in dem Maße abnimmt, in dem die Zahl der Elektronenschalen zunimmt, und wächst, wenn die Kernladung wächst, ohne daß die Zahl der Elektronenschalen steigt.

Es ist zu erwarten, daß diese wichtige Kraft f auch durch Messung der Dielektrizitätskonstanten selbst ermittelt wird.

h) Störungen und Anomalien in den Dielektriken.

55. Leitfähigkeit. Wie bereits eingangs erwähnt, ist es verfehlt, zwischen Dielektriken einerseits, Leitern andererseits zu unterscheiden. Jeder Körper besitzt quasi-elastisch gebundene Elektronen, also dielektrische Eigenschaften, und außerdem verschiebliche Ladungen, also Leitfähigkeit. Infolgedessen kann die elektrische Leitfähigkeit der Dielektriken nicht Gegenstand eines Abschnitts über Dielektrika sein, sondern gehört in das Kapitel über elektrische Leitfähigkeit. Die Beseitigung der durch sie und die aus ihr folgende elektrolytische Polarisation hervorgerufenen Störungen der Messung der Dielektrizitätskonstanten ist Sache der Meßtechnik und gehört ebenfalls nicht hierher.

56. Dielektrische Hysterese. Dielektrische Verluste. Ist die elektrische Leitfähigkeit eines Dielektrikums bekannt, so läßt sich ohne weiteres die Größe der durch sie bei Belastung des Dielektrikums mit Wechselspannung bedingten Energieverluste berechnen. Werden die Ergebnisse solcher Berechnungen mit den tatsächlich gemessenen Verlusten verglichen, so zeigt sich, daß die Verluste unter Umständen viel größer sind, als sich aus der Berechnung ergibt. Der Überschuß der wirklichen Verluste über die berechneten und ohne weiteres erklärlichen sei als dielektrischer Verlust im engeren Sinn bezeichnet. Diese dielektrischen Verluste fehlen bei Gasen, sind bei dielektrischen Flüssigkeiten meist gering, zum Teil sogar unmerklich, dagegen bei festen Körpern vielfach sehr groß. Sowohl bei starker Spannungsbelastung (Hochspannungskabel) als auch bei hoher Frequenz (drahtlose Telegraphie) können sie so groß werden, daß sie das Dielektrikum zerstören. An ihrer Erklärung besteht also ein noch größeres technisches als wissenschaftliches Interesse.

Nun scheint aber zum mindesten ein großer Teil dieser dielektrischen Verluste durch Verunreinigungen des Dielektrikums durch einen zweiten in geringer Menge anwesenden Körper (bei flüssigen Dielektriken vielfach Wasserspuren) verursacht zu sein. Während aber die Technik die Stoffe wechselnder Zusammensetzung so untersuchen muß, wie sie sie braucht, hat die Wissenschaft nur an solchen Untersuchungen Interesse, bei denen die untersuchten Körper vollständig definiert sind, d. h. an chemisch reinen einheitlichen Stoffen oder höchstens noch an solchen Verunreinigungen, deren Art, Verteilung und Gehalt genau bekannt sind.

Das alles hat in Verbindung mit Schwierigkeiten der Meßmethode zur Folge gehabt, daß unter der großen Zahl der über die dielektrischen Verluste ausgeführten Messungen die wissenschaftlich brauchbaren sehr selten sind.

Bei den älteren Untersuchungen wurde in der Regel der Energieverlust selbst durch die Erwärmung des Dielektrikums ermittelt. Wird die Abhängigkeit des Energieverlustes Q von der Spannung E durch $Q = C \cdot E^m$ dargestellt, so fanden die meisten Beobachter $m = 2$, also ein quadratisches Gesetz, während sich bei anderen für m bald größere, bald kleinere Werte ergaben. Mit wachsender Frequenz nimmt der Energieverlust zu, und zwar soll der Energieverlust innerhalb einer Periode bei bestimmten Werten der Frequenz ein Maximum zeigen.

Bei den neueren Untersuchungen wird nicht mehr der Energieverlust selbst, sondern der mit ihm zusammenhängende „Verlustwinkel" δ untersucht, der sich sehr viel einfacher und genauer messen läßt, als die Erwärmung des Dielektrikums. Es gilt

$$Q = e \cdot i \cdot \sin\delta. \tag{120}$$

Um den Winkel δ bleibt der elektrische Vektor des Kapazitätsstromes gegen den Stromvektor eines idealen verlustfreien Kondensators zurück. Es liegt also eine Art Hysterese vor. Bei geeigneter Anordnung läßt sich direkt eine Hystereseschleife ähnlich der magnetischen aufnehmen. Der grundlegende Unterschied zwischen beiden Erscheinungen besteht jedoch darin, daß die magnetische Hystereseschleife auch statisch aufgenommen werden kann, die elektrische dagegen vorwiegend dynamisch bedingt ist.

Von den neueren Versuchen sei vor allem der von BRYAN[1]) erwähnt, der flüssige Dielektriken untersucht und feststellt, daß bei Xylol der Verlustwinkel infolge von sorgfältigem Trocknen auf $^1/_{12}$ seines Wertes sinkt. Da nun die Versuche über die elektrische Durchschlagsfestigkeit von Ölen gezeigt haben, wie außerordentlich schwierig es ist, die letzten Wasserspuren aus dem Öl zu entfernen, liegt der Schluß nahe, daß der bei BRYAN nach Trocknung des Öles noch übrig gebliebene geringe Verlustwinkel durch einen Rest von Feuchtigkeit im Öl verursacht ist und daß vollkommen trockene dielektrische Flüssigkeiten keine dielektrischen Verluste zeigen. Jedenfalls dürfte aber aus den Messungen von BRYAN mit Sicherheit hervorgehen, daß nur solche Untersuchungen irgendwelches wissenschaftliche Interesse haben, bei denen die Trocknung und Reinigung der Versuchssubstanzen mit allen zu Gebote stehenden Mitteln vor der Messung durchgeführt worden ist. Da solche Versuche überhaupt noch nicht angestellt wurden, ist es müßig, über die dielektrischen Verluste in wissenschaftlicher Beziehung weitere Ausführungen zu machen. Es liegen bisher keinerlei Gründe für die Annahme vor, daß die Theorie von K. W. WAGNER, wonach die dielektrischen Verluste durch die Anwesenheit mehr oder weniger schlecht leitender fremder Teilchen verschiedener Größe (also durch Verunreinigungen) in dem Dielektrikum hervorgerufen werden, die dielektrischen Verluste nicht vollständig zu erklären vermag. Es seien deshalb im folgenden lediglich die Autoren aufgeführt, die in neuerer Zeit Messungen über die dielektrischen Verluste ausgeführt haben. Es sind dies TANK[2]) (allgemeine Ausführungen), BAIRSTO[3]) (Löschpapier, Glas, Guttapercha, Gummi, Marmor, Schwefel), SCHOTT[4]) (Gläser), SAEGUSA[5]) (Quarz und andere Kristalle, Bernstein, Paraffin, Schwefel, Papier, Ebonit, Glas), MAC LEOD[6]) (Glas, Paraffin, Ceresin, Glimmer), JAQUEROD und MÜGELI[7]) (Quarzglas), U. MEYER[8]) (Glimmer), LÜBBEN[9]) (Kabelpapiere), MAC DOWELL[10])

[1]) A. B. BRYAN, Phys. Rev. Bd. 22, S. 399. 1923.
[2]) F. TANK, Ann. d. Phys. Bd. 48, S. 307. 1915.
[3]) G. E. BAIRSTO, Proc. Roy. Soc. London Bd. 96, S. 363. 1920.
[4]) E. SCHOTT, Jahrb. d. drahtl. Telegr. Bd. 18, S. 82. 1921.
[5]) H. SAEGUSA, Sc. Reports Tôhoku Univ. Bd. 10, S. 437. 1922; Bd. 13, S. 179. 1924.
[6]) H. J. MAC LEOD, Phys. Rev. Bd. 21, S. 53. 1923.
[7]) A. JAQUEROD u. H. MÜGELI, Arch. sc. phys. et nat. Bd. 4, S. 10 u. 89. 1922.
[8]) U. MEYER, ZS. f. Fernmeldetechn. Bd. 4, S. 1. 1923.
[9]) C. LÜBBEN, Arch. f. Elektrot. Bd. 10, S. 283. 1925.
[10]) L MAC DOWELL, Phys. Rev. Bd. 23, S. 507. 1924.

(flüssige Dielektriken), MOULINE[1]) (Kolophonium), HILL[2]) (Bleiglas), RICHARDSON[3]) (Quarz).

i) Mechanik der Dielektriken.

57. Theorie der Elektrostriktion. Elektrostriktion wird die elastische Deformation der Körper durch elektrische Kräfte genannt.

Da die zur Erzeugung des elektrischen Feldes nötigen Elektroden sich gegenseitig anziehen, üben sie auf das Dielektrikum einen Druck aus, sobald eine Spannung an ihnen liegt und sie nicht durch die Art der Befestigung daran gehindert werden. Der ausgeübte Druck ist durch das Quadrat der Feldstärke, also durch V^2/d^2 (V Spannung, d Abstand der planparallel gedachten Elektroden) bestimmt.

Die Frage ist, ob die durch diesen Druck hervorgerufene Volumänderung des Dielektrikums die einzige ist, oder ob die dielektrische Polarisation des Dielektrikums in seinem Innern ebenfalls Volumänderungen hervorruft. Oder vielleicht noch besser ist die Frage zu stellen, wie groß diese Volumänderungen sind, denn daß sich bei Verschiebung der Elektronen und Kerne eines Atoms oder der Atome eines Moleküls gegeneinander auch das Volumen ändert, dürfte keinem Zweifel unterliegen. Die Frage ist nur, ob diese Änderung meßbar ist.

Die Theorie hat sich in zwei Richtungen um die Erfassung der Erscheinungen bemüht. Nach FARADAY und MAXWELL besteht im elektrischen Feld des Raumes ein Zug in Richtung der Kraftlinien und ein Druck senkrecht dazu. Die Schwierigkeit für die Übertragung dieser Vorstellung auf die Dielektrika bestand nun darin, daß keine plausiblen Annahmen darüber gemacht werden konnten, welcher Bruchteil dieser Kräfte vom Raum und welcher von dem in den Raum gebrachten Dielektrikum aufgenommen wurde. Nach den heutigen Vorstellungen ist die ganze Betrachtungsweise gegenstandslos.

Die zweite Richtung war die Beantwortung der Frage: wie deformiert sich ein Körper, der eine gleichmäßige Volumladung trägt?

Neben der auf diese beiden Weisen berechneten Deformation besteht noch eine zweite, die sich aus der Thermodynamik ableiten läßt: wächst die Dielektrizitätskonstante durch äußeren Druck, so muß sich der Körper im Feld zusammenziehen und umgekehrt. Da nun ε schon wegen der zunehmenden Dichte mit dem Druck stets zunimmt, wäre hiernach stets eine Kontraktion der Dielektriken im elektrischen Feld zu erwarten.

58. Versuche über Elektrostriktion. Die Versuche, die Frage experimentell zu lösen, begannen mit GOVI[4]), DUTER[5]), RIGHI[6]), KORTEWEG und JULIUS[7]), RÖNTGEN[8]), QUINCKE[9]), ohne daß es gelang, zu einem eindeutigen Ergebnis zu kommen. Auch die späteren Versuche von DESSAU[10]) CORBINO[11]), ERCOLINI[12]), MORE[13]) widersprechen sich noch.

---

[1]) M. MOULINE, Ann. de Toulouse Bd. 14, S. 71. 1923.
[2]) C. F. HILL, Phys. Rev. Bd. 25, S. 116. 1925.
[3]) S. W. RICHARDSON, Proc. Roy. Soc. London (A) (Bd. 107, S. 101. 1925.
[4]) G. GOVI, C. R. Bd. 87, S. 857. 1878.
[5]) E. DUTER, C. R. Bd. 87, S. 828. 1878; Bd. 88, S. 1260. 1879.
[6]) A. RIGHI, C. R. Bd. 88, S. 1260. 1879.
[7]) D. KORTEWEG u. V. JULIUS, Wied. Ann. Bd. 12, S. 647. 1881.
[8]) W. C. RÖNTGEN, 20. Ber. d. Oberheß. Ges. f. Natur u. Heilk. 1880.
[9]) G. QUINCKE, Wied. Ann. Bd. 10, S. 161 u. 513. 1881; Bd. 19, S. 545. 1883.
[10]) B. DESSAU, Rend. Ace dei Lincei (5) Bd. 3, S. 488. 1894.
[11]) O. CORBINO, Cim. (4) Bd. 4, S. 240. 1896.
[12]) G. ERCOLINI, Cim. (4) Bd. 12, S. 77. 1900; (5) Bd. 2, S. 5 u. 297. 1903; Journ. de phys. (4) Bd. 1, S. 40. 1902.
[13]) L. T. MORE, Phil. Mag. (5) Bd. 50, S. 198. 1900; (6) Bd. 2, S. 527. 1901.

Besonders sorgfältige Messungen sind von WÜLLNER und WIEN[1]) ausgeführt worden. Sie benutzten die von QUINCKE angegebene Anordnung, bei welcher die Volumänderung thermometerähnlicher, innen mit Wasser gefüllter und in Wasser getauchter Glasgefäße im kapillaren Teil direkt abgelesen werden konnte. Sie verwendeten dabei möglichst kurze Ladungszeiten, um Fehler durch Leitungswärme und Rückstandsbildung zu vermeiden. Sie erhielten das gleiche Ergebnis wie QUINCKE, daß nämlich der Effekt zweiter Art dem erster Art entgegenwirkt.

Wird $k_1 = \frac{1}{\varepsilon} \cdot \frac{\partial \varepsilon}{\partial p}$ für Druck senkrecht zum Feld gesetzt, so war bei den Versuchen von WÜLLNER und WIEN k_1 negativ mit erheblichen Unterschieden je nach der Glassorte. Die beiden Forscher haben ihre Ergebnisse dann weiter dadurch nachgeprüft, daß sie die Kapazitätsänderung an Glasröhren maßen, die durch Zug beansprucht wurden. Die Kapazitätsänderungen betrugen nur ein Zehntausendstel des ursprünglichen Werts, liegen also an der Grenze der damals erreichbaren Meßgenauigkeit. Die so erhaltenen Werte waren mit den aus den Elektrostriktionsmessungen erhaltenen in befriedigender Übereinstimmung.

Mit der Elektrostriktion in Flüssigkeiten beschäftigten sich Versuche von QUINCKE[2]), RÖNTGEN[3]), BOS[4]), ODDONE[5]). Es gelang aber bei diesen Versuchen nicht, einen Effekt mit Sicherheit festzustellen.

An den Gasen Luft und CO_2 wurde die Elektrostriktion von GAUS[6]) untersucht. Bei Gasen fällt der Effekt erster Art weg. Es bleibt nur die Druckänderung infolge von Raumladungen übrig. Für die Druckänderung ergibt sich bei apolaren Gasen

$$\Delta p = \frac{\mathfrak{E}^2}{8\pi} (\varepsilon - 1), \tag{121}$$

wo $\mathfrak{E}$ die Feldstärke ist.

Die von GAUS gemessenen Druckdifferenzen stimmen bei Berücksichtigung der Schwierigkeiten der Messung befriedigend mit den berechneten Werten überein.

Eine Durcharbeitung der Theorie der Elektrostriktion ist in neuerer Zeit durch KEMBLE[7]) erfolgt. Versuche sind von BOUCHET[8]) FRIVOLD[9]), KARBLER[10]), PAUTHENIER[11]), BRUHAT und PAUTHENIER[12]) ausgeführt worden.

BOUCHET untersuchte die Zusammenpressung einer Kautschukplatte durch ein elektrostatisches Feld bei beweglichen Elektroden. Er fand eine stärkere Zusammenpressung, als der Formel

$$\frac{\Delta d}{d} = \frac{1}{M} \frac{\varepsilon \mathfrak{E}^2}{8\pi}. \tag{122}$$

(M Elastizitätsmodul, ε Dielektrizitätskonstante, $\mathfrak{E}$ Feldstärke) entspricht und schloß daraus auf eine direkte Wirkung des Feldes auf das Dielektrikum, die dem Quadrat der Spannung proportional ist.

---

1) W. WÜLLNER u. M. WIEN, Ann. d. Phys. Bd. 9, S. 1217. 1902 u. Bd. 11, S. 619. 1903.
2) G. QUINCKE, Wied. Ann. Bd. 10, S. 513. 1881.
3) W. C. RÖNTGEN, Wied. Ann. Bd. 11, S. 771. 1880.
4) D. BOS, Dissert. Groningen 1890.
5) E. ODDONE, Lincei Rend. (4) Bd. 6, S. 452. 1890.
6) R. GAUS, Ann. d. Phys. Bd. 11, S. 797. 1903.
7) E. C. KEMBLE, Phys. Rev. Bd. 7, S. 614. 1916.
8) B. L. BOUCHET, Ann. de phys. Bd. 12, S. 303. 1919; C. R. Bd. 163, S. 169 u. 479. 1916.
9) O. E. FRIVOLD, Phys. ZS. Bd. 603. 1921.
10) J. P. KARBLER, Phys. Rev. Bd. 23, S. 300. 1924.
11) M. PAUTHENIER, Journ. de phys. Bd. 5, S. 312. 1924.
12) G. BRUHAT u. M. PAUTHENIER, C. R. Bd. 179, S. 1257. 1924; Journ. de phys. Bd. 6, S. 1. 1925.

Eine weitere Untersuchung BOUCHETS bezog sich auf Glas, Paraffin und Ebonit, die als Dielektrikum eines ringförmigen Kondensators dienten. BOUCHET fand, daß die mit Hilfe der Verschiebung von Interferenzstreifen gemessene Verlängerung des Dielektrikums im elektrischen Feld mit $1/M$ wuchs und daß bei Ebonit $1/M$ und Verlängerung einander proportional waren.

Ferner trennte BOUCHET das Dielektrikum von den Belegungen, um den rein elektrostatischen Druck der Elektroden auszuschalten. Dann deformierte sich Paraffin fast ebenso wie früher, während bei Ebonit die Deformation so groß war wie zuvor (?). Wirkte das elektrostatische Feld auf das innere Volumen von Zylindern ein, so wuchsen die Deformationen proportional der Ladung und das Volumen blieb konstant. Übereinstimmung zwischen Rechnung und Messung ergab sich nur, wenn statt der wirklichen die scheinbare Dielektrizitätskonstante in die Formeln eingesetzt wurde, wobei als scheinbare Dielektrizitätskonstante das Verhältnis der Ladungen des Kondensators mit Dielektrikum im Augenblick der Messung und des Kondensators ohne Dielektrikum bezeichnet ist. Bei sehr kurzer Ladungsdauer war die scheinbare Dielektrizitätskonstante gleich der wirklichen. Ferner fand BOUCHET, daß bei leitenden Flüssigkeiten das Gleichgewicht zwischen den elektrostatischen Kräften und dem Druck augenblicklich erreicht wird, während bei isolierenden Flüssigkeiten ein Zeiteffekt besteht und erst die Extrapolation auf die Zeit Null die gleichen Werte ergibt, die bei leitenden Flüssigkeiten sofort auftreten.

FRIVOLD benutzte die aus der DEBYEschen Theorie folgende Druckzunahme dipolar Gase im elektrischen Feld zur Messung des Dipolmoments.

Der Druck p eines in einem elektrischen Feld befindlichen dipolaren Gases ist durch die Gleichung

$$p = p_0 e^{\frac{1}{2}(\alpha+\beta)\frac{\mathfrak{E}^2}{kT}}, \tag{123}$$

gegeben. Dabei ergibt sich α aus der Gleichung

$$\frac{n^2-1}{n^2+2}\cdot\frac{M}{\varrho} = \frac{4\pi}{3}N\alpha, \tag{124}$$

wenn n der auf die Schwingungszahl 0 extrapolierte Brechungsexponent, M das Molekulargewicht, ϱ die Dichte des Gases und N die LOSCHMIDTsche Zahl ist. Ferner ist

$$\beta = \frac{\mu^2}{3kT}. \tag{125}$$

Da α und β sehr kleine Größen sind, läßt sich schreiben

$$\frac{p-p_0}{p} = \frac{1}{2}(\alpha+\beta)\frac{\mathfrak{E}^2}{kT}. \tag{126}$$

FRIVOLD erhält mit Hilfe dieser Gleichung durch Messung von p und $\mathfrak{E}$ für SO_2 den Wert $\mu = 1{,}83\cdot 10^{-18}$, während JONA aus der Temperaturabhängigkeit der Dielektrizitätskonstante den Wert $\mu = 1{,}76\cdot 10^{-18}$ erhielt. Die gute Übereinstimmung dürfte ein Beweis dafür sein, daß die DEBYEsche Theorie auch die Elektrostriktionserscheinungen der dipolaren Gase richtig wiedergibt.

KARBLER versucht, mit einem WHIDDINGTONschen Ultramikrometer festzustellen, ob die nach FARADAY und MAXWELL im elektromagnetischen Raum vorhandenen Zug- und Druckkräfte auf das Dielektrikum übertragen werden. Es gelang ihm jedoch nicht, einen Effekt nachzuweisen, obwohl die bei Übertragung der Zug- und Druckkräfte auf das Dielektrikum zu erwartende Größe des Effektes die Empfindlichkeitsgrenze des Mikrometers um das hundertfache übertraf.

PAUTHENIER untersuchte mit einer Interferenzmethode den Unterschied des Brechungsindexes von dielektrischen, sehr schwach doppelbrechenden Flüssigkeiten innerhalb und außerhalb des elektrischen Feldes. Er arbeitete dabei mit Ladungsdauern von 10^{-4} sek, die zur optischen Beobachtung genügen, aber noch keinen störenden Jouleeffekt auftreten lassen. Er fand bei Benzin eine Elektrostriktion, die der Größe nach dem Gesetz von LORENTZ entspricht. D. h. es war $\frac{n^2-1}{n^2+2}\frac{1}{d} =$ konst., wenn die Dichteänderung des Benzins im elektrischen Feld nach der LIPPMANNschen Theorie der Elektrostriktion berechnet wurde.

Bei Tetrachlorkohlenstoff dagegen war die Übereinstimmung weniger gut.

Endlich weisen BRUHAT und PAUTHENIER darauf hin, daß zwischen einer isothermen und einer adiabatischen Elektrostriktion unterschieden werden müsse. Bei Ladezeiten von 10^{-4} sek kommt nur die adiabatische in Frage.

59. Der Johnsen-Rahbeck-Effekt. Wird auf eine Platte, die aus einem Halbleiter wie z. B. Solnhofener Schiefer besteht und deren untere Fläche mit einer festanschließenden Metallbelegung versehen ist, eine Metallscheibe gelegt und eine Spannung von beispielsweise 220 V zwischen die Metallbelegung unter der Platte und die Metallscheibe auf der Platte geschaltet, so fließt infolge des hohen Widerstandes des Halbleiters nur ein Strom von etwa 10^{-6} Amp. durch das System. Gleichzeitig wird aber die Metallplatte so kräftig von der Halbleiterplatte angezogen, daß Hebekräfte von der Größenordnung eines Kilogramms nötig sind, um sie von ihr abzuheben[1]).

Die Erklärung der Erscheinung ergibt sich aus Abb. 10.

Bekanntlich ist es nur bei äußerster Sorgfalt möglich, zwei Platten so eben zu schleifen, daß sie sich beim Aufeinanderlegen in vielen Punkten berühren und infolgedessen durch Adhäsion aneinander haften. Bei Platten, die ohne besondere Vorkehrungen glatt geschliffen sind, findet Berührung nur in ganz wenigen Punkten, beispielsweise bei *A* und *B* in Abb. 7, statt. Infolgedessen haben die elektrischen Stromlinien den in Abb. 7 punktiert eingezeichneten Verlauf und im

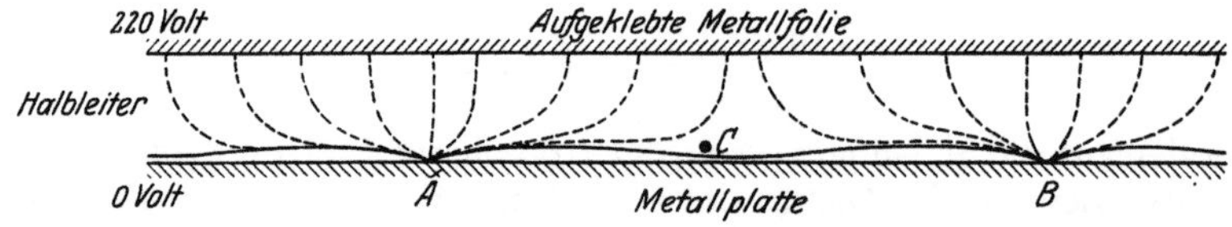

Abb. 10. Schema zur Erklärung des Johnsen-Rahbeck-Effektes.

Punkt *C* herrscht nicht das Potential Null, wie es bei Berührung mit der Metallplatte an dieser Stelle vorhanden wäre, sondern ein Potential von vielleicht 100 V, während die Metallplatte, die sich im Punkt *C*, nur durch eine äußerst dünne isolierende Luftschicht getrennt, gegenüber befindet, auf dem Potential Null ist, so daß in der Luftschicht eine außerordentlich große Feldstärke und infolgedessen eine sehr große elektrostatische Anziehung zwischen der Metallplatte und der gegenüberliegenden Fläche des Halbleiters besteht.

Aus dieser Analyse der Erscheinung folgt ohne weiteres, welche Bedingungen der Zwischenleiter erfüllen muß. Sein Widerstand muß nämlich mindestens so groß sein, daß er die gewünschte Spannung, in Abb. 10 220 V, aushält, ohne sich störend zu erwärmen, darf aber doch nicht so groß sein, daß die Aufladung des durch die Luftschicht, den Halbleiter einerseits, die Metallplatte andererseits gebildeten Kondensators auf ein dem Gleichgewichtspotential naheliegendes Potential merkliche Zeit dauert. Es muß also der Widerstand des Halbleiters

[1]) Siehe K. ROTTGARDT, ZS. f. techn. Phys. Bd. 2, S. 315. 1921; E. REGENER, ebenda Bd. 3, S. 220. 1922; L. BERGMANN, ebenda Bd. 4, S. 11. 1923; J. WASZIK, ebenda Bd. 5, S. 29. 1924; A. KRAMER, ZS. f. Phys. Bd. 27, S. 74. 1924.

um so geringer sein, je höher die Wechselstromfrequenz ist, bei welcher die Anziehung noch wirksam sein soll, bis sich die beiden Forderungen bei Hochfrequenz widersprechen.

Wäre das aus dem Halbleiter und der Metallplatte gebildete System vollständig starr, so wäre die Anziehungskraft zwischen den beiden dem Quadrat der angelegten Spannung proportional. ROTTGARDT[1]) fand jedoch Proportionalität mit V^4, was sich ohne weiteres daraus erklärt, daß die elektrostatische Anziehung zwischen den beiden Flächen diese einander um so mehr nähert, je größer sie ist.

Ist der Zwischenkörper ein möglichst vollkommener Isolator, so bewirkt nach SCHERING und SCHMIDT[2]) die Luftschicht, daß die Anziehungskraft größer ist als bei lückenloser Berührung und zwar um einen Faktor, der nahezu gleich der Dielektrizitätskonstante des Isolators ist, weil sich die Feldstärken im Isolator und in der Luftschicht umgekehrt wie die Dielektrizitätskonstanten verhalten und die Dielektrizitätskonstante der Luftschicht praktisch gleich 1 ist. Dabei ist, wie auch die Rechnung ergibt, die Anziehungskraft nur wenig von der Dicke der Luftschicht abhängig, so lange diese klein ist. Bei einem im Innern hochisolierenden Dielektrikum mit Oberflächenleitung gilt bei Wechselspannung das gleiche wie bei einem vollkommenen Isolator, bei Gleichspannung dagegen verschwindet die Anziehungskraft.

Bei gewöhnlichem Glas läßt sich durch Temperaturänderung die Leitfähigkeit in weiten Grenzen ändern, so daß sich die verschiedenen typischen Fälle der Anziehung in dem Gebiet zwischen geringer und starker Leitung zur Darstellung bringen lassen.

k) Die dielektrische Festigkeit der Gase, Flüssigkeiten und festen Körper.

60. Die dielektrische Reißfestigkeit. Unter dielektrischer Festigkeit wird die Fähigkeit eines Dielektrikums verstanden, seine quasi-elastisch gebundenen Ladungen entgegen den auseinandertreibenden Kräften eines aufgedrückten elektrischen Feldes an einem Orte festzuhalten. Die Grenze der dielektrischen Festigkeit wird in dem Augenblick erreicht, in dem die quasielastische Bindung der Ladungen durch die Stärke des elektrischen Feldes überwunden wird. Die dielektrische Festigkeit läßt sich also durch Angabe einer bestimmten elektrischen Feldstärke beschreiben.

61. Die dielektrische Stoßfestigkeit. Es gibt aber noch ein zweites, weit wirksameres Verfahren, den Zusammenhang der Ladungen zu zerstören, nämlich die Beschießung des Körpers mit Elektronen oder Ionen. Auch in diesem Falle wird das Dielektrikum in ein elektrisches Feld gebracht, zugleich aber dafür gesorgt, daß dauernd einige freie Elektronen oder Ionen in dem elektrischen Feld vorhanden sind. Diese fliegen infolge der treibenden Feldkräfte mit zunehmender Geschwindigkeit in der Richtung der Feldlinien, bis sie auf ein ihnen im Wege befindliches Atom oder Molekül aufprallen. Die Wucht dieses Aufpralles wächst mit der Feldstärke und mit der Länge des zwischen zwei Zusammenstößen zurückgelegten Weges. Bei einer für jede Atomart ganz bestimmten Wucht des Zusammenpralles wird ein Elektron aus der äußersten Schale des getroffenen Atoms gewissermaßen herausgeschossen und frei. Sobald dieser Vorgang einmal eingesetzt hat, wächst er lawinenartig über jedes Maß hinaus, so daß ein Funke, ein Kurzschluß entsteht. Die Spannung, bei der dieses geschieht,

[1]) K. ROTTGARDT, l. c. S. 558.
[2]) H. SCHERING u. R. SCHMIDT, ZS. f. techn. Phys. Bd. 6, S. 19. 1925.

ist ebenfalls ein Maß der dielektrischen Festigkeit des Dielektrikums, aber von der zuerst definierten Spannung völlig verschieden.

62. Die pseudodielektrische Festigkeit. Hierzu kommt noch eine dritte Art des Niederbruchs sog. Isolatoren, die zwar mit der eigentlichen dielektrischen Festigkeit kaum etwas zu tun hat, in ihrem Verlauf aber dem Niederbruch echter Dielektriken sehr ähnlich ist.

GÜNTHERSCHULZE[1]), der diese drei verschiedenen Arten dielektrischer Festigkeit zuerst systematisch voneinander trennte, nannte die erste die dielektrische Reißfestigkeit, die zweite die dielektrische Stoßfestigkeit, die dritte die pseudodielektrische Festigkeit.

63. Messung der dielektrischen Festigkeit. Unmittelbar gibt über die Eigenschaften der Dielektriken nur die erste, die dielektrische Reißfestigkeit, Aufschluß. Um die messen zu können, ist es nötig, sämtliche frei beweglichen Elektronen und Ionen, die Stoßwirkungen auszuüben vermögen, fernzuhalten. Dieses scheint in Gasen ebenso unmöglich zu sein wie in Flüssigkeiten, so daß in beiden keine Aussicht besteht, die Reißfestigkeit, die sehr viel größer ist wie die Stoßfestigkeit, messen zu können. Dagegen erscheint es bei festen Körpern möglich, sämtliche Ladungen durch Übergang zu sehr niedrigen Temperaturen soweit festzulegen, daß eine Messung der Reißfestigkeit aussichtsreich wird.

ROGOWSKI[2]) hat für den der Rechnung zugänglichen Fall des Steinsalzes die dielektrische Reißfestigkeit des Steinsalzes errechnet und erhält je nach den der Rechnung zugrunde gelegten Annahmen Werte von 10 bis über 100 Millionen Volt/cm. Eine experimentelle Prüfung dieser Rechnung ist in Aussicht genommen

Die dielektrische Stoßfestigkeit und die pseudodielektrische Festigkeit ist in Bd. XIV, Kap. 7 behandelt.

---

[1]) A. GÜNTHERSCHULZE, Über die dielektrische Festigkeit. München: Joseph Kösel u. Friedrich Pustet 1924.

[2]) W. ROGOWSKI, Archiv f. Elektrot. Bd. 18, S. 123. 1927.

Sachverzeichnis.

GPSR Compliance

The European Union's (EU) General Product Safety Regulation (GPSR) is a set of rules that requires consumer products to be safe and our obligations to ensure this.

If you have any concerns about our products, you can contact us on ProductSafety@springernature.com

In case Publisher is established outside the EU, the EU authorized representative is:

Springer Nature Customer Service Center GmbH
Europaplatz 3
69115 Heidelberg, Germany

Batch number: 10683525

Printed by Printforce, the Netherlands